Universalgeschichte der Zahlen

Dieses Standardwerk hält, was sein Titel verspricht: *alles* über die Geschichte der Zahlen und Ziffern. Über die erste Auflage schrieb Thomas von Randow in der *Zeit*:

»Zahlen beherrschen unseren Alltag, sie bestimmen unzählige zählbare Dinge des Lebens. Ihr Ruf freilich ist nicht gerade der beste. ›Kalt‹ oder ›unbarmherzig‹ werden sie gerne genannt, und dem Zeitgeist sind Wissenschaften, die nur Zähl-Meßbares gelten lassen, allemal suspekt. Als Gegenstand der Kulkturgeschichte aber sind Zahlen nach wie vor etwas sehr Aufregendes; sogar unterhaltsam kann es sein, ihrer Herkunft und dem Umgang mit ihnen in den verschiedenen Epochen der Menschheitsgeschichte nachzuspüren. Das beweist Georges Ifrah in seinem wahrlich lesenswerten Buch.«

Georges Ifrah stammt aus Marokko und lebt in Paris. Hier sowie in der Schweiz arbeitete er als Mathematiklehrer und -professor. Er ist anerkannter Fachmann für die Geschichte der Schriften und der Zahlen.

Georges Ifrah

Universalgeschichte der Zahlen

Mit 797 Abbildungen, Tabellen und Zeichnungen des Autors

ein gutes, skeptisches Buch! Nicht ohne Einwände

Campus Verlag
Frankfurt / New York

Die französische Originalausgabe »Histoire Universelle des Chiffres« erschien 1981 bei Seghers.
Ihre Veröffentlichung wurde durch das Centre National de la Recherche Scientifique gefördert.

Übersetzung: Alexander von Platen
Redaktion: Peter Wanner

CIP-Titelaufnahme der Deutschen Bibliothek

Ifrah, Georges:
Universalgeschichte der Zahlen / Georges Ifrah. Mit 797 Abb.,
Tab. u. Zeichn. d. Autors. [Übers.: Alexander von Platen]. –
Sonderausg. 2. Aufl. – Frankfurt/Main ; New York :
Campus Verlag, 1991
Einheitssacht.: Histoire universelle des chiffres ‹dt.›

ISBN 3-593-34192-1

2. Auflage der Sonderausgabe 1991

Umschlaggestaltung: Atelier Warminski, Büdingen, nach einer Zeichnung von Georges Ifrah,
der die anthropomorphen Ziffern von einem italienischen Stich aus dem 19. Jh. übernommen hat.
Satz: Fotosatz L. Huhn, Maintal
Druck und Bindung: Druckhaus Beltz, Hemsbach
Printed in Germany

Für Dich, meine Gemahlin,
die geduldige Zeugin der Freuden und Ängste,
die mir die harte Arbeit mehrere Jahre bereitet hat.

Für dich, Anna,
der das Buch und sein Autor so viel verdanken.

Inhalt

Einführung 13

Teil I
Das Zahlenbewußtsein

Kapitel 1
Ursprung und Entdeckung der Zahlen 21

Können Tiere zählen? 21
Die angeborene Fähigkeit der Zahlenwahrnehmung 23
Kann man Mengen bestimmen, ohne zu zählen? 27
Der Beginn der Buchführung 34
Der Ausdruck von Zahlen durch Gebärden und Worte 36
Zählen als Fähigkeit des Menschen 42
Symbolische Darstellungen der Zahl 47
Zählen mit zehn Fingern 49

Kapitel 2
Die Zahlensysteme 53

Das Dezimalsystem 53
Die Spuren der Basis Fünf 59
Das »Zwanzigfingersystem« – eine Sackgasse 61
Das Sexagesimalsystem 69
Der Ursprung des Sexagesimalsystems 74

Teil II
Konkrete Rechenverfahren

Kapitel 3
Die erste Rechenmaschine: die Hand 79

Eine merkwürdige Art zu feilschen 84
Rechnen mit Fingergliedern und -gelenken 86
Mora - ein Fingerspiel 92
Das Rechnen mit den Fingern 96

Erweiterungen der Fingerzählung 98
Die Fingerzählung im Spiegel der Geschichte 102

Kapitel 4
Zählen mit Kerben 110

Kapitel 5
Kieselsteine zum Rechnen 117

Kapitel 6
Zahlen auf Schnüren 121

Die Archive der Inka 121
Andere Spuren der Knotenschnüre 125

Kapitel 7
Geldwert und Zahl 129

Kapitel 8
Das Rechenbrett 136

Der Abakus in der Antike 136
Der erste Taschenrechner 142
Der Streit um die Zähltafel in der Renaissance 144
Die chinesischen Stäbchen auf dem Schachbrett 148
Das Kugelrechenbrett 152

Teil III
Die Erfindung der Ziffern

Kapitel 9
Die römischen Ziffern – Spuren aus der Vorzeit? 163

Die römischen Ziffern 163
Fragwürdige Vorfahren 166
Der Ursprung der römischen Ziffern 169
Ein verräterischer Ausdruck 175
Ethnographische und historische Zeugnisse 176

Kapitel 10
Haben Buchhalter die Schrift erfunden? 184

Vor 5.000 Jahren lernten Sumerer und Elamiter schreiben 185
Die Vorläufer der Buchführung 188
Von der Bulle zur Schrifttafel 189
Die sumerische Schrift als Gedächtnisstütze 199

Kapitel 11
Ton – das »Papier« der Sumerer 204

Wie Schrift und Ziffern auf Ton entstanden 205
Weshalb die sumerische Schrift ihre Richtung änderte 206
Die Entstehung der Keilschriftzeichen 208

Kapitel 12
Die sumerischen Ziffern 210

Die Entwicklung der Keilschrift-Ziffern 213
Probleme der Keilschrift-Ziffern 217
Fortbestand der sumerischen Zahlschrift 218
Wie die moderne Forschung die sumerischen Ziffern entschlüsselte 219

Kapitel 13
Die ägyptischen Ziffern 222

Wie die Hieroglyphen zu lesen sind 222
Stammen die Hieroglyphen aus Sumer oder aus Ägypten? 229
Vom Bild zur Ziffer 230
Brüche und der geteilte Gott 235

Kapitel 14
Verwandte des ägyptischen Zahlensystems 241

Die kretischen Ziffern 241
Das System der Azteken 246
Die akrophonischen Zahlzeichen der Griechen 252
Das erste Gesetz in der Geschichte der Arithmetik 257

Kapitel 15
Die Kurzschrift der ägyptischen Schreiber 264

Die »hieratische« Kursivschrift 265
Eine bemerkenswerte Vereinfachung der Zahlschrift 269
Zahlen zur Zeit des israelitischen Königtums 271

Teil IV
Ziffern und Buchstaben

Kapitel 16
Das hebräische Alphabet und das Ziffernsystem 277

Kapitel 17
Das Zahlenalphabet der Griechen 286

Kapitel 18
Die Erfindung der Zahlenbuchstaben durch die Phönizier - eine Legende . . . 303

Kapitel 19
Die arabischen Zahlenbuchstaben 307

Teil V
Zeichen, Ziffern und Zauberei, Mystik und Wahrsagung

Kapitel 20
Spielereien mit gelehrten Zeichen 319

Kapitel 21
Geheime Zahlen und Schriften 326

Kapitel 22
Die Kunst der Chronogramme 331

Kapitel 23
Interpretationen und Theorien der Gnostiker und Kabbalisten, Zauberer
und Wahrsager 335

Teil VI
Gemischte Ziffernsysteme

Kapitel 24
Nachteile des additiven Prinzips 355
- Die lateinische Zahlschrift und große Zahlen 355
- Entwicklung und Verbreitung des Multiplikationsprinzips 362

Kapitel 25
Die Weiterentwicklung der Zahlschrift in Mesopotamien 366

Kapitel 26
Die Zahlschriften der semitischen Völker 374

Kapitel 27
Die traditionelle chinesische Zahlschrift 383
- Das moderne System 383
- Varianten der chinesischen Ziffern 385
- Der Ursprung der chinesischen Zahlschrift 390
- Verwandte der chinesischen Zahlschrift 396
- Erweiterungen der hybriden Ziffernsysteme 402
- Große Zahlen in der Zahlschrift der chinesischen Gelehrten 405

Teil VII
Das letzte Stadium der Zahlschrift

Kapitel 28
Das erste Stellenwertsystem 411

Die Zahlschrift der babylonischen Gelehrten 412
Probleme des babylonischen Positionssystems 416
Die erste Null in der Geschichte 417
Fortleben des babylonischen Systems 424

Kapitel 29
Das Positionssystem der chinesischen Gelehrten 428

Kapitel 30
Erstaunliche Leistungen einer untergegangenen Kultur 438

Im Herzen der tropischen Wälder: die Maya 438
Größe und Untergang der Zivilisation der Maya 438
Quellen unserer Kenntnisse über die Maya 442
Die kulturelle Blütezeit der Maya 445
Wissenschaft und Religion 447
Schrift, Arithmetik und Astronomie 449
Der Kalender der Maya 452
Zahlschrift und Kalenderrechnung 461
Die Entdeckung des Positionssystems und der Null 468

Kapitel 31
Der Ursprung der »arabischen« Ziffern 476

Die Grundlage unseres Zahlensystems 476
Eine vielsagende Anekdote 482
Die Wiege der modernen Zahlschrift 485
Die ersten Spuren 486
Zeugnisse außerhalb Indiens 489
Zeugnisse aus Südostasien 491
Die »Zahlensymbole« der indischen Astronomen 493
Ursprünge des indischen Positionssystems 503
Die weltweite Verbreitung der indischen Zahlschrift 511
Die Einführung des indischen Systems im arabischen Orient 515
Die westarabischen Ziffern 525
Die indisch-arabischen Ziffern in Europa 528

Zeittafel 545
Literatur 555
Danksagungen 578
Register 580

Einführung

Es begann mit der Frage eines Kindes. Ich war Mathematiklehrer und wie jeder gute Pädagoge bestrebt, keine Frage, und sei sie noch so seltsam oder naiv, unbeantwortet zu lassen – denn häufig führt die Neugier zur Erkenntnis.

Eines Tages stellten mir meine Schüler eine so einfache Frage, daß es mir die Sprache verschlug: »Herr Lehrer, wo kommen die Ziffern eigentlich her? Wann hat man das Zählen gelernt? Was ist der Ursprung der Zahlen?«

Tatsächlich, wo kommen die Ziffern eigentlich her? Diese für uns so alltäglichen und gewohnten Zahlen, die uns angeboren zu sein scheinen und von denen wir als Erwachsene annehmen, daß sie schon immer ein Bestandteil unseres Denkens waren – wie die Sprache, die doch erst gelernt sein will.

Woher kommen die Ziffern? Aus dem Dunkel der Geschichte. Eine Antwort, die gar nicht erst versucht, unsere Unkenntnis zu verschleiern. Auf der Suche nach den Ursprüngen tastete ich mich durch die Jahrhunderte zurück. Vor unseren »arabischen« Ziffern gab es also die römischen. Aber was heißt »vor«? Und was lag vor diesem »vor«? Ist es möglich, mit Hilfe einer Archäologie der Zahlen die Spur zu finden, die zu der genialen Erfindung des Menschen zurückführt, der als erster zu zählen begann?

Ich fürchte, daß die Antworten, die ich an jenem Tage gab, reichlich summarisch, unvollständig und ungenau waren. Ich hatte jedoch eine gute Ausrede: In den Darstellungen der Arithmetik und den Schulbüchern, die meine Arbeitsmittel waren, wurde diese Frage nicht einmal angeschnitten. In den Geschichtsbüchern wurde sie nur gestreift, so, als habe sich eine Verschwörung des Schweigens um sie gebildet, um eine der phantastischsten Erfindungen der Menschheit mit dem Schleier des Geheimnisses zu umgeben oder sogar vollständig vergessen zu machen – eine Erfindung, die vielleicht die fruchtbarste von allen war, erlaubte sie doch dem Menschen, die Welt zu vermessen, sie besser zu verstehen und sich einige ihrer Geheimnisse nutzbar zu machen. Natürlich gibt es Fachbücher, die ich nach und nach entdeckte und die das Wissen auf diesem Gebiet beinhalten; von ihnen wird in diesem Buch häufig die Rede sein, und ich verdanke ihnen viel. Aber sie waren für Forscher und Spezialisten geschrieben und trotz ihres hohen Niveaus keineswegs vollständig oder umfassend.

Jahrelang hat mich diese Frage nicht mehr losgelassen, bis ich schließlich – wenn auch mit einer Spur des Bedauerns – die Unterrichtstätigkeit aufgab, um mich ausschließlich einer Forschung zu widmen, die vielen so unsinnig erscheinen mag wie die Suche nach dem Gral, die niemals zu Ende sein wird. So nimmt dieses Buch in der Reihe bedeutender Werke nur eine untergeordnete Stellung ein, und es wird auch nicht das letzte zu diesem Thema sein, da es noch viel zu entdecken und viele Probleme zu lösen gibt. Aber es ist vielleicht das erste Buch, das für allgemein interessierte Leser bestimmt und in verständlicher Sprache geschrieben ist, das zahlreiche Illustrationen bietet, keine Spezialkenntnisse voraussetzt, nur ein bißchen Aufmerksamkeit verlangt und dabei doch eine ziemlich umfassende und konzentrierte Darstellung der Geschichte der Zahlen und Ziffern gibt.

Diese Geschichte hat vor sehr langer Zeit begonnen, und man weiß auch nicht genau, wo sie begonnen hat. Am Anfang war der Mensch nicht fähig, Zahlen zu erfassen, er konnte noch nicht zählen. In seiner Vorstellung waren Zahlen konkrete, von der wahrgenommenen Natur nicht ablösbare Gegebenheiten.

Heutzutage befinden sich noch einige der »primitiven« Völker Ozeaniens, Afrikas und Amerikas in einem solchen Urzustand des Zahlenbewußtseins. *Eins, zwei* und *viele* sind die einzigen numerischen Größen, die diese Eingeborenen wahrnehmen können. Sie lassen sich dabei von der angeborenen Fähigkeit leiten, Mengen konkreter Gegenstände zu erfassen, und können so lediglich ein einzelnes Objekt oder ein Paar wahrnehmen, bezeichnen und unterscheiden.

Es ist aber nicht nötig, »zählen« zu können wie wir, um das Datum einer Zeremonie festzuhalten und weiterzugeben oder um festzustellen, ob die Hammel, Ziegen und Ochsen, die man morgens auf die Weide getrieben hat, am Abend alle wieder zurückgekehrt sind. Selbst wenn Sprache, Erinnerung und abstraktes Denken vollkommen versagen, kann man sich verschiedener Hilfsmittel bedienen, um einen solchen Zählvorgang durchzuführen. Einige »primitive« Völker, die lediglich einzelne Einheiten einander zuordnen können, schnitzen zu diesem Zweck Kerben in Knochen oder Holz. Andere behelfen sich mit dem Aufhäufen oder Aneinanderreihen von Steinen, Muscheln, Knöchelchen oder Stäbchen. Wieder andere nehmen die verschiedenen Teile ihres Körpers zu Hilfe und benützen Finger und Zehen, Arm- und Beingelenke, Augen, Nase, Mund, Ohren, Brüste, Brustkorb usw.

Die Natur liefert zahlreiche Vorbilder: Die Flügel eines Vogels können z.B. das Paar verkörpern, gewöhnliche Kleeblätter die Zahl Drei, die Füße eines Vierfüßlers die Vier, die Finger einer Hand die Fünf, die Finger beider Hände zusammen die Zehn usw.

So in eine Welt voller Zahlen gestellt, begann der Mensch zwangsläufig zu zählen und entwickelte nach und nach die abstrakten Zahlen.

Da alle einmal damit angefangen haben, mit den Fingern zu zählen, basieren die meisten gegenwärtig existierenden Zahlensysteme auf der Zahl Zehn. Einige frühere Kulturen haben statt dessen die Zahl Zwölf gewählt. Die Maya, die Azteken und die Kelten benutzten – da man sich nur ein wenig zu bücken brauchte, um auch die Zehen mitzuzählen – die Zahl Zwanzig als Basis. Die Sumerer, die Erfinder der ältesten bekannten Schrift, und die Babylonier, die allein wegen der Entdeckung der Null einen Ehrenplatz in der Weltgeschichte verdienten, wählten als Grundlage ihres Zahlensystems die Zahl Sechzig; aus welchem Grunde ist nicht bekannt. Sie haben uns die Unterteilung in Stunden, Minuten und Sekunden hinterlassen, die unseren Schülern so schwer fällt, ebenso den seltsamerweise in 360 Grad unterteilten Kreis. Aber das ist bereits höhere Rechenkunst...

Ein Wolfsknochen mit 55 Kerben, aufgeteilt in zwei Reihen von Fünfergruppen, der 1937 in Vestonice in der Tschechoslowakei gefunden wurde und mindestens 20.000 Jahre alt ist, gilt als eine der ältesten »Rechenmaschinen« aller Zeiten. Unser Vorfahre, der diesen Knochen benutzte, war möglicherweise ein gefürchteter Jäger. Sobald er ein Tier erlegt hatte, schnitzte er eine Kerbe in seinen Knochen. Und vielleicht wählte er verschiedene Knochen für verschiedene Tierarten, einen für die Bären, einen für die Büffel, einen anderen für die Wölfe usw. Er hat damit die allerersten Anfänge der Buchführung entwickelt, indem er Zahlen in der einfachsten Zahlschrift, die es gibt, festhielt.

Eine recht primitive Technik ohne Zukunft, sollte man meinen. Primitiv war sie sicher, aber durchaus nicht ohne Zukunft. Denn sie hat sich bis auf unsere Tage fast ohne Veränderung erhalten. Der Vestonice-Mensch und seine Zeitgenossen setzten eine Entwicklung in Gang, die alles an Langlebigkeit übertreffen sollte. Nicht einmal das Rad hat ein solches Alter; höchstens das Feuer kann es mit ihr aufnehmen.

Zahlreiche Einkerbungen an den Felswänden prähistorischer Grotten neben den Umrißzeichnungen von Tieren hatten ohne Zweifel Zählfunktion, und bis in die Neuzeit hat sich diese Technik kaum geändert. Seit unvordenklichen Zeiten registrieren die Hirten der Alpen, Österreichs und Ungarns, die keltischen, toskanischen und dalmatinischen Hirten den Bestand ihrer Herden, indem sie in kleine Holzplatten senkrechte Linien sowie die Zeichen V und X schneiden. Noch im 18. Jahrhundert wurde diese bäuerliche Art der Buchführung in den Archiven des überaus seriösen englischen Parlamentes verwendet. Auch im zaristischen Rußland und in manchen Gegenden Deutschlands war sie beim Verleihen von Geld üblich.

Im ländlichen Frankreich wie in Indochina wurden noch im letzten Jahrhundert Stäbe mit Einkerbungen anstelle des Kassenbuchs und des Wechsels benutzt und dienten auf den Märkten als Gutschriftenregister. Noch vor zehn Jahren schnitzten in einem kleinen Dorf in der Nähe von Dijon die Bäcker Kerben in ein Holzstück, um die Anzahl der Brotlaibe festzuhalten, für die die Kundschaft ihnen das Geld schuldig geblieben war.

Dies ist umso erstaunlicher, als diese Technik der Ursprung einer Zahlenschreibweise ist, die wir noch heute neben den »arabischen« Ziffern häufig benutzen: Die römischen Ziffern stellen eine direkte Weiterentwicklung des Zählens mit Hilfe von Kerben dar.

Auch Kieselsteine nehmen in der Geschichte der Arithmetik einen wichtigen Platz ein, denn mit ihnen erlernten die Menschen das Rechnen. Noch heute führt uns das Wort »Kalkül« auf diesen Ursprung zurück, denn das lateinische Wort *calculus* bedeutet »kleiner Kieselstein«.

Madegassische Kriegsführer entwickelten vor nicht allzu langer Zeit eine sehr praktische Gewohnheit: Um ihre Truppen abzuzählen, ließen sie die Soldaten einen nach dem anderen durch einen sehr engen Durchgang gehen, wobei für jeden Soldaten ein Kiesel beiseite gelegt wurde. War ein solcher Haufen auf zehn Kieselsteine angewachsen, so ersetzte man ihn durch einen anderen Stein, mit dem man einen zweiten Haufen begann, der für die Zehner bestimmt war. Nun wurden erneut Kieselsteine auf den ersten Haufen gelegt. Enthielt der zweite Stapel ebenfalls zehn Steinchen, so legte man einen dritten an, der den Hundertern vorbehalten war; und so fuhr man fort, bis alle Soldaten abgezählt waren.

Dabei sollten wir nicht glauben, daß die Madegassen »primitiv« gedacht haben. Die Griechen, die Römer und die lateinischen Völker des mittelalterlichen Abendlandes rechneten noch nach dem gleichen Prinzip mit Kieselsteinen oder Rechenpfennigen auf Rechentafeln, auf denen jede Reihe eine Dezimaleinheit darstellte. Die Chinesen, Japaner und Russen benutzen noch heute das Kugelrechenbrett, das sich von den Rechentafeln im Grunde nur durch die Anordnung und die Art der »Zähler« unterscheidet.

Eines Tages kamen einige Buchhalter auf die Idee, die üblichen Kieselsteine durch Gegenstände aus gebranntem Ton zu ersetzen, die durch unterschiedliche Größen und Formen die Einheiten eines Zahlensystems darstellten: ein kleiner Keil stand beispielsweise für die Einer, eine Kugel für die Zehner, eine flache Scheibe für die Hunderter usw. Dieses System wurde im vierten vorchristlichen Jahrtausend in Sumer und im Land der Elamiter am Persischen Golf entwickelt und erwies sich in der Folge als sehr nützlich, da diese Kulturen zwar zu jener Zeit wirtschaftlich expandierten, aber noch über keine Schrift verfügten. Mit dem neuen System konnte nicht nur gerechnet werden, es diente auch dazu, »Inventarlisten« anzulegen. Seine Bedeutung zeigt sich auch darin, daß in derselben Region die schriftliche Buchführung im engeren Sinne entwickelt wurde.

Ebenfalls seit frühen Zeiten wird ein anderes Zählinstrument benutzt: Die Hand ist so etwas wie die erste Rechenmaschine. In der Auvergne, in China, in Indien und in Rußland multipliziert man noch immer mit den Fingern, ohne ein anderes Hilfsmittel zu benutzen. Mit den Fingern konnten auch die Ägypter, die Römer, die Araber, die Perser und die Völker des christlichen Abendlandes alle Zahlen von 1 bis 10.000 durch ein System darstellen, das der heutigen Taubstummensprache entspricht.

Die Geschichte der Zahl beschränkt sich jedoch nicht nur auf Finger, Kieselsteine oder Kerben. So verwendeten die Inka Südamerikas in ihren Verwaltungsarchiven ein geniales System, nämlich geknotete Schnüre. Eine ähnliche Art der Zahlenregistratur findet sich noch heute in Westafrika, auf den Ryukyu-Inseln in der Nähe des japanischen Archipels, auf Hawaii und den Karolinen.

Es ist erstaunlich, mit welch gleichartigen Mitteln weit voneinander entfernte Völker ihre ersten Zählversuche unternommen haben. Die Ägypter, die Kreter, die Hethiter und die Azteken Mittelamerikas haben ähnliche Zahlenschreibweisen entwickelt. Dasselbe gilt von den Sumerern, den Römern, den Griechen und den südarabischen Völkern der Antike. Die Assyrer, die Aramäer, die südlichen Inder, die Äthiopier und die Chinesen verwandten ebenfalls fast gleiche Systeme.

Auch ist es faszinierend, den Fortschritt des mathematischen Denkens zu verfolgen. Die Babylonier erfanden die älteste bekannte Stellenwertschrift – eine Entdekkung, die den Maya, den Indern und den Chinesen ebenfalls gelang, jedoch völlig unabhängig voneinander. Es handelt sich dabei um ein System, in dem z.B. eine Drei jeweils verschiedenen Wert hat, je nachdem, ob sie an der Stelle der Einer, der Zehner, der Hunderter steht. Mehrere Jahrhunderte war den babylonischen Gelehrten die Null unbekannt, und sie »erfanden« sie erst am Ende einer sehr langwierigen Entwicklung. Die Chinesen ihrerseits erfanden die Null nicht, sondern übernahmen sie von den indischen Mathematikern. Die Maya wiederum kannten die Null und setzten sie in die Mitte oder ans Ende ihrer Zifferndarstellungen, waren aber nicht in der Lage, mit der Null zu rechnen. Die indische Null schließlich wurde etwa in derselben Weise verwendet wie bei uns. Es handelt sich dabei um die gleiche Null, die wir von den Arabern zusammen mit den sogenannten »arabischen« Ziffern übernommen haben und die ihrerseits im Grunde nichts anderes sind als durch Zeit und Überlieferung leicht veränderte indische Ziffern.

Auch die erfinderischen Nordwestsemiten, vor allem die Phönizier, müssen erwähnt werden. Sie haben vermutlich im zweiten Jahrtausend vor Christus das Prinzip der alphabetischen Schrift ausgearbeitet und an die Griechen weitergegeben, die dieses der abendländischen Welt vermittelt haben.

Danach hatten neben den Griechen noch die Juden, die Syrer und die Araber die Idee, Zahlen durch Buchstaben des Alphabets auszudrücken.

Dabei lag es nahe, jedem Buchstaben und auch jedem Wort einen Zahlenwert zuzuordnen und darauf eine mystisch-religiöse Lehre aufzubauen, die bei den Griechen und den Gnostikern »Isopsephie«, bei den Rabbinern und den Kabbalisten »Gematria« genannt wurde. Die Gnostiker glaubten, mit diesem Mittel eine Formel für Gott und seinen Namen bestimmen und alle Geheimnisse ergründen zu können. Mit Hilfe dieser Methode versuchten die jüdischen Kabbalisten und nach ihnen die christlichen und islamischen Esoteriker alle möglichen homiletischen und symbolischen Interpretationen und Zukunftsberechnungen. Magier versuchten damit, Träume zu deuten und Amulette herzustellen; Dichter wie Leonidas von Alexandria verfaßten damit literarische Texte ganz eigener Art, woraus sich später bei den maghrebinischen, türkischen und persischen Dichtern und Gemmenschneidern die Kunstform des Chronogramms entwickelte.

Einerlei ob Griechen oder Juden als erste das Zahlenalphabet entwarfen, sie konnten sicher nicht voraussehen, daß sich zweitausend Jahre später der katholische Theologe Petrus Bungus die Mühe machen würde, ein siebenhundertseitiges Werk über Zahlenkunde zu verfassen, um zu »beweisen«, daß der Name Martin Luther den Zahlenwert 666 habe: Nach dem Apostel Johannes ist 666 nämlich die Zahl des »apokalyptischen Tieres« oder, wenn man so will, des »Antichrist«... Der wackere Bungus war durchaus nicht der Erste, der dieses Verfahren anwandte; lange vor ihm war es anderen Interpreten gelungen zu »beweisen«, daß 666 die Zahl des Kaisers Nero sei...

Vielleicht wäre ich heute in der Lage, in annähernd zufriedenstellender Weise auf die Frage meiner Schüler antworten zu können. Ihre Neugier hat mich beflügelt, eine Neugier, von der ich hoffe, daß sie inzwischen auch Sie, verehrter Leser, ergriffen hat. Darüber hinaus stand mir in hohem Maße das Glück zur Seite: Als Marokkaner lernte ich zunächst arabisch, als Jude später auch hebräisch. Als begeisterter Mathematiker wurde ich mit den Zahlen so vertraut, daß es mir keine große Mühe machte, innerhalb eines komplexen Systems die Grundregeln aufzufinden. Und da ich nicht als Einarmiger auf die Welt gekommen bin, gelang es mir auch, die Tafeln und Zeichnungen dieses Buches, deren naive Darstellungsweise mir hoffentlich verziehen wird, zu Papier zu bringen. Unterstützt haben mich in all diesen Jahren die Fragen der Auditorien, vor denen ich meine Vorträge hielt, sowie die Ermutigungen und wertvollen Informationen, die mir zahlreiche hilfsbereite Gelehrte, denen ich all mein Wissen verdanke, zukommen ließen – ganz zu schweigen von den Ansprüchen und den Ratschlägen meiner Verleger.

Die größte Entdeckung, an der ich meine Leser teilhaben lassen will, war für mich, daß die Ziffern – ich wiederhole: die Ziffern – keineswegs dürre und trockene Symbole sind, Waffen und Werkzeuge unserer technisierten Gesellschaft. Vielmehr waren sie zu allen Zeiten *auch* Grundlage von Träumen, phantastischen Vorstellungen und metaphysischen Spekulationen, dienten sie dazu, eine ungewisse Zukunft auszuloten oder sie zumindest vorherzusagen. Ziffern sind Stoff der Poesie. Ebenso wie die Wörter, oder fast ebenso wie diese, waren sie gleichermaßen Ausdrucksmittel der Dichter und Instrument der Buchhalter und Wissenschaftler. Die Ziffern beweisen aufgrund ihrer Allgemeingültigkeit, die gerade durch die Vielzahl möglicher Ziffernsysteme zum Ausdruck kommt, und ihrer Geschichte, die im heute weltweit verbreiteten Dezimalsystem gipfelt, besser als die babylonische Sprachverwirrung die grundsätzliche Einheit der menschlichen Kultur. Betrachtet man die Geschichte der Zahl, dann wird das Bild einer außerordentlichen und schöpferischen Mannigfaltigkeit der Gesellschaften und Geschichtsabläufe ersetzt durch das Gefühl einer fast absoluten Kontinuität. Die Zahlen sind nicht die ganze Geschichte der Menschheit, aber ihr Bindeglied, ihr roter Faden. Sie sind zutiefst menschlich.

Und wenn ich noch einen Rat geben darf, ehe sich der Leser in dieses Abenteuer des Geistes hineinwagt, so ist es der, auf die Fragen der Kinder zu achten. Wir sollten uns stets bemühen, sie zu beantworten. Aber sie führen uns bisweilen weit ab, sehr viel weiter, als wir es uns vorstellen können.

Georges Ifrah

Teil I
Das Zahlenbewußtsein

Kapitel 1
Ursprung und Entdeckung der Zahlen

Können Tiere zählen?

Nach Ansicht der Fachleute ist ein Zahlenbegriff dem Verhalten verschiedener Tiergattungen durchaus nicht fremd*: Verhaltensforscher haben durch zahlreiche Experimente bewiesen, daß bestimmte Tierarten rudimentär in der Lage sind, konkrete Mengen wahrzunehmen. Diese Fähigkeit wollen wir, zur Unterscheidung von der Fähigkeit des Zählens, in Ermangelung eines besseren Ausdruckes *Zahlengefühl* nennen. Es besteht grob gesagt darin, zwei verschiedene, begrenzte Mengen von Lebewesen oder Objekten jeweils gleicher Art voneinander zu unterscheiden. In gewissen Fällen vermag ein Tier zu erkennen, daß eine zahlenmäßig geringe Gesamtheit sich verändert hat, nachdem einer ihrer Bestandteile entfernt oder ein neuer hinzugefügt wurde.

In sehr einfachen Fällen »kommt es dazu, daß ein domestiziertes Tier, ein Hund, ein Affe oder ein Elefant, das Verschwinden eines Objekts innerhalb einer ihm vertrauten beschränkten Gesamtheit bemerkt. Bei einer gewissen Anzahl von Arten gibt die Mutter durch Zeichen, die keine andere Deutung zulassen, zu erkennen, daß sie weiß, daß eines oder mehrere ihrer Kleinen ihr entwendet worden sind.« (Lévy-Bruhl 1928, 206)

Entsprechende und zweifellos sehr viel genauere Fähigkeiten als bei domestizierten Tieren sind bei Vögeln festgestellt worden. Zahlreiche Experimente haben gezeigt, daß z.B. ein Stieglitz, der darauf dressiert war, seine Nahrung aus zwei verschiedenen Häufchen Korn auszuwählen, gewöhnlich drei von eins, drei von zwei, vier von zwei, vier von drei und sechs von drei unterscheiden konnte, aber fast immer fünf und vier, sieben und fünf, acht und sechs sowie zehn und sechs verwechselte.

Noch bemerkenswerter sind Raben und Elstern, die offensichtlich Mengen mit einem bis vier Elementen unterscheiden können. So berichtet Tobias Dantzig (1931, 10) von einem Schloßherrn, der einen Raben töten wollte, der sein Nest im Wachturm des Schlosses gebaut hatte. Der Schloßherr hatte mehrmals versucht, den Vogel zu überraschen, aber jedesmal, wenn er sich näherte, floh der Rabe aus seinem Nest und ließ sich auf einem benachbarten Baume nieder, um zurückzukommen, sobald sein Verfolger den Turm wieder verlassen hatte. Der Schloßherr griff daraufhin zu einer List: Er ließ zwei seiner Begleiter in den Turm ein; nach wenigen Minuten zog sich der eine zurück, während der andere blieb. Der Rabe ließ sich aber nicht überlisten

* Conant 1956; Guillaume 1939; Kalmus 1964; Koehler 1956; Leroy 1896.

und wartete das Verschwinden des zweiten ab, bevor er an seinen alten Platz zurückkehrte. Das nächste Mal gingen drei Männer in den Turm, von denen sich zwei wieder entfernten; aber das listige Federvieh wartete mit noch größerer Geduld als sein verbliebener Kontrahent. Danach wiederholte man das Experiment mit vier Männern, aber ohne Erfolg. Es gelang schließlich mit fünf Personen, da der Rabe nicht mehr in der Lage war, vier von fünf Leuten zu unterscheiden.

Es zeigt sich also, daß das Zahlengefühl sehr beschränkt ist und sich nur bei deutlich wahrnehmbaren Unterschieden zeigt. Unterscheiden sich zwei Mengen durch die Anzahl ihrer Elemente ziemlich stark (wie z.B. »drei« und »vier«), kann das Tier dies unter bestimmten Umständen wahrnehmen; nimmt aber die Deutlichkeit der Differenz ab, vermag es das nicht mehr. Wenn es dem Tier auch zuweilen gelingt, eine bestimmte Anzahl wahrzunehmen, so ist es ihm doch nicht möglich, diese zu »begreifen», da es über keinerlei Abstraktionsvermögen verfügt.

Wir können ohne Bedenken daraus folgern, daß Tiere nicht zählen können, auch wenn manche in der Lage sind, kleine Mengen wahrzunehmen. Wir können darüber hinaus sogar vermuten, daß Zählen eine ausschließlich menschliche Fähigkeit ist, eine mit der Entwicklung der Intelligenz eng verbundene geistige Erscheinung, komplizierter als das reine Zahlengefühl.

Betrachten wir nunmehr ein Insekt, die *Solitärwespe.* »Die Wespenmutter legt jedes ihrer Eier in ein anderes Loch und versorgt sie mit einer bestimmten Anzahl lebender Raupen, die ihre Nachkommenschaft nach dem Schlüpfen ernähren sollen. Nun ist die Anzahl an Raupen bei jeder dieser Wespenarten bemerkenswert konstant; einige sehen fünf Raupen vor, andere zwölf, noch andere gehen bis zu fünfundzwanzig je Zelle. Der erstaunlichste Fall ist aber derjenige der *Genus eumenus* genannten Art, bei der die männliche Wespe kleiner ist als die weibliche. Aufgrund eines mysteriösen Instinkts weiß die Mutter stets, ob ein bestimmtes Ei ein männliches oder ein weibliches Tier enthält und versorgt das Loch entsprechend mit Nahrung. Sie läßt sowohl die Art wie die Größe der Raupen unverändert, legt jedoch, wenn das Ei männlich ist, fünf Stück hinein, wenn es weiblich ist, hingegen zehn.« (Dantzig 1931, 10)

So verblüffend dieses Verhalten sein mag, drängt sich dennoch ein Einwand auf: Im Gegensatz zum Stieglitz, zur Nachtigall und zum Raben ist das Verhalten der Wespe instinktabhängig und beruht vor allem auf den genetischen Grundlagen des Insektenlebens.

Über die Fähigkeiten von Zirkustieren haben viele zweifelhafte Autoren seit dem letzten Jahrhundert die abenteuerlichsten Behauptungen aufgestellt. Manche berichten von Hunden, die angeblich bis zehn zählen konnten, und stützen ihre Behauptung auf das Beispiel verschiedener Hunde, die so oft die Pfote hoben oder anschlugen, wie es einer genannten Zahl entsprach. Hier ist zu fragen, weshalb nur einige Hunde dies können, und nicht alle? Wer jemals Hunde hat »zählen« sehen, erkennt sofort, daß es sich dabei um Scharlatanerie handelt, um Täuschung oder um geschickte Dressur.

Andere Autoren sind entweder ungewöhnlich naiv oder versuchen, ihre Leser zu täuschen, wenn sie die »phänomenalen Kunststücke« bestimmter Hunde, Pferde und Elefanten rühmen, die nicht nur Additionen, Subtraktionen und Multiplikationen vorführen könnten, sondern auch in der Lage seien, Quadrat- und Kubikwurzeln zu ziehen. Manche behaupten sogar, einige dieser »findigen» Tiere hätten gelernt, die Buchstaben des Alphabets zu benutzen und wiederzuerkennen, so daß sie sich schriftlich ausdrücken könnten. Die Unsinnigkeit und Naivität solcher Behauptungen liegt auf der Hand. Wir haben diese Bemerkungen nur eingeflochten, um zu zeigen, wohin es führt, wenn systematisch und unüberlegt Vergleiche zwischen Mensch und Tier gezogen werden.

Die angeborene Fähigkeit der Zahlenwahrnehmung

Was trieb den Menschen dazu, den Zahlenbegriff zu entwickeln? War es die Beschäftigung mit der Astronomie – Beobachtung der Mondphasen, des kalendermäßigen Wechsels von Tag und Nacht, der Jahreszeiten? Oder waren es die Erfordernisse des gesellschaftlichen Lebens? Wann und wie entdeckte der Mensch, daß Finger und Zehen dasselbe Zahlensystem ausdrücken? Wie wurde ihm die Notwendigkeit des Rechnens bewußt? Wann wurde zum ersten Mal mündlich gezählt? Ging der abstrakte Zahlenbegriff der gesprochenen Sprache voraus? Gab es eine Hierarchie zwischen Kardinal- und Ordinalzahlen? Und schließlich: Ging der Zahlenbegriff aus der Erfahrung hervor oder hat diese nur die Rolle eines Katalysators gespielt, der endgültig hervorbrachte, was im Geiste unserer frühesten Vorfahren längst latent vorhanden war?

So viele Fragen, die kaum beantwortbar sind, da es keinerlei Quellen über die Art des Denkens der ersten Menschen gibt. Diese Fragen zielen auf das ungelöste Problem des Ursprungs der Intelligenz, die es dem Menschen ermöglichte, viele materielle und geistige Werte zu schaffen und die Umwelt seinen eigenen Bedürfnissen anzupassen, und führen in den Bereich der Spekulation.

Vieles deutet darauf hin*, daß es eine Zeit gab, in der die Menschen noch nicht zählen konnten. Aber *nicht zählen können* impliziert in keiner Weise, daß es nicht bereits einen bestimmten Zahlenbegriff gab; dieser Begriff beschränkte sich lediglich auf eine Art *Zahlengefühl*, auf das, was in einem Augenblick unmittelbar wahrgenommen wurde. Soweit wir vermuten können, hatte der Zahlenbegriff unserer frühen Vorfahren die Form einer konkreten Realität, die von der Natur der Gegenstände unablösbar war, wobei sich dieser Begriff zweifellos auf die direkte Wahrnehmung einer natürlichen Vielzahl beschränkte.** Der Urmensch war also höchstwahrscheinlich nicht fähig, Zahlen als solche, d.h. abstrakt zu erfassen. Trifft diese Hypothese zu, so wurde ihm nicht bewußt, daß Gesamtheiten wie Tag und Nacht, ein Hasenpaar, die Flügel eines Vogels oder die Augen, die Ohren, die Arme oder die Beine eines Menschen eine gemeinsame Grundeigenschaft haben: das »Zweisein«. Wir können uns dies schwer vorstellen, weil die Mathematik in relativ kurzer Zeit derartige Fort-

* Dies beruht auf den Forschungen der Kinderpsychologie und anthropologischen Untersuchungen von Völkern, die sich noch heute auf einem relativ wenig entwickelten intellektuellen Stand befinden.

** Boyer 1968, 1-7; Conant 1923; Eels 1913; Gouda 1953; Lévy-Bruhl 1928, 204-257; MacGee 1897/98; Menninger 1957/58; Russell 1928; Schmidl 1915; Scriba 1968, 1-50: Seidenberg 1962; Tylor 1871; Zaslavsky 1970.

schritte gemacht hat, daß die einfache Zahl für den modernen Menschen zum Kinderspiel geworden ist.

Untersuchungen über das Verhalten von Kleinkindern und anthropologische Studien über zeitgenössische, wenig zivilisierte Völker bestätigen diese Auffassung. Sie zeigen, daß sich die Fähigkeit, bestimmte Mengen wahrzunehmen, bei Kleinkindern und heute lebenden »Primitiven«* nicht von bestimmten Tieren unterscheidet, solange nicht ein Intelligenzniveau erreicht ist, das die Erfassung komplexer Zusammenhänge ermöglicht.

So kann ein Baby von vierzehn Monaten im allgemeinen einige zuvor getrennte, sich entsprechende Gegenstände wieder sinnvoll zusammenstellen. Fehlt etwas, das ihm vertraut ist, wird es dies sofort bemerken. Aber seine Fähigkeiten sind doch so begrenzt, daß es ihm schwer fallen wird, die Gleichheit oder den Unterschied einer Anzahl von Personen oder Gegenständen seiner Umgebung festzustellen, sobald es sich um mehr als drei oder vier handelt. Ebensowenig wird es in der Lage sein, absolute Mengen wahrzunehmen, da es in unserem Sinne noch nicht zählen kann (Piaget/Széminska 1941).

Der zeitgenössische »Primitive« scheint ebenfalls mit dem begrifflichen und abstrakten Gebrauch der Zahl überfordert zu sein. »Soweit eine gut definierte und genügend begrenzte Gruppe von Lebewesen oder Gegenständen den Primitiven interessieren, erinnert er sich dieser Gruppe mit allem, was für sie bezeichnend ist. In seiner Vorstellung ist die genaue Anzahl dieser Wesen oder Gegenstände enthalten; sie stellt sich wie eine Qualität dar, durch die sich diese Gruppe von einer anderen Gruppe unterscheidet, welche eine oder mehrere Einheiten mehr enthält, oder auch von einer anderen mit einer oder mehreren Einheiten weniger. Infolgedessen weiß der Primitive, sobald er diese Gruppe sieht, ob sie vollständig ist oder größer oder kleiner als zuvor.« (Lévy-Bruhl 1928, 205) Der »Primitive« nimmt also nur die für ihn sichtbaren Veränderungen des Aussehens wahr. Dies entspricht einer direkten Subjekt-Objekt-Beziehung, da die »prälogische Mentalität« (um den Ausdruck Lévy-Bruhls wiederaufzunehmen) nicht über den Begriff unterschiedener Einheiten und ihrer Synthese verfügt.

Zusammenfassend läßt sich sagen, daß »ein rudimentärer Zahlensinn, nicht ausgedehnter als derjenige der Vögel, den Kern bildet, aus dem unsere gegenwärtige Zahlenvorstellung letztlich entstanden ist. Und zweifellos hätte der Mensch, auf eine solche direkte Wahrnehmung der Zahl beschränkt, in der Kunst des abstrakten Rechnens nicht mehr Fortschritte gemacht als die Vögel. Glücklicherweise aber lernte der Mensch, diese begrenzte Zahlenvorstellung zu überwinden, indem er sich eines Hilfsmittels bediente, das einen ungeahnten Einfluß auf sein späteres Leben ausüben sollte. Dieses Hilfsmittel ist das *Zählen,* dem wir den Fortschritt verdanken, unsere Welt zahlenmäßig erfassen zu können.« (Dantzig 1931, 13)

Eingeborene in Afrika, Ozeanien und Amerika, die sich zu Beginn dieses Jahrhunderts noch in annähernd ursprünglichem Zustand befanden, konnten nur die

* Mit dem unangemessenen (und subjektiven) Terminus »Primitive« bezeichnen Fachleute lediglich die Mitglieder menschlicher Gesellschaften, die auf einem intellektuellen Niveau verblieben sind, welches im Vergleich zu unserem als sehr elementar angesehen wird. Um jedem Mißverständnis zu begegnen, werden wir dieses Wort stets in Anführungsstriche setzen.

Zahlen »Eins«, »Zwei«, »Drei« und »Vier« erfassen und sprachlich ausdrücken, während die weiteren Zahlen allgemeine, ziemlich verworrene Begriffe waren.*

Die australischen Aranda kennen, nach Sommerfelt (1938, 55, 125, 193), nur zwei »Zahlwörter« im eigentlichen Sinn: *ninta* für Einheit und *tara* für das Paar; für »drei« und »vier« sagen sie entsprechend: *tara-mi-ninta* (»zwei-und-eins«) und *tara-ma-tara* (»zwei-und-zwei«). Aber hier findet die Reihe der Zahlworte bereits ihr Ende: über *tara-ma-tara* hinaus gebrauchen sie ein Wort, das »viel« bedeutet.

Eingeborene der Murray-Inseln in der Torres-Straße** kennen nur folgende Zahlworte: *netat* für »eins«, *neis* für »zwei«, *neis-netat* für »drei« (2 + 1) und *neis-neis* für »vier» (2 + 2); darüber hinaus gebrauchen sie ein Wort für »Vielheit« (Hunt 1899).

Ähnlich verhält es sich bei verschiedenen Stämmen im Westen der Torres-Straße, deren einzige Zahlwörter *urapun* für »eins«, *okosa* für »zwei«, *okosa-urapun* für »drei« und *okosa-okosa* für »vier« waren. Das Wort *ras* bezeichnete »eine Menge« (Haddon 1890).

Schließlich seien noch die Botokuden in Brasilien*** (Tylor 1871), die Indianer auf Feuerland (Hyades 1887, 340), die Abipón im Chaco von Paraguay (Dobrizhofer 1902 zit. n. Lévy-Bruhl 1928, 206 f.) und die Buschmänner und Pygmäen Afrikas (Schmidl 1915) erwähnt.

Ihre Sprache umfaßte lediglich zwei »Zahlwörter«: ein Wort für die *Eins* und ein anderes für die *Zwei*. Es gelang diesen Eingeborenen trotzdem, die Zahlen »drei« und »vier« auszudrücken, indem sie die beiden anderen Wörter wiederholten, also z.B. *zwei-eins* und *zwei-zwei* sagten. Für größere Zahlen als »vier« hatten sie Ausdrücke, die man mit *viel, mehrere, eine Masse, eine Menge* oder *unzählig* wiedergeben könnte**** (Gouda 1953; Schmidl 1915). Aber warum werden mit diesem System nicht fünf als *zwei-zwei-eins,* sechs als *zwei-zwei-zwei,* sieben als *zwei-zwei-zwei-eins* und so weiter ausgedrückt? Das allerdings »hieße vergessen, daß sich die Eingeborenen erst im Urstadium der Zahlenkenntnis befinden, die sich auf ›eins‹ und ›zwei‹ beschränkt. Denn diese ›Primitiven‹ erfassen nur die Einheit und das Paar als Zahlen. Um ›drei‹ und ›vier‹ auszudrücken – die sie als Zahlen direkt wahrnehmen können – bedienen sie sich ebenfalls dieser Begriffe. Sie *paaren* ganz einfach 1 mit 2 und 2 mit 2; für sie sind diese Zahlen, die wir als Gesamtheit wahrnehmen, immer nur noch Paare. Wie also sollten diese Eingeborenen, da sie doch nur ein einzelnes Element oder ein Paar von Elementen begreifen, dazu imstande sein, die 5 und die 6 wiederzuerkennen und zu benennen, die, in 2 + 2 + 1 oder 2 + 2 + 2 zerlegt, eine Aneinanderreihung dreier Elemente darstellen würden?« (Gerschel 1962a, 695)

Der Glaube, daß wir sehr viel besseres leisten könnten als diese Eingeborenen,

* Lévy-Bruhl (1928) berichtet von »primitiven« ozeanischen Stämmen, die im Singular, im Dual, im »Trial«, im »Quartial« und schließlich im Plural deklinierten und konjugierten.

** Die Torres-Straße trennt Neuguinea von der australischen Halbinsel Kap York.

*** Wenn sie so etwas Ähnliches wie »mehrere« sagten, zeigten die Botokuden gleichzeitig auf die Haare ihres Kopfes, um deutlich zu machen: »Nach vier wird es so unzählbar wie die Haare auf dem Kopf.«

**** »Es dürfte für diese Völkerschaften gleich schwer sein, sich Zahlen jenseits von vier vorzustellen, wie für uns eine *Trillion Millionen.* Wir reden von diesen enorm hohen Zahlen mit angenehmer Lässigkeit, aber ihre Größe ist so überwältigend, daß sie den Verstand vor jedem Versuch zurückschrecken läßt, ihre vollständige Bedeutung zu erfassen.« (Reichmann 1959)

wenn wir uns nur von unseren angeborenen Fähigkeiten unmittelbarer Zahlenerkenntnis leiten ließen, beruht auf einem ausgesprochenen Irrtum. »Sicherlich benützt ein zivilisierter Mensch zur Unterscheidung von Zahlen bewußt oder unbewußt Hilfsmittel wie den Vergleich, ordnendes Denken oder das Zählen, um sein unmittelbares Zahlenempfinden zu ergänzen. Insbesondere das Zählen ist ein untrennbarer Bestandteil unseres Denkens geworden, so daß psychologische Untersuchungen, die die direkte Zahlenwahrnehmung erforschen sollen, auf größte Schwierigkeiten stoßen.« (Dantzig 1931, 12) Wir sollten dennoch versuchen, die Anzahl einer Reihe von Lebewesen oder Gegenständen zu bestimmen, indem wir uns nur von der direkten Zahlenwahrnehmung leiten lassen, sie also nicht zählen. Wie weit werden wir damit kommen? Wir können ohne Mühe eins, zwei, drei oder selbst vier Objekte erfassen; danach wird unsere Fähigkeit im allgemeinen erlahmen. »Von fünf an verwirrt sich alles: Hat diese Treppe fünf oder sechs Stufen, dieser Zaun vierzehn oder fünfzehn Pfähle, diese Fassade acht oder neun oder gar zehn Fenster? Um dies zu wissen, muß man sie zählen ... Es scheint somit weitgehend gesichert, daß die Zahl Vier eine Grenze markiert. Eine Zahlenschreibweise, die eine Zahl durch ebensoviele Striche nebeneinander darstellt, wie zu zählende Objekte vorhanden sind, muß zwangsläufig bei IIII ihre Grenze finden, weil niemand in der Lage ist, mit einem einzigen Blick fünf

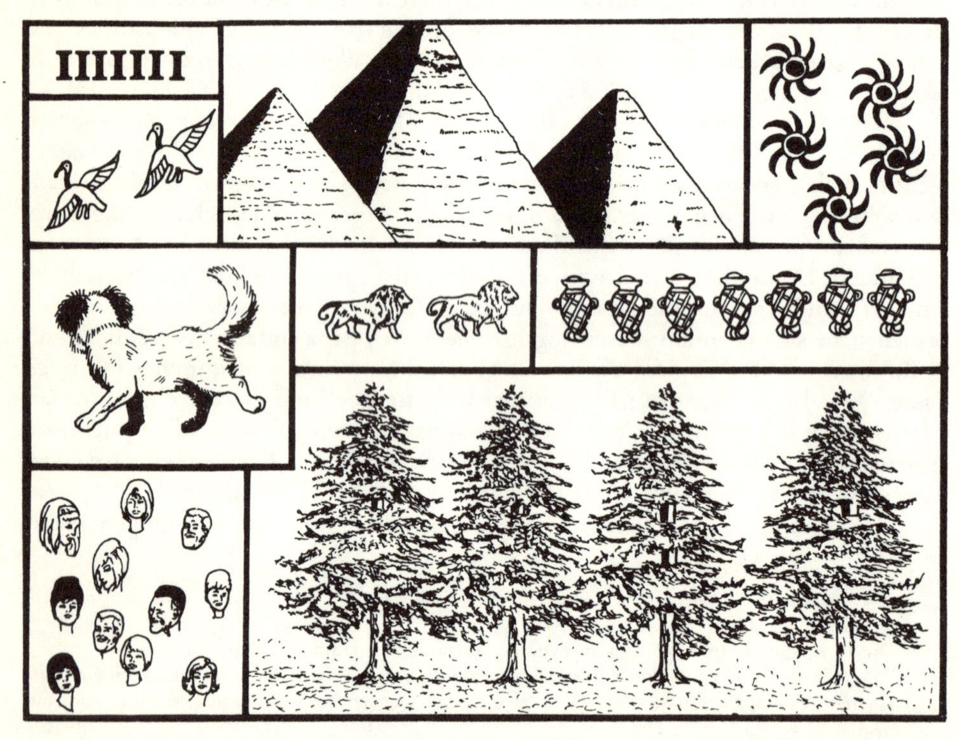

Abb. 1: Auf einen Blick können wir mit unserer direkten Zahlenwahrnehmung feststellen, ob eine Gesamtheit ein, zwei, drei oder vier Elemente umfaßt; Mengen, die größer sind, müssen wir meistens »zählen« – oder mit Hilfe des Vergleichs oder der gedanklichen Aufteilung in Teilmengen erfassen –, da unsere direkte Wahrnehmung nicht mehr ausreicht, exakte Angaben zu machen.

Striche, IIII, oder sechs, IIIII, oder sieben, IIIIII zu ›lesen‹, und erst recht nicht eine noch größere Zahl.« (Gerschel 1962a, 696)

Die Forschung hat hier schon vor langer Zeit folgende Erkenntnisse gewonnen (Gerschel 1962a; Schrader 1917/18, 671; Schulze 1904, 48 ff.). So sind bei den Römern »die ersten vier Zahlwörter die einzigen, die dekliniert werden; ab fünf haben sie weder Deklination noch Genus. Ebenso haben nur die ersten vier Monate des römischen Kalenderjahres echte Namen: *Martius, Aprilis* usw.; vom fünften Monat *Quinctilis* an sind es nur noch Ordinalzahlen bis zum letzten Monat des ursprünglichen Jahres *December.* Die Römer gaben ihren Kindern bis zum vierten Kind einschließlich normale, unterschiedliche Vornamen; vom fünftem Kind an nannten sie sie jedoch *Quintus, Sextus, ..., Octavius, ... Decimus,* während es einen *Quartus* nicht gibt. Die Fähigkeit der Römer, Zahlen einzeln zu erfassen, hörte bei vier auf; bis dahin gaben sie den Zahlwörtern, den Monaten und den Kindern Namen, darüber hinaus wurde es ungenau. Ohne Deklination oder eigenen Inhalt haben die Namen vom fünften Gegenstand einer Reihe an einen vagen, unbestimmten Charakter: Eins, zwei, drei, vier, die einzig klar erfaßbaren Zahlen, wurden auch als einzige eigens benannt.« (Gerschel 1960, 395 f.)

Kann man Mengen bestimmen, ohne zu zählen?

Unsere natürliche Fähigkeit, Zahlen unmittelbar zu erfassen, oder unser Vermögen, konkrete Mengen zu trennen, übersteigt sehr selten die Zahl Vier. Unser Gesamteindruck trübt sich im allgemeinen, wenn wir über diese Zahl hinausgehen. Deshalb bedienen wir uns, um eine bestimmte über vier liegende Zahl zu erfassen, nicht mehr ausschließlich des Zahlengefühls und greifen dann zum Hilfsmittel des abstrakten Zählens, das für »zivilisierte« Menschen charakteristisch ist.

Aber kann der menschliche Verstand, der noch nicht über die Fähigkeit des Zählens verfügt und damit auch noch nicht rechnen kann, als schwach bezeichnet werden? Sicherlich kann ein solcher Verstand die uns vertrauten Denkprozesse nicht nachvollziehen, und er wird vor allem nicht über die abstrakten Begriffe verfügen, die sich hinter den Namen *eins, zwei, drei, vier, fünf, sechs, ... zehn* usw. verbergen. Aber können wir daraus folgern, daß es einem solchen Verstand immer unmöglich bleiben wird, eine Menge zahlenmäßig zu erfassen?

So paradox dies erscheint, die Antwort heißt nein. Es kann als erwiesen angesehen werden, daß *der Mensch über viele Jahrhunderte hinweg größere Mengen »zählen« konnte, ohne über einen abstrakten Zahlenbegriff zu verfügen.*

Ethnographische Untersuchungen über Afrika, Ozeanien und Amerika belegen, daß heute noch Völker, die sich auf einer relativ niederen intellektuellen Stufe befinden und keinen abstrakten und homogenen Zahlenbegriff besitzen*, über Zähltechniken verfügen, mit denen sie bis zu einem bestimmten Grad »rechnen« können.

* Wir möchten nochmals unterstreichen, daß bei diesen »Primitiven« der abstrakte Zahlenbegriff die sinnliche Wahrnehmung einer Gesamtheit noch nicht überwiegt. Ihr Zahlenbegriff ist auf das reduziert, was eine unmittelbare Sinneswahrnehmung mit einem Blick erfassen kann.

Diese Zähltechniken, die man im Vergleich zu unseren als »konkret« bezeichnen könnte, versetzen sie beschränkt in die Lage, mit Hilfe verschiedener Gegenstände (Kieselsteine, Muscheln, kleine Knochen, harte Früchte, getrocknete Tierexkremente, Stäbchen, Kerben in Knochen oder Holz) zählen zu können (Menninger 1957/58).

Wie rechnet man nun, wenn man noch nicht abstrakt zählen kann? Ist jemand, der weder zählen noch Zahlen begrifflich erfassen kann, irgendwie weiter, wenn er z.B. eine Anzahl von Strichen oder von Kerben in Knochen anstelle einer Gruppe von Lebewesen oder Gegenständen vor sich hat? Natürlich sind diese Verfahren nicht so effektiv wie unsere, aber man kann damit feststellen, ob genausoviel Stück Vieh zurückgekommen wie ausgezogen sind. Dafür muß man durchaus nicht intellektuell in der Lage sein zu zählen. Stellen wir uns einen Hirten vor, der nicht »zählen« kann und der eine Hammelherde zu hüten hat, die er allabendlich in einer Höhle einschließt. Es handelt sich um 55 Hammel, aber unser Hirte ist nicht in der Lage zu begreifen, was die Zahl 55 bedeutet. Er weiß lediglich, daß er »viele« Hammel hat. Da ihm diese Aussage zu ungenau ist, möchte er doch gerne wissen, ob seine Hammel jeden Abend auch vollzählig zurückgekehrt sind. So hat er eines Tages eine Idee... Er setzt sich in den Eingang seiner Höhle und läßt seine Hammel einen nach dem anderen hinein. Jedesmal, wenn ein Hammel an ihm vorbeikommt, macht er eine Kerbe in einen Wolfsknochen (*Abb. 2*). Auf diese Weise hat er mit dem Durchgang des letzten Tieres genau fünfundfünfzig Kerben geschnitzt. Nun legt er jeden Abend, wenn seine Hammel wie immer einer hinter dem anderen zurückkommen, jedesmal den Finger in eine Kerbe, von einem Ende des Knochens bis zum anderen. Und wenn

Abb. 2

sein Finger dann bei der letzten Kerbe angekommen ist, ist unser Hirte beruhigt, denn nun sind alle seine Hammel in Sicherheit.

Bestätigt wird unsere Vermutung durch einen archäologischen Fund, der 1928/29 durch eine amerikanische Expedition für Orientforschung in Mesopotamien gemacht und durch Oppenheim (1959) ausgewertet wurde. In den Ruinen des Palastes von Nuzi, einer Stadt in der Gegend von Kirkuk, südwestlich von Mosul (Irak), die ungefähr aus dem 15. vorchristlichen Jahrhundert stammen, wurde eine hohle, eiförmige Tonbörse ausgegraben, die auf ihrer Außenfläche eine Keilinschrift trug, welche wir hier übersetzen:

Gegenstände, Hammel und Ziegen betreffend
21 Mutterschafe
6 weibliche Lämmer
8 erwachsene Hammel
4 männliche Lämmer
6 Mutterziegen
1 Bock
(2) Jungziegen

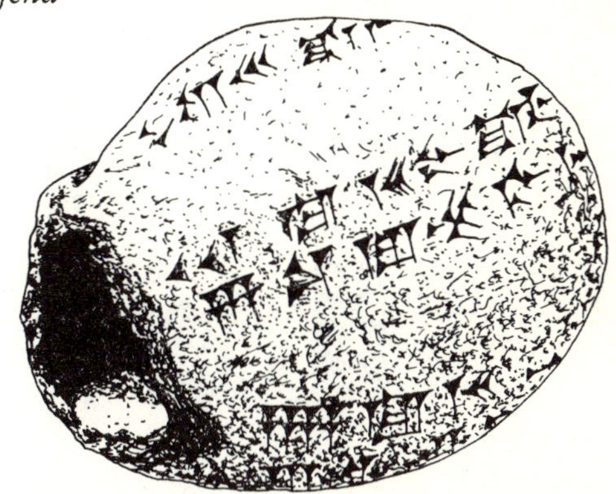

Abb. 3: Eiförmige Tonbörse (46 mm × 62 mm × 50 mm), entdeckt in den Ruinen des Palastes von Nuzi (mesopotamische Stadt; ca. 15. Jh. v. Chr.). (Harvard Semitic Museum, Cambridge. Katalognummer SMN 1854)

Insgesamt also 48 Tiere. Als sie nun die Tonbörse öffneten, fanden die Archäologen darin 48 kleine kugelförmige Gegenstände aus gebranntem Lehm, die leider aus Unachtsamkeit verloren gingen.

Die Fachwelt hätte dieser Entdeckung womöglich keinerlei Bedeutung zugemessen, wenn nicht ein unvorhergesehenes Ereignis sie über die ursprüngliche Funktion des Fundstücks aufgeklärt hätte: »Ein Expeditionsdiener war auf den Markt geschickt worden, um Hühner einzukaufen; aus Versehen wurden diese Hühner nach seiner Rückkehr im Hühnerstall untergebracht, ehe sie gezählt worden waren. Nun war dieser Diener vollkommen ungebildet, er konnte nicht zählen und deshalb auch nicht sagen, wieviele Hühner er gekauft hatte. Es wäre unmöglich gewesen, ihm diesen Einkauf zu bezahlen, wenn er nicht eine Anzahl Kieselsteine vorgewiesen hätte, die er beiseitegelegt hatte, einen für jedes Huhn, wie er erklärte.« (Guitel 1975, 299 f.) Ohne sich dessen bewußt zu sein, hatte ein analphabetischer Eingeborener auf dieselbe Art gezählt wie einige ebenso ungebildete Hirten, die 3500 Jahre vor ihm auf dieser Erde gelebt hatten.

Die eiförmige Börse hatte in der Tat einem Buchhalter der alten Stadt Nuzi gehört, der schreiben konnte und bei dem sich die Hirten melden mußten, ehe sie die Herde ihres Herrn auf die Weide führten. Wenn sie aufbrachen, formte der Beamte Kugeln aus ungebranntem Lehm, für jedes Tier eine, die er in die Tonkugel legte. Diese wurde verschlossen und in Keilschrift beschriftet, die die Zusammensetzung der Herde wiedergab und das Siegel des Besitzers enthielt.

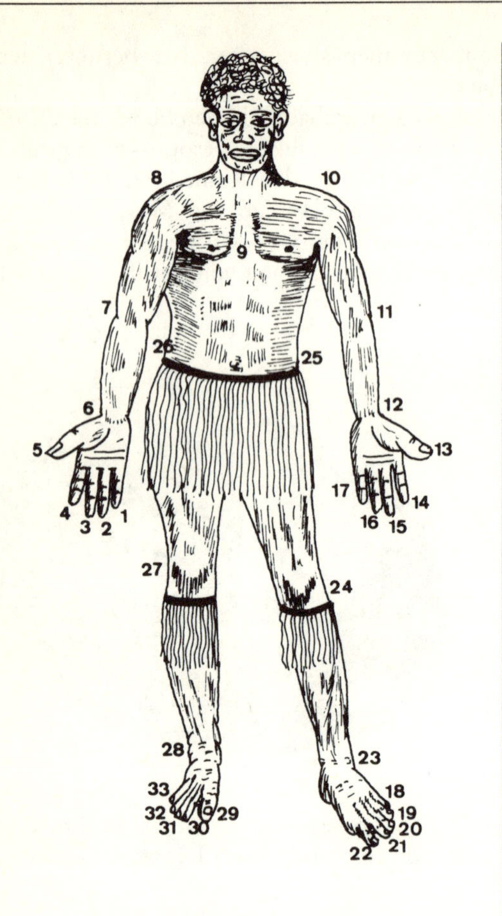

1: Kleiner Finger der rechten Hand
2: Rechter Ringfinger
3: Rechter Mittelfinger
4: Rechter Zeigefinger
5: Rechter Daumen
6: Rechtes Handgelenk
7: Rechter Ellenbogen
8: Rechte Schulter
9: Brustbein
10: Linke Schuler
11: Linker Ellenbogen
12: Linkes Handgelenk
13: Linker Daumen
14: Linker Zeigefinger
15: Linker Mittelfinger
16: Linker Ringfinger
17: Kleiner Finger der linken Hand
18: Kleine Zehe links
19: darauf folgende Zehe
20: darauf folgende Zehe
21: darauf folgende Zehe
22: Große Zehe links
23: Linker Fußknöchel
24: Linkes Knie
25: Linke Hüfte
26: Rechte Hüfte
27: Rechtes Knie
28: Rechter Fußknöchel
29: Große Zehe rechts
30: darauf folgende Zehe
31: darauf folgende Zehe
32: darauf folgende Zehe
33: Kleine Zehe rechts

Abb. 4a: Körperbezogenes Zählverhalten verschiedener Insulaner der Torres-Straße.

Bei der Rückkehr des Hirten genügte es, die Börse zu zerschlagen und die Anzahl der Hammel und Ziegen mit der der eingeschlossenen Kügelchen zu vergleichen. Ein Irrtum war nicht möglich; die eingeritzte Schrift und das Siegel waren die Garantie für den Besitzer, und die Kügelchen die Sicherheit für den Hirten ...

Verschiedene »primitive« Völker nehmen zum Zählen noch heute ihren Körper zu Hilfe; sie benutzen dabei Finger und Zehen, Arme und Beine (Ellenbogen, Handgelenke, Fußknöchel, Knie), Augen, Nase, Mund, Ohren, Brüste, Brustkorb, Brustbein, Hüften usw.

Aufschlußreich dafür sind in verschiedenen Gebieten Ozeaniens seit Mitte des vorigen Jahrhunderts gesammelte Zeugnisse, insbesondere die einer Expedition aus Cambridge. So »zählen« nach Gill verschiedene Insulaner der Torres-Straße mit Hilfe folgender Zeichensprache (*Abb. 4a*): »Man berührt die Finger einen nach dem anderen, dann das Handgelenk, den Ellenbogen und die Schulter der rechten Körperhälfte, dann das Brustbein, schließlich die Körperteile der linken Hälfte, ohne die Finger der

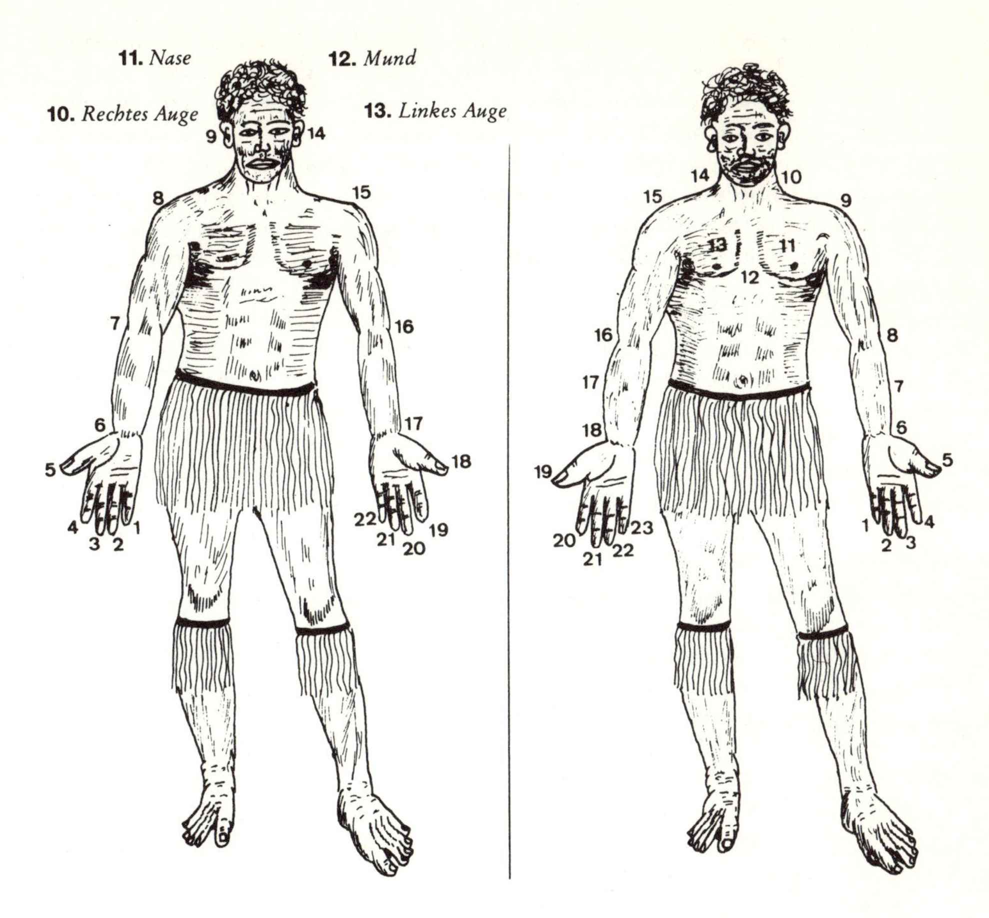

Abb. 4b: Von den Papua Neuguineas verwandtes Verfahren.

Abb. 4c: Von den Elema Neuguineas verwandtes Verfahren.

linken Hand zu vergessen. So erreicht man die Zahl 17. Reicht das nicht aus, nimmt man die Zehen und die Fußknöchel, Knie und Hüften (rechts und links) hinzu. Man kommt so bis zur Zahl 33. Darüber hinaus behilft man sich mit einem Bündel kleiner Stöckchen.« (Zit. n. Haddon 1890, 305 f.)

Die Eingeborenen der Murray-Inseln in der Torres-Straße benutzen ebenfalls Körperteile in einer zuvor festgelegten Reihenfolge; damit können sie Zahlen bis 29 erreichen (Reports 1907, 86 f.); andere verwenden ein entsprechendes Verfahren, mit dem man aber nur bis 19 zählen kann (Haddon 1890). Die gleiche Methode findet sich auch bei den Papua (Reports 1907, 364) und den Elema (Reports 1907, 823) Neuguineas (*Abb. 4 b* und *4c*).*

Diese Beobachtungen geben uns eine Vorstellung davon, wie auch unsere Vorfah-

* Entsprechende Verfahren existieren noch in verschiedenen Gegenden Ozeaniens, Afrikas und Amerikas.

ren ihren Körper als Hilfsmittel zum Zählen eingesetzt haben, was sehr wahrscheinlich der Beginn der Entwicklung des abstrakten Zahlenbegriffs war. Den Eingeborenen ermöglicht dieses Verfahren immerhin die Lösung ihrer praktischen Aufgabenstellungen, wobei sich ihre Art, Zahlen anzuwenden, grundsätzlich von unserer Vorstellung unterscheidet. Aufgrund ihres *prälogischen Verstandes* »zerlegen sie den synthetischen Zahlenbegriff nicht, sondern behalten ihn im Gedächtnis. Sie nehmen keine verallgemeinernde Abstraktion vor, wie wir das tun, sondern eine Abstraktion, die mit der zu zählenden Gesamtheit verbunden bleibt. (...) Dabei bedienen sich die Eingeborenen der Vorstellung von Bewegungen, die der ursprünglichen Menge Elemente hinzufügen oder entnehmen. Mit diesen Bewegungen bleibt die festgelegte Reihenfolge der Körperteile eng verbunden, so daß der Eingeborene jede Zahl in seinem Gedächtnis wiederfinden kann, indem er bis zu dem erinnerten Körperteil zählt.« (Lévy-Bruhl 1928, 207 f.) So wird sich der Eingeborene beispielsweise nach einem Handel daran erinnern, bis zu welchem Körperteil er beim Zählen von Vieh oder Gegenständen gekommen war; er wird den Vorgang wiederholen, indem er mit seinem kleinen linken Finger beginnt – falls die entsprechende Technik diesen als erstes Glied der Zahlenreihe setzt – und wird so die fragliche Zahl wiederfinden, so oft er dies möchte (Haddon 1890).

Um uns dieses Verfahren besser vorstellen zu können, denken wir uns einmal eine Gruppe von Eingeborenen, deren »Ältestenrat« sich versammelt hat, um den Tag und den Monat zu bestimmen, an dem viele verschiedene Stämme zu einer gemeinsamen religiösen Zeremonie zusammenkommen sollen. Dies kann erst einige »Monde« später geschehen, da eine gewisse Zeit notwendig ist, um alle Betroffenen zu verständigen und ihnen die Möglichkeit zu geben, sich rechtzeitig am vereinbarten Ort einzufinden ...

Nach langen Diskussionen legt der »Rat« die Zeremonie auf ein Datum fest, das wir »den *zehnten* Tag des *siebten* Mondes« nennen könnten – vom ersten Tag des Mondes ab »gerechnet«, der auf den Zeitpunkt des Ältestenrats folgt.

Da die Eingeborenen keine abstrakten Zahlen bilden können, wie sie in den Worten »zehnten« und »siebten« zum Ausdruck kommen, bedienen sie sich ihrer Körperteile oder anderer konkreter Hilfsmittel.

Wie werden sie es also anstellen, das festgesetzte »Datum« auszudrücken und zu behalten? Wenn ihr Zählverfahren bis zur Zahl 17 geht und dabei nacheinander die Finger der rechten Hand, ausgehend vom kleinen Finger, dann das Handgelenk, den Ellenbogen und die Schulter der rechten Körperhälfte, das Brustbein und die linken Körperteile berührt werden, um schließlich beim kleinen Finger der linken Hand zu enden (*Abb. 4a*), könnten sie das »Datum« folgendermaßen ausdrücken:

Mond: rechter Ellenbogen,
Tag: linke Schulter,

wobei gleichzeitig die entsprechenden Bewegungen ausgeführt werden müßten.

Zur Erinnerung an dieses Datum würde der Stammeshäuptling an seinem eigenen Körper die beiden Bezugspunkte markieren, indem er z.B. einen Farbstreifen auf seine linke Schulter malen würde, um damit den Tag der Zeremonie festzuhalten, und einen kleinen Kreis auf seinen rechten Ellenbogen, zur Kennzeichnung des Mondes.

Er würde dann seine Boten beauftragen, dasselbe zu tun, um auf diese Weise den anderen Stämmen die Botschaft zu überbringen.

Wie aber können sie feststellen, wann das geplante Datum herangerückt ist?

Wenn der »erste Tag« des »Mondes«, der auf die Versammlung des »Ältestenrates« folgt, herangekommen ist, nimmt der Stammeshäuptling einen mit 30 Kerben versehenen Knochen zur Hand, mit dem er die aufeinanderfolgenden Tage eines »Mondes« zählen kann. Dazu schlingt er einen Knoten um die erste Kerbe seines »Mondkalenders«. Am folgenden Tag knüpft er einen weiteren Knoten um die zweite Kerbe, und immer so weiter bis zum Ende des »Monats« (*Abb. 5*). Nach dem 30. Knoten löst er alle wieder auf und malt sich einen kleinen Kreis auf den ersten Finger der rechten Hand.

Zu Beginn des folgenden »Mondes« schlingt er wiederum eine Schnur um die erste Einkerbung des Knochens; am zweiten Tag tut er dasselbe mit der zweiten Kerbe und fährt wie oben bis zum Eintreten eines neuen »Mondes« fort, um sich dann einen zweiten kleinen Kreis auf den zweiten Finger der rechten Hand zu malen. Während des zweiten Mondes »zählt« er die Tage aber nur bis zur neunundzwanzigsten Kerbe, da seine Vorfahren überliefert haben, daß eine Mondphase abwechselnd 29 oder 30 Tage dauert.*

Abb. 5

So fährt er fort, in abwechselnder Folge von 29 und 30 Tagen – bis der siebte »Mond« einsetzt, d.h. bis er seinen Ellenbogen mit einem kleinen Kreis markiert. Damit ist die Zählung der »Monde« abgeschlossen. Der Häuptling muß sich nun in Bewegung setzen, um zum Ort der Zeremonie zu reisen, denn es verbleiben ihm nur noch zehn Tage beziehungsweise die Zeit bis zur linken Schulter.

Dieses Beispiel zeigt, daß durch die Kombination des Zählens mit Hilfe des Körpers und leicht handhabbaren Gegenständen wie Knoten in einer Schnur, Stäbchen, Kieselsteinen, Kerben usw. auch relativ hohe Zahlen ausgedrückt werden können – Elemente dieses Verfahrens findet man beispielsweise bei den Eingeborenen Australiens (Howitt 1889).

Ein bezeichnendes Zeugnis dafür wurde von Brooke bei den Dajak Südborneos gefunden. Dort hatte ein Bote den Auftrag, einer bestimmten Anzahl von Dörfern, die sich erst aufgelehnt, dann unterworfen hatten, mitzuteilen, wie hoch der »Betrag«

* Die vorwissenschaftlichen Mondphasenberechnungen – auch die der sibirischen Völker – beruhen im allgemeinen *auf der Beobachtung* der ersten Mondsichel (persönliche Mitteilung von L. Bazin).

des den Dajak zu entrichtenden Tributes sei. »Der Bote brachte einige trockene Blätter herbei, die er in einzelne Stücke zerpflückt hatte; ich tauschte sie ihm jedoch gegen bequemer zu handhabendes Papier aus. Er breitete die Stücke eines nach dem anderen auf dem Tisch aus, indem er mit den Fingern bis zehn zählte. Danach legte er seinen Fuß auf den Tisch und zählte alle Zehen, gleichzeitig mit einem Stück Papier, das dem Namen eines Dorfes, seines Häuptlings, der Anzahl der Krieger und der Höhe des Tributs entsprach. Als er mit den Zehen fertig war, begann er wieder mit den Fingern. Am Ende waren 45 Papierstücke auf dem Tisch angeordnet.* Er bat mich dann, die Botschaft nochmals zu wiederholen, während er die Papierstücke, seine Finger und seine Zehen noch einmal durchzählte.

›Das sind unsere Buchstaben‹, sagte er. ›Ihr Weißen lest nicht auf unsere Art.‹

Spät am Abend wiederholte er alles völlig korrekt, und indem er nacheinander den Daumen auf jedes Stück Papier legte, sagte er:

›Nun, wenn ich mich morgen noch an all das erinnere, wird alles gut gehen; lassen wir diese Papierstücke auf dem Tisch liegen.‹ Daraufhin mischte er sie alle durcheinander und legte sie auf einen Stapel. Am nächsten Morgen ging ich mit dem Boten an den Tisch; er ordnete die Papierstücke in der gleichen Reihenfolge wie am Vorabend und wiederholte alle Einzelheiten. Während seines langen Zuges von Dorf zu Dorf tief im Inneren des Landes vergaß er die verschiedenen Summen nicht mehr.« (Brooke zit. n. Lévy-Bruhl 1928, 214 f.)

Der Beginn der Buchführung

Obgleich auch wir manchmal mit denselben Mitteln zählen wie die »Primitiven«, gibt es doch entscheidende Unterschiede in der Zahlenauffassung. Wir gehen beim Zählen ganz selbstverständlich von der Grundeinheit aus und bilden die ganzen Zahlen durch Hinzufügung jeweils einer weiteren Einheit; dieser Vorstellung liegt nach dem französischen Mathematiker Poincaré das Prinzip der Rekursion zugrunde. »Aber der prälogische Verstand, der nicht über abstrakte Begriffe verfügt, geht auf andere Art und Weise vor. Für ihn ist die Zahl nicht von den zu zählenden Gegenständen getrennt. Er benennt nicht die Zahl, sondern die damit verbundene Gesamtheit, die nicht in ihre Einheiten gegliedert ist. Um die ganzen Zahlen als arithmetische Reihe darstellen zu können, muß der Zahlenbegriff von der Benennung einer bestimmten Gesamtheit getrennt werden. Genau dies kann der prälogische Verstand jedoch nicht. Er verbindet mit der Zahl bestimmte, ihm bekannte Mengen von Lebewesen oder Gegenständen; dabei nimmt er deren Zahl wahr, ohne sie abstrakt zu begreifen.« (Lévy-Bruhl 1928, 219 f.)

Um trotzdem eine Menge zahlenmäßig bestimmen zu können, setzen die Völker, die nicht abstrakt zählen können, Einheit mit Einheit in Beziehung. Dieser intellektuelle Kunstgriff, der auch in der modernen Wissenschaft Anwendung findet, geht auf den Begriff des Paares zurück und besteht aus der Zuordnung der einzelnen Elemente zweier Mengen zueinander, so daß jedem Element der einen Menge ein Element der

* Jedes Stück Papier entspricht einem Finger und einem Dorf, jede Zehe zehn Fingern.

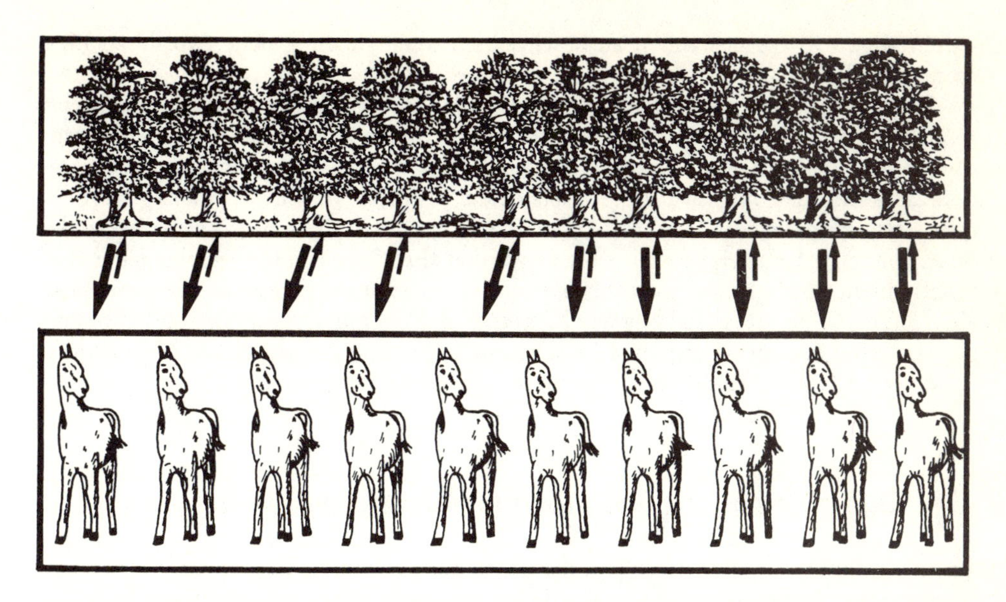

Abb. 6: Eine gegebene Menge kann einer anderen Menge paarweise zugeordnet werden, wenn jedem Element der einen Menge ein Element der anderen entspricht und umgekehrt.

anderen entspricht. Dieses Verfahren nennt man in der Mathematik *paarweise Zuordnung* oder *Bijektion** (*Abb. 6*).

Befinden wir uns beispielsweise in einem Kino, in dem alle Sitze besetzt sind, ohne daß jemand steht, so entspricht jedem Sessel ein Zuschauer und umgekehrt; der Menge der Sessel kann also die Menge der Zuschauer paarweise zugeordnet werden. Wir können damit sagen, daß es genausoviele Zuschauer wie Sessel gibt, daß beide Mengen die gleiche Anzahl an Elementen umfassen. Durch die paarweise Zuordnung sind wir also ohne Zählen in der Lage festzustellen, ob zwei Mengen aus der gleichen Anzahl von Elementen bestehen oder nicht. Außerdem wird bei der paarweisen Zuordnung ein abstrakter Begriff gebildet, der eine den beiden verglichenen Mengen gemeinsame Eigenschaft bezeichnet, ein Begriff, *der von der Natur der gegebenen Gegenstände vollkommen unabhängig ist.*

Wenn man also den Unterschied zwischen zwei Mengen, der in der Beschaffenheit ihrer Elemente liegt, vernachlässigt, gelangt man zu einem abstrakten Begriff, der den Ausgangspunkt der Entwicklung des abstrakten Zahlenbegriffs bildet. Im nächsten Schritt kann jeder betrachteten Menge eine Menge zugeordnet werden, die man »Hilfsmenge« nennen könnte. Mit einer solchen »Hilfsmenge« wird es möglich sein,

* Schon ein zweijähriges Kind kann Einheiten miteinander in Beziehung setzen und Mengen einander paarweise zuordnen: Wenn wir ihm ebensoviele Stühle wie Puppen geben, so wird es vermutlich jede Puppe auf einen Stuhl setzen; es ordnet also den Gegenständen einer ersten Menge (*die Puppen*) die Elemente einer zweiten (*die Stühle*) paarweise zu. Geben wir ihm dagegen mehr Stühle als Puppen oder umgekehrt, so wird es nach kurzer Zeit in Verlegenheit kommen, da es die Unmöglichkeit einer paarweisen Zuordnung feststellen wird (Piaget/Széminska 1941).

jede Menge von Gegenständen zu beschreiben, wenn sie die gleiche Anzahl an Elementen umfaßt.

Ein auf diesen Voraussetzungen aufgebautes Zählverfahren erlaubt es, unter mehreren »Hilfsmengen« jeweils die auszuwählen, deren Elemente einer beliebigen Menge, die zahlenmäßig bestimmt werden soll, paarweise zugeordnet werden können. So kann man mit zwanzig Kieselsteinen, zwanzig Stäbchen, zwanzig Kerben oder zehn Fingern und zehn Zehen ebensogut zwanzig Menschen, zwanzig Pferde oder zwanzig Maß Weizen »zählen«. Es werden also Gegenstände verschiedener Beschaffenheit, aber gleicher Anzahl zueinander in Beziehung gesetzt; die paarweise Zuordnung ist damit eine »konkrete Messung« der *Quantität* einer Menge, unabhängig von der *Qualität* ihrer Elemente. Die intellektuelle Leistung dieser Abstraktion kann als die Geburtsstunde des abstrakten Zahlenbegriffs gelten.

Der Ausdruck von Zahlen durch Gebärden und Worte

Beim »Abzählen« benützen Völker, die heute noch in einem Urzustand leben, eher eine lautlose Zeichensprache als mündliche Ausdrücke. Bei »geschäftlichen Transaktionen« oder bei der Übermittlung einer Botschaft – z.B. über das Datum einer Zeremonie – wird der »Primitive« den Namen einer Zahl nicht aussprechen. Vielmehr wird er nur die betreffende Anzahl von Körperteilen in der festgesetzten Reihenfolge abzählen, begleitet von den entsprechenden Gesten. Dabei sind die Angesprochenen dazu gezwungen, den »Sprecher« anzusehen (Pelseneer 1965). Hier stellt sich die Frage, ob die einfache Aufzählung der Körperteile nicht ausreicht, um die Namen der ganzen Zahlen, also eine arithmetische Reihe auszudrücken? Zur Beantwortung dieser Frage können Zeugnisse aus Ozeanien herangezogen werden (Lévy-Bruhl 1928).

Das erste Beispiel stammt aus der Sprache der Papua im Nordosten Neuguineas: »Nach Sir W. MacGregor ist die Sitte, am Körper abzuzählen, in allen Dörfern am Unterlauf des Flusses Musa verbreitet. Man beginnt mit dem kleinen Finger der rechten Hand, benützt die weiteren Finger dieser Seite, geht dann zum Handgelenk, zum Ellenbogen, zur Schulter, zum Ohr und zum Auge auf dieser Seite über; von dort aus fährt man mit dem Auge der linken Seite usw. fort bis zum kleinen Finger der linken Hand.« (Reports 1907, 86) Weiterhin wird berichtet, daß jede dieser Gebärden von einem Wort der Papuasprache begleitet ist (vgl. *Tabelle I*).

Die verwendeten Worte sind ganz einfach die Namen der entsprechenden Körperteile und keine Zahlworte im eigentlichen Sinn: Die Bezeichnung *anusi* gilt für die Zahlen 1 und 22 gleichzeitig; sie benennt den kleinen Finger der rechten und der linken Hand. Wie soll man aber unter diesen Umständen wissen, welche Zahl mit *anusi* gemeint ist? Ebenso dient das Wort *doro* zur Bezeichnung des Ring-, des Mittel- und des Zeigefingers beider Hände. Wie könnte ein einziger Name dazu verwendet werden, die Zahlen 2, 3, 4, 19, 20 und 21 zu bezeichnen, wenn er nicht durch eine Gebärde präzisiert würde, die wiederum jeden der Finger so deutlich kennzeichnen muß, daß keine Verwechslung möglich ist?

In anderen Gegenden Neuguineas findet man eine ähnliche Form des Abzählens, die durch eine Zeichensprache ergänzt wird (Chalmers 1898; vgl. *Tabelle II*).

ZAHL	ENTSPRECHENDE GESTE	NAME DER GESTE
1	Kleiner Finger der rechten Hand	*anusi*
2	Ringfinger der rechten Hand	*doro*
3	Mittelfinger der rechten Hand	*doro*
4	Zeigefinger der rechten Hand	*doro*
5	Daumen der rechten Hand	*ubei*
6	Handgelenk der rechten Hand	*tama*
7	Rechter Ellenbogen	*unubo*
8	Rechte Schulter	*visa*
9	Rechtes Ohr	*denoro*
10	Rechtes Auge	*diti*
11	Linkes Auge	*diti*
12	Nase	*medo*
13	Mund	*bee*
14	Linkes Ohr	*denoro*
15	Linke Schulter	*visa*
16	Linker Ellenbogen	*unubo*
17	Rechtes Handgelenk	*tama*
18	Daumen der linken Hand	*ubei*
19	Zeigefinger der linken Hand	*doro*
20	Mittelfinger der linken Hand	*doro*
21	Ringfinger der linken Hand	*doro*
22	Kleiner Finger der linken Hand	*anusi*

TABELLE I

ZAHL	ENTSPRECHENDE GESTE	NAME DER GESTE
1	Kleiner Finger der linken Hand	*monou*
2	Ringfinger der linken Hand	*reere*
3	Mittelfinger der linken Hand	*kaupu*
4	Zeigefinger der linken Hand	*moreere*
5	Daumen der linken Hand	*aira*
6	Rechtes Handgelenk	*ankora*
7	Rechter Unterarm	*mirika mako*
8	Linker Ellenbogen	*na*
9	Linke Schulter	*ara*
10	Linke Seite des Halses	*ano*
11	Linke Brust	*ame*
12	Brustbein	*unkari*
13	Rechte Brust	*amenekai*
14	Rechte Seite des Halses	*ano*
usw.	usw.	....

TABELLE II

Hier steht das Wort *ano* für die Zahlen 10 und 14 und bezeichnet die rechte und die linke Halsseite, was ausschließt, daß die verwendeten Namen wirkliche »Zahlworte« sind. Trotzdem sind Zweideutigkeiten ausgeschlossen, da die gesprochenen Worte von Gesten auf die in einer festgesetzten Reihenfolge angeordneten Körperteile begleitet werden. Zweifellos genügt diese einfache Aufzählung der Körperteile nicht, die Reihe der ganzen Zahlen auszudrücken, wenn sie nicht von einer Abfolge entsprechender Gebärden begleitet wird. Andererseits ist das Zählen nicht an den mündlichen Ausdruck gebunden: Man kann jede Zahl benennen, ohne ein einziges Wort zu sprechen. Eine »Zeichensprache der Zahlen«, die allgemein verbindlich ist, reicht dazu vollkommen aus.

Wir können davon ausgehen, *daß die Zeichensprache beim Zählen der gesprochenen Sprache vorausgegangen ist.** Außerdem steht zu vermuten, daß die Zahlworte direkt auf diese körperbezogene Zeichensprache zurückgehen, die heutigen Zahlenbezeichnungen also in grauer Vorzeit Namen für die Körperteile waren, mit denen die jeweilige Zahl gezeigt wurde.

Gerade dort, wo diese ursprüngliche Bedeutung der Zahlworte noch erhalten ist, finden wir auch heute noch die entsprechende Zeichensprache, mit der gezählt wird.

So haben die Zahlworte der Bugilai Neuguineas folgende Bedeutungen (Chalmers 1898; Lévy-Bruhl 1928):

1: *Tarangesa:* linker kleiner Finger
2: *Meta kina:* Ringfinger
3: *Guigimeta kina:* Mittelfinger
4: *Topea:* Zeigefinger
5: *Manda:* Daumen
6: *Gaben:* Handgelenk
7: *Trankgimbe:* Ellenbogen
8: *Podei:* Schulter
9: *Ngama:* linke Brust
10: *Dala:* rechte Brust

Bei den Lengua-Indianern des Chaco in Paraguay gibt es eine Reihe von Zahlwörtern, deren ursprünglicher Sinn bestimmte Gesten bezeichnet (Hawtrey 1902; Lévy-Bruhl 1928). Für die beiden ersten Zahlen benutzen sie Eigennamen, die sich anscheinend nicht auf eine Körpersprache beziehen. Die weiteren werden ungefähr folgendermaßen benannt (vgl. *Abb. 7*):

3: *Verbindung von eins und zwei*
4: *beide Seiten gleich*
5: *Eine Hand*
6: *auf der anderen Hand, eins*
7: *auf der anderen Hand, zwei*
8: *auf der anderen Hand, Verbindung von eins und zwei*
9: *auf der anderen Hand, beide Seiten gleich*
10: *beide Hände voll*
11: *auf dem Fuß, eins*
12: *auf dem Fuß, zwei*
13: *auf dem Fuß, Verbindung von eins und zwei*
14: *auf dem Fuß, beide Seiten gleich*
15: *Fuß voll*
16: *auf dem anderen Fuß, eins*
17: *auf dem anderen Fuß, zwei*
18: *auf dem anderen Fuß, Verbindung von eins und zwei*
19: *auf dem anderen Fuß, beide Seiten gleich*
20: *Füße voll*

* Conant 1923; Cushing 1892; Eels 1913; Lévy-Bruhl 1928; Menninger 1957/58; MacGee 1897/98; Schmidl 1915.

Abb. 7: Zeichensprache, mit der von 1 bis 20 gezählt werden kann, wobei nur Finger und Zehen benutzt werden.

Die Zahlwörter der Zuni nennt Cushing (1892) »manuelle Begriffe«:

1. *Töpinte:* an den Anfang gesetzt
2. *Kwilli:* mit dem Vorangegangenen oben
3. *Kha'i:* der Finger, der zu gleichen Teilen teilt
4. *Awite:* alle Finger oben außer einem
5. *Öpte:* die Kerbe
6. *Topalik'ye:* eins zu dem bereits Gezählten hinzugezählt
7. *Kwillik'ya:* zwei mitgebracht und mit den anderen oben
8. *Khailik'ya:* drei mitgebracht und mit den anderen oben
9. *Tenalik'ya:* alle außer einem mit den anderen oben
10. *Ästem'thila:* alle Finger
11. *Ästem'thila topayä'thl'tona:* alle Finger und dazu noch einer oben...

Aufgrund dieser und vieler anderer Beispiele* können wir die Entwicklung der Zahlwörter im eigentlichen Sinn rekonstruieren.

Erste Phase: Der Mensch wird von großen Zahlen überfordert. Seine Zahlenvorstellung beschränkt sich auf das, was er mit einem Blick erfassen kann. Die Zahl ist in seiner Vorstellung noch direkt an die wahrgenommene Realität gebunden und von der Natur der ihn unmittelbar umgebenden Gegenstände nicht ablösbar.**

Um Mengen mit mehr als vier Elementen zu beschreiben, bedient er sich verschiedener Hilfsmittel, mit denen er bis zu einem gewissen Punkt »zählen« kann. Diese Verfahren beruhen alle auf der Zuordnung der einzelnen Elemente zueinander. Dazu gehören vor allem das Zählen mit den Fingern oder dem ganzen Körper, die jederzeit zugängliche Hilfsmengen darstellen. Dabei bezeichnen die artikulierten »Zahlwörter« die Elemente der Hilfsmenge, mit denen die entsprechende Zahl gezeigt wird.

Zweite Phase: Die Zahlwörter der ersten Phase, die in erster Linie Namen für die entsprechenden Körperteile sind, verlieren durch ihren Gebrauch beim Zählen zunehmend ihre ursprüngliche Bedeutung, so daß sie »unmerklich halb abstrakt und halb konkret werden, je mehr die Namen vor allem der ersten fünf Zahlen die Vorstellung einer bestimmten Zahl hervorrufen und nicht mehr auf die einzelnen Körperteile bezogen werden. Das Zahlwort hat die Tendenz, sich von seinem ursprünglichen Bedeutungsinhalt zu lösen, um auf alle Gegenstände anwendbar zu werden.«(Lévy-Bruhl 1928, 216)

* Boyer 1968; Conant 1923; Eels 1913; Gouda 1953; Lévy-Bruhl 1928; MacGee 1897/98; Menninger 1957/58; Russell 1928; Schmidl 1915; Scriba 1968; Seidenberg 1962; Tylor 1871; Zaslavsky 1970.

** So gibt es »auf den Fidschi-Inseln und auf den Salomonen Sammelbegriffe für Zehnergruppen von Dingen, die ziemlich willkürlich zusammengestellt sind: Weder die Zahl noch der Name der Sache wird zum Ausdruck gebracht.« (Codrington zit. n. Lévy-Bruhl 1928, 220) Lévy-Bruhl (1928, 220) bezeichnet diese Begriffe als »Gruppenzahlen«. »So bedeutet in Florida z.B. *na kua* ›zehn Eier‹; *na banara* ›zehn Körbe mit Lebensmitteln...‹. Auf den Fidschi-Inseln bedeutet *bola* ›hundert Kanus‹, *koro* ›hundert Kokosnüsse‹ und *salavo* ›tausend Kokusnüsse‹ (...) Ebenfalls auf den Fidschi-Inseln werden ›vier Kanus in Fahrt‹ mit *a waga sagai va* bezeichnet. ›Zwei Kanus zusammen unter Segel‹ heißen auf Mota *aku peperua* (Schmetterlinge zwei Kanus), aufgrund des Anblicks der beiden Segel ...« (Codrington zit. n. Lévy-Bruhl 1928, 220) Andere Beispiele ähnlicher Art findet man bei Lévy-Bruhl (1928), Conant (1923) und bei Stephan (1905).

	Griechisch	Latein	Italienisch	Französisch	Spanisch	Portugiesisch	Rumänisch	Sanskrit (Indien)	Russisch
1	*hén*	*unus*	*uno*	*un*	*uno*	*um*	*uno*	*éka*	*odjn*
2	*dúo*	*duo*	*due*	*deux*	*dos*	*dois*	*doi*	*dvi*	*dva*
3	*treís*	*tres*	*tre*	*trois*	*tres*	*tres*	*trei*	*tri*	*tri*
4	*téttares*	*quattuor*	*quattro*	*quatre*	*cuatro*	*quatro*	*patru*	*tchatur*	*tchetjre*
5	*pénte*	*quinque*	*cinque*	*cinq*	*cinco*	*cinco*	*cinci*	*pañcha*	*pjat'*
6	*héx*	*sex*	*sei*	*six*	*seis*	*seis*	*shase*	*śas*	*chest'*
7	*heptá*	*septem*	*sette*	*sept*	*siete*	*sete*	*shapte*	*sapta*	*sem'*
8	*októ*	*octo*	*otto*	*huit*	*ocho*	*oito*	*opt*	*asta*	*vosem'*
9	*ennéa*	*novem*	*nove*	*neuf*	*nueve*	*nove*	*noue*	*nava*	*devjat'*
10	*déka*	*decem*	*dieci*	*dix*	*diez*	*dez*	*zece*	*daça*	*desjat'*

	Tschechisch	Baltisch	Gotisch	Hochdeutsch			Alt-sächsisch	Angel-sächsisch	Englisch
				Althochdeutsch	Mittelhochdeutsch	Neuhochdeutsch			
1	*jeden*	*vienes*	*ains*	*ein*	*eins*	*eins*	*en*	*an*	*one*
2	*dva*	*du*	*twa*	*zwene*	*zwene*	*zwei*	*twene*	*twegen*	*two*
3	*tři*	*trys*	*preis*	*dri*	*drei*	*drei*	*thria*	*pri*	*three*
4	*tchtyři*	*keturi*	*fidwor*	*vier*	*vier*	*vier*	*fiuwar*	*feower*	*four*
5	*pět*	*penki*	*fimf*	*fünf*	*fünf*	*fünf*	*fif*	*fif*	*five*
6	*shest*	*sheshi*	*saíhs*	*sehs*	*sehs*	*sechs*	*sehs*	*six*	*six*
7	*sedm*	*septyni*	*sibun*	*siben*	*siben*	*sieben*	*sibun*	*seofou*	*seven*
8	*osm*	*ashtuoni*	*ahtaú*	*ahte*	*ahte*	*acht*	*ahto*	*eahta*	*eight*
9	*devět*	*devyni*	*niun*	*niun*	*niun*	*neun*	*nigun*	*nigon*	*nine*
10	*deset*	*deshimt*	*taíhun*	*zehan*	*zehen*	*zehn*	*tehan*	*tyn*	*ten*

	Holländisch	Altnordisch	Isländisch	Dänisch	Schwedisch	Irisch	Gallisch	Gaelisch	Bretonisch
1	*een*	*einn*	*einn*	*en*	*en*	*oin*	*un*	*un*	*eun*
2	*twee*	*tveir*	*tveir*	*to*	*twa*	*da*	*dau*	*dow*	*diou*
3	*drie*	*prir*	*prir*	*tre*	*tre*	*tri*	*tri*	*tri*	*tri*
4	*vier*	*fjorer*	*fjorir*	*fire*	*fyra*	*cethir*	*petwar*	*peswar*	*pevar*
5	*vijf*	*fimm*	*fimm*	*fem*	*fem*	*coic*	*pimp*	*pymp*	*pemp*
6	*zes*	*sex*	*sex*	*seks*	*sex*	*se*	*chwe*	*whe*	*chouech*
7	*zeven*	*siau*	*sjö*	*syv*	*sju*	*secht*	*seith*	*seyth*	*seiz*
8	*acht*	*atta*	*atta*	*otte*	*åtta*	*ocht*	*wyth*	*eath*	*eiz*
9	*negen*	*nio*	*níu*	*ni*	*nio*	*noi*	*naw*	*naw*	*nao*
10	*tien*	*tio*	*tíu*	*ti*	*tio*	*deich*	*dec*	*dek*	*dek*

TABELLE III

Dritte Phase: »Mit der Durchsetzung des Zahlworts ist dieses genauso anwendbar wie der Gegenstand, den es ursprünglich benannte. Daraus entsteht die Notwendigkeit, das Zahlwort vom Namen des Gegenstandes zu unterscheiden und seine Lautform so zu verändern, daß es in keinem Fall mehr mit dem Gegenstand in Verbindung gebracht wird. Je mehr sich der Mensch sprachlich ausdrücken kann, desto mehr werden Zeichen durch Laute ersetzt und aus Zählgesten abstrakte Zahlwörter. Der Verstand wird fähig, diesen abstrakten Zeichen eine konkrete Vorstellung zuzuordnen, so daß einfache Worte zu Mengenbezeichnungen werden.« (Dantzig 1931, 16)

Demnach können auch die heutigen französischen Namen für die ersten zehn ganzen Zahlen vor langer Zeit Namen von Körperteilen gewesen sein, mit deren Hilfe »gezählt« wurde. Diese Worte haben ihre ursprüngliche Bedeutung jedoch längst verloren – immerhin läßt sich ihre indoeuropäische Herkunft belegen (vgl. *Tabelle III*) –, so daß wir diese Vermutung nicht überprüfen können (Menninger 1957/58).

Zählen als Fähigkeit des Menschen

Der menschliche Verstand ist erst dann in der Lage, die ganzen Zahlen abstrakt zu erfassen, wenn er getrennte Einheiten erkennen und zu einer begrifflichen »Synthese« zusammenfassen kann. Diese intellektuelle Fähigkeit, die vor allem das Erlernen der Analyse, des Vergleichs und der Abstraktion von individuellen Unterschieden voraussetzt, beruht auf einem Denkvorgang, der zusammen mit der Paarung und der Klassifizierung den Ausgangspunkt aller Wissenschaften darstellt. Aufgrund dieses Denkschrittes – der Bildung von Rangfolgen – können Begriffe nach ihrem Grad an Allgemeinheit geordnet werden: *Individuen* ordnen sich den *Arten,* diese wiederum den *Familien* unter, die ihrerseits in den *Gattungen* enthalten sind und so weiter.

Das abstrakte Rechnen erfordert darüber hinaus, daß die ganzen Zahlen innerhalb eines *Systems einander übergeordneter Zahleneinheiten, die fortschreitend die vorhergehenden umfassen,* eingeordnet werden können. Außerdem müssen die uns umgebenden Objekte in eine gegebene Reihenfolge gebracht werden können. Diese Anordnung von Zahlenbegriffen gemäß einer invariablen Abfolge beruht auf dem Gedanken der Rekursion, auf den sich bereits Aristoteles in seiner *Metaphysik* (1057, a) bezieht, wonach die ganze Zahl eine durch das Eine meßbare Vielheit sei.

Dieser Gedanke beruht darauf, daß die ganzen Zahlen als Mengen abstrakter Einheiten begriffen werden, die schrittweise, von der Einheit ausgehend, durch jeweilige Hinzufügung einer weiteren Einheit gebildet werden.

Jede Zahl der Reihe ganzer Zahlen, mit Ausnahme der Einheit selbst, entsteht dadurch, daß man der ganzen Zahl, die ihr vorangeht, eine weitere Einheit hinzufügt (*Abb. 8*). Daraus ergibt sich nach Schopenhauer, *daß jede natürliche ganze Zahl die vorangehenden als Ursache ihrer Existenz voraussetzt.* Unser Verstand ist nämlich nur dann in der Lage, eine Zahl zu begreifen, wenn er sich die vorangehenden bereits angeeignet hat. Das ist das, was wir zu Beginn des Abschnittes als Fähigkeit zur begrifflichen Synthese voneinander getrennter Einheiten bezeichnet haben. Wenn diese intellektuelle Fähigkeit fehlt, werden die Zahlen in unserer Vorstellung wieder ziemlich ungenaue, pauschale Begriffe.

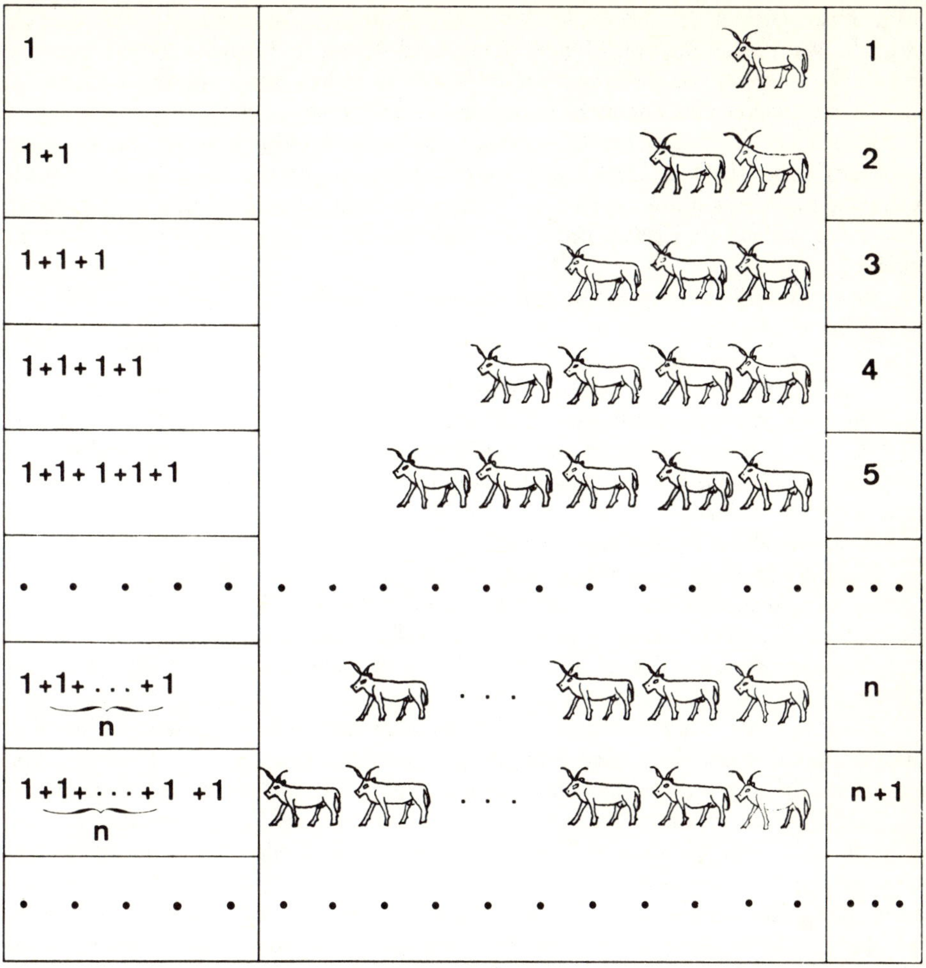

1		1
1+1		2
1+1+1		3
1+1+1+1		4
1+1+1+1+1		5
• • • • •	• • • • • • • • • • •	• • •
$\underbrace{1+1+\ldots+1}_{n}$	. . .	n
$\underbrace{1+1+\ldots+1}_{n}+1$	. . .	n+1
• • • • •	• • • • • • • • • • •	• • •

Abb. 8: Die Bildung ganzer Zahlen durch das Prinzip der Rekursion.

Betrachten wir als Beispiel ein kleines Kind. Solange es in seiner Entwicklung noch nicht in der Lage ist, das Prinzip der Rekursion zu begreifen, kann es eine gegebene Menge nur dann durch paarweise Zuordnung erfassen, wenn es eine zweite Menge von Gegenständen vor sich hat. Wenn es dieses Stadium zwischen dem dritten und dem vierten Lebensjahr überwindet, wird es schnell zählen und rechnen lernen (Hotyat/Delepine-Messe 1973; Piaget/Széminska 1941).* Nach dieser Altersstufe macht das Kind den wesentlichen Schritt, der seine mathematische Lernfähigkeit

* Die Pädagogik spricht in diesem Alter vom »vorrechnerischen« Stadium.

prägt: Es entwickelt sich die Vorherrschaft des abstrakten Zahlenbegriffs über die rein sinnliche Wahrnehmung von Mengen. Das Kind wird also zunächst lernen, bis zehn zu zählen, wobei es vor allem seine zehn Finger zu Hilfe nimmt, um die Zahlenfolge dann immer weiter auszudehnen, je mehr es abstrahieren kann.

In seinem kleinen Erinnerungsbuch über die Kindheit seiner Söhne zeigt Georges Duhamel (1922, 123 f.), wie Bernard, genannt »Baba«, sogar noch ehe er die Namen der Zahlen kannte, bereits das Prinzip der natürlichen Zahlenreihe anwandte:

»Aller Anfang ist schwer. Baba zieht sich aus der Affäre, so gut er es vermag. Er erklärt:

›Ich möchte Bonbons haben. Gib mir welche für alle.‹

›Wieviel?‹

›Eines, und eines, und eines.‹

Nun ist alles klar, aber richtige Arithmetik ist das noch nicht. Dann beginnt er, mit den Fingern zählen zu lernen. Wenn man ihn nach seinem Alter fragt, dem von Maryse oder dem von Robert, hebt er mit ziemlicher Genauigkeit die richtige Anzahl von Fingern. Dabei braucht er erst die eine Hand, dann die andere. Und nun wird es plötzlich kompliziert:

›Und wie alt ist Jacqueline?‹

Er überlegt einen Augenblick und antwortet:

›Ja, für Jacqueline braucht man einen kleinen Zeh!‹«

Sobald die ganzen Zahlen in das System der natürlichen Abfolge eingeordnet sind, erlauben sie die Entwicklung einer weiteren, höchst wichtigen Fähigkeit: das Zählen.

Die Elemente einer Menge zu »zählen« bedeutet, jedem Element ein Symbol zuzuordnen, d.h. ein Wort, eine Gebärde oder ein Schriftzeichen, welches einer Zahl entspricht, die durch die Folge der ganzen Zahlen gewonnen wird; man beginnt mit der Einheit und schreitet fort, bis die Elemente dieser Menge verbraucht sind (Abb. 9). Jedes Symbol oder jede den einzelnen Bestandteilen der betrachteten Gesamtheit gegebene Bezeichnung ist eine Ordnungszahl innerhalb der durch das Zählen in eine Reihe verwandelten Menge. Die Ordnungszahl des letzten Gegenstandes der Menge gibt zugleich die Anzahl ihrer Bestandteile wieder. Selbstverständlich ist die auf diese Weise erzielte Zahl vollkommen unabhängig von der Reihenfolge der Zuordnung der Elemente: Ob man bei dem einen oder dem anderen Bestandteil zu zählen beginnt, ist einerlei; das Verfahren führt stets zum gleichen Resultat.

Betrachten wir z.B. eine Schachtel, die »mehrere« Kugeln enthält. Wenn wir irgendeine dieser Kugeln herausnehmen und mit der »Nummer« 1 bezeichnen, so handelt es sich um die *erste* der Schachtel entnommene Kugel. Nehmen wir eine zweite Kugel aus der gleichen Schachtel, so ordnen wir ihr die »Nummer« 2 zu. Auf diese Weise fahren wir fort, bis keine Kugel mehr in der Schachtel verbleibt. Der letzten Kugel haben wir eine bestimmte Nummer aus der Reihe der ganzen Zahlen gegeben. Ist es die Nummer 20, so können wir sagen, daß es »zwanzig« Kugeln sind. Wir haben damit – durch Zählen – eine ungenaue Information – »es sind mehrere Kugeln da« – durch eine exakte ersetzt.

Betrachten wir eine Gruppe »verstreuter«, ungeordneter Punkte (*Abb. 10*). Um ihre Anzahl zu ermitteln, kann man sie durch eine »Zickzacklinie« miteinander verbinden, die man schrittweise von einem Punkt zum anderen zieht, ohne einen zu

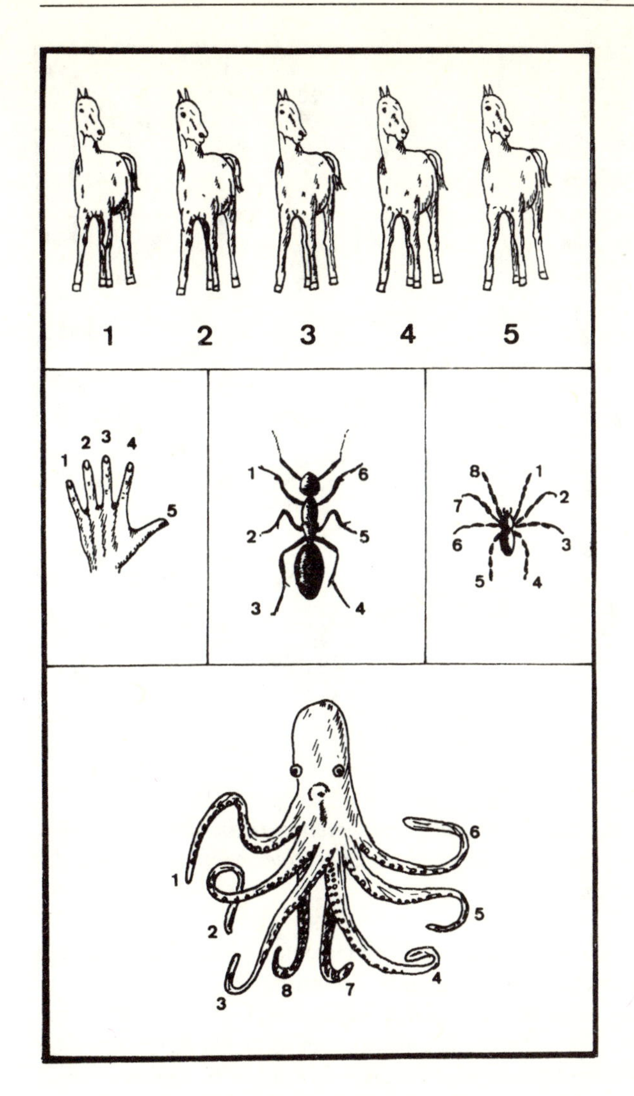

Abb. 9: Die Zuordnung von Zahlen führt von der konkreten Gesamtheit zur abstrakten Zahl.

vergessen oder zweimal zu zählen. Die Punkte bilden dann eine *Kette;* jedem Punkt dieser Kette kann eine Ordnungszahl zugeschrieben werden, indem man von einem der beiden Endpunkte ausgeht. Die letzte Zahl, die dem anderen Endpunkt der Kette zugeordnet ist, ergibt die Anzahl der Punkte.

Durch die Zahlenfolge und das Zählen wird der heterogene und unpräzise Begriff der Gesamtheit durch den abstrakten und homogenen Begriff der »absoluten Anzahl« ersetzt. Damit kann der menschliche Verstand Gegenstände einer Menge (in dem von uns verstandenen Sinne) nur dann »zählen«, wenn er gleichzeitig über drei Fähigkeiten verfügt (Balmes 1965, II, 115):

1. Er muß in der Lage sein, jedem Gegenstand einen »Rang« zuteilen zu können.

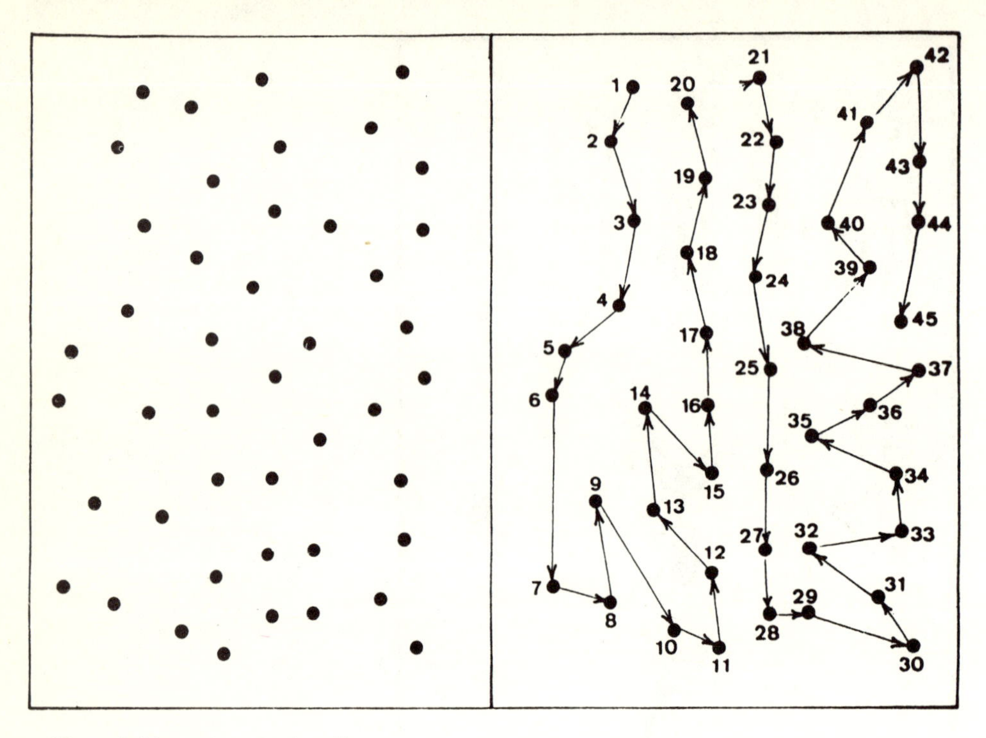

Abb. 10: Zählung einer »Punktwolke«.

2. *Er muß die jeweilige Einheit auf die vorangegangenen zurückbeziehen können.*
3. *Er muß vom schrittweisen Vorgehen des Zählens auf die gleichzeitige Existenz des Gezählten schließen können.*

Der Zahlbegriff scheint doch wesentlich komplizierter zu sein, als es auf den ersten Blick scheint. Bourdin erzählt hierzu folgende Anekdote:

»Ich kannte jemanden, der es beim Einschlafen hatte vier Uhr schlagen hören und folgendermaßen mitzählte: ›Eins, eins, eins und eins.‹ Angesichts der Absurdität seiner Wahrnehmung hatte er ausgerufen: ›Jetzt ist die Turmuhr verrückt geworden, sie hat viermal ein Uhr geschlagen!‹« (Zit. n. Balmes 1965, II, 115)

Der Begriff der ganzen Zahl hat zwei komplementäre Aspekte: den »kardinalen«, der sich auf das Prinzip der paarweisen Zuordnung gründet, und den »ordinalen«, der zusätzlich zur paarweisen Zuordnung die Folge der natürlichen Zahlen voraussetzt.

Dieser Unterschied kann durch ein einfaches Beispiel verdeutlicht werden: Der Monat Januar eines beliebigen Kalenderjahres hat 31 Tage. Die ganze Zahl 31 nennt die Anzahl der Elemente, aus denen die Menge »Januar« besteht. Es handelt sich hier um eine Kardinalzahl. Wenn wir uns dagegen den Ausdruck »den 31. Januar« ansehen, so ist die Zahl »einunddreißig« eine Ordinalzahl, obwohl sie beispielsweise im Französischen nicht die sprachliche Form einer Ordinalzahl hat. Dieser Ausdruck bezeichnet den »einunddreißigsten« Tag des fraglichen Monats; er legt den Rang eines Elements innerhalb einer Gruppe von 31 Tagen fest. Es handelt sich hier eindeutig um eine Ordinalzahl.

»Wir gehen so leicht von Kardinal- zu Ordinalzahlen über, daß wir diese beiden Aspekte der ganzen Zahl nicht mehr auseinanderhalten. Wenn wir die Anzahl der Gegenstände einer Menge, also ihre Kardinalzahl, bestimmen wollen, suchen wir nicht mehr nach einer Hilfsmenge, mit der wir sie vergleichen können, wir ›zählen‹ sie ganz einfach. Dieser Fähigkeit, die beiden Aspekte der Zahl gleichzusetzen, verdanken wir unsere Fortschritte in der Mathematik. Während uns in der Praxis nur die Kardinalzahl interessiert, kann diese Zahl doch nicht die Grundlage der Arithmetik bilden, da die Rechenarten auf der stillschweigenden Voraussetzung beruhen, daß wir stets von jeder Zahl auf die ihr nachfolgende übergehen können – die Zahl also als Ordinalzahl begriffen wird. Die paarweise Zuordnung allein reicht nicht aus, um zu rechnen; ohne unsere Fähigkeit, die Gegenstände durch die natürliche Zahlenfolge zu gliedern, wäre nur ein sehr geringer Fortschritt möglich geworden. Unser Zahlensystem beruht auf den beiden Prinzipien der Zuordnung und der Rangfolge, die das Gewebe der Mathematik und aller Bereiche der exakten Wissenschaften bilden.« (Dantzig 1931, 16 f.)

Symbolische Darstellungen der Zahl

Um sich die Zahlen anzueignen, sie zu behalten, zu unterscheiden und zu kombinieren, ordnete der Mensch ihnen nach und nach »Symbole« zu. Er konnte nun das Zählen mit Gegenständen durch eine entsprechende Operation mit Zahlensymbolen ersetzen.*

Der Mensch entwickelte dabei verschiedene Möglichkeiten, Zahlen symbolisch darzustellen:

Konkrete Zahlzeichen: Gegenstände aller Art (Kieselsteine, Muscheln, Knöchelchen, harte Früchte, Stäbchen, geometrische Gegenstände verschiedener Größe und Form aus Ton), Kerben in Knochen oder Holz, Rechnungen mit Kreide, Buchführung mit geknoteten Schnüren, aber auch Gesten mit Fingern, Zehen oder sonstigen Körperteilen, wobei die Gesten eine anschauliche oder vorab festgelegte Bedeutung haben konnten.

Mündliche Zahlzeichen: Worte der gesprochenen Sprache, die aus verschiedenen Bereichen stammen können:

- konkrete Begriffe, in denen die Zahl enthalten war – die »Sonne«, der »Mond« oder das »männliche Glied« als Bezeichnung der Einheit; die »Augen«, die »Brüste« oder die »Flügel eines Vogels« für das Paar; die »Blätter des gewöhnlichen Klees« für die Drei; die »Pfoten eines Tieres« für vier; die »Finger einer Hand« für fünf usw.;

* Dies beweist, daß sich *die Zahl nicht aus den Dingen herleitet, sondern aus dem sich auf die Dinge richtenden Denken* (Balmes 1965, II, 115), wobei die Wirklichkeit die Zahl nahelegt, aber keineswegs hervorbringt; wir verwandeln die Realität in einen Gegenstand des Denkens.

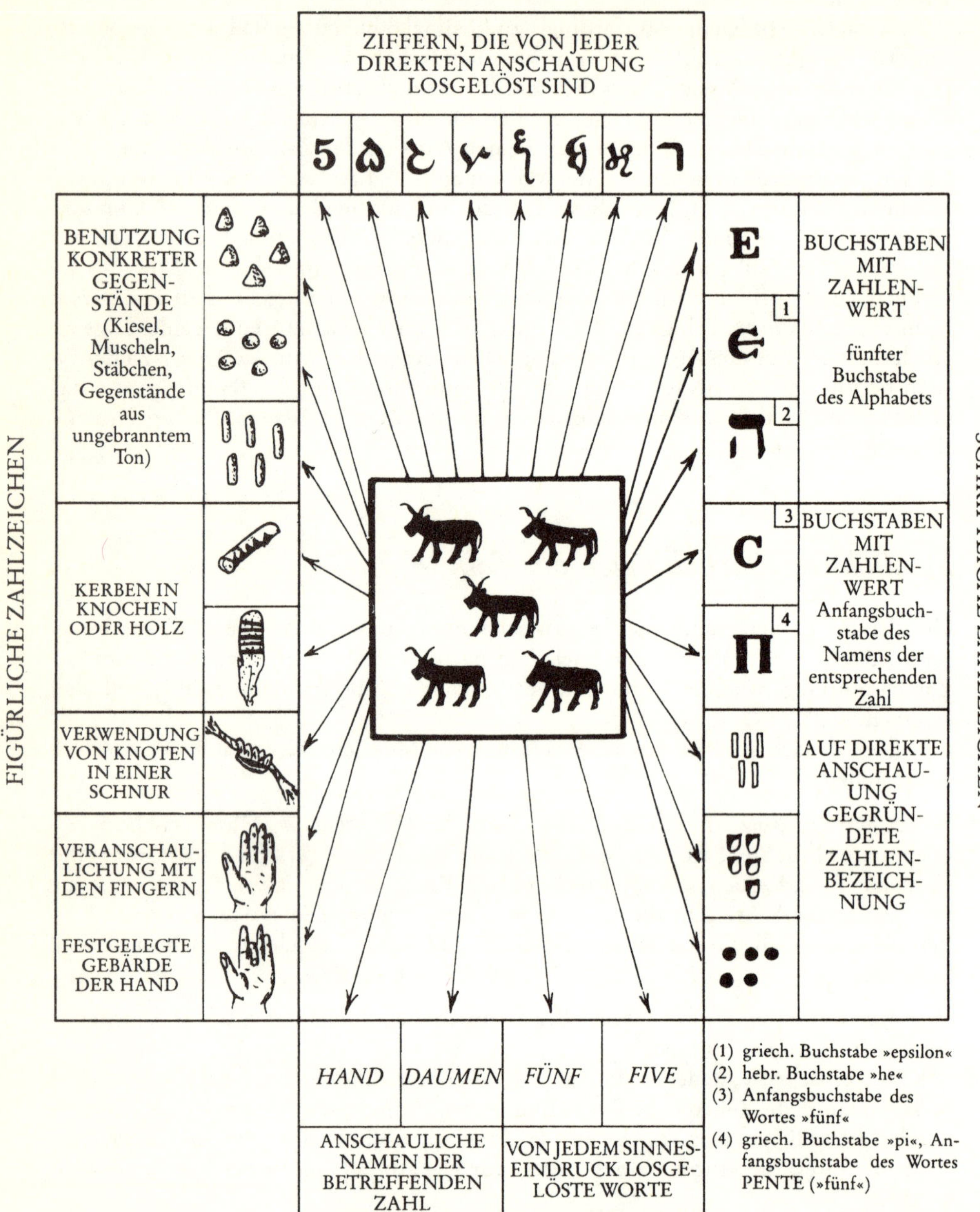

Abb. 11: Verschiedene, einer ganzen Zahl (hier der Zahl 5) zugeordnete Symbole.

- Begriffe, die auf ein bestimmtes Zählverfahren zurückgehen und auf Gesten und Körperteile verweisen – z.B. der »kleine Finger« für eins, der »Ringfinger« für zwei, der »Mittelfinger« für drei, der »Zeigefinger« für vier, der »Daumen« für fünf usw.;
- schließlich die von jedem Sinneseindruck losgelösten Zahlwörter, die keine sichtbare Spur einer ursprünglichen konkreten Bedeutung bewahrt haben – »eins«, »zwei«, »drei«, »vier«, »fünf« usw.

Schriftliche Zahlzeichen: graphische Zeichen aller Art (Vertiefungen in Ton oder in Stein; Kerben; gravierte, gezeichnete oder gemalte Striche; Bildzeichen; Buchstaben des Alphabets; abstrakte Symbole); wir nennen ein solches Zeichen »Ziffer«* im Sinne eines »graphischen Zahlzeichens« jeglicher Art.

Die Vielfalt der Zahlensymbole wird in *Abb. 11* verdeutlicht, wobei wir darauf hinweisen, daß dieses Schema keine Rangordnung zwischen den Arten der dargestellten Symbole zum Ausdruck bringt.

Zählen mit zehn Fingern

Seit unvordenklichen Zeiten wird mit Hilfe der zehn Finger gezählt und gerechnet, auch heute noch. Die Hand ist aufgrund zweier Eigenschaften so bedeutend für die Entwicklung der Zahl: Eine Hand oder beide Hände zusammen stellen eine *Gesamtheit* dar, die Finger eine *natürliche Abfolge* von Elementen (ein Finger, zwei Finger usw.). Die Hand veranschaulicht damit sowohl das Prinzip der Kardinalzahl wie das der Ordinalzahl; der Mensch hat die einfachste und natürlichste Hilfsmenge sozusagen an der Hand.

»Das ist jedoch nur möglich, weil die Hand keine radiale Symmetrie besitzt. Wäre es vorstellbar, daß ein Seestern mit seinen Armen zählt, wieviel Austern er seit der letzten Flut verschlungen hat? Ein gleiches gilt für bestimmte Kieselalgen, deren Skelett die Form eines regelmäßigen Vielecks hat (Gardner 1978), oder für Viren, die geometrisch aufgebaut sind (Horne 1963).** Wie kann man nach Facetten oder Spitzen zählen, wenn man selbst ein regelmäßiges Vieleck ist?« (Guitel 1975, 24)

Daraus ergibt sich, daß das Rechnen und Zählen mit den zehn Fingern am einfachsten ist, so daß wir noch heute manchmal darauf zurückgreifen; haben wir doch alle mit den Fingern das Zählen gelernt. Beim Zählen mit den Fingern wird jedem Finger ein Zahlenwert zugeordnet, angefangen bei der »Einheit« und fortschreitend in der Reihe der natürlichen Zahlen. Es gibt aber noch andere Varianten des Zählens mit den Fingern:

* Es ist wichtig, den Begriff »Ziffer« nicht mit dem der »Zahl« zu verwechseln; eine *Zahl* steht für einen quantitativen Begriff, während eine *Ziffer* ein graphisches Zeichen ist, das eine Zahl darstellt, mit ihr aber nicht identisch ist.

** Man hat entdeckt, daß zahlreiche Viren (wie die Erreger von Röteln oder Herpes) sich zu Makromolekülen auskristallisieren, die die Form regelmäßiger Ikosaeder (regelmäßige Polyeder mit zwanzig Facetten) haben.

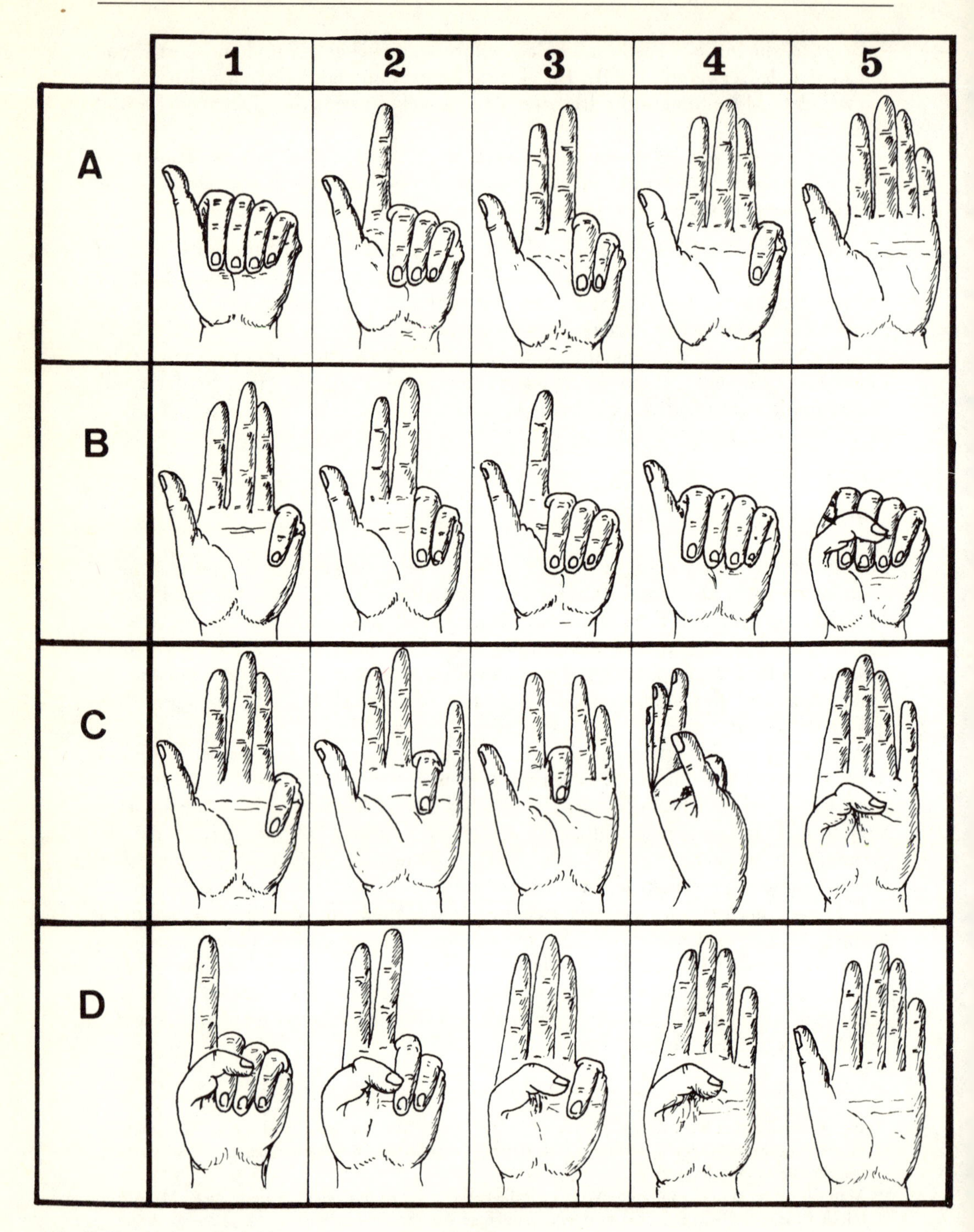

Abb. 12: Verschiedene Möglichkeiten des Zählens mit den Fingern.

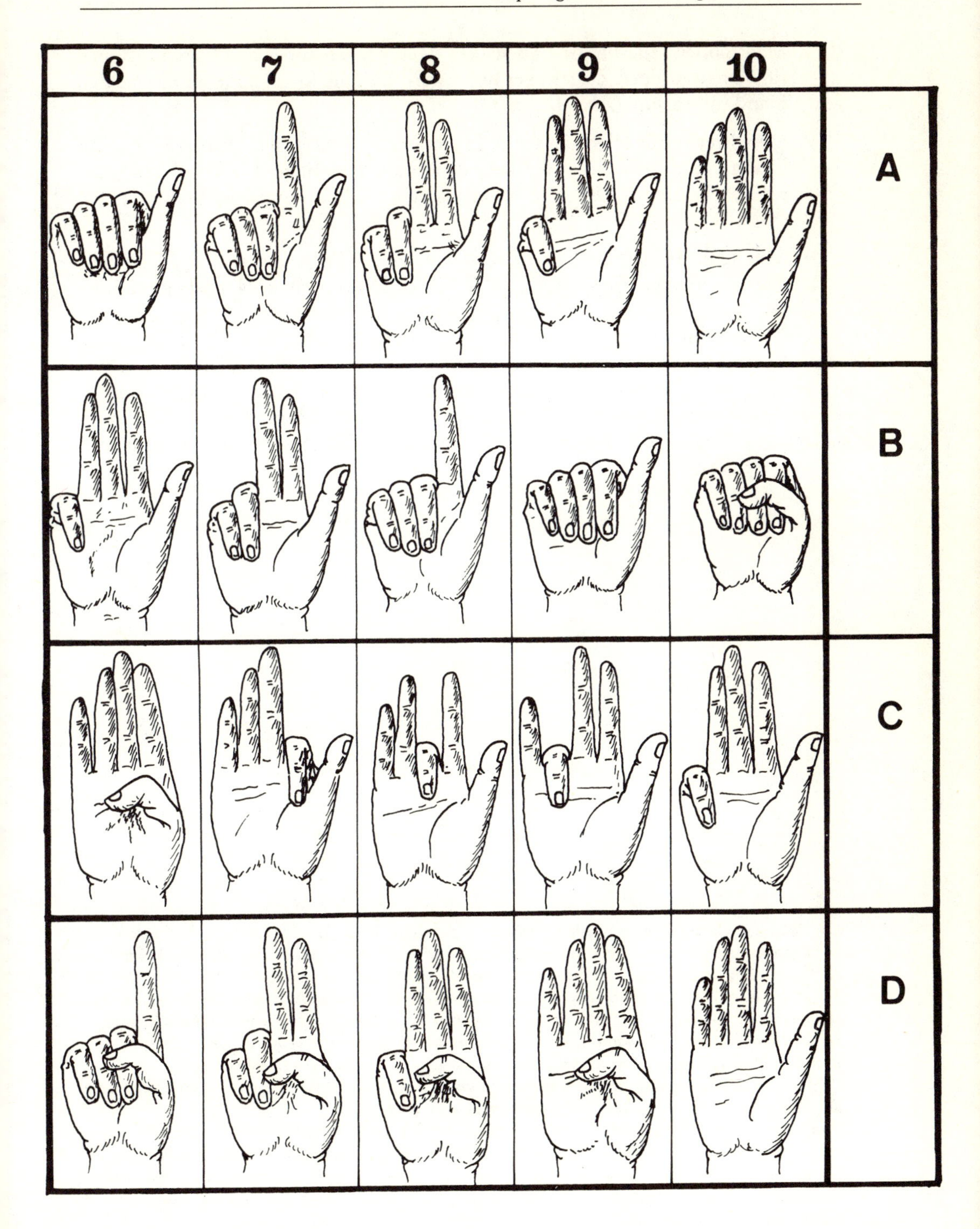
6
7
8
9
10
A
B
C
D

1. Man schließt alle Finger und streckt dann nacheinander den linken Daumen für »eins« aus, den Zeigefinger für »zwei«, bis zum kleinen Finger der rechten Hand für »zehn« (*Abb. 12 A*).

2. Man streckt zunächst sämtliche Finger aus und biegt den kleinen Finger der linken Hand für »eins« um, dann den linken Ringfinger für »zwei«, bis zum rechten Daumen (*Abb. 12 B*) oder bis zum kleinen Finger der rechten Hand (*Abb. 12 C*).

3. Man schließt die Hand und streckt einen Zeigefinger aus statt des Daumens oder des kleinen Fingers (*Abb. 12 D*)*; dies ist vor allem in Nordafrika verbreitet.

Die Darstellungen der ganzen Zahlen mit der Hand beruhen entweder darauf, daß man nacheinander die Finger hebt – also von den geschlossenen Händen ausgeht –, oder darauf, daß man sie nacheinander schließt, also von den gestreckten Fingern ausgeht. Außerdem können die Zahlen von rechts nach links oder von links nach rechts zugeordnet werden, beginnend mit dem kleinen Finger, dem Daumen oder mit dem Zeigefinger.

* Die Araber zählten schon zur Zeit Mohammeds auf diese Weise. Ein *Hadith* berichtet davon, daß der Prophet, um seinen Schülern klarzumachen, ein Monat könne auch 29 Tage haben, »drei mal die geöffneten Hände gezeigt, beim dritten Mal jedoch einen Finger umgebogen habe« (Lemoine 1932, 2). Im übrigen hebt der gläubige Muslim stets den Zeigefinger, um das *Schahadah* (das »Zeugnis«) abzulegen, ein Gebet, mit dem er die Einzigkeit Allahs und seinen Glauben an den Islam bekundet.
Im folgenden werden Namen und Worte aus Sprachen, deren Lautsystem vom Deutschen abweicht – v.a. Arabisch, Hebräisch, Ägyptisch, Chinesisch – nach folgenden Grundsätzen transkribiert:
– Personennamen, geographische Bezeichnungen und feststehende Begriffe folgen in ihrer Schreibweise der allgemein im Deutschen gebräuchlichen (Brockhaus, Duden);
– für alle anderen Worte wird kein wissenschaftliches Transkriptionssystem benutzt; die Schreibweise wurde möglichst an die deutschen Ausspracheregelungen angepaßt, um dem Leser die Erschließung der Aussprache zu erleichtern. Daraus folgt auch der weitgehende Verzicht auf phonetische Sonderzeichen (diakritische Punkte, Längenzeichen usw.). Abweichungen von dieser Regelung werden jeweils vermerkt.
(Anm. des Redakteurs)

Kapitel 2
Die Zahlensysteme

Es existieren zwei grundlegende Möglichkeiten, Zahlen darzustellen. Die erste besteht darin, der Einheit ein Symbol zuzuordnen und dieses so oft zu wiederholen, wie die darzustellende Zahl Einheiten enthält – man könnte diese Möglichkeit deshalb als »kardinale« bezeichnen. Der zweite Weg geht vom Prinzip der Ordinalzahlen aus; dabei wird jeder Zahl – beginnend mit der Einheit – ein eigenes, von den anderen Zahlen unabhängiges Symbol zugeordnet (*Abb. 13*).

Aber beide Möglichkeiten stoßen schnell an Grenzen: Die einfache Wiederholung der Grundeinheit wird schnell unübersichtlich, aber es ist auch unmöglich, für jede weitere Zahl ein neues Symbol zu schaffen. Daß dieses Problem gelöst werden konnte, zeugt vom Erfindungsgeist des Menschen.

Es ist ihm gelungen, im Laufe der Zeit Mittel und Wege zu finden, um durch Zeichen, Worte oder Schrift alle Zahlen mit relativ wenigen Symbolen darstellen zu können. Dazu mußte er eine Abstufung der Symbole entwickeln, um die immer größer werdenden Zahlen einordnen zu können und übermäßige Anforderungen an das Gedächtnis oder umständliche Darstellungsformen zu vermeiden. Wir wollen in diesem Kapitel einige der Lösungen untersuchen, mit denen der Mensch im Lauf der Zeit Probleme dieser Art bewältigt hat.

Das Dezimalsystem

Das gegenwärtig verbreitetste Zahlensystem beruht auf der Zahl Zehn. Innerhalb dieses Systems erhalten alle ganzen Zahlen bis zehn einschließlich einen eigenen Namen. Ebenso werden die Zehnerpotenzen vollkommen eigenständig benannt. Die Namen der übrigen Zahlen werden durch Addition der Namen der vorangegangenen Zahlen zusammengesetzt.

Man erhält damit die Systematik der Zahlennamen, die in *Tabelle IV* auf der übernächsten Seite wiedergegeben ist.

Über ein entsprechend konstruiertes Dezimalsystem, das keinerlei Abweichungen enthält, verfügt die chinesische Sprache, in der die mündliche Zählung so vor sich geht, wie in *Tabelle V* dargestellt (Giles 1912; Mathews 1931).

Im allgemeinen sind in allen mongolischen, indoeuropäischen (vgl. *Tabellen III*

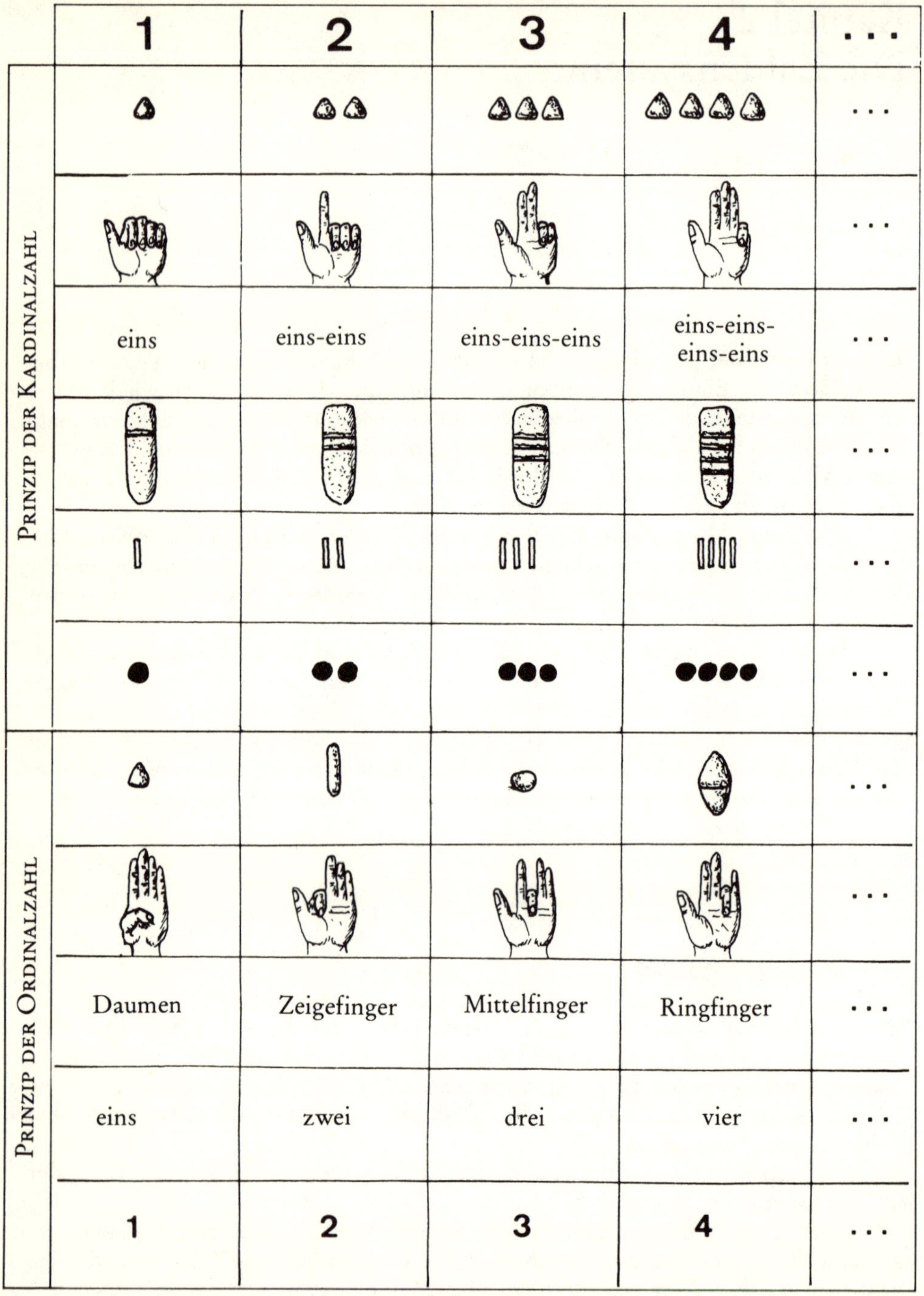

	1	2	3	4	…
Prinzip der Kardinalzahl					…
					…
	eins	eins-eins	eins-eins-eins	eins-eins-eins-eins	…
					…
					…
					…
Prinzip der Ordinalzahl					…
					…
	Daumen	Zeigefinger	Mittelfinger	Ringfinger	…
	eins	zwei	drei	vier	…
	1	2	3	4	…

Abb. 13: Der Aspekt der Kardinal- und der Ordinalzahl bei der Darstellung ganzer Zahlen.

1	eins	11	zehn-eins	30	drei-zehn	400	vier-hundert
2	zwei	12	zehn-zwei	40	vier-zehn	500	fünf-hundert
3	drei	13	zehn-drei	50	fünf-zehn	600	sechs-hundert
4	vier	14	zehn-vier	60	sechs-zehn	700	sieben-hundert
5	fünf	15	zehn-fünf	70	sieben-zehn	800	acht-hundert
6	sechs	16	zehn-sechs	80	acht-zehn	900	neun-hundert
7	sieben	17	zehn-sieben	90	neun-zehn	1000	tausend
8	acht	18	zehn-acht	100	hundert	2000	zwei-tausend
9	neun	19	zehn-neun	200	zwei-hundert	3000	drei-tausend
10	zehn	20	zwei-zehn	300	drei-hundert	....	

TABELLE IV

1	yī	11	shí-yī	21	èr-shí-yī	100	bǎi
2	èr	12	shí-èr	22	èr-shí-èr	200	èr-bǎi
3	sān	13	shí-sān	23	èr-shí-sān	300	sān-bǎi
4	sì	14	shí-sì	....		1 000	qiān
5	wǔ	16	shí-liù	30	sān-shí	2 000	èr-qiān
6	liù	17	shí-qī	40	sì-shí	3 000	sān-qiān
7	qī	18	shí-bā	50	wǔ-shí	10 000	wàn
8	bā	19	shí-jiǔ	60	liù-shí	20 000	èr-wàn
9	jiǔ	20	èr-shí	70	qī-shí	100 000	shí-wàn
10	shí			80	bā-shí	200 000	èr-shí-wàn
53 781: wǔ-wàn-sān-qiān-qi-bǎi-bā-shí-yī 5 × 10 000; 3 × 1 000; 7 × 100; 8 × 10; 1 (Transkription nach dem Pinyin-System; vgl. Kap. 27)							

TABELLE V

und *VI*) und semitischen Sprachen die Zahlensysteme auf der Basis Zehn aufgebaut, folgen also dem oben angeführten Modell.*

Aber ist diese weit verbreitete Vorliebe, in Zehnern zu zählen, praktisch oder mathematisch begründbar?

Sicherlich geht der fast universale Gebrauch der Zehn als Basis auf den »Zufall der Natur«, die Anatomie unserer beiden Hände zurück, denn der Mensch hat nun einmal das Zählen anhand seiner zehn Finger gelernt (Lucas 1891). Wenn uns die Natur mit sechs Fingern an jeder Hand ausgestattet hätte, so wäre unser Zahlensystem heute ein duodezimales mit der Zwölf als Basis. Verdeutlichen wir uns dies am Beispiel eines Stammes, dem vorübergehend ein Schweigegebot auferlegt worden ist – z.B. aus religiösen Gründen –, und der eine Hammelherde besitzt. Der Stammeshäuptling hat einige seiner Leute um sich versammelt und hat sich, um das Vieh zu zählen, folgendes Verfahren ausgedacht (*Abb. 14*).

Der erste Helfer hebt seinen ersten Finger, sobald das erste Tier vorbeikommt, seinen zweiten beim nächsten, und so weiter, bis der zehnte Hammel an ihm vorbeigetrabt ist. Genau in diesem Augenblick wird ein zweiter Helfer, der seine Augen ständig auf die Hände des ersten gerichtet hat, seinen ersten Finger heben, während

* Brockelmann 1961; Meillet/Cohen 1952; Moscati et al. 1969; weitere bibliographische Angaben bei Menninger 1957/58, I, 201-205.

	Latein	Italienisch	Französisch	Spanisch	Rumänisch
11	*undecim*	*un-dici*	*on-ze*	*on-ce*	*un spree zece*
12	*duodecim*	*do-dici*	*dou-ze*	*do-ce*	*doi spree zece*
13	*tredecim*	*tre-dici*	*trei-ze*	*tre-ce*	*trei spree zece*
14	*quattuor-decim*	*quattor-dici*	*quator-ze*	*cator-ce*	*patru spree zece*
15	*quindecim*	*quin-dici*	*quin-ze*	*quin-ce*	*cinci spree zece*
16	*sedecim*	*se-dici*	*sei-ze*	*diez-y-seiz*	*shase spree zece*
17	*septendecim*	*diciasette*	*dix-sept*	*diez-y-siete*	*shapte spree zece*
18	*(octodecim)*	*diciotto*	*dix-huit*	*diez-y-ocho*	*opt spree zece*
19	*(undeviginti)*	*dicianove*	*dix-neuf*	*diez-y-nueve*	*noua spree zece*
20	*viginti*	*venti*	*vingt*	*veinte*	*doua-zeci*
30	*triginta*	*trenta*	*trente*	*treinta*	*trei-zeci*
40	*quadraginta*	*quaranta*	*quarante*	*cuar-enta*	*patru-zeci*
50	*quinquaginta*	*cinquanta*	*cinquante*	*cincu-enta*	*cinci-zeci*
60	*sexaginta*	*sessanta*	*soixante*	*ses-enta*	*shase-zeci*
70	*septuaginta*	*settanta*	*soixante-dix*	*set-enta*	*shapte-zeci*
80	*octoginta*	*ottanta*	*quatre-vingts*	*och-enta*	*opt-zeci*
90	*nonaginta*	*novanta*	*quatre-vingt-dix*	*nov-enta*	*noua-zeci*
100	*centum*	*cento*	*cent*	*ciento*	*o suta*
1000	*mille*	*mille*	*mille*	*mil*	*o mie*

	Gotisch	Hochdeutsch		Angelsächsisch	Englisch
		Althochdeutsch	Neuhochdeutsch		
11	*ain-lif*	*einlif*	*elf*	*endleofan*	*eleven*
12	*twa-lif*	*zwelif*	*zwölf*	*twelf*	*twelve*
20	*twai-tigjus*	*zwein-zug*	*zwan-zig*	*twen-tig*	*twenty*
30	*preo-tigjus*	*driz-zug*	*drei-ßig*	*pri-tig*	*thir-ty*
40	*fidwor-tigjus*	*fior-zug*	*vier-zig*	*feower-tig*	*for-ty*
50	*fimf-tigjus*	*finf-zug*	*fünf-zig*	*fif-tig*	*fif-ty*
60	*saíhs*	*sehs-zug*	*sech-zig*	*six-tig*	*six-ty*
70	*sibunt-ehund*	*sibun-zo*	*sieb-zig*	*hund-seofontig*	*seven-ty*
80	*ahtaút-ehund*	*ahto-zo*	*acht-zig*	*hund-eahtatig*	*eigh-ty*
90	*niunt-ehund*	*niun-zo*	*neun-zig*	*hund-nigontig*	*nine-ty*
100	*taíhun-taíhund*	*zehan-zo*	*hundert*	*hund-teontig*	*hundred*
1000	*pusundi*	*dusunt ; tusent*	*tausend*	*pusund*	*thousand*

TABELLE VI

Abb. 14

der erste seine Finger wieder schließt. Geht der elfte Hammel vorbei, hebt der erste Helfer aufs neue seinen ersten Finger und fährt damit fort bis zum zwanzigsten Tier. Der zweite Helfer hebt nun auch den zweiten Finger, während der erste erneut seine Finger schließt. Beim Durchgang des hundertsten Tieres hebt ein dritter Helfer, der auf die Hände des zweiten achtet, seinen ersten Finger, während die zwei vorherigen ihre schließen, und er verharrt in dieser Stellung bis zum Durchgang des zweihundertsten Tieres, bei dem er seinen zweiten Finger hebt...

Dritter Helfer		*Zweiter Helfer*		*Erster Helfer*	
links	*rechts*	*links*	*rechts*	*links*	*rechts*
6		2		7	
600		20		7	

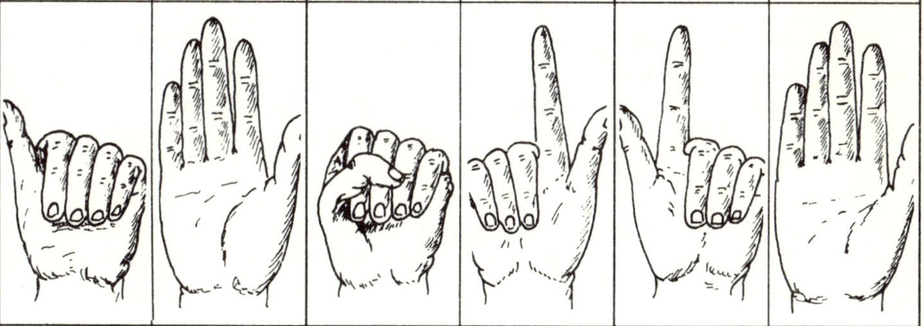

Abb. 15

Wenn beispielsweise 627 Tiere vorbeigegangen sind, wird sich folgendes Bild ergeben (*Abb. 14, 15*):

– Der erste Helfer hat sieben Finger ausgestreckt.
– Der zweite Helfer hat zwei Finger ausgestreckt.
– Der dritte Helfer hat sechs Finger ausgestreckt.

Die ausgestreckten Finger des ersten Helfers stehen für die Einer, die des zweiten für die Zehner, die des dritten für die Hunderter.

Dieses Beispiel zum Zählen nach Zehnergruppen, ohne daß ein einziges Wort gesprochen wurde, verdeutlicht, daß die zehn Finger der Hände der Grund für die Basis Zehn sind, die darum näher liegt als z.B. die Basis Zwölf.

Abgesehen von ihrem rein anatomischen Nutzen bietet die Basis Zehn mathematisch und praktisch kaum Vorteile. Jede andere Zahl, ausgenommen vielleicht die Neun, könnte diese Rolle ebensogut, wenn nicht gar besser, übernehmen:

»Wenn man die Auswahl des Zahlensystems einer Gruppe von Fachleuten überlassen würde, käme es zu einer Auseinandersetzung zwischen den Praktikern, die für eine Basis mit einer möglichst großen Anzahl von Divisoren, z.B. zwölf, plädieren würden, und den Mathematikern, die eine Primzahl verlangen wie sieben oder elf. So hat der Naturforscher Buffon gegen Ende des 18. Jahrhunderts die allgemeine Einführung des Duodezimalsystems (Basis Zwölf) vorgeschlagen; er wies darauf hin, daß die Zwölf vier Divisoren habe, die Zehn dagegen nur zwei, und erklärte, man habe Jahrhunderte hindurch die Unbequemlichkeit des Dezimalsystems stets lebhaft empfunden, so daß die Mehrzahl der Größenmaße zwölf Einheiten gehabt habe, obwohl doch die Zehn die allgemeine Basis gewesen sei. Dagegen meinte der große Mathematiker Lagrange, daß eine Primzahl als Basis sehr viele Vorteile hätte: Brüche könnten nicht gekürzt werden, so daß eine Zahl nur in einer einzigen Weise wiedergegeben wird. Tatsächlich steht in unserem gegenwärtigen Zahlensystem z.B. der Dezimalbruch 0,36 für drei Brüche: 36/100, 18/50 und 9/25; solche Doppel-, ja Mehrfachbedeutungen würden vollkommen verschwinden, wenn man eine Primzahl als Basis hätte wie elf. (...) Auf jeden Fall aber hätte sich unsere Expertengruppe entweder für eine Primzahl oder für eine Zahl mit vielen Divisoren ausgesprochen. Sicherlich hätten sie niemals die Zahl Zehn ins Auge gefaßt, die keine Primzahl ist und nur zwei Divisoren hat.« (Dantzig 1931, 23 f.)

Die Basis Zehn hat dennoch gewisse Vorteile gegenüber einer großen Basis wie zwanzig oder hundert, denn sie besitzt eine für das menschliche Gedächtnis gerade noch überschaubare Größenordnung. Innerhalb des dezimalen Zahlensystems sind zudem nur wenige Zahlwörter erforderlich und das Einmaleins kann ohne Schwierigkeit auswendig gelernt werden.

Die Basis Zehn hat ferner gegenüber einer kleinen Basis wie zwei oder drei den Vorteil, jeden größeren Aufwand in der Darstellung zu vermeiden. Im Dualsystem (Basis Zwei), das in der Informatik benutzt wird und das Leibniz einst so schätzte, gibt es nur zwei Ziffern, die Null und die Eins. Die von uns »zwei« genannte Zahl schreibt sich in diesem System »10« (eine »Zweiheit« mit der Einheit Null); »drei« wird durch »11« wiedergegeben (eine »Zweiheit« plus eine Einheit), »vier« durch »100« (eine »Zweiheit« von »Zweiheiten«) usw. Die Zahl 128 würde in diesem System als »10000000« geschrieben, d.h. durch acht aufeinanderfolgende Ziffern! Die große

Einfachheit dieses Systems wird also stark durch die unpraktische schriftliche Wiedergabe beeinträchtigt.

Aber es ist bedauerlich, daß die Menschheit nicht die Zahl Zwölf als Basis gewählt hat, weil diese Zahl nicht nur eine für das Gedächtnis passende Größenordnung hat, sondern auch mathematisch gesehen der Basis Zehn überlegen ist.

Im Jahre 1955 hat ein französischer Finanzbeamter vorgeschlagen, die Basis Zehn durch die Basis Zwölf zu ersetzen, auch im metrischen System, und hat die zahlreichen Vorteile aufgezählt, die sich aus einer solchen Änderung ergeben würden (Essig 1955; 1956). Aber das Dezimalsystem ist so fest im Denken verankert, daß die einmal getroffene Wahl der Basis nicht überwunden werden kann. Außerdem »ist eine Veränderung der Basis, auch wenn sie durchführbar sein sollte, vom Standpunkt der Evolution aus absolut zu verwerfen. Solange der Mensch in Zehnern zählt, werden ihn seine zehn Finger an den Ursprung dieser Entwicklung erinnern, den wichtigsten des geistigen Fortschritts.« (Dantzig 1931, 24)

Die Spuren der Basis Fünf

Die Kaufleute des indischen Staates Maharashtra (mit der Hauptstadt Bombay) zählen in ihrem Geschäftsalltag heute noch auf eine sehr interessante Art mit den Fingern. Man zählt die fünf ersten Einer, indem man nacheinander die fünf Finger der linken Hand ausstreckt. Sobald die Zahl Fünf erreicht ist, wird der rechte Daumen ausgestreckt, wobei die vier übrigen Finger der rechten Hand geschlossen bleiben. Danach wird, wiederum mit der linken Hand, bis zehn gezählt, was durch das Heben des

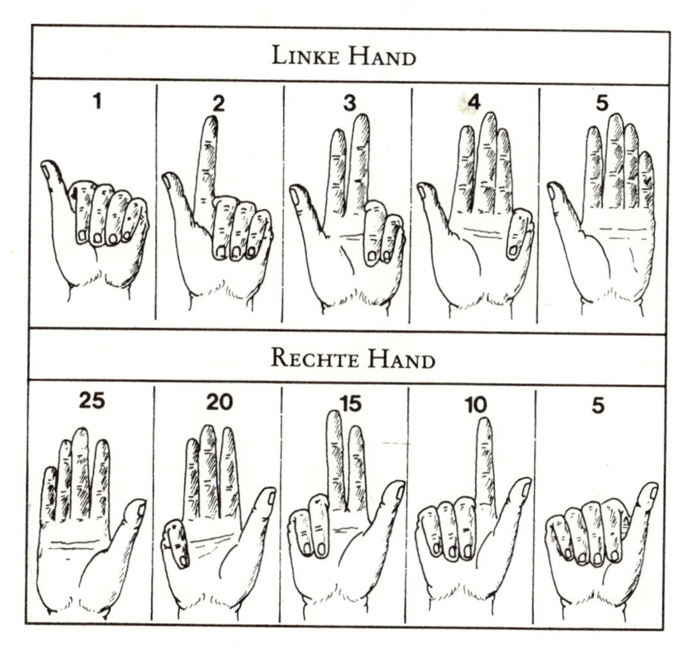

Abb. 16: »Quinäre« Fingerzählung (Basis Fünf) bei Kaufleuten in der Umgebung von Bombay in Indien.

Zeigefingers der rechten Hand registriert wird. Indem man jedesmal die Finger der linken Hand benützt, um bis fünf zu zählen, und jede Fünfergruppe mit der rechten Hand festhält, kann man bis 25 (*Abb. 16*) bzw. bis 30 zählen, wenn man erneut die Finger der linken, freigewordenen Hand zählt; falls das nicht ausreicht, wiederholt man den Vorgang bis zur Zahl Sechzig.

Der Grundgedanke dieser Fingertechnik besteht in der Bildung von Fünfergruppen. Jeder Finger der linken Hand steht für eine einfache Einheit, während jeder Finger der rechten Hand fünf Einer markiert. Wir haben hier also ein Beispiel für ein *Zahlensystem mit der Basis Fünf* vor uns. Im allgemeinen spricht man dann von einem »quinären« oder »auf der Basis Fünf« aufgebauten Zahlensystem, wenn *ein System eine regelmäßige und periodische Struktur besitzt, die ihre Symbole in aufeinanderfolgende und hierarchisierte Quinärgruppen gliedert.*

Klarer ausgedrückt: In einem quinären System mündlicher Ausprägung gibt es gesonderte Namen für die ersten fünf ganzen Zahlen und für jede Potenz von fünf. Bei den Namen der anderen Zahlen begnügt man sich damit, sie aus den vorangehenden zusammenzusetzen. Die Namensgebung der verschiedenen ganzen Zahlen sieht dann ungefähr so aus:

1 : *eins*	12 : zwei-fünf-und-zwei	23 : vier-fünf-und-drei
2 : *zwei*	13 : zwei-fünf-und-drei	24 : vier-fünf-und-vier
3 : *drei*	14 : zwei-fünf-und-vier	25 : *dan**
4 : *vier*	15 : *drei-fünf*	26 : dan-eins
5 : *fünf*	16 : drei-fünf-und-eins	27 : dan-zwei
6 : fünf-und-eins	17 : drei-fünf-und-zwei	30 : *dan-fünf*
7 : fünf-und-zwei	18 : drei-fünf-und-drei	31 : dan-fünf-und-eins
8 : fünf-und-drei	19 : drei-fünf-und-vier	35 : *dan-zwei-fünf*
9 : fünf-und-vier	20 : *vier-fünf*	41 : *dan-drei-fünf-und-eins*
10 : *zwei-fünf*	21 : vier-fünf-und-eins	125 : *mim**
11 : zwei-fünf-und-eins	22 : vier-fünf-und-zwei	136 : *mim-zwei-fünf-und-eins*

TABELLE VII

Wenn es auch sehr wenige Beispiele für reine Quinärsysteme gibt, gibt es doch einige mündliche Zahlensysteme, die deutliche Spuren des Quinärsystems zeigen und die auf die fünf Finger der Hand als Basis zurückgehen (*Abb. 17*). Dies ist z.B. in der »Api-Sprache« der Neuen Hebriden der Fall, in der die zehn ersten Zahlen folgende Namen tragen (Dantzig 1931, 25):

1 : *tai*	6 : *otai* (wörtlich: »neues eins«)
2 : *lua*	7 : *olua* (wörtlich: »neues zwei«)
3 : *tolu*	8 : *otolu* (wörtlich: »neues drei«)
4 : *vari*	9 : *ovari* (wörtlich: »neues vier«)
5 : *luna* (wörtlich: »eine Hand«)	10 : *lualuna* (wörtlich: »zwei Hände«)

TABELLE VIII

* Diese Worte sind erfunden, um das Verständnis des Problems zu erleichtern: *dan* entspricht 5^2 (= 25) und *mim* 5^3 (= 125).

Ein anderes Beispiel für solche Spuren findet sich bei den Azteken des präkolumbianischen Mexiko, wo die neun ersten ganzen Zahlen in folgender Weise ausgedrückt wurden (Pott 1847):

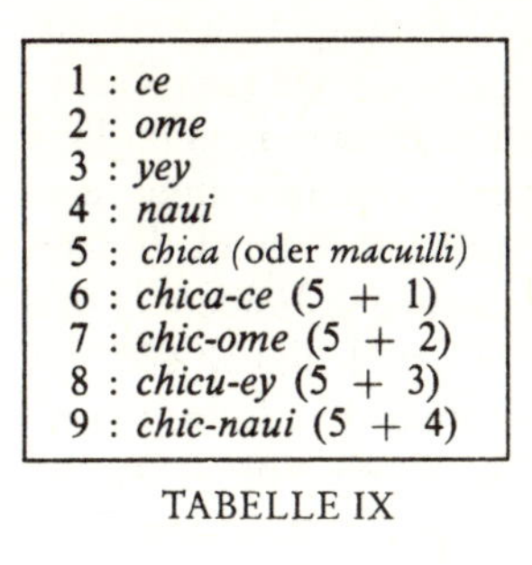

1 : *ce*
2 : *ome*
3 : *yey*
4 : *naui*
5 : *chica* (oder *macuilli*)
6 : *chica-ce* (5 + 1)
7 : *chic-ome* (5 + 2)
8 : *chicu-ey* (5 + 3)
9 : *chic-naui* (5 + 4)

TABELLE IX

Abb. 17: Die (quinäre) Zerlegung der Zahlen von 6 bis 10 auf der Basis der fünf Finger einer Hand.

Auch im altsumerischen Südmesopotamien weisen bestimmte Zahlen auf die Spuren eines ursprünglichen Zahlensystems mit der Basis Fünf hin.

Einige Sprachwissenschaftler glauben, daß die meisten gesprochenen Zahlensysteme ein quinäres Stadium durchlaufen haben, und vermuten, daß die indoeuropäischen Namen für die zehn ersten ganzen Zahlen ursprünglich aufgrund einer quinären Zerlegung gebildet worden sind. Sie weisen vor allem auf das persische Wort *panche* für »fünf« hin, das die gleiche Wurzel haben soll wie *panchá,* was »Hand« im anatomischen Sinne bedeutet. Es handelt sich hier jedoch nur um eine Hypothese (Menninger 1957/58).

Das »Zwanzigfingersystem« – eine Sackgasse

Statt nach Zehnern zu zählen, wie die meisten Völker dies taten und noch tun, haben andere, wie die Kelten oder auch die Maya und die Azteken des präkolumbianischen Mittelamerika, schon früh angefangen, in Zwanzigereinheiten zu zählen. Sie verwendeten also nicht das Dezimal-, sondern das Vigesimalsystem.

So enthielt der Maya-Kalender »Monate« von 20 Tagen und sah Zyklen von 20 Jahren (*katun*), 400 Jahren (*baktun*) und 8.000 Jahren (*pictun*) vor. Das Ende jedes *katun* wurde durch die Errichtung von Säulen oder Denkmälern gefeiert. Außerdem benutzten die Maya ein gesprochenes Zahlensystem mit gesonderten Namen für jede Zwanzigerpotenz (Bowditch 1910; Guitel 1975).

Ähnlich teilten die Azteken Lebewesen und Gegenstände, die sie zählen wollten, in Gruppen oder Potenzen von zwanzig ein. So wurden die Tribute unterworfener Völker an die Herrscher in Vielfachen von 20 (oder von 400 = 20^2, von 8.000 = 20^3 usw.) gemessen. »Beispiele: Toluca mußte zweimal jährlich 400 Ladungen Baumwollstoff, 400 Ladungen Mäntel in dekoriertem *ixtle*, 1.200 Ladungen weißen *ixtla*-Gewebes abliefern, Quahuacan viermal im Jahr 3.600 Balken und Bretter, zweimal im Jahr 800 Wagenladungen Baumwollzeug und ebensoviel *ixtle*-Gewebe; Quauhnahuac entrichtete an die Schatzkammer des Herrschers zweimal im Jahr 3.200 Wagenladungen Baumwolle, 400 Wagenladungen Lendenschürze, 400 Wagenladungen Frauenkleider, 2.000 Keramikvasen, 8.000 Ballen ›Papier‹. Tlalcozauhtitlan lieferte lediglich 800 Wagenladungen Baumwollgewebe, 200 Krüge Honig und ein Prunkgewand, dazu noch 20 Näpfe *Tecozauitl*, eine Art hellgelber Erde, mit der sich die eleganten Damen Mexikos das Gesicht schminkten. Tuxtepec mußte den *calpixque* (den kaiserlichen Beamten) Gewebe und Kleider übergeben und lieferte vor allem 16.000 Kautschukballen, 24.000 Papageienfedersträuße, 80 Federsträuße des *Quetzal*-Vogels usw.« (Listen aus dem *Codex Mendoza*, zit. n. Soustelle 1970, 29 f.)

Die aztekische Sprache selber läßt noch genauere Rückschlüsse dieser Art zu, da die mündliche Zählung rein vigesimal ist (Pott 1847):

1–10	11–20
1 : *ce*	11 : *matlactli-on-ce* (10 + 1)
2 : *ome*	12 : *matlactli-on-ome* (10 + 2)
3 : *yey*	13 : *matlactli-on-yey* (10 + 3)
4 : *naui*	14 : *matlactli-on-naui* (10 + 4)
5 : *chica* (oder *macuilli*)	15 : *caxtulli*
6 : *chica-ce* (5 + 1)	16 : *caxtulli-on-ce* (15 + 1)
7 : *chic-ome* (5 + 2)	17 : *caxtulli-on-ome* (15 + 2)
8 : *chicu-ey* (5 + 3)	18 : *caxtulli-on-yey* (15 + 3)
9 : *chic-naui* (5 + 4)	19 : *caxtuli-on-naui* (15 + 4)
10 : *matlactli*	20 : *cem-poualli* (1 × 20)

30	*cem-poualli-on-matlactli*	(20 + 10)
40	*ome-poualli*	(2 × 20)
50	*ome-poualli-on-matlactli*	(2 × 20 + 10)
…	…	…
100	*macuil-poualli*	(5 × 20)
200	*matlactli-poualli*	(10 × 20)
300	*caxtulli-poualli*	(15 × 20)
400	*cen-tzuntli*	(1 × 400)
800	*ome-tzuntli*	(2 × 400)
1200	*yey-tzuntli*	(3 × 400)
…	…	…
8000	*cen-xiquipilli*	(1 × 8000)

TABELLE IX A

Aus diesem Beispiel geht hervor, weshalb diese Völker die Zwanzig als Basis benutzten; gleichzeitig zeigt es uns den anthropomorphen Ursprung dieses Zählver-

	Keltische Sprachgruppe					
	Irisch			Gallisch	Bretonisch	
1	*oin*			*un*	*eun*	
2	*da*			*dau*	*diou*	
3	*tri*			*tri*	*tri*	
4	*cethir*			*petwar*	*pevar*	
5	*coic*			*pimp*	*pemp*	
6	*se*			*chwe*	*chouech*	
7	*secht*			*seith*	*seiz*	
8	*ocht*			*wyth*	*eiz*	
9	*noi*			*naw*	*nao*	
10	*deich*			*dec ; deg*	*dek*	
11	*oin deec* →	1 + 10		← *un ar dec*	*unnek* →	1 + 10
12	*da deec* →	2 + 10		← *dou ar dec*	*daou-zek* →	2 + 10
13	*tri deec* →	3 + 10		← *tri ar dec*	*tri-zek* →	3 + 10
14	*cethir deec* →	4 + 10		← *petwar ar dec*	*pevar-zek* →	4 + 10
15	*coic deec* →	5 + 10	15	← *hymthec*	*pem-zek* →	5 + 10
16	*se deec* →	6 + 10	1 + 15	← *un ar hymthec*	*choue-zek* →	6 + 10
17	*secht deec* →	7 + 10	2 + 15	← *dou ar hymthec*	*seit-zek* →	7 + 10
18	*ocht deec* →	8 + 10	3 + 15	← *tri ar hymthec* (¹)	*eiz-zek* (²) →	8 + 10
19	*noi deec* →	9 + 10	4 + 15	← *pedwar ar hymthec*	*daou-zek* →	9 + 10
20	*fiche* →	20		← *ugeint*	*ugent* →	20
30	*deich ar fiche* →	10 + 20		← *dec ar ugeint*	*tregont*	
40	*da fiche* →	2 × 20		← *de-ugeint*	*daou-ugent* →	2 × 20
50	*deich ar da fiche* →	10 + (2 × 20)		← *dec ar de-ugeint*	*hanter-kant* →	½100
60	*tri fiche* →	3 × 20		← *tri-ugeint*	*tri-ugent* →	3 × 20
70	*deich ar tri fiche* →	10 + (3 × 20)		← *dec ar tri-ugeint*	*dek ha tri-ugent* →	10 + (3 × 20)
80	*ceithri fiche* →	4 × 20		← *pedwar-ugeint*	*pevar-ugent* →	4 × 20
90	*deich ar ceithri fiche* →	10 + (4 × 20)		← *dec ar pedwar-ugeint*	*dek ha pevar-ugent* →	10 + (4 × 20)
100	*cet*			*cant*	*kant*	
1000	*mile*			*mil*	*mil*	

[1] oder « *deu naw* » (2 × 9)

[2] oder « *tri-(ch)ouech* » (3 × 6)

TABELLE X

fahrens. Die aztekischen Namen der ersten zwanzig Zahlen beweisen folgendes (*Abb. 7*):

- die fünf ersten können mit den Fingern einer Hand in Verbindung gebracht werden;
- die fünf folgenden mit den Fingern der anderen Hand;
- die Namen der Zahlen von 11 bis 15 mit den Zehen eines Fußes;
- die Namen der Zahlen von 16 bis 20 schließlich mit den Zehen des anderen Fußes.

Wir können also festhalten: *Die Verwendung des Vigesimalsystems ist darauf zurückzuführen, daß manche Völker zum Zählen ihre zehn Finger und ihre zehn Zehen benutzten.* Dies wird übrigens durch die Erforschung verschiedener keltischer Sprachen bestätigt, wobei die Kelten die einzigen in Europa sind, die noch in Zwanzigereinheiten zählen (Menninger 1957/58, I; Pedersen 1909/13; *Tabelle X*).

Aber auch in anderen Sprachen sind Spuren des Vigesimalsystems zu finden. So bedeuten die englischen Ausdrücke *one score, two score, three score* 20, 40, 60 usw. Shakespeare hat sich dieser Ausdrücke häufig bedient; so heißt es in den *Lustigen Weibern von Windsor* (III. Akt, 2. Szene): »*... as easy as a cannon will shoot pointblank twelve score*« (»So leicht... als eine Kanone 20 Dutzendmal ins Weiße trifft«); in *Henry IV* (I. Teil, II. Akt, 4. Szene): »*... I'll procure this fat rogue a charge of foot; and I know his death will be a march of twelve-score...*« (»Diesem fetten Schlingel verschaffe ich eine Stelle zu Fuß; und ich weiß, ein Marsch von zweihundertvierzig Fuß bedeutet seinen Tod...»; zit. n. Menninger 1957/58, I, 61).

Im Französischen wie im Lateinischen enthält das Wort »vingt« (lateinisch *viginti* und mittellateinisch *vinti*) eine Spur der Tradition des Zählens nach Zwanzigereinheiten, da es sich um einen von »zwei« (*duo*) und von »zehn« (*decem*) unabhängigen Ausdruck handelt. Übrigens waren im Altfranzösischen Formen, die dem jetzigen *»quatre-vingt«* (80 – bzw. vier Zwanziger) entsprechen, weit verbreitet; für 60, 120 oder 140 sagte man ganz allgemein *trois-vingts* (drei Zwanziger), *six-vingts* (sechs Zwanziger) oder *sept-vingts* (sieben Zwanziger) (Rösler 1910). So wurde eine Abteilung von 220 Polizisten der Stadt Paris das *Corps des Onze-Vingts* (Korps der elf Zwanziger) genannt. Noch heute trägt das Pariser Hospital, das im 13. Jahrhundert unter Ludwig IX. errichtet wurde, um 300 blinde Veteranen aufzunehmen, den eigenartigen Namen *Hôpital des Quinze-Vingts* (Hospital der fünfzehn Zwanziger). In seinem *Bourgeois Gentilhomme (Der Bürger als Edelmann)* verwendet Molière im III. Akt, 4. Szene ähnliche Ausdrücke:

> *... donné à vous une fois deux cents louis*
> – *Cela est vrai*
> – *Une autre fois six-vingts*
> – *Oui*
> – *Et une autre fois cent quarante*
>
> (»... hab Euch einmal zweihundert Louisdors gegeben.«
> »Das stimmt.«
> »Ein anderes Mal sechs-zwanzig.«
> »Ja!«
> »Und noch einmal hundertundvierzig.«)

Schwierigkeiten eines sprachlichen Systems auf der Basis Zwanzig: Der auf der

Halbinsel Yucatán in Mittelamerika gesprochene Maya-Dialekt umfaßt folgende Namen für die neunzehn ersten ganzen Zahlen*:

1 : *hun*	11 : *buluc*	
2 : *ca*	12 : *lahca*	(*lahun* + *ca* = 10 + 2)
3 : *ox*	13 : *ox-lahun*	(3 + 10)
4 : *can*	14 : *can-lahun*	(4 + 10)
5 : *ho*	15 : *ho-lahun*	(5 + 10)
6 : *uac*	16 : *uac-lahun*	(6 + 10)
7 : *uuc*	17 : *uuc-lahun*	(7 + 10)
8 : *uaxac*	18 : *uaxac-lahun*	(8 + 10)
9 : *bolon*	19 : *bolon-lahun*	(9 + 10)
10 : *lahun*		

TABELLE XI A

Bis zehn einschließlich werden die Zahlen also gesondert benannt; bei den weiteren handelt es sich um zusammengesetzte Namen, wobei die Zehner die Rolle einer »Hilfsbasis« in der Benennung der unter 20 liegenden Zahlen übernehmen. Eine Ausnahme bildet die Elf: sie heißt *buluc* und nicht *hunlahun* (eins-zehn), wie man erwarten sollte. Allerdings ist auch der zweite Name für diese Zahl in verschiedenen Maya-Dialekten gebräuchlich – vermutlich wurde er auf der Halbinsel Yucatán ersetzt, um Verwechslungen mit der Zahl zehn auszuschließen.

Die Namen der Zahlen 20 bis 39 werden in folgender Weise gebildet:

20 : *hun kal*, »ein Zwanziger«**		
21 : *hun tu-kal*	Wörtlich	: Eins – (nach der) – Zwanzig
22 : *ca tu-kal*	______	: Zwei – (nach der) – Zwanzig
23 : *ox tu-kal*	______	: Drei – (nach der) – Zwanzig
24 : *can tu-kal*	______	: Vier – (nach der) – Zwanzig
25 : *ho tu-kal*	______	: Fünf – (nach der) – Zwanzig
26 : *uac tu-kal*	______	: Sechs – (nach der) – Zwanzig
27 : *uuc tu-kal*	______	: Sieben – (nach der) – Zwanzig
28 : *uaxac tu-kal*	______	: Acht – (nach der) – Zwanzig
29 : *bolon tu-kal*	______	: Neun – (nach der) – Zwanzig
30 : *lahun ca kal*	______	: Zehn-zwei-zwanzig
31 : *buluc tu-kal*	______	: Elf – (nach der) – Zwanzig
32 : *lahca tu-kal*	______	: Zwölf – (nach der) – Zwanzig
33 : *ox-lahun tu-kal*	______	: Dreizehn – (nach der) – Zwanzig
34 : *can-lahun tu-kal*	______	: Vierzehn – (nach der) – Zwanzig
35 : *holhu ca kal*	______	: Fünfzehn-zwei-zwanzig
36 : *uac-lahun tu-kal*	______	: Sechzehn – (nach der) – Zwanzig
37 : *uuc-lahun tu-kal*	______	: Siebzehn – (nach der) – Zwanzig
38 : *uaxac-lahun tu-kal*	______	: Achtzehn – (nach der) – Zwanzig
39 : *bolon-lahun tu-kal*	______	: Neunzehn – (nach der) – Zwanzig

TABELLE XI B

* Die Sprache der Maya und ihre Dialekte werden in einigen heutigen Bundesstaaten Mexikos – Yucatán, Campeche, Tabasco, in einem Teil von Chiapas und in Quintana Roo immer noch gesprochen, darüber hinaus fast überall in Guatemala, im Westen von Honduras und in El Salvador. Vgl. Guitel 1975, 396-402; Menninger 1957/58, I, 70-73; Pott 1847; Thompson 1960.

** Einige Maya-Dialekte verwenden auch den Ausdruck *hun uinic*, was wörtlich übersetzt »ein Mann« heißt.

Die Namen der Zahlen von 21 bis 39 werden also so zusammengesetzt, daß die ordinale Vorsilbe *tu* zwischen den Namen der Zwanzig und der entsprechenden Differenz zu zwanzig gestellt wird. Die Zahlen 30 und 35 sind von dieser Regel ausgenommen, denn sie werden mit *zehn-zwei-zwanzig* (statt *zehn- (nach der) - Zwanzig*) und *fünfzehn-zwei-zwanzig* (statt *fünfzehn- (nach der) - Zwanzig*) benannt.

Diese Abweichung beruht weder auf Addition noch auf Subtraktion, denn der Name der Zahl 35 bedeutet weder $15 + 2 \times 20$ noch $2 \times 20 - 15$! Die Namen der Zahlen ab vierzig werden in folgender Weise gebildet:

40 : *ca kal*, »zwei Zwanziger«	
41 : *hun tu-y-ox-kal*	wörtlich : Eins – dritter Zwanziger
42 : *ca tu-y-ox-kal*	______ : Zwei – dritter Zwanziger
43 : *ox tu-y-ox-kal*	______ : Drei – dritter Zwanziger
44 : *can tu-y-ox-kal*	______ : Vier – dritter Zwanziger
....	....
58 : *uaxac-lahun tu-y-ox-kal*	______ : Achtzehn – dritter Zwanziger
59 : *bolon-lahun tu-y-ox-kal*	______ : Neunzehn – dritter Zwanziger
60 : *ox kal*, »drei Zwanziger«	
61 : *hun tu-y-can kal*	wörtlich : Eins – vierter Zwanziger
62 : *ca tu-y-can kal*	______ : Zwei – vierter Zwanziger
....	....
78 : *uaxac-lahun tu-y-can-kal*	______ : Achtzehn – vierter Zwanziger
79 : *bolon-lahun tu-y-can-kal*	______ : Neunzehn – vierter Zwanziger
80 : *can kal*, »vier Zwanziger«	
81 : *hun tu-y-ho-kal*	wörtlich : Eins – fünfter Zwanziger
82 : *ca tu-y-ho-kal*	______ : Zwei – fünfter Zwanziger
....	....
98 : *uaxac-labun tu-y-ho-kal*	______ : Achtzehn – fünfter Zwanziger
99 : *bolon-lahun tu-y-ho-kal*	______ : Neunzehn – fünfter Zwanziger
100 : *ho kal*, »fünf Zwanziger«	
....	
400 : *hun bak*, »ein Vierhunderter« (20^2)	
8.000 : *hun pic*, »ein Achttausender« (20^3)	
160.000 : *hun calab*, »ein Hundertsechzigtausender« (20^4)	

TABELLE XI C

Wir werden versuchen, die Unregelmäßigkeiten in der Benennung der Zahlen durch ein konstruiertes Beispiel zu erklären. Versetzen wir uns einige Jahrtausende zurück in das heutige Grenzgebiet Mexikos zu Guatemala. Wir befinden uns in einem Indiodorf, dessen Bewohner und deren Nachkommen in späteren Zeiten zur Errichtung der berühmten Zivilisation der Maya beitragen sollten.

Das Dorf bereitet einen Kriegszug vor und ermittelt deshalb die Anzahl seiner Krieger. Zu diesem Zweck haben sich einige Männer aufgestellt, die als »Rechenmaschine« dienen, ein weiterer nimmt die Zählung vor, indem er seine Helfer in das Verfahren einbezieht.

Abb. 18

Er berührt den ersten Finger des ersten Mannes, sobald der erste Krieger vorbeikommt, den zweiten Finger desselben Mannes beim Passieren des zweiten Kriegers und so weiter bis zum zehnten. Dann fährt unser »Buchhalter« mit den Zehen desselben Mannes fort bis zur zehnten Fußzehe, die dem zwanzigsten Krieger entspricht. Beim einundzwanzigsten berührt der Buchhalter den ersten Finger des zweiten Mannes; bei dessen letztem Zeh sind zwanzig weitere Soldaten vorbeigezogen, vierzig im ganzen. Er zählt nun am dritten Mann weiter bis zum sechzigsten Krieger, und er fährt so fort, bis die Zählung abgeschlossen ist (*Abb. 18*).

Beträgt die Anzahl 53, dann hat der Buchhalter beim Vorbeigehen des letzten Soldaten *die dritte Zehe des ersten Fußes des dritten Mannes* berührt. Das Ergebnis klingt dann so ähnlich wie: An Kriegern haben wir *drei Zehen des ersten Fußes des dritten Mannes* oder *zwei Hände und drei Zehen des dritten Mannes* bzw. *zehn-und-drei des dritten Zwanzigers.*

Die Namen der Zahlen lassen sich auf diese Weise ziemlich einfach bilden, wie die folgende *Tabelle XII* verdeutlicht:

Variante A				Variante B
		1 : Eins	11 : Zehn-eins	
		2 : Zwei	12 : Zehn-zwei	
		3 : Drei	13 : Zehn-drei	
		4 : Vier	14 : Zehn-vier	
		5 : Fünf	15 : Zehn-fünf	
		6 : Sechs	16 : Zehn-sechs	
		7 : Sieben	17 : Zehn-sieben	
		8 : Acht	18 : Zehn-acht	
		9 : Neun	19 : Zehn-neun	
		10 : Zehn	20 : Ein Mann	
21	Eins nach dem ersten Mann		Eins vom zweiten Mann	21
22	Zwei nach dem ersten Mann		Zwei vom zweiten Mann	22
23	Drei		Drei	23
24	Vier		Vier	24
25	Fünf		Fünf	25
26	Sechs		Sechs	26
27	Sieben		Sieben	27
28	Acht		Acht	28
29	Neun		Neun	29
30	Zehn		Zehn	30
31	Zehn-eins		Zehn-eins	31
32	Zehn-zwei		Zehn-zwei	32
33	Zehn-drei		Zehn-drei	33
34	Zehn-vier		Zehn-vier	34
35	Zehn-fünf		Zehn-fünf	35
36	Zehn-sechs		Zehn-sechs	36
37	Zehn-sieben		Zehn-sieben	37
38	Zehn-acht		Zehn-acht	38
39	Zehn-neun		Zehn-neun	39
40	Zwei Mann		Zwei Mann	40
41	Eins nach dem zweiten Mann		Eins vom dritten Mann	41
42	Zwei nach dem zweiten Mann		Zwei vom dritten Mann	42
43	Drei nach dem zweiten Mann		Drei vom dritten Mann	43
.....	....		....	.....
51	Zehn-eins nach dem zweiten Mann		Zehn-eins vom dritten Mann	51
52	Zehn-zwei nach dem zweiten Mann		Zehn-zwei vom dritten Mann	52
53	Zehn-drei nach dem zweiten Mann		Zehn-drei vom dritten Mann	53
.....	....		....	.....
59	Zehn-neun nach dem zweiten Mann		Zehn-neun vom dritten Mann	59
60	Drei Mann		Drei Mann	60
61	Eins nach dem dritten Mann		Eins vom vierten Mann	61
62	Zwei nach dem dritten Mann		Zwei vom vierten Mann	62
.....	....		....	.....
79	Zehn-neun nach dem dritten Mann		Zehn-neun vom vierten Mann	79
80	Vier Mann		Vier Mann	80

TABELLE XII

Nun wird der Grund für die Unregelmäßigkeiten in der Zählung der Maya der Halbinsel Yucatán deutlich:

1. Die Benennung der Zahlen 21 bis 39 (mit Ausnahme von 30 und 35) folgt der Variante A der vorangegangenen *Tabelle XII*:

21: *hun tu-kal,* »eins nach dem Zwanzigsten« (oder »eins nach der ersten Zwanzig«);
22: *ca tu-kal,* »zwei nach dem Zwanzigsten« (oder »zwei nach der ersten Zwanzig«);
39: *bolon-lahun tu-kal,* »neun und zehn nach dem Zwanzigsten« (oder »neun und zehn nach der ersten Zwanzig«).

2. Die Benennung der Zahlen 41 bis 59, 61 bis 79 usw. folgt der Variante B der *Tabelle XII:*

41: *hun tu-y-ox-kal,* »eins der dritten Zwanzig«;
42: *ca tu-y-ox-kal,* »zwei der dritten Zwanzig«;
59: *bolon-lahun tu-y-ox-kal,* »neun und zehn der dritten Zwanzig«;
60: *ox kal,* »drei Zwanziger«;
61: *hun tu-y-can-kal,* »eins der vierten Zwanzig«;
62: *ca tu-y-can-kal,* »zwei der vierten Zwanzig«;
79: *bolon-lahun tu-y-can kal,* »neun und zehn der vierten Zwanzig«;
80: *can kal,* »vier Zwanziger«.

3. Schließlich werden auch die Zahlnamen für 30 und 35 nach der Variante B in *Tabelle XII* gebildet:

30: *lahun ca kal,* »zehn-zwei-zwanzig« (oder »zehn der zweiten Zwanzig«);
35: *holhu ca kal,* »fünfzehn-zwei-Zwanzig« (oder »fünfzehn der zweiten Zwanzig«).

Auch die Eskimo Grönlands, die Tamana am Orinoco* und die Ainu auf Sachalin** gehören zu den vielen Völkern, die nach Zwanzigern zählen. Für die Zahl 53 benützen die grönländischen Eskimo z.B. den Ausdruck *inûp pingajugsane arkanek-pingasut,* was wörtlich »vom dritten Mann drei am ersten Fuß» bedeutet (Tylor 1871, I, 286) und dem von den Tamana am Orinoco (Tylor 1871) und von den Maya verwendeten Begriff entspricht. Die Ainu nennen die gleiche Zahl *wan-re wan-e-re-hotne,* was wörtlich »Zehn-und-drei des dritten Zwanzigers« bedeutet (Kyosuke/Mashio 1936; Menninger 1957/58).

Das Sexagesimalsystem

Obwohl die Zahl Sechzig als Basis eines Zahlensystems für das Gedächtnis zu hoch ist, bedienen wir uns immer noch des Sexagesimalsystems im Zusammenhang mit der Bestimmung der Zeit und der Kreis- und Winkelberechnung. Wenn man uns z.B. auffordert, eine Präzisionsuhr auf 9.08.43 zu stellen, wissen wir sehr gut, daß es sich um die Zeit von *9 Stunden, 8 Minuten und 43 Sekunden* nach Mitternacht handelt; diese Zeitspanne kann man auch folgendermaßen wiedergeben:

$9 \times 60^2 + 8 \times 60 + 43 = 32.923$ Sekunden.

* Südamerikanischer Fluß am Fuße des Berglands von Guyana in Venezuela.

** Insel vor der ostasiatischen Küste zwischen dem Ochotskischen und dem Japanischen Meer. Ainu wohnen auch auf der Insel Jesso (Hokaido) und den Kurilen, sind jedoch heute vom Aussterben bedroht.

Auch wenn ein Marineoffizier seinen Leuten die Position mit 25.36.07 nördlicher Breite angibt, weiß jeder, daß sie auf 25° 36′ 7″ ($25 \times 60^2 + 36 \times 60 + 7 = 92.167''$) nördlich des Äquator liegt.

»Das Sexagesimalsystem wurde zuerst bei den Griechen, dann bei den Arabern zur wissenschaftlichen Zählmethode der Astronomen. (...) Bis auf wenige Ausnahmen (Wallis 1965, 24; Tropfke 1921, I, 61) wurde dieses System später nur noch zur Darstellung von Brüchen benutzt. Daneben hatte es früher in Babylonien auch zur Darstellung ganzer Zahlen gedient. Es handelte sich dabei um ein vollständiges Zahlensystem, welches die babylonischen Mathematiker und Astronomen benutzten. Seit Beginn der assyriologischen Forschung fanden Wissenschaftler Beispiele dafür: Hincks auf einer astronomischen Tafel bei Ausgrabungen in Ninive, Rawlinson (1810-1895) auf einer mathematischen Tafel, die Loftus in Senkere (Larsa) gefunden hatte. Weitere Ausgrabungen in Babylonien, besonders diejenigen von Sarzek in Tello, haben gezeigt, daß das Sexagesimalsystem bei den Sumerern das vorherrschende Zahlensystem war, das erst bei den Babyloniern auf den wissenschaftlichen Bereich beschränkt wurde.« (Thureau-Dangin 1932, 5 f.)

Die Grundlage des sprachlichen Zahlensystems der Sumerer war das Sexagesimalsystem; ausgehend von Potenzen der Sechzig wirft es aufgrund der Größe der Basis Schwierigkeiten auf. In der Theorie enthält dieses System als Einheiten nur 1, 60^2, 60^3 usw. und erfordert sechzig verschiedene Worte zur Benennung der Zahlen von 1 bis 60. Aber der Abstand zwischen diesen Einheiten ist so groß, daß man in der Praxis Hilfseinheiten benutzte, um das Gedächtnis zu entlasten; so haben die Sumerer die Zahl Zehn als Zwischenstufe in ihr Zahlensystem übernommen.

Die zehn ersten ganzen Zahlen der Sumerer tragen folgende Bezeichnungen*:

1 : *gesch* (oder *asch* oder auch *disch*)	2 : *min* 3 : *esch* 4 : *limmu*	5 : *iá* 6 : *ásch* 7 : *imin*	8 : *ussu* 9 : *ilimmu* 10 : *u*

TABELLE XIII A

Die sumerischen Worte für die Eins *gesch* und für das Paar *min* haben daneben noch die Bedeutung »Mensch, Mann, männliches Glied« bzw. »Frau«. Das Wort *esch*, das die Zahl drei bezeichnete, wurde auch im Sinn von »Mehrheit« und sogar als Nachsilbe zur Pluralbildung gebraucht (Thureau-Dangin 1932).**

Außerdem findet man bei bestimmten Zahlworten deutliche Spuren eines Zahlensystems der Basis Fünf:

7 = *imin* = *i* + *min* = *i(-á)* + *min* = 5 + 2

9 = *ilimmu* = *i* + *limmu* = *i(-á)* + *limmu* = 5 + 4

* Deimel 1947; Falkenstein 1959; Guitel 1975; Menninger 1957/58, I 176 f.; Neugebauer 1934; Poebels 1923; Powell 1972; Thureau-Dangin 1932, 16-26.

** Ähnliche Formen der Pluralbildung existierten im alten Ägypten und bei den Hethitern in Anatolien; dabei wurde eine Hieroglyphe dreimal hintereinander wiederholt oder diesem Zeichen drei vertikale Striche oder kleine Punkte hinzugefügt. Damit sollte nicht die Zahl Drei zum Ausdruck gebracht werden, sondern der Plural.

Sogar der Name der Zahl Sechs könnte ähnlich entstanden sein:

6 = *àsch* = *à* + *sch* = *(i-)á* + *asch* = 5 + 1

Das sumerische System benennt jedes Vielfache von zehn, das unter oder bei 60 liegt, mit eigenen Namen und hat deshalb bis 60 dezimale Struktur:

10 : *u*	40 : *nischmin* oder *nimin* oder *nin*
20 : *nisch*	50 : *ninnû*
30 : *uschu*	60 : *gesch* oder *geschta*

TABELLE XIII B

Dabei wird der Name der Zahl Dreißig aus den Namen der Zahlen Drei und Zehn zusammengesetzt:

30 = *uschu* = *esch.u* = 3 × 10.

Der Name Vierzig leitet sich aus einer Zusammensetzung des Wortes für zwanzig und für vier her: 40 = *nischmin* = *nisch.min* = 2 × 20.*

Ähnlich das Wort für die Zahl 50: 50 = *ninnû* (= *nimnu*?) = *nin* + *u* = 40 + 10.

Thureau-Dangin (1932) bezeichnet die sumerischen Namen der Zahlen 20, 40 und 50 als »vigesimale Insel innerhalb des sumerischen Zahlensystems«.

Auf der anderen Seite ist das für die Sechzig benützte Wort *gesch* identisch mit dem der Eins – »zweifellos, weil die Sumerer die 60 als übergeordnete Einheit begriffen« (Thureau-Dangin 1932, 22) –, wobei die gleiche Zahl zuweilen mit *geschta* bezeichnet wurde, um Verwechslungen zu vermeiden.

Die Sechzig bildet im sumerischen Zahlensystem einen Abschnitt, von hier ab werden die Zahlen bis 600 mit Hilfe der 60 als der neuen Einheit benannt:

60 : *gesch*	360 : *gesch-asch* (60 × 6)
120 : *gesch-min* (60 × 2)	420 : *gesch-imin* (60 × 7)
180 : *gesch-esch* (60 × 3)	480 : *gech-ussu* (60 × 8)
240 : *gesch-limmu* (60 × 4)	540 : *gesch-ilimmu* (60 × 9)
300 : *gesch-iá* (60 × 5)	600 : *gesch-u* (60 × 10)

TABELLE XIII C

Bei 600 ist ein neuer Abschnitt erreicht, obwohl der Name dieser Zahl aus *gesch* = 60 und *u* = 10 zusammengesetzt ist; trotzdem wird sie wie eine neue Einheit behandelt, um die Zahlen von 600 bis 3.600 (= 60^2) auszudrücken:

600 : *gesch-u*	2 400 : *gesch-u-limmu* (600 × 4)
1 200 : *gesch-u-min* (600 × 2)	3 000 : *gesch-u-iá* (600 × 5)
1 800 : *gesch-u-esch* (600 × 3)	3 600 : *schàr* (unabhängiger Name)

TABELLE XIII D

Die Zahl 3.600 hat einen unabhängigen Namen und wird ihrerseits als neue Einheit eingesetzt**:

* Die Formen *nimin* und *nin*, die ebenfalls 40 bezeichnen, sind nichts anderes als Kontraktionen aus *nischmin nischmin* → ni(-sch-)min → *nimin* → ni(-m-)in →*nin*.

** Es handelt sich um den »Sechziger der Sechziger«, den man den *Großen Sechziger* nennen könnte, in Analogie zum »Großen Dutzend«, das einem Dutzend von Dutzenden entspricht.

3 600 : *schàr*	21 600 : *schàr-àsh* (3 600 × 6)
7 200 : *schàr-min* (3 600 × 2)	25 200 : *schàr-imin* (3 600 × 7)
10 800 : *schàr-esch* (3 600 × 3)	28 800 : *schàr-ussu* (3 600 × 8)
14 400 : *schàr-limmu* (3 600 × 4)	32 400 : *schàr-ilimmu* (3 600 × 9)
18 000 : *schàr-iá* (3 600 × 5)	36 000 : *schàr-u* (3 600 × 10)

TABELLE XIII E

Die Zahlen 36.000, 216.000, 12.960.000 bilden dann weitere neue Abschnitte (Thureau-Dangin 1932):

36 000 : *schàr-u* (= 60^2 × 10)	2 160 000 : *schàr-gal-u* (= 60^3 × 10)
72 000 : *schàr-u-min* (3 600 × 2)	4 320 000 : *schàr-gal-u-min* (2 160 000 × 2)
....	....
180 000 : *schàr-u-iá* (36 000 × 5)	10 800 000 : *schàr-gal-u-iá* (2 160 000 × 5)
216 000 : *schà-gal* (= 60^3); wörtlich: »die große 3 600«	12 960 000 : *schàr-gal-shu-nu-tag* (= 60^4) (dem großen *schàr* übergeordnete Einheit)
432 000 : schàr-gal-min (216 000 × 2)	
....	
1 944 000 : *schàr-gal-ilimmu* (216 000 × 9)	

TABELLE XIII F

Das sumerische Zahlensystem hatte also die Sechzig als Basis und war in verschiedene aufeinanderfolgende Ebenen aufgebaut, die alternativ auch auf den Hilfsbasen 6 und 10 beruhten (*Tabelle XIV a*). Das sumerische Sexagesimalsystem war somit auf einer Grundlage errichtet, die eine Art Kompromiß zwischen den beiden komplementären Divisoren der Basis darstellte, wobei dieselben abwechselnd als Basis herangezogen wurden (*Tabelle XIV b*):

Wert	Name	Mathematische Stuktur	
1	*gesch*	1	1
10	*u*	10	10
60	*gesch*	60	10.6
600	*gesch-u*	60 × 10	10.6.10
3 600	*schàr*	60^2	10.6.10.6.
36 000	*schàr-u*	60^2 × 10	10.6.10.6.10
216 000	*schàr-gal*	60^3	10.6.10.6.10.6
2 160 000	*schàr-gal-u*	60^3 × 10	10.6.10.6.10.6.10
12 960 000	*schàr-gal schu-nu-tag*	60^4	10.6.10.6.10.6.10.6.

TABELLE XIV A

1 *gesch*	10 *u*	60 *gesch*	600 *gesch-u*	3 600 *schàr*	36 000 *schàr-u*
2 *min*	20 *nisch*	120 *gesch-min* (60 × 2)	1 200 *gesch-u-min* (600 × 2)	7 200 *schàr-min* (3 600 × 2)	72 000 *schàr-u-min* (36 000 × 2)
3 *esch*	30 *uschu*	180 *gesch-esch* (60 × 3)	1 800 *gesch-u-esch* (600 × 3)	10 800 *schàr-esch* (3 600 × 3)	108 000 *schàr-u-esch* (36 000 × 3)
4 *limmu*	40 *nimin*	240 *gesch-limmu* (60 × 4)	2 400 *gesch-u-limmu* (600 × 4)	14 400 *schàr-limmu* (3 600 × 4)	144 000 *schàr-u-limmu* (36 000 × 4)
5 *iá*	50 *ninnû*	300 *gesch-iá* (60 × 5)	3 000 *gesch-u-iá* (600 × 5)	18 000 *schàr-iá* (3 600 × 5)	180 000 *schàr-u-iá* (36 000 × 5)
6 *àsch*		360 *gesch-àsch* (60 × 6)		21 600 *schàr-àsch* (3 600 × 6)	
7 *imin*		420 *gesch-imin* (60 × 7)		25 200 *schàr-imin* (3 600 × 7)	
8 *ussu*		480 *gesch-ussu* (60 × 8)		28 800 *schàr-ussu* (3 600 × 8)	
9 *ilimmu*		540 *gesch-ilimmu* (60 × 9)		32 400 *schàr-ilimmu* (3 600 × 9)	

TABELLE XIV B

Der Ursprung des Sexagesimalsystems

Das Dezimalsystem wird von der überwiegenden Mehrheit der Menschen benutzt, weil der Mensch mit seinen zehn Fingern zu zählen begonnen hat. Gleichzeitig haben bestimmte Völker auf der Basis Zwanzig gezählt, weil sie die zehn Zehen mit einbezogen haben.

Dagegen kann man sich nur schwer vorstellen, weshalb die Sumerer das Sexagesimalsystem benutzten, oder andere das Duodezimalsystem. Thureau-Dangin (1932) stellt verschiedene Hypothesen zur Erklärung dieses Phänomens vor, aber keine von ihnen erscheint wirklich überzeugend.

Theon von Alexandrien, ein im vierten Jahrhundert unserer Zeitrechnung lebender Kommentator des Ptolemäus, führte als Grund an, daß sie »von allen Zahlen die am einfachsten benutzbare ist, da sie die niedrigste all derer ist, die sehr viele Divisoren haben, und deshalb am einfachsten gehandhabt werden kann« (zit. n. Thureau-Dangin 1932, 6). Dieselbe Meinung wurde vierzehn Jahrhunderte später von dem englischen Mathematiker John Wallis (1616-1703) in seinen *Opera mathematica* (Wallis 1965) vertreten und dann von Löffler (1910) wieder aufgenommen. Seiner Auffassung nach veranlaßte die Entdeckung, daß »60 diejenige Zahl ist, welche die meisten der niederen Zahlen, nämlich 2, 3, 4, 5, 6 als Faktoren enthält« – eine Entdeckung, »die wohl in den Priesterschulen gemacht wurde« –»die sumerischen Gelehrten, ein für wissenschaftliche Zwecke bestimmtes Zahlensystem mit der Grundzahl 60 zu schaffen « (Löffler 1910, 135 f.). Eine andere Hypothese stellte 1789 der Venezianer Formaleoni auf (Thureau-Dangin 1932, 7 f.), die von Cantor (1880) wiederaufgenommen wurde. Sie führen das Sexagesimalsystem auf einen »natürlichen« Ursprung zurück: die Anzahl der Tage des Jahres, auf 360 abgerundet, habe zur Unterteilung des Kreises in 360 Grad geführt. Auch die Tatsache, daß ein Kreis in sechs gleiche Teile unterteilt werden könne, wenn die Sehnen der Sekanten gleich dem Radius seien, habe mit zur Wahl der Zahl 60 als Basis des Zahlensystems beigetragen.

Im Jahre 1899 glaubte Lehmann-Haupt den Ursprung des Sexagesimalsystems im Verhältnis zwischen der babylonischen Stunde, die zwei unserer Stunden entspricht, zum scheinbaren Durchmesser der Sonne gefunden zu haben: Dieses Verhältnis käme in Zeiteinheiten ausgedrückt zwei unserer Minuten gleich (Lehmann-Haupt 1899, 364 f.; Thureau-Dangin 1932, 9).

Eine geometrische Erklärung wurde 1910 von Hoppe vorgeschlagen: Das gleichschenklige Dreieck habe dazu gedient, Richtungsunterschiede zu messen; aus der mit dieser Figur gegebenen dezimalen Unterteilung des Winkels sei die sexagesimale Unterteilung der Ebene hervorgegangen, die ihrerseits wieder zur sexagesimalen Zählung geführt habe (Hoppe 1910, 304 ff.; 1927, 448 ff.; Thureau-Dangin 1932, 10). Dagegen wandte der deutsche Assyriologe Kewitsch zurecht ein, daß »weder die Astronomie noch die Geometrie ein Zahlensystem erklären können« (Kewitsch 1904, 73 ff.; 1911, 165 ff.; 1915, 265 ff.; Thureau-Dangin 1932, 10). Cantor wurde dadurch dazu veranlaßt, die von ihm 1880 aufgestellte Hypothese fallenzulassen. Kewitsch behauptet weiter, daß »die Wahl der Basis Sechzig aus der Verschmelzung zweier Völker hervorgegangen sein muß, deren eines das Dezimalsystem beigetragen habe, das andere ein System auf der Basis von 6, hervorgegangen aus einer besonderen Art des Abzählens an den Fingern« (Kewitsch zit. n. Thureau-Dangin 1932, 10) – eine Hypothese, die

Thureau-Dangin verwirft, weil »das Vorhandensein eines Zahlensystems auf der Basis 6 ein Postulat ohne jede historische Grundlage« sei (Thureau-Dangin 1932, 10).

Neugebauer hat 1927 die Hypothese aufgestellt, die Wahl der Basis 60 sei metrologischen Ursprungs (Neugebauer 1927; 1928, 209 ff.; Thureau-Dangin 1929, 43) – »ein Vorschlag, der nicht zutreffen kann, wenn es sich um das metrologische System im eigentlichen Sinne handelt«, weil es sicher zu sein scheint, »daß das Sexagesimalsystem in die Metrologie erst deshalb eingegangen ist, weil es als Zahlensystem bereits existierte« (Thureau-Dangin 1932, 11).

Teil II
Konkrete Rechenverfahren

Kapitel 3
Die erste Rechenmaschine: die Hand

Einige Arten des Zählens und Rechnens mit den Fingern waren schon im Altertum in vielen Kulturen verbreitet und sind bei manchen noch heute in Gebrauch.

Archäologische Funde in Ägypten, die bis in die Zeit des Alten Reiches reichen, lassen darauf schließen, daß in der Verwaltung der Pharaonen mit den Fingern gerechnet wurde (*Abb. 19, 56*).* Auch in Griechenland und in Persien war diese Art des Rechnens verbreitet, wie aus Anspielungen klassischer Autoren von Aristophanes (um 445 – 380 v. Chr.) bis Plutarch (um 50 – 125 n. Chr.) hervorgeht.

Abb. 19: Das Zählen mit den Fingern auf einem ägyptischen Grabfresko des Neuen Reiches; Fragment eines Freskos aus dem Grab des Fürsten Menna in Theben, der zur Zeit der XVIII. Dynastie unter der Regierung Thutmosis IV. lebte, d.h. gegen Ende des 15. vorchristlichen Jahrhunderts. Sechs Schreiber überwachen vier Arbeiter, die Getreide abmessen und dazu ein Hohlmaß benutzen, um das Korn von einem auf den anderen Haufen zu schichten. Auf dem rechten Kornhaufen rechnet der Oberschreiber mit Hilfe der Finger und diktiert die Ergebnisse den drei Schreibern links, die sie auf Tafeln festhalten, um sie später auf Papyri zu übertragen, die in den Archiven des Pharao gelagert werden.
(Theben, Grab Nr. 69, Eingangswand, erste Halle rechts)

* Gunn 1922, 71 f.; Korostovtsev 1947; Schott 1967; Sethe 1919.

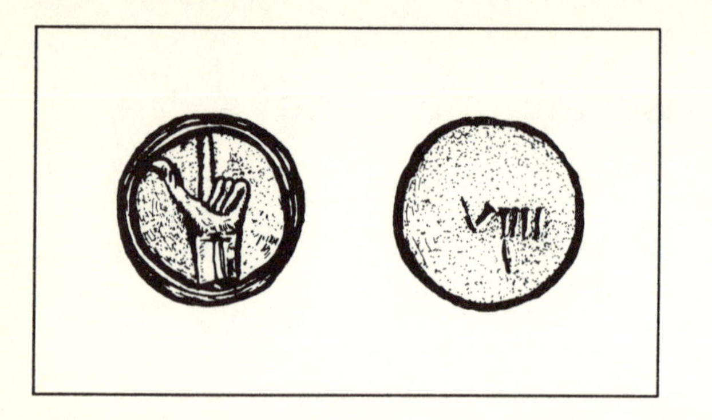

Abb. 20: Zwei römische Zahlenmarken aus dem ersten nachchristlichen Jahrhundert. Die linke Marke zeigt auf einer Seite eine besondere Art der Darstellung der Zahl neun mit den Fingern und auf der anderen Seite den entsprechenden Wert in römischen Zahlen. (British Museum)
Die Marke auf der rechten Seite stellt einen Mann dar, der mit den Fingern seiner linken Hand die Zahl 15 darstellt. (Cabinet des Médailles, Bibliothèque Nationale Paris, Tessaron Nr. 316; vgl. Froehner 1884)

Die Römer wandten bei ihren Geschäften ein besonderes Verfahren des Zählens mit den Händen an. Als Quelle hierfür können die erhaltenen *tessarae* (Rechenmarken) aus Knochen oder Elfenbein gelten, die jeweils für eine bestimmte Summe Geld standen und von den römischen Steuereintreibern als Quittung ausgegeben wurden. Sie tragen in der Regel auf der einen Seite die Darstellung der entsprechenden Zahl mit den Fingern, auf der anderen Seite die zugehörigen römischen Zahlzeichen

Abb. 21: Das Zählen mit den Fingern bei den Azteken im präkolumbianischen Mexiko. Ausschnitt aus einem Wandgemälde von Diego Rivera (1886–1957). (Nationalpalast, Mexiko City)

Abb. 22: Boethius (480–524), römischer Philosoph und Mathematiker, der mit seinen Fingern zählt. Das Portrait wird Justus von Gent (15. Jh.) zugeschrieben. (Zeichn. d. Autors; vgl. Dédron/Itard 1959)

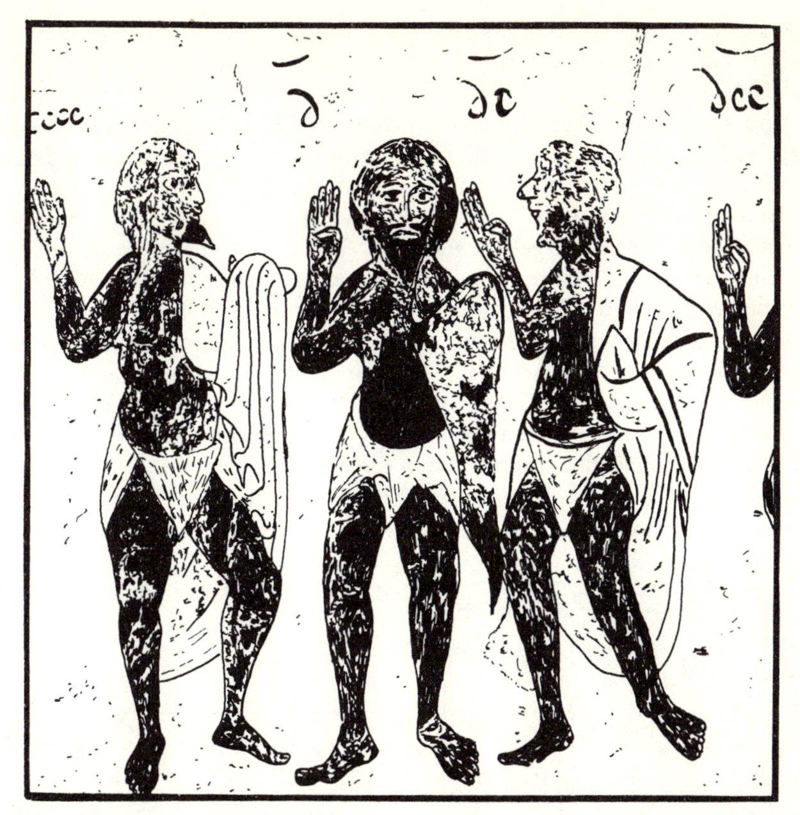

Abb. 23: Darstellung des Rechnens mit den Fingern in einem spanischen Manuskript von 1130. Ausschnitt aus einem aus Katalonien stammenden Codex (wahrscheinlich aus Santa Maria de Ripoll).
(Nationalbibliothek Madrid, Codex Matritensis, Fol. 3v; vgl. Burnam 1912/25, III, Tafel 43)

(*Abb. 20*).* Verschiedene römische Schriftsteller haben diese Art des konkreten Rechnens erwähnt. So schreibt der Philosoph Seneca (um 4 v. Chr. – 65 n. Chr.) in einer seiner *Epistolae:* »Der Geiz lehrte mich, zu rechnen und meine Finger in den Dienst meiner Leidenschaft zu stellen.« (Zit. n. Lemoine 1932, 36)

Weiter berichtet Plinius der Ältere (24–79 n. Chr.) in seiner *Naturgeschichte*, daß die vom König Numa Pompilius errichtete Statue des zwiegesichtigen Gottes Janus mit ihren Fingern die Zahl der Tage des Jahres anzeigte, denn Janus – einer der obersten Götter des römischen Pantheon – war der Gott des Jahres und der Jahreszeiten, des Alters und der Zeit.** Tertullian (150–220 n. Chr.) schreibt in seinem *Apolo-*

* Die tessarae, die in den Provinzen des römischen Reiches verwendet wurden, gingen im Wert nie über die Zahl 15 hinaus. Vgl. zu diesem Abschnitt Alföldy-Rosenbaum 1971; Bechtel 1909; Dragoni 1811; Froehner 1884; Lemoine 1932; Menninger 1957/58, II 3–29; Richardson 1916.

** Unsere heutigen Bezeichnungen *Januar, January, Janvier* etc. gehen auf den lateinischen Namen *Januarius* für den ersten Monat des Römischen Jahres zurück, der dem Gott Janus geweiht war.

geticus: »Während dieser Zeit aber muß man von einem Haufen von Papieren umgeben sitzenbleiben und mit den Fingern gestikulieren, um Zahlen auszudrücken.« (Zit. n. Lemoine 1932, 36)

Der römische Rhetoriker Quintilian (35–95 n. Chr.) erwähnt die Verwendung der Fingerzählung bei den Rednern. Er schreibt im ersten Buch seiner *Institutio oratoria:* »Die Kenntnis der Zahlen ist nicht nur für den Redner wichtig, sondern auch für den, der schreiben kann; vor Gericht wird häufig davon Gebrauch gemacht, und ein Advokat, der mit einem Ergebnis zögert oder auch nur Unsicherheit oder linkisches Benehmen beim Zählen mit den Fingern zeigt, macht sofort einen schlechten Eindruck hinsichtlich seiner Fähigkeiten.« (Zit. n. Lemoine 1932, 37)

Zu den zahlreichen Völkern, die mit der Tradition des Zählens und Rechnens mit den Fingern vertraut waren, gehören u.a. auch die Azteken des präkolumbianischen Mexiko (*Abb. 21*); aber auch die Chinesen, die Indochinesen, die Inder, die Perser, die Türken, die Araber, die koptischen Christen Ägyptens und die romanischen Völker des mittelalterlichen Abendlandes benützten dieses Verfahren (*Abb. 22, 23, 26*).

Diese Tradition hat sich bis in unsere Tage in verschiedenen Gegenden Asiens erhalten. Selbst im Abendland war die Methode des Fingerrechnens noch vor rund

Abb. 24: Das Fingerrechnen in einem in Deutschland 1727 veröffentlichten Rechenhandbuch.
(Jacob Leupold, Theatrum Arithmetico-Geometricum; vgl. Menninger 1957/58, II, 10)

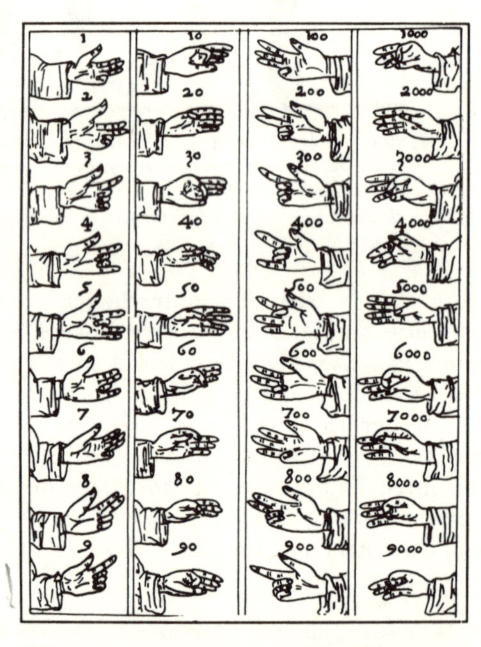

Abb. 25: Das Fingerrechnen in einem 1494 in Venedig gedruckten Werk über Mathematik.
(Auszug aus Fra Luca Pacioli: Summa de Arithmetica, Geometrica, proportioni e proportionalita)

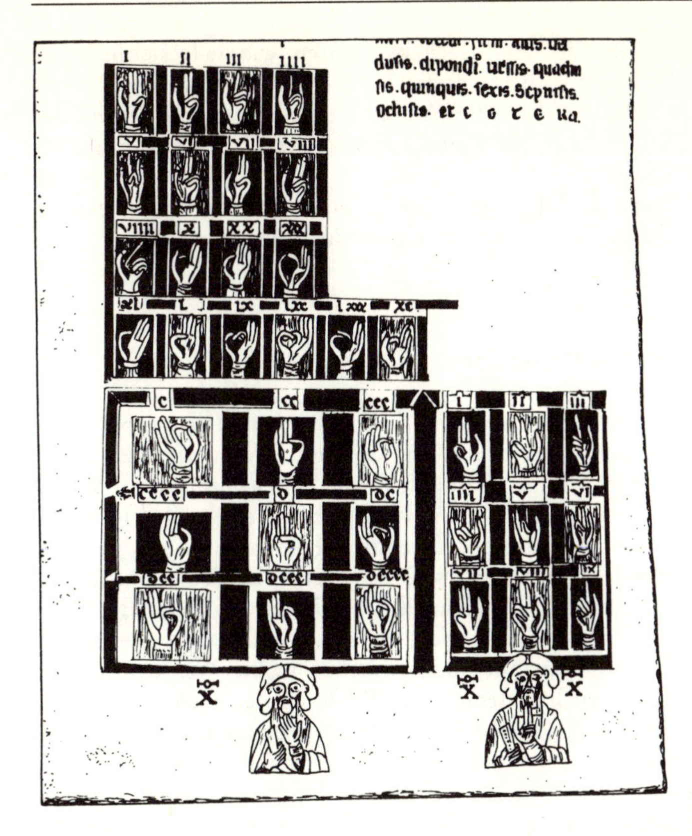

Abb. 26: Darstellung des Fingerrechnens in einem spanischen Pergamentkodex um 1210.
(Öffentliche Bibliothek Lissabon, MS Alcobaça 394 Fol. 251v; vgl. Burnam 1912/25, I, Tafel 14)

vierhundert Jahren bei den Gelehrten derart pupulär, daß ein Rechenhandbuch nur dann als vollständig galt, wenn es eine Beschreibung dieser Methode enthielt (*Abb. 24, 25*). Erst durch die Ausbreitung des schriftlichen Rechnens mit den sogenannten »arabischen« Ziffern verlor das Rechnen mit den Fingern seine Bedeutung sowohl im Orient als auch im Okzident.

Um so merkwürdiger ist es, daß die moderne Informatik etymologisch an das Rechnen mit den Fingern anknüpft. Hier spricht man nämlich von der *Digitalrechnung* (vom lat. *digital*, den Finger betreffend), wobei das Wort »digit« die Stelle einer Ziffer in der Stellenschreibweise bezeichnet. Darüber hinaus gibt es den Begriff *binary digit* (oder *bit*, entstanden aus der Zusammenziehung dieser beiden Worte; Dualziffer)*, der jeweils eine der beiden Zahlen 0 oder 1 des Binärsystems kennzeichnet, das bereits im 18. Jahrhundert von Leibniz (1646–1716) entworfen wurde.**

* Im Mittelalter bezeichnete das lateinische Wort *digiti* (»die Finger«) eine aus einfachen Einheiten gebildete Menge (in Anspielung auf das Zählen mit den Fingern), was im Englischen zur Bildung des Wortes *digit* im Sinne von »Ziffer« geführt hat.

** Ein *bit* ist die kleinste Informationseinheit, mit der jedes System verarbeitet werden kann, das sich auf zwei konträre oder komplementäre Zustände zurückführen läßt, z.B. auf alle logischen Systeme mit zwei Werten (z.B. wahr oder falsch) bzw. auf Vorhanden- oder Nichtvorhandensein (wie z.B. eine Perforation auf einer Karte, ein Impuls auf einem Magnetband, der elektrische Strom usw.).

Wir werden einige manuelle Zähl- und Rechenverfahren, wie sie früher in Asien und Europa in Gebrauch waren, näher betrachten. Diese Systeme, welche weitgehend mit dem Prinzip der Basis arbeiten, werden uns eine Vorstellung davon vermitteln, wie die verschiedenen Völker im Laufe der Zeit die Möglichkeiten des Fingerzählens weiterentwickelt haben.

Dabei ist an vielen Einzelheiten zu erkennen, daß manche Verfahren auf gegenseitigen Einflüssen beruhen, die auf den ersten Blick nicht ins Auge fallen.

Eine merkwürdige Art zu feilschen

In orientalischen und asiatischen Ländern war noch in der ersten Hälfte dieses Jahrhunderts eine sehr alte Tradition verbreitet: Die Kaufleute und ihre Kunden benutzten bei ihren Geschäften eine Art des Fingerrechnens, die an ein eigentümliches Ritual gebunden war. Der Forschungsreisende Carsten Niebuhr berichtet darüber in seiner *Beschreibung von Arabien:* »Ich glaube schon irgendwo gelesen zu haben, daß die Morgenländer eine besondere Manier haben, in Gegenwart vieler Leute einen Kauf zu schließen, ohne daß einer von den Umstehenden erfährt, wie viel für die Ware bezahlt wird. Sie bedienen sich dieser Kunst noch sehr oft. Ich sähe es aber ungerne, wenn jemand auf diese Art einen Kauf für mich schließen wollte, weil der Mäkler dadurch eine bequeme Gelegenheit hat, denjenigen, für welche er kaufen soll, auch in seiner Gegenwart zu betriegen. Beyde Parteyen nemlich geben sich durch gewisse ihnen bekannte Zeichen an den Fingern und Knöcheln der Hand, wovon einer 100, 50, 10 usw. bedeutet, zu verstehen, wie viel der eine verlangt, oder der andere zu bezahlen gedenkt. Man macht aus dieser Kunst gar kein Geheimnis, weil sie sonst von keinem großen Nutzen seyn würde, sondern man bedeckt der Umstehenden wegen nur die Hände mit dem Zipfel des Kleides.« (Niebuhr 1772, 103)

a. Um die Eins auszudrücken, ergreift einer der Kontrahenten den Zeigefinger seines Partners;
b. für 2 ergreift er Zeige- und Mittelfinger zusammen;
c. für 3 ergreift er Zeige-, Mittel- und Ringfinger zusammen;
d. für 4 ergreift er die Hand ohne den Daumen;
e. für 5 ergreift er die ganze Hand;
f. für 6 ergreift er zweimal hintereinander Zeige-, Mittel- und Ringfinger zusammen (= 2 × 3);
g. für 7 ergreift er erst die Hand ohne den Daumen, dann den Zeige-, den Mittel- und den Ringfinger zusammen (= 4 + 3);
h. für 8 ergreift er zweimal hintereinander die Hand ohne den Daumen (= 2 × 4);
i. für 9 ergreift er erst die ganze Hand, dann die Hand ohne den Daumen (= 5 + 4).

Für 10, 100, 1.000 oder 10.000 ergreift er erneut den Zeigefinger seines Partners, wie er es bereits für die Eins getan hat; für 20, 200, 2.000 oder 20.000 drückt er den Daumen und den Zeigefinger zusammen wie für 2 und so fort (*Abb. 27*). Zu Verwechslungen kann es nicht kommen, denn es handelt sich um ein Geschäft, über dessen Umfang sich die beiden Kontrahenten von Anfang an im großen und ganzen einig sind: Will ein Händler den Preis seiner Ware auf ca. 400 Francs festsetzen, wird er sich vor Beginn der Verhandlungen mit seinem Kunden über die Anzahl der Hunderter verständigen.

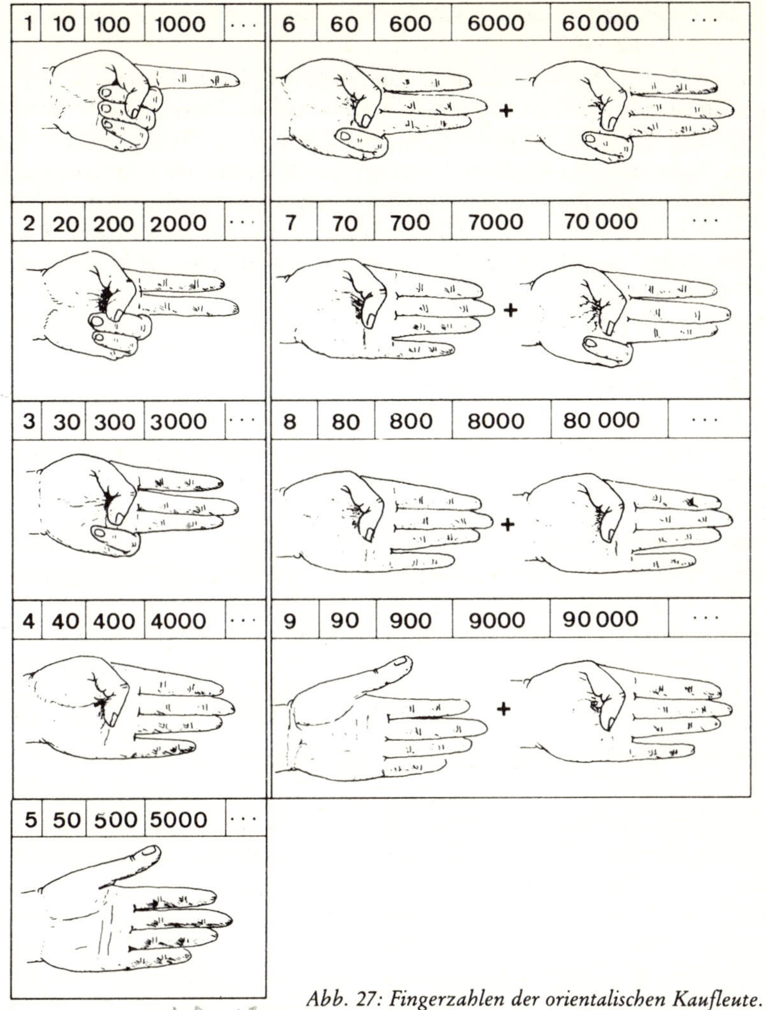

Abb. 27: Fingerzahlen der orientalischen Kaufleute.

Niebuhr verrät nicht, ob er je einem solchen Handel beigewohnt hat. Dagegen hat Lemoine noch zu Beginn dieses Jahrhunderts auf Bahrain im Persischen Golf, einer für ihren Ölreichtum und ihre Perlfischerei berühmten Insel, Spuren dieses Brauches gefunden. Er hat hierzu Pariser Perlenhändler befragt, die mit den Einwohnern Bahrains Handel betrieben haben:

»Die beiden Kontrahenten sitzen einander gegenüber und geben sich die rechte Hand. Mit der linken halten sie ein darüber ausgebreitetes Tuch, damit ihre Handbewegungen verborgen bleiben und der Handel einschließlich der unvermeidlichen Diskussionen um den Preis ohne ein Wort aus dem Munde des Käufers oder des Verkäufers abgeschlossen werden kann. Die Psychologie dieses Handels ist nach Aussagen von Beobachtern außerordentlich interessant, denn Unerschütterlichkeit ist hier Gesetz, und das geringste Anzeichen wird zum Nachteil des betreffenden Kontrahenten ausgelegt.« (Lemoine 1932, 3)

Ähnliche Arten des Feilschens findet man am Roten Meer (Monfreid 1931, 100 f.), in Syrien, im Irak, in Saudi-Arabien, in Indien (Anastase Al-Karmali 1900; Pellat 1977) und Bengalen (Halhed 1778), in China (Dols 1917/18), in der Mongolei (Verbrugge 1925; Lemoine 1932) und in Algerien (Fisquet 1842). In China und in der Mongolei wurde noch Anfang der zwanziger Jahre auf folgende Art und Weise gefeilscht: »Der Käufer steckt seine Hände in die Ärmel des Verkäufers. Während sie miteinander reden, ergreift er den Zeigefinger des Verkäufers, d.h. er bietet 10, 100 oder 1.000 Francs an.

›Nein‹, erwidert der andere.

Der Käufer ergreift daraufhin den Zeige- und den Mittelfinger.

›Jawohl‹, antwortet der Verkäufer.

Der Verkauf ist perfekt, der Gegenstand wird für 20 bzw. 200 Francs verkauft. Drei Finger zusammengenommen bezeichnen die Summe 30, 300 oder 3.000, vier Finger zusammen diejenige von 40, 400 oder 4.000, die ganze Hand des Verkäufers 50, 500 oder 5.000. Daumen und Zeigefinger zusammen bedeuten 60.* Der Daumen auf dem Handballen des Verkäufers bedeutet 70, Daumen und Zeigefinger zusammen 80. Wenn der Käufer mit Daumen und Zeigefinger gleichzeitig den ersten Finger des Verkäufers berührt, so gibt er den Betrag von 90 an.« (Dols 1917/18, 964 ff.)

Rechnen mit Fingergliedern und -gelenken

Andere Verfahren des Rechnens mit den Fingern beziehen nicht mehr die Finger im ganzen ein, sondern die Fingerglieder oder die zugehörigen Gelenke; man kann sie auch heute noch in verschiedenen Gegenden Asiens antreffen.

Hier als erstes Beispiel eine Rechentechnik, der man in Indien, Indochina und im südlichen China laufend begegnet. Bei diesem Verfahren wird mit einem Finger auf die andere Hand gezeigt; dabei zählt jedes Fingerglied als eine Einheit, beginnend mit dem unteren Glied des kleinen Fingers und endend mit der Spitze des Daumens der gleichen Hand (*Abb. 28*).** Mit diesem Verfahren kann man an einer Hand von 1 bis 14 und an beiden Händen bis 28 zählen.

Ein Chinese aus der Provinz Kanton hat uns über die Anwendung des Fingerzählens im Alltag folgendes berichtet: Zur Berechnung ihres Monatszyklus pflegte seine Mutter für jeden Tag des Zyklus eine Schnur um jedes ihrer 28 Fingerglieder zu knüpfen, beginnend an der Spitze ihres linken kleinen Fingers bis zum untersten Glied ihres rechten Daumens. Damit konnte sie, wenn Unregelmäßigkeiten auftraten, Abweichungen vom normalen Zyklus exakt feststellen.

* Auf den Unterschied zum System des Mittleren Ostens sei hingewiesen.

** In China verfährt man etwas anders: Die Zählung beginnt meistens an der Spitze des kleinen Fingers und endet am unteren Teil des Daumens.

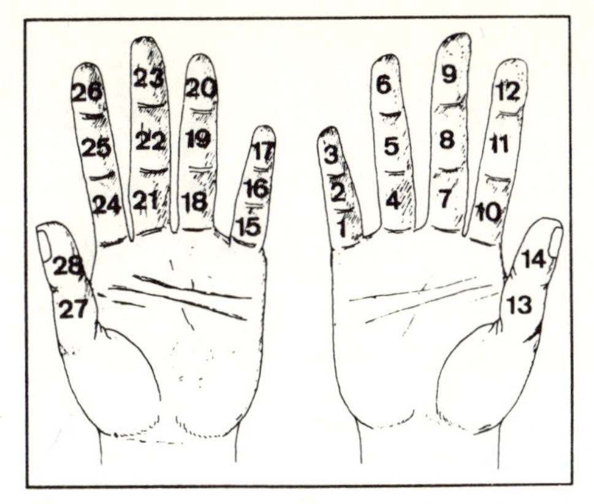

Abb. 28: In Indien, China und Indochina gebräuchliche Fingertechnik unter Einbeziehung der vierzehn Fingerglieder jeder Hand.

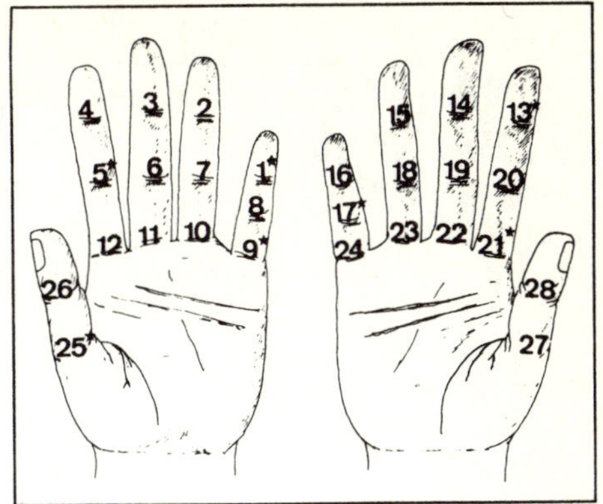

Abb. 29: In England im 7. Jahrhundert von Beda Venerabilis beschriebenes Verfahren des Fingerrechnens, mit dem die 28 aufeinanderfolgenden Jahre des Sonnenzyklus des julianischen Kalenders mit den Schaltjahren berechnet werden konnten (die Schaltjahre sind durch Sternchen gekennzeichnet).

In seinem Werk *De ratione temporum (Über die Berechnung der Zeit)* beschreibt der angelsächsische Mönch Beda Venerabilis (673–735), der das Geistesleben des mittelalterlichen Europa sehr stark geprägt hat, eine Methode der Fingerrechnung, die der oben genannten gleicht. Dieses Verfahren diente insbesondere zur Berechnung des Sonnenjahrs und arbeitet mit den Mond- und Sonnenzyklen des Julianischen Kalenders mit seinen Schaltjahren.

Ziel dieses Rechenverfahrens war die Berechnung des Datums des Osterfestes – Beda befaßte sich mit der Kontroverse zwischen der katholischen und irischen Kirche um das Osterfest.*

Für die 28 Jahre des Sonnenzyklus benützte Beda die 28 Fingergelenke (oder -glieder) seiner beiden Hände und ließ die Zählung mit einem Schaltjahr beginnen (*Abb. 29*). Er zählte vom obersten Glied des linken kleinen Fingers an horizontal in Schlangenlinien von oben nach unten. Nachdem er mit dem untersten Glied des Zeigefingers das zwölfte Jahr des Sonnenzyklus erreicht hatte, fuhr er an seiner rechten Hand fort, begann jedoch diesmal mit dem oberen Glied des rechten Zeigefingers (und nicht mit dem des kleinen). Schließlich endet die Zählung der vier letzten Jahre des Sonnenzyklus an den Gliedern der beiden Daumen – beginnend mit den unteren Gliedern zuerst des linken, dann des rechten Daumens.

Zur Zählung der neunzehn Jahre des Mondzyklus benützt Beda die vierzehn Glieder der linken Hand einschließlich der fünf Fingernägel. Er beginnt dabei mit der Daumenwurzel und endet beim Nagel des linken kleinen Fingers, wobei er die Finger von unten nach oben abzählt. Auf diese Weise erreicht er das neunzehnte Jahr des Zyklus am Nagel des linken kleinen Fingers (*Abb. 30*).

* Beaujouan 1972, 650; Cordoliani 1961, 46 f.; Cordoliani 1960/61; Jones 1943, 257 f.; Lemoine 1932, 13–17.

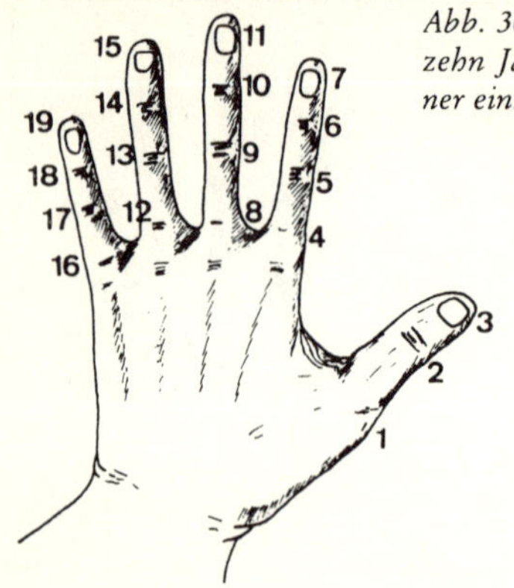

Abb. 30: Bedas Zählung der neunzehn Jahre des Mondzyklus an einer einzigen Hand.

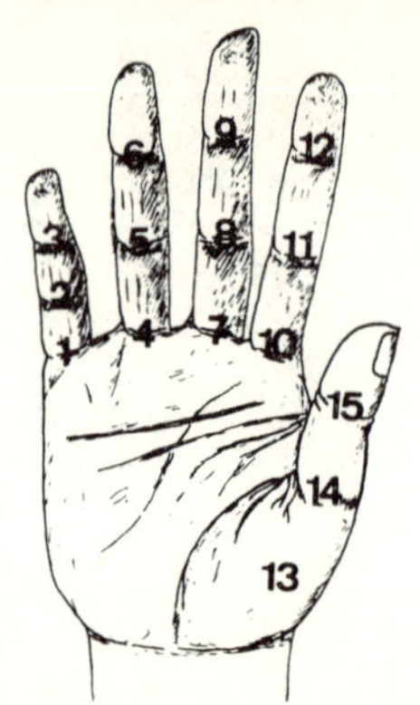

Abb. 31: Früher in Indien, besonders in Bengalen benutzte Technik der Fingerzählung mit den Fingergliedern und dem Ballen am Daumen.

Eine andere Art der Zählung mit den Fingergelenken ist lange in Nordostindien im Gebrauch gewesen und soll auch heute noch in der Provinz Kalkutta (in Bengalen) und in der Gegend von Dacca in Bangladesh üblich sein. Sie wurde von westlichen Autoren im 17. und 18. Jahrhundert beschrieben, insbesondere von dem französischen Reisenden Jean-Baptiste Tavernier (1605–1689) in *Voyages en Turquie, en Perse et aux Indes* (Tavernier 1712, 326 f.).

Halhed (1778, 167) schilderte diese Technik folgendermaßen:

»Auch heute noch bedienen sich die Bengali ihrer Fingerglieder zum Rechnen, wobei sie mit dem unteren Glied des kleinen Fingers beginnen und bis zum Daumen fortfahren, dessen Ballen auch als ein Punkt zählt, so daß die ganze Hand die Zahl 15 enthält (*Abb. 31*). Von dieser Zählung nach Fingergliedern leitet sich der unter indischen Händlern übliche Brauch her, ihre Kauf- oder Verkaufspreise festzulegen, indem sie sich unter einem Tuch die Hand geben. Dann berühren sie gegenseitig ihre verschiedenen Fingerglieder, je nachdem, ob sie ihr Angebot erhöhen oder heruntersetzen wollen.«

Interessant ist, daß in diesem System jede Hand die Anzahl der Tage des Hindumonats (15 Tage) angibt. Dieses Zusammenfallen kann kaum zufällig sein: »Das Hindujahr (mit 360 Tagen) besteht aus zwölf Jahreszeiten *(Nitous)* mit je 2 ›Monaten‹ *(Masas)*. Ein Monat (15 Tage) entspricht einer Mondphase *(Pakcha)*, der folgende einer weiteren Phase. Die zunehmende Phase heißt *Rahu*, die abnehmende *Ketu*. Diese Zweiteilung kann auf die Sage zurückbezogen werden, nach der ursprünglich, vor der Entstehung des Ozeans, diese beiden ›Gesichter‹ ein einziges Wesen bildeten, das nachher von Mohini *(Vishnu)* auseinandergeschnitten wurde. Eine einfachere Unterteilung war der Monat mit 28 Tagen, der durch den astronomischen Fortschritt immer genauer wurde und der tatsächlichen Umlaufzeit des Mondes näherkam, die 29 Tage und 12 Stunden beträgt.« (Lemoine 1932, 48) Diese Vermutung wird dadurch bestätigt, »daß man in Indien auch ein Zählsystem mit 28 Fingergliedern antrifft« (ebd.; s. auch *Abb. 28, 31*).

Das hier dargestellte System der Fingerzählung findet sich fast überall in den islamischen Ländern in Asien und in Nordafrika. Dies hat jedoch vor allem religiöse

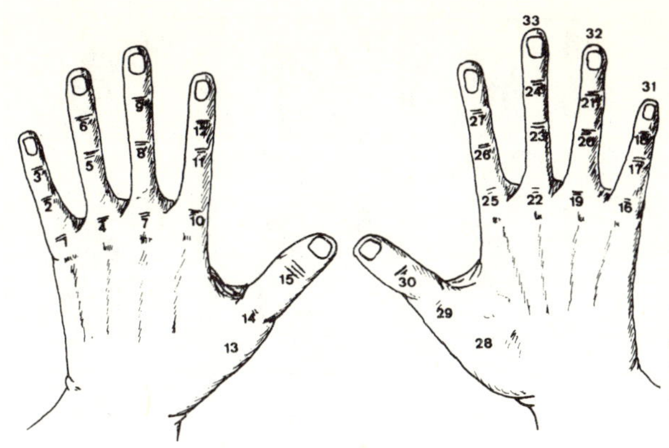

Abb. 32: Wie die Moslems ihre Fingerglieder benutzen, um die 99 (3 × 33) Namen Allahs und die Lobpreisungen zu zählen, die sie nach dem Gebet hersagen.

Gründe, da die Moslems damit die 99 »großen Namen Allahs« herunterbeten* oder die Lobpreisungen abzählen, die nach dem Gebet gesprochen werden (*subha*).

Bei dieser Zählung berührt man nacheinander an jeder Hand jedes Fingerglied, wobei die Ballen der Daumen mitgezählt werden. Man beginnt mit dem unteren Glied des linken kleinen Fingers, bis man am oberen Glied des linken Daumens die Zahl 15 erreicht hat; danach zählt man auf dieselbe Weise auf der rechten Hand bis 30. Mit den Fingerkuppen des kleinen Fingers, des Ringfingers und des Mittelfingers der rechten Hand (*Abb. 32*) oder den drei aufeinanderfolgenden Gliedern des rechten Zeigefingers kommt man bis 33. Die Zahl 99 erreicht man durch die dreifache Wiederholung dieses Verfahrens.

Diese Anwendung des Fingerzählens bei den Moslems ist sehr alt und vermutlich der Vorläufer des Rosenkranzes (*Abb. 33*). In überlieferten Texten wird erwähnt, daß der Prophet einigen glaubenstreuen Frauen die Verwendung von Perlen und kleinen Steinchen beim Singen der Litaneien untersagte und statt dessen die Zählung der Gebete oder Lobpreisungen Gottes an den Fingern empfahl – dies erklärt, weshalb

Abb. 33: Benutzung des Rosenkranzes (arabisch: Subha *oder* Sebha*) durch die Moslems zur Aufzählung der 99 Namen Allahs oder zur Zählung der Lobpreisungen. Der Rosenkranz gehört zum Habit der Pilger und Derwische und besteht aus aufgezogenen Perlen aus Holz, Perlmutt oder Knochen, die man durch die Finger gleiten läßt. Er ist aus drei Kränzen von Perlen zusammengesetzt, die durch zwei größere Perlen verbunden sind, während ein sehr viel größeres Stück als Griff dient. Die Anzahl der in einem Rosenkranz enthaltenen Perlen liegt gewöhnlich bei 100 (33 + 33 + 33 + 1), aber offensichtlich kann diese Zahl variieren. (Goldziher 1890)*

* Allah hat nach einem *Hadith* des Propheten 99 bzw. 100 weniger 1 Namen. Wer sie alle kennt, wird ins Paradies gelangen. (Anm. d. Übersetzers: Allah hat 100 Namen, aber der Sterbliche kann nur 99 kennen.)

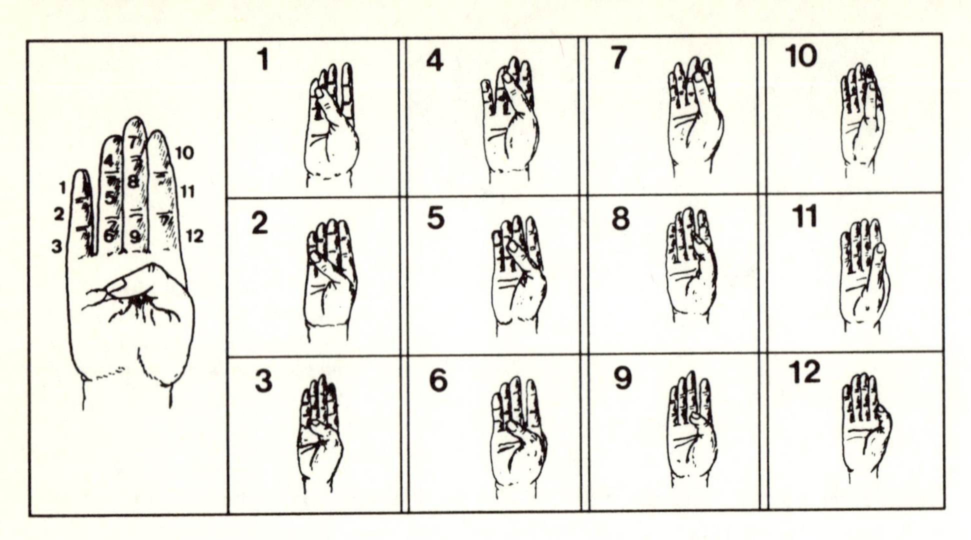

Abb. 34: Duodezimalzählung an einer Hand, bezeugt in Indien, Indochina, Pakistan, Afghanistan, im Iran, in der Türkei, im Irak und in Ägypten.

die islamischen Autoritäten den Rosenkranz seit seinem Auftreten im 9. Jahrhundert bis ins 15. Jahrhundert abgelehnt haben (Goldziher 1890). Das dazu von Abu Dawud et al-Tirmidhi überlieferte Gebot lautet: »Der Gesandte Allahs sagt uns (den Frauen von Medina): *Erfüllt den tasbīh, den tahlīl und den taqdīs und zählt die Lobpreisungen an Euren Fingern ab, denn diese werden Rechenschaft ablegen müssen.«* (Goldziher 1890)*

Es ist interessant zu sehen, wie die Händlerpraktiken des Fernen Ostens mit sehr verbreiteten und sehr alten islamischen religiösen Bräuchen zusammenhängen...

Daneben existiert ein weiteres Zählsystem nach Fingergliedern oder -gelenken in den Ländern des Orients und des Fernen Ostens, mit dem man die Zahlen von 1 bis 12 an einer Hand darstellen kann. Dieses System könnte die historische Tendenz erklären, die Zwölf als zweite Basis neben der Zehn zu verwenden; die Zahl 12 hat seit der Antike als Basis der Zeitrechnung gedient, aber auch in den alten Maß- und Gewichtssystemen sowie im Handel, wovon noch das *Dutzend* und das *Gros* (= 12 × 12) zeugen. Aber dies ist nur eine Hypothese.

Dieses Zwölfersystem soll heute noch in Indien und Indochina, in Pakistan und Afghanistan, im Iran, in der Türkei, dem Irak, in Syrien und Ägypten vorkommen. Gezählt wird an den Fingergliedern oder an den Fingergelenken einer Hand, wobei der Daumen auf die Zahlen deutet (*Abb. 34*). Es handelt sich also um die Zählung der 3 × 4 Fingerglieder der Hand ohne den Daumen; die Daumenglieder sind offenbar deshalb ausgeschlossen, weil man den Daumen zum Zählen braucht. Wiederholt man

* Den gleichen Brauch gibt es bei den Christen, die das *Pater Noster*, das *Gloria Patri* und das *Ave Maria* hersagen, indem sie ihre zehn Finger oder einen Rosenkranz zu Hilfe nehmen. Normalerweise besteht er aus fünf Dutzend kleiner Perlen, an denen man die *Ave Maria* abzählt; diese sind voneinander durch fünf große Perlen getrennt, die dem *Pater Noster* und *Gloria Patri* vorbehalten sind.

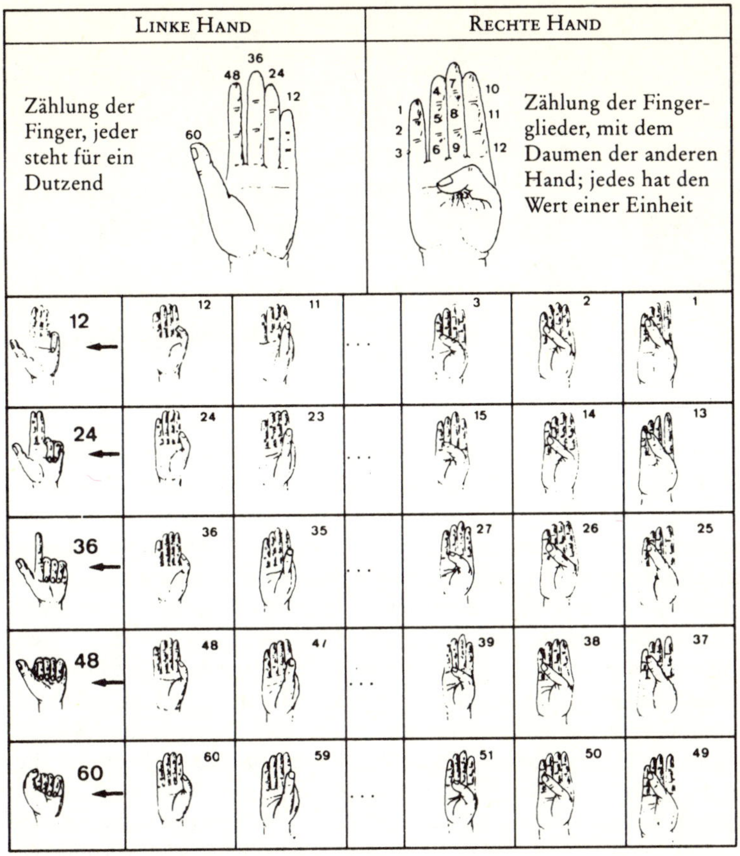

LINKE HAND	RECHTE HAND
Zählung der Finger, jeder steht für ein Dutzend	Zählung der Fingerglieder, mit dem Daumen der anderen Hand; jedes hat den Wert einer Einheit

12, 11, …, 3, 2, 1
24, 23, …, 15, 14, 13
36, 35, …, 27, 26, 25
48, 47, …, 39, 38, 37
60, 59, …, 51, 50, 49

Abb. 35: Sexagesimalzählung an den Händen (noch im Irak, in der Türkei, in Indien und in Indochina bezeugt).

das gleiche Verfahren an der anderen Hand, kommt man mit dieser Technik bis zur Zahl 24.

Sollte das der Grund für die Ägypter gewesen sein, das Nykthemerion* in zwölf »helle« und zwölf »dunkle« Stunden zu teilen? Haben die Sumerer und später die Assyrer und Babylonier aus dem gleichen Grund das Nykthemerion in zwölf gleiche Stunden *(danna),* die zwei Stunden unserer Zeitrechnung entsprechen, gegliedert und die Bahn der Sonne wie den Kreis in 12 *beru* (von je 30°) unterteilt sowie der Zahl Zwölf, ihren Teilern und ihren Vielfachen eine überragende Stellung in ihren verschiedenen Maß- und Gewichtssystemen eingeräumt (Neugebauer/Sachs 1945; Thureau-Dangin 1932)? Sollte das am Ende der Grund sein dafür, daß die Römer Brüche verwandten, die das *as* (eine Recheneinheit, ein Gewichtsmaß und ein Geldstück) in 12 Teile *(Unzen)* teilten (Menninger 1957/58, I)? Leider können wir diese Fragen nicht beantworten.

* Einteilung der Zeit nach den physiologischen Zuständen des Wachseins und des Schlafs, rhythmisch gegliedert nach Tag und Nacht (1 Nykthemerion = 24 Stunden); die »Stunden« der Ägypter hatten allerdings je nach Jahreszeit unterschiedliche Länge (Posener 1970, 40).

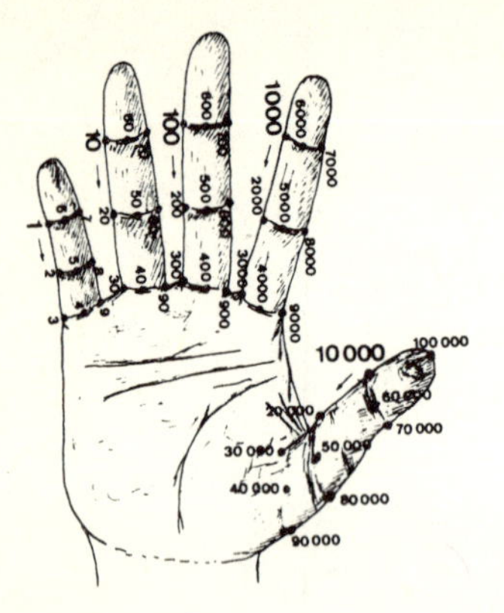

Abb. 36: In China verwendetes Verfahren, mit dem man an einer einzigen Hand bis 100.000 zählen kann.

Eine andere Variante des Zählens mit den Fingern besteht darin, die Zahlen 1 bis 12 an einer Hand und die Zahlen 1 bis 60 mit beiden Händen zu bilden: Man zählt die zwölf ersten Einheiten an den Fingergliedern der rechten Hand ab, wozu man den Daumen der anderen bemüht; wenn das Dutzend an dieser Hand voll ist, knickt man an der anderen Hand einen Finger ein. Man setzt an der ersten Hand die Zählung von 13 bis 24 fort, indem man die Fingerglieder wiederum mit dem Daumen der anderen Hand zählt. Ist die Zahl 24 erreicht, knickt man einen weiteren Finger der linken Hand ein, dann zählt man wieder an der rechten Hand bis 36 weiter, und so fort bis 60, wobei dann die fünf Finger der linken Hand geschlossen sind (*Abb. 35*). Dieses Verfahren soll noch heute in verschiedenen Gegenden der Türkei, des Irak, des Iran, Indiens und Indochinas in Gebrauch sein. Es wäre also durchaus möglich, daß die Sumerer und später die Babylonier davon Kenntnis gehabt haben und von ihm so stark beeinflußt wurden, daß sie neben der Zehn die Sechzig als Basis aufnahmen und die Zwölf (mit ihren Divisoren 2, 3, 4 und 6) als zusätzliche Hilfsbasis bei verschiedenen Divisionen einsetzten. Damit ist allerdings die Frage nach dem Ursprung des Sexagesimalsystems nicht gelöst. Wir können hierzu nur Vermutungen äußern, die sich zwar auf einige ethnographische Quellen und die Überlegung stützen, daß die Basis 60 nicht das Ergebnis arithmetischer, geometrischer oder astronomischer Überlegungen war; historisch lassen sie sich jedoch nicht fundieren.

Schließlich gab es noch in China eine mathematisch interessante Variante der Zählung nach Fingergelenken (Bayley 1847). In diesem System wird jedes Fingergelenk in drei Teile unterteilt: Rechter Teil, mittlerer Teil, linker Teil. Jeder Finger entspricht den neun Einheiten, der Ringfinger den Zehnern, der Mittelfinger den Hundertern usw., so daß man mit diesem Verfahren an einer Hand bis zu 100.000 zählen kann (*Abb. 36*)!

Mora – ein Fingerspiel

In vielen Ländern gibt es seit der Antike ein bekanntes Gesellschaftsspiel, das sich aus der Gewohnheit des Zählens mit den Fingern herleitet. Am bekanntesten ist es in seiner italienischen Form, der *Mora.* Es ist sehr einfach und erfordert gewöhnlich nur zwei Mitspieler.

Die beiden Partner stehen einander mit geschlossener, vorgehaltener Faust gegenüber. Auf ein Signal hin müssen beide Spieler gleichzeitig ihre Faust öffnen und beliebig viele Finger hochheben; gleichzeitig nennt jeder Spieler eine Zahl zwischen 1 und 10.* Wenn diese Zahl der Summe aller ausgestreckten Finger entspricht, gewinnt man einen Punkt. Wenn also z.B. der Spieler A drei Finger hochhält und dabei »fünf« sagt, während der Spieler B zwei Finger ausstreckt und dabei »sechs« ausruft, so gewinnt der Spieler A einen Punkt, weil die Anzahl der ausgestreckten Finger in diesem Fall 3 + 2 = 5 beträgt.

In diesem Spiel entscheidet nicht nur das Glück, sondern auch die Begabung des Spielers, weil es ihm Lebhaftigkeit, Geistesgegenwart und Beobachtungsgabe abverlangt.

In Italien scheint die Mora noch ziemlich populär zu sein, auch in Südwestfrankreich wird sie zuweilen noch gespielt, ebenso im spanischen Baskenland, in Portugal und in Nordafrika, zumindest in Marokko. Ich selbst habe sie als Kind in Marrakesch zusammen mit Freunden gespielt, und zwar als Glücksspiel, ähnlich dem *pair-impair* beim Roulette. Wir stellten uns zu zweit einander gegenüber, die Hände auf dem Rücken. Einer der beiden Partner mußte seinem Gegner eine Hand mit einer Anzahl gestreckter Finger entgegenhalten, während jener gleichzeitig eine zwischen 1 und 5 liegende Zahl auszurufen hatte. Entsprach diese Zahl genau der Zahl der erhobenen Finger des Partners, hatte er gewonnen; im umgekehrten Fall gewann der Partner.

In China und der Mongolei ist das gleiche Spiel seit langer Zeit bekannt und hat einen Namen, der etwas Ähnliches wie »auf das Handgelenk schreien« bedeutet**; es gehört heute zu den beliebtesten Zerstreuungen der chinesischen Gesellschaft (Needham 1959). Auch im letzten Jahrhundert war dieses Spiel in China große Mode: »Wenn die Teilnehmer eines Gastmahls einander in Freundschaft verbunden sind, schlägt der Gastgeber vor, eine Partie *Tsin hoa Kiuen* zu spielen. Wird das Angebot angenommen, so fängt der Gastgeber aus Höflichkeit mit einem seiner Gäste zu spielen an. Bald darauf läßt er die anderen Gäste an die Reihe kommen. Wer verliert, muß jedesmal eine Tasse Tee trinken.« (Perni 1873, I, 245)

»Um das Spiel schwieriger zu machen, mußten die chinesischen Spieler, statt Zahlen auszurufen, den Anfang eines bekannten Sprichworts finden und zitieren, in dem ein Zahlwort enthalten war.« (Lemoine 1932, 6 f.) Bei uns in Europa würde das ungefähr folgendermaßen aussehen:

Für 1: *Ein* Spatz in der Hand ist besser als die Taube auf dem Dach (oder auch: *Ein* toter Mann hat weder Verwandte noch Freunde).
Für 2: *Zwei* Meinungen sind besser als eine *(audiatur et altera pars).*
Für 4: *Vier* Augen sehen mehr als zwei.
Für 6: *Sechs* Fuß Erde im Geviert genügen auch dem größten Mann.
Für 7: *Sieben* auf einen Streich usw.

* Das Spiel kann offensichtlich mit einer oder auch mit beiden Händen gespielt werden; im letzteren Fall kann die Zahl, die der Spieler nennt, zwischen 1 und 20 liegen.

** Transkription des entsprechenden chinesischen Wortes nach Needham: *Pruo chhüan* (Variante: *tshai chhüan).*

Abb. 37: Darstellung des Moraspiels auf einem Stuckfresko der Farnesina in Rom. (Dictionnaire des Antiquités grecques et romaines 1881, 1.889)

In der Renaissance war das Moraspiel in Frankreich und Italien bei Pagen, Lakaien, Knechten und Dienstmädchen sehr beliebt, die sich damit die Zeit vertrieben. So schrieb Rabelais in seinem *Pantagruel:* »Die Pagen spielten Mora auf Teufel komm' raus!«, und Malherbe schrieb in seinen *Briefen:* »Auf den Straßen herumlungern wie jene Lakaien, die man Wein holen schickt, und die sich damit vergnügen, Mora zu spielen!« (Zitate nach Lemoine 1932, 6)

Fünfzehnhundert Jahre früher war dasselbe Spiel auch in Rom bekannt, wo es unter dem Namen *micatio* oder *micare e digitis* (wörtlich: mit den Fingern schnellen) das Lieblingsspiel der Plebs war. Cicero berichtet, man habe *von einem Menschen, der über jeden Verdacht erhaben war,* gesagt: »Das ist ein Mann, mit dem Ihr im Dunkeln *micatio* spielen könnt!« *(Dignus est, quicumque in tenebris mices.)* Dieses Sprichwort zeigt, wie populär die Mora bei den alten Römern war. Und Lafaye ergänzt: »Manchmal einigten sich zwei Personen in einem Rechtsstreit durch eine Partie *Mora,* so wie man heute den längeren Halm zieht oder eine Münze wirft. Dieses Verfahren war sogar bei Käufen und Verkäufen üblich, wenn man sich nicht anders einigen konnte. Eine Inschrift des 4. Jahrhunderts *(Corpus Inscriptionum Latinarum* 1876, VI 1770) hat uns das Edikt eines Präfekten von Rom überliefert, das diese Form des Handels auf den öffentlichen Märkten verbietet!« (Lafaye 1881, 1889 f.)

Dasselbe Spiel kannten auch schon die Griechen der Homerischen Zeit; es ist auf hellenistischen Vasen und Monumenten dargestellt (*Abb. 38*). Der Sage nach erfand die schöne Helena das Moraspiel, um es mit ihrem Geliebten Paris zu spielen.

Abb. 38: Das Moraspiel bei den Griechen.
Links: Bemalte Vase (Sammlung Lambert, Paris)
Rechts: Bemalte Vase (Antikenmuseum München)
(Dictionnaire des Antiquités grecques et romaines 1881, 1.889 f.)

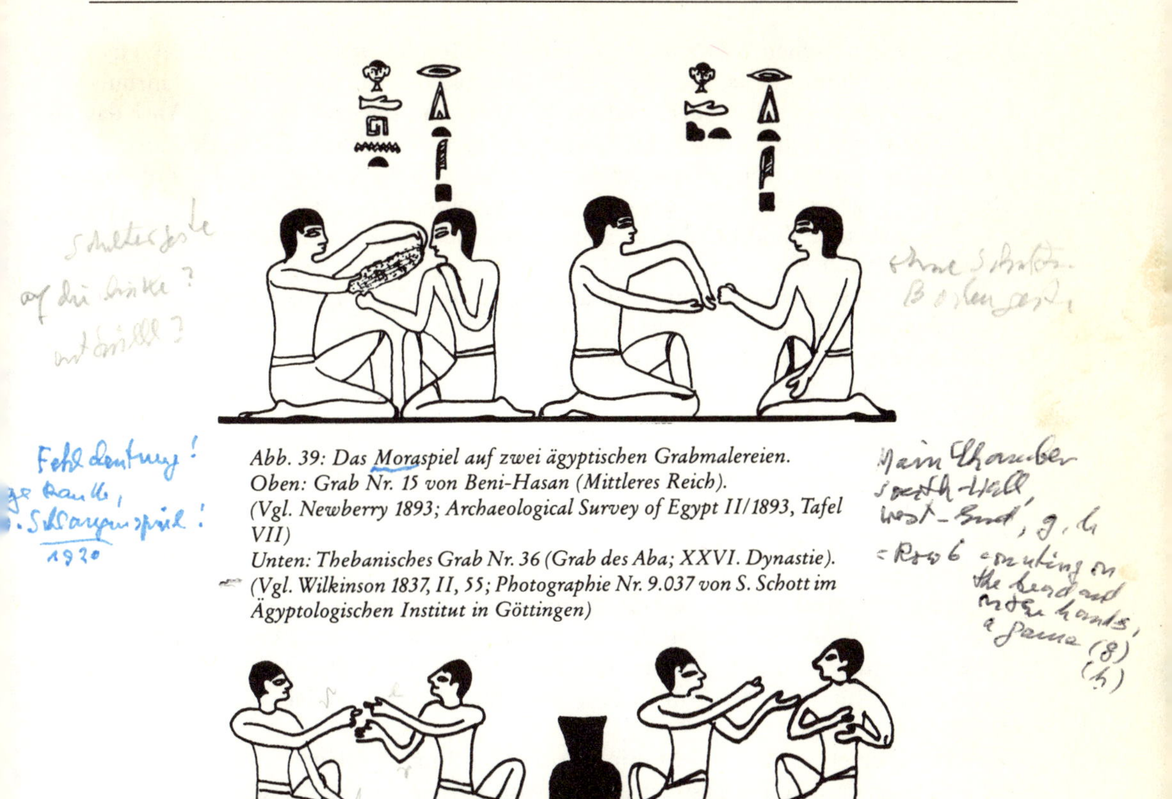

Abb. 39: Das Moraspiel auf zwei ägyptischen Grabmalereien.
Oben: Grab Nr. 15 von Beni-Hasan (Mittleres Reich).
(Vgl. Newberry 1893; Archaeological Survey of Egypt II/1893, Tafel VII)
Unten: Thebanisches Grab Nr. 36 (Grab des Aba; XXVI. Dynastie).
(Vgl. Wilkinson 1837, II, 55; Photographie Nr. 9.037 von S. Schott im Ägyptologischen Institut in Göttingen)

Und selbst die Ägypter kannten ein Spiel, das der Mora sehr ähnlich war (Jequier 1922). Ein Beleg dafür sind zwei alte Grabbilder (*Abb. 39*). Die erste Malerei stammt aus einem Grab in Beni Hasan, das auf das Mittlere Reich (21. bis 17. Jahrhundert v. Chr.) zurückgeht. Es werden darauf zwei Szenen dargestellt, in denen sich zwei Männer auf dem Boden gegenübersitzen. Auf dem ersten Bild hält einer der beiden Männer seine Hände vor die Augen des anderen, wobei die eine Hand die ausgestreckten Finger der anderen verdeckt; der andere Spieler ballt eine Faust. Auf dem zweiten Bild machen beide Männer ähnliche Gesten, mit dem Unterschied, daß der eine seine Hand auf der Höhe der Hand des anderen hält.

Die Übersetzung der zu den Bildern gehörenden Hieroglyphen bestätigt, daß es sich um die Darstellung eines Zahlenspiels handelt:

1. Bild: »das *íp* auf der Stirn zeigen (oder geben)«

2. Bild: »das *íp* auf der Hand zeigen (oder geben)«

Dabei steht das ägyptische Wort *íp* für »zählen, rechnen«.

Die zweite Malerei stammt aus Theben, geht auf die Zeit des Königs Psammetich I. (664–610 v. Chr.) zurück (Ranke 1920) und ist eine Kopie nach einem Vorbild des Mittleren Reiches; abgebildet sind je zwei einander gegenübersitzende Männer, die sich ihre Hände mit einigen ausgestreckten Fingern zeigen.

In der islamischen Welt wurde das unter dem Namen *mucharaja* (wörtlich: »das, was herauskommt«) bekannte Moraspiel offenbar noch zu Beginn dieses Jahrhunderts in abgelegenen Gegenden Arabiens, Syriens und des Irak gespielt.* Aber das *mucharaja* war in den islamischen Ländern vor allem ein Wahrsageritus, der aus religiösen Gründen im Koran verboten wurde. Es war kein Spiel mehr, sondern eine ernsthafte Angelegenheit, von der das Schicksal abhing (Lemoine 1932).

Die arabische Zukunftsdeutung orientierte sich stark an Zahlen und benützte folgende Hilfsmittel:

- »Runde Tafeln des Universums« (arabisch: *Da'irat al-'alam)*, deren Sektoren Sternen entsprechen, die mit einem Zahlenwert verbunden sind;
- Zahlenkolonnen mit schicksalhaften Zahlen.

Die Zahlen der »runden Tafeln« wurden mit den Zahlenkolonnen durch das mucharaja verbunden (Weil 1929).

Das Rechnen mit den Fingern

Die Finger dienten unseren Vorfahren nicht nur zum Zählen, sondern auch zum Rechnen – zum Addieren, Subtrahieren, Multiplizieren und zum Dividieren. So gibt es Verfahren der Multiplikation mit den Fingern, die völlig ohne weitere Hilfsmittel auskommen und mit denen Zahlen zwischen 5 und 10 miteinander multipliziert werden können.

Als Beispiel sei hier die Multiplikation von 7 mit 8 erläutert: Die Finger der ersten Hand werden alle gestreckt und davon soviele wieder geschlossen, wie die darzustellende Zahl über 5 liegt – im Fall der Zahl 7 also zwei. Mit der anderen Hand wird die zweite Zahl in derselben Weise ausgedrückt – bei 8 werden drei Finger abgeknickt. Nun wird die Summe der geschlossenen Finger mit 10 multipliziert ($(2 + 3) \times 10 = 50$) und zum Produkt der Zahl der gestreckten Finger der beiden Hände hinzuaddiert: $7 \times 8 = (2 + 3) \times 10 + 3 \times 2 = 50 + 6 = 56$. Die Multiplikation von 8 mit 6 verläuft nach demselben Schema: An der ersten Hand werden $8 - 5 = 3$ Finger geknickt, an der zweiten $6 - 5 = 1$. Dann wird die Summe der eingeknickten Finger ($1 + 3 = 4$) mit 10 multipliziert und das Produkt der gestreckten Finger (2×4) hinzugezählt: $8 \times 6 = (3 + 1) \times 10 + 2 \times 4 = 48$ (*Abb. 40*).

Spuren dieser Art zu rechnen findet man noch heute in Indien, im Irak, in Syrien, in Serbien, in Bessarabien, in der Walachei, in der Auvergne und in Nordafrika. Das gleiche Verfahren wurde unter anderem vom persischen Schriftsteller Beha Ad-Din Al'Amuli beschrieben, der von 1547 bis 1622 lebte und besonders in Persien und

* Nach Pater Anastasius von Bagdad wurde dieses Spiel auch in verschiedenen anderen Formen und zu anderen Zwecken gespielt:
– Als *muqara'a,* einer Art Glücksspiel, ähnlich dem »Pair – Impair«, mit dem eine oder mehrere Sachen unter Personen aufgeteilt wurden.
– Als *musahama* bei der Teilung einer Erbschaft oder bei der Verteilung von Gewinnen einer Firma an mehrere Gesellschafter.
– Als *munahada* bei der Beuteteilung (Anastase Al-Karmali 1900; Pellat 1977).

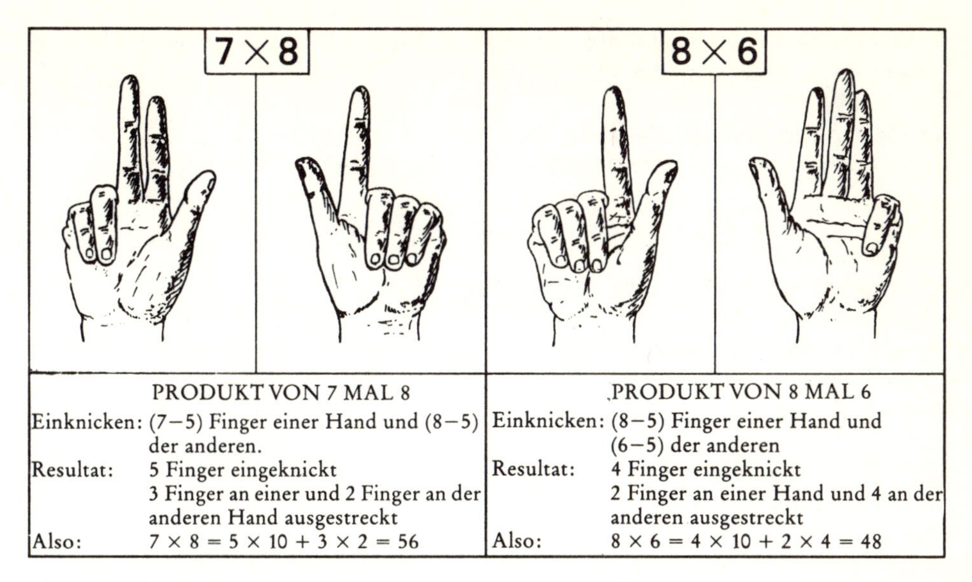

PRODUKT VON 7 MAL 8		PRODUKT VON 8 MAL 6	
Einknicken:	(7−5) Finger einer Hand und (8−5) der anderen.	Einknicken:	(8−5) Finger einer Hand und (6−5) der anderen
Resultat:	5 Finger eingeknickt 3 Finger an einer und 2 Finger an der anderen Hand ausgestreckt	Resultat:	4 Finger eingeknickt 2 Finger an einer Hand und 4 an der anderen ausgestreckt
Also:	7 × 8 = 5 × 10 + 3 × 2 = 56	Also:	8 × 6 = 4 × 10 + 2 × 4 = 48

Abb. 40: Multiplikation mit den Fingern.

Indien gelesen wurde (Beha Ad-Din Al'Amuli 1864). Aber auch der französische Mathematiker Nicolas Chuquet (ca. 1445–1500) geht in *Triparty en la science des Nombres* (1880/81) auf dieses Verfahren ein.

Mathematischer Beweis: x und y seien zwei ganze, zwischen 5 und 10 liegende Zahlen. An der ersten Hand knicken wir soviel Finger ein, wie x mehr Einheiten als 5 hat, und an der anderen soviel, wie y mehr Einheiten als 5 hat. Die Gesamtzahl R der eingeknickten Finger ist also:

$$R = (x - 5) + (y - 5) = x + y - 10$$

Die Anzahl der an der ersten Hand ausgestreckten Finger ist:

$$a = 5 - (x - 5) = 10 - x$$

Die Anzahl der an der anderen Hand ausgestreckten Finger ist:

$$b = 5 - (y - 5) = 10 - y$$

Damit läßt sich die oben beschriebene Regel folgendermaßen darstellen:

$$xy = 10\,R + ab$$

Daraus folgt:

$$\begin{aligned} xy &= 10\,(x + y - 10) + (10 - x)\,(10 - y) \\ &= (10x + 10y - 100) + (100 - 10x - 10y + xy) \\ &= xy \end{aligned}$$

Verfahren zur Multiplikation von Zahlen zwischen 10 und 15: Auf ähnliche Art und Weise können auch Zahlen zwischen 10 und 15 miteinander multipliziert werden. Als Beispiel wählen wir 14 × 13. Zuerst werden an der ersten Hand der Differenz zwischen 14 und 10 entsprechend viele Finger abgeknickt, ebenso 3 Finger an der zweiten Hand. Das Ergebnis erhält man wie folgt:

a) Man multipliziert die Summe der geknickten Finger mit 10:

$$10 \times (4 + 3) = 70$$

b) Man addiert dazu das Produkt der Anzahl der geknickten Finger einer Hand mit der Anzahl der geknickten Finger der anderen:

$$70 + 4 \times 3$$

c) Man addiert die Zahl 100 dazu:

$$14 \times 13 = 10 \times (4 + 3) + 4 \times 3 + 100 = 182^{*}$$

*Erweiterungen der Fingerzählung***

Ausgefeilter als die bislang vorgestellten Methoden ist die Fingerzählung, die die romanischen Völker der Antike bis zum Ausgang des Mittelalters benutzten; noch heute begegnet man ihr im Nahen Osten, wo sie sich offenbar am längsten erhalten hat.

Diese Technik ist der Taubstummensprache sehr ähnlich und besteht aus Gesten, mit denen Zahlen von 1 bis 10.000 dargestellt werden können. Es gibt hierzu eine Beschreibung aus dem Abendland und eine aus dem Orient; die erste stammt aus dem 7. Jahrhundert und wurde von dem angelsächsischen Mönch Beda Venerabilis verfaßt, der im ersten Kapitel seines Werks *De ratione temporum* (*Über die Berechnung der Zeit*) die Regeln dieser Fingerzählung exakt angibt.

Die zweite Beschreibung aus dem *Farhangi Djihangiri*, einem persischen Wörterbuch des 16. Jahrhunderts, wurde von Sylvestre de Sacy ins Französische übersetzt und kommentiert (1823). Die beiden auf den folgenden Seiten nebeneinandergestellten Texte zeigen, wie mit den Fingern einer Hand (der linken im Abendland und der rechten im Orient) die Einer und die Zehner wiedergegeben wurden, die Hunderter und Tausender mit den Fingern der anderen. Die beiden Systeme stimmen trotz großen zeitlichen und räumlichen Abstands ihrer Entstehung auf verblüffende Weise überein (vgl. *Abb. 41*).

Ab 10.000 weichen der persische Text und der Bedas erheblich voneinander ab. Die orientalische Beschreibung:

»Um 10.000 anzugeben, vereinigt man die Spitze des Daumens ganz mit der Spitze des Zeigefingers und einem Teil von dessen zweitem Glied (der Zeigefingernagel liegt dann dem Daumennagel abgewandt).« (*Farhangi Djihangiri* 1823).

Die Beschreibung Bedas:

»Sagst du 10.000, so lege die linke Hand mit dem Rücken auf die Brust, daß die ausgestreckten Finger nach dem Hals weisen.

Bei 20.000 lege die linke Hand gespreizt über die Brust.

Bei 30.000 weise mit dem Daumen der gestreckten Hand auf den Knorpel in der Brustmitte.

Bei 40.000 legst du den Handrücken vor den Nabel.

* Die allgemeine mathematische Formel lautet:
$xy = 10 \times [(x - 10) + (y - 10)] + (x - 10)(y - 10) + 100$

** Alföldy-Rosenbaum 1971; Anastase Al-Karmali 1900; Bechtel 1909; Brockelmann 1937, 859; 1938, 1022; Dragoni 1811; Froehner 1884; Lemoine 1932; Menninger 1957/58, II, 3–25; Pellat 1971; 1977; Richardson 1916; Rödiger 1845; Ruska 1920; Smith 1958, II, 198; Stoy 1876.

A. Einer

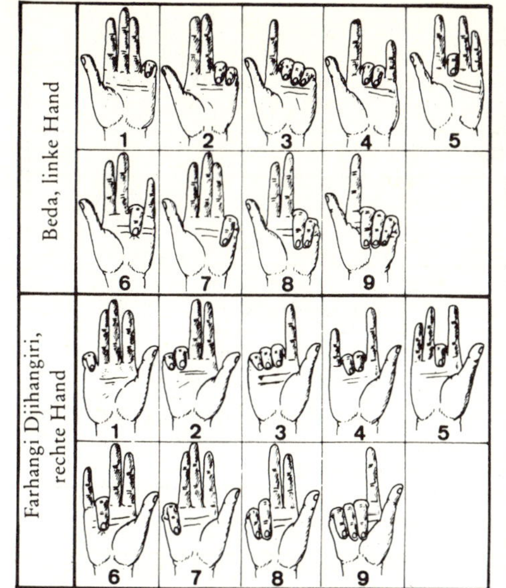

B. Zehner

Beda, linke Hand

10 20 30 40 50

60 70 80 90

Farhangi Djihangiri, rechte Hand

10 20 30 40 50

60 70 80 90

C. Hunderter

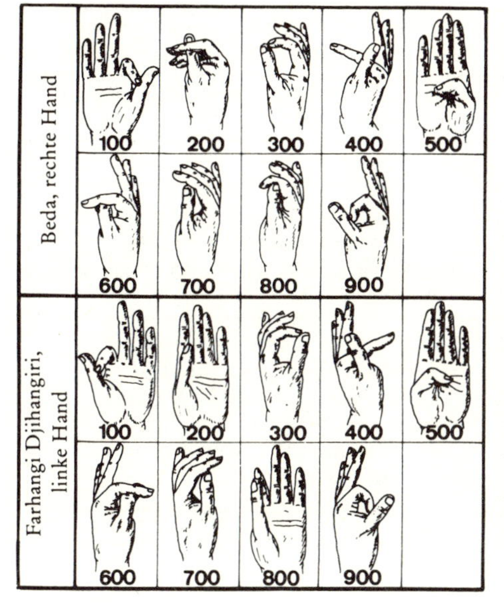

D. Tausender

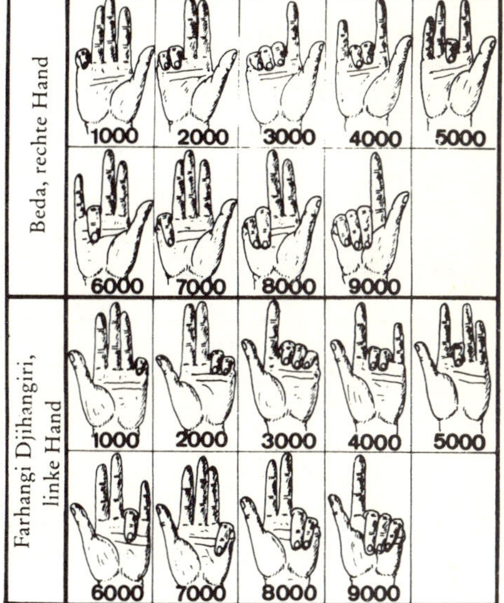

Abb. 41

BEDA VENERABILIS (673–735) (Menninger 1957/58, II, 6 ff.)	FARHANGI DJIHANGIRI (1597–1608) (übersetzt nach Sacy 1823)
A. Einer (vgl. *Abb. 41a*)	
»Sagst du *eins,* so mußt du an der *linken* Hand den kleinen Finger beugen und sein Endglied auf die Handfläche legen.	»Für die Zahl 1 muß man den kleinen Finger senken.
Bei *zwei* mußt du den Ringfinger daneben legen.	Für die Zahl 2 muß der Ringfinger zum kleinen Finger gelegt werden.
Bei *drei* entsprechend den Mittelfinger.	Für die Zahl 3 den beiden vorangehenden Fingern den der Mitte hinzufügen.
Bei *vier* mußt du den kleinen Finger wieder aufrichten.	Für die Zahl 4 den kleinen Finger heben (die anderen Finger bleiben in der vorher angegebenen Stellung).
Bei *fünf* ebenso den Ringfinger.	Für die Zahl 5 auch den Ringfinger heben.
Bei *sechs* mußt du wohl den Mittelfinger strecken, aber dann den Ringfinger, der Medicus heißt, allein wieder auf die Handfläche beugen.	Für die Zahl 6 den Mittelfinger heben, dabei aber den Ringfinger gebeugt lassen, so daß sich die Spitze dieses Fingers in der Mitte der Handfläche befindet.
Bei *sieben* strecke alle Finger und beuge nur den kleinen Finger über die Handwurzel.	Für die Zahl 7 hebt man auch den Ringfinger, aber man neigt den kleinen so, daß sich sein äußerstes Ende stark dem Handgelenk nähert.
Bei *acht* lege den Ringfinger daneben.	Für die Zahl 8 muß man das gleiche mit dem Ringfinger tun.
Bei *neun* lege den ›unkeuschen‹ (Mittel-) Finger daneben.«	Für die Zahl 9 das gleiche mit dem Mittelfinger machen.«
B. Zehner (vgl. *Abb. 41 b*)	
»Wenn du *zehn* sagst, mußt du den Nagel des Zeigefingers auf die Mitte des Daumens stellen.	»Für die 10 wird der Nagel des rechten Zeigefingers auf das oberste Daumenglied gelegt, so daß die beiden Finger einen Kreis bilden.
Bei *zwanzig* lege die Daumenspitze zwischen Zeigefinger und Mittelfinger.	Für 20 wird der Daumennagel auf die Innenseite des Zeigefingers gelegt. (Das sieht aus, als würde der Daumen zusammen mit Zeige- und Mittelfinger diese Zahl darstellen. Der Mittelfinger spielt hier jedoch keine Rolle.)

Bei *dreißig* vereine die Nägel des Zeigefingers und des Daumens in ›zärtlicher Umarmung‹.	Für 30 den rechten Daumen strecken und die Spitze des Zeigefingers darauf legen, so daß die Finger einem Bogen mit seiner Sehne gleichen. (Auch bei abgewinkeltem Daumen entspricht diese Geste der 30).
Bei *vierzig* lege den Daumen an die Seite oder auf den Rücken des Zeigefinger und strecke beide.	Für 40 legt man die Daumenspitze auf den Rücken des unteren Zeigefingergliedes, so daß kein Zwischenraum zwischen dem Daumen und der Hand bleibt.
Bei *fünfzig* beuge das Endglied des Daumens nach innen (in die Handfläche) wie ein griechisches Γ (Gamma).	Bei 50 muß man den Zeigefinger strecken, den Daumen abwinkeln und in die Handfläche vor dem Zeigefinger legen.
Bei *sechzig* lege über den wie eben gebeugten Daumen die Zeigefingerspitze.	Für 60 hält man den Daumen gebeugt und legt das zweite Zeigefingerglied auf den Daumennagel.
Bei *siebzig* lege in den wie eben gebeugten Zeigefinger den Daumen, so daß sein Nagel das Mittelglied des Zeigefingers berührt.	Für 70 wird der Daumen gestreckt und die Spitze des Daumennagels berührt das erste oder zweite Zeigefingerglied, wobei die Nagelfläche vollkommen unbedeckt bleibt.
Bei *achtzig* ›fülle‹ den wie eben umgebeugten Zeigefinger mit dem ausgestreckten Daumen, so daß dessen Nagel den Zeigefinger (mit der Oberseite) berührt.*	Für 80 muß man den Daumen aufrecht halten und die Spitze des Zeigefingers an den Daumen legen.
Bei *neunzig* lege den Zeigefinger an die Daumenwurzel.«	Für 90 legt man den Zeigefingernagel auf das untere Daumenglied (ebenso wie man ihn für 10 auf das oberste Glied gelegt hat).«
C. Hunderter und Tausender (vgl. Abb. *41c/d*)	
»Bis hierher ging es an der *linken* Hand, *hundert* aber erhältst du an der *rechten* wie *zehn* an der linken. *Zweihundert* an der rechten Hand wie *zwanzig* an der linken. *Dreihundert* an der rechten Hand wie *dreißig* an der linken. Ebenso alle übrigen Hunderter bis 900. Und 1.000 an der rechten Hand wie 1 an der linken. 2.000 an der rechten Hand wie 2 an der linken. 3.000 an der rechten Hand wie 3 an der linken. Und so weiter bis 9.000.«	»Wenn man sich diese 18 Figuren gut eingeprägt hat, die neun Kombinationen des kleinen, Ring- und Mittelfingers ebenso wie die neun Kombinationen des Daumens und des Zeigefingers kennt, wird man leicht verstehen, daß die Zeichen der rechten Hand für 1 bis 9 auf der linken in gleicher Weise die Zahlen 1.000 bis 9.000 ausdrücken und daß die Zeichen der rechten Hand für die Zehner auf der linken die Hunderter von 100 bis 900 angeben. So kann man mit den Fingern beider Hände von 1 bis 9.999 zählen.«

* Wir weisen auf den Unterschied zwischen den beiden Texten hin.

Bei 50.000 weise mit dem Daumen der ausgestreckten Handfläche auf den Nabel.
Bei 60.000 ergreifst du von oben her den linken Schenkel.
Bei 70.000 legst du sie mit dem Rücken,
bei 80.000 mit der Handfläche auf den Schenkel.
Bei 90.000 greifst du mit ihr in die Lenden, den Daumen nach den Leisten (also nach vorn) gekehrt.« (Menninger 1957/58, II, 11)

Er gibt weiter an, daß die gleichen, an der rechten Körperseite mit der rechten Hand ausgeführten Gesten die Zahlen 100.000 bis 900.000 darstellen. Schließlich müsse man zur Bezeichnung einer Million beide Hände mit ineinandergelegten Fingern falten.

Die Fingerzählung im Spiegel der Geschichte

Das soeben geschilderte System der Fingerzählung war im Orient und im Abendland weit verbreitet (*Abb. 20, 22, 23, 24, 25, 26*). Man findet es auch bei mehreren griechisch-römischen Autoren erwähnt – so bei Plutarch, der Orontes, den Schwager des Perserkönigs Artaxerxes, sagen läßt:

»Ebenso wie beim Rechnen die Finger zuweilen zehntausend und zuweilen nur eins wert sind, können die Günstlinge der Könige entweder alles oder fast nichts gelten.« (Zit. n. Lemoine 1932, 38)

Eine andere Anspielung ähnlicher Art stammt vom römischen Satiriker Juvenal (um 55–135); in seiner zehnten *Satire* heißt es von Nestor, dem sagenhaften König von Pylos, der die doppelte Lebenszeit eines Raben erreicht haben soll: »Ja, glücklich ist, wer so oft wie er im Laufe der Zeit trotzte dem Tod und seine Jahre schon zählt an der Rechten.« (Zit. n. Menninger 1957/58, II, 14). Diese Anspielung bezieht sich – wie wir nunmehr wissen – darauf, daß die alten Römer die Einer und die Zehner an der linken Hand, die Hunderter und die Tausender jedoch an der rechten abzählten (vgl. *Abb. 41*).

Ein weiteres literarisches Zeugnis für dieses Zählsystem begegnet uns bei Apuleius (ca. 125–170 n.Chr.) aus Madaura in der römischen Provinz Numidia (heute Tunesien). An einer Stelle seiner *Apologie* verteidigt er sich gegen den Vorwurf, sich der Magie bedient zu haben, um die reiche Witwe Aemilia Pudentilla heiraten zu können. Der Ankläger Emilianus hatte dabei erklärt, Aemilia sei sechzig Jahre alt, während sie in Wirklichkeit nur vierzig Jahre alt war. Apuleius stellt ihn folgendermaßen zur Rede (vgl. dazu *Abb. 42*):

»Du wagst es also, Emilianus, die wirkliche Zahl (des Alters der Aemilia) um die Hälfte, sprich um ein Drittel heraufzusetzen? Hättest Du dreißig statt zehn gesagt, hätte man noch glauben können, daß Dein Irrtum sich aus einer undeutlichen Haltung Deiner Finger herleite, die Du geöffnet hattest, anstatt sie zu krümmen. Aber die Zahl Vierzig ist doch am einfachsten anzuzeigen, da sie durch die geöffnete Hand ausgedrückt wird. Und wenn Du das Alter um die Hälfte erhöhst, so liegt das nicht an einer falschen Fingerstellung; es sei denn, Du gibst Pudentilla dreißig Jahre und hast die konsularischen Jahre verdoppelt, weil es zwei Konsuln gibt.« (Zit. n. Lemoine 1932, 36)

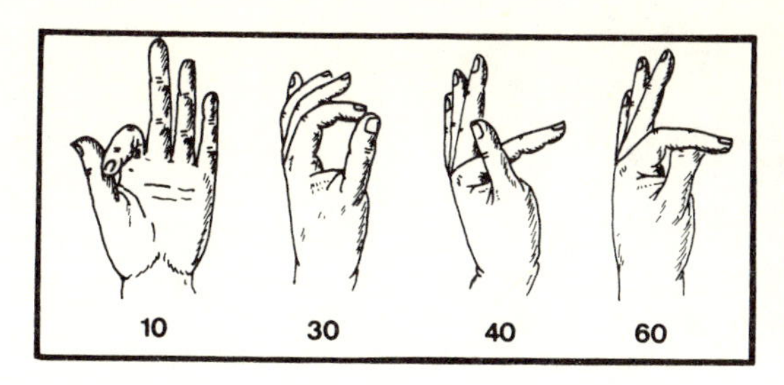

Abb. 42

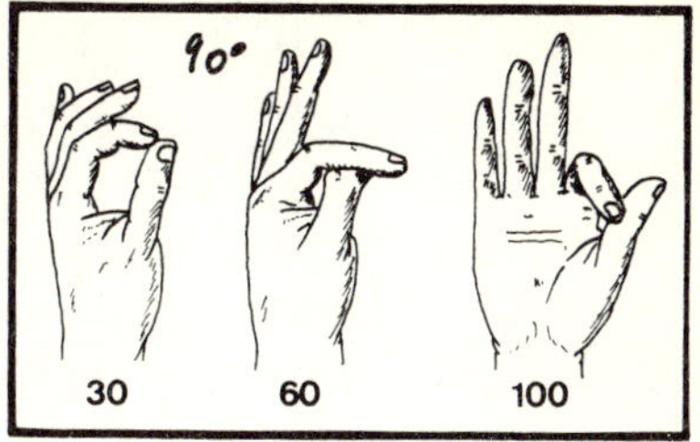

Abb. 43

Auch der Heilige Hieronymus (gestorben 420) greift das Thema in seinen Bibelkommentaren auf (vgl. dazu *Abb. 43*):

»Wohl entspringen die 100. und die 60. und die 30. Frucht aus derselben Erde und aus dem gleichen Samen, aber trotzdem unterscheiden sie sich sehr nach ihrer Zahlgestalt.

Dreißig ist ein Sinnbild der Vermählung: denn diese Vereinigung der Finger, die sich wie in einem süßen Kuß umfangen, stellt Mann und Frau dar.

Sechzig aber bezieht sich auf die Witwen deswegen, weil sie schweren Anfeindungen ausgesetzt sind, durch die sie bedrückt werden. (...)

Der Leser beachte sorgfältig, daß die Zahl 100 von der linken Hand auf die rechte übergeht und dort wohl von denselben Fingern, nicht aber von derselben Hand gebildet wird, die an der linken Hand die Vermählung und die Witwen versinnbildlichen. Hier bedeutet der von ihnen gebildete Kreis die Krone der Jungfräulichkeit.« (Zit. n. Menninger 1957/58, II, 12)

Noch direkter beschreibt der Heilige Kyrill von Alexandrien (376–444) die Fingerzählung in seinem *Liber de computo* (*Buch von der Rechenkunst*), der ältesten Quelle dieser Technik (Pellat 1977). Auf diesen Text geht eine spanische Enzyklopädie des 6. Jahrhunderts zurück, die der Bischof Isidor von Sevilla unter dem Titel *Liber etymologiarum* herausgegeben hat und die ihrerseits die Quelle für das Werk von Beda Venerabilis war.*

Ein Grund für die weite Verbreitung der Fingerzahlen liegt in ihrem Charakter einer Geheimsprache: »Welch' ein großartiges Mittel für einen Spion, der ins feindliche Lager gesandt worden ist, um die Anzahl der gegnerischen Krieger auszukundschaften; mit einer einfachen und unscheinbaren Geste kann er seinen Feldherrn von weitem darüber informieren.« (Lemoine 1932, 46) Bei Beda finden wir eine andere Anwendung der Fingerzahlen: »Durch die Zählung mit den Fingern kann eine Art manueller Sprache *(manualis loquela)* sowohl zur Übung des Geistes als auch zur

* Dieses System der Fingerzählung erfreute sich in Europa vom Hochmittelalter bis zur Renaissance und darüber hinaus größter Beliebtheit (Pellat 1977, 5–16; Smith 1958, II, 198–200; Abb. 22–26). Die Fingerzahlen Bedas wurden zentraler Bestandteil des *Quadrivium* – der Arithmetik, Geometrie, Astronomie und Musiktheorie –, das mit dem *Trivium* (Grammatik, Dialektik und Rhetorik) die Gesamtheit der Sieben Freien Künste *(Artes liberales)* des mittelalterlichen Schulwesens bildete.

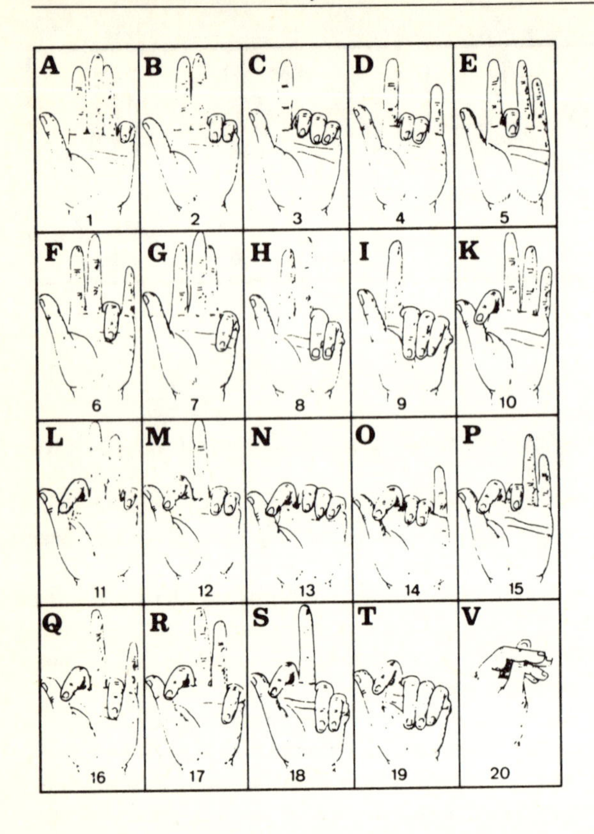

Abb. 44: Das Fingeralphabet des Beda Venerabilis; es beruht auf den Fingerzahlen in Abb. 41.

Zerstreuung verwandt werden.« (Zit. n. Lemoine 1932, 46) Er ordnet dabei jedem Buchstaben des lateinischen Alphabets eine Zahl zu (*Abb. 44*):

»Um zu einem Freund *Caute age* (Sei vorsichtig!) in Gegenwart geschwätziger oder gefährlicher Leute zu sagen, zeige ihm mit den Fingern (die folgenden Zeichen) (*Abb. 45*):

3 – 1 – 20 – 19 – 5 und 1 – 7 – 5
(C) (A) (U) (T) (E) (A) (G) (E)

Willst du ihn aber noch unauffälliger warnen, kannst du ihm die Zahlen auch aufschreiben.«

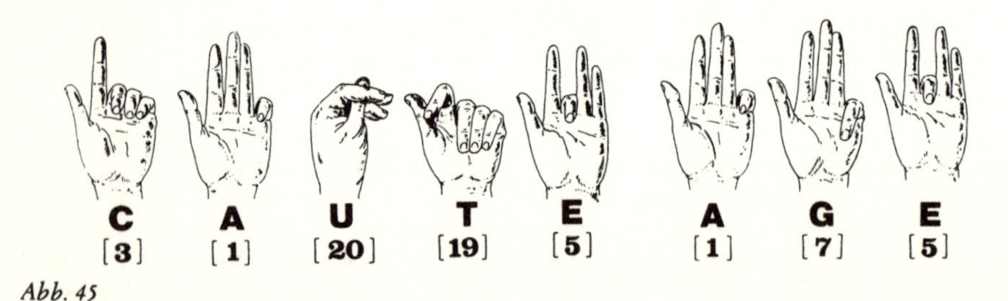

Abb. 45

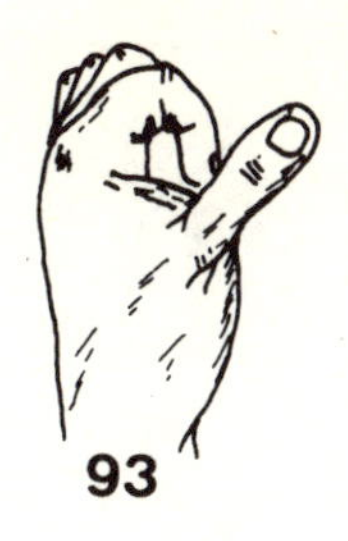

Abb. 46: Die Zahl 93 wird im arabisch-persischen System der Fingerzahlen durch Anlegen des Zeigefingernagels der rechten Hand am oberen Daumengelenk (Darstellung von 90) und durch Beugen des Mittelfingers, des Ring- und des kleinen Fingers (Darstellung von 3) gebildet, was einer geschlossenen Hand gleicht.

In den islamischen Ländern war der Erfolg der Fingerzahlen mindestens ebenso groß wie im Abendland. Die Überlieferung bei arabischen und persischen Autoren beweist ihren Gebrauch schon im frühen Mittelalter (Pellat 1977). So verschlüsseln in den ersten Jahrhunderten der Hedjra arabische und persische Dichter den *Geiz einer Person,* indem sie sagen, deren Hand bilde die 93 – die geschlossene Hand ist das Symbol für den Geiz (*Abb. 46*).

So schreibt der Dichter Jahja Ibn Nawfal al-Jamani (7. Jh.): »Neunzig und drei stehen für einen hartherzigen Mann: Er zählt mit der geballten Faust, die bereit ist zuzuschlagen und die nicht geiziger ist als deine Gaben, o Jasid!« (Pellat 1977, 19 f.) Bei Chalil Ibn Ahmad (gestorben 786), einem der ersten arabischen Dichter, heißt es: »Deine Hände sind nicht für die Freigiebigkeit erschaffen, und ihr Geiz ist wohlbekannt; die eine ist 3.900*, und die andere ist von der Freigiebigkeit entfernt wie 100 weniger 7.« (Lemoine 1932, 40)

Der persische Dichter Abul Kasim Firdusi (um 940–1020) verspottet den Geiz des ghasnawidischen Sultans Mahmud, der ihn recht schäbig für sein *Schah Nameh* (*Buch der Könige*) entlohnt hatte: »Die Hand des Königs Mahmud erhabenen Ursprungs ist neun mal neun und drei mal vier.« (Lemoine 1932, 40)

Eine weitere Anspielung auf die Fingerzählung finden wir bei dem persischen Dichter Anwari (gestorben 1189 oder 1191), der in einer seiner *Kassiden*** den Großwesir Nizam al-Mulk und seine Geschicklichkeit im Rechnen preist: »Du bogst den kleinen Finger der linken Hand bereits in einem Alter, in dem andere Kinder noch am Daumen lutschen« (Lemoine 1932, 41), womit er zum Ausdruck bringen will, daß der Großwesir schon im zartesten Alter mindestens bis tausend zählen konnte (*Abb. 41 d*). Ein Spruch des Persers Abul Majid Sanaj (gestorben 1160) besagt, daß eine zum zweiten Mal erbrachte Leistung weniger Wert sei: »Was an der linken Hand 200 bedeutet, zählt an der rechten nur 20.« (Lemoine 1932, 41; *Abb. 47*)

Oder der Dichter Chakani (1106–1200):

»Wenn ich die Umdrehungen des Himmelsrades zählen könnte, würde ich sie an der linken Hand abzählen.« (Lemoine 1932, 41; *Abb. 41 c, d*)

An anderer Stelle sagt er:

»Du tötest deinen Liebhaber mit dem geschärften Schwert der Blicke deiner Augen, so oft, wie du mit deiner linken Hand zählen kannst.« (Lemoine 1932, 41)

* Die entsprechende Fingerstellung ist symmetrisch zu der von 93 (Abb. 46).

** Gedichte, die das Lob einer Persönlichkeit oder einer adligen Familie singen, von denen der Dichter sich Hilfe oder Unterstützung erhofft.

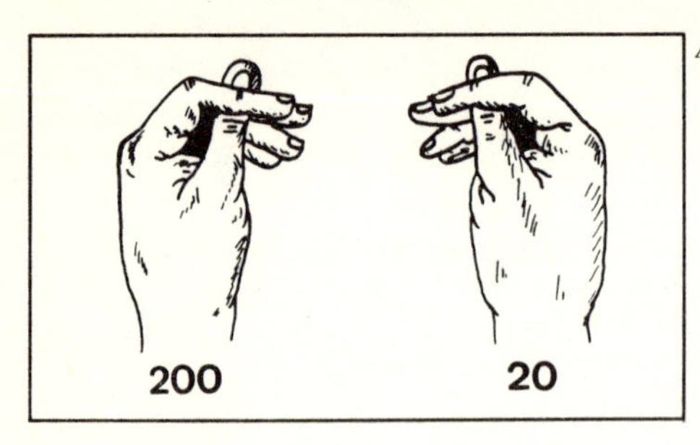

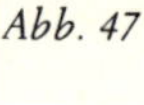

Abb. 47

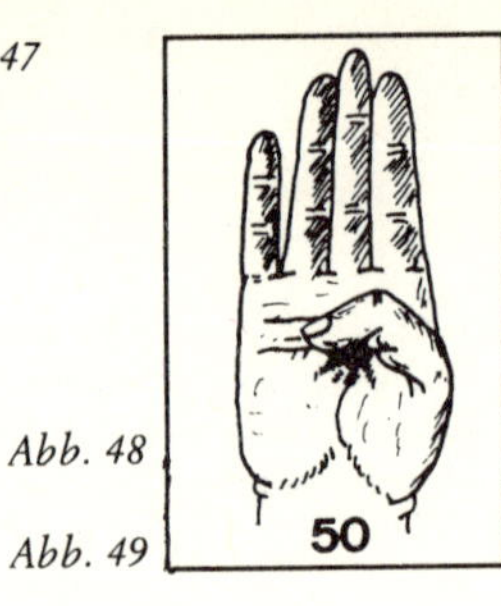

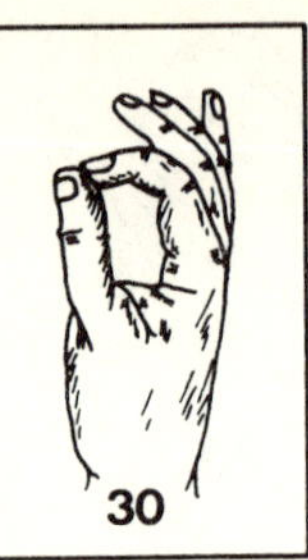

Abb. 48

Abb. 49

Von dem Dichter Anwari, den wir bereits nannten, stammt folgendes Zitat: »Eines Nachts, als der Dienst, den ich bei dir leistete, das Gesicht meines Glückes mit dem Wasser des Wohlwollens gewaschen hatte, hast du mir die Zahl (die Zahl 50) gegeben, welche man erhält, wenn der Daumen der rechten Hand versucht, seinen Rücken hinter ihr zu krümmen.« (Lemoine 1932, 41; *Abb. 48*)

In den Versen des Dichters Al-Farazdak (728 gestorben) gibt es eine Anspielung auf das Fingerzeichen, das durch die Annäherung des Daumens und des Zeigefingers die Zahl 30 ergibt:

»Wir schlagen den Führer jeglichen Stammes, während dein Vater sich hinter seiner Eselin entlaust; seine Finger bilden eine Zahl in der Nähe des Hoden und töten die Läuse in der erbärmlichsten Lage, in der sich der niederste Mensch befinden kann.« (Pellat 1977, 19; *Abb. 49*)

Ein Zitat von Ibn Sa'ad (um 850 gestorben) stellt eine der ältesten datierbaren Überlieferungen dieses Verfahrens im islamischen Kulturkreis dar (Levi della Vida zit. n. Ritter 1920, 243):

»Der berühmte Gefährte Muhammeds, Hudaifa ben al-Jaman, kündigte die Ermordung des Kalifen Othman mit der Geste für die Zahl 10 an und seufzte: ›So ist im Islam ein Riß gemacht worden, den kaum ein Berg auszufüllen möchte.‹« (Lemoine 1932, 40; *Abb. 50*)

In einem Gedicht, das al-Mawsili al-Hanbali zugeschrieben wird, lesen wir folgendes:

»Wenn du den Daumen den Zeigefinger besteigen läßt, wie einer, der einen Pfeil ergreift, so ist das die 60.« (Pellat 1977, 56; *Abb. 51*)

Einem gewissen Abu'l Hassan' Ali, der unter dem Namen Ibn al-Maghribi bekannt ist, werden die Zeilen zugeschrieben:

»Lasse für die 60 den Zeigefinger sich rittlings auf den Daumen setzen, wie ein Bogenschütze den Pfeil ergreift, für die 70 halte die Finger so wie einer, der einen Dinar wegschnippt, um zu prüfen, ob er echt ist.« (Pellat 1977, 98; *Abb. 51, 52*)

Ahmad al-Barbir al-Tarabulusi, ein Kommentator weltlicher arabischer und persischer Texte, sagt über die Fingerzahlen:

»Du weißt, daß die Traditionalisten ihrer bedürfen, weil in der Schrift darauf angespielt wird. Das gleiche gilt für die *fuqaha**, weil *das schafiitische Recht* sie beim

* Moslemische Juristen, die sich mit dem Gesellschafts- und Privatrecht sowie mit den religiösen und rituellen Vorschriften befassen.

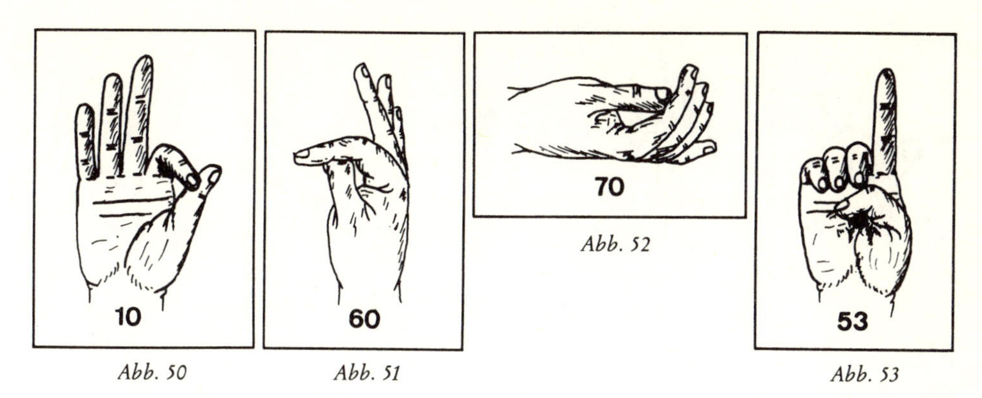

Abb. 50 *Abb. 51* *Abb. 52* *Abb. 53*

Gebet und beim Glaubensbekenntnis verwendet; sie sagen nämlich, daß der Beter nach der traditionellen Regel seine rechte Hand auf den Schenkel legt, wenn er sich hinsetzt, um den *taschahud** zu beten, und die Zahl 53 bildet.« (Pellat 1977, 62; *Abb. 53*)

Fügen wir noch einen Vers des Dichters Chakani hinzu:
»Was ist der zwischen Rustem und Bahram entbrannte Streit? Welcher Zorn, welche Meinungsverschiedenheiten bewegen diese beiden Söhne berühmter Familien? Auf ihrer 90 kämpfen sie Tag und Nacht, um zu wissen, welches der beiden Heere die Zahl 20 haben wird.« (Lemoine 1932, 41)

Für Zeitgenossen war die Bedeutung dieser Stelle klar; einem Leser des 20. Jahrhunderts, der mit den Fingerzahlen der alten Zeit nicht vertraut ist, muß sie unverständlich bleiben. Aber die Geste, die der 90 entspricht, steht für das Bild, mit dem der Dichter den After und im weiteren Sinne das Hinterteil bezeichnet.**

»Die Zahl 20 (über jemand) haben« meint wohl den Geschlechtsverkehr im abwertenden Sinn – er heißt im Persischen »den Daumen zeigen«; im militärischen Kontext meint er »die Oberhand gewinnen« (Lemoine 1932; *Abb. 54*).

Somit *kämpfen sie Tag und Nacht auf ihrem Hinterteil* (ihrer 90), *um zu wissen, welches der beiden Heere die Oberhand* (die 20) behalten wird.

Eine schlüpfrige Anspielung derselben Art findet sich in einem Kommentar des Ahmad al-Barbir al-Tarabulusi, in dem er darüber berichtet, daß er seinen Schülern die Zahlen 30 und 90 beibringt, indem er ihnen ein Spottgedicht eines Dichters auf einen Jüngling namens Chalid vorträgt: »Chalid zog mit einem Vermögen von 90 Dirham aus und kehrte zurück mit einem Drittel!«

Diese scheinbar harmlose Geschichte ist eine gezielte und bösartige Beschimpfung jenes Chalid, dem damit eine Vorliebe für das eigene Geschlecht unterstellt wird.

»Der Dichter will sagen, daß Chalid ›eng‹ war, als er wegging, und ›weit‹, als er zurückkehrte!« (Pellat 1977, 60; *Abb. 55*)

* Gebet, mit dem der gläubige Mohammedaner die Einzigartigkeit Allahs und seinen Glauben an Mohammed bekennt, indem er den Zeigefinger hebt und die übrigen Finger zurückbiegt.

** Die Zahl 90 (arabisch *tis'un*) wurde in der Umgangssprache häufig in dem hier bezeichneten Sinne benutzt: *Umm al tis'un* (»die Mutter 90«) bezeichnete die Pobacken. Ein weiteres Beispiel haben wir in den Versen des Di'bil (gestorben 860): »Abu Sa'ad (al-Makhzumi), liederlich und schwach im Geist und im Glauben, liegt ständig mit der Stirn am Boden wegen der Schlange, die in seine 90 hineinkriecht.« (Pellat 1977, 21)

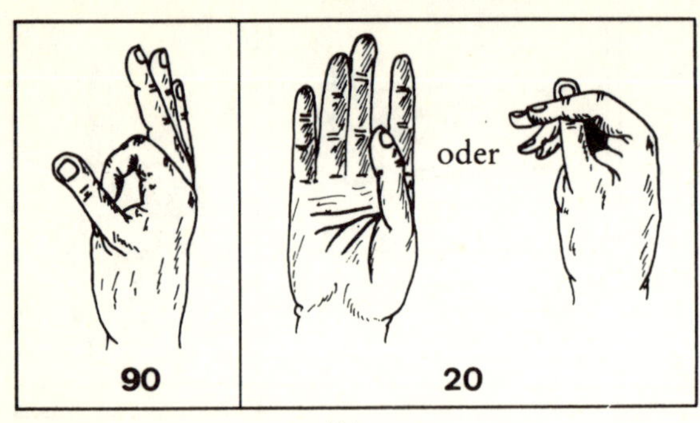

Abb. 54

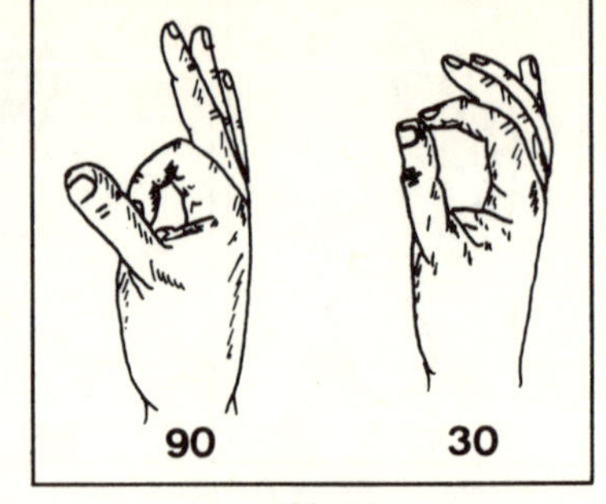

Abb. 55

Diese Beispiele mögen genügen, um die Verbreitung der Fingerzahlen zu verdeutlichen – immerhin konnten derartige Anspielungen von den zeitgenössischen Lesern ohne weiteres verstanden werden.

Verschiedene westliche und orientalische Autoren halten Ägypten für das Ursprungsland des geschilderten Systems des Zählens mit den Fingern. So heißt es in einer alten Handschrift über die Fingerzahlen: »Das ist das System der Kopten Ägyptens.«*

Auch der Titel einer anderen Handschrift** läßt deutlich erkennen, daß dieses System ägyptischen Ursprungs ist.

Dafür seien noch zwei Beispiele angeführt: einmal al-Mawsili al-Hanbali, der das »bei den Kopten Ägyptens übliche System, die Zahlen mit den Fingern auszudrücken«, beschreibt (Pellat 1977, 52). Zum anderen heißt es in einem Text, der auf Ibn al-Maghribi zurückgeführt wird (zit. n. Ruska 1920, 106):

»Und siehe, ich bin gekommen wie der Nachdrängende,
Ich folgte darin der Spur jedes Gelehrten,
Und der Geist hat mich getrieben, daß ich schreibe
Über die Wissenschaft hiervon etwas, und abfasse
Eine Ragaz-Dichtung, die benannt ist Merktafel,
Welche das ägyptische Zählen umfaßt.«

Juan Perez de Moya kommt in seinem *Tratado de mathematicas* (1573) zu folgendem Schluß: »Man weiß zwar nicht, wer diese Art des Zählens erfunden hat, aber da die Ägypter Freunde nur weniger Worte waren (wie Theodoret sagt), so müßte sie von ihnen stammen.« (Pellat 1977, 16)

Diesen Angaben kann zwar keine übertriebene Bedeutung beigemessen werden***, aber auch die römischen tessarae**** sind zum größten Teil in Ägypten

* Handschrift im Archiv der Universität Tunis, Signatur 6403; zit. n. Pellat 1977, 52.

** *Traktat über die Zählung mit den Händen auf koptische Art* (Mansuma fi hisab al-jad bi'l kibtija; Handschrift der Waqf-Bibliothek Bagdad, Signatur Madjami 7071/9; Pellat; 1977).

*** »Beweise« dieser Art sind natürlich für sich allein nicht ausreichend.

**** Rechenpfennige aus Knochen oder Elfenbein, die bis auf den Beginn der christlichen Zeitrechnung zurückgehen und bestimmte Zahlen mit Hilfe der Finger darstellen, ebenso wie die entsprechenden Zahlwerte mit römischen Ziffern (Abb. 20).

gefunden worden (Froehner 1884). Zudem gab es trotz gegenteiliger Meinungen im *pharaonischen Ägypten seit dem Alten Reich ein System der Fingerzählung, das unserem sehr ähnlich ist* (Schott 1967), wie man in *Abb. 56* sehen kann.

Sollen wir unter diesen Umständen im pharaonischen Ägypten die Quelle dieses Zählsystems vermuten? Die Frage verdient auf jeden Fall besondere Aufmerksamkeit.

Abb. 56: Zählen mit den Fingern auf einem ägyptischen Grabmal des Alten Reiches (V. Dynastie, 26. vorchristliches Jahrhundert)
(Mastaba D2 in Sakkara. Vgl. Borchardt, 1937; Catalogue Général du Caire, I, Nr. 1534 A, Tafel 48)

Kapitel 4
Zählen mit Kerben

Die gekerbten Knochen, die uns der prähistorische Mensch vor mehr als 20.000 Jahren zurückgelassen hat, gehören aller Wahrscheinlichkeit nach zu den ältesten Gegenständen, mit deren Hilfe gezählt worden ist (*Abb. 57*). Unsere frühen Vorfahren schnitten diese Kerben in Knochen, um die Anzahl unterschiedlicher Dinge auszudrücken.*

Diese Ursprünge der Buchführung haben die Menschheitsgeschichte fast unverändert überdauert.

Vor nicht allzu langer Zeit war diese Methode in Frankreich in Bäckereien auf dem Lande noch durchaus üblich, wenn man das Brot auf Kredit verkaufte. In zwei kleine Holzstücke oder -plättchen, *tailles* (Kerbhölzer) genannt, die aufeinandergelegt wurden, machte der Bäcker jedesmal eine Kerbe, wenn der Kunde einen Brotlaib mitnahm. Das eine Holz blieb in der Bäckerei, das andere nahm der Käufer mit. Abrechnung und Zahlung erfolgten zu festgesetzten Zeiten, z.B. einmal in der Woche. Eine Reklamation war nicht möglich: Die zwei Holzstücke enthielten die gleiche Anzahl von Kerben gleicher Größe an den gleichen Stellen. Der Kunde konnte keine Kerbe beseitigen und der Bäcker keine hinzufügen. Und hätte er es dennoch gewagt, so wäre er durch den Vergleich der beiden Holzstückchen leicht des Betruges überführt worden (*Abb. 58*).

André Philippe schildert dieses Verfahren in einer Szene aus *Michel Rondet*, die im Jahre 1869 in der Umgebung von Saint-Etienne spielt:

»Die Frauen hielten ein ungefähr zwanzig Zentimeter langes Stück Holz mit eingefeilten Kerben hin. Alle diese Hölzer waren verschieden, manche waren aus einem Ast geschnitzt, andere waren viereckig oder gedrechselt. Der Bäcker besaß die Gegenstücke dazu, die an einem Riemen aufgereiht waren. Er suchte nach dem am Kopfende des Holzes aufgezeichneten Namen der Kundin; die Kerben stimmten

* Die ältesten bekannten gekerbten Knochen sind in Westeuropa gefunden worden. Sie stammen aus dem *Aurignacien* und tauchen etwa gleichzeitig mit dem *Cro-Magnon-Menschen* auf. Die zwischen 20.000 und 30.000 Jahre alten Kerben sind wahrscheinlich Zahlzeichen, aber ihre eigentliche Bestimmung bleibt nach wie vor ungeklärt. Einige Wissenschaftler glauben, daß die Striche oder Strichgruppen eine astronomische Bedeutung hatten und vor allem dazu bestimmt waren, die verschiedenen Phasen des Mondes (Neumond, Halbmond, Vollmond) festzuhalten. Diese Theorie müßte jedoch erst durch eine gründliche Untersuchung zahlreicher Beweisstücke bestätigt werden. Andere halten die Kerben für Hilfsmittel beim Zählen im Alltag; sie sehen darin vor allem eine Buchführung über das während der Jagdzeit erlegte Wild (Baudouin 1926; Breuil 1959; Jelinek 1975, 435-453; Marshack 1973; Smith 1958).

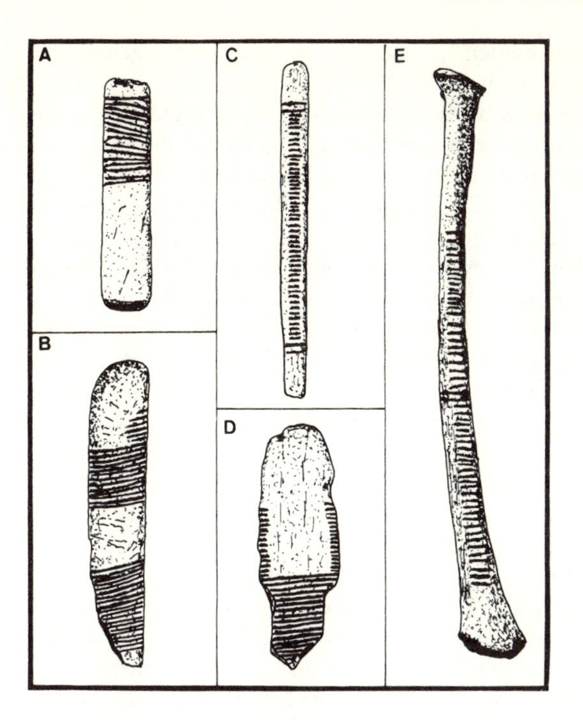

Abb. 57: Gekerbte Knochen aus dem Spätpaläolithikum.
A und C: Aurignacien (30.000 bis 20.000 v. Chr.).
(Musée des Antiquités Nationales, St. Germain-en-Laye; der Knochen C stammt aus Saint-Marcel, Indien)
B und D: Aurignacien.
(Knochen aus der Külna-Grotte in Mähren)
E: Magdalénien (19.000 bis 12.000 v. Chr.).
(Knochen aus der Pekarna-Grotte in Mähren)
(Vgl. Jelinek 1975, 435–453)

Abb. 58: Kerbhölzer aus Bäckereien in Frankreich, wie sie in kleinen Ortschaften auf dem Lande üblich waren.

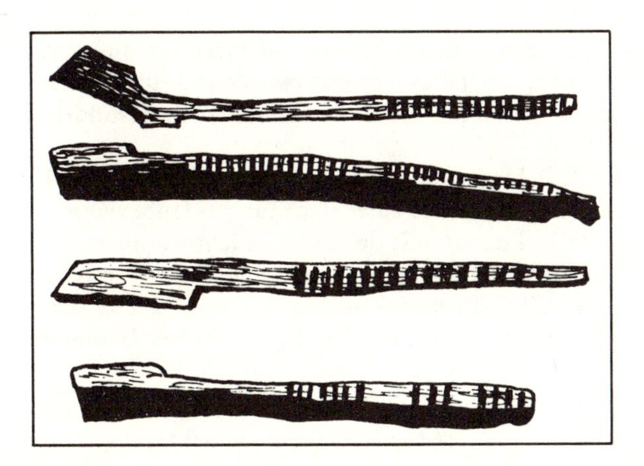

Abb. 59: Englische Kerbhölzer aus dem 13. Jahrhundert.
(Sammlung Society of Antiquaries, London; Zeichnung nach Menninger 1957/58, II, 42)

genau überein, wobei die römischen Zahlen I, V und X das Gewicht des gelieferten Brotes angaben.« (Philippe 1949, 469; Cohen 1958)

Ähnlich schildert René Jouglet eine Szene, die sich um 1900 im Hennegau abspielte. »Der Bäcker ging mit seinem Karren von Tür zu Tür. Er rief die Hausfrau heraus. Sie brachte ihre ›taille‹. Es war dies ein schmales Brettchen, so lang wie die Klinge einer Schere; der Bäcker besaß das Gegenstück dazu. Er legte beide aufeinander und sägte an ihrer Kante soviel Kerben ein, wie er Brote zu sechs Pfund verkaufte. Die Kontrolle war einfach: Auf beiden Beweisstücken war die Anzahl der Kerben gleich; für die Hausfrau war es unmöglich, auf beiden gleichzeitg eine Kerbe zu löschen, und der Bäcker konnte keine hinzufügen.« (Jouglet 1951, 61)

Es ist bemerkenswert, daß man das Einkerben als Hilfsmittel der Kreditgewährung bei Rechnungen, die erst später fällig werden, in verschiedenen Epochen unserer Geschichte und in den verschiedensten Weltgegenden wiederfindet.*

So trifft man z.B. das Einkerben auch bei den Tscheremissen und den Tschuwaschen im Rußland des 18. Jahrhunderts an (Müller 1758, III, 363 f.; Gerschel 1962c). »Für eine Geldanleihe benutzten sie die Methode des Doppelschnitts: Ein längs durchgespaltenes Scheit wurde auf beiden Hälften gleichzeitig eingeschnitten; dann erhielt jeder der Partner seine Hälfte. Es genügte, die beiden Hälften erneut zusammenzulegen, um sicherzustellen, daß keiner der Partner betrügerischerweise einen Schnitt hinzugefügt oder gelöscht hatte. Nachdem ebensoviele Kreuze oder Kerben eingeschnitten worden waren, wie die geliehene Summe an Geldeinheiten enthielt, machten der Schuldner und der Gläubiger auf die jeweilige Schnitthälfte ihr eigenes Zeichen anstelle ihres Namenszuges; dieses Zeichen war ein für allemal festgelegt und wurde bei jeder Gelegenheit verwendet, bei der eine Unterschrift erforderlich war. Danach tauschten Schuldner und Gläubiger ihre Hälften aus, die den Wert von schriftlichen Verträgen hatten.« (Gerschel 1962c, 540)

Ähnlich wird über das Volk der Kha in Indochina im 19. Jahrhundert berichtet: »Sie benützen bei ihren Geschäften ein System ähnlich dem der Bäcker, indem sie zwei Brettchen, von denen jeder der beiden Partner eines aufbewahrt, mit einander entsprechenden Kerben versehen. Aber diese Gedächtnisstütze ist sehr kompliziert und man begreift nur schwer, wie sie sich damit auskennen. Alles wird festgehalten: der Verkäufer, der Käufer, die Zeugen, das Lieferdatum, die Art der gehandelten Ware und ihr Preis.« (Harmand 1882, 338 f.)

Homeyer weist darauf hin, daß »unsere Contobücher mit ihren Credit- und Debitposten früher durch Kerbhölzer, ›tailles, talleys‹ ersetzt (wurden). Dabei vertraten auch Hausmarken die Namen der in Rechnung stehenden Personen, insbesondere der Schuldner.« (Homeyer 1890, 214)

In dieser Funktion haben sie sich bis in die Neuzeit hinein erhalten, da sie »besser als die Finger dazu geeignet sind, Resultate einer Rechnung aufzubewahren, was ihre wichtigste Aufgabe war. Dabei können mit diesem ›Gedächtnis‹ nicht nur Teilergebnisse festgehalten werden, bis das Endergebnis berechnet wird – was in früher Vorzeit, vor Entwicklung der Grundrechenarten der Fall war –, auch das endgültige Resultat kann in dieser Form aufbewahrt und überliefert werden. In dieser

* Das englische Wort *tally* bedeutet gleichzeitig »Einschnitt«, »kleines, eingekerbtes Holzstück«, »sich einigen«, »übereinkommen« und »sich entsprechen«; *tallyman* ist ein »Verkäufer auf Kredit«.

Funktion haben sich die Kerbhölzer bis in unsere Tage erhalten und nicht zum Festhalten von Hilfsrechnungen.« (Gerschel 1962c, 538 f.)

So wurden in England noch zu Beginn des letzten Jahrhunderts Steuergelder mit diesem System verbucht. Dabei wurden Holzstäbe mit verschieden tiefen Kerben versehen, die für 1 Pfund, 10 Pfund, 100 Pfund bzw. Bruchteile eines Pfundes standen (*Abb. 59*).* Sogar das britische Finanzministerium führte seine Archive mit Kerbhölzern, worüber sich Charles Dickens folgendermaßen lustig machte: »Seit ein paar hundert Jahren hat sich in der Schatzkanzlei eine wilde Methode der Buchführung eingebürgert. Man führt dort Buch wie Robinson Crusoe auf seiner kleinen Insel, indem man Holzstöcke mit Kerben versieht. Eine Unzahl von Buchhaltern und Schreibern wurde geboren und starb, und die amtliche Routine hielt an den Kerbhölzern fest, als seien sie die Grundfeste der Verfassung. Das Schatzamt rechnete auch weiterhin mit Kerben auf Stöckchen aus Ulmenholz, *tallies* genannt. Unter der Regierung des Königs George III. wehte ein revolutionäres Lüftchen, und man untersuchte, ob man trotz Federn, Tinte und Papier, Schiefertafeln und Kreidestiften weiterhin auf diesem überlebten System bestehen oder es durch ein moderneres ersetzen solle.

Aber die Bürokratie beharrte auf ihrer eingespielten Methode, und die Stöcke wurden erst 1826 abgeschafft. Acht Jahre später stellte man fest, daß sich ein gewaltiger Holzhaufen angesammelt hatte, so daß sich die Frage erhob, was mit dem ganzen verfaulten und wurmstichigen Holz geschehen solle. Man stapelte die Stöcke in Westminster und eine gescheite Person machte den Vorschlag, sie als Brennholz unter die armen Leute der Umgebung zu verteilen. Aber da die Stöcke noch nie zu etwas nutze waren, verlangte die Bürokratie, daß sie auch jetzt zu nichts nutze sein dürften; es wurde angeordnet, sie heimlich zu verbrennen.

Sie sollen in einem Ofen im Oberhaus verbrannt worden sein; der vollgestopfte Ofen setzte jedoch die Wandvertäfelung in Brand, das Feuer griff auf das Unterhaus über und beide Parlamentsgebäude gingen in Flammen auf. Es wurden Architekten mit dem Neubau beauftragt, so daß uns das ganze inzwischen mehr als zwei Millionen gekostet hat.« (Dickens zit. n. Dantzig 1931, 28 f.)

Die Kerbhölzer wurden auch auf anderen Gebieten benutzt, um eine Zahl festzuhalten. So führten vor noch nicht allzu ferner Zeit indianische Arbeiter in der Nähe von Los Angeles Buch über die Anzahl ihrer Arbeitstage, indem sie in kleine Holzstücke dünne Kerben für die Tage und dicke Kerben oder Kreuze für die Wochen schnitzten, die sie gearbeitet hatten (Février 1948). Auch die Cowboys des Wilden Westens verfuhren nach diesem Prinzip, wenn sie für jeden erlegten Büffel eine Kerbe am Lauf ihres Colts machten – oder die Kopfgeldjäger für jeden ermordeten Banditen.

Das Verfahren der Einkerbung diente auch dazu, Verträge zu besiegeln.** In China bildeten gekerbte Stäbe die Vorform des Vertrages und wurden erst nach der Entwicklung der Schrift durch Schriftzeichen abgelöst. Das chinesische Zeichen für »Vertrag« ist aus zwei Zeichen zusammengesetzt, von denen eines ursprünglich den Stab mit Einkerbungen, das andere ein Messer dargestellt hat (Conrady 1920):

契

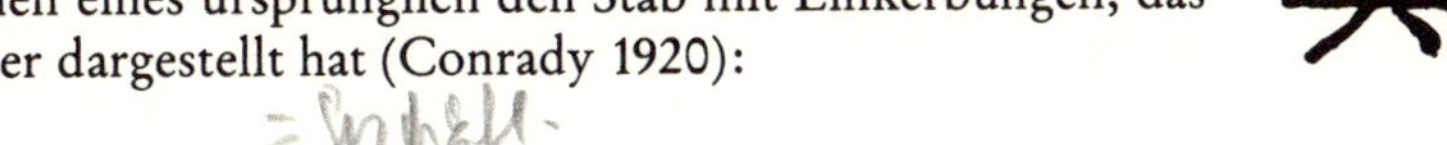

* Hall 1898; Jenkinson 1911; 1925; Menninger 1957/58, II, 29–47; Wuttke 1872.

** Im Arabischen bedeutet *Farada* sowohl »Kerben (in Holz) machen« als auch »jemandem seinen Anteil (gemäß einem Vertrag oder bei einer Erbschaft) zuweisen« (Février 1948).

In Frankreich wurden mit Kerbhölzern unter anderem Warenlieferungen bestätigt – im Code Civil, dem von Napoleon 1804 erlassenen Zivilrecht, findet sich folgende Bestimmung: »Die Kerbhölzer, die mit dem Hauptholz übereinstimmen, sind rechtsgültig zwischen Leuten, die auf diese Weise die gemachten oder erhaltenen Lieferungen einzeln zu bestätigen pflegen.« (Zit. n. Menninger 1957/58, II, 35)

Weitere Anwendungen des Kerbholzes finden wir in den Alpen, bei österreichisch-ungarischen und bei keltischen Schäfern, die Zahlzeichen in Holztäfelchen ritzten, um Zahlen doppelt festzuhalten:

»Auf einem Kerbholz aus der mährischen Walachei von 1832 versuchte der Schäfer, der seine Herde zählen mußte, die Milchschafe durch eine besondere Zeichenschrift einzuteilen in Tiere, die keine Milch gaben, und solche, die nur die Hälfte der normalen Produktion lieferten (Domluvil 1904, 210). In manchen Teilen der Schweizer Alpen vermerkten die Hirten auf sorgfältig gearbeiteten und fein verzierten Holztäfelchen verschiedene wichtige Daten, insbesondere die Anzahl der von ihnen gehüteten Tiere. Dabei führten sie die Zahl der Milchkühe, der Kühe, die keine Milch gaben, der Lämmer und der Ziegen getrennt auf (...).

Wir sollten wohl annehmen, daß die Hirten aller Länder einer annähernd gleichen Aufgabe gegenüberstehen, aber daß sie sich darin unterscheiden, wie sie ›Buch führen‹: Dazu bedienen sie sich, je nach Land, entweder geknüpfter Fäden wie beim *quipu* (vgl. S. 121) oder der einfachen Kerbhölzer oder eines Täfelchens, welches z.B. neben den eingeritzten Zahlen die Bezeichnungen *Küo* (Kühe), *Gallier* (unfruchtbare Tiere), oder *Geis* (Ziegen) trägt. Die Aufgabe bleibt immer die gleiche: Der Hirte muß die Zahl der Tiere, die er zu pflegen und füttern hat, kennen; er muß sie aber auch aufgliedern können in Tiere, die Milch geben, und solche, bei denen das nicht der Fall ist, und er muß sie nach Alter und Geschlecht unterscheiden können. So sind manchmal drei, vier oder noch mehr Zählreihen notwendig, die auf dem Holzbrettchen in Reihen nebeneinander stehen.« (Gerschel 1962b, 157 f.)

In der Schweiz waren ebenfalls unterschiedliche Kerbhölzer, Scheite oder Tesseln genannt, lange Zeit in Gebrauch*:

1. *Das Milchscheit:* »In Ulrichen wurden die Hauszeichen** aller Milchlieferanten in Verbindung mit der Menge der gelieferten Milch auf einem einzigen großen Scheit eingetragen. Im Travetschtal hatte jeder Bauer einen eigenen Scheit, den *Stialas de latg*, auf dem die Menge der Milch, für die er Geld schuldete, und die Hauszeichen der entsprechenden Gläubiger festgehalten waren. Gleichzeitig war sein eigenes Hauszeichen auf den Scheiten der anderen zu finden, wenn sie von ihm Milch erhalten hatten. Abgerechnet wurde durch Vergleich der einzelnen Scheite miteinander.« (Gerschel 1962c, 541)

2. *Das Maulwurfsscheit:* »In manchen Gegenden bewahrten die Behörden mit den Hauszeichen der Bürger gekennzeichnete Scheite auf. Brachte einer einen toten

* Gerschel 1962c; Gmür 1917; Meyer 1905; Stebler 1897; 1907.

** »Das Hauszeichen war für die Benutzer des Scheites notwendig, da es den Namen des Betreffenden bezeichnete. Es diente also dazu, einen *Namen* einer *Rechnung* gegenüberzusetzen. Außerdem erweist sich das Hauszeichen, das bereits Rechte schuf, auch als fähig, Verpflichtungen hervorzubringen; in diesem Sinne ist es der Vorfahre der Unterschrift und es ist die traditionelle Unterschrift der Analphabeten geblieben.« (Gerschel 1962c, 540)

Maulwurf oder zumindest dessen Schwanz, so wurde das auf seinem Scheit festgehalten. Am Ende des Jahres wurde abgerechnet, und jeder wurde entsprechend ausgezahlt.« (Gerschel 1962c, 541 f.)

3. Das Alpscheit: »Darauf wurden die anteiligen Weiderechte der Bauern zusammen mit ihren Hauszeichen eingetragen. Gmür (1917) berichtet von einem solchen Scheit aus dem Jahre 1624, das sich im Baseler Museum befindet.« (Gerschel 1962c, 542)

4. Die Wassertesseln: »Sie berechtigten den Inhaber, während eines bestimmten Zeitraums Wasser zur Bewässerung seiner Wiesen aus dem gemeindeeigenen Bach abzuleiten. Sie enthielten neben seinem Hauszeichen Striche und andere Zeichen, welche Stunden, halbe Stunden, 20 Minuten usw. darstellten.« (Gerschel 1962c, 542; *Abb. 60*)

5. Die Kapitaltesseln: »Gemeinden oder kirchliche Stiftungen besitzen Kapital, das in kleinen Beträgen an die Bauern ausgeliehen wird. Der Schuldner hinterläßt dabei eine Tessel, in die sein Hauszeichen und der Betrag der entliehenen Summe eingeritzt sind.

Während auf dem einfachen Kerbholz Zahlen lediglich durch die Anzahl der Kerben ausgedrückt werden, enthalten die Kapitaltesseln neben dem Hauszeichen Zahlzeichen, die die Anzahl oder die Menge darstellen.« (Gerschel 1962c, 542)*

Eine weitere Form des Kerbholzes stellen die Kalenderstäbe oder -täfelchen dar, die vom Mittelalter an bis ins 17. Jahrhundert hinein in Nord- und Mitteleuropa allein zur *Zählung* gebraucht wurden (Haddon 1890; Lévy-Bruhl 1928).

Schließlich soll noch auf den Gebrauch von Kerbhölzern als Verbotszeichen bei den Kha in Indochina verwiesen werden:

»Ich bemerkte an der Straße, wenige Schritte vor einer Wegmündung, einen großen, aus Bambus und gefällten Bäumen geschichteten Zaun, der mit sechseckigen Mustern und Grasbüscheln verziert war; über den Weg hing ein kleines Täfelchen, das an den Seiten eine Reihe regelmäßiger Kerben aufwies, von denen manche groß und manche kleiner waren. Rechts waren zwölf kleine Kerben zu sehen, gefolgt von vier großen in einer Reihe, auf die wiederum eine dritte Reihe von zwölf kleinen folgte.** Übersetzt lautete dies: ›Zwölf Tage von heute ab wird jeder Mann, der es wagt, hinter unsere Palisade zu dringen, unser Gefangener sein, oder er muß uns entweder vier Büffel und/oder zwölf Tikal Lösegeld zahlen.‹ Auf der linken Seite befanden sich acht große Kerben, elf mittelgroße und neun kleine, und das bedeutete:

* »Es gibt auch Kerbhölzer, die nur dazu dienen, eine Reihenfolge festzulegen und lediglich Hauszeichen tragen; sie geben an, in welcher Reihenfolge jeder jeweils gewissen Verpflichtungen nachkommen muß. Es gibt *Kehrtesseln,* die wir als Reihenfolge- oder Ablösungsscheite bezeichnen könnten (vgl. Meyer 1905, 20–22; Gmür 1917, 80–85, Tafeln XVI–XVIII), Kerbhölzer für Nachtwachen, für die Funktionen eines Gemeindebeamten, Kirchendieners oder Bannerträgers, eines Feldhüters usw. Meyer (1903) erwähnt nicht weniger als fünfzehn verschiedene Arten davon in einem einzigen Dorf, und Stebler (1907) beschreibt sie als *auf Holz aufgezeichnete Namenslisten.«* (Gerschel 1962c, 542)

** An anderer Stelle macht Harmand darauf aufmerksam, daß er solche eingekerbten Holzstücke »in allen Dörfern zu sehen bekam, deren Bewohner von der Cholera dezimiert und versprengt worden waren.« (Harmand 1879, 46; Gerschel 1962c, 520)

›Unser Dorf beherbergt acht Männer, elf Frauen und neun Kinder.‹« (Harmand 1879, 44 ff.; Gerschel 1962c, 520)

Es gibt auch heute noch Spuren der Kerbhölzer – so machen manche Wirte und Weinhändler noch Kreidestriche für eine unbezahlte Zeche, was früher in ganz Europa üblich war (Gerschel 1962). Oder Flieger der beiden letzten Weltkriege legten Trefferlisten an, indem sie auf den Rumpf ihrer Maschinen die Silhouetten der abgeschossenen Flugzeuge oder Symbole für Bombeneinsätze in Form einer Bombe oder einer Kokarde malten.

Das Zählen mit dem Kerbholz hat sich also im Verlauf seiner Geschichte als erstaunlich langlebig erwiesen.

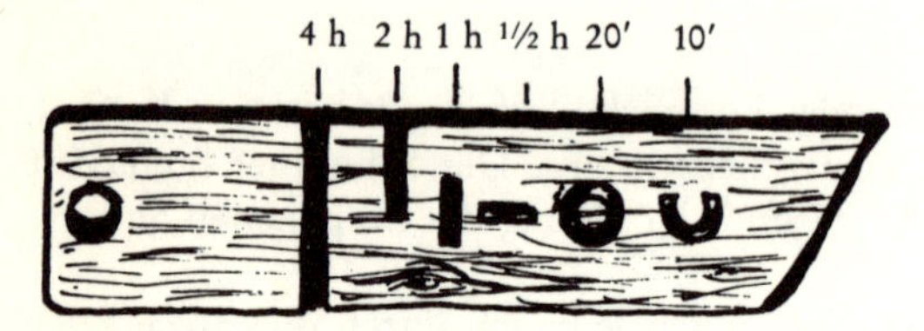

Abb. 60: Eine Wassertessel aus dem Wallis in der Schweiz. (Museum für Völkerkunde, Basel; Gmür 1917, Tafel XXVI)

Kapitel 5
Kieselsteine zum Rechnen

Das Wort »Kalkül« leitet sich vom lateinischen *calculus,* »kleiner Kieselstein« ab.* In der arabischen Sprache hat das entsprechende Wort eine ähnliche Etymologie: *haswa,* »kleiner Kieselstein«, hat die gleiche Wurzel wie das Wort *ihsa,* das für »Abzählen« oder »Statistik« steht.

Das Einkerben von Holz oder Knochen bildet genau wie das Anlegen von Steinhäufchen oder Häufchen aus anderen Gegenständen den Ursprung des Zählens. Genau wie das Einkerbverfahren stellt diese Umsetzung des Zahlenbegriffs ins Stoffliche eine Methode der Buchführung dar, die das Gedächtnis nicht beansprucht und der das Prinzip der Zuordnung von Einheit zu Einheit zugrunde liegt. Es ist nicht notwendig, über einen abstrakten Zahlenbegriff zu verfügen, um damit zählen zu können. Wie wir gesehen haben, kann ein Hirte mit diesem Verfahren jederzeit den Bestand seiner Herde feststellen, ohne daß er eine abstrakte Vorstellung der entsprechenden Zahl haben muß. Um z.B. festzustellen, ob die Widder, Ziegen oder Ochsen,

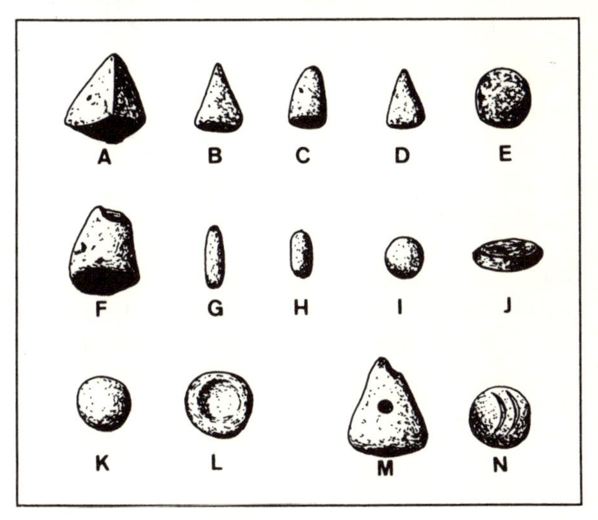

Abb. 61: Gegenstände zum Zählen aus ungebranntem Ton aus dem Gebiet der Stadt Susa (Iran), ungefähr 3300 v. Chr.
(A, B, C, E, F, J und L: Iranischer Saal, Louvre.
D, G, H, I, K und M: Von der D.A.F.I. (Délégation Archéologique Française en Iran) 1977-1978 unter der Leitung von A. Lebrun bei Ausgrabungen auf der Akropolis I von Susa (Schicht XVIII) entdeckte Gegenstände)

* »Calcul« hat in der französischen Sprache seine ursprüngliche Bedeutung in der medizinischen Fachsprache bewahrt, wo jede Steinbildung, vor allem im Bereich der Gallenwege und des Harnsystems, mit diesem Begriff bezeichnet wird.

		BULLEN	ZYLINDER	SCHEIBEN	KUGELN	KEGEL	
Syrien	Habuba Kabira	★		★	★	★	4. Jahrtausend v. Chr.
Irak	Tepe Gaura		★	★	★	★	4. Jahrtausend
Irak	Uruk	★	★	★	★	★	4. Jahrtausend
Iran	Susa	★	★	★	★	★	4. Jahrtausend
Iran	Chogha Mish	★	★	★	★	★	4. Jahrtausend
Iran	Tall-I Malyan	★	★		★	★	4.–3. Jahrtausend
Iran	Schahdad	★					4.–3. Jahrtausend
Iran	Tepe Yahya	★		★	★	★	4.–3. Jahrtausend
Irak	Dschemdet Nasr			★		★	4.–3. Jahrtausend
Irak	Ur			★	★		4.–3. Jahrtausend
Irak	Tello		★	★	★	★	4.–3. Jahrtausend
Irak	Faras			★	★	★	3.–2. Jahrtausend
Irak	Kisch			★	★	★	2. Jahrtausend
Irak	Nuzi	★		★	★	★	2. Jahrtausend

TABELLE XV
Archäologische Fundstätten des Nahen Ostens, wo tönerne Rechenpfennige verschiedener Größen und Formen gefunden wurden (Schmandt-Besserat 1977; 1978; 1980).

die er morgens auf die Weide getrieben hat, auch alle wieder zurückgekommen sind, kann dieser Hirte nicht nur Kerben in einen Knochen oder ein Stück Holz schnitzen, sondern auch Kieselsteine, Stöckchen oder Muscheln verwenden. Wenn er für jedes Tier einen Kieselstein oder ein Stöckchen auf einen Haufen legt und bei der Rückkehr der Herde umgekehrt verfährt, also beim letzten Tier das letzte Steinchen vom Haufen nimmt, dann kann er sicher sein, daß kein Tier verloren gegangen ist. Sollte inzwischen ein Lamm oder ein Kalb geboren worden sein, so legt er einfach einen weiteren Stein zu seinem Haufen.

Eine gewisse Abstraktion setzt dieses Verfahren allerdings doch voraus: Zwanzig Kieselsteine können sowohl für zwanzig Menschen als auch für zwanzig Pferde oder zwanzig Maß Getreide stehen. Als der menschliche Verstand schließlich so weit entwickelt war, daß er die natürliche Zahlenfolge begreifen konnte, konnten auch die Kieselsteine zum abstrakten Zählen verwandt werden. Es war nun möglich, mit Hilfe von Gegenständen auch Personen oder Dinge zu zählen, ohne daß diese anwesend waren. So wurden im Krieg die Toten oder die Gefangenen gezählt, indem Steinhaufen errichtet wurden.

In Äthiopien wurde für jeden Mann, der ins Feld zog, ein Stein auf einen Haufen gelegt; bei der Rückkehr aus der Schlacht nahm jeder Überlebende einen Stein wieder weg – übrig blieb die Zahl der Toten (Cohen 1958).

Allerdings reichte diese Methode für die ständig wachsenden Anforderungen des Alltags bald nicht mehr aus: Um z.B. bis tausend zu zählen, mußte man tausend Kieselsteine zusammentragen!

Erst durch die Entwicklung der Zahlensysteme konnte diese Schwierigkeit überwunden werden, indem die einfachen Kieselsteine durch Steine unterschiedlicher Größe ersetzt wurden, die den entsprechenden Einheiten zugeordnet waren. Im Dezimalsystem konnten die Einer durch kleine Steine, die Zehner durch größere Steine, die Hunderter durch noch größere usw. dargestellt werden, so daß alle Zahlen mit Steinen wiedergegeben werden konnten, deren Größe den Einheiten entsprach, aus denen die Zahl zusammengesetzt war.

Die Schwierigkeit dieser Art der Zahlendarstellung lag darin, daß sich nur schwer zwei Steine gleicher Größe und Form finden lassen.

Aus diesem Grund ging man früh dazu über, die Steine durch Gegenstände aus ungebranntem Ton zu ersetzen, die sich in Größe und Form stark voneinander unterscheiden (Kegel, Kugeln, Klötze, Scheiben, Stöckchen, Tetraeder, Zylinder usw.; vgl. *Tabelle XV, Abb. 61*). Diese Gegenstände wurden auch zur Buchführung benutzt.

Man fand sie bei mehreren Grabungen im Nahen Osten, vom Kaspischen Meer im Iran bis nach Khartum im Sudan, von Kleinasien bis zum Industal (Schmandt-Besserat 1977; 1978; 1980). Diese verschiedenen »Rechenpfennige« aus der Zeit zwischen dem sechsten und dem zweiten vorchristlichen Jahrtausend symbolisierten genau festgelegte Zahlenwerte; ein kleines Stäbchen oder ein Tetraeder stand beispielsweise für einen Einer, ein Klötzchen für einen Zehner, eine Kugel für einen Hunderter, ein Kegel für einen Tausender usw., so es sich um ein Dezimalsystem handelte (*Abb. 62*).

Wir stehen sozusagen vor der Frühform unseres heutigen Münzsystems und unserer verschiedenen Gewichts- und Maßeinheiten. Außerdem waren diese »Pfennige« zumindest in Mesopotamien und Elam *Vorläufer der geschriebenen Buchführung:* die Sumerer und die Elamiter benutzten sie, um die Aufgaben zu bewältigen, die durch ihre intensive wirtschaftliche Expansion im vierten vorchristlichen Jahrtausend entstanden waren, in einer Epoche, in der sie die Schrift noch nicht kannten.

Kieselsteine haben als Hilfsmittel zum Zählen für die Zivilisation viel geleistet.

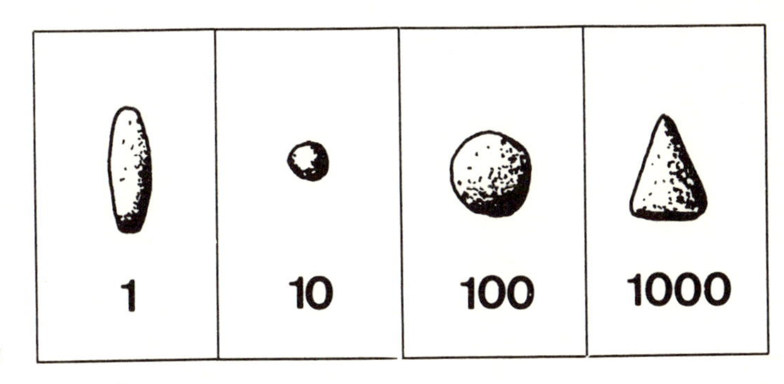

Abb. 62

In der Geschichte des *Rechnens im eigentlichen Sinne* haben sie eine umso größere Rolle gespielt, als sie die ersten »Geräte« waren, um das Rechnen zu erleichtern; sie bilden die Vorstufe der *Rechen-* und *Kugelbretter.* Der Mensch erfand das »Rechenbrett«, als er auf den Gedanken kam, Kiesel, Muscheln, Stäbchen oder Scheiben in Spalten auf einem Gestell (Brett, Kasten, Holzrahmen) anzuordnen oder in Vertiefungen zu legen, die er parallel zueinander anlegte; dabei wurde jede dieser Reihen einer Einheit zugeordnet. Und er erfand das »Kugelbrett«, indem er die Spalten oder Reihen durch Stangen aus Metall oder Holz ersetzte, die parallel angeordnet waren, und statt Kiesel, Stäbchen oder Muscheln durchlöcherte Kugeln verwandte, die sich beliebig auf der Stange hin- und herschieben ließen.

Kapitel 6
Zahlen auf Schnüren

*Die Archive der Inka**

Als zu Beginn des 16. Jahrhunderts die spanischen Konquistadoren in Südamerika unter der Leitung Pizzaros landeten, fanden sie ein großes Reich vor, das sich über fast 4.000 Kilometer von Norden nach Süden erstreckte. Es war annähernd 100 Millionen Hektar groß** und umfaßte die heutigen Staaten Bolivien, Ecuador und Peru. Damals hatte die *Kultur der Inka,* deren Anfänge auf das beginnende 12. Jahrhundert zurückgehen, ihren Höhepunkt erreicht. Die kulturelle und wirtschaftliche Blüte erscheint umso erstaunlicher, als die Inka weder das Rad noch das Zugtier kannten, noch auch über eine Schrift im engeren Sinne verfügten.

Eine Erklärung dieser Leistung liegt in der Methode, mit der die Inka ihre Archive führten: Sie benutzten ein kompliziertes und ausgeklügeltes System verknoteter Schnüre. Ein *quipu* (»Knoten«) bestand aus einer Hauptschnur, die ungefähr einen halben Meter lang war, an die bunte dünnere Schnüre, zu Gruppen zusammengefaßt, geknüpft waren; die herabhängenden dünneren Fäden waren in regelmäßigen Abständen durch verschiedene Knoten miteinander verbunden (*Abb. 63*).

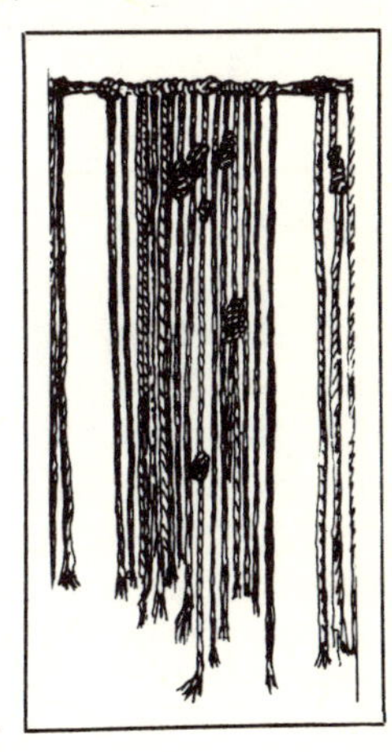

Abb. 63: Ein peruanischer quipu.

* Cajori 1928, 38–41; Diringer 1937, 563 ff., 607; Kreichgauer 1925; Leland Locke 1923; Menninger 1957/58, II, 59–64; Nordenskiöld 1925a; 1925b; 1931; Preuss 1925; Reichlen 1963/64.

** Also etwa so groß wie Frankreich, Belgien, Luxemburg, Holland, die Schweiz und Italien zusammen.

Zuweilen irrtümlich als Rechenmaschinen angesehen, waren die *quipu* in Wirklichkeit Aufzeichnungen der Verwaltung der Inka. Mit ihnen konnten religiöse, chronologische oder statistische Daten festgehalten werden; sie dienten als Kalender oder als Hilfsmittel zur Übermittlung von Botschaften. Die Farben der Fäden bezeichneten entweder sichtbare Gegenstände oder abstrakte Begriffe: Weiß z.B. Geld oder Frieden, Gelb Gold, Rot Blut oder Krieg. Vor allem aber wurden die *quipu* in der Buchführung zum Zählen benutzt: Die Farben der Schnüre, Anzahl und Lage der Knoten, die Zahl der zu Gruppen zusammengefaßten Schnüre und die Abstände zwischen ihnen gaben eindeutig Zahlen wieder (*Abb. 64, 65, 66*).

Auf den *quipu* konnten auch die einzelnen Rechenschritte und Zwischenergebnisse nachvollzogen werden, was sie zum idealen Hilfsmittel beim Zählen und Archivieren von Daten machte. Auf ihnen wurden militärische Daten und Tribute festgehalten, die Ernten ausgewertet, die Zahl der bei den religiösen Schlachtungen notwendigen Tiere berechnet; sie dienten als Lieferscheine (*Abb. 67*), als Geburts- und Sterberegister, zu Volkszählungen und zur Aufstellung der Steuern, mit ihnen wurden die Ressourcen des Reiches erfaßt und der Haushalt geplant (Baudin 1928; Metraux 1976; Murra 1956).

»Das Führen dieser Statistiken wurde als Beweis für den *sozialistischen Charakter des Inkareiches* bewertet. Aber man sollte sich nicht von einem solchen Schlagwort blenden lassen. Die Erfassung der Bevölkerung nach Altersklassen und der durch Zwangsarbeit produzierten Güter dienten lediglich der Information über die Ressourcen an Arbeitskraft und Material, ohne die die Eroberungen und die umfangreiche Bautätigkeit nicht möglich gewesen wären. Sicherlich wurden die Inka durch den Gebrauch der Knotenschnüre dazu verleitet, die Bevölkerung in ähnlicher Weise einzuteilen.« (Metraux 1976, 103)

In jeder Stadt, jedem Dorf und jedem Distrikt des Inkareiches hatten königliche Beamte mit dem Titel eines *quipucamayoc* (»Wächter der Knoten«) die Aufgabe, einerseits *quipu* herzustellen und zu deuten, andererseits die Regierung über wichtige

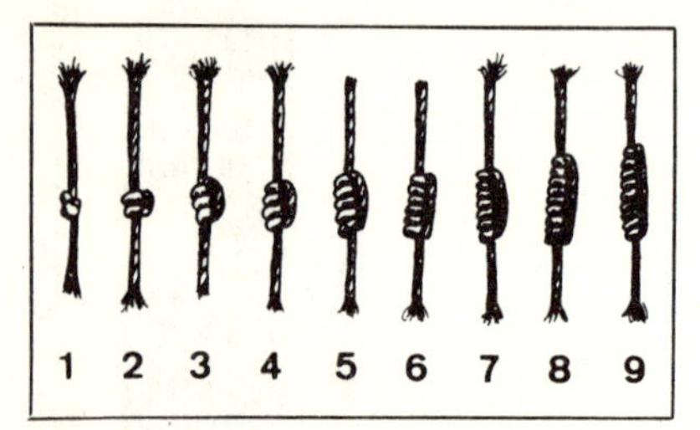

Abb. 64: Darstellung der Zahlen 1 bis 9 auf einer Schnur nach der Methode der Inka.

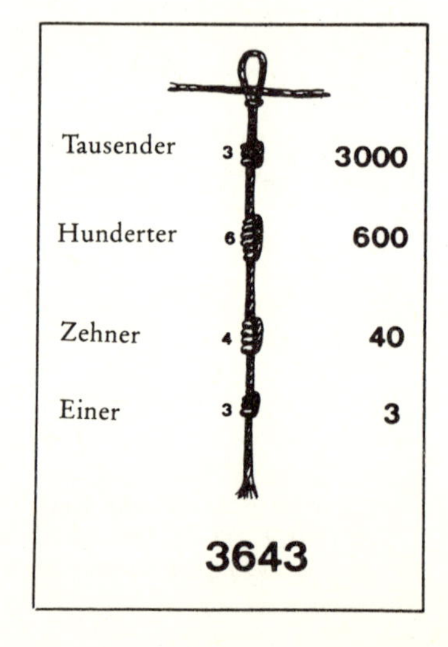

Abb. 65: Darstellung der Zahl 3.643 auf einer Schnur nach der peruanischen Methode.

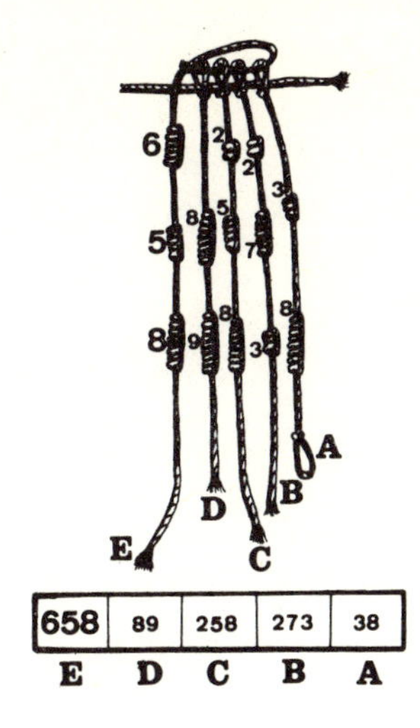

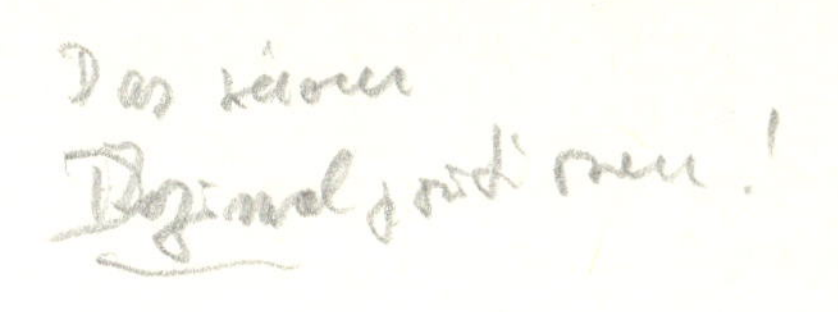

Abb. 66: Interpretation eines quipu: Die Zahl 658 auf der Schnur E ist gleich der Summe der Zahlen auf den Schnüren A, B, C und D. Dieses Bündel ist das erste an einem peruanischen quipu. (American Museum of Natural History, New York, B 8713; vgl. Leland Locke 1923)

Angelegenheiten zu informieren (*Abb. 68*). Alljährlich registrierten sie die in einer Region abgelieferten Produkte oder zählten die verschiedenen Schichten der Bevölkerung; die Resultate übertrugen sie auf Knotenschnüre und gaben diese Register schließlich weiter in die Hauptstadt.

»Der eine *quipucamayoc* hatte die Einkünfte zu überwachen; er meldete, wieviel Rohmaterial an die Arbeiter ausgegeben worden war und was daraus hergestellt wurde; er war verantwortlich für das gesamte in den königlichen Magazinen aufbewahrte Material. Ein anderer verwaltete das Geburts-, Sterbe- und Eheschließungsregister, erfaßte die Anzahl der waffenfähigen Männer und andere Bevölkerungsdaten. Diese Unterlagen wurden alljährlich in die Hauptstadt gesandt und dort von Inspektoren geprüft, die in der Entschlüsselung der Zeichen geübt waren. Auf diese Weise

Abb. 67: Ein Inka-Quipucamayoc legt einem königlichen Beamten eine Rechnung vor, indem er auf einem quipu das Resultat einer Zählung vorweist.

Abb. 68: Ein Inka-Quipucamayoc mit einem quipu. (Nach einer Zeichnung des Indiochronisten G. Poma de Ayala (17. Jahrhundert): »Der Quipucamayoc«; Poma de Ayala 1963)

verfügte die Regierung über eine Menge wertvollen statistischen Materials, und die zusammengebundenen bunten Fäden, sorgfältig aufbewahrt, bildeten so etwas wie das Staatsarchiv.« (Prescott 1981, 40).

Der *quipu* der Inka hat sich in Bolivien und Ecuador lange gehalten. So zählten in der Mitte des vorigen Jahrhunderts die Hirten im peruanischen Hochland, auf den Viehfarmen und *estancias* noch mit *quipu*. In einem ersten Bündel aus weißen Fäden erfaßten sie den Bestand an Schafen und Ziegen, wobei sie die Hammel an der ersten Schnur, die Lämmer an der zweiten, die Ziegen an der dritten, die Jungziegen an der vierten, die Milchschafe an der fünften usw. notierten. Auf einem zweiten Bündel mit grünen Fäden wurde der Großviehbestand festgehalten: die Stiere an der ersten Schnur, die Milchkühe an der zweiten, die trockenstehenden Kühe an der dritten, dann die Kälber nach Alter und Geschlecht usw. (de Rivero/de Tschudi 1859, 95; Leland Locke 1923, 48; *Abb. 69*).

Bis heute verwenden die Indios in Bolivien und Peru zur Buchführung den *chimpu*, eine Abart des *quipu* der Inka (Baudin 1928, 128 ff.; Hamy 1892; Menninger 1957/58, II, 61; *Abb. 70*). Auf dem *chimpu* stellt man eine unter zehn liegende Zahl dar, indem man in einen Faden soviel Knoten wie notwendig schlingt. Die Zehner werden durch Knoten dargestellt, die in zwei miteinander verbundene Schnüre ge-

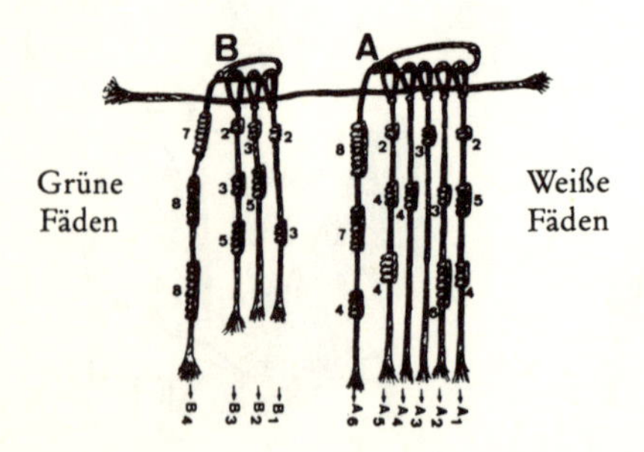

Abb. 69: Verwendung des quipu durch die Hirten des peruanischen Hochlandes im vorigen Jahrhundert zur Erfassung ihrer Viehbestände:
1. Bündel (weiße Fäden): Bestand an Kleinvieh: A_1 *= 254 Hammel;* A_2 *= 36 Lämmer;* A_3 *= 300 Ziegen;* A_4 *= 40 Jungziegen;* A_5 *= 244 Schafe;* A_6 *= insgesamt 874 Schafe und Ziegen.*
2. Bündel (grüne Fäden): Bestand an Großvieh: B_1 *= 203 Stiere;* $_2$ *= 350 Milchkühe;* B_3 *= 235 trokkenstehende Kühe;* B_4 *= insgesamt 788 Rinder.*

Abb. 70: Schnüre eines chimpu der Indios in Peru und Bolivien.

knüpft werden, die Hunderter in drei miteinander verbundene, die Tausender in vier usw. Sechs Knoten an einem *chimpu* bedeuten also 6, 60, 600 oder 6.000, je nachdem, ob sie eine, zwei, drei oder vier Schnüre miteinander verbinden.

Andere Spuren der Knotenschnüre

Knotenschnüre waren zu verschiedenen Zeiten an verschiedenen Orten in Gebrauch, insbesondere in Griechenland und Persien in der Mitte des ersten vorchristlichen Jahrtausends. Der griechische Historiker Herodot (485–425 v. Chr.) erzählt, wie der Perserkönig Darius I. (522–486 v. Chr.) auf einem Feldzug gegen skythische Reiter den verbündeten griechischen Soldaten befahl, eine Brücke zu bewachen, die für seinen Nachschub von strategischer Bedeutung war. Ehe er weiterzog, übergab er ihnen einen Riemen mit 60 Knoten und befahl ihnen, jeden Tag einen Knoten zu lösen, wobei er sagte: »Wenn ich nicht zurückgekehrt bin, bevor ihr den letzten Knoten gelöst habt, so besteigt Eure Schiffe und segelt nach Hause.« (Zit. n. Clairbone 1975, 19)

Man findet die gleiche Technik im Palästina des zweiten nachchristlichen Jahrhunderts, das damals unter römischer Herrschaft stand. Die *Publicani,* d.h. die Steuereinnehmer, verwandten als Register ein großes, offenbar aus mehreren Schnüren geflochtenes Tau; den Steuerpflichtigen wurde als Quittung eine geknotete Schnur ausgehändigt (Février 1948).

Ein ähnliches System der Buchhaltung und des Archivwesens gab es wahrscheinlich auch in China, als die Schrift noch kaum entwickelt war (Needham 1959). Nach der chinesischen Überlieferung hat der Kaiser Shen-nung, einer der drei Begründer der chinesischen Kultur, das System der Buchhaltung mit geknoteten Schnüren erfunden und gelehrt, wie man damit Buch führt und Ereignisse festhält (Alleton 1976). Das Verfahren glich dem peruanischen *quipu,* wie ein Bericht im *I-Ging* (*Buch der Wandlungen*), einem klassischen Werk aus der ersten Hälfte des ersten vorchristlichen Jahrtausends beweist: »In den alleräItesten Zeiten wurden die Menschen durch ein System verknoteter Schnüre *(Kieh Shêng)* regiert.« (Zit. n. Needham 1959, 69; Wilhelm 1973) Genannt wird es auch im *Tao Tê-King* (*Das klassische Buch vom Tao und*

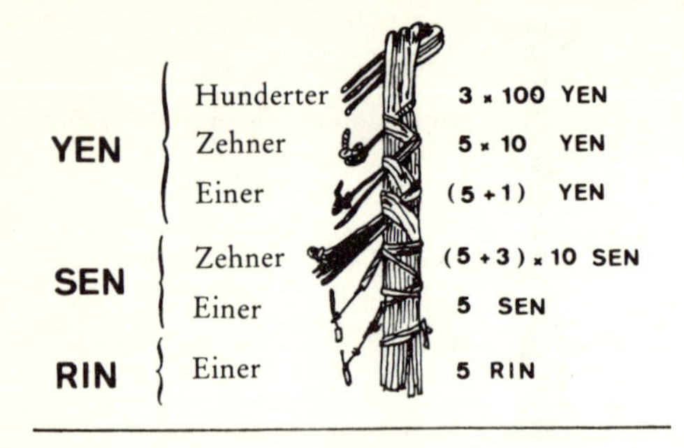

Abb. 71: Darstellung einer Geldsumme mit Hilfe von Knotenschnüren, wie sie auf den Ryukyu-Inseln besonders bei den Arbeitern von Okinawa und den Steuereinnehmern von Yaeyama üblich ist.
Dargestellter Betrag: 356 Yen, 85 Sen und 5 Rin (1 Yen = 100 Sen und 1 Sen = 10 Rin).
Man beachte, daß die Zahl 5 durch einen Knoten an der Spitze des herausragenden Strohhalms ausgedrückt wird.

seiner Kraft), einem zwischen dem 6. und 4. Jahrhundert v. Chr. entstandenen Werk, das dem Laotse zugeschrieben wird (Needham 1959).

Im Fernen Osten ist bis heute der Gebrauch von geknoteten Schnüren nicht völlig ausgestorben. Man findet ihn noch auf den Ryukyu-Inseln zwischen dem japanischen Archipel und Taiwan*: »Mit einem solchen System von Knoten an Strohstrikken rechnen die Arbeiter im Bergland der Insel Okinawa ihre Arbeitstage nach und halten ihr Lohnguthaben fest. In der Stadt Shuri führen die Geldverleiher Buch über ihre Transaktionen auf einem langen Strang aus Binsen oder Rinde, den sie durch Anheften eines anderen Stranges in der Mitte in zwei Abschnitte teilen. Die Knoten der oberen Hälfte zeigen den Monat an, in dem die Anleihe stattgefunden hat, die der unteren den Betrag. Auf der Insel Yaeyama errechnete und registrierte man mit ähnlichen Verfahren die Ernteerträge, und jeder Steuerpflichtige erhielt als ›Zahlungsaufforderung‹ durch den Steuereinnehmer eine geknotete Schnur, die ihm den geschuldeten Betrag anzeigte.« (Février 1948, 21; *Abb. 71*)

Den gleichen Brauch gibt es noch auf den Karolinen (bei Tahiti), auf Hawaii, in Westafrika und vor allem bei den nigerianischen Yebu im Hinterland von Lagos (Février 1948). Ähnliche Verfahren können auch bei manchen Indianerstämmen Nordamerikas (Leechman/Harrington 1921) beobachtet werden, so etwa bei den Yakima im Ostteil des Staates Washington, den Walapai und den Havasupai im Staate Arizona, bei den Miwok und den Maidu Kaliforniens**, nicht zu vergessen die Apachen (Bourke 1892) und die Zuni Neumexikos (Cushing 1920).

Ein Rest dieses einst so verbreiteten Brauches hat sich noch lange bei deutschen Müllern erhalten; sie verwendeten das Verfahren für ihre Abrechnung mit den Bäkkern in der Stadt und auf dem Lande noch bis zur Jahrhundertwende (Menninger 1957/58, II, 63; von Schulenburg 1897; *Abb. 72*). Das gleiche gilt für den Rosenkranz aus Knoten wie auch für den aus Perlen oder aus eingekerbten Stöcken, der verschiedenen Religionen gemeinsam ist und dazu dient, die Anzahl und Art der Gebete abzuzählen. Man findet ihn bei tibetanischen Mönchen, die beim Beten die heilige Zahl 108 an einem Bündel von 108 Knoten (oder einer Kette von 108 Perlen) abzählen, deren Farben den verschiedenen Göttern entsprechen: gelbe Fäden (oder Perlen) den

* Février 1948, 20–26; Menninger 1957/58, II, 59 f.; Needham 1959, 69; Simon 1924.
** Cajori 1928, 40; Dixon 1905; Faye 1923; Powers 1877.

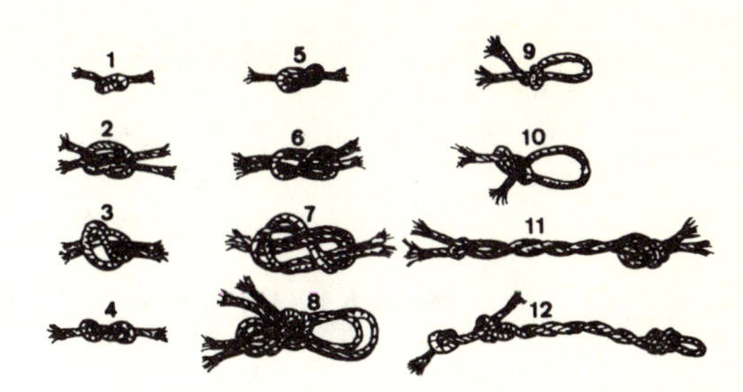

Abb. 72: Knotenschnüre, die von deutschen Müllern gegen Ende des 19. Jahrhunderts zur Abrechnung mit den Bäckern benutzt wurden; abgebildet sind Schnüre aus Baden. (Menninger 1957/58, II, 63; von Schulenburg 1897)

Buddhas, weiße Fäden (oder Muschelperlen) den *Bodhisattvas;* rote Fäden (oder Korallenperlen) *dem, der Tibet bekehrt.* Die gleichen Praktiken waren auch noch vor wenigen Jahrzehnten bei einigen sibirischen Volksstämmen wie den Wogulen, Ostjaken, Tungusen und Jakuten üblich (Février 1948). Ferner sollte die islamische Überlieferung von Ibn Sa'ad nicht vergessen werden, derzufolge Fatima, die Tochter des Propheten Mohammed, die 99 Namen Allahs und die Lobpreisungen nach dem obligatorischen Gebet an Knotenschnüren und nicht an den Perlen eines Rosenkranzes abgezählt hat (Goldziher 1890; Wensinck 1934).

Schließlich soll an dieser Stelle noch etwas ausführlicher auf einen religiösen Brauch des Judentums eingegangen werden. Danach muß jeder Mann, wenn er das Gesetz streng befolgt (2. Mose 13, 16; 5. Mose 6, 8; 5. Mose 11, 18), während des Morgengebets *(Schachrit)* Gebetsriemen *(Tephillin*)* an der Stirn und am linken Arm tragen (*Abb. 73*). Dazu trägt er einen viereckigen Gebetsmantel *(Tallit)* mit Fransen, die an den Ecken länger sind und eine bestimmte Anzahl an Knoten aufweisen: nach der Tradition der Aschkenasim 39 und nach der Tradition der Sephardim 26 Stück.**

Abb. 73: Die jüdischen Gebetsriemen und der Gebetsmantel.

* Die Gebetsriemen enthalten Pergamentbänder, auf die heilige Texte geschrieben sind, vor allem das *Schema' Israel* (»Höre Israel«), das Glaubensbekenntnis des jüdischen Volkes. Die Pergamentbänder sind in kleinen Kästchen verschlossen; das Kästchen auf der Stirn trägt dabei den hebräischen Buchstaben *Schin,* der Kopfriemen ist in Form des *Dalet* gebunden, der Riemen über dem linken Arm in Form des *Jod,* so daß das Wort *Schaddaj* – »der Allmächtige« – gebildet wird (*Encyclopédie de la Bible* 1967, 37).

** Das hebräische Wort *Sepharad* – das ursprünglich Spanien bezeichnete – steht heute für das gesamte mediterrane und orientalische Judentum. Das Wort *Askenas* bezeichnet die Juden Mittel- und Osteuropas.

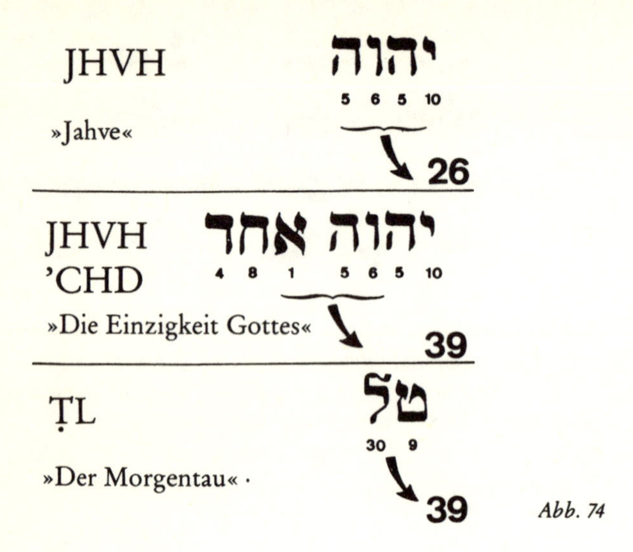

Abb. 74

Diese Knoten stellen den in Zahlen umgesetzten Namen Gottes dar, wenn man jedem Buchstaben des hebräischen Alphabets eine Zahl zuordnet. Die Zahl 26 entspricht der Summe der Buchstaben *JHVH* oder *Jahve* und die Zahl 39 den Buchstaben *JHVH 'CHD* – die »Einzigkeit Gottes« (*Abb. 74*).* Gewisse Rabbiner verweisen darauf, daß 39 auch dem Zahlenwert des hebräischen Wortes *Tal* (»der Morgentau«) entspricht, von dem sich das Wort *Tallit* (»Gebetsmantel«) herleitet. Wer mit dem Gebetsmantel mit den 39 Knoten bekleidet sei, bringe so die Einzigkeit Gottes zum Ausdruck und sei in der Lage, alle Worte Gottes zu vernehmen, »die aus seinem Munde fließen, *wie der Morgentau* sich auf das Gras ergießt«.

So wurden Knotenschnüre nicht nur zum Zählen verwendet**, sondern auch als Gedächtnisstützen in Registern und Verwaltungsarchiven, bei Verträgen, als Quittungen und Kalender. Obwohl sie keine »Schrift« im Sinne der Sprachwissenschaft darstellen, »sind sie doch einer Schrift insoweit vergleichbar, als sie eine ähnliche Funktion erfüllen: Sie halten ein vergangenes Geschehen fest und sichern das Weiterbestehen vertraglicher Bindungen zwischen den Mitgliedern der Gesellschaft.« (Alleton 1976, 71).

* In der jüdischen Tradition wird der Name *JHVH* als »einziger und wirklicher Name Gottes« angesehen, da in ihm die Ewigkeit Gottes enthalten sei.

** Auch die arabische Sprache enthält Hinweise darauf: Das Wort *'aqd* – »Knoten« – hat auch den Sinn von »Vertrag«, daneben bezeichnet es die Zahlen, die durch die Produkte der neun ersten ganzen Zahlen mit einer Potenz von zehn gebildet werden (Gandz 1930). Mehrere arabische Autoren, darunter al-Maradini und Ibn Chaldun, sprechen so vom *Zehner-*, *Hunderter-*, *Tausender-Knoten* usw. (Ibn Chaldun 1968).

Kapitel 7
Geldwert und Zahl

Solange die Menschen noch in eng begrenzten Gemeinschaften lebten und alles, was zum Leben notwendig war, aus ihrer natürlichen Umgebung erwirtschafteten, gab es mit Sicherheit nur wenige Kontakte zwischen den einzelnen Gesellschaften. Aufgrund der ungleichen Verteilung der natürlichen Ressourcen erwies sich jedoch in zunehmendem Maße der Austausch von Waren als immer dringlicher.

Die Urform des Handels war der *Tausch*, wobei Rohstoffe und Güter ohne Geld direkt gegeneinander ausgetauscht wurden.

Dabei vollzog sich dieser Handel zwischen Gruppen oder Stämmen, die miteinander verfeindet waren, in der Form des *stummen Tausches*. Dieser war in Sibirien noch vor kurzer Zeit üblich: »Der fremde Händler legte die Waren, die er tauschen wollte, irgendwo nieder und ließ sie liegen. Am nächsten Tag fand er statt seiner Waren oder neben diesen die Güter – meist Felle oder andere Produkte der Gegend –, die ihm als Gegenwert angeboten wurden. Schien ihm deren Wert angemessen, nahm er sie mit; im anderen Fall kam er am nächsten Tag zurück und fand eine größere Menge an Tauschgütern vor, die er nun mitnahm oder wiederum liegen ließ. Dieses Verfahren konnte sich über mehrere Tage hinziehen oder auch ohne Abschluß bleiben, wenn sich die Parteien nicht einigen konnten.« (Hambis 1963/64, II, 711)

Als sich jedoch die Handelsbeziehungen zwischen den einzelnen Völkern ausweiteten, stieß der direkte Tauschhandel bald an seine Grenzen: Die Initiative zum Tausch war der Willkür der einzelnen Händler überlassen oder gar an religiöse Bräuche gebunden; darüber hinaus war der Vorgang selbst oft mit endlosen Diskussionen verbunden. Daraus entwickelte sich das Bedürfnis nach einem relativ stabilen Bewertungsmaßstab, der auf festen Einheiten beruhte, mit denen der Wert einer Ware jederzeit genau bestimmt werden konnte. Diese Notwendigkeit ergab sich nicht nur aus dem Handel, sondern auch durch die zunehmende Regelung der gesellschaftlichen Beziehungen – so mußte der Preis beim *Brautkauf* ausgehandelt, die Höhe des *Blut-* oder *Wergelds* zur Sühne bei Tötung eines Menschen und der *Preis zur Wiedergutmachung eines Diebstahls* bestimmt werden.

Die erste Tauschwährung bei den Griechen der vorhellenistischen Zeit und bei den Römern vor dem 4. Jahrhundert v. Chr. war offenbar der Ochse (Leroy 1963/64; Bloch 1963/64). In der homerischen *Ilias* (um 700 v. Chr.) war eine »zu tausend Arbeiten geschickte Frau« vier Ochsen, die bronzene Rüstung des Glaukos neun und die goldene des Diomedes hundert Ochsen wert. Als höchste Tapferkeitsauszeichnung galt eine Schale aus ziseliertem Silber, gefolgt von einem Ochsen und einem halben Talent Gold (Leroy 1963/64). Das lateinische Wort *pecunia* (»Vermögen, Geld,

Silber«), das dem französischen Wort *pécule* (»Barschaft«) zugrunde liegt, geht auf *pecus* (»das Vieh«) zurück; der eigentliche Sinn des Wortes *pecunia* ist also »der Besitz an Ochsen« (Dauzat et al. 1971, 546).

Ebenso wurden im Indien der Veda die Honorare und die Gaben bei Opferritualen in Kühen bemessen (Auboyer 1963/64, 712). Im China der Shang-Dynastie (16.–11. Jh. v. Chr.) wurde der Wert mit Schildkrötenschalen, Muscheln, Leder, Pelzen, Tierhörnern, Korn, Waffen und Steinwerkzeugen angegeben (Chen Tsu-Lung 1963/64, 711 f.). Und bei den Azteken im präkolumbianischen Mexiko »dienten gewisse Landesprodukte, Waren oder Gegenstände, als normative Wertmesser und Tauschmittel: der *quachtli*, ein Stück Stoff, und sein Vielfaches, die ›Last‹ (zwanzig Stücke), die Kakaobohne, ein regelrechtes ›Kleingeld‹ mit seinem Vielfachen, dem *xiquipilli*, einem ganzen Sack, der achttausend Bohnen enthielt oder wenigstens enthalten sollte, kleine kupferne Haken in T-Form oder mit Goldstaub gefüllte Federröhrchen.« (Soustelle 1956, 111)

Die Maya Mittelamerikas benutzten Baumwolle, Kakao, Bitumen, Jade, Steinperlen, Schmuck und Gold (Peterson 1961, 210; 277).

Das Volk der Dogon in Mali benutzte noch vor kurzem Kaurischnecken als Tauschwährung: »Das Huhn war dreimal achtzig Kaurischnecken wert; die Ziege oder der Hammel dreimal achthundert; der Ochse hundertzwanzigmal achthundert. Aber ganz früher dienten die Kaurischnecken nicht als Tauschgeld. Zunächst tauschte man Stoffbahnen gegen Vieh oder andere Dinge. Der Stoff war das Geld; Einheit war eine Spanne Stoff mit zweimal achtzig Faden Breite. So war ein Hammel acht Ellen von drei Spannen Breite wert (...). Später wurde der Wert der Dinge von Nommo dem Siebenten, dem Herrn des Wortes, in Kaurischnecken festgesetzt.« (Griaule 1966, 191)

Auf den Inseln im Pazifik wurden Waren gegen Perlen- oder Muschelketten getauscht, bei den Indianern Nordamerikas, besonders bei den Irokesen und den Algonkin, gegen *Wampum*, bunte, aufgefädelte Muscheln (*Dictionnaire encyclopédique d'Archéologie* 1962, 355 f.).

In manchen Gegenden Sibiriens wurde noch bis zum Beginn dieses Jahrhunderts »in Pelztierfellen bezahlt; das Fell galt als Währungseinheit, und die russische Regierung erhob bis 1917 die Steuern bei den Eingeborenen in dieser Währung.« (Hambis 1963/64, II, 711)

Der Handel mit dieser Art von Tauschwährung brachte jedoch erhebliche Schwierigkeiten mit sich, so daß sie mehr und mehr durch Güter aus Metall verdrängt wurde. Metallbarren, Werkzeuge, Schmuck und Waffen wurden nach und nach zum bevorzugten Tauschgeld, und man begann, die Waren nach ihrem Gewicht mit jeweils verschiedenen Metallen aufzuwiegen.

So heißt es in der Bibel über den Kauf der Höhle in Machpela durch Abraham (1. Mose 23, 16): »Abraham wog ihm die Summe dar, die er genannt hatte (...), vierhundert Schekel Silber nach dem Gewicht, das im Kauf gang und gäbe war.«* Und als Saul auf der Suche nach den Eselinnen seines Vaters war, bezahlte er einem Seher einen viertel Silberschekel (1. Samuel 9, 8). In Silberschekel wurden auch die Bußen nach dem Gesetzbuch des Alten Bundes bestimmt (2. Mose 21, 32) und die

* Im Alten Testament entspricht ein Schekel einem Gewicht von 11,4 Gramm.

Kopfsteuer festgelegt (2. Mose 30, 12–15; *Dictionnaire Archéologique de la Bible* 1970, 207 ff.).

Auch im alten Ägypten wurden Nahrungsmittel und andere Waren häufig in Metall bewertet und bezahlt, meist mit Kupfer und Bronze, selten mit Gold oder Silber. Das Metall hatte die Form von Klumpen, Plättchen, Barren oder Ringen, deren Gewicht durch Wiegen bestimmt wurde. Als Gewichtseinheit wurde der *deben* benutzt, der 91 Gramm entsprach; daneben gab es kleinere Einheiten zur Erleichterung der Gewichtsbestimmung – der *shât* im Alten Reich (2780–2280 v. Chr.) entsprach einem zwölftel *deben* (7,6 Gramm), der *quite* im Neuen Reich (1152–1070 v. Chr.) einem zehntel *deben* (9,1 Gramm) (Erman 1952, 664 f.; Jansen 1975; Vercoutter 1963/64, II, 715 f.).

Ein Vertrag aus dem Alten Reich zeigt, wie der Wert einer Ware mit diesen Gewichtseinheiten bestimmt wurde; er legt den Mietpreis für einen Diener in *shât* Bronze fest (Vercoutter 1963/64, II, 715 f.):

»8 Sack Korn: Wert 5 shât;
6 Ziegen: Wert 3 shât;
Silber: Wert 5 shât;
Gesamtwert: 13 shât.«

In einem anderen Beispiel aus der Zeit des Neuen Reiches werden Waren in *deben* Kupfer bewertet (Yoyotte 1970, 66 f.):

»Der Wächter Nebsmen verkauft an Hay:
Einen Ochsen für 120 deben *Kupfer.*
Als Gegenleistung erhalten:
2 Töpfe Fett für 60 deben;
5 Röcke aus feinem Gewebe für 25 deben;
1 Kleid aus Leinen aus dem Süden für 20 deben;
1 Stück Leder für 15 deben.«

Waren und Metall waren also auf den Märkten gleichberechtigte Tauschwerte – der Ochse wurde zwar mit 120 *deben* Kupfer bezahlt, die jedoch wiederum durch Waren mit demselben Gesamtwert ersetzt wurden. Trotzdem handelt es sich hier nicht mehr um einfachen oder direkten Tausch, sondern um den Beginn der Geldwirtschaft: Die Waren werden nicht mehr nach Belieben der Handelspartner oder aufgrund irgendwelcher Bräuche getauscht, sondern gemäß ihres Wertes, ausgedrückt im Preis.

Ein weiteres Beispiel ist in einem mesopotamischen Brief aus dem Archiv von Mari (ca. 1800 v. Chr.) zu finden. Darin beschuldigt *Ischkhi-Addu,* König von Qatna, seinen Bruder *Ischme-Dagan,* König von Ékallatîm, daß er zwei seiner Pferde mit einer zu geringen »Summe« Zinn bezahlt habe (Dossin 1952, 36 f.):

»Also spricht Ischkhi-Addu, Dein Bruder.
Diese Sache ist wirklich unerhört! Und dennoch muß ich sie unbedingt aussprechen, um mein Herz zu erleichtern...
Du hast mich um die beiden Pferde gebeten, die Du begehrtest, ich habe sie Dir zuführen lassen.

Und nun schickst Du mir bloß zwanzig Minen Zinn!
Hast Du Deinen Wunsch nicht ohne Zögern und vollständig von mir erfüllt bekommen?
Und Du wagst es, mir das bißchen Zinn zu schicken!...
Wisse denn, daß der Preis dieser Pferde, bei uns in Qatna, sechshundert Schekel Silber beträgt. Und Du, Du schickst mir zwanzig Minen Zinn! Was wird der sagen, der das erfährt?«

Die Empörung *Ischkhi-Addus* erklärt sich dadurch, daß der Schekel Silber damals drei bis vier Minen Zinn wert war (Bottéro 1957; Cassin 1963/64).

Allerdings benutzte man bei solchen Geschäften noch kein Geld im heutigen Sinne; es gab noch keine Münzen, also für den Handelsaustausch bestimmte Metallstücke, deren Gewicht und Wert festgelegt und durch staatliche Kontrolle und Prägung garantiert werden. Erst im ersten vorchristlichen Jahrtausend tauchen wahrscheinlich bei den Lydern die ersten Münzen mit festem Gewicht und fester Legierung auf. Bis dahin gab es im Geschäfts- und Rechtsverkehr lediglich eine Art Standardgewicht als Werteinheit, an der der Preis der einzelnen Waren oder Dienstleistungen gemessen werden konnte. Nach diesem Prinzip konnte ein beliebiges Metall, zunächst in Barren, Ringen oder anderen Formen und später nach Werteinheiten abgewogen, jederzeit und überall als »Lohn«, »Buße« oder »Tauschwert« dienen.

Um uns besser vorstellen zu können, wie es auf einem Markt des Altertums zuging, versetzen wir uns ein paar Jahrtausende zurück ins alte Ägypten. Wir folgen dabei einer Rekonstruktion von G. Maspéro, die dieser anhand zahlreicher authentischer Dokumente erstellt hat:

»Am frühen Morgen kamen die Bauern aus der Gegend in endlosen Kolonnen und richteten sich jeder auf seinem angestammten Platz ein. Hammel, Gänse, Ziegen und Ochsen mit großen Hörnern kamen in die Mitte und warteten auf Käufer. Die Gemüsegärtner, die Fischer, die Vogel- und Gazellenjäger, die Töpfer und kleinen Handwerker hockten am Straßenrand und boten den Kunden ihre in Rohrgeflechtkörben oder auf niedrigen Stellagen angehäuften und aufgestapelten Waren feil, Gemüse und Früchte, frisch gebackene Brote oder Kuchen, rohes oder schon zubereitetes Fleisch, Stoffe, Parfum, Schmuck, alles Notwendige und den ganzen Überfluß des täglichen Lebens. Arbeiter und Bürger kauften hier günstiger als bei den Buden mit festem Standplatz, und sie kauften, solange es ihnen ihre Mittel erlaubten.

Die Käufer brachten eigene Erzeugnisse mit, ein neues Werkzeug, Schuhe, eine Matte, Töpfe mit Salben oder Likör, häufig auch Kauriketten und einen kleinen Kasten voller Kupfer-, Silber- oder sogar Goldringe im Gewicht eines *deben**, um dagegen das einzutauschen, was sie brauchten.

Handelte es sich um ein großes Tier oder um Dinge von größerem Wert, dann gab es stundenlange, hitzige und laute Debatten; man mußte sich nicht nur über den Preis als solchen, sondern auch über seine Zusammensetzung einigen, und anstatt einer Rechnung eine Liste aufstellen, in der Betten, Stöcke, Honig, Öl, Hacken und Kleidungsstücke den Gegenwert eines Stieres oder einer Eselin bildeten.

Derartige umfangreiche und komplizierte Berechnungen kamen im Kleinhandel

* Maspéro verwendet den Ausdruck *tabnu*, mittlerweile ersetzt durch die genauere Lesart *deben*.

Abb. 75: Marktszenen auf einer ägyptischen Grabmalerei aus dem Alten Reich, V. oder VI. Dynastie (ca. 2600 v. Chr.). Fresko aus dem Grab des Feteka am Nordende der Nekropolis von Sakkara (zwischen Abusir und Sakkara).
(Vgl. Lepsius 1845/59, II, 96 Grab Nr. 1; Porter/Moss 1960, III. I, 351)

nicht vor. Zwei Bürger sind vor einem Fellachen stehengeblieben, der Zwiebeln und Getreide in einem Korb vor sich ausgebreitet hat.* Der erste besitzt offenbar nur zwei Ketten aus Glas- oder bunten Tonperlen; der zweite schwenkt einen halbrunden Fächer mit Holzgriff und einen dreieckigen Wedel, mit dem die Köche das Feuer anfachen.

›Hier ist eine schöne Kette, die Euch gut stehen wird‹, ruft der eine, ›das ist genau das, was Euch fehlt!‹

›Ich biete einen Fächer und einen Wedel‹, ruft der andere.

Dadurch läßt sich der Fellache jedoch keineswegs beeindrucken; er nimmt eine der Ketten, um sie in Ruhe zu prüfen:

›Laß' mal sehen, damit ich einen Preis machen kann.‹

Der eine verlangt zu viel, der andere bietet zu wenig; jeder wird nachgeben und sie werden sich über die Menge Zwiebeln oder Getreide verständigen, das dem Wert der Kette oder des Fächers genau entspricht.

Weiter hinten möchte ein Kunde Parfum gegen ein Paar Sandalen tauschen, und er lobt seine Ware im Brustton der Überzeugung:

* Einige hier beschriebenen Szenen sind auf einem ägyptischen Grabfresko aus der Zeit des Alten Reiches zu sehen, das in Abb. 75 wiedergegeben ist.

›Hier‹, sagt er, ›ein solides Paar Schuhe!‹

Aber der Händler will keine Schuhe haben und verlangt für seine Näpfchen eine Kette aus Kaurischnecken.

›Seht mal, wie wunderbar das riecht, wenn man ein paar Tropfen versprüht‹, erklärt er mit überzeugender Stimme.

Eine Frau schiebt einer am Boden hockenden Person zwei Krüge unter die Nase, die eine selbstgemachte Salbe enthalten:

›Das duftet so gut, daß Du Dich daran berauschen wirst.‹

Daneben erörtern zwei Männer die Vorteile eines Armbandes einerseits und eines Paketes voller Angelhaken andererseits; eine Frau, die ihr Schmuckkästchen in der Hand hält, verhandelt mit einem, der Ketten verkauft; eine andere versucht den Preis eines Fisches zu drücken, den man vor ihr zurechtmacht.

Der Tausch gegen Metall ist aufwendiger als der normale Tausch. Die Ringe oder gefalteten Blättchen, die einen oder mehrere *deben* wiegen sollen, enthalten nicht immer die vorgeschriebene Menge Silber oder Gold und sind häufig zu leicht. Sie werden bei jedem Handel nachgewogen, um ihren Wert zu kontrollieren, und die beteiligten Parteien versäumen nur selten eine so schöne Gelegenheit, sich heftig zu streiten. Wenn sie sich eine Viertelstunde lang angebrüllt haben, daß die Waage nicht funktioniere oder daß nicht sorgfältig gewogen worden sei, und daß man wieder von vorne beginnen müsse, einigen sie sich schließlich, des Streitens müde, und gehen mehr oder weniger befriedigt auseinander. Es kommt vor, daß ein durchtriebener oder gewissenloser Händler die Ringe verfälscht und den Edelmetallen gerade soviel wertloses Metall beimengt, daß der Betrug nicht erkennbar ist. Der ehrliche Handelsmann, der glaubt, für seine Ware acht *deben* Feingold erhalten zu haben, dem man aber acht *deben* einer Legierung untergeschoben hat, die wie Gold aussieht, aber ein Drittel Silber enthält, verliert damit ein Drittel des Wertes seiner Ware. Die Angst vor Fälschungen hat das Volk lange davon abgehalten, den *deben* zu verwenden, und auf den Märkten wurde am Tauschhandel mit Naturprodukten oder in Heimarbeit hergestellten Gegenständen festgehalten.« (Maspéro 1895, 323 ff.)

Abb. 76: Griechische Münzen.
Links: Tetradrachme aus Silber aus Agrigent, um 415 v. Chr.
Rechts: Tetradrachme aus Syrakus, um 310 v. Chr.
(Museum Agrigent)

Das Münzgeld hielt schließlich seinen Einzug, als das Metall in kleine Barren oder Stücke gegossen wurde, die leicht zu handhaben waren, von gleichem Gewicht und von einer Behörde geprägt, die das richtige Gewicht und die richtige Legierung garantierte.

Erfunden wurde dieses ideale System des Tauschhandels in Griechenland und Anatolien im siebten Jahrhundert v. Chr.* Wer ist wohl als erster darauf gekommen? Manche glauben, Phaidon, König von Argos auf dem Peloponnes, habe das neue System in seiner Stadt und auf Aegina um 650 v. Chr. eingeführt. Aber die meisten Fachleute meinen, die Heimat dieser Erfindung sei das griechische Kleinasien und wahrscheinlich Lydien. Jedenfalls verbreitete sich der Gebrauch von Geld wegen der vielen damit verbundenen Vorteile sehr rasch in Griechenland (Devambez 1966; Leroy 1963/64), Phönizien (*Dictionnaire Archéologique de la Bible* 1970, 207 ff.), Rom (Fredouille 1968; Bloch 1963/64) und bei vielen anderen Völkern.

* In China fällt der früheste Gebrauch einer Münze in die gleiche Zeit, in das 7. oder 6. Jh. v. Chr., also in die Zeit der Zhou-Dynastie (Chen Tsu-Lung 1963/64).

Kapitel 8
Das Rechenbrett

Der *Abakus** war als Hilfsmittel zum Zählen und Rechnen in unterschiedlichen Zeiten, verschiedenen Gebieten und vielfältigen Formen bekannt: Der *Münzabakus* der Griechen (*Abb. 80*), der Etrusker (*Abb. 86*) und der Römer (*Abb. 77*), der auch im christlichen Abendland seit dem Mittelalter bis in die Zeit der Französischen Revolution hinein in Gebrauch war (*Abb. 90, 93, 94*); der *Sandabakus* der Griechen und Römer (*Abb. 85*), der auch in Arabien und Persien, vielleicht sogar in Indien benutzt wurde; das *Rechnen mit Stäbchen* bei den Chinesen und Japanern (*Abb. 96*) oder schließlich der römische *Handabakus* als Beispiel für das *Kugelbrett* (*Abb. 87, 88*).

Der Abakus in der Antike

Am weitesten waren im klassischen Altertum die *Münztafeln* verbreitet; sie bestanden aus einer Tafel, die durch parallele Linien unterteilt war. Die Linien trennten die Einheiten des jeweiligen Zahlensystems voneinander. Die Zahlen wurden durch kleine Steine, Münzen oder Rechensteine** dargestellt.

Auf dem römischen Abakus (*Abb. 77*) stand jede Querspalte für eine Zehnerpotenz (1, 10, 100, 1.000, 10.000), in der rechten mit den Einern beginnend. Eine Zahl wurde dadurch dargestellt, daß in jeder Reihe die Anzahl der jeweiligen Einheiten durch entsprechend viele Steinchen oder Münzen ausgedrückt wurde (*Abb. 79 A*). Es gab jedoch auch die Möglichkeit, die Spalten in zwei Teile zu gliedern; dann standen die Münzen im unteren Teil für die jeweiligen Einheiten, im oberen Teil für die Hälfte der nächsthöheren Ordnung – in der rechten Spalte also für 5, in der darauf folgenden für 10 usw. (*Abb. 79 B*).

Gerechnet wurde dadurch, daß nach bestimmten Regeln Münzen hinzugefügt, weggenommen oder innerhalb der Spalten verschoben wurden. Bei der Addition wurden die zu addierenden Zahlen zusammen auf dem Abakus dargestellt; lagen

* Das Wort geht auf lat. *abacus* und griechisch *ábax* (»Tablett, Tisch, Tafel«) zurück, möglicherweise auch auf das semitische Wort *abq* (»Sand, Staub«). Bei den Römern bezeichnete *abacus* verschiedene Gegenstände mit glatter Oberfläche – Spieltische, Buffets, Anrichten – und alle Rechengeräte (*Dictionnaire des Antiquités grecques et romaines* 1881, 1 ff.; 425 ff.).

** Diese Rechensteine wurden in Griechenland als *psephoi* bezeichnet; in Rom hießen sie *calculi*.

Abb. 77: Ein römischer Abakus (Rekonstruktion).

Abb. 78: Römische Rechensteine (nach den Originalen im Städtischen Museum Wels; Menninger 1957/58, II, 125).

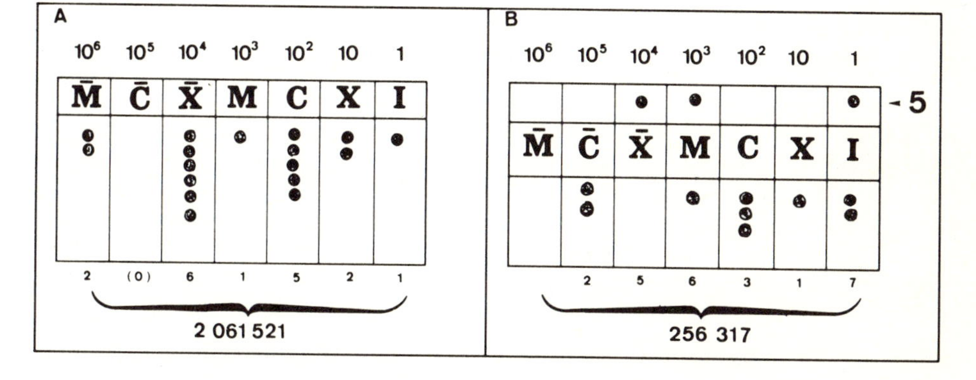

Abb. 79: Das Prinzip des römischen Abakus. A: Einfacher Abakus. B: Weiterentwickelter Abakus.

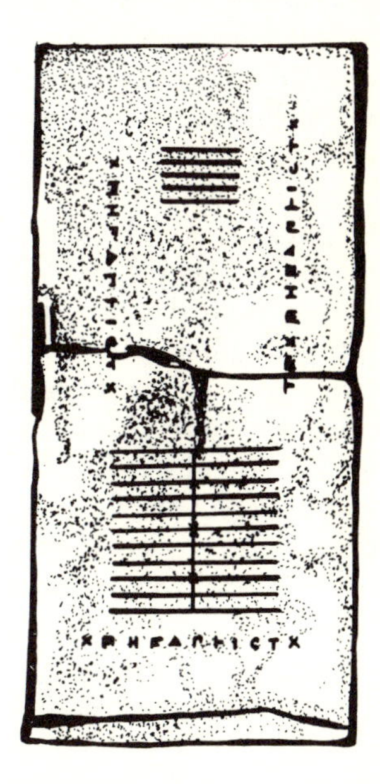

Abb. 80: Die Rechentafel von Salamis, die irrtümlich zunächst für einen Spieltisch gehalten wurde, ist in Wirklichkeit ein Recheninstrument, das dem römischen Abakus entspricht.
(5./4. Jh. v. Chr.; Nationalmuseum Athen)

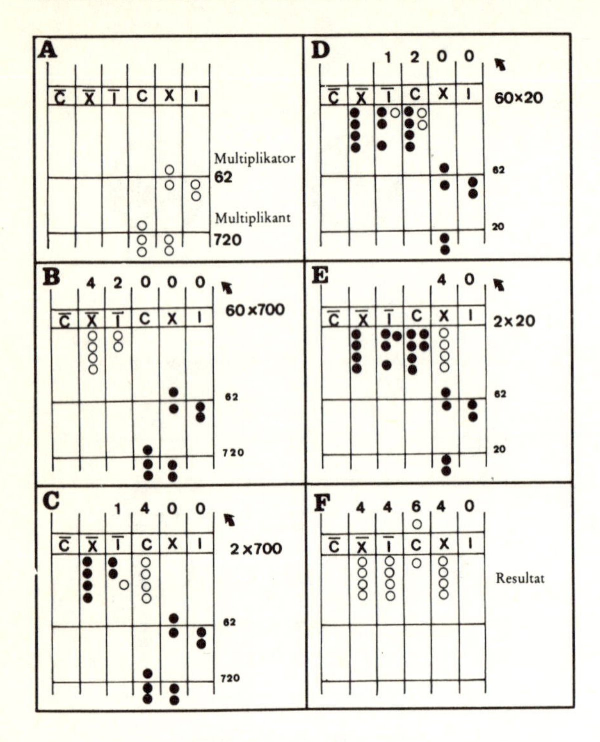

Abb. 81: Multiplikation von 720 mit 62 auf einem römischen Abakus (weiterentwickelter Typ).

danach – beim einfachen Modell – in einer Spalte mehr als zehn Steine, so wurden je zehn Steine durch einen in der links folgenden Spalte ersetzt (*Abb. 79 A*).* Bei der Subtraktion wurden die Steine entsprechend weggenommen und bei der Multiplikation die einzelnen Teilprodukte miteinander addiert.

Die Multiplikation sei an einem Beispiel erläutert: Um 720 und 62 miteinander malzunehmen, werden die beiden Zahlen getrennt übereinander auf dem Abakus ausgelegt (*Abb. 81 A*). Nun wird die erste Stelle des Multilikanden – also die Sieben, die für 700 einsteht – mit der ersten Stelle des Multiplikators – also die Sechs für 60 – multipliziert. Das Produkt – 42.000 – wird getrennt darüber festgehalten (*Abb. 81 B*). Im zweiten Schritt wird das Produkt der ersten Stelle des Multiplikanden mit der zweiten Stelle des Multiplikators gebildet – also 700 × 2 = 1.400 – und zum ersten Produkt addiert (*Abb. 81 C*). Da der Multiplikator keine weiteren Stellen mehr hat, wird nun die erste Stelle des Multiplikanden vom Brett genommen und die zweite Stelle des Multiplikanden mit der ersten des Multiplikators malgenommen – 20 × 60 = 1.200 – und das Ergebnis wiederum darüber festgehalten (*Abb. 81 D*). Nachdem auch die zweite Stelle des Multiplikatoren mit der zweiten des Multiplikanden multipliziert wurde – 2 × 20 = 40 (*Abb. 81 E*) – und weil die dritte Stelle des Multiplikanden eine Null ist, kann das Endprodukt dadurch abgelesen werden, indem jeweils 5 Steine

* Entsprechend werden im weiterentwickelten Modell 5 Steine im unteren Teil einer Spalte durch einen im oberen Teil und 2 Steine im oberen Teil durch einen im unteren Teil der links folgenden Spalte ersetzt.

durch einen in der oberen Reihe und je zwei Steine in der oberen Reihe durch einen in der links folgenden Spalte ersetzt worden sind (*Abb. 81 F*).

Eine Tafel aus weißem Marmor, in die zwei Gruppen paralleler Linien eingehauen sind, vermittelt eine Vorstellung von den Rechentafeln, die die Griechen benutzt haben. Sie wurde 1846 auf der Insel Salamis gefunden und befindet sich mit ähnlichen Geräten im Nationalmuseum in Athen (*Abb. 80*).

Die rechteckige Tafel ist 149 cm lang, 75 cm breit und 4,5 cm dick. Im einen Teil befindet sich eine Gruppe von fünf parallelen Linien, im anderen sind noch einmal elf parallele Linien, die durch eine senkrecht dazu stehende Linie halbiert werden, wobei die Schnittpunkte an der dritten, sechsten und neunten Linie durch ein Kreuz gekennzeichnet sind.

An den zwei Längs- und der einen Querseite finden wir drei Reihen griechischer Zahlzeichen, die folgende Symbole umfassen:

T 𐅇 X 𐅆 H 𐅅 Δ Γ ⊢ I C T X

Diese Zahlen stehen für in Drachmen ausgedrückte Geldbeträge, wobei 1 Talent 6.000 Drachmen, 1 Obolus einer sechstel Drachme und ein Chalkos einem achtel Obolus entspricht. Von links nach rechts gelesen stehen die Zeichen für 1 Talent, 5.000, 1.000 , 500, 100, 50, 10 und 1 Drachme, 1, ½ und ¼ Obolus und 1 Chalkos (*Tab. XVI*).*

T	1 Talent	Zeichen für Tálanton – Talent
𐅇	5 000 Drachmen	
X	1 000 Drachmen	Zeichen für Chílioi = 1.000 Drachmen
𐅆	500 Drachmen	
H	100 Drachmen	Zeichen für Hekaton = 100 Drachmen
𐅅	50 Drachmen	
Δ	10 Drachmen	Zeichen für Deka = 10 Drachmen
Γ	5 Drachmen	Zeichen für Pente = 5 Drachmen
⊢	1 Drachme	
I	1 Obulus	Zeichen für ein Obulus
C	½ Obulus	Hälfte des Buchstabens O - Zeichen für Obólin
T	¼ Obulus	Zeichen für Tetartemorion
X	1 Chalkos	Zeichen für Chalkos

1 Talent = 6.000 Drachmen
1 Drachme = 6 Obolen
1 Obulus = 8 Chalkoi

TABELLE XVI

* »Das Geld entsprach ursprünglich einer Gewichtseinheit, wobei jeder griechische Staat eine eigene Gewichtseinheit festsetzte. So war die *Mine* die Gewichtseinheit in der Ägäis und auf dem Peloponnes; die entsprechende Münzeinheit war die *Drachme*, die ein Hundertstel dieses Gewichtes wog (6,28 g); die *Didrachme* oder der *Stater* entsprachen etwa dem Doppelten (12,57 g), der *Obolus* einem Sechstel (1,04 g). Auf Euböa und in Attika wog die *Mine* 436 g und die *Drachme* 4,36 g, *Didrachmen* und *Tetradrachmen* entsprechend 8,73 g und 17,46 g, der *Obolus* 0,73 g.« (Devambez 1966; vgl. auch Leroy 1963/64)

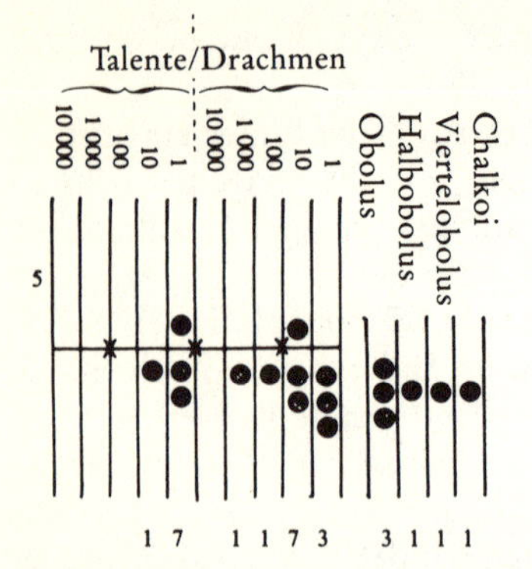

Abb. 82: Prinzip des griechischen Abakus von Salamis. Hier Darstellung eines Betrages von 17 Talenten, 1.173 Drachmen, 3 Obolen, 1 Halbobolus, 1 Viertelobolus und einem Chalkos.

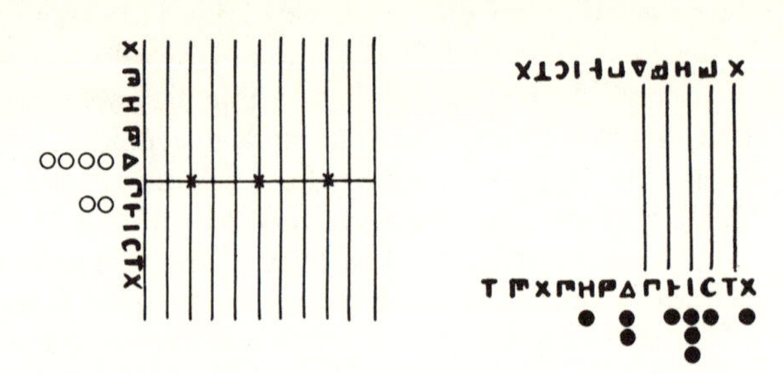

Abb. 83: Um auf dem Abakus 121 Drachmen, 3 Obolen, ½ Obolus und 1 Chalkos mit 42 zu multiplizieren, wird der Multiplikator 42 bei den entsprechenden Zahlzeichen auf der linken Seite durch Münzen dargestellt. Man legte dann den Multiplikanden aus, indem man die entsprechenden – hier schwarz gekennzeichneten – Münzen unterhalb der Zahlzeichen auf der rechten Seite ausdrückte. Das Produkt wurde wie auf dem römischen Abakus gebildet (Abb. 81).

So bilden also das *Talent,* die an Wert größte Einheit des antiken griechischen Währungssystems, und der *Chalkos* die beiden Pole der Werteskala des Abakus von Salamis. Und sicherlich bezieht sich der griechische Historiker Polybios (210–128 v. Chr.) auf eine Rechnung auf einem solchen Abakus, wenn er dem Solon (7./6. Jh. v. Chr.) die folgenden Worte in den Mund legt (zit. n. Menninger 1957/58, II, 106): »Die Höflinge der Könige gleichen aufs Haar den Rechensteinen auf dem Rechenbrett: sie gelten nämlich ganz nach dem Willen des Rechners eben bloß einen Chalkos und dann wieder ein Talent!«

Der Rechner stand beim Rechnen auf diesem Abakus wohl an einer der beiden Längsseiten der vor ihm liegenden Tafel und setzte seine kleinen Steine oder Münzen in die Reihen, die durch die parallel in den Marmor geritzten Linien gebildet wurden,

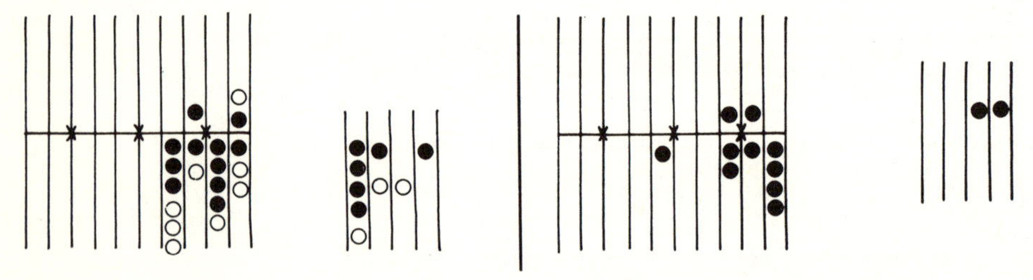

Abb. 84: Beispiel einer Addition auf dem Abakus von Salamis, wobei 3.646 Drachmen, 4 Obolen, ½ Obolus und 1 Chalkos (schwarze Münzen) und 3.117 Drachmen, 1 Obolus, ½ Obolus und ¼ Obolus addiert werden. Dabei werden wie beim römischen Abakus die Münzen einer Spalte durch eine in der folgenden ersetzt, wenn sie die Anzahl der entsprechenden Währungseinheiten überschreiten, so daß man als Endsumme 1 Talent, 764 Drachmen, ¼ Obolus und 1 Chalkos erhält.

Abb. 85: Darstellung des Rechnens auf einem antiken Sandabakus. Er bestand aus einem Brett mit erhöhten Rändern, das mit Sand bedeckt war, in dem mit dem Finger oder einem Griffel geschrieben wurde. Das Mosaik zeigt Archimedes (ca. 287–212 v. Chr.), der seinen Abakus vor einem römischen Soldaten zu schützen versucht.
(Städelsches Kunstinstitut Frankfurt a.M.)

wobei die Rechenmarken ihren Wert je nach ihrem Platz veränderten. Das Prinzip war dem römischen Abakus ähnlich, da jeder Reihe eine Einheit zugeordnet war.

Die vier rechten Spalten entsprechen den Bruchteilen der *Drachme* (*Abb. 82*) – die erste von rechts dem *Chalkos* (1/48 Drachme), die zweite dem *Viertelobolus* (1/24 Drachme), die dritte dem *Halbobolus* (1/12 Drachme) und die vierte dem *Obolus* (1/6 Drachme). Die fünf folgenden Spalten – bis zum Kreuz in der Mitte der zweiten Liniengruppe – stehen für die Vielfachen der Drachme: die erste für die Einer, die zweite für die Zehner, die dritte für die Hunderter usw., wobei die Münzen im unteren Teil einer Spalte für je eine Einheit stehen, im oberen für je fünf Einheiten.

Die fünf letzten Spalten stellen schließlich das *Talent* und seine Vielfachen dar.

Aufgrund dieser ausgeklügelten Einteilung konnten beliebige Beträge miteinander addiert, subtrahiert oder multipliziert werden (*Abb. 83, 84*).

Abb. 86: Etruskische Gemme, auf der ein Mann dargestellt ist, der mit Steinchen oder Kügelchen (»calculi«) auf einer Rechentafel rechnet. In dem Buch, das er in der Hand hält, sind etruskische Zahlzeichen zu erkennen.
(Cabinet des Médailles, Bibliothèque Nationale Paris; Réf. Intaille 1898)

*Der erste Taschenrechner**

Neben den Münzbrettern benutzten die römischen *calculatores*** einen entscheidend verbesserten Abakus. Er bestand aus einer kleinen Metallplatte, in der sich eine bestimmte Anzahl paralleler Schlitze befand, in denen Knöpfe hin und her gleiten konnten (*Abb. 87*). Eine Darstellung eines solchen Abakus ist auf einem römischen Sarkophag aus dem 1. Jahrhundert n. Chr. zu finden (Menninger 1957/58, II, 114).

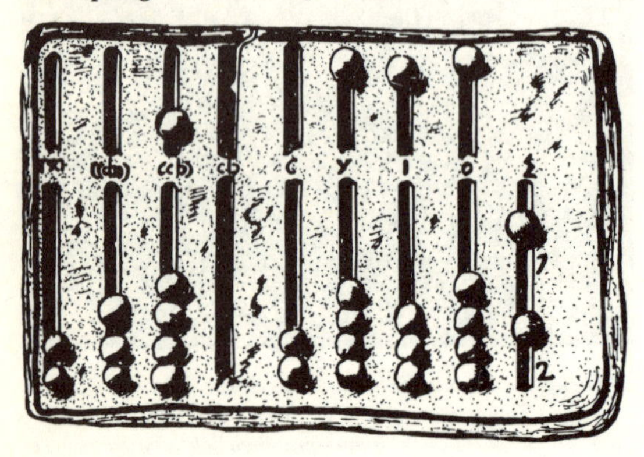

Abb. 87: Römischer Handabakus. (Cabinet des Médailles, Bibliothèque Nationale Paris, br. 1925)

Die meisten bekannten Geräte dieser Art, die nach demselben Prinzip wie die chinesischen und japanischen Kugelrechenbretter arbeiten, haben neun parallele Schlitze, wobei jeder Schlitz einer Einheit entspricht.

Die sieben linken Schlitze sind dabei durch einen Steg in zwei Teile geteilt; im unteren Teil laufen vier Knöpfe, im oberen einer. Auf dem Steg findet man zu jedem Schlitz das entsprechende römische Zahlzeichen für die jeweilige Zehnerpotenz, nach denen auch die römischen Bankiers und Zöllner mit den Einheiten des römischen Währungssystems rechneten – dem As, dem Sesterz und dem Denar***:

|X|	(((|)))	((|))	(|)	C	X	I
10^6	10^5	10^4	10^3	10^2	10	1

* Cajori 1928, I, 22 f.; Cantor 1863, 132 ff.; 1880, I, 133; *Dictionnaire des Antiquités grecques et romaines* 1881; Friedlein 1869; Guitel 1975, 188 ff.; Heath 1921, I, 49; Kretzschmer/Heinsius 1951; Hultzsch 1894; Kubitschek 1900; Menninger 1957/58, II, 102 ff.; Mugler 1963/64; Nagl 1914; Smith 1958, II, 162 ff.; van der Waerden 1954, I, 47–49.

** *Calculator* bezeichnete einerseits den »Rechenmeister«, der den jungen Leuten die Kunst des Rechnens auf dem Abakus beibrachte, andererseits den Buchhalter der Firmen der Patrizier, der auch *dispensator* genannt wurde (*Dictionnaire des Antiquités grecques et romaines* 1881, 1 ff.; 425 ff.).

*** Der *As* Bronze war die Grundeinheit des römischen Währungssystems, dessen Gewicht seit dem 4. Jh. v. Chr. bis ins Kaiserreich immer mehr abnahm. Zuerst wog er 273 g, dann 109 g, dann 27 g, dann 9 g und schließlich in der späten Kaiserzeit 2,3 g. Seine Vielfachen waren der *Sesterz* (aus Silber im 3. Jh. v. Chr., aus Bronze unter Caesar, und aus Messing in der Kaiserzeit), der *Denar* (aus Silber) und seit Caesar der *Aureus* (aus Gold). Bis ins 2. Jh. v. Chr. galt folgendes Verhältnis zwischen den Münzen: 1 Denar = 2½ As, 1 Sesterz = 4 Denar = 10 As; danach, nach einer allgemeinen Münzreform: 1 Sesterz = 4 As; 1 Denar = 4 Sesterzen = 16 As, 1 Aureus = 25 Denar = 400 As (Fredouille 1968; Bloch 1963/64).

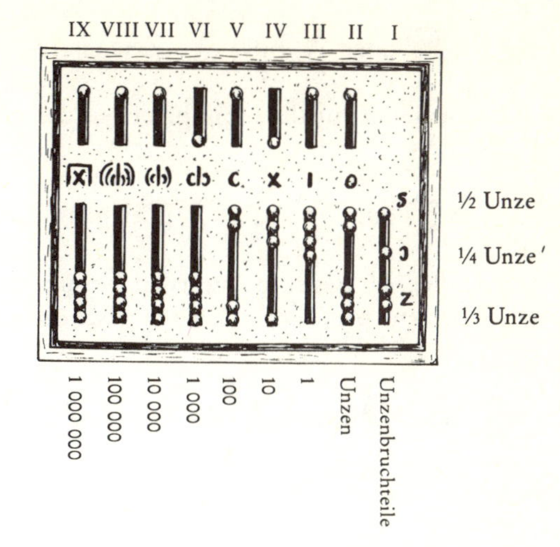

Abb. 88: Das Prinzip des tragbaren römischen Abakus. Der auf dieser Abbildung dargestellte Abakus gehörte dem deutschen Jesuiten Athanasius Kircher (1601–1680).
(Thermenmuseum Rom)

Jeder der sieben Schlitze stand also für eine Zehnerpotenz: der dritte Schlitz von rechts für die Einer, der vierte für die Zehner, der fünfte für die Hunderter usw. (*Abb. 88*). Die jeweils ersten vier Einheiten wurden im unteren Teil der Schlitze dargestellt, indem man soviel Knöpfe wie notwendig nach oben schob. Der Knopf im oberen Teil der Schlitze stand für jeweils fünf Einheiten, bei Zahlen über fünf wurde der Differenzbetrag wiederum im unteren Teil ausgedrückt. So ergibt sich in der *Abb. 88* – bei Zugrundelegung des Denar als Währungseinheit – ein Betrag von 5.284 Denar, wobei die 4 Knöpfe, die im Schlitz III an den Steg geschoben sind, 4 Einer oder Denar bedeuten; der Knopf im oberen Teil von Schlitz IV und die 3 Knöpfe des unteren Teils stehen am Steg für 8 Zehner oder 80 Denar, die 2 Knöpfe des unteren Teils in Schlitz V für zwei Hunderter oder 200 Denar und der Knopf im oberen Teil von Schlitz VI für fünf Tausender oder 5.000 Denar.

Die beiden rechten Schlitze des römischen Handabakus dienten zur Darstellung der Bruchteile des As.* Dabei war der zweite Schlitz wiederum zweigeteilt, aber im unteren Teil waren nicht 4, sondern 5 Knöpfe. In diesem Schlitz wurden die Vielfachen der Unze (1/12 As) dargestellt, wobei die unteren Knöpfe jeweils für eine Unze standen, der obere Knopf für 6 Unzen, so daß bis 11/12 As gezählt werden konnte. Der rechte Schlitz war in drei Teile aufgeteilt, in denen sich vier bewegliche Knöpfe befanden; damit konnten die Halbunze, Viertelunze und der *duella* (oder die Drittelunze) ausgedrückt werden. So stand der obere Knopf neben dem Zeichen für 1/2 Unze (= 1/24 As):

* Die Währungseinheiten waren immer auf den As bezogen, wobei er wiederum in zwölf gleiche Teile unterteilt war, die Unzen (lat. *unicae*). Die Vielfachen bzw. Bruchteile des As hatten eigene Namen – so wurden beispielsweise die Bruchteile folgendermaßen benannt (Fredouille 1968; Bloch 1963/64):

1/2 : *as semis*	1/5 : *as quincunx*	1/8 : *as octans*	1/11 : *as deunx*	1/48 : *as sicilicus*
1/3 : *as triens*	1/6 : *as sextans*	1/9 : *as dodrans*	1/12 : *as uncia*	1/72 : *as sextula*
1/4 : *as quadrans*	1/7 : *as septunx*	1/10 : *as dextans*	1/24 : *as semuncia*	

S oder Ꙅ oder Ꙅ [Zeichen für den (As) Semuncia: 1/24 As]

Wurde der mittlere Knopf neben das mittlere Zeichen gestellt, galt er 1/4 Unze oder 1/48 As:

Ɔ oder ͻ oder) [Zeichen für den (As) Sicilicus: 1/48 As]

Schließlich bedeuteten die beiden unteren Knöpfe 1/3 Unze oder 2/72 As, wenn sie neben das entsprechende Zeichen geschoben wurden:

Z oder 2 oder 2 [Zeichen für den { (As) Duae sextulae: 2/72 As / Duealla]

Die vier Knöpfe des ersten Schlitzes waren vermutlich durch drei verschiedene Farben gekennzeichnet, eine für die Halbunze, eine für die Viertelunze und eine für die Drittelunze, um Verwechslungen auszuschließen. In manchen Fällen waren diese Knöpfe jedoch auf drei kleine Schlitze verteilt.

*Der Streit um die Zähltafel in der Renaissance**

Auch im Abendland wurden seit dem Mittelalter häufig »Rechenmaschinen« benutzt, die den antiken Münzzähltafeln glichen. Der Abakus, den man noch zur Zeit der Renaissance verwendete, bestand aus einer Tafel, auf der gemalte Linien und Spalten die verschiedenen Einheiten voneinander trennten (*Abb. 89, 90*). Die Zahlen wurden

Abb. 89: Europäische Münztafeln aus der Zeit der Renaissance.

* vgl. Barnard 1916; Blanchet/Dieudonné 1930, III, 204; Fettweis 1923; Friedlein 1869; Hall 1898; Henderson 1892, 20 ff.; König 1927; Loehr 1925, 8; Menninger 1957/58, II, 102 ff.; de Schodt 1873.

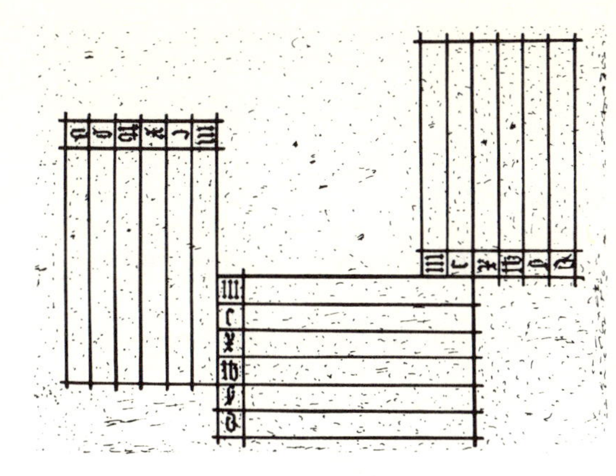

Abb. 90: Rechentafel mit drei Unterteilungen aus dem 16. oder 17. Jahrhundert, wie sie in der Schweiz und in Deutschland für die Berechnung der Steuern und Gebühren in Gebrauch war. Die eingezeichneten Buchstaben haben folgende Bedeutung (von unten nach oben gelesen): d *steht für Pfennig (denarius),* s *für Schilling (solidus),* lb *oder* lib *für Pfund (libras) und* X, C *und* M *für 10, 100 und 1.000 Pfund. (Historisches Museum Basel, Inv. Nr. 1892.209. Neg. 1500)*

durch Münzen dargestellt*, deren Wert von ihrer jeweiligen Plazierung auf der Tafel abhing. Auf den einzelnen Linien standen die Münzen, von unten beginnend, für die Einer, die Zehner, die Hunderter, die Tausender usw. In den Zwischenräumen zählte eine Münze fünf Einheiten der unmittelbar darunterliegenden Linie (*Abb. 92*).

Diese Anordnung erleichterte Addition und Subtraktion, warf aber bei Multiplikationen oder Divisionen Probleme auf. Zum Addieren wurde die linke Seite der Tafel benutzt. Man legte dort auf den entsprechenden Linien alle Münzen zusammen, die für die zu addierenden Zahlen standen. Überschritt danach die Anzahl von Münzen auf einer Linie die Zahl fünf bzw. zehn, so wurden je fünf bzw. zehn Münzen durch eine Münze im darüberliegenden Zwischenraum bzw. auf der nächsten Linie ersetzt.

Um zwei Zahlen miteinander zu multiplizieren, wurde die erste Zahl auf der linken Seite der Tafel dargestellt. Die den einzelnen Dezimalstellen zugeordneten Münzen wurden dann weggenommen, wenn ihr Produkt mit den Stellen der zweiten Zahl auf der rechten Seite der Tafel festgehalten worden war.

Dieses Rechenverfahren wurde bis ins 18. Jahrhundert hinein gelehrt und war so stark im Denken der Europäer verankert**, daß noch lange nach Einführung des schriftlichen Rechnens mit Hilfe der »arabischen« Zahlen Rechenergebnisse vorsichtshalber auf der Münztafel nachgeprüft wurden.***

* Alle Verwaltungsbehörden, Händler und Bankiers besaßen ebenso wie alle Feudalherren und Fürsten dieser Epoche ihre eigene Münzzähltafel. Sie ließen individuelle Rechenpfennige aus gewöhnlichem Metall, aus Silber oder aus Gold herstellen, entsprechend ihrer Bedeutung, ihrem Reichtum oder ihrem gesellschaftlichen Status. »Ich bin aus Messing, nicht aus Silber!«, pflegte man in dieser Zeit zu sagen, um zum Ausdruck zu bringen, daß man weder reich noch von Adel sei. Zur Veranschaulichung ist in Abb. 91 ein Rechenpfennig abgebildet, der mit dem Wappen Montaignes (1533–1592) geschmückt ist (Brieux 1957, 265 ff.; Payen 1856).

** Die zahlreichen Traktate über das praktische Rechnen aus dem 16., 17. und 18. Jahrhundert, die diese Methode erwähnen, deuten auf die weite Verbreitung hin, welche die Münztafeln bis zur Französischen Revolution hatten.

*** Bis Ende des 18. Jahrhunderts benutzten die englischen Finanzbeamten Münztafeln zur Errechnung der Steuern, die man *exchequers* oder auch *checker-boards* nannte. Aus diesem Grund heißt der englische Finanzminister noch heute *Chancellor of the Exchequer* (»Kanzler des Schachbretts«).

Abb. 91: Rechenpfennig aus Metall mit dem Wappen des Michel de Montaigne, umrahmt von der Ordenskette des Ordens vom Heiligen Michael. Dieser Rechenpfennig wurde vor zwanzig Jahren in den Ruinen des Schlosses Montaigne gefunden, der dazugehörige Druckstock jedoch schon ein Jahrhundert zuvor.

Es ist deshalb nicht weiter erstaunlich, daß zahlreiche Schriftsteller sowohl der Renaissance als auch noch der Zeit Ludwig XIV. das Rechnen mit Rechenpfennigen zum Thema gemacht haben. So auch Montaigne im Zweiten Buch seiner *Essais* (1906/33, II, 436, 1.27): »Geboren und gesäugt wurde ich auf den Feldern unter den Landarbeitern; nunmehr halte ich geschäftliche und Haushaltsangelegenheiten in der Hand, seitdem die, die mir im Genuß meines Besitzes vorangingen, mir ihren Platz überließen. Leider weiß ich weder mit dem Pfennig noch mit der Feder zu rechnen.«

Weiter heißt es im Buch III seiner *Essais* (Montaigne 1906/33, III, 192, 1.17): »Wir urteilen über ihn nicht gemäß seinem Wert, sondern wie bei den Rechenpfennigen je nach den Vorrechten, die ihm seine Stellung verleiht.«

Georges de Brébeuf (1816–1661) stellt wie der griechische Historiker Polybios einen Vergleich zwischen den Hofleuten und den Rechenpfennigen an (zit. n. Menninger 1957/58, II, 180):

»Die Höflinge sind Pfenn'gen gleich;
Ihr Rang bestimmt ihren Wert;
In Gunst sind sie millionenreich;
In Ungnad' doch zur Null verkehrt.«

Fénelon (1651–1715) legt Solon vergleichbare Worte in den Mund (zit. n. Guitel 1975, 190): »Die Höflinge gleichen den Pfennigen, derer man sich zum Zählen bedient: Sie gelten mehr oder weniger, je nach dem Gutdünken des Fürsten.«

Und Boursault (1638–1701) schreibt (zit. n. Guitel 1975, 190):

»Wenn Ihr mir Eure Gnade auch bezeuget,
Vergesset nie, wenn höh're Gunst Euch waltet,
Daß wie die Pfenn'ge Königslaune uns gestaltet.«

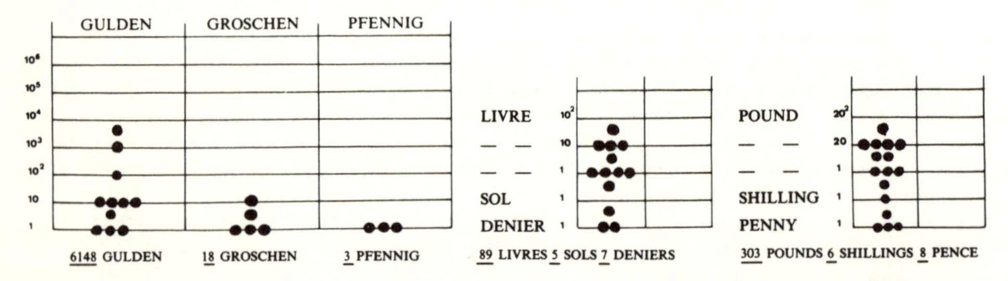

Abb. 92: Einige der zahlreichen Verwendungsmöglichkeiten der europäischen Münzzähltafel. Links: Deutschland (16.–17. Jahrhundert); in der Mitte: Frankreich (16.–18. Jahrhundert); rechts: England (16.–18. Jahrhundert).

Abb. 93: Der Kampf zwischen den »Abakisten«, den Vertretern der Rechnung mit Rechenpfennigen auf einer Rechentafel, und den »Algoristen«, den Verteidigern der Rechnung mit der Feder und »arabischen« Zahlen. Abbildung in einer der Ausgaben von The Ground of Artes *(»Abhandlung über die Freien Künste«) des englischen Mathematikers Robert Recorde (1510–1558).*

Abb. 94: Holzschnitt in der Margarita Philosophica des Gregorius Reisch (Freiburg 1503): Die Arithmetik, dargestellt durch die in der Mitte aufrecht stehende Frau, scheint eine Entscheidung im Streit zwischen »Abakisten« und »Algoristen« zu fällen; sie blickt nämlich in Richtung des »arabische« Zahlen verwendenden Rechners; auch ihr Gewand ist mit arabischen Zahlen bedeckt.
(Museum of the History of Science, Oxford)

Schließlich können wir in den Briefen der Madame de Sévigné an ihre Tocher von 1671 noch folgendes nachlesen (zit. n. Menninger 1957/58, II, 189): »Wir haben mit jenen Rechenpfennigen, die so brauchbar sind, errechnet, daß ich 530.000 livres Vermögen haben werde, wenn ich alle meine kleinen Erbschaften mitrechne.«

Die beschriebene Methode erleichterte wie erwähnt Addition und Subtraktion, erschwerte jedoch kompliziertere Operationen, die nur äußerst langsam durchgeführt werden konnten und eine lange Ausbildung voraussetzten. Dieser Nachteil liegt zweifellos dem polemisch geführten Streit zugrunde, der seit Beginn des 16. Jahrhunderts zwischen den *Abakisten*, den Anhängern des Rechenbretts, und den *Algoristen* ausgetragen wurde, die hartnäckig das Rechnen mit der Feder verfochten (*Abb. 93, 94*).*

* Das Rechnen mit der Feder setzte sich bei Mathematikern und Astronomen bald gegen das Rechnen mit dem Abakus durch, der fast nur noch im wirtschaftlichen Bereich in Gebrauch blieb. Aber erst in der Französischen Revolution wurde die Verwendung des Abakus in den Schulen und bei den Behörden verboten.

So schrieb Simon Jacob (gestorben in Frankfurt 1564) über das Rechnen mit dem Abakus (zit. n. Dédron/Itard 1959, 286):

»Es trifft zu, daß er bei Rechnungen im Haushalt von einigem Vorteil erscheint, wo man oft summieren, abziehen und hinzufügen muß, aber in der hohen Kunst des Rechnens ist er sehr oft hinderlich. Ich behaupte nicht, daß man auf den Linien (*des Abakus*) diese Rechnungen nicht anstellen kann, aber den Vorteil, den ein freier Wanderer ohne Lasten gegenüber einem schwer bepackten hat, den hat auch die Rechnung mit Zahlen gegenüber der Rechnung mit Linien.«

Gerade das Bewußtsein dieser Schwierigkeiten liegt der Entwicklung der modernen, zuerst mechanischen, dann elektronischen Rechenmaschinen zugrunde. Im Jahr 1639 erdachte der damals sechzehnjährige Blaise Pascal die erste französische Additions- und Subtraktionsmaschine, die durch ein mechanisches Räderwerk die Zehnerübergänge automatisierte. Allerdings funktionierte dieses Instrument erst 1642 wirklich.* Die Idee dazu kam ihm, als er für seinen Vater, der damals Steuerverwalter in Rouen war, langwierige und mühselige Serien von Additionen und Multiplikationen auf dem Rechenbrett durchführen mußte (Taton/Flad 1963).

*Die chinesischen Stäbchen auf dem Schachbrett***

Die Rolle, welche die *calculi* oder kleinen Steinchen bei den lateinischen Völkern spielten, wurde in China (und später in Japan) von den *tche'ou* übernommen, kleinen Stäbchen aus Elfenbein oder Bambus. Mit diesen Stäbchen wurden auf dem Boden, einem »Schachbrett« oder auf einem Tisch Zahlen dargestellt (*Abb. 95, 96*) und berechnet (*Abb. 97*).***

Auf dieser Abart des Abakus entsprach jede Spalte einer Zehnerpotenz: Von rechts ausgehend war die erste den Einern vorbehalten, die zweite den Zehnern, die dritte den Hundertern usw. Um eine bestimmte Zahl darzustellen, genügte es, in jede dieser Spalten die Anzahl von Stäbchen zu legen, die der Anzahl der auszudrückenden Dezimaleinheiten entsprach. So mußten für die Zahl 2.645 fünf Stäbchen in die erste Spalte von rechts, vier in die zweite, sechs in die dritte und zwei in die vierte verteilt werden.

* Pascal war übrigens nicht der Erfinder der Rechenmaschine; dies war vielmehr der deutsche Mathematiker, Astronom, Geometer und Orientalist Wilhelm Schickard (1592–1635), der im September 1623 (also im Geburtsjahr Pascals!) eine Maschine baute, mit der die vier Grundrechenarten und das Ziehen von Quadratwurzeln durchgeführt werden konnten. Er beschrieb sie in einem Brief an Kepler vom 25. Februar 1624, der auch eine Zeichnung enthielt. Leider wurde die Maschine bei einem Brand am 22. Februar 1624 vernichtet (Taton/Flad 1963).

** Guitel 1975, 513 ff.; Knott 1886; Menninger 1957/58, II, 185 ff.; Needham 1959, 70 ff.; Schrimpf 1963/64; Vissière 1892.

*** Unsere Kenntnisse vom Rechnen mit Stäbchen auf dem chinesischen Zahlenschachbrett gehen im wesentlichen auf Zeugnisse seit dem zweiten vorchristlichen Jahrhundert zurück. Höchstwahrscheinlich ist diese Methode jedoch sehr viel älter.

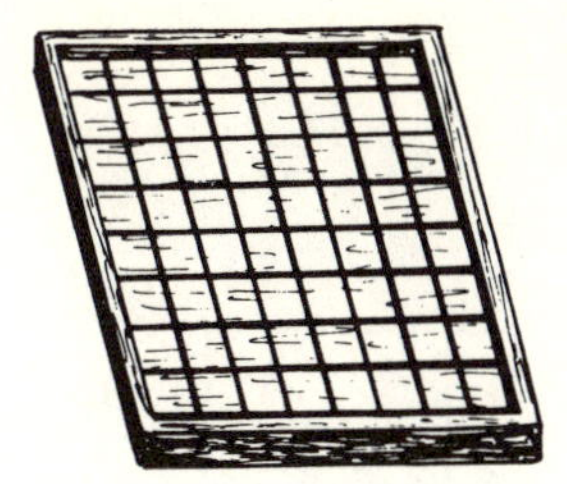

Abb. 95: Modell des chinesischen Zahlenschachbretts.

Abb. 96: Buchhalter, der mit Stäbchen auf dem Zahlenschachbrett rechnet. Illustration aus einem japanischen Werk des Jahres 1795 (Miyake Kenriyù »Shotjutsu Sangaku Zuye«). (Vgl. Smith 1958, 198 ff.)

Abb. 97: Chinesischer Meister, der zwei Schüler in der Kunst des Rechnens auf dem Schachbrett unterrichtet. Illustration des Suan Fa Thung Tsung, 1593 veröffentlicht. (Zeichnung nach Needham 1959, 70)

Das Rechnen mit Stäbchen wurde durch Regeln vereinfacht, die der Mathematiker Mei Wen-Ting (1633–1721) folgendermaßen zusammenfaßt (zit. n. Vissière 1892, 59 ff.): »Für die Zahl Fünf und alle kleineren Zahlen reihe man soviele Stäbchen wie notwendig aufrecht der Reihe nach nebeneinander. Für die Sechs und größere Zahlen lege man ein die Zahl fünf bezeichnendes Stäbchen horizontal und ergänze die Differenz durch die notwendige Anzahl aufrecht in einer Reihe gelegter Stäbchen darunter (*Abb. 98*). Die Zehner, Hunderter, Tausender oder Zehntausender werden dadurch gebildet, daß man von links nach rechts vorgeht, entsprechend den Spalten des Abakus oder der Stellung der Zahlen in der Schreibweise Zentralasiens und Europas.«

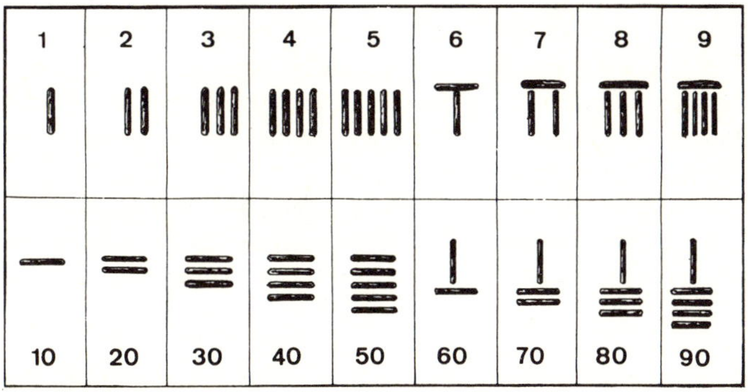

1	2	3	4	5	6	7	8	9
𝍠	𝍡	𝍢	𝍣	𝍤	𝍥	𝍦	𝍧	𝍨
𝍩	𝍪	𝍫	𝍬	𝍭	𝍮	𝍯	𝍰	𝍱
10	20	30	40	50	60	70	80	90

Abb. 98: Darstellung der Einer und der Zehner mit Stäbchen auf dem Zahlenschachbrett.

	ungerade Einheiten (Spalten mit geraden Zehnerpotenzen)	**gerade Einheiten** (Spalten mit ungeraden Zehnerpotenzen)
1		
2		
3		
4		
5		
6		
7		
8		
9		

Abb. 99: Darstellung der Einheiten zweier aufeinanderfolgender Spalten auf dem Zahlenschachbrett:
– vertikal gelegte Stäbchen für die Einer, Hunderter, Zehntausender usw. (ungerade Spalten auf dem Schachbrett);
– horizontal gelegte Stäbchen für die Zehner, Tausender, Hunderttausender usw. (gerade Spalten auf dem Schachbrett).

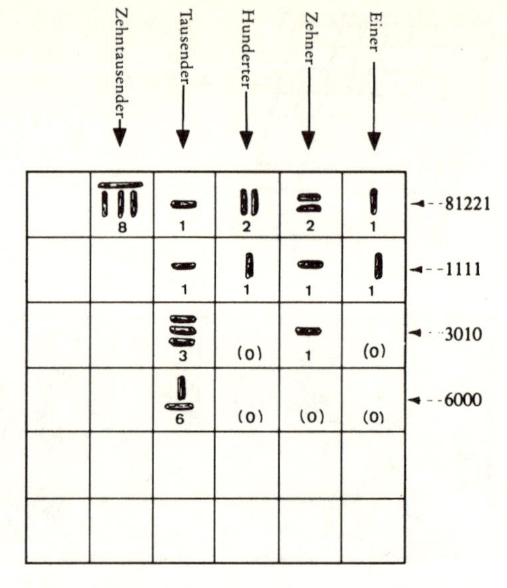

Abb. 100: Darstellung einiger ganzer Zahlen durch Stäbchen auf dem Zahlenschachbrett.

Um Irrtümer zu vermeiden, wurden die Stäbchen in den ungeraden Spalten von rechts ausgehend vertikal gelegt, in den geraden Spalten horizontal. Die Stäbchen lagen also für die Einer senkrecht, ebenso für die Hunderter, die Zehntausender usw., und waagerecht für die Zehner, die Tausender usw. (*Abb. 98, 99, 100*).* In den alten chinesischen Werken wird diese Regel folgendermaßen formuliert: »Mögen die Einer der Länge nach liegen und die Zehner quer, die Hunderter aufrecht stehen und die Tausender liegen, mögen die Tausender und die Zehner sich anblicken und die Zehntausender und die Hunderter einander entsprechen.« (Vissière 1892)

Seit den frühesten Zeiten konnten die Chinesen mit diesem System arithmetische oder algebraische Rechnungen aller Art (Multiplikationen, Divisionen, Ziehen von Quadrat- und Kubikwurzeln, Lösungen algebraischer Gleichungen und Gleichungssysteme) durchführen. Und es ist interessant, daß die modernen Schriftzeichen des chinesischen Wortes *suan*, das »Rechnung« bedeutet, in mehrfacher Weise auf dieses Zählsystem hinweisen (*Abb. 101*).

Addieren und subtrahieren war ganz einfach: Es genügte, auf dem Schachbrett die zu addierenden oder zu subtrahierenden Zahlen darzustellen, um dann Spalte für Spalte die entsprechenden Stäbchen zusammenzulegen oder fortzunehmen. Für die

* Durch diese Regel entstand – wie wir noch sehen werden – eine sehr interessante Zahlschrift.

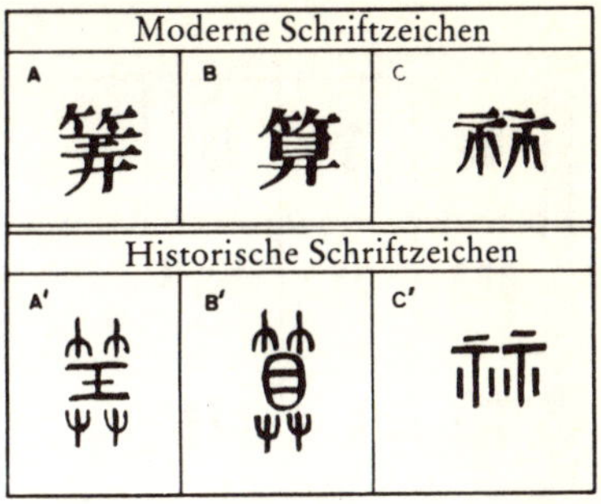

Abb. 101: Historische und moderne Schriftzeichen des chinesischen Wortes suan *(Rechnung): Es handelt sich um Ideogramme, die die alte Rechenweise mit Bambusstäbchen auf einem Schachbrett oder einer Zahlentafel darstellen.*
Die Zeichen A und B stehen für zwei Hände, eine Zahlentafel und das Zeichen für Bambus (Needham 1959, 4).
Das dritte Zeichen verweist auf die Darstellung der Zahlen durch Stäbchen auf dem Schachbrett (Vissière 1892).
Die historische Form der Schriftzeichen veranschaulicht diese Entwicklung (Needham 1959, 4).

Moderne Schriftzeichen		
A 筭	B 算	C 祘
Historische Schriftzeichen		
A'	B'	C'

Multiplikation wurde die zu multiplizierende Zahl unten im Schachbrett ausgelegt und der Multiplikator oben; die Teilprodukte wurden danach in der mittleren Zeile festgehalten und miteinander addiert.

Die Division wurde in umgekehrter Weise vollzogen: Der Divisor wurde unten und der Dividend in der Mitte dargestellt. Der Quotient wurde nach oben gesetzt, wobei man den Dividenden nach und nach um die den Teilprodukten entsprechenden Stäbchen reduzierte (Schrimpf 1963/64, I, 191).

Auf dem Zahlenschachbrett konnte man auch algebraische Gleichungen mit einer oder mehreren Unbekannten lösen. Ein zur Zeit der Han-Dynastie (206 v. Chr. bis 220 n. Chr.) erschienenes anonymes Werk, das *Kieou tchang suan chou* (*Die Kunst des Rechnens in neun Kapiteln*), berichtet über die mathematischen Kenntnisse der Epoche und beschreibt im achten Kapitel Einzelheiten der algebraischen Rechnung auf dem Schachbrett, insbesondere die Lösung eines Systems von n Gleichungen mit n Unbekannten.

Jede vertikale Spalte des Schachbretts war einer der Gleichungen des Gleichungssystems zugeordnet, und jede horizontale Zeile den verschiedenen Koeffizienten einer Unbekannte. Die gewöhnlichen, den positiven Zahlen zugeordneten Stäbchen (im Chinesischen »korrekte«, *tcheng* genannt), wurden dann durch schwarze Stäbchen (im Chinesischen »betrügerische«, *fou*) ersetzt, wenn eine negative Zahl auftauchte. So wurde das System:

$$\begin{cases} 2x - 3y + 8z = 32 \\ 6x - 2y - 1z = 62 \\ 3x + 21y - 3z = 0 \end{cases}$$

wie in den *Abb. 102* und *103* dargestellt. Die Lösung wurde durch ein ausgefeiltes Spiel mit den Stäbchen ermittelt (Needham 1959; Needham 1957a).

Wir möchten mit einer bei Needham zitierten Anekdote abschließen, welche auf das neunte nachchristliche Jahrhundert zurückgeht:

»Einmal bewarben sich zwei Schreiber, die den gleichen Rang hatten, die gleichen Dienste geleistet hatten und in deren Akten sich gleichartige Empfehlungen und Kritiken fanden, um ein und dieselbe Stelle. Der zuständige Beamte wußte nicht, für wen er sich entscheiden sollte, und wandte sich an Yang Souen, der die Kandidaten kommen ließ und erklärte: ›Das Verdienst der kleinen Beamten besteht darin, rasch rechnen zu können; mögen die beiden Kandidaten meine Frage anhören, wer sie als

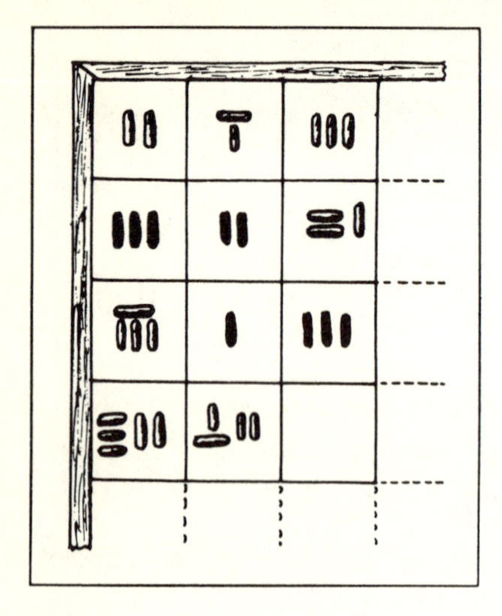

x	2	6	3
y	-3	-2	21
z	8	-1	-3
	32	62	0

Abb. 103

Abb. 102: Darstellung eines Systems von Gleichungen mit drei Unbekannten durch Stäbchen auf dem Zahlenschachbrett nach einem mathematischen Traktat aus der Zeit der Han-Dynastie (206 v. Chr. bis 220 n. Chr.).
1. Spalte: Gleichung $2x-3y+8z = 32$;
2. Spalte: Gleichung $6x-2y-z = 62$;
3. Spalte: Gleichung $3x+21y-3z = 0$.

erster beantwortet, wird die erstrebte Beförderung erhalten. Hier das Problem: Jemand, der im Wald spazierengeht, hört, wie Diebe sich darüber unterhalten, wie sie gestohlene Stoffballen verteilen sollten. Sie sagen, daß fünf übrigbleiben, wenn jeder 6 Ballen erhält. ›Wenn dagegen jeder sieben erhält, so fehlen acht. Wieviele Diebe und wieviele Stoffballen sind es also?‹ Yang Souen forderte die beiden Kandidaten auf, die Rechnung mit Stäbchen auf den Fliesen der Vorhalle vorzunehmen. Nach einem Moment des Besinnens gab einer der Schreiber die exakte Antwort, man verhalf ihm zur Beförderung, und die Beamten trennten sich, ohne sich über diese Entscheidung zu beklagen oder sie kritisieren zu können.« (Needham 1957b, 479 f.)

*Das Kugelrechenbrett**

Trotz des Siegeszuges der elektronischen Rechenanlagen im Westen sowie in Japan nimmt im Fernen Osten und in einigen anderen Staaten eine kleine, mehrere hundert Jahre alte »Rechenmaschine« auch weiterhin einen wichtigen Platz ein. In der Volksrepublik China ist das »Kugelrechenbrett«, *suan pan* genannt, tatsächlich bis zum heutigen Tage ein fast universaler Gebrauchsartikel. Man findet es ebensogut in den Händen der fahrenden Händler, die weder lesen noch schreiben können, wie bei Kaufleuten, Buchhaltern, Bankiers, Hoteliers, Mathematikern oder Astronomen. Die Handhabung dieses Recheninstrumentes ist in den Traditionen des Fernen Ostens so fest verankert, daß sogar die »verwestlichten« Chinesen und Vietnamesen, die in Bangkok, Singapur, Taiwan, Polynesien, Europa und Amerika leben, weiterhin damit

* Bell 1904; Cordier 1881/95; Deluchey 1981; Goschkewitsch 1858; Knott 1886; Menninger 1957/58, II, 102 ff.; Needham 1957b; 1959, 74 ff.; Rodet 1880; Rohrberg 1936; Scesney 1944; Schrimpf 1963/64; Shigeru 1954; Smith 1899; Smith 1958, II, 168 ff.; Smith/Mikami 1914; Williams 1941; Yoshino 1963; Vissière 1892.

rechnen, auch wenn moderne Rechner zur Verfügung stehen. Selbst die Japaner, die auf dem Gebiet der elektronischen Rechenanlagen zu den ernsthaftesten Konkurrenten der Amerikaner gehören, halten den *soroban*, das japanische Kugelrechenbrett, noch immer für unverzichtbar beim Rechnen im Alltag. Es gehört zur Grundausrüstung eines jeden Schülers, Kaufmanns, Hausierers oder Beamten.

Auch in der Sowjetunion findet man das Kugelbrett, dort *stschoty* genannt, noch immer Seite an Seite mit modernen Registrierkassen; es wird häufig verwendet, um sowohl in kleinen Läden als auch in den großen Staatshandelsunternehmen den anfallenden Rechnungsbetrag zu ermitteln. So hat uns ein Freund, der die Sowjetunion bereist hat, berichtet, daß ein Angestellter eines Wechselbüros seine Rechnungen zunächst mit einer modernen Rechenmaschine durchführte, um die Resultate anschließend mit einem Kugelbrett zu überprüfen!

Unter den bis in die heutige Zeit überlieferten historischen »Rechenmaschinen« ist das Kugelbrett die einzige, die bei allen rechnerischen Operationen relativ leicht und schnell zu handhaben ist. So stellt das Kugelbrett für den kundigen Benutzer ein unentbehrliches Hilfsmittel dar, wenn es um einfache Additionen und Subtraktionen

Abb. 104: Chinesischer Kaufmann beim Rechnen mit dem Kugelbrett. (Nach einer im Palais de la Découverte in Paris ausgestellten Illustration)

oder auch um die Lösung komplizierter Probleme wie Multiplikation, Division oder das Ziehen von Quadrat- oder Kubikwurzeln geht. Es überrascht uns im Westen häufig, mit welcher Geschwindigkeit selbst äußerst komplizierte Rechnungen mit Hilfe des Kugelbretts gelöst werden können:

»Im Jahre 1945 fand ein berühmter Wettkampf statt, der den Liebhabern des mechanischen Rechnens auf ewig in Erinnerung bleiben wird: *Matsuzaki gegen Woods.* Der Japaner Kiyoshi Matsuzaki war der ›Champion‹ des *soroban* im japanischen Postverwaltungsministerium, was angesichts harter Ausscheidungswettkämpfe eine große Leistung bedeutete. Der amerikanische Soldat Thomas Nathan Woods von der 240. Finanzeinheit des Hauptquartiers der Streitkräfte der Vereinigten Staaten in Japan (HQ des Generals MacArthur) war aus verschiedenen Tests als ›bester Bediener elektrischer Rechenmaschinen in Japan‹ hervorgegangen. Das Match bestand aus fünf Aufgaben, die die vier Grundrechenarten und eine gemischte Aufgabe umfaßten. Resultat (...): Mit dem *soroban* schlägt Matsuzaki Woods mit der elektrischen Rechenmaschine (*Abb. 105*).

Der Wettkampf wurde am 12. November 1945 unter der Schirmherrschaft der amerikanischen Armeezeitung *Stars and Stripes* ausgetragen, und das Ergebnis war

ERGEBNISSE DES WETTKAMPES

KIYOSHI MATSUZAKI	gegen	THOMAS NATHAN WOODS
»Champion« des Soroban im japanischen Postverwaltungs-ministerium		*Soldat der 240. Finanzeinheit des HQ der Streitkräfte der Vereinigten Staaten in Japan. Der beste Bediener »elektrischer Rechenmaschinen in Japan.«*

Ausgetragen am 12. November 1945 unter der Schirmherrschaft der amerikanischen Armeezeitung »Stars and Stripes«

1. Aufgabe	**2. Aufgabe**	**3. Aufgabe**	**4. Aufgabe**	**»gemischte« Aufgabe**
Additionen mit drei- bis sechsstelligen Zahlen	*Subtraktionen mit sechs- bis achtstelligen Zahlen*	*Multiplikationen fünf- bis zwölfstelliger Zahlen*	*Divisionen fünf- bis zwölfstelliger Zahlen*	*30 Additionen 3 Subtraktionen 3 Multiplikationen 3 Divisionen (sechs- bis zwölfstellige Zahlen)*
Matsuzaki schlägt Woods	**Matsuzaki schlägt Woods**	**Woods schlägt Matsuzaki**	**Matsuzaki schlägt Woods**	**Matsuzaki schlägt Woods**
1'14"8 / 2'00"2 1'16"0 / 1'53"0	1'04"0 / 1'20"0 1'00"8 / 1'36"0 1'00"0 / 1'22"0 (mit Fehlern)	(mit Fehlern des Besiegten)	1'36"6 / 1'48"0 1'23"4 / 1'19"0 1'21"0 / 1'26"6	1'21"0 / 1'26"6 (mit Fehlern des Besiegten)
Endergebnis: Woods, mit seiner elektrischen Rechenmaschine, wird 4:1 von Matsuzaki und seinem Soroban geschlagen				

Abb. 105

(Nach Science et Vie, 734/1978, 46 ff.; vgl. auch Reader's Digest, 50/1947, 47)

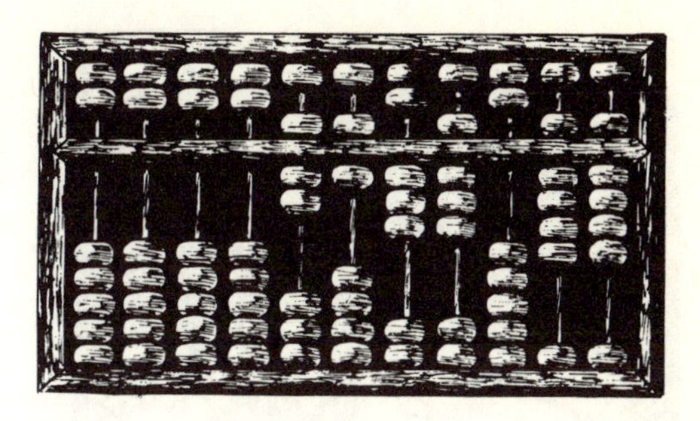

Abb. 106: Das chinesische Kugelbrett (suan pan).

eine Sensation. *Stars and Stripes* kommentierte: ›Die Maschine hat gestern im Ernie Pyle-Theater (Austragungsort des Matchs in Tokio) einen Rückschlag hinnehmen müssen, als das Jahrhunderte alte Kugelbrett die modernste Rechenmaschine der Vereinigten Staaten vernichtend schlug.‹ Die *Nippon Times* triumphierte angesichts dieser bescheidenen Revanche für die militärische Niederlage: ›Im Aufgang des Atomzeitalters erzitterte die Zivilisation unter den Schlägen des 2000 Jahre alten *soroban.*‹ Eine übertriebene Aussage – auch was das Alter des Soroban betrifft –, die allerdings durch den zeitlichen Kontext erklärbar wird, drei Monate nach der Zerstörung zweier der größten Städte Japans durch die Atombombe. Wer aber je einen kundigen Japaner auf dem Kugelbrett hat rechnen sehen, für den gibt es keinen Zweifel, daß sich das Resultat – wenigstens bei Additionen und Subtraktionen – auch heute noch wiederholen könnte, selbst gegen mittlerweile elektronische Rechner. Allein die fehlende Geschwindigkeit im Anschlag würde die meisten von uns gegen einen geschickt bedienten *soroban* ins Hintertreffen bringen.« (*Science et Vie* 1978, S. 46 ff.)

Im allgemeinen besteht das chinesische *suan pan* aus einem rechteckigen Hartholzrahmen, in dem mehrere parallele Stäbe befestigt sind. Auf jedem Stab sind sieben Kugeln aus Holz oder aus Glas beweglich aufgereiht. Der Rahmen wird durch eine Querverstrebung in zwei Teile geteilt, so daß je zwei Kugeln jedes Stabes sich im oberen und je fünf im unteren Teil befinden (*Abb. 106*). Jeder Stab entspricht einer Zehnerpotenz*: der rechte Stab entspricht den Einern, der zweite von rechts den Zehnern, der dritte den Hundertern, der vierte den Tausendern usw.**

Die Anzahl der Stäbe, gewöhnlich zehn bis zwölf, kann je nach Erfordernis auf zwanzig, dreißig, sechzig oder mehr erhöht werden. Je größer die Anzahl der Stäbe, umso größer können die auf dem Instrument dargestellten Zahlen sein; ein Kugelbrett mit fünfzehn Stäben hat damit eine Zahlenkapazität von $10^{15}-1$, reicht also bis zu einer Billiarde minus eins bzw. bis 999.999.999.999.999. Die fünf Kugeln des unteren Teils stehen für eine Dezimaleinheit, die oberen Kugeln für je fünf Einheiten. Die Zahlen werden dadurch dargestellt, daß die entsprechende Anzahl von Kugeln an das Querholz geschoben wird.

* Mit einer entsprechenden Anzahl von Kugeln auf jedem Stab können auch andere Zahlen als Basis gewählt werden, wie zwölf oder zwanzig.

** Manchmal stellen nicht die Kugeln des rechten Stabes die Einer dar, sondern die des dritten von rechts. Dadurch können mit den beiden rechten Stäben Zehntel und Hundertstel ausgedrückt werden.

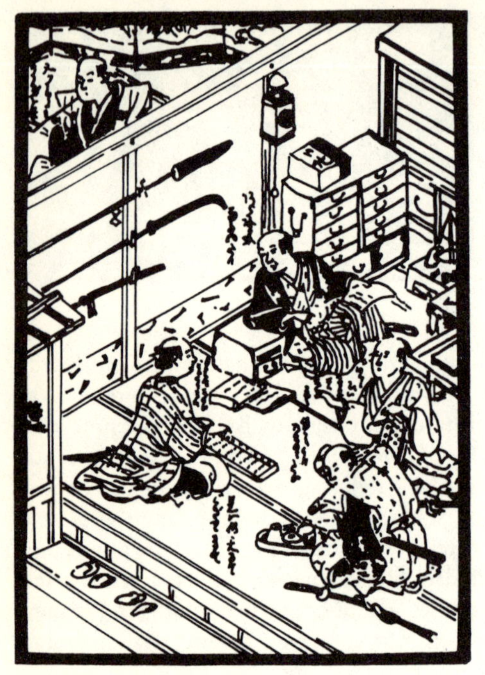

Abb. 107: Japanischer Buchhalter, der auf einem soroban rechnet. Illustration eines japanischen Werkes des 18. Jahrhunderts (Nakane Genjun: »kanja otogi Zoshi« 1741). (Vgl. Smith/Mikami 1914, 171)

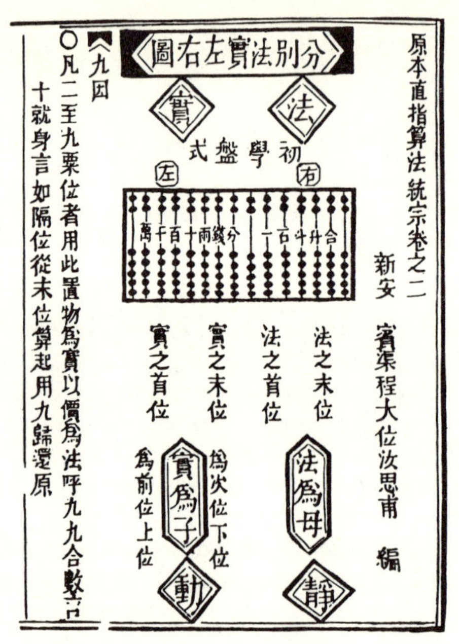

Abb. 108: Erläuterung des suan pan in einem 1593 gedruckten chinesischen Werk (Suan Fa Thung Tsung). (Needham 1959, 76)

So stehen beispielsweise drei an die Querverbindung geschobene Kugeln des unteren Teils des rechten Stabes für die Zahl drei; die Zahl neun wird durch vier Kugeln des unteren und eine Kugel des oberen Teiles ausgedrückt:

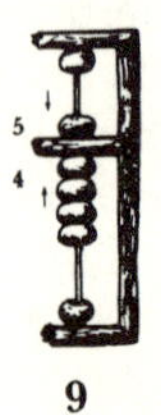

Abb. 109

Nach demselben Schema können auch mehrstellige Zahlen dargestellt werden: so gelangt man zur Zahl 5.739, indem man auf dem ersten Stab von rechts vier Kugeln von unten und eine von oben an die Querverstrebung rückt – Darstellung der neun Einer –, drei Kugeln des unteren Teils des zweiten Stabes nach oben schiebt – Darstellung der drei Zehner –, auf dem dritten Stab zwei Kugeln von unten und eine von oben holt – sieben Hunderter – und schließlich auf dem vierten Stab eine Kugel des oberen Teils an das Mittelholz rückt (*Abb. 110*).

EINER erster Stab von rechts		9
ZEHNER zweiter Stab		3
HUNDERTER dritter Stab		7
TAUSENDER vierter Stab		5
ERGEBNIS	5 7 3 9	5739

Abb. 110

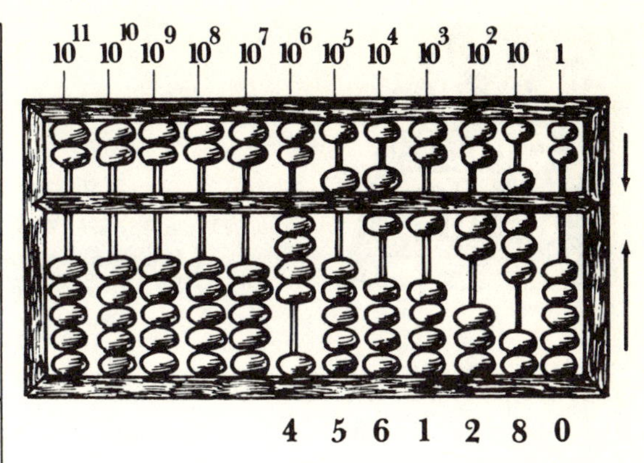

Abb. 111

Abb. 111 zeigt die in gleicher Weise umgesetzte Zahl 4.561.280.

Obwohl die Darstellung ganzer Zahlen auf dem chinesischen Kugelbrett also eine sehr einfache Sache ist, wirft die Anordnung der Kugeln einige Fragen auf. Wir haben gesehen, daß an jedem Stab neun Einheiten durch eine Kugel im oberen Teil, die für fünf steht, und vier im unteren Teil dargestellt werden. Fünf Kugeln reichen also aus, um auf jedem Stab die ganzen Zahlen darstellen zu können. Weshalb hat dann jeder Stab des *suan pan* sieben Kugeln, die insgesamt der Zahl 15 entsprechen?

»Der Grund dieser Anordnung liegt darin, daß es beim Dividieren auf dem Abakus häufig unumgänglich ist, in einer Spalte vorübergehend eine über neun liegende Zahl zu bilden. Für die drei ersten Grundrechenarten würden fünf Kugeln in jeder Reihe genügen. Aber auch hier kann die Rechnung dadurch vereinfacht werden, daß man vorübergehend auf einem Stab ein Teilresultat, das größer als neun ist, markiert.« (Vissière 1892, 57)

Es ist noch festzuhalten, daß die japanischen *soroban*, an deren chinesischem Ursprung kein Zweifel besteht, seit der Mitte des vorigen Jahrhunderts die zweite

Abb. 112: Das japanische Kugelbrett (soroban), wie es seit dem Ende des Zweiten Weltkrieges in Gebrauch ist. Dargestellt ist die Zahl 763.804.804 – unter der Voraussetzung, daß der erste Stab von rechts den Einern vorbehalten ist.

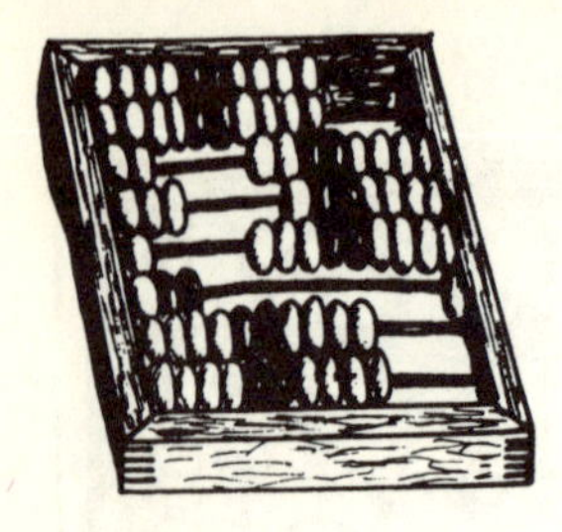

Abb. 113: Das russische Kugelbrett (stschoty). Ein vergleichbares Instrument ist in Armenien, einigen Teilen des Iran (unter dem Namen choreb) und in der Türkei, wo es culba heißt, verbreitet.

obere Kugel einbüßten. Seit dem Ende des Zweiten Weltkrieges wurde in Japan auch die fünfte, überflüssige Kugel im unteren Teil der Stäbe herausgenommen (*Abb. 112*). Dieser vereinfachte Abakus verlangt jedoch von den Benutzern umfassendere Vorbereitung, da eine größere Fingerfertigkeit als im Umgang mit dem chinesischen *suan pan* notwendig ist.

Was die russische *stschoty* angeht, so umfaßt sie 10 Kugeln an jedem Stab, von denen zwei, die fünfte und die sechste, farbig gekennzeichnet sind (*Abb. 113*). Um dort eine Zahl darzustellen, werden auf jedem Stab soviel Kugeln wie notwendig nach oben geschoben. Wir haben in *Abb. 114* die Zahl 5.123.012 dargestellt.

Schließlich wäre noch das Kugelrechenbrett zu erwähnen, auf dem die Schüler der französischen Volksschulen im 19. Jahrhundert das Rechnen gelernt haben. Es leitet sich wahrscheinlich vom russischen Rechenbrett her, ist jedoch in etwas abweichender Weise aufgebaut: Die Kugeln, auf jedem Stab zehn, bewegen sich in Längsrichtung hin und her (*Abb. 115*).

Es ging in diesem Abschnitt lediglich darum, ein allgemeines Bild der Kugelbretter zu zeichnen. Deshalb verzichten wir auf eine exakte Beschreibung, wie diese Instrumente gehandhabt werden und wie sie sich bei arithmetischen oder algebrai-

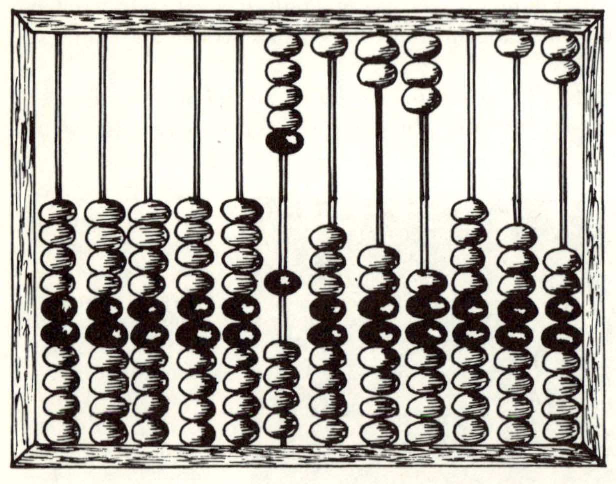

Abb. 114

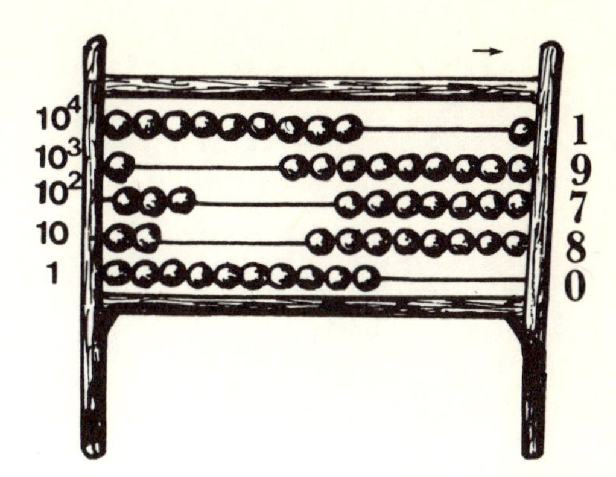

Abb. 115: Französisches Kugelrechenbrett, wie es in den Volksschulen des 19. Jahrhunderts Verwendung fand.

schen Rechnungen verwenden lassen. Mehr darüber findet sich in der Fachliteratur (s. Fußnote auf S. 152).

Zusammenfassend läßt sich sagen, daß es zum Rechnen mit dem Kugelbrett zwar genügt, das kleine Einmaleins zu beherrschen, daß dieses erfindungsreiche Recheninstrument jedoch trotzdem große Nachteile aufweist: Es verlangt hartes Training, »Fingerfertigkeit« und eine stabile Unterlage. Darüber hinaus muß beim kleinsten Fehler die gesamte Rechnung wiederholt werden, weil die Zwischenresultate während des Rechnens verschwinden.

Teil III
Die Erfindung der Ziffern

Kapitel 9
Die römischen Ziffern – Spuren aus der Vorzeit?

Es gibt viele Dinge, die wir gut zu kennen glauben und über die wir selten nachdenken. Das ist auch bei den römischen Ziffern der Fall, die wir auch heute noch benutzen, um beispielsweise Gliederungen übersichtlicher zu gestalten. Sie sind uns so vertraut, daß wir sie niemals näher betrachten. Aber die Fragen, die ihr Ursprung und ihre Geschichte aufwerfen, sind dennoch von Interesse...

Die römischen Ziffern

Die Römer benutzten, wie jeder weiß, folgende Zahlzeichen:

I	**V**	**X**	**L**	**C**	**D**	**M**
1	5	10	50	100	500	1 000

Auf den ersten Blick sind diese Zahlen nur Buchstaben des lateinischen Alphabets. Aber sind sie deshalb aus dem Alphabet abgeleitet?

Bereits Mommsen (1840) und Hübner (1885) haben erkannt, daß **L**, **C**, **D** und **M** nicht die ursprünglichen Zeichen für 50, 100, 500 und 1.000 sind, sondern späte Abwandlungen erheblich älterer Ziffern.*

Zur Zeit der Republik verwendeten die Römer für die Zahl 1.000 folgende Zeichen**:

* Die ältsten Zeugnisse des Gebrauchs der Buchstaben L, D und M als Zahlzeichen reichen nur in das erste Jahrhundert v. Chr. zurück. Die älteste römische Inschrift, in der der Buchstabe L als Zahlzeichen für 50 verwandt wird, stammt aus dem Jahre 44 v. Chr. (*Corpus Inscriptionum Latinarum* 1861, I, 594). Die Ziffern M und D finden sich erstmals 89 v. Chr., wo die Zahl 1.500 in der Form M D auftritt (*Corpus Inscriptionum Latinarum* 1861, I, 590)

** Noch in der Kaiserzeit wurden die folgenden Zeichen gleichzeitig nebeneinander benutzt (vgl. *Corpus Inscriptionum Latinarum* IV, 1251a; X, 39, 1019; VIII, 20978, 21568; XII, 4397). Manche haben den Zusammenbruch des römischen Reiches lange überlebt, da sie sich noch in einer großen Zahl von Büchern des 16. und 17. Jahrhunderts finden.

1000

Φ	(|)	ↀ	ↀ	ↀ	ↀ
CIƆ	cIɔ	⊥	Ψ	⅄	ıǀı
Φ	ↀ	ↀ	∞	∽	ↀ
⋈	⋈	∞	/|\	Φ	ↀ

Diese verschiedenen Zeichen, die in der Folge durch den Buchstaben **M** ersetzt wurden, sind lediglich unterschiedliche Schreibweisen der Ziffer **Φ**, die man vor allem auf einigen Exemplaren des Handabakus findet (*Abb. 87*).

Ebenso benutzten die Römer für die Zahl 500 zunächst eine der drei folgenden Formen, die offensichtlich dem Buchstaben **D** ähneln, durch den sie in der Folge ersetzt wurden, und der einem halbierten ursprünglichen Zeichen für die Zahl 1.000 entspricht (*Abb. 117*)*:

500

Ð	Ð	Ð

Die Ziffer **L** leitet ihren Ursprung unbestreitbar aus dem folgenden Zeichen her, mit dem die Römer zur Zeit der Republik die Fünfzig ausdrückten**: ↓ oder Ψ.

28	XXIIX	CIL I 1319	140	CXL	CIL I 1492
45	X⊥V	CIL I 1996	268	CC⊥XIIX	CIL I 617
69	LXIX	CIL I 594	286	CCXXCVI	CIL I 618
74	LXXIV	CIL I 594	340	CCCX⊥	CIL I 1529
78	LXXIIX	CIL I 594	345	CCCX⊥V	CIL I 1853
79	LXXIX	CIL I 594	1290	∞CCXC	CIL I 1853

Abb. 116: Römische Inschriften aus der Zeit der Republik, die das Prinzip der Subtraktion verdeutlichen. Dieses Prinzip ist jedoch in den sorgfältig ausgeführten Inschriften relativ selten.
(CIL = Corpus Inscriptionum Latinarum 1861 ff.)

* Diese Zeichen findet man manchmal noch in Texten der Kaiserzeit (vgl. *Corpus Inscriptionum Latinarum*, VIII, 2557).

** Dieses Zeichen trifft man noch zuweilen in Texten aus der Zeit des Augustus (27 v. Chr. – 14 n. Chr.; vgl. *Corpus Inscriptionum Latinarum*, IV, 9934)

Zahl	Zeichen	Quelle
1	I	CIL I 638, 1449
2	II	CIL I 638, 744
3	III	CIL I 1471
4	IIII	CIL I 638, 587, 594
5	Λ oder V	CIL I 1449
		CIL I 590, 809, 1449, 1479, 1853
6	VI	CIL I 618
7	VII	CIL I 638
8	VIII	CIL I 698, 1471
9	VIIII	CIL I 594, 590
10	X	CIL I 638, 594, 809, 1449
14	XIIII	CIL I 594
15	XV	CIL I 1479
19	XVIIII	CIL I 809
20	XX	CIL I 638
24	XXIIII	CIL I 1319
26	XXΛI	CIL I 1449
40	XXXX	CIL I 594
50	↓ oder ⊥ oder ⊥ oder Ⅼ oder L	CIL I 214, 411 und 450
		CIL I 1471, 638, 1996
		CIL I 617, 1853
		CIL I 744, 1853
		CIL I 594, 1479 und 1492
51	⊥I	CIL I 638
74	⊥XXIIII	CIL I 638
95	LXXXXV	CIL I 1479
100	C	CIL I 638, 594, 25, 1853
100	Ɔ	CIL VIII 21 701
300	CCC	CIL I 1853
400	CCCC	CIL I 638
500	Ð oder D	CIL I 638, 1533 und 1853
		CIL I 590

Zahl	Zeichen	Quelle
837	ÐCCCXXXVII	CIL I 638
1000	Φ oder Ψ oder ∞ oder ⋈ oder ⋈ oder ʍ oder M	CIL I 1533, 1578, 1853 und 2172
		CIL X 39
		CIL I 594 und 1853
		CIL X 1019
		CIL VI 1251a
		CIL I 593
		CIL I 590
1200	∞CC	CIL I 594
1500	MD	CIL I 590
2000	∞∞	CIL I 594
2320	∞∞CCCXX	CIL I 1853
3700	ΦΦΦÐCC	CIL I 25
5000	ↁ oder I) oder ↁ	CIL X 817
		CIL I 1853 und 1533
		CIL I 2172

Zahl	Zeichen	Quelle
5000	IƆƆƆ	CIL I 590 594
7000	ↁ ΦΦ	CIL I 2172
8670	I)ΦΦΦDCⅬXX	CIL I 1853
10000	((I)) oder ↂ oder CCIƆƆ oder ⩚ oder Ψ	CIL I 1252 198
		CIL I 583
		CIL I 1474
		CIL I 744
		CIL I 1724
12000	ↂ ΦΦ	CIL I 1578
21072	⩚⩚Φ ⅬXXII	CIL I 744
30000	CCIƆƆ CCIƆƆ CCIƆƆ	CIL I 1474
30000	ΨΨΨ	CIL I 1724
50000	IƆƆƆ	CIL I 593
100000	ↈ oder ↈ oder CCCIƆƆƆ	CIL I 801
		CIL I 801
		CIL I 594

Abb. 117: Römische Zahlzeichen in Inschriften aus der Zeit der Republik und des Beginnes der Kaiserzeit. (CIL = Corpus Inscriptionum Latinarum 1861 ff.)

VIAMFECEIABREGIO· AD·CAΓVAM·ET
IN·EA·VIA·ΓONTEIS·OMNEIS·MILIARIOS
TABELARIOSQVE·ΓOSEIVEI·HINCE·SVNT
NOVCERIAM·MEILIA·↓I·CAΓVAM·XXCIIII
MVRANVM·↓XXIIII·COSENTIAM·CXXIII
VALENTIAM·C↓XXX· AD·FRETVM·AD
STATVAM·CCXXXI· REGIVM·CCXXXVII
SVMA·AF·CAΓVA·REGIVM·MEILIA·CCC
ET·EIDEM·ΓRAETOR·IN XXI
SICILIA·FVGITEIVOS·ITALICORVM
CONQVAEISIVEI·REDIDEIQVE
HOMINES·ÐCCCCXVII· EIDEMQVE
ΓRIMVS·FECEI·VT·DE·AGRO·ΓOΓLICO
ARATORIBVS·CEDERENT·ΓAASTORES
FORVM·AEDISQVE·ΓOΓLICAS·HEICFECEI

Abb. 118: Inschrift auf einem Meilenstein, gefunden in Forum Popilii in Lukanien (Provinz Salerno) und ausgestellt im Museo della Civiltà Romana in Rom. Aufgestellt von C. Popilius Laenas, Konsul 172 und 156 v. Chr.
(Corpus Inscriptionum Latinarum 1861, I, 638)

l. 4	↓I	51
l. 4	XXCIIII	84
l. 5	↓XXIIII	74
l. 5	CXXIII	123
l. 6	C↓XXX	180
l. 7	CCXXXI	231
l. 7	CCXXXVII	237
l. 8	CCCXXI	321
l. 12	ÐCCCCXVII	917

Abb. 119: In Abb. 118 vorkommende Zahlzeichen.

Fragwürdige Vorfahren

Nach einer inzwischen allgemein akzeptierten Hypothese sind alle Ziffern griechischen Ursprungs. So hat sich die lateinische Schrift aus der etruskischen entwickelt und diese wiederum direkt aus der hellenischen.* Aus mehreren Gründen ist dabei anzunehmen, daß das etruskische Alphabet aus einem westgriechischen Alphabet entstanden ist.** Das etruskische Alphabet scheint »einem westgriechischen Alphabet auf italischem Boden entliehen worden zu sein, denn die älteste griechische Kolonie, die ein solches Alphabet besaßt – Cumae – geht bis ca. 750 v. Chr. zurück, und ihre Gründung geht dem Aufstieg der etruskischen Kultur ein halbes Jahrhundert voran.« (Bloch 1963, 184)

Aufgrund graphischer Ähnlichkeiten haben Wissenschaftler versucht nachzuweisen, daß die alten lateinischen Zeichen für 50, 100 und 1.000 aus den folgenden

* Die Etrusker, deren nicht indoeuropäische Abstammung und Sprache noch nicht hinreichend erforscht sind, beherrschten vom 7. bis zum 4. Jahrhundert v. Chr. Italien vom Po bis nach Kampanien. Sie wurden während der römischen Kaiserzeit vollständig von ihren Besiegern assimiliert.

** Die ursprünglichen griechischen Alphabete können in zwei Gruppen eingeteilt werden:
- *die westgriechischen Alphabete* (z.B. das chalkidische) ordnen dem Buchstaben Ψ, ↓ bzw. ⋎ den Lautwert »Kh« zu;
- *die ostgriechischen Alphabete* (z.B. das miletische oder das korinthische) ordnen diesem Buchstaben den Laut »Ps« zu; »Kh« wird durch + oder X wiedergegeben.

Buchstaben des chalkidischen Alphabets hervorgegangen seien, einem westgriechischen Alphabet, das in den griechischen Kolonien Siziliens in Gebrauch war:

KHI : Ψ ou ↓ oder Ψ
THETA : ⊞ oder ⊕ oder ⊖ oder ⊖
PHI : Φ oder ⦶ oder ⦶

Diese Buchstaben hatten in der etruskischen und der lateinischen Sprache keine lautliche Entsprechung; in der Folge werden sie den graphischen Formen der bekannten lateinischen Buchstaben angeglichen. Der griechische Buchstabe *Theta* (ursprünglich ⊞ oder ⊕ , später ⊖ oder ⊖) wäre demnach unter dem Einfluß des Anfangsbuchstabens des lateinischen Wortes *centum* nach und nach zum **C** geworden.

Die Hypothese, daß die römischen Zahlen **L, C** und **M** griechischen Ursprungs sind, wird noch heute von zahlreichen Latinisten, Gräzisten, Epigraphikern und Historikern vertreten. Trotzdem spricht vieles gegen diese Ansicht. Aus welchem Grunde hätte man in das römische System drei fremde Zeichen einführen sollen, und nur diese drei und keine anderen? Und warum Buchstaben des Alphabets? Aber die Griechen haben tatsächlich häufig Buchstaben des Alphabets als Zahlzeichen verwendet.

Dabei lassen sich zwei Arten von Zahlzeichen unterscheiden:
- *Bei der einen Art entsprach das Zahlzeichen dem Anfangsbuchstaben der Zahlennamen;* so steht der Buchstabe Δ – *Delta* – für die Zahl Zehn, griechisch Δεκα *(Deka).* Der Buchstabe X – *Chi* – ist der Anfangsbuchstaben des griechischen Zahlwortes Χιλιοι – *Chilioi* –, das tausend bedeutet.
- *In einem zweiten System entspricht jeder Buchstabe des Alphabets einer Zahl:*

A	Alpha	1	I	Iota	10	P	Rho	100
B	Beta	2	K	Kappa	20	Σ	Sigma	200
Γ	Gamma	3	Λ	Lambda	30	T	Tau	300
Δ	Delta	4	M	My	40	Y	Ypsilon	400
E	Epsilon	5	N	Ny	50	Φ	Phi	500
....			Ξ	Xi	60	X	Chi	600
H	Eta	8	O	Omikron	70	Ψ	Psi	700
Θ	Theta	9	....			Ω	Omega	800

Aber diese Systeme sind erst seit dem fünften Jahrhundert v. Chr. in der griechischen Welt nachweisbar. Darüber hinaus steht der Buchstabe *Chi,* der der lateinischen Ziffer für 50 zugrunde liegen soll, im einen Bezifferungssystem für 1.000 und im anderen für 600; dem Buchstaben *Theta,* der in der griechischen Zahlschrift für 9 steht, wird dagegen im Lateinischen die Zahl 100 zugeordnet. Schließlich soll der griechische Buchstabe *Phi,* der ursprünglich für 500 steht, den Ursprung des römischen Zahlzeichens für 1.000 darstellen. Diese Widersprüchlichkeiten vermag niemand zu erklären.

Zwar stimmen die graphischen Formen der ursprünglichen römischen Ziffern für 50 und 1.000 mit den chalkidischen Buchstaben *Chi* und *Phi* überein, aber könnte das nicht eine zufällige Ähnlichkeit sein?

Und wenn die Römer in ihrer Zahlschrift 50 und 100 tatsächlich mit den griechischen Buchstaben:

CHI: Ψ oder Ψ oder ↓

und THETA: ⊕ oder ⊖ oder G

dargestellt hätten, müßten die etruskischen Zeichen aus derselben Quelle stammen. Aber diese hatten eine ganz andere Form (*Abb. 120*):

50: ⋔ oder ↑

100: ✱ oder)✱(

Die ursprünglichen Hypothesen zum Ursprung der römischen Ziffern können somit kaum noch aufrechterhalten werden, obgleich nach wie vor ein Teil der Forschung daran festhält.

Dagegen existiert inzwischen eine zweite Hypothese, die auf Gerschel (1960; 1962a; b; c) zurückgeht und durch zahlreiche Beobachtungen gestützt wird.

1	I	CIE 5710
2	II	CIE 5708 TLE 26
3	III	CIE 5741
4	IIII	CIE 5748
5	Λ oder ∩	CIE 5705, 5706, 5683, 5677, 5741
		ACII, Tafel IV Nr. 114
6	IΛ ←	CIE 5700
7	IIΛ ←	CIE 5635
8	III∩ ←	ACII, Tafel IV Nr. 114
9	IIIIΛ ←	CIE 5673
10	X oder X oder +	CIE 5683, 5741, 5710 5748, 5695, 5763, 5797 5707, 5711, 5834
		CIE 5689 & 5677
		TLE 126
19	XIX	CIE 5797
36	IΛXXX ←	CIE 5683
38	IIIΛXXX ←	CIE 5741
38	XIIXXX ←	CIE 5707
42	IIX XXX ←	CIE 5710
44	IIIIXXXX ←	CIE 5748
50	↑ oder ⋔ oder ↑	CIE 5708, 5695, 5705, 5706, 5677, 5763
		BUON, 245
52	II↑ ←	CIE 5708
55	Λ↑ ←	CIE 5705, 5706
60	X↑ ←	CIE 5695
75	ΛX·X↑ ←	CIE 5677
82	II+++↑ ←	TLE 26
86	IIIIIIXXX↑ ←	CIE 5763
100	✱ oder ✱ oder)✱(	ACII, Tafel IV Nr. 114
		BUON, 473
106	IΛ✱ ←	SE, 473

Abb. 120: Zahlzeichen auf etruskischen Inschriften.
Abkürzungen: ACII = Gamurrini 1880; CIE = Corpus Inscriptionum Etruscarum 1970; BUON = Buonamici 1932; SE = Studi Etruschi 1965; TLE = Testimonia Linguae Etruscae 1968.

Der Ursprung der römischen Ziffern

Es gibt inzwischen keine Zweifel mehr, daß die Ziffern **I**, **V** und **X** die ältesten römischen Zahlzeichen sind; sie sind vor dem Alphabet und damit noch vor der Schrift entstanden (Gerschel 1960).

Um ihre Entstehung nachvollziehen zu können, soll zunächst eine Bestandsaufnahme der Zeichen für die Zahlen 1 bis 9 in den unterschiedlichen Kulturen durchgeführt werden:

A. SUMERER

1. URSPRÜNGLICHE ZIFFERN*

	oder	oder	oder	oder	oder	oder	oder	oder
1	2	3	4	5	6	7	8	9

2. KEILSCHRIFT-ZIFFERN

				oder				
1	2	3	4	5	6	7	8	9

B. AZTEKEN

Codex Telleriano Remensis (1899)

				oder	oder	oder	oder	
1	2	3	4	5	6	7	8	9

* Deimel 1924; Falkenstein 1936; Powell 1972; Thureau-Dangin 1932.

C. ÄGYPTER
HIEROGLYPHEN-ZIFFERN*

1	2	3	4	5	6	7	8	9

D. KRETER
KYPROMINOISCHE und KRETISCH-MYKENISCHE ZIFFERN**
Hieroglyphen-Ziffern

1	2	3	4	5	6	7	8	9

Strichziffern

1	2	3	4	5	6	7	8	9

E. HETHITER
HIEROGLYPHEN-ZIFFERN***

1	2	3	4	5	6	7	8	9

* Gardiner 1950; Guitel 1975; Lefebvre 1956; Sethe 1916.
** Evans 1909/52; 1921/36; Ventris/Chadwick 1956.
*** Laroche 1960

F. INDER
URSPRÜNGLICHE INDISCHE ZIFFERN*

|	||	|||	|||| oder || ||	||||| oder ||| ||	|||||| oder ||| |||	||||||| oder |||| |||	|||| ||||	||||| |||| oder ||| ||| |||
1	2	3	4	5	6	7	8	9

G. GRIECHEN
1. INSCHRIFTEN AUS EPIDAURUS, ARGOS UND NEMEA**

•	••	•••	•••• oder •• ••	••• ••	••• •••	•••• •••	•••• ••••	••••• •••• oder ••• ••• •••
1	2	3	4	5	6	7	8	9

2. INSCHRIFTEN AUS TROIZEN, DER CHALKIDIKE UND DEM TAURISCHEN CHERSONES

(	((	(((	((((	Γ*** oder Π***	Γ(oder Π(	Γ((oder Π((	Γ(((oder Π(((	Γ((((oder Π((((
1	2	3	4	5	6	7	8	9

3. INSCHRIFTEN AUS ATTIKA, THEBEN, ORCHOMENOS UND KARYSTOS

I	II	III	IIII	Γ***	ΓI	ΓII	ΓIII	ΓIIII
1	2	3	4	5	6	7	8	9

* Marschall 1931; Mackay 1936; 1937/38; Parpola et al. 1969.
** Tod 1911/12; 1913; 1926/27; 1936/37.
*** π (Pi), Anfangsbuchstabe des Worts πENTE, »fünf«.

H. MINÄER UND SABÄER
(ANTIKES SÜDARABIEN)*

I	II	III	IIII	𐩭 **	𐩭I →	𐩭II →	𐩭III →	𐩭IIII →
1	2	3	4	5	6	7	8	9

I. LYKIER
(KLEINASIEN)***

I	II	III	IIII	∠	∠I →	∠II →	∠III →	∠IIII →
1	2	3	4	5	6	7	8	9

J. MAYA****

•	••	•••	••••	—	• —	•• —	••• —	•••• —
1	2	3	4	5	6	7	8	9

Aus den vorangegangenen Tafeln geht hervor, daß die Völker, die die ganzen Zahlen durch ebensoviele Striche, Punkte oder Kreise dargestellt haben, damit bei vier einhielten, weil niemand mit einem einzigen Blick mehr als vier aneinandergereihte Striche lesen konnte.

Um Zahlen über vier sofort erfassen zu können, wurden die Zeichen verdoppelt oder in Dreier- oder Vierergruppen gebündelt.

Die Ägypter, die Kreter, die Hethiter und die Inder benützten Ziffern, bei denen bis zu vier Striche nebeneinandergestellt wurden; von fünf bis acht werden die ersten vier Zeichen verdoppelt, danach werden drei Gruppen von Strichen gebildet:

I	II	III	IIII	III II	III III	IIII III	IIII IIII	IIIII IIII	oder	III III III
1	2	3	4	5	6	7	8		9	
				3+2	3+3	4+3	4+4	5+4		3+3+3

»Die unterschiedlichen Darstellungen deuten auf die schrittweise Entwicklung der Zahl hin: **I, II, III, IIII** waren die ursprünglichen Ziffern. Dann fand man das Prinzip der Verdoppelung für die Bildung der Zahlen von fünf bis acht, die auf diesem Wege ›entdeckt‹ worden sind. Gleichzeitig entwickeln sich für die Zahlen zwei, drei

* Cohen 1958; Fevrier 1948; Höfner 1943.

** 𐩭 (Kha) ist der Anfangsbuchstabe von 𐩭𐩣𐩪𐩩 → (Khamsat), »fünf«.

*** Bryce 1976; Friedrich 1932; Shafer 1950.

**** Guitel 1975; Menninger 1957/58; Pott 1847; Thompson 1960.

und vier verschiedene Darstellungsmöglichkeiten: II oder $\genfrac{}{}{0pt}{}{I}{I}$, III oder $\genfrac{}{}{0pt}{}{II}{I}$, IIII oder $\genfrac{}{}{0pt}{}{II}{II}$.« (Gerschel 1962a, 702) Das ist bei den ur-elamischen Ziffern und den persepolitanischen Keilschriften (altpersische Ziffern; Brandenstein/Mayrhofer 1964, 20; Kent 1953; s. oben A 2) der Fall. Andere Völker, die ähnliche Ziffern verwandten, benutzten die Dreierbündelung:

PHÖNIZIER

1	2	3	4	5	6	7	8	9

WESTARAMÄER
PAPYRUS VON ELEPHANTINE

1	2	3	4	5	6	7	8	9

ASSYRER/BABYLONIER

1	2	3	4	5	6	7	8	9

Die Griechen, die Sabäer, die Lykier, die Maya, die Palmyrener, die Etrusker oder die Römer benutzten für die Fünf ein eigenes Zeichen und verwandten von sechs bis neun das Quinärsystem (s. oben G bis J), was vermutlich auf das Zählen mit den Fingern zurückzuführen ist.

Hier findet man also die Bestätigung dafür, daß *die menschliche Fähigkeit zur unmittelbaren Wahrnehmung von Zahlen bzw. von konketen Quantitäten sehr selten über die Zahl Vier hinausgeht.* Darüber hinaus scheint unsere Wahrnehmungsfähigkeit getrübt, so daß wir uns mit dem abstrakten Zählen behelfen müssen.

Aufgrund dieser Ausführungen kann der Ursprung der römischen Ziffern **I, V** und **X** folgendermaßen erklärt werden: Erinnern wir uns, daß ursprünglich Dinge und Gegenstände anhand von Kerben in Knochen oder Holzstücken gezählt wurden, wobei jedem der zu zählenden Dinge eine Kerbe zugeordnet wurde.

Stellen wir uns nun einen Hirten vor, der sich zum Abzählen seiner Herde einzig und allein auf seine naturgegebene Fähigkeit der Zahlenwahrnehmung stützen muß – und dabei eben über vier nicht hinauskommt.*

Wenn er mit Kerben in Knochen oder Holz zählt, wirft sich die Frage auf, wie er mehr als vier Kerben darstellt, um sie mit einem Blick erfassen zu können. Die

* Niemand, und sei er noch so gebildet, kann 5 (IIIII), 6 (IIIIII), 7 (IIIIIII) oder mehr Striche auf Anhieb zahlenmäßig erfassen.

Antwort ist einfach: Sobald er vier gleiche Striche eingeritzt hat, wird er die Form oder die Stellung des fünften Striches verändern, damit die Reihe der Striche noch »lesbar« bleibt. Entsprechen die folgenden Striche in Form und Stellung wieder den ersten vier, so steht der fünfte auch allein für die Zahl Fünf (Gerschel 1960). Der Hirte hat damit eine neue Zahleneinheit entwickelt, die ihm umso vertrauter sein wird, als sie genau der Anzahl der Finger einer Hand entspricht. Er kann nun mit Zahlen, die vier nicht überschreiten, bis neun zählen: 5 + 1, 5 + 2, 5 + 3 und 5 + 4.

Zur Darstellung der Zehn (oder der »fünften« Zahl nach fünf) wird er eine Kerbe machen müssen, die sich in ihrer Form von den vier vorangehenden unterscheidet. Er könnte natürlich wieder das Zeichen für die Fünf benützen, aber da es sich nun um die Gesamtzahl der Finger seiner beiden Hände handelt, wird er versuchen, für die Zehn irgendwie das Doppelte der Kerbe für fünf zu verwenden. Er markiert damit einen neuen Abschnitt, der mit der Zählung mit den Fingern beider Hände übereinstimmt.

Der Hirte zählt danach mit den gewöhnlichen Kerben bis vierzehn; um die fünfzehnte von den vier vorangegangenen zu unterscheiden, wird er die Kerbe für *fünf* noch einmal benutzen und kein neues Zeichen erfinden, da diese Zahl der ersten Hand entspricht, die auf »zwei Hände« folgt. Von hier aus zählt er bis neunzehn und verwendet für die folgende Zahl erneut das Zeichen für zehn – »zwei Hände« nach den »zwei Händen« und so weiter bis 49. Nun muß er ein neues Zeichen für die Fünfzig entwickeln, da er ja nur vier gleiche Zeichen, in diesem Falle die Zeichen für die Zehn, wahrnehmen kann. Dieses neue Zeichen wird es ihm dann ermöglichen, alle Zahlen zwischen 50 und 50 + 49 = 99 darzustellen – wenn sein Knochen oder sein Holzstück zu kurz ist, kann er einfach ein zweites mit hinzunehmen. Für 100 wird er wiederum ein neues Zeichen schaffen – vielleicht durch Verdoppelung der Kerbe für 50 –, womit er bis 499 zählen kann. Ein neues Zeichen für 500 ermöglicht das Zählen bis 500 + 499 = 999, ein weiteres für 1.000 bis 4.999 usw. Die Zählung bildet mit den Zahlen 1, 5, 10, 50, 100, 500 und 1.000 usw. Abschnitte, die die regelmäßige Entwicklung des Systems gestatten, ohne daß jemals mehr als vier aufeinanderfolgende Zeichen gleicher Art verwendet werden müssen.

»Der Grund für die Entstehung dieses Verfahrens liegt auf der Hand: Die Kerben geben ihrem Benutzer die Möglichkeit, relativ hohe Zahlen zu erreichen, praktisch alle Zahlen, die er überhaupt braucht, ohne daß er jemals mehr als vier gleichartige Zeichen abzählen muß. Auf diese Weise hat er die Möglichkeit, obwohl er ›nur bis vier zählen kann‹, eine Menge mit fünfzig oder hundert Elementen zahlenmäßig zu erfassen. Die Kerben sind so etwas wie der Hebel, mit dem der Mensch einen schweren Stein heben kann, obwohl dessen Gewicht doch bei weitem seine körperliche Leistungsfähigkeit überschreitet.« (Gerschel 1962b, 130)

Aber welche Zeichen soll man nun auf das Kerbholz machen? In Holz oder Knochen zu schnitzen, bringt überall die gleichen Schwierigkeiten und so auch die gleichen Ergebnissen mit sich – in Ozeanien, Europa, Afrika, Amerika oder Asien (*Abb. 121*).

Ein ganz einfacher Versuch, den jeder nachvollziehen kann, beweist diese Tatsache: »Nehmen wir z.B. ein Lineal aus weichem Holz als Kerbholz. Nachdem wir mit dem Messer einen Strich gezogen haben, versuchen wir, ihn zu vertiefen, indem wir Druck auf die Schneide ausüben, damit sie tiefer in das Holz eindringt, wobei sie

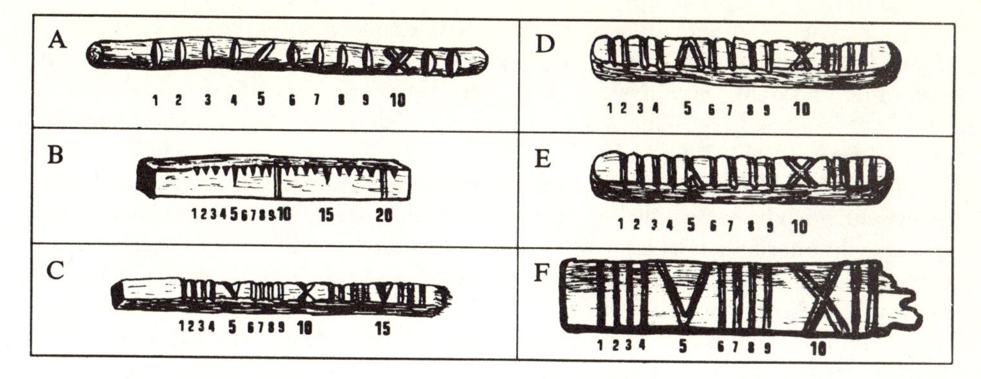

Abb. 121: Jeder Benutzer des Kerbholzes wird die Zahlen 1, 5, 10, 15 usw. in einer dieser Formen darstellen.

gleichzeitig bewegt wird. Dabei entsteht unter der Schneide ein fester Drehpunkt, um den ihre Spitze einen kleinen Bogen beschreibt; die Kerbe hat dann die Form eines spitzen Winkels, eines V, dessen Spitze gegen den Schneidenden zeigt. Wenn man die Kerbe auf der gegenüberliegenden Seite erweitern will, dreht man das Lineal so um, daß die offene Seite des V auf den Schneidenden zeigt. Nun macht das Messer ein neues V, umgekehrt zum ersten, so daß man eine Kerbe mit zwei symmetrischen Erweiterungen erhält, die die Form eines X hat.« (Gerschel 1962b, 143 f.)

Man stößt also immer auf dieselben Zeichen: I, V oder Λ, X oder +. Und wenn man in dieser Weise fortfährt, erhält man eine Zahlschrift, die der etruskischen und der römischen zumindest ähnlich ist. Die römischen Zahlen I, V und X und die etruskischen Zahlen I, Λ und X (oder +) könnten also ganz einfach aus der alten Benutzung des Kerbholzes stammen, das die Ahnen oder Vorläufer der italischen Völker schon mehrere Jahrhunderte vor der Entwicklung der Zahlschrift gekannt haben. Diese Hypothese scheint so plausibel, daß man sie selbst dann akzeptieren könnte, wenn es keinerlei Belege dafür gäbe. Aber es gibt solche Beweise in nicht geringer Zahl.

Ein verräterischer Ausdruck

Das lateinische Vokabular des Zählens spielt offensichtlich auf den Gebrauch der primitiven Zähltechnik an.

Auf Lateinisch heißt »zählen« *rationem putare.** Nun hat der Ausdruck *ratio* nicht nur die Bedeutung »Zählung«**, sondern heißt auch »Verhältnis, Beziehung«.***

* Von einem seiner Zeitgenossen schrieb Plautus folgendes: *postquam comedit rem, post rationem putat* (»Und jetzt, nachdem er sein Hab und Gut verfressen hat, stellt er Zählungen damit an!«; zit. n. Gerschel 1960, 387).

** Man findet ein Beispiel dieser Bedeutung bei Cicero: *Auri ratio constat; aurum in aerario est* (»Die Zählung des Goldes stimmt; das Gold befindet sich im Staatsschatz«; zit. n. Gerschel 1960, 387).

*** Ein Beispiel für *ratio* im Sinne von »rechnerischem Verhältnis« ist durch den Ausdruck *pro ratione* gegeben, den z.B. Cato benützt (Yon 1933; Gerschel 1960, 386 f.). Das gleiche Wort wird im Sinne von »architektonischem Verhältnis« bei Vitruv verwandt (Yon 1933; Gerschel 1960, 386 f.).

Dies könnte vielleicht deshalb so sein, weil sich bei den Römern dieses Wort ursprünglich auf das Einkerben bezogen hat, wo beim Zählen eben ein Element einem anderen zugeordnet und damit eine *Beziehung* oder ein *Verhältnis* zwischen den Kerben und den Gegenständen hergestellt wird; Gerschel hat dies mit zahlreichen Beispielen belegt (Gerschel 1960, 386 ff.).

Das Wort *putare* bedeutet »im eigentlichen Sinne fortnehmen, wegnehmen durch Herausschneiden bzw. Ausschaben dessen, was an einer bestimmten Sache überflüssig ist, was nicht unerläßlich ist oder was als für eine Sache schädlich oder ihr gegenüber fremd ist – wobei man aber das übrig läßt, was als nützlich und frei von Mängeln erscheint. Das Wort wird aber in der Praxis vor allem dann gebraucht, wenn es sich darum handelt, einen Baum zu beschneiden, zu entasten. Daher der Ausdruck ›eine Rechnung bereinigen‹ oder ›eine Rechnung durch Beschneidung begleichen‹. (...) Im Vorgang des Zählens – *rationem putare* – steht das Wort *ratio* für die Darstellung jedes Gegenstandes, der zu zählen ist, durch einen entsprechenden Strich, und die durch *putare* beschriebene Handlung besteht darin, mit einem Messer eine Kerbe in ein Stück Holz als Umsetzung dieses Striches zu schneiden. Es werden soviele Kerben in das Holz *geschnitten,* wie es Dinge zu zählen gibt. Es werden dabei kleine Stücke aus dem Holz herausgeschabt, wie es der Bedeutung von *putare* entspricht. *Ratio* ist das Denken, das jeden Gegenstand mit einem Strich in Beziehung setzt, und *putare* die Hand, die den Strich in das Holz schneidet.« (Gerschel 1960, 390 f.)

Ethnographische und historische Zeugnisse

Eine weitere Bestätigung dieser Hypothese sind Kerben, die die dalmatinischen Hirten seit unvordenklichen Zeiten verwenden (Škarpa 1934). In einem dieser Systeme wird die Eins durch eine kleine Kerbe, die Zahl Fünf durch eine etwas größere und die Zahl Zehn durch einen Strich, der erheblich länger ist als die anderen, dargestellt.

Ein anderes System der dalmatinischen Hirten besteht aus der Darstellung der Eins durch eine senkrechte Kerbe, der Zahl Fünf durch eine schräge und der Zehn

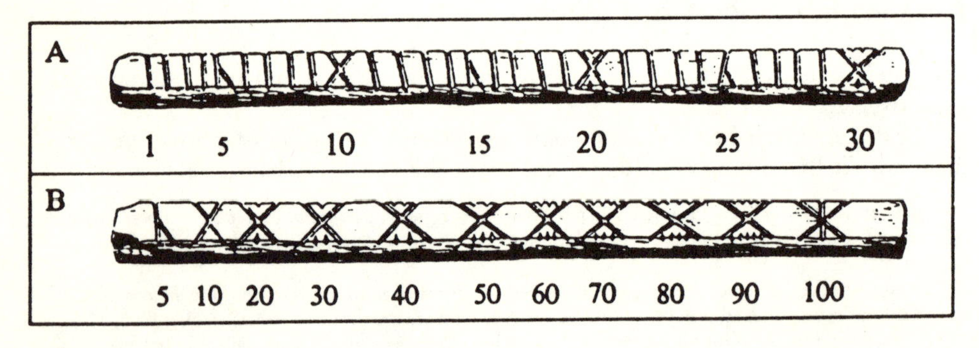

Abb. 122: Kerbhölzer dalmatinischer Hirten.
(Škarpa 1934, Tab. II)

Abb. 123: Etruskische Münzen des 5. vorchristlichen Jahrhunderts mit den Ziffern Λ *und* **X**.
5 10

(Sammlung Landesmuseum Darmstadt; vgl. Menninger 1957/58, II, 48)

Abb. 124: Fragment einer etruskischen Inschrift mit folgenden Angaben: 160 X↑Ж, 213 IIIΛЖЖ, 15 ΛẊ
(Vgl. Gamurrini 1880, Tafel IV, Nr. 114)

durch ein Kreuz. Ein drittes System besteht schließlich aus den folgenden Zeichen (*Abb. 122 A*):

I Λ X
1 5 10

Diese Ziffern sind den römischen und etruskischen sehr ähnlich, zumal die Zahl 100 durch folgendes Zeichen dargestellt wird:

Diese Ziffer entspricht dem etruskischen Zeichen für 100 (*Abb. 124*).

Man kann sich nun fragen, weshalb die dalmatinischen Hirten zwar diese Ziffer für die Hundert benutzt haben, nicht jedoch ihre »Hälfte« für 50, wie dies z.B. bei den Etruskern der Fall war (*Abb. 120*).

Aber in diesem Bezifferungssystem werden den Zehnern von 20 bis 90 kleine Kerben am unteren und oberen Rand des Kerbholzes hinzugefügt, deren Summe der Anzahl der Zehner entspricht:

1 1 2 2 3 3 4 4

1 2 2 3 3 4 4 5

10	20	30	40	50	60	70	80	90

Innerhalb dieses Systems ist ein eigenes Zeichen für 50 überflüssig. So wird ein Hirte die Anzahl der Tiere seiner Herde – die aus 83 Milchkühen und 77 trockenstehenden besteht – in folgender Weise notieren:

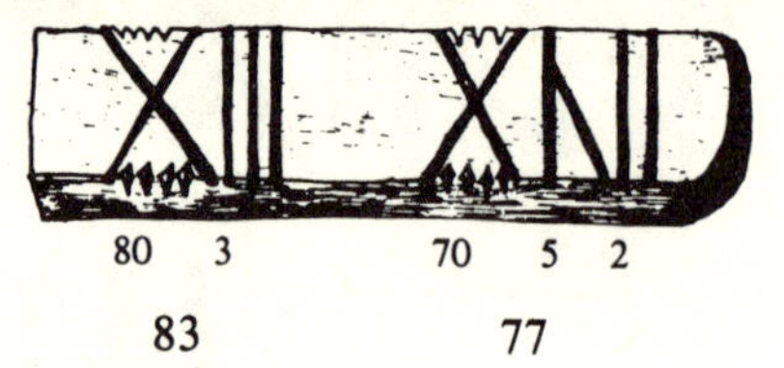

Schließlich verwendeten die dalmatinischen Hirten noch folgendes Bezifferungssystem (*Abb. 125*):

Die Einführung des Zeichens N für 50 scheint naheliegend, da der Ziffer 5 nur ein senkrechter Strich hinzugefügt wurde, in derselben Art, wie die Ziffer 100 im oben beschriebenen System durch einen zusätzlichen Strich zur Ziffer 10 – X – entstanden war (*Abb. 122*).

Entsprechende Ziffern findet man auch in Nordtirol und in den Schweizer Alpen.* So trifft man sie in Saanen auf Kerbhölzern der Bauern an, die damit Doppelzählungen festhielten (*Abb. 126*), in Ulrichen auf Hölzern, die früher zur Abrechnung der Milchmenge verwendet wurden, und in Visperterminen auf den berühmten Kapitaltesseln, wo die den Bürgern von der Gemeinde oder von kirchlichen Stiftungen geliehenen Beträge durch folgende Ziffern festgehalten wurden (Gmür 1917; Menninger 1957/58, II, 38 f.):

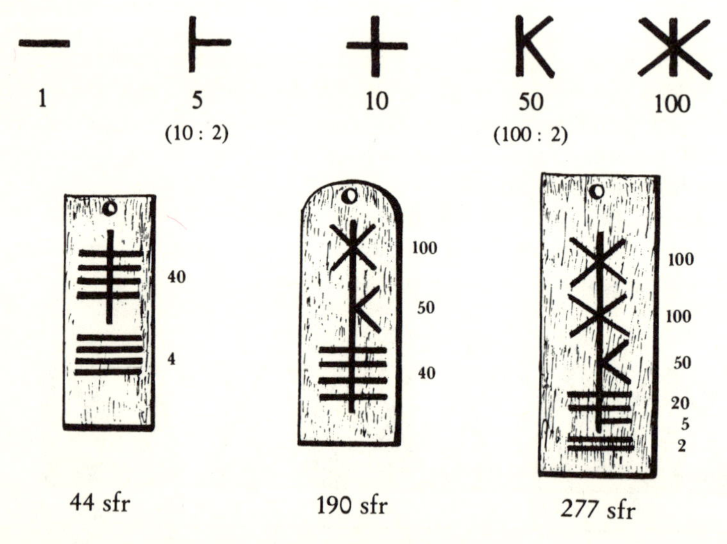

* Gerschel 1962c; Gmür 1917; Meyer 1905; Stebler 1897; 1907.

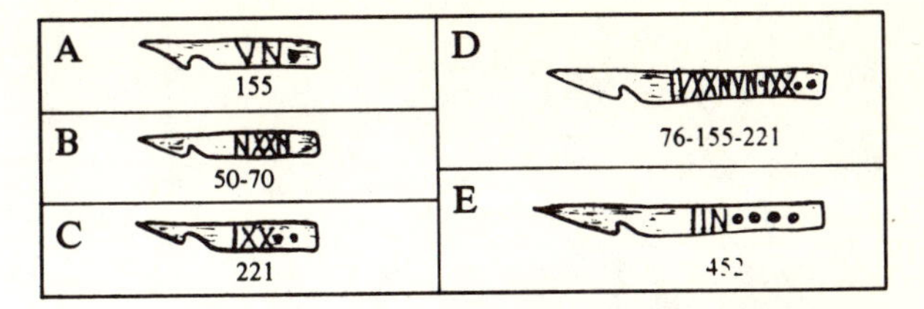

Abb. 125: Kerbhölzer dalmatinischer Hirten. (Škarpa 1934, Tab. IV)

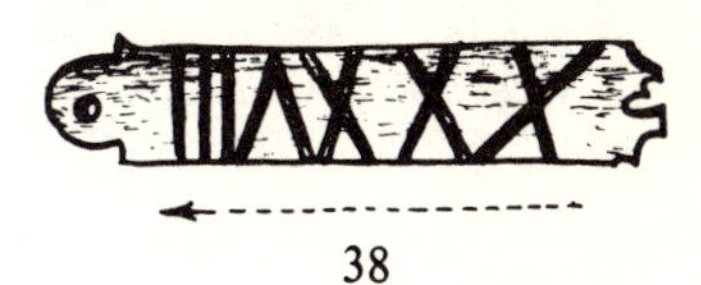

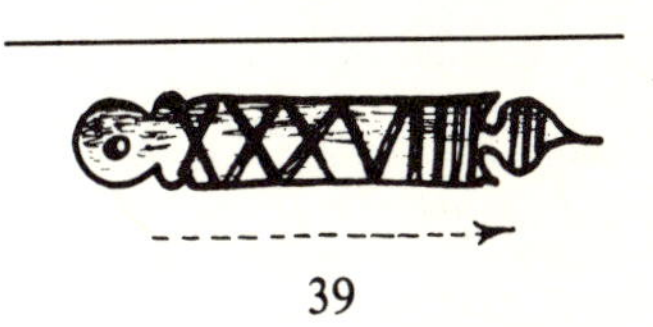

Abb. 126: Kerbhölzer Schweizer Hirten. (Beide Kerbhölzer wurden in Saanen (Kanton Bern) gefunden; Ende 18. Jh.; Museum für Völkerkunde Basel; vgl. Gmür 1917)

Ein weiteres Zeugnis liefern uns bizarre Zahlzeichen, die man auf hölzernen Kalendertafeln und -stöcken gefunden hat; sie waren seit dem Ende des Mittelalters bis ins 17. Jahrhundert in England, Deutschland, Österreich und Skandinavien in Gebrauch (*vgl. Abb. 127–129*).*

Abgesehen von einigen graphischen Varianten geben alle diese Kalendertafeln die *Goldene Zahl*** durch folgende Ziffernreihen an (*Abb. 127, 128*; Schnippel 1926):

1 2 3 4	5	6 7 8 9	10	11 12 13 14	15	16 17 18 19

In den englischen *Clog-Almanacks* der Renaissance werden folgende Ziffern verwandt (*Abb. 129*):

1 2 3 4	5	6 7 8 9	10	11 12 13 14	15	16 17 18 19	20	21 22

* Gerschel 1962b; Grotefend 1898; Lithberg 1953; Riegl 1888; Schnippel 1926.
** Sie gibt die Dauer des *Metonischen Zyklus* an, der einen Zeitraum von 19 Jahren umfaßt.

Abb. 127: »Seite« eines Holzkalenders von 1526.
(Figdorsche Sammlung, Wien, Nr. 799; vgl. Riegl 1888, Tafel I)

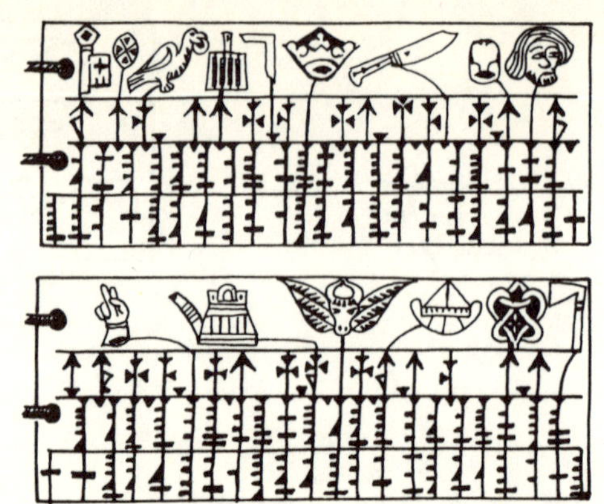

Abb. 128: Zwei »Seiten« eines Tiroler Holzkalenders aus dem 15. Jahrhundert.
(Figdorsche Sammlung, Wien, Nr. 800; vgl. Riegl 1888, Tafel V)

Schließlich haben die in den skandinavischen Runenkalendern auftretenden Ziffern folgende Grundform (Lithberg 1953):

· : ⁝ ⁞	>	>>>> · : ⁝ ⁞	+	++++ · : ⁝ ⁞	+ >	++++ >>>> · : ⁝ ⁞	+ +	++ ++ · :
1 2 3 4	5	6 7 8 9	10	11 12 13 14	15	16 17 18 19	20	21 22

Diese Ziffern erscheinen zwar auf den ersten Blick sehr unterschiedlich; bei näherer Betrachtung ergibt sich aber, daß sie alle auf Kerbzahlen zurückgehen, deren Formen für die Zahlen 1, 5 und 10 den römischen Ziffern I, V und X und den etruskischen I, Λ und +/X sehr ähnlich waren.

Schließlich sei noch ein Beleg für diese Hypothese angeführt, der besonders aussagekräftig ist, da in diesem Fall jede Verbindung zur römischen Kultur fehlt. Die Zuni, Pueblo-Indianer, die in Neumexiko an der Grenze zu Arizona leben, und deren präkolumbianischer Ursprung erwiesen ist, verwandten noch im letzten Jahrhundert Wasserhölzer, auf denen sie Ziffern festhielten, die den römischen entsprechen (Cu-

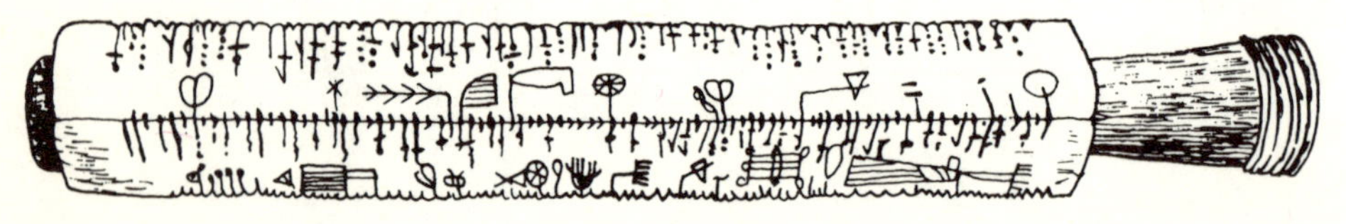

Abb. 129: Englischer Clog Almanack (Kalenderstab) aus der Renaissance.
(Vgl. Schnippel 1926, Tafel IIIa; Ashmolean Museum, Oxford, Clog C)

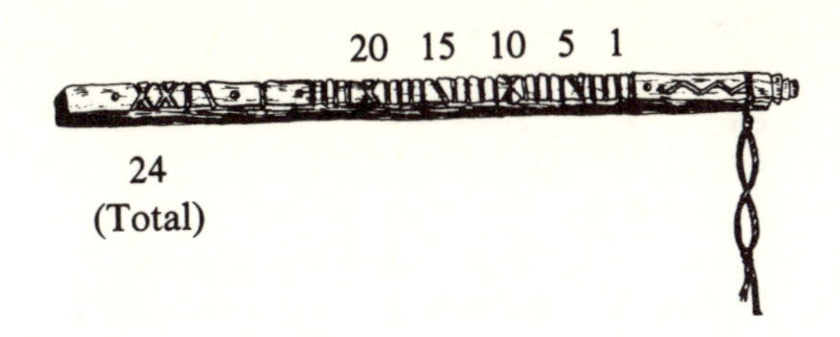

Abb. 130: Wasserholz der Zuni Neumexikos. Die auf dem Kerbholz von rechts nach links durchgeführte Zählung ergibt die Zahl 24, die am anderen Ende durch XXΙΛ dargestellt wird, was an die römische Darstellungsform – XXIV – erinnert, in der das Prinzip der Subtraktion gebraucht wird. (Vgl. Cushing 1892, Abb. 21)

shing 1892). Eine einfache Kerbe stand für 1, eine etwas tiefere Kerbe in Form eines V oder eine schräge Kerbe für 5 und eine Ziffer in Form eines X für 10 (*Abb. 130*).

Nunmehr ist wohl kein Zweifel mehr gestattet: *Die römischen und die etruskischen Ziffern, die man in dieser Form und Bedeutung auch in anderen Regionen der Erde findet, leiten sich direkt vom Gebrauch des Kerbholzes ab.*

Damit kann die folgende Hypothese als gesichert betrachtet werden: Die Menschen, die lange vor den Etruskern und den Römern auf italischem Boden lebten, haben seit dem frühesten Altertum und vielleicht sogar schon in prähistorischer Zeit die Technik der Einkerbung benutzt, ebenso wie die Zuni und die dalmatinischen Hirten. Dabei haben sie zwangsläufig folgende Ziffern entwickelt:

1 I

5 / oder \ oder Λ oder > oder V oder < oder ⋋ Ⲗ

10 X oder Ⲭ oder ⋎ oder ✝ oder ⨯

Die folgenden Zeichen entstanden dann durch Hinzufügung einer senkrechten Kerbe zu den Zeichen V und X:

50 ⩗ oder ѱ oder ⩚ oder VI

100 ⊗ oder ✳ oder ⋈

Als Erben einer alten Tradition haben die Etrusker und die Römer von diesen Zeichen nur folgende Formen übernommen (*Abb. 116, 120*):

ETRUSKER		RÖMER	
1	I	I	1
5	Λ	V	5
10	X oder ⋎ oder +	X	10
50	⩚	ѱ	50
100	✳	(✳)	100

Die Zahl 1.000 wurde durch folgende Ziffern bezeichnet*:

⊠ oder ⊗ oder ⊕

Wir können nunmehr ohne Schwierigkeit den Ursprung der römischen Zahlzeichen für 50, 100, 500 und 1.000 rekonstruieren. Das auf dem Kerbholz der Zahl 50 zugeordnete Zeichen hat sich schrittweise so verändert, daß es schließlich bei den Römern dem Buchstaben L glich (*Abb. 116*):

Ѱ → ↓ → ⫝ → ⊥ → ⊥ → L

Das Zeichen für 1.000, von dem sich die alte römische Ziffer D = 500 herleitet, hat sich wohl zu der Form Φ hin entwickelt, die den Ausgangspunkt aller römischen Varianten für 1.000 bildet, bis sie unter dem Einfluß des Anfangsbuchstabens des Wortes *Mille* durch ein M ersetzt wurde:

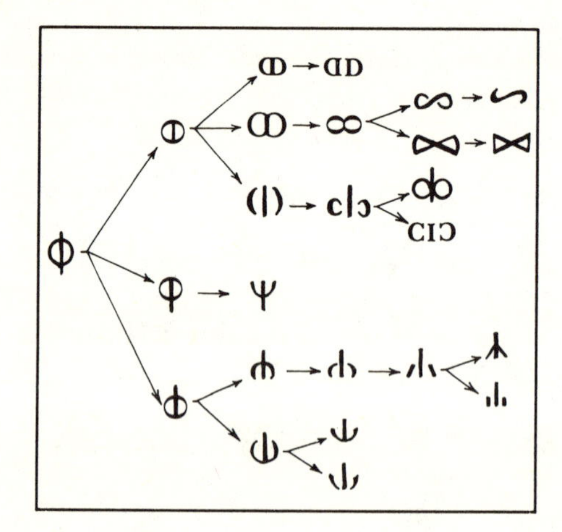

Die ursprüngliche Form der Ziffer für 100 muß sich zum folgenden Zeichen hin entwickelt haben, das tatsächlich für die Etrusker belegt ist:

* Diese Hypothese findet ihre Begründung in einer etruskischen *Gemme*, die einen Mann darstellt, der auf einem Zählbrett mit Hilfe kleiner Kieselsteine rechnet und dabei in der linken Hand ein Rechenbuch hält, in dem ziemlich deutlich die etruskischen Ziffern zu erkennen sind. (Diese Gemme befindet sich im Medaillenkabinett der Bibliothèque Nationale in Paris; vgl. Chabouillet 1858, Nr. 1.898). Überdies bildet die ursprüngliche Form der römischen Ziffer für 500 nichts anderes als die Hälfte eines dieser Zeichen (Abb. 116, 118).

Es wurde dann in zwei Teilformen zerlegt, die wir nicht nur bei den Römern, sondern auch bei anderen Völkern Italiens finden, z.B. bei den Oskern:

Ↄ oder C

Die zweite Form hat sich dann unter dem Einfluß des Anfangsbuchstabens des Wortes *Centum* an den Buchstaben C angeglichen.

Dies ist gegenwärtig die überzeugendste Erklärung für den Ursprung der römischen und etruskischen Zahlzeichen. Dem widerspricht auch nicht, daß die Bauern und Hirten der Toskana noch im letzten Jahrhundert für ihre verschiedenen Abrechnungen im Alltag seltener die sogenannten »arabischen« Zahlen gebrauchten als vielmehr folgende Zahlzeichen, die sie als *Cifre chioggiotti* bezeichneten (Ninni 1889):

1	I
5	Λ oder V oder ∩ oder U
10	X oder O
50	ᛣ oder ᛘ oder m
100	✱ oder ⊕
500	Ѧ oder Ж
1 000	✳ oder ❊ oder ✵

Darin sollte man weniger eine Art des Überlebens etruskischer oder römischer Zahlen sehen als vielmehr die Wiederbelebung der sehr alten Technik der Einkerbung, die älter ist als jede Schrift und eines der gemeinsamen Elemente aller ländlichen Regionen darstellt.

Vielleicht wird eines Tages ein Archäologe in einer prähistorischen Grube auf eingekerbte Knochen stoßen, die mit Zahlzeichen bedeckt sind, die den römischen entsprechen...

Kapitel 10
Haben Buchhalter die Schrift erfunden?

Die Schrift erlaubt, die gesprochene Sprache aufzuzeichnen und Gedanken festzuhalten, die ihrem Wesen nach flüchtig sind; sie ist ohne Zweifel eines der wichtigsten intellektuellen Werkzeuge, über das der Mensch verfügt. Die Schrift erfüllt hinlänglich das Bedürfnis, Gedanken sichtbar zu machen – ein Bedürfnis, das jeder Mensch empfindet, der in einer sozialen Gruppe lebt. Sie ist ein bedeutendes Ausdrucks- und Kommunikationsmittel, da sie jedem von uns die Möglichkeit gibt, Worte oder Texte dauerhaft aufzubewahren.

Aber die Schrift ist mehr als ein bloßes Instrument. »Indem sie das Wort verstummen läßt, bewahrt sie es nicht nur, sondern sie verwirklicht den Gedanken, der bis dahin im Zustand der Potentialität verharrte. Die einfachsten Linien, die der Mensch in Stein meißelt oder auf das Papier zeichnet, sind nicht nur Zeichen, sie schließen auch den Gedanken ein und lassen ihn jederzeit wiederauferstehen. Über die Fixie-

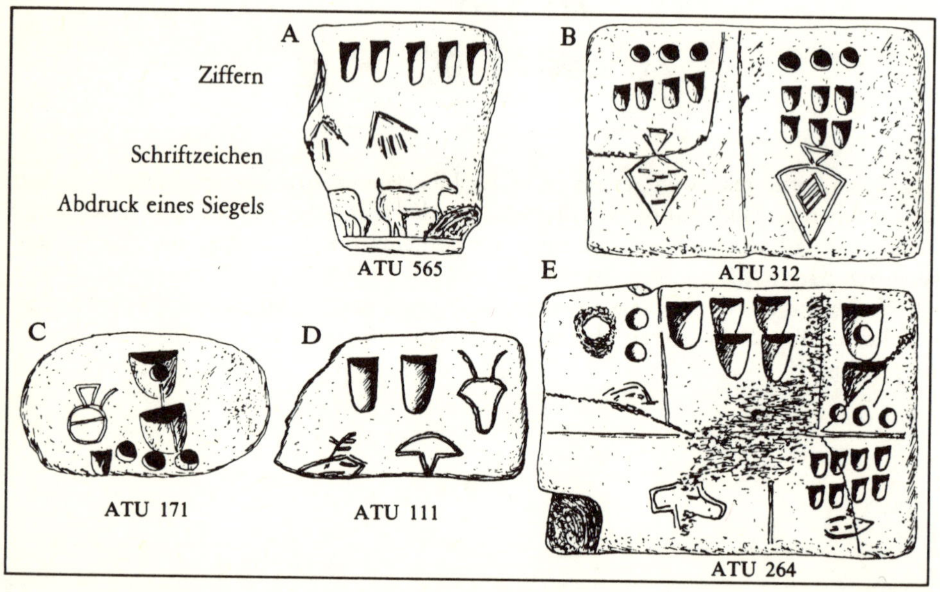

Abb. 131: Vorzeitliche sumerische Tafeln, die in Uruk gefunden wurden – aus der Zeit von 3200–3000 v. Chr.: die ältesten bekannten Zeugnisse der ältesten bekannten Schrift.
(ATU = Falkenstein 1936)

rung der Sprache hinaus stellt die Schrift also eine neue, eigene Sprache dar, eine stumme sicherlich, aber eine, (...) die sich den Gedanken unterwirft und ihn durch die Übertragung ordnet (...). Die Schrift ist nicht nur ein Weg, das Wort festzuhalten, ist nicht nur ein dauerhaftes Ausdrucksmittel, sondern sie verschafft auch direkten Zugang zur Ideenwelt. Sie gibt zwar die gesprochene Sprache wieder, aber sie ermöglicht darüber hinaus, einen Gedanken zu begreifen und ihn Zeit und Raum überwinden zu lassen.« (Higounet 1955, 5 f.)

So haben wir dank dieser bewundernswerten Erfindung Informationen über Kulturen, die im Dunkel der Vorzeit begraben liegen, über ihre Religion, ihr tägliches Leben, ihren Handel, ihre Dichtkunst, ihre Literatur, ihre Magie, Medizin, Astronomie und Mathematik, soweit diese heute verschwundene Kultur entsprechende »Beschreibungen« in »Texten« festgehalten hat, die ausgegraben und von erfindungsreichen Wissenschaftlern wie Champollion, Grotefend oder Rawlinson entziffert wurden. Dank der Schrift können wir die für immer verloschene Stimme einiger unserer Vorfahren über die Jahrhunderte hinweg vernehmen.

Die Erfindung der Schrift war für die Geschichte der Menschheit ein ebenso revolutionäres Ereignis wie die Beherrschung des Feuers, die Entwicklung der Landwirtschaft, die Ansiedlung in Städten oder der Fortschritt der Technik. »Diese Eroberung hat, wie jene anderen, die Existenz des Menschen tiefgreifend verändert (...). Die Schrift ist es, welche die Errichtung menschlicher Gesellschaften ermöglicht hat, die wesentlich größer und komplexer waren, als die Welt sie bis dahin gekannt hatte: Stadtstaaten, Königreiche, Imperien. Die Beherrschung der Schrift hat bis dahin undurchführbare Rechnungen ermöglicht und damit der Mathematik und den Wissenschaften den Weg freigemacht.« (Clairbone 1978, 10)

Vor 5.000 Jahren lernten Sumerer und Elamiter schreiben

Läßt man die Hieroglyphen Ägyptens beiseite, so wurden die ältesten bekannten Schriftformen vor 3000 v. Chr. am Persischen Golf im *unteren Mesopotamien** und im Lande *Elam*** geboren. Die Entstehung der sumerischen Schrift, die die älteste zu sein scheint, ist auf die Zeit zwischen 3200 und 3100 v. Chr. zu datieren, und die der ur-elamischen um das Jahr 3000 v. Chr. Diese Schrift wurde von den Elamitern selbst entwickelt, unabhängig von der sumerischen, obwohl sie zweifellos auf demselben

* Das auf dem Gebiet des heutigen Irak gelegene *Mesopotamien* – »Zwischenstromland« – erstreckte sich zwischen den Unterläufen der beiden Flüsse *Tigris* und *Euphrat*. »Diese Region des Nahen Ostens war der Mutterboden, auf dem die ersten Formen der Landwirtschaft, des Städtebaus und der Technik wuchsen.« (Biggs in Clairbone 1978, 6) Die mesopotamischen Kulturen nahmen im unteren Mesopotamien, dem *Land Sumer*, ihren Anfang, wo sich seit dem 4. Jahrtausend mit dem Erscheinen der *Sumerer*, einem nichtsemitischen Volk noch unbekannten Ursprungs, größere Städte und Stadtstaaten entwickelten (Bottéro et al. 1967; Oppenheim 1964; Garelli 1975; Kramer 1976; Mallowan 1967).

** Elam lag auf dem Gebiet des heutigen Iran im Osten des Landes Sumer, im Westen des Hochlands von Iran und der sich südlich anschließenden Ebene am Persischen Golf.

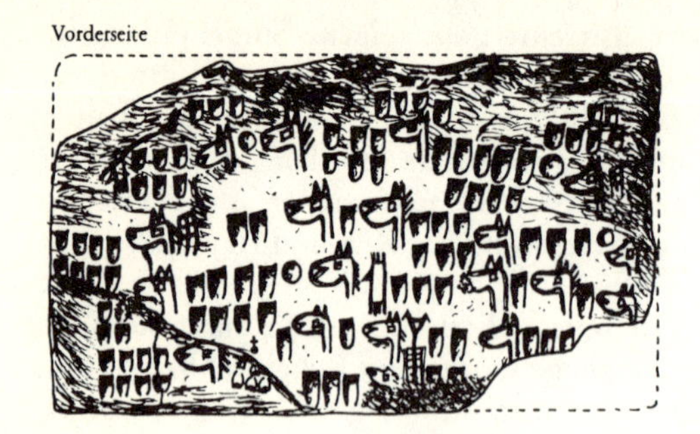

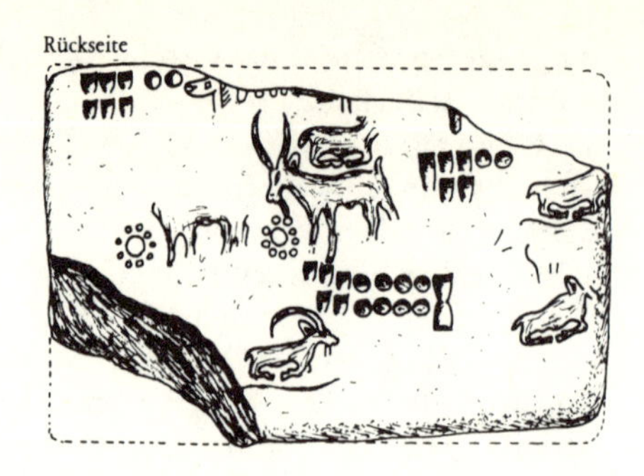

Abb. 132: Ur-elamisches Tontäfelchen aus Susa (ungefähr 3000 v. Chr.). Nach Scheil (1905) stellt es ein Verzeichnis von Pferden nach drei Kategorien dar (Hengste mit aufgerichteter Mähne, Stuten mit fallender Mähne und Füllen ohne Mähne), wobei die entsprechenden Zahlen durch Vertiefungen unterschiedlicher Größe und Form angegeben sind; auf der Rückseite befindet sich der Abdruck eines Siegels mit der Darstellung stehender und ruhender Ziegen.
(Musée du Louvre, S^b 310; vgl. Scheil 1923/35, I, Tab. 105)

Grundgedanken beruht; sie entwickelte sich aus lokalen Ansätzen, die noch unvollständig waren.*

Diese beiden Schriften entstanden also in zeitlichem Abstand von einem Jahrhundert nacheinander, in zwei einander benachbarten Ländern in zwei gleichartigen Kulturen** und unter praktisch denselben Bedingungen.

In beiden Fällen scheint die Schrift *ausschließlich aus Gründen der Nützlichkeit erfunden worden* zu sein. Die Einwohner aus Sumer und Elam scheinen aufgrund wirtschaftlicher Notwendigkeiten während der zweiten Hälfte des 4. Jahrtausends zu der Einsicht gelangt zu sein, daß die mündliche Kommunikation nicht mehr ausreichte und daß eine Neuorganisation der Arbeit notwendig geworden war.

»Die Schrift ist eine *Erfindung der Buchhalter*, deren Aufgabe es war, wirtschaftliche Vorgänge festzuhalten. Diese waren durch die Expansion der Gesellschaften von Sumer und Elam zu zahlreich und verschiedenartig geworden, um diese Aufgabe allein mit dem Gedächtnis bewältigen zu können. Die Schrift ist das Ergebnis einer radikalen Umwälzung des traditionellen Lebensstils innerhalb eines neuen gesellschaftlichen und politischen Rahmens und wurde durch den Umfang der Bautätigkeit der vorangegangenen Epoche vorbereitet.« (Amiet 1973) In der Tat setzte diese Bautätigkeit großen Reichtum und *Überschüsse in der Nahrungsmittelproduktion* voraus, um die zahlreichen Arbeiter auch ernähren zu können (Amiet 1975).

* Man hat einige Zeichen der elamischen Schrift mit einer Anzahl sumerischer Zeichen in Beziehung gesetzt, die übrigen unterscheiden sich davon zu sehr, um einen Vergleich anzustellen. Damit kann die Hypothese eines gemeinsamen Ursprungs der beiden Schriftsysteme aufgegeben werden. Daraus folgt, daß die Schrift der alten Elamiter unabhängig von den Sumerern entwickelt wurde. Einflüsse kann es lediglich bei der Entwicklung des Gedankens als solchem und bei einigen Schriftzeichen gegeben haben.

** Die elamische und die sumerische Kultur stiegen ungefähr zu gleicher Zeit und unter gleichartigen Bedingungen auf und entwickelten sich in dieselbe Richtung. Trotzdem konnten die Elamiter ihre Unabhängigkeit gegenüber ihren Nachbarn wahren (Amiet 1975).

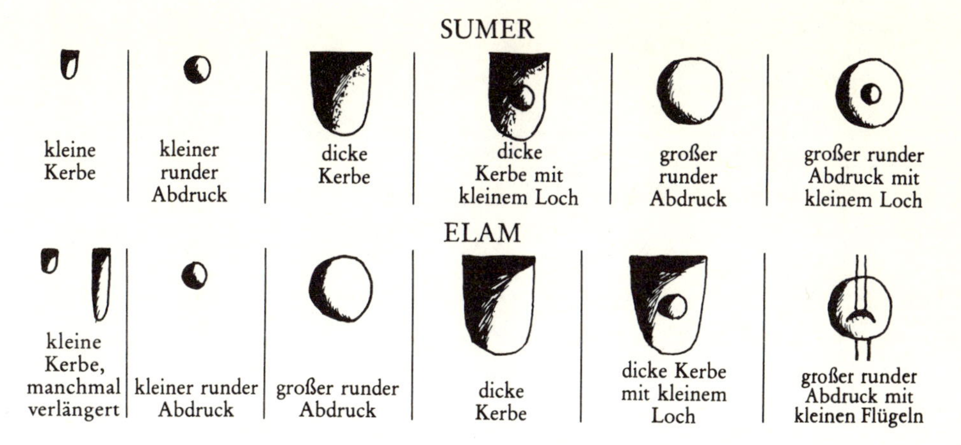

Abb. 133: Die Form der wichtigsten Ziffern der sumerischen und der ur-elamischen Schrift

Tatsächlich sind die ältesten Schriftzeichen in Uruk* entdeckt worden, genauer in der mit dem Namen *Uruk IV a* bezeichneten Fundschicht.** Die Schriftzeichen finden sich auf kleinen Tafeln aus trockenem Lehm, wobei diese Schrifttäfelchen alle nach demselben Muster gefertigt sind (*Abb. 131*). Noch ältere elamische Schrifttäfelchen aus Ton wurden in verschiedenen Fundstätten im Iran gefunden, vor allem in Susa*** und dort schon in der *Susa XVI* genannten Fundschicht (*Abb. 132*).

Auf jedem dieser Tontäfelchen finden sich auf einer oder manchmal auch auf beiden Seiten Vertiefungen unterschiedlicher Größe und Form, die durch ein Werkzeug in den noch feuchten Lehm eingedrückt wurden (*Abb. 133*). Bei diesen Vertiefungen, die man auf einer großen Zahl sumerischer oder späterer elamischer Tafeln wiederfindet, handelt es sich um Zahlzeichen.**** Alle Täfelchen tragen außerdem eine oder mehrere schematische Zeichnungen, die mit einer Spitze in den frischen Lehm eingeritzt sind und Wesen oder Gegenstände verschiedenster Art zeigen; dabei handelt es sich um die entsprechenden Schriftzeichen (*Abb. 134*). Schließlich findet man

* Die sumerische Königstadt *Uruk,* die der vermutlichen Epoche des ersten Auftretens des sumerischen Volkes wie derjenigen der Erfindung der Schrift in Mesopotamien ihren Namen gegeben hat, lag im Süden des unteren Mesopotamien, an der Stelle des heutigen *Warka* im Irak. Uruk lag ursprünglich am rechten Ufer eines Euphratarmes, inzwischen jedoch – nachdem der Euphrat seinen Lauf geändert hat – ungefähr 20 km nördlich des Flusses.

** *Uruk* (Warka), die bekannteste und am frühesten ausgegrabene sumerische Stadt, gilt als »chronologischer Maßstab« dieser Kultur. Die umfangreichen Ausgrabungen haben die Schichtenfolge stratigraphisch erfaßt, so daß damit andere Funde annähernd datierbar werden. Die Abfolge der verschiedenen Fundschichten entspricht dabei den einzelnen Etappen der Entwicklung dieser Kultur.

*** *Susa,* Hauptstadt Elams und unter Darius Verwaltungshauptstadt des Perserreichs, lag ungefähr 300 km östlich des Landes Sumer und liegt heute im Iran.

**** Diese Zahlzeichen entsprachen in Sumer und in Elam den Einheiten eines Zahlensystems (vgl. Abb. 133). Allerdings waren diese beiden Systeme vollständig verschieden voneinander, ungeachtet der Ähnlichkeit der Zeichen: die dicke Kerbe stand in Sumer für 60, in Elam aber für 300; der große runde Abdruck galt bei den Sumerern 3.600 und 100 bei den Elamitern.

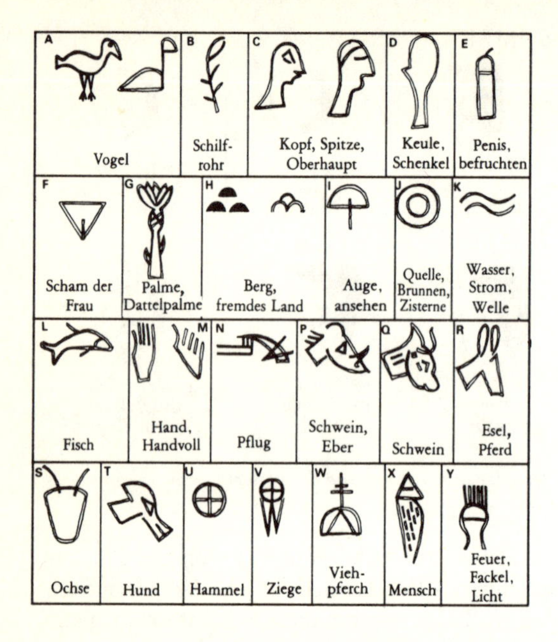

Abb. 134: Piktogramme als Ursprung der sumerischen Schrift (Labat 1976)

auf manchen Tontäfelchen noch symbolische Motive im Relief; dies sind Abdrücke zylinderförmiger Siegel, die über das Tontäfelchen gerollt worden sind.

Die Funktion der Täfelchen lag darin, die Menge und Zusammensetzung von Waren in einer Art Buchführung zu erfassen; die Täfelchen waren in Elam wie in Mesopotamien die Akten, auf denen Lieferungen, Bestandsverzeichnisse oder Tauschgeschäfte festgehalten wurden.

Um die Probleme zu lösen, die durch die Beschränkung auf die mündliche Verständigung entstanden und um den wirtschaftlichen Bedürfnissen gerecht zu werden, die aus Viehzucht, Ackerbau und Tauschhandel erwuchsen, hatten die Sumerer und die Elamiter also um 3000 v. Chr. damit begonnen, die Resultate ihrer Zählungen oder Inventare auf kleinen, im allgemeinen rechteckigen Tontäfelchen zu verzeichnen.

Die Vorläufer der Buchführung

Die auf den Tontäfelchen enthaltenen Zahlen lassen ihren Ursprung leicht erkennen, und man kann sich mühelos vorstellen, wie in Mesopotamien und in Elam vor der Entwicklung der Schrift gezählt und gerechnet worden ist.

In allen Formen der Vertiefungen dieser beiden Zahlschriften (*Abb. 133*) kann man die Gegenstände erkennen, die durch ihren Abdruck im feuchten Lehm »kopiert« worden sind, und mit denen in der Vorzeit selbst gezählt und gerechnet worden sein muß.

Tatsächlich sind bei Ausgrabungen in Elam und in Mesopotamien Anzeichen für ein noch urtümlicheres System der Buchführung gefunden worden, das Einwohner dieser Gegend um 3300 v. Chr. verwandten; die meisten dieser Funde stammen aus

Uruk und Susa und werden den Fundschichten *Uruk IV b* und *Susa XVIII* zugeordnet. Es handelt sich dabei um kleine Gegenstände unterschiedlicher Größe und Form, die man im Inneren kleiner Tongefäße aufbewahrte, die die Form von Kugeln oder Eiern hatten und die man *Bullen** nennt (vgl. *Tabelle XV*, S. 118).

Dieses System der Buchführung leitete sich direkt aus dem verbreiteten Gebrauch von Kieseln zum Zählen her; dabei wurde eine gegebene Zahl durch kleine Gegenstände aus ungebranntem Ton dargestellt, die durch ihre Anzahl und ihre Form Zahlenwerte ausdrückten. Sie standen für die verschiedenen Einheiten eines Zahlensystems: Ein Stäbchen (oder ein kleiner Kegel) stand z.B. für eine *Einheit der ersten Ordnung;* eine Kugel für eine *Einheit der zweiten Ordnung;* eine Scheibe (oder ein großer Kegel) für eine *Einheit der dritten Ordnung* usw. Deshalb wurden diese Gegenstände oft als *calculi* bezeichnet.**

Die Buchführung nach diesem System bestand darin, die *calculi* in Gefäße aus weichem Lehm einzuschließen, die gebrannt wurden, nachdem man aus ihnen kugel- oder eiförmige *Bullen* geformt und diese mit Siegeln versehen hatte, um ihre Herkunft und ihre Echtheit zu garantieren.

Von der Bulle zur Schrifttafel

Für die Rekonstruktion der Entwicklung der Schrifttäfelchen können archäologische Untersuchungen im Iran fruchtbar gemacht werden, die die D.A.F. I. (Délégation Archéologique Française en Iran) erst vor kurzer Zeit in der Akropolis von Susa unter Leitung von A. Lebrun*** durchgeführt hat. Zwar scheint diese Entwicklung im Lande Sumer nicht so gut abgesichert wie für Elam, doch es sprechen viele Gründe dafür, daß sie sich in ähnlicher Weise vollzogen hat.

Die elamische Kultur entsprach trotz einiger eigenständiger Elemente der sumerischen, da beide unter absolut gleichen Bedingungen während der zweiten Hälfte des vierten vorchristlichen Jahrtausends einen gleichartigen Aufschwung und eine gleichartige Entwicklung erlebten. Hinzu kommt, daß beide Kulturen seit Urzeiten die Möglichkeiten kannten, die Ton als Werkstoff zur visuellen oder symbolischen Darstellung von Gedanken bietet, was sich auch an der späteren Übertragung der gesprochenen Sprache zeigt. Darüber hinaus weisen die sumerischen Tontäfelchen der Uruk-Periode (ungefähr 3200–3100 v. Chr.) und die ersten Schriftzeichen auf Tontäfelchen aus Elam, die auf die Zeit um 3000–2900 zurückgehen, viele Ähnlichkeiten auf (*Abb.*

* Die »Bullen« aus Ton haben zunächst nur durch die Abdrücke zylindrischer Siegel, die die meisten schmücken, die Aufmerksamkeit der Forscher auf sich gezogen. Die kleinen darin enthaltenen Gegenstände wurden zunächst für Brettspielfiguren, Spielmarken oder Amulette gehalten, aber auch für Symbole für Waren, die Gegenstand eines Geschäfts waren. In Wirklichkeit aber dienten sie zur gegenständlichen Darstellung von Zahlen.

** Das lateinische Wort *calculus* (Plural: *calculi*) heißt ja »kleiner Kieselstein«. Natürlich war das System der sumerischen oder elamischen *calculi* perfekter als das des »Haufens von Kieselsteineinheiten«, das auf der paarweisen Zuordnung von Elementen beruht.

*** An dieser Stelle sei Alain Lebrun und François Vallat gedankt, die uns die Ergebnisse dieser wichtigen Untersuchungen noch vor ihrer Veröffentlichung mitgeteilt und die Zustimmung zur Auswertung an dieser Stelle erteilt haben.

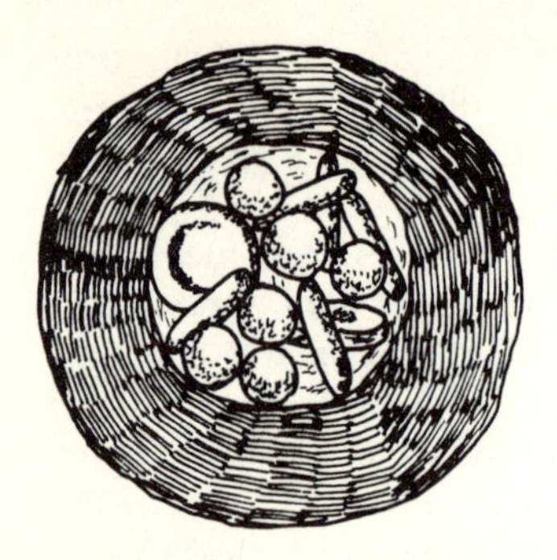

Abb. 135: Blick in eine intakte Bulle.

131, 132). Schließlich wurde das System der Buchführung mit Bullen und *calculi* in Elam wie in Sumer zwischen 3500 und 3300 v. Chr. gleichzeitig verwandt. Die Hoffnung scheint also berechtigt, daß neue archäologische Forschungen auf sumerischem Gebiet eines Tages endgültigen Aufschluß in dieser Hinsicht geben werden.

Im folgenden soll die Entwicklung der Buchführung in Elam chronologisch und unter Berücksichtigung der neuesten Erkenntnisse dargestellt werden; dabei sollen die entsprechenden Fortschritte der Sumerer mit einbezogen werden.

ERSTE PHASE

Dokumente: Abb. 135, 136, 137. *Fundschicht:* Susa XVIII. *Zeitraum:* um 3500 v. Chr.

Die Leiter der Verwaltung von Susa verfügen über ein ziemlich ausgearbeitetes System der Buchführung, wobei eine gegebene Zahl, die z.B. der Abschlußsumme bei einem Handelsgeschäft entspricht, durch eine bestimmte Anzahl von *calculi* – Gegenständen aus ungebranntem Ton unterschiedlicher Größe und Form* – dargestellt wird; die *calculi* stehen für die Einheiten eines Zahlensystems. Sie werden daraufhin in eine hohle, aus Lehm geknetete Bulle von der Form einer Kugel oder eines Eies eingeschlossen, die versiegelt wird, um die Echtheit und Unverletzlichkeit zu garantieren.**

Die Bulle wird in den »Archiven« aufbewahrt und zur Überprüfung oder bei Streitfällen zwischen den Parteien zerschlagen, um die *calculi* nachzählen zu können.***

Versetzen wir uns zur Veranschaulichung in das Jahr 3300 v. Chr. nach Susa. Ein

* Bei der Ausgrabung der Akropolis von Susa wurden fünf verschiedene Formen von *calculi* gefunden, entweder in den Bullen oder lose im Erdreich. Es handelt sich um Stäbchen, Kugeln, Scheiben, kleine Kegel und große, durchbohrte Kegel (Abb. 136; Lebrun/Vallat 1978).

** In Sumer und Elam besaßen Personen von hohem gesellschaftlichen Rang ein eigenes Siegel, das aus einem kleinen Zylinder aus Stein von mehr oder minder großem Wert mit einer symbolischen Darstellung häufig religiöser Art bestand. Das Siegel repräsentierte die Person seines Inhabers und wurde daher bei allen seinen Rechts- und Handelsgeschäften verwandt. Der Besitzer des Siegels übertrug sein Motiv anstelle einer Unterschrift oder einer Inhabermarke auf jeden Tongegenstand, der bei solchen Geschäften eine Rolle spielte, indem er den Zylinder über den Gegenstand rollte (Amiet 1961; 1966a; 1966b; 1972).

*** Dasselbe Buchführungssystem ist zur gleichen Zeit in Sumer in der Fundschicht *Uruk IVb* bezeugt (vgl. Lenzen 1932, IV, 25-30; 1959, XV, 20-23; 1960, XVI, 48-56; 1961, XVII, 29-36; 1963, XIX, 17-22; 1964, XX, 22 f.; 1965, XXI, 29-32; 1968, XXIV, 22-26).

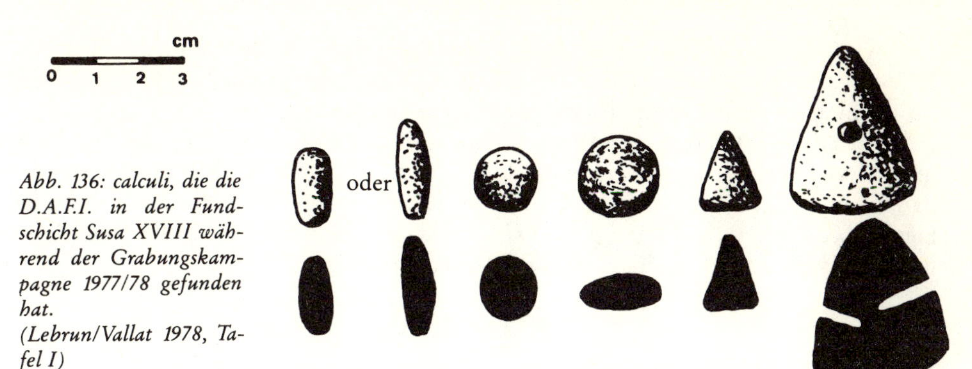

Abb. 136: calculi, die die D.A.F.I. in der Fundschicht Susa XVIII während der Grabungskampagne 1977/78 gefunden hat. (Lebrun/Vallat 1978, Tafel I)

Hirte hat von einem reichen Viehzüchter der Gegend den Auftrag bekommen, eine Herde mit 299 Schafen für mehrere Monate auf die Weide zu treiben. Vor dem Aufbruch der Herde wird sie in Anwesenheit des Hirten und seines Auftraggebers von einem der städtischen Buchhalter, der Verwalter der Vermögenswerte des Besitzers ist, gezählt. Nachdem die Anzahl der Tiere festgestellt ist, formt der Buchhalter um seinen Daumen herum eine hohle Lehmbulle, eine Kugel mit einem Durchmesser von ca. 7 cm, also von der Größe eines Tennisballs. Durch das Loch, das der Daumen in der Kugel hinterlassen hat, werden zwei Scheiben aus ungebranntem Ton, die je 100 Hammel darstellen, neun Kugeln, die für je zehn Tiere stehen, und neun Stäbchen, für je ein Tier, in das Innere gesteckt. Gesamtinhalt: zweihundertundneunundneunzig Einheiten:

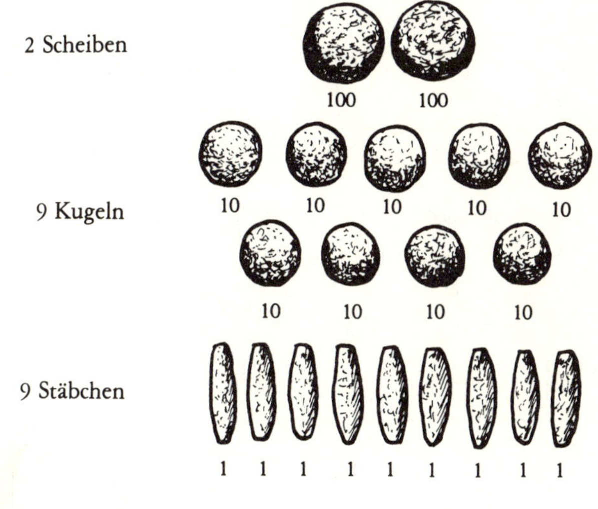

Abb. 137: Kugelförmige Buchführungs-Bulle; die Außenseite zeigt den Abdruck zweier zylindrischer Siegel. Gefunden in Susa, außerhalb der stratigraphisch erfaßten Fundschichten (ca. 3500–3300 v. Chr.). (Musée du Louvre, S^b^ 1943)

Nun verschließt der Beamte das Loch und versiegelt die Bulle mit dem Siegel des Eigentümers der Herde. Dadurch erhält das Dokument offizielle Gültigkeit; jede Möglichkeit einer Fälschung ist von nun an ausgeschlossen.

Nachdem der Lehm getrocknet ist, wird die Bulle im Archiv aufbewahrt; Bulle und *calculi* stellen damit die Garantie für den Hirten und für den Herdenbesitzer dar, daß die Herde gezählt wurde, so daß bei der Rückkehr des Hirten festgestellt werden kann, ob die Herde vollständig ist. Dazu wird der Buchhalter die Bulle zerschlagen und mit Hilfe der *calculi* die Zahl der Schafe überprüfen.

ZWEITE PHASE

Dokumente: Abb. 138. *Fundschicht:* Susa XVIII. *Zeitraum:* um 3300 v. Chr.

Das alte System der Buchführung bringt den Nachteil mit sich, daß bei jeder Überprüfung des festgehaltenen Geschäftes die Bulle zerstört werden muß.

Zur Überwindung dieser Schwierigkeit wandten die Buchhalter von Susa ein Verfahren an, das dem Gebrauch der Kerbhölzer entspricht. Sie versehen die Außen-

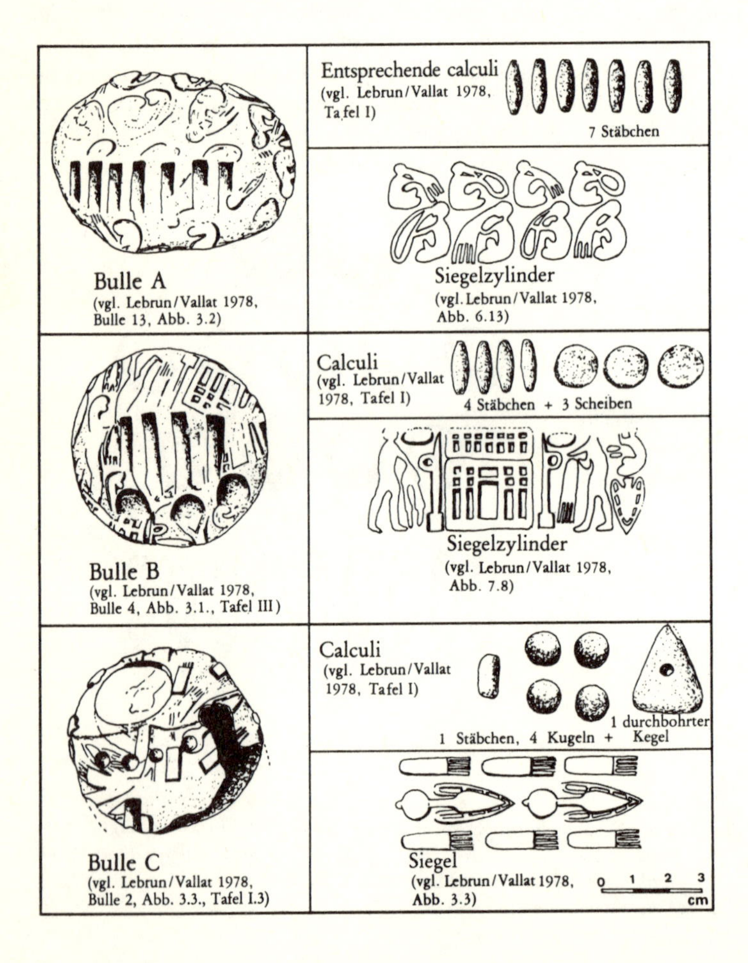

Abb. 138: Buchführungs-Bullen, auf denen die Anzahl der enthaltenen calculi durch Zahlzeichen neben dem Siegel dargestellt ist. (Gefunden in Susa, Fundschicht XVIII (ca. 3300 v. Chr.), durch die D.A.F.I. während der Ausgrabungskampagne 1977/78; vgl. Lebrun/Vallat 1978)

seite der Bulle neben dem Siegel mit Zeichen, die Anzahl und Form der eingeschlossenen *calculi* festhalten: Eine *kleine längliche* Kerbe – mit einem schräg gehaltenen Schreibrohr eingekerbt – steht nun für ein Stäbchen; ein *kleiner runder* Abdruck – mit einem dickeren Schreibrohr oder dem Daumen eingedrückt – steht für eine Scheibe; eine *dicke Kerbe mit einem kleinen runden Abdruck* steht für einen durchbohrten Kegel (*Abb. 141*).

Es handelt sich dabei sozusagen um ein Inhaltsverzeichnis; eine Bulle, die z.B. drei Scheiben und vier Stäbchen enthält, wird nur mit drei großen runden Abdrücken und vier kleinen länglichen Kerben versehen (*Abb. 138*, Bulle B mit den entsprechenden *calculi*). Eine Bulle mit 7 Stäbchen weist nun außen sieben kleine längliche Kerben auf (*Abb. 138*, Bulle A mit den entsprechenden *calculi*).

Nun ist es nicht mehr notwendig, die Bulle zur Überprüfung eines Geschäftes zu zerbrechen, zumal die Siegel auch die Richtigkeit der Zahlzeichen garantieren.*

DRITTE PHASE

Dokumente: Abb. 139. *Fundschicht:* Susa XVIII. *Zeitraum:* um 3250 v. Chr.

Die doppelte Buchführung – durch in der Bulle eingeschlossene *calculi* und gleichzeitige Zahlenangaben auf der Außenseite – ist jedoch nicht notwendig, so daß die *calculi* und damit die kugelförmigen Bullen überflüssig werden.

Deshalb werden nun die Bullen durch roh abgerundete oder längliche Lehmbrokken ersetzt, die dieselben Informationen enthalten – allerdings nur noch auf der »Vorderseite«.

Diese Dokumente ahmen in ihrer Form noch die der Bullen nach. Ihnen kommt durch den Abdruck eines Siegelzylinders ebenfalls ein offizieller Charakter zu. Die entsprechenden Zahlenangaben werden durch Eindrücke der *calculi* im weichen Lehm dargestellt, die vorher in die Bullen eingeschlossen waren. Damit waren die Schrifttäfelchen zur Buchführung im Lande Elam entstanden.

Diese drei Phasen folgten innerhalb eines relativ kurzen Zeitraums aufeinander. Das läßt sich daraus schließen, daß zum einen alle Funde aus der Fundschicht Susa XVIII stammen (Lebrun/Vallat 1978) und zum anderen eine Bulle und zwei Täfelchen das gleiche Siegel zeigen (vgl. Bulle C, *Abb. 138*; Täfelchen B, *Abb. 139*).

VIERTE PHASE

Dokumente: Abb. 140. *Fundschicht:* Susa XVII. *Zeitraum:* um 3200–3000 v. Chr.

Wie in den vorhergehenden Phasen handelt es sich hier um Tontäfelchen, die Zahlen und Siegel aufweisen, aber keine Schriftzeichen im engeren Sinne.

Diese Täfelchen stellen jedoch durch ihre Form eine Weiterentwicklung gegenüber den Funden aus der Fundschicht XVIII dar. Sie belegen, daß sich die Buchführung mit Hilfe der Schrifttäfelchen zunehmend durchgesetzt hat: Die Täfelchen werden immer gleichmäßiger, die Zahlzeichen sind nicht mehr so tief eingedrückt und

* Bullen dieses Typs sind bislang in Sumer noch nicht gefunden worden.

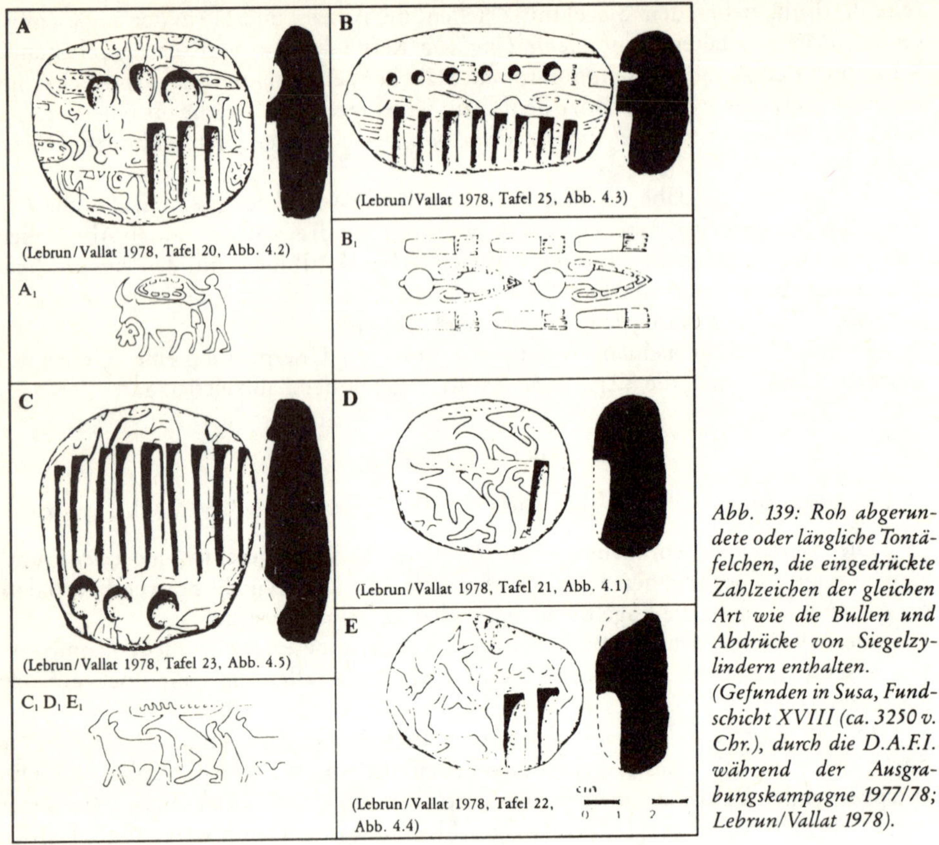

Abb. 139: Roh abgerundete oder längliche Tontäfelchen, die eingedrückte Zahlzeichen der gleichen Art wie die Bullen und Abdrücke von Siegelzylindern enthalten. (Gefunden in Susa, Fundschicht XVIII (ca. 3250 v. Chr.), durch die D.A.F.I. während der Ausgrabungskampagne 1977/78; Lebrun/Vallat 1978).

nehmen immer regelmäßigere Formen an. Außerdem werden die Siegelzylinder nun auch auf der Schmal- und Rückseite abgerollt (*Abb. 140*).

ANALYSE DIESER »ZAHLSCHRIFT«

Die bisher verwandten Zeichen stellen keine Schrift im engeren Sinne dar.

Es handelt sich vielmehr lediglich um die sichtbare und symbolische Darstellung des menschlichen Denkens, da den verwandten Zahlzeichen und Siegeln die formelle Schreibweise fehlt. Sie werden nur durch ihre Anzahl bezeichnet, nicht durch spezifische Zeichen, die Rückschlüsse auf ihre Beschaffenheit zulassen. Außerdem fehlen Angaben über die Handlung, die mit Hilfe einer dieser Bullen oder Täfelchen vorgenommen wird. Man weiß nicht, ob es sich um einen Verkauf, einen Kauf, einen Tausch oder eine Aufteilung handelt, ebensowenig erfährt man über die Vertragspartner, ihre Namen, ihre Anzahl, ihre Funktionen oder ihre Wohnorte.

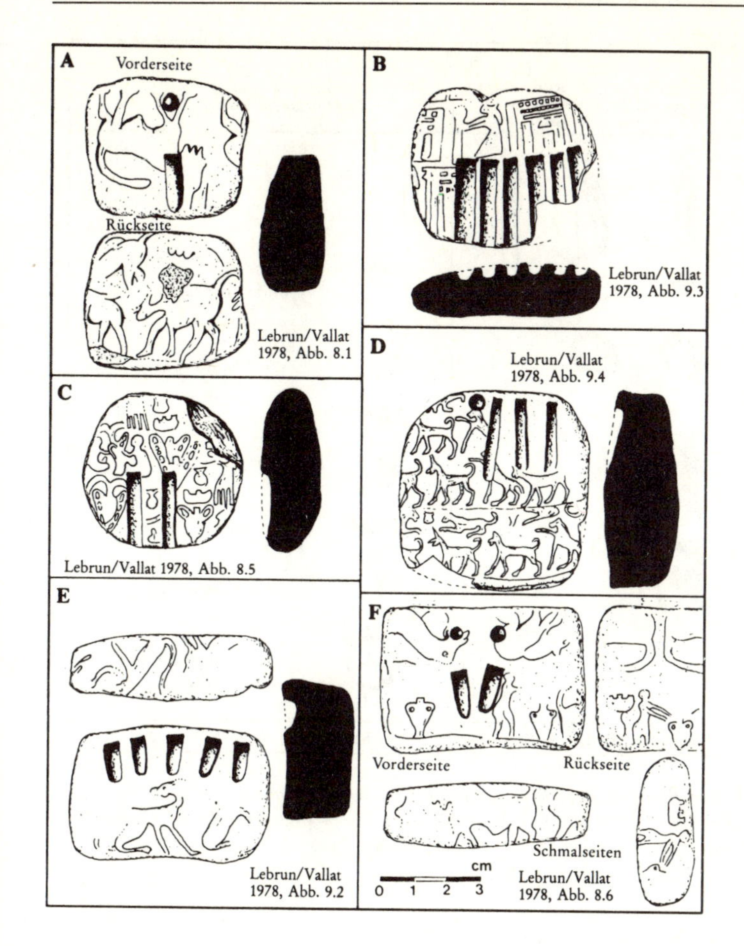

Abb. 140: Zahlentäfelchen (Gefunden in Susa, Fundschicht XVII (ca. 3.200–3.000 v. Chr.), durch die D.A.F.I. während der Ausgrabungskampagne 1972; vgl. Lebrun 1971)

Vermutlich enthalten jedoch die Siegel implizit Angaben über die Geschäfte, deren Betrag durch die Bullen oder die Täfelchen festgehalten wurde (Lebrun/Vallat 1978). Es ist sehr wahrscheinlich, daß sich in dieser noch »stammelnden« Wirtschaft die Vertragspartner persönlich kannten, so daß die an einem Geschäft Beteiligten sich aufgrund der Siegel eindeutig identifizieren konnten.

Dies zeigt die Kürze, aber auch die damit verbundene Ungenauigkeit der sichtbaren und symbolischen Darstellung, die eine der letzten Etappen der Vorgeschichte der Schrift kennzeichnet. Sie verschwindet, sobald sich Schriftzeichen im engeren Sinne durchsetzen.

Trotzdem stellen die eingedrückten Zahlzeichen bereits eine *Zahlschrift* dar: Sie gehören einem ausgearbeiteten System von Zahlzeichen an, in dem jedes Zeichen aufgrund einer Konvention einer bestimmten Einheit zugeordnet ist. Diese Zeichen werden deshalb beibehalten, als sich die Schrift im engeren Sinne durchsetzt (*Abb. 141*).

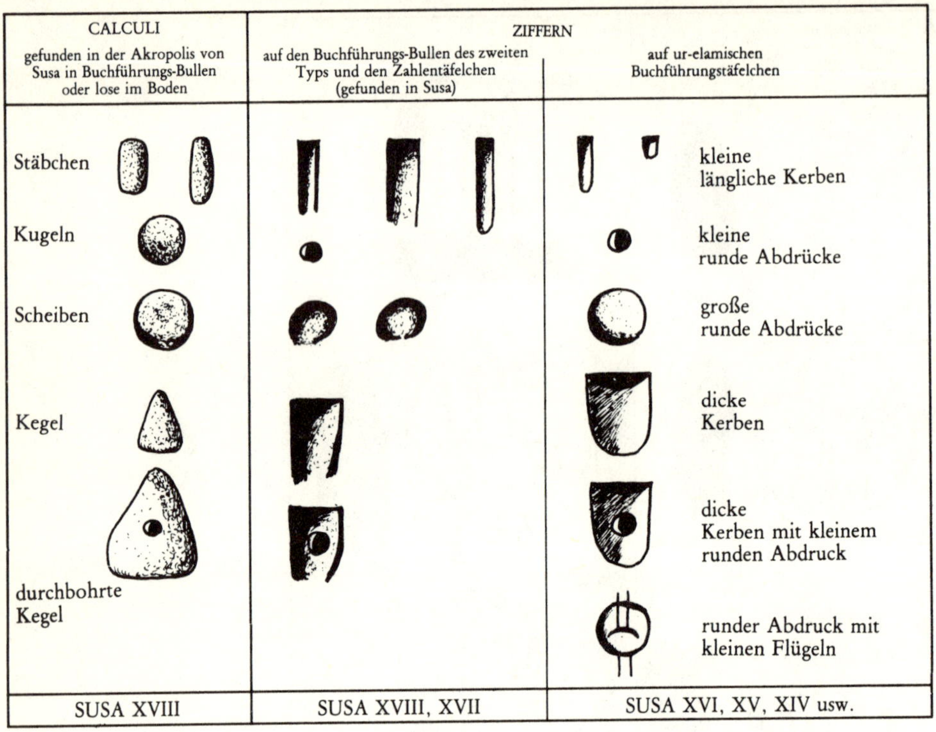

CALCULI gefunden in der Akropolis von Susa in Buchführungs-Bullen oder lose im Boden	ZIFFERN auf den Buchführungs-Bullen des zweiten Typs und den Zahlentäfelchen (gefunden in Susa)	auf ur-elamischen Buchführungstäfelchen
Stäbchen		kleine längliche Kerben
Kugeln		kleine runde Abdrücke
Scheiben		große runde Abdrücke
Kegel		dicke Kerben
durchbohrte Kegel		dicke Kerben mit kleinem runden Abdruck
		runder Abdruck mit kleinen Flügeln
SUSA XVIII	SUSA XVIII, XVII	SUSA XVI, XV, XIV usw.

Abb. 141: Die Abdrücke auf den Buchführungs-Bullen entsprechen in ihrer Form den calculi, die darin eingeschlossen waren. Außerdem ähneln sie nicht nur denjenigen auf den in Susa gefundenen Zahlentäfelchen, sondern auch den Ziffern der urelamischen Täfelchen aus späterer Zeit.

FÜNFTE PHASE

Dokumente: Abb. 142, Täfelchen A, B und C. *Fundschicht:* Susa XVI. *Zeitraum:* um 3000–2900 v. Chr.

Die zu dieser Zeit in Elam verwandten Täfelchen weisen eine regelmäßige, rechteckige Form auf, die standardisiert zu sein scheint. Sie enthalten neben den Zahlzeichen und Siegeln erste Schriftzeichen. Diese Zeichen bezeichnen vermutlich den Gegenstand eines Geschäftes.

Auf mehreren Tontäfelchen, die aus der Fundschicht Susa XVI stammen, fehlt der Abdruck der Siegelzylinder; dies unterstützt die Hypothese, daß die Siegel implizit Angaben über die zugrunde gelegten Geschäfte enthielten.

Abb. 142: Die ersten ur-elamischen Tontäfelchen mit rechteckiger Form, die Schriftzeichen und Ziffern enthalten.
(Gefunden durch die D.A.F.I. in Susa während der Grabungskampagnen 1969–71; 3000 und 2800 v. Chr.; vgl. Lebrun 1971)

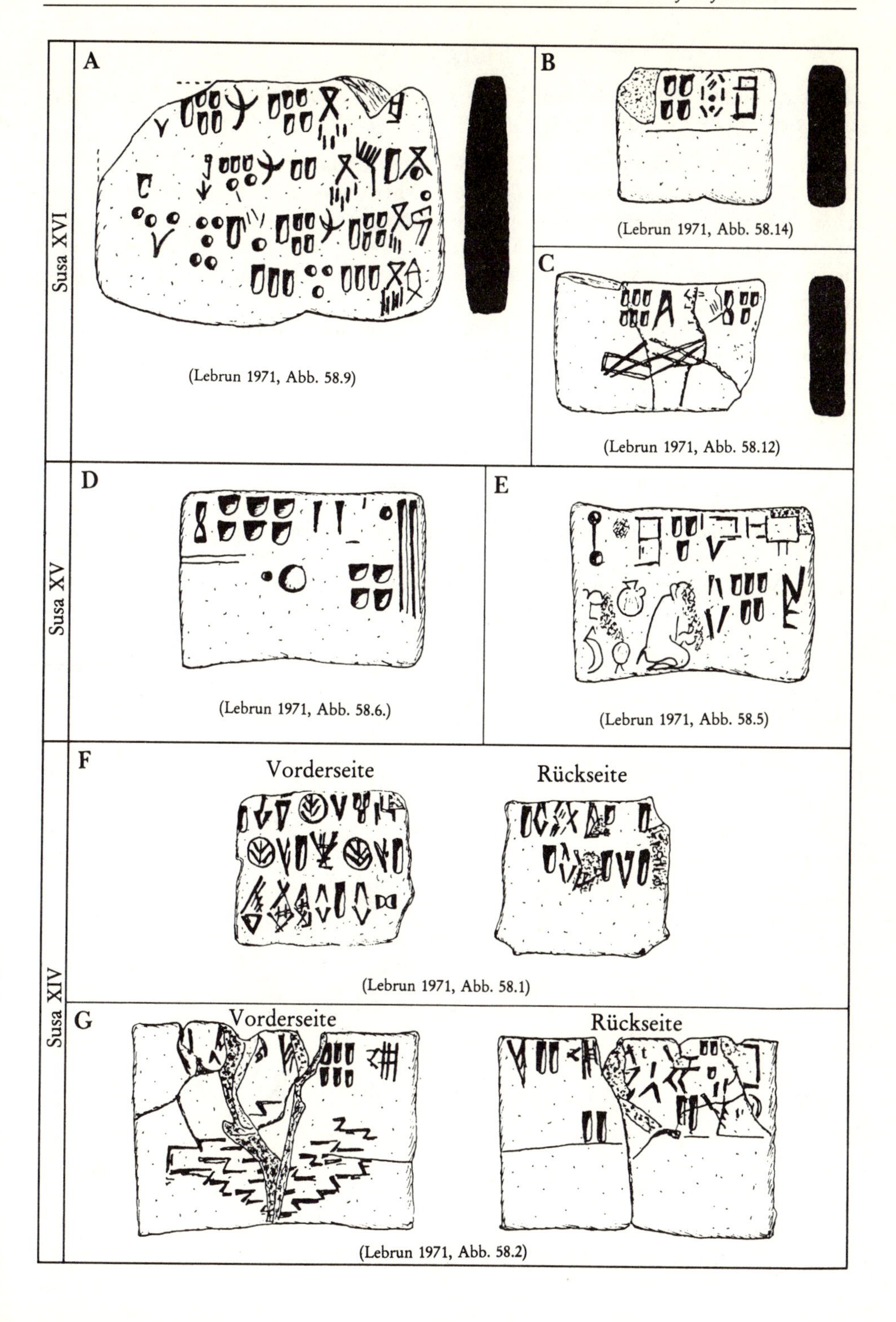
Susa XVI
A
(Lebrun 1971, Abb. 58.9)
B
(Lebrun 1971, Abb. 58.14)
C
(Lebrun 1971, Abb. 58.12)
Susa XV
D
(Lebrun 1971, Abb. 58.6.)
E
(Lebrun 1971, Abb. 58.5)
Susa XIV
F
Vorderseite
Rückseite
(Lebrun 1971, Abb. 58.1)
G
Vorderseite
Rückseite
(Lebrun 1971, Abb. 58.2)

SECHSTE PHASE

Dokumente: Abb. 142, Täfelchen D, E, F und G. *Fundschicht:* Susa XV und XIV. *Zeitraum:* Um 2900–2800 v. Chr.

Die Schriftzeichen nehmen inzwischen mehr Raum ein als die Zahlzeichen. Es kann daraus geschlossen werden, daß die Zeichen dieser Schrift den grammatikalischen Aufbau der entsprechenden Sprache wiedergeben und daß es damit der ur-elamischen Schrift gelungen ist, die Lautwiedergabe zu entdecken. Allerdings kann dieser Schluß nicht bewiesen werden, da die Entzifferung der ur-elamischen Schrift noch aussteht.

Diese Zeichen, die höchstwahrscheinlich Wesen und Gegenstände aller Art darstellen, bestehen fast ausnahmslos aus stark vereinfachten Zeichnungen und beschwören keine direkte visuelle Vorstellung mehr (*Abb. 143*). Darüber hinaus fehlen uns die entsprechenden Lautwerte, da die zugrundeliegende Sprache noch vollkommen unbekannt ist.

DIE ARCHAISCHEN SUMERISCHEN TONTAFELN

Gleichzeitig mit den elamischen Tontafeln der vierten Phase (um 3200–3100 v. Chr.) erscheinen die ältesten bekannten sumerischen Tontäfelchen in Uruk (Fundschicht IVa). Es handelt sich um kleine, meist rechteckige Plättchen aus getrocknetem

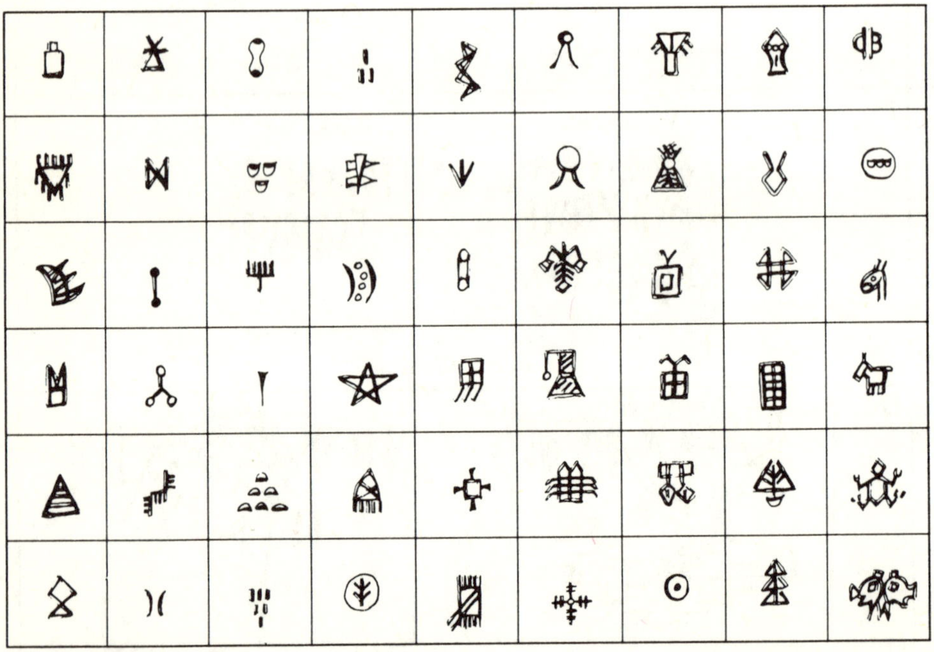

Abb. 143: Einige Zeichen der ur-elamischen Schrift. (deMecquenem 1949; Scheil 1905; 1923/1935)

Lehm, deren Vorder- und Rückseite gewölbt sind (*Abb. 131*). Auf einigen befinden sich eingedrückte Zeichen, Abdrücke von Siegelzylindern und eingeritzte Zeichnungen, die als Piktogramme oder Ideogramme gelten können, auf anderen fehlen die Siegel. Zweck dieser mehr oder weniger realistischen Zeichnungen ist offenbar, die Gegenstände des jeweiligen Geschäftes zu bezeichnen, wobei ihre Anzahl durch entsprechende Ziffern angegeben ist.

Obwohl es sich dabei lediglich um Geschäftsdokumente handelt, kann aus einigen geschlossen werden, daß die sumerische Schrift – wobei »Schrift« als systematischer Versuch, die gesprochene Sprache aufzuzeichnen, zu verstehen ist – nicht mehr auf die direkte Umsetzung eines Gedankens in ein Bild gründet. Vielmehr wird der Gedanke präzisiert, analysiert, in ein Ordnungsschema gebracht und genauso in einzelne Elemente zerlegt, wie es in einer gesprochenen Sprache geschieht. Dies zeigt sich auch in der Unterteilung einiger Täfelchen durch waagerechte und senkrechte Linien; die dadurch gebildeten Felder enthalten mit Ziffern in Zusammenhang stehende Buchstaben (*vgl. Abb. 131 E*).

Damit stellen diese von den Sumerern verwandten Tontäfelchen einen Fortschritt gegenüber den gleichzeitigen Täfelchen von Susa dar, die noch rein symbolische Zeichen verwenden.

*Die sumerische Schrift als Gedächtnisstütze**

Zur Untersuchung der Ursachen, die in diesen Kulturen zur Erfindung der Schrift geführt haben, müssen die Zeichen, die z.B. auf den archaischen sumerischen Tontäfelchen zu finden sind, genau analysiert werden.

Die Zeichen dieser Schrift bestehen aus Zeichnungen, die das Aussehen der Wesen oder Gegenstände wiedergeben, für die sie stehen. Wenige sind realistisch und zeigen konkrete, zuweilen sehr komplizierte Gegenstände (*Abb. 134*). Zuweilen sind diese Zeichen zwar stark vereinfacht, bleiben jedoch noch konkret und bewahren die Umrisse der wiederzugebenden Lebewesen oder Gegenstände. So werden z.B. der *Ochse*, der *Esel*, das *Schwein* und der *Hund* durch Zeichen dargestellt, die zwar das Bild des entsprechenden Tieres heraufbeschwören, aber doch stark vereinfacht sind und nur den Kopf des Tieres wiedergeben.

In den meisten Fällen ist jedoch der Gegenstand nicht mehr wiederzuerkennen, da ein Teil für das Ganze oder die Wirkung für die Ursache steht; für diese Stilisierung und Kondensierung liefert die Glyptik** zahlreiche Beispiele. So wurde *Frau* durch die Zeichnung einer dreieckigen Scham wiedergegeben (*Abb. 134 F*), das Wort *befruch-*

* Wir erhielten hierzu zahlreiche Hinweise in Gesprächen mit dem Assyriologen Jean Bottéro, dem wir an dieser Stelle für die Überprüfung dieses Abschnitts und für weitere fruchtbare Anregungen danken.

** Unter Glyptik (Steinschneidekunst) ist die Kunst des Gravierens von erhabenen oder vertieften Reliefs in Steinen zu verstehen; in unserem Zusammenhang also die Herstellung der Siegelstempel und Siegelzylinder, die durch Aufdrücken oder Abrollen Siegel auf Tontafeln hinterlassen.

ten durch die Zeichnung eines Penis (*Abb. 134 E*). In den meisten Fällen bleibt uns durch diese Verkürzung und Vereinfachung der Zusammenhang zwischen Bezeichnendem und Bezeichnetem vollkommen unverständlich. Diese einfachen, oft geometrischen Zeichen haben mit den dargestellten Gegenständen nichts mehr gemein; nur aufgrund semantischer und paläographischer Untersuchungen weiß man, worauf sie sich beziehen. So steht ein Kreis mit einem Kreuz für Hammel (*Abb. 134 U*): Handelt es sich dabei um einen Pferch? Um eine Inhabermarke? Der Zusammenhang zwischen beiden bleibt ungewiß.

Auffallend ist dabei, daß die regelmäßig gestalteten Zeichen feststehen* und nur wenige wichtige formale Varianten für jedes Zeichen existieren. Durch den Vergleich mit den Varianten der späteren Schriftzeichen kann man zu dem Schluß kommen, daß diese fest umrissenen und regelmäßigen Zeichen den Ursprung oder zumindest den Beginn der Schrift darstellen. Die Schrift setzt als ausgearbeitetes System eine Erfindung voraus, die zwar auf vorangegangene Entdeckungen aufbaut, aber wesentlich Neues hinzufügt – eine Revolution, die von allen akzeptiert und nachvollzogen werden muß.

Wir finden also ein Zeichensystem, mit dem präzise Gedanken ausgedrückt werden können. Trotzdem handelt es sich dabei noch nicht um eine Schrift im engeren Sinne**; wir befinden uns noch immer in der Vor- oder Urgeschichte der Schrift – im Stadium der Piktogramme, in dem alle Zeichen visuelle Darstellungen von Gegenständen sind, auch wenn wir deren Bedeutung nicht erfassen.

Trotzdem geben diese Zeichen nicht nur Gegenstände wieder. Tatsächlich konnte jedes konkrete Zeichen nicht nur für die Handlungen, die mit dem Gegenstand verbunden sind, verwandt werden, sondern auch für benachbarte Begriffe. So steht das *Bein* für »marschieren«, »gehen« oder »stehen«; die *Hand* für »nehmen«, »geben« oder »empfangen« (*Abb. 134 M*); die *aufgehende Sonne* für die Begriffe »Tag«, »Licht« oder »Helligkeit«; der *Pflug* für »pflügen«, »säen«, »den Boden bearbeiten« ebenso wie für »den, der den Pflug führt«, den »Landarbeiter« oder »Bauern« (*Abb. 134 N*).

Man konnte die Bedeutung der Zeichen durch bereits existierende Symbole erweitern, die ebenfalls aus gesellschaftlichen Konventionen hervorgegangen waren. Zwei parallele Striche standen für den Begriff »Freund« und »Freundschaft«, zwei überkreuzte Linien für »Feind« und »Feindschaft«. Die Sumerer haben darüber hinaus neue Bedeutungsfelder durch die Kombination von zwei oder mehreren Zeichen erschlossen, um neue Vorstellungen oder schwierig darzustellende Realitäten wiederzugeben. Die Zeichengruppe *Mund* + *Brot* bezeichnete die Vorstellung von »essen,

* Dies setzt voraus, daß die Zeichen festgelegt sind; die »Schrift« besteht aus der Auswahl und Konstituierung eines »Repertoires« allgemein anerkannter und erkennbarer Zeichen.

** Wenn man sich an den engen Wortsinn hält, so ist eine einfache visuelle Wiedergabe des menschlichen Denkens durch gegenständliche Zeichen noch nicht als Schrift anzusehen, da sich diese viel direkter auf die gesprochene Sprache als auf den Gedanken selbst bezieht. Zur Schrift gehört die *systematische Wiedergabe des Sprechens*, weil Schrift und Sprache Systeme und nicht zufällige Abfolgen darstellen. »Die Schrift ist ein System der Kommunikation zwischen Menschen durch konventionelle Zeichen mit genau definiertem Inhalt, das eine Sprache wiedergibt, wobei diese Zeichen so beschaffen sein müssen, daß sie gesendet und empfangen und von den Partnern in gleicher Weise verstanden werden und im Zusammenhang mit den Wörtern der gesprochenen Sprache stehen.« (Février 1948)

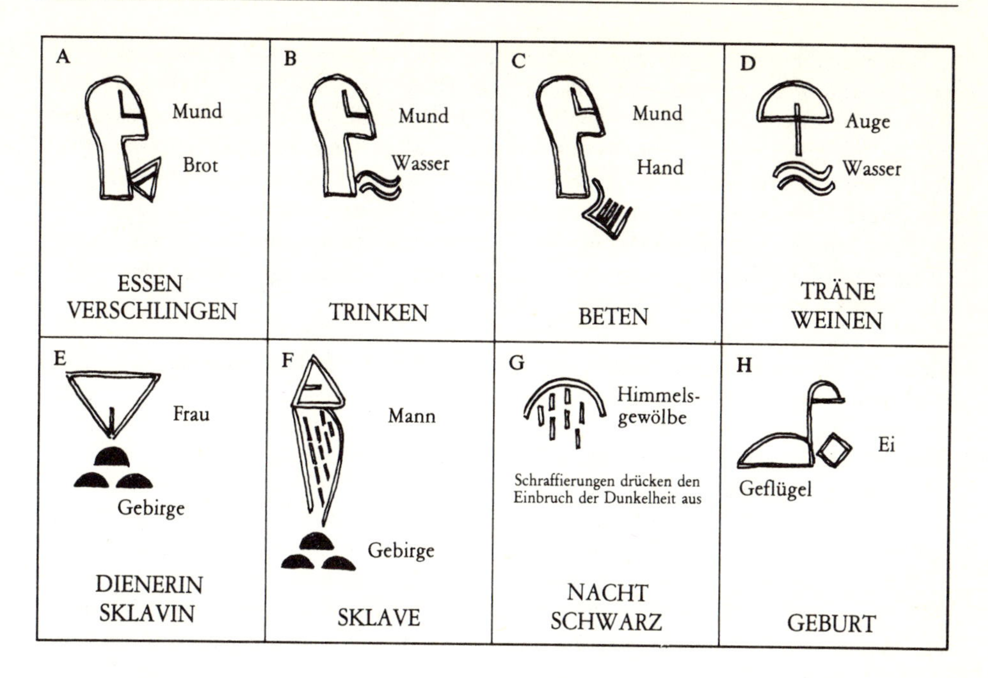

Abb. 144: Einige Beispiele gegenstandsbezogener Zeichengruppen oder logischer Verknüpfungen der archaischen Schrift der Sumerer.
(Labat 1976)

verschlingen«, *Mund* + *Wasser* das »Trinken«, *Mund* + *Hand* das »Beten« – wie es dem sumerischen Brauchtum entsprach – und *Auge* + *Wasser* standen für »Träne« (*Abb. 144*).

Ebenso drückte ein *Ei* neben dem Zeichen für *Geflügel* den Vorgang der Geburt aus, Schraffierungen unter einem Halbkreis den Einbruch der Dunkelheit und damit »Nacht« und »schwarz«. In diesem flachen Land, in dem der Berg ein Synonym für *Ausland* und *feindliches Gebiet* war (*Abb. 134 H*), stand *Frau* + *Berg* für »Frau aus dem Ausland« (wörtlich: »die aus den Bergen stammende Frau«) und »Sklavin« oder »Dienerin«; dies läßt sich daraus herleiten, daß Frauen aus dem Ausland entweder durch Kauf oder als Kriegsgefangene nach Sumer kamen, um als Sklavinnen zu dienen. Die gleiche Verbindung findet man für »Sklave«, der durch zwei Zeichen dargestellt wurde, von denen das eine *Mann* und das andere *Berg* bedeutete (*vgl. Abb. 144*).

Das System der Piktogramme konnte somit eher menschliche Gedanken ausdrücken als die darstellende Kunst. Es wird damit systematisch versucht, wie in der gesprochenen Sprache Vorstellungen auszudrücken und einzugrenzen. Aber dieses System war noch unvollkommen, da damit nicht mit voller Genauigkeit und ohne Zweideutigkeit aufgezeichnet werden konnte, was in der gesprochenen Sprache zum Ausdruck kam. Es war noch zu sehr auf materielle und direkt darstellbare Objekte beschränkt und setzte infolgedessen eine sehr große Anzahl von Zeichen voraus – in der allerersten Epoche der Schrift in Mesopotamien schätzungsweise zweitausend.

Aber eine solche Schrift war nicht nur schwer zu erlernen; sie war zudem noch doppeldeutig. Wenn beispielsweise das Zeichen *Pflug* sowohl »Pflug«, »Feldbau« und »Feldarbeiter« bedeutete, konnte man die angesprochene Vorstellung oft schwer erschließen; darüber hinaus konnten mit demselben Wort Nuancen und Eingrenzungen kaum umgesetzt werden, die die Sprache zum Ausdruck bringt und die zum vollkommenen Verständnis von Gedanken notwendig sind – so die Begriffe Geschlecht, Einheit und Mehrheit, Qualität oder die Beziehungen zwischen Gegenständen in Raum und Zeit. Schließlich war es unmöglich, die Veränderung von Handlungen im zeitlichen Verlauf zum Ausdruck zu bringen.

Diese Schrift, die zweifellos die gesprochene Sprache reproduzieren wollte, brachte davon vorläufig nur zum Ausdruck, was sich durch Bilder wiedergeben ließ, also grundlegende Bezeichnungen von Gegenständen und Handlungen, die unmittelbar wiedergegeben oder angedeutet werden konnten. Deshalb wird uns die sumerische Schrift in diesem Stadium unverständlich sein und zweifellos auch bleiben.

Als Beispiel sei das Zeichen *Kopf eines Ochsen* (*Abb. 131 D*) näher untersucht. Ist hier wirklich ein »Ochsenkopf« angesprochen? Oder wird hier ein Ochse, ein Stück Großvieh oder eines seiner Produkte (Leder, Milch, Horn, Fleisch) dargestellt? Oder eine Person, die »Herr Ochs« oder so ähnlich hieß – was einer Unterschrift entspräche? Um was für ein Geschäft handelte es sich? Um einen Kauf, einen Verkauf, einen Tausch oder eine Aufteilung? Nur die unmittelbar Beteiligten konnten dies aus dem Tontäfelchen herauslesen.

Damit war die sumerische Schrift in diesem Stadium eher eine Gedächtnisstütze als ein Mittel, etwas tatsächlich aufzuschreiben. Nur die, die wußten, um was es geht, konnten sich damit den »schriftlich« fixierten Vorgang ins Gedächtnis zurückrufen und so verhindern, daß Einzelheiten vergessen wurden. Diese »Schrift« diente nicht dazu, jenen etwas mitzuteilen, die keine Kenntnis von diesem Vorgang hatten.

Dieser Charakter folgte aus den Notwendigkeiten des Augenblicks. Abgesehen von einigen »Zeichenverzeichnissen« enthalten alle archaischen sumerischen Tontäfelchen administrative Zusammenfassungen von Umverteilungen oder Tauschgeschäften; dies zeigt sich an den zusammenfassenden Ziffern am Ende oder auf der Rückseite der Täfelchen. Sie stellen deshalb alle Akten der Buchhaltung der Tempelverwaltung dar. Da in jener Zeit die Tempel die einzigen bedeutenden Wirtschaftszentren in Sumer waren und dort die konstanten und systematisch produzierten Überschüsse zentral umverteilt wurden, wurde hier die Schrift erfunden und weiterentwickelt. Buchführung ist ja nichts anderes als das Festhalten von bereits durchgeführten Geschäften, die nur Gegenstände oder Lebewesen beinhalten. Die archaische sumerische Schrift konnte dieses Bedürfnis erfüllen, so daß sie ursprünglich in erster Linie als Gedächtnisstütze diente; ihre spätere Entwicklung wird dadurch umso deutlicher.

Um vollkommen verständlich und zur »Schrift« im eigentlichen Sinne zu werden, die ohne Zweideutigkeit Sprache überträgt, mußten die archaischen Piktogramme nicht nur klarer und präziser werden, sondern vor allem auch allgemein gültig.

Es ist nicht unser Thema, die Entwicklung der Sprache und der Schrift der Sumerer darzustellen, auch nicht die Art und Weise, in der sie Laute darstellten. Jedenfalls wurden seit ca. 2850 v. Chr. erhebliche Fortschritte erzielt, auch wenn die sumerische Schrift im Grunde eine Wortschrift geblieben ist – im wesentlichen eine

Gedächtnisstütze. Das System wurde durch die Darstellung der Laute* zwar verbessert, aber nicht radikal umgewandelt, da diese nur zur Erweiterung und Präzisierung der Bedeutung der Piktogramme dienten.

Die Idee des Schreibens wurde also in Mesopotamien wie in Elam offenbar aus rein wirtschaftlichen Bedürfnissen heraus geboren. Auf jeden Fall war die schriftliche Buchführung in Elam und im Lande Sumer der Vorläufer der Verschriftlichung der gesprochenen Sprache.

* Auch nach der Entdeckung der Lautschrift (wahrscheinlich um 2.850 v. Chr.) behielten die Sumerer viele Zeichen ihrer archaischen Schrift bei, wobei jedes von ihnen einem Wort entsprach, das ein Lebewesen oder einen Gegenstand bezeichnete, oder auch mehreren Worten, die durch mehr oder weniger deutliche Zusammenhänge verbunden waren.

Kapitel 11
Ton – das »Papier« der Sumerer

Der Ton war das Material, das die Sumerer und ihre Nachbarn mit hoher Intelligenz bearbeitet haben und das sie über lange Zeit hinweg zu solchen Leistungen anregte, daß diese Völker als *Ton-Kulturen* bezeichnet werden können (Nougayrol n. Amiet 1973).

In den Gebieten, in denen Stein selten und Holz wie Leder schwierig aufzubewahren waren, benutzte man vor allem Ton, um dem menschlichen Denken und insbesondere der gesprochenen Sprache dauerhaften Ausdruck zu verschaffen. Dieser Rohstoff war darüber hinaus offensichtlich leichter zu handhaben als Holz, Stein oder gar Knochen, sowohl zur Herstellung von Reliefen als auch beim Modellieren.

Die Verwendung dieses Materials geht in Mesopotamien bis auf die Vorzeit zurück, in der kleine Plastiken, Keramik und Reliefe aus Ton geformt wurden (Amiet 1961; 1966a; 1966b; 1972). Bereits im vierten Jahrtausend v. Chr. beherrschten Sumerer und Elamiter den Ton vollkommen. Dies muß bei der Untersuchung der Geschichte der entsprechenden Schriften berücksichtigt werden, da dieser Gebrauch die Kenntnis der Möglichkeiten des Tons voraussetzt. Zum einen führte der wahrscheinlich religiöse und sicherlich symbolische Charakter der auf den Vasen oder den Siegeln dargestellten Motive, ihr immer neues Auftreten und ihre systematische Stilisierung zur Gewöhnung daran, daß Gedanken in dieser Form ausgedrückt und immer einfacher dargestellt werden konnten. Zum anderen wird ein Siegel jedoch in erster Linie aufgedrückt, um die Herkunft und die Echtheit eines Gegenstandes zu garantieren.

Zumindest war Ton zur Zeit des ersten Auftretens der sumerischen und der ur-elamischen Schrift um 3.000 v. Chr. längst als Grundlage konventioneller Zeichen in der Region allgemein verbreitet. Diese Voraussetzung ist insofern wichtig, als damit z.B. der Übergang der sumerischen Schrift in ihre systematische Phase erklärt werden kann; die einfache Handhabung des weichen Tons – verglichen mit der Bildhauerei, dem Kupferstechen oder der Malerei – ist ein Grund für dessen allgemeine Verwendung in Mesopotamien wie in Elam. Und dies scheint auch der Grund zu sein, weswegen aus dem mehr als dreitausend Jahre lang Ton im Orient das Material war, auf dem mehr als ein Dutzend Sprachen weitergegeben wurden.

*Wie Schrift und Ziffern auf Ton entstanden**

Die sumerische Schrift bestand in ihren Anfängen aus Zeichnungen, die Lebewesen oder Gegenstände aller Art darstellten (*Abb. 134*), die entsprechenden Zahlzeichen setzten sich dagegen aus einer bestimmten Anzahl von Vertiefungen unterschiedlicher Form und Größe zusammen, denen jeweils eine bestimmte Ordnung von Einheiten zugeordnet war (*Abb. 133*).

Die Schriftzeichen, die in realistischer oder stilisierter Form menschliche Körperteile, Tiere, Pflanzen, Sterne oder Werkzeuge wiedergaben, wurden mit einem spitzen Gegenstand ziemlich tief in den noch feuchten Ton der Täfelchen eingegraben (*Abb. 145*); Linien wurden in der gleichen Art und Weise gezogen. Die Weichheit des Materials führte allerdings dazu, daß »zittrige« Furchen und Ausbuchtungen an beiden Seiten der Täfelchen entstanden.

Die Ziffern wurden von den Sumerern durch den Abdruck eines runden *Schreibrohrs* hergestellt – eines Schilfrohrs oder eines Stäbchens aus Knochen oder Elfenbein, an einer Seite wie ein zylindrisches Stilett geformt –, indem sie diesen Griffel in einem bestimmten Winkel in das Täfelchen drückten. Es gab zwei Schreibrohre mit verschiedenen Durchmessern – ca. 4 mm und 1 cm. Je nach Neigung des Rohrs hinterließen sie einen runden Abdruck oder eine Kerbe, deren Größe vom Durchmesser des Schreibrohrs abhing (*Abb. 146*):

Abb. 145: Einritzen der Piktogramme der archaischen sumerischen Schrift mit einem Griffel in weichen Ton.

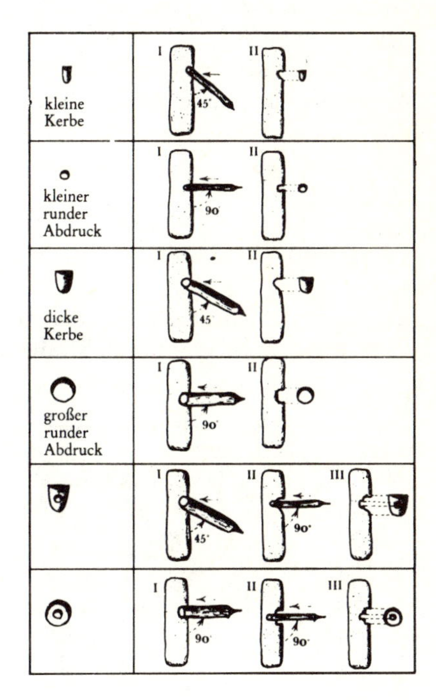

Abb. 146: Abdruck verschiedener archaischer Zahlzeichen der Sumer auf weichem Ton. (Vgl. Abb. 133)

* Idoux 1959a; 1959b.

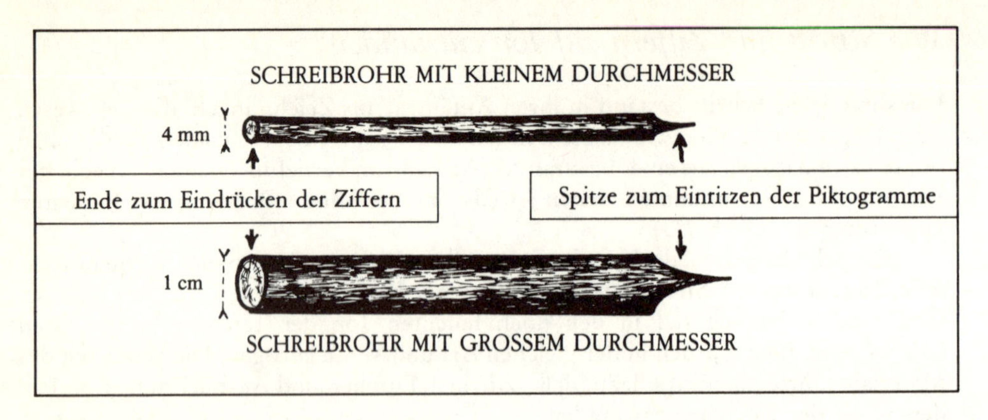

Abb. 147: Rekonstruktion eines sumerischen Schreibrohrs.

- ein runder Abdruck entstand durch ein senkrecht gehaltenes Schreibrohr;
- eine kleine oder dicke Kerbe entstand durch ein schräg in einem Winkel von 30 bis 45 Grad zur Oberfläche gehaltenes Rohr; je kleiner der Winkel zur Oberfläche war, umso länger wurde die Kerbe.

Damit bestand ursprünglich ein wesentlicher Unterschied zwischen den Schriftzeichen und den Ziffern der Sumerer. Die Zahlzeichen wurden wie die Siegel *eingedrückt*, die Schriftzeichen dagegen *eingeritzt*. Aber man kann davon ausgehen, daß die Sumerer nur ein Instrument hatten, um Ziffern, Piktogramme und Linien herzustellen: ein Schilfrohr oder ein Stäbchen aus Knochen oder Elfenbein, dessen eines Ende abgerundet sein mußte, während das andere spitz zugeschnitten war wie unsere Schreibfedern; mit dem einen Ende wurden die Ziffern eingedrückt, mit dem anderen die Umrißzeichnungen eingeritzt.

Weshalb die sumerische Schrift ihre Richtung änderte

In der Anfangszeit wurden die sumerischen Schriftzeichen auf den Tontäfelchen in derselben Stellung angebracht, die die entsprechenden Lebewesen oder Gegenstände

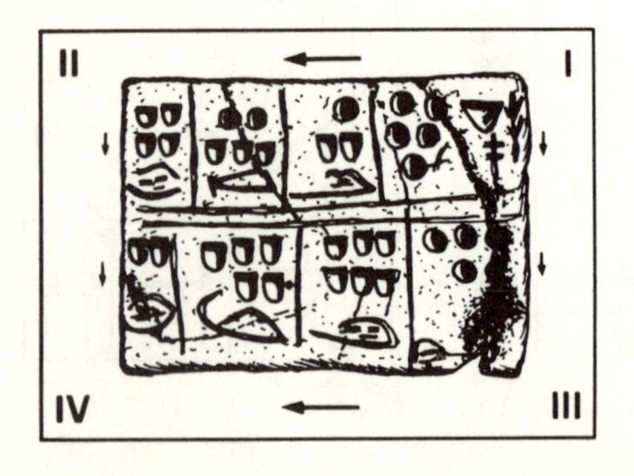

Abb. 148: Sumerisches Täfelchen aus Uruk (um 3100 v. Chr.).
(Falkenstein 1936, Nr. 279)

in der Natur einnehmen – Vasen stehend, Pflanzen aufrecht, Tiere in ihrer normalen Haltung. Die Ziffern wurden ebenfalls senkrecht gestellt, wozu das Schreibrohr schräg nach unten gehalten wurde.

Zeichen und Ziffern waren im allgemeinen auf den Täfelchen in zwei oder mehreren waagerechten Reihen angeordnet, die auf mehrere aufeinanderfolgende Kästchen verteilt wurden (*Abb. 131*). In den Kästchen standen die Ziffern meist oben, von rechts ausgehend, während die Zeichnungen ganz unten angebracht wurden:

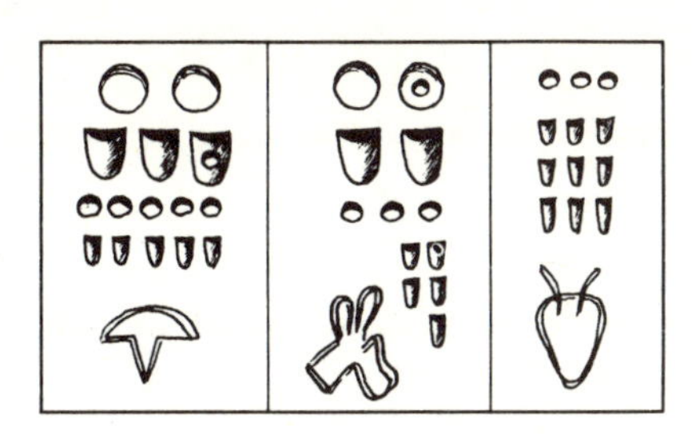

Bei eingehender Untersuchung der Verteilung der Ziffern und der Zeichnungen auf einem der Täfelchen der Uruk-Zeit (um 3100 v. Chr.) ergibt sich, daß sich Leerstellen stets auf der linken Seite des entsprechenden Kästchens befinden – so im zweiten Kästchen von oben in *Abb. 148*.

Ursprünglich wurde also von rechts nach links und von oben nach unten geschrieben, wobei die nichtrunden Ziffern senkrecht eingedrückt und Bildzeichen in ihrer natürlichen Stellung eingeritzt wurden. Diese Art der Anordnung erhielt sich auf mesopotamischen Steininschriften geraume Zeit; man findet sie insbesondere auf der *Geierstele*, deren Inschrift in waagerechte Reihen und in Kästchen gegliedert ist, die von rechts nach links und von oben nach unten zu lesen sind. Ebenso sind der *Codex des Hammurapi* und verschiedene andere Inschriften des 17. Jahrhunderts v. Chr. von rechts nach links zu lesen (Labat 1976).

Abb. 149: Sumerisches Tontäfelchen (Tello, Akkad-Zeit, um 2500 v. Chr.).
(Bibliothèque Nationale, Cabinet des Médailles, Katalognummer CMH 870 F.; vgl. de Genouillac 1909, Tafel 9)

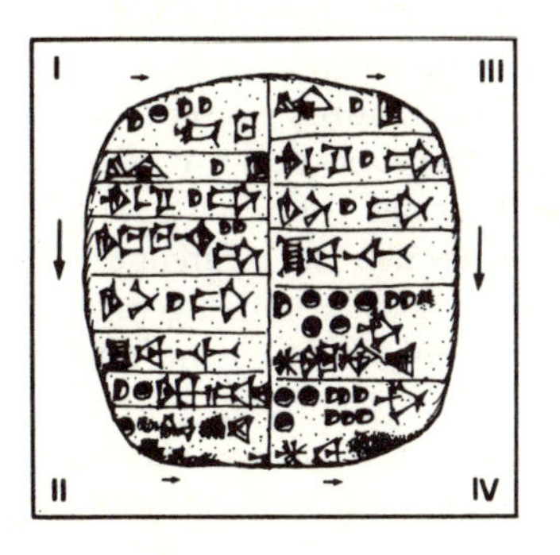

Abb. 150: Sumerisches Tontäfelchen (Faras/Schuruppak, um 2650 v. Chr.).
(Vgl. Jestin 1937, Tafel 84, 242 F)

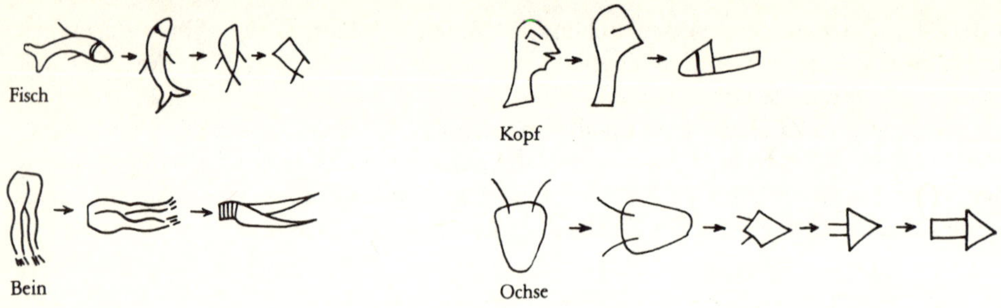

Fisch

Kopf

Bein

Ochse

Abb. 151: Vierteldrehung im Gegenuhrzeigersinn der Zeichen und Ziffern der sumerischen Schrift.

Dagegen wurden Ziffern und Schriftzeichen auf Tontäfelchen ungefähr 2.700 v. Chr. um 90° im Gegenuhrzeigersinn gedreht. Dies soll anhand der Beispiele in *Abb. 148* und *149* näher erläutert werden, die den Gebrauch vor und nach der Drehung wiedergeben – zwischen der linken und der rechten Abbildung liegt eine Drehung um 90° nach links. Zunächst fällt auf, daß sich Leerstellen mittlerweile unter den Reihen befinden.

Diese Drehung geht auf eine veränderte Haltung der Täfelchen zurück: »Die ersten Täfelchen von kleinem Ausmaß wurden schräg in der Hand gehalten, so daß Gegenstände übereinander leicht eingezeichnet werden konnten. Aber als große Tafeln aufkamen, die die Schreiber vor sich aufstellen mußten und die sie im rechten Winkel neigten, wurden die Zeichnungen waagerecht und die Schriftachse verlief von links nach rechts.« (Higounet 1955, 21)

Seither wurden Gegenstände ebenso wie die nichtrunden Ziffern um eine Vierteldrehung gegenüber ihrer ursprünglichen Stellung nach links geneigt (*Abb. 151*). »Derart verändert waren sie weniger bildhaft und damit eher geeignet, einer gewissen Schematisierung unterzogen zu werden.« (Labat 1976, 3)

Die Entstehung der Keilschriftzeichen

Die radikale Veränderung der sumerischen Schriftzeichen in der Frühdynastischen Zeit (2.700–2.600 v. Chr.) geht einfach auf verändertes Werkzeug zurück.

Die Technik des Einritzens der Schriftzeichen wurde nämlich durch ein sehr viel einfacheres und bequemeres Verfahren ersetzt, das durch die Siegel entdeckt worden war und auch für die Ziffern benutzt wurde: das »Eindrücken« des Tons. Statt eines Griffels wurde nun ein Schilfrohr oder ein Stäbchen aus Knochen oder Elfenbein benutzt, dessen Ende zu einem geraden Strich zugespitzt war. Damit konnten gerade Linien in den feuchten Ton gedrückt werden, was natürlich weniger Zeit erforderte als das Einritzen mit dem Griffel.

Die neuen Schreibrohre brachten auch eine neue Art von Buchstaben hervor, eckige Formen mit spitzen Winkeln – die Keilschrift (*Abb. 152*).

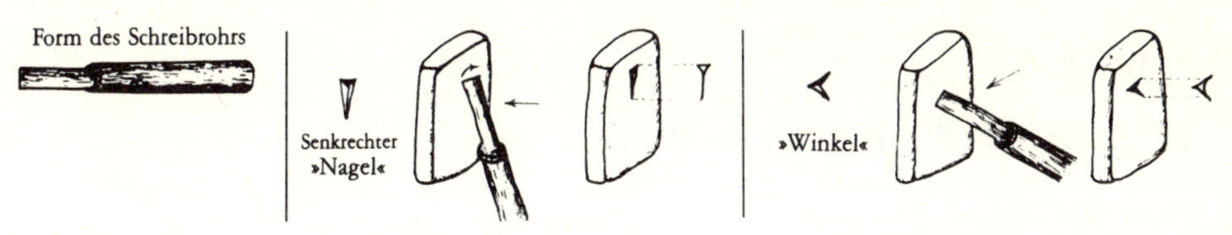

Abb. 152: Eindrücken der Keilschriftzeichen in Ton: Man erhält z.B. den senkrechten »Nagel«, indem man einen der rechten Winkel des Endes des Schreibrohrs leicht auf den Ton stützt; der Nagel wird umso größer, je stärker man drückt.

Dabei wurde die Form der einzelnen Zeichen stärker stilisiert, wobei Kurven in gerade Segmente zerlegt wurden, so daß sich das Schriftbild auf viele gebrochene Linien reduzierte. So wurde z.B. der Kreis zum Vieleck und die Kurven wurden durch Linien ersetzt (*Abb. 153*).

Diese Veränderung hat allerdings nicht auf einen Schlag stattgefunden; um 2850 v. Chr. ist sie noch nirgends feststellbar, erst auf den Tontafeln von *Ur* (2700–2600 v. Chr.) und Faras (Schuruppak) bestehen die meisten Zeichen nur noch aus eingedrückten Strichen, während Tafeln der gleichen Epoche noch die abgerundeten Linien der alten Schriftzüge bewahren.

Zu Beginn dieser Entwicklung sind die Zeichen noch sehr kompliziert, da soviel wie möglich von den ursprünglichen Schriftzügen erhalten werden sollte. Darüber hinaus versuchen die meisten Zeichen noch, Umrisse konkreter Gegenstände beizubehalten. Aber seit dem Ende des dritten vorchristlichen Jahrtausends wurden nach einer langen Entwicklung nur die wesentlichen Teile eines Zeichens beibehalten, die sehr viel schneller geschrieben werden konnten.

Deshalb verloren die Zeichen der sumerischen Schrift nach und nach jede Ähnlichkeit mit den realen Gegenständen, die zunächst abgebildet werden sollten.

	ARCHAISCHE ZEICHEN		KEILSCHRIFTZEICHEN	
	Uruk-Zeit (um 3100 v.Chr.)	Dschemdet-Nasr-Zeit (um 2850 v. Chr.)	Frühdynastische Zeit (um 2600 v.Chr.)	Neusumerisches Reich (Ur III) (um 2000 v.Chr.)
Stern Gottheit				
Auge				
Hand				
Gerste				
Bein				
Feuer Fackel				
Vogel				
Kopf Spitze Oberhaupt				

Abb. 153

Kapitel 12
Die sumerischen Ziffern

Um ganze Zahlen wiederzugeben, benutzten die Sumerer ein Ziffernsystem, in dem jedes Zeichen einer Einheit entsprach; dabei benutzten sie als Einheiten 1, 10, 60, 600, (= 60 × 10), 3600 (= 60^2), 36.000 (= $60^2 \times 10$). Die Glieder dieser Reihe lassen sich auch folgendermaßen darstellen:

$$
\begin{array}{l}
1 \\
10 \\
10 \times 6 \\
(10 \times 6) \times 10 \\
(10 \times 6 \times 10) \times 6 \\
(10 \times 6 \times 10 \times 6) \times 10
\end{array}
$$

Es handelte sich also um ein sexagesimales Zahlensystem mit den *alternierenden Basen* Zehn und Sechs, in dem zwei komplementäre Divisoren der Basis Sechzig abwechselnd zur Bildung von Einheiten herangezogen wurden (vgl. S. 69–73).

In der Vorzeit wurde der Einer durch eine kleine, zuweilen längliche Kerbe dargestellt, die Einheit 10 durch einen runden Abdruck mit kleinem Durchmesser, die Zahl 60 durch eine dicke Kerbe, 600 = 60 × 10 durch die Kombination der beiden vorangehenden Ziffern, die Zahl 3.600 = 60 × 60 durch einen großen runden Abdruck und die Zahl 36.000 = 3.600 × 10 schließlich durch die letzte Ziffer mit einem kleinen runden Abdruck.

Zu Beginn ihrer Geschichte wurden diese Ziffern in folgender Weise in die Tontäfelchen eingedrückt:

1 10 60 600 3600 36 000

Zwischen 2700 und 2600 v. Chr. wurden diese Zeichen um 90° im Gegenuhrzeigersinn gedreht, so daß die nichtrunden Ziffern von nun an nach rechts und nicht mehr nach unten ausgerichtet waren:

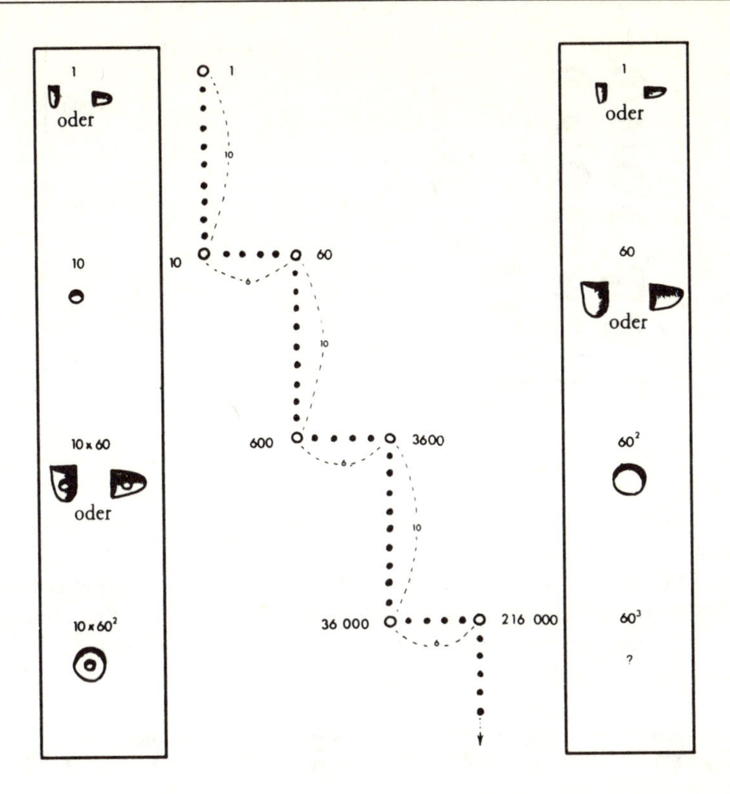

Abb. 154: Der Aufbau der sumerischen Zahlschrift: ein Sexagesimalsystem, das einen Kompromiß zwischen den alternierenden Basen 6 und 10 als komplementäre Divisoren der Basis 60 (6 × 10 = 60) darstellt.

Die ersten neun ganzen Zahlen wurden durch entsprechende Wiederholung des Zeichens für die Eins dargestellt, die Zahlen 10, 20, 30, 40 und 50 durch Wiederholungen der Ziffer Zehn, die Zahlen 60, 120, 180, 240 usw. durch die entsprechende Anzahl von Zeichen für sechzig usw. Im allgemeinen wurde eine Zahl also dadurch dargestellt, daß innerhalb jeder Ordnung von Einheiten die entsprechende Ziffer so oft wie notwendig wiederholt wurde. Ein Tontäfelchen aus Uruk (um 3000 v. Chr.) zeigt die Zahl 691 auf folgende Weise (*Abb. 131*, Täfelchen C):

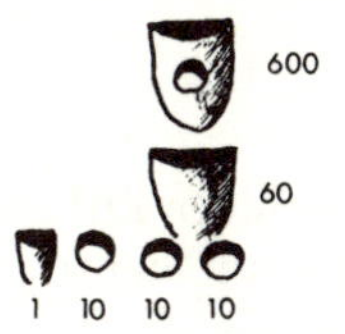

Auf einem Täfelchen, das in Faras (Schuruppak; ca. 2650 v. Chr.) gefunden wurde, wird die Zahl 164.571 in derselben Weise wiedergegeben:

36 000 + 36 000 + 36 000 + 36 000	144 000
3 600 + 3 600 + 3 600 + 3 600 + 3 600	18 000
600 + 600 + 600 + 600 + 60 + 60	2 400
	120
10 + 10 + 10 + 10 + 10 + 1	50
	1
	164 571

Die sumerische Zahlenschreibweise führte also zu einer oft übermäßigen Wiederholung von Zahlzeichen, da sie auf dem Prinzip des Nebeneinanderstellens der Ziffern und der Addition ihrer Werte beruhte: So brauchte man beispielsweise 28 Zeichen, um 3.599 zu schreiben! Deshalb gebrauchten die sumerischen Schreiber zur Vereinfachung gleichzeitig die Methode der Subtraktion; die Zahlen 9, 18, 38 und 57 wurden danach in folgender Form aufgezeichnet:

10 - 1	20 - 2	40 - 2	60 - 3
9	18	38	57

Das oder geschriebene und im Sumerischen LÁ ausgesprochene Schriftzeichen hatte dabei die Bedeutung unseres Minuszeichens. In *Abb. 150* finden sich die Zahlen 2.360 und 3.110:

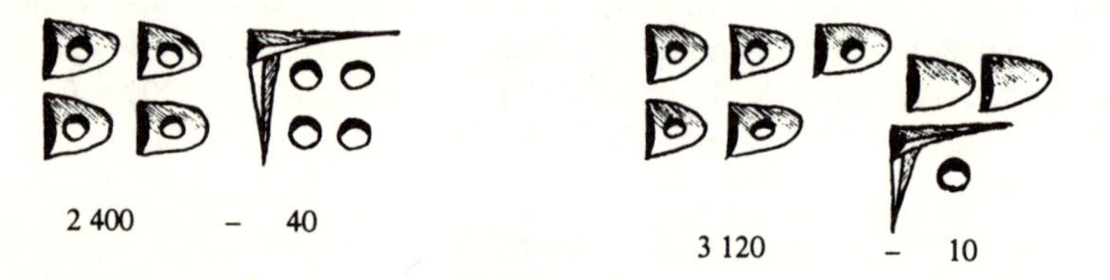

Durch die Gruppierung der jeweiligen Ziffern war es den Sumerern jedoch trotzdem möglich, auf einen Blick die Anzahl identischer Zeichen und den damit verbundenen Zahlenwert zu erfassen. So wurden die Ziffern zur Darstellung der Zahlen Eins bis Neun auf zwei Arten zu Gruppen zusammengefaßt; die erste Möglichkeit betont die Unterscheidung von geraden und ungeraden Zahlen, die zweite teilt vor allem in Dreiergruppen auf:

9	8	7	6	5	4	3	2	1

Die Entwicklung der Keilschrift-Ziffern

Durch die Entstehung von Keilschrift-Ziffern, die die charakteristische, spitz zulaufende Form besaßen, erhielt die sumerische Zahlenschreibweise einen ganz neuen Aspekt.

Diese Entwicklung ging auf die Einführung eines Schreibrohrs zurück, dessen Ende die Form eines flachen Lineals hatte (*Abb. 152*). Mit diesem neuen Instrument mußten Kurven aufgelöst und schließlich völlig durch »Nägel« oder »Winkel« ersetzt werden:

- Eins wurde danach durch einen *kleinen senkrechten Nagel* statt durch eine kleine Kerbe dargestellt;
- 10 durch einen *Winkel* statt eines kleinen runden Abdrucks;
- 60 durch *einen größeren senkrechten Nagel* statt einer dicken Kerbe;
- 600 durch einen *größeren senkrechten Nagel und einen Winkel* statt einer dicken Kerbe mit kleinem runden Abdruck;
- 3.600 durch ein *Vieleck aus vier Nägeln* statt eines großen runden Abdrucks;
- 36.000 durch ein *Vieleck aus vier Nägeln und einem Winkel* statt eines großen runden Abdrucks mit einem kleinen runden Abdruck in der Mitte.

In dieser neuen Schreibweise führten die Sumerer sogar eine Ziffer für die Zahl 216.000 (= 60^3) ein, indem sie das Zeichen für 3.600 mit dem für 60 kombinierten (*Abb. 155*).

Natürlich zog diese Formveränderung der sumerischen Ziffern keine Umstrukturierung des Zahlensystems nach sich. Es blieb bei dem Sexagesimalsystem in seiner Kombination der beiden alternierenden Basen Zehn und Sechs, so daß auch weiterhin jeder der folgenden Zahlen ein Zeichen zugeordnet wurde:

$$1, 10, 60, 10 \times 60, 60^2, 10 \times 60^2, 60^3$$

Außerdem wurden die Zahlen auch weiterhin durch Wiederholung der entsprechenden Anzahl von Zeichen jeder Einheit wiedergegeben.

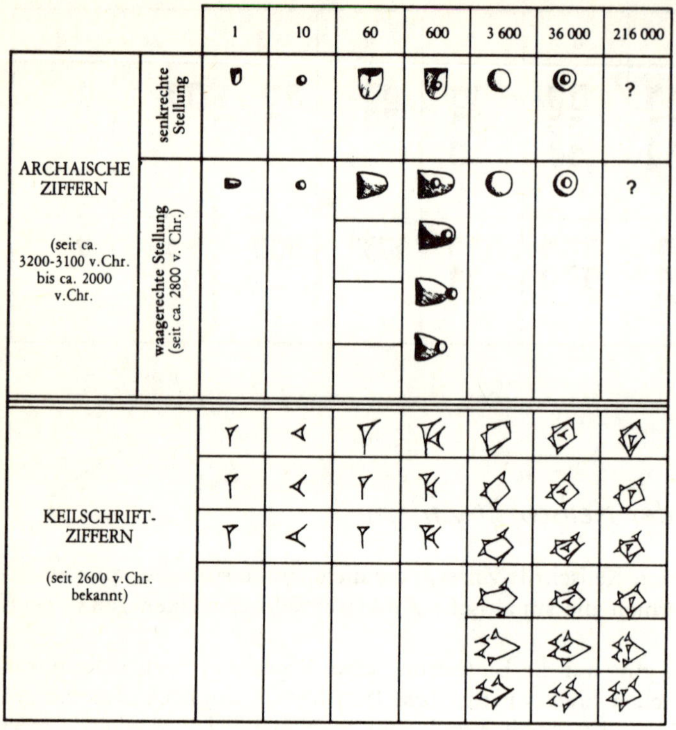

		1	10	60	600	3 600	36 000	216 000
ARCHAISCHE ZIFFERN (seit ca. 3200-3100 v.Chr. bis ca. 2000 v.Chr.	senkrechte Stellung							?
	waagerechte Stellung (seit ca. 2800 v. Chr.)							?
KEILSCHRIFT-ZIFFERN (seit 2600 v.Chr. bekannt)								

Abb. 155: Graphische Entwicklung der sumerischen Ziffern.

Ebenso wurden die aufeinanderfolgenden Zahlen innerhalb der Einheiten durch identische Ziffern ausgedrückt, die in Zweiergruppen aufgeteilt waren und damit vor allem die Wahrnehmung von gerade und ungerade ansprachen:

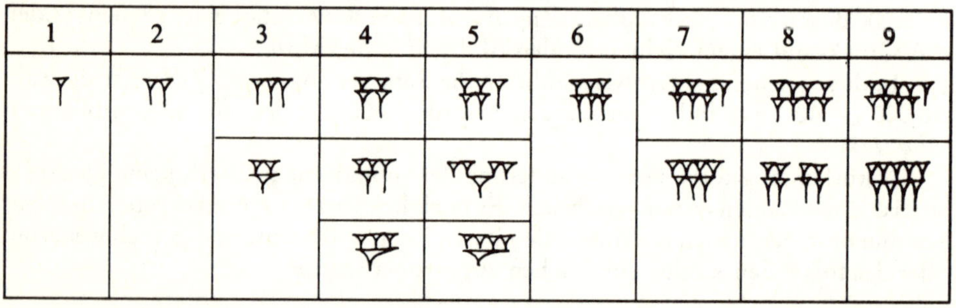

1	2	3	4	5	6	7	8	9

Auf einem sumerischen Tontäfelchen aus der Zeit der Dritten Dynastie von Ur (um 2000 v. Chr.), das aus einem Magazin in Drehem *(Patesi d'Aschnunak)* stammt, finden wir Zahlenangaben, die folgendermaßen angeordnet sind (*Abb. 159*):

	30 8	60 50 7	180 40 1	240 40 1	120 10 9
4	38	117	221	281	139

Abb. 156

Auf einem Täfelchen aus derselben Zeit, das aus einer Schwarzgrabung in Tello stammt, werden die Zahlen 54.492 und 199.539 in Keilschrift-Ziffern so ausgedrückt (vgl. Barton 1918, 1. Hlb., 24, Tafel 16):

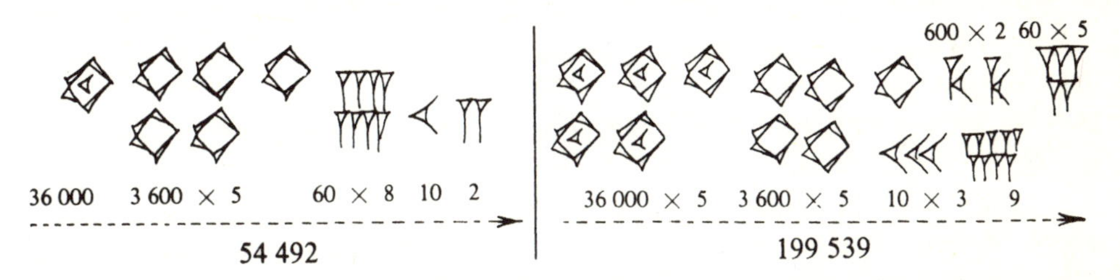

Abb. 157

Die Keilschriftzeichen waren mindestens seit etwa 2700 v. Chr. verbreitet und wurden mehrere Jahrhunderte lang gleichzeitig mit den archaischen sumerischen Ziffern (*Abb. 149, 150*) benutzt; erst in der Zeit der Dritten Dynastie von Ur (2100–2000 v. Chr.) setzten sich die neuen Zeichen endgültig durch. Auf einigen Tafeln der Könige von Akkad (zweite Hälfte des 3. Jahrtausends) stehen Keilschrift-Ziffern direkt neben den archaischen Zeichen, vielleicht um einen sozialen Unterschied zwischen den beteiligten Personen auszudrücken; die neuen Ziffern würden dann auf einen hohen gesellschaftlichen Rang hinweisen, die alten auf Sklaven oder Angehörige des gewöhnlichen Volkes.*

Seit der Vorzeit der Akkad-Zeit (ungefähr 2600 v. Chr.) traten einige Unregelmäßigkeiten in der Schreibweise der Keilschrift-Ziffern auf. Dazu gehört zum einen das Prinzip der Subtraktion; daneben werden bei der Darstellung der Vielfachen von 36.000 zwei Varianten benutzt. Die erste entspricht der Regel der entsprechenden Wiederholung identischer Ziffern:

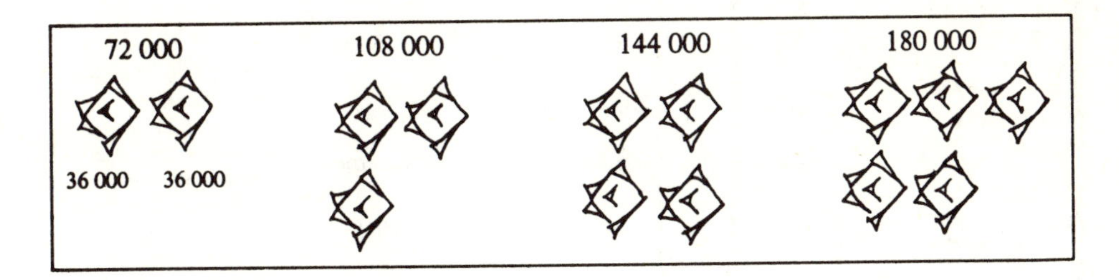

* Persönlicher Hinweis von J.M. Durand.

Manchmal findet sich jedoch folgende Variante (Deimel 1947):

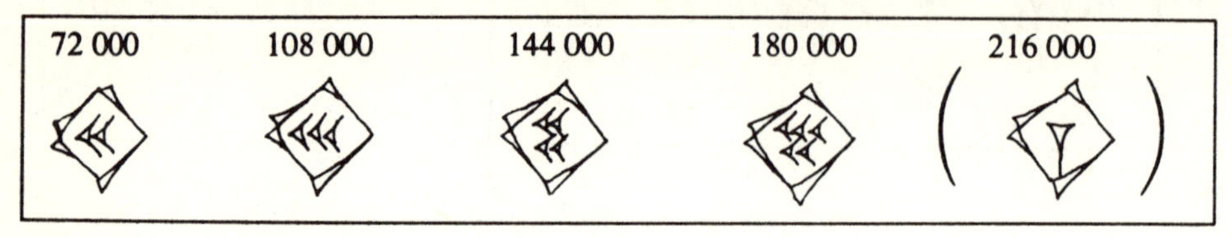

Abb. 158

Dieser Schreibweise liegt folgende Aufteilung zugrunde:

72.000 = 3.600 × 20 (statt 36.000 + 36.000)
108.000 = 3.600 × 30 (statt 36.000 + 36.000 + 36.000)
144.000 = 3.600 × 40 (statt 36.000 + 36.000 + 36.000 + 36.000)
180.000 = 3.600 × 50 (statt 36.000 + 36.000 + 36.000 + 36.000 + 36.000)

Damit haben die Sumerer die Zahl 36.000 und ihre Vielfachen auf einen *gemeinsamen Nenner* gebracht, nachdem sie erkannt hatten, daß das Zeichen für 36.000 selbst aus dem für 3.600 und der Zehn zusammengesetzt werden konnte. Indem sie 3.600 als gemeinsamen Nenner einsetzten, konnte die Darstellung z.B. der Zahl 108.000 über die Zwischenstufe (3.600 × 10) × (3.600 × 10) + (3.600 × 10) auf 3.600 × (10 + 10 + 10) vereinfacht werden.

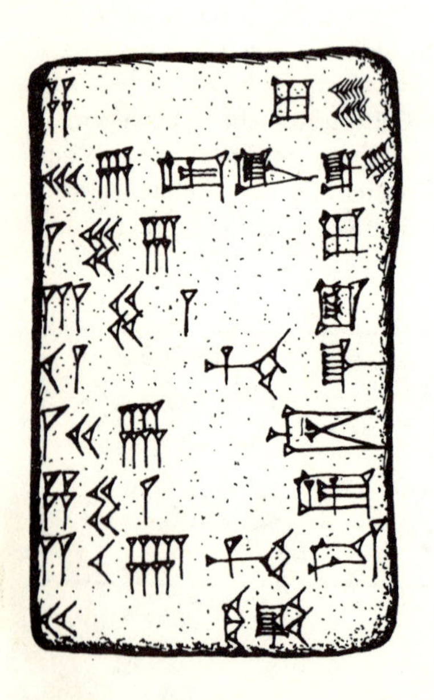

ÜBERSETZUNG

4	Masthammel
38	kleine Lämmer
117	Hammel
221	Schafe
11	Böcke
88	Ziegen
281	Lämmer
139	Jungziegen
20	Zicklein

Abb. 159: Sumerische Tontafel (um 2000 v. Chr.) mit einer Liste von Kleinvieh, dessen Anzahl in Keilschrift-Ziffern festgehalten ist. (Übersetzung v. D. Charpin; de Genouillac 1911, Tafel V, 4691 F)

Probleme der Keilschrift-Ziffern

Eine der Schwierigkeiten der Zahlenwiedergabe in Keilschrift liegt in der Schreibweise der Ziffern 70 und 600; beide werden durch die Kombination der Ziffern 60 (großer senkrechter Nagel) und 10 (Winkel) gebildet:

60 + 10	60 × 10
70	600

Bei der Zahl 70 werden die Zeichen für 60 und für 10 addiert, im zweiten Falle dagegen multipliziert. Diese Zweideutigkeit konnte in der archaischen Schreibweise praktisch nicht vorkommen:

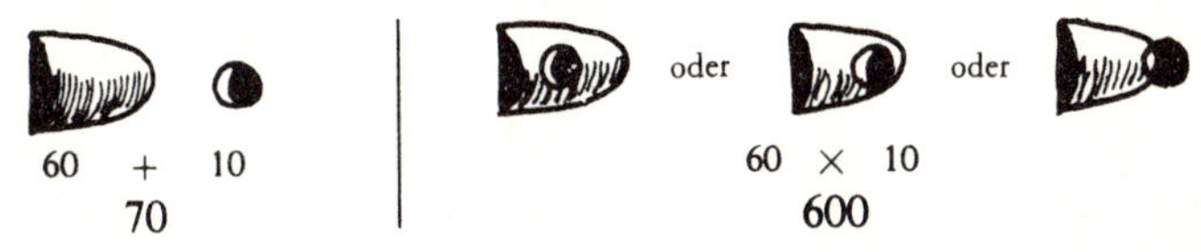

Zwar versuchten die Sumerer mögliche Verwechslungen dadurch zu vermeiden, daß sie Nagel und Winkel bei 70 deutlich trennten und bei 600 zu einer unlösbaren Gruppe verschmolzen. Diese Regeln wurden jedoch manchmal wenig beachtet, so daß man Tontäfelchen findet, auf denen beide Zahlen in gleicher Weise geschrieben sind.

Eine weitere Verwechslungsmöglichkeit liegt in der Schreibweise der Zahlen 61, 62, 63 usw., da die Sechzig und die Eins durch das gleiche Zeichen, den senkrechten Nagel, wiedergegeben werden:

1.1	und	1.1.1	oder	60.1	und	60.1.1
2		3		61		62

Ursprünglich waren diese beiden Ziffern durch ihre Größe unterschieden:

60 1	60 2	60 3	60 4	60 5	60 6	60 7	60 8	60 9
61	62	63	64	65	66	67	68	69

Als sie später die gleiche Größe hatten, wurden sie durch einen Zwischenraum getrennt:

60 1	60 2	60 3	60 4	60 5	60 6	60 7	60 8	60 9
61	62	63	64	65	66	67	68	69

Die Akkader, Nachfolger und kulturelle Erben der Sumerer, beseitigten diese Zweideutigkeit dadurch, daß sie diese Zahlen in Worten niederschrieben. So findet man auf assyrischen und babylonischen Tafeln folgende Schreibweise:

1 SCHU-SCHI 1	1 SCHU-SCHI 2	1 SCHU-SCHI 6
61	62	66

Das Schriftzeichen SCHU-SCHI steht für den Namen der Sechzig; diese Vorgehensweise wurde auch bei anderen Zahlen benutzt:

Fortbestand der sumerischen Zahlschrift

Ebenso, wie viele Franzosen nach wie vor in Alten Francs rechnen, obwohl der Neue Franc bereits 1960 eingeführt wurde, blieben auch die Bewohner Mesopotamiens der Zählung nach Sechzigern lange treu, auch nach dem Untergang der Sumerer. Die sexagesimalen Keilschrift-Ziffern wurden bis ins Altbabylonische Reich hinein (bis ca. 1500 v. Chr.) gebraucht. Obwohl das Dezimalsystem der Assyrer und Babylonier in Mesopotamien bereits fest verwurzelt war, finden sich noch auf einem aus Larsa* (18. Jahrhundert v. Chr.) stammenden Buchführungstäfelchen** sexagesimale Keilschrift-Ziffern, um die Anzahl von Schafen festzuhalten.

61 (Schafe)	60 1
84 (Hammel)	60 20 4
145 (insgesamt)	120 20 5

96 (Schafe)	60 30 6
105 (Hammel)	60 40 5
201 (insgesamt)	180 20 1

Abb. 160

* In der Nähe von Uruk.

** Vgl. Birot 1970, Nr. 42, 85 und Tafel XXIV. Dieses Täfelchen stammt vermutlich aus der Regierungszeit Rim-Sins (1822–1763 v. Chr.) und ist typisch für die laufenden Abrechnungen, die in den Archiven der Stadt Larsa aufbewahrt wurden.

Ebenso hatte ein Schreiber eines anderen Täfelchens, das aus Nordbabylonien (um 1650 v. Chr.) stammt*, das alte System benutzt, um die Kälber und Kühe eines Grundbesitzers zu zählen.

Um die Zahl von 277 Kühen, 209 Kälbern und 486 Kälbern und Kühen insgesamt darzustellen, hat er folgende Ziffern verwendet:

240 30 7
277

180 20 9
209

8 SCHU-SCHI 6
486

Die Summe der beiden ersten Zahlen – 486 – war zusätzlich »in Worten« angegeben, die wörtlich übersetzt »8 Sechziger, 6 (Einer)« lauten würde. Damit sollte zumindest bei der Summe jeder Irrtum ausgeschlossen werden, wie das ja noch heute auf Bank- und Postschecks geschieht...

Wie die moderne Forschung die sumerischen Ziffern entschlüsselte

Die von den Assyriologen angewandte Methode baut darauf auf, daß manche der zahlreichen Tafeln wirtschaftlichen Inhalts, die in Sumer ausgegraben wurden, offen-

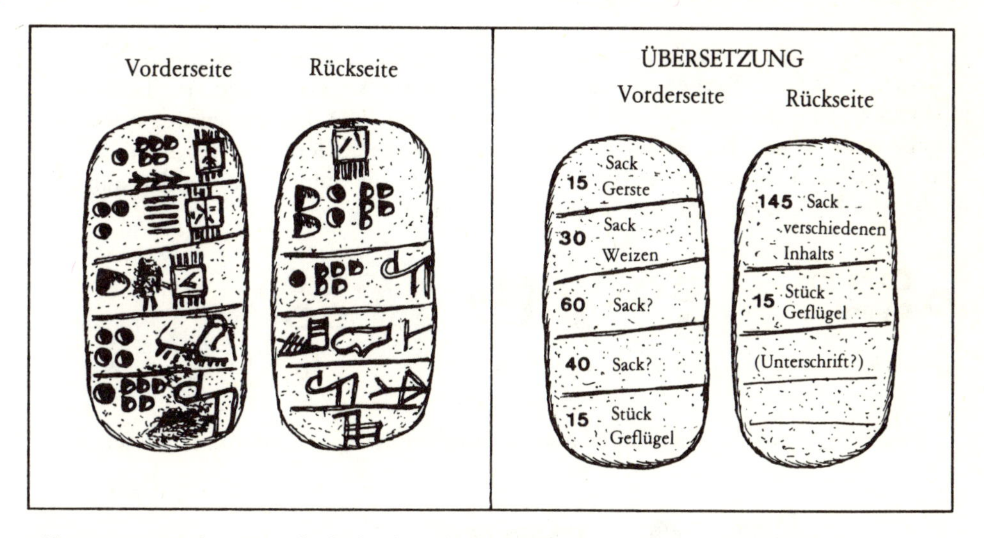

Abb. 161: Sumerischer »Warenbegleitbrief«, gefunden in Uruk; er stammt aus der Dschemdet-Nasr-Zeit (ungefähr 2850 v. Chr.).
(Vgl. Falkenstein 1936, Nr. 637)

* Vgl. Finkelstein 1972, Nr. 348, Tafel CXIV. Dieses Täfelchen ist auf das 31. Regierungsjahr des Ammiditana von Babylon (1663–1647 v. Chr.) datiert.

sichtlich eine Art Warenbegleitbriefe waren. Auf ihrer Vorderseite findet man nämlich genaue Angaben über die gehandelten Waren, wobei deren Art durch Piktogramme, ihre Anzahl durch Kerben und Abdrücke bzw. durch Keilschrift-Ziffern festgehalten wurden. Die Rückseite zeigt eine »Zusammenfassung« und die entsprechenden »Beurkundungen«; die Zusammenfassung stellt die Summe der auf der Vorderseite aufgeführten Waren dar.

Eine in Uruk entdeckte Tontafel (um 2850 v. Chr.) trägt so auf ihrer Vorderseite einzelne Angaben über abgezählte Säcke verschiedener Waren und Geflügel, auf ihrer Rückseite die Summe der Anzahl des Geflügels und der Säcke (*Abb. 161*).

Durch die Entdeckung dieses Sachverhaltes ist es der modernen Forschung gelungen, verschiedene alte Zahlensysteme zu entziffern, wie das sumerische, die kretischen Linearschriften A und B, die kretische Hieroglyphenschrift u.a.; der Zahlenwert der entsprechenden Ziffern konnte anhand einer großen Anzahl von Fundstükken bestimmt und überprüft werden.

Zur Verdeutlichung der Vorgehensweise sei angenommen, daß aufgrund vieler ähnlicher Additionen der Wert zweier Ziffern mit Sicherheit bestimmt ist:

= 1   = 10

Auf der Suche nach dem noch unbekannten Wert x der dicken Kerbe stoßen wir durch Zufall auf die in *Abb. 161* wiedergegebene Tafel; sie enthält die beiden bekannten Ziffern und die gesuchte:

= x ?

Im ersten Schritt werden die Zeichen für 15 Stück Geflügel – ein kleiner runder Abdruck, fünf feine Kerben und das Piktogramm für Vogel – eliminiert, da sie sich auf beiden Seiten in identischer Form befinden (*Abb. 161*). Es werden nur noch die Angaben zur Anzahl der Säcke berücksichtigt, d.h. die Ziffern, die mit einem ähnlichen Schriftzeichen verbunden sind. Wenn wir nun die Summe der Zahlen auf der Vorderseite bilden, erhalten wir folgenden Gesamtbetrag:

10 + 5 + 30 + x + 40 = x + 85

Die Ziffern auf der Rückseite lassen sich folgendermaßen zusammenfassen:

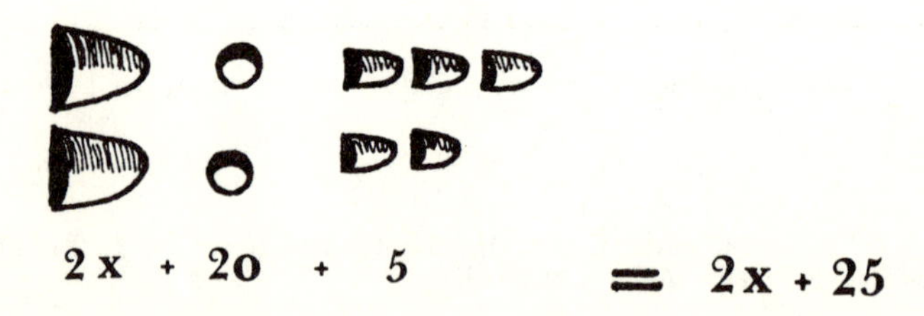

Da es sich in beiden Fällen um dieselbe Summe handelt, erhält man durch ihre Gleichsetzung die Gleichung:

$$x + 85 = 2x + 25$$

Durch ihre Auflösung erhält man den gesuchten Wert:

$$x = 60$$

Dieses Ergebnis kann jedoch erst dann als gesichert betrachtet werden, wenn die dicke Kerbe auch auf anderen Täfelchen dieser Art für die Zahl 60 steht, was tatsächlich der Fall ist.

Kapitel 13
Die ägyptischen Ziffern

Die gesprochene Sprache des Alten Ägypten ist durch zahlreiche Texte überliefert, die sich auf Bauwerken – Tempelwänden, Obelisken, Grabstelen –, Rollen aus Fasern der Papyrusstaude oder auf Topfscherben und Kalkplatten finden.

Die Schrift, in die diese Sprache übertragen wurde, beruht auf dem Gebrauch von *Hieroglyphen**, die hauptsächlich auf Bauwerken und Grabmälern zu finden sind. Diese »Buchstaben« stellen den Menschen in allen Lebenslagen, alle Arten von Tieren und Gebäuden, Denkmäler, heilige oder profane Gegenstände, Sterne, Pflanzen usw. als genau ausgeführte Piktogramme dar (*Abb. 162*).

Abb. 162

Wie die Hieroglyphen zu lesen sind

Auf den verschiedenen Inschriften lesen sich die Hieroglyphen entweder von links nach rechts oder von rechts nach links, und dies entweder waagerecht oder senkrecht – von oben nach unten. Die Richtung der Zeichen zeigt die Leserichtung an: *Alle*

* *Hieroglyphe* bezeichnet ursprünglich die spezifische Form der alten Grundschrift des Alten Ägypten, aber der Sinn des Wortes ist auf alle Arten von eingravierten oder gemalten Bildbuchstaben ausgeweitet worden. Diese Zeichen, die von den Ägyptern für den »Ausdruck der Worte der Götter« gehalten wurden, hatten von den griechischen Schriftstellern den Namen *grámmata hierá* (»heilige Schriftzeichen«) oder *grámmata hieroglyphika* (»in Stein gehauene heilige Schriftzeichen«) erhalten, wovon sich unser Wort »Hieroglyphe« herleitet.

Lebewesen – Menschen und Tiere – wenden sich dem Beginn der Zeile zu. In einem von links nach rechts zu lesenden Text blicken sie *nach links:*

Sie blicken *nach rechts* in einem von rechts nach links zu lesenden Text:

Die Hieroglyphen können als Bildzeichen im umfassendsten Sinne angesehen werden, da sie das bedeuteten, was sie sichtbar wiedergaben. Es sind also *Piktogramme,* deren sich die ägyptische Schrift zu allen Zeiten bediente. Aber die Bedeutung der Hieroglyphen beschränkte sich nicht allein auf den dargestellten Gegenstand; mit ihnen konnten auch benachbarte Vorstellungen oder Handlungen wiedergegeben werden. So konnte das Bild eines menschlichen Beines nicht nur »Bein« bedeuten, sondern auch das »Gehen«, »Laufen« oder »Fliehen«. Ebenso konnte das Bild der Sonnenscheibe auch für »Tag«, »Wärme«, »Licht« oder den »Sonnengott« stehen.

Der Begriffsinhalt eines Schriftzeichens umfaßte also nicht nur den zeichnerisch dargestellten Begriff, sondern überschnitt sich mit ihm. Die Hieroglyphen müssen also als einfache Ideogramme interpretiert werden; ihre Bedeutung umfaßte alle Variationen, die durch das Bild assoziiert wurden.

Mit Piktogrammen konnte allerdings nicht alles zum Ausdruck gebracht werden. Wie sollten z.B. Gefühle wie wünschen, begehren, suchen, verdienen usw. oder abstrakte Begriffe wie Denken, Glück, Furcht oder Liebe dargestellt werden? Darüber hinaus sind Piktogramme keine Schrift im eigentlichen Sinne, da sie die gesprochene Sprache weder direkt darstellen noch von einer bestimmten Sprache abhängig sind. Deshalb benutzten die Ägypter das Prinzip unserer Bilderrätsel*, um abstrakte Worte in Silben zu zerlegen, die lautlich den Namen von Lebewesen oder Gegenständen entsprachen. Manche Hieroglyphen waren damit keine direkten oder symbolischen Bilder mehr und wurden statt dessen Zeichen für den Laut, dem sie innerhalb der ägyptischen Sprache entsprachen.

Wenn man als Franzose die Aufgabe hätte, die Worte der französischen Sprache gegenständlich darzustellen, so könnte man das Wort *Orange* zunächst durch eine Zeichnung dieser Frucht darstellen:

* In einem Bilderrätsel werden Worte oder Sätze durch Bilder ausgedrückt, deren Namen die fraglichen Worte ergeben oder diesen zumindest von der Aussprache her ähnlich sind.
Im Französischen wäre folgendes Beispiel denkbar: die Bilder einer Hecke (französisch *haie*), zweier Dächer *(deux toits),* der Artikel *le* (der), eine Säge *(scie),* ein Flügel *(aile),* ein Kopfkissenbezug *(taie)* und zwei Ratten *(deux rats)* ergeben: »Aide-toi, le ciel t'aidera« (hilf' dir selbst, so hilft dir Gott).

Obwohl diese unmittelbare Wiedergabe einer Orange die entsprechende Vorstellung direkt in uns wachruft, hat sie doch den Nachteil, unabhängig von der Sprache zu sein, aus der das entsprechende Wort stammt. Dieses Problem kann durch eine andere Vorgehensweise umgangen werden. Statt die Bilder zur Darstellung des Begriffs, den sie enthalten, zu verwenden, stellen wir damit den Laut dar, den ihr Name in der französischen Sprache hat. Das Wort *Orange* kann so durch ein Bild für *or* (Gold) und für *ange* (Engel) wiedergegeben werden (Sottas/Drioton 1922):

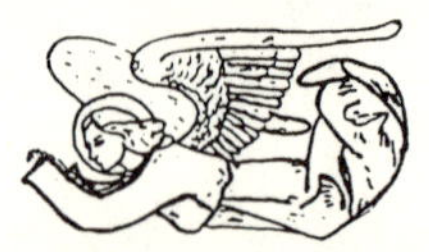

Wenn man die Namen dieser Bilder ausspricht, erhält man die Lautfolge OR-ANGE, die dem Wort *Orange* akustisch entspricht.

Um auf diese Weise das französische Wort *courbette* (tiefe Verbeugung) niederzuschreiben, kann das Bild eines laufenden Menschen und das eines Tieres verwendet werden (Caratini 1968):

Wir erhalten so die Lautfolge COURT-BÊTE (läuft-Tier), die ähnlich wie *courbette* klingt.

Solche Darstellungen sind jedoch oft zweideutig – so könnte die vorangehende Darstellung statt *court-bête* auch *courir-bête* (laufen-Tier), *courir animal* (laufen-Bestie), *fuir-bête* (fliehen-Tier) oder *fuir-animal* (fliehen-Bestie) gelesen werden. Deshalb ergänzen wir die Bilder durch eine »Gesamtdarstellung«, wie bei einer Scharade. Für *Orange* setzen wir neben das phonetisch geschriebene Wort die Zeichnung einer Orange, was die Bedeutung eindeutig macht, wobei die letzte Zeichnung selbstverständlich nicht ausgesprochen wird:

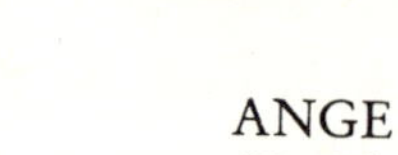

Ebenso wird *courbette* im Sinne eines sich aufbäumenden Pferdes durch die phonetische Wiedergabe und ein Bild dargestellt, das deutlich die Bewegung des Tieres wiedergibt:

Um dagegen eine tiefe Verbeugung darzustellen, wird das Bild des Pferdes durch das eines sich übertrieben tief verbeugenden Menschen ersetzt:

Die Hieroglyphen wurden in derselben Art und Weise verwandt, nicht nur zur direkten visuellen oder symbolischen Darstellung, sondern auch gemäß ihrem Lautwert.

Die Hieroglyphen dieser zweiten Kategorie – sie umfaßten mehrere hundert Zeichen – standen also für einen oder mehrere Laute der ägyptischen Sprache. »Wachtelküken« hieß im Ägyptischen z.B. *Wa;* seine Zeichnung diente dazu, über ihre ursprüngliche Bedeutung hinaus den Laut **Wa** zu bezeichnen. Ebenso stand »Sitz« *(Pe)* für den Laut **Pe**; das Bild eines »Mundes« *eR* entsprach dem Laut **eR**; das eines »Hasen« (*WeN*) dem Laut **WeN**, das eines Skarabäus (*KHePeR*) dem Laut **KHePeR.**

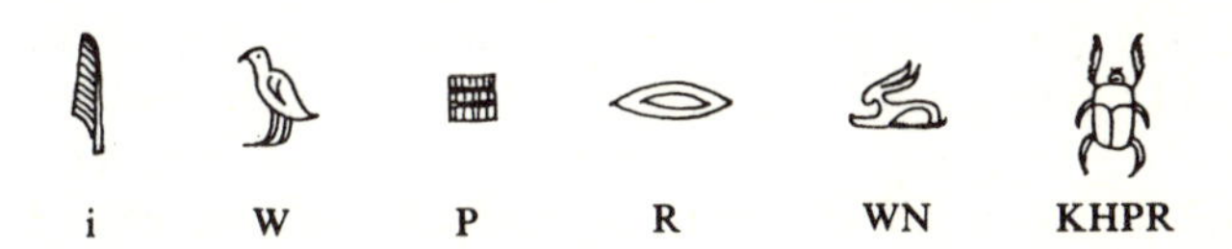

Der mit den ägyptischen Hieroglyphen verbundene Laut bestand nur aus Konsonanten, da die ägyptische Schrift wie alle semitischen Schriften den Vokalen nur untergeordnete Bedeutung zumaß; sie brachte im Grunde nur das Konsonantengerüst zum Ausdruck, das im aktuellen Sprachgebrauch mit Vokalen gefüllt wurde.* Und da die ägyptischen Worte nur aus einer, zwei oder (höchstens) drei Silben bestanden, drückten die entsprechenden Laut-Hieroglyphen, die die Konsonantenstruktur des ursprünglichen Ideogramms bewahrten, nur ein, zwei oder drei Konsonanten aus (Sauneron 1970).

Die Laut-Hieroglyphen lassen sich damit in drei Kategorien einteilen:

1. *Einschichtige* Hieroglyphen mit einem einzigen konsonantischen Lautwert (W, P, M, R u.a.).**
2. *Zweischichtige* Hieroglyphen, deren Laut aus zwei aufeinanderfolgenden Konsonanten zusammengesetzt ist (WN, SWS usw.).

* Wir können deshalb die Worte der ägyptischen Sprache nur mit uns bekannten Vokalen ausstatten, was nichts über die ursprüngliche Aussprache aussagt.

** Die einschichtigen Hieroglyphen – 25 im Alten und 24 im Mittleren Reich – werden von den Ägyptologen als »Alphabet« der ägyptischen Schrift bezeichnet. Die Ägypter hätten mit diesem »Alphabet« ohne weiteres sämtliche Worte ihrer Sprache schriftlich wiedergeben können; sie hätten sich so den Gebrauch einer Unzahl sowohl phonetisch wie zeichnerisch komplizierter Zeichen erspart und Redundanzen vermieden. Diese Möglichkeit wurde jedoch niemals in Betracht gezogen; vielmehr zogen es die ägyptischen Schreiber aus Tradition und aus ästhetischen Gründen vor, dieses gemischte und übermäßig komplizierte System beizubehalten.

Abb. 163: Die Schminkpalette des Königs Narmer (um 3000–2850 v. Chr.). (Museum Kairo)

3. *Dreischichtige* Hieroglyphen, deren Laut drei Konsonanten umfaßt (KHPR, NFR usw.).

Mit diesen Hieroglyphen – Bild- und Lautzeichen – konnten die Ägypter sämtliche Worte ihrer Sprache wiedergeben.

Eines der frühesten Beispiele für diesen Schriftgebrauch findet sich auf der *Schminkpalette des Königs Narmer* (um 3000–2850 v. Chr.); diese Schiefertafel wurde in Hierakonpolis* gefunden und stellt den Sieg des Herrschers über seine Feinde in Unterägypten dar (*Abb. 163*). In der Mitte der Tafel schwingt der König Narmer, geschmückt mit der Krone Oberägyptens, seine Keule zu Häupten eines Gefangenen; oben rechts unterwirft der Falkengott Horus die Bewohner des Deltas der Herrschaft Narmers.**

Der Name des Herrschers – der ägyptisch *N'R-MR* ausgesprochen wurde – steht in einer Kartusche über seinem Kopf unter Verwendung der Hieroglyphen »Fisch« (*N'R*) und »Meißel« (*MR*):

So wurde auch »Frau«, ägyptisch *SeT,* durch die Schriftzeichen »Riegel«, der Laut-Hieroglyphe für »S«, und »Stück Brot« (Laut »T«) wiedergegeben; hinzugefügt wird das Bild einer Frau, um die Bedeutung des phonetisch umschriebenen Wortes festzulegen:

* Alte Stadt am linken Nilufer, ungefähr 100 Kilometer nördlich des ersten Katarakts.

** Diese Symbole wurden lange Zeit irrtümlich interpretiert: Mehrere Ägyptologen deuteten die sechs Stiele der Papyrusstaude – über denen der Falkengott Horus, der Beschützer des Erobererkönigs Narmer, schwebt und die aus einem Oval am Kopf eines Gefangenen wachsen – dahingehend, der König habe 6.000 Gefangene gemacht. Sie hielten die sechs Stiele des Papyrus für sechs Lotosblumen, wobei eine Lotosblume das Zeichen für 1.000 war. Dagegen hat Keimer (1926) nachgewiesen, daß diese Pflanzen dafür stehen, daß der Gott Horus dem König die Gefangenen der eroberten Papyrusländer, d.h. der Sumpfgebiete Unterägyptens übergibt.

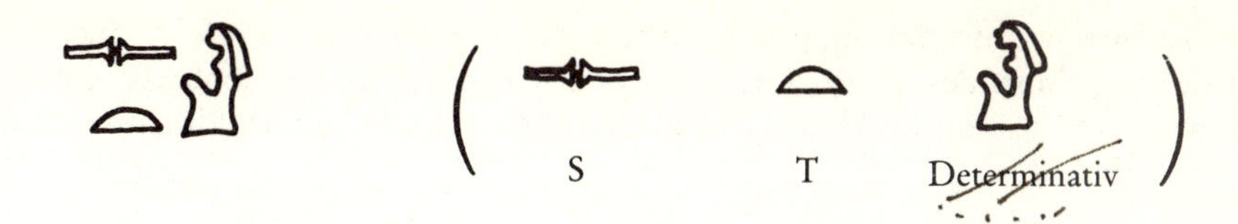

Auf gleiche Weise wurde »Geier« *(NeReT)* durch das Ideogramm dieses Raubvogels und die Zeichen »Wasserstrahl« (Laut »N«), »Mund« (Laut »R«) und »Stück Brot« (Laut »T«) dargestellt, wobei die Laut-Hieroglyphen die Aussprache verdeutlichen sollten:

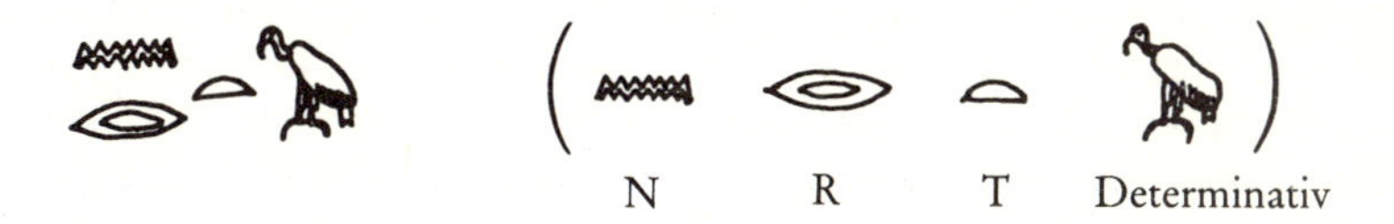

Die Ägypter zerlegten ihre Worte jedoch nicht nur in einzelne Konsonanten, sondern verwandten zur Darstellung der Aussprache auch zwei- und dreischichtige Zeichen. Mehrschichtige Zeichen wurden dabei durch Ergänzung einfacher phonetischer Zeichen, deren Lautwert in dem fraglichen Zeichen enthalten war, eindeutig gemacht.

Dies sei wiederum an einem französischen Beispiel erläutert: Um das Verb *détourner* (ablenken, abwenden) in Bildern zu schreiben, kann es in drei Silben zerlegt werden, die durch die Darstellung eines Würfels (*dé*), eines Turms (*tour*) und einer Nase (*nez*) verbildlicht werden. Dies kann aber zu Mehrdeutigkeiten führen, weil das Bild des Turmes auch als *château* (Schloß) und das der Nase als *narine* (Nasenloch) gelesen werden können. Deshalb können wir der Zeichnung des Turmes ein T vorangehen und derjenigen der Nase ein Z nachfolgen lassen (Vercoutter 1973):

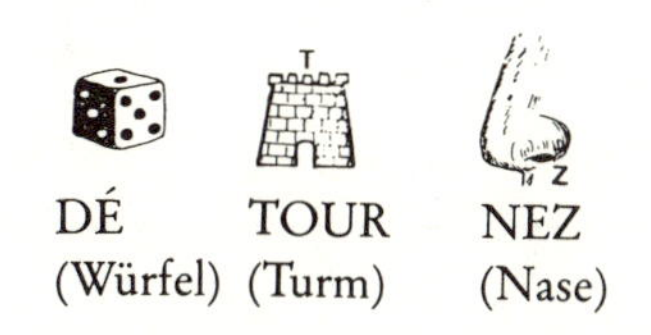

Natürlich wird der Lautwert der Zusatzbuchstaben nicht in die ergänzten Lautzeichen eingehen, weil es sich lediglich um Lesehilfen handelt, die für sich nicht ausgesprochen werden.

Um also z.B. die Lektüre der Hieroglyphe »Hase« *(WeN)* zu vereinfachen, fügten ihr die ägyptischen Schreiber das Zeichen »Wasserstrahl« (N) hinzu:

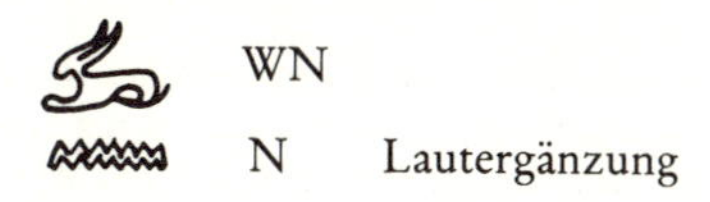

Diese Gruppe wurde nicht *WeNeN*, sondern *WeN* gelesen, da das Zeichen »N« nur das Erkennen des Zeichens »WN« sicherstellen soll.

Ebenso wurde der ägyptische Name des Gottes Amon *(íMeN)* durch das Zeichen »í« (blühendes Schilfrohr) und das Zeichen »MN« (Schachbrett) gebildet, lautlich ergänzt durch die Hieroglyphe »N« (Wasserstrahl) und bildlich durch das Determinativ:

MN
i N Ideogramm Det.
Lautergänzung

Es handelte sich also um ein Mischsystem aus Bild- und Lautzeichen, in dem Lebewesen und Gegenstände durch ihr Bild – das durch einen kleinen waagerechten Strich als Ideogramm gekennzeichnet wurde – oder durch ebenfalls aus Bildern bestehende Lautzeichen dargestellt wurden. Hinzu kamen einerseits Lautergänzungen, die das Lesen mehrschichtiger Zeichen vereinfachten, ohne selbst ausgesprochen zu werden, und andererseits Determinative, die die Lebewesen oder Gegenstände, auf die sich die dargestellte Lautform bezog, eindeutig bezeichnen sollten, um auch bei gleichlautenden Worten Verwechslungen zu vermeiden (Gardiner 1950; Lefebvre 1956).*

Beispielsweise hatte das Wort *NeFeR* mehrere Bedeutungen – *niemand, nichts, schön, Mädchen, Stoff, Phallus* oder *Krone Oberägyptens*:

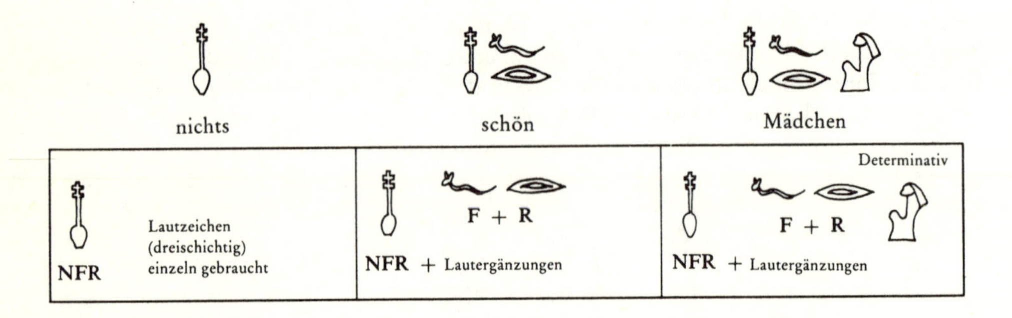

Nur durch die entsprechende Schreibweise wurden die verschiedenen Bedeutungen unterschieden. In diesem Schriftsystem, das eine Bilderschrift mit einer analytischen Lautschrift verband, waren die »Determinative« von größter Bedeutung zur Vermeidung von Mißverständnissen.

* So wurden Namen von Personen und Berufen häufig von dem Zeichen »Mann« als Determinativ begleitet. Worte wie »Hunger«, »Durst«, »Wort« usw. wurden durch ein Ideogramm ergänzt, das einen Mann darstellte, der eine Hand zum Munde führt. Das Zeichen »Baum« begleitete die Namen von Bäumen, das Zeichen »Schiff« nautische Begriffe; »Sonne« war das Determinativ für alle damit zusammenhängenden Erscheinungen (Licht, Strahlung, Zeitmessung); eine an einem Faden befestigte Papyrusrolle diente häufig als Determinativ abstrakter Worte (Gardiner 1950; Lefebvre 1956)

Abb. 164: Stele der Nefertiabet in Gizeh (IV. Dynastie, um 2500 v. Chr.).
Diese Hieroglyphenmalerei stellt eine Opfertafel dar, die zur Aufnahme der Speisen und Getränke bestimmt ist, welche regelmäßig im Rahmen des Grabkultes für die Verstorbenen als Opfer dargebracht wurden. Die Opferformel und die Speisen sind in Hieroglyphenschrift festgehalten, um die Versorgung des Verstorbenen auch dann zu garantieren, wenn die Opferungen unterbrochen werden.
(Musée du Louvre; vgl. Reisner 1942)

Stammen die Hieroglyphen aus Sumer oder aus Ägypten?

Die ägyptische Hieroglyphenschrift gehört unstreitig zu den ältesten Schriftsystemen; ihre frühesten Zeugnisse gehen auf die Thinitenzeit um 3000–2850 v. Chr. zurück (Kaplony 1963), so die Schminkpalette und die Keule des Königs Narmer, der die beiden Ägypten um 3000 v. Chr. vereinigte (vgl. *Abb. 163, 165*).

Im Lande Sumer erscheint die Schrift jedoch ein bis zwei Jahrhunderte früher; ihre ältesten geschriebenen Dokumente stammen aus der Zeit zwischen 3200 und 3100 v. Chr.

Darüber hinaus scheint archäologisch erwiesen, daß Ägypten und Mesopotamien seit Ende der Jungsteinzeit, also seit der Zeit zwischen 3100 und 3000 v. Chr. in engem Kontakt miteinander standen (Kantor 1954). Haben die Ägypter die sumerischen Piktogramme entliehen, um daraus ihre eigene Schrift zu schmieden? Tatsächlich haben die Ägyptologen bewiesen, daß die ägyptische Schrift frei von jedem Fremdeinfluß war. »So sind nicht nur die benutzten hieroglyphischen Zeichen der Nilfauna und -flora entnommen, was beweist, daß sich die Schrift an Ort und Stelle entwickelt hat, auch die dargestellten Geräte und Werkzeuge waren in Ägypten seit

Abb. 165: Abbildung der Zeichnung auf der Keule des Königs Narmer (Thinitenzeit, um 2900 v. Chr.). (Gefunden in Hierakonpolis; Quibell 1900, Tafel XXVI B)

Beginn der Jungsteinzeit (um 4000 v. Chr.) in Gebrauch, was einen weiteren deutlichen Beweis dafür darstellt, daß die (Hieroglyphen-)Schrift ausschließlich Produkt der ägyptischen Zivilisation ist und daß sie an den Ufern des Nils geboren wurde.« (Vercoutter 1973, 27 f.)

Außerdem unterscheiden sich die Piktogramme und die Form der verwandten Zeichnungen auch der frühesten Zeit bei den beiden Schriftsystemen auffallend, selbst bei Zeichen, die offenbar dasselbe Lebewesen oder denselben Gegenstand darstellen. Schließlich unterschieden sich auch die Unterlagen, auf denen geschrieben wurde: Die Sumerer drückten ihre Ziffern und ritzten ihre Schriftzeichen fast ausschließlich in Tontafeln, während die Ägypter die Hieroglyphen mit Hammer und Meißel in Stein schlugen; seltener benutzten sie Farbe und ein Schilfrohr mit zerquetschter Spitze, um sie auf Felsstücke, Keramikscherben oder Papyrusblätter zu malen.

Die Ägypter könnten von der sumerischen Kultur höchstens die Idee des Schreibens, nicht aber die Schrift selbst übernommen haben.

*Vom Bild zur Ziffer**

Mit ihren seit Ende des vierten Jahrtausends v. Chr. verwandten Ziffern, die Bestandteil der Hieroglyphenschrift waren, konnten die Ägypter ganze Zahlen bis zu einer Million oder mehr darstellen. Es handelte sich um eine Zahlschrift auf dezimaler Basis, der vor allem das additive Prinzip zugrunde lag.

* Gardiner 1950, 191 ff.; Guitel 1975, 55 ff.; Lefebvre 1956, 106 ff.; Sethe 1916.

	Von rechts nach links zu lesen	Von links nach rechts zu lesen
1		
10		
100		
1 000		
10 000		
100 000		
1 000 000		

Abb. 166: Ziffern der ägyptischen Hieroglyphen-Zahlschrift und ihre Varianten. Die Ziffern ändern ihre Richtung je nach Leserichtung des Textes; der Finger (10.000), die Kaulquappe (100.000) und der Genius sind stets dem Zeilenanfang zugekehrt. Sie geben auf diese Weise die Leserichtung an.

Jede der sieben ersten Zehnerpotenzen besaß ein eigenes Zeichen – ein Zeichen für die Einer, eines für die Zehner, eines für die Hunderter usw. bis zur Million, wobei die entsprechenden Ziffern aus Bildern bestanden, die neben den anderen Hieroglyphen gezeichnet, eingeritzt oder eingehauen wurden. Für die Einer stand ein kleiner senkrechter Strich, für die Zehner ein Zeichen mit der Form eines Henkels bzw. eines Hufeisens oder eines auf den Kopf gestellten großen U; Hundert wurde durch eine mehr oder weniger eingerollte Spirale dargestellt, wie sie mit einem Tau gelegt werden kann, die Zahl Tausend durch eine Lotosblüte samt Stiel, Zehntausend durch einen erhobenen, an der Spitze leicht angewinkelten Finger, Hunderttausend durch eine Kaulquappe mit hängendem Schwanz und eine Million durch einen knieenden Genius, der die Arme zum Himmel erhebt (*Abb. 166*).*

Dieses Ziffernsystem war ein Abbild des Zählens mit Gegenständen wie Kieseln, Stäbchen oder anderen. Es beruhte auf dem additiven Prinzip: Um eine bestimmte Zahl mit Hilfe von Hieroglyphen wiederzugeben, mußten die den einzelnen Einheiten zugeordneten Ziffern ihrer Anzahl entsprechend wiederholt werden.**

Um eine gegebene ganze Zahl zu schreiben, begann man also mit der Zeichnung der Einheiten der höchsten Dezimalordnung und stellte die weiteren nacheinander bis zu den Einern dar.

So finden sich auf dem Kopf der Keule des Königs Narmer, einem der ältesten bekannten Beispiele der ägyptischen Schrift, Zahlen, die den Umfang der Beute an

* Die Ägyptologen, die als erste die Hieroglyphe für die Million entzifferten, hielten sie zunächst für die Darstellung eines Mannes, der angesichts der Größe der von ihm dargestellten Zahl erschrocken sei. Dagegen haben neuere Untersuchungen gezeigt, daß es sich um einen Genius handelt, der das Himmelsgewölbe stützt; das gleiche Piktogramm wird benutzt, um die Ewigkeit oder »Millionen Jahre« zu bezeichnen. Es verlor bald seinen spezifischen Zahlenwert, um nur noch für »Menge« oder »Ewigkeit« zu stehen.

** Die Ägypter faßten dabei mehrere identische Zeichen in Gruppen zusammen, damit die Zeilen nicht zu lang und das Entziffern nicht zu schwer wurden. Diese Gruppen aus zwei, drei, vier oder mehr Zeichen wurden häufig übereinander gestellt anstatt aneinander gereiht.

	Einer	Zehner	Hunderter	Tausender		Zehntausender	Hunderttausender
1	𓏺	𓎆	𓍢	𓆼	𓆼	𓂭	𓆐
2	𓏺𓏺	𓎆𓎆	𓍢𓍢	𓆼𓆼	𓆼𓆼	𓂭𓂭	𓆐𓆐
3	𓏺𓏺𓏺	𓎆𓎆𓎆	𓍢𓍢𓍢	𓆼𓆼𓆼	𓆼𓆼𓆼	𓂭𓂭𓂭	𓆐𓆐𓆐
4	𓏺𓏺𓏺𓏺	𓎆𓎆𓎆𓎆	𓍢𓍢𓍢𓍢	𓆼𓆼𓆼𓆼	𓆼𓆼𓆼𓆼	𓂭𓂭𓂭𓂭	𓆐𓆐𓆐𓆐
5	𓏺𓏺𓏺𓏺𓏺	𓎆𓎆𓎆𓎆𓎆	𓍢𓍢𓍢𓍢𓍢	𓆼𓆼𓆼𓆼𓆼	𓆼𓆼𓆼𓆼𓆼	𓂭𓂭𓂭𓂭𓂭	𓆐𓆐𓆐𓆐𓆐
6	𓏺𓏺𓏺𓏺𓏺𓏺	𓎆𓎆𓎆𓎆𓎆𓎆	𓍢𓍢𓍢𓍢𓍢𓍢	𓆼𓆼𓆼𓆼𓆼𓆼	𓆼𓆼𓆼𓆼𓆼𓆼	𓂭𓂭𓂭𓂭𓂭𓂭	𓆐𓆐𓆐𓆐𓆐𓆐
7	𓏺𓏺𓏺𓏺𓏺𓏺𓏺	𓎆𓎆𓎆𓎆𓎆𓎆𓎆	𓍢𓍢𓍢𓍢𓍢𓍢𓍢	𓆼𓆼𓆼𓆼𓆼𓆼𓆼	𓆼𓆼𓆼𓆼𓆼𓆼𓆼	𓂭𓂭𓂭𓂭𓂭𓂭𓂭	𓆐𓆐𓆐𓆐𓆐𓆐𓆐
8	𓏺𓏺𓏺𓏺𓏺𓏺𓏺𓏺	𓎆𓎆𓎆𓎆𓎆𓎆𓎆𓎆	𓍢𓍢𓍢𓍢𓍢𓍢𓍢𓍢	𓆼𓆼𓆼𓆼𓆼𓆼𓆼𓆼	𓆼𓆼𓆼𓆼𓆼𓆼𓆼𓆼	𓂭𓂭𓂭𓂭𓂭𓂭𓂭𓂭	𓆐𓆐𓆐𓆐𓆐𓆐𓆐𓆐
9	𓏺𓏺𓏺𓏺𓏺𓏺𓏺𓏺𓏺	𓎆𓎆𓎆𓎆𓎆𓎆𓎆𓎆𓎆	𓍢𓍢𓍢𓍢𓍢𓍢𓍢𓍢𓍢	𓆼𓆼𓆼𓆼𓆼𓆼𓆼𓆼𓆼	𓆼𓆼𓆼𓆼𓆼𓆼𓆼𓆼𓆼	𓂭𓂭𓂭𓂭𓂭𓂭𓂭𓂭𓂭	𓆐𓆐𓆐𓆐𓆐𓆐𓆐𓆐𓆐

Abb. 167: Darstellung der aufeinander folgenden Einheiten jeder Dezimalordnung in der ägyptischen Zahlenschreibweise.

Menschen und Vieh ausdrücken, die der König in einem siegreichen Kriegszug gemacht hat (*Abb. 165*):

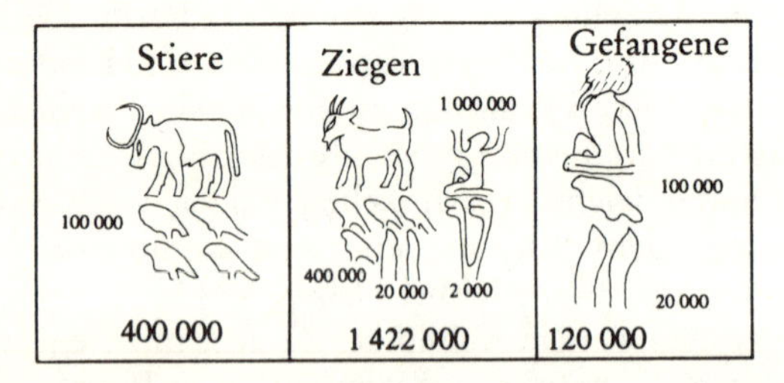

Entsprechen diese Zahlen der Wahrheit oder sollen sie durch Übertreibung König Narmer verherrlichen? Drioton und Vandier (1982, II, 135) behaupten, daß »diese Zahlen reine Phantasie« seien. Dagegen nimmt Godron an, daß es sich um Annäherungswerte handelt, die einigermaßen der Wirklichkeit entsprechen. So seien die Herden, die auf den Mastabas des Alten Reiches dargestellt sind, oft ebenfalls sehr groß, zumal »sich die Inschrift auf eine ausgedehnte Region bezieht« (Godron 1951, 98).

Im allgemeinen beginnt die schriftliche Darstellung bei der jeweils höchsten Potenz von zehn; dem scheint die Zahl der Ziegen (1.422.000) in gewisser Hinsicht zu widersprechen, wo der Genius für Million rechts der Ziege und auf einer Zeile mit ihr steht, während der Rest der Zahl auf der darunterliegenden Zeile eingetragen ist. Normalerweise hätten die Schreiber diese Zahl in folgender Form wiedergegeben:

Die folgenden Beispiele stammen aus verschiedenen Epochen.

1.) *Zahlenangabe auf dem Vorderteil des Sockels einer in Hierakonpolis gefundenen Statue (Thinitenzeit, um 2900 v. Chr.;* Quibell 1900, I, Tafel XL):

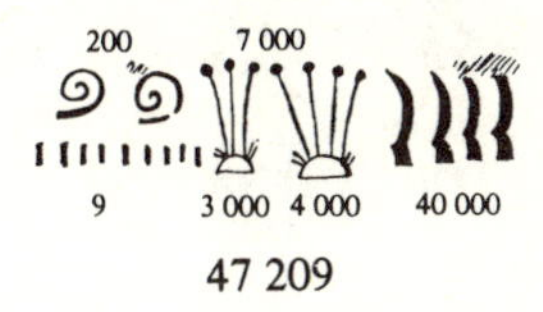

Die Zahl – 47.209 – gibt die Anzahl der Feinde an, die der Pharao Chasechem, zu dessen Ehren die Statue errichtet wurde, besiegt hat. Die Ziffern haben noch archaische Form und die Zeichnungen und Zahlengruppen sind noch sehr einfach – so die Darstellung des Fingers für 10.000, die Lotosblume für 1.000, die Striche für die Einer und die Art der Gruppierung der Tausender.

2.) *Beispiele aus der Zeit des Alten Reiches aus Grabinschriften des Sahure, Pharao der V. Dynastie zur Zeit der Erbauung der Pyramiden (um 2300 v. Chr.;* Borchardt 1913, Tafel 1; *Urkunden des Ägyptischen Altertums* 1932, I, 167):

A	B	C
100 000 3 000 40 20 000 400 123 440 + ?	200 000 3 000 20 000 400 223 400	10 30 000 400 2 000 3 32 413
D 200 000 3 000 80 40 000 600 8 243 688		

Obwohl sie stellenweise beschädigt sind, sind die Hieroglyphen-Ziffern gut zu erkennen. Die Kaulquappen sind alle nach links ausgerichtet, deshalb müssen die Zahlenangaben von links nach rechts gelesen werden. Die Ziffern stehen zum Teil nebeneinander – im Beispiel D die Zahl 200.000 – oder sind zu Gruppen zusammengefaßt – in B sind die Kaulquappen übereinander angeordnet. Die Tausender werden durch eine entsprechende Anzahl von Lotosblumen dargestellt, die unten zusammengewachsen sind – dies verschwindet seit dem Ende des Alten Reiches nach und nach.

3.) *Beispiele aus der ersten Zwischenzeit (2130–2040 v. Chr.) von einem Grab in Meïr (Grabmal des Pepi'Onch;* Blackman 1924, 20/6):

A	B	C	D
77	700	7 000	760 000

4.) *Beispiele von der Zentralsäule des Annalensaals Thutmosis' III. (1490–1436 v. Chr.; Urkunden des Ägyptischen Altertums* 1907, IV, 692):

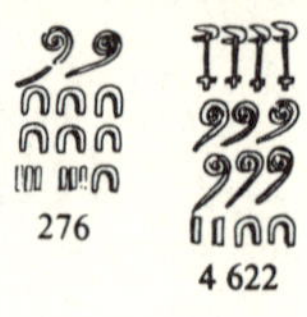

5.) *Zahlenangaben auf der Stele des Ptolemaios Philadelphos in Pithom (282–246 v. Chr.; Urkunden des Ägyptischen Altertums* 1904/16, II, 104):

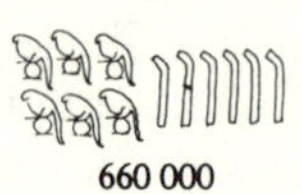

Trotz seines einfachen Aufbaus warf das ägyptische Ziffernsystem Schwierigkeiten auf, da es auch bei kleinen Zahlen eine über das vernünftige Maß hinausgehende Wiederholung von Zeichen erforderte; für 98.737 mußten beispielsweise 34 Zeichen verwandt werden! Sicherlich lag hier die Ursache zahlloser Irrtümer von Schreibern und Steinschneidern.

Abb. 168: Auszug aus den Annalen Thutmosis' III. (1490–1436 v. Chr.), auf dem die Beute des 29. Jahres der Regierung des Pharao verzeichnet ist.
(Basrelief in Sandstein aus Karnak; Musée du Louvre)

Brüche und der geteilte Gott

Brüche stellten die Ägypter mit Hilfe der Hieroglyphe »Mund« dar (*eR,* hier im Sinn von »Teil«); die Hieroglyphe stand dabei über dem Nenner*:

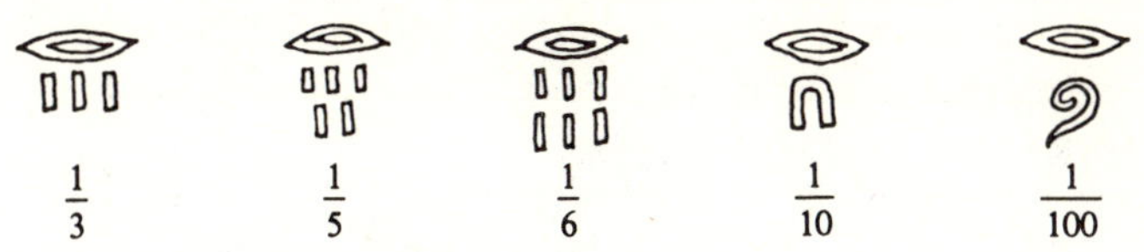

Reichte der Platz unter dem Zeichen »Mund« nicht aus, so wurden die überschüssigen Zahlen daneben geschrieben:

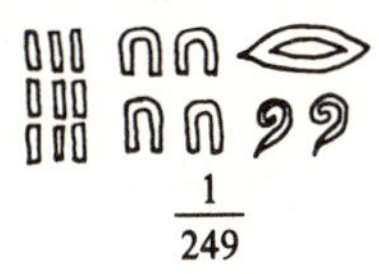

Für bestimmte Brüche, wie ½, ⅔ und ¾, gab es eigene Zeichen. Für ½ stand die Hieroglyphe *GeS,* »Hälfte«: oder

⅔ wurden ausgedrückt durch: oder oder (wörtlich: »die beiden Teile«).

¾ hieß: (d.h. »die drei Teile«).

Die beiden letztgenannten Beispiele waren für die Ägypter allerdings keine echten Brüche, da sie nur Brüche mit dem Zähler 1 kannten. Um den Bruch ⅗ auszudrükken, wurde er nicht in ⅕ + ⅕ + ⅕ zerlegt, sondern in seine Teilbrüche mit dem Zähler

$$\left(\frac{3}{5} = \frac{1}{2} + \frac{1}{10}\right).$$

Der Bruch 47/60 wurde folgendermaßen zerlegt: (47/60 = ⅓ + ¼ + ⅕).

Für die Wiedergabe von Maßeinheiten – z.B. bei Getreide, Zitrusfrüchten oder Flüssigkeiten – benutzten die Ägypter eine eigene Schreibweise, um Bruchteile des *Hekat* – nach Lefebvre (1956) ungefähr 4,785 Liter – anzugeben; diese Zeichen bestanden aus verschiedenen Teilen des geschminkten Auges des Falkengottes Horus:

oder

Dieses Schriftzeichen hieß *Udjat* und wurde auf folgende Art phonetisch wiedergegeben:

Wa DJ 'a T

* Gardiner 1950, 191 ff.; Guitel 1975, 55 ff.; Lefebvre 1956, 106 ff.; Sethe 1916.

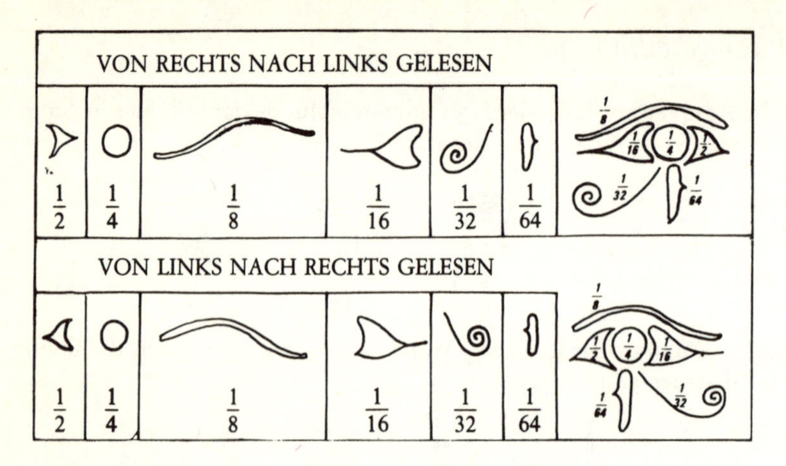

Abb. 169: Die Schreibweise der Bruchteile des Hekat zur Angabe des Rauminhalts.

Das *Udjat* bestand aus einem menschlichen Auge und dem eines Falken; es enthielt die beiden Teile der Hornhaut, die Iris und die Braue des menschlichen Auges und darunter zwei Zeichen für die charakteristischen Farben des Wanderfalken. Den gebräuchlichsten Teilen des *Hekat* – der Hälfte, dem Viertel, dem Achtel, dem Sechzehntel, dem Zweiunddreißigstel und dem Vierundsechzigstel – wurden diese Teile des *Udjat* zugeordnet (vgl. *Abb. 169*). Von rechts nach links gelesen entsprach also dem Wert ½ der rechte Teil der Hornhaut, dem Bruch ¼ die Iris; für ⅛ stand die Braue, 1/16 der linke Teil der Hornhaut, 1/32 das schräge und 1/64 das vertikale Farbzeichen.*

Das *Udjat* stellte ein Überbleibsel des Osiriskults dar; es spielte eine wichtige Rolle in den magischen und Begräbnisriten dieses Kults. Der Ursprung dieser merkwürdigen Schreibweise ist deshalb in der Legende der Götter Osiris und Horus zu suchen, die insbesondere durch Plutarch in *Isis und Osiris* überliefert wird. Man findet sie auch in unvollständiger und bruchstückhafter Form in der magischen und religiösen Literatur des alten Ägypten...**

Nut, die Himmelsgöttin, heiratete heimlich Geb, den Erdengott, gegen den Willen des Sonnengottes Re. Als dieser von der unerlaubten Verbindung erfuhr, wurde er zornig und schleuderte von der Höhe seines Thrones herab einen Zauber auf Nut, der sie daran hindern sollte, zu irgendeiner Zeit irgendeines Monats oder Jahres Kinder zur Welt zu bringen (das Jahr der Ägypter hatte nur 360 Tage in zwölf Monaten zu je dreißig Tagen).

* Diese Schreibweise wurde auch in den Papyri mit hieratischen Schriftzeichen verwandt; dagegen tauchen diese Zeichen – mit Ausnahme des Zeichens für ½ – in den hieroglyphischen Lapidarschriften erst seit der 20. Dynastie auf. Zudem gebrauchten die Ägypter noch andere Schreibweisen von Brüchen, insbesondere bei Längen- und Flächenmaßen und Gewichten. Diese Schriftzeichen stammen im wesentlichen aus der Meteorologie (vgl. hierzu Gardiner 1950 und Sethe 1916).

** Budge 1904; 1962; Daumas 1970; Divin 1961; Guitel 1975; Maspéro 1893/1916; Sauneron 1970; Vandier 1949.

So zu ewiger Unfruchtbarkeit verdammt, ging Nut zu ihrem Freund Thot, dem Zaubergott mit dem Ibiskopf, um ihm ihren Kummer anzuvertrauen. Thot war nicht nur der höchste Meister der Rechenkunst, des Wortes, der Schrift und der Schreiber, sondern auch der Schutzgott des Mondes und der mächtige Beherrscher der Zeit und des Kalenders aller Götter und Menschen. Eine verborgene Liebe zur Göttin bewog Thot, ihr zu helfen, indem er mit dem Mond ein Würfelspiel begann. Da er das Spiel gewann, ließ er sich vom Mond ein Zweiundsiebzigstel seines Feuers und Lichtes abtreten. Damit erschuf Thot fünf ganze Tage, die er den 360 alten Tagen hinzufügte; von nun an zählte das ägyptische Jahr 365 Tage, verteilt auf zwölf Monate zu dreißig Tagen, an die die fünf zusätzlichen Tage oder »Epagomene« am Ende des letzten Monats angeschlossen wurden.

Die Göttin Nut gewann somit, ohne daß der Sonnengott es wußte, fünf Tage, die im herkömmlichen Kalender nicht verzeichnet waren. Sie beeilte sich, diese Tage zu nutzen, um heimlich fünf Kindern das Leben zu schenken, eines für jeden von ihrem Freund Thot dem Mond abgewonnenen Tag. Auf diese Weise kamen die Götter Osiris, Haroeris, Seth, Isis und Nephthys zur Welt.

Zu dieser Zeit lebten die Bewohner Ägyptens noch in finsterer Barbarei. Sie ernährten sich von den Früchten der Erde, und wenn dieselben ausblieben, verschlangen sie sich gegenseitig. Sie wußten mit ihren zehn Fingern noch nichts anzufangen und konnten sich nur mit Mühe und Not gegen die wilden Tiere verteidigen.

Das Schicksal dieser Menschen wurde indessen alsbald durch einen großen König verbessert, der sie belehrte und niemand anders war als Osiris, der älteste Sohn der Göttin Nut und der Erbe Gebs auf dem irdischen Thron.

Als er mündig geworden war, heiratete er seine Schwester Isis und wurde der erste Herrscher von Ägypten, nachdem er dessen Vereinigung herbeigeführt hatte. Er offenbarte den Ägyptern die vielfältigen Reichtümer der Natur, unterwies sie in der Kunst des Anbaus der Früchte der Erde, zeigte ihnen, wie man das Metall im Gestein aufspürt und lehrte sie, Gold zu bearbeiten und Erz zu schmieden. Auch unterwies er sie in der Herstellung von Waffen und Gerät jeglicher Art, gab ihnen Gesetze und weihte sie, mit Hilfe Thots, in die Kunst des Schreibens und in die Magie und Wissenschaft ein. Schließlich hielt er sie an, die Götter und die Menschen zu ehren. Danach zog er aus, um die ganze Erde zu zivilisieren: Osiris war also ein gutes und großmütiges Wesen. Dagegen wurde sein Bruder Seth zur leibhaftigen Inkarnation des Bösen in dieser Welt; er war eifersüchtig, gewalttätig, düster und schlecht, und er haßte Osiris wegen der Zuneigung, die alle ihm entgegenbrachten.

Zusammen mit 72 Komplizen entschloß sich Seth, seinem Bruder einen üblen Streich zu spielen. Heimlich nahm er die Maße seines Bruders und ließ danach eine Truhe aus kostbarem Holz anfertigen. Er verwandelte sie in ein prunkvolles Möbelstück, eingelegt mit Smaragden, Amethysten und Jaspis. Dann ließ er bei einem Fest zu Ehren seines Bruders die Truhe herbeibringen.

Bei ihrem Anblick jubelten die Gäste auf und brachten ihre tiefe Bewunderung zum Ausdruck, worauf Seth versprach, die Truhe demjenigen zu schenken, der sie vollkommen ausfüllen würde, wenn er sich hineinlege. Alle versuchten es, aber natürlich gelang es nur Osiris. Seth und seine düsteren Gesellen warfen sich alsdann auf die Truhe, schlugen den Deckel zu, nagelten ihn fest und versiegelten ihn mit geschmolzenem Blei. Dann brachten sie die Truhe zum Nil und ließen sie aufs offene

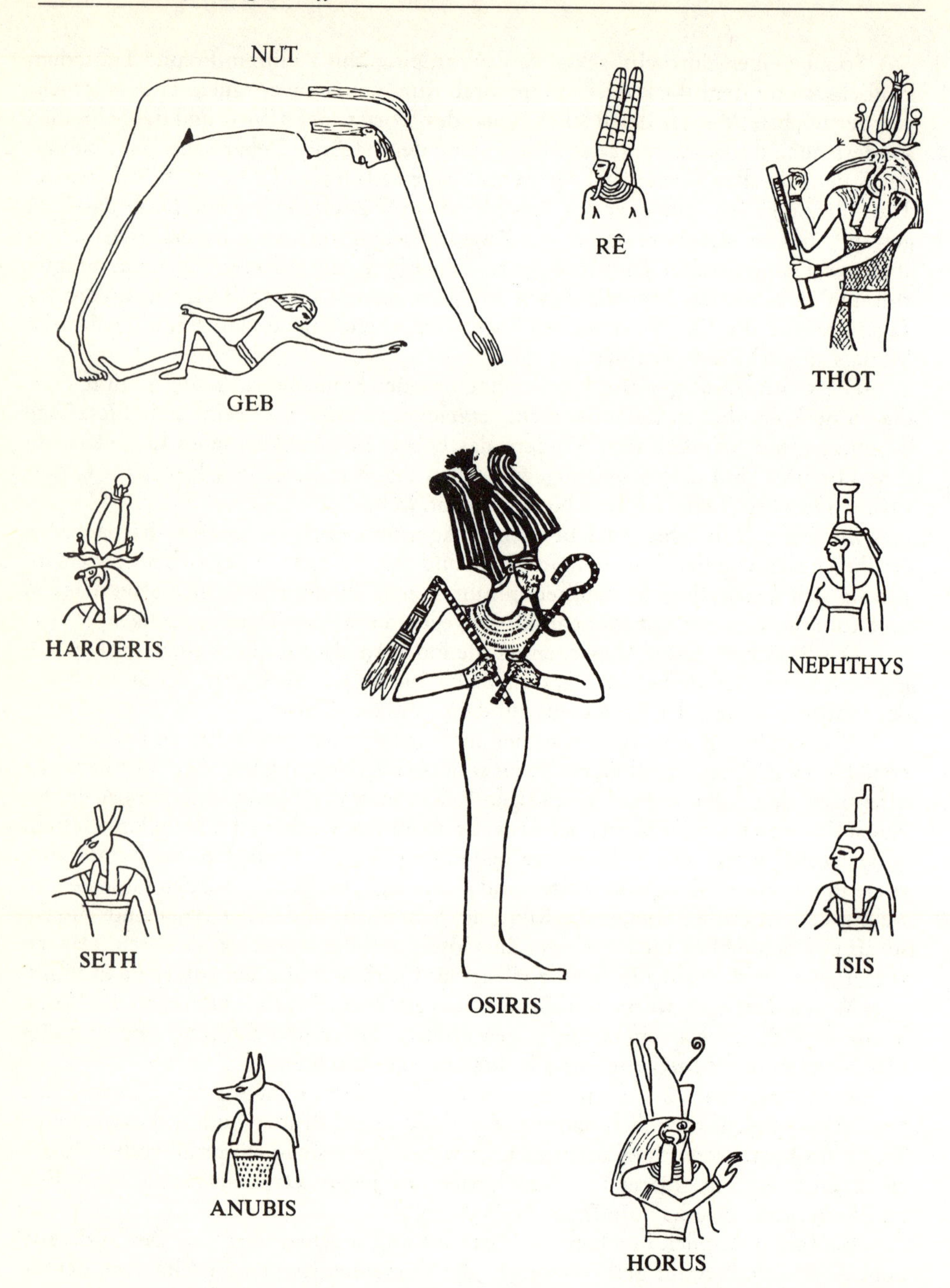
NUT
GEB
RÊ
THOT
HAROERIS
NEPHTHYS
SETH
OSIRIS
ISIS
ANUBIS
HORUS

Abb. 170

Meer hinausschwimmen. Die Fluten nahmen sich ihrer an und spülten sie schließlich bei Byblos in Phönizien an Land. So kam der edle Osiris ums Leben, ein Opfer des Bösen.

In höchstem Zorn und tiefster Verzweiflung traf Isis, Schwester und Gattin des Verstorbenen, mit dem Gott Thot zusammen, der ihr wieder Mut einflößte und in sie drang, auf die Suche nach dem Körper des Osiris zu gehen. Nach zahlreichen Abenteuern fand sie den Körper ihres Gatten wieder und brachte ihn nach Ägypten zurück, wo sie ihn in der Nähe des Abhangs von Nedit verbarg. Aber Seth, der das Versteck entdeckt hatte, benutzte die Abwesenheit der Isis, um sich der Truhe zu bemächtigen und den Körper des Osiris in vierzehn Teile zu zerstückeln, die er im Nil verstreute.

Die unglückselige Frau nahm alsdann ihre leidvolle Suche wieder auf. Es gelang ihr, die Gliedmaßen des Körpers ihres Gatten eines nach dem anderen wiederaufzufinden, mit Ausnahme des Geschlechtsteiles, welches vom Oxyrrhynchos, einem Nilfisch und Komplizen des Seth, verschlungen worden war. An den Stellen, wo Isis ein Stück des Körpers des Ermordeten gefunden hatte, errichtete sie ein Osirisheiligtum; deshalb konnten sich so viele ägyptische Städte rühmen, das Grab des Gottes zu besitzen.

Als sie ihre mühevolle Aufgabe beendigt hatte, setzte Isis mit Hilfe ihrer Schwester Nephthys den ganzen Körper ihres Gatten wieder zusammen. Danach beschworen die beiden Frauen Osiris, zur Erde zurückzukehren. Ihre Klagen wurden erhört, und von Mitleid ergriffen schickte Re Thot und Anubis aus, die aus den dreizehn Stücken des Osiris einen (durch die Mumifizierung) unsterblichen Körper bildeten. So erstand Osiris wieder, um zum Gott der Toten und der Unsterblichkeit der Seele zu werden. Er wurde auch zum Gott des Wachstums und gab durch sein auf dem Grunde des Nils verbliebenes Geschlechtsteil dem Strom seine befruchtende Kraft.

Isis brachte ihrem Gatten ein nachgeborenes Kind zur Welt, den kleinen Horus, den sie lange inmitten der hohen Papyrusstauden des Chemnis-Sumpfes verbarg, um ihn den Nachstellungen Seths zu entziehen. Sie erzog ihren Sohn im Geist der Rache, der Horus sich später mit Leib und Seele verschreiben sollte: Als er sich stark genug fühlte, forderte Horus seinen Onkel Seth heraus, womit er sich auf einen langwierigen Kampf einließ, der entsetzlich war und von fast unvorstellbarer Gewalt und Rohheit. So riß Seth dem Horus das Auge aus, zerstückelte es in sechs Teile und verstreute es über ganz Ägypten; dagegen entmannte Horus den Seth.

Die Versammlung der Götter stellte sich schließlich auf die Seite des Horus und machte diesem endlosen Kampf ohne Sieger und Besiegten ein Ende. Horus wurde auf den Thron Ägyptens gesetzt und der Schutzgott der Pharaonen, der die Legitimität ihrer Regierung garantierte. Seth wurde dazu verdammt, seinen Bruder Osiris auf ewig zu tragen; er wurde der verfluchte Gott der Barbaren und Herr des Bösen.

Die Götterversammlung beauftragte überdies Thot, den Gott der Weisen und der Magier, die verstümmelten Teile des Horusauges wieder zusammenzufügen, um das gesunde und vollständige Auge seinem Eigentümer wiederzugeben. So wurde das *Udjat* zu einem der bedeutendsten Amulette der Ägypter, das Zauberkräfte, Licht und Wissen ausströmte; es war ein Symbol der Unversehrtheit des Körpers, der Gesundheit, der Sehkraft, des Überflusses und der Fruchtbarkeit. Zur Erinnerung an den Kampf zwischen Horus und Seth, als Zeichen für den Sieg des Guten über das Böse und als Bitte um vollkommene Sehkraft, allgemeine Fruchtbarkeit und gute

Ernten benutzten die Schreiber unter der Schutzherrschaft des Thot das *Udjat* zur Bezeichnung der Bruchteile des *Hekat* zur Angabe des Rauminhalts.

Ein Schreiberlehrling stellte eines Tages fest, daß die Summe der Teile des *Udjat* nur folgenden Wert ergab:

$$1/2 + 1/4 + 1/8 + 1/16 + 1/32 + 1/64 = 63/64$$

Doch sein Meister antwortete, daß Thot das fehlende Vierundsechzigstel dem Rechner dazu geben würde, der sich unter seinen Schutz stelle...

Kapitel 14
Verwandte des ägyptischen Zahlensystems

Im folgenden soll gezeigt werden, daß die Zahlenschreibweisen der Ägypter, der Kreter und der Azteken des präkolumbianischen Mittelamerika in ihrer Konzeption weitgehend identisch sind, wie das auch bei den Sumerern, den Römern, den Etruskern und den Griechen der Fall ist.

Dabei werden so weit auseinanderliegende Kulturen nicht aus Sensationslust miteinander in Verbindung gebracht; es soll damit vielmehr am Einzelfall die allgemein bekannte Tatsache belegt werden, daß in Raum und Zeit sehr weit voneinander entfernte Kulturen in einigen Fällen, ohne daß deshalb Kontakt zwischen ihnen bestanden hätte, in ihrer Entwicklung sehr ähnliche Wege beschritten haben.

Die kretischen Ziffern

Zwischen 2200 und 1400 vor Christus war die Insel Kreta der Mittelpunkt einer sehr fortgeschrittenen Kultur, die von den Archäologen im allgemeinen als »minoisch« bezeichnet wird. Dies geht auf den Namen des legendären Priesterkönigs Minos zurück, der in der griechischen Mythologie einer der ersten Herrscher von Knossos, der alten kretischen Hauptstadt, war; Knossos liegt in der Nähe des modernen Hafens von Candia (Iraklion).

Die Entdeckung dieser Kultur – in mancher Hinsicht Vorläufer des Hellenismus – ist erst gegen Ende des vorigen Jahrhunderts gelungen. Nach ihrem Untergang um 1400 v. Chr., wahrscheinlich durch eine Naturkatastrophe oder eine Invasion der Insel durch die Mykener aus Griechenland, verschwand die minoische Zivilisation so vollständig, daß die Fabeln und Legenden des klassischen Griechenlands die einzige Spur blieben.

Erst dem unermüdlichen Eifer des englischen Archäologen Sir Arthur Evans (1851–1941) gelangen so spektakuläre Funde wie die Freilegung des berühmten Palastes von Knossos. Evans hat damit als erster bewiesen, daß die Legenden einen realen Kern beinhalten: die Existenz einer der ältesten bekannten europäischen Zivilisationen.*

Seit Ende des letzten Jahrhunderts haben archäologische Ausgrabungen vor allem in Knossos und Mallia zahlreiche Belege für die »Hieroglyphen«-Schrift der

* Vgl. Evans 1909/52; 1921/36; Ventris/Chadwick 1956.

	Mann		Ochse		Berg
	hockender Mann		Schiff		Baum
	Auge		Morgen-stern		Ziege
	Axt		Pflanze		blühendes Getreide-korn
	Pflug		Mond-sichel		Doppel-axt
	Palast		Biene		ver-schränkte Arme

Abb. 171: Einige Beispiele kretischer Hieroglyphen.
(Evans 1909, I, 258; 1921/36; 1952; Ventris/Chadwick 1956)

Kreter geliefert – so wurden kleine Petschafte aus Stein, Vasen mit Inschriften und Tonbarren und -tafeln aus dem Zeitraum zwischen 2000 bis 1660 v. Chr. gefunden.

Diese Funde stecken nach wie vor voller Rätsel, da eine Entzifferung der kretischen Hieroglyphenschrift immer noch nicht geglückt ist; trotzdem kann daraus auf das Vorhandensein eines Buchhaltungssystems geschlossen werden, welches den Bedürfnissen der »Bürokratie« in den ersten Palästen der minoischen Zivilisation entsprach. Zahlreiche Tonbarren und -täfelchen sind mit Hieroglyphen bedeckt – Ziffern und Zeichen, die mehr oder weniger schematisch Lebewesen und Gegenstände darstellen. Damit sollte wohl die Menge von damit buchhaltungsmäßig erfaßten Waren festgehalten werden; diese Aufzeichnungen waren sehr wahrscheinlich Unterlagen mit Einzelangaben zu Inventarlisten, Lieferungen oder Tauschgeschäften (*Abb. 172*).

Die entsprechende Zahlschrift war dezimal und beruhte auf dem additiven Prinzip. Die Einer wurden durch einen kleinen, leicht geneigten oder gebogenen Strich wiedergegeben. Die kretische Hieroglyphenschrift lief manchmal von links nach rechts, manchmal von rechts nach links, manchmal als Bustrophedon abwechselnd in beide Richtungen – wie die Furchen eines Ackers, die von einer Seite des Feldes zur anderen und wieder zurück gepflügt werden.

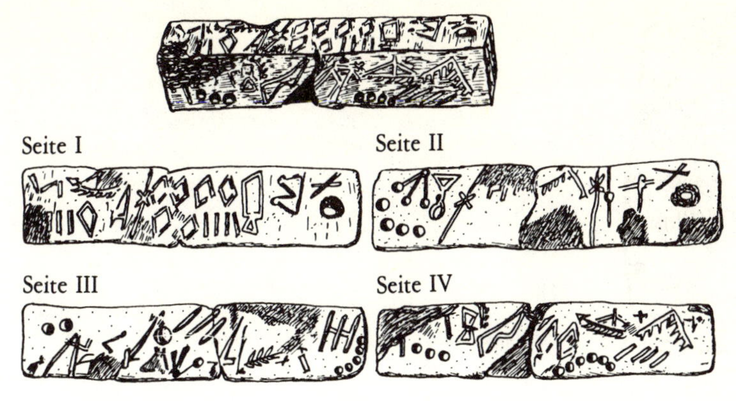

Abb. 172: Die mit Zeichen und Ziffern der kretischen Hieroglyphenschrift beschrifteten Seiten eines Tonbarrens.
(Palast von Knossos, erste Hälfte des zweiten Jahrtausends v. Chr.; Evans 1909/52, I, P 100)

Zehn wurde durch einen Kreis oder einen kleinen runden Abdruck in Ton dargestellt, der durch den Abdruck eines runden Schreibrohres auf der Tonfläche entstand; der Hunderter durch einen großen Schrägstrich, der deutlich größer als der Strich für die Einer war, und der Tausender durch eine Art Raute:

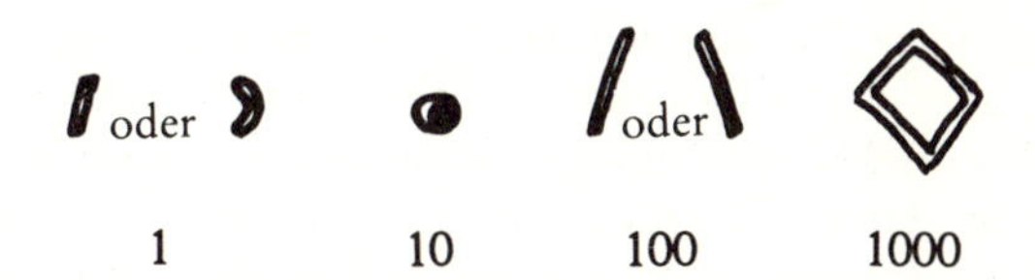

Von diesen Ziffern ausgehend stellten die Kreter die anderen Zahlen durch entsprechende Wiederholung in der notwendigen Anzahl dar.

Weitere archäologische Forschungen haben zur Entdeckung einer zweiten Schrift geführt, die zwar aus den Hieroglyphen hervorgegangen ist, die Bildzeichen aber durch schematische Umrißzeichnungen ersetzt hat, die häufig nicht zu identifizieren sind. Dabei hat Evans zwei Varianten dieser Schrift unterschieden, die er »Linear A« und »Linear B« nannte.

»Linear A« ist die ältere von beiden und wurde vom Anfang des zweiten vorchristlichen Jahrtausends an bis um 1400 v. Chr., also ungefähr gleichzeitig mit der Hieroglyphenschrift, verwendet. »Die Fundstätten, die Belege für Linear A geliefert haben, sind ziemlich zahlreich; besonders sind es Hagia Triada, Mallia, Phaistos und Knossos. Die Archive von Hagia Triada haben eine umfangreiche Ausbeute an Buchhaltungstäfelchen ergeben, leider in reichlich nachlässiger Schriftform (*Abb. 173*). Es handelt sich hier um Inventare mit Ideogrammen und Ziffern; die Täfelchen haben die Form kleiner Buchseiten. Aber Linear A tritt auch auf anderen Gegenständen auf: Vasen mit eingravierten, gemalten oder mit Tinte geschriebenen Inschriften, Siegel, Petschafte und Etiketten aus Ton, Kultobjekte (Tafeln für Trankopfer), große Kupferbarren usw. Diese Schrift war also nicht nur im administrativen Bereich verbreitet,

Abb. 173: Kretische Tafel mit Zeichen und Ziffern der Schrift »Linear A«. (Hagia Triada, 16. Jh. v. Chr.; Godart/Olivier 1976, 26)

sondern auch in den Heiligtümern und wahrscheinlich ebenfalls bei Privatleuten.« (Masson 1963, 95)

Die als »Linear B« bezeichnete Schrift ist jüngeren Datums und die am besten erforschte der kretischen Schriften; sie wird gewöhnlich auf den Zeitraum zwischen 1350 und 1200 v. Chr. datiert. Zu dieser Zeit hatten die Mykener Kreta bereits erobert und die alte minoische Kultur breitete sich auf dem griechischen Festland aus, insbesondere im Gebiet von Mykene und Tiryns. Die Zeichen dieser Schrift wurden vor allem auf Tontäfelchen eingeritzt, von denen man um 1900 die ersten ausgegraben hat. Seitdem sind ungefähr 5.000 solcher Täfelchen in Kreta gefunden worden, ausschließlich in Knossos, aber dort in ziemlich großer Anzahl; auch auf dem griechischen Festland von Pylos bis Mykene wurden sie entdeckt – Linear B trifft man also auch außerhalb Kretas an. Diese Schrift entstand offenbar als Umgestaltung von Linear A und diente zur Aufzeichnung eines archaischen griechischen Dialektes, wie der Engländer Ventris zeigte, dem in der Zeit nach dem Zweiten Weltkrieg ihre Entzifferung gelang. Es ist bis heute die einzige entzifferte kretisch-minoische Schrift geblieben; hingegen geben Linear A und die Hieroglyphenschrift eine Sprache wieder, die uns bisher unbekannt ist.

»Linear A« und »Linear B« verwenden praktisch die gleichen Zahlzeichen (*Abb. 176*):

– einen senkrechten Strich für die Eins;

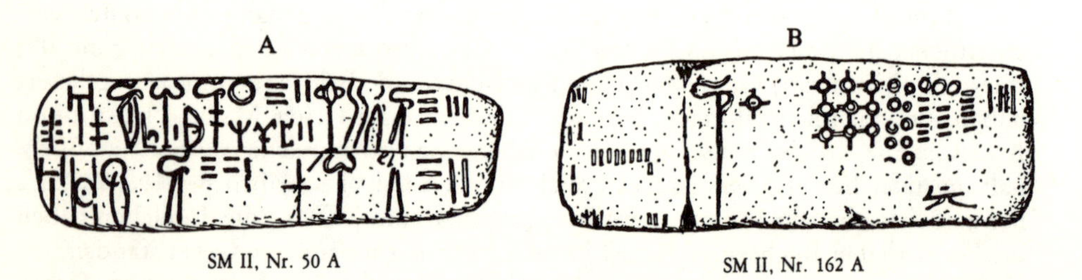

Abb. 174: Kretische Täfelchen mit Zeichen und Ziffern der Schrift »Linear B«. (14./13. Jh. v. Chr.; SM = Evans 1909/52)

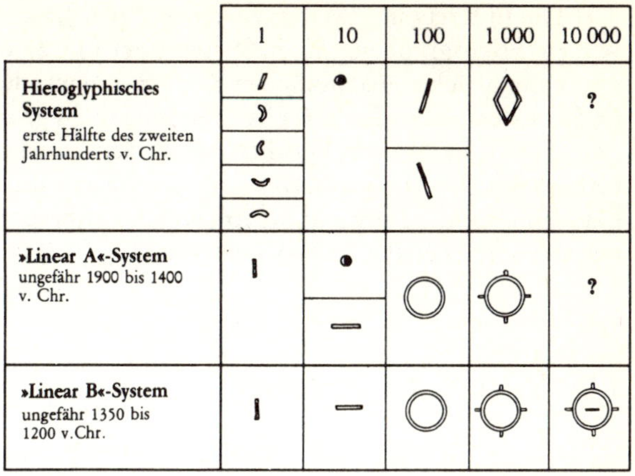

	1	10	100	1 000	10 000
Hieroglyphisches System erste Hälfte des zweiten Jahrhunderts v. Chr.					?
»Linear A«-System ungefähr 1900 bis 1400 v. Chr.					?
»Linear B«-System ungefähr 1350 bis 1200 v.Chr.					

Abb. 175: Die kretischen Ziffern.

- einen waagerechten Strich oder manchmal in Linear A einen kleinen runden Abdruck für die Zehn;
- einen Kreis für die Hundert;
- eine runde Figur mit kleinen Strichen für die Tausend;
- die gleiche Figur mit einem kleinen waagerechten Strich für 10.000; diese Ziffer ist nur in den Inschriften der Linear B bezeugt (vgl. *Abb. 174 B*).

Um eine gegebene Zahl darzustellen, wurde jede der vorstehenden Ziffern so oft wie nötig wiederholt (*Abb. 175, 176*).

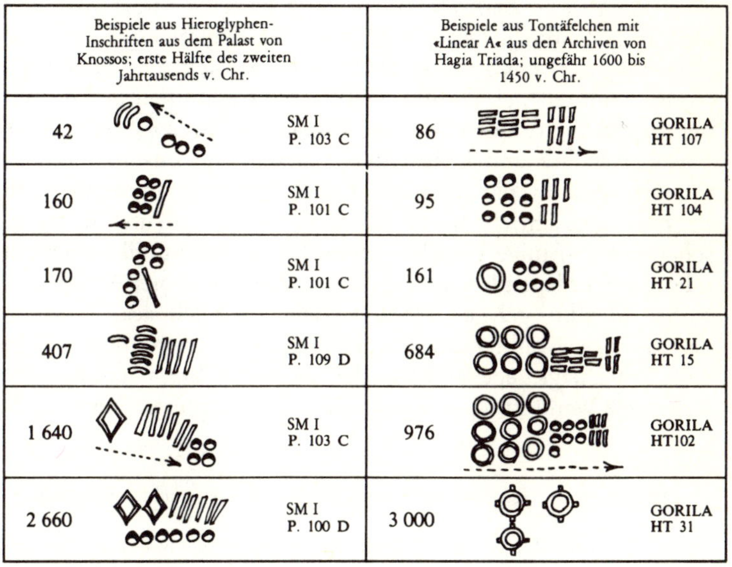

Beispiele aus Hieroglyphen-Inschriften aus dem Palast von Knossos; erste Hälfte des zweiten Jahrtausends v. Chr.			Beispiele aus Tontäfelchen mit »Linear A« aus den Archiven von Hagia Triada; ungefähr 1600 bis 1450 v. Chr.		
42		SM I P. 103 C	86		GORILA HT 107
160		SM I P. 101 C	95		GORILA HT 104
170		SM I P. 101 C	161		GORILA HT 21
407		SM I P. 109 D	684		GORILA HT 15
1 640		SM I P. 103 C	976		GORILA HT102
2 660		SM I P. 100 D	3 000		GORILA HT 31

Abb. 176: Das Prinzip der kretischen Zahlenschreibweise.
(SM I = Evans 1909/52, I; GORILA = Godart/Olivier 1976)

Die in Kreta im zweiten vorchristlichen Jahrtausend verwandten Zahlenschreibweisen (Hieroglyphensystem, Systeme der Linearschriften A und B) entsprangen also genau der gleichen gedanklichen Konzeption wie die Hieroglyphen-Ziffern Ägyptens und wurden in der Zeit ihrer Verwendung nicht grundsätzlich verändert.* Ebenso wie das ägyptische System beruhten diese Schreibweisen auf der Basis Zehn und dem Grundsatz der Aneinanderreihung der Ziffern durch Addition. Außerdem waren in beiden Fällen die Eins und die folgenden Zehnerpotenzen die einzigen Zahlen, denen ein spezielles Zeichen zugeordnet war.**

Das System der Azteken

»Die Azteken *(Azteca)* oder Mexikaner *(Mexica)* herrschten in vollem Glanz über den größten Teil Mexikos, als die spanischen Konquistadoren dort im Jahre 1519 eindrangen. Ihre Sprache und ihre Religion hatten sich über enorme Entfernungen, vom Atlantik zum Pazifik, von den nördlichen Steppen bis nach Guatemala ausgebreitet. Der Name ihres Herrschers Moctezuma wurde vom einen Ende dieses großen Landes bis zum anderen hin verehrt oder gefürchtet. Händler durchzogen mit ihren Trägerkarawanen das Land in allen Richtungen. Überall trieben ihre Beamten die Steuern ein. An den Grenzen hielten die aztekischen Garnisonen die nicht unterworfenen Völker in Schach. In *Tenochtitlán* (Mexiko), ihrer Hauptstadt, hatten Architektur und Bildhauerei einen außerordentlichen Aufschwung erlebt; gleichzeitig herrschte Luxus an Kleidung, an Essen, in den Gärten und an Goldschmuck. Und dennoch hatten die Azteken dunkle und schwierige Anfänge gekannt. Spät, erst im 13. Jahrhundert, erschienen sie in Zentralmexiko; lange hatten sie dort als Eindringlinge, Halbwilde und arme landlose Leute gegolten. Der Beginn ihres Aufstieges ging erst auf die Regierungszeit des Itzcoatl (1428–1440) zurück. Die Völker, die in ihrem Umkreis lebten, konnten sich zumeist viel älterer Traditionen und einer viel weiter zurückgehenden Kultur rühmen als diese Neueinwanderer.« (Soustelle 1970, 5 f.)

Geschichte und Kultur der Azteken sind uns aus verschiedenen schriftlichen Quellen bekannt: einige Handschriften in Piktogrammschrift, die von ihnen nach der Eroberung geschriebenen Geschichtsdarstellungen und mehrere Zeugnisse von spanischer Seite. »Einige Handschriften des 16. Jahrhunderts berichten über ihren mehr oder weniger legendären Ursprung; ihr Stammgebiet Aztlan soll irgendwo im Nordwesten Mexikos gelegen haben, vielleicht in Michoacan. In einer Felshöhle hätten sie das Idol des ›Kolibrizauberers‹ Huitzilipochtli gefunden, welcher ihnen derart wertvolle Ratschläge gegeben habe, daß sie ihn zu ihrem Stammesgott erhoben. Sie hätten ihre lange Wanderung in Gemeinschaft mit anderen Stämmen begonnen, von denen

* Die Ziffern und Schriftzeichen auf Ton haben in Kreta nicht, wie in Mesopotamien, einer Keilschrift Platz gemacht.

** Die Ziffer für 10.000, die sich bisher nur in Inschriften mit »Linear B« fand, war von der Ziffer für 1.000 durch Hinzufügung eines waagerechten Striches abgeleitet. Es handelt sich hier offensichtlich um eine Verwendung des multiplikativen Prinzips (10.000 = 1.000 × 10), da der waagerechte Strich in diesem System das Zeichen für 10 darstellt.

Abb. 177: Die erste Seite des Codex Mendoza, einer Handschrift aus der Zeit nach der spanischen Eroberung. Mit einer Anzahl von Hieroglyphen der aztekischen Schrift faßt diese Illustration die Geschichte der Azteken zusammen und berichtet von der Gründung der Stadt Tenochtitlán. (Codex Mendoza 1978)

sie sich nachher getrennt hätten. Während ihrer Züge hielten sie an mehreren Stellen der Hochebene an, so in Tula und Zumpango. Man findet ihre Spuren in Chapultepec, wo sie friedlich länger als eine Generation lang wohnten; danach wurden sie offensichtlich durch ihre Schuld in Kriege mit ihren Nachbarn verwickelt, die für sie ein schlechtes Ende nahmen. Sie wurden zum größten Teil in die unfruchtbare Steppe von Tizapan getrieben, die von Insekten und Giftschlangen bevölkert war. Einige Aufständische flüchteten auf die Inseln im Texcoco-See, wo sie 1325 oder nach neuesten Untersuchungen 1370 die Stadt Tenochtitlán, das heutige Mexiko gründeten, das zu ihrer Hauptstadt wurde.« (Lehmann 1953, 34 f.)

Binnen eines Jahrhunderts wurde letztere die Metropole eines großen Reiches, das das gesamte mexikanische Hochland umfaßte. »Unter der Führung Itzcoatls begannen sie, die meisten noch unabhängigen Stämme des Tieflandes zu unterwerfen. Dann drang Moctezuma I., ihr Herrscher von 1440 bis 1472, bis in die Gegend von Puebla im Süden vor. Der Sohn Moctezuma I., Axayacatl, führte seine Armee noch weiter, bis Oaxaca; er griff auch die Matlazinca und die Tarasken des Westens an, aber letztere, die sich bis zum See Patzcuaro zurückgezogen hatten, brachten ihm eine verheerende Niederlage bei und blieben unabhängig.« (Lehmann 1953, 42)

Alle diese Militärexpeditionen waren von Plünderungen, Massakern, Entführungen und zahlreichen Menschenopfern zu Ehren ihrer blutrünstigen Gottheiten begleitet. Denn der Krieg war vor allem dem Dienst der Götter geweiht, da sich »die Zivilisation der Azteken, ihre Geschichte, ihre Gesellschaft, ihre Kunst nur in enger Verbindung mit ihrer Religion erklären lassen, einer tyrannischen Religion, in der sich kein Hoffnungsschimmer oder eine Spur von Tugend im christlichen Sinne finden« (Lehmann 1953). Auch wenn der Krieg der Expansion des Aztekenreichs diente, so war sein Hauptziel doch, den Priestern eine große Ausbeute an Gefangenen für ihre rituellen Opferungen zu verschaffen. Diese Abschlachtungen, bei denen die Zahl der Opfer in normalen Zeiten einen Jahresdurchschnitt von 20.000 Menschen erreichte, dienten nach dem Glauben der Azteken einem magischen Zweck: Sie sollten Hochwasser oder andere Naturkatastrophen (Erdbeben oder Trockenheitsperioden) verhindern und die Kräfte der Götter erneuern. »Die Aufgabe des Menschen im allgemeinen und die der Azteken, des Sonnenvolkes, im besonderen, bestand im unermüdlichen Zurückdrängen des Nichts. Deshalb mußte man der Sonne, der Erde, allen Gottheiten das ›kostbare Wasser‹ liefern, ohne welches die Weltmaschinerie aufhören würde zu funktionieren: Menschenblut.« (Soustelle 1970, 87 f.) Allerdings scheinen diese Ritualmorde auch der Ernährung gedient zu haben – die Opfer waren für die lokale Bevölkerung eine sehr geschätzte Nahrung, wie zahlreiche Zeugnisse belegen: »Sie opferten die Herzen den Götzen, schnitten Arme, Beine, Schenkel ab und verzehrten sie, wie man bei uns Fleisch aus dem Schlachthaus ißt, und sie verkauften sogar (menschliches) Fleisch im Kleinhandel auf ihren *tianguis* oder Märkten.« (Diaz del Castillo zit. n. Simoni-Abbat 1976)

Der Krieg war jedoch nur ein Aspekt im Leben der Azteken. Neben der Militäraristokratie gab es eine Handwerker- und Händlerschicht, die in Zünften zusammengeschlossen war. Der wichtigste Markt des alten Mexiko befand sich in Tlatelolco, der Schwesterstadt von Tenochtitlán, die 1358 gegründet worden war. Zahlreiche Händler brachten Waren aller Art dorthin, die teilweise aus weit entfernten Gegenden stammten; dorthin flossen die Tribute, die von den zahlreichen eroberten Städten gezahlt werden mußten. Aus den Registern, in denen die Tribute festgehalten wurden, ergibt sich die Vielfalt der Waren, die in Tlatelolco verkauft wurden: Gold, Silber, Jade, Muscheln für Juwelierarbeiten, Federn für die Zeremonien und Staatsgewänder, Schilde, Ballen von Rohbaumwolle für die Spinnereien, Kakaobohnen, Mäntel, Dekken, bestickte Gewebe usw.

Zu Beginn des 16. Jahrhunderts, unter der Regierung Moctezuma II., ging diese Kultur unter. 1519 landete Cortez mit einer Handvoll Männer mit Feuerwaffen im Gebiet von Tabasco (im heutigen Hafen von Veracruz) und zog sofort in Richtung Hochebene. Er erhielt Unterstützung von den Feinden der Azteken sowie den von ihnen unterworfenen Stämmen, die ihm bewaffnete Mannschaften und Lebensmittel zur Verfügung stellten; nach heftigen Kämpfen eroberte er Tenochtitlán am 13. August 1521 und zerstörte das aztekische Reich...

Die Schrift der alten Mexikaner stellte zur Zeit der spanischen Eroberung eine Art Kompromiß zwischen Bilder- und Lautschrift dar, wobei einige Schriftzeichen auf mehr oder weniger realistische Weise Lebewesen, Gegenstände oder gedankliche Vorstellungen wiedergaben, andere (oder die gleichen) Laute festhielten. Vor allem Eigen- und geographische Namen wurden nach dem Prinzip der Bilderrätsel wiedergegeben; allerdings wurden die Laute dabei nur annäherungsweise dargestellt, weil die Wortendungen nicht in allen Fällen berücksichtigt wurden. So wurde der Name der mexikanischen Stadt *Coatlan* (wörtlich: »der Ort der Schlangen«) durch das Bild einer Schlange *(coatl)* und das Zeichen für »Zahn« *(Tlan)* dargestellt. Ebenso wurde der Name der Stadt *Itztlan* (wörtlich: »der Ort des Obsidian«) durch das Zeichen der Klinge aus Obsidian mit zurückgebogener Spitze *(Itztli)* und das Zeichen »Zahn« *(Tlan)* ausgedrückt. Die Stadt *Coatepec* (»der Ort des Schlangenberges«) wurde durch »Schlange« *(Coatl)* und »Berg« *(Tepetl)* wiedergegeben (*Abb. 178*).

Diese Bilderschrift, die die Azteken zweifellos völlig unabhängig von den Völ-

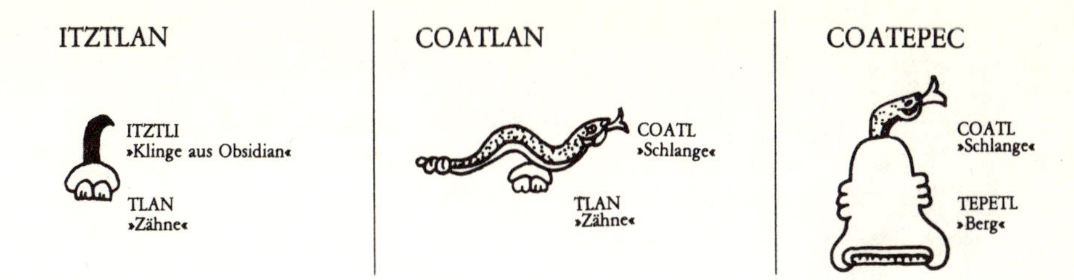

Abb. 178: Beispiele aztekischer Namen, die nach dem Prinzip eines Bilderrätsels geschrieben sind.

kern der Alten Welt entwickelten, ist uns durch einige Handschriften *(Codices)** bekannt, die vor oder kurz nach der spanischen Eroberung abgefaßt worden sind. Einige diese Handschriften behandeln religiöse und rituelle, auf Wahrsagung oder Zauberei bezogene Themen; andere berichten von mythischen oder historischen Geschehnissen (Stammeswanderungen, Städtegründungen, Ursprünge und Geschichte von Dynastien usw.). Weiterhin existieren Register der enormen Tribute an wertvollen Waren, Lebensmitteln und Menschen, die die Reichsbeamten bei den unterworfenen Städten eintrieben, auf Rechnung der Führung in Tenochtitlán (*Abb. 179*).

Von diesen kostbaren Handschriften ist der *Codex Mendoza* unzweifelhaft eine der bemerkenswertesten.** »Seine spezielle Bedeutung rührt von der Tatsache her, daß er einen Kommentar über die Bedeutung aller oder doch fast alle seiner Einzelheiten beinhaltet, der von einem *Zeitgenossen* in Spanisch geschrieben wurde aufgrund von *direkten* Erklärungen und Ratschlägen der Azteken selbst.« (K. Ross in *Codex Mendoza* 1978)

Vor allem aufgrund dieser spanischen Erläuterungen konnten die Zahlenangaben der Azteken entziffert werden.

Das zugrundeliegende Zahlensystem war vigesimal, d.h. die Einheiten der verschiedenen Ordnungen waren Potenzen von zwanzig statt von zehn wie in unserem Dezimalsystem. In dieser Zahlschrift wurde die Eins durch einen Punkt oder einen Kreis wiedergegeben, die Zwanzig durch eine Axt, die Zahl 400 (= 20 × 20) durch

* Alle Handschriften sind aus einfachen Blättern aus Pergament, Rinde oder Pflanzenfasern, die nachträglich durch Auftragen einer gummiartigen Substanz verstärkt wurden. Auf die Oberfläche des Blattes, das auf beiden Seiten mit weißem Kalk getüncht ist, wurden die Zeichnungen mit Hilfe zugeschnittener Schilfrohre, die in Koniferenruß getaucht worden waren, aufgetragen. Dann kolorierte man diese Zeichnungen mit pflanzlichen oder tierischen Farben. Später waren die Handschriften wie eine Ziehharmonika zusammengefaltet und in Holz- oder Lederumschläge gebunden, so daß sie unseren Büchern ähneln.

** Dieser wurde im Auftrag von Don Antonio de Mendoza, dem ersten Vizekönig Neuspaniens, »nach alten mexikanischen Dokumenten in einem Zeitraum von ungefähr zehn Tagen zusammengestellt (weil die Flotte im Begriff war, in See zu stechen), um an den spanischen Hof geschickt zu werden. Er ist im Stil der Eingeborenen (...) geschrieben und in drei Teile gegliedert, welche die Eroberungen der Azteken, den Tribut, den sie von jeder unterworfenen Stadt erhielten, und den Lebenszyklus der Azteken behandelt; dieser letzte Teil beginnt mit der Geburt der Mexikaner und berichtet über die Erziehung, die Strafen, die Freizeit, die militärische Ausbildung, die Schlachten, die Erbfolge der Königsfamilien, den Plan des Palastes von Moctezuma usw.« (Peterson 1961, 210, 277)

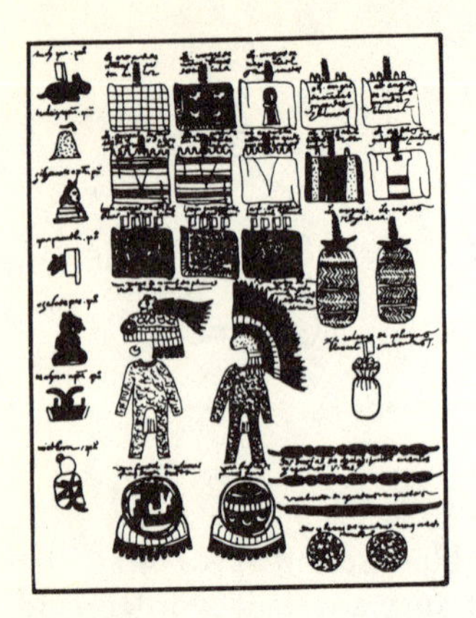

Abb. 179: Eine Seite des Codex Mendoza mit Aufzählung des Tributes, den sieben mexikanische Städte der Führung in Tenochtitlán zu entrichten hatten.
(Codex Mendoza 1978, Fol. 52r)

ÜBERSETZUNG VON ABBILDUNG 179

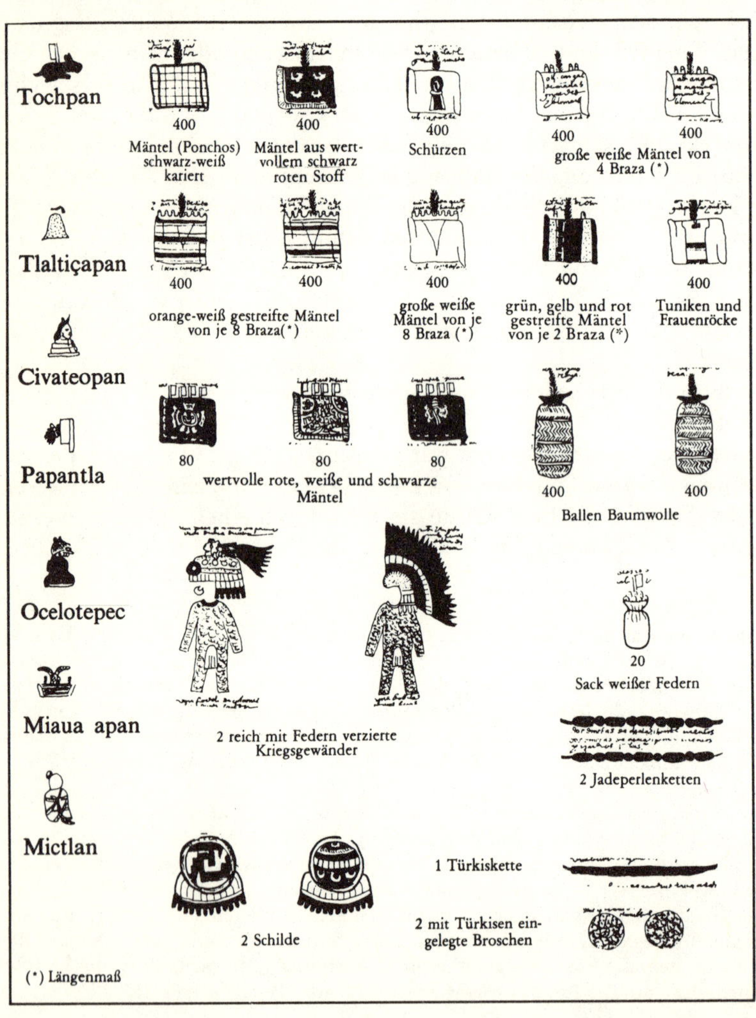

○ oder ●			oder
1	20	400	8 000

Abb. 180:
Die aztekischen Ziffern.

ein Zeichen, das einer Feder ähnelt, und die Zahl 8.000 (= 20 × 20 × 20) durch eine Börse (*Abb. 180*).

Die anderen Zahlen wurden durch Wiederholung der entsprechenden Ziffern in der notwendigen Zahl dargestellt, denn die aztekische Zahlschrift beruhte ausschließlich auf dem Prinzip der Addition.

Für 20 Schilde, 100 Sack Kakaobohnen und 200 Töpfe Honig z.B. reihte man neben dem entsprechenden Piktogramm die Ziffer für 20 – die Axt – einmal, fünfmal oder zehnmal nebeneinander (*Codex Mendoza* 1978):

Um 400 geschmückte Mäntel, 800 Hirschhäute oder 1.600 Kakaobohnen aufzulisten, wurde die Feder nach dem gleichen Prinzip ein-, zwei- oder viermal aufgeführt:

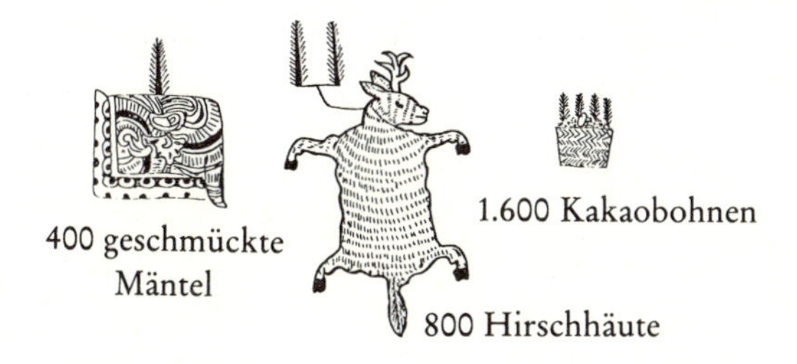

Auf dieselbe Art und Weise wird im *Codex Telleriano Remensis*, einer mexikanischen Handschrift aus der Zeit nach der Eroberung, die Opferung von 20.000 Menschen aus den im Kriege unterworfenen Provinzen im Jahr 1487 dargestellt; die Azteken weihten damit ein Gebäude in Mexiko (*Abb. 181*):

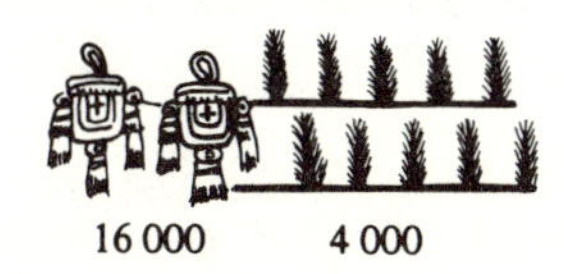

Abb. 181: Ausschnitt einer Seite des Codex Telleriano Remensis. (Codex Telleriano Remensis 1899)

Dem spanischen Kommentator, der Anmerkungen in seiner eigenen Sprache für die europäischen Leser hinzugefügt hat, ist allerdings ein Fehler unterlaufen: da er das Symbol »Börse« (= 8.000) nicht kannte, hat er diese Zahl nur mit 4.000 wiedergegeben – der zehnmal wiederholten Feder!

Die akrophonischen Zahlzeichen der Griechen

In der Welt des antiken Griechenlands findet man in der ersten Hälfte des ersten Jahrtausends v. Chr. in Inschriften verschiedene Zahlschriften.

Eine dieser Schreibweisen – die attische oder die der Athener – ordnet jeder der folgenden Zahlen ein eigenes graphisches Zeichen zu:

1; 5; 10; 50; 100; 500; 1.000; 5.000; 10.000; 50.000

Sie beruht vor allem auf dem Prinzip der Addition (*Abb. 182*).

1 I	100 H	10 000 M
2 II	200 HH	20 000 MM
3 III	300 HHH	30 000 MMM
4 IIII	400 HHHH	40 000 MMMM
5 Γ	500 𐅅	50 000 𐅇
6 ΓI	600 𐅅H	60 000 𐅇M
7 ΓII	700 𐅅HH	70 000 𐅇MM
8 ΓIII	800 𐅅HHH	80 000 𐅇MMM
9 ΓIIII	900 𐅅HHHH	90 000 𐅇MMMM
10 Δ	1 000 X	
20 ΔΔ	2 000 XX	
30 ΔΔΔ	3 000 XXX	
40 ΔΔΔΔ	4 000 XXXX	
50 𐅄	5 000 𐅆	
60 𐅄Δ	6 000 𐅆X	
70 𐅄ΔΔ	7 000 𐅆XX	
80 𐅄ΔΔΔ	8 000 𐅆XXX	
90 𐅄ΔΔΔΔ	9 000 𐅆XXXX	

*Abb. 182: System der Zahlschrift auf attischen Inschriften, wie es seit dem 5. Jahrhundert v. Chr. bis zur Zeitenwende in Gebrauch war.**

* Franz 1840, 346–353; Garducci 1967, 417–428; Guitel 1975, 181–198; Gundermann 1899, 25–28; Larfeld 1902/07, I, 416–427, II, 543–563; Reinach 1885, 216–225; Tod 1911/12; 1913.

Mathematisch gesehen entspricht dieses System dem der Römer oder Etrusker. Aber es weist im Vergleich mit allen anderen bisher besprochenen Systemen eine sehr interessante Eigenheit auf: Die gebrauchten Ziffern sind bis auf die Ausnahme des senkrechten Striches für eins gleichzeitig die Anfangsbuchstaben der griechischen Namen für die entsprechenden Zahlen oder Kombinationen dieser Buchstaben. Dies wird in der Fachsprache als *akrophonisches Prinzip* bezeichnet:

DAS ZEICHEN	ENTSPRICHT DEM BUCHSTABEN	DESSEN ZUGEORDNETER ZAHLENWERT IST	ENTSPRICHT DEM ANFANGSBUCHSTABEN DES WORTES	IST DAS GRIECHISCHE ZAHLWORT FÜR
Γ	PI (archaische Form des Buchstabens Π)	5	Πεντε Pente	Fünf
Δ	DELTA	10	Δεκα Deka	Zehn
H	ETA	100	Ηεκατον Hekaton	Hundert
X	XI (»CHI«)	1.000	Χιλιοι Chilioi	Tausend
M	MY	10.000	Μυριοι Myrioi	Zehntausend

Die den Zahlen 50, 500, 5.000 und 50.000 zugeordneten Zeichen sind aus den vorangegangenen nach dem multiplikativen Prinzip zusammengesetzt:

50	Γ mit Δ = Γ. Δ	5 × 10
500	Γ mit H = Γ. H	5 × 100
5 000	Γ mit X = Γ. X	5 × 1 000
50 000	Γ mit M = Γ. M	5 × 10 000

Im attischen System wird also der Wert der Zahlbuchstaben Δ, H, X und M dadurch verfünffacht, daß sie in den Buchstaben Γ = 5 hineingeschrieben werden.

Dieses System wurde nur zur Angabe von Kardinalzahlen verwandt*, so bei der Wiedergabe von Maßen, Gewichten und Geldbeträgen.** Um Geldbeträge in *Drachmen* niederzuschreiben, benutzten die Athener die vorangehenden Ziffern und wiederholten sie so oft wie nötig, wobei jedoch der senkrechte Strich für eins durch das Zeichen für Drachme ersetzt wurde (vgl. *Anm. 167*):

XXX Γ(H) H ΔΔΔ ⊢⊢⊢
3 000 500 100 30 3
--------------------→
3.633 Drachmen

* Ursprünglich wurden die Ordinalzahlen stets in vollem Wortlaut geschrieben; seit Beginn des vierten vorchristlichen Jahrhunderts – wahrscheinlich schon seit dem fünften – wurden auch diese Zahlen nach einem anderen System niedergeschrieben, das wir später untersuchen werden.

** Es entspricht dem der griechischen Rechentafeln wie der von Salamis.

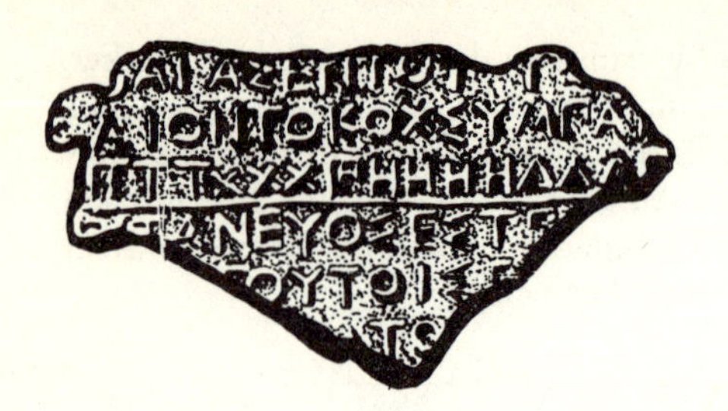

Abb. 183: Fragment einer griechischen Inschrift aus Athen aus dem 5. Jahrhundert v. Chr. (Inschriftenmuseum Athen, Inv. EM 12 355.) In der dritten Zeile findet sich ein Geldbetrag von 3 Talenten und 3.935 (+ x?) Drachmen in der Form:

Für die Vielfachen des *Talent,* das 6.000 Drachmen zählte, wurden ebenfalls die gewohnten Ziffern benutzt, in die jedoch der Buchstabe T (Initiale von TALANTON) einbezogen wurde:

𐅅 𐅄 ΔΔΔΔ 𐅃 TTT
500 50 40 5 3

598 Talente

Die Bruchteile der Drachme – die Obole, Halbobole, die Viertelobole und der Chalkos – wurden durch besondere Schriftzeichen dargestellt:

1 CHALKOS (⅛ Obole)	X	X: Anfangsbuchstabe von ΧΑΛΚΟΥΣ
1 VIERTELOBOLE	Ɔ oder T	T: Anfangsbuchstabe von ΤΕΤΑΡΤΗΜΟΡΙΟΝ
1 HALBOBOLE	C	
1 OBOLE (⅙ Drachme)	I oder O	O: Anfangsbuchstabe von ΟΒΟΛΙΟΝ

Mit diesen Zeichen konnten die Athener leicht die Geldbeträge zum Ausdruck bringen, derer sie sich am häufigsten bedienten. Die folgenden Beispiele sollen eine Vorstellung davon geben*:

ΔΔ ⊢⊢⊢ III C T (20, 3 Drachmen; 3, ½, ¼ Obolen)	23 Drachmen und (3 + ½ + ¼) Obolen
⊢ΔΔΔΔ IIII (40, 4)	40 Drachmen und 4 Obolen
XX 𐅅 HΔΔΔII (2 000, 500, 100, 30, 2)	2 630 Drachmen und 2 Obolen
XXX HH 𐅄 Δ TTT (3 000, 200, 50, 10, 3) – Talente	3 263 Talente
XX 𐅅 ΔΔΔΔ ⊢⊢⊢⊢ (2 000, 500, 40, 4) – Drachmen; IIIII (5) – Obolen	2 544 Drachmen und 5 Obolen

* Ähnliche Konventionen gab es zur Wiedergabe von Maßen und Gewichten (Drachmen, Minen, Stater usw.; s. die in der Fußnote auf S. 252 angeführte Literatur).

1 ⊢ 1 Drachme	10 Δ	100 H	1 000 X
2 ⊢⊢	20 ΔΔ	200 HH	2 000 XX
3 ⊢⊢⊢	30 ΔΔΔ	300 HHH	3 000 XXX
4 ⊢⊢⊢⊢	40 ΔΔΔΔ	400 HHHH	4 000 XXXX
5 ⊢⊢⊢⊢⊢	50 𐅄	500 𐅅	5 000 𐅆
6 ⊢⊢⊢⊢⊢⊢	60 𐅄Δ	600 𐅅H	6 000 𐅆X
7 ⊢⊢⊢⊢⊢⊢⊢	70 𐅄ΔΔ	700 𐅅HH	7 000 𐅆XX
8 ⊢⊢⊢⊢⊢⊢⊢⊢	80 𐅄ΔΔΔ	800 𐅅HHH	8 000 𐅆XXX
9 ⊢⊢⊢⊢⊢⊢⊢⊢⊢	90 𐅄ΔΔΔΔ	900 𐅅HHHH	9 000 𐅆XXXX

𐅆 𐅅 HH ΔΔΔΔ ⊢⊢⊢⊢⊢⊢⊢⊢⊢
5 000 500 200 40 9
------------------------------------→
5.749 Drachmen

Abb. 184: Ziffern in Inschriften auf der Insel Kos (3. Jh. v. Chr.). (Tod 1911/12; 1913)

1 Drachme	⊢ oder I **	
5	Γ *	Buchstabe Π; Anfangsbuchstabe von *Πεντε* »FÜNF«
10	▷ ** oder Δ *	Buchstabe Δ; Anfangsbuchstabe von *Δεκα* »ZEHN«
50	ΓΕ oder Γᴱ *	Buchstabe ΠΕ; Anfangsbuchstabe von *Πεντεδεκα* »FÜNFZIG«
100	⊢E	Buchstabe *HE*; Anfangsbuchstabe von *Hεκατον* »HUNDERT«
300	TE *	Buchstabe *T.HE*; Anfangsbuchstabe von *Τριακοσιοι* »DREIHUNDERT«
500	Γ⊢E oder Γ⊢E	Buchstabe *Π.HE*; Anfangsbuchstabe von *Πεντακοσιο* »FÜNFHUNDERT«
1 000	Ψ	Buchstabe *X*; Anfangsbuchstabe von *Χιλιοι* »TAUSEND«
5 000	ΓΨ	Buchstabe *Π.X*; Anfangsbuchstabe von *Πενταχιλιοι* »FÜNFTAUSEND«
10 000	M	Buchstabe *M*; Anfangsbuchstabe von *Μυριοι* »ZEHNTAUSEND«
* nur in Thespiae bezeugtes Zeichen		** nur in Orchomenos bezeugtes Zeichen

Abb. 185: Ziffern in Inschriften aus Orchomenos und Thespiae (3. Jh. v. Chr.). (Tod 1911/12; 1913)

Wert	Zeichen	Orte	Wert	Zeichen	Orte
1 DRACHME	• I ⊢ P ((1–5)	1 Epidauros, Argos, Nemea 2 Karystos, Orchomenos 3 Attika, Kos, Naxos, Nisos, Imbros, Thespiae 4 Korkyra, Hermione 5 Troizen, Taurischer Chersones, Chalkidike	100	𐌇 H ⊢E (25–27) ꓶ ⊢ E (28–30)	25 Epidauros, Argos, Nemea, Troizen 26 Attika, Theben, Kos, Epidauros, Korkyra, Naxos, Chalkidike, Imbros 27 Thespiae, Orchomenos 28 Karystos 29 Taurischer Chersones 30 Taurischer Chersones, Chios, Nisos, Mytilene
5	Γ Γ Γ Γ Π (6–10)	6 Epidauros 7 Thera 8 Troizen 9 Attika, Korkyra, Naxos, Karystos, Nisos, Theben, Thespiae, Taurischer Chersones 10 Chalkidike, Imbros	500	Ш Γ 𐅅 𐅅 (31–34) ΠΗ Γᴮ Γᴴ Γ⊢E (35–38)	31 Troizen 32 Epidauros 33 Karystos 34 Kos 35 Naxos 36 Epidauros 37 Epidauros, Troizen, Imbros, Theben, Attika 38 Thespiae, Orchomenos
10	O ⊙ – ≶ (11–14) ↑ Λ Δ ▷ (15–17)	11 Argos 12 Nemea 13 Epidauros, Karystos 14 Troizen 15 Korkyra, Hermione 16 Attika, Kos, Naxos, Nisos, Mytilene, Imbros, Taurischer Chersones, Chalkidike, Thespiae 17 Orchomenos, Hermione	1000	X Ψ (39–40)	39 Attika, Theben, Epidauros, Argos, Kos, Naxos, Troizen, Karystos, Nisos, Mytilene, Imbros, Chalkidike, Taurischer Chersones 40 Thespiae, Orchomenos
50	Γ Γ 𐅄 𐅄 𐅄 (18–21) Γᴱ Ψ ΓE Γᴱ (22–24)	18 Argos 19 Epidauros, Troizen, Kos, Naxos, Karystos 20 Nemea, Kos, Nisos, Attika, Theben 21 Imbros 22 Troizen 23 Taurischer Chersones 24 Thespiae, Orchomenos	5000	𐅆 ΓΨ (41–42)	41 Attika, Kos, Theben, Epidauros, Troizen, Chalkidike, Imbros 42 Thespiae, Orchomenos
			10 000	M M X (43–44)	43 Attika, Epidauros, Chalkidike, Imbros, Thespiae, Orchomenos 44 Attika
			50 000	𐅇 Ꮇ (45–46)	45 Attika 46 Imbros

Abb. 186: Allgemeine Übersicht über die verschiedenen griechischen Ziffern (2. Hälfte des 1. Jahrtausends v. Chr.); die Ziffern beziehen sich auf Drachmenbeträge. Die erkennbaren Ähnlichkeiten belegen den gemeinsamen Ursprung aller in dieser Epoche benutzten akrophonischen Ziffernsysteme der Griechen. (Tod 1911/12; 1913)

In den anderen Staaten des antiken Griechenlands wurden in den verschiedenen Inschriften ebenfalls Ziffern nach dem akrophonischen Prinzip benutzt, die den attischen entsprachen (*Abb. 184, 185*). Das attische System – das älteste der griechischen akrophonischen Systeme – hatte sich im perikleischen Zeitalter über ganz Griechenland ausgebreitet und allgemeine Gültigkeit erlangt; Athen stand zu dieser Zeit an der Spitze eines bedeutenden Städtebundes. Trotzdem waren die verschiedenen Systeme nicht mit dem attischen identisch; jedes bewahrte abweichende Eigenheiten. Darüber hinaus besaß jeder griechische Staat sein eigenes Gewichts- und Münzsystem, zumal das Geld im Mittelmeerraum in dieser Zeit – um 300 v. Chr. – längst Verbreitung gefunden hatte. Außerdem war der Gedanke eines *»genormten« Maßsystems* oder einer einheitlichen *internationalen Währung* dem hellenischen Denken vollkommen fremd (Devambez 1966; Leroy 1963/64).

Wenn man aber diese Systeme miteinander vergleicht, kann man auf ihren gemeinsamen Ursprung schließen (*Abb. 186, 187*).

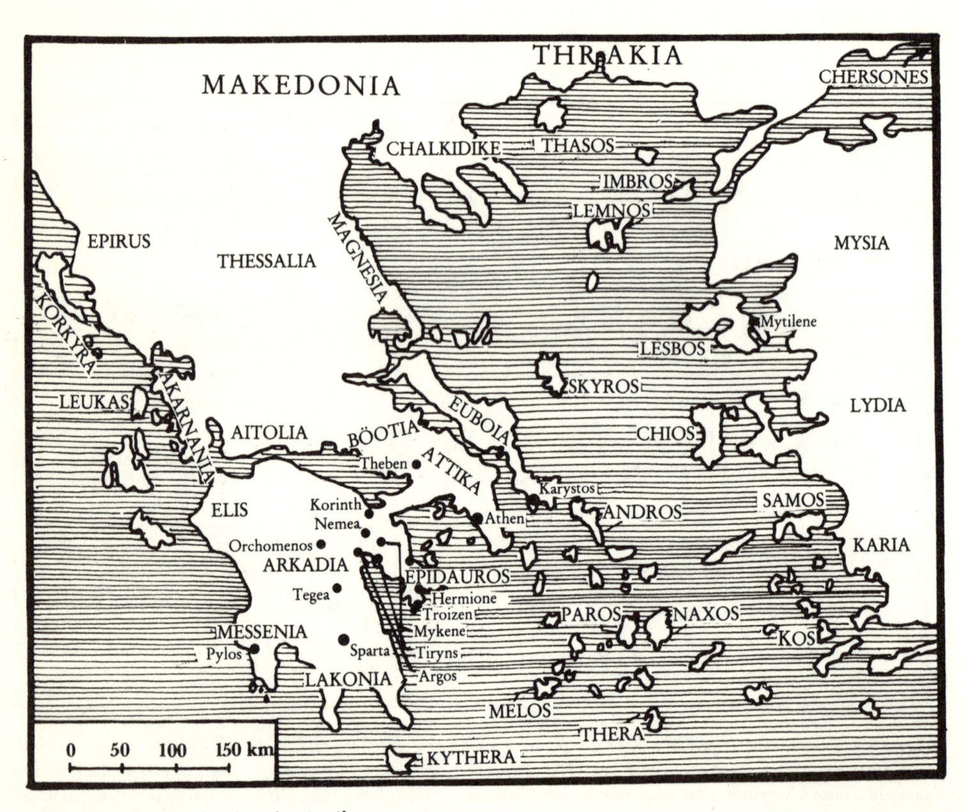

Abb. 187: Griechenland in der Antike.

Das erste Gesetz in der Geschichte der Arithmetik

Die bis jetzt untersuchten Zahlschriften haben alle einen gemeinsamen Grundzug: Sie übertragen alle das konkrete Zählen direkt auf die Schrift, das teilweise gleichzeitig weiter existierte und darin bestand, eine gegebene Zahl durch ebensoviele Gegenstände wie notwendig wiederzugeben. Sie gehören alle zur *Kategorie der additiven Ziffernsysteme,* da jede aus einer begrenzten Anzahl von Zahlzeichen besteht, die voneinander völlig unabhängig sind und deren Aneinanderreihung der Summe der zugeordneten Werte enspricht.*

Einige dieser Systeme nehmen die Zahl Zehn als Grundlage und ordnen nur der Grundeinheit und den Zehnerpotenzen eine Ziffer zu – so eine der beiden Zahlenschreibweisen in Elam zwischen 3000 und 2500 v. Chr., die ägyptischen Hieroglyphen-Ziffern (*Abb. 166, 167*) und die kretischen Systeme (*Abb. 175, 176*). Alle diese Systeme gehören zu der Gruppe der Ziffernsysteme mit einer Basis m, deren Grundziffern folgenden Zahlen entsprechen:

$$1 \quad m \quad m^2 \quad m^3 \quad m^4 \quad \text{usw.}$$

Aber auch die Bildschrift der Azteken, Mixteken und Zapoteken im präkolumbianischen Zentralamerika (*Abb. 179, 180*) entspricht in ihrer gedanklichen Konzeption den vorangegangenen; es handelt sich um ein additives Ziffernsystem mit der Basis Zwanzig, dessen Grundziffern den folgenden Zahlenwerten zugeordnet sind:

$$1 \quad 20 \quad 400\ (= 20^2) \quad 8.000\ (= 20^3)$$

Das System der Azteken gehört damit zur gleichen Gruppe wie die vorangehenden; Unterschiede gibt es nur in der Basis und der Gestaltung der Ziffern (*Abb. 188*).

In dieser ersten Gruppe werden die Zahlen sehr einfach durch Wiederholung der Ziffern für jede Potenz der Basis wiedergegeben. Um beispielsweise die Zahl 7.699 im ägyptischen Hieroglyphensystem auszudrücken, muß man siebenmal das Tausender-, sechsmal das Hunderter-, neunmal das Zehner- und neunmal das Einerzeichen wiederholen, also insgesamt 31 Schriftzeichen:

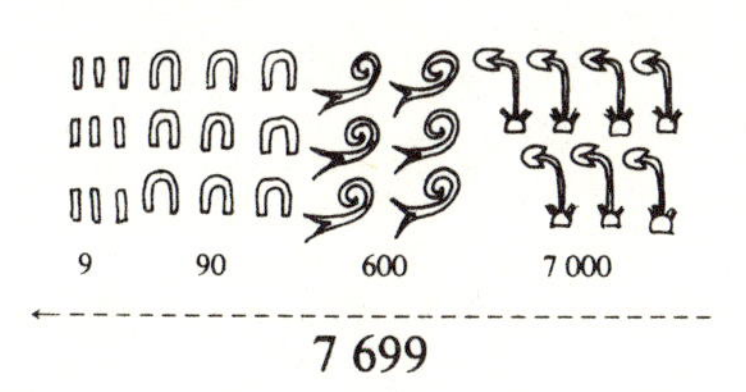

Aufgrund dieser entnervenden Wiederholungen haben einige Völker, die ihre Zahlen zunächst nach dem einfachen additiven Prinzip darstellten, nachträglich eine

* Der Wert der Ziffern ist in diesen Zahlschriften unabhängig von ihrer Position. Das additive Prinzip unterscheidet sich also sehr deutlich vom Positionsprinzip, auf dem unsere dezimale Zahlschrift beruht, in der der Wert der Ziffern von der Position abhängig ist, die sie in der geschriebenen Zahl einnehmen.

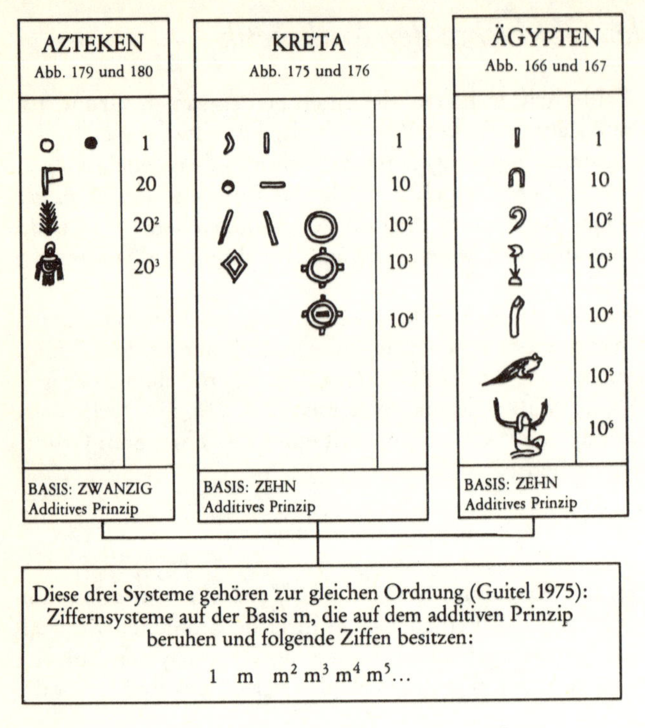

Abb. 188: Die additiven Ziffernsysteme der ersten Ordnung.

bestimmte Anzahl von Zusatzzeichen eingeführt. Daraus resultierte naturgemäß eine geringere Anzahl von notwendigen Symbolen bei der Niederschrift der Zahlen.

So hatten die alten Griechen und die antiken Völker in Südarabien zunächst ein Dezimalsystem in der oben beschriebenen Art; aber nach und nach vereinfachten sie ihre Zahlschrift, indem sie ein Zeichen für die 5, ein weiteres für 5 × 10, noch eines für 5 × 100 usw. einführten. Dies läßt sich gut am Beispiel der griechischen Stadtstaaten Nemea und Epidauros nachweisen, wo sich diese schrittweise Einführung deutlich nachvollziehen läßt (*Abb. 189–191*). Um die Zahl 7.699 zu schreiben – die sich in 5.000 + 1.000 + 1.000 + 500 + 100 + 50 + 10 + 10 + 10 + 10 + 5 + 1 + 1 + 1 + 1 auflösen läßt –, waren von nun an nur noch 15 Zahlzeichen statt wie bisher 31 notwendig:

𐅇 X X 𐅅 H 𐅄 ΔΔΔΔ Γ IIII

5 000 2 000 500 100 50 40 5 4

7 699

Diese Völker entwickelten damit additive Ziffernsysteme mit der Basis m unter Zuordnung eines Zusatzzeichens k zu jeder der Zahlen:

$$1 \quad k \quad m \quad km \quad m^2 \quad km^2 \quad m^3 \quad \text{usw.}$$

• 1 Drachme	– 10 Drachmen	H 100 Drachmen	X 1000 Drachmen
2 ••	20 =	200 HH	2000 XX
3 •••	30 =–	300 HHH	3000 XXX
4 ••••	40 ==	400 HHHH	4000 XXXX
••••• 5 Dr.	==– 50 Dr.	HHHHH 500 Dr.	XXXXX 5000 Dr.
6 ••••••	60 ===	600 HHHHHH	6000 XXXXXX
7 •••••••	70 ===–	700 HHHHHHH	7000 XXXXXXX
8 ••••••••	80 ====	800 HHHHHHHH	8000 XXXXXXXX
9 •••••••••	90 ====–	900 HHHHHHHHH	9000 XXXXXXXXX

H: alte Form des Buchstabens H, Anfangsbuchstabe des Wortes HEKATON (»hundert«)
X: Anfangsbuchstabe von *ΧΙΛΙΟΙ* (»tausend«)

Beispiel: X HHHHHHHHH ===– ••••••••• (1000 900 70 9) → 1979 Drachmen

Abb. 189: Das System der Zahlschrift der älteren Inschriften von Epidauros (Anfang des 4. Jh. v. Chr.).
(Tod 1911/12; 1913)
Dieses System entspricht der gleichen Konzeption wie das kretische und ist nur bei 100 und 1.000 akrophonisch; es enthält noch keine Ziffern für 5, 50, 500 oder 5.000.

1	10	100
1 •	10 ⊙	100 H
2 ••	20 ⊙⊙	200 HH
3 •••	30 ⊙⊙⊙	300 HHH
4 ••••	40 ⊙⊙⊙⊙	400 HHHH
5 •••••	50 ΠΔ	500 HHHHH
6 ••••••	60 ΠΔ⊙	600 HHHHHH
7 •••••••	70 ΠΔ⊙⊙	700 HHHHHHH
8 ••••••••	80 ΠΔ⊙⊙⊙	800 HHHHHHHH
9 •••••••••	90 ΠΔ⊙⊙⊙⊙	900 HHHHHHHHH

ΠΔ: Sigel *Π.Δ.* Abk. für *Πεντε Δεκα* (»fünfzig«)

Beispiel: HHHH ΠΔ ⊙⊙⊙⊙ •••••••• (400 50 40 8) → 498 Drachmen

Abb. 190: Ziffernsystem der griechischen Inschriften von Nemea (4. Jh. v. Chr.).
(Tod 1911/12; 1913)

Die Zahl k, Teiler der Basis, war damit *Hilfsbasis.*

Zu diesem System sind die Etrusker und die Römer ebenso wie die Bauern der Toskana und die Schweizer und Dalmatiner Hirten, nicht zu vergessen die Zuni-Indianer in Nordamerika, völlig unabhängig voneinander gelangt. Sowohl die Zahlenwerte als auch die Ziffernfolge der Reihe

1 5 10 50 100 500 usw.

• 1 Drachme	– 10 Drachmen	H oder H 100 Drachmen	X 1000 Drachmen	M 10 000
2 ••	20 =	200 HH	2000 XX	20 000 MM
3 •••	30 =–	300 HHH	3000 XXX	30 000 MMM
4 ••••	40 ==	400 HHHH	4000 XXXX	40 000 MMMM
Π 5 Dr.	ΠΔ oder ΠΔ 50 Dr.	ΠH oder ΠH oder ΠH 500 Dr.	ΠX 5000 Dr.	?
6 Π•	60 ΠΔ–	600 ΠH H	6000 ΠX X	
7 Π••	70 ΠΔ=	700 ΠH HH	7000 ΠX XX	
8 Π•••	80 ΠΔ=–	800 ΠH HHH	8000 ΠX XXX	
9 Π••••	90 ΠΔ==	900 ΠH HHHH	9000 ΠX XXXX	

Abb. 191: System der neueren Inschriften von Epidauros (Ende 4. bis Mitte 3. Jh. v. Chr.).
(Tod 1911/12; 1913)

haben allen in natürlicher Weise nahegelegen, so daß auch die Schriftzeichen, wenn nicht identisch, so doch einander sehr ähnlich waren. Die materiellen und psychologischen Voraussetzungen dafür liegen in einer Tradition, die älter ist als die Schrift und seit der Vorzeit eines der gemeinsamen Elemente aller ländlichen Regionen dieser Erde darstellt. Diese Schriftzeichen haben ihre Wurzeln im Zählen mit Hilfe von Kerben in einem Knochen oder einem Stück Holz; damit konnte jeder die zu zählenden Dinge und die darstellenden Striche einander eindeutig zuordnen. Dabei entwikkelten sich auf der ganzen Welt ähnliche Zeichen:

- eine einfache Kerbe stand für die Einer;
- eine etwas tiefere Kerbe in Form eines V oder eine Variante davon stand für die Zahl Fünf;
- eine Kerbe mit zwei symmetrischen, einander gegenüberliegenden Ausbuchtungen an der Spitze oder auch ein Zeichen in Form des X oder eines Kreuzes stand für die Zehn.

Die gestalterischen Möglichkeiten sind dabei durch die technischen Voraussetzungen eng begrenzt. Mit diesem Zählverfahren können beliebig große Mengen gezählt werden, praktisch alle, für die überhaupt ein Bedarf bestehen könnte, ohne daß es jemals nötig wäre, eine Abfolge von mehr als vier identischen Zeichen erfassen zu müssen; damit ist folgende Stufung der Zählreihe entstanden:

$$1 \quad 5 \quad 10 \quad 5 \times 10 \quad 10^2 \quad 5 \times 10^2 \quad \text{usw.}$$

Den bislang behandelten Zahlschriften ist diejenige sehr ähnlich, die in Sumer zwischen 3000 und 1800 v. Chr. benutzt wurde.

Ihre Verwandtschaft mit der griechischen, südarabischen, etruskischen und römischen Zahlschrift ist auf den ersten Blick nicht zu erkennen; dieses System ist zwar ebenfalls auf das additive Prinzip aufgebaut, aber es beruht auf einem sexagesimalen Zahlensystem!

Zur Erläuterung dieser Ähnlichkeit sei das additive Ziffernsystem noch einmal in allgemeiner Form vorgestellt; dabei steht der Buchstabe m für die ganze Zahl, die die Basis eines Bezifferungssystems darstellt; mit dem Buchstaben k wird ein Teiler der Basis bezeichnet.

Eine auf dem additiven Prinzip beruhende Zahlschrift entspricht dann beispielsweise der römischen, wenn jeder der folgenden Zahlen eine Ziffer zugeordnet wird:

$$1 \quad k \quad m \quad km \quad m^2 \quad km^2 \quad m^3 \quad \text{usw.}$$

Es muß also nicht nur jede der aufeinanderfolgenden Potenzen der Basis (d.h. 1, m, m^2, m^3, m^4 usw.) durch eine eigene Ziffer bezeichnet sein, sondern auch das Produkt jeder dieser Potenzen mit k (d.h. k, km, km^2, km^3 usw.). Das römische und das etruskische System entsprechen wie die akrophonischen Ziffern der Griechen und der Südaraber dieser Bedingung; ihre Ziffern bilden folgende Zahlenreihe:

$$\begin{array}{ccccccc} 1 & 5 & 10 & 5.10 & 10^2 & 5.10^2 & 10^3\ldots \\ & \updownarrow & \updownarrow & \updownarrow & \updownarrow & \updownarrow & \updownarrow \\ & k & m & k.m & m^2 & k.m^2 & m^3\ldots \end{array}$$

Die sumerische Zahlschrift läßt sich jedoch in derselben Weise darstellen:

1	10	60	10.60	60^2	10.60^2	60^3...
	↕	↕	↕	↕	↕	↕
	k	m	k.m	m^2	$k.m^2$	m^3...

Daraus folgt, daß die römische Bezifferung zur gleichen Gruppe wie die sumerische gehört.

Ein zweiter Weg wird uns diese Ähnlichkeit noch deutlicher zeigen:

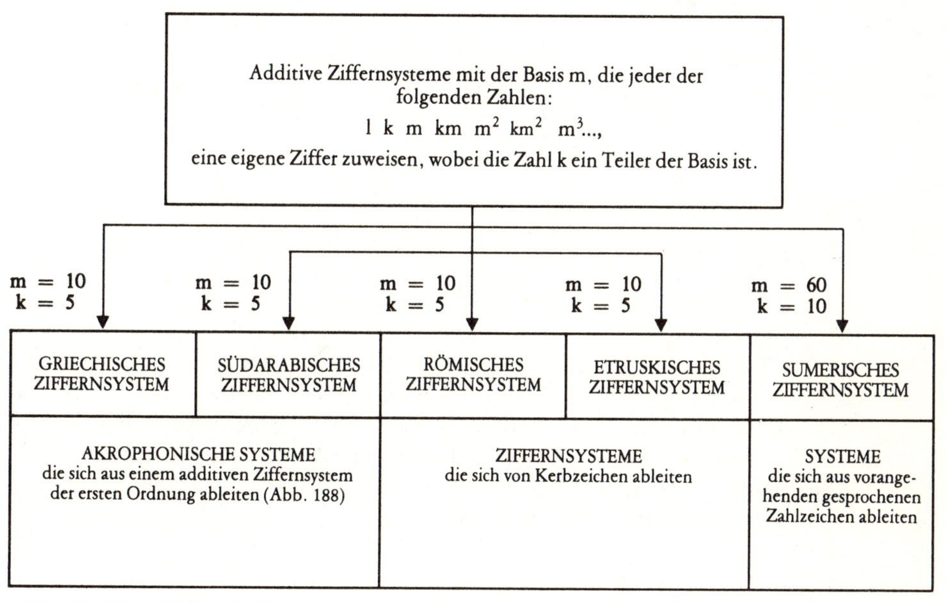

Abb. 192: Die additiven Ziffernsysteme der zweiten Ordnung.

Ausgehend vom Ziffernsystem der Sumerer läßt sich dieses in folgender Form darstellen:

1
10
10.6
10.6.10
10.6.10.6
10.6.10.6.10
10.6.10.6.10.6.

Diese Art der Darstellung beruht darauf, daß das sumerische Zahlensystem auf der Basis 60 einen Kompromiß zwischen den beiden abwechselnd gebrauchten Hilfsbasen 10 und 6 darstellt, die komplementäre Teiler von 60 sind.

Ein Ziffernsystem wird dann zur selben Gruppe gehören, wenn es wie das sumerische System zwei komplementäre Teiler a und b der Basis m besitzt ($a \times b = m$); die Ziffern lassen sich dann folgendermaßen darstellen:

1	
a	
a.b	
a.b.a	$(= a^2b)$
a.b.a.b	$(= a^2b^2)$
a.b.a.b.a	$(= a^3b^2)$
a.b.a.b.a.b.	$(= a^3b^3)$
a.b.a.b.a.b.a	$(= a^4b^3)$

Genau dies trifft für das griechische, etruskische und römische System zu, die aus folgenden Ziffern bestehen:

1
5
5.2.
5.2.5
5.2.5.2
5.2.5.2.5
5.2.5.2.5.2.

Die Zahlenreihe, die z.B. den Ziffern des römischen Systems entspricht, besteht aus den komplementären Teilern 2 und 5 der Basis 10. Es handelt sich also um ein System, das auf einem Kompromiß zwischen den komplementären Teilern der Basis Zehn als Hilfsbasen aufgebaut ist. Die vorangegangenen Ziffernsysteme gehören also sehr wohl der gleichen Gattung an; die Reihe:

$$1, k, m, km, m^2, km^2, m^3, \ldots,$$

in der k ein Teiler von m ist, ist gleich der Reihe:

$$1, a, ab, a^2b, a^2b^2, a^3b^2, a^3b^3, \ldots,$$

in der a und b komplementäre Teiler von m sind. Dies ergibt sich dadurch, daß $a = k$ und $b = m/k$ bzw. $k = a$ und $m = ab$.

Aber auch wenn das sumerische System mathematisch gesehen mit den anderen identisch ist, so trifft das historisch gesehen nicht zu. Die sumerischen Ziffern standen nämlich ursprünglich für kleine Gegenstände aus gebranntem Ton, die man *calculi* nennt, und die man damals zum Zählen benutzte: die Struktur der Zahlschrift der Sumerer, die während der ganzen Geschichte des sumerischen Volkes beibehalten wurde, ist also auf einer älteren konkreten Bezifferung aufgebaut worden, die sich wiederum selbst aus einem gesprochenen System ableitet, das lange vor ihr existierte (*Abb. 193*).

	Zahlworte	Calculi	ZIFFERN archaische	ZIFFERN in Keilschrift	
1	gesch oder disch				1
10	u				10
60	gesch				60
600	gesch-u 60 × 10	 60 × 10	 60 × 10	 60 × 10	60 × 10
3 600	schar				60^2
36 000	schar-u 3 600 × 10	 3 600 × 10	 3 600 × 10	 3 600 × 10	$60^2 \times 10$
216 000	schargal	?	?		60^3

Abb. 193: Die sumerischen Ziffernsysteme.

Kapitel 15
Die Kurzschrift der ägyptischen Schreiber

Um auf den Inschriften in Stein ganze Zahlen wiederzugeben, benutzten die ägyptischen Steinmetze vor allem Hieroglyphen (*Abb. 166, 167*). Trotzdem war dieses System keineswegs das von den Schreibern am häufigsten verwandte. Für die verschiedenen Rechnungen, Zählungen, Inventarlisten, Berichte und Testamente benutzten sie ebenso wie in administrativen, juristischen, kaufmännischen, literarischen, magischen, religiösen, mathematischen und astronomischen Texten häufiger die sogenannte »hieratische« Schrift.

Betrachten wir z.B. die Zahlzeichen unter 10.000, die der *Große Papyrus Harris* (benannt nach seinem Entdecker) enthält. Es handelt sich dabei um eine bedeutende Handschrift aus der Zeit der XX. Dynastie – heute im British Museum –, in dem der Tempelbesitz zur Zeit des Todes des Pharao Ramses III. (1192–1153 v. Chr.) aufgelistet wird. Es finden sich folgende Zeichen darin (Birch 1876; Erichsen 1933):

1		10		100		1000	
2		20		200		2000	
3		30		300		3000	
4		40		400		4000	
5		50		500		5000	
6		60		600		6000	
7		70		700		7000	
8		80		800		8000	
9		90		900		9000	

Diese Ziffern sind durch umfangreiche paläographische Forschungen entschlüsselt worden; sie weisen fast alle keine Gemeinsamkeiten mehr mit den entsprechenden Hieroglyphen auf und scheinen nicht nach dem gleichen Prinzip gebildet worden zu sein. Nur noch die ersten vier Zahlen werden durch ideographische Gruppen dargestellt, die restlichen Ziffern sind Zeichen, die von jeder direkten Sinneswahrnehmung abgelöst sind.

	ALTES REICH	MITT-LERES REICH	NEUES REICH		ALTES REICH	MITT-LERES REICH	NEUES REICH
					?		
	?				?		
	?	?			?	?	

Abb. 194: Einige »hieratische« Schriftzeichen und die dazugehörigen Hieroglyphen.
(Möller 1909)
In einigen Fällen weist die hieratische Stilisierung noch auf das Urbild hin, und die Hieroglyphe läßt sich in der abgekürzten Darstellung wiedererkennen. In den meisten Fällen ist die Ursprungsform jedoch kaum zu erschließen.

Wurden diese Ziffern deshalb unabhängig von den Hieroglyphen entwickelt? Ist die Zahlenschreibweise in den Papyri der Verwaltung eine Art »Stenographie«, die von den Schreibern erfunden wurde, um schneller schreiben zu können? Diese Fragen sollen im folgenden geklärt werden...

Die »hieratische« Kursivschrift

Die ägyptischen Hieroglyphen wurden mit peinlicher Genauigkeit in steinerne Denkmäler gehauen und waren zum Gedenken oder als Dekoration gedacht. Da sie sich jedoch nicht schnell niederschreiben ließen, vereinfachten sie sich schon in der Zeit der ersten Dynastien immer mehr, woraus schließlich kursive Zeichen wurden, die die Griechen später *hieratische Schrift* nannten.

Die einzelnen Bildbuchstaben wurden nach und nach immer mehr schematisiert, die dargestellten Einzelheiten immer weniger zahlreich und die Umrisse der dargestellten Lebewesen oder Gegenstände reduzierten sich auf das Wesentliche (*Abb. 194*). Die Wellenlinien des Wasserstrahls beispielsweise verschwinden in der hieratischen Form nach und nach vollkommen, um durch eine ziemlich dicke und gerade Linie ersetzt zu werden. Ebenso verwandelt sich die Spirale, das Zeichen für Hundert, in eine Art längliches Paragraphenzeichen (Möller 1909).

Um Verwechslungen zu vermeiden, wie sie in einer solchen Handschrift vorkommen können, haben die Schreiber manchmal charakteristische Merkmale des dargestellten Lebewesens oder Gegenstandes hervorgehoben oder dem Zeichen einen oder mehrere Punkte zur Kennzeichnung der Aussprache hinzugefügt. So stand ein Punkt über einer dicken und fast geraden Linie für die Verneigung (Hieroglyphe: ausgebreitete Arme und geöffnete Hände) – im Unterschied zum Zeichen »Wasserstrahl« (Sainte-Fare Garnot 1963):

Auf gleiche Weise unterschieden sich die hieratischen Ziffern für 20 und 30 von der Ziffer 10 durch einen oder zwei zusätzliche Striche (Möller 1909):

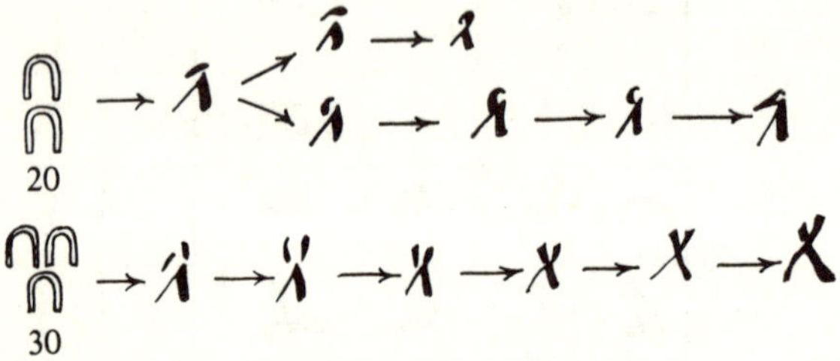

20

30

Daneben war die hieratische Schrift durch *Ligaturen* nicht nur innerhalb desselben Zeichens, sondern auch zwischen mehreren gekennzeichnet; unter »Ligatur« versteht man die Zusammenziehung mehrerer Zeichen zu einem einzigen, das ohne Absetzen des Pinsels gezeichnet oder geschrieben wird. Damit ist auch die Entwicklung der hieratischen Ziffern für fünf, sechs, sieben, acht und neun aus Gruppen mit der entsprechenden Anzahl von Strichen zu einem selbständigen Zeichen zu erklären (Möller 1909):

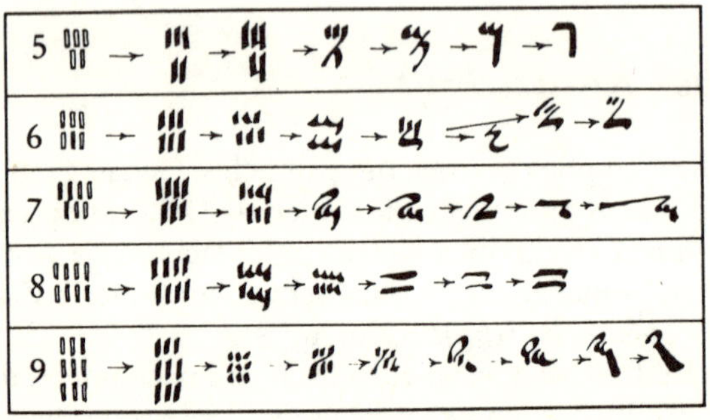

5

6

7

8

9

»In allen Fällen ist das angestrebte Ziel dasselbe: unter Berücksichtigung der Möglichkeiten und auch der Voraussetzungen des Schreibrohrs* geht es darum, Zeit zu gewinnen, schneller zu schreiben. Die Natur dieses Instruments hat die ägyptische Schrift stark beeinflußt; man war bemüht, einen möglichst ununterbrochenen Schrift-

* Das »Schreibrohr« von dem hier die Rede ist, ist ein kleines Schilfrohr mit zerquetschter Spitze, also eine Art von Pinsel, den man in Farbe tauchte.

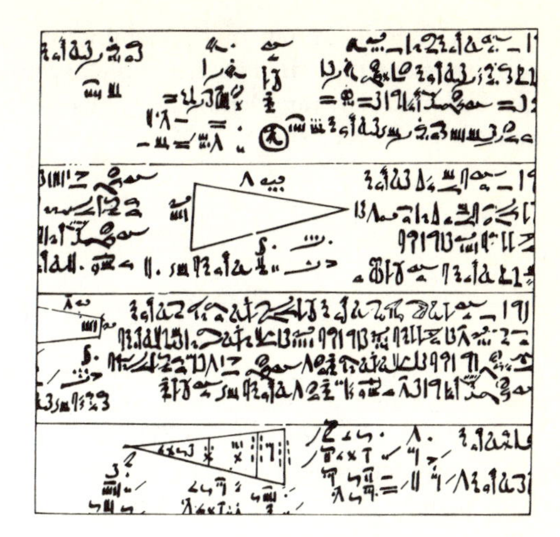

*Abb. 195: Ausschnitt aus dem Papyrus Rhind, einer wichtigen mathematischen Handschrift in hieratischer Schrift (Hyksoszeit; 17. Jh. v. Chr.). Dieser Papyrus ist die Kopie einer älteren Schrift, vermutlich aus der Zeit der XII. Dynastie (1991–1786 v. Chr.).**
(British Museum, Nr. 10 057/58)

zug zu erreichen, entweder durch kleine, schnelle Tupfer (...) oder durch einen einzigen Pinselstrich (...). Man versucht, möglichst leicht zu arbeiten. Die an den Hieroglyphen vorgenommenen Veränderungen sind manchmal sehr groß, und recht häufig haben die Formen der Kursive mit ihren Prototypen nur noch eine äußerst vage Ähnlichkeit. Dagegen sind schwierige Hieroglyphen – die Wespe, die Heuschrecke, das Krokodil und andere (*Abb. 194*) – in der hieratischen Schrift wiederzuerkennen.« (Sainte-Fare Garnot 1963, 65)

Die hieratische Schrift ist also keine »Stenographie« neben den steinernen Inschriften, auch wenn sie den gleichen Bedürfnissen entsprach; der Unterschied zur heutigen Kurzschrift liegt darin, daß diese aus eigenen Zeichen besteht, die zur Abkürzung des Schreibens entwickelt wurden und keinerlei Verbindung mit den Buchstaben unseres Alphabets haben. Dagegen stellen die hieratischen Zeichen das Endstadium einer rein graphischen Entwicklung dar, die von einer bestimmten Menge von ursprünglichen Bildzeichen ausging. Sie wurde durch die Veränderung des Materials – Pinsel statt Meißel und Papyrus statt Stein – beeinflußt und in ihrem Charakter bestimmt.**

Aber »im Unterschied zu anderen Völkern ist es dieser Kursive niemals gelungen, die Monumentalschrift bei der Ausschmückung von Gebäuden oder in Steininschriften zu verdrängen oder zumindest deren Aussehen in irgendeiner Weise zu beeinflussen.« (Février 1948, 132) *Sie wurde gleichzeitig mit den ursprünglichen Hieroglyphen entwickelt und verwandt.*

* Chace 1927/29; Eisenlohr 1877; Gillain 1927; Griffith 1891/94; Gunn 1926; Lepsius 1884; Neugebauer 1925; Peet 1923; Sethe 1925; Vogel 1929.

** »Eine letzte Eigenheit dieser Kursive besteht darin, nur in einer einzigen Richtung zu stehen: *Man schreibt stets von rechts nach links* (Abb. 195). Die Rollenform des zu beschriftenden Materials – des Papyrus – machte es unpraktisch, wenn nicht unmöglich, in der althergebrachten Weise zu verfahren; jeder Versuch, mit dem Schreibrohr von links nach rechts zu schreiben, wäre sehr mühevoll gewesen.« (Sainte-Fare Garnot 1963, 65) Die »Papyrusblätter« wurden so zusammengeklebt, daß die waagerechten Fasern auf der *Vorderseite* und die senkrechten auf der *Rückseite* lagen; danach rollte man sie mit den senkrechten Fasern nach innen zusammen, um Falten zu verhindern.

Im Grunde ähnelt die Beziehung, die für die alten Ägypter zwischen diesem Kursivsystem und dem Hieroglyphensystem bestand, der heutigen zwischen den Großbuchstaben auf Denkmälern aus Stein und den Buchstaben, die wir in der Schreibschrift verwenden:

A B C D E F K R S

A B C D E F K R S

a b c d e f k r s

Es wäre für chinesische oder arabische Leser, denen die lateinischen Buchstaben unbekannt sind, ähnlich schwer, eine Verbindung zwischen den Buchstaben der ersten Zeile und der beiden anderen Zeilen herzustellen.

Diese vereinfachte Form der ägyptischen Hieroglyphenschrift war zwischen dem 3. und dem 1. Jahrtausend v. Chr. im Gebrauch*; fast 2.000 Jahre lang wurde sie sowohl im administrativen als auch wie im juristischen und geschäftlichen Bereich benutzt, daneben auch im Unterricht, in der Zauberei, in der Literatur, den Wissenschaften und der Privatkorrespondenz.

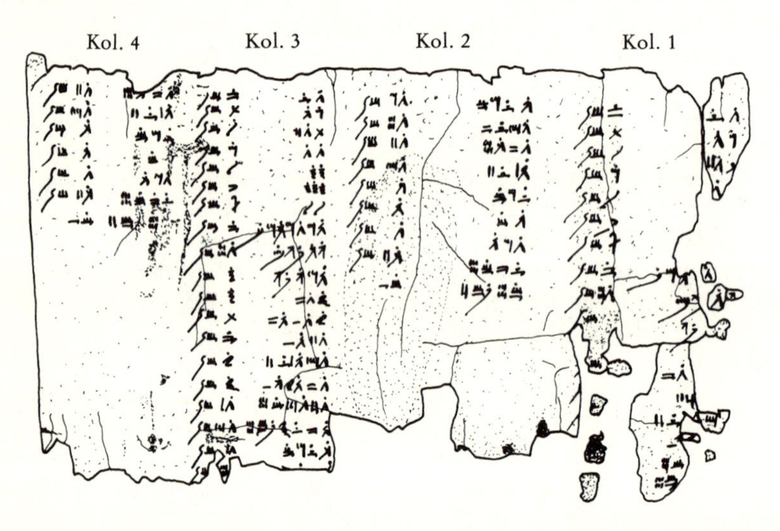

Abb. 196: Eine mathematische Handschrift auf Leder aus Ägypten in hieratischer Schrift. Es handelt sich um eine Umrechnungstabelle von Brüchen in Brüche mit dem Zähler 1, die von den Schreibern häufig zum Rechnen benutzt wurde.
(British Museum, Leather Roll (BM 10 250); Glanville 1927; Neugebauer 1929)

* Seit dem 12. Jh. v. Chr. wurde die hieratische Schrift nach und nach in allen Bereichen durch die »demotische« Schrift ersetzt. Sie verschwand indessen nicht vollständig, sondern wurde auch weiterhin (bis ins 3. Jh. n. Chr.) für religiöse Texte und insbesondere in den heiligen Totenbüchern verwendet. Daraus erklärt sich die griechische Bezeichnung »hieratisch« (griechisch *hieratikos* bedeutet »heilig«).

Eine bemerkenswerte Vereinfachung der Zahlschrift

Wie alle Zeichen der hieratischen Schrift waren auch die hieratischen Ziffern der Ägypter mehr oder weniger starke Schematisierungen der in Stein gehauenen Zahlzeichen und ihrer Anordnung; auch sie dienten dazu, schneller schreiben zu können. Ursprünglich – im 3. Jahrtausend v. Chr. – waren diese Ziffern den Hieroglyphen-Ziffern noch sehr ähnlich; nach und nach veränderte sich ihr Aussehen jedoch tiefgreifend, und sie entwickelten sich schließlich unabhängig von ihren Vorbildern weiter. Darüber hinaus wurden die Zahlzeichen durch Ligaturen und zusätzliche Lautzeichen komplizierter, so daß kaum noch wiederzuerkennende Zeichen entstanden, die ihren Prototypen kaum noch ähnelten. In manchen Fällen nahmen sie Formen an, die vom Aussehen her keine Verbindung mit den ursprünglichen Hieroglyphen mehr hatten (*Abb. 197*).

Damit ist also bewiesen, daß sich die Entwicklung der ägyptischen Ziffern von den Hieroglyphen ausgehend bruchlos vollzog; ihre graphische Veränderung beruhte im wesentlichen auf praktischen Motiven.

Immerhin erhielt in diesem dezimalen Ziffernsystem durch die beschriebene Evolution der Formen jede der folgenden Zahlen ein eigenes Zeichen:

1	2	3	4	5	6	7	8	9
10	20	30	40	50	60	70	80	90
100	200	300	400	500	600	700	800	900
1000	2000	3000	4000	5000	6000	7000	8000	9000

Damit hatten die Ägypter durch die Entwicklung ihrer Schnellschrift die ursprünglich additive Bezifferung so stark vereinfacht, daß beispielsweise zur Niederschrift der Zahl 3.577 nur noch vier Symbole statt 22 Hieroglyphen erforderlich waren:

Aber auch diese Zahlschrift warf große Schwierigkeiten auf: Sie verlangte große Gedächtnisleistungen, um alle Zeichen zu erlernen, und stellte den Nichteingeweihten vor beträchtliche Probleme.

I. EINER

	ALTES REICH	MITTLERES REICH	ZWEITE ZWISCHENZEIT	NEUES REICH (XVIII. u. XIX. Dyn.)	NEUES REICH (XX. u. XXI. Dynastie)	XXII. Dynastie
1						
2						
3						
4						
5						
6						
7						
8						
9						

II. ZEHNER

	ALTES REICH	MITTLERES REICH	ZWEITE ZWISCHENZEIT	NEUES REICH (XVIII. u. XIX. Dyn.)	NEUES REICH (XX. u. XXI. Dyn.)	XXII. Dynastie
10						
20						
30						
40						
50						
60						
70						
80						
90						

III. HUNDERTER

	ALTES REICH	MITTLERES REICH	ZWEITE ZWISCHENZEIT	NEUES REICH (XVIII. u. XIX. Dyn.)	NEUES REICH (XX. u.XXI. Dynastie)	XXII. Dynastie
100						
200						
300						
400						
500						
600						
700						
800						
900						

IV. TAUSENDER

	ALTES REICH	MITTLERES REICH	ZWEITE ZWISCHENZEIT	NEUES REICH (XVIII. u. XIX. Dyn.)	NEUES REICH (XX. u.XXI. Dynastie)	XXII. Dynastie
1000 oder						
2000 oder						
3000 oder						
4000 oder						
5000 oder						
6000						
7000						
8000						
9000						

Abb. 197: Die »hieratischen« Zahlzeichen der Ägypter.
(Möller 1909)

Zahlen zur Zeit des israelitischen Königtums

Bis gegen Ende des letzten Jahrhunderts war der Forschung völlig unbekannt, daß auch die Juden in der Königszeit (ca. 11. bis 6. Jh. v. Chr.) eine Zahlschrift benutzten. In Ermangelung archäologischer Funde wurde angenommen, die Bewohner der alten Königreiche Juda und Israel hätten in ihren Schriften Zahlen nur in Worten ausgedrückt.

Bei der Entdeckung Samarias zu Beginn dieses Jahrhunderts wurden jedoch 63 *Ostraka** gefunden, die mit »althebräischen« Buchstaben** beschriftet waren und neues Licht auf diese Fragen warfen. Sie wurden in den Magazinen des Königs Omri von Israel gefunden und waren hauptsächlich Rechnungen oder Quittungen über Steuerzahlungen, die die Steuereintreiber im Namen des Königs eingezogen hatten (Negev 1970). Diese Scherben haben bewiesen, daß die alten Israeliten Zahlen im vollen Wortlaut oder durch Zahlzeichen zum Ausdruck bringen konnten. Dies haben in der Folge weitere archäologische Entdeckungen bestätigt.***

Aber diese Ziffern sind nichts anderes als die Zahlzeichen der »hieratischen« Schrift Ägyptens im letzten Stadium ihrer graphischen Entwicklung zur Zeit des Neuen Reiches (*Abb. 197, 199*).****

Diese Anleihe zeigt deutlich die Intensität der kulturellen Beziehungen zwischen Palästina und Ägypten ebenso wie den ägyptischen Einfluß auf die israelitische Verwaltung während der Königszeit; dieser Einfluß wurde auch in anderen Bereichen von den Historikern festgestellt (de Vaux 1939; Lemaire 1977).

* Unter *Ostrakon* (Plural: *Ostraka*) sind im allgemeinen Bruchstücke aus Stein oder Topfscherben zu verstehen, die beschriftet wurden. Diese materielle Unterlage war sozusagen das »Schmierpapier« der Schreiber oder der »Papyrus der Armen« (Posener) und wurde häufig von den Ägyptern, Phöniziern, Aramäern und Hebräern gebraucht, um laufende Rechnungen zu notieren, Anwesenheitslisten von Arbeitern zu führen, Briefe oder Botschaften zu übermitteln oder auch zum Schreiben und Kopieren literarischer Werke jeder Art.

** Als »althebräische« Schrift bezeichnet die Forschung die Schrift in den alten Königreichen Juda und Israel während der ersten Hälfte des ersten vorchristlichen Jahrtausends.

*** Weitere wichtige Funde:

- Ungefähr zwanzig althebräische *Ostraka* wurden 1935 in Lachis gefunden; sie gehen zumeist auf die Zeit des Endes des Königreichs Juda zurück, genauer auf die Zeit vor der Einnahme von Lachis durch Nebukadnezar 587 v. Chr.; es handelt sich um Nachrichten, die einem Militärbefehlshaber von seinen Untergebenen gesandt wurden.
- Mehr als hundert althebräische *Ostraka* aus der Zeit der Könige wurden in Arad entdeckt; Arad war eine bedeutende Stadt im östlichen Negev, an der Grenze des alten Königreichs Juda, und lag an der Hauptstraße nach Elam (Negev 1970).
- Zahlreiche beschriftete israelische Gewichte.
- Mehrere ähnliche Entdeckungen auf dem Berg Ophel in Jerusalem und in Kadesch Bernea.

**** Aharoni 1966a; 1966b; 1975; Ganor 1967; Gibson 1971; Kaufman 1967; Kerkhof 1966; Lemaire 1977; 1978; Noth 1927; Rainey 1967; Scott 1965.

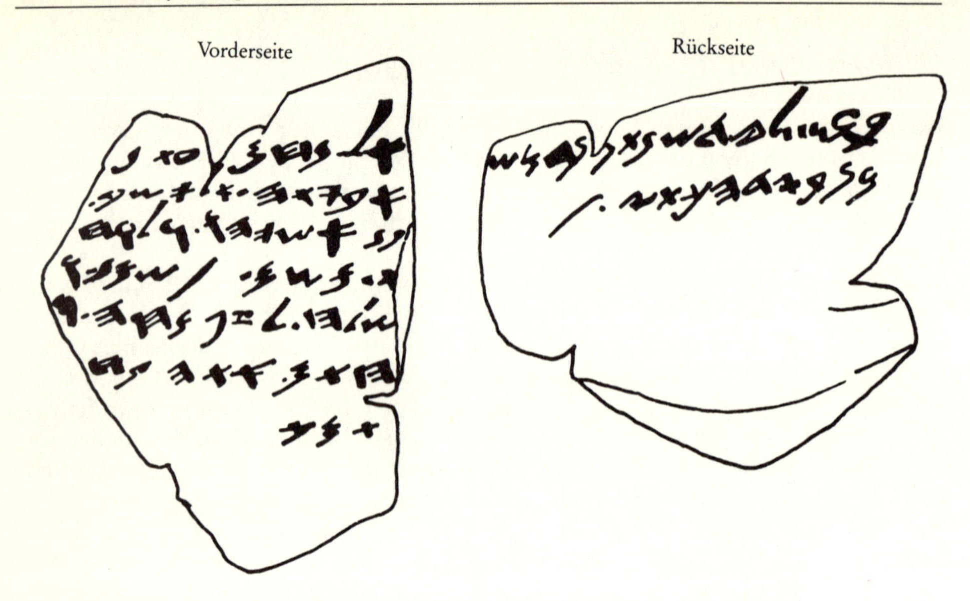

Abb. 198: Hebräisches Ostrakon aus Arad aus dem 6. Jahrhundert v. Chr. (Ostrakon Nr. 17). Dieses in der alten Schrift Israels abgefaßte Dokument enthält auf der Rückseite die Zahl 24 in der Form (Abb. 199; Aharoni 1975, 34).

4 20

Abb. 199: Diese Tabelle beweist, daß die in Palästina zur israelitischen Königszeit verwandten Ziffern identisch mit den Ziffern des ägyptischen hieratischen Systems sind. Die letzten archäologischen Ausgrabungen in Israel haben dieses Resultat bestätigt: Auf althebräischen Ostraka, die kürzlich in Kadesch Bernea (1978) entdeckt wurden, konnten fast alle Hunderter- und Tausender-Ziffern der hieratischen Schrift ermittelt werden.
(Persönliche Mitteilung von A. Lemaire; s. auch die letzte Fußnote auf S. 271)

ISRAELISCHE ZIFFERN (KÖNIGSZEIT)

Daten (v. Chr.)	Quellen			1	2	3	4	5	6	7	8	9	10	20	30	40	50	60	70	80	90	100	200	300
9. Jh.	ARAD	Ostrakon Nr. 72																						
8. Jh.	SAMARIA	1910 veröffentlichte Ostraka																						
		Ostrakon C 1101											?											
8.-7. Jh.	Beschriftete israelische Gewichte																							
Ende des 8. Jh.	Ophel/ Jerusalem	Ostrakon Nr. 2																						
		Ostrakon Nr. 3																						
		Ostrakon Nr. 4																						
Anf. 7. Jh.	ARAD	Ostraka Nr. 33-36																						
7. Jh.	MESAD HASHAVYAHU	Ostrakon Nr. 6																						
	MURABBA'AT	Papyrus Nr. 18																						
	ARAD Ostrakon Nr. 34																							
6. Jh.	LACHIS	Ostrakon Nr.9																						
		Ostrakon Nr. 10																						
	ARAD	Ostraka Nr. 1 - 4																						
		Ostraka Nr.16 - 18																						
		Ostraka Nr.24 - 29																						

HIERATISCHE ÄGYPTISCHE ZIFFERN (Neues Reich; Möller 1909)

1	2	3	4	5	6	7	8	9	10	20	30	40	50	60	70	80	90	100	200	300

Teil IV
Ziffern und Buchstaben

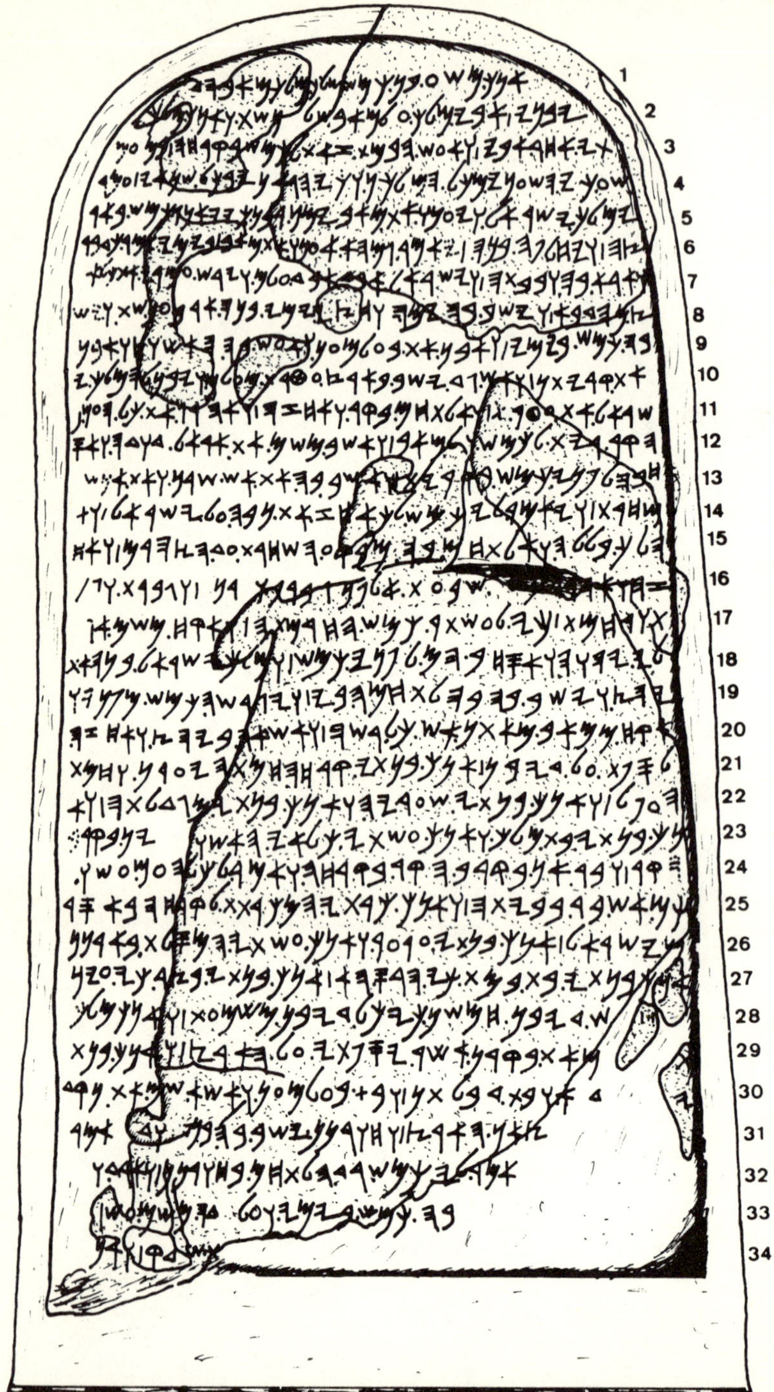

Abb. 200: Stele des Königs Mesa von Moab, Zeitgenosse der israelitischen Könige Ahab (874–853 v. Chr.) und Joram (851–842 v. Chr.); es handelt sich um eine der ältesten bekannten Inschriften in »althebräisch« – hier um moabitisch, ein dem Hebräischen eng verwandter kanaanäischer Dialekt. Diese Stele ließ König Mesa 842 v. Chr. in Dibon-Gad errichten; sie liefert uns wichtige Erkenntnisse über die Beziehungen zwischen Moab und Israel. Sie stellt bislang das einzige Zeugnis dar, das außerhalb Palästinas gefunden wurde und so weit zurückreicht, in dem der Name des Gottes Jahve erwähnt ist.
(Gibson 1971; Musée du Louvre; vgl. Lidzbarski 1962, Tafel I)

Kapitel 16
Das hebräische Alphabet und das Ziffernsystem

Um die Daten des jüdischen Kalenders anzugeben und die Abschnitte und Verse des Alten Testaments zu numerieren, sowie zur Paginierung bestimmter in Hebräisch gedruckter Bücher benutzen die Juden noch heute eine Zahlschrift, deren »Ziffern« Buchstaben des Alphabets sind.

Das heutige hebräische Alphabet wird meist als *hebräische Quadratschrift* bezeichnet und besteht aus vierundzwanzig Buchstaben*, die aus der phönizischen Schrift stammen.

Seit dem 5. Jh. v. Chr. beeinflußte die aramäische Sprache aufgrund der starken Aktivität der aramäischen Kaufleute auf dem Festland die Sprache und die Schrift auch der Israeliten, die seither die aramäische Schrift benutzten. Bei ihnen nahmen die kursiven aramäischen Buchstaben dann im Laufe der Zeit eine massive und gedrungene Form an, aus der um die Zeitenwende die »hebräische Quadratschrift« entstand (Cohen 1958; Février 1948).

Die aramäische Schrift selbst ging gleichfalls – wie die meisten der heute gebräuchlichen alphabetischen Schriften – auf das phönizische Alphabet zurück, das bis heute älteste bekannte »lineare« Alphabet.** Aber auch die »althebräische« Schrift, die seit dem 10. Jh. v. Chr. in den alten Königreichen Juda und Israel ständig im Gebrauch war und sich in Palästina sporadisch noch bis ins 2. Jh. n. Chr. verfolgen läßt, ging direkt aus der phönizischen Schrift hervor. Die den alten jüdischen Traditionen treugebliebenen Samaritaner benützen noch heute ein Alphabet, das vom althebräischen abgeleitet ist.

Die hebräischen Buchstaben werden wie die meisten semitischen Schriften von rechts nach links geschrieben und gelesen; sie bleiben jedoch, ähnlich wie die lateinischen Druckbuchstaben, stets voneinander getrennt und haben in der Regel auch zu Beginn und am Ende eines Wortes die gleiche Form. Nur in fünf Fällen werden die Zeichen verändert, wenn sie am Ende eines Wortes stehen, wobei sie sich nur durch einen Unterstrich von den ursprünglichen Buchstaben unterscheiden:

* Die Reihenfolge des hebräischen Alphabets wird in der Bibel häufig als Akrostichon ausgedrückt – die Anfangsbuchstaben der Verse ergeben das hebräische Alphabet (z.B. in den Psalmen, so in Psalm 9, 10, 25, 34, 111, 112 u.a.).

** Cohen 1958; Diringer 1968; Février 1948; Friedrich 1966; Gelb 1963; Jensen 1969; Sznycer 1977.

BUCHSTABEN	Kaf	Mem	Nun	Pe	Zade
GRUNDFORM	כ	מ	נ	פ	צ
ENDFORM	ך	ם	ן	ף	ץ

Die Buchstaben der hebräischen Quadratschrift sind insgesamt ziemlich einfach, müssen jedoch sorgfältig wiedergegeben werden, da sich manche Zeichen stark ähneln und so zu Mißverständnissen führen können. Dies ist insbesondere bei folgenden Buchstaben der Fall, die zum Vergleich direkt nebeneinander gestellt werden:

ב כ פ B K P	ד ר ך D R End-K	מ ט M Ṭ	ו ז V Z
ג נ G N	ה ח ת H Ḥ T	ס ם S End-M	ע צ ʿ TS

Die hebräische Zahlschrift besteht darin, die 22 Buchstaben des hebräischen Alphabets – in der Reihenfolge der phönizischen Buchstaben, von denen sie abgeleitet sind – so zu verwenden, daß den neun ersten Buchstaben (von *Alef* bis *Tet*) die neun ersten Zahlen zugeordnet werden, den neun folgenden (von *Jod* bis *Zade*) die neun Zehner und den vier letzten (von *Kof* bis *Taw*) die vier ersten Hunderter (*Abb. 202*).

Eine Zahl wird mit diesen Zahlenbuchstaben geschrieben, indem der Anzahl der jeweiligen Einheiten der entsprechende Buchstabe – von rechts nach links, beginnend mit der höchsten Ordnung – zugeordnet wird.

Das moderne hebräische Alphabet

א Alef	ו Waw	כ Kaf	ע ʿAjin	ש Schin
ב Bet	ז Sajin	ל oder ל Lamed	פ Pe	ת Taw
ג Gimel	ח Chet	מ Mem	צ Zade	
ד Dalet	ט Tet	נ Nun	ק Kof	
ה He	י Jod	ס Samech	ר Resch	

	Archaisches Phönizisch: Inschrift von Ahiram, 11. Jh. v. Chr.	Archaisches Phönizisch: Inschrift von Yehimilk 10. Jh. v. Chr.	Althebräische Schrift: Mesastele 842 v. Chr.	Althebräische Schrift: Ostraka von Samaria, 8. Jh. v. Chr.	Althebräische Schrift: Ostraka von Arad, 7. Jh. v. Chr.	Althebräische Schrift: Ostraka von Lachis, 6. Jh. v. Chr.	Aramäische Schreibschrift von Elephantine, 5. Jh. v. Chr.	Hebräische Schriften: Schriftrollen vom Toten Meer	Hebräische Schriften: Rabbinische Schreibschrift	Hebräische Schriften: Hebräische »Quadrat-schrift«
Alef	𐤀	𐤀	𐤀	𐤀	𐤀	𐤀	𐡀	א	א	א
Bet	𐤁	𐤁	𐤁	𐤁	𐤁	𐤁	𐡁	ב	ב	ב
Gimel	𐤂	𐤂	𐤂	𐤂	𐤂	𐤂	𐡂	ג	ג	ג
Dalet	𐤃	𐤃	𐤃	𐤃	𐤃	𐤃	𐡃	ד	ד	ד
He	𐤄	𐤄	𐤄	𐤄	𐤄	𐤄	𐡄	ה	ה	ה
Waw	𐤅	𐤅	𐤅	𐤅	𐤅	𐤅	𐡅	ו	ו	ו
Sajin	𐤆	𐤆	𐤆 𐤆	𐤆		𐤆	𐡆	ז	ז	ז
Chet	𐤇	𐤇 𐤇	𐤇	𐤇	𐤇	𐤇	𐡇	ח	ח	ח
Tet	𐤈		𐤈			𐤈	𐡈	ט	ט	ט
Jod	𐤉	𐤉 𐤉	𐤉	𐤉	𐤉	𐤉	𐡉	י	י	י
Kaf	𐤊	𐤊	𐤊	𐤊	𐤊	𐤊	𐡊	כ	כ	כ
Lamed	𐤋	𐤋	𐤋	𐤋	𐤋	𐤋	𐡋	ל	ל	ל
Mem	𐤌	𐤌	𐤌	𐤌	𐤌	𐤌	𐡌	מ	מ	מ
Nun	𐤍	𐤍	𐤍	𐤍	𐤍	𐤍	𐡍	נ	נ	נ
Samech	𐤎		𐤎	𐤎	𐤎	𐤎	𐡎	ס	ס	ס
Ajin	𐤏	𐤏	𐤏	𐤏	𐤏	𐤏	𐡏	ע	ע	ע
Pe	𐤐	𐤐	𐤐	𐤐		𐤐	𐡐	פ	פ	פ
Zade	(𐤑)	𐤑	𐤑	𐤑	𐤑	𐤑	𐡑	צ	צ	צ
Kof	(𐤒)	𐤒	𐤒	𐤒	𐤒	𐤒	𐡒	ק	ק	ק
Resch	𐤓	𐤓	𐤓	𐤓	𐤓	𐤓	𐡓	ר	ר	ר
Schin	𐤔	𐤔	𐤔	𐤔	𐤔	𐤔	𐡔	ש ש	ש	ש
Taw	𐤕 𐤕	𐤕	𐤕	𐤕	𐤕	𐤕	𐡕	ת	ת	ת

Abb. 201: Alte semitische Alphabete im Vergleich mit dem modernen Hebräisch (vgl. die untere Fußnote auf S. 277).

Hebräische Buchstaben	Namen und Umschrift der Buchstaben		Zahlenwerte
א	ALEF	'	1
ב	BET	b	2
ג	GIMEL	g	3
ד	DALET	d	4
ה	HE	h	5
ו	WAW	v	6
ז	SAJIN	z	7
ח	CHET	ch	8
ט	TET	ṭ	9
י	JOD	y	10
כ	KAF	k	20
ל	LAMED	l	30
מ	MEM	m	40
נ	NUN	n	50
ס	SAMECH	s	60
ע	AJIN	'	70
פ	PE	p	80
צ	ZADE	ṣ	90
ק	KOF	k	100
ר	RESCH	r	200
ש	SCHIN	sch	300
ת	TAW	t	400

Abb. 202: Das alphabetische hebräische Ziffernsystem.

Der Text der Inschrift:
DIES IST DER GEDENKSTEIN
ESTHERS, TOCHTER DES ADAIO,
GESTORBEN IM MONAT SCHE-
BAT DES JAHRES 3 (ג) DER
»SCHEMITA«, DEM JAHR DREI
HUNDERT 46 (מו) NACH DER
ZERSTÖRUNG DES TEMPELS
(VON JERUSALEM)*
FRIEDE! FRIEDE! SEI MIT IHR

*346 + 70 = 416 n. Chr.

Abb. 203: Jüdische Grabinschrift in aramäischer Sprache, datiert auf das Jahr 416 n. Chr., die in der Nähe der Südwestküste des Toten Meeres gefunden wurde. (Museum Amman, Jordanien; vgl. Inscription Reveal 1973, Inschrift Nr. 174)

Die Zahlen sind also organischer Bestandteil der hebräischen Inschriften oder Manuskripte. Aber wie werden die Buchstaben, die Zahlen ausdrücken, von einer Gruppe normaler Buchstaben unterschieden?

Wird eine Zahl durch einen einzigen Buchstaben dargestellt, so wird sie gewöhnlich durch einen kleinen Akzent hinter diesem Buchstaben – an der oberen linken Ecke – gekennzeichnet:

Wird die Zahl durch zwei oder mehr Buchstaben wiedergegeben, verdoppelt man den Akzent und setzt ihn zwischen die beiden letzten Buchstaben links:

Text der Inschrift:
HIER RUHT EINE KLUGE FRAU
ALLEN VORSCHRIFTEN DES GLAUBENS ZU
FOLGEN STETS BEREIT
WELCHE DAS ANGESICHT GOTTES,
DES ALLERBARMERS,
FAND ZU DER ZEIT, DA ES DESSEN BEDURFTE(?).
ALS HANNA
VON DANNEN GING, WAR SIE 56 JAHRE ALT.

נ׳ו׳ = נ ו
6 50
56

Abb. 204: Teil einer zweisprachigen (hebräisch-lateinischen) Inschrift auf einer Grabstele aus Kalkstein in Oria (Süditalien), 7. oder 8. Jh. n. Chr. (Vgl. Frey 1936/52, II, 452, Inschrift Nr. 634)

IHE Nr. 183 1389-90	ק̇נ̇ ←	150	IHE Nr. 26 1239	כ״ה ←	25
IHE Nr. 100 1415	קע״ה ←	175	IHE Nr. 27 1240	כ״ז ←	27
IHE Nr. 201 1436-37	ק̇צ̇ו̇ ←	196	IHE Nr. 45 1349	כ״ח ←	28
Manuscr. Brit. Mus. Add. 27 106 fol. 81a 1459	ר״ט ←	219	IHE Nr. 110 1271-72	ל̇ב̇ ←	32
Manuscr. Brit. Mus. Add. 27 146 1552	שיב (überstrichen) ←	312	IHE Nr. 139 1283-84	מ׳ד׳ ←	44

Abb. 205: Zahlen aus hebräischen Dokumenten oder Inschriften des Mittelalters.
(I.H.E. = Cantera/Millas 1956)

Das zeigt dem Leser an, daß diese Buchstabenfolge kein Wort ist. Da aber Akzente an anderen Stellen als Abkürzungszeichen dienen, wandten Schreiber und Steinmetze zuweilen andere Verfahren an wie die Punktierung oder das Über-die-Linie-Setzen von Zahlbuchstaben (*Abb. 205*).

Es ergibt sich jedoch noch eine weitere Schwierigkeit: Der größte hebräische Zahlenbuchstabe hat nur den Wert 400. Was fängt man also an, wenn man über diese Zahl hinausgehen will? Für die Zahlen von 500 bis 900 wird in der Regel der für 400 stehende Buchstabe *Taw* mit denjenigen kombiniert, die für die fehlenden Hunderter stehen (*Abb. 207*):

תתק	תת	תש	תר	תק
100 400 400 ←	400 400 ←	300 400 ←	200 400 ←	100 400 ←
900	800	700	600	500

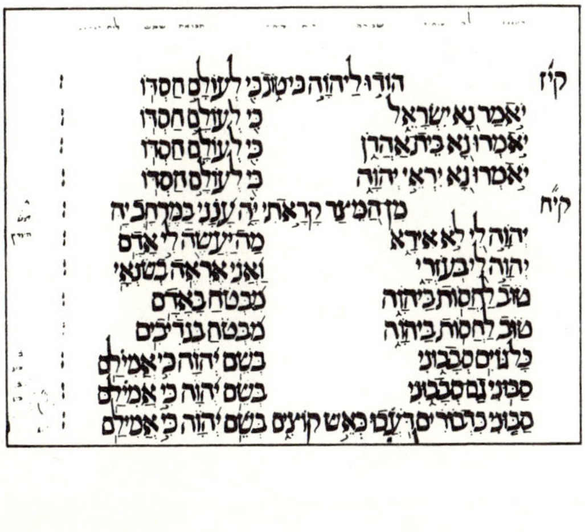

Abb. 206: Seite eines hebräischen Kodex von 1311 n. Chr. mit Wiedergabe der Psalmen Davids (117 und 118; die Zahlen sind am rechten Rand mit hebräischen Zahlbuchstaben wiedergegeben).
(Biblioteca Vaticana, Cod. Vat. ebr. 12, Fol. 58 (pars. sup.))

IHE Nr.102 1108	תתס״ט 9 60 400 400 ← 869
IHE Nr.107 1180	תתק״ם 40 100 400 400 ← 940
IHE Nr.108 1183	תתקמג 3 40 100 400 400 ← 943

Abb. 207: Zahlenangaben aus jüdischen Grabinschriften in Spanien. (Cantera/Millas 1956)

Man kann die Zahlen 500, 600, 700, 800 und 900 aber auch durch die entsprechenden Endformen der Buchstaben *Kaf, Mem, Nun, Pe* und *Zade* wiedergeben:

ץ	ף	ן	ם	ך
End- »TS«	End- »P«	End- »N«	End- »M«	End- »K«
900	800	700	600	500

Dieses System findet man z.B. im Manuskript 1.822 in Oxford (vgl. Scholem 1971/72). Es ist allerdings nur für kabbalistische Berechnungen zugelassen; im alltäglichen Gebrauch hat jede der Endformen nur den Zahlenwert des entsprechenden Buchstabens.

Zur Wiedergabe der Tausender werden über die Buchstaben der entsprechenden Einer, Zehner oder Hunderter zwei Punkte gesetzt. Wenn also ein hebräischer Zahlenbuchstabe zwei Punkte trägt, so wird sein Wert mit tausend multipliziert:

Um z.B. das Jahr 5739 des israelitischen Kalenders zu bezeichnen, das im Gregorianischen Kalender der Zeit zwischen 2. Oktober 1978 und 21. September 1979 entspricht*, werden in einem jüdischen Kalender folgende Zeichen benützt**:

* »In seiner gegenwärtigen Form geht dieser Kalender auf das vierte Jahrhundert n. Chr. zurück. Heutzutage wird der erste Tag des jüdischen Monats theoretisch berechnet und nicht mehr wie einst durch die Beobachtung der zunehmenden Mondsichel bestimmt. Ausgangspunkt der Jahresrechnung war der Neumond am Montag, dem 24. September 344, dem ersten Tisri – Jahresbeginn – ihrer Zeitrechnung. In der Annahme, daß 216 Metonische Zyklen (4104 Jahre) genügend Raum für ihre Vergangenheit bieten würden, haben die jüdischen Chronologen den ersten Neumond der Schöpfung auf Montag, den 7. Oktober des Jahres 3761 v. Chr. festgesetzt.« (Couderc 1970, 60)

** Es kommt manchmal vor, daß die Tausender bei Datumsangaben weggelassen werden, z.B. 739 für 5739 – etwa so, wie wenn wir 86 anstelle von 1986 schreiben; v.a. dann, wenn ein Irrtum ausgeschlossen ist.

...שמואל בר חלאבו...

......בשנת ת̇ת̇ד̇

804

»... SAMUEL SOHN DES HALABU ...
... IM JAHRE 804«

Abb. 208: Fragment einer jüdischen Grabinschrift aus Barcelona, datiert auf das Jahr 804 (= 4804) der jüdischen Ära (≙ 4804 – 3760 = 1044 n. Chr.).
(Vgl. Cantera/Millas 1956, Nr. 106)

Aber diese Regel wurde von den jüdischen Schreibern und Steinmetzen nicht immer beachtet; sie nutzten häufig eine Möglichkeit zur Vereinfachung ihrer Zahlenschreibweise, die die überlieferte Schrift ihnen bot.

Eine jüdische Grabinschrift aus Barcelona, die 1299 oder 1300 entstanden ist, gibt das Jahr 5060 des israelitischen Kalenders in folgender Form wieder (vgl. Cantera/Millas 1956, Nr. 140):

ה̇ס̇
60 5 $(= 5 \times 1\,000 + 60)$

←------

Die Punkte sollen dabei jede mögliche Verwechslung zwischen normalen und Zahlenbuchstaben ausschließen. Diese Unregelmäßigkeit leitet sich daraus ab, daß sich die Juden im allgemeinen strikt an die Regel gehalten haben, auch Zahlen von rechts nach links zu schreiben, beginnend mit dem jeweils höchsten Zahlzeichen. Daraus folgt, daß von zwei verschiedenen Zahlenbuchstaben der rechte notwendig einen höheren Wert darstellte. Damit ist auch die vorangegangene Schreibweise eindeutig: Dem Buchstaben *He* sind normalerweise nur zwei Werte zugeordnet, 5 oder 5.000; da er rechts des Buchstabens *Samech* steht, der hier nur 60 zählt, kann er hier nur für 5.000 stehen.

Weitere Beispiele:

5 109	ה̇ק̇ט̇ 9 100 5	Grabinschrift aus Toledo (1349 n. Chr.; vgl. Cantera/Millas 1956, Nr. 85)
5 156	ה̇ק̇נ̇ו̇ 6 50 100 5	Handschrift aus dem Jahr 1396 n. Chr. (Brit. Mus., Add. 2806, Fol. 11a)

Noch interessanter ist eine Unregelmäßigkeit, auf die Nesselmann (1842, 494) aufmerksam gemacht hat: Die Gesamtzahl der Verse der *Thora* (5.845) wurde von einigen jüdischen Gelehrten des Mittelalters in folgender Form angegeben, wobei die Tausender und die Hunderter jeweils durch die »Ziffer« der entsprechenden Einheiten ausgedrückt werden:

החמ״ה

He. Mem. Chet. He

5 . 40 . 8 . 5

←- - - - - - - - - - -

Nach der oben ausgeführten Regel enthält dieser Ausdruck keinerlei Zweideutigkeit; der Buchstabe *Chet* kann nicht wie normalerweise für 8 stehen, da er sich rechts neben dem Buchstaben *Mem* befindet, dessen Wert 40 beträgt. Er kann aber auch nicht 8.000 zählen, da er zur Linken des Buchstabens *He* steht, dem der Zahlenwert 5.000 zugeordnet ist; also kann er nur im Hunderterbereich liegen.

Diese Unregelmäßigkeit läßt sich übrigens leicht erklären: Im Hebräischen wird die Zahl 5.845 folgendermaßen ausgesprochen:

CHAMISCHAT	ALAFIM	SCHMONEH	MEOT	ARBA'IM	WE	HAMISCHA
fünf	tausend	acht	hundert	vierzig	&	fünf

Bei dieser Darstellung »in Worten« läßt sich die rechnerische Zerlegung: 5 × 1.000 + 8 × 100 + 40 + 5 erkennen, die sich in unserer Sprache mit fünf tausend acht hundert vierzig und fünf wiedergeben läßt – in Hebräisch*:

ה׳ אלפים ח׳ מאות מ״ה

5 40 hundert 8 tausend 5

←- - - - - - - - - - - - - - - - - - - -

Diesen Ausdruck kann man durch Weglassen der Worte »Tausend« und »Hundert« abkürzen.

Eine weitere Abweichung: Aufgrund religiöser Bedenken vermeiden die Juden im allgemeinen die Darstellung der Zahl 15 in ihrer Grundform:

Statt dessen verwenden sie folgende Kombination**:

* Derartige gemischte Ausdrucksformen finden sich z.B. in hebräischen Grabinschriften in Spanien (Cantera/Millas 1956, Nr. 61) und in einigen mittelalterlichen Handschriften (z.B.: Brit. Mus. Add. 26 984 Fol. 143b).

** Diese Kombination findet man v.a. bei spanischen Grabinschriften (vgl. z.B. Cantera/Millas 1956, Nr. 61, 80 und 87). Noch heute entdeckt man sie in zweisprachigen Kalendern, in denen die Numerierung der Tage jedes Monats mit Ausnahme des 15. und des 16. Tages nach der Regel vorgenommen wird.

Aus dem gleichen Grund weicht auch die Zahl 16 von der regelmäßigen Grundform ab; sie müßte eigentlich lauten:

יו

6 10

←-----

Sie wird jedoch im allgemeinen auf folgende Weise zerlegt*:

טז

7 9

←-------

Diese Anomalien gehen auf das Tabu der jüdischen Religion zurück, den Namen Gottes – JHVH (Jahve) – nicht zu schreiben:

Dieser aus vier Buchstaben bestehende Name, den man häufig auch als das göttliche Tetragramm bezeichnet, wird nämlich in der jüdischen Tradition als »der wahre und im strengsten Sinne persönliche Name des Gottes Israels« angesehen, als »Name des Schöpfers«, dessen Ausdruck alle Rätsel der Welt und des Universums enthielte (Scholem 1950). Niemand kann ihn aussprechen oder niederschreiben, ohne vom Bannstrahl getroffen zu werden. Das Tetragramm findet sich auch in folgenden abgekürzten Formen (JH, JV, HV, JHV usw.)**:

יה   יו   הו   יהו ...

Aus diesem Grund muß der alltägliche Gebrauch der Zahlen 10 + 5 (JH) und 10 + 6 (JV) ebenso verboten werden wie der Gebrauch des Gottesnamens selber.

* Diese Regel scheint zwar für 15 genauestens beachtet worden zu sein, was für 16 nicht immer der Fall war. Auf der Titelseite einer Kopie der *Mischna Thora* des Maimonides, die im 16. Jahrhundert in Portugal hergestellt wurde, ist die Zahl 15 als 9 + 6 dargestellt, aber die Zahl 16 ist als 10 + 6 wiedergegeben (Brit. Mus. Ms. Harl. 5698, Fol. 252v).

** Man findet diese Formen übrigens in mehreren Eigennamen des Alten Testaments als Verehrung Gottes:

JOSUA	יהושע	(JHVsh')	= »JHVH ist das Heil«
JORAM	יורם	(JVrm)	= »JHVH sei gepriesen«
(AZARIA)	עזריה	('zr JH)	= »JHVH hilft«

Kapitel 17
Das Zahlenalphabet der Griechen

In einem Werk *L'Écriture* führt Ch. Higounet aus: »Die Bedeutung des griechischen Alphabets ist für die Geschichte unserer Schrift und unserer Kultur außerordentlich groß. Es diente nicht nur dazu, die Sprache der reichsten Kultur der Antike niederzuschreiben und so ein unvergleichliches Gedankengut weiterzugeben. Es war auch das Zwischenglied zwischen dem semitischen und dem lateinischen Alphabet – in historischer, geographischer und graphischer Beziehung, vor allem aber auch unter strukturellen Aspekten, denn die Griechen waren die ersten, die die Vokale grundsätzlich in die Schrift einbezogen.

Der phönizische Ursprung des griechischen Alphabets unterliegt keinerlei Zweifel. Die primitive Form fast aller griechischen Buchstaben, ihre Anordnung und ihre Namen legen dafür ein Zeugnis ab, das mit der Überlieferung übereinstimmt. Herodot nannte die Buchstaben *Phoinikeia grammata*, d.h. ›phönizische Schrift‹. Die Griechen schrieben die Einführung des Alphabets Kadmos, dem legendären Gründer von Theben, zu, der sechzehn Buchstaben aus Phönizien mitgebracht habe; dann habe Palamedes während des Trojanischen Krieges weitere vier hinzugefügt, und der Dichter Simonides von Kos später nochmals vier.

Die ältesten Inschriften – auf den Dipylonvasen von Athen, Vasen vom Berg Hymettos, Tonscherben aus Korinth und von der Insel Thera – stammen aus dem achten vorchristlichen Jahrhundert. Es ist deshalb wahrscheinlich, daß die Griechen das Alphabet gegen Ende des zweiten oder zu Beginn des ersten Jahrtausends v. Chr. von den Phöniziern übernommen und an die griechische Sprache angepaßt haben. Einige Historiker haben diese Entwicklung ins 15. Jahrhundert v. Chr. zurückverlegt, andere datieren sie auf das Ende des 8. Jahrhunderts. Zumindest vollzog sich die Anpassung nicht auf einen Schlag, sondern war zuerst örtlich begrenzt. Man findet zu Beginn dieser Entwicklung viele lokale Alphabete, die man aufgrund der Anzahl ihrer Buchstaben und anderer Eigenheiten in *urgriechische* (Thera, Melos), *ostgriechische* (Kleinasien und Küstenarchipel, Kykladen, Attika, Megara, Korinth, Argos, die ionischen Kolonien in Sizilien und Unteritalien) und *westgriechische* (Euböa, das griechische Festland, nichtionische Kolonien) Alphabete einteilt. Diese Alphabete glichen sich erst im vierten Jahrhundert nach und nach an das ostgriechische Alphabet aus Milet, das ›ionisch‹ genannt wird, an, nachdem Athen im Jahre 403 offiziell entschieden hatte, es anstelle seiner eigenen lokalen Schrift zu übernehmen.

Die ersten Inschriften sind häufig von rechts nach links geschrieben, manchmal *bustrophedon* – abwechselnd von links nach rechts und von rechts nach links. Aber seit ca. 500 v. Chr. wird nur noch von links nach rechts geschrieben. Bei einem

ARCHAISCHES PHÖNIZISCHES ALPHABET	GRIECHISCHE ALPHABETE				KLASSISCHES GRIECHISCHES ALPHABET
	UR-GRIECHISCH Thera	OST-GRIECHISCH Milet	Korinth	WEST-GRIECHISCH Böotien	
Alef					Α α Alpha
Bet					Β β Beta
Gimel					Γ γ Gamma
Dalet					Δ δ Delta
He					Ε ϵ Epsilon
Waw					Digamma*
Sajin					Ζ ζ Zeta
Chet					Η η Eta
Tet					Θ θ Theta
Jod					Ι ι Iota
Kaf					Κ κ Kappa
Lamed					Λ λ Lambda
Mem	[m]				Μ μ My
Nun					Ν ν Ny
Samech	[z]	[ks]			Ξ ξ Xi
Ajin					Ο ο Omikron
Pe					Π π Pi
Zade	[s]	[s]			San*
Kof					Koppa*
Resch					Ρ ρ Rho
Schin					Σ σ Sigma
Taw					Τ τ Tau
	[u]				Υ υ Ypsilon
					Φ ϕ Phi
		[kh]		[ks]	Χ χ Chi
		[ps]		[kh]	Ψ ψ Psi
					Ω ω Omega

Abb. 209: Vergleich griechischer Alphabete mit dem archaischen phönizischen Alphabet (die mit Sternchen gekennzeichneten Buchstaben sind im Lauf der Zeit außer Gebrauch gekommen; vgl. Fevrier 1948; Jensen 1969).

Vergleich der Form der semitischen und der griechischen Buchstaben muß diese Veränderung der Schreibrichtung berücksichtigt werden, da die Buchstaben normalerweise in Leserichtung angeordnet sind (*Abb. 209*). (...)

Erinnern wir uns der Namen der griechischen Buchstaben: *Alpha, Beta, Gamma, Delta, Epsilon, Digamma, Zeta, Eta, Theta, Iota, Kappa, Lambda, My, Ny, Xi, Omikron, Pi, San, Koppa, Rho, Sigma, Tau.* Das *Digamma* verschwand sehr früh, und auch das *San* und das *Koppa* wurden aufgegeben. Dagegen führte eine Sonderform des semitischen *Waw* zum *Ypsilon,* und die drei zusätzlichen Zeichen *Phi, Chi* und *Psi* wurden hinzugesetzt, um Laute zu bezeichnen, die das semitische Alphabet nicht kannte. Schließlich wurde noch das *Omega* eingeführt, um das lange O vom *Omikron* zu unterscheiden.

Das klassische griechische Alphabet des 4. Jahrhunderts bestand also aus vierundzwanzig Buchstaben, sowohl Vokalen als auch Konsonanten. Dabei sollten die Vokale genauer betrachtet werden, da das griechische Alphabet gerade dadurch zum Ahnherrn aller modernen europäischen Alphabete geworden ist.

Ein Satz kann im Griechischen nicht ohne Vokale wiedergegeben werden – anders als in den semitischen Alphabeten, in denen die Stellung eines Wortes im Satz die Wortart, die Funktion und damit auch die Aussprache des Wortes bestimmt. Im Griechischen spielen dagegen die Wortendungen eine entscheidende Rolle, die deshalb genau wiedergegeben werden müssen. Nun gab es in der phönizischen Sprache gutturale Laute, die das Griechische nicht kannte, welches dagegen über gehauchte Konsonanten verfügte, die den semitischen Sprachen unbekannt waren. Die Griechen haben also die Zeichen der semitischen Kehllaute, die für sie überflüssig waren, für die Vokale benutzt. Das *Alef* wurde zum Buchstaben *Alpha* (a), das *He* verwandelte sich in ein *Epsilon* (e), das *Waw* wurde zuerst als *Digamma* aufgenommen und ergab später das *Ypsilon* (y), das *Jod* wurde zum *Iota* (i) und das *Ajin* zum *Omikron* (o). Für die Aspirata wurden die Zeichen *Phi, Chi* und *Psi* geschaffen. Die Griechen haben im Grunde die semitische Schrift nur den Eigenheiten ihrer eigenen Sprache angeglichen. Aber man kann nur die Resultate dieser Übernahme konstatieren, ohne den Ursprung der Vokalnotation erklären zu können.

Kaum war die griechische Schrift entstanden, entwickelten sich entsprechend dem benutzten Material und der Zielsetzung der Texte unterschiedliche Schriftformen. Die in Stein gehauene Monumentalschrift der Inschriften bewahrte lange Zeit die klassischen Formen, während die sonst benützte Schrift durch die Verwendung des Papyrus und die Vervielfachung der Bedürfnisse des intellektuellen, administrativen und des Alltagslebens rasch einfacher und weniger differenziert wurde.« (Higounet 1955, 62 ff.)

Diese Ausführungen erleichtern das Verständnis des Prinzips des griechischen Ziffernsystems; es wurde zwar als »gelehrt« bezeichnet, ist aber nichts anderes als ein alphabetisches System, das dem System der hebräischen Zahlbuchstaben entspricht.

Ein griechischer Papyrus aus dem letzten Viertel des 3. Jh. v. Chr. (Museum Kairo, Inventarnr. 65.445) kann zur Erläuterung herangezogen werden. Dieser Papyrus war offensichtlich für die Schule gedacht. »Es handelt sich um eine Art Handbuch, anhand dessen ein Kind lesen und rechnen lernen konnte und in dem es gleichzeitig verschiedene seiner Erziehung nützliche Anmerkungen fand (...). Gleichzeitig mit dem Lesen lernte das Kind auch die Zahlen kennen. Daß in diesem Handbuch die

EINER				ZEHNER				HUNDERTER			
Α	α	Alpha	1	Ι	ι	Iota	10	Ρ	ρ	Rho	100
Β	β	Beta	2	Κ	κ	Kappa	20	Σ	σ	Sigma	200
Γ	γ	Gamma	3	Λ	λ	Lambda	30	Τ	τ	Tau	300
Δ	δ	Delta	4	Μ	μ	My	40	Υ	υ	Ypsilon	400
Ε	ε	Epsilon	5	Ν	ν	Ny	50	Φ	φ	Phi	500
Ϝ	ϛ	Digamma	6	Ξ	ξ	Xi	60	Χ	χ	Chi	600
Ζ	ζ	Zeta	7	Ο	ο	Omikron	70	Ψ	ψ	Psi	700
Η	η	Eta	8	Π	π	Pi	80	Ω	ω	Omega	800
Θ	θ	Theta	9	Ϟ	ϙ	Koppa	90	Ϡ	ϡ	San	900

*Abb. 210: Das alphabetische Ziffernsystem der Griechen, das den hebräischen Zahlbuchstaben vollkommen entspricht (vgl. Abb. 202).**

Zahlenreihe gleich nach den Silbentafeln steht, ist im Grunde sehr natürlich, da die griechischen Buchstaben ja auch einen Zahlenwert besaßen. Es ist nur logisch, daß man dem Schüler nach der Kombination der Buchstaben zu Silben auch ihre Kombination zu Zahlen beibrachte.« (Guéraud/Jouguet 1938, XIV ff.)

Dieses Ziffernsystem besteht aus den vierundzwanzig Buchstaben des klassischen griechischen Alphabets und den Buchstaben *Digamma, Koppa* und *San*, die nach und nach ungebräuchlich wurden (vgl. *Abb. 209*). Diese siebenundzwanzig Zeichen werden in drei Zahlenkategorien aufgeteilt: die erste steht für die Einer und umfaßt die acht ersten Buchstaben des klassischen Alphabets sowie das alte *Digamma* (semitisch *Waw*), um den Wert sechs darzustellen. Die Zehner werden durch die acht folgenden Buchstaben und das Zeichen *Koppa (Kof)* für 90 dargestellt; die dritte Gruppe umfaßt die Hunderter und besteht aus den letzten acht klassischen Buchstaben und dem Zeichen *San* (Zade) für 900 (*Abb. 210*).

TRANSKRIPTION

Α	(mal)	Α	(gleich)	Α	Γ	(mal)	Α	(gleich)	Γ
Β	——	Α	——	Β	Γ	——	Β	——	ς
Β	——	Β	——	Δ	Γ	——	Γ	——	Θ
Β	——	Γ	——	ς	Γ	——	Δ	——	ΙΒ
Β	——	Δ	——	Η	Γ	——	Ε	——	ΙΕ
Β	——	Ε	——	Ι	Γ	——	ς	——	ΙΗ
Β	——	ς	——	ΙΒ	Γ	——	Ζ	——	ΚΑ
Β	——	Ζ	——	ΙΔ	Γ	——	Η	——	ΚΔ
Β	——	Η	——	Ις	Γ	——	Θ	——	ΚΖ
Β	——	Θ	——	ΙΗ	Γ	——	Ι	——	Λ
Β	——	Ι	——	Κ					

Abb. 211: Multiplikationstafel für 2 und 3 mit griechischen Zahlenbuchstaben. (British Museum, Add. 34 186, Ausschnitt)

* Garducci 1967, I, 417–428; Guitel 1975, 239–269; Larfeld 1902/07, I, 416–427, II/2, 543–563; Tod 1911/12; 1913; 1950.

Um die dazwischen liegenden Zahlen darzustellen, wird einfach addiert. Für die Zahlen 11 bis 19 z.B. nimmt man den Buchstaben *Iota* – zehn – und schreibt rechts daneben den entsprechenden Buchstaben für die Einer. Zur Unterscheidung von den gewöhnlichen Buchstaben werden die Zahlenbuchstaben durch einen kleinen Strich gekennzeichnet.*

Zu Beginn des erwähnten Papyrus finden wir den Rest einer Zahlenreihe bis 25 in der folgenden Form (vgl. Guéraud/Jouguet 1938, Tafel II, Z. 21–26):

$\overline{\mathrm{H}}$	8	$\overline{\mathrm{K}}$	20
$\overline{\Theta}$	9	$\overline{\mathrm{KA}}$	21
$\overline{\mathrm{I}}$	10	$\overline{\mathrm{KB}}$	22
$\overline{\mathrm{IA}}$	11	$\overline{\mathrm{K}\Gamma}$	23
$\overline{\mathrm{IB}}$	12	$\overline{\mathrm{K}\Delta}$	24
$\overline{\mathrm{I}\Gamma}$	13	$\overline{\mathrm{K}\epsilon}$	25

»Man ist erstaunt, wie elementar diese Zahlenreihe ist, die nicht einmal alle Symbole enthielt, die der Schüler für die Tafel der Quadratzahlen am Ende des Handbuches benötigte (*Abb. 212*). Aber der kleine Leser hatte dort noch genügend Gelegenheit, neben einigen grundlegenden Rechenregeln die fehlenden Zeichen zu erlernen. Die unvollständige Reihe am Anfang der Rolle wurde damit vervollständigt, und der Schüler erhielt Einblick in die Prinzipien des griechischen Ziffernsystems von 1 bis 640.000; darin lag vielleicht ihr wesentliches Ziel.

Alles in allem hatten die relativ wenigen in dem Handbuch enthaltenen mathematischen Begriffe weniger den Sinn, das Rechnen als vielmehr das Lesen und Verstehen der Ziffern zu vermitteln.« (Guéraud/Jouguet 1938, XIX f.)

Aber wie konnten die Schreiber Zahlen von 1 bis 640.000 ausdrücken, wenn der größte griechische Zahlenbuchstabe nur den Wert 900 hat? Bis 9.000 wurden ganz einfach die neun Ziffern für die Einer wieder aufgenommen und durch ein kleines Unterscheidungszeichen oben links gekennzeichnet (vgl. *Abb. 212*)**:

ʼΑ	ʼΒ	ʼΓ	ʼΔ	ʼΕ	ʼϚ	ʼΖ	ʼΗ	ʼΘ
1000	**2000**	**3000**	**4000**	**5000**	**6000**	**7000**	**8000**	**9000**

* Dies ist das Unterscheidungszeichen in den meisten griechischen Handschriften. Ein kleiner Akzent oben rechts wurde dagegen im Buchdruck mißbräuchlich verwendet – er hatte eine andere Bedeutung.

** Es handelt sich hier um einen in griechischen Papyri sehr verbreiteten Brauch. Man findet ihn z.B. in einem Brief aus Alexandria aus dem 14. Jahr der Regierung des Ptolemaios XI. (103 v. Chr.), wo die Menge von 5.000 Schilfrohren in der folgenden Form dargestellt wird (vgl. Wagner 1971, Tafel III):

Übrigens ist es im griechischen Buchdruck üblich, die ersten neun Tausender durch eine Art *Iota* direkt links neben dem Zahlenbuchstaben zu kennzeichnen: α, β, γ

TRANSKRIPTION & ÜBERSETZUNG

Linke Spalte

	Δ			4	
	ε	Κε		5	25
ϛ	ϛ	Λϛ	6	6	36
Ζ	Ζ	ΜΘ	7	7	49
Η	Η	ΞΔ	8	8	64
Θ	Θ	ΠΑ	9	9	81
Ι	Ι	Ρ	10	10	100
Κ	Κ	Υ	20	20	400
Λ	Λ	ϡ	30	30	900
Μ	Μ	͵ΑΧ	40	40	1 600

Rechte Spalte

	ϙ	͵ΗΡ		90	8 100
Ρ	Ρ	$\overset{\alpha}{M}$	100	100	10 000
Σ	Σ	$\overset{\delta}{M}$	200	200	40 000
Τ	Τ	$\overset{\theta}{M}$	300	300	90 000
Υ	Υ	$\overset{\iota\varsigma}{M}$	400	400	160 000
Φ	Φ	$\overset{\kappa\epsilon}{M}$	500	500	250 000
Χ	Χ	$\overset{\lambda\varsigma}{M}$	600	600	360 000
Ψ	Ψ	$\overset{\mu\theta}{M}$	700	700	490 000
Ω	Ω	$\overset{\Xi\delta}{M}$	800	800	640 000

Abb. 212: Auszug aus einem griechischen Papyrus aus dem letzten Viertel des 3. Jh. v. Chr. Es handelt sich um eine Quadrattafel: In der linken Spalte werden die Quadrate der Zahlen von 1 bis 10 und der Zehner bis 40 angegeben – die Quadratzahlen von 1, 2 und 3 sind verlorengegangen; in der rechten Spalte folgen die Quadratzahlen für 50 bis 800.
(Museum Kairo, Inventarnur. 65.445; vgl. Guéraud/Jouguet 1938, Tafel X)

Zehntausend – eine *Myriade* (Μύϱιοι) – wurde durch ein M, den Anfangsbuchstaben des griechischen Wortes für zehntausend, gekennzeichnet, das durch ein *Alpha* ergänzt wurde. Die weiteren Vielfachen der Myriade wurden in folgender Form wiedergegeben*:

$\overset{\alpha}{M}$	$\overset{\beta}{M}$	$\overset{\gamma}{M}$	$\overset{\delta}{M}$	$\overset{\epsilon}{M}$ ...	$\overset{\iota\alpha}{M}$	$\overset{\iota\beta}{M}$ ...	$\overset{\chi\xi\theta}{M}$ ...
10000	20000	30000	40000	50000	110000	120000	6690000

Es wurde also eine Myriade, zwei Myriaden, drei Myriaden usw. geschrieben; auf diese Weise konnte die Zahl 640.000 ohne jede Schwierigkeit erreicht werden. Das Verfahren hätte bis zur 9.999. Myriade ausgedehnt werden können, die in folgender Weise zum Ausdruck gebracht worden wäre:

$$\overset{\text{͵}\theta\text{ϡ}\text{ϙ}\theta}{M} \qquad \left(\overset{9999}{M} = 99\,990\,000\right)$$

Solche Verfahren zur Wiedergabe großer Zahlen wurden von den griechischen Mathematikern mit zahlreichen Varianten häufig verwandt.

* Das griechische Zahlwort »Zehntausend« wird mit einem Akzent auf dem *Ypsilon* geschrieben: μύϱιοι. Der Ausdruck »eine sehr große Zahl« wird mit denselben Buchstaben wiedergegeben, wobei der Akzent auf das erste *Iota* gesetzt wird: μυρίοι (Crouzet et al. 1926, 73; Guitel 1975).

So findet man bei Aristarchos von Samos (um 310 – um 230 v. Chr.) für die Zahl 71.755.875 folgende Angabe (Dédron/Itard 1959, 278):

'ζροε **M** 'εωοε

7175 × 10 000 + 5875

Bei Diophantos von Alexandria (gegen 250 n. Chr.) hat das System eine Modifikation erfahren: Die Myriaden werden von den Tausendern nur noch durch einen einfachen Punkt unterschieden.

Es findet sich bei ihm folgendes Beispiel:

δτοβ . 'ηϙζ

4372 . 8097

Er drückt damit 4.372 Myriaden und 8.097 Einer aus, also 43.728.097 *(Dictionnaire des Antiquités grecques et romaines* 1881, 426).

Eine andere Methode wurde von dem Mathematiker und Astronomen Apollonios von Perge (um 262 – um 180 v. Chr.) vorgeschlagen und ist durch Pappus von Alexandria (ca. 3. Jh. n. Chr.) überliefert; dieses System baut auf den Potenzen der Myriade auf.

Es beruht auf der Aufteilung der ganzen Zahlen in mehrere aufeinanderfolgende »Gruppen«. Die *Elementargruppe* besteht aus den Zahlen 1 bis 9.999, d.h. aus allen Zahlen kleiner als 10.000. Darauf folgt die Gruppe der *ersten Myriaden,* die alle Vielfachen von 10.000 mit den Zahlen 1 bis 9.999 umfaßt, d.h. die Zahlen 10.000, 20.000, 30.000 usw. bis zu 9.999 × 10.000 = 99.990.000. Um eine Zahl dieser Gruppe zu benennen, wird die Anzahl der Myriaden angegeben, die sie enthält, und vor diese das Zeichen $\overset{\alpha}{M}$ gesetzt:

$\overset{\alpha}{\mathbf{M}}$ χξδ

664

Die Zahl in diesem Beispiel ist 664 × 10.000 = 6.640.000 oder 664 *erste Myriaden.*

Es folgt dann die Gruppe der *zweiten Myriaden,* die alle Vielfachen einer Myriade von Myriaden mit den Zahlen 1 bis 9.999 einschließt, also die Zahlen 100.000.000, 200.000.000, 300.000.000 bis 9.999 × 100.000.000 = 999.900.000.000. Man gibt diese Zahlen mit den klassischen Zahlbuchstaben wieder, die die Anzahl der Hundertmillionen ausdrücken, und durch das Zeichen $\overset{\beta}{M}$:

$\overset{\beta}{\mathbf{M}}$ 'εωξγ

5863

Diese Ziffernfolge steht für 5.863 × 100.000.000 = 586.300.000.000 oder 5.863 *zweite Myriaden.*

Darauf folgen die *dritten Myriaden* (Zeichen: $\overset{\gamma}{M}$), die mit 100.000.000 × 10.000 = 1.000.000.000.000 beginnen, dann die *vierten Myriaden* (Zeichen $\overset{\delta}{M}$) und so fort.*

Diesem Prinzip folgend können alle dazwischen liegenden Zahlen durch Zerlegung in diese Gruppen dargestellt werden. Als Beispiel findet sich bei Pappus von Alexandria die Zahl 5.462.360.064.000.000 – also 5.462 *dritte Myriaden*, 3.600 *zweite Myriaden* und 6.400 *erste Myriaden* (zit. n. Dédron/Itard 1959, 279):

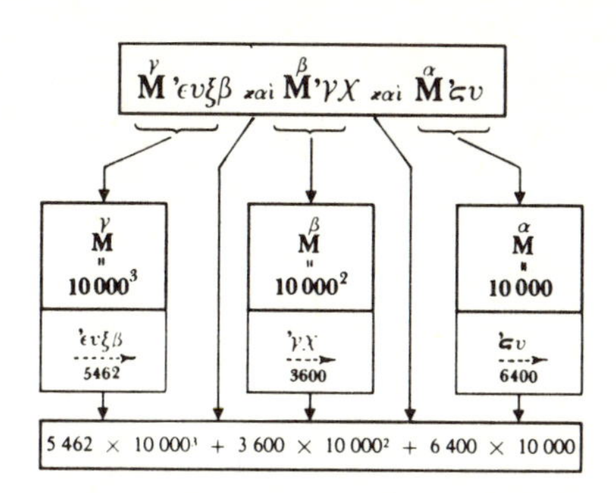

(Das griechische Wort KAI (και) steht für »plus«.)

Um noch größere Zahlen schreiben zu können, hat Archimedes (um 287 – 212 v. Chr.) ein Ziffernsystem erdacht, das noch raffinierter als die obengenannten ist. »Es findet sich in seinem kleinen Buch *De numero arenae* (griechisch ψαμμίτης), in dem er sich mit der Frage beschäftigt, wieviel Sandkörnchen eine Kugel enthielte, deren Durchmesser gleich dem Abstand der Erde von den Fixsternen sei. Da er dabei auf Zahlen stieß, die größer als eine Myriade von Myriaden waren, entwickelte er Zifferngruppen, die acht statt vier Zeichen umfaßten, also *Oktaden* von Ziffern. Die erste Oktade bestand aus den Zahlen von 1 bis 99.999.999, die zweite aus den Zahlen ab hundert Millionen usw. Die Zahlen standen in Erst-, Zweit- usw. -stellung je nachdem, ob sie der ersten Oktade, der zweiten usw. angehörten. Archimedes schafft für den Fall, daß man hundert Millionen dieser Oktaden erreicht, die Möglichkeit eines zweiten Durchgangs, dann eines dritten, eines vierten und so weiter bis zum 10.000 × 10.000sten: Diese Zahl entspräche einer 1 gefolgt von einer kaum vorstellbaren Anzahl von Nullen – schon die erste Zahl des zweiten Durchgangs entspricht der Zahl 10^8 hoch Myriade × Myriade $[(10^8)^{10^8}]$ – also *einer Eins mit achthundert Millionen Nullen!* Hier zeigt sich deutlich, bis zu welchem Grade die griechischen Mathematiker das Studium und die Anwendung der Arithmetik getrieben haben (...). Die grundlegende Schlußfolgerung dieser Abhandlung lautet, daß die Anzahl der Sandkörner, welche die Weltkugel umfassen würde, geringer ist als die achte Stelle der achten

* Es gibt also einen Unterschied zwischen dem Verfahren des Apollonius und demjenigen des Papyrus in Abb. 212:

- Im Papyrus sind die Symbole α β γ δ ε mit den aufeinanderfolgenden Vielfachen der Myriade (10.000; 10.000 × 2; 10.000 × 3; 10.000 × 4; 10.000 × 5 usw.) verbunden.
- Bei Apollonius werden denselben Symbolen die aufeinanderfolgenden Potenzen der Myriaden zugeordnet (10.000; 10.000^2; 10.000^3; 10.000^4; 10.000^5 usw.).

Inventarnummern der Münzen	Datumsangabe	Transkription und Übersetzung	
CGC 44	Κ	Κ	20
CGC 45	ΚΑ	ΚΑ	21
CGC 46	ΚΑ	ΚΑ	21
CGC 48	ΚΒ	ΚΒ	22
CGC 49	ΚΓ	ΚΓ	23
CGC 50	ΚΔ	ΚΔ	24
CGC 53	ΚΕ	ΚΕ	25
CGC 57	ΚΖ	ΚΖ	27
CGC 80	ΚΗ	ΚΗ	28
CGC 61	Λ	Λ	30
CGC 63	ΛΑ	ΛΑ	31
CGC 68	ΛΒ	ΛΒ	32
CGC 70	ΛΓ	ΛΓ	33
CGC 73	ΛΔ	ΛΔ	34
CGC 99	ΛΕ	ΛΕ	35
CGC 100	ΛϹ	ΛϚ	36
CGC 101	ΛΖ	ΛΖ	37
CGC 77	ΛΗ	ΛΗ	38

Abb. 213: Zahlenangaben aus den ältesten griechischen Münzen, die durch Zahlenbuchstaben datiert sind; die Daten beziehen sich auf die Regierungszeit des Ptolemaios II. Philadelphos (286–246 v. Chr.). Die älteste stammt aus dem Jahr 266/265, die jüngste aus dem Jahr 248/247 (vgl. Abb. 209, 210).
(British Museum; Poole 1963)

Oktade oder als die vierundsechzigste Stelle der zehnfach fortschreitenden Reihe 10, 100, 1.000 usw. – d.h. kleiner als eine von vierundsechzig Nullen gefolgte Eins.« (Ruelle 1881, 426)

Aber das von Archimedes vorgeschlagene Verfahren, das rein theoretischer Natur war, hat sich bei den griechischen Mathematikern nicht durchzusetzen vermocht, die offensichtlich dem System des Apollonios den Vorzug gaben...

Mit Ausnahme der über einer Myriade liegenden Zahlen weist das alphabetische Ziffernsystem der Griechen viele Analogien mit dem System der hebräischen Zahlbuchstaben auf, so daß man sich zuweilen gefragt hat, welches System denn auf welchen aufbaut.

Zur Klärung dieser Frage sollen im folgenden die bisherigen Erkenntnisse über beide Systeme vergleichend aufgearbeitet werden.

Betrachten wir zunächst die Griechen. Zu den ältesten bekannten Zeugnissen der griechischen Zahlenbuchstaben gehören Münzen, die aus der Regierungszeit des Ptolemaios II. Philadelphos (286–246 v. Chr.) stammen. Er war der zweite Herrscher aus der makedonischen Dynastie der Lagiden in Ägypten, die dort kurz nach dem Tode Alexanders des Großen die Herrschaft übernahm (vgl. *Abb. 213*).

Die älteste Münze geht jedoch nur auf das Jahr 266/265 v. Chr. zurück (vgl. Poole 1963); die Münze C.G.C. Nr. 44 ist auf das Jahr 20 des Ptolemaios II. datiert. Daraus wurde teilweise der Schluß gezogen, daß das griechische Ziffernsystem nicht

Abb. 214: Geldstück aus der Zeit des Zweiten Jüdischen Aufstandes (132–134 n. Chr.). (Kadman Numismatic Museum, Israel)

vor der Mitte des 3. Jahrhunderts v. Chr. entwickelt wurde. Mittlerweile ist jedoch ein Dokument bekannt, das fast ein halbes Jahrhundert älter ist: ein Papyrus aus Elephantine aus dem Jahre 311/310 v. Chr., der älteste datierte griechische Papyrus, der bis heute gefunden wurde. Es handelt sich dabei um einen Heiratsvertrag, der während des siebten Regierungsjahres Alexanders, des Sohnes Alexanders des Großen, abgeschlossen wurde und als Mitgift einen Betrag von *Alpha Drachmen* in folgender Form festsetzte (*Select Papyri* 1932, I, 3):

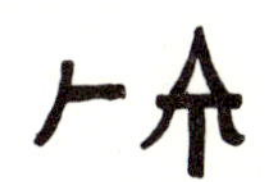

Transkription: ⊢ A
Übersetzung: *Drachme* A

Der hier verwandte Zahlenbuchstabe hat sehr wahrscheinlich den Wert Tausend – wenn nicht, dann würde die Mitgift des jungen Mädchens vom geradezu krankhaftem Geiz ihres Vaters zeugen, weil sie dann nur eine einzige Drachme betragen hätte!

Zumindest kann hieraus der Schluß gezogen werden, daß die griechischen Zahlenbuchstaben wenigstens seit dem Ende des vierten Jahrhunderts v. Chr. allgemein verbreitet waren. Dagegen stammen die ältesten Zeugnisse der hebräischen Zahlenbuchstaben erst aus dem ersten Jahrhundert v. Chr. oder allerhöchstens aus den letzten Jahren des zweiten.

Zu den ältesten Quellen des hebräischen Ziffernsystems gehören Münzen, die im zweiten Jahrhundert n. Chr. unter Simon Bar Kochba geprägt wurden, der sich während des Zweiten Jüdischen Aufstandes (132–134 n. Chr.) Jerusalems bemächtigt hatte. Der Schekel (oder die Tetradrachme) in *Abb. 214* trägt eine hebräische Inschrift in althebräischen Buchstaben (*Abb. 201*). Er ist durch den Zahlbuchstaben *Bet* (*Abb. 202*) auf das »Zweite Jahr der Befreiung Israels« datiert und stammt damit aus dem Jahre 133 n. Chr.

Weitere Beispiele sind Münzen aus der Zeit des Ersten Jüdischen Aufstandes (66–73 n. Chr.; *Abb. 215*) und hasmonäische Geldstücke, die bis ins erste vorchristliche Jahrhundert zurückgehen. Die in *Abb. 216* wiedergegebenen Münzen gehören zu den ältesten bekannten jüdischen Münzen mit Zahlenbuchstaben; sie wurden im Jahre 78 v. Chr. unter Alexander Jannäus, dem vierten Ethnarchen und König aus der Dynastie der Hasmonäer, geschlagen und waren in aramäischer Sprache mit althebräischen Buchstaben abgefaßt.

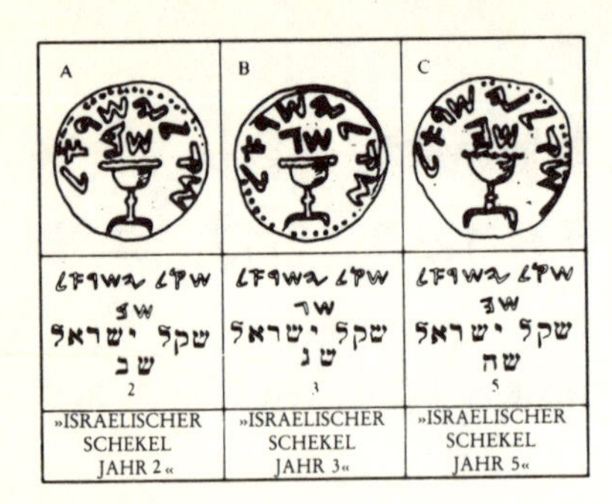

Abb. 215: Während des Ersten Jüdischen Aufstandes (66–73 n. Chr.) geprägte Münzen. Schekel aus den Jahren 2 (A: etwa 67 n. Chr.), 3 (B: etwa 68 n. Chr.) und 5 (C: etwa 70 n. Chr.), datiert durch in althebräischen Buchstaben geschriebene Zahlen. (Kadman Numismatic Museum, Israel; Kadman 1960, Tafel I–III)

Weiterhin soll ein Fragment der kürzlich in Chirbet Qumran am Nordwestufer des Toten Meeres, 13 km südlich von Jericho, gefundenen Pergamentrolle erwähnt werden; sie geht vermutlich auf das erste Jahrhundert n. Chr. zurück (*Abb. 217*). In dieser Rolle – einer Kopie der Regel der Essenergemeinschaft von Qumran – findet sich der Buchstabe *Gimel* (= 3) in jeweils gleicher Entfernung (etwa 5 mm) vom oberen und vom rechten Rand. »Er wurde von einem anderen Schreiber als dem der Rolle selbst geschrieben, zweifellos von einem jungen Lehrling, der die neue Mode der jüdischen Schrift übernommen hatte, während der Hauptschreiber der Handschrift seinerseits der paläographischen Mode gefolgt war, die er in seiner eigenen Jugend gelernt hatte.« (Milik 1977, 78 f.) Dieser Buchstabe hat offensichtlich dazu gedient, das Blatt zu numerieren, denn er steht neben der ersten Spalte des *dritten* Blattes der Rolle.

Als letztes Beispiel ist eine Bulle des »Hohepriesters Jonathan« aus hasmonäischer Zeit zu erwähnen, die den Buchstaben *Mem* enthält. Dieser vorläufig noch rätselhafte Buchstabe ist wahrscheinlich ein Zahlenbuchstabe, dessen Wert (= 40) sich auf die Regierungszeit des Simon Makkabäus bezieht, der im Jahre 142 v. Chr. von Demetrius II. von Syrien als »Hohepriester, Feldherr und Ethnarch der Juden« anerkannt wurde. Die Bulle würde dann in das vierzigste Jahr des Simon, d.h. auf das Jahr 103 v. Chr. zu datieren sein; sie ist damit das älteste Zeugnis der Verwendung hebräischer Ziffernbuchstaben.

Dies sind alles noch sehr zaghaft unternommene Versuche einer neuen Bezifferung. Darüber hinaus findet man in jüdischen Inschriften zwei Arten von Zahlen-

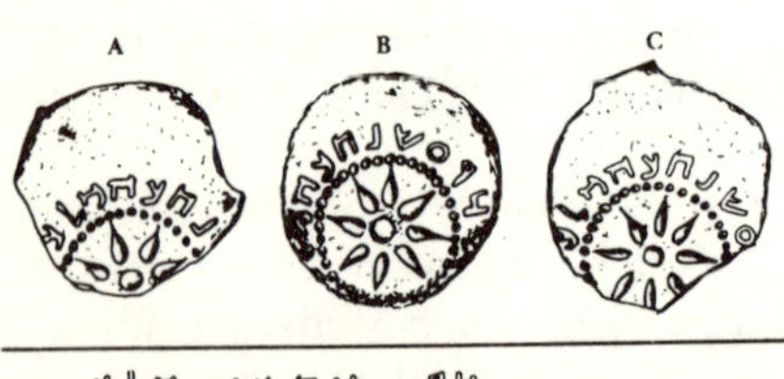

Abb. 216: Drei 78 v. Chr. unter Alexander Jannäus geprägte Münzen. (Kadman Numismatic Museum, Israel; Naveh 1968, Tafel 2, Nr. 10, 12; Tafel 3, Nr. 14)

Abb. 217: Fragment einer kürzlich in Chirbet Qumran gefundenen Pergamentrolle. (Rolle 4QS^d, Ref. Nr. 4Q 259; veröffentlicht mit Genehmigung v. J.T. Milik)

schreibweisen, die strenggenommen mit dem alphabetischen Ziffernsystem nichts zu tun haben: Die eine, welche vor allem in der »Königszeit« verwendet wurde, geht auf die »hieratischen« ägyptischen Ziffern zurück (vgl. *Abb. 199*), während die andere, die seit der Zeit der Perser bis kurz vor Beginn der christlichen Zeitrechnung in Gebrauch war, eine Anleihe bei den aramäischen Ziffern darstellte.

Damit ist also zu vermuten, daß den Juden die Verwendung der Zahlenbuchstaben erst relativ spät bekannt wurde, wahrscheinlich unter griechischem Einfluß in hellenistischer Zeit.

Dies wird auch durch die Geschichte Israels selbst bestätigt: Auch wenn das jüdische Volk unzweifelhaft eine wichtige Rolle in der Geschichte der Religionen gespielt hat, so war es andererseits doch während des gesamten Altertums den verschiedenartigsten Einflüssen von seiten seiner Nachbarn, Verbündeten oder Eroberer ausgesetzt. Wir kennen die Bedeutung der kulturellen Beziehungen Palästinas während der Königszeit mit Ägypten, Phönizien und Mesopotamien, wissen aber auch, daß das Land Israel seit dem 8. Jahrhundert v. Chr. nacheinander unter die Herrschaft der Assyrer, der Babylonier, der Perser, der Lagiden – die das ganze Gebiet hellenisierten –, der Seleukiden und schließlich der Römer geriet (Crouzet et al. 1926; Guitel 1975). Zu den wichtigsten Einflüssen gehören die Übernahme des phönizischen Alphabets und des »hieratischen« Zahlensystems der Ägypter in der Königszeit; die Übernahme des Sexagesimalsystems für Maße und Gewichte von den Assyrern und Babyloniern*; die wahrscheinliche Übernahme des Mondkalenders von den Kana-

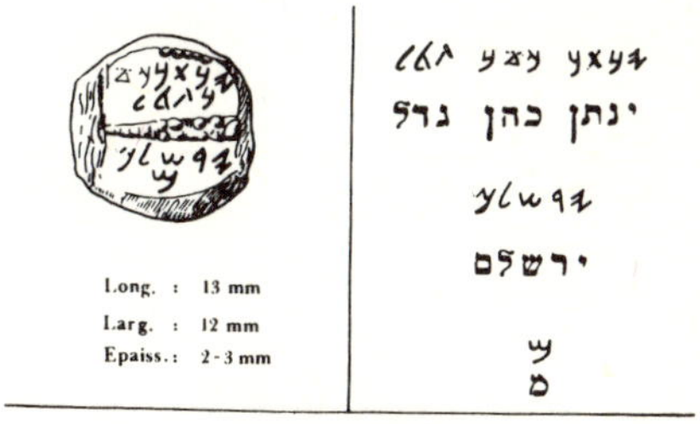

Long. : 13 mm
Larg. : 12 mm
Epaiss. : 2-3 mm

ינתן כהן גדל

ירשלם

מ

»JONATHAN
HOHEPRIESTER
JERUSALEM M«

Abb. 218: Bulle des »Hohepriesters Jonathan«: Tonlaib vermutlich aus hasmonäischer Zeit, der dazu diente, eine Papyrusrolle zu versiegeln und früher an einem Faden befestigt war. (Israël Museum Jerusalem, Bez. Nr. 75.35; Avigad 1975, Abb. 1, Tafel 1 A)

* Das israelitische Gewichtssystem beruhte wie bei den Babyloniern auf der Basis Sechzig. Nach der Reform Hesekiels (45, 10–12) war das Talent *(kikkar)* 60 Minen *(manah)* wert, die Mine 60 Schekel *(sheqel)* (Negev 1970).

anäern, bei dem das Erscheinen des Neumondes den Anfang des Monats bestimmte (Dupont-Sommer 1957); die Übernahme der Namen des alten Kalenders von Nippur, der sich in Mesopotamien seit Hammurapi durchgesetzt hatte *(Nisan, Aiar, Siwan, Tammuz, Ab, Elul, Teschrêt, Araschamna, Kisilimmu, Tebet, Schebat, Adar)* – bis auf wenige Ausnahmen die des heutigen jüdischen Kalenders (Dupont-Sommer 1957); schließlich die Übernahme der aramäischen Sprache und Schrift – noch zu Zeiten Jesu war das Aramäische die einzige in Judäa allgemein gesprochene Sprache, und die Mehrzahl der talmudischen Glossen wurden in dieser Sprache abgefaßt (Negev 1970).

ÄGYPTEN	*Koptische* Inschrift über Person und die beiden Werke des Lukas (vgl. Annales 10/1909, 51) KH KΔ KZ 28 24 27
	Jüdische Grabstelen vom Tell el-Yahudieyeh (ungefähr 10 km nördlich v. Kairo), aus dem 1. Jh. n. Chr. (vgl. Frey 1936/52, Nr. 1454, 1458, 1460) IB IΓ KΓ ΛЄ N PB 12 13 23 35 50 102
PHRYGIEN	*Jüdische* Inschrift (253-254 n. Chr.; vgl. Frey 1936/52, Nr. 773) TΛH 338
ÄTHIOPIEN	Inschrift aus *Aksum* (3. Jh. n. Chr.; vgl. Littmann 1913, 3, 4) KΔ 'ΓPIB '?CKΔ 24 3112 6224
LATIUM	*Jüdische* Katakompen der Via Nomentana, der Via Labicana und der Via Appia Pignatelli (vgl. Frey 1936/52, Nr. 44 78, 79) ΛΓ KA ΞΘ 33 21 69
NORDSYRIEN	*Jüdische* Inschrift in einem Synagogenmosaik (392 n. Chr.; vgl. Frey 1936/52, Nr. 805) ΨΓ 703
SÜDUFER DES TOTEN MEERES	*Jüdische* Grabinschrift (389-390 n. Chr.; vgl. Frey 1936/52, Nr. 1209) ϚΠ CΠΓ 86 283

Abb. 219: Übersicht über die Verbreitung der griechischen Buchstabenziffern.

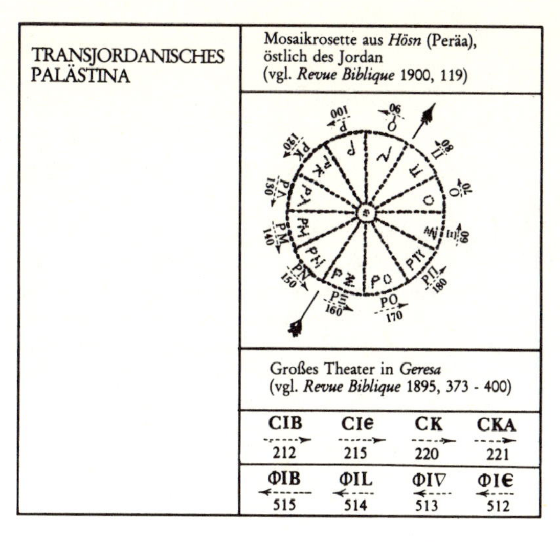

Abb. 219 (Fortsetzung)

Diese Hypothese wird auch durch jüdische Inschriften in der *Diaspora* unterstützt. Noch im 7. Jahrhundert n. Chr., als die hebräischen Buchstabenziffern in der jüdischen Welt weit verbreitet waren, benutzten jüdische Bildhauer im Mittelmeerraum zwischen Italien und Nordsyrien, Phrygien und Ägypten neben der hebräischen, griechischen und lateinischen Sprache häufig das System der griechischen Zahlenbuchstaben (Frey 1936/52).

Allerdings spielte das griechische Zahlenalphabet im Vorderen Orient und im östlichen Mittelmeerraum seit der Antike bis ins Mittelalter eine fast ebenso wichtige Rolle wie das lateinische System in Westeuropa (*vgl. Abb. 219–225*).

1	2	3	4	5	6	7	8	9
ⲁ̄	ⲃ̄	ⲅ̄	ⲇ̄	ⲉ̄	ⲋ̄	ⲍ̄	ⲏ̄	ⲑ̄
10	20	30	40	50	60	70	80	90
ⲓ̄	ⲕ̄	ⲗ̄	ⲙ̄	ⲛ̄	ⲝ̄	ⲟ̄	ⲡ̄	ϥ̄
100	200	300	400	500	600	700	800	900
ⲣ̄	ⲥ̄	ⲧ̄	ⲩ̄	ⲫ̄	ⲭ̄	ⲯ̄	ⲱ̄	ⳁ̄
1000	200	3000	4000	5000	6000	7000	8000	9000
ⲁ̿	ⲃ̿	ⲅ̿	ⲇ̿	ⲉ̿	ⲋ̿	ⲍ̿	ⲏ̿	ⲑ̿
10 000	20 000	30 000	40 000	50 000	60 000	70 000	80 000	90 000
ⲓ̿	ⲕ̿	ⲗ̿	ⲙ̿	ⲛ̿	ⲝ̿	ⲟ̿	ⲡ̿	ϥ̿
100 000	200 000	300 000	400 000	500 000	600 000	700 000	800 000	900 000
ⲣ̿	ⲥ̿	ⲧ̿	ⲩ̿	ⲫ̿	ⲭ̿	ⲯ̿	ⲱ̿	ⳁ̿

Abb. 220: Die koptischen Ziffern. Die Schrift der Christen Ägyptens beruht auf einem Alphabet aus 31 Buchstaben, von denen 24 direkt aus dem Griechischen übernommen sind, während der Rest der alten »demotischen« Schrift der Ägypter entstammt. Das Koptische verwendet die gleichen Zahlzeichen wie das Griechische – die 24 aus dem Griechischen hervorgegangenen Buchstaben und zusätzlich drei Zeichen Digamma, Koppa und San –, die auch dieselben Zahlwerte wie im Griechischen haben. Im koptischen Ziffernsystem werden die Zahlen durch Buchstaben mit einem Strich über den Zahlen bis 999 und zwei Strichen ab 1.000 wiedergegeben.

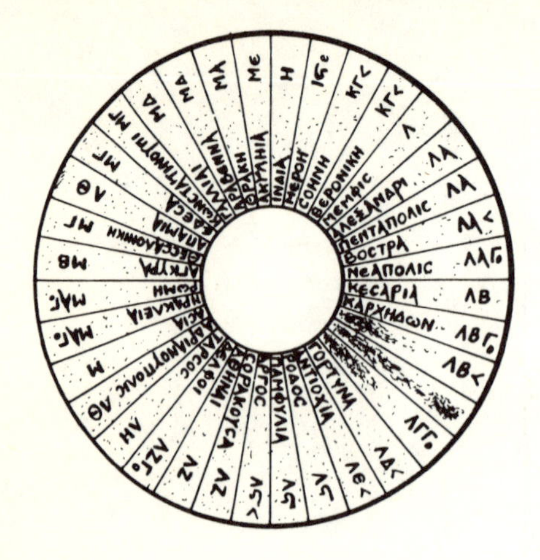

Abb. 221: Teil einer tragbaren Sonnenuhr aus byzantinischer Zeit, jetzt in der Eremitage in Leningrad. Diese Scheibe gibt alle Regionen an, in denen die Sonnenuhr benutzt werden kann, mit den ihnen zugeordneten Breitengraden, die in griechischen Zahlenbuchstaben ausgedrückt und im Uhrzeigersinne zunehmend angegeben sind.
(Vgl. Tischendorf 1860, 73; De Solla Price 1969)

TRANSKRIPTION		ÜBERSETZUNG	
ΙΝΔΙΑ	Η	Indien	8
ΜΕΡΟΗ	ΙϚΕ (Irrtum; lies ΙϚ<)	Meroë	16 ½
CΟΗΝΗ	ΚΓ < (*)	Syene	23 ½
ΒΕΡΟΝΙΚΗ	ΚΓ <	Berenike	23 ½
ΜΕΜΦΙC	Λ	Memphis	30
ΑΛΕΞΑΝΔΡΙ	ΛΑ	Alexandria	31
ΠΕΝΤΑΠΟΛΙC	ΛΑ	Pentapolis	31
ΒΟCΤΡΑ	ΛΑ <	Bostra	31 ½
ΝΕΑΠΟΛΙC	ΛΑ Γo (**)	Neapolis	31 ⅔
ΚΕCΑRΙΑ	ΛΒ	Cäsarea	32
ΚΑΡΧΗΔωΝ	ΛΒ Γo	Karthago	32 ⅔
....	ΛΒ <	.....	32 ½
....	....	.....	
....	ΛΓ Γo	.....	33 ⅔
ΓΟΡΤΥΝΑ	ΛΔ <	Gortyn	34 ½
ΑΝΤΙΟΧΙΑ	ΛΕ <	Antiochia	35 ½
ΡΟΔΟC	ΛϚ	Rhodos	36
ΠΑΜΦΥΛΙΑ	ΛϚ	Pamphylien	36
ΑΡΓΟC	ΛϚ <	Argos	36 ½
CΟΡΑΚΟΥCΑ	ΛΖ	Syrakus	37
ΑΘΗΝΑΙ	ΛΖ	Athen	37
ΔΕΛΦΟΙ	ΛΖ Γo	Delphi	37 ⅔
ΤΑΡCΟC	ΛΗ	Tarsos	38
ΑΔΡΙΑΝΟΥΠΟΛΙC	ΛΘ	Adrianopolis	39
ΑCΙΑ	Μ	Asien	40
ΗΡΑΚΛΕΙΑ	ΜΑ Γo	Heraklea	41 ⅔
ΡωΜΗ	ΜΑ Γo	Rom	41 ⅔
ΑΓΚΥΡΑ	ΜΒ	Ankyra	42
ΘΕCCΑΛΟΝΙΚΗ	ΜΓ	Thessalonike	43
ΑΠΑΜΙΑ	ΛΘ	Apamea	39
ΕΔΕCΑ	ΜΓ	Edessa	43
ΚωΝCΤΑ'ΤΙΝΟΥΠΙ	ΜΓ	Konstantinopel	43
ΓΑΛΛΙΑΙ	ΜΔ	Gallien	44
ΑΡΑΒΕΝΝΑ	ΜΔ	Aravenna	44
ΘΡΑΚΗ	ΜΑ	Thrakia	41(***)
ΑΚΥΛΗΙΑ	ΜΕ	Aquileia	45

Abb. 221 (Fortsetzung)
* Das Zeichen < entspricht dem Bruch ½
** Γo = ⅔
*** Vielleicht 44

Abb. 222: Auszug aus einer spanischen Handschrift über die Fingerzahlen des Beda Venerabilis (vgl. Abb. 23–26, 41), um 1130 kopiert, vermutlich in Santa Maria de Ripoll in Katalonien. Um die Fingerzeichen, die auf den folgenden Folioblättern abgebildet sind, zu erklären, verwendet der Schreiber zwei Zahlenschreibweisen, die lateinische und die alphabetische der Griechen, deren Entsprechungen er hier aufzeigt.
(Madrid, Bibl. Nacional, Cod. A 16 (Ahora 19) Fol. 2, linker Teil oben; vgl. Burnam 1912/25, Tafel XLI).

Sunde pene numeri · figurandi quę scribendi
alphabeti ordine · sequentes hoc modo.
·I.II.III.IIII.V.VI.VII.VIII.IX.X.XX.XXX.XL.L.LX.
A.B.Γ.Δ.Ε.Z.H.Θ.I.K.Λ.M.N.Ξ.
LXX.LXXX.C.CC.CCC.CCCC.D.DC.DCC.DCCC.
O.Π.Ρ.C.T.Y.Φ.X.Ψ.Ω.
Similiter habent. istas tres alias karacteras. p
numero. una dicitur apud illos. episimon. (insigne)
cuius figura est hec. S. & ponitur in numero p sex.
Alia dicunt: copi. cuius figura hec est. G.
& ponitur p numero. in nonaginta. Tercia
nominant. cuius figura est hec. ϡ. & ponitur
in numero. p nungentos.
Qui & ideo mox numeros digitis signifi
care didicerint nulla interstante mora.
litteras quoque pariter eisdem prefigere sci
unt. Verum hec hactenus. nunc ad tempora
quantum ipse temporum conditor ordinatorque
dominus adiuvare dignabitur exponenda veni
amus

a	Ⴀ	ⴀ	1	t	Ⴒ	ⴒ	300
b	Ⴁ	ⴁ	2	u	Ⴓ	ⴓ	400
g	Ⴂ	ⴂ	3	vi	Ⴣ	ⴣ	500
d	Ⴃ	ⴃ	4	p'	Ⴔ	ⴔ	600
e	Ⴄ	ⴄ	5	k'	Ⴕ	ⴕ	700
v	Ⴅ	ⴅ	6	γ	Ⴖ	ⴖ	800
z	Ⴆ	ⴆ	7	q	Ⴗ	ⴗ	900
h	Ⴡ	ⴡ	8	š	Ⴘ	ⴘ	1000
t'	Ⴇ	ⴇ	9	tš	Ⴙ	ⴙ	2000
i	Ⴈ	ⴈ	10	ts	Ⴚ	ⴚ	3000
k	Ⴉ	ⴉ	20	dz	Ⴛ	ⴛ	4000
l	Ⴊ	ⴊ	30	ts'	Ⴜ	ⴜ	5000
m	Ⴋ	ⴋ	40	tš'	Ⴝ	ⴝ	6000
n	Ⴌ	ⴌ	50	ḫ	Ⴞ	ⴞ	7000
ï	Ⴢ	ⴢ	60	ḥ	Ⴤ	ⴤ	8000
o	Ⴍ	ⴍ	70	dž	Ⴟ	ⴟ	9000
p	Ⴎ	ⴎ	80	h	Ⴠ	ⴠ	10 000
ž	Ⴏ	ⴏ	90				
r	Ⴐ	ⴐ	100				
s	Ⴑ	ⴑ	200				

*Abb. 223: Das georgische alphabetische Ziffernsystem. Schrift und Ziffern wurden in christlicher Zeit vom Griechischen beeinflußt. Das Georgische ist eine im heutigen Rußland zwischen dem Kaukasus und Armenien vorherrschende Sprache. In Georgien gibt es zwei verschiedene Schriften: khutsuri – die »Kirchenschrift« –, deren Buchstaben wir hier abbilden, und mkhedruli, die »militärische« Schrift; beide umfassen 38 Buchstaben. Nach der Legende soll im 5. Jahrhundert ein Gelehrter namens Mesrop dieses Alphabet in der von ihm verwandten armenischen Schrift unter Zugrundelegung des griechischen Systems entwickelt haben.**

* Cohen 1958; Février 1948; Friedrich 1966, Abb. 257, 258; Jensen 1969, II, Abb. 439; Leskien 1922, 4 ff.; Meillet 1913, 8 ff.; Pihan 1860, 238–250.

1	𐌰	a	10	𐌹	i	100	𐍂	r
2	𐌱	b	20	𐌺	k	200	𐍃	s
3	𐌲	g	30	𐌻	l	300	𐍄	t
4	𐌳	d	40	𐌼	m	400	𐍅	w
5	𐌴	e	50	𐌽	n	500	𐍆	f
6	𐌵	q	60	𐌾	y	600	𐍇	ch
7	𐌶	z	70	𐌿	u	700	𐍈	hw
8	𐌷	h	80	𐍀	p	800	𐍉	o
9	𐌸	th	90	𐍁		900	𐍊	

Abb. 224: Das gotische Alphabet: ebenfalls in der christlichen Zeit vom Griechischen beeinflußt. (Menninger 1957/58)
»An den nördlichen Grenzen des Reiches, im Osten, hatte das Christentum in griechischer Sprache an der Donau die Ostgermanen, die Goten, erreicht, die später ihre Sprache verlieren und sich mit den verschiedensten Völkerschaften vermischen sollten, von der Krim bis nach Nordafrika, unter anderen Erinnerungen den mehr oder weniger verkehrt benutzten Begriff ›gotisch‹ hinterlassend. Ein christlicher Gote, der Bischof geworden war, Wulfila (311–384), hat die Bibel zum größten Teil in seine Muttersprache übersetzt. Dazu benutzte er eine (›gotische‹) Schrift, die eine griechische Buchmajuskelschrift mit einigen zusätzlichen Zeichen darstellt.« (Cohen 1958, 200 f.)

Abb. 225: Das von einigen Mystikern des Mittelalters und der Renaissance benutzte Ziffernalphabet, eine Übertragung des griechischen Ziffernsystems auf das lateinische Alphabet. (Vgl. v.a. Kircher 1653, II, 488)

A	1	K	10	T	100
B	2	L	20	V	200
C	3	M	30	X	300
D	4	N	40	Y	400
E	5	O	50	Z	500
F	6	P	60		
G	7	Q	70		
H	8	R	80		
I	9	S	90		

Kapitel 18
Die Erfindung der Zahlenbuchstaben durch die Phönizier – eine Legende

Unter den verschiedenen semitischen Völkern des Nordwestens spielten die Phönizier und die Aramäer in der Geschichte des antiken Vorderen Orients zweifellos lange vor den Hebräern die wichtigste Rolle. Sie waren Kaufleute und kühne Seefahrer, die seit der Mitte des 3. Jahrtausends v. Chr. im Lande Kanaan an der syrisch-palästinensischen Küste seßhaft waren. Den Phöniziern gelang es wahrscheinlich als ersten, das *Alphabet* als extreme Vereinfachung der Schrift zu entwickeln (Sznycer 1977). Die Aramäer waren gleichfalls geschickte Kaufleute. Sie bereisten seit dem 2. Jahrtausend v. Chr. das Innere aller benachbarten Länder. Ihre Gegenwart ist in der ganzen Region dadurch fühlbar, daß sich ihre Sprache und ihre Kultur seit den Zeiten des assyrischen Reiches überall durchsetzten, von Anatolien bis Ägypten und von Mesopotamien bis zur Mittelmeerküste; ihre Hegemonie blieb bis zum Aufkommen des Islam erhalten. Durch Vermittlung der Aramäer wurde die alphabetische Schrift der Phönizier nach und nach von allen Völkern des Vorderen Orients angenommen, von der arabischen Halbinsel bis Mesopotamien und Ägypten, und von der Küste Syriens und Palästinas bis zu den Grenzen des indischen Subkontinents (Sznycer 1977).

Aber auch wenn die Erfindung des Alphabets aller Wahrscheinlichkeit nach den Phöniziern oder anderen Westsemiten zu verdanken ist, so bleibt doch die Entdekkung der Zahlbuchstaben offen. Es ist durchaus fraglich, ob die Nordwestsemiten ihre Buchstaben als echte Zahlzeichen gebraucht haben, indem sie jedem von ihnen einen genau bestimmten Zahlenwert gaben, wie das im Griechischen und Hebräischen der Fall war. Zwar liegt diese Vermutung nahe, zwar wird auch seit über hundert Jahre unbeirrt an ihr festgehalten – aber sie konnte bis zum heutigen Tage durch nichts wirklich bestätigt werden.

Die bisher entdeckten phönizischen und aramäischen Inschriften – auch die ältesten – enthalten in Wirklichkeit nur eine Art von Zahlschrift, die strenggenommen mit dem Gebrauch von Zahlenbuchstaben nichts zu tun hat. Im hebräischen Raum wurden aus vorchristlicher Zeit nur sehr wenige Dokumente gefunden, die den Gebrauch alphabetischer Buchstaben als Ziffern tatsächlich bestätigen. Außerdem waren die Zahlzeichen der Hebräer zur israelitischen Königszeit oder zumindest in der Zeit zwischen 9. und 6. Jahrhundert v. Chr. nichts anderes als die Ziffern der »hieratischen« Kursivschrift der Ägypter (*Abb. 199*). In der persischen und hellenistischen Epoche haben die Juden neben der aramäischen Sprache und Schrift auch die Zahlschrift der aramäischen Händler übernommen. Einer der zahlreichen Papyri, die aus der jüdischen Militärkolonie des 5. Jahrhunderts v. Chr. in der südägyptischen Stadt

Elephantine (am Nil, auf Höhe von Assuan und dem ersten Katarakt) stammen, weist für die Zahlen 80 und 90* folgende Ziffern auf (Sachau 1911, Papyrus Nr. 18):

Diese Ziffern unterscheiden sich offensichtlich völlig von den hebräischen Zahlbuchstaben *Pe* (= 80) und *Zade* (= 90).

Auch in einer Rolle aus Leder, die von Mitgliedern der Essenersekte am Ufer des Toten Meeres stammt (1. Jahrhundert v. Chr.) und in einer der Grotten von Chirbet Qumran (13 km südlich von Jericho) gefunden wurde, werden Ziffern von ähnlicher Art gebraucht (vgl. *Abb. 226*):

	ZAHLZEICHEN IN DER ROLLE	ZAHLEN-WERTE	FORMEN DER ENTSPRECHENDEN ZAHLENBUCHSTABEN
1.9	3 · 1	4	4 (ד)
1.7	2 + 5 + 10	17	7 + 10 (יז)
1.16	2 + 4 + 20 + 20 + 20	66	6 + 60 (סו)
1.13	10 + 20 + 20 + 20	70	70 (ע)

Darüber hinaus haben Archäologen in Chirbet El-Kôm, einer israelischen Fundstätte zwischen Lachis und Hebron, ein Dokument entdeckt, das die Annahme, die Aramäer hätten ihre Buchstaben als Ziffern benutzt, in aller Form widerlegt. Es handelt sich um ein zweisprachiges, in Aramäisch und Griechisch abgefaßtes Ostrakon vermutlich aus der ersten Hälfte des 3. Jahrhunderts v. Chr. Dieses Felsstück hatte als Empfangsquittung für 32 Drachmen gedient, die ein semitischer Pfandleiher namens Qos-Jada' einem Griechen namens Nikeratos offenbar geliehen hatte (*Abb. 227*). Bei näherer Betrachtung zeigt sich, daß Nikeratos, wie in der gesamten hellenistischen Welt üblich, den Betrag von 32 Drachmen und das Datum der Transaktion mit Zei-

* Diese Papyri gehen auf das 5. Jahrhundert v. Ch. zurück und sind alle »Briefe, Eigentumsübertragungen, Heirats- und Erbverträge, Anleihen oder Schuldanerkenntnisse« (Yacobi zit. n. Negev 1970).

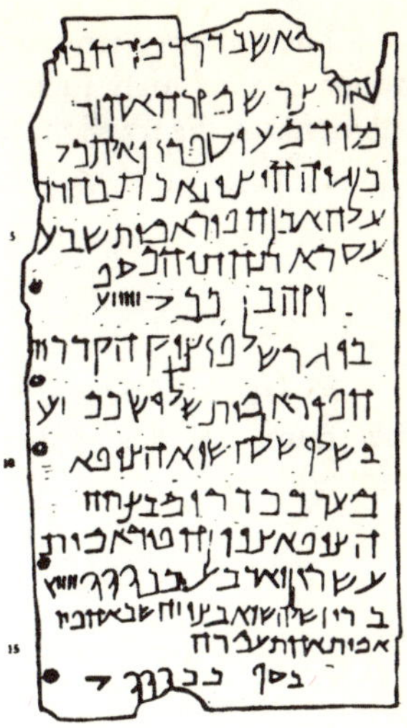

Abb. 226: Fragment einer Lederrolle aus dem 1. Jahrhundert v. Chr., die sich im Besitz der jüdischen Sekte von Chirbet Qumran (am Ufer des Toten Meeres) befand.
(Gefunden in der dritten Grotte von Qumran; vgl. Baillet et al. 1961, 3Q, Tafel LXII, Kol. VIII; Abb. m. Genehmigung v. J.T. Milik)

chen des griechischen Zahlenalphabets festgehalten hat. Dagegen gibt der Semit Qos-Jada' die Summe von 32 *zuz* eigenhändig in folgender Form wieder:

$$20 + 10 + 1 + 1$$

DER GRIECHISCHE TEXT	DER ARAMÄISCHE TEXT
6 12 Lς ΙΒ ΜΗΝΟΣ ΠΑ ΝΗΜΟΥ ΕΧΕΙ ΝΙ ΚΗΡΑΤΟΣ ΣΟΒΒΑ ΘΟ ΠΑΡΑ ΚΟΣΙΔΗ ΚΑ ΠΗΛΟΥ ⊢ΛΒ 30.2	12 6 ב ר׳ // לתמוז שנת /// /// קוסידע בר חנא קפילס הו נתן [ל] ניקרתס זוזן // ר ב 2 10 20
6. Jahr, der 12. des Monats Panemos. Nikeratos, Sohn des Sobbathos, hat von Koside, dem Pfandleiher, 32 Drachmen erhalten	Der 12. des (Monats) Tammuz (des) 6. Jahres. Qos-Jada, Sohn des Hanna, des Händlers, hat dem Nikeratos gegeben: in »Zuz« 32

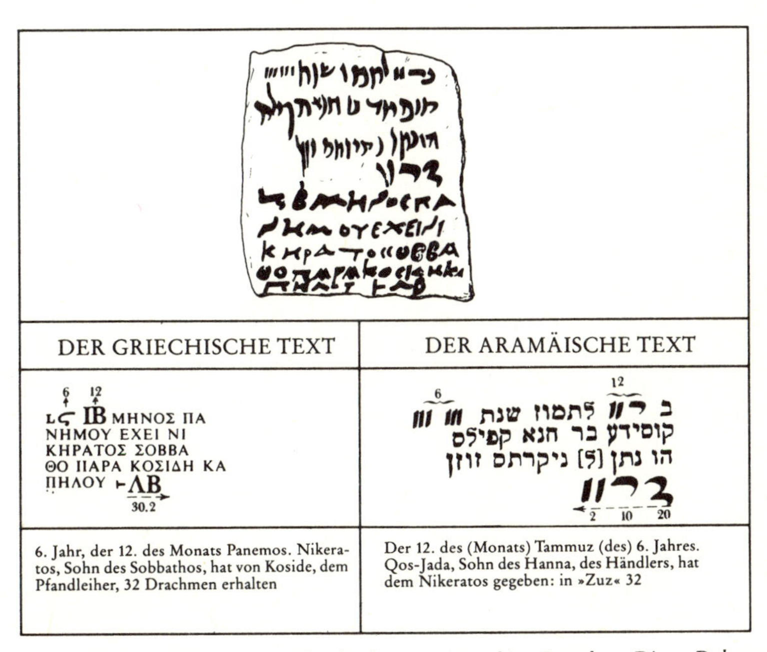

Abb. 227: Das in Chirbet El-Kôm in Israel gefundene zweisprachige Ostrakon. Dieses Dokument stammt wahrscheinlich aus dem 6. Jahr des Ptolemaios II. Philadelphos (277 v. Chr.).
(American School of Oriental Research, Cambridge (Mass.); nach Geraty 1975; Transkription nach Skaist 1978)

Die entsprechenden Ziffern sind wiederum die oben schon gezeigten. Es steht außer Zweifel, daß auch dieser Semit, wenn er die Buchstabenziffern tatsächlich gekannt hätte, die fragliche Summe in ihrer einfachsten Form wie folgt dargestellt hätte:

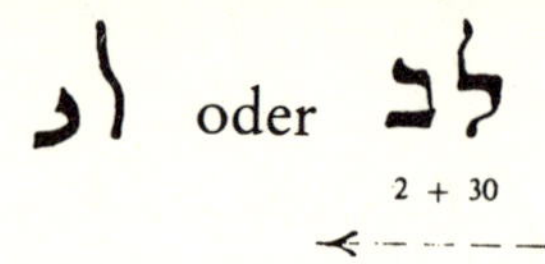

Es ist also überaus wahrscheinlich, daß die Semiten im nordwestlichen Mittelmeerraum vor der späten römischen Kaiserzeit kein alphabetisches Ziffernsystem kannten.

Kapitel 19
Die arabischen Zahlenbuchstaben

Wenn man die Reihenfolge der im Orient gebräuchlichen achtundzwanzig Buchstaben des arabischen Alphabets untersucht, stellt man fest, daß die arabischen Buchstaben nicht in der Reihenfolge der phönizischen, aramäischen oder hebräischen angeordnet sind (*Abb. 201, 228*). Als Beleg sollen an dieser Stelle die Namen der ersten zehn arabischen Buchstaben im Vergleich mit den Namen der ersten zehn hebräischen stehen*:

ARABISCH	HEBRÄISCH
Alif	Alef
Ba	Bet
Ta	Gimel
Tha	Dalet
Djim	He
Ha	Waw
Cha	Sajin
Dal	Chet
Dhal	Tet
Ra	Jod

Eigentlich wäre jedoch zu erwarten gewesen, daß sich die Abfolge der zweiundzwanzig westsemitischen Buchstaben auch im arabischen Alphapet wiederfindet – und zwar aus mehreren Gründen.

Man sollte zunächst bedenken, daß sich die meisten alphabetischen Schriften aus der phönizischen Schrift ableiten. Die lateinische Schrift beruht beispielsweise auf der etruskischen, diese auf der griechischen, die wiederum ein direkter Abkömmling der phönizischen ist. Die arabische und die hebräische Schrift leiten sich von den beiden Varianten der alten aramäischen Schrift ab, die ihrerseits auf der phönizischen basiert.** Andererseits ist die Reihenfolge der 22 phönizischen Buchstaben in den meisten der westlichen und orientalischen Überlieferungen erhalten geblieben; man findet sie ebenso im Althebräischen wie im Aramäischen (*Abb. 201*), im modernen

* Die Übertragung und Transkription der phonetischen Zeichen folgt hier nur bedingt einem wissenschaftlichen System; unter Rücksicht auf einen großen Leserkreis wird ein weniger abstraktes, dafür aber verständlicheres System gebraucht. (Die deutsche Ausgabe versucht diesem Prinzip des Verfassers auch in der deutschen Übertragung zu folgen; Anm. des Redakteurs).

** Cohen 1958; Diringer 1968; Février 1948; Friedrich 1966; Gelb 1963; Jensen 1969; Sznycer 1977.

BUCHSTABEN						ZAHLENWERTE	
Buchstaben in isolierter Stellung	Namen der Buchstaben	Lautwerte der Buchstaben	Buchstaben in Anfangsstellung	Buchstaben in Mittelstellung	Buchstaben in Endstellung	im Orient (arab. Osten)	im Maghreb (arab. Westen)
ا	Alif	'	ا	ـا	ـا	1	1
ب	Ba	b	بـ	ـبـ	ـب	2	2
ت	Ta	t	تـ	ـتـ	ـت	400	400
ث	Tha	th	ثـ	ـثـ	ـث	500	500
ج	Djim	dsch,dj	جـ	ـجـ	ـج	3	3
ح	Ha	ch	حـ	ـحـ	ـح	8	8
خ	Cha	h,ch	خـ	ـخـ	ـخ	600	600
د	Dal	d	د	ـد	ـد	4	4
ذ	Dhal	dh	ذ	ـذ	ـذ	700	700
ر	Ra	r	ر	ـر	ـر	200	200
ز	Za	s,z	ز	ـز	ـز	7	7
س	Sin	s	سـ	ـسـ	ـس	60	300
ش	Schin	sch	شـ	ـشـ	ـش	300	1000
ص	Sad	ṣ	صـ	ـصـ	ـص	90	60

BUCHSTABEN						ZAHLENWERTE	
Buchstaben in isolierter Stellung	Namen der Buchstaben	Lautwerte der Buchstaben	Buchstaben in Anfangsstellung	Buchstaben in Mittelstellung	Buchstaben in Endstellung	im Orient (arab. Osten)	im Maghreb (arab. Westen)
ض	Dad	ḍ	ضـ	ـضـ	ـض	800	90
ط	Ta	ṭ	طـ	ـطـ	ـط	9	9
ظ	Za	ẓ	ظـ	ـظـ	ـظ	900	800
ع	Ajin	'	عـ	ـعـ	ـع	70	70
غ	Ghajn	gh	غـ	ـغـ	ـغ	1000	900
ف	Fa	f	فـ	ـفـ	ـف	80	80
ق	Qaf	ḳ	قـ	ـقـ	ـق	100	100
ك	Kaf	k	كـ	ـكـ	ـك	20	20
ل	Lam	l	لـ	ـلـ	ـل	30	30
م	Mim	m	مـ	ـمـ	ـم	40	40
ن	Nun	n	نـ	ـنـ	ـن	50	50
ه	Ha	h	هـ	ـهـ	ـه	5	5
و	Wa	w	و	ـو	ـو	6	6
ي	Ja	j	يـ	ـيـ	ـي	10	10

Abb. 228: Das arabische Alphabet (in seiner modernen Schreibweise). (Pihan 1860, 199–203; Ruska 1917, 37; Socin/Brockelmann 1909, 4 f.)

Hebräisch (*Abb. 202*) und im Syrischen, im Griechischen (*Abb. 209, 210*) und im Etruskischen (*Abb. 229*)* – diese Reihenfolge muß also sehr alt sein. Die Ausgrabungen von Ras Schamra bei Latakia in Syrien haben ergeben, daß die Einwohner von Ugarit** ihre Sprache, die mit dem Phönizischen, Hebräischen und Aramäischen verwandt war, mit einem Keilschriftalphabet von 30 Zeichen niederschrieben. Dies war eine entscheidende Entdeckung, weil sie das bislang älteste westsemitische Alphabet zutage gefördert hat; die ältesten Zeugnisse des »linearen« phönizischen Alphabets gehen nicht über das Ende des 12. Jahrhunderts v. Chr. zurück. Es ist jedoch fast sicher, daß dieses Keilschriftalphabet nicht das älteste Alphabet der Geschichte ist. Wahrscheinlich war das westsemitische »lineare« Alphabet, der Urahn aller heutigen Alphabete, bereits im 15. Jahrhundert v. Chr. vollständig ausgearbeitet und den Schreibern von Ugarit bekannt, die nur die entsprechenden Buchstaben auf die Keilschrift übertrugen. Mehrere Fibeln aus Ugarit (*Abb. 230*) enthalten die 30 Buchstaben des ugaritischen Alphabets in der traditionellen Reihenfolge der westsemitischen Linearbuchstaben; die acht ugaritischen Buchstaben, die keine Entsprechung im Phönizischen hatten, wurden entweder zwischen die zweiundzwanzig Grundbuchstaben eingeschoben oder am Ende des Alphabets aufgeführt (vgl. Sznycer 1977).

* »Die Reihenfolge der phönizischen Buchstaben ist durch die absolute Übereinstimmung von alten etruskischen Fibeln (diejenige aus Marsigliana geht auf ungefähr 700 v. Chr. zurück) und zahlreichen hebräischen Gedichten, in denen im Alten Testament das Alphabet in Form von Akrosticha enthalten ist, belegt. Die ältesten etruskischen Fibeln hatten die 22 Buchstaben des phönizischen Alphabets bewahrt, was ihre Beweiskraft stärkt.« (Abb. 229; Février 1948, 224)

** Antike Stadt, die ihre Blütezeit offenbar zwischen dem 15. und dem 13. Jahrhundert v. Chr. hatte; ihre Überreste wurden 1929 bei Ras Schamra entdeckt.

PHÖNIZISCHE, ARAMÄISCHE UND HEBRÄISCHE BUCHSTABEN		SYRISCHE BUCHSTABEN		GRIECHISCHE BUCHSTABEN				ITALISCHE ALPHABETE			
				NAMEN DER BUCHSTABEN	URFORM	KLASSISCHE FORM	ZAHLENWERTE	OSKISCH	UMBRISCH	ETRUSKISCH MARSIGLIANA D'ALBEGNA	
ALEF	'	OLAP	'	ALPHA	a	a	1	A	A	A	a
BET	b	BETH	b	BETA	b	b	2	8	8	8	b
GIMEL	g	GOMAL	g	GAMMA	g	g	3	⅂	(ꓘ)	⅂	g
DALET	d	DOLATH	d	DELTA	d	d	4	Я	(ɫ)	ᗡ	d
HE	h	HE	h	EPSILON	e	e	5	Ǝ	Ǝ	Ǝ	e
WAW	w	WAW	w	FAW ϛ	f	⊡ →	6	Ͻ	Ͻ	ᛃ	v
SAJIN	z	SAIN	z	ZETA	dz	dz	7	I	ǂ	I	z
CHET	ḥ	HET	ḥ	ETA	ē	ē	8	日	⊘	目	h
TET	ṭ	TET	ṭ	THETA	th	th	9	■	■	⊗	th
JOD	y	JUD	y	IOTA	i	i	10	I	I	I	i
KAF	k	KOP	k	KAPPA	k	k	20	ꓘ	ꓘ	ꓘ	k
LAMED	l	LOMAD	l	LAMBDA	l	l	30	⅃	⅃	⅃	l
MEM	m	MIM	m	MY	m	m	40	M	M	M	m
NUN	n	NUN	n	NY	n	n	50	N	И	И	n
SAMECH	s	SEMKAT	s	XI ‡ Ξ	z	ks	60	■	■	⊞	s?
AJIN	'	'E	'	OMIKRON	o	o	70	V	(V)	O	o
PE	p; f	PE	p; f	PI	p	p	80	Π	1	Γ	p
ZADE	ṣ	ZODE	ṣ	SAN ⋒ ϡ	s	⊡ →	900	■	■	M	s
KOF	q	KUF	q	KOPPA ϙ	k	⊡ →	90	■	■	Ϙ	q
RESCH	r	RISCH	r	RHO	r	r	100	ᗡ	ᗡ	ᑫ	r
SCHIN	s; sh	SCHIN	sh	SIGMA ≷	s	s	200	≷	S	≷	s
TAW	t	TAW	t	TAU	t	t	300	T	✝	T	t
				ypsilon Y	u	u	400	V	V	Y	u
				phi Φ	■	ph	500	(ꓘ)	(ꓘ)	X	x
				chi X	■	kh	600	8	8	Φ	f
				psi Ψ	■	ps	700	■	■	Ψ	kh
				omega Ω	■	ō	800	■	ዓ	■	ḍh
								■	d	■	c

Abb. 229: Die Reihenfolge der 22 phönizischen Buchstaben ist in der Mehrzahl der Fälle fast ohne jede Veränderung beibehalten worden. Die Namen der phönizischen Buchstaben sind frühestens seit dem 6. Jh. v. Chr. nachgewiesen, aber Reihenfolge und entsprechende Lautwerte sind älter und gehen mindestens ins 14. Jahrhundert v. Chr. zurück.*

Aber aus welchem Grund haben die Araber dann die traditionelle Reihenfolge der semitischen Buchstaben geändert? Die Anwort folgt aus der Entwicklung ihrer Zählweise.

In der Zahlschrift, die die Araber häufig verwendet haben, wird jedem Buchstaben ihres Alphabets ein bestimmter Zahlenwert zugeordnet. »Es scheint, daß sie dies als wesentliche und vor allem ihnen gehörende Errungenschaft angesehen haben.« (Woepcke 1863; *Abb. 228*) Dieses System trägt den folgenden Namen:

حروف الجمل

Huruf Al-Jumal

Dieser läßt sich etwa folgendermaßen übersetzen: »Die Berechnung der *Summe* mit Hilfe von *Buchstaben.«*

Bei aufmerksamer Prüfung zeigt sich jedoch, daß die Araber des Orients – des östlichen Arabiens – einigen Buchstaben andere Zahlenwerte zuordnen als die Araber später in Nordafrika – dem Maghreb (Pihan 1860; Ruska 1917, 37; Socin/Brockelmann 1909, 4 f.):

* Cohen 1958; Diringer 1968; Février 1948; Friedrich 1966; Gelb 1963; Jensen 1969; Sznycer 1977.

س Sin	zählt im Maghreb 300,	im Orient 60
ص Sad	zählt im Maghreb 60,	im Orient 90
ش Schin	zählt im Maghreb 1.000,	im Orient 300
ض Dad	zählt im Maghreb 90,	im Orient 800
ظ Za	zählt im Maghreb 800,	im Orient 900
غ Ghajn	zählt im Maghreb 900,	im Orient 1.000

Man kann nun die arabischen Buchstaben nach ihrem Zahlenwert ordnen, also nach folgender Reihenfolge:

1; 2; 3; 4; ...; 10; 20; 30; 40; ...; 100; 200; 300; 400; ...; 1.000

Die Zahlenbuchstaben des orientalischen Systems – des älteren der beiden – stehen dann in der Reihenfolge des westsemitischen Alphabets (*Abb. 231*). Wenn wir weiterhin die arabischen Buchstabenziffern mit den hebräischen Zahlenbuchstaben (*Abb. 202*) und dem syrischen Zahlenalphabet vergleichen, ergibt sich für die Werte unter 400 vollkommene Übereinstimmung zwischen diesen drei Systemen. Damit ist in überzeugender Weise bewiesen, daß »im ersten Ziffernsystem das nordsemitische Alphabet erhalten geblieben ist, wobei die zusätzlichen Buchstaben des arabischen Alphabets angehängt wurden, um bis 1.000 zu kommen« (Cohen 1958, 377).

Man kann also daraus schließen, daß das Zahlenalphabet bei den Arabern nach dem Vorbild der Juden und der Christen Syriens für die zweiundzwanzig ersten

𐎀	'a	𐎊	y	𐎔	p
𐎁	b	𐎋	k	𐎕	ṣ
𐎂	g	𐎌	sh	𐎖	q
𐎃	kh	𐎍	l	𐎗	r
𐎄	d	𐎎	m	𐎘	ṯ
𐎅	h	𐎏	ḏ	𐎙	ġ
𐎆	w	𐎐	n	𐎚	t
𐎇	z	𐎑	ẓ	𐎛	'i
𐎈	ḥ	𐎒	s	𐎜	'u
𐎉	ṭ	𐎓	ʿ	𐎝	s̀

Abb. 230: Fibel aus Ugarit (14. Jh. v. Chr.), die 1948 völlig unversehrt in Ras Schamra gefunden wurde. (Unveröffentlichte Kopie des Autors nach einem Abguß; vgl. Schaeffer 1955/57, II, 199; Dokument Nr. 184 A; Museum Damaskus)

ا	ALIF	ʿ	1	س	SIN	s	60
ب	BA	b	2	ع	AJIN	ʿ	70
ج	DJIM	dsch,dj	3	ف	FA	f	80
د	DAL	d	4	ص	SAD	ṣ	90
ه	HA	h	5	ق	QAF	ḳ	100
و	WA	w	6	ر	RA	r	200
ز	ZA	s,z	7	ش	SCHIN	sch	300
ح	HA	h,ch	8	ت	TA	t	400
ط	TA	ṭ	9	ث	THA	th	500
ي	JA	j	10	خ	CHA	ch	600
ك	KAF	k	20	ذ	DHAL	dh	700
ل	LAM	l	30	ض	DAD	ḍ	800
م	MIM	m	40	ظ	ZA	ẓ	900
ن	NUN	n	50	غ	GHAJN	gh	1000

Abb. 231: Reihenfolge der arabischen Buchstaben nach den Zahlenwerten des alphabetischen Ziffernsystems der Araber des Orients.
(Vgl. Abb. 228, 229)

Buchstaben – also für Zahlen kleiner oder gleich 400 – eingeführt wurde und nach dem der Griechen für die sechs übrigen Buchstaben – den Ziffern für Zahlen zwischen 400 und 1.000. Tatsächlich wurden »nach der Eroberung Ägyptens, Syriens und Mesopotamiens in arabischen Texten die Zahlen entweder in vollem Wortlaut oder unter Zuhilfenahme von Buchstaben aus dem griechischen Alphabet aufgezeichnet« (Youschkevitch 1976, 23). So sind in einem arabischen Manuskript mit der Übersetzung des Evangeliums die Verse mit griechischen Buchstaben numeriert worden (*Abb. 232*).

Ebenso wurde in einem in Arabisch abgefaßten wirtschaftlichen Text in einem Papyrus aus dem Jahr 248 der Hedjra (862–863 n. Chr.) ausschließlich mit Ziffern des griechischen Systems gerechnet (*Ägyptische Bibliothek des Vatikan*, Nr. 283; Grohmann 1962). Diese Zahlenschreibweise findet sich in arabischen Quellen bis zum 12. Jahrhundert.

Daraus kann jedoch nicht geschlossen werden, daß das arabische Ziffernalphabet erst in dieser Zeit eingeführt worden ist: Es wurde ohne Zweifel schon vor dem 9. Jahrhundert angewandt. So enthält eine zwischen den Jahren 358 und 361 der Hedjra

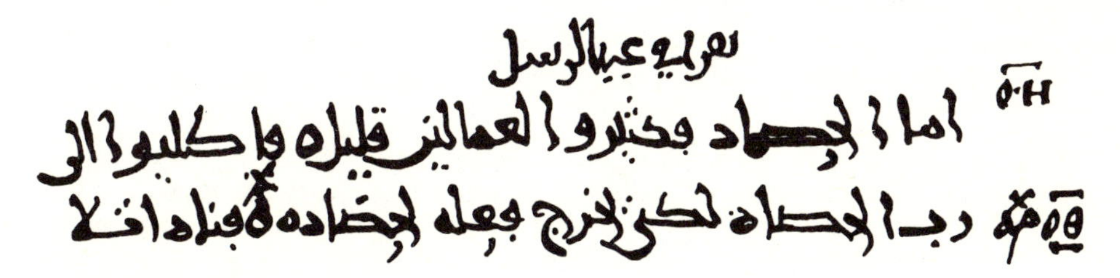

Abb. 232: Auszug aus einer arabischen Handschrift des 9. Jahrhunderts. In diesem Manuskript, das eine Übersetzung der Evangelien wiedergibt, sind die entsprechenden Verse mit griechischen Buchstaben numeriert worden (1. Zeile rechts: OH = Vers 78; 2. Zeile rechts: Oθ = Vers 79).
(Bibliotheca Vaticana, Codice Borghesiano arabo 95, Fol. 173; vgl. Tisserant 1914, Tafel 55)

Merkwörter		Zusammensetzung	
ABDSCHAD	ابجد	ا ب ج د d dsch b 'a	4.3.2.1
HAWAZIN	هوز	ه و ز z w h	7.6.5
HUTIJA	حطي	ح ط ي j ṭ h	10.9.8
KALAMUNA	كلمن	ك ل م ن n m l k	50.40.30.20
SA'AFAS	سعفص	س ع ف ص ṣ f ' 's	90.80.70.60
KRASCHAT	قرشت	ق ر ش ت t sch r k	400.300.200.100
THACHUDH	ثخذ	ث خ ذ dh ch th	700.600.500
DAZUGH	ضظغ	ض ظ غ gh z d	1000.900.800

Abb. 233: Die Merkwörter zum Memorieren der Reihenfolge der Zahlenwerte der arabischen Buchstaben im Orient. (Abb. 231; Pihan 1860; Ruska 1917; Socin/Brockelmann 1909)

(zwischen 969 und 971 n. Chr.) in Schiras kopierte Handschrift über Mathematik sämtliche arabischen Zahlenbuchstaben des orientalischen Systems.* Es gibt weiterhin ein Astrolabium** aus dem Jahr 315 der Hedjra (= 927–928 n. Chr.), auf dem diese Jahreszahl mit arabischen Zahlenbuchstaben in »kufischer Schrift« festgehalten ist (*Abb. 236*). Noch ältere Dokumente beweisen sogar, daß die Einführung dieses Systems bei den Arabern auf das 8. oder sogar auf das Ende des 7. Jahrhunderts zurückgeht.

Damit ist die Abweichung des arabischen Alphabets von der Buchstabenfolge der anderen Schriften leicht erklärbar: Im ersten Schritt übernahmen die Araber die zweiundzwanzig Buchstaben des westsemitischen Systems und fügten für ihr Ziffernsystem sechs weitere hinzu, wobei sie die traditionelle Reihenfolge beibehielten; danach haben arabische Grammatiker des 7. oder 8. Jahrhunderts, die zu dieser Zeit »hauptsächlich in Mesopotamien tätig waren, wo jüdische und christliche Studien

* *Bibliothèque Nationale Paris,* arabische Handschrift 2.457 (Fol. 53v; 88). Es handelt sich um eine Sammlung von 51 mathematischen Traktaten unter dem Titel *Traktat des Ibrahim Ibn Sinan über die Methode der Analyse und der Synthese bei geometrischen Problemen,* das von einem Mathematiker des 10. Jahrhunderts namens Ahmad Ibn Mohammed Ibn'Abd-Djalil al-Sidjizi kopiert wurde (Woepcke 1863).

** Das *Astrolabium* war ein wissenschaftliches Instrument der Araber zur Beobachtung der Position der Sterne und ihrer Höhe über dem Horizont. Die Astrologen erstellten damit ihre Horoskope schon vor der Veröffentlichung der Ephemeriden durch die astronomischen Observatorien. Man kennt einige Exemplare dieser Art aus der griechisch-byzantinischen Epoche.

604	خ د 4 600 ←	خد	12	ي ب 2 10 ←	يب
472	ت ع ب 2 70 400 ←	تعب	58	ن ح 8 10 ←	نح
1 283	غ ر ف ج 3 80 200 1000 ←	غرفج	96	ص و 6 90 ←	صو
1 631	غ خ ل ا 1 30 600 1000 ←	غخلا	169	ق س ط 9 60 100 ←	قسط
1 629	غ خ ك ط 9 20 600 1000 ←	غخكط	315	ش ي ه 5 10 300 ←	شيه

Abb. 234: Die Zahlschrift mit Hilfe von Zahlenbuchstaben wird im Orient von rechts nach links gelesen – die höchsten Werte stehen rechts. Die Zahlenbuchstaben werden wie die gewöhnlichen Buchstaben miteinander verbunden, wodurch sich ihre Form je nach Stellung innerhalb der Zahl häufig leicht verändert. (Beispiele nach einer in Schiras um 970 kopierten Handschrift; Bibliothèque Nationale Paris, Ms. ar. 2457; Woepcke 1863)

unter griechischem Einfluß betrieben wurden« (Cohen 1958), vermutlich aus pädagogischen Gründen die ursprüngliche Anordnung geändert, indem sie Buchstaben mit ähnlichen graphischen Formen zusammenfaßten.

So wurden nunmehr Buchstaben wie *Ba, Ta, Tha* oder *Djim, Ha, Cha* im arabischen Alphabet hintereinander eingereiht (*Abb. 228*):

خ	ح	ج	ث	ت	ب
CHA	HA	DJIM	THA	TA	BA
600	8	3	500	400	2

←---

Um die Reihenfolge der Zahlenbuchstaben besser behalten zu können, erdachten sich die Araber des Orients acht Gedächtnisstützen – Worte, die sonst keinen Sinn haben. Jeder mußte sie auswendiglernen, um die Buchstabenzahlen in ihrer arithmetischen Abfolge einordnen zu können (*Abb. 233*).

Das arabische »ABC« – das *Abdschad* oder *Abjad, Abujad, Abujed,* je nach Schreibweise – gibt also weder die Reihenfolge der Buchstaben des arabischen Alphabets noch den Lautwert oder die Form der Buchstaben wieder, sondern entspricht nur den geordneten Zahlenwerten im Ziffernalphabet des Orients.*

* Im Maghreb besaßen einerseits sechs der achtundzwanzig Buchstaben andere Zahlwerte als im Orient (Abb. 228), andererseits wurden die Zahlenbuchstaben auf neun andere Merkwörter verteilt, die folgende Gruppen ergeben: (1; 10; 100; 1.000); (2; 20; 200); (3; 30; 300); usw. (Abb. 237).

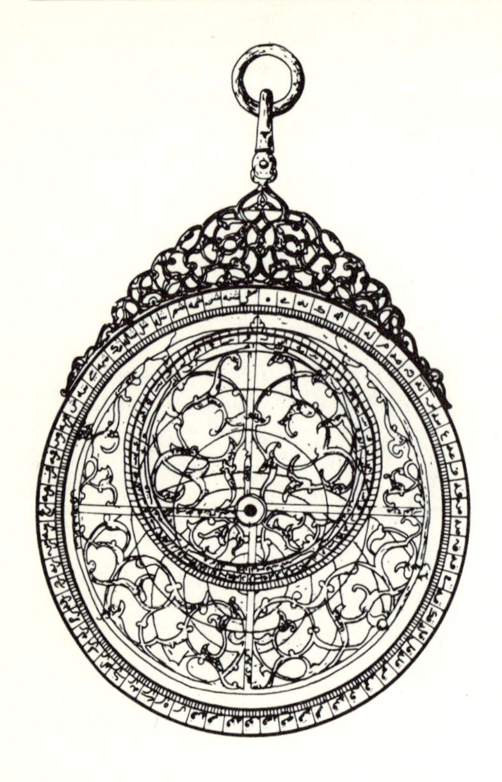

Abb. 235: Persisches Astrolabium aus dem 17. Jahrhundert, signiert von Mohammed Mukim. Die Gradeinteilungen sind in Fünferschritten von fünf bis 360 Grad mit arabischen Zahlzeichen numeriert.
(Red Fort Delhi, Isa 8; Brieux/Maddison; Kopie des Autors n. Dorn 1841, 66 f.)

Die gleiche Reihenfolge der Buchstaben findet sich nicht nur bei den Juden, sondern auch bei allen Nordwestsemiten und den Griechen, den Etruskern und den Armeniern wieder – um nur diese anzuführen. Und sie ist sehr alt, da bereits die Bewohner von Ugarit zwanzig Jahrhunderte vor den Arabern dieses Alphabet gekannt und fixiert haben.

»Aber die Araber haben, da sie die anderen semitischen Sprachen nicht kannten und aufgrund ihres starken Selbstbewußtseins und ihres Nationalstolzes von Vorurteilen durchdrungen waren, andere Erklärungen für die Merkwörter *Abdschad* usw.

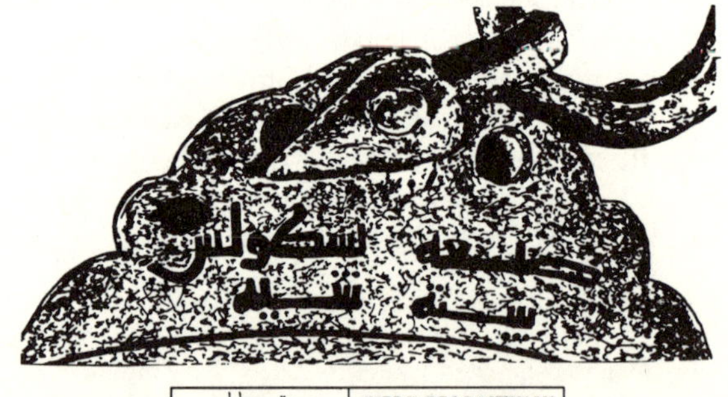

صنعة بسطولس سنة شيه	»WERK DES BASTULUS JAHR 315«

Abb. 236: Detail eines arabischen Astrolabiums (altorientalischer Typ), signiert mit Bastulus und datiert auf das Jahr 315 der Hedjra (927–928 n. Chr.), wobei das Datum durch Ziffernbuchstaben des orientalischen Ziffernsystems ausgedrückt ist (Inschrift in kufischer Schrift mit diakritischen Punkten).
(Dieses Stück soll König Faruk von Ägypten gehört haben; pers. Mitteilung v. A. Brieux; Brieux/Maddison)

1	ا	Alif	10	ي	Ja	100	ق	Qaf
2	ب	Ba	20	ك	Kaf	200	ر	Ra
3	ج	Djim	30	ل	Lam	300	س	Sin
4	د	Dal	40	م	Mim	400	ت	Ta
5	ه	Ha	50	ن	Nun	500	ث	Tha
6	و	Wa	60	ص	Sad	600	خ	Cha
7	ز	Za	70	ع	Ajin	700	ذ	Dhal
8	ح	Ha	80	ف	Fa	800	ظ	Za
9	ط	Ta	90	ض	Dad	900	غ	Ghajn
						1000	ش	Schin

MERKWÖRTER INNERHALB DIESES SYSTEMS				
AJQASCH	ايقش	ا ي ق ش	sch ḳ j a	1000 100 10 1
BAKAR	بكر	ب ك ر	r k b	200 20 2
DSCHALAS	جلس	ج ل س	s l dsch	300 30 3
DAMAT	دمت	د م ت	t m d	400 40 4
HANAF	هنث	ه ن ث	th n h	500 50 5
WASACH	وصخ	و ص خ	ch ṣ w	600 60 6
ZA'ADH	زعذ	ز ع ذ	dh ʿ z	700 70 7
HAFAZ	حفظ	ح ف ظ	ẓ f h	800 80 8
TADUGH	طضغ	ط ض غ	gh ḍ ṭ	900 90 9

Abb. 237: Zahlenalphabet der Araber in Nordafrika.
(Pihan 1860; Ruska 1917; Socin/Brockelmann 1909)

gesucht, die ihnen ja von anderer Seite überliefert und mithin unverständlich waren. Alles was sie hier vorbringen konnten, so interessant es sich auch immer anhören mag, ist in das Gebiet der Fabel zu verweisen. So hätten sechs Könige von Madyan die arabischen Buchstaben ihren Namen entsprechend angeordnet; nach einer anderen Überlieferung sind die ersten sechs Merkwörter Namen von sechs Dämonen. Nach anderen wieder soll es sich um Namen von Wochentagen handeln... Unter diesen sagenhaften Angaben ist immerhin eine interessante Einzelheit hervorzuheben: Einer der sechs Könige von Madyan übte die Oberherrschaft über die anderen aus *(ra'isuhum)*, nämlich *Kalaman*, dessen Name vielleicht mit dem lateinischen Wort *elementa* zusammenhängt...* Noch heute wird in Nordafrika das Wort *budjadi* im Sinne von *Anfänger, Novize, Blauer* (im militärischen Sinne) verwandt; es bedeutet wörtlich: *derjenige, der noch ein ABC-Schütze ist.*« (Colin 1975, 100)

* Das lateinische Wort *elementum* geht nach Cohen (1958) auf ein Alphabet zurück, das mit der zweiten Hälfte unseres Alphabets begonnen haben soll, also mit L, M, N.

Teil V
Zeichen, Ziffern und Zauberei, Mystik und Wahrsagung

Kapitel 20
Spielereien mit gelehrten Zeichen

Auf bestimmten Gebieten und zu bestimmten Zeiten haben die Schreiber in Susa und Babylon Spielereien mit gelehrten Schreibweisen sehr geschätzt. Zu diesen Schreibspielen gehören auch Umsetzungen in Zahlen, wobei Ziffern für Wörter oder Ideogramme stehen; im allgemeinen wurden dazu ausgeklügelte »Chiffriersysteme« benutzt, die auf komplexen symbolischen Theorien beruhten (Gadd 1967; Hunger 1969; Labat 1965).

Ein Beispiel für die Umsetzung eines Eigennamens in Zahlen findet sich in einer Inschrift des Königs Sargon II. von Assur (722–705 v. Chr.). Die mächtige Festung von Chorsabad – früher *Dur-Scharrukin* – wird darin folgendermaßen beschrieben:

»Und ich gab ihrer Mauer den Umfang von:
(3.600 + 3.600 + 3.600 + 3.600 + 600 + 600 + 600 + 60 + 3 × 6 + 2) Ellen (d.h. also 16.280 Ellen), entsprechend dem Wortlaut meines Namens.« (Zit. n. Lyon 1883, 10)

Aber dieser Satz hat uns sein Geheimnis noch nicht offenbart, weil das »Chiffriersystem«, nach dem der Name Sargons in Zahlen übertragen wurde, allein anhand dieses Beispiels nicht nachvollzogen werden kann.

Eine andere Verwendung chiffrierter Namen zeigt sich auf einer Tafel aus Uruk aus der Seleukidenzeit, die *Tafel der Verherrlichung der Ischtar** genannt wird (Thureau-Dangin 1914). Gegen Ende des Textes gibt der Schreiber den Namen des Eigentümers in folgender Weise wieder:

21	35	35	26	44	Sohn des	21	11	20	42

»Wer war der Eigentümer der Tafel? Die Endzeile gibt seinen Namen und den seines Vaters wieder, aber die beiden Namen sind in Ziffern geschrieben. Der Verfasser hat uns hier mit einem Rätsel konfrontiert, zu dem mir der Schlüssel fehlt.« (Thureau-Dangin 1914, 143)

Neben der Niederschrift von Eigennamen wurde die Ziffern-Kryptographie auch auf dem Gebiet des Haruspizium benutzt, der geheimen Wissenschaft der Wahrsager und Magier. Diese gebrauchten in ihren Schriften Zahlenkombinationen, um

* Jetzt im Musée du Louvre, Inventarnr. AO 6458.

Abb. 238: Astrologische Tafel mit Ziffern-Kryptogrammen (z.B. Zeile 5: 3; 5; 2; 1; 12; 4; 31), deren Bedeutung noch nicht erschlossen werden konnte.
(British Museum, 92685, Vorderseite; Kopie nach Hunger 1969)

Uneingeweihte auf vielfältige Weise irrezuführen und so die Unverletzlichkeit ihrer geheiligten Texte sicherzustellen (*Abb. 238*). Diese Verwendung finden wir beispielsweise in der sogenannten *Esagil*-Tafel, die die Maße des großen Marduktempels in Babylon und die des Turms von Babel angibt: »Dieser schwierig zu interpretierende Text ist eigentlich nur eine alltägliche Aufzeichnung der Maße von Höfen und Terrassen; es handelt sich um eine Reihe von Ziffern wie auf einem Meßtischblatt, die offenbar nicht mehr enthält als das, was man offen lesen kann. Aber der Schreiber unterbricht seine Darlegung und fügt eine Formel ein, die man häufig in den Eingeweihten vorbehaltenen Texten wiederfindet:

> *Möge der Eingeweihte dem Eingeweihten diesen Text erklären.*
> *Möge der Nichteingeweihte ihn nicht erblicken!*

Es kann hier nicht erörtert werden, welche Rolle die mündliche Unterweisung der Schüler durch den Meister beim Lesenlernen spielte. Zumindest enthalten dem Anschein nach völlig banale Texte häufig esoterische Bedeutungen, die nicht ohne weiteres erraten werden können.« (Contenau 1940, 162)

Aber solche Ziffern-Kryptogramme wurden auch in anderen Bereichen benutzt, so zur Erfindung von Spielen, die man als Wort- oder Schreibspiele bezeichnen kann. Einige dieser graphischen Anspielungen verdienen besondere Beachtung.

Häufig wird von den Schreibern von Susa – vor allem in mittelelamischen literarischen Texten – die Kombination »3; 20« als Ideogramm des Wortes »König« verwandt, das in der akkadischen Sprache *SCHÁR* (oder *SCHARRU*) ausgesprochen wurde. In einer Ziegelinschrift des Schuschinak-Schár-Ilâni, König von Susa (15. bis 14. Jh. v. Chr.), finden wir den Titel des Königs folgendermaßen wiedergegeben:

SCHUSCHINAK – 𒐈𒌋𒌋 – ILÂNI 𒐈𒌋𒌋 SUSI

3 . 20 3 . 20

(Schuschinak-*Schár*-Ilâni, *König* von Susa)

Wie läßt es sich erklären, daß die Zahlenkombination »3;20« für König steht? Zunächst sollte wieder in Erinnerung gerufen werden, daß das akkadische Wort *SCHÁR* in der Bedeutung »König« fast genauso ausgesprochen wurde wie das Zahlwort *SCHÀR*, d.h. wie die Einheit 3.600 des Sexagesimalsystems der Babylonier. Die elamischen Schreiber haben sicherlich mit dieser Homonymie ihr Spiel getrieben, indem sie diese beiden Begriffe miteinander in Beziehung setzten, wobei das Wort »König« durch die Zahlenkombination »3;20« ersetzt wurde, die nach einer feststehenden Regel 3.600 ergab.

Aber wie lautete diese Regel? Es handelt sich hier sicher nicht um die Stellungsregeln im Sexagesimalsystem der babylonischen Gelehrten, weil die Ziffern 3; 20 dann für $3 \times 60 + 20 = 200$ stehen würden (vgl. Kapitel 28). Dagegen kann die Zahl 3.600 in folgender Form (als »60 Sechziger«) niedergeschrieben werden:

60 SCHU-SCHI (vgl. S. 218)

Dies könnten die Schreiber, die Vergnügen an subtilen Spielen mit Schriftzeichen haben, auch in der folgenden Form ausdrücken:

20 20 20 SCHU-SCHI

Eine weitere Variante wäre:

3 × 20 SCHU-SCHI

Die Kombination »3;20« stand also in den Augen der Schreiber von Susa für das Produkt der drei Zwanziger mit sechzig, dessen Wert *SCHÀR* (3.600) sich durch den Gleichklang mit *SCHÁR* (König) ergab.

Auch die assyrisch-babylonischen Schreiber verwandten zur Wiedergabe des Königstitels entweder die Kombination »3;20« oder aber das Logogramm »3;30«, das einen zusätzlichen Winkel hat.

Die zweite Kombination kann ebenfalls nicht nach den Stellungsregeln gedeutet werden:

$$3 \times 60 + 30 = 210$$

Aber auch die folgende Form bietet keine Erklärung:

$$(3 \times 30) \times 60 = 5.400$$

Wenn man dagegen den zusätzlichen Winkel, der für 10 steht, als Zeichen für die Multiplikation von »3;20« mal 10 interpretiert, erklärt sich dieses Symbol ganz einfach auf folgende Weise:

$$3;\,30 = (3;\,20) \times 10 = 3.600 \times 10 = 36.000$$

Dieser Wert entspricht der Zahl *SCHÀR-U*, deren Ziffer durch Hinzufügen eines Winkels zur Ziffer für 3.600 gebildet wird:

3.600 3.600 × 10

Das Wort *SCHÀR-U* (10 × 3.600 oder auch 10 *SCHÀR*) kann auch mit folgenden Zeichen gebildet werden:

3; 30 = 3; 20 × 10

SCHÀR-U

Dieser Ausdruck hat somit die Bedeutung »großes *SCHÀR*« (große 3.600) und wird wie das Wort *SCHARRU* (König) ausgesprochen. Vermutlich wollte ein Schreiber mit »3; 30« zum Ausdruck bringen, daß es sich um einen »großen König« handelt.

Aus bisher noch unbekannten Gründen wurden die zwei folgenden Kombinationen verwendet, um die Begriffe »rechts« und »links« wiederzugeben (Gadd 1967; Hunger 1969; Labat 1965):

»RECHTS«
15

»LINKS«
2; 30

Daneben steht die Kombination »1;20« für das akkadische Wort für »Thron«, und der senkrechte Nagel für Eins wird auch als Determinativ für »Mann« und für die wichtigsten männlichen Tätigkeiten benutzt (Labat 1974; Scheil 1915).

Schließlich spielte die Ziffern-Kryptographie auch innerhalb der theologischen Zahlentheorie eine wichtige Rolle, da die mesopotamischen Schreiber der Übertragung der Götternamen in Zahlen große Bedeutung zumaßen.

Theorien über die Zahlen haben seit der Blütezeit der mesopotamischen Kultur eine allgemein bekannte Rolle im religiösen Denken der Assyrer und Babylonier gespielt. Sie verstanden die Himmelswelt als Zahlenharmonie, die auf das sumerisch-akkadische Ziffernsystem ausgerichtet war; die Zahlensymbolik war dabei das wesentliche Element eines Namens und eines Individuums.

Seit der Zeit des altbabylonischen Reichs (Anfang des zweiten Jahrtausends v. Chr.) und insbesondere während des ersten Jahrtausends v. Chr. wurde eine Anzahl babylonischer Götter durch Keilschrift-Ziffern bezeichnet. Auf einer Tafel des 7. Jh. v. Chr. findet man zu jedem Gottesnamen eine entsprechende Ziffer, die manchmal auch als Ideogramm für den entsprechenden Gott dient (*Abb. 239*). Hier die wichtigsten Angaben:

1. *Anu*, dem Gott des Himmels, wird die 60 zugeordnet (Einheit des sumerisch-babylonischen Sexagesimalsystems, in sich selbst als Zahl der Vollkommenheit angesehen); der Schreiber der Tafel erklärt dazu (1.6, Spalte I, Vorderseite): »Anu ist der Gott des Anfangs, der Vater aller anderen Götter«;
2. *Enlil*, dem Gott der Erde, ist durch die 50 dargestellt;
3. *Ea*, dem Gott der Gewässer, ist die 40 zugeordnet*;
4. *Sin*, dem Mondgott, entspricht die 30, denn »er ist der Herr der Einleitung des Monats« (1.9, Spalte I, Vorderseite); Sin ist also der Gott, der die dreißig Tage des Monats beherrscht;
5. *Schamasch*, der Sonnengott, wird mit der Zahl 20 bezeichnet;
6. dem Gott *Adad* ist die Zahl 6 zugeordnet**;
7. der Gott *Marduk* wird durch die 10 dargestellt;
8. die Göttin *Ischtar*, Tochter des Himmelsgottes *Anu* und als »Herrscherin der Götter« angesehen, erhält die Zahl 15;
9. der Gott *Ninurta*, Sohn des Gottes 50 (*Enlil*), steht ebenfalls unter der Zahl 50;
10. dem Gott *Nergal* entspricht die 14;
11. die Götter *Gibil* und *Nusku* werden beide durch die 10 dargestellt, weil »sie Gefährten des Gottes 20 (= *Schamasch*) : 2 × 10 = 20« sind (1.16, Spalte I, Rückseite).

* Der Gott *Ea*, der auf dieser Tafel nur den Wert 40 hat, wird zuweilen auch mit 60 gleichgestellt.
** Häufig wird der Gott *Adad* mit der Zahl 10 und nicht mit der 6 bezeichnet.

VORDERSEITE

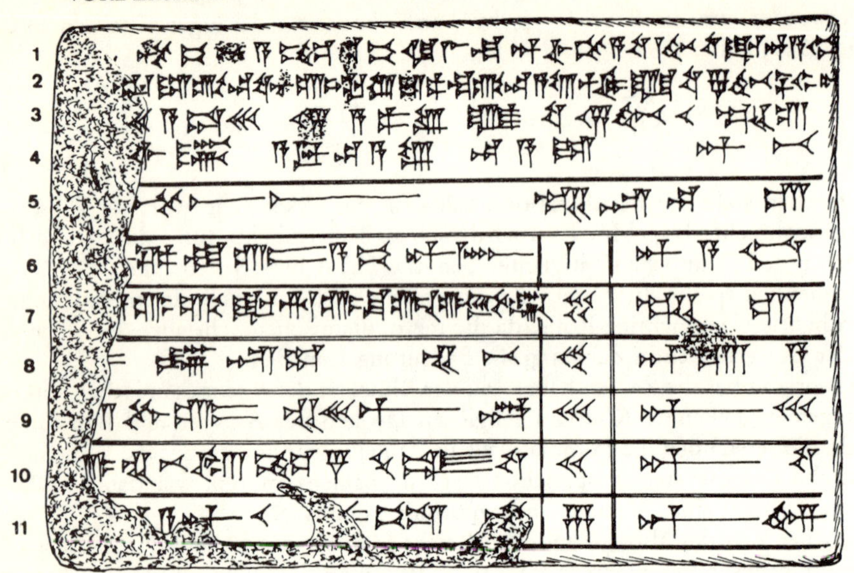

RÜCKSEITE

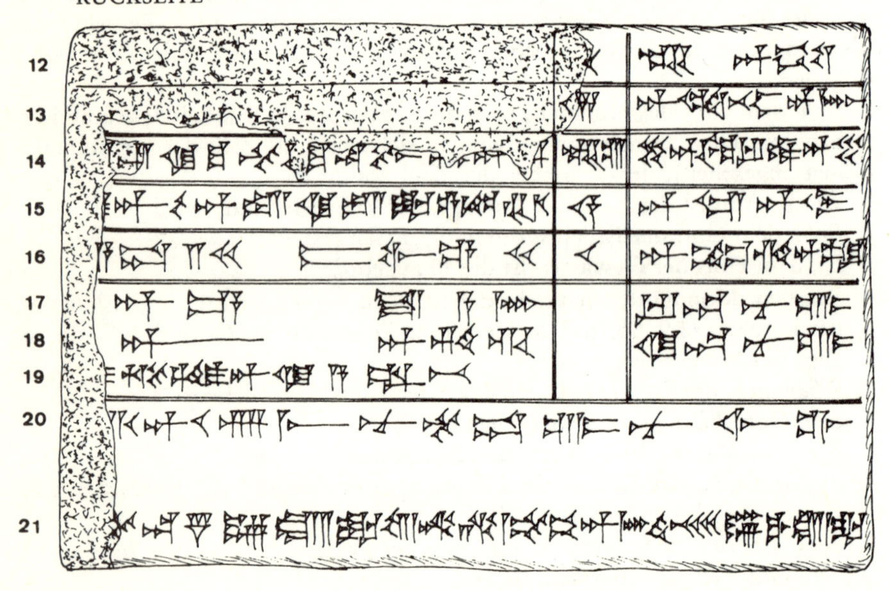

Abb. 239: Keilschrifttafel mit einer Liste der Götter und den jeweils zugeordneten Ziffern. 7. Jh. v. Chr., gefunden in der »Bibliothek« des Assurbanipal.
(British Museum, K 170; vgl. Cuneiform Texts 25/1909, Tafel 50; übers. v. J. Bottéro)

TRANSKRIPTION & ÜBERSETZUNG DER BEIDEN LETZTEN SPALTEN RECHTS					
VORDERSEITE	ZEILE 6			1 oder 60	^{d} A-num
	7			50	^{d} En-lil
	8			40	^{d} E-a
	9			30	^{d} Sin (Name entspricht der Ziffer30)
	10			20	^{d} Schamasch
	11			6	^{d} Adad
RÜCKSEITE	12			10	^{d} Bel Marduk (der Herr Marduk)
	13			15	^{d} Ischtar be-lit ili (Ischtar, Herrin der Götter)
	14			En-lil	50 ^{d} Nin-urta, nar 50 (50 Ninurta, Sohn des Gottes Enlil)(geschrieben 50)
	15			14	^{d} U + gur, ^{d} Nergal
	16			10	^{d} Gibil, ^{d} Nusku

Abb. 239 (Fortsetzung)

»Die abnehmenden Zahlenwerte dieser Zuordnungen entsprechen der Hierarchie der Personen. Die Dialektik, die dieser Einteilung zugrunde lag, ist uns zum größten Teil nicht mehr verständlich*; aber man kann sich wohl dem Gedanken nicht verschließen, daß die Gelehrten Babyloniens** damit vielleicht eine sumerische Doktrin entwickeln wollten, in der die von vornherein und unüberwindlich festgelegte Überlegenheit der Götter über die Menschen in Frage gestellt werden sollte, indem man ihnen zur Darstellung die abstraktesten ›Begriffe‹ zuordnete, die es gibt: Ziffern und Zahlen. Damit konnten sie die Einbildungskraft der Menschen nicht irreleiten, da sie nur Daten und keine Gestalten waren. Eine solche Doktrin läßt sich allerdings nur an zwei Beispielen – Tempeln – belegen.« (Bottéro 1952, 59 f.)

Diese Zahlenmystik konnte noch weiter gehen. So enthält das Ende der berühmten *Hymne auf die Schöpfung* eine Liste mit »Namen« Marduks. Diese Beinamen sollen seine Tugenden und Heldentaten beschreiben und auf diese Weise verdeutlichen, daß er der oberste Gott des babylonischen Pantheon und der Göttlichste von allen sei. Die erste Gruppe von Beinamen enthält zehn Namen – 10 ist die Zahl Marduks; die zweite Gruppe umfaßt 40 Namen – Marduks Vater Ea ist die Zahl 40 zugeordnet. Damit hat Marduk 50 Namen – auch weil Enlil die Zahl 50 hat und der Hymnus vor allem zeigen will, daß Marduk Enlil an der Spitze des Universums der Götter und der Menschen ersetzte.***

* »Die früheren Interpreten machten erhebliche Anstrengungen, um diese zu rechtfertigen, indem sie sich darauf beriefen, daß auch zwischen den Göttern Beziehungen auf der Basis der Gleichheit, der Überordnung oder der Zusammengehörigkeit bestanden haben könnten. Ihre Spekulationen waren nicht nur abstrakter und theoretischer Natur, da sie Rückwirkungen auf den Tageskalender hatten – Adad war Schutzherr des 6. Tages, Schamasch des 20. usw.« (Labat 1965)

** »Ein Anzeichen für den Einfluß der Semiten auf diesem Gebiet ist beispielsweise, daß die Zahl 30 vor Hammurapi niemals zur Bezeichnung des Sin verwandt wird; danach wird sie bis in die Kassiten-Zeit hinein in diesem Sinne verwendet...« (Bottéro 1952, 60).

*** Persönliche Mitteilung v. J. Bottéro

Kapitel 21
Geheime Zahlen und Schriften

Wir wollen im folgenden Geheimschriften und geheime Zahlensysteme näher betrachten, die in der Vergangenheit im Mittleren Osten und insbesondere bei den Behörden des Osmanischen Reiches verwandt wurden.*

»Bei den Türken wurde die Kryptographie mit besonderer Vorliebe gepflegt. Die mathematischen, medizinischen und okkultischen Handschriften der Osmanen wimmeln nur so von geheimen Alphabeten und Ziffernsystemen. Sie haben dazu sämtliche Alphabete zusammengestellt, die in ihrer Reichweite lagen. Meistens haben sie sie in der Form benützt, in der sie sie kennenlernten; manchmal wurden sie jedoch verändert und übetragen – wenn nicht willentlich, so doch durch die langsame Abwandlung, die sich bei einer Reproduktion durch handschriftliche Kopien zwangsläufig ergibt.« (Decourdemanche 1899, 258)

So wurde das folgende Zahlensystem lange in Ägypten, Syrien, Nordafrika und der Türkei verwandt (Decourdemanche 1899):

	9	8	7	6	5	4	3	2	1
	oder 90	oder 80	70	60	oder 50	oder 40	30	oder 20	10
1000	900	800	700	600	500	400	300	200	100

* Diese esoterischen Systeme wurden in vielen Bereichen verwendet: in Okkultismus und Wahrsagerei, Wissenschaft und Diplomatie, in militärischen Berichten, Handelsbriefen und Rundschreiben der Verwaltungen. In den Büros der türkischen und persischen Finanzministerien wurde noch zu Beginn dieses Jahrhunderts ein als *Sijak* bekanntes Zahlensystem herumgereicht, dessen Ziffern für Berichte der Buchhaltung und die Handelskorrespondenz verwandt wurden. Diese Ziffern bestanden im Grunde nur aus Monogrammen oder Abkürzungen der arabischen Zahlwerte; sie sollten betrügerische Manipulationen verhindern bzw. die Beträge, um die es ging, vor der Öffentlichkeit geheimhalten (Chodzleo 1852, 98 ff.; Fekete 1955, I, 34–50; Forbes 1829; Pihan 1860, 210–225, 231–237; 1856; Reychman/Zajaczkowski 1968, 104–134; de Sacy 1810; Stewart 1825; vgl. außerdem *Bibl. Nat. Paris*, Ms. arab. 4290, Fol. 207 und 4441).

SYRISCHE & HEBRÄISCHE BUCHSTABEN			ARAB. BUCHSTABEN			
'a	א	ܐ	'a	ا	[illegible]	1
b	ב	ܒ	b	ب	[illegible]	2
g	ג	ܓ	dsch, dj	ج	[illegible]	3
d	ד	ܕ	d	د	[illegible]	4
h	ה	ܗ	h	ه	[illegible]	5
y	ו	ܘ	w	و	[illegible]	6
s	ז	ܙ	s,z	ز	[illegible]	7
ch	ח	ܚ	h,ch	ح	[illegible]	8
ṭ	ט	ܛ	ṭ	ط	[illegible]	9
j	י	ܝ	j	ي	[illegible]	10

k	ך כ	ܟ	k	ك	[illegible]	20
l	ל	ܠ	l	ل	[illegible]	30
m	ם מ	ܡ	m	م	[illegible] [illegible]	40
n	ן נ	ܢ	n	ن	[illegible] [illegible]	dj 50
s	ס	ܣ	s	س	[illegible]	60
'	ע	ܥ	'	ع	[illegible]	70
p	ף פ	ܦ	f	ف	[illegible] [illegible]	80
ṣ	ץ צ	ܨ	ṣ	ص	[illegible] [illegible]	90
k	ק	ܩ	ḳ	ق	[illegible]	100
r	ר	ܪ	r	ر	[illegible]	200
sch	ש	ܫ	sch	ش	[illegible]	300
t	ת	ܬ	t	ت	[illegible]	400

Abb. 240: Vergleich eines Geheimalphabets, das noch im letzten Jahrhundert in der Türkei, Ägypten und Syrien benutzt wurde, mit den arabischen, syrischen und hebräischen Buchstaben (Decourdemanche 1899).

Auf den ersten Blick scheinen diese bizarren Zeichen von Grund auf neu erfunden zu sein. Wenn man sie jedoch mit arabischen Buchstaben des Orients vergleicht, die denselben Zahlenwert haben, und neben die hebräischen (*Abb. 201*) und syrischen Buchstaben stellt, dann wird sofort deutlich, daß die Ziffern dieser Geheimnumerierung nur überlieferte Formen der alten aramäischen Buchstaben in der Reihenfolge des *Abdschad* sind (*Abb. 231, 233, 240*).

Damit sind auch die beiden Varianten für die Werte 20, 40, 50, 80 und 90 zu erklären. Die zweite Form entspricht jeweils der Endform der hebräischen Buchstaben *Kaf, Mem, Nun, Pe* und *Zade.* Dies bestätigen auch die arithmetischen Traktate selber: Die ägyptischen Texte geben diesem System den Namen *Al-Schamisi* (»der Besonnte«), wobei dieser Ausdruck im Orient meist dazu verwandt wurde, alles zu bezeichnen, was sich auf Syrien bezog. Die syrischen Dokumente selbst hießen *Al-Tadmuri* – »aus Tadmur« (Decourdemanche 1899) –, also nach dem alten semitischen Namen der antiken Stadt Palmyra, die einst an der großen Straße lag, die Mesopotamien mit der Mittelmeerküste verband und über Damaskus und Homs führte.

Die zweiundzwanzig aramäischen Buchstaben wurden also in der Form aufgenommen, in der sie den Türken überliefert waren. Türkische Autoren erwähnen ausdrücklich, daß sechs weitere Zeichen hinzugefügt wurden, um die Entsprechung mit dem arabischen Alphabet und der Bezifferung von 1 bis 1.000 beizubehalten.

Dieses System wurde nicht nur als Zahl-, sondern auch als Geheimschrift verwandt, wie uns M.J.A. Decourdemanche berichtet: »Im Jahre 1869 ließ das Kriegsministerium das türkische Original des Militärberichts über das mißglückte Unternehmen Karl III. von Spanien gegen Algier, den die Regierung in Algier an die Pforte gesandt hatte, aus Afrika nach Paris kommen, um den Offizieren einen Vergleich mit der französischen Aktion von 1830 zu ermöglichen. Dieses Dokument wurde einem Militärdolmetscher anvertraut, der davon eine Kurzfassung anfertigen sollte. Das Manuskript, welches ich damals zu sehen bekam, trug den Stempel einer Bibliothek von Algier. Unter einem ganzen Stapel alter Abrechnungen kam auch der Bericht der Regierung zutage, in dem sich auch ein langer Spionagebericht in Spanisch fand, der aber in der *Chat Al-Barawat* genannten hebräischen Schrift abgefaßt war. Die Unterschrift war in *Tadmuri*-Buchstaben geschrieben und sah folgendermaßen aus (*Abb. 240*):

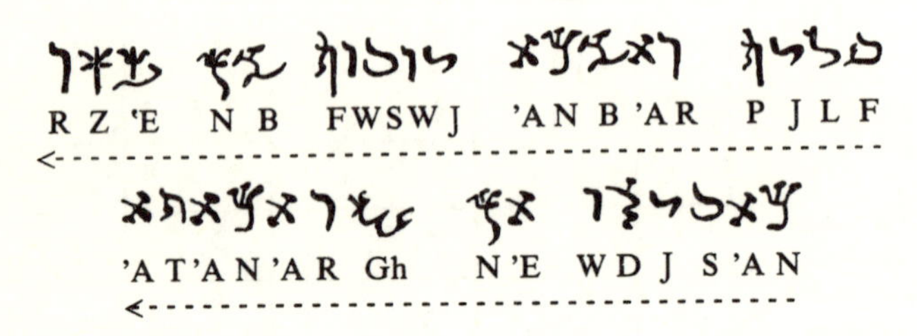

Der Schreiber hatte also mit Tadmuri-Buchstaben anstatt lateinischen folgendes geschrieben: ›*Felipe, rabbina Jussuf ben Ezer, nacido en Granada.*‹ Danach folgte auf Blättern, die mit dem Briefpapier identisch waren, eine genaue Aufstellung der spanischen Land- und Seestreitkräfte, in *Tadmuri*-Schrift. Da diese Aufstellung im Bericht der Regierung Zeile für Zeile in türkischen Normalbuchstaben reproduziert war, war es für mich leicht, die Zahlenwerte der Tadmuri-Zeichen zu erschließen.

Als Muster hier die Wiedergabe (...) der ersten Zeile der Angaben des Spions über die Truppenstärken von Armee und Marine:

5 80 100

70

In lateinische Schrift übertragen ergibt sich folgendes:

Régimento (del) Rey, 185 (hombres)
El Velasco, 70 (cañónes)
(Regiment des Königs: 185 Mann; Marine: 70 Kanonen).«
(Decourdemanche 1899, 268 f.)

Es können an dieser Stelle natürlich nicht alle esoterischen Schriften des Orients dargestellt werden. Immerhin möchte ich noch zwei weitere Geheimsysteme vorstellen, die vor nicht allzu langer Zeit in der Führung der kaiserlich osmanischen Armee benutzt wurden.

Bei dem einfacheren der beiden handelt es sich um eine Zahlenschreibweise, die im türkischen Armeestab benutzt wurde, um die Menge von Lebensmitteln, Nachschubgütern, Ausrüstungsmaterial usw. wiederzugeben. Sie hat folgende Form (Decourdemanche 1899):

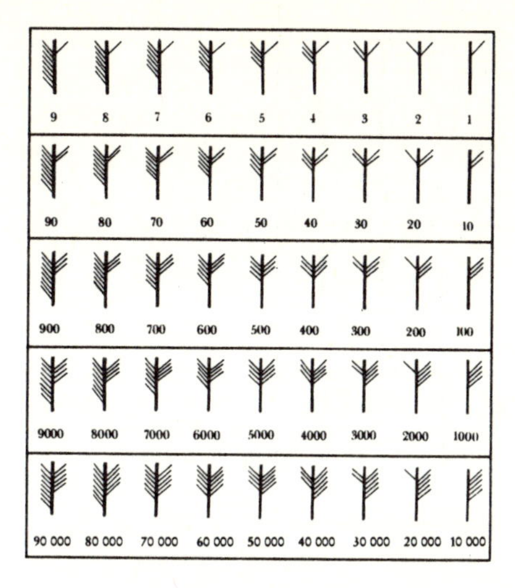

In diesem System werden also eins, zehn, hundert oder tausend durch einen senkrechten Strich mit einem, zwei, drei oder vier Armen rechts oben wiedergegeben. Fügt man jedem dieser Zeichen links einen Arm hinzu, erhält man die Ziffern für 2, 20, 200 oder 2.000; bei acht Schrägstrichen links erhält man die Ziffern 9, 90, 900 oder 9.000.

Ist dieses System alles in allem ziemlich durchsichtig, so trifft das für das folgende nicht mehr zu, das die türkischen Militärs zur Aufstellung von Effektivbeständen, die Mannschaften eingeschlossen, verwandten (Decourdemanche 1899):

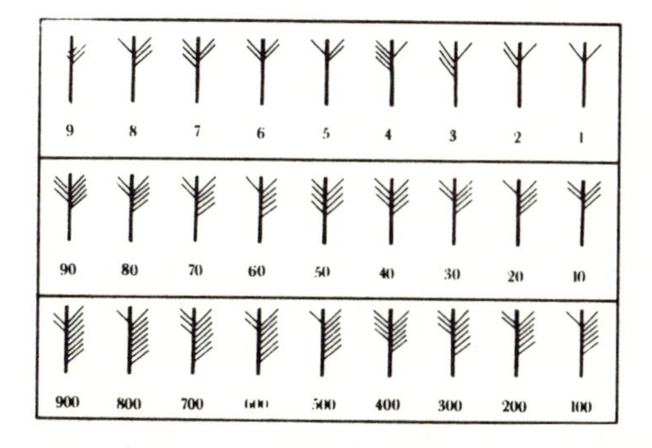

Für einen Nichteingeweihten weisen diese Ziffern keinerlei Logik auf. Trotzdem ist dieses System zum einen als Zahlschrift, zum anderen als Geheimschrift benutzt worden, was vermuten läßt, daß jedes dieser Zeichen den gleichen Lautwert hatte wie der entsprechende arabische Zahlenbuchstabe.

Durch den Vergleich dieser Zeichen mit den entsprechenden Ziffern des orientalischen Zahlenalphabets (*Abb. 231*) unter Berücksichtigung der Abfolge der acht

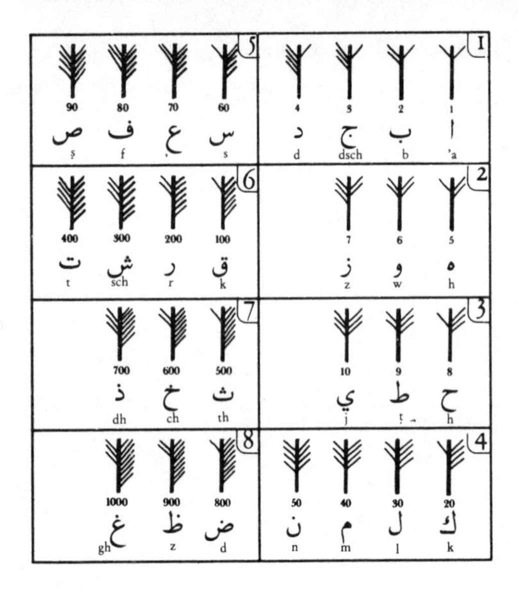

Abb. 241: Eine türkische Zahlengeheimschrift, die auf der Abfolge der acht Merkwörter des orientalischen Zahlenalphabets beruht.
(Decourdemanche 1899; zum Abdschad vgl. Abb. 233)

Merkwörter, in die die orientalischen Zahlenbuchstaben eingeteilt sind (*Abb. 233*), ergibt sich, wie die Chiffren dieses Systems zustandegekommen sind. Für die Zahlen 1, 2, 3, 4 – die den vier aufeinanderfolgenden Buchstaben des ersten Merkwortes *ABDschaD* entsprechen – nimmt man einen senkrechten Strich mit einem Arm oben rechts und fügt einen, zwei, drei oder vier Schrägstriche links hinzu. Für die Zahlen 5, 6, 7 – die den drei Buchstaben des zweiten Merkwortes *HaWaZin* entsprechen – nimmt man einen senkrechten Strich mit zwei Armen rechts oben und fügt einen, zwei oder drei Arme links hinzu. Und in gleicher Weise wird auch weiter verfahren (*Abb. 241*).

Kapitel 22
Die Kunst der Chronogramme

In hebräischen und mohammedanischen Texten finden sich seit dem Mittelalter unzählige Beispiele einer Kunst, die neben der Kalligraphie und der Poesie einen eigenen Rang einnimmt: die Verkleidung von Zeitangaben in »Chronogrammen«.

Das *ramz* der arabischen Dichter, Historiker und Bildhauer in Nordafrika und Spanien sowie das *tarich* der türkischen und persischen Schriftsteller bestehen aus »einem (bedeutsamen und charakteristischen) Wort oder einem kurzen Teilsatz, dessen Buchstaben den Zahlenwert des Datums eines vergangenen oder zukünftigen Ereignisses ausdrücken« (Colin 1971, 484).

So findet sich der folgende Satz auf einem jüdischen Grabstein in Toledo (vgl. Cantera/Millas 1956, Inschr. Nr. 43):

שנת אגלי טל על חמשת אלפים

TAUSEND FÜNF AUF TAUTROPFEN JAHR

JAHR: »EIN TAUTROPFEN AUF FÜNFTAUSEND«

Hält man sich an den Wortsinn, so besagt dieser Satz im Grunde nichts. Dagegen erhält man durch Zusammenzählen der Zahlenwerte der Buchstaben des Wortes »Tautropfen« das Todesdatum – im jüdischen Kalender – der in dem Grab beigesetzten Person:

»EIN TAUTROPFEN« א ג ל י ט ל

30 9 10 30 3 1

83

Dieser Mensch ist also im Jahre »dreiundachtzig (= *ein Tautropfen*) auf fünftausend« gestorben, im Jahre 1322–1323 n. Chr. Das Jahr 5144 des jüdischen Kalenders (= 1374 n. Chr.) wird in einer anderen Grabinschrift aus Toledo (Cantera/Millas 1956, Inschr. Nr. 99) mit der Zahl 144 folgendermaßen dargestellt:

שנת היינה אין אב
2 1 50 10 1 5 50 10 10 5 Jahr
JAHR: »WIR SIND OHNE VATER VERBLIEBEN«
144

Auf anderen Gräbern des jüdischen Friedhofs von Toledo finden wir noch das Jahr 5109 des jüdischen Kalenders (= 1348–1349 n. Chr.) in den beiden folgenden Formen (Cantera/Millas 1956, Inschr. Nr. 69, 70, 71, 75, 86 und 87)*:

Das gleiche Verfahren findet man auch im Orient, vor allem in der Türkei und im Irak (Sa'id ed-Dewachi 1963), in Persien und Bihar (Ahmad 1973); allerdings scheint diese Kunst ebenso wie die Kalligraphie des Orients erst seit dem 11. Jahrhundert n. Chr. bekannt zu sein.

So wurde z.B. das Todesdatum des Königs Scher von Bihar im Nordosten Indiens, der im Jahre 952 der Hedjra (1545 n. Chr.) bei einer Explosion ums Leben kam, durch folgendes Chronogramm wiedergegeben (Ahmad 1973, 368)**:

Ein anderes Beispiel der Datierung mit einem Chronogramm stammt von dem Mathematiker und Astronomen al-Biruni (geboren 973 in Chiwa, gestorben 1048 in Ghasni) aus dessen berühmter *Chronologie der alten Völker* (al-Biruni 1879). Dieser Gelehrte hatte den Juden vorgeworfen, sie hätten ihren Kalender willkürlich durch Verringerung der Zahl der Jahre seit Erschaffung der Welt geändert, damit das Datum der Geburt Jesu nicht mehr mit den Weissagungen der Propheten übereinstimmte. Er behauptete darüber hinaus, daß die Juden den Messias nun im Jahr 1335 der Ära der Seleukiden (1024 n. Chr.) erwarteten, was er in folgendem Chronogramm zum Ausdruck brachte (al-Biruni 1879; Carra de Vaux 1934):

* In den Chronogrammen sind die Tausender nicht berücksichtigt, was aber für Zeitgenossen niemals zu Verwechslungen führen kann – so wie wir heute 80 statt 1980 sagen und schreiben. Um gewöhnliche Wörter von Chronogrammen zu unterscheiden, haben die Bildhauer drei Punkte auf die Zahlbuchstaben gesetzt.

** Im Persischen und im Türkischen haben die eigenen Buchstaben (P, Tch, G usw.) genau den gleichen Wert wie die gleich geschriebenen arabischen Buchstaben, wobei die Zahlenwerte dem orientalischen System entsprechen (Abb. 231):

پ	P hat den gleichen Wert wie	ب	B	
چ	Tch hat den gleichen Wert wie	ج	D	
گ	G hat den gleichen Wert wie	ک	K	usw.

نجاة الخلق من الكفر بمحمد

»MOHAMMED ERLÖST DIE WELT VOM UNGLAUBEN«

ن ج ا ة ا ل خ ل ق م ن ا ل ك ف ر ب م ح م د

4 40 8 40 2 200 80 20 30 1 50 40 100 30 600 30 1 5 1 3 50

1335

Auch in Marokko wurden seit dem 16. oder 17. Jahrhundert Chronogramme verwendet, und zwar nicht nur in Inschriften, die in Versen ein Ereignis oder eine Gründung verewigten. Auch bei zahlreichen Schriftstellern, Dichtern, Historikern und Biographen sind Chronogramme zu finden, wobei der Hofsekretär und -dichter Mohammed Ben Ahmed al-Maklati (gestorben 1630) sowie die Dichter Mohammed al-Mudara' (gestorben 1734) und Abd al-Wahab Adara (gestorben 1746) erwähnt werden sollten, die beide geschichtliche Lehrbücher auf der Basis dieses Prinzips verfaßt haben – einer über berühmte Männer von Fes, der andere über die Heiligen von Meknes (Colin 1971, 484).*

Das folgende Beispiel stammt aus einer arabischen Inschrift, die Colin (1924) vor etwa 50 Jahren in der Kasba von Tanger entdeckt hat, im Südzimmer des Qubbat-al-Buchari, einem Gebäude des ehemaligen Sultanspalastes. Im historischen Rückgriff werden wir versuchen, uns in die Zeit der Errichtung dieses Gebäudes zurückzuversetzen.

Die Inschrift wurde zu Ehren eines Mannes namens Ahmed Ibn Ali Ibn Abdullah verfaßt, »dem Sohn des berühmten Ali Ibn Abdullah, Statthalter (*Ka'id*) von Tetuán und Oberbefehlshaber der Truppen aus dem Rif im Heiligen Krieg (*Mudjahedin*), die im Jahre 1095 der Hedjra (1684) nach langer Belagerung das von den Engländern aufgegebene Tanger besetzten (...). Als der *Ka'id* Ali Ibn Abdullah im Jahre 1103 der Hedjra (1691–1692) als Befehlshaber (*Amir*) aller Truppen des Rif starb, setzte der Sultan Ismail den Sohn des Verstorbenen, *Bassa* Ahmed Ibn Ali, an seine Stelle; von nun ab entspricht die Geschichte des marokkanischen Nordwestens seiner Biographie (...). Nach dem Tode des Sultans Ismail im Jahr 1139 der Hedjra (1726–1727) nutzte er die Schwäche dessen Nachfolgers Ahmed ed-Dahabi und versuchte, Tetuán zu erobern, das von einem anderen, fast uanbhängigen Statthalter *(Amir)*, Mohammed al-Wakkas, regiert wurde; aber er wurde unter Verlusten zurückgeschlagen. Im Jahre 1140 der Hedjra (1727–1728) kehrte der Sultan Ahmed ed-Dahabi wieder auf seinen Thron zurück, nachdem er von seinem Bruder Abd el-Malik vertrieben worden war. Aber Ahmed Ibn Ali erkannte ihn nicht mehr an und verweigerte ihm die Huldigung, ein Beispiel, das auch die Stadt Fes nachahmte. Seitdem nahm die Feindschaft zwischen dem Befehlshaber des Rif und dem Herrscherhaus der Alawiten beständig zu.

* In Inschriften wurden die Chronogramme zuweilen farblich vom Rest der Inschrift abgehoben. In Handschriften geht man entweder ebenso vor oder verwendet fettere Buchstaben. Darüber hinaus werden die arabischen Chronogramme wie bei den hebräischen Inschriften stets durch die Präposition *fi* (»im«) oder durch *Sanat 'ama* (»im Jahre ...«) eingeleitet (Colin 1971, 484).

Eine unkluge Geste des Sultans Abdullah, dem Nachfolger des Ahmed ed-Dahabi, ließ die Feindschaft in offene Feindseligkeiten umschlagen (...): als im Jahre 1145 der Hedjra dreihundertfünfzig bewaffnete Männer aus dem Rif, Soldaten des Heiligen Krieges, als Abordnung an den Sultan Abdullah nach Tanger geschickt wurden, um die Differenzen auszuräumen, ließ der Sultan sie umbringen. Der Oberbefehlshaber des Rif wandte sich daraufhin vollends vom Herrscher ab und verbündete sich mit dessen Bruder und Rivalen al-Mustadi, um bis zu seinem unglücklichen Ende (...) im Jahre 1156 der Hedjra (1743) Abdullah, den Sohn des Sultans Ismail, zu bekämpfen und seine Rivalen gegen ihn zu unterstützen.« (Colin 1924)

Das Datum der Inschrift zu Ehren dieses Mannes ist im folgenden Vers festgehalten, wobei die Werte nach dem maghrebinischen Zahlenalphabet berechnet sind (*Abb. 237*; Colin 1924):

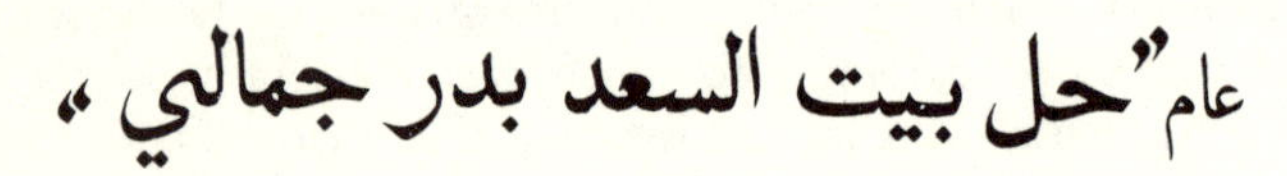

JAHR: »DER VOLLMOND MEINER SCHÖNHEIT HAT SICH IM ZIMMER DES GLÜCKES NIEDERGELASSEN«

ح ل ب ي ت ا ل س ع د ب د ر ج م ا ل ي

10 30 1 40 3 200 4 2 4 70 300 30 1 400 10 2 30 8

1145

Das Gebäude *Qubbat-al-Buchari* in der Kasba von Tanger wurde also im Jahre 1145 der Hedjra, das am 24. Juni beginnt, erbaut – als *Bassa* Ahmed Ibn Ali die Unabhängigkeit vom Sultan Abdullah erstritt.

Dies zeugt von der Kunst, einen Satz zu bilden, der einen Sinn hatte und gleichzeitig dem Zahlenwert des Ereignisses entsprach, das verewigt werden sollte...

Kapitel 23
Interpretationen und Theorien der Gnostiker und Kabbalisten, Zauberer und Wahrsager

Die Gleichsetzung von Zahlen und Buchstaben führte zu einigen merkwürdigen Methoden der Textauslegung. Deren Grundprinzip besteht darin, den Wert der Buchstaben eines Wortes, einer Wort- oder Buchstabengruppe zu ermitteln und in eine Zahl umzusetzen. Mithilfe dieser Zahl läßt sich dann das betreffende Wort deuten, indem es mit anderen Worten in Verbindung gebracht wird, die derselben Zahl entsprechen (*Encyclopaedia Universalis* 1968/75, 825 f.).

Dieses Verfahren wurde von den Juden als *Gematria* bezeichnet – »Buchstabenrechnung« oder »Zahlenwert der Worte« –, von den Griechen als *Isopsephie* (Perdrizet 1904)* und von den Moslems als *Hisab al Dschumal* – »Errechnen der Summe, der Gesamtheit« (Colin 1971, 484).

Vor allem die Juden haben damit Worte religiös gedeutet und verschiedene theoretische Berechnungen der Zukunft angestellt. Solche Verfahren wurden häufig in den rabbinischen Texten verwandt, besonders im *Talmud*** und im *Midrasch.**** Die wichtigste Rolle spielen sie aber in der esoterischen Literatur, da die *Magie der Kabbala* den größten Nutzen aus der Buchstabenrechnung gezogen hat.

Im folgenden sollen einige Beispiele für die religiöse und literarische Anwendung dieser Methoden beschrieben werden, um zu zeigen, wie weit die Anhänger der Gematria ihre Spekulationen und Argumentationen getrieben haben.

Einige Rabbiner verknüpften so die hebräischen Worte *Jajin* und *Sod* (»Wein« und »Geheimnis«), denn der Wein entlockt das Geheimnis – »im Wein liegt die Wahrheit« (hebr. *Nichnas Jajin Jasa sod;* lat. *in vino veritas*). Außerdem haben diese beiden Worte im hebräischen Zahlensystem denselben Zahlenwert (*Abb. 202*):

יין	סוד
50 10 10	4 6 60
<----------	<----------
JAJIN	SOD
70	70

* Dieses Wort ist vermutlich eine Verstümmelung des Ausdrucks *geometrikos arithmos,* »geometrische Zahl« (Sambursky 1978).

** Alte rabbinische Sammlung von jüdischen Gesetzen, Bräuchen, Traditionen und Meinungen.

*** Rabbinische Sammlung von Kommentaren zur Heiligen Schrift.

Moses Cordovero gibt in seinem Werk *Pardes Rimonim* ein anderes Beispiel mit den Worten *Gevurah* (»Stärke, Macht«) und *Arjeh* (»Löwe«) (Scholem 1971/72):

גבורה	אריה
5 200 6 2 3	5 10 200 1
GEVURAH	ARJEH
216	216

Diese beiden Worte haben ebenfalls den gleichen Zahlenwert. Überdies ist der Löwe in der Überlieferung das Symbol der Majestät Gottes, der Tapferkeit, der Macht und der durchdringenden Stärke Jahves; das Wort *Gevurah* bezeichnet eines der Attribute Gottes.

Ein weiteres Beispiel: Der Messias wird häufig als *Semach* (»Keim«) oder als *Menachem* (»Tröster«) bezeichnet, denn beide Wörter haben den gleichen Wert:

צמח	מנחם
8 40 90	40 8 50 40
SEMACH	MENACHEM
138	138

Ebenso ergeben die Buchstaben des Wortes *Maschiach* (»Messias«) die gleiche Zahl wie das Wort *Nachasch* (»Schlange«; Lesêtre 1908).

נחש	משיח
300 8 50	8 10 300 40
NACHASCH	MASCHIACH

Man hat diese Worte deshalb miteinander verbunden, weil der Messias bei seiner Rückkehr den Satan – die Schlange – überwinden werde.

Einige Anhänger der Gematria haben die Schöpfung auf den Beginn des hebräischen Kalenderjahres – das Herbstäquinoktium – festgelegt, da die Zahlenwerte der beiden ersten Worte der *Thora (Bereschit Bara* »am Anfang schuf [Gott]«) und des Ausdrucks *Beresch Haschanah Nibra* (»er erschuf zu Jahresbeginn«) gleich waren:

Im *ersten Buch Mose* (32, 5) sagt Jakob: «... ich habe bei Laban gewohnt« (hebräisch: *im Laban Garti).* Nach dem Kommentar von Rachi *(Bereschit Rabbati,* 145) bedeutet dies, daß »Jakob während seines Aufenthaltes bei Laban, dem Gottlosen, dessen schlechtem Beispiel nicht folgte, sondern alle 613 Gebote der jüdischen Religion beachtete«, denn das hebräische Wort *Garti* (»ich habe gewohnt«) hat genau den Zahlenwert 613:

גרתי

10 400 200 3

GARTI

613

Das *erste Buch Mose* berichtet an anderer Stelle, daß Abrahams Neffe Lot nach einer Schlacht im Tale Siddim von seinen Feinden gefangengenommen wurde. Als Abraham dies erfuhr, »wappnete er seine Knechte, *dreihundertundachtzehn,* (...) und jagte ihnen nach bis Dan und besiegte sie dort mit Gottes Hilfe« (1. Mose 14, 14). Nachdem Abraham seinen Neffen befreit hatte und Melchisedek, dem Priesterkönig von Salem, begegnet war, wandte er sich an Gott mit folgenden Worten: »Herr, mein Gott, was willst Du mir geben? Ich gehe dahin ohne Kinder; und mein Knecht *Elieser* von Damaskus wird mein Haus besitzen.« (1. Mose 15, 2)

Das *Baraita* der 32 Regeln aus der *Haggada* (hermeneutische Regeln zur Interpretation der *Thora*) gibt folgende Erklärung (*Baraita,* Regel 29; Scholem 1971/72): Die 318 erwähnten Männer sind niemand anderes als Elieser selbst; Abraham besiegte seine Feinde nur mit Hilfe des Elieser, seines getreuen Knechtes, der sein Erbe zu werden bestimmt war und dessen hebräsicher Name »In Gott ist meine Hilfe« bedeutet. Zur Untermauerung dieser These werden der Name *Elieser* und die Anzahl der Knechte miteinander gleichgesetzt, da der Zahlenwert des Namens Elieser 318 ist:

אליעזר

200 7 70 10 30 1

ELIESER

318

Auch die Worte *Ahavah* (»Liebe«) und *Echad* (»Eins«) werden so einander gleichgesetzt (Casaril 1961):

Abgesehen von der zahlenmäßigen Entsprechung (*Abb. 202*) treffen sich diese beiden Worte auch im Brennpunkt der biblischen Ethik, im Begriff »Gott der Liebe«, da der »Eine« nichts anderes ist als die Darstellung des einzigen Gottes Israels und weil zudem die »Liebe« als Grundlage des Begriffes des Universums selber gilt

(3. Mose 19, 18; 5. Mose 5, 6). Darüber hinaus ist die Summe ihrer Zahlenwerte 26, also gleich der Zahl des göttlichen Namens Jahve:

Der semitische Name für »Gott« ist eigentlich *El*, aber im Alten Testament kommt er nur in zusammengesetzten Namen vor – *Israel, Ismael, Eliser* usw. Als Bezeichnung für Gott verwendet die *Thora* vor allem die Pluralform *Elohim*, wobei dieser Name die Gesamtheit aller Kräfte und Fähigkeiten Gottes umfassen soll. Daneben bezieht sich die *Thora* auf die »Attribute« Gottes wie *Chai* (»lebend«), *Schaddaj* (»allmächtig«), *El'-Iljon* (»der Allerhöchste Gott«) usw. (*Encyclopédie de la bible* 1967, 37). Aber *JHVH* »Jahve« ist der einzige und wirkliche »Eigenname« Gottes, das *Göttliche Tetragramm*. Er trägt die Ewigkeit Gottes in sich, weil er aus den drei hebräischen Formen des Verbs »sein« besteht:

היה HaJaH »Er war«
הוה HoVeH »Er ist«
יהיה JiHJeH »Er wird sein«

Wird Gott auf diese Weise angerufen, so bedeutet das, daß man mit seinem Eingreifen und seiner Hilfe in allen Dingen rechnet. Auch darf dieser Name im Alltag weder geschrieben noch ausgesprochen werden; um diese »Heiligkeit und Unzugänglichkeit« nicht zu verletzen, muß der gewöhnliche Sterbliche Gott als *Adonaj* (»Herr«) bezeichnen (Scholem 1950).

Alle möglichen Theorien wurden über die Zahl 26 als Ausdruck des Göttlichen Tetragramms aufgestellt.

So weisen einige Autoren darauf hin, daß im Vers 26 des 1. Kapitels des *ersten Buch Mose* Gott sagt: »Lasset uns Menschen machen, ein Bild, das uns gleich sei«, daß außerdem sechs undzwanzig Generationen Adam von Mose trennen, daß sechsundzwanzig Abkömmlinge in der Genealogie des Sem erwähnt sind, daß die Anzahl der darin vorkommenden Personen eine Vielfache von 26 ist usw. Auch die Tatsache, daß Gott Eva aus einer Rippe Adams bildete, schlage sich in der zahlenmäßigen Differenz zwischen den hebräischen Namen Adams (= 45) und Evas (= 19) nieder (45 – 19 = 26):

Dies war jedoch nicht die einzige Methode, Buchstaben mit Zahlen zu verknüpfen, die von den Rabbinern und Kabbalisten benutzt wurde. So zählt eine in der Bodleian Library in Oxford (Ms. hebr. 1822) aufbewahrte Handschrift etwas mehr als siebzig verschiedene Arten von *Gematria* auf (Scholem 1971/72).

Eines dieser Systeme ordnet jedem Buchstaben seine »Ordnungszahl« im hebräischen Alphabet zu, wobei die Zahlen nie über 9 hinausgehen – im Gegensatz zur üblichen Bezifferung werden also die Zehner und Hunderter nicht ausgedrückt. Der Buchstabe מ *Mem* – Wert 40 – wird auf diese Weise mit der Zahl 4 verknüpft.* Ebenso steht der Buchstabe ש *Schin* – 300 – in diesem System nur für die Zahl 3.** Damit konnen die Exegeten den Namen *Jahveh* in Verbindung mit dem göttlichen Attribut *Tov* (»Gut«) bringen (Dornseiff 1925):

יהוה	טוב
5 6 5 1	2 6 9
JHVH	TOV »gut«
17	17

Ein weiteres Verfahren beruht auf der Zuordnung der Buchstaben zu den Quadratzahlen der Werte im traditionellen Ziffernsystem. Der Buchstabe *Gimel* – normalerweise für 3 stehend – bedeutet auf diese Weise 9 (*Abb. 242 B*).

Ein anderes System schreibt den Wert 1 dem ersten Buchstaben, die Summe der beiden ersten Zahlen dem zweiten Buchstaben, die Summe der drei ersten Zahlen dem dritten Buchstaben usw. zu. Der Buchstabe *Jod*, der im Alphabet die zehnte Stelle einnimmt, ist also gleich der Summe der zehn ersten Zahlen:

$$1 + 2 + 3 + \ldots + 9 + 10 = 55 \text{ (\textit{Abb. 242 C})}.$$

Ein noch anderes System setzt jeden Buchstaben gleich dem Zahlenwert seines Namens, der nach dem üblichen Ziffernsystem errechnet wird. Der Buchstabe א *Alef* erhält so den Wert 1 + 30 + 80 = 111 (*Abb. 242 D*):

Damit kann man zwei Worte aufgrund ihres Zahlenwertes auch dann miteinander in Verbindung bringen, wenn die Werte nach verschiedenen Systemen berechnet sind. So wurde beispielsweise das Wort *Makom* (»Stelle, Ort«), das einen weiteren Namen

* Eine zweite Art, auf denselben Wert zu kommen, ist folgende: *Mem* steht im hebräischen Alphabet an 13. Stelle; sein Wert ist also gleich 1 + 3 = 4 (Abb. 242 A).

** Der Buchstabe *Schin* steht im Alphabet an einundzwanzigster Stelle. Sein Zahlenwert ist also 2 + 1 = 3.

Ordnungszahlen und traditionelle Zahlenwerte der Buchstaben			A	B	C	D
1	א	1	1	1^2	1	111 Wert von אלף ALEF
2	ב	2	2	2^2	1+2	412 —— בית BET
3	ג	3	3	3^2	1+2+3	73 —— גמל GIMEL
4	ד	4	4	4^2	1+2+3+4	434 —— דלת DALET
5	ה	5	5	5^2	1+2+3+4+5	6 —— הא HE
6	ו	6	6	6^2	1+2+3+4 ...+6	12 —— וו WAW
7	ז	7	7	7^2	1+2+3+4 ...+7	67 —— זין SAJIN
8	ח	8	8	8^2	1+2+3+4 ...+8	418 —— חית CHET
9	ט	9	9	9^2	1+2+3+4 ...+9	419 —— טית TET
10	י	10	1	10^2	1+2+3+4 ...+10	20 —— יוד JOD
11	כ	20	2	20^2	1+2+3+4 ...+11	100 —— כף KAF
12	ל	30	3	30^2	1+2+3+4 ...+12	74 —— למד LAMED
13	מ	40	4	40^2	1+2+3+4 ...+13	90 —— מים MEM
14	נ	50	5	50^2	1+2+3+4 ...+14	110 —— נון NUN
15	ס	60	6	60^2	1+2+3+4 ...+15	120 —— סמך SAMECH
16	ע	70	7	70^2	1+2+3+4 ...+16	130 —— עין AJIN
17	פ	80	8	80^2	1+2+3+4 ...+17	85 —— פה PE
18	צ	90	9	90^2	1+2+3+4 ...+18	104 —— צדי ZADE
19	ק	100	1	100^2	1+2+3+4 ...+19	186 —— קוף KOF
20	ר	200	2	200^2	1+2+3+4 ...+20	510 —— ריש RESCH
21	ש	300	3	300^2	1+2+3+4 ...+21	360 —— שין SCHIN
22	ת	400	4	400^2	1+2+3+4 ...+22	406 —— תו TAW

Abb. 242: Einige der zahlreichen Bewertungssysteme der hebräischen Buchstaben, die die Rabbiner und Kabbalisten für ihre Interpretationen verwandten.
(Scholem 1971)

Gottes darstellt, mit dem Namen *Jahve* gleichgesetzt, wobei *Makom* nach dem traditionellen System das Tetragramm jedoch mit den Quadratzahlen der Buchstaben in Zahlen umgesetzt wurde:

מקום	יהוה
40 6 100 40	5^2 6^2 5^2 10^2
MAKOM	JHVH
186	186

Diese Gleichsetzung wird nach Ansicht einiger Exegeten durch eine Stelle beim Propheten Micha (1, 3) bestätigt: »Denn siehe, der Name der vier Buchstaben, *JHVH*, verläßt sein *Makom*.«*

Dies soll genügen, um die Komplexität der »kabbalistischen Rechnungen« und den Umfang der Forschungen aufzuzeigen, mit denen die Exegeten nicht nur einzelne Stellen der *Thora* interpretierten, sondern auch in anderen Bereichen Spekulationen angestellt haben.**

Ähnliche Verfahren kannten die Griechen seit dem späten Altertum. Dichter wie Leonidas von Alexandria, der zur Zeit Kaiser Neros lebte, haben daraus eine eigene literarische Gattung entwickelt – die Isopsephie in Distichen und Epigrammen. Ein Distichon (Doppelvers) entsprach dann den Regeln der Isopsephie, wenn die Summe der Zahlenwerte des ersten und des zweiten Verses gleich waren. Im Epigramm – das meist aus Distichen bestand und in kurzer Form einen Gedanken oder einen Gegenstand beschrieb – mußten alle Distichen in sich der Isopsephie entsprechen, wobei der Zahlenwert im ganzen Text gleich bleiben mußte (Perdrizet 1904).

Also wird auch in der Isopsephie – wie in der hebräischen Gematria – der Zahlenwert der Buchstaben eines Wortes oder einer Buchstabengruppe ermittelt und darüber eine Beziehung zwischen Worten hergestellt.

So hat man in Pergamon Inschriften nach den Regeln der Isopsephie gefunden, die dem Vater des großen Arztes Galen zugeschrieben werden. Dieser war Mathematiker, und sein Sohn sagte über ihn, »er wisse alles, was über die Geometrie und die Wissenschaft der Zahlen zu wissen möglich sei« (Perdrizet 1904, 351).

Eine Inschrift aus Pompeji enthält den Satz: »Ich liebe die, deren Zahl 545 ist«, und ein gewisser Amerimnus huldigt der Dame seines Herzens, »deren Name 45 ist« (Sogliano 1901; Contenau 1940). Nach den *Pseudo-Kalisthenes* (I, 33; Dornseiff 1925) soll der ägyptische Gott Sarapis, dessen Kult offensichtlich durch Ptolemaios I. eingeführt wurde, Alexander dem Großen seinen Namen auf folgende Weise enthüllt haben: »Nimm zweihundert und eins, und viermal zwanzig und zehn. Setze dann die erste dieser Zahlen ans Ende, und Du wirst alsdann wissen, welcher Gott ich bin.« Wenn wir den Gott beim Wort nehmen, erhält man folgende Reihe:

200 1 100 1 80 10 200

Durch Buchstaben ersetzt ergibt sich der Name (*Abb. 210*):

Σ Α Ρ Α Π Ι Σ
200 1 100 1 80 10 200

-->

»SARAPIS«

Sueton verbindet in seinem Bericht über den Mord an Agrippina (*Nero*, 39) den griechisch geschriebenen Namen des Nero mit dem Satz *»Idian metera apekteine«* (»er

* In der Übersetzung Luthers heißt es: »Denn siehe, der Herr wird herausgehen aus seiner Wohnung...« (Anm. d. Redakteurs)

** Es kann an dieser Stelle weder der historische Ursprung der Gematria in der hebräischen Schrift, noch ihre Entwicklung in der rabbinischen und kabbalistischen Literatur genau erklärt werden; für genauere Erläuterungen wird auf Dornseiff (1925) und den Artikel von Scholem (1971/72) verwiesen.

tötete seine eigene Mutter«), da die entsprechenden Buchstaben im griechischen Zahlenalphabet genau dieselben Werte besaßen (Dornseiff 1925):

ΝΕΡΩΝ	ΙΔΙΑΝ ΜΗΤΕΡΑ ΑΠΕΚΤΕΙΝΕ
50 5 100 800 50	10 4 10 1 50 40 8 300 5 100 1 1 80 5 20 300 5 10 50 5
-------->	-->
»NERO«	»ER TÖTETE SEINE EIGENE MUTTER«
1005	1005

»Die Griechen scheinen jedoch erst ziemlich spät damit begonnen zu haben, Theorien auf den Zahlenwerten der Buchstaben aufzubauen. Dies fand in der hellenistischen Welt offenbar erst nach der Berührung mit dem jüdischen Denken Eingang. Es sei hier an die berühmte Stelle der *Apokalypse* des Johannes über die ›Zahl‹ des Tieres erinnert, um zu belegen, daß die Juden lange vor der Zeit der Kabbalisten und ihrer *Gematria* mit diesen mystischen Rechnungen vertraut waren. Juden und Griechen waren für arithmetische Berechnungen ebenso begabt wie für transzendente Spekulationen. Alle Anspielungen machten ihnen Spaß, auch die der Zahlenmystik, die beide Fähigkeiten zugleich ansprach. Schon die Pythagoräer, die sehr abergläubisch und offen für alle orientalischen Einflüsse waren, hatten sich der Zahlenmystik ergeben. Am Ende der Antike nahm diese Form der Mystik einen erstaunlichen Aufschwung, aus dem die Arithmomantie hervorging; sie inspirierte die Sibylle, die Wahrsager, die heidnischen *Theologoi;* sie beunruhigte die Kirchenväter, die sich ihrer Faszination jedoch nicht immer entziehen konnten. Die Isopsephie ist eines ihrer Verfahren.« (Perdrizet 1904, 351 f.)

So betonte der frühmittelalterliche Pater *Theophanes Kerameus* in seiner vierundvierzigsten *Homilie* die zahlenmäßige Entsprechung der Namen *Theos* (»Gott«), *Hagios* (»Heiliger«) und *Agathos* (»der Gute«) (Perdrizet 1904):

»GOTT«	»HEILIGER«	»DER GUTE«
Θ Ε Ο Σ	Α Γ Ι Ο Σ	Α Γ Α Θ Ο Σ
9 5 70 200	1 3 10 70 200	1 3 1 9 70 200
------------->	------------------>	----------------------->
284	284	284

Ebenso war der Name *Rebekka,* der Frau des Isaak und der Mutter der Zwillinge Esau und Jakob, ein Symbol für die allumfassende Kirche. Ausgangspunkt für diese Deutung war die Zahl der verschiedenen Fischarten (153), die im Meere leben und im biblischen Wunder vom Fischzug im Netz gefangen wurden. Diese Zahl entsprach dem Zahlenwert des griechischen Namens für Rebekka (*Homilie* XXXVI; vgl. *Johannesevangelium* 21; Perdrizet 1904):

Ρ Ε Β Ε Κ Κ Α

100 5 2 5 20 20 1

-------------------->

153

Ebenso findet sich als symbolische Bezeichnung Gottes im Neuen Testament (*Offenbarung des Johannes* 22, 13) das *Alpha und Omega*. Die Namen des ersten und des letzten Buchstabens des griechischen Alphabetes (*Abb. 209*) entsprechen im gnostischen und christlichen Denken dem »Schlüssel der Welt und der Erkenntnis« und »dem Sein und der Gesamtheit von Zeit und Raum« (*Encyclopédie de la bible* 1967, 37). Auch Jesus erklärte, er sei *Alpha* und *Omega*, der Anfang und das Ende aller Dinge. Er identifizierte sich dadurch mit dem »Heiligen Geist« und so, nach der christlichen Lehre, mit Gott selbst. Nach *Matthäus* 3, 16 zeigte sich der »Geist« bei der Taufe Jesu in Form einer Taube; da das griechische Wort *Peristera* (»Taube«) den Zahlenwert 801 hat, entspricht es auch der Summe der Zahlenwerte der Buchstaben *»Alpha und Omega«* (*Abb. 210*), die damit eine weitere Bestätigung der Dreieinigkeit darstellen (Perdrizet 1904):

Α	&	Ω		Π	Ε	Ρ	Ι	Σ	Τ	Ε	Ρ	Α
1		800		80	5	100	10	200	300	5	100	1
--------->				------------------------------------>								
801				801								

Einer anderen mittelalterlichen Vorstellung zufolge wohnte den Zahlen – gemäß der graphischen Form ihrer Zeichen – eine übernatürliche Kraft inne.

In einer Handschrift der Bibliothèque Nationale in Paris (Ms. lat. 2583, Fol. 30v) schrieb Thibaut de Langres über die Zahl 300, die durch den griechischen Buchstaben T *(Tau)*, das Zeichen des Kreuzes, dargestellt wurde: »Die Zahl wird durch die Schrift geheim gehalten, die dazu dient, sie auf zweierlei Arten wiederzugeben: durch den Buchstaben und durch die Aussprache. Durch den Buchstaben wird sie in drei Arten dargestellt: in der Form, der Ordnung und dem Geheimnis; durch die Form wie bei den 300, denen seit der Schöpfung der Welt der Glaube durch das Bild des Kruzifixes gegeben werden sollte; denn bei den Griechen werden sie durch den Buchstaben T wiedergegeben, der das Aussehen eines Kreuzes hat.« (Beaujouan 1950) Und deshalb konnte – nach Thibaut – Gideon Oreb, Seeb, Sebach und Zsalmunna mit »jenen 300 Mann besiegen, die das Wasser geleckt hatten wie die Hunde« (*Richter* 7, 6).

Eine ähnliche Interpretation findet sich im *Barnabasbrief*. In dem Sieg, den Abraham über seine Feinde mit der Hife von nur 318 Mann davongetragen haben soll, sieht der Autor einen Hinweis auf das Kreuz und auf die beiden ersten Buchstaben des griechischen Namens von Jesus (Ιησουζ):

Τ	+	ΙΗ	=	318
300		10+8		

Dem Verfasser des Briefes zufolge bedeutet die Zahl 318 nämlich, daß die Menschheit durch den Kreuzestod Jesu gerettet worden sei (Scholem 1971/72).

Nach Cyprianus *(De pascha computus*, 20) ist auch die 365 eine heilige Zahl, weil sie der Summe von 300 (T, Symbol des Kreuzes), 18 (IH, die ersten beiden Buchstaben des Namens Jesus), 31 (die Anzahl der Jahre, die Jesus Christus nach Cyprianus gelebt haben soll) und 16 (Regierungsjahr des Tiberius, in dem Jesus gekreuzigt wurde) entspricht. Das erklärt auch den Glauben einiger Ketzer, das Ende der Welt

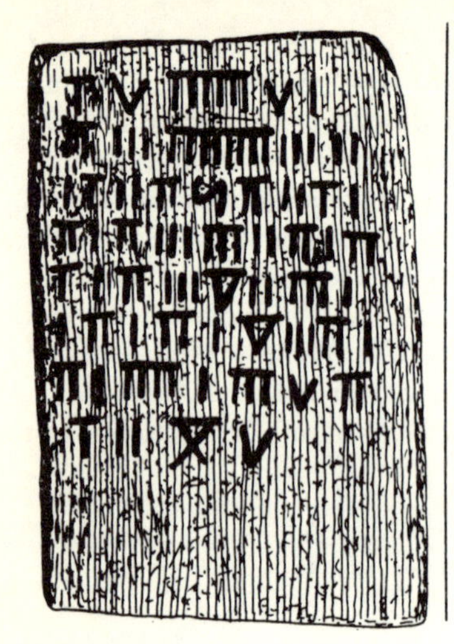

TRANSKRIPTION

$\mathrm{I\ \ V\ \ \overline{IIIIII}\ \ V\ \ I}$

$\mathrm{\overline{II}\ \ III\ \ \overline{IIIIIIII}\ \ III\ \ II}$

$\mathrm{I\ \ \overline{I}\ \ II\ \ \overline{II}\ \ \widehat{VI}\ \ \overline{II}\ \ II\overline{I}\ I}$

$\mathrm{\overline{II}\ \ I\ \ \overline{II}\ \ III\ \ \overline{III}\ \ II\ \ \overline{II}\ \ I\ \ \overline{II}}$

$\mathrm{\overline{I}\ \ I\ \ \overline{II}\ \ III\ \ \overline{V}\ \ II\ \ \overline{III}\ \ I}$

$\mathrm{I\ \ \overline{II}\ \ I\ \ \overline{II}\ \ I\ \ \overline{V}\ \ III\ \ \overline{II}\ \ I}$

$\mathrm{\overline{II}\ \ I\ \ \overline{IIII}\ \ I\ \ \overline{III}\ \ V\ \ \overline{II}}$

$\mathrm{\overline{I}\ \ II\ \ \overline{X}\ \ V}$

Abb. 243: Holztafel aus Nordafrika (Ende 5. Jh. n. Chr.); die Summe der römischen Ziffern jeder Zeile ergibt 18 – die Striche über den Ziffern fassen eine Teilsumme zusammen. Es ist nicht bekannt, ob es sich dabei um eine Rechentafel bzw. eine Art Schulrechenbuch oder um eine »magische Tafel« handelt, die mit Theorien über den Zahlenwert griechischer oder hebräischer Buchstaben zusammenhing.
(Vgl. Tablettes Albertini, Urkunde XXXIV, Tafel 3a; Courtois et al. 1952)

werde im Jahre 365 n. Chr. eintreten (Augustinus, *De civitate Dei* III, 53; Perdrizet 1904).

Die christlichen Mystiker, die die Eigenschaft Jesu als Sohn Gottes hervorheben wollten, haben oft den hebräischen Ausdruck *'Ab Kal*, den Jesaja im Sinn von »leichte Wolken, auf denen Gott dahinfährt« benutzt (19, 1), mit dem Wort *Bar* (»Sohn«) in Beziehung gesetzt (Secret 1964):

Die Gnostiker* haben mit der Isopsephie Erkenntnisse gewonnen, die ans Wunderbare grenzen. So berichtet Perdrizet:

»Aus einem Text, dessen Autor vermutlich Hippolyt ist, geht hervor, daß in einigen gnostischen Sekten die Isopsephie sozusagen eine ganz normale Form der Symbolik und Katechese war. Sie diente nicht allein dazu, eine Offenbarung in den Schleier des Mysteriums zu hüllen (...); wenn sie in einigen Fällen etwas verbarg, so offenbarte sie doch umso mehr bei anderen und warf ein Licht auf Dinge, die man ohne sie nicht begriffen hätte (...).

Die Gnosis erscheint uns als überladen mit ägyptischem Aberglauben. Sie behauptete, zur Erkenntnis über das Prinzip des Universums kommen zu können;

* Der »Gnostizismus« (vom griechischen *gnosis,* Erkenntnis) ist eine religiöse Lehre, die in den ersten Jahrhunderten n. Chr. bei Juden und Christen verbreitet war, obwohl sie von den Rabbinern und den Aposteln des Neuen Testaments bekämpft wurde. Sie ist wesentlich auf die Hoffnung gegründet, durch esoterische Erkenntnis über den Willen Gottes, die durch Einweihung in seine Geheimnisse erlangt werden soll, Erlösung zu finden.

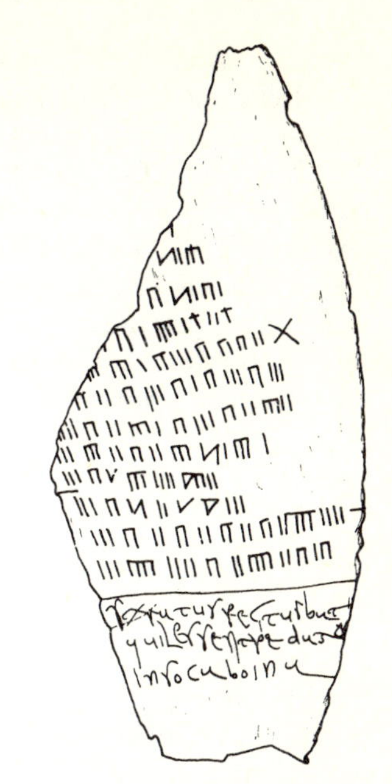

Abb. 244: Eine der zahlreichen Schiefertafeln, die in der Gegend von Salamanca in Spanien gefunden wurden; das Stück stammt aus Santibáñez de la Sierra (ca. 6. Jh.) und ist dem Dokument in Abb. 243 sehr ähnlich – die Summe der Ziffern ergibt hier 26 in jeder vollständig erhaltenen Zeile.
(Gomez-Moréno 1966, 24, 70)

tatsächlich hat sie vor allem nach dem Namen Gottes gesucht, um dann mit Hilfe der Magie – der alten Magie der Isis – Gott zu zwingen, den Menschen zu ihm zu erheben. Der Name ist, wie der Schatten oder der Atem, ein Teil der Person; noch mehr, er ist mit der Person identisch, er ist die Person selbst.

Den Namen Gottes kennenzulernen ist also die Aufgabe, die sich die Gnosis stellte. Auf den ersten Blick erscheint sie unlösbar: Wie kann man den Namen des Unaussprechlichen wissen? Manche Gnostiker wollten diesen Namen Gottes gar nicht im einzelnen erfahren, sondern hielten es für möglich, eine Formel zu bestimmen, in der die gesamte magische Kraft Gottes steckt. Diese Formel aber ist die Zahl des göttlichen Namens.

Nach Basilides vereinigte der Höchste Gott der Gnosis die 365 Untergötter in sich, die den Tagen des Jahres vorstanden (...). Die Gnostiker bezeichneten ihn auch mit Umschreibungen wie ›Der, dessen Zahl 365 ist‹ (ουεστιν η ψηαος ΤΞΕ). Von ihm ging die Zauberkraft der sieben Vokale aus, der sieben Stufen der Tonleiter, der sieben Planeten, der sieben Metalle (Gold, Silber, Zinn, Kupfer, Eisen, Blei und Quecksilber) und der vier Wochen des Mondmonats. Wie auch immer der Name des Unaussprechlichen sei, der Gnostiker war sicher, daß dieser an den beiden magischen Zahlen 7 und 365 teilhaben müsse. Da der Name Gottes nicht zu erkennen war, mußte man eine Bezeichnung finden, die so etwas wie eine Formel des Gottesnamens wäre; dazu mußte man die beiden mystischen Zahlen 7 und 365 vereinigen und kombinieren. Aus diesem Grund hatte Basilides das Wort *Abrasax* erfunden, das aus sieben Buchstaben besteht und dessen Zahlenwert 365 beträgt:

Α	**Β**	**Ρ**	**Α**	**Σ**	**Α**	**Ξ**
1	2	100	1	200	1	60

------------------------->

365

Gott, oder der Name Gottes, was ein- und dasselbe ist, trägt als erstes Zeichen die Heiligkeit in sich. Αγιοζ ο Θεοζ (*Hagios o Theos*) heißt es in der Hymne der Seraphim, ›Geheiligt werde Dein Name‹ heißt es im Vaterunser.

Der Name Gottes selbst blieb unbekannt, aber man wußte, daß er der heilige Name schlechthin sein mußte. Deshalb wurde das Unaussprechliche von den Gnostikern häufig als *Hagion Onoma* (›Heiliger Name‹) bezeichnet. Aber sie gebrauchten diesen Namen weniger aus metaphysischen oder theologischen Gründen, auch nicht, weil er von den Juden stammte, sondern aus einem für sie charakteristischen mystischen Grunde: Die Gnostiker sahen eine Offenbarung darin, daß die biblische Wendung *Hagion Onoma* (›Heiliger Name‹) den gleichen Zahlenwert wie *Abrasax* hatte:

Α	Γ	Ι	Ο	Ν	Ο	Ν	Ο	Μ	Α
1	3	10	70	50	70	50	70	40	1

-->

365

Auf diesem Wege machte die Gnosis noch weitere, nicht weniger tiefgreifende Entdeckungen.

Da die Gnosis schon stark mit Zauberei durchsetzt war, konnte eine Vermischung mit anderen Religionen nicht ausbleiben. Mit Hilfe der Isopsephie setzten sie ihren Höchsten Gott mit dem Nationalgott Ägyptens, dem Nil, gleich; dieser war für die Ägypter wiederum nichts anderes als Osiris, darüber hinaus ein Gott der Jahreszeiten, da die Regelmäßigkeit der Flutperioden des Flusses dem regelmäßigen Jahresablauf entspricht – aber die Zahl des Namens des Nils, *Neilos,* war 365:

Ν	Ε	Ι	Λ	Ο	Σ
50	5	10	30	70	200

----------------------->

365

Ebenfalls durch Isopsephie näherte sich die Gnosis auch einer anderen Religion – dem ursprünglich persischen Kult des Mithras*, der im 2. und 3. Jahrhundert n. Chr. auch im römischen Reich weit verbreitet war. Die Gnostiker stellten fest, daß *Mithras* (ΜΕΙΘΡΑΣ) folgenden Zahlenwert hat:

Μ	Ε	Ι	Θ	Ρ	Α	Σ
40	5	10	9	100	1	200

---------------------------->

365

Also war der iranische Sonnengott kein anderer als der ›Herrscher der 365 Tage‹.« (Perdrizet 1904, 352 ff.)

Die Christen haben, nach einem Wort des soeben zitierten Autors, oft neuen Wein in alte Schläuche gefüllt. In der Isopsephie hatten sie reichen Stoff für ihre

* Die Sonnensymbolik dieses Kults ist mit der Vorstellung der »Sonne der Gerechtigkeit« verwandt und wurde häufig mit Jesus Christus in Verbindung gebracht.

Phantasie gefunden: Wollten sie das Geheimnis eines Namens bewahren, so beschränkten sich die Schreiber und die Steinmetze auf die Angabe seines Zahlenwertes.

In christlichen, griechischen und koptischen Inschriften findet man manchmal hinter einem Segen, einer Anrufung oder einer Ermahnung zum Lob Gottes das Zeichen ϟΘ, das aus den Buchstaben *Koppa* und *Theta* zusammengesetzt ist. Erst Ende des letzten Jahrhunderts wurde dieses Kryptogramm durch Wessely (1887; Perdrizet 1904) enträtselt – es ist nur eine mystische Schreibweise für *Amen* ('Αμην), da beiden Buchstabengruppen der Zahlenwert 99 zukommt (*Abb. 210*):

A	M	H	N		ϟ	Θ
1	40	8	50		90	9
------- >					- - >	
99					99	

Eine Signatur oder Widmung eines Mosaiks im Kloster Choziba in der Nähe von Jericho beginnt folgendermaßen:

Θ Λ E	ΜΝΗΣΦΗΤΙ ΤΟΥ ΔΟΥΛΟΥΣΟΥ
«Φ Λ E	»Gedenke Deines Dieners«

Was bedeutet die Buchstabengruppe *Phi-Lambda-Epsilon?* Die Lösung dieses Rätsels wurde von Smirnoff gefunden (1902; Perdrizet 1904) – diese Buchstaben entsprechen dem griechischen Wort für »Herr« (Κυϱιε – *Kyrie*), das den Zahlenwert 535 hat:

Φ	Λ	E		K	Y	P	I	E
500	30	5		20	400	100	10	5
--------->				----------------->				
535				535				

Noch bezeichnender sind die Spekulationen, die von den christlichen Mystikern über die Zahl 666 angestellt worden sind, welche der Apostel Johannes dem sogenannten *»Tier der Apokalypse«* zuordnet. Dieses Ungeheuer wurde mit dem »Antichrist« gleichgesetzt. Es tritt kurz vor dem Ende der Zeiten auf und begeht zahllose Verbrechen, verbreitet Schrecken unter den Menschen und läßt ein Volk wider das andere aufstehen, um von Christus selbst bei seiner Rückkehr in diese Welt gebändigt zu werden. »Und es macht, daß sie allesamt, die Kleinen und die Großen, die Reichen und die Armen, die Freien und Knechte, sich ein Malzeichen geben an ihre rechte Hand oder an ihre Stirn, daß niemand kaufen oder verkaufen kann, er habe denn das Malzeichen, nämlich den Namen des Tieres oder *die Zahl seines Namens.* Hier ist Weisheit! Wer Verstand hat, der überlege die Zahl des Tieres; denn es ist eines Menschen Zahl, und seine Zahl ist *sechshundertsechsundsechzig.*« (Offenbarung des Johannes 13, 16–18)

Wir haben hier eine Anspielung auf die Isopsephie vor uns, aber das entsprechende System wird nicht angegeben. Deshalb hat der Name des »Tieres« die Findigkeit der Interpreten angeregt und tut es heute noch, und zahlreich sind die vorgeschlagenen Lösungen.

Die 666 als *Zahl eines bestimmten Menschen* begreifend, haben einige sich daran gemacht, Namen historischer Gestalten zu suchen, deren Buchstaben – im hebräischen, griechischen oder lateinischen System – die fragliche Zahl ergeben. So wurde Nero, der erste römische Kaiser, der die Christen verfolgte, von einigen Interpreten als »Tier der Apokalypse« identifiziert, da der Zahlenwert seines Namens zusammen mit dem Titel »Caesar« im hebräischen System 666 ist (Dornseiff 1925):

Auch der mit lateinischen Buchstaben geschriebene Name des Kaisers Diokletian, unter dem Christen ebenfalls gewaltsam verfolgt wurden, ergibt unter Berücksichtigung der Buchstaben, die gleichzeitig Ziffern waren, dieselbe Summe (Lesêtre 1908):

D I o C L e s a V g V s t V s (Diokletian Augustus)
500 1 100 50 5 5 5
-->
666

Andere Interpreten deuteten die 666 als *Zahl einer bestimmten Gruppe von Menschen* und setzten die Lateiner damit gleich, da das griechische Wort *Lateinos* ebenfalls diesen Zahlenwert ergab (Lesêtre 1908):

Noch zur Zeit der Religionskriege glaubte ein katholischer Mystiker namens Petrus Bungus in einem 1584–1585 in Bergamo veröffentlichten Werk (*Abb. 249*), in dem deutschen Reformator Martin Luther den »Antichrist« in Person ausgemacht zu haben, da sein Name im lateinischen Ziffernalphabet der Zahl 666 entsprach:

Die Anhänger Luthers, die die Römische Kirche als direkte Nachfolgerin des römischen Kaiserreichs ansahen, zögerten nicht mit ihrem Gegenschlag: Sie wiesen anhand der römischen Ziffern, die in dem Satz *VICARIUS FILII DEI* (»Stellvertreter des Sohnes Gottes«) vorkamen, der die päpstliche Tiara zierte, ihrem Gegner das gleiche nach:

BUCHSTABEN		WERTE	ENTSPRECHENDE ATTRIBUTE GOTTES			WERTE	BUCHSTABEN		WERTE	ENTSPRECHENDE ATTRIBUTE GOTTES			WERTE
			Name		Bedeutung					Name		Bedeutung	
ا	Alif	1	الله	ALLAH	Allah	66	س	Sin	60	سميع	SAMI	Hörer	180
ب	Ba	2	باقي	BAKI	der Bleibende	113	ع	Ajin	70	علي	ALI	erhaben	110
ج	Djim	3	جامع	DJAMI	der Sammelnde	114	ف	Fa	80	فتاح	FATAH	der Öffner	489
د	Dal	4	ديّان	DAJAN	Richter	65	ص	Sad	90	صمد	SAMAD	ewig	134
ه	Ha	5	هادي	HADI	Führer	20	ق	Qaf	100	قادر	KADIR	mächtig	305
و	Wa	6	ولي	WALI	Meister	46	ر	Ra	200	رب	RAB	Herr	202
ز	Za	7	زكي	ZAKI	Reiniger	37	ش	Schin	300	شفيع	SCHAFI	der Annehmende	460
ح	Ḥa	8	حق	HAK	Wahrheit	108	ت	Ta	400	توب	TAWAB	der zum Guten Zurückführende	408
ط	Ṭa	9	طاهر	TAHIR	Heiliger	215	ث	Tha	500	ثابت	THABIT	fest	903
ي	Ja	10	يسين	JASSIN	Befehlhaber	130	خ	Cha	600	خالق	CHALIK	Schöpfer	731
ك	Kaf	20	كافي	KAFI	genügend	111	ذ	Dhal	700	ذاكر	DHAKIR	der sich Erinnernde	921
ل	Lam	30	لطيف	LATIF	wohlwollend	129	ض	Dad	800	ضار	DAR	der Strafende	1001
م	Mim	40	ملك	MALIK	König	90	ظ	Za	900	ظاهر	ZAHIR	offensichtlich	1106
ن	Nun	50	نور	NUR	Licht	256	غ	Ghajn	1 000	غفور	GHAFUR	milde	1285

Abb. 245: Das Zahlensystem der »Da'wa«; nach einer Tabelle aus Jawahiru'l-Chamsah von Scheich Abu'l Muwwajid von Gujarat. (Hugues 1896; Chevalier/Gheerbrant 1969, 278 f.)

V	I	C	A	R	I	V	S	F	I	L	I	I	D	E	I
5	1	100			1	5			1	50	1	1	500		1

-->

666

Die Bewertung von Worten oder Eigennamen mit Zahlen war bei den moslemischen Gelehrten Grundlage des *Hisab al-Nim.* Damit versuchten sie in Kriegszeiten vorauszusagen, welcher der kriegführenden Herrscher der Sieger und welcher der Besiegte sein werde. Dieses Verfahren wurde von Ibn Chaldun in seinen *Prolegomena* so beschrieben:

»Man addiert die Zahlenwerte der Buchstaben, aus denen der Name des jeweiligen Königs besteht, wobei man die festgelegten Werte der Buchstaben des Alphabets benutzt; sie gehen von eins bis tausend und sind in Einer, Zehner, Hunderter und Tausender gegliedert. Nach dieser Addition zieht man von jeder Summe so oft neun ab, bis der Rest kleiner als neun ist. Man vergleicht diese Restsummen miteinander; sind beide zugleich entweder gerade oder ungerade Zahlen, so wird der König, dessen Name die kleinere Restsumme aufweist, siegreich sein. Ist eine der Restsummen eine gerade, die andere eine ungerade Zahl, wird der König mit der höheren Zahl gewinnen. Sind die beiden Summen gleich und gerade Zahlen, wird der König, der angegriffen worden ist, den Sieg davontragen; sind die Restsummen einander gleich und ungerade, wird der König siegen, der angegriffen hat.« (Ibn Ćhaldun 1968, 241 f.)

Da jeder arabische Buchstabe auch Anfangsbuchstabe eines Attributes Allahs ist (*Alif* von *Allah; Ba* von *Baki,* »der Bleibende«, usw.), wurde mit dem arabischen Zahlenalphabet ein weiteres Geheimsystem entwickelt. Dabei wird jedem Buchstaben nicht der herkömmliche Zahlenwert, sondern der Zahlenwert des Attributes Gottes, dessen Anfangsbuchstabe er ist, zugeordnet. Der Buchstabe *Alif* – Wert 1 – erhält in diesem System den Wert 66, die Zahl des Namens *Allah* nach dem »Abdschad« (*Abb. 231, 245*). Dieses System wurde in der symbolischen Theologie, der *Da'wa* (»Anrufung«) verwendet; damit konnten die Mystiker und Wahrsager verschiedene Berechnungen der Zukunft vornehmen und über Vergangenheit, Gegenwart und Zukunft spekulieren (Hugues 1896; Chevalier/Gheerbrant 1969).

Damit haben auch die Magier ihre Talismane hergestellt und vielfältigen Zauber wirken zu lassen versucht (Doutte 1909). Die *Tolba* in Nordafrika boten als Mittel für raschen Reichtum, Schutz vor dem Bösen und zur Erlangung der Gnade Gottes ihren Kunden ein *herz* mit folgendem Inhalt an:

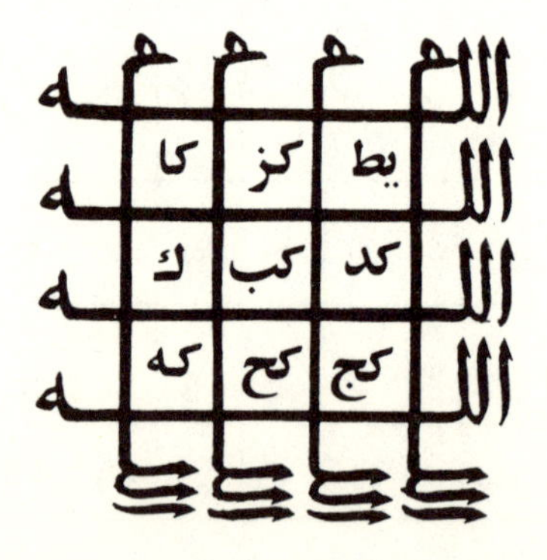

Es handelt sich um ein »Magisches Quadrat«, dessen Zahlenwert 66 ist – diese Summe ergibt sich durch Addition in waagrechter, senkrechter und diagonaler Richtung:

21	26	19
20	22	24
25	18	23

Außerdem stellt diese Zahl im maghrebinischen Abdschad den Namen Allahs dar (*Abb. 231*):

Schließlich wurden mit Hilfe dieser Verfahren seit dem Altertum und bis in unsere Tage Träume mit einer Art Zahlenwahrsagerei gedeutet. Bouché-Leclerq führt hierzu folgendes Beispiel aus der Wahrsagerei im antiken Griechenland an: »Peinlich wurde es vermutlich, wenn ein Traum einer Person höheren Alters so viele Lebensjahre versprach, daß sie auch unter besten Umständen nicht dem bisherigen Lebensalter hinzuaddiert werden konnten, es aber gleichzeitig zu wenige waren, um für ihr gesamtes Leben stehen zu können, da sie bereits älter waren. Doch hier hatte man bereits Vorsorge getroffen. Wenn beispielsweise jemandem im Alter von siebzig Jahren: ›Du wirst fünfzig Jahre leben‹ verkündet wurde, so würde er noch dreizehn Jahre leben. Denn von den vergangenen Jahren konnte hier nicht die Rede sein, weil es mehr als fünfzig waren, und auf der anderen Seite war es unmöglich, noch fünfzig Jahre zu leben, wenn man bereits siebzig Jahre alt war. Also mußten damit dreizehn Jahre gemeint sein, weil der Buchstabe N (50) im Alphabet an dreizehnter Stelle steht.

Fast könnte man die List bewundern, mit der ein unerschütterlicher Glaube Schwierigkeiten löst, die ihn offensichtlich widerlegen, indem sie in Beweise für den Glauben umgewandelt werden. Nichts wirft ein bezeichnenderes Licht auf die Geschichte der menschlichen Seele als dieses unbeugsame Festhalten am Blendwerk vorgefaßter Meinungen.« (Bouché-Leclerq 1879, 320 f.)

Teil VI
Gemischte Ziffernsysteme

Kapitel 24
Nachteile des additiven Prinzips

Die lateinische Zahlschrift und große Zahlen

Das höchste Zahlzeichen unter den römischen Ziffern, wie wir sie kennen und manchmal noch benutzen, entspricht lediglich der Zahl Tausend. Mit den sieben Ziffern dieses Systems kann man nach dem additiven Prinzip also nur die Zahlen bis 5.000 darstellen. Wenn wir gelegentlich noch Gebrauch von diesen Ziffern machen, können wir aus rein praktischen Gründen damit keine sehr großen Zahlen wiedergeben: Wir müßten eine Zahl wie 87.000 durch eine Reihe mit 87 identischen Zeichen (M) darstellen!

In der Antike wurde mühsam ein Weg gesucht, dieses Problem durch verschiedene Zusatzregeln zu lösen. Aber es gab bald so viele Regeln, daß dem lateinischen System jeder Zusammenhang fehlte und es hinter den anderen Systemen der Geschichte zurückblieb. Die Schwierigkeiten der Römer und der romanischen Völker des mittelalterlichen Abendlandes mit dieser Zahlschrift verdienen besondere Aufmerksamkeit.

Zur Zeit der Republik verfügten die Römer über ein relativ einfaches graphisches Verfahren, um die Zahlen 5.000, 10.000, 50.000 und 100.000 (*Abb. 116, 247, 248*) durch ein eigenes Zeichen wiederzugeben; die folgenden Ziffern wurden zum Teil noch in der Zeit der Renaissance gebraucht:

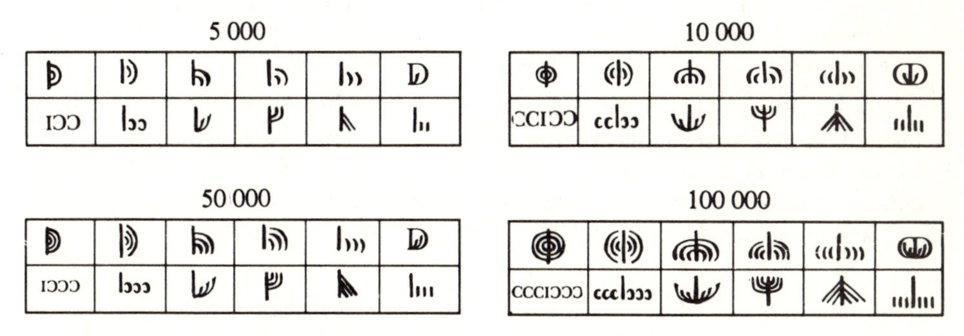

Ein Vergleich dieser Ziffern untereinander und mit den verschiedenen archaischen Formen der Ziffer 1.000 (*Abb. 116*) zeigt deutlich ihren gemeinsamen Ursprung – alle diese Zeichen sind mehr oder weniger deutliche Stilisierungen der fünf ursprünglichen Ziffern.

	1 000	5 000	10 000	50 000	100 000
Grund-zeichen					
1. stilistische Variante					
2. stilistische Variante					
3. stilistische Variante					
4. stilistische Variante					
5. stilistische Variante					
6. stilistische Variante					
7. stilistische Variante					
8. stilistische Variante					
9. stilistische Variante					
10. stilistische Variante					
11. stilistische Variante					
12. stilistische Variante	c|ɔ	|ɔɔ	cc|ɔɔ	|ɔɔɔ	ccc|ɔɔɔ
13. stilistische Variante	CIƆ	IƆƆ	CCIƆƆ	IƆƆƆ	CCCIƆƆƆ

Abb. 246: Klassifizierung der archaischen römischen Ziffern für 1.000, 5.000, 10.000, 50.000 und 100.000.

Vier dieser Symbole wurden nach einem ganz einfachen geometrischen Verfahren gebildet. Von dem ursprünglichen römischen Zeichen für tausend ausgehend – ein Kreis, der durch einen senkrechten Strich geteilt wurde –, erhielten die Symbole für 10.000 und 100.000 einen oder zwei zusätzliche konzentrische Kreise; 5.000 und 50.000 bestanden aus der rechten Hälfte dieser Ziffern (*Abb. 246*):

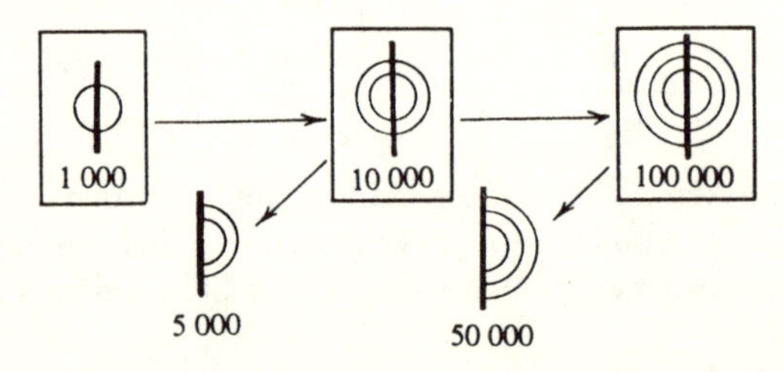

*secest*A N Q*sque* . . . . *op-*
*sidione*D EXEMET · LECIONE*sque cartaciniensis omnis*
*ma*XIMOSQVE · M A C I S T R*a*TOS *Luci palam post dies*
*n*OVEM · CASTREIS · EXFOCIONT · MACE*Lamque opidom vi*
*p*VCNANDOD · CEPET · ENQVE · EODEM MAC*istratud bene*
*r*EM · NAVEBOS · MARID · CONSOL · PRIMOS · C*eset copiasque*
*c*LASESQVE · NAVALES · PRIMOS · ORNAVET · PA*ravetque*
*c*VMQVE · EIS · NAVEBVS · CLASEIS · POENICAS · OMN*is, item ma-*
*x*VMAS · COPIAS · CARTACINIENSIS · PRAESENTE*d hanibaled*
*d*ICTATORED · O*lor*OM · INALTOD · MARID · PVC*Nandod vicet*
*v*IQVE · NAVE*is cepe*T · CVM · SOCIEIS · SEPTER*esmom unam quin-*
*queresm*OSQVE · TRIRESMOSQVE · NAVEIS · X*xx merset xiii*
*aur*OM · CAPTOM · NVMEI . ↀↀↀDCC
*argen*TOM · CAPTOM · PRAEDA · NVMEI · ↈ
omne · CAPTOM · AES · ↈↈↈↈↈↈↈↈↈↈↈↈↈↈ
ↈↈↈↈↈↈↈↈↈↈↈↈↈↈↈↈↈↈↈↈↈↈ*pri-*
*mos qu*OQVE · NAVALED · PRAEDAD · POPLOM *donavet pri-*
mosque CARTACIN*iens*IS *inge*NVOS · D*uxit in*
triumpod EIS CAPT

Abb. 247: Elogium auf Dulius, den Sieger über die Karthager in der Seeschlacht bei Mylae 260 v. Chr. Die Inschrift wurde in der Kaiserzeit unter Claudius (41–54 n. Chr.) im Stil des 3. Jh. v. Chr. erneuert. Sie wurde auf dem Forum Romanum an den Rostra gefunden. In der fünfzehnten und sechzehnten Zeile wird das Zeichen für 100.000 mindestens 23mal wiederholt – nach der Ergänzung der Tafel sogar 33mal; in Zeile 13 erscheint die Zahl 3.700 in der Form:

ↀↀↀ DCC

(Palazzo dei Conservatori, Rom; vgl. Corpus Inscriptionum Latinarum, I, 195; die Majuskeln – in normalen Lettern gesetzt – geben den erhaltenen Teil der Inschrift wieder, die kursiven Buchstaben stellen die Ergänzung der verlorenen Teile dar)

Nach diesem Prinzip hätten die Römer auch die Zahlen 500.000, 1.000.000, 5.000.000 usw. folgendermaßen schreiben können:

500.000: oder IↃↃↃↃ

1.000.000: oder CCCCIↃↃↃↃ, usw.

Aber diese Zeichen waren nur noch schwer zu erkennen; außerdem hatten über hunderttausend liegende Einheiten keinen eigenen Namen*, so daß die Römer dieses Verfahren nicht weiterverfolgten.**

* In seiner *Naturgeschichte* (XXXIII, 133) schrieb Plinius, daß die Römer seiner Zeit keine Potenzen von zehn über 100.000 hinaus bezeichnen konnten. Für eine Million sagten sie so z.B.: *decies centena milia*, »zehn Hunderter von Tausend«.

** Ein Schweizer Autor namens Freigius verwandte in einem Buch von 1582 die 13. stilistische Variante der Abb. 246 bis zu einer Million (vgl. Abb. 251); die von ihm benützten Ziffern sahen folgendermaßen aus:

I	V	X	L	C	IↃ	CIↃ	IↃↃ	CCIↃↃ	IↃↃↃ	CCCIↃↃↃ	IↃↃↃↃ	CCCCIↃↃↃↃ
1	5	10	5·10	10^2	$5·10^2$	10^3	$5·10^3$	10^4	$5·10^4$	10^5	$5·10^5$	10^6

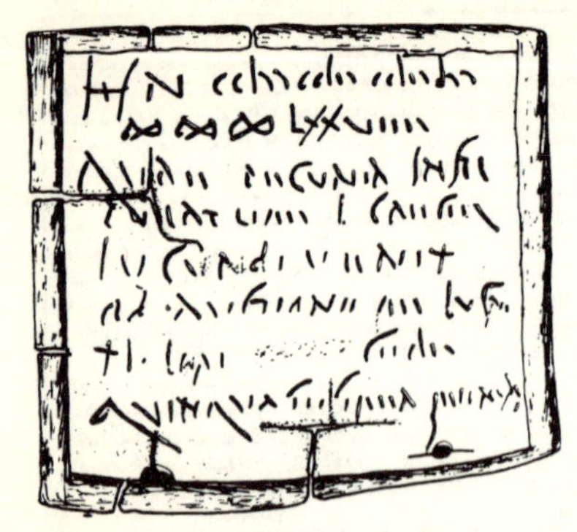

TRANSKRIPTION

HS n. CCIↃↃ CCIↃↃ CCIↃↃ IↃↃ
∞ ∞ ∞ LXXVIIII*

quæ pecunia in sti-
pulatum L. Caecili
Iucundi venit
ob auctione (m) M. Lucre-
ti Leri [mer] cede
quinquagesima minu [s]

*vgl. Abb. 116

Abb. 248: Zweiter Flügel eines Triptychons aus Pompeji aus der Zeit vor 79 n. Chr., dem Zeitpunkt der Zerstörung der Stadt.
Es handelt sich dabei um ein Schuldanerkenntnis, das in der gewöhnlichen Schrift der klassischen Zeit abgefaßt ist und in Zusammenhang mit einer Versteigerung steht. Der Betrag von 38.079 Sesterzen ist der höchste, den diese »Bücher« enthalten. Er setzt sich folgendermaßen zusammen:
– 37.332 Sesterzen als Ertrag des Verkaufes
– ein Zinssatz von 1/50 (mercede quinquagesima) oder 2 % = 746,64 Sesterzen, aufgerundet auf 747 Sesterzen.
(Corpus Inscriptionum Latinarum IV, 3340, X)

Andere Schreibweisen, die seit dem Ende der Republik bis ins christliche Mittelalter hinein verwandt wurden, vereinfachten das Schreiben von Zahlen über 1.000, so daß auch erheblich größere Zahlen erreicht werden konnten.

Eine Art bestand darin, die Grundziffern durch einen Querstrich auf dem Zeichen mit tausend zu multiplizieren, und ermöglichte eine mühelose Wiedergabe aller Zahlen zwischen 1.000 und 5.000.000.

Numeratio.	
CIↃ CCIↃↃ ∞ CCIↃↃ	9000.
CC.I.ↃↃ C.C.I.Ↄ.Ↄ X̄ X̄ CC.I.CC ↃMC ↃMↃ IMI	10000.
CCIↃↃ CIↃ CC.I.ↃↃ ∞	11000.
CCIↃↃ CIↃ CIↃ CC.I.ↃↃ ∞ ∞	12000.
CC.IↃↃ CIↃ CIↃ CIↃ CCIↃↃ ∞ ∞ ∞	13000.
CCIↃↃ CIↃ IↃↃ CCIↃↃ ∞ IↃↃ	14000.
CCIↃↃ IↃↃ	15000.

Abb. 249: Archaische römische Ziffern im Werk des Petrus Bungus über die Zahlenmystik (mysticae numerorum significationes opus...), veröffentlicht 1584–1585 in Bergamo.
(Bibliothèque Nationale Paris, R. 7489)

Beispiele aus lateinischen Inschriften, die zum Teil noch auf die Zeit der Republik zurückgehen (CIL = Corpus Inscriptionum Latinarum):

$\overline{\text{V}}$	5 000	5 × 1 000	CIL, VIII, 1 577
$\overline{\text{X}}$	10 000	10 × 1 000	CIL, VIII, 98
$\overline{\text{LXXXIII}}$	83 000	83 × 1 000	CIL, I, 1 757

*Beispiele aus einer lateinischen Handschrift über Astronomie aus dem 11. oder 12. Jahrhundert (*Bibliothèque Nationale Paris, Ms. lat. 14069, Fol. 19*):*

$\overline{\text{iiii}}$ dccclxx	$\overline{\text{IIII}}$ DCCCLXX	4 870
$\overline{\text{v}}$ dlxviii	$\overline{\text{V}}$ DLXVIII	5 568
$\overline{\text{v}}$ dccccxvi	$\overline{\text{V}}$ DCCCCXVI	5 916
$\overline{\text{vi}}$ cclxiiii	$\overline{\text{VI}}$ CCLXIIII	6 264

Diese Zeichen waren jedoch auch Anlaß zu Verwechslungen mit einer älteren Schreibweise, in der die Buchstabenziffern von den Lautzeichen durch einen waagerechten Strich über dem Buchstaben unterschieden wurden – dieser Brauch ist besonders bei bestimmten lateinischen Abkürzungen zu finden*:

$\overline{\text{II}}$VIR = *duumvir*; $\overline{\text{III}}$VIR = *triumvir*

Eine andere Methode bestand darin, jede Multiplikation einer Zahl mit 100.000 durch Umrahmung mit einer Art unvollständigem Rechteck anzudeuten; damit konnten alle Zahlen zwischen 1.000 und 500.000.000 wiedergegeben werden.**

* Deshalb wurde unter Kaiser Hadrian im zweiten Jahrhundert n. Chr. die Multiplikation mit 1.000 manchmal durch zwei senkrechte und einen waagrechten Strich angegeben (Cagnat 1890).
Rekonstruierte Beispiele:

35 000	⌈XXXV⌉ (35 . 1000)
557 274	⌈DLVII⌉ CCLXXIV (557 . 1000, 274)

Aber auch diese Schreibweise war im allgemeinen einer ganz anderen Verwendung vorbehalten.

** Nach einigen Autoren haben die Römer die Schreibweise mit einem Strich über der Ziffer logisch weiterentwickelt; dadurch wurde die Wiedergabe der Zahlen zwischen 1.000 und 5.000.000.000 möglich.
Beispiele:

1 000 000 000	$\overline{\overline{\text{M}}}$	= 1 000 × 1 000 000
2 300 000 000	$\overline{\overline{\text{MMCCC}}}$	= 2 300 × 1 000 000

Wir haben dafür jedoch in keiner römischen Inschrift einen Beleg gefunden.

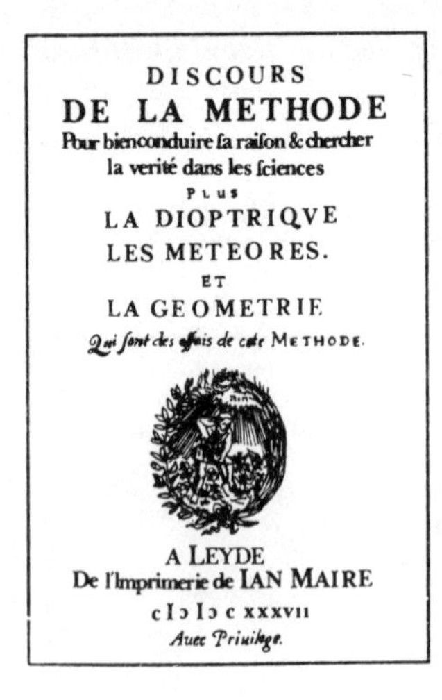

DISCOURS
DE LA METHODE
Pour bien conduire sa raison, & chercher
la verité dans les sciences
PLUS
LA DIOPTRIQVE
LES METEORES.
ET
LA GEOMETRIE
Qui sont des essais de cete METHODE.

A LEYDE
De l'Imprimerie de IAN MAIRE
cIↃ Iↄ c xxxvii
Avec Privilege.

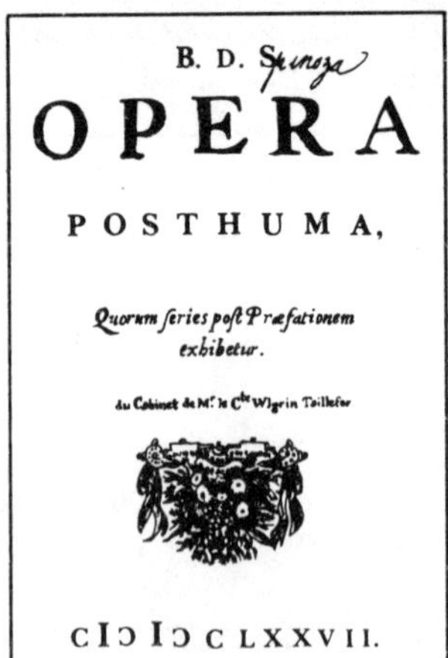

B. D. S.
OPERA
POSTHUMA,
Quorum series post Præfationem exhibetur.

CIↃ IↃ C LXXVII.

Abb. 250: Titelblätter zweier von René Descartes und Baruch Spinoza 1637 bzw. 1677 veröffentlichten Werke. Das Erscheinungsdatum steht jeweils in archaischen römischen Ziffern.

Rekonstruierte Beispiele:

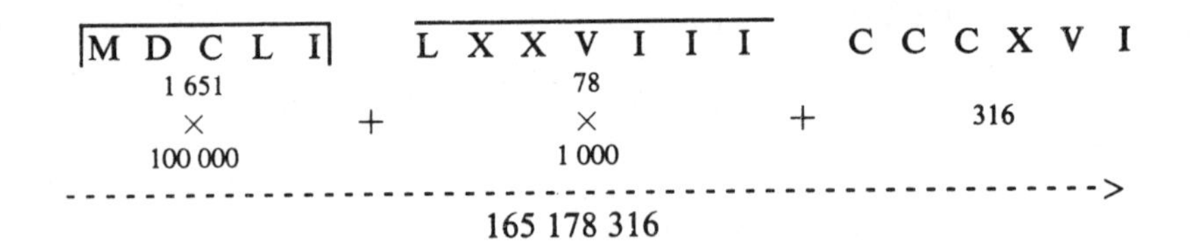

Beispiele aus einigen Inschriften der römischen Kaiserzeit (CIL = Corpus Inscriptionum Latinarum):

$\overline{\vert\text{XII}\vert}$ CIL, I, 1409	1 200 000	12 × 100 000
$\overline{\vert\text{XIII}\vert}$ CIL, VIII, 1641	1 300 000	13 × 100 000
$\overline{\vert\infty\infty\vert}$*	200 000 000	2 000 × 100 000

Aber diese Schreibweisen konnten leicht zu Verwechslungen und Mißverständnissen führen. So konnte etwa die Ziffernfolge $\overline{\text{ILVII}}$ (*oder* $\overline{\vert\text{LVI}\vert}$), welche für die Zahl 56 × 100.000 = 5.600.000 steht, leicht verwechselt werden mit $\overline{\text{LVII}}$ (*oder* $\overline{\text{LVII}}$), die für die Zahl 57.000 = 57 × 1.000 steht.

* Inschrift aus Ephesus (103 n. Chr.; vgl. Cagnat 1899, 181)

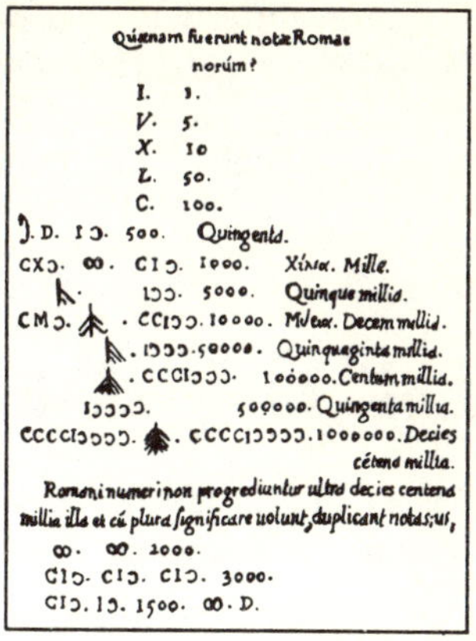

Quænam fuerunt notæ Romanorum?

I. 1.
V. 5.
X. 10
L. 50.
C. 100.
Ↄ. D. IↃ. 500. Quingenta.
CXↃ. ∞. CIↃ. 1000. Χίλια. Mille.
IↃↃ. 5000. Quinque millia.
CMↃ. CCIↃↃ. 10000. Μύρια. Decem millia.
IↃↃↃ. 50000. Quinquaginta millia.
CCCIↃↃↃ. 100000. Centum millia.
IↃↃↃↃ. 500000. Quingenta millia.
CCCCIↃↃↃↃ. CCCCIↃↃↃↃ. 1000000. Decies cētena millia.

Romani numeri non progrediuntur ultra decies centena millia illa et cū plura significare uolunt, duplicant notas; ut,
∞. ∞. 2000.
CIↃ. CIↃ. CIↃ. 3000.
CIↃ. IↃ. 1500. ∞. D.

Abb. 251: Archaische römische Ziffern in einem 1582 von einem Schweizer Autor namens Freigius veröffentlichten Werk. (Nach Smith 1958, II, 61)

Sueton (*Galba*, 5) erzählt dazu eine bezeichnende Anekdote: Tiberius habe eines Tages bedeutende Summen aus der Erbschaft seiner Mutter Livia an andere Erben auszahlen müssen. Darunter fiel auch der Erbteil des künftigen Kaisers Galba, nämlich 50 Millionen Sesterzen:

HS $\overline{|\text{CCCCC}|}$ *Quingenties centena milia sestertium*
500 × 100 000

Tiberius kürzte diesen Anteil eigenmächtig auf 500.000 Sesterzen:

HS $\overline{\text{CCCCC}}$ *Quingenta milia sestertium*
500 × 1000

Abb. 252: Ausschnitt aus einer Seite einer portugiesischen Handschrift (1200 n. Chr.) über die Fingerzahlen des Beda Venerabilis.
(Bibl. publ. Lissabon, Ms. Alcobaça 394 (426), Fol. 252; vgl. Burnam 1912/25, Tafel XV)

XL XXX = 40 030
L XC = 50 090
LX = 60 000

Er rechtfertigte sich damit, daß einerseits der Betrag in Zahlen und nicht in Worten niedergeschrieben war, andererseits stünden die Ziffern HS CCCCC nur für einen Betrag von 500 × 1.000 Sesterzen, da die Striche der Umrahmung der 500 viel zu kurz geraten seien, um eine Multiplikation mit 100.000 bedeuten zu können!

Entwicklung und Verbreitung des Multiplikationsprinzips

Das akrophonische Ziffernsystem der Griechen – z.B. in Athen – bestand ursprünglich nur aus folgenden Zeichen:

I	Γ	Δ	H	X	M
1	5	10	100	1 000	10 000

Zur Vereinfachung der Zahlschrift wurden dann zusätzliche Zeichen für die Zahlen 50, 500, 5.000, 50.000 usw. eingeführt. Aber diesen Zahlen wurden keine von den Grundziffern unabhängige Zeichen zugeordnet; vielmehr wurden sie in den folgenden Kombinationen zusammengefaßt, die auf dem Multiplikationsprinzip beruhen:

5 × 10	5 × 100	5 × 1 000	5 × 10 000

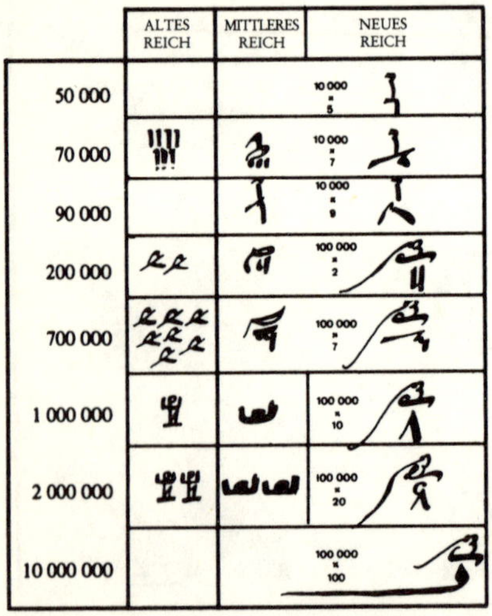

	ALTES REICH	MITTLERES REICH	NEUES REICH
50 000			10 000 × 5
70 000			10 000 × 7
90 000			10 000 × 9
200 000			100 000 × 2
700 000			100 000 × 7
1 000 000			100 000 × 10
2 000 000			100 000 × 20
10 000 000			100 000 × 100

Abb. 253: Einheiten über 10.000 in der »hieratischen« Zahlschrift der Ägypter. (Sainte-Fare Garnot 1963)

Den gleichen Gedanken hatten auch die Kreter in der zweiten Hälfte des zweiten Jahrtausends v. Chr., die ursprünglich über folgende Zahlzeichen verfügten:

1 10 100 1 000

Eine zusätzliche Ziffer für 10.000 wurde aus den Zeichen für 10 und 1.000 zusammengesetzt (*Abb. 175*):

1 000 × 10

Ähnlich gingen die Sumerer im dritten Jahrtausend v. Chr. vor, die die Zahlen 600 und 36.000 durch Kombination der Ziffern für 60 und 3.600 mit der Zehn zum Ausdruck brachten (*Abb. 193*):

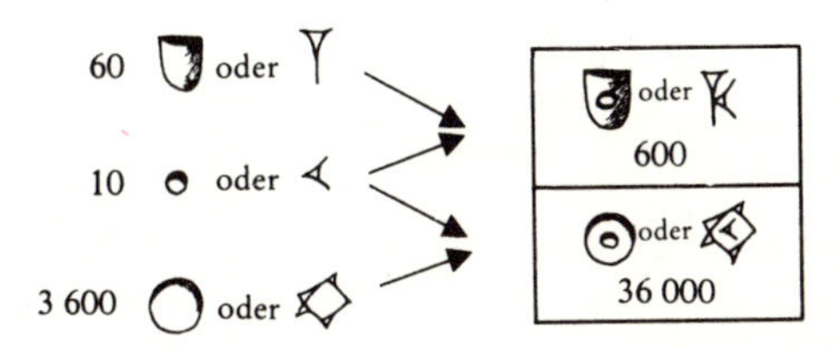

Auch die Steininschriften Ägyptens weichen seit der Zeit des Neuen Reiches (zweite Hälfte des zweiten Jahrtausends v. Chr.) vom »klassischen« Hieroglyphensystem ab: Die Zahlschrift beruht nicht mehr auf dem additiven, sondern auf dem multiplikativen Prinzip. Wenn eine Kaulquappe – die Hieroglyphen-Ziffer für 10.000 – nun über einer Ziffer mit niedrigerem Wert geschrieben wird, werden beide miteinander multipliziert.

Steht die Kaulquappe beispielsweise über der Hieroglyphe der Zahl 18, so steht dies nicht mehr für die Zahl:

$$100.000 + 18 = 100.018,$$

sondern für

$$100.000 \times 18 = 1.800.000.$$

Diese Zahl mußte im klassischen System durch eine Gruppe von acht Kaulquappen und die darüber stehende Ziffer für eine Million wiedergegeben werden. In einer ptolemäischen Inschrift (3.–1. Jh. v. Chr.) finden wir so die Zahl 27.000.000 in folgender Form ausgedrückt (*Thesaurus Inscriptionum Aegyptiacarum* 1884, III, 604):

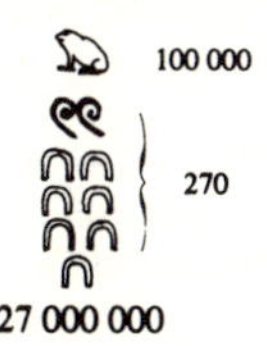

Abb 254: Detail einer buddhistischen Inschrift aus der Grotte von Nana Ghat. (Nach Smith/Karpinski 1911, 24)

Nach dieser Regel werden also 100.000 und 270 miteinander multipliziert und nicht addiert, da in diesem Fall die Kaulquappe neben den anderen Ziffern gestanden hätte:

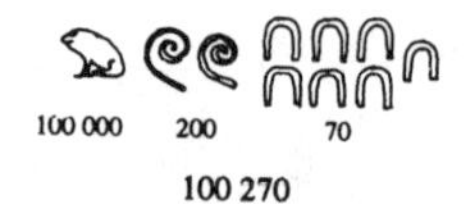

Diese neue Schreibweise geht auf den Einfluß zurück, den die »hieratische« Kursivschrift auf das Hieroglyphensystem ausübte. Zur Aufzeichnung großer Zahlen und zur Beschleunigung des Schreibtempos hatten die Schreiber offensichtlich seit dem Mittleren Reich das additive Prinzip nach und nach durch das multiplikative ersetzt (*Abb. 253*).

Aufmerksamkeit verdient auch die Zahlschrift, die in Indien zu Beginn der christlichen Zeitrechnung verwendet wurde. Sie ist hauptsächlich durch die buddhistischen Inschriften an den Wänden der Grotten von Nana Ghat – ungefähr 150 km von Poona entfernt – und Nasik – ca. 200 km von Bombay entfernt – bekannt geworden. Das System der ersten Grotte geht auf das zweite Jahrhundert v. Chr. zurück, das zweite datiert aus dem 1. oder 2. Jahrhundert n. Chr. (*Abb. 254*).*

Trotz der vorhandenen Lücken kann dieses Ziffernsystem ziemlich genau rekonstruiert werden (*Abb. 255, 256*). Es handelt sich offensichtlich um ein Ziffernsystem auf dezimaler Basis, das auf Addition beruht und jeder der aufeinanderfolgenden Einheiten scheinbar ein eigenes Zeichen zuordnet:

1	2	3	4	5	6	7	8	9	
10	20	30	40	50	60	70	80	90	
100	200	300	400	500	600	700	800	900	
1000	2000	3000	4000	5000	6000	7000	8000	9000	usw.

Die Entschlüsselung dieser Zeichen ist dadurch abgesichert, daß die Bildhauer die Zahlen in Ziffern und in Worten wiedergegeben haben. Bei näherer Betrachtung

* Diese Ziffern gehören zu den ältesten in Indien bezeugten – mit Ausnahme derjenigen der Induszivilisation, die bis 2500 v. Chr. zurückreicht (Marschall 1931; Mackay 1936; 1937/38; Parpola et al. 1969). Beide Zahlenschreibweisen sind Teil der alten indischen Schrift, die *Brahmi-Schrift* genannt wird.

1	2		4		6	7		9
10	20				60		80	
100	200		400			700		
1000			4000		6000			
10 000	20 000							

Abb. 255: Die Ziffern der Inschriften des Höhlentempels von Nana Ghat (2. Jh. v. Chr.) (Guitel 1975, 606–616; Renou/Filliozat 1953, II, 703-709; Smith/Karpinski 1911, 12–37)

1	2	3	4	5	6	7	8	9
10	20		40			70		
100	200			400				
1000	2000	3000	4000				8000	
						70 000		

Abb. 256: Die Zahlen der Inschriften des Höhlentempels von Nasik (1.–2. Jh. n. Chr.) (Guitel 1975, 606–614; Renou/Filliozat 1953, II, 703–709; Smith/Karpinski 1911, 12–37)

der Ziffern ergibt sich, daß einige nach dem Multiplikationsprinzip gebildet worden sind – so beispielsweise die Zahlen 400, 700, 4.000, 6.000, 10.000 und 20.000, die sich in den Inschriften von Nana Ghat in folgender Weise finden (*Abb. 255*):

400	700	4 000	6 000	10 000	20 000
100 × 4	100 × 7	1 000 × 4	1 000 × 6	1 000 × 10	1 000 × 20

Dieses Ziffernsystem auf der Basis zehn beruhte im wesentlichen auf Addition, wobei jeder Einheit dem Anschein nach eine eigene Ziffer zugeordnet wurde. Um jedoch zu große Gedächtnisanstrengungen zu vermeiden, wurden einige dieser Ziffern durch multiplikative Kombinationen bereits bekannter Zeichen gebildet.

So wurde das multiplikative Prinzip also ursprünglich in Ziffernsysteme eingeführt, die auf Addition beruhten. In diesem Anfangsstadium wurde es jedoch nur zur Bildung neuer Symbole benutzt, die entweder für sehr große Zahlen standen, die vorher noch nie geschrieben worden waren, oder für irgendwelche Zwischenwerte, die durch die Verwendung einer Hilfsbasis eingeführt wurden. Erst im zweiten Stadium der Entwicklung wurde dieses Prinzip weiter ausgedehnt, um mühselige Wiederholungen identischer Zeichen zu vermeiden, oder aber um das Gedächtnis nicht durch die Einführung immer neuer Symbole für die verschiedenen aufeinanderfolgenden Einheiten zu überlasten. Daraus ergab sich ein neuer Typ von Zahlschrift, dessen wichtigste Erscheinungsformen im folgenden betrachtet werden sollen.

Kapitel 25
Die Weiterentwicklung der Zahlschrift in Mesopotamien

Am Ende des ersten Entwicklungsabschnitts der Schrift in Mesopotamien waren dort die Sumerer sowohl bevölkerungsmäßig in der Überzahl als auch vorherrschend im kulturellen Bereich.

Auf ihrer Seite stand im Norden Babyloniens eine Bevölkerungsgruppe semitischen Ursprungs: die Akkader. Sie verdanken ihren Namen der bedeutenden mesopotamischen Stadt *Akkad;* sie war über zwei Jahrhunderte hinweg die Hauptstadt eines mächtigen, von Sargon I. gegründeten Reiches, das aus dessen Sieg über die Sumerer gegen 2350 v. Chr. hervorgegangen war. Dieses semitische Imperium brach gegen 2150 v. Chr. unter dem Ansturm der Gutäer zusammen, die aus dem Gebirge im Osten eindrangen.

Auf das erste semitische Großreich in Mesopotamien folgte das Neusumerische Reich unter den Fürsten von Lagasch und der zweiten Dynastie von Ur. Die Sumerer hatten nun erneut die Vorrangstelle inne und kontrollierten das Gebiet zwischen dem iranischen Bergland und dem Mittelmeer. Um 2000 v. Chr. brach die dritte Dynastie von Ur unter dem Ansturm der Elamiter im Osten und der semitischen Amurru aus dem Westen zusammen, die sumerische Kultur wurde durch die *assyrische* und *babylonische* abgelöst. Die Amurru hatten sich im südlichen Teil Mesopotamiens niedergelassen und die Stadt Babylon gegründet, die lange die Hauptstadt des Landes *Sumer und Akkad* war.

Hammurapi (1728–1686 v. Chr.) war der herausragende Herrscher der ersten babylonischen Dynastie; er sicherte die Vorherrschaft Babylons über den ganzen südlichen Teil Mesopotamiens und dehnte sein Reich auf Assyrien bis in den Osten Syriens aus.

Seit dem 17. Jahrhundert v. Chr. wurde dieses Großreich durch die zahlreichen Einfälle der Kassiten geschwächt, die aus dem iranischen Hochland kamen. Schließlich wurde es im Jahre 1530 v. Chr. durch die Hethiter, ein aus Anatolien stammendes Volk indo-europäischer Abstammung, zerstört. Zwischen dem 16. und dem 12. Jahrhundert v. Chr. stand Babylon unter der Fremdherrschaft der Kassiten, danach folgte eine lange Auseinandersetzung mit den Assyrern, unter deren Oberherrschaft Babylon vom 9. bis zum Ende des 7. Jahrhunderts v. Chr. geriet.* Nach dem Fall von Ninive (612 v. Chr.) und der Eroberung des gesamten assyrischen Reiches konnte die

* Die Assyrer waren ein semitisches Volk im Norden Mesopotamiens; sie siedelten an den Bergterrassen, die zwischen dem Zagrosgebirge und dem Tigris liegen. Ihre Kultur stand ganz unter dem Einfluß der Sumerer, ihre Aufwärtsentwicklung war eine rein militärische Leistung. Seit der Gründung des assyrischen Reiches im 14. Jahrhundert dehnte es sich in sämtliche Richtungen aus und wurde – bis zur Zerstörung Ninives 612 – zu einer der furchtbarsten Militärmächte der Antike.

babylonische Kultur erneut die Vormachtstellung im Nahen Osten erringen, insbesondere unter der Regierung Nebukadnezar II. (604–562 v. Chr.). Dies war die bedeutendste Epoche der babylonischen Geschichte, aber auch ihr letzter Triumph. Babylon unterlag 539 v. Chr. dem Perserkönig Cyrus, dann 311 v. Chr. Alexander dem Großen, bevor es gegen Ende des 4. Jahrhunderts v. Chr. endgültig verfiel...*

Die Akkader übernahmen den Großteil der sumerischen Kultur und entwickelten sie weiter. Vor allem übertrugen sie die Keilschriftzeichen ihrer Vorgänger auf die akkadische Sprache und Tradition; die Keilschrift wurde in Etappen weiterentwickelt und löste sich schließlich von der rein gedächtnisstützenden Funktion, die sie ursprünglich gehabt hatte. Die Akkader formten daraus also eine vollwertige Schrift und begründeten eine unabhängige Schreibtradition.**

Mit der Keilschrift hatten die Akkader von den Sumerern auch deren Ziffernsystem übernommen. Da sie jedoch wie die meisten Semiten in Hundertern und Tausendern zählten, ergänzten sie das sumerische Sexagesimalsystem durch dezimale Zeichen. Dabei benutzten die Schreiber für die fehlenden Ziffern für 100 und 1.000 Lautzeichen; sie bildeten die Ziffer für 100 nach dem akrophonischen Prinzip:

Anfangsbuchstabe von »Hundert«
ME ME - AT

Die Zahl 1.000 (LIM) wurde durch zwei Zeichen mit anderer Bedeutung wiedergegeben, die zusammengelesen der Lautform des Wortes LIM entsprachen – wie bei einem Bilderrätsel:

oder auch
LI - IM LI - IM

Schließlich überwog die folgende Schreibweise***:

LIM

Unter diesen Voraussetzungen bildete sich eine Art von Mischsystem, das den folgenden Zahlen ein gesondertes Zahlzeichen zuordnete:

$$1 \quad 10 \quad 60 \quad 10^2 \quad 60 \times 10 \quad 60^2 \quad 60^2 \times 10 \ldots$$

* Bottéro et al. 1967; Brinkman 1964; Garelli 1975; King 1936; Parrot 1961; Vieyra 1961.

** Die Übernahme der sumerischen Keilschrift fand in der *Akkad-Zeit* statt (ca. 2400–2230 v. Chr.); die Semiten hatten in dieser Epoche zum ersten Mal die Herrschaft über Mesopotamien errungen und es zum Mittelpunkt ihres Reiches gemacht, das im Osten bis nach Elam reichte. Ihr politisches Übergewicht zeigte sich auch auf kulturellem Gebiet, wo sie ihre Sprache weiterentwickelten, um sie systematisch schreiben und gebrauchen zu können.

*** Der Lautwert dieser Keilschriftzeichen entspricht dem Lautwert der Silbe LIM; ideographisch sind sie zusammengesetzt aus einem Winkel – der Ziffer Zehn – und dem Lautzeichen ME (= hundert); das Zeichen bedeutet also: LIM = 10 ME = 10 × 100.

Es bestand aus folgenden Ziffern:

		oder SCHU-SCHI	ME		LIM	
1	10	60	100	600	1 000	3 600

Diese Zahlschrift konnte damit sexagesimale und dezimale Einheiten miteinander kombinieren (vgl. Kap. 12).

Die folgenden Beispiele stammen aus Tafeln (19. Jh. v. Chr.), deren Eintragungen offensichtlich hauswirtschaftlicher Natur waren; sie wurden bei Raubgrabungen in Mesopotamien entdeckt (Gautier 1908, Tafel 17, 42, 43):

60 40 ---->	2 ME ---------->	1 ME 3 ---------->	1 ME 50 4 -------------->
100	200	103	154

Diese Tafeln betreffen im allgemeinen Angehörige einer bestimmten Familie und halten die wichtigsten Handlungen ihres Lebens fest – sie waren so etwas wie ein persönliches Archiv.*

Andere Beispiele stammen aus einer nordbabylonischen Buchführungstafel, die auf das siebzehnte Regierungsjahr des Ammischaduka von Babylon (1646–1626 v. Chr.) datiert ist und eine Liste von Schafen enthält (Birot 1970, Tafel Nr. 33/XVIII):

1 SCHU-SCHI 3 -------------->	60 10 3 -------->	60 20 5 -------->	1 ME 1 SCHU-SCHI 8 -------------------->
63	73	85	168

In ihren amtlichen und privaten, wirtschaftlichen und rechtlichen oder administrativen Texten benützten die Einwohner Mesopotamiens in der ersten Hälfte des zweiten Jahrtausends v. Chr. die sexagesimale Zahlschrift der Sumerer, das semitische Dezimalsystem und ein Mischsystem mit den Basen Sechzig und Zehn.

Als jedoch die akkadische Sprache das Sumerische in Mesopotamien endgültig verdrängt hatte, setzte sich auch die dezimale Keilzahlschrift im alltäglichen Gebrauch durch. Seither wurden nur noch folgende Zeichen gebraucht:

		ME	LIM
1	10	100	1 000

* Nach Gautier (1908) fehlen genaue Informationen über den Ursprung der Tafeln; die Texte selbst nennen den alten Namen des Ortes, an dem sie gefunden wurden: *Dilbat,* eine kleine Stadt in Babylonien.

Assyrisch-babylonische Ziffern der Zahlen unter Hundert

1	2	3	4	5	6	7	8	9
					60 ou	60 + 10	60 + 20	60 + 30
10	20	30	40	50	60	70	80	90

Akkadische Ziffer für Hundert

Es handelt sich um die Silbe »ME«, Anfangsbuchstabe des Wortes

»ME-AT«

(assyrisch-babylonischer Name der Zahl »Hundert«)

100	1 100
200	2 100
300	3 100
400	4 100
500	5 100

Akkadische Ziffer für tausend

Es handelt sich um die Silbe »LIM«, Lautzeichen des assyrisch-babylonischen Namens der Zahl »Tausend«. Dieses Zeichen ist zusammengesetzt aus:

10 und 100

1 000	1 1 000
2 000	2 1 000
3 000	3 1 000
4 000	4 1 000
5 000	5 1 000

Abb. 257: Das gebräuchliche assyrisch-babylonische Ziffernsystem, eine Anpassung des sumerischen Keilschriftsystems an die Zahlentraditionen der Semiten.

In diesem System wurden die Einer und die Zehner durch entsprechende Wiederholung des senkrechten Nagels oder des Winkels dargestellt, wobei sich die Anordnung der Zeichen deutlich von den sumerischen Zeichengruppen unterschied; die aufeinanderfolgenden Vielfachen von 100 oder 1.000 wurden nach dem multiplikativen Prinzip gebildet (vgl. *Abb. 257*).

Die folgenden Beispiele wurden auf assyrischen Keilschrifttafeln mit einem Bericht über den achten Feldzug Sargon II. in Armenien (714 v. Chr.) gefunden. Die Ziffern beziehen sich auf die Zahl der Beutestücke und sind strikt dezimal gebildet (Thureau-Dangin 1912, Z. 380, 366, 369):

60 7	1 ME 30	1 ME 60	3 LIM 6 ME
67	130	160	3 600

Obwohl sich die Keilzahlschrift unter den Semiten grundsätzlich verändert hat, behielt die Sechzig als Einheit einen Platz im alltäglichen assyrisch-babylonischen System.

Meistens wurde die Zahl Sechzig im 1. Jahrtausend v. Chr. zwar dezimal gebildet – –, aber die Akkader schrieben sie zum Teil noch in der sumerischen Form: .

Eine zweite Möglichkeit war die Wiedergabe »in Worten«:

(wörtlich: »ein Sechziger«)
1 SCHU - SCHI

Damit sollten Verwechslungen mit dem kleinen Nagel für die Eins ausgeschlossen werden.

Als Abkürzung dieser Form gab es noch eine dritte Möglichkeit:

1 SCHU

Darüber hinaus wurden die Zahlen 70, 80 und 90 auf die alte Weise der Sumerer geschrieben:

60 . 10	60 . 20	60 . 30
70	80	90

Nach Thureau-Dangin (1932) belegen diese Formen das Weiterleben des alten sumerischen Sexagesimalsystems in der akkadischen Zahlschrift, ähnlich wie einige französische Zahlworte auf ein ursprüngliches Vigesimalsystem (Basis 20) hindeuten:

- *quatre-vingt* (vier-zwanzig) statt »octante« oder »huitante« (achtzig);
- *quatre-vingt-dix* (vier-zwanzig-zehn) statt »nonante« (neunzig).

Als Illustration dieser Eigenheit der akkadischen Keilschriftziffern dient ein Auszug aus dem *Schwarzen Stein* des Asarhaddon, König von Assur von 680–669 v. Chr. Die Stelle steht im Zusammenhang mit den frommen Bemühungen dieses Herrschers, eine Begründung für den frühzeitigen Wiederaufbau Babylons zu finden, obwohl bestimmte unwandelbare Gebote der Götter dies verboten (Nougayrol 1945/46, 65)*: »Nachdem er [auf der Tafel des Schicksals] 70 Jahre für das zerstörte [Babylon] geschrieben hatte, drehte Marduk mitleiderfüllt die Zahlen um und entschied, daß die Stadt nach nur 11 Jahren wiederbevölkert werden dürfe.»**

Diese Anekdote wird erst verständlich, wenn die Schreibweise der Keilschriftziffern hinzugezogen wird; die Zahl 70 schreibt sich folgendermaßen:

60 10

Die Umkehrung der Ziffernfolge ergibt jedoch die Zahl 11:

10 1

Obwohl sich das rein dezimale Zahlensystem im alltäglichen Gebrauch in Mesopotamien allgemein durchsetzte, wurden die alten sexagesimalen Einheiten 600 und 3.600 dennoch niemals vollständig aufgegeben. In verschiedenen wirtschaftlichen und rechtlichen Texten, in Wahrsagungen, Geschichts- oder Gedenktexten findet man nach wie vor die Zeichen für 600 und 3.600, wobei die Ziffer für 3.600 nach und nach folgendermaßen gegenüber dem entsprechenden sumerischen Vorbild verändert wurde (Labat 1976):

KLASSISCHES SUMERISCH	ASSYRISCH		
	ALT-	MITTEL-	NEU-
	BABYLONISCH		
	ALT-	MITTEL-	NEU-

* Babylon war 689 v. Chr. durch den assyrischen König Sanherib zerstört worden. Ihr Wiederaufbau wurde von Asarhaddon, seinem Sohn, unmittelbar nach dessen Amtsantritt in Angriff genommen.

** Marduk, der König der Götter im babylonischen Pantheon, war der Besitzer der *Tafeln des Schicksals*. »War seine Entscheidung über die Zukunft gefallen, so trug Marduk seinen Schicksalsspruch in die Tafeln ein, um ihnen größere Wirksamkeit und mehr Bekanntheit zu verleihen.« (Bottéro 1974, 159. Vgl. Borger 1956, 15; Luckenbill 1925; Nougayrol 1945/46)

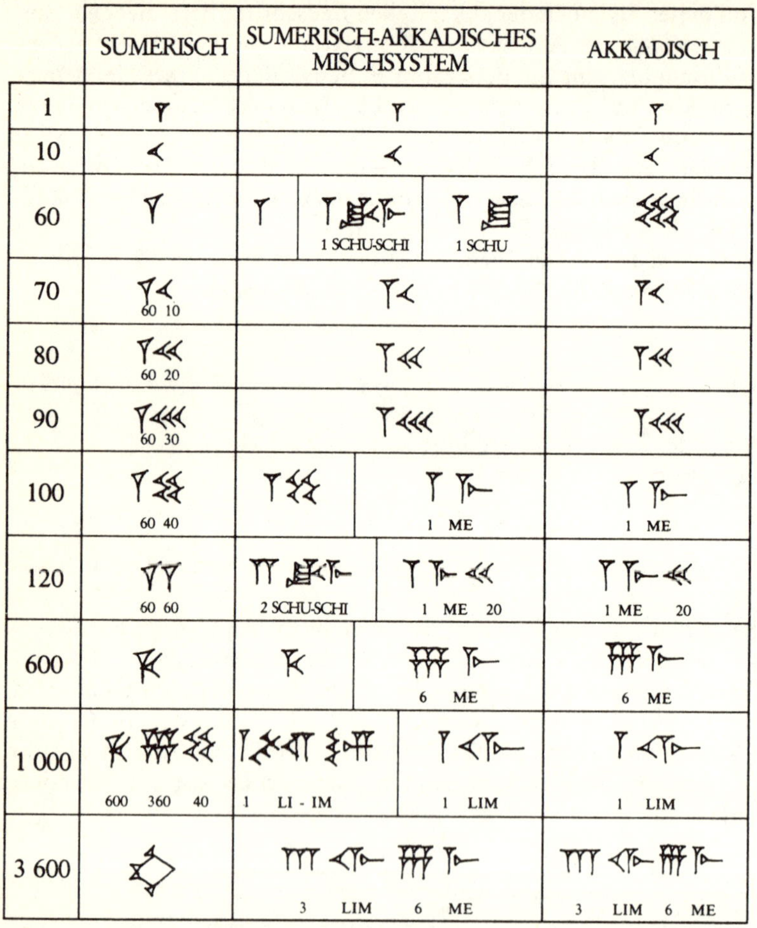

	SUMERISCH	SUMERISCH-AKKADISCHES MISCHSYSTEM	AKKADISCH
1			
10			
60		1 SCHU-SCHI / 1 SCHU	
70	60 10		
80	60 20		
90	60 30		
100	60 40	1 ME	1 ME
120	60 60	2 SCHU-SCHI / 1 ME 20	1 ME 20
600		6 ME	6 ME
1 000	600 360 40	1 LI - IM / 1 LIM	1 LIM
3 600		3 LIM 6 ME	3 LIM 6 ME

Abb. 258: Entwicklung der Keilschriftziffern in Mesopotamien.

Bezeichnend für diesen Gebrauch ist ein Beispiel aus einer der Inschriften von König Sargon II.; darin wird der Umfang der Wälle von Chorsabad* mit 16.280 Ellen nicht in der folgenden Form angegeben:

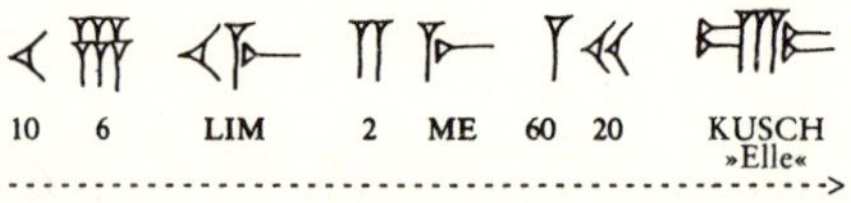

10 6 LIM 2 ME 60 20 KUSCH »Elle«

* Chorsabad – das alte *Dur-Scharrukin,* »Festung des Sargon« – war von einem mächtigen Wall umgeben; die Stadt befindet sich im heutigen Irak, ungefähr 16 km nordöstlich von Mosul.

Die Zeichen haben vielmehr dieses Aussehen (Lyon 1883, 10, 1.65)*:

3 600 . 3 600 . 3 600 . 3 600 .	600 . 600 . 600 .	1 USCH	3 QA-NI	2 KUSCH
14.400 Ellen	1.800 Ellen	ein Sechziger Ellen	3 x 6 Ellen	2 Ellen

Zusammenfassend lassen sich in der Geschichte der assyrisch-babylonischen Keilzahlschrift drei Etappen unterscheiden:

- in der ersten wird die Kultur der Sumerer übernommen und damit auch das sexagesimale Ziffernsystem;
- in der zweiten werden das Sexagesimal- und das Dezimalsystem miteinander kombiniert;
- im dritten Schritt setzt sich schließlich ein reines Dezimalsystem durch, das den semitischen Zahlensystemen entspricht.

Vor allem in mathematischen und astronomischen Texten blieb jedoch das Sexagesimalsystem in einer Form in Gebrauch, die im einzelnen noch untersucht werden muß (Kap. 28).

* Die »Elle« (KUSCH) war ein Längenmaß von ungefähr 50 cm. Das »Rohr« (QANUM) hatte sechs Ellen (ungefähr 3 m) und das USCH 60 Ellen (30 m).

Kapitel 26
Die Zahlschriften der semitischen Völker

Man war lange der Ansicht, daß die Aramäer noch vor den Griechen und den Juden den Buchstaben ihres Alphabetes Zahlen zugeordnet hätten und damit Erfinder eines der ältesten Ziffernalphabete der Geschichte seien. Tatsächlich ist es trotz intensiver Forschung noch niemandem gelungen, bei den Aramäern und den Phöniziern die Verwendung eines solchen Ziffernsystems nachzuweisen. Vielmehr wurden Zahlen »in Worten« wiedergegeben; Zahlzeichen im engeren Sinne sind erst relativ spät bezeugt.*

In aramäischen Inschriften und Papyri mit wirtschaftlichem und rechtlichem Inhalt, die aus der jüdischen Militärkolonie in der ägyptischen Stadt Elephantine stammen (5. Jh. v. Chr.), findet sich dagegen eine völlig andere Zahlschrift. In ihren ältesten Zeugnissen steht als Ziffer für die Eins ein einfacher senkrechter Strich; die Zahlen bis neun werden durch Addition jeweils eines weiteren Striches dargestellt. Um die Ziffern auf den ersten Blick lesen zu können, wurden die Striche in Dreiergruppen zusammengefaßt. Weiterhin wurde nicht nur der Zehn, sondern auch der Zwanzig ein eigenes Zahlzeichen zugeordnet; die Zahlen bis hundert wurden durch entsprechende Wiederholung dieser Zeichen gebildet (*Abb. 259*). Damit beruhte dieses Ziffernsystem auf dem Prinzip, daß neben- oder übereinander geschriebene Zahlzeichen miteinander addiert werden.

Die Zehner wurden allerdings nicht durch Addition der Ziffer 10 dargestellt, sondern durch Kombinationen auf der Basis 20: 10; 20; 20 + 10; 20 + 20; 20 + 20 + 10 usw.

Es stellt sich die Frage, ob es sich hier – wie häufig angenommen wurde – wirklich um Spuren eines Vigesimalsystems handelt, das die Westsemiten ursprünglich verwendet haben und das später nach und nach verschwunden ist.

Aber die Ziffer 10 wurde ursprünglich durch einen waagerechten Strich dargestellt, der mit der Zeit in eine mehr oder weniger stark nach rechts gebogene Linie verwandelt wurde (*Abb. 259*). Damit erscheint einleuchtend, daß die Ziffer 20 aus der Ziffer 10 abgeleitet wurde – eine graphische Entwicklung, die für Kursivschriften

* Die älteste bekannte aramäische Inschrift mit Ziffern im engeren Sinne, die überhaupt zu den ältesten nordwestsemitischen Dokumenten zählt, ist auf die zweite Hälfte des 8. Jahrhunderts v. Chr. datiert (Donner/Rölling 1962, 223–225). Der Grund für dieses späte Auftreten liegt vermutlich in der Vorliebe der Aramäer – wie der meisten Semiten –, die Zahlen mit ihren Namen wiederzugeben. »Selbst sehr viel später, als die Verwendung von Zahlzeichen bereits geläufig war, schrieben sie noch immer gerne neben die Ziffern die Zahl in Worten, wie es heute noch auf Schecks üblich ist.« (Février 1948, 577)

typisch ist. Die aramäische Ziffer für zwanzig ist damit das Resultat der Gewohnheiten der alten Schreiber, die mit einem in Farbe getauchten Pinsel auf Papyrus oder auf Felsbruchstücken schrieben; dabei verbanden sie die beiden übereinanderliegenden waagerechten Striche durch Ligatur miteinander, so daß in der Folge verschiedene Varianten entstehen konnten:

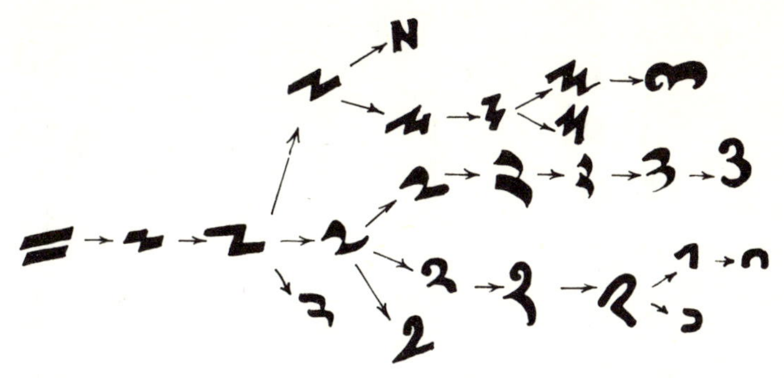

Ursprünglich waren die Zehner also durch in Paaren gruppierte waagerechte Striche dargestellt worden:

80	70	60	50	40	30	20	10

Dies wird durch die älteste überhaupt bekannte aramäische Inschrift bestätigt, die Ziffern im engeren Sinne beinhaltet; die Zahl 70 wird dort in Worten und durch sieben waagerechte Striche wiedergegeben, die zu Paaren zusammengefaßt sind. Diese Inschrift (zweite Hälfte des 8. Jh. v. Chr.) ist in die Kolossalstatue des Königs Panamu gehauen; sie stammt allem Anschein nach vom Hügel Gerzin, 7 km nordöstlich von Zincirli im türkischen Teil Nordwestsyriens (Donner/Rölling 1962, Inschr. Nr. 215). Damit war die ursprüngliche aramäische Schreibweise für Zahlen unter hundert – abgesehen von der Form der einzelnen Ziffern – identisch mit den Linear-Schriften der Kreter (*Abb. 175, 176*) und der Hieroglyphen-Zahlschrift der Hethiter.

An dieser Stelle liegt der Schluß nahe, das Zahlen- und Ziffernsystem der Aramäer als »primitiv« einzuschätzen, was manche Historiker auch getan haben. Danach habe das Ziffernsystem dieser berühmten Kaufleute der Antike nur auf dem Prinzip der Addition beruht und sei »in Ermangelung von Zeichen jenseits der zweiten Potenz ihrer Basis sehr schnell außer Atem geraten«. Aber selbst wenn die Ziffern unter hundert primitiv sind, so sind derartige Schlußfolgerungen dennoch voreilig, da dieses Ziffernsystem bei höheren Zahlen im Vergleich mit den meisten anderen Systemen eine interessante Neuerung enthält.

Die Papyri von Elephantine enthalten nämlich auch besondere Zeichen für die Zahlen Tausend und Zehntausend. Darüber hinaus werden die Vielfachen dieser Einheiten nicht durch einfache Wiederholung dargestellt – wie das bei den Ägyptern, den Kretern oder den Hethitern der Fall war –, sondern nach dem multiplikativen Prinzip gebildet: Rechts neben der Ziffer der entsprechenden Einheit standen so viele senkrechte Striche wie nötig (*Abb. 260*).

EINER

S 18		1
S 61		2
S 8		3
S 19		4
S 61		5
S 19		6
S 61		7
C.II![1] 147		8
S 62		9

ZEHNER

S 7		30
S 19		40
K 5		50
S 18		60
S 61		70
S 18		80
S 18		90

ZIFFER ZEHN

S 61	K 5	K 5	S 8
S 61	S 7	K 5	S 61

ZAHLEN UNTER HUNDERT

K 2		18
K 5		38
K 9		98

ZIFFER ZWANZIG

S 18	S 18	S 25	S 18
S 19	S 61	S 15	S 7

Abb. 259: Die aramäischen Ziffern für Zahlen unter hundert; alle in dieser Tabelle enthaltenen Zeichen sind in den Papyri von Elephantine enthalten.
(Abkürzungen: C = Corpus Inscriptionum Semiticarum; K = Kraeling 1953; S = Sachau 1911)

Abb. 260: Die aramäische Schreibweise der Vielfachen von 100, 1.000 und 10.000, wie sie in den Papyri von Elephantine erhalten sind. Die fettgedruckten Ziffern sind tatsächlich bezeugt; die anderen sind Rekonstruktionen anhand unserer vergleichenden Untersuchung.
(Abk.: C = Corpus Inscriptionum Semiticarum; K = Kraeling 1953; S = Sachau 1911)

HUNDERTER

Ziffer für Hundert								
S 19	C II¹ 147	S 61	S 61	S 19	S 61	S 15	S fragm.3	K 4

Diese Zeichen leiten sich aus der Überlagerung von zwei graphischen Varianten der Ziffer Zehn ab, sind also nach dem multiplikativen Prinzip gebildet. Jedem dieser Zeichen wurde ein Art Index hinzugefügt, um Verwechslungen zu vermeiden:

S 61	100 × 5	500	S 19	100 × 1	100
C II¹ 147	100 × 8	800	S fragm.3	100 × 2	200
S 61	100 × 9	900	S 19	100 × 4	400

SCHREIBWEISE DER TAUSENDER UND ZEHNTAUSENDER

Ziffer für Tausend			
S 61	S 61	S, fragm. 3	C II¹ 147

Dieses Zeichen ist keine »Ziffer« im engeren Sinn; es setzt sich vielmehr aus zwei aramäischen Buchstaben zusammen:

Es handelt sich damit um eine Abkürzung des Wortes »Alf «

(semitischer Name der Zahl Tausend)

		1 000
		2 000
C II¹ 14 col.I, 1.3		3 000
		4 000
S 61 1. 3		5 000
S 61 1. 14		8 000

Ziffer für Zehntausend		
C II¹ 147	S 62	S 61

Diese Ziffer leitet sich aus der Kombination der aramäischen Zeichen für 10 und 100 nach dem multiplikativen Prinzip ab:

S 61 1. 14		10 000
		20 000
S 62 1. 14		30 000
		40 000
		50 000
		80 000

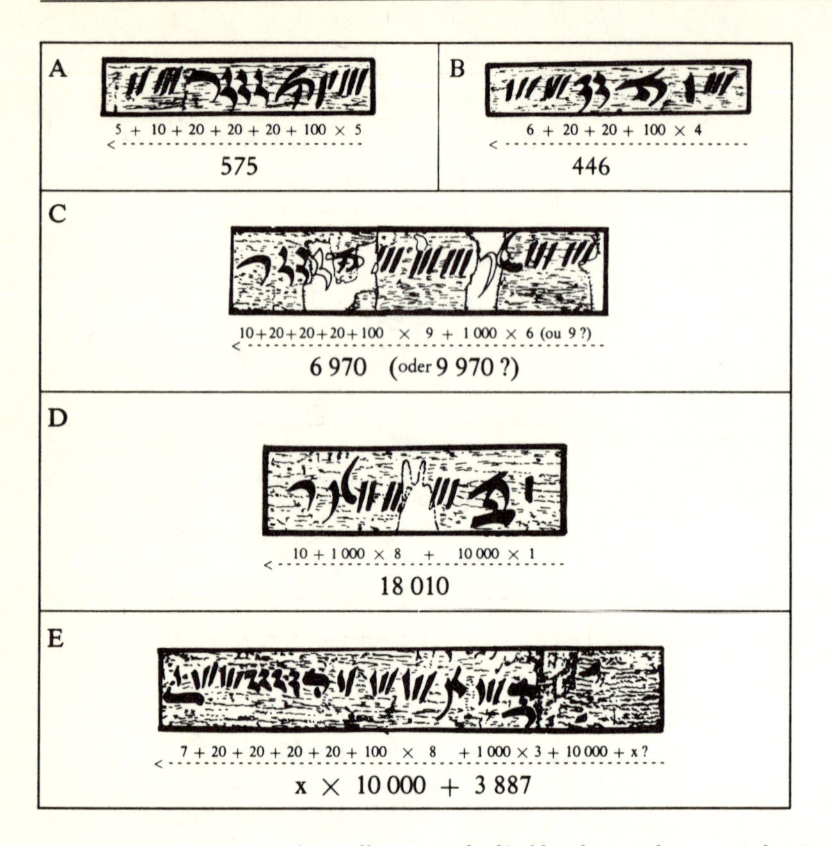

Abb. 261: Interpretation und Entzifferung von fünf Zahlzeichen aus den aramäischen Papyri von Elephantine.
(A: Sachau 1911, 61; B: Sachau 1911, 19 Kol. III, 1.6; C: Sachau 1911, 61 Kol. I, 1.11; D: Sachau 1911, 61 Kol. I, 1.14; E: Corpus Inscriptionum Semiticarum II.1, Nr. 147 Kol. I, 1.3)

Damit benutzten die Aramäer neben dem additiven Prinzip – für die Zahlen 1 bis 99 – das multiplikative Prinzip für alle größeren Zahlen. Dieser Teil des Ziffernsystems war folgendermaßen aufgebaut:

1 × 100	1 × 1 000	1 × 10 000
2 × 100	2 × 1 000	2 × 10 000
3 × 100	3 × 1 000	3 × 10 000
4 × 100	4 × 1 000	4 × 10 000
5 × 100	5 × 1 000	5 × 10 000
6 × 100	6 × 1 000	6 × 10 000
7 × 100	7 × 1 000	7 × 10 000
8 × 100	8 × 1 000	8 × 10 000
9 × 100	9 × 1 000	9 × 10 000

Alle dazwischen liegenden Zahlen über hundert wurden gleichzeitig durch Addition und durch Multiplikation gebildet (*Abb. 261*).

Ähnliche Zahlschriften findet man bei fast allen Semiten des Nordwestens wieder, da die Phönizier, Palmyrener, Nabatäer u.a. Zahlzeichen benutzt haben, die der

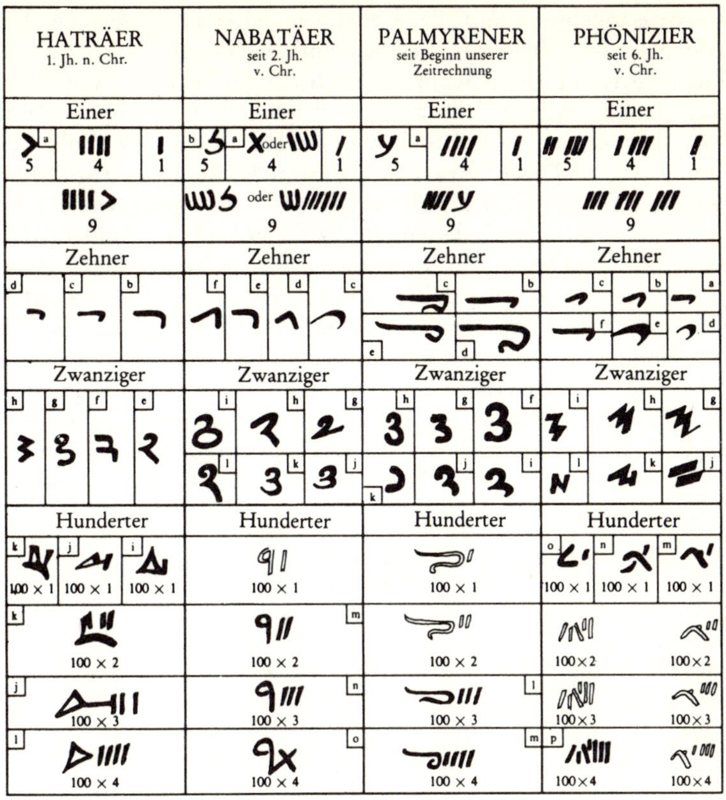

HATRÄER 1. Jh. n. Chr.	NABATÄER seit 2. Jh. v. Chr.	PALMYRENER seit Beginn unserer Zeitrechnung	PHÖNIZIER seit 6. Jh. v. Chr.
Einer	Einer	Einer	Einer
a: 5, 4, 1	b, a: 5, 4 oder 4, 1	a: 5, 4, 1	5, 4, 1
9	9 oder 9	9	9
Zehner	Zehner	Zehner	Zehner
d, c, b	f, e, d, c	c, b, e, d	c, b, a, f, e, d
Zwanziger	Zwanziger	Zwanziger	Zwanziger
h, g, f, e	i, h, g, l, k, j	h, g, f, k, j, i	i, h, g, l, k, j
Hunderter	Hunderter	Hunderter	Hunderter
k, j, i: 100 × 1, 100 × 1, 100 × 1	100 × 1	100 × 1	o, n, m: 100 × 1, 100 × 1, 100 × 1
k: 100 × 2	m: 100 × 2	100 × 2	100×2, 100×2
j: 100 × 3	n: 100 × 3	l: 100 × 3	100×3, 100×3
l: 100 × 4	o: 100 × 4	m: 100 × 4	p: 100×4, 100×4

QUELLEN

HATRÄER		NABATÄER		PALMYRENER		PHÖNIZIER	
a	Hatra Nr. 65	a	C, II^{1}, 161	a	C, II^{3}, 3 913	a	C, I^{1}, 165
b	Hatra Nr. 65	b	C, II^{1}, 212	b	C, II^{3}, 3 952	b	C, I^{1}, 165
c	Hatra Nr. 62	c	C, II^{1}, 158	c	C, II^{3}, 4 036	c	C, I^{1}, 93
d	Abrat As-Saghira	d	C, II^{1}, 147 B	d	C, II^{3}, 3 937	d	C, I^{1}, 88
e	Abrat As-Saghira	e	C, II^{1}, 349	e	C, II^{3}, 3 915	e	C, I^{1}, 165
f	Hatra Nr. 62	f	C, II^{1}, 163 D	f	C, II^{3}, 3 937	f	C, I^{1}, 3 A
g	Abrat As-Saghira	g	C, II^{1}, 354	g	C, II^{3}, 4 032	g	C, I^{1}, 87
h	Hatra Nr. 34, 65, 80	h	C, II^{1}, 211	h	C, II^{3}, 3 915	h	C, I^{1}, 93
i	Dura Europos	i	C, II^{1}, 161	i	C, II^{3}, 3 969	i	C, I^{1}, 7
j	Inschrift des Aschoka aus dem Tal von Laghman	j	C, II^{1}, 213	j	C, II^{3}, 3 969	j	C, I^{1}, 86 B
k	Ostraka Nr. 74, 113 aus Nisa	k	C, II^{1}, 204	k	C, II^{3}, 3 935	k	C, I^{1}, 13
l	Hatra Nr. 62, 65	l	C, II^{1}, 204	l	C, II^{3}, 3 915	l	C, I^{1}, 165
		m	CANT, II, p. 12	m	C, II^{3}, 3 917	m	C, I^{1}, 143
		n	C, II^{1}, 163 D			n	C, I^{1}, 65
		o	C, II^{1}, 161			o	C, I^{1}, 7
						p	C, I^{1}, S. 217

Abb. 262: Die Ziffernsysteme der semitischen Völker des Nordwestens (ohne Hebräer und die Bewohner von Ugarit).
(Aggoula 1972; Cantineau 1930, I, 35 f.; Lidzbarski 1962, I, 198–208; Milik 1972, I, 356 ff.; Naveh 1972, 293–304. Abk.: C = Corpus Inscriptionum Semiticarum)

gleichen Kategorie angehören und aller Wahrscheinlichkeit nach gleichen Ursprungs sind wie die aramäische Zahlschrift von Elephantine (*Abb. 262*).

Man findet sie auch bei den Semiten des Orient. So haben Assyrer und Babylonier das sexagesimale, additive Ziffernsystem der Sumerer vollkommen umgestellt, wobei die Keilschriftzeichen beibehalten wurden. Durch die Gewohnheit der Semiten, nach Hundertern und nach Tausendern zu rechnen, für die es noch keine Ziffern gab, konnten diese beiden Zahlen auf phonetische Weise geschrieben werden; die weiteren Vielfachen wurden nach dem multiplikativen Prinzip gebildet (*Abb. 257*).

Die gleiche Tradition findet man auch bei den semitischen Völkern im Südwesten. So haben die Äthiopier zwar unter dem Einfluß christlicher Missionare aus Ägypten, Syrien und Palästina im 4. Jahrhundert n. Chr. die griechischen Ziffern übernommen, diese aber über hundert grundlegend modifiziert (Cohen 1958, 379; 1970, 26 f.; Pihan 1860, 188–193).* Sie benutzten die ersten neunzehn Zahlbuchstaben des griechischen Ziffernsystems für die Zahlen von 1 bis 100; die Hunderter und die Tausender wurden durch die Ziffer P (Rho = hundert) und die Zahlbuchstaben wiedergegeben, die der Anzahl der Hunderter entsprachen. Die Griechen setzten für die Zahlen 200, 300 usw. bis 900 sowie für 1.000, 2.000 bis 9.000 folgende Buchstaben:

Σ	T	Y	...	ϡ	’A	’B	...	’Θ
200	300	400		900	1 000	2 000		9 000

Dagegen schrieben die Äthiopier für dieselben Zahlen (vgl. *Abb. 263*):

BP	...	HP	...	KP	...	ΠP
2×100		8×100		20×100		80×100
------>		------>		------>		------>
200		800		2 000		8 000

Zehntausend wurde in diesem System durch zwei Buchstaben P, die durch eine Ligatur miteinander verbunden waren, dargestellt; dieses Zeichen steht für die Multiplikation von 100 mit sich selbst (= 10.000) und kann in der Form P‿P wiedergegeben wurden. Die Vielfachen wurden wiederum durch die entsprechenden Ziffern links neben dem Zeichen für 10.000 dargestellt (*Abb. 263*):

BP‿P	...	HP‿P	...	KP‿P	...	ΠP‿P
2×10 000		8×10 000		20×10 000		80×10 000
-------->		-------->		-------->		-------->
20 000		80 000		200 000		800 000

* Noch heute benutzen die Äthiopier gelegentlich diese Ziffern, die neben ihren Schriftzeichen wie eigene Buchstaben wirken. Aber sie gehen eindeutig auf die etwas kantigeren Zahlzeichen in den äthiopischen Inschriften von Aksum zurück, das die Hauptstadt des alten abbessinischen Königreiches war (ab 4. Jh. n. Chr.) und bei der heutigen Stadt Adua liegt. Diese Zeichen sind ihrerseits von den neunzehn ersten griechischen Zahlbuchstaben abgeleitet (Abb. 210, 263). Die modernen äthiopischen Ziffern stehen zwischen zwei waagrechten Strichen, die an ihren Enden einen kleinen Anhang haben; diese Striche tauchen im 15. Jahrhundert auf und sollen anzeigen, daß es sich um eine Zahl handelt.

ZAHLSCHRIFT FÜR ZAHLEN VON 1 BIS 100

ZAHLENWERT	Griechische Zahlbuchstaben	ÄTHIOPISCHE INSCHRIFTEN VON AKSUM 4. Jh. n. Chr. (Littmann 1913, Nr. 7, 10, 11)	Moderne äthiopische Ziffern
1	A		፩
2	B		፪
3	Γ		፫
4	Δ		፬
5	E		፭
6	ϛ		፮
7	Z		፯
8	H		፰
9	Θ		፱
10	I		፲
20	K		፳
30	Λ		፴
40	M		፵
50	N		፶
60	Ξ		፷
70	O		፸
80	Π		፹
90	ϙ		፺
100	P		፻

HUNDERTER, TAUSENDER, ZEHNTAUSENDER usw.

		INSCHRIFTEN VON AKSUM (4.Jh.)(Littmann 1913, Nr. 7, 10, 11)		
200	Σ		፪፻	2×100
300	T		፫፻	3×100
400	Y		፬፻	4×100
500	Φ		፭፻	5×100
600	X		፮፻	6×100
700	Ψ		፯፻	7×100
800	Ω		፰፻	8×100
900	ϡ		፱፻	9×100
1 000	͵A		፲፻	10×100
2 000	͵B		፳፻	20×100
3 000	͵Γ		፴፻	30×100
4 000	͵Δ		፵፻	40×100
5 000	͵E		፶፻	50×100
6 000	͵ϛ		፷፻	60×100
8 000	͵H		፹፻	80×100
10 000	$\overset{\alpha}{M}$		፼	100×100
20 000	$\overset{\beta}{M}$		፪፼	2×10 000
31 900		3×100×100+10×100+9×100	፫፼፲፻፱፻	
25 140		2×100×100+50×100+100+40	፪፼፶፻፻፵	

Abb. 263: Das äthiopische Ziffernsystem. (Cohen 1958, 379; 1970, 26 f.; Pihan 1860, 188–193)

Auch die orientalischen Araber benutzten für Zahlen über 1.000 das multiplikative Prinzip. Grundlage war ihr Ziffernalphabet nach dem Vorbild der Griechen, der Juden und der Christen Syriens, mit dem sie die Zahlen von 1 bis 1.000 nach dem additiven Prinzip wiedergaben (*Abb. 231*). Zahlen über tausend wurden mit dem multiplikativen Prinzip durch den Buchstaben *Ghajn* (= 1.000) und die entsprechenden Ziffern für die Anzahl von Tausendern dargestellt (*Abb. 264*).

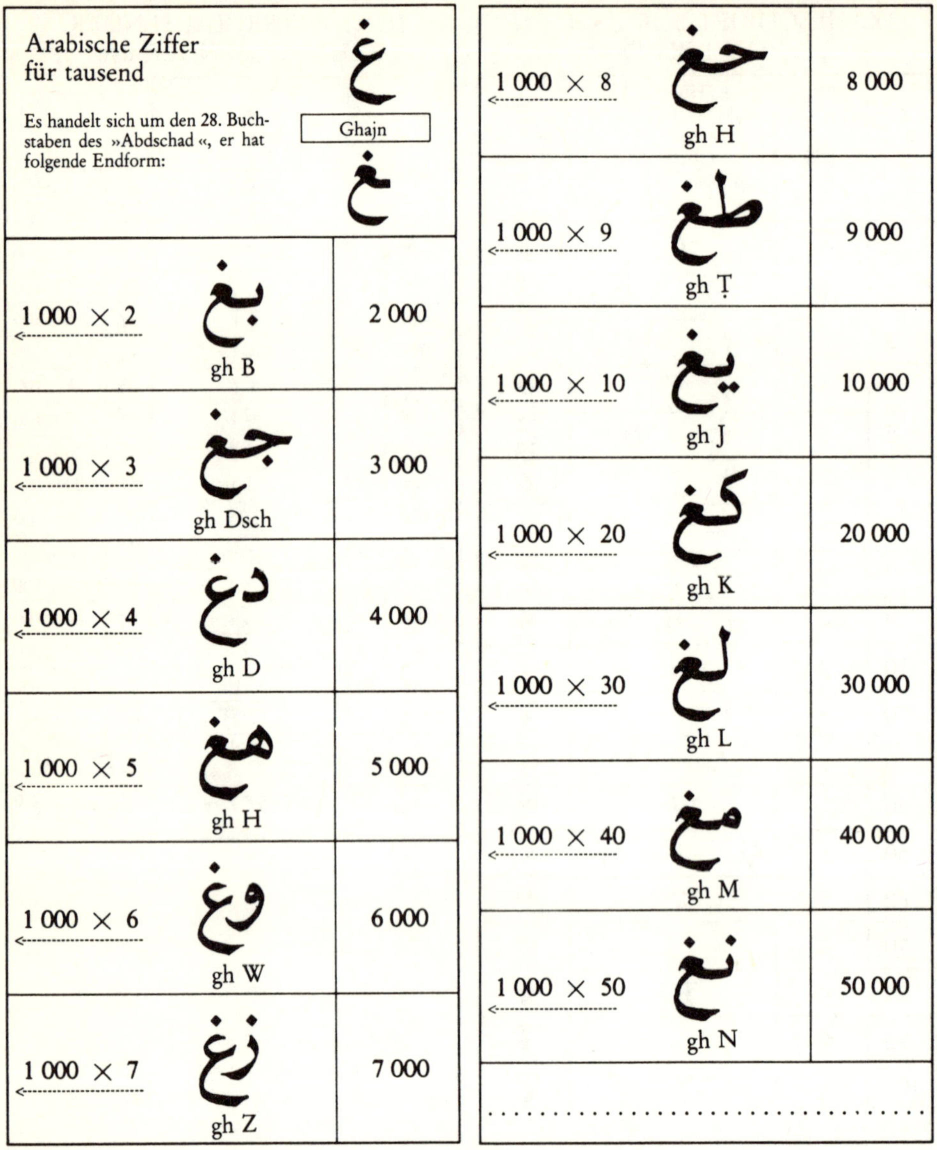

Arabische Ziffer für tausend: غ

Es handelt sich um den 28. Buchstaben des »Abdschad«, er hat folgende Endform: Ghajn غ

1 000 × 2	بغ gh B	2 000
1 000 × 3	جغ gh Dsch	3 000
1 000 × 4	دغ gh D	4 000
1 000 × 5	هغ gh H	5 000
1 000 × 6	وغ gh W	6 000
1 000 × 7	زغ gh Z	7 000
1 000 × 8	حغ gh Ḥ	8 000
1 000 × 9	طغ gh Ṭ	9 000
1 000 × 10	يغ gh J	10 000
1 000 × 20	كغ gh K	20 000
1 000 × 30	لغ gh L	30 000
1 000 × 40	مغ gh M	40 000
1 000 × 50	نغ gh N	50 000
....		

Abb. 264: Das arabische Ziffernalphabet des Orients für Zahlen über tausend. (Ruska 1917)

Alle diese Systeme gehörten also zu einer neuen Kategorie von Zahlschrift; sie beruhen nicht mehr ausschließlich auf dem additiven Prinzip, sondern folgen meist ab hundert einem anderen, in dem die Koeffizienten der Ziffern den Potenzen der Basis entsprechen. Dieses Prinzip werden wir im folgenden nach Guitel (1975) als »hybrid« bezeichnen.

Kapitel 27
Die traditionelle chinesische Zahlschrift

Das moderne System

Um ganze Zahlen auszudrücken, bedienen sich die Chinesen gewöhnlich eines Dezimalsystems mit dreizehn Grundzeichen, die den neun Einern und den ersten vier Potenzen von zehn zugeordnet werden (10, 100, 1.000 und 10.000). Die einfachste und heute gebräuchlichste Form dieser Ziffern ist folgende:

1	一	10	十
2	二		
3	三	100	百
4	四		
5	五	1 000	千
6	六		
7	七	10 000	萬 oder 万
8	八		
9	九		

Die Ziffern sind gewöhnliche Schriftzeichen der chinesischen Schrift und folgen den gleichen Regeln wie die anderen Schriftzeichen.

Es sind echte »Zahlwörter«, die anschaulich oder symbolisch die Bedeutung und die Lautform der chinesischen Namen der entsprechenden Zahlen ausdrücken. Die Schriftzeichen sind eine Möglichkeit, die dreizehn einsilbigen Zahlworte der chinesischen Sprache wiederzugeben; in lateinischen Buchstaben nach der *Pinyin-Transkription* haben sie folgende Namen (Radio Peking 1978, 54):

yī	èr	sān	sì	wǔ	liù	qī	bā	jiǔ	shí	bǎi	qiān	wàn
1	2	3	4	5	6	7	8	9	10	100	1 000	10 000

Die chinesischen Zahlzeichen sind also sehr einfache Ziffern »in Worten«. Auch das chinesische Ziffernsystem gehört – wie die Systeme der semitischen Welt – zu den

Zum Transkriptionssystem der chinesischen Schriftzeichen

Die Wiedergabe der Zeichen der chinesischen Schrift in lateinischen Buchstaben folgt der *Pinyin-Transkription*, die in der Volksrepublik China seit 1958 amtlich im Gebrauch ist. »Sie wurde von chinesischen Linguisten für die Chinesen selbst ausgearbeitet, um den Schülern beim Studium der Sprache und der Buchstaben zu helfen; diese Transkription beruht vor allem auf phonetischen Gesichtspunkten. Die Mehrzahl der westlichen Sinologen neigt mittlerweile dazu, die alten Transkriptionssysteme aufzugeben, denen es nicht gelungen war, die chinesische Aussprache wiederzugeben, und die den orthographischen Regeln der verschiedenen europäischen Sprachen folgten. Der Leser kann sich also nicht auf seine erlernte Aussprache verlassen, sondern muß bestimmte Ausspracheregeln berücksichtigen – so wie wenn er Deutsch oder Italienisch lernt.« (Lombard 1967, 5)

Da diese Transkription nicht ausdrücklich für europäische Leser konzipiert worden ist, fällt der Lautwert der Buchstaben der *Pinyin-Transkription* nicht immer mit der Aussprache in den europäischen Sprachen zusammen, ganz besonders nicht mit der französischen. Deshalb folgen hier die wichtigsten für den Leser*:

c entspricht unserem »z«;
zh entspricht unserem »dsch«;
ch entspricht unserem »tsch«;
h entspricht am Anfang eines Wortes dem »ch« in »Bach«;
x entspricht unserem »ch« in »ich«;
i entspricht unserem »i«, aber nach z, c, s, sh, ch oder r wird es »e« oder »ö« ausgesprochen, nach a oder u »äi«;
q bezeichnet ein stimmhaftes »tsch«;
r zu Beginn eines Wortes wird ähnlich unserem »j« ausgesprochen, in den anderen Fällen entspricht es »öll«
sh entspricht unserem »sch«

»hybriden« Ziffernsystemen, da die Zehner, die Hunderter, die Tausender und die Zehntausender mit Hilfe des multiplikativen Prinzips gebildet werden (*Abb. 265*).

Alle anderen Zahlen werden gleichzeitig additiv und multiplikativ gebildet, indem z.B. die Zahl 79.564 folgendermaßen zerlegt wird (*Abb. 267*):

$$7 \times 10.000 + 9 \times 1.000 + 5 \times 100 + 6 \times 10 + 4$$

Die Art des Zählens ist also im Chinesischen sehr einfach und leicht zu behalten.

* Anm. d. Redakteurs: Der Autor folgt hier Alleton 1976; die angeführten Ausspracheregeln wurden den deutschen Ausspracheregeln angepaßt. Im Gegensatz zur allgemein üblichen Wiedergabe der Pinyin-Transkription im Deutschen übernehmen wir hier von der französischen Ausgabe auch die Betonungszeichen der Vokale, da sich Bedeutungsunterschiede im Chinesischen häufig nur in unterschiedlichen Tönen der Vokale zeigen. Beispiele:
bā = langer, gleichbleibender Ton
bá = kurzer, ansteigender Ton
bǎ = langer, abfallender und wieder ansteigender Ton
bà = kurzer, abfallender Ton

ZEHNER		HUNDERTER		TAUSENDER		ZEHN-TAUSENDER	
10	一十 1 × 10	100	一百 1 × 100	1000	一千 1 × 1000	10000	一萬 1 × 10 000
20	二十 2 × 10	200	二百 2 × 100	2000	二千 2 × 1000	20000	二萬 2 × 10 000
30	三十 3 × 10	300	三百 3 × 100	3000	三千 3 × 1000	30 000	三萬 3 × 10 000
40	四十 4 × 10	400	四百 4 × 100	4000	四千 4 × 1000	40 000	四萬 4 × 10 000
50	五十 5 × 10	500	五百 5 × 100	5000	五千 5 × 1000	50000	五萬 5 × 10 000
60	六十 6 × 10	600	六百 6 × 100	6000	六千 6 × 1000	60000	六萬 6 × 10 000
70	七十 7 × 10	700	七百 7 × 100	7000	七千 7 × 1000	70 000	七萬 7 × 10 000
80	八十 8 × 10	800	八百 8 × 100	8000	八千 8 × 1000	80000	八萬 8 × 10 000
90	九十 9 × 10	900	九百 9 × 100	9000	九千 9 × 1000	90000	九萬 9 × 10 000

Abb. 265: Die heutige chinesische Zahlschrift der Vielfachen der ersten vier Potenzen von zehn; es wurde die inzwischen übliche horizontale Anordnung benutzt.

Varianten der chinesischen Ziffern

Für jedes der dreizehn Zeichen dieses Ziffernsystems gibt es heute mehrere verschiedene Schreibweisen, die zwar alle gleich ausgesprochen werden, aber verschiedenen chinesischen Schreibstilen angehören und in verschiedenen Bereichen gebraucht werden.

Die vorgestellte Form wird als die »klassische« bezeichnet und gegenwärtig am häufigsten verwendet; sie wird in Büchern aller Art sowie in offiziellen Dokumenten und Urkunden benutzt. Sie ist auch die einfachste, weil einige ihrer Zeichen zu den »Schlüsselwörtern« der chinesischen Schrift gehören, mit denen im Elementarunterricht des Chinesischen die Schriftzeichen erlernt werden. Und sie ist schließlich auch die älteste der heute noch gebräuchlichen Formen, da sie so seit dem vierten Jahrhundert unserer Zeitrechnung gebraucht wird; sie leitet sich von der *Lìshū*-Schrift (»Beamtenschrift«) ab, die in der Han-Dynastie in Gebrauch war *(Abb. 268)*.

Die klassischen chinesischen Zahlzeichen gehören zur *Kǎishū*-Schrift, der Normalform der modernen chinesischen Schrift; dabei bestehen die einzelnen Schriftzeichen im wesentlichen aus rechtwinkligen Segmenten mit mehr oder weniger ausgezo-

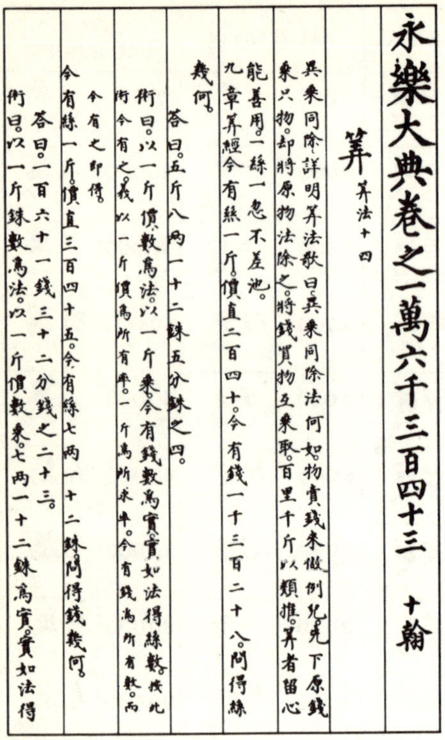

永樂大典卷之一萬六千三百四十三 十翰

算 算法十四

異乘同除詳明算法歌曰。異乘同除法何如。物貫錢來做例。先下原錢

乘只物。卻將原物法除之。將錢貫物互乘取。百里千斤以類推。算者留心

能善用。一絲一忽不差池。
九章算經今有絲一斤。價直二百四十。今有錢一千三百二十八。問得絲

幾何。
答曰。五斤八兩一十二銖五分銖之四。

術曰。以一斤價數為法。以一斤乘今有錢數為實。實如法得絲數。按此
術今有之義。以一斤價為所有率。一斤為所求率。今有錢為所有數。而

今有之即得。
今有絲一斤。價直三百四十五。今有絲七兩一十二銖。問得錢幾何。

答曰。一百六十一錢三十二分錢之二十三。
術曰。以一斤銖數為法。以一斤價數乘七兩一十二銖為實。實如法得

Abb. 266: Seite einer chinesischen Schrift über Mathematik vom Beginn des 15. Jahrhunderts. (Cambridge University Library, Ms. Yung-Lo Ta Tien, Kap. 16.343, einleitende Seite; nach Needham 1959, III, Abb. 54)

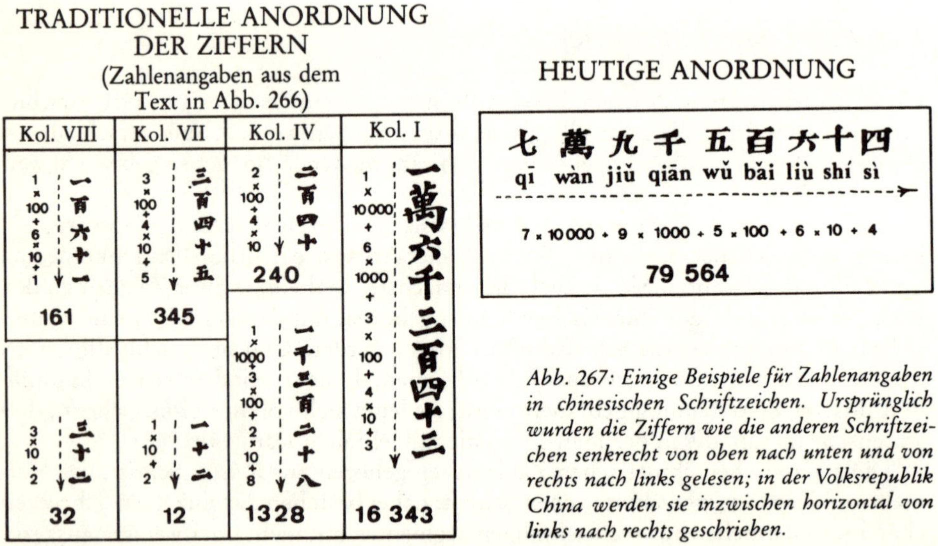

TRADITIONELLE ANORDNUNG DER ZIFFERN
(Zahlenangaben aus dem Text in Abb. 266)

Kol. VIII	Kol. VII	Kol. IV	Kol. I
一百六十一 1 × 100 + 6 × 10 + 1 161	三百四十五 3 × 100 + 4 × 10 + 5 345	二百四十 2 × 100 + 4 × 10 240	一萬六千三百四十三 1 × 10000 + 6 × 1000 + 3 × 100 + 4 × 10 + 3 16 343
三十二 3 × 10 + 2 32	一十二 1 × 10 + 2 12	一千三百二十八 1 × 1000 + 3 × 100 + 2 × 10 + 8 1328	

HEUTIGE ANORDNUNG

七 萬 九 千 五 百 六十 四
qī wàn jiǔ qiān wǔ bǎi liù shí sì

7 × 10 000 + 9 × 1000 + 5 × 100 + 6 × 10 + 4

79 564

Abb. 267: Einige Beispiele für Zahlenangaben in chinesischen Schriftzeichen. Ursprünglich wurden die Ziffern wie die anderen Schriftzeichen senkrecht von oben nach unten und von rechts nach links gelesen; in der Volksrepublik China werden sie inzwischen horizontal von links nach rechts geschrieben.

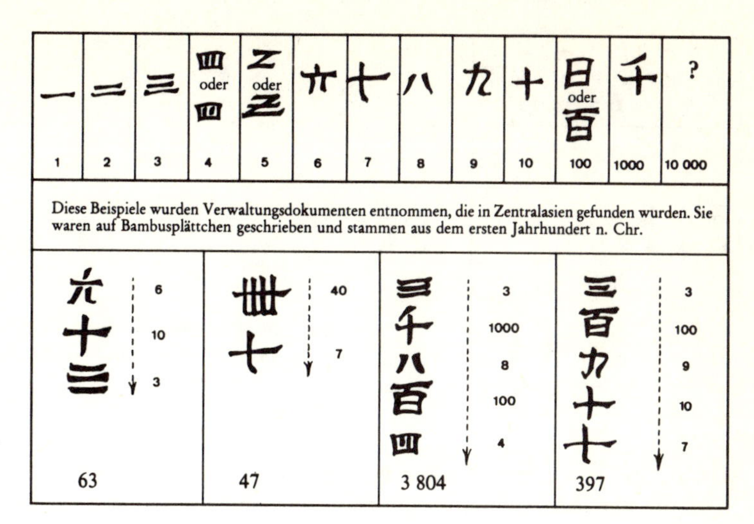

Abb. 268: Die erste moderne chinesische Zahlschrift: Die Lìshū-Schrift der Han-Dynastie (206 v. Chr. – 220 n. Chr.). (Die Texte in dieser Tabelle wurden von Beamten im 1. Jh. n. Chr. abgefaßt; Chavannes 1913; Maspéro 1951; Guitel 1975)

genen Linien und werden nach eindeutig definierten Regeln ausgerichtet und angeordnet (*Abb. 269*).*

Die zweite Form chinesischer Ziffern wird in Taiwan wie in der Volksrepublik China als *guān zí* (»amtliche Ziffern«) bezeichnet. Sie werden vor allem bei öffentlichen Kundmachungen, bei der schriftlichen Fixierung von Käufen und Verkäufen oder bei der Angabe des Betrages auf Bankschecks, Quittungen oder Rechnungen verwendet. Auch diese Ziffern werden normalerweise in *Kǎishū* geschrieben, aber sie sind komplizierter als die klassischen und bestehen aus mehr Strichen als jene. Sie wurden entwickelt, um Mißverständnisse oder Betrügereien bei Geldgeschäften auszuschließen (*Abb. 269*).

Beispiel: 13.684

Klassische Zahlschrift	一 萬 三 千 六 百 八 十 四
»Guān zi«-Schrift	壹 萬 參 仟 陸 佰 捌 拾 肆
	- - - - - - - - - - - - - - - - -> yī wàn sān qiān liù bǎi bā shí si 1 × 10 000 + 3 × 1 000 + 6 × 100 + 8 × 10 + 4

Die dritte chinesische Zahlschrift ist eine Kursivform der klassischen Zeichen, die noch heute in handgeschriebenen Briefen, Entwürfen, persönlichen Aufzeichnungen usw. verwandt wird. Sie gehört zur *Xíngshū*-Schrift, der chinesischen Schreib-

* Die *Lìshū-Schrift* ist die älteste der modernen Schriftarten; es ist die erste »Strichschrift« der chinesischen Geschichte. »In dem Bemühen, die Präzision des *Lìshū* zu steigern, hat man einen noch geometrischeren Stil von unbeugsamer Regelmäßigkeit geschaffen: das *Kǎishū*.« (Alleton 1976, 82) In den ersten Jahrhunderten unserer Zeitrechnung wurde dieser Schreibstil zur Norm der chinesischen Schrift; in dieser Form wurden seither die administrativen, amtlichen oder wissenschaftlichen Urkunden abgefaßt, die Mehrzahl der Bücher gedruckt, die beweglichen Drucklettern gegossen. Wenn man von »chinesischer Schrift« spricht, so ist dieser Stil gemeint.

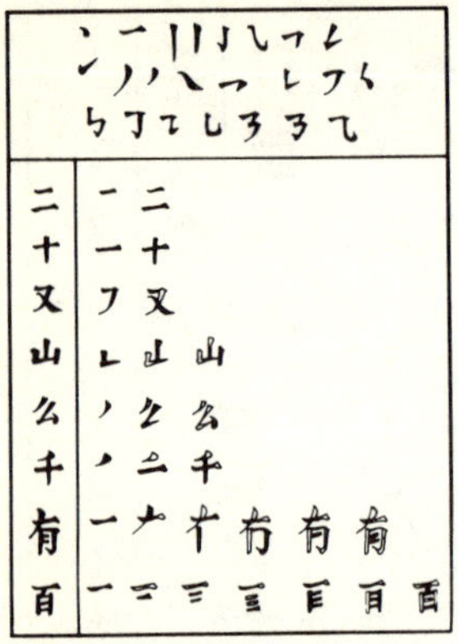

Abb. 269: Die Grundbestandteile der chinesischen Kǎishū-Schrift und ihre Anordnung bei der Zusammensetzung einiger Schriftzeichen.
(Alleton 1976, 26–30, 94–98; Demieville 1953)

schrift, und ist aus dem Bedürfnis nach Abkürzung entstanden, veränderte jedoch die Struktur der Buchstaben in keiner Weise. Nur die Art der Ausführung änderte sich dadurch, daß die Striche locker und schnell mit dem Pinsel gezeichnet wurden (Alleton 1976, 80 ff.; Wang Fang-Yü 1967).

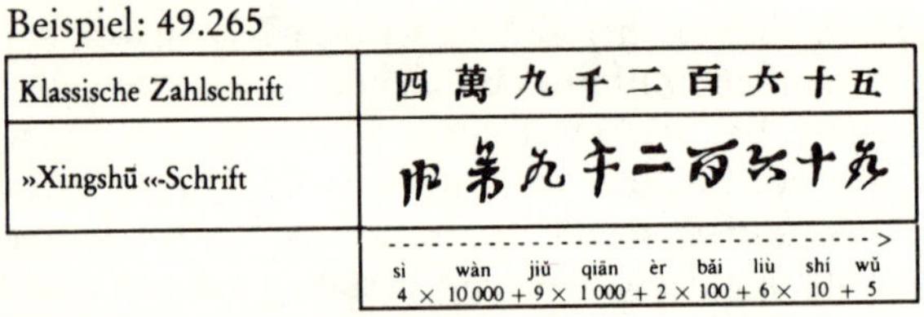

Beispiel: 49.265

Klassische Zahlschrift	四萬九千二百六十五
»Xingshū«-Schrift	四萬九千二百六十五
	si wàn jiǔ qiān èr bǎi liù shí wǔ 4 × 10 000 + 9 × 1 000 + 2 × 100 + 6 × 10 + 5

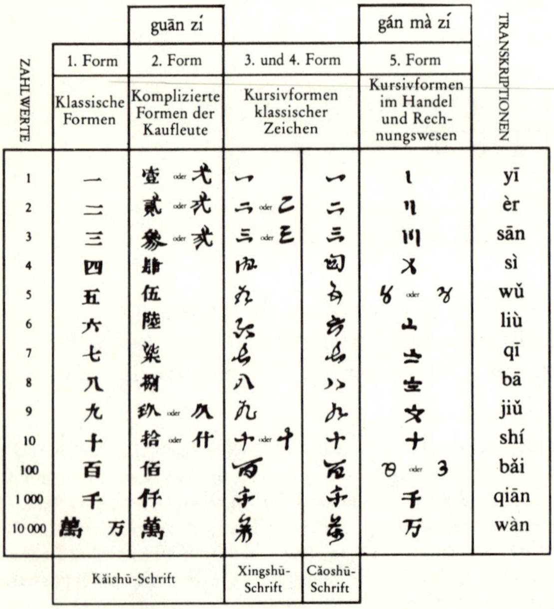

ZAHLWERTE	1. Form Klassische Formen	2. Form (guān zi) Komplizierte Formen der Kaufleute	3. und 4. Form Kursivformen klassischer Zeichen		5. Form (gán mà zí) Kursivformen im Handel und Rechnungswesen	TRANSKRIPTIONEN
	Kǎishū-Schrift	Kǎishū-Schrift	Xingshū-Schrift	Cǎoshū-Schrift		
1	一	壹 oder 弌	一	一	〡	yī
2	二	貳 oder 弍	二 oder [illegible]	二	〢	èr
3	三	參 oder 弎	三 oder [illegible]	三	〣	sān
4	四	肆	四	四	〤	sì
5	五	伍	五	五	〥 oder [illegible]	wǔ
6	六	陸	六	六	〦	liù
7	七	柒	七	七	〧	qī
8	八	捌	八	八	〨	bā
9	九	玖 oder 久	九	九	〩	jiǔ
10	十	拾 oder 什	十 oder 十	十	十	shí
100	百	佰	百	百	[illegible] oder 3	bǎi
1 000	千	仟	千	千	千	qiān
10 000	萬 万	萬	萬	萬	万	wàn

Abb. 270: Grundlegende Schreibweisen der dreizehn Ziffern der chinesischen Zahlschrift.
(Giles 1912; Mathews 1931; Needham 1959, III, 6, Tafel 22; Perni 1873, 97 ff.; Pihan 1860, 1–7)

Lìshū	Kǎishū		Xíngshū	Cǎoshū
書法	書法	oder 書法	書法	書法
	Gedruckte Zeichen	Handschriftl. Zeichen		

Abb. 271: Der Unterschied zwischen den einzelnen Stilen der modernen chinesischen Schrift. (Wiedergabe des Wortes shūfǎ (»Kalligraphie«) in den Stilen der Lìshū-Schrift (Beamtenschrift, seit der Zeit der Han-Dynastie benützt), der Kǎishū-Schrift (Normschrift seit dem 4. Jh. n. Chr., Ersatz für das Lìshū), der Xíngshū-Schrift (Kursivschrift) und der Cǎoshū-Schrift (stark abgekürzte Kursivschrift, heute nur noch in der Kalligraphie verwandt); Alleton 1976)

Durch übertriebene Abkürzungen und die Virtuosität mancher Künstler und Kalligraphen entstanden aus dieser Kursivschrift, die die ursprünglichen Zeichen deutlich wiedergibt, extrem vereinfachte Schreibformen, die *Cǎoshū* (wörtlich: »der Stil in Form von Gräsern«) genannt werden und die nur Eingeweihte lesen können.* Diese Schrift wird heutzutage nur noch in der Kalligraphie benutzt (Alleton 1970, 80 ff.; Wang Fang-Yü 1967):

Beispiel: 75.696

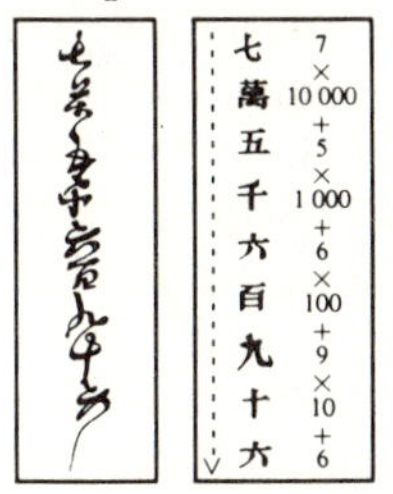

Diesen verschiedenartigen Formen wären noch die Zahlzeichen hinzuzufügen, die nur zum Rechnen – vor allem von Kaufleuten – benutzt werden, um z.B. Ware mit Preisen auszuzeichnen. Diese Ziffern heißen *ngán mà* oder *gán mà zí* (»Ziffern« oder »Geheimzeichen«). Jeder Ausländer, der nach China reist, muß sie kennen, wenn er die Rechnung in einem Restaurant oder einem Hotel bezahlen will (*Abb. 270*).

* »Die chinesische Schrift war im *Cǎoshū* zwei Veränderungen unterworfen:
1. Einzelne Striche und Teile von Schriftzeichen wurden eliminiert; außer bei den Schriftzeichen, die nur aus wenigen Strichen bestanden, wurden fast alle Teile durch Symbole wiedergegeben. Es ist im Grunde eine ›Schrift der Schrift‹ (vgl. Abb. 271).
2. Die Striche verloren ihre Individualität und wurden miteinander verbunden; es kam dazu, daß ein ganzes Schriftzeichen ohne Absetzen geschrieben wurde und darüber hinaus die Schriftzeichen miteinander verschmolzen; das konnte so weit gehen, daß eine ganze Spalte mit einem einzigen Pinselstrich geschrieben wurde!« (Alleton 1976, 81 f.)

1	2	3	4	5	6	7	8	9	10	100	1 000	10 000

Abb. 272: Ein Beispiel einer kalligraphischen Zahlschrift: die sháng fāng dà zhuán-Ziffern, heute noch für Siegel und Unterschriften im Gebrauch.
(Perni 1873, 113; Pihan 1860, 13 f.)

Schließlich seien noch die eigenartigen geometrischen Schriftzüge der *sháng fāng dà zhuàn*-Ziffern angeführt; sie werden noch heute – wie die zugehörige Schrift – in Siegeln verwendet (*Abb. 272*).*

An dieser Stelle will ich die Aufzählung der chinesischen Zahlschriften einfach abbrechen, denn die kalligraphischen Phantasien sind noch heute in China so zahlreich, daß es unmöglich ist, sie allesamt zu beschreiben...

Der Ursprung der chinesischen Zahlschrift

Einige Tausend Knochen und Schildkrötenpanzer, die zum größten Teil – seit Ende des vorigen Jahrhunderts – an der Ausgrabungsstätte von *Xiao dun*** entdeckt wurden, stellen die ältesten bekannten Zeugnisse der chinesischen Schrift und Zahlschrift dar; sie stammen aus der *Yin*-Zeit (14. bis 11. Jh. v. Chr.).

Diese Knochen tragen auf einer Seite mit einem Griffel eingravierte Inschriften; auf der anderen Seite haben sie Risse, die durch Einwirkung von Hitze zustandegekommen sind. Sie haben Wahrsagern und Priestern am Hof der *Shang*-Dynastie (17.?–11. Jh. v. Chr.) gehört, die aus dem Feuer die Zukunft lasen.***

Ursprünglich bestand diese Schrift, die durch zahlreiche Inschriften mit wahrsagerischem Inhalt bekannt ist, nur aus Piktogrammen. Sie ist jedoch zu diesem Zeit-

* »Die Schriftzeichen der chinesischen Schrift sind so individuell gestaltet, daß sie als Abzeichen dienen können (Hoheitsabzeichen, Identitäts-, Eigentums-, Fabrikmarken usw.): Siegel tragen in der Regel Schriftzeichen. In der Kultur des Westens und des Mittleren Ostens werden dagegen Wappen auf dem Siegel angebracht. ABC-Bücher und Alphabete enthalten zu gleichförmige Zeichen, um sie als Abzeichen benutzen zu können. Außerdem steht keines dieser Zeichen für eine einzige Gegebenheit, vielmehr gehört jedes zur Komposition einer unbegrenzten Zahl geschriebener Worte.« (Gernet 1963, 38)

** Dorf im Nordosten der Provinz *Honan*, unweit der Stadt *Anyang*.

*** Nach Maspéro hatte dieser Ritus im wesentlichen folgende Form: Die Wahrsager wandten sich an die Vorfahren der Herrscher, deren Kult zu dieser Zeit eine beherrschende Stellung einnahm, indem sie ihre Fragen auf die Bauchseite eines Panzers einer zuvor geopferten Schildkröte schrieben – oder auf eine Seite eines vorher gespaltenen Beckenknochens eines Hirsches, eines Ochsen oder eines Hammels. Die Rückseite wurde über das Feuer gehalten und die Antwort auf die Frage aus der Form der durch die Hitze entstandenen Risse herausgelesen (Maspéro 1965, 30 f., 159).

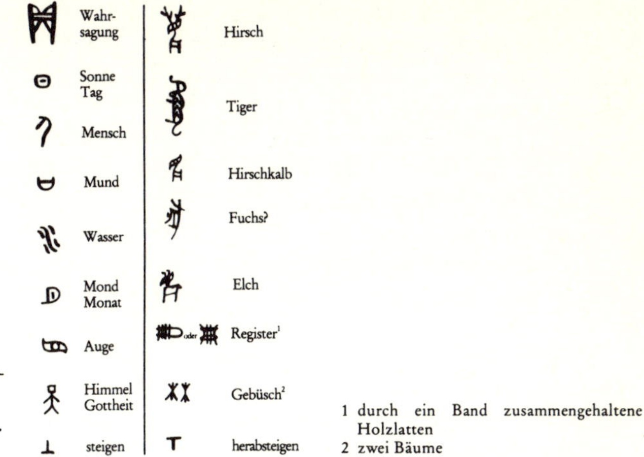

Abb. 273: Einige archaische chinesische Schriftzeichen. (Persönliche Mitteilung von L. Vandermeersch)

punkt schon weit fortgeschritten, da sie nicht mehr aus reinen Pikto- oder Ideogrammen besteht. Aber ihr Grundvorrat an Zeichen besteht aus Schriftzeichen, die einfache Gegenstände oder Gedanken darstellen; er ist ergänzt durch eine Anzahl weiterer, komplizierterer Zeichen, die die Lautform des entsprechenden Namens und dessen visuelle oder symbolische Bedeutung umfassen.* Diese Schrift befindet sich in einem ziemlich weit fortgeschrittenen graphischen Stadium (*Abb. 273*).

»Die Stilisierung und die Sparsamkeit der Mittel sind bereits in der ältesten bekannten chinesischen Schrift soweit vorangetrieben, daß die Zeichen dort sehr viel mehr als ›Buchstaben‹ – wenn man so sagen kann – denn als Zeichnungen wirken. Aber mehr noch, diese Schrift weist in ihrer Gestaltung viele abstrakte Formen auf – Zeichen werden einander gegenübergestellt oder umgedreht, Striche heben einen bestimmten Teil eines Zeichens heraus, menschliche Gesten werden dargestellt usw.; auch einfache Zeichen werden miteinander kombiniert, um neue Symbole zu schaffen.« (Gernet 1963, 31)

Vor allem das damit verbundene Ziffernsystem stellt in seinen Grundzügen bereits einen Schritt auf dem Weg zur abstrakten Zahlschrift dar und entspricht einer intellektuellen Konzeption, die deutlich über der der meisten Systeme steht, die wir bisher behandelt haben.

Die Einer werden durch einen waagerechten Strich dargestellt und die Zehner durch einen senkrechten. Diese Zeichen scheinen sich dem menschlichen Geist unter bestimmten Umständen ganz natürlicherweise anzubieten: So haben die Bewohner der alten griechischen Stadt Karystos ebenso wie die Kreter, die Hethiter und die

* »Die Eigenheiten der chinesischen Sprache erklären vielleicht das Entstehen und die Entwicklung dieser äußerst komplizierten Schrift: Die phonetisch sehr unterschiedlichen einsilbigen Wörter, die seit der Vorzeit selbständige sprachliche Elemente waren, ließen eine Zerlegung der sprachlichen Laute nicht zu, so daß die chinesische Schrift nicht in der Lage war, die Silben festzuhalten und erst recht nicht die Buchstaben des Alphabets. Ein Schriftzeichen konnte im allgemeinen nur einem einzigen einsilbigen Wort und damit einer einzigen sprachlichen Einheit zugeordnet werden.« (Gernet 1970, 56)

Phönizier dieselben Zeichen für diese Werte benutzt. Der Hunderter wird durch ein Schriftzeichen wiedergegeben, das Needham (1959) als »Pinienzapfen« bezeichnet, und der Tausender durch ein Zeichen, das in seinen Umrissen an das Zeichen »Mensch« in der entsprechenden Schrift erinnert.

Die Zahlen 2, 3 und 4 werden durch die entsprechende Wiederholung waagerechter Striche dargestellt, aber diese alte Form der ideographischen Wiedergabe beschränkt sich auf diese Zahlen.

Die Chinesen haben wie alle Völker, die sich einer solchen Zahlschrift bedienten, bei der Vier einen Einschnitt gemacht, da es kaum möglich ist, ohne zu zählen eine Abfolge von mehr als vier aneinandergereihten Elementen zahlenmäßig zu erfassen. Statt jedoch diese primitive Darstellungsweise fortzusetzen – wie die Ägypter mit dem Prinzip der Verdoppelung oder die Babylonier und die Phönizier mit der Bildung von Dreiergruppen –, haben sie den fünf folgenden Einern fünf gesonderte Zeichen zugeordnet, die jeder sinnlichen Anschauung beraubt sind. So wurde die Zahl 5 durch ein oben und unten geschlossenes X dargestellt, die Zahl 6 durch ein großes, auf dem Kopf stehendes V oder durch ein Zeichen mit dem Umriß einer Pagode, die 7 durch ein Kreuz, die 8 durch zwei kleine, einander den Rücken zukehrende Kreisbogen und die 9 durch ein Zeichen, das einem Angelhaken gleicht (*Abb. 274*).

Sind diese Zeichen aus Gruppen identischer Zeichen hervorgegangen oder wurden sie zu diesem Zweck neu erdacht?

An dieser Stelle lassen sich zwei Hypothesen von hohem Wahrscheinlichkeitsgehalt aufstellen, die zudem miteinander vereinbar sind.

Man kann davon ausgehen, daß einige dieser Ziffern – wie manche Schriftzeichen der damit verbundenen Schrift – »phonetische Entlehnungen« sind, wobei die entsprechenden Zeichen für einen Laut stehen, unabhängig von ihrem ursprünglichen Sinngehalt. Dies könnte erklären, weshalb die Zahl 1.000 dasselbe Zeichen wie das Wort »Mensch« hat, da die entsprechenden Namen wahrscheinlich in gleicher Weise ausgesprochen wurden.

Ein Grund eher magischer und religiöser Art lag wahrscheinlich der Wahl anderer Zeichen zugrunde. Gernet ist der Ansicht, daß »zwischen der Epoche der Inschriften auf Knochen und Panzern gegen Ende der Shang-Dynastie und dem siebten Jahrhundert v. Chr. die Schrift allein Sache der Schreiberkollegien war; diese waren

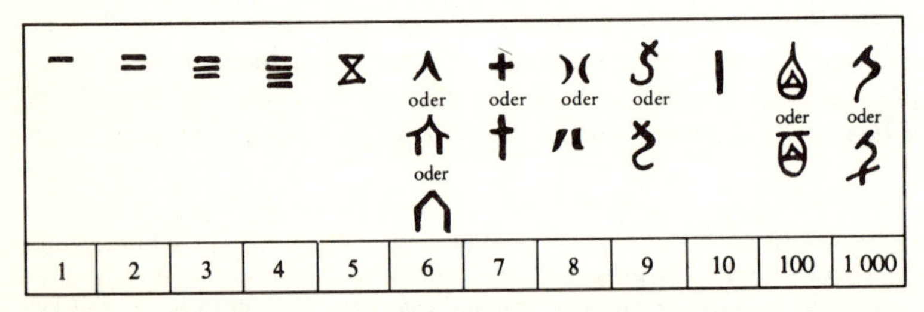

Abb. 274: Die Grundziffern der archaischen chinesischen Zahlschrift; man findet sie auf den Wahrsageknochen und -panzern der Yin-Zeit (14.–11. Jh. v. Chr.) und auf Bronzen der Zhou-Zeit (10.–6. Jh. v. Chr.). (Chalfant 1906; Needham 1959, III, Tafel 22, 23; Rong Gen 1959; Wieger 1963; die Tab. wurde v. L. Vandermeersch überprüft)

Abb. 275: Kopie einer wahrsagerischen Inschrift auf der Bauchseite eines Schildkrötenpanzers aus Xiao dun (Yin-Zeit, 14.–11. Jh. v. Chr.; Dong Zuobin 1949, Nr. 2908) (Übersetzung und Interpretation von L. Vandermeersch; Kopie n. Diringer 1968, Tafel 6–4)

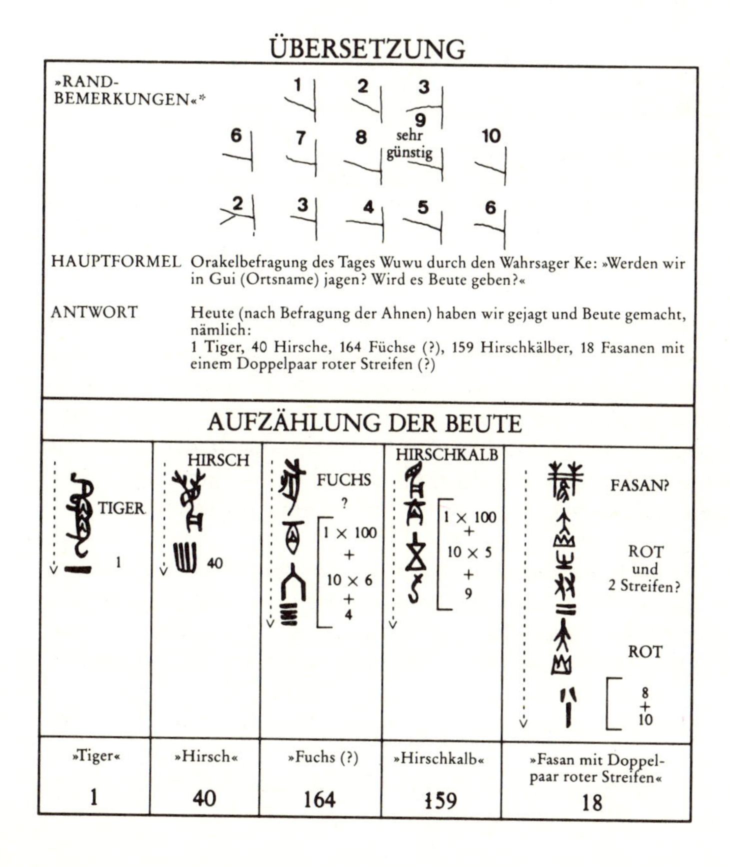

* Diese Zahlen bezeichneten die verschiedenen Teile des Schildkrötenpanzers, sicherlich um die Reihenfolge zu markieren, in der die Risse zu untersuchen waren; das Schriftzeichen in Kästchen 9 interpretiert den entsprechenden Riß als glückverheißende Voraussage.

11 (1 + 10)	10	100 (1 × 100)	1000 (1000 × 1)	56 (10 × 5 und 6)
12 (2 + 10)	20	200 (2 × 100)	2000 (1000 × 2)	
13 (3 + 10)	30	300 (3 × 100)	3000 (1000 × 3)	88 (10 × 8 + 8)
14 (4 + 10)	40	400 (4 × 100)	4000 (1000 × 4)	164 (1 × 100 + 10 × 6 + 4)
15 (5 + 10)	50 (10 × 5)	500 (5 × 100)	5000 (1000 × 5)	
16 (6 + 10)	60 (10 × 6)	600 (6 × 100)	6000 (1000 × 6)	209 (2 × 100 und 9)
17 (7 + 10)	70 (10 × 7)	700 (7 × 100)	7000 (1000 × 7)	
18 (8 + 10)	80 (10 × 8)	800 (8 × 100)	8000 (1000 × 8)	656 (6 × 100 + 10 × 5 + 6)
19 (9 + 10)	90 (10 × 9)	900 (9 × 100)	9000 (1000 × 9)	

Abb. 276: Der Aufbau der archaischen chinesischen Zahlschrift.
(Die ausgezogenen Zeichen sind auf Inschriften der Yin-Zeit bezeugt, die anderen sind rekonstruiert; vgl. Chalfant 1906; Needham 1959, III; Rong Gen 1959; Wieger 1963. Die Tab. wurde v. L. Vandermeersch überprüft.)

mit der Wahrsagerei und der Zahlenmagie vertraut und mußten den Fürsten bei ihren religiösen Zeremonien assistieren. Die wesentliche Funktion der Schrift bestand darin, in der Wahrsagerei und der Religion Verbindung mit den Göttern und Geistern herzustellen. Die Schrift wurde als furchtbare Macht betrachtet und den Schriftkundigen mit Mißtrauen begegnet. Sicherlich hat diese Macht des Geschriebenen lange Zeit verhindert, daß die Schrift in einer Gesellschaft, die in ihren Handlungen und Gedanken Gefangene ihrer eigenen Riten war, auch für weltliche Dinge verwendet wurde.« (Gernet 1963, 36)

Es ist also durchaus möglich, daß bestimmte Zeichen des chinesischen Ziffernsystems magischen und religiösen Ursprungs sind und daß sie in direkter Verbindung mit der alten chinesischen Zahlenmystik standen, wobei jedes Zahlzeichen in seiner schriftlichen Form als Darstellung der »Realität« der entsprechenden Zahl angesehen wurde.

Zumindest ist die Zahlschrift in den wahrsagerischen Inschriften auf Knochen oder Schildkrötenpanzern in der zweiten Hälfte des zweiten Jahrtausends v. Chr. mathematisch gesehen auf dem Wege zum modernen chinesischen Ziffernsystem bereits weit fortgeschritten.

	10	20	30	40
Inschriften aus der Shang-Zeit (14.-11. Jh. v. Chr.)				
Bronzen aus der Zhou-Zeit (10.-6. Jh. v. Chr.)				
Inschriften aus der Zeit der streitenden Reiche (5.-3. Jh. v. Chr.)				
Inschriften aus der Qin-Zeit (um 200 v. Chr.)				
Heute bei der Paginierung von Büchern verwendete Zeichen				

Abb. 277: Überdauern der ideographischen Darstellung der vier ersten Zehner in der Geschichte der chinesischen Zahlschrift.
(vgl. Chalfant 1906; Needham 1959, III; Rong Gen 1959; Wieger 1963)

Abgesehen von den Zahlen 20, 30 und 40 werden alle Zehner sowie die Hunderter und die Tausender schon nach dem multiplikativen Prinzip gebildet, indem die jeweilige Ziffer mit dem Zeichen für die entsprechende Anzahl von Einern kombiniert wird. Für die Zahlen 50 bis 90 bedeutet das beispielsweise:

$$\begin{array}{ccccc} 10 & 10 & 10 & 10 & 10 \\ \times & \times & \times & \times & \times \\ 5 & 6 & 7 & 8 & 9 \end{array}$$

Diese Ziffern können nicht mit den Zahlen 15 bis 19 verwechselt werden, da diese folgendermaßen wiedergegeben werden:

$$\begin{array}{ccccc} 5 & 6 & 7 & 8 & 9 \\ + & + & + & + & + \\ 10 & 10 & 10 & 10 & 10 \end{array}$$

Die Zahlen 100 bis 900 werden durch die Ziffern der entsprechenden Einer über dem Zeichen Hundert dargestellt, die Tausender durch die Einer unter der Ziffer Tausend (*Abb. 276*). Die dazwischenliegenden Zahlen werden im allgemeinen durch Addition und Multiplikation gleichzeitig gebildet.

Damit war das chinesische Ziffernsystem seit seinem ersten Auftreten bis heute ein »hybrides« System, wobei die Anwendung des multiplikativen Prinzips bei den Zahlen 20, 30 und 40 (*Abb. 268, 277*) keine einfachere Schreibweise erlaubt hätte als die letzten Endes sehr naheliegende ideographische Darstellung – die jedoch aufgrund psychologischer Voraussetzungen auf ein Maximum von vier identischen Elementen beschränkt ist.

Im Grunde ist die Struktur des chinesischen Ziffernsystems über alle Zeiten hinweg im wesentlichen gleich geblieben, auch wenn sich die Anordnung der Ziffern geändert hat und ihre Formen einem gewissen graphischen Wandel unterworfen waren; allerdings ist dieser um Christi Geburt abgeschlossen, seither sind die Zeichen nicht mehr verändert worden (vgl. *Abb. 268, 270, 274, 278*).

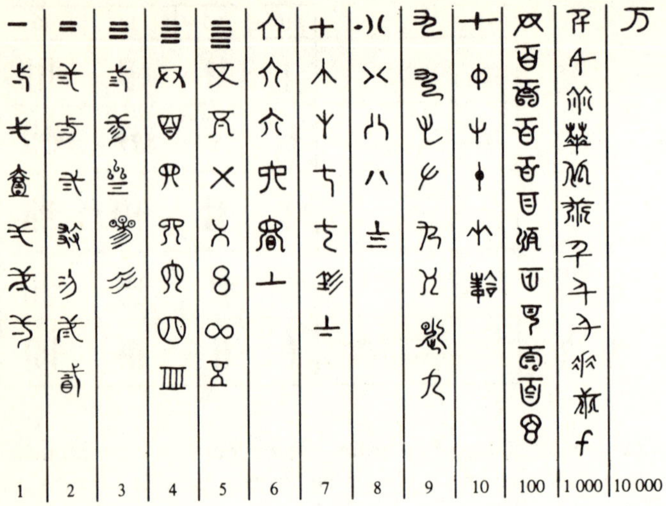

1 | 2 | 3 | 4 | 5 | 6 | 7 | 8 | 9 | 10 | 100 | 1 000 | 10 000

Abb. 278: Verschiedene graphische Varianten der chinesischen Zahlzeichen aus Inschriften aus der Zeit der streitenden Reiche.
(5.–3. Jh. v. Chr.; Perni 1873; Pihan 1860; die Tab. wurde v. L. Vandermeersch überprüft)

Verwandte der chinesischen Zahlschrift

Die im folgenden untersuchten Zahlschriften haben sich zwar unabhängig von chinesischem Einfluß entwickelt, beruhen jedoch ebenfalls – zumindest zum Teil – auf dem »hybriden« Prinzip, nach dem die Ziffern durch Koeffizienten gebildet werden, die den Potenzen der Basis entsprechen (Guitel 1975). Wir wollen an dieser Stelle Ähnlichkeiten und Unterschiede zwischen diesen Ziffernsystemen deutlich machen und sie in Kategorien einteilen, die sich fast von selbst aufdrängen.

Zu diesen Ziffernsystemen gehören vor allem die assyrisch-babylonischen Ziffern der entsprechenden Schreibschrift und das aramäische System von Elephantine. Beide beruhen auf der Basis Zehn und ordnen jeder der folgenden Zahlen ein gesondertes Schriftzeichen zu*:

1 10 100 1.000 10.000

In diesem System werden die Vielfachen von Hundert, Tausend und Zehntausend nach dem multiplikativen Prinzip zum Ausdruck gebracht, indem das Zeichen der

* In der aramäischen Zahlschrift von Elephantine haben ebenfalls nur diese Zahlen ein eigenes Zeichen, da die »Ziffer« für die Zahl Zwanzig aus der Überlagerung von zwei Zeichen für zehn entstanden ist (Abb. 259). Außerdem entspricht das größte Zahlzeichen des assyrisch-babylonischen Ziffernsystems nur der Zahl Tausend (Abb. 257).

jeweiligen Potenz von zehn über die entsprechende Ziffer für die Einer geschrieben wird (*Abb. 257, 260*). Der Unterschied zur chinesischen Zahlschrift liegt darin, daß die Zahlen von 1 bis 99 nach dem additiven Prinzip durch Wiederholung von Einern und Zehnern gebildet werden.

Beispiel: 6.657

ASSYRISCH-BABYLONISCHE SCHREIBSCHRIFT	ARAMÄISCHE ZAHLSCHRIFT VON ELEPHANTINE
1.1.1 1.1.1 · 10^3 · 1.1.1 1.1.1 · 10^2 · 10.10.10 10.10 · 1.1.1 1.1.1 1	1.1.1.1.1.1.1 · 10 . 10.10 10.10 · 10^2 · 1.1.1.1.1.1 · 10^3 · 1.1.1.1.1.1
6 × 1000 + 6 × 100 + 50 + 7 --------->	7 + 50 + 100 × 6 + 1000 × 6 <---------

Die Grundziffern dieser dezimalen Ziffernsysteme entsprechen folgenden Werten:

$$1 \quad 10 \quad 10^2 \quad 10^3 \quad 10^4$$

Die aufeinanderfolgenden Vielfachen dieser Einheiten werden nach folgendem Prinzip ausgedrückt:

EINER	ZEHNER	HUNDERTER	TAUSENDER	ZEHNTAUSENDER
1	10	1.10^2	1.10^3	1.10^4
1+1	10+10	$(1+1).10^2$	$(1+1).10^3$	$(1+1).10^4$
1+1+1	10+10+10	$(1+1+1).10^2$	$(1+1+1).10^3$	$(1+1+1).10^4$
....	....	....	....	....

Eine andere Zahlschrift, die analog zur chinesischen aufgebaut ist, wurde früher auf der Insel Ceylon gebraucht. Es handelt sich hierbei um ein dezimales Ziffernsystem, das jedem der neun Einer und der neun Zehner eine eigene Ziffer zuordnet; auch die Zahlen Hundert und Tausend haben ein eigenes Zeichen, wobei die aufeinanderfolgenden Vielfachen dieser beiden Zahlen nach dem multiplikativen Prinzip geschrieben werden (*Abb. 279*).

Die Zahlschrift der Singhalesen ist also ein dezimales Ziffernsystem, dessen Grundziffern folgenden Werten entsprechen:

1	2	3	4	5	6	7	8	9
10	20	30	40	50	60	70	80	90
10^2	und	10^3						

Die aufeinanderfolgenden Vielfachen von hundert und tausend werden in folgender Weise ausgedrückt:

1×10^2 $\quad$ 1×10^3
2×10^2 $\quad$ 2×10^3
3×10^2 $\quad$ 3×10^3
4×10^2 $\quad$ 4×10^4
.... $\quad$ ....

EINER		ZEHNER		HUNDERTER Grundzeichen 𑇳 oder 𑇳		TAUSENDER Grundzeichen 𑇴	
1	𑇡	10	𑇪	100	𑇡 𑇳	1000	𑇡 𑇴
2	𑇢	20	𑇫 oder 𑇫	200	𑇢 𑇳	2000	𑇢 𑇴
3	𑇣	30	𑇬 oder 𑇬	300	𑇣 𑇳	3000	𑇣 𑇴
4	𑇤	40	𑇭 oder 𑇭	400	𑇤 𑇳	4000	𑇤 𑇴
5	𑇥	50	𑇮 oder 𑇮	500	𑇥 𑇳	5000	𑇥 𑇴
6	𑇦	60	𑇯 oder 𑇯	600	𑇦 𑇳	6000	𑇦 𑇴
7	𑇧	70	𑇰 oder 𑇰	700	𑇧 𑇳	7000	𑇧 𑇴
8	𑇨	80	𑇱 oder 𑇱	800	𑇨 𑇳	8000	𑇨 𑇴
9	𑇩	90	𑇲 oder 𑇲	900	𑇩 𑇳	9000	𑇩 𑇴

Abb. 279: Das singhalesische Ziffernsystem. (Pihan 1860, 138–141; Renou/Filliozat 1953, II, 706)

Die dazwischen liegenden Zahlen können leicht nach dem additiven und dem multiplikativen Prinzip wiedergegeben werden.

Beispiel: 6.657 𑇦 𑇴 𑇦 𑇳 𑇮 𑇧

6	10^3	6	10^2	50	7

$6 \times 1\,000 + 6 \times 100 + 50 + 7$

Das hybride Ziffernsystem, das in Äthiopien seit dem 4. Jahrhundert n. Chr. verwendet wurde, weist folgenden Zahlen eigene Zeichen zu:

1 2 3 4 5 6 7 8 9
10 20 30 40 50 60 70 80 90
100 und 10 000

Die Zahlen unter hundert werden auf additivem Wege gebildet, Hunderter, Tausender, Zehntausender usw. durch Multiplikation (*Abb. 263*).

Beispiel: 6.657 ፷፻፮፻፶፯

60	10^2	6	10^2	50	7

$60 \times 100 + 6 \times 100 + 50 + 7$

Auf den ersten Blick hin scheint das äthiopische System mit der singhalesischen Zahlschrift (*Abb. 263, 279*) identisch zu sein, tatsächlich unterscheidet es sich jedoch von diesem dadurch, daß es nicht auf der Basis Zehn, sondern auf der Basis Hundert

		Tamilisches Ziffernsystem	Malajalam-System			Tamilisches Ziffernsystem	Malajalam-System
EINER	1	௧	൧	HUNDERTER	100	௱	൱
	2	௨	൨		200	௨௱	൨൱
	3	௩	൩		300	௩௱	൩൱
	4	௪	൪		400	௪௱	൪൱
	5	௫	൫		500	௫௱	൫൱
	6	௬	൬		600	௬௱	൬൱
	7	௭	൭		700	௭௱	൭൱
	8	௮	൮		800	௮௱	൮൱
	9	௯	൯		900	௯௱	൯൱
ZEHNER	10	௰	൰	TAUSENDER	1000	௲	൲
	20	௨௰	൨൰		2000	௨௲	൨൲
	30	௩௰	൩൰		3000	௩௲	൩൲
	40	௪௰	൪൰		4000	௪௲	൪൲
	50	௫௰	൫൰		5000	௫௲	൫൲
	60	௬௰	൬൰		6000	௬௲	൬൲
	70	௭௰	൭൰		7000	௭௲	൭൲
	80	௮௰	൮൰		8000	௮௲	൮൲
	90	௯௰	൯൰		9000	௯௲	൯൲

Abb. 280: Die Ziffernsysteme der Drawida-Sprachen in Tamil Nadu und an der Malabar-Küste (Südindien).
(Burnell 1878, 68 f.; Pihan 1860, 113–125; Renou/Filiozat 1953, II, 706)

beruht, da die Hunderter, Tausender, Zehntausender und Hunderttausender auf folgende Weise ausgedrückt werden:

1×100	10×100	1×100^2	10×100^2
2×100	20×100	2×100^2	20×100^2
3×100	30×100	3×100^2	30×100^2
4×100	40×100	4×100^2	40×100^2
....	....	....	....
9×100	90×100	9×100^2	90×100^2

Schließlich sei noch eine Zahlschrift erwähnt, die noch heute in dem südindischen Bundesstaat Tamil Nadu – zwischen den Ostghats und der Küste – verwandt wird, sowie die Malajalam-Zahlschrift, die noch im vorigen Jahrhundert an der südwestindischen Malabarküste, westlich der Westghats, zwischen Mangalore und Trivandrum im Gebrauch war (Pihan 1860, 20 ff.).

Beide Systeme gehören zu den Drawida-Sprachen und beruhen auf der Basis Zehn, wobei sie den neun Einern und den drei ersten Potenzen von zehn gesonderte Ziffern zuweisen. Außerdem werden die Zehner, die Hunderter und die Tausender durch die Ziffer der entsprechenden Einer links neben der Zahl 10, 100 und 1.000 gebildet (*Abb. 280*).

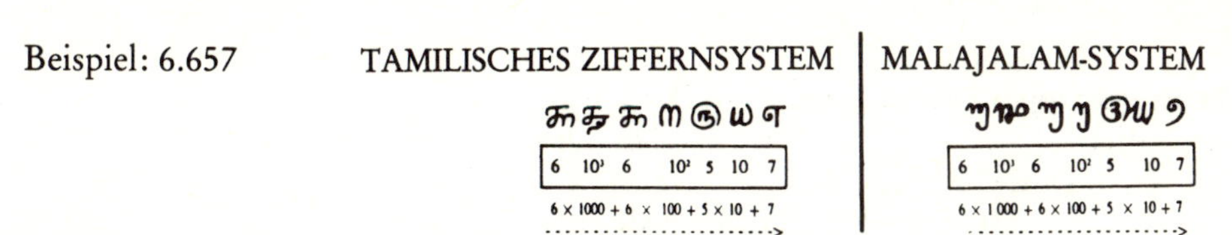

Es zeigt sich hier deutlich, daß die tamilische, die Malajalam- und die chinesische Zahlschrift nicht nur hybride Ziffernsysteme sind, sondern auch der gleichen Untergruppe angehören (*Abb. 265, 276*).

Beispiel 6.657

CHINESISCHES ZIFFERNSYSTEM

ARCHAISCH			MODERN		
	10^3	1 000	六	6	6
		×			×
	6	6	千	10^3	1 000
		+			+
	6	6	六	6	6
		×			×
	10^2	100	百	10^2	100
		+			+
	10	10	五	5	5
		×			×
	5	5	十	10	10
		+			+
+	7	7	七	7	7

Man kann die hybriden Ziffernsysteme in vier Gruppen einteilen, deren mathematische Grundstruktur im folgenden wiedergegeben wird, wobei der Buchstabe *m* eine ganze Zahl bezeichnet, die der Basis des Zahlensystems entspricht (vgl. *Abb. 281*):

1. Erste Gruppe. Ziffernsysteme mit Basis m.
Grundziffern: 1 m m^2 m^3 m^4...

Bildung der aufeinanderfolgenden Einheiten der verschiedenen Potenzen von m:

- 1. Ordnung: 1	1 + 1	1 + 1 + 1	1 + 1 + 1 + 1...
- 2. Ordnung: m	m + m	m + m + m	m + m + m + m...
- 3. Ordnung: $1 \times m^2$	$(1 + 1) \times m^2$	$(1 + 1 + 1) \times m^2$	$(1 + 1 + 1 + 1) \times m^2$...
- 4. Ordnung: $1 \times m^3$	$(1 + 1) \times m^3$	$(1 + 1 + 1) \times m^3$	$(1 + 1 + 1 + 1) \times m^3$...
- 5. Ordnung: $1 \times m^4$	$(1 + 1) \times m^4$	$(1 + 1 + 1) \times m^4$	$(1 + 1 + 1 + 1) \times m^4$...

(usw. bis zum letzten Zahlzeichen, über das man in der Praxis verfügt)

2. **Zweite Gruppe.** Ziffernsysteme mit Basis m.
Grundziffern: 1 2 3 ... m-1 (1. Ordnung)
m 2m 3m ... (m-1)m (2. Ordnung)
m^2 m^3 m^4 ...

Bildung der aufeinanderfolgenden Einheiten der zweiten und aller weiteren Potenzen von m:

- 3. Ordnung: $1 \times m^2$	$2 \times m^2$	$3 \times m^2$	...	$(m - 1) \times m^2$,
- 4. Ordnung: $1 \times m^3$	$2 \times m^3$	$3 \times m^3$	...	$(m - 1) \times m^3$,
- 5. Ordnung: $1 \times m^4$	$2 \times m^4$	$3 \times m^4$	...	$(m - 1) \times m^4$, usw.

3. **Dritte Gruppe.** Ziffernsysteme mit Basis m^2.
Grundziffern: 1 2 3 ... m-1 m 2m 3m ... (m-1)m
m^2 [BASIS]
m^4 [QUADRAT DER BASIS] usw.

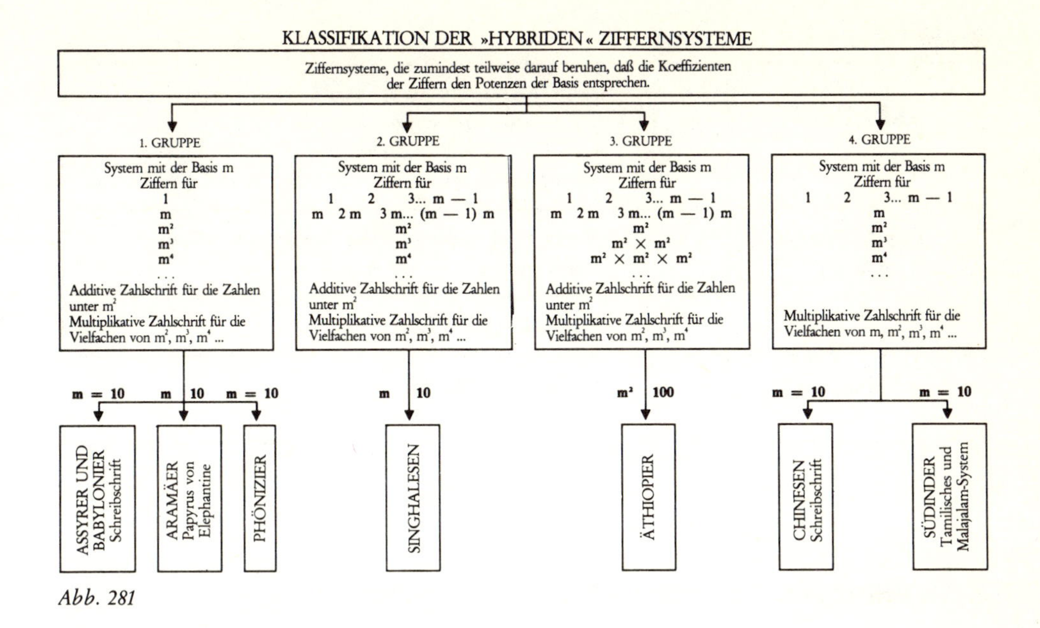

Abb. 281

Bildung der aufeinanderfolgenden Einheiten der zweiten und aller weiteren Potenzen von m:

- 2. Ordnung (Vielfache von m^2 und m^3):
  $1 \times m^2 \quad 2 \times m^2 \quad \ldots \quad (m-1) \times m^2 \quad m \times m^2 \quad 2m \times m^2 \quad \ldots \quad (m-1)\, m \times m^2$
- 3. Ordnung (Vielfache von m^5 und m^5):
  $1 \times m^4 \quad 2 \times m^4 \quad \ldots \quad (m-1) \times m^4 \quad m \times m^4 \quad 2m \times m^4 \quad \ldots \quad (m-1)\, m \times m^4$
- 4. Ordnung (Vielfache von m^6 und m^7):
  $1 \times m^6 \quad 2 \times m^6 \quad \ldots \quad (m-1) \times m^6 \quad m \times m^6 \quad 2m \times m^6 \quad \ldots \quad (m-1)\, m \times m^6$

usw.

4. **Vierte Gruppe.** Ziffernsysteme mit Basis m.
Grundziffern: 1 2 3 ... $m-1$ (1. Ordnung)
$m \quad m^2 \; m^3 \; m^4$ usw.

Bildung der aufeinanderfolgenden Einheiten der ersten und aller weiteren Potenzen von m:

- 2. Ordnung : $1 \times m \quad 2 \times m \quad 3 \times m \quad \ldots \quad (m-1) \times m$
- 3. Ordnung : $1 \times m^2 \quad 2 \times m^2 \quad 3 \times m^2 \quad \ldots \quad (m-1) \times m^2$
- 4. Ordnung : $1 \times m^3 \quad 2 \times m^3 \quad 3 \times m^3 \quad \ldots \quad (m-1) \times m^3$ usw.

Alle Ziffernsysteme, die wir nach Guitel (1975) als »hybrid« bezeichnen, haben einen wesentlichen gemeinsamen Zug: sie sind Übertragungen der Zahlworte auf die Schrift. »Man könnte sagen, daß die Zahlen direkt versuchen, den Zahlenwert eines Polynoms damit auszudrücken, daß es als Variable die Basis des Zahlensystems enthält.« (Morazé zit. n. Guitel 1975, 14)

Beispiel 6.657

AKKADISCH	Šeššu limi šeššu me'at ḫamšâ sîbu 6 × 1000 + 6 × 100 + 50 + 7
	5 heißt ḫamšu und 10 ešru
ÄTHIOPISCH (Ge'ez)	Sassā́ ma'át sadastū́ ma'át ḫamsā́ wa sab'atū́ 60 × 100 + 6 × 100 + 50 & 7
	5 heißt ḫamastū́ und 10 'ašartū́
CHINESISCH	liù qiān liù bǎi wǔ shí qī 6 × 1000 + 6 × 100 + 5 × 10 + 7

Erweiterungen der hybriden Ziffernsysteme

Die Chinesen und die Japaner brauchen im Alltag selten andere Zahlzeichen als die uns bereits bekannten, um große Zahlen auszudrücken. Sie können mit den dreizehn Grundzeichen ihres Schreibschrift-Ziffernsystems alle Zahlen bis zu 100 Milliarden ($= 10^{11}$) darstellen und festhalten!

Dieses System bleibt allerdings normalerweise auf Zahlen unter 10^8 beschränkt; es kommt durch eine einfache Erweiterung des Prinzips des normalen Ziffernsystems zustande, indem die Zahl Zehntausend (10^4) als neue Recheneinheit benutzt wird. Die Chinesen stellen beispielsweise die aufeinanderfolgenden Potenzen von zehn folgendermaßen dar (*Abb. 282*):

10 000 :	*yī wàn* (=	1 × 10 000)
100 000 :	*shí wàn* (=	10 × 10 000)
1 000 000 :	*yī bǎi wàn* (=	1 × 100 × 10 000)
10 000 000 :	*yī giān wàn* (=	1 × 1 000 × 10 000)
100 000 000 :	*yī wàn wàn* (=	1 × 10 000 × 10 000)
1 000 000 000 :	*shí wàn wàn* (=	10 × 10 000 × 10 000)
10 000 000 000 :	*yī bǎi wàn wàn* (=	1 × 100 × 10 000 × 10 000)
100 000 000 000 :	*yī qiàn wàn wàn* (=	1 × 1 000 × 10 000 × 10 000)

Große, zusammengesetzte Zahlen – wie z.B. 487.390.629 – werden in folgender Weise ausgedrückt:

四萬八千七百三十九萬六百二十九

sì wàn bā qiān qī bǎi sān shí jiǔ wàn liù bǎi èr shí jiǔ

$(4 \times 10^4 + 8 \times 10^3 + 7 \times 10^2 + 3 \times 10 + 9) \times 10^4 + 6 \times 10^2 + 2 \times 10 + 9$

Diese Zahl gliedert sich mathematisch wie folgt auf:

(4 × 10.000 + 8 × 1.000 + 7 × 100 + 3 × 10 + 9) × 10.000 + 6 × 100 + 2 × 10 + 9

10^4	一萬 yī wàn	1.10^4	10^8	一萬萬 yī wàn wàn	$1.10^4.10^4$
10^5	十萬 shí wàn	10.10^4	10^9	十萬萬 shí wàn wàn	$10.10^4.10^4$
10^6	一百萬 yī bǎi wàn	$1.10^2.10^4$	10^{10}	一百萬萬 yī bǎi wàn wàn	$1.10^2.10^4.10^4$
10^7	一千萬 yī qiān wàn	$1.10^3.10^4$	10^{11}	一千萬萬 yī qiān wàn wàn	$1.10^3.10^4.10^4$

Abb. 282: Die normale chinesische Zahlschrift der aufeinanderfolgenden Potenzen von zehn. (Guitel 1975, 502–511; Menninger 1957/58, II, 266; Ore 1948, 1–5; Tchen Yon-Sun 1958)

Oder:

$$48.739 \times 10.000 + 629$$

Eine solche Erweiterung ist letzten Endes naheliegend, da die meisten der hybriden Zahlschriften eine ähnliche Entwicklung durchgemacht haben.

In der singhalesischen und der tamilischen Schrift wird eine Zahl wie 353.549 in folgenden Formen ausgedrückt (vgl. *Abb. 279, 280*)*:

SINGHALESISCHES ZIFFERNSYSTEM	[illegible] (3 × 100 + 50 × 3) . 1 000 + 5 × 100 + 40 + 9 ->
TAMILISCHES ZIFFERNSYSTEM	[illegible] (3 × 100 + 5 × 10 + 3) 1 000 + 5 × 100 + 4 × 10 + 9 ->

Auf einer der Keilschrifttafeln, die vom achten Feldzug des Königs Sargon II. in Armenien berichten, wird die Zahl 305.412 folgendermaßen zum Ausdruck gebracht (vgl. *Abb. 257*; Thureau-Dangin 1912, Zeile 394):

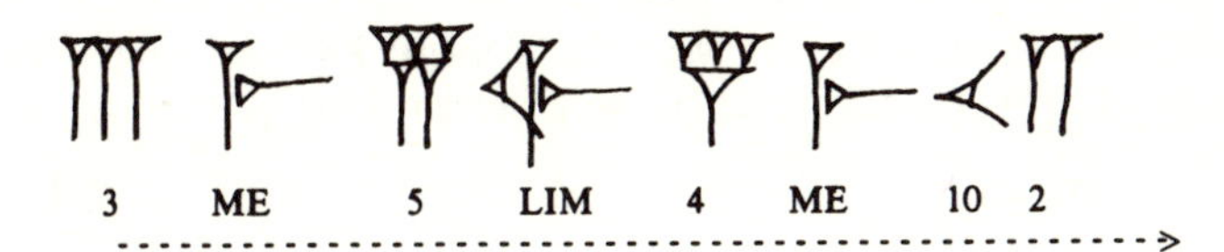

Dies entspricht der Form $(3 \times 100 + 5) \times 1.000 + 4 \times 100 + 10 + 2$.

* Burnell 1878, 68 f.; Pihan 1860, 113–125, 138–141; Renou/Filliozat 1953, II, 706.

Aber auch Zahlschriften, die ausschließlich auf dem additiven Prinzip beruhten, wurden durch Einführung des multiplikativen Prinzips auf hohe Zahlen ausgedehnt.

Ein Beispiel für eine solche Übernahme bietet das römische Ziffernsystem in Handschriften aus den ersten Jahrhunderten der christlichen Zeitrechnung und aus dem Mittelalter. Statt wie zuvor die Buchstaben C und M zu wiederholen, um die Vielfachen von 100 und 1.000 zum Ausdruck zu bringen, haben die lateinischen Schreiber neben die Anzahl der Hunderter oder der Tausender die Buchstaben C oder M als Koeffizienten geschrieben (*Abb. 283*).

Diese Art der Darstellung ist durch die *Naturgeschichte* (Buch VI, 25; Buch XXXIII, 3) des älteren Plinius für das Römische Reich im 1. Jh. n. Chr. bezeugt (Nesselmann 1842, 90). Für die Zahlen 83.000, 92.000 und 110.000 werden darin beispielsweise folgende Formen benutzt:

LXXIII.M für 83.000
XCII.M für 92.000
CX.M für 110.000

Noch häufiger findet sich dieses Prinzip im europäischen Mittelalter. Im *Register des Staatsschatzes König Philipps des Schönen**, das in lateinisch verfaßt ist und aus dem Jahr 1299 stammt, finden wir folgende Angaben (Bibliothèque Nationale Paris, Ms. lat. 9783, Fol. 3v; vgl. Prou 1904, Tafel XXVII):

Kol. 1 1.11	IIII^{m} l(ibras).t(uronensium).	»4 000 Livre tournois«
Kol. 1 1.22	V^{m}.III^{c}.XVI. l(ibras).VI. s.(olidos) I. d(enarios). p(arisiensium).	»5.316 Livre, 6 Sol & 1 Denier parisis«
Kol. 2 1.32	II^{c}.XLIIII. l(ibras).XII. s(olidos). t(uronensium).	»244 Livre, 12 Sol tournois«

Ein ähnlicher Gedanke wurde schon dreitausend Jahre vorher von den ägyptischen Schreibern aufgegriffen, die zur Darstellung großer Zahlen ihre »hieratische« Zahlschrift durch das multiplikative Prinzip erweiterten (vgl. *Abb. 197, 253*). Im *Großen Papyrus Harris* (Neues Reich) wird die Zahl 494.800 in folgender Form zum Ausdruck gebracht (H, 73, I.3; Birch 1876; Erichsen 1933):

* Dieses Buch ist eines der ältesten Register eines Staatsschatzes, das erhalten ist; darin haben »die Schatzmeister des Königs von Tag zu Tag die Ein- und Ausgänge des Staatsschatzes registriert, unter Erwähnung der Personen, die die Zahlungen geleistet oder entgegengenommen haben, der Art der Einnahme oder Ausgabe und dem Namen der Person, deren Konto bezogen oder entlastet wurde.« (Prou 1904)

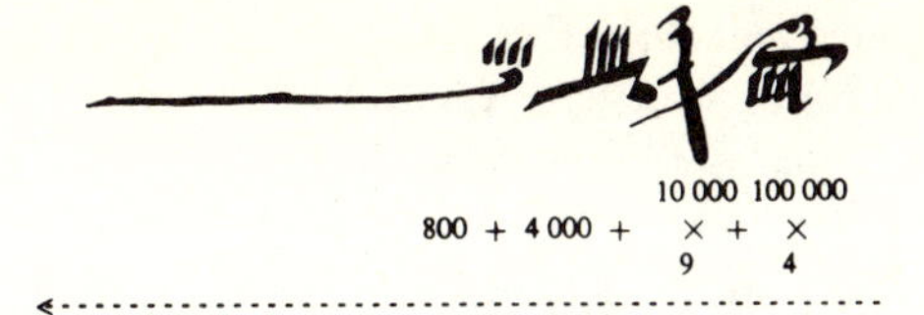

Schließlich findet sich die gleiche Art von Erweiterung auch bei den Griechen und Arabern (Ruska 1917):

GRIECHISCHES ZIFFERNSYSTEM (vgl. Abb. 210, 212)	λϵ M 'Γ Φ M Θ 30 + 5 × 10 000 + 3 000 + 500 + 40 + 9
ARABISCHES ABDSCHAD-SYSTEM (vgl. Abb. 231, 264)	شنجغ ثمط 9 + 40 + 500 + 1 000. (3 + 50 + 300)

100	C	1000	M	10 000	X^{M}
200	II.C oder II^{c}	2000	II^{M}	15 000	XV^{M}
300	III.C oder III^{c}	3000	III^{M}	30 000	XXX^{M}
400	IIII.C oder IIII^{c}	4000	IIII^{M}	50 000	L^{M}
500	V. C oder V^{c}	5000	V^{M}	100 000	C^{M}
600	VI. C oder VI^{c}	6000	VI^{M}	300 000	CCC^{M}
700	VII.C oder VII^{c}	7000	VII^{M}	500 000	D^{M}
800	VIII.C oder VIII^{c}	8000	VIII^{M}	602 000	DCLII^{M}
900	IX.C oder VIIII^{c}	9000	VIIII^{M}	1 000 000	M^{M}

Abb. 283: Umwandlung des lateinischen Ziffernsystems zur Darstellung der Vielfachen von 100 und von 1.000.

Große Zahlen in der Zahlschrift der chinesischen Gelehrten

Neben dem beschriebenen chinesischen System, das als einziges in der Schreibschrift gebraucht wurde, trifft man in wissenschaftlichen und astronomischen Abhandlungen auf Sonderzeichen, die für Zahlen über 10^4 stehen und mit denen viel größere Zahlen als die vorangegangenen ausgedrückt werden können. Aber diese Schriftzeichen haben je nach Bewertungssystem unterschiedliche Bedeutungen. Jedes der vorkommenden Zeichen steht nämlich für einen anderen Zahlenwert in jedem der folgenden Systeme:

– das System *xià deng* (oder »niederer Grad«),
– das System *zhōng deng* (oder »mittlerer Grad«),
– das System *shàng deng* (oder »höherer Grad«).

So steht der Buchstabe 兆 *zháo*

– im niederen Grad für eine Million (10^6),
– im mittleren Grad für eine Billion (10^{12}),
– im höheren Grad für zehn Billiarden (10^{16}).*

Der »niedere Grad« *(xià deng)* bildet die direkte Fortsetzung des »normalen« Ziffernsystems, indem den zehn Zahlzeichen die aufeinanderfolgenden Zehnerpotenzen von 10^5 (100.000) bis 10^{14} (hundert Billionen) zugeordnet werden:

yì, zháo, jing, gaì, ..., zheng, zài

stehen also für folgende Zahlenwerte:

$10^5, 10^6, 10^7, 10^8, ..., 10^{13}, 10^{14}$

So werden z.B. die Zahlen 1 Million, 2 Millionen, 3 Millionen im niederen Grad folgendermaßen aufgezeichnet:

一兆 yī zháo 1×10^6	oder normalerweise:	一百萬 yī bǎi wàn $1 \times 100 \times 10\,000$
二兆 èr zháo 2×10^6		二百萬 èr bǎi wàn $2 \times 100 \times 10\,000$
三兆 sān zháo 3×10^6		三百萬 sān bǎi wàn $3 \times 100 \times 10\,000$

Somit gestattet das *xià deng*-System, jede beliebige Zahl unterhalb von 10^{15} wiederzugeben, so z.B. die Zahl 530.010.702.000.000:

* In Frankreich sind im Augenblick Versuche im Gang, die herkömmlichen Zahlworte Milliarde, Billiarde usw. nach dem Vorbild der USA zu ersetzen; bislang galten – auch in Deutschland – folgende Bezeichnungen:
Milliarde (= 10^9), *Billion* (= 10^{12}), *Billiarde* (= 10^{15}), *Trillion* (= 10^{18}) usw. Nach einem Vorschlag der *Association Française de Normalisation* soll folgendes System – wie in den USA – eingeführt werden: *Billion* (= 10^9), *Trillion* (= 10^{12}), *Quatrillion* (= 10^{15}), *Quintillion* (= 10^{18})...

五載三正一壤七垓二兆

wǔ zái sān zheng yī ràng qī gai èr zháo

$$5 \times 10^{14} + 3 \times 10^{13} + 1 \times 10^{10} + 7 \times 10^{8} + 2 \times 10^{6}$$

Im »mittleren Grad« erhalten die zehn entsprechenden Buchstaben ebenfalls Zahlenwerte über 10^4 und entsprechen den Zehnerpotenzen. Allerdings folgen die Schritte nicht mehr der einfachen Reihe der Potenzen, sondern nehmen jeweils um das Zehntausendfache zu; den Zahlworten

yì, zháo, jing, ..., zheng, zài

werden folgende Zahlenwerte zugeordnet (*Abb. 284*):

$10^8, 10^{12}, 10^{16}, ..., 10^{40}, 10^{44}$

Damit können alle Zahlen bis 10^{48} dargestellt werden, indem wie in der normalen Zahlschrift vorgegangen wird. Allerdings dürfen nie zwei Zahlbuchstaben übereinander stehen (Schrimpf 1963/64, 191). Beispiel:

三百五十壤七千三百兆二十六億

sān bǎi wǔ shí ràng qī qiān sān bǎi zháo èr shí liù yì

$$(3 \times 10^2 + 5 \times 10).10^{28} + (7 \times 10^3 + 3 \times 10^2).10^{12} + (2 \times 10 + 6).10^8$$

3 500 000 000 000 007 300 002 600 000 000

Im »höheren Grad« werden nur die ersten drei Zeichen verwendet, nämlich *yì, zháo* und *jing;* ihnen werden die Zahlenwerte 10^8, 10^{16} und 10^{32} zugeordnet (*Abb. 284*); damit können alle Zahlen bis 10^{64} wiedergegeben werden. Beispiel:

三京五千三百一億二百七萬六千一百八十五兆三億一萬

sān jing wǔ qiān sān bǎi yī yì èr bǎi qī wàn liù qiān yī bǎi bā shí wǔ zháo sān yì yī wàn

$$3 \times 10^{32} + \left[[5 \times 10^3 + 3 \times 10^2 + 1].10^8 + [2 \times 10^2 + 7].10^4 + 6 \times 10^3 + 1 \times 10^2 + 8 \times 10 + 5\right] 10^{16} + 3 \times 10^8 + 1 \times 10^4$$

300 005 301 020 761 850 000 000 300 010 000

Aber solche großen Zahlen wurden nur sehr selten gebraucht. »Man trifft in den mathematischen Abhandlungen, in Handelspapieren oder Geschäftsberichten nur sehr selten auf Zahlen über 10^{16}; nur Werke über Kalenderrechnung oder Astronomie bedienen sich zuweilen höherer Zahlen.« (Schrimpf 1963/64, 191) Immerhin stellen diese Systeme einen Beweis für die intellektuelle Entwicklung der Chinesen dar.

		System »xià deng« NIEDERER GRAD	System »zhōng deng« MITTLERER GRAD	System »shàng deng« HÖHERER GRAD
萬	wàn	10^4	10^4	10^4
億	yì *	10^5	10^8	10^8
兆	zháo	10^6	10^{12}	10^{16}
京	jing	10^7	10^{16}	10^{32}
垓	gai	10^8	10^{20}	10^{64} (THEORETISCHE WERTE)
補	bù**	10^9	10^{24}	10^{128} (THEORETISCHE WERTE)
壤	ràng	10^{10}	10^{28}	10^{256} (THEORETISCHE WERTE)
冓	gou***	10^{11}	10^{32}	10^{512} (THEORETISCHE WERTE)
澗	jián	10^{12}	10^{36}	10^{1024} (THEORETISCHE WERTE)
正	zheng	10^{13}	10^{40}	10^{2048} (THEORETISCHE WERTE)
載	zái	10^{14}	10^{44}	10^{4096} (THEORETISCHE WERTE)

* Graphische Variante: 亿   ** Wort mit derselben Bedeutung: 秭 cè

*** Graphische Variante: 溝

Abb. 284: Die häufigsten chinesischen Schriftzeichen für die Wiedergabe hoher Zahlen. (Giles 1912, Tab. IV B; Mathews 1931; Needham 1959, III, 87)

Teil VII
Das letzte Stadium der Zahlschrift

Kapitel 28
Das erste Stellenwertsystem

Ebenso wie in einer alphabetischen Schrift alle Wörter einer Sprache durch eine begrenzte Anzahl graphischer Grundzeichen – den »Buchstaben« – wiedergegeben werden können, lassen sich auch alle ganzen Zahlen durch die zehn Grundziffern unserer Zahlschrift darstellen. Dieses Ziffernsystem, das wir stündlich und täglich verwenden, ist allen Zahlschriften weit überlegen, von denen bisher die Rede war. Dies hängt jedoch nicht von der Auswahl der Basis ab, d.h. von der festgesetzten Zahl von Einheiten, die zusammen eine Einheit der nächsten Ordnung bilden. Man könnte sich ohne weiteres eine solche Zahlschrift auch auf der Basis Zwei, Acht, Zwölf, Zwanzig oder Sechzig vorstellen und *damit ebenso vorteilhaft wie mit unserem Dezimalsystem* alle ganzen Zahlen in äußerst rationeller Weise wiedergeben. Es war auch offenbar nicht mehr als ein »physiologischer Zufall«, daß der größte Teil der Menschheit nach Zehnern und damit nach Hundertern, Tausendern usw. zählt.

Die Überlegenheit und Genialität unseres Ziffernsystems beruht vielmehr darauf, daß die Ziffern für einen variablen Wert stehen, der von der Position abhängt, die sie innerhalb einer geschriebenen Reihe von Ziffern einnehmen. Eine Ziffer steht für die Einer, die Zehner, die Hunderter oder die Tausender, je nachdem, ob sie an erster, zweiter, dritter oder vierter Stelle in der Darstellung einer Zahl steht, wobei die Stellen von rechts nach links gezählt werden. Aufgrund dieses Prinzips kann mit unserer Zahlschrift – wie mit allen anderen gleichgearteten – auf sehr einfache Weise gerechnet werden...

Aller Wahrscheinlichkeit nach tauchte um den Beginn des zweiten Jahrtausends v. Chr. bei den babylonischen Mathematikern und Astronomen zum ersten Male eine Zahlschrift nach dem Stellenwertsystem auf.

Dieses System der babylonischen Gelehrten, das auf dem alten sumerischen sexagesimalen Ziffernsystem beruhte, war allen in der Antike bekannten Zahlschriften überlegen. Es entspricht unserer heutigen Zahlschrift und unterscheidet sich von ihr lediglich durch die Basis des zugrundeliegenden Zahlensystems und durch die Art seiner Ziffern.

Diese Zahlschrift unterscheidet sich deutlich von dem allgemein gebräuchlichen assyrisch-babylonischen Ziffernsystem; es ist als Positionssystem auf Sexagesimalbasis aufgebaut – sechzig Einheiten einer Ordnung werden durch eine Einheit der nächsthöheren Ordnung dargestellt. Zur Erläuterung gehen wir von der folgenden Zifferngruppe aus: 3; 1; 2

In unserem Stellenwertsystem entsprechen diese der folgenden Zahl:

$$3 \times 10^2 + 1 \times 10 + 2 = 3 \times 100 + 10 + 2$$

In der Zahlschrift der babylonischen Mathematiker und Astronomen steht sie dagegen für diese Zahl:

$$3 \times 60^2 + 1 \times 60 + 2 = 3 \times 3.600 + 60 + 2$$

Dasselbe gilt für diese Reihe: 1; 1; 1; 1
Sie entspricht in unserem System der Zahl:

$$1 \times 10^3 + 1 \times 10^2 + 1 \times 10 + 1 = 1.000 + 100 + 10 + 1$$

Im System der mesopotamischen Gelehrten steht sie für die Zahl:

$$1 \times 60^3 + 1 \times 60^2 + 1 \times 60 + 1 = 216.000 + 3.600 + 60 + 1$$

Schon zu Beginn ihrer Forschungen fanden die Assyriologen Beispiele dieser Zahlschrift. Hincks (1855) entdeckte sie im Jahre 1854 auf einer astronomischen Tafel aus Ninive, Rawlinson (1855) 1855 auf einer mathematischen aus Larsa (Senkere). Seitdem haben weitere Dokumente ausschließlich wissenschaftlichen Inhalts, die in verschiedenen Gegenden Mesopotamiens* gefunden wurden, die Existenz dieses Ziffernsystems bestätigt; seine Entzifferung wurde vor allem von Thureau-Dangin (1938) und Neugebauer (1935; Neugebauer/Sachs 1945) vorangetrieben.**

Aber auch mehrere mathematische Tafeln aus Susa (in Elam) belegen die Verwendung dieser Zahlschrift; sie gehen auf das Ende des Altbabylonischen Reiches zurück und wurden von Bruins und Rutten (1961) veröffentlicht, übersetzt und interpretiert. Durch ihren mathematischen Inhalt und die dort benutzte Zahlschrift stellen diese Tafeln »die Bestätigung eines sehr einschneidenden mathematischen Fortschritts in einer anderen Region dar, als er bisher nachgewiesen werden konnte (...). Sie sind ein weiteres Zeugnis für den Einfluß Babylons über seine eigenen Grenzen hinweg.« (Bruins/Rutten 1961, XI)

Die Zahlschrift der babylonischen Gelehrten

Diese Zahlschrift verfügt – im Gegensatz zu unserem dezimalen Positionssystem, das neun Zeichen für die ersten neun ganzen Zahlen benutzt – nur über zwei Zahlzeichen im eigentlichen Sinne und nicht über neunundfünfzig, wie man annehmen könnte.

* Diese Tafeln wurden im Irak seit Mitte des letzten Jahrhunderts ausgegraben und stammen aus der Zeit zwischen der 1. babylonischen Dynastie und dem Seleukidenreich; sie wurden v.a. von den Museen in Berlin, Paris (Louvre) und London (British Museum), aber auch von zahlreichen amerikanischen Universitäten (Yale, Columbia, Pennsylvania usw.) erworben.

** Die fraglichen Fundstücke teilen sich im wesentlichen in folgende Gruppen auf:
- Tafeln zur Vereinfachung der Zahlenrechnung (Multiplikations-, Divisions-, Kehrwert-, Quadrat-, Quadratwurzel-, Kubik-, Kubikwurzeltafeln usw.);
- astronomische Tafeln
- Sammlungen mit praktischen arithmetischen oder geometrischen Übungen;
- Listen mit mehr oder weniger komplizierten mathematischen Problemen (Probleme der Feldmessung, Lösungen algebraischer Gleichungen, Berechnung von Flächeninhalten usw.).

VORDERSEITE RÜCKSEITE

	Transkription		Übersetzung	
Vorderseite	1	25	1	25
	2	50	2	50
	3	1;15	3	75
	4	1;40	4	100
	5	2;05	5	125
	6	2;30	6	150
	7	2;55	7	175
	8	3;20	8	200
	9	3;45	9	225
	10	4;10	10	250
	11	4;35	11	275
	12	5;	12	300
	13	5;25	13	325
	14	5;50	14	350
	15	6;15	15	375
	16	6;40	16	400
Rückseite	17	7;05	17	425
	18	7;30	18	450
	19	7,45 ★	19	465 ★
	20	8;20	20	500
	30	12;30	30	750
	40	16;40	40	1 000
	50	20;50	50	1 250

*Irrtum des Schreibers

Abb. 285: Ein Beispiel für eine Multiplikationstafel der Mathematiker von Babylon und Susa. Die Tafel stammt aus Susa und ist auf die erste Hälfte des zweiten vorchristlichen Jahrtausends zu datieren; sie enthält die Multiplikation mit 25 in der Zahlschrift der babylonischen Gelehrten.** (Vgl. Bruins/Rutten 1961, Text 4, Tafel K; unveröffentl. Kopie d. Verf.)*

Sie drückt die neunundfünfzig Einheiten mit lediglich zwei Grundziffern der Keilschrift aus, einem *senkrechten Nagel* für die Eins und einem *Winkel* für die Zehn (*Abb. 286*).

Die Zahlen bis sechzig werden auf dezimaler Basis und nach dem additiven Prinzip dargestellt, bei Zahlen über sechzig wird dagegen das Positionsprinzip benutzt. So wird die Zahl 69 beispielsweise nicht durch folgende Ziffern ausgedrückt:

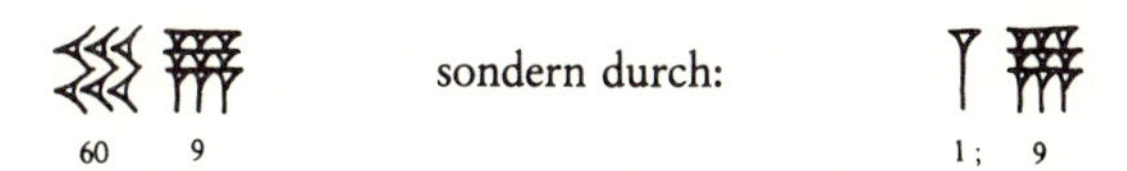

Die zweite Zifferngruppe steht für $1 \times 60 + 9$ – einmal die Einheit Sechzig und

* Die Tafeln enthalten in der Regel die Multiplikation einer Zahl n mit den Zahlen 1 bis 20 und den Zahlen 30, 40 und 50. Damit konnten alle Produkte aus n und Zahlen zwischen 1 und 60 errechnet werden.

** Der Leser kann sich die Transkription dieser Tafel anhand des Zifferblatts einer Uhr verdeutlichen; eine Einheit der ersten Ordnung entspricht einer Minute und eine Einheit der zweiten Ordnung einer Stunde.

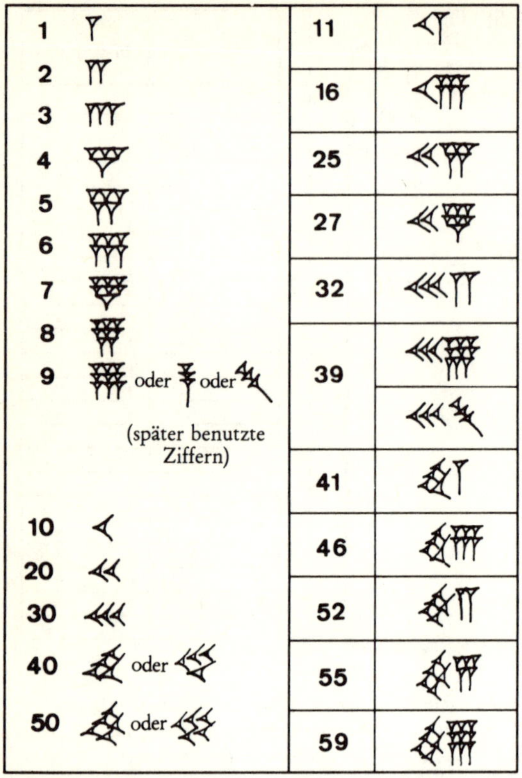

1	11
2	16
3	25
4	27
5	32
6	39
7	41
8	46
9 oder oder (später benutzte Ziffern)	52
10	55
20	59
30	
40 oder	
50 oder	

Abb. 286: Darstellung der neunundfünfzig Einheiten des Ziffernsystems der mesopotamischen Gelehrten.

neun Einer –, etwa so wie wir 69 Sekunden in der Form 1′9″ zum Ausdruck bringen können. Auf dieselbe Weise kann man die folgenden Ziffern übertragen:

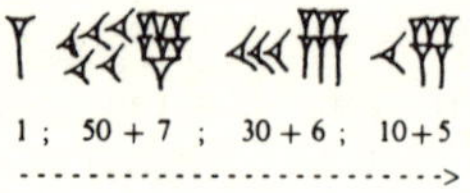

1 ; 50 + 7 ; 30 + 6 ; 10 + 5 ------------------------> oder 1 ; 57 ; 36 ; 15

Sie stehen im Ziffernsystem der babylonischen Gelehrten für folgende Zahl*:

$$1 \times 60^3 + 57 \times 60^2 + 36 \times 60 + 15 \ (= 423.375)$$

Die folgenden Beispiele sind einem der ältesten babylonischen Texte mit mathematischem Inhalt entnommen. Diese Tafel stammt aus der Zeit der ersten Könige von Babylon und enthält die Lösung einer Gleichung zweiten Grades**:

* Im folgenden werden die Ziffern des Sexagesimal-Positionssystems mit Hilfe »arabischer« Ziffern transkribiert, wobei die Zahlenordnungen durch Strichpunkte getrennt werden.

** Die Herkunft dieser Tafel ist unbekannt; sie befindet sich heute im British Museum (Inventarnr. BM 13901; vgl. Thureau-Dangin 1936, Tafel II 1.3, Tafel XII 1.5).

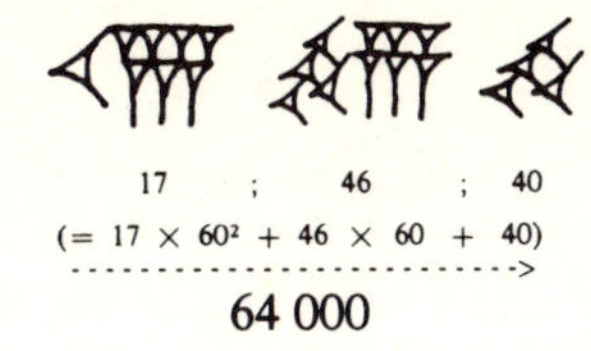

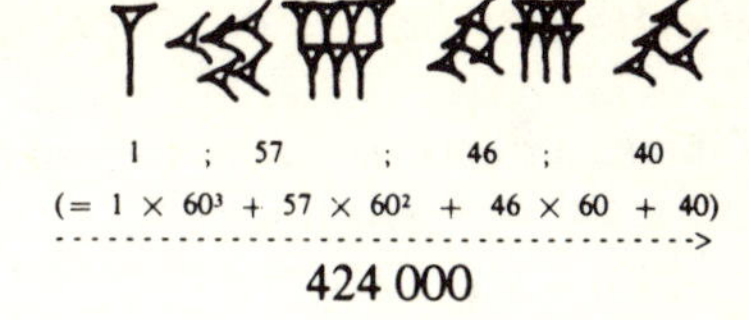

Der Unterschied zwischen der Zahlschrift der babylonischen Gelehrten und der sumerischen Zahlschrift liegt also darin, daß die erste auf dem Positionsprinzip und die zweite auf dem additiven Prinzip beruht. Dies sei an den Zahlen 1.859 und 4.818 erläutert:

	SUMERISCHES SYSTEM	BABYLONISCHES SYSTEM	
1859 :	600 + 600 + 600 + 50 + 9	30 ; 59	(= 30 × 60 + 59)
4818 :	3 600 + 600 + 600 + 18	1 ; 20 ; 18	(= 1 × 60² + 20 × 60 + 18)

Transkription und Rekonstruktion

01	e	1	íb-si$_8$	13;04	e	28	íb-si$_8$
04	e	2	íb-si$_8$	14;01	e	29	íb-si$_8$
09	e	3	íb-si$_8$	15;	e	30	íb-si$_8$
16	e	4	íb-si$_8$	16;01	e	31	íb-si$_8$
25	e	5	íb-si$_8$	17;04	e	32	íb-si$_8$
36	e	6	íb-si$_8$	18;09	e	33	íb-si$_8$
49	e	7	íb-si$_8$	19;16	e	34	íb-si$_8$
1;04	e	8	íb-si$_8$	20;25	e	35	íb-si$_8$
1;21	e	9	íb-si$_8$	21;36	e	36	íb-si$_8$
1;40	e	10	íb-si$_8$	22;49	e	37	íb-si$_8$
2;01	e	11	íb-si$_8$	24;04	e	38	íb-si$_8$

Abb. 287: Fragmente einer Tafel mit Quadratwurzeln, die in der Zahlschrift der babylonischen Gelehrten ausgedrückt sind; sie wurde in den Ruinen von Nippur (ungefähr 160 km südöstlich von Bagdad) gefunden. (Um 1800 v. Chr.; Museum der Universität von Pennsylvanien, Babylon. Abteilung, Inv. Nr. CBS. 14233 rev.; unveröffentl. Kopie d. Verf.; vgl. Legrain 1922, Taf. IX, Tab. 22)

Probleme des babylonischen Positionssystems

Trotz ihres Aufbaus als Positions- oder Stellenwertsystem war die sexagesimale Zahlschrift der babylonischen Gelehrten innerhalb jeder Ordnung von Einheiten dezimal und additiv. Daraus resultierten viele Zweideutigkeiten, die zur Ursache für viele Irrtümer wurden.

So ist z.B. in einem mathematischen Text aus Susa die Zahl 10; 15 = 10 × 60 + 15 folgendermaßen niedergeschrieben worden (Bruins/Rutten 1961, Text V, Taf. Aa, Vorderseite Kol. II, 1.4):

10 ; 15
-------->

Diese Ziffern lassen sich leicht mit den folgenden verwechseln:

25 und 10 ; 10 ; 5 (= 10 × 60² + 10 × 60 + 5)
-------> ---------->

Die Schreiber von Babylon und Susa waren sich wahrscheinlich dieser Schwierigkeit bewußt und haben deshalb manchmal eine Leerstelle eingebaut, um den Übergang von einer Sechziger-Einheit zur nächsten zu kennzeichnen. So wollte der Schreiber im gleichen Text diese Schwierigkeit dadurch umgehen, daß er die Zahl 10; 10 (= 10 × 60 + 10) folgendermaßen wiedergab (Bruins/Rutten 1961, Text V, Taf. Aa, Vorderseite Kol. II, 1.3):

10 ; 10
-------->

Er trennte also die beiden Winkel für zehn so deutlich voneinander, daß eine Verwechslung mit der Zahl 20 kaum möglich ist.

In einem anderen mathematischen Text aus Susa finden wir die Zahl 1; 1 ; 12 (= 1 × 60² + 1 × 60 + 12) in der folgenden Form dargestellt (Bruins/Rutten 1961, Text XXII, Taf. Q, Vorderseite 1.10):

1 ; 1 ; 12 (= 1 × 60² + 1 × 60 + 12)

1 ; 1 ; 12
----------------->

Die Leerstelle unterscheidet diese Ziffern deutlich von den folgenden:

2 ; 12 (= 2 × 60 + 12).
------>

Manchmal haben die Schreiber deshalb auch die Keilschriftzeichen in folgender Form benutzt – als Beispiel hier zwei »Nägel« bzw. zwei »Winkel«:

oder oder oder

Diese Zeichen entwickelten sich in wissenschaftlichen und literarischen Texten zu einem Trennungszeichen zwischen den eigentlichen Ziffern.*

Beispiele aus einer Rechentafel aus Susa (Bruins/Rutten 1961, Text XII, Taf. M, 1.16, 19):

1. 1;10 ; 18 ; 45 (= $1 \times 60^3 + 10 \times 60^2 + 18 \times 60 + 45$)
Trennungszeichen

2. 20 ; 3 ; 13 ; 21 ; 33 (= $20 \times 60^4 + 3 \times 60^3 + 13 \times 60^2 + 21 \times 60 + 33$)
Trennungszeichen

Durch das Trennungszeichen unterscheidet sich die erste Ziffierngruppe deutlich von der Zahl:

$$1; 10 + 18; 45 \; (= 1 \times 60^2 + 28 \times 60 + 45)$$

und die zweite von der Zahl:

$$20 + 3; 13; 21; 33 \; (= 23 \times 60^3 + 13 \times 60^2 + 21 \times 60 + 33)$$

Die erste Null in der Geschichte

Eine weitere Schwierigkeit der Zahlschrift der babylonischen Gelehrten entstand dadurch, daß die Mathematiker und Astronomen im 2. Jahrtausend v. Chr. die Null noch nicht kannten – sie hatten kein Zeichen dafür, nicht vorhandene Einheiten festzuhalten.

Als Beispiel dafür dient eine Tafel aus Uruk aus der Zeit nach der 1. babylonischen Dynastie – nach Thureau-Dangin (1934; 1938) aus dem 2. Drittel des 2. Jahrtausends v. Chr. In Zeile 14 dieser Tafel lesen wir folgendes (Thureau-Dangin 1934; 1938)**:

»Berechne das Quadrat von 2 ; 27 *, und Du wirst folgendes finden:* 6 ; 9 «

* In Kommentaren zu literarischen Texten wurden mit diesen Zeichen auch die Worte von den Erklärungen getrennt; in zwei- und dreisprachigen Texten wurde es zur Kennzeichnung des Überganges von einer zur anderen Sprache benützt. Im Katalog der Weissagungen benutzte man es regelmäßig zur Trennung zweier Formeln und als Zeichen zur Einleitung eines Satzes (Labat 1976).

** Diese Tafel befindet sich im Louvre unter der Inventar-Nr. AO 17264.

Nun ist aber das Quadrat der Zahl 2; 27 (= 2 × 60 + 27 = 147) gleich:

$$21.609 = 6 \times 60^2 + 0 \times 60 + 9 = 6; 0; 9$$

Hätte der Schreiber der Tafel die Null gekannt, dann hätte er das Quadrat von 2; 27 nicht als 6; 9 wiedergegeben, was leicht zu verwechseln ist mit:

$$6; 9 = 6 \times 60 + 9 = 369$$

Ein anderes Beispiel stammt aus einer babylonischen Rechentafel aus der Zeit um 1700 v. Chr.; sie enthält folgende Zahlen*:

2; 0; 20 (= $2 \times 60^2 + 0 \times 60 + 20$) und 1; 0; 10 (= $1 \times 60^2 + 0 \times 60 + 10$)

Diese Zahlen sind in folgender Weise angegeben (Neugebauer 1935, II, Tafel 57; Thureau-Dangin 1938):

2 ; 20 1 ; 10

Diese Angaben sind jedoch doppeldeutig, da sie mit folgenden Zahlen verwechselt werden können:

$$2; 20 = 2 \times 60 + 20 = 140 \text{ und } 1;10 = 1 \times 60 + 10 = 70$$

Deshalb haben die babylonischen Schreiber auch dort manchmal eine Leerstelle gelassen, wo eine Potenz von sechzig fehlte. Beispiele**:

A : 1 ; ; 25 (= $1 \times 60^2 + 0 \times 60 + 25$)
Fehlende Einheiten der 2. Ordnung

B : 1 ; 0 ; 35 (= $1 \times 60^2 + 0 \times 60 + 35$)

C : 1 ; 0 ; 40 (= $1 \times 60^2 + 0 \times 60 + 40$)

D : 1 ; 27 ; 0 ; 3 ; 45 (= $1 \times 60^4 + 27 \times 60^3 + 0 \times 60^2 + 3 \times 60 + 45$)

Aber damit war das Problem noch nicht gelöst, da diese Leerstelle oft von nachlässigen Schreibern nicht beachtet wurde. Darüber hinaus konnte das Fehlen von zwei oder mehreren aufeinanderfolgenden Ordnungen so nicht dargestellt werden – wie sollten zwei aufeinanderfolgende Leerstellen deutlich gemacht werden? Ohne Null konnte die Ziffer Vier z.B. ebensogut 4 wie 4 × 60, 4×60^2, 4×60^3 oder 4×60^4 bedeuten. Woher sollte man wissen, um welchen dieser Werte es sich handelte?

* Diese Tafel befindet sich im Archäologischen Museum Berlin unter der Inventar-Nr. VAT. 8528.

** Die Beispiele A, B und C fanden sich auf Rechentafeln aus Susa (vgl. Bruins/Rutten 1961, Text V, Taf. Aa, Rückseite Kol. I, 1.39; Text VI, Taf. Bb, Vorderseite, Kol. I, 1.25 und 8); das Beispiel D stammt aus der Tafel in Abb. 288 (Zeile 15). Daß die Leerstelle in diesen Beispielen tatsächlich für Null steht, ergibt sich aus dem jeweiligen Kontext.

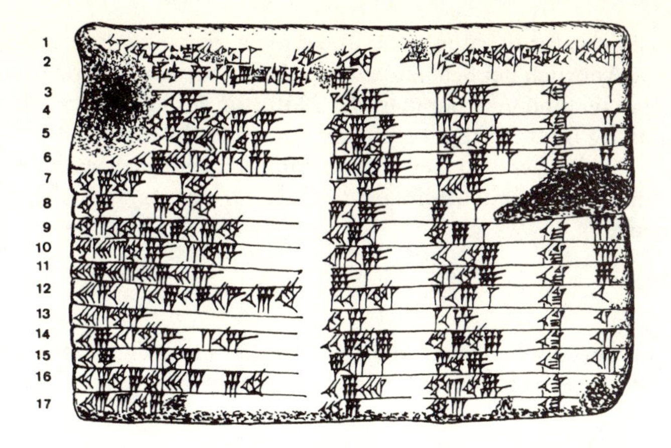

Transkription

Zeile	TA-KI-IL-TI ṢI-LI-IP-TIM	ÍB-SÁ SAG	ÍB-SÁ ṢI-LI-IP-TIM	MU-BI-IM	
2	ŠA IN NA-AS-SÀ-ḪU-Ú-[M]A SAG-I	... -Ú			
3	1, 59, *, 15	1; 59	2, 49	KI	1
4	1, 56, 56, 58, 14, 50, 6, 15	56, 7	3, 12, 1	KI	2
5	1, 55, 7, 41, 15, 33, 45	1, 16, 41	1, 50, 49	KI	3
6	1, 53, 10, *, 29, 32, 52, 16	3, 31, 49	5, 9, 1	KI	4
7	1, 48, 54, 1, 40	1, 5	1, 37	KI	
8	1, 47, 6, 41, 40	5, 19	8, 1	KI	
9	1, 43, 11, 56, 28, 26, 40	38, 11	59, 1	KI	7
10	1, 41, 33, 59, 3, 45	13, 19	20, 49	KI	8
11	1, 38, 33, 36, 36	9, 1	12, 49	KI	9
12	1, 35, 10, 2, 28, 27, 24, 16, 40	1, 22, 41	2, 16, 1	KI	10
13	1, 33, 45	45	1, 15	KI	11
14	1, 29, 21, 54, 2, 15	27, 59	48, 49	KI	12
15	1, 27, *, 3, 45	7, 12, 1	4, 49	KI	13
16	1, 25, 48, 51, 35, 6, 40	29, 31	53, 49	KI	14
17	1, 23, 13, 46, 40	56	53	KI	15

*Leerstelle, die das Fehlen von Einheiten einer bestimmten Größenordnung bezeichnet.

Abb. 288: Rechentafel aus der Zeit um 1800–1700 v. Chr.; ihr Inhalt belegt, daß die babylonischen Mathematiker zur Zeit der 1. Dynastie bereits den »Satz des Pythagoras« kannten.
(Columbia University of New York, Tafel Plimpton 322; unveröffentl. Kopie d. Verf.; vgl. Neugebauer/Sachs 1945, 38–41, Taf. 25)

Trotz dieser Vieldeutigkeiten stellten die Mathematiker und Astronomen Babyloniens mit ihrem noch unvollkommenen System ein ganzes Jahrtausend lang äußerst komplizierte Rechnungen an. Da sie sich meist der Größenordnung ihrer Rechnungen bewußt waren, konnten Verwechslungen selten vorkommen; aber auch der Kontext des jeweiligen Problems oder ein Kommentar des Lehrers verhinderten diese Mißverständnisse in der Regel.

Der Zeitpunkt der Einführung der Null ist nicht genau zu ermitteln; sicherlich liegt er jedoch vor Anbruch der Seleukidenherrschaft.* Seither benutzten die babylonischen Mathematiker und Astronomen die Null, um fehlende Einheiten in einer bestimmten Ordnung ihres Sexagesimalsystems zu bezeichnen.

Als Zeichen für das Fehlen einer Potenz von sechzig verwandten sie als Ersatz für die früher gemachten Leerstellen folgendes Zeichen – eine graphische Variante des Trennungszeichens:

oder

Auf einer astronomischen Tafel, die aus illegalen Grabungen in Warka (Uruk) stammt und auf die Seleukidenzeit zurückgeht, finden wir folgende Zahl**:

$$2; 0; 25; 38; 4 \; (= 2 \times 60^4 + 0 \times 60^3 + 25 \times 60^2 + 38 \times 60 + 4)$$

Diese Zahl wird folgendermaßen wiedergegeben (Thureau-Dangin 1922, Taf. 31, Rückseite Kol. II, 1.1):

2 ; 0 ; 25 ; 38 ; 4
------------------------->

Der Doppelnagel steht hier für fehlende Einheiten der dritten Potenz von sechzig.

Auf der Tafel in *Abb. 289* tauchen folgende Zahlenangaben auf (Zeilen 10, 14 und 24):

1. 2 , 0;0 ; 33 ; 20 $(= 2 \times 60^4 + 0 \times 60^3 + 0 \times 60^2 + 33 \times 60 + 20)$
2. 1 ; 0 ; 45 $(= 1 \times 60^2 + 0 \times 60 + 45)$
3. 1 ; 0;0 ; 16 ; 40 $(= 1 \times 60^4 + 0 \times 60^3 + 0 \times 60^2 + 16 \times 60 + 40)$
4. 1 ; 0 ; 7 ; 30 $(= 1 \times 60^3 + 0 \times 60^2 + 7 \times 60 + 30)$
5. 2 ; 0 ; 15 $(= 2 \times 60^2 + 0 \times 60 + 15)$

In allen bis heute bekannten mathematischen Texten aus Babylon steht die Null immer in mittleren Positionen, beispielsweise:

1; 0; 3; oder 12; 0; 5; 0; 33

* Die Zeit des Seleukidenreiches begann Ende des 4. Jh. v. Chr. – im Jahre 311 – und endete Mitte des 1. Jh. v. Chr.

** Musée du Louvre, Inventar-Nr. AO 6456.

Dagegen taucht sie nie in Endstellung auf wie in:

$$5; 0\ (= 5 \times 60 + 0)$$

oder

$$17; 3; 0; 0\ (= 17 \times 60^3 + 3 \times 60^2 + 0 \times 60 + 0)$$

Daraus haben mehrere Wissenschaftshistoriker geschlossen, daß die Mesopotamier die Null nur innerhalb von Zahlendarstellungen benutzt hätten, so daß ihre Null nicht identisch mit unserer sei. In Wirklichkeit aber haben die babylonischen Astronomen, wie Neugebauer (1935) nachgewiesen hat, die Null auch in der End- und Anfangsposition verwendet.

So finden wir auf einer astronomischen Tafel* der Seleukidenzeit, die aus Babylon stammt, die Zahl 60 unter der Form (Neugebauer 1955, I, 195; III, 223 f., Taf. Nr. 200, Kol. II, 11)**:

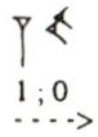

1 ; 0 $(= 1 \times 60 + 0)$

Der Doppelwinkel steht hier nicht als Trennungszeichen, sondern zur Kennzeichnung der fehlenden Einer. Auf der Rückseite derselben Tafel wird die Zahl 180 in der folgenden Form dargestellt (Neugebauer 1955, Taf. Nr. 200, Kol. II, 1.16):

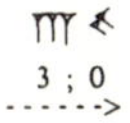

3 ; 0 $(= 3 \times 60 + 0)$.

Eine weitere astronomische Tafel, die aus der gleichen Zeit und ebenfalls aus Babylon stammt, enthält die Zahl:

$$2; 11; 46; 0\ (= 2 \times 60^3 + 11 \times 60^2 + 46 \times 60 + 0)$$

Diese wird folgendermaßen wiedergegeben***:

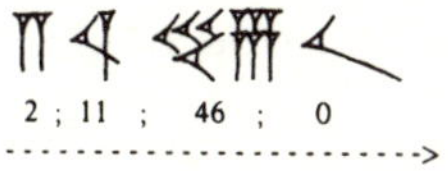

2 ; 11 ; 46 ; 0

Aber die Null am Ende hat dort eine merkwürdige Gestalt, wie eine unten verlängerte »Zehn«. Ist hier der obere Winkel der Null weggelassen, war es die Phantasie des Schreibers oder handelt es sich hier um ein Anzeichen einer Schnellschrift? Der Vergleich mehrerer astronomischer Tafeln gleicher Herkunft und gleicher Zeit

* British Museum, Inventar-Nr. BM 32651.

** Dieser Wert ist durch eine mathematische Gleichung im Kontext abgesichert (Neugebauer 1955).

*** British Museum, Inventar-Nr. BM 34581; Neugebauer 1955, Nr. 145, Kol. II, 1.12; Pinches/Strassmaier 1955, Nr. 58.

deutet auf die letzte Hypothese hin. Hier erscheint das folgende Beispiel aus einer dieser Tafeln besonders aussagekräftig zu sein*:

3 ; 0 ; 18 $(= 3 \times 60^2 + 0 \times 60 + 18)$.

Mit dem Zeichen des schrägen Doppelnagels oder des Doppelwinkels in Anfangsstellung konnten die babylonischen Astronomen ohne Zweideutigkeiten sexagesimale Brüche niederschreiben – Brüche, deren Nenner einer Potenz von sechzig entspricht. Zur Illustration dienen einige Zahlenangaben aus der vorangehenden Tafel**:

0 : 1	$= 0^\circ 1'$	$\left(= 0 + \frac{1}{60}\right)$
0 : 4	$= 0^\circ 4'$	$\left(= 0 + \frac{4}{60}\right)$
0 ; 9	$= 0^\circ 9'$	$\left(= 0 + \frac{9}{60}\right)$
0 ; 53	$= 0^\circ 53'$	$\left(= 0 + \frac{53}{60}\right)$
0 ; 0 ; 30	$= 0^\circ 0' 30''$	$\left(= 0 + \frac{0}{60} + \frac{30}{60^2}\right)$
0 ; 6 ; 37 ; 40	$= 0^\circ 6' 37'' 40'''$	$\left(= 0 + \frac{6}{60} + \frac{37}{60^2} + \frac{40}{60^3}\right)$

Die babylonischen Gelehrten haben also spätestens in der ersten Hälfte des zweiten vorchristlichen Jahrtausends eine außerordentlich abstrakte Zahlschrift ausgearbeitet, die allen anderen Systemen des Altertums weit überlegen war; sie haben ohne Zweifel das erste wirkliche Positionssystem der Geschichte »erfunden«.

Sie erfanden ebenfalls – zu einem späteren Zeitpunkt – die Null.*** Die Mathematiker scheinen diese in der Zahlschrift nur in Mittelstellung verwendet zu haben.

* Neugebauer 1955, Nr. 122; Pinches/Strassmaier 1955, Nr. 66, Vorderseite Kol. X, 1.11. Diese Tafel enthält neben dieser Darstellung der Null auch mehrere Beispiele, in der diese traditionell wiedergegeben ist.

** Neugebauer 1955, Nr. 122; Pinches/Strassmaier 1955, Nr. 66, Vorderseite Kol. XI, 1.4; Rückseite Kol. V, 1.8–9, Kol. XII, 1.5, 8, 18.

*** Die Null fehlt in sämtlichen Texten aus der Zeit der 1. Dynastie von Babylon und scheint vor dem Seleukiden-Reich nicht bezeugt; die ältesten bekannten Texte gehen nicht über das 3. Jh. v. Chr. zurück.
Trotzdem kann daraus nicht geschlossen werden, daß die Null erst zur Zeit der Seleukiden erfunden wurde und vorher nicht bekannt war. Man muß nämlich zwischen dem Datum einer »Erfindung«, ihrer Verbreitung und ihrer ersten bekannten Beurkundung unterscheiden; eine Erfindung kann mehrere Generationen vor ihrer Verbreitung gemacht worden sein und die ältesten Zeugnisse können mehrere Jahrhunderte jünger sein, weil ältere Dokumente verloren sind oder von den Archäologen bisher noch nicht ans Licht befördert wurden.
Deshalb kann angenommen werden, daß die Null vor dem 3. Jh. v. Chr. in Babylon entdeckt wurde, zumal die Tafeln aus seleukidischer Zeit vermutlich Kopien älterer Dokumente sind, was für literarische Texte nachgewiesen ist (Hunger 1976).
Diese Hypothese muß jedoch durch neue archäologische Entdeckungen erhärtet werden.

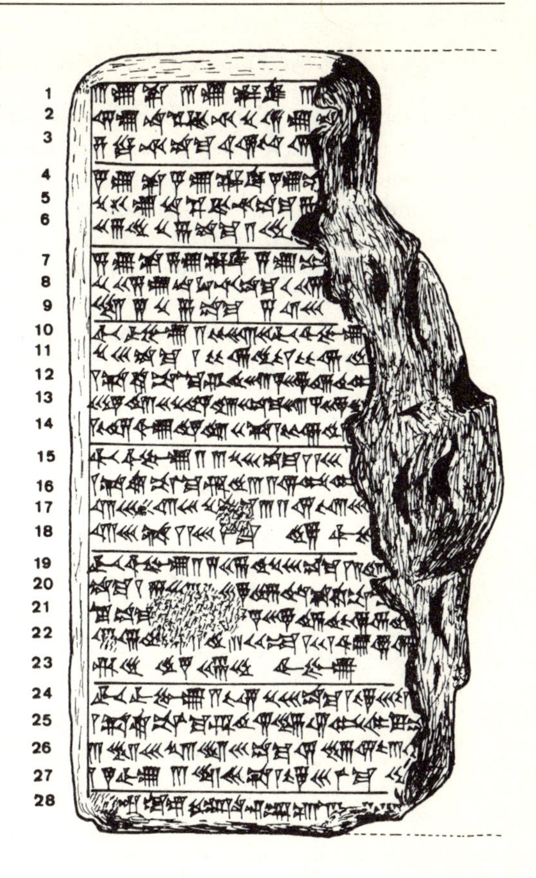

Abb. 289: Mathematische Tafel aus Uruk; sie wurde bei Schwarzgrabungen gefunden und stammt aus dem 2. oder 3. Jh. v. Chr. Es handelt sich um eines der ältesten bekannten Zeugnisse für die Verwendung der babylonischen Null. (Musée du Louvre, Taf. AO 6484, Rückseite; Thureau-Dangin 1922, Nr. 33, Taf. 62; 1938, 76-81. Unveröffentl. Kopie d. Verf.)

Die Astronomen jedoch benutzten sie auch am Ende – und damit als Recheneinheit – sowie am Beginn der Zahlendarstellungen, um sexagesimale Brüche wiederzugeben.

Trotzdem stand dieses Zeichen im Denken der babylonischen Gelehrten nicht für die »Zahl Null«. Auch wenn der Doppelnagel oder Doppelwinkel im Sinne des »Leeren« – als Leerstelle innerhalb einer Zahl – gebraucht wurden, so scheinen sie nicht mit dem Begriff des »Nichts« in Verbindung gebracht worden zu sein. Diese beiden Aspekte wurden zu dieser Zeit noch als voneinander unabhängig betrachtet.*

* In einem mathematischen Text aus Susa (Bruins/Rutten 1961, Nr. VII, Taf. AB) schließt der Schreiber die Subtraktion 20 minus 20 folgendermaßen ab, da er das Resultat nicht festhalten konnte:

20 minus 20... du weißt ja.

In einem anderen mathematischen Text aus Susa (Bruins/Rutten 1961, Nr. XXII, Taf. Q) sagt der Schreiber an einer Stelle, an der die Zahl Null als Resultat einer Getreideverteilung stehen müßte, einfach folgendes:

Das Korn ist ausgegangen.

Diese beiden Beispiele zeigen deutlich, daß zu dieser Zeit der Begriff des »Nichts« noch nicht in Form einer Zahl gefaßt wurde.

*Fortleben des babylonischen Systems**

Die Zahlschrift der Gelehrten Babylons hat in der wissenschaftlichen Welt vom Altertum bis in unsere Zeit einen großen Einfluß ausgeübt. Trotz dezimaler Zahlen- und Maßsysteme benutzen wir noch heute sexagesimale Zeitmaße (Stunde, Minute, Sekunde) und Bogen- und Winkelmaße (Grad, Minute, Sekunde).

Seit dem 2. Jahrhundert v. Chr. benutzten die griechischen Astronomen dieses System zum Ausdruck der negativen Potenzen von sechzig, wozu sie ein Nullzeichen eingeführt hatten. Die Griechen übernahmen jedoch die Keilschrift-Ziffern nicht, sondern übertrugen ihr Ziffernalphabet auf das babylonische System, indem sie z.B. Angaben wie 0° 28′ 35″ und 0° 17′ 49″ in folgender Weise wiedergaben (vgl. *Abb. 210, 290, 291, 292*):

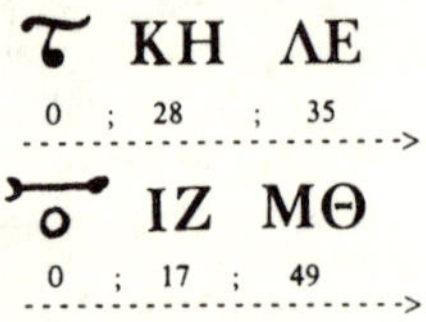

τ KH ΛE
0 ; 28 ; 35 ------------------> $(= 0 + \frac{28}{60} + \frac{35}{60^2})$

ō IZ MΘ
0 ; 17 ; 49 ------------------> $(= 0 + \frac{17}{60} + \frac{49}{60^2})$

Nach den Griechen haben die arabischen und jüdischen Astronomen in ihren Tafeln das gleiche System benutzt, indem sie es ihren alphabetischen Ziffernsystemen

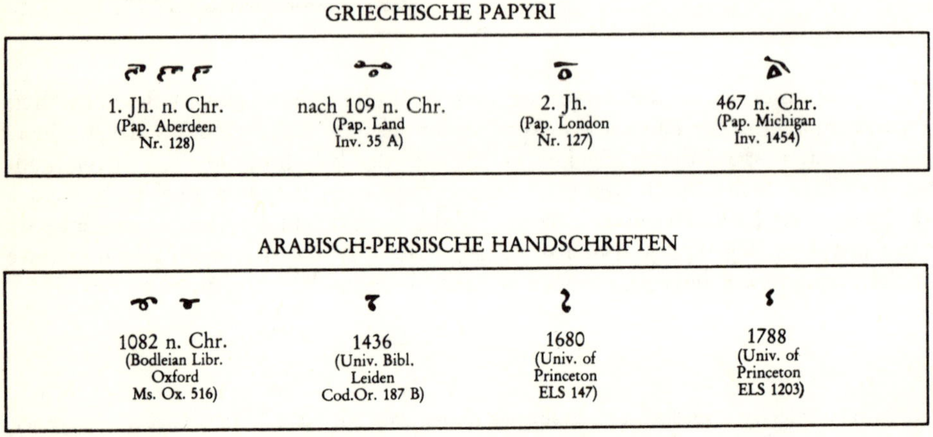

GRIECHISCHE PAPYRI

1. Jh. n. Chr. (Pap. Aberdeen Nr. 128)	nach 109 n. Chr. (Pap. Land Inv. 35 A)	2. Jh. (Pap. London Nr. 127)	467 n. Chr. (Pap. Michigan Inv. 1454)

ARABISCH-PERSISCHE HANDSCHRIFTEN

1082 n. Chr. (Bodleian Libr. Oxford Ms. Ox. 516)	1436 (Univ. Bibl. Leiden Cod.Or. 187 B)	1680 (Univ. of Princeton ELS 147)	1788 (Univ. of Princeton ELS 1203)

Abb. 290: Graphische Varianten der »sexagesimalen Null« der griechischen, arabischen und jüdischen Astronomen.
(Nach Irani 1955/56)

* Irani 1955/56; Neugebauer 1969, 14–25; Tropfke 1921, 40; Woepcke 1863, 468; Youschkevitch 1976.

anglichen; sie stellten die obigen Angaben in folgenden Formen dar (vgl. *Abb. 202, 231, 290, 293, 294*):

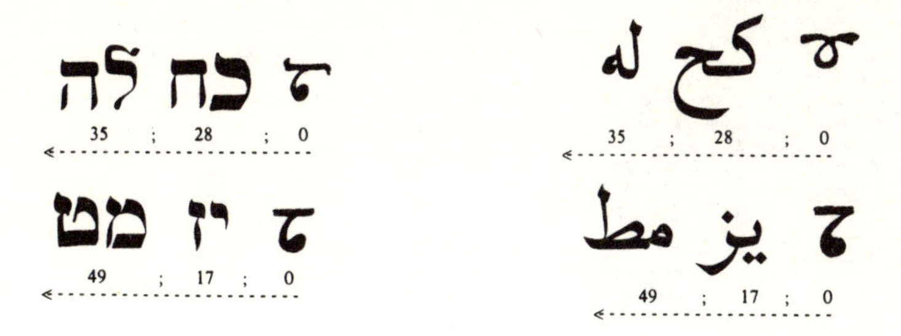

TRANSKRIPTION

	IΘ		. . .	. .		. . . .	IB		. . . . . .	KE]
	K KA		. . . . . .	. . . .		. . . .	IΓ IΔ		. . . .	KϚ] KZ]
	KB KΓ		. . . B MΓ	A B		[· · · · · ·] KΔ ΛϚ	IE IϚ		. . . . . . NB ME	[KH] KΘ
]·	KΔ KE		Δ Λ Θ KϚ	Γ Δ		KϚ Θ KZ MA	IZ IH		NΔ IϚ TAYPOY	Λ ΔIΔYM
Ϛ]·	KϚ KZ		Ϛ MZ H Θ	E Ϛ		KΘ IΓ Λ ΛϚ	IΘ K		τ KΘ NϚ τ NΘ NB	τK[·] τM[·]
	KH KΘ		I NB IB Γ	H Θ		ΛB IH ΛΓ N	KA KB		τ KB MH B NΔ ΛϚ	A B
	Λ		IΓ ΛE IΔ NϚ	I IA		ΛE KB ΛE NE	KΓ KΔ		Δ KΘ E NΘ	Γ Δ

ÜBERSETZUNG

	19		. . . .	. .		. . . . .	12		. . . . .	25]
	20 21		. . . .	. . . .		. . . .	13 14		. . . .	26] 27]
	22 23		. . . . . 2 43	1 2		. . . . . 24 36	15 16		. . . . . 52 45	[28] 29
]·	24 25		4 30 9 26	3 4		26 9 27 41	17 18		54 16 Stier	30 Zwillinge
6]·	26 27		6 47 8 9	5 6		29 13 30 36	19 20		0 29 56 0 59 52	0 20 [·] 0 40 [·]
	28 29		10 52 12 3	8 9		32 18 33 50	21 22		0 22 48 2 54 36	1 2
	30		13 35 14 56	10 11		35 22 35 55	23 24		4 29 5 59	3 4

Abb. 291: Astronomische Tafel aus einem griechischen Papyrus des 3. Jh. n. Chr.
(Univ. of Michigan, Coll. Pap. Inv. 924, Pap. Michigan 151; vgl. Winter 1936, 118–120)

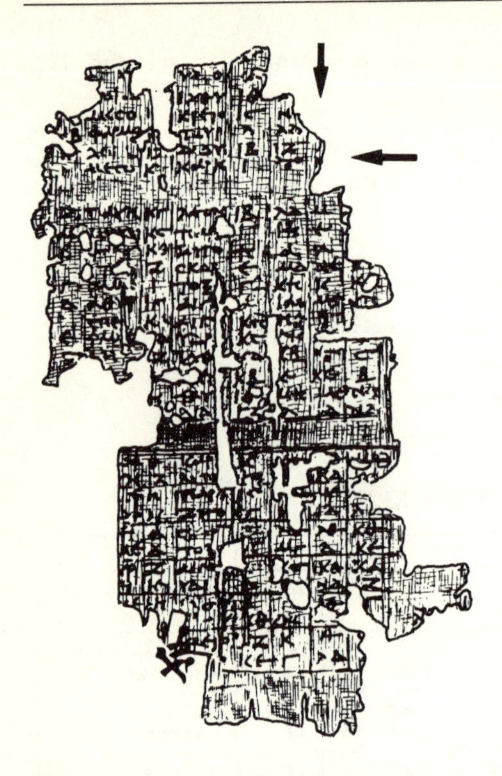

Abb. 292: Griechischer Papyrus mit astronomischem Inhalt aus dem 2. Jh. n. Chr. (nach 109). (Pap. Lund. Inv. 35a; Kopie nach Neugebauer 1969, Taf. 2)

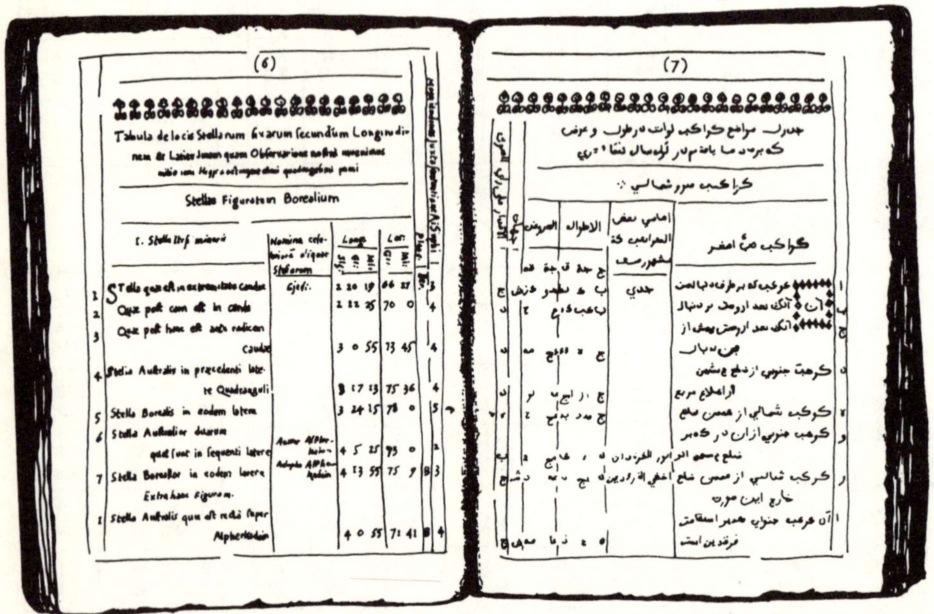

Abb. 293: Zweisprachige astronomische Tafel (Latein-Persisch). (Tabulae Ulugh Beighi. Transkr. v. Thomas Hyde, Oxford 1665; British Library 757 cc 11 (1), 6–7)

מולדות [illegible] [illegible] מה שהם [illegible] [illegible]
[illegible] שהיו לחקור [illegible] המחזור [illegible] שעות [illegible]
[illegible] וזה [illegible] נקראת [illegible] [illegible] :

השרש אחד עבור [illegible] [illegible] לחשבון [illegible] :

שנת א׳	תנועת [illegible]
[illegible]	[illegible]

Abb. 294: Astronomische Tafel des französischen Juden Levi Ben Gerson (1288–1344). (British Museum, Add. 26.921, Fol. 20b; Kopie nach Goldstein 1974, Taf. 36.1)

Kapitel 29
Das Positionssystem der chinesischen Gelehrten

Die chinesischen Mathematiker und Rechenkünstler haben ebenso wie ihre japanischen Kollegen in ihren Schriften häufig eine Zahlschrift benutzt, die aus einer regelmäßigen Kombination senkrechter und waagerechter Striche bestand.* Sie wird in China *suan zí* und in Japan *sangi* genannt (wörtlich: »Rechnen mit Pfählen«). Dieses System entwickelte sich unabhängig von jedem äußeren Einfluß und hat mit der gewöhnlichen chinesischen Zahlschrift nichts zu tun – es entspricht vielmehr unserem Ziffernsystem. Es handelt sich um ein dezimales Positions- oder Stellenwertsystem, in dem der Wert einer Ziffer allein durch die Stelle bestimmt ist, die sie in der Folge der geschriebenen Zahlen einnimmt. Im Gegensatz jedoch zu unserer Zahlschrift – die aus einer Reihe von neun Ziffern besteht, die von jeder direkten sinnlichen Wahrnehmung gelöst sind – umfaßt dieses Ziffernsystem zwei Reihen von je neun Zeichen, die beide die neun Einer ideographisch wiedergeben.

In der *ersten Reihe* werden die ersten fünf Einer durch ebensoviele senkrechte Striche nebeneinander wiedergegeben, die Zahl 6 durch einen waagerechten, der in der Mitte auf einem senkrechten Strich ruht, und die drei letzten Einer durch einen, zwei oder drei zusätzliche senkrechte Striche:

ERSTE REIHE

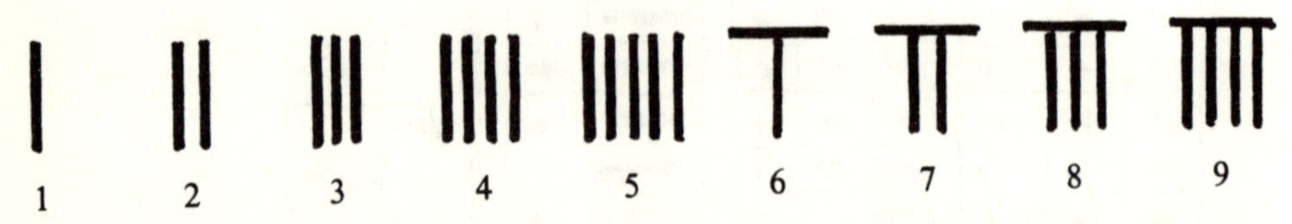

Die Zeichen der *zweiten Reihe* werden analog gebildet, gehen aber nun von waagerechten Strichen aus. Die fünf ersten Einer werden durch eine entsprechende Anzahl waagerechter Striche übereinander dargestellt, die Zahl 6 durch einen senkrechten, der auf einem waagerechten Strich ruht, und die drei letzten Einer durch einen, zwei oder drei zusätzliche waagerechte Striche**:

* Biot 1839; Guitel 1975, 513–545; Menninger 1957/58, II, 185–188; Needham 1959, III, 8 ff.; Terrien de Lacouperie 1888; Tuge Hideomi 1968; Smith/Mikami 1914; Vissière 1892.

** In der ersten Reihe steht der waagerechte Strich – der mit einem, zwei, drei oder vier senkrechten Balken verbunden ist, um die Zahlen 6, 7, 8 oder 9 darzustellen – für die Zahl 5; in der zweiten Reihe ist es dagegen der senkrechte Strich, der die Zahl 5 darstellt.

ZWEITE REIHE

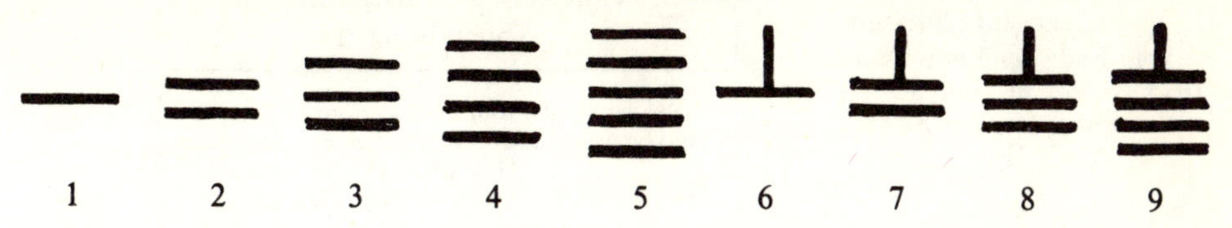

Zur Wiedergabe zusammengesetzter Zahlen wurden nach Belieben die Ziffern der ersten, der zweiten oder beider Reihen gleichzeitig benutzt, wobei natürlich jede von ihnen einen positionsabhängigen Wert hatte.

Das erste Beispiel für diese Zahlschrift ist ein Rätsel des Mathematikers Wen-Ting (1631–1721):

»Das Schriftzeichen 亥 hai hat 2 als Kopf und 6 als Körper. Setze die 2 neben den Körper, und Du erhältst die Gesamtzahl der Tage, aus denen das Alter des Greises von Kiang-hien bestand.« (Zit. n. Vissière 1892)

Die in diesem Rätsel verwandte Zahlschrift – das Positionssystem der chinesischen Strichziffern – wurde mindestens seit der Han-Dynastie benutzt (206 v. Chr. – 220 n. Chr.); Einzelheiten über diese Zahlendarstellung sind zwar erst aus dem 2. Jahrhundert v. Chr. überliefert, aber es könnte sehr wohl sein, daß sie aus einer wesentlich älteren Epoche stammt (*Abb. 295*). Das Rätsel selbst soll nach chinesischen Quellen auf die vorchristliche Zeit zurückgehen, einige Autoren verlegen seinen Ursprung sogar in die Zhou-Dynastie (8.–7. Jh. v. Chr.; vgl. Needham 1959, III, 8).

Das Rätsel bezieht sich damit sicherlich nicht auf die moderne Schreibweise des Schriftzeichens in der Kaĭshū-Schrift:

In der Schrift, die zu der Zeit benutzt wurde, in der das Rätsel verfaßt wurde, hatte dieses Schriftzeichen nach Mei Wen Ting folgende Form*:

In dieser Form hat das Zeichen *hai* tatsächlich eine 2 als »Kopf«, und sein unterer Teil besteht aus drei identischen Zeichen, die der 6 der ersten Reihe der Strichziffern sehr ähnlich sind und seinen »Leib« bilden. Stellt man die beiden Querstriche neben den »Körper«, so erhält man die Ziffernreihe:

* Dies entspricht der alten *dà zhuān*-Schrift – der »Schrift des Großen Siegels« –, die vor der Han-Dynastie – in der Zhou-Dynastie und der Zeit der streitenden Reiche – benutzt worden war.

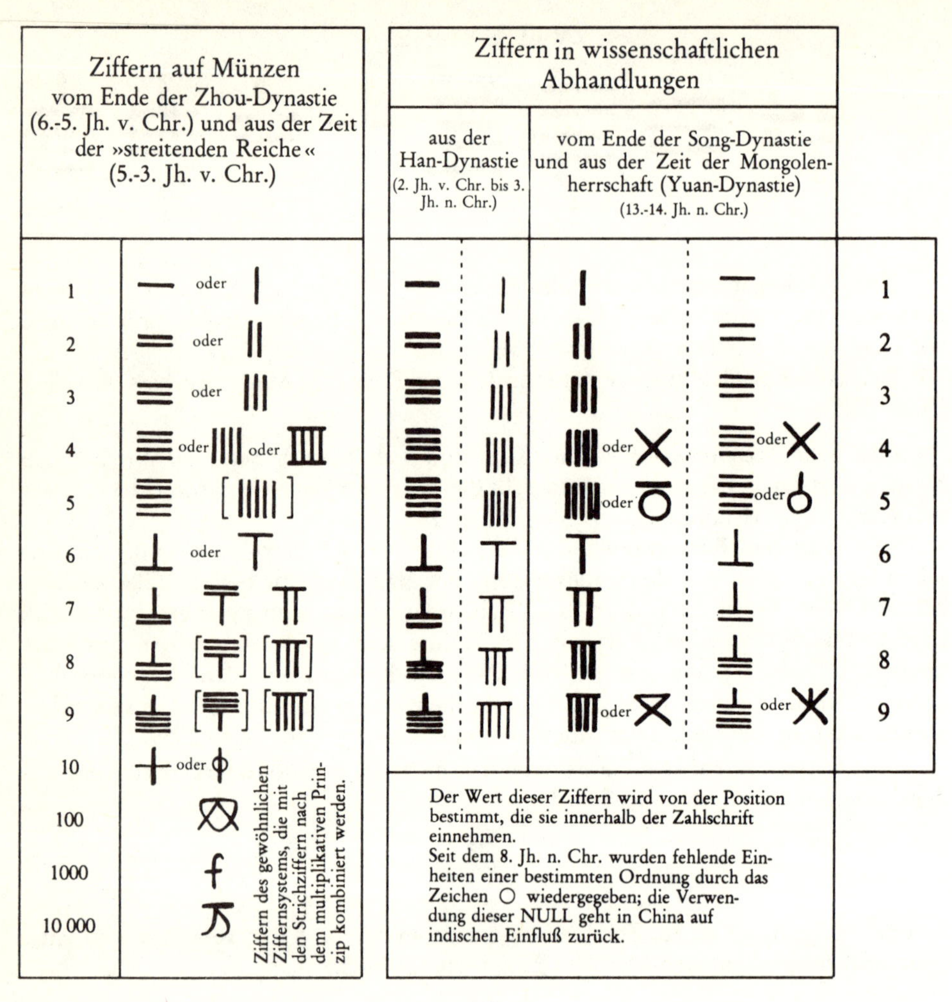

Abb. 295: Die Entwicklung der chinesischen Strichziffern. (Needham 1959, III)

Dies entspricht der folgenden Zahl (vgl. *Abb. 295*):

2 ; 6 ; 6 ; 6

Diese Ziffern stehen für die Zahl 2.666 – der Wert der Ziffern wird durch ihre Position bestimmt, die sie innerhalb der Zahlenreihe einnehmen, die in diesem Fall von links nach rechts, von der höchsten Dezimalordnung ausgehend, gelesen wird.

Das kann jedoch nicht die Lösung des Rätsels sein – 2.666 Tage sind noch nicht einmal *siebeneinhalb Jahre!*

Aber in dieser Zahlschrift gab es vor dem 8. Jahrhundert n. Chr. keine Null – es sind als nicht 2.666 Tage, sondern Dekaden, und damit *2 Zehntausender, 6 Tausender, 6 Hunderter und 6 Zehner von Tagen* (Vissière 1892). »Mehr als eine Null darf allerdings nicht hinzugefügt werden, denn sonst würde es sich um einen chinesischen Methusalem handeln, der ungefähr 730 Jahre lang gelebt haben müßte, während 73 Jahre ein durchaus akzeptables Alter für den Greis von Kiang-hien sind.« (Guitel 1975, 518)

Weitere Beispiele finden sich bei Ts'ai Kieou-fong (Philosoph der Song-Dynastie, 1230 gestorben) für das *Huang-ki* im Kapitel *Hong-fan* (*Buch der Annalen;* vgl. Vissière 1892):

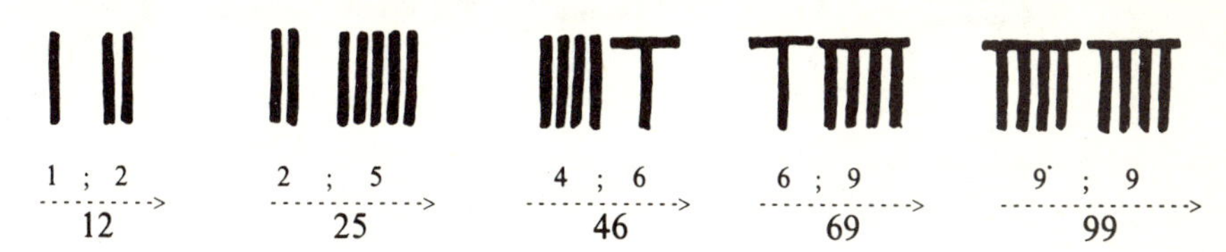

Trotz ihres Erfindungsreichtums enthält eine derartige Zahlschrift Zweideutigkeiten: Die Zahl 12 z.B. kann leicht mit der 3 oder der 21 verwechselt werden; die Zahl 25 mit 7, 34, 43, 52, 214, 223 usw. Diese Verwechslungen ergeben sich einfach dadurch, daß für die Darstellung der Einheiten nur senkrechte Striche nebeneinander gestellt werden.

Deshalb wurden seit der Han-Dynastie (Needham 1959, III, 8) die Ziffern der ersten Reihe mit denen der zweiten abgewechselt. Um Verwechslungen zu vermeiden und die verschiedenen Zehnerpotenzen in einer Zahl deutlich voneinander unterscheiden zu können, wurden z.B. die Einer durch *senkrechte* Striche, die Zehner durch *waagerechte,* die Hunderter durch *senkrechte,* die Tausender durch *waagerechte* usw. wiedergegeben (*Abb. 296*); die Einheiten der ungeraden Ordnungen (1, 10^2, 10^4, 10^6 usw.) wurden also mit Strichziffern der ersten Reihe und die Einheiten der geraden Ordnungen (10, 10^3, 10^5, 10^7 usw.) durch Strichziffern der zweiten Reihe bzw. umgekehrt dargestellt.*

Dieses System ist für die Geschichte der Zahlschrift von besonderem Interesse, da diese Ziffern jene kleinen Stäbchen aus Elfenbein oder Bambus abbilden, mit denen die Rechenmeister und Mathematiker in China, Korea und Japan rechneten und algebraische Probleme lösten. Diese Stäbchen wurden in den Quadraten eines Pflasters, eines Schachbretts oder eines Rechentisches so ausgelegt, wie das oben bereits dargestellt wurde; dabei wurden die Felder, die für eine fehlende Einheit standen, freigelassen (vgl. *Abb. 297*).**

* »Die liegenden Stäbchen sind die Jahre, die aufrechten die Tage«, heißt es in einer alten Abhandlung über die symbolischen Figuren des *Buches der Wandlungen.* »Man fürchtete, daß die Gruppen durch ihre große Zahl durcheinandergeraten könnten. So wurden Zahlen wie 22 oder 33 durch zwei Gruppen von Stäbchen dargestellt, wobei die eine senkrecht und die andere waagerecht ausgelegt wurde, was eine Unterscheidung ermöglichte.« (Mei Wen Ting zit. n. Vissière 1892, 65)

** Wie verschiedene Geldstücke aus der Zeit des Endes der Zhou-Dynastie und der streitenden Reiche beweisen, ging diese alte Form des gegenständlichen Rechnens auf die Zeit vor dem 6. Jh. v. Chr. zurück (vgl. Abb. 295).

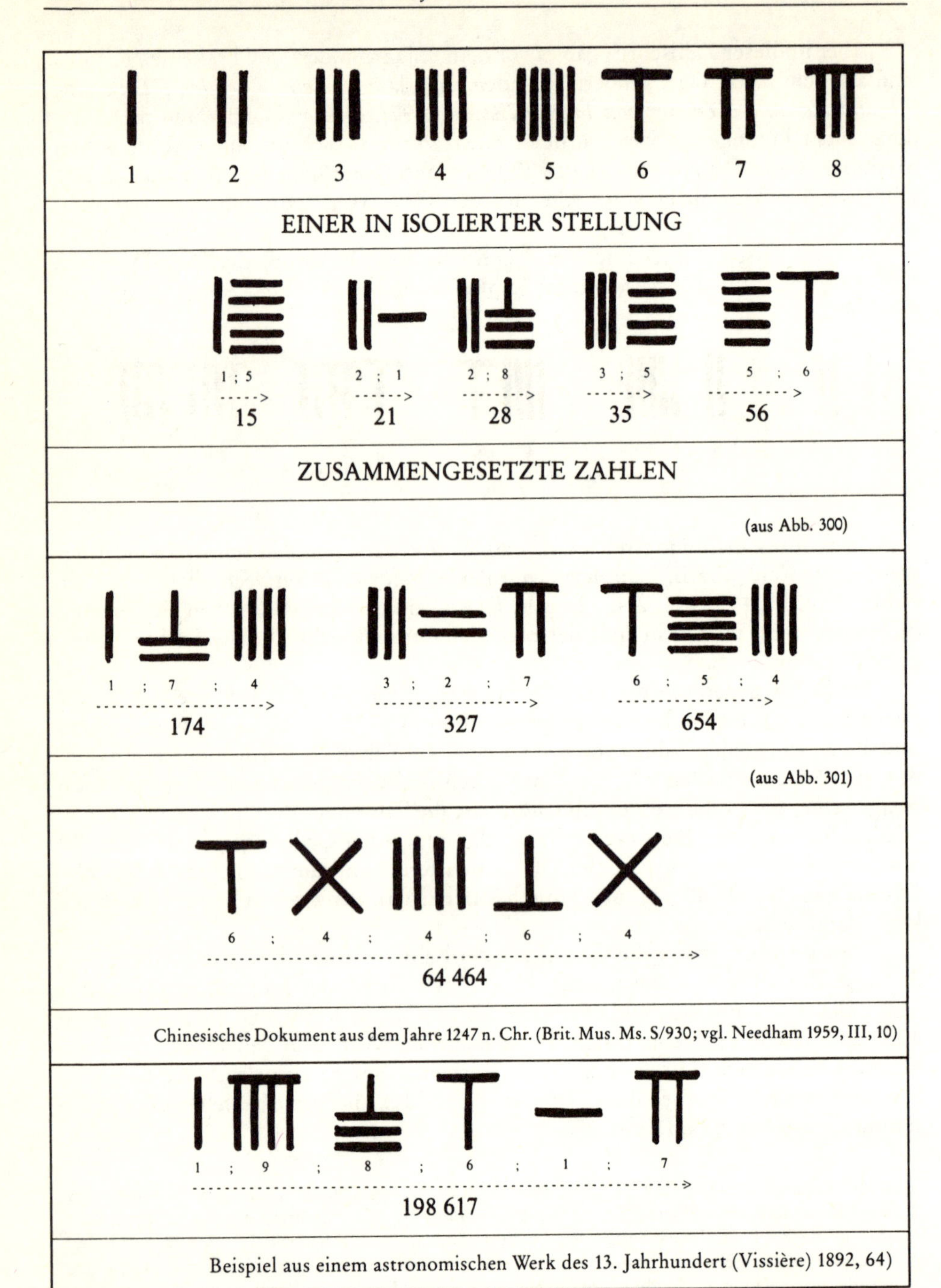

Abb. 296: Schreibweise zusammengesetzter Zahlen im System der chinesischen Strichziffern (suan zi). (Vgl. Abb. 295)

DARSTELLUNG DER ZAHL 3.764

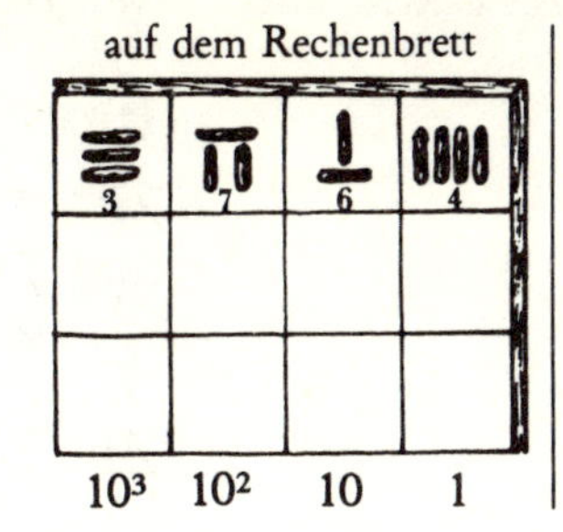

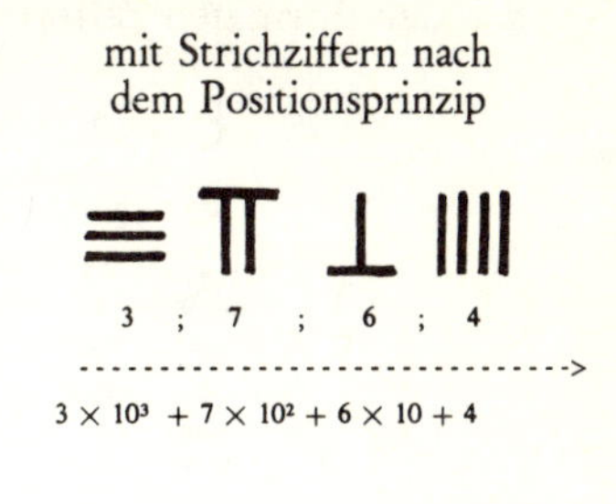

Abb. 297: Der Ursprung der chinesischen Strichziffern oder wie es gelang, aus dem gegenständlichen Rechnen eine Stellenwertschrift zu entwickeln.

»Dieses Ziffernsystem wurde mit Hilfe von Rechenstäbchen *(rod numerals)* entwickelt; es war zunächst eine gegenständliche Zahlenwiedergabe, die sich später durch die Wiedergabe auf einer Art Schachbrett verfestigte. Schließlich wurde auch dieses weggelassen, und man kam so zu einer Stellenwert-Zahlschrift. Daß sich die Abfolge dieser drei Stufen belegen läßt, ist einmalig in der Geschichte der Zahlschrift. Bereits in ihrer ursprünglichen Konzeption war dieses gegenständliche Ziffernsystem ein Positionssystem, das Schachbrett war lediglich die materielle Grundlage und erleichterte das Rechnen.« (Guitel 1975, 513)

So liefert uns die Geschichte des Systems der Strichziffern den Beweis dafür, daß die Chinesen seit Beginn der christlichen Zeitrechnung das Positionsprinzip kannten. Allerdings hatten sie über Jahrhunderte hinweg keine Null, so daß Verwechslungen und Mißverständnisse nicht ausbleiben konnten.

Auf dem Rechenbrett konnten die alten chinesischen Rechenkünstler fehlende Einheiten dadurch markieren, daß die Kästchen der entsprechenden Ordnungen unbesetzt blieben. Bei der schriftlichen Wiedergabe der entsprechenden Zahlen durch Strichziffern genügte die bloße Freilassung einer Stelle nicht mehr, und Zahlen wie z.B. 764, 70.064 und 76.400 konnten dann leicht miteinander verwechselt werden:

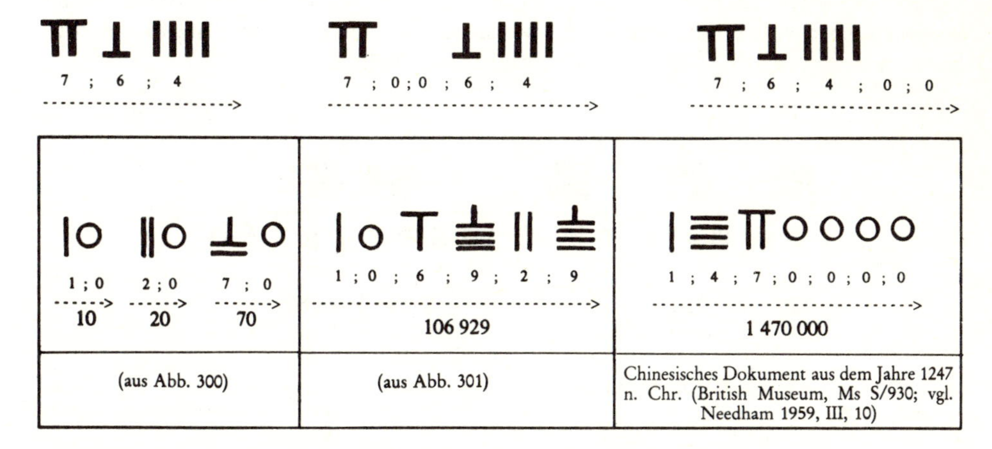

Abb. 298: Verwendung der Null im System der chinesischen Strichziffern.

Ursprünglich umgingen die Chinesen diese Schwierigkeit, indem sie solche Zahlen mit den normalen Ziffern ausdrückten, also »in Worten«:

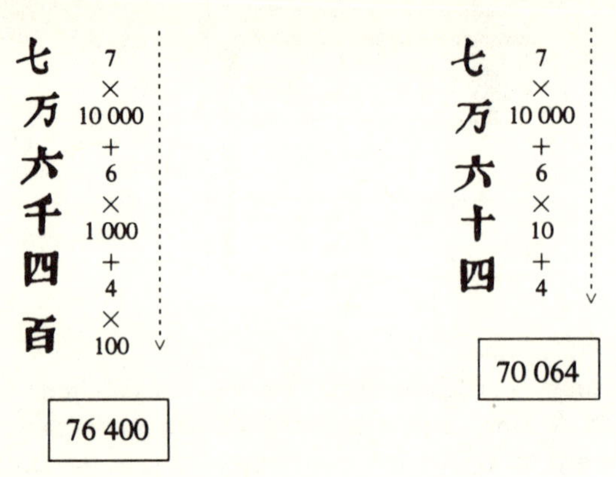

Eine zweite Möglichkeit war die Aufteilung der Strichziffern in Quadrate wie bei den Stäbchen auf dem Abakus:

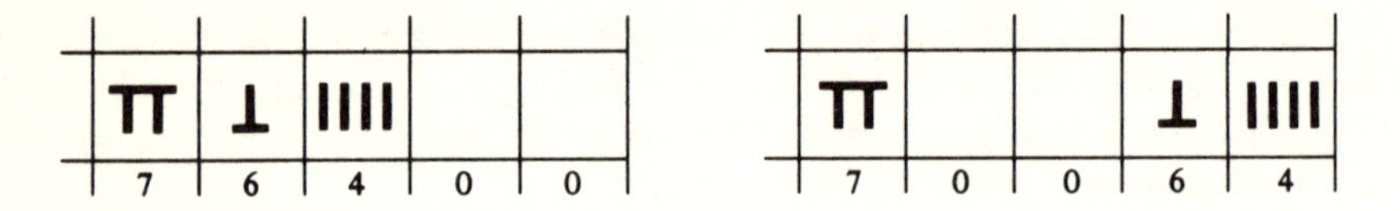

Erst um den Beginn des 8. Jahrhunderts n. Chr. haben die chinesischen Gelehrten – zweifellos unter dem Einfluß der indischen Mathematiker – einen kleinen Kreis als Zeichen eingeführt, um das Fehlen von Einheiten zu kennzeichnen (*Abb. 298*).

Nun hatte der Fortschritt der chinesischen Mathematik freie Bahn. Alle arithmetischen oder algebraischen Gesetze über ganze Zahlen, Brüche und irrationale Zahlen wurden ebenso vollständig entwickelt, wie sie noch heute im wissenschaftlichen Studium vermittelt werden (*Abb. 302–304*; Needham 1959, III).

1 7 4 | 3 2 7 | 6 5 4 | 1 9 5 5 1 1 9 6 8 0

174 | 327 | 654 | 1 955 119 680

Abb. 299: Häufig sind die Strichziffern in chinesischen Handschriften und Druckwerken als »Monogramme« festgehalten worden, d.h. in einer extrem verdichteten Form, in der die senkrechten und waagerechten Striche direkt miteinander verbunden wurden.
(Beispiele aus dem Text in Abb. 301)

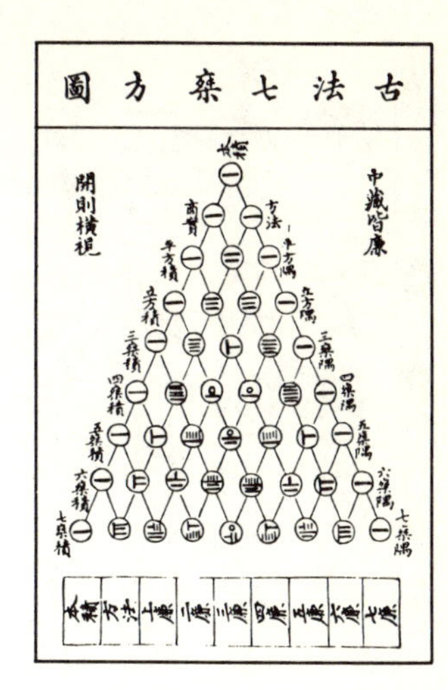

Abb. 300: Seite aus dem 1303 vom chinesischen Mathematiker Chu Shih-Chieh veröffentlichten Werk Ssu Yuan Yu Chien (vgl. den folgenden Kommentar).
(Needham 1959, III, 135, Abb. 80)

KOMMENTAR ZU ABBILDUNG 300

Im Westen galt Blaise Pascal lange als Erfinder des nach ihm benannten Pascalschen Dreiecks, das die Koeffizienten des Binoms $(a + b)^m$ angibt, wobei der Exponent m größer oder gleich Null ist:

KOEFFIZIENTEN DER BINOME	PASCALSCHES DREIECK
$(a + b)^0 = 1$	1
$(a + b)^1 = a + b$	1 1
$(a + b)^2 = a^2 + 2\,ab + b^2$	1 2 1
$(a + b)^3 = a^3 + 3\,a^2b + 3\,ab^2 + b^3$	1 3 3 1
$(a + b)^4 = a^4 + 4\,a^3b + 6\,a^2b^2 + 4\,ab^3 + b^4$	1 4 6 4 1
$(a + b)^5 = a^5 + 5\,a^4b + 10\,a^3b^2 + 10\,a^2b^3 + 5\,ab^4 + b^5$	1 5 10 10 5 1
$(a + b)^6 = a^6 + 6\,a^5b + 15\,a^4b^2 + 20\,a^3b^3 + 15\,a^2b^4 + 6\,ab^5 + b^6$	1 6 15 20 15 6 1
--- >	-------------------------------- >

In Wirklichkeit ergibt sich aus der Transkription des Schemas in Abb. 300, daß die Chinesen dieses Dreieck schon lange vor dem berühmten französischen Mathematiker gekannt haben:

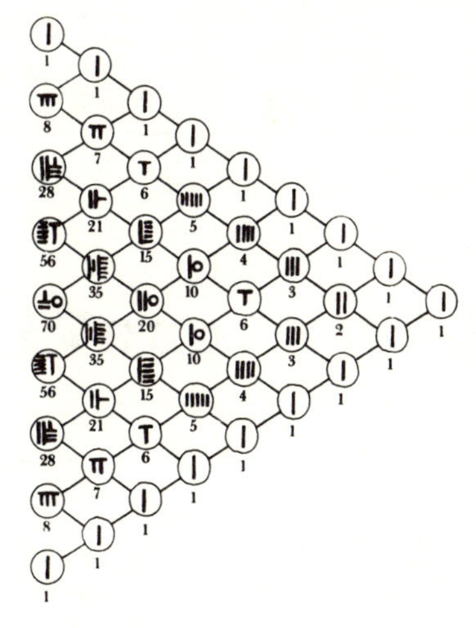

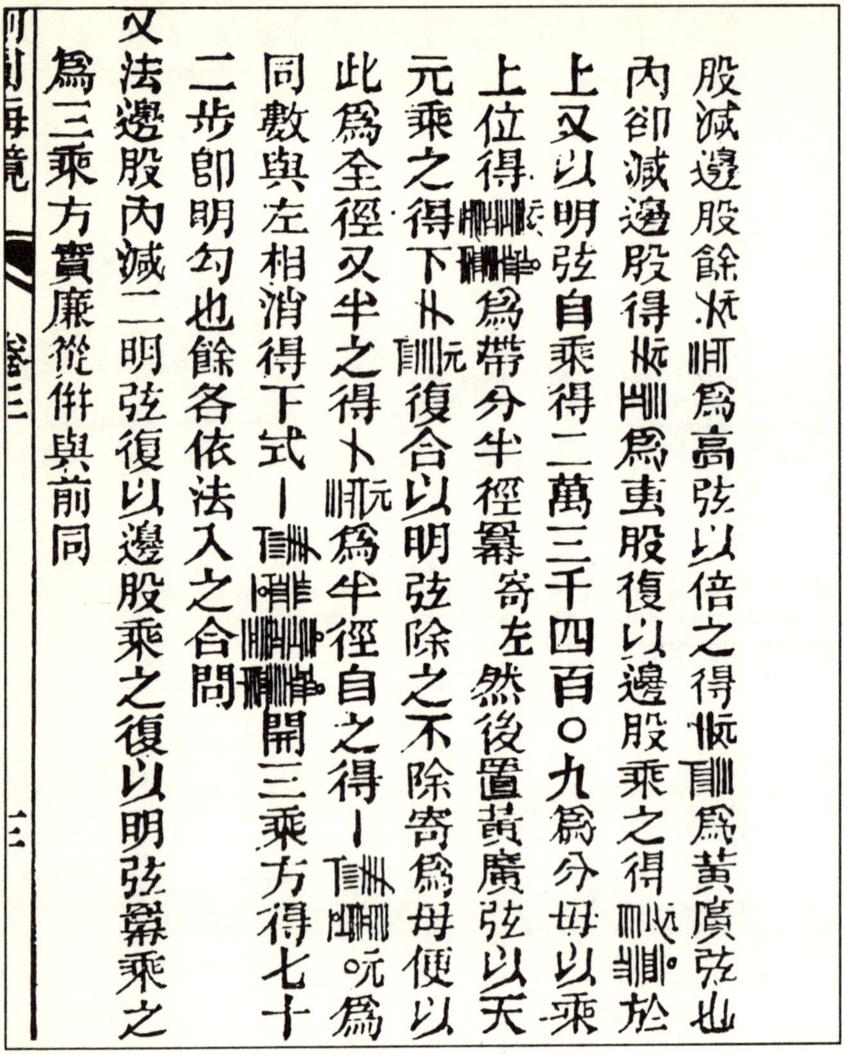

股減邊股餘[illegible]爲高弦以倍之得[illegible]爲黃廣弦也
內卻減邊股得[illegible]爲𤽄股復以邊股乘之得[illegible]於
上又以明弦自乘得二萬三千四百〇九爲分母以乘
上位得[illegible]爲帶分半徑冪寄左然後置黃廣弦以天
元乘之得下[illegible]復合以明弦除之不除寄爲母便以
此爲全徑又半之得[illegible]爲半徑自之得[illegible]爲
同數與左相消得下式[illegible]開三乘方得七十
二步即明勾也餘各依法入之合問
又法邊股內減二明弦復以邊股乘之復以明弦冪乘之
爲三乘方實廉從併與前同

Abb. 301: Auszug aus dem Tshê Yuan Hai Ching, einem 1248 von dem Mathematiker Li Ye veröffentlichten Werk.
(Nach Needham 1959, III, 131, Abb. 79)

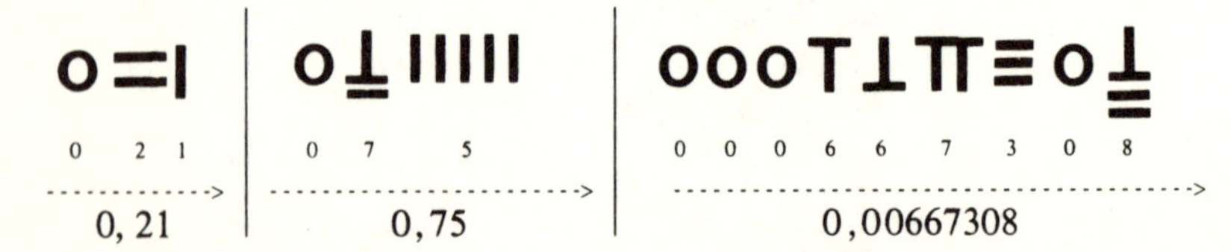

Abb. 302: Erweiterung des chinesischen Positionssystems auf Dezimalbrüche.
(Beispiele rekonstruiert nach einem Werk aus der Mongolenzeit; Biot 1839, 501)

Abb. 303: Erweiterung der Strichziffern-Zahlschrift auf negative Zahlen: Zur Kennzeichnung negativer Zahlen haben die chinesischen und japanischen Mathematiker oft das letzte Zeichen der entsprechenden Zahlendarstellung mit einem Schrägstrich durchgestrichen.
(Vgl. Menninger 1957/58, II, 183)

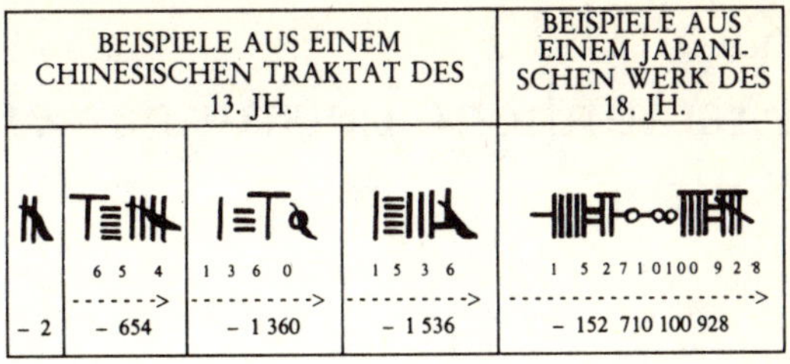

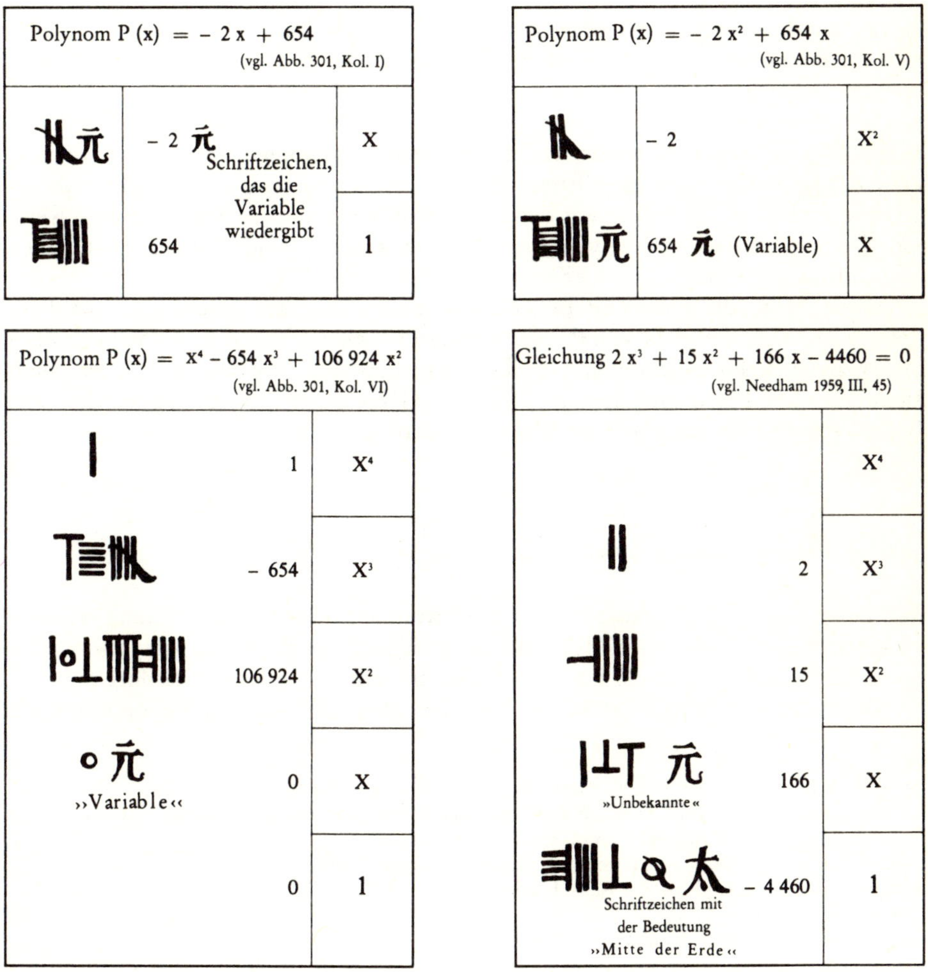

BEISPIELE AUS EINEM CHINESISCHEN TRAKTAT DES 13. JH.				BEISPIELE AUS EINEM JAPANISCHEN WERK DES 18. JH.
	6 5 4	1 3 6 0	1 5 3 6	1 5 2 7 1 0 1 0 0 9 2 8
	------>	---------->	--------->	------------------->
- 2	- 654	- 1 360	- 1 536	- 152 710 100 928

Polynom P (x) = - 2 x + 654 (vgl. Abb. 301, Kol. I)		
	- 2 元 Schriftzeichen, das die Variable wiedergibt	X
	654	1

Polynom P (x) = - 2 x² + 654 x (vgl. Abb. 301, Kol. V)		
	- 2	X²
元	654 元 (Variable)	X

Polynom P (x) = x⁴ - 654 x³ + 106 924 x² (vgl. Abb. 301, Kol. VI)		
	1	X⁴
	- 654	X³
	106 924	X²
元 »Variable«	0	X
	0	1

Gleichung 2 x³ + 15 x² + 166 x - 4460 = 0 (vgl. Needham 1959, III, 45)		
		X⁴
	2	X³
	15	X²
元 »Unbekannte«	166	X
太 Schriftzeichen mit der Bedeutung »Mitte der Erde«	- 4 460	1

Abb. 304: Darstellung von Polynomen und algebraischen Gleichungen mit einer Unbekannten bei Li Ye (1178–1265).

Kapitel 30
Erstaunliche Leistungen einer untergegangenen Kultur

Im Herzen der tropischen Wälder: die Maya

Seit Jahrhunderten von den Tropenwäldern und dem Dschungel Mittelamerikas überwuchert, berichten einige Dutzend toter Städte von einer der mysteriösesten Episoden der Geschichte.

»In ihren imposanten Tempeln, die zum Teil auf Pyramiden mit einer Höhe von fünfzig Metern errichtet waren, entfalteten sich Zeremonien und Initiationsriten, deren Abglanz in einigen rätselhaften Reliefs überliefert ist. Die Architektur dieser vergessenen Städte, die Schönheit der steinernen Stelen und Altäre, die bunte Keramik, die mysteriösen Hieroglyphen in den Denkmälern sind Zeugen eines hohen zivilisatorischen Ranges ihrer Urheber.« (Ivanoff 1975, 10)

Diese Städte, die in der Zeit ihres Ruhmes zweifellos Hauptorte kleiner unabhängiger Staaten waren und die von Priestern regiert wurden, wurden einst von Vertretern einer gemeinsamen kulturellen Überlieferung bewohnt, die vermutlich aus dem Dschungel von Petén und den umliegenden Gebieten stammten. Sie werden von Historikern und Archäologen als *Maya* bezeichnet.*

Größe und Untergang der Zivilisation der Maya

Die Zivilisation der Maya hatte sich im 3. Jahrhundert unserer Zeitrechnung etabliert und erreichte ihre kulturellen Höchstleistungen lange vor der Wiederentdeckung der Neuen Welt durch Christoph Kolumbus und die spanischen Konquistadoren.

Das kulturelle Niveau der Maya in der Zeit, aus der die ersten Steinmonumente

* Die Maya bewohnten folgende Gebiete (insg. ca. 325.000 km^2; Lehmann 1953):
- die gegenwärtigen mexikanischen Bundesstaaten Tabasco, Campeche, Yucatán, das Territorium Quintana Roo und einen Teil von Chiapas in Südmexiko;
- den Bezirk Petén und fast das gesamte guatemaltekische Hochland;
- das gesamte Belize (ehem. Britisch-Honduras)
- einen Teil von Honduras;
- den Westteil von El Salvador.

Man schätzt die heutigen Nachkommen der Maya auf ungefähr zwei Millionen, davon 1,4 Millionen in Guatemala; der Rest verteilt sich auf Honduras und die mexikanischen Bundesstaaten Yucatán, Tabasco und Chiapas.

Abb. 305: Die Welt der Maya.
(Die Karte wurde v. Autor n. Ivanoff (1975) entworfen)

stammen, legt nahe, daß dieses Volk schon eine lange Geschichte hinter sich hatte, in deren Verlauf es sich von den anderen Indianern Amerikas abzuheben begann. Diese Periode beginnt nach heutigen Kenntnissen ungefähr im 5. Jahrhundert v. Chr.

In Wirklichkeit ist über diese Zeit jedoch sehr wenig bekannt, denn »abgesehen von einigen Tonscherben ist nichts gefunden worden, womit die Maya dieser Zeit mit ihren Nachkommen in Beziehung gesetzt werden könnten: kein Monument, keine Hieroglypheninschrift, keine Ruine, deren Alter sich mit einiger Genauigkeit abschätzen ließe. Höchstwahrscheinlich haben zu dieser Zeit Monumente und Inschriften existiert, aber da sie aus Holz oder Stuck waren, konnten sie weder Zeit noch Klima überstehen.« (Cottrel 1962)

Die Archäologen hatten das Ende dieser Frühzeit lange auf 320 n. Chr. festgelegt, da sich der älteste Fund – ein Jadegehänge aus Puerto Barrios in Guatemala, heute im Museum Leiden (*Abb. 326*) – auf dieses Jahr datieren läßt. 1959 fand man jedoch in den Ruinen der Stadt Tikal eine Stele, die aus dem Jahr 292 stammt. Damit muß nun das Ende der archaischen Epoche der Geschichte der Maya um knapp dreißig Jahre zurückverlegt werden (*Abb. 306*).

Auf diese Frühzeit folgt die sogenannte *klassische* Epoche, in der die Mayazivilisation ihren Höhepunkt erreichte und die nach übereinstimmender Forschungsmeinung gegen 925 zu Ende ging. Kunst, Bildhauerei, Architektur, Schulwesen, Handel, Religion, Mathematik und Astronomie entfalteten sich in dieser Zeit in einer glanzvollen und eigenständigen Zivilisation.

Diese kulturelle Blüte macht das Rätsel, vor das sich die amerikanische Archäologie und die Amerikanologie gestellt sehen, nur noch verwirrender. Denn zwischen

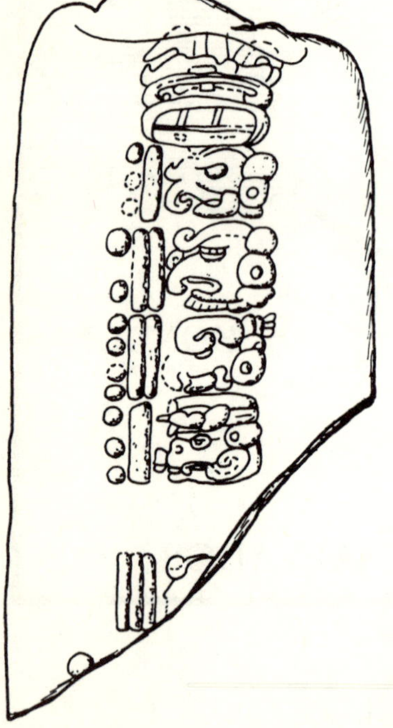

Abb. 306: Rückseite der Stele 29 von Tikal (Guatemala): Es handelt sich um die älteste bisher bekannte datierte Maya-Inschrift. Das dort auftretende Datum, das im allgemeinen in der Form 8.12.14.8.0 transkribiert wird, entspricht dem Jahre 292 unserer Zeitrechnung.
(Vgl. Shook 1960, 33)

dem 9. und dem 10. Jahrhundert geschah etwas völlig Unerwartetes und Mysteriöses, was die Wissenschaftler bis heute nicht erklären konnten: »Die Maya verließen nach und nach ihre religiösen Zentren und die Städte des Kerngebietes des alten Reiches. In einigen Fällen blieben sogar in Bau befindliche Gebäude unvollendet. Man hat lange geglaubt, es habe einen Exodus der gesamten Bevölkerung gegeben, aber jüngste Ausgrabungen haben diese Annahme widerlegt. Während der letzten fünfzig Jahre wurden viele Hypothesen aufgestellt, um diesen angeblichen Auszug der gesamten Bevölkerung nach Norden und Süden zu erklären – wie beispielsweise der Ausbruch von Epidemien, Erdbeben, Veränderungen der atmosphärischen Bedingungen, Invasionen. Man hat sogar angenommen, daß die Auslegung des Willens der Mayagötter durch die Priester die Ursache hierfür gewesen sein könnte. Einige dieser Erklärungsversuche sind reine Phantasie, andere dagegen das Ergebnis wissenschaftlicher Forschung wie z.B. die Hypothese, derzufolge die damals praktizierte Brandrodung zur Erschöpfung der Böden und zu immer größeren unfruchtbaren Landstrichen führte, was schließlich den Auszug der Maya verursachte. Trotzdem hat sich keine dieser Theorien durchsetzen können, zumal uns eindeutige Belege weiterhin fehlen.

Fest steht zumindest, daß die Maya ihre rituellen und religiösen Zentren aufgegeben haben, wobei ein Teil der Bevölkerung ausgewandert ist, während der andere zurückblieb. Die wahrscheinlichste Erklärung liegt wohl darin, daß die Bauern gegen den Adel revoltiert haben – ein Aufstand, wie er in der Geschichte häufig vorgekommen ist und dessen Ursache immer in der ungleichen Verteilung der Rechte zwischen zwei gesellschaftlichen Klassen besteht.

Als der Kult in den Städten nicht mehr ausgeübt wurde, zerfielen die Monumente. Ihr rascher Verfall bezeugt das Ende dieser glanzvollen Epoche. Eine der Ursachen dieses Niederganges ist mit Sicherheit der mexikanische Einfluß aus dem Westen, der gegen Ende der klassischen Periode immer intensiver geworden war.

Fast ein ganzes Jahrhundert lang drangen Mexikaner in das Gebiet der Maya ein. Nach der Architektur und den Ruinen der Stadt Chichén Itzá in Yucatán zu schließen, waren diese Eindringlinge *Tolteken* aus dem Gebiet nördlich der jetzigen Stadt Mexiko. Deshalb wird die folgende Epoche – nach einer Zwischenzeit von ca. 50 Jahren (925–975) – *mexikanische Periode* genannt; sie dauerte bis 1200.

Die Maya unterwarfen sich der Übermacht der Tolteken so sehr, daß sie Quetzalcoatl (›Gefiederte Schlange‹) und andere mexikanische Götter in ihren Götterhimmel aufnahmen. Ebenfalls unter dem Einfluß der Tolteken betrieben die ursprünglich friedlichen Maya eine kriegerische Politik; der Krieg war nämlich bei den Mexikanern ein Mittel, sich die notwendigen Menschenopfer für die Götter zu verschaffen. Aber obwohl die Maya gegen Ende ihrer Geschichte Menschen durch Herausreißen des Herzens opferten, blieben diese Bräuche bei ihnen doch seltener als bei den Azteken, ihren Nachbarn, bei denen die Menschenopfer zu religiösen Vernichtungsorgien ausarteten.

Der Kult des Quetzalcoatl und der anderen mexikanischen Götter verlor sich nach und nach in dem Maße, in dem die toltekischen Elemente von den Maya eingegliedert wurden. Der kriegerische Geist aber blieb erhalten. Überdies veränderten sich die Sprache, die Religion und sogar die Körpermaße der Maya so stark, daß man das Leben vor der Invasion mit dem danach überhaupt nicht vergleichen kann.

Dennoch drehten die Maya zwischen 1200 und 1540 den Gang der Ereignisse wieder um. Sie gaben die mexikanischen Elemente ihrer Kultur wieder auf, während die Invasoren die Lebensart der Maya annahmen. Diese letzten Jahre der Geschichte der Maya werden als die Periode der *mexikanischen Absorption* bezeichnet. Der Niedergang der Kultur setzte sich jedoch weiterhin fort und war vor allem in Kunst und Architektur spürbar. Vernichtungskriege brachen aus, und bald war das Ende der Mayazivilisation gekommen. Nur einige wenige Maya, die aus Chichén Itzá vertriebenen *Itzas*, flohen auf die kleine Insel Tayasal im Petén-See, wo sie ihre Unabhängigkeit bis zum Jahre 1697 behaupten konnten.« (Cottrel 1962)

Quellen unserer Kenntnisse über die Maya

Unser Wissen über diese so schwer greifbare Kultur ist erst einige Jahrzehnte alt.*

Die Maya gingen im 16. Jahrhundert, zur Zeit der spanischen Eroberung, vollständig unter. Ihre Zivilisation war bereits seit mehreren Generationen erloschen, die Mehrzahl ihrer ruhmreichen Städte lag in Trümmern, die vom tropischen Wald überwuchert wurden; die Eingeborenen und Indianer hatten sie vergessen und die Kultur, aus der sie hervorgegangen waren, eingebüßt. Deshalb fanden die Maya bei den vom Glanz der aztekischen Kultur geblendeten spanischen Chronisten kaum Erwähnung.

Darüber hinaus wurde die Grundlage dieser präkolumbianischen Kultur durch die Konquistadoren vollends zerstört, deren Missionseifer, Habsucht und Gier vor den Überresten der Mayazivilisation nicht Halt machten. In der neuen Welt, die sich den europäischen Forschungsreisenden öffnete, war »der Zusammenstoß von Anfang an zu heftig gewesen, um nicht eine leidenschaftliche Neugierde hervorzurufen. Aber obwohl das Entzücken groß und die Bewunderung tief empfunden war, so erregte doch die Kehrseite der Medaille – die Greuel eines im Blutrausch ertrinkenden Kultes – Entsetzen und verlangte nach Wiedergutmachung dieser Grausamkeiten. Den Weg dazu sahen die Konquistadoren und ihre geistlichen Führer in unbarmherziger Unterdrückung; dieses vom Teufel besessene Werk, dessen Beschreibung man in der Bibel gefunden hatte, mußte vernichtet werden. So erklärt sich die Verfolgung der Ketzer, die verhindern sollte, daß eine solch abscheuliche Religion irgendwann wieder entstehen könnte.« (Babelon 1968, 21)

Und doch verdanken wir einem Spanier einen großen Teil unserer Kenntnisse der Geschichte der Maya, ihrer Sitten und ihres Gemeinwesens.

»Der unermüdliche französische Abbé Brasseur de Bourbourg entdeckte 1869 in der Königlichen Bibliothek in Madrid die *Relación de las cosas de Yucatán*. Dieses Werk

* Die präkolumbianischen Kulturen Mittelamerikas wurden erst seit dem 19. Jahrhundert von interessierten Liebhabern und Wissenschaftlern erforscht. Das erste Licht auf die rätselhafte Mayazivilisation warf ab 1839 der berühmte amerikanische Diplomat und Reisende John Lloyd Stephens, der den Dschungel und die Tropenwälder Guatemalas und des mexikanischen Südens in Begleitung des englischen Zeichners Frederick Catherwood durchforschte und dabei einige der großen verlassenen Mayastädte wiederentdeckte. Aber erst die Arbeiten von Alfred Maudslay, einem englischen Militärattaché außer Diensten, der ab 1881 eine Reihe von Forschungsreisen mit einer detaillierten Aufnahme des Geländes und der Gebäude unternahm, markieren den Beginn der archäologischen Erforschung der Maya.

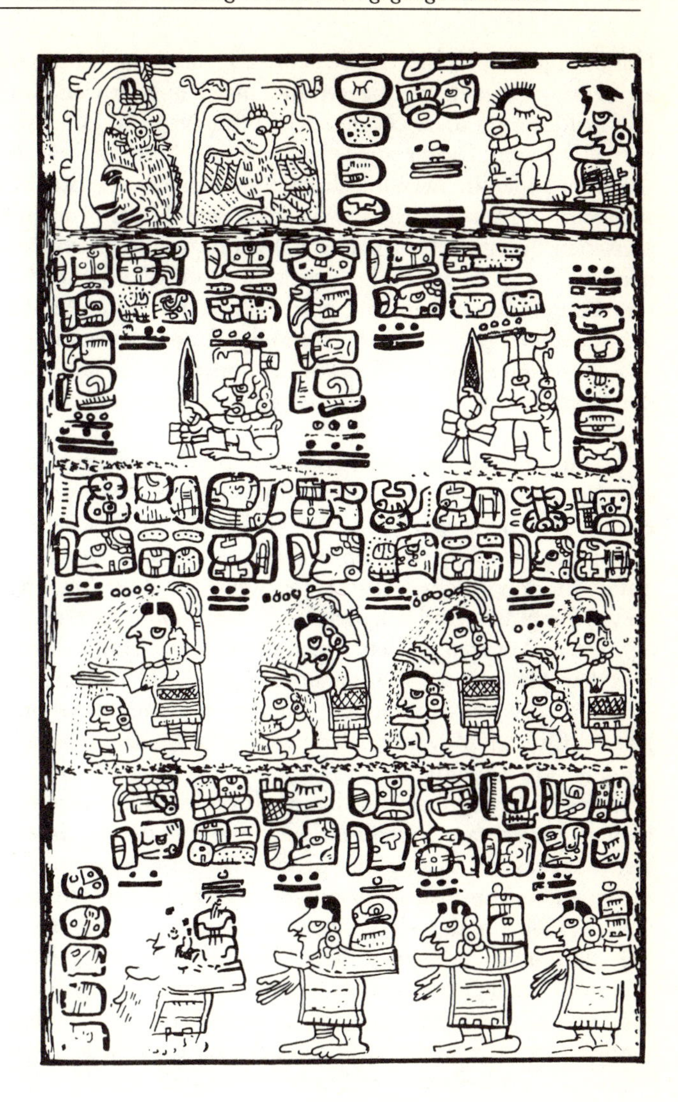

Abb. 307: Auszug aus einer Mayahandschrift, die eine Art Gedächtnisstütze für die Priester und Wahrsager war; es handelt sich um eine Abhandlung über Religion und Wahrsagerei, die einige Betrachtungen über deren Zusammenhang mit der Astronomie enthält.
(Kopie des unteren Teils der S. 93 des Codex Tro-Cortesianus; Amerikanisches Museum Madrid)

wurde von Diego de Landa, dem ersten Bischof von Mérida auf Yucatán, unmittelbar nach der spanischen Eroberung verfaßt. Diese Chronik enthielt unschätzbare ethnographische Informationen und Beschreibungen, aber auch Zeichnungen der von den Indianern Yucatáns im 16. Jahrhundert benützten Schrift. Landa brüstete sich in seinem Werk, alle Bücher mit solchen Schriftzeichen verbrannt und die Indios damit umso leichter in den Schoß der katholischen Kirche geführt zu haben; sein Fanatismus hatte alle wertvollen gemalten *Codices**, Hüter und Träger einer gesamten Zivilisation, in Asche aufgehen lassen. Aber er verfaßte aus dem Bedürfnis, seine verbrecherischen

* Kolorierte Bilderhandschriften auf einer Art Papier aus zerstampften Pflanzenfasern, das wie eine Ziehharmonika gefaltet wurde.

Handlungen zu rechtfertigen, seine Chronik und rettete so wider Willen die Grundelemente einer der wichtigsten indianischen Kulturen Amerikas vor dem Vergessen. Die Entdeckung dieses Manuskriptes aus dem 16. Jahrhundert fand großes Interesse, zumal die von Landa wiedergegebenen Hieroglyphen den Schriftzeichen auf den steinernen Denkmälern im Urwald glichen, die von Stephens und anderen Forschern entdeckt und veröffentlicht worden waren. Damit war die kulturelle Verwandtschaft zwischen den geheimnisvollen Erbauern der im Dschungel versunkenen Städte und den Indianern, die im 16. Jahrhundert die mexikanische Halbinsel bevölkerten, bewiesen. Dieser Zusammenhang wurde auch durch die Ähnlichkeit der in den Wäldern des Südens vergessenen Bauten und der Ruinen Yucatáns gestützt.« (Ivanoff 1975, 10)

Wenn auch die *Relación* Landas eine wesentliche Quelle unserer Kenntnisse über die Mayazivilisation darstellt, so gibt es doch noch weitere Berichte aus der Hand einheimischer Chronisten.

Unmittelbar nach der Eroberung brachten nämlich die europäischen Missionare den Indios das Lesen und Schreiben und das lateinische Alphabet bei, damit ihre eigene Sprache geschrieben werden konnte. Aber »wenn dieser Unterricht auch ursprünglich das Christentum verbreiten sollte, so wurde er doch von den Maya benutzt, die mündlichen Überlieferungen aus ihrer Vergangenheit festzuhalten. Viele dieser Zeugnisse sind erhalten und vermitteln in beredter Sprache die Erinnerungen anonymer Autoren, in denen sich Geschichte, Traditionen und Sitten niederschlagen. Aus dem Hochland von Guatemala kam die Handschrift *Popol Vuh,* ein fragmentarisches Zeugnis der Mythen, der Kosmologie und der religiösen Glaubensüberzeugungen der Quiché-Maya. Aus der gleichen Gegend stammen die *Annalen der Cakchiquel,* die über die Religion dieses Stammes und seine Geschichte während der Eroberung berichten.* Schließlich wurden noch bedeutende Chroniken aus Yucatán unter dem Namen *Bücher von Chilam Balam* zusammengefaßt, deren Name auf die ›Jaguarpriester‹ zurückgeht, die für ihre prophetischen Kräfte und ihre Erkenntnis des Übernatürlichen berühmt waren. Vierzehn dieser Handschriften, die jeweils den Namen der Stadt tragen, in der sie geschrieben wurden**, reichen weit in die Vergangenheit zurück und behandeln vor allem Überlieferungen, Kalender, Astrologie und Medizin; drei von ihnen befassen sich mit historischen Ereignissen aus der Zeit um das Jahr 1000 v. Chr. Zuweilen wird die Ansicht vertreten, daß einige Teile des *Chilam Balam* direkte Übersetzungen alter Codices sind; diese aufregende Hypothese konnte in einigen Einzelheiten über Städte, Herrscher und politische Bündnisse tatsächlich verifiziert werden.« (Gallenkamp 1961, 33 f.)

Eine letzte Quelle bilden schließlich jene berühmten *Codices,* die den Zerstörungen der Konquistadoren entgangen sind. Diese drei alten Mayahandschriften, die wahrscheinlich unmittelbar nach der Eroberung durch Soldaten oder Missionare nach Europa gebracht wurden, werden mit den Namen der Städte bezeichnet, in denen sie sich jetzt befinden. Es handelt sich um den Dresdner Codex *(Codex Dresdensis)* in der Sächsischen Landesbibliothek in Dresden, den Codex *Tro-Cortesianus* (oder *Madri-*

* Die *Cakchiquel* – eine Sprachgruppe der Maya – siedelten im Bergland von Guatemala, in Nachbarschaft der Quiché-Maya, die das südliche Hochland bewohnten.

** Die wichtigsten Bücher der *Chilam Balam* sind die aus Chumayel, Mani und Tizimin.

densis) im amerikanischen Museum in Madrid und den *Codex Peresianus* (oder *Parisiensis)* in der Bibliothèque Nationale in Paris.*

Die kulturelle Blütezeit der Maya

Aufgrund dieser Quellen konnten die Archäologen nach und nach die historischen Umrisse der Mayazivilisation bestimmen und ein Licht auf die Grundzüge ihrer Blütezeit werfen.**

So »ist einer der bemerkenswertesten Züge der Kunst der Maya die Geschicklichkeit, mit der Bildhauer und Architekten zusammengewirkt haben. Die Harmonie ihrer Innenausstattungen, die Proportionen ihrer Figuren, die Art, in der sie sich das Spiel von Licht und Schatten zunutze machten, reiht diese Bildhauer unter die besten aller Zeiten ein.« (Lehmann 1953, 67)

Abb. 308: Der Tempel I des Großen Jaguars in Tikal, erbaut um 702 n. Chr. (Zeichnung d. Autors n. Gendrop 1978, 72)

* »Der *Dresdener Kodex,* ein schönes Beispiel für die Zeichenkunst der Maya, ist die wahrscheinlich um 1200 n. Chr. hergestellte Neuausgabe eines während der klassischen Periode angefertigten Originals. Er behandelt Astronomie – Sonnenfinsternis und Venustafeln – und Wahrsagerei. Der *Madrider Kodex,* weit gröber in der Ausführung, stammt mit ziemlicher Sicherheit aus dem 15. Jahrhundert. Er enthält Weissagungen und Zeremonien, verbunden mit verschiedenen Tätigkeiten und Ritualen von allgemeiner Bedeutung, wie sie anläßlich des Jahreswechsels üblich waren. Der *Pariser Kodex,* ebenfalls spät und nicht sehr gut in seiner Ausführung, illustriert auf der einen Seite Zeremonien und wahrscheinlich Prophezeiungen im Zusammenhang mit dem Abschluß einer Folge von *Katun* und *Tun.* Weissagungen füllen die Rückseite.« (Thompson 1968, 310)

** Das bedeutet nicht, daß alle Rätsel dieser Zivilisation erhellt werden konnten. Viele Probleme bleiben noch offen und beschäftigen immer noch den Scharfsinn der Wissenschaftler. Nach wie vor wird eingehend geforscht, und es ist zu erwarten, daß viele bisher als gesichert geltende Erkenntnisse modifiziert werden müssen. Vgl. Anton 1970; Gallenkamp 1961; Gendrop 1970; Ivanoff 1975; Proskouriakoff 1946; 1965; Rivet 1954; Spinden 1957.

Dabei benutzten sie Werkzeuge, die auf dem Stand der Jungsteinzeit stehengeblieben waren: einfache Geräte aus poliertem Stein, Knochen oder Holz. Dasselbe gilt für die Malerei der Maya: »Die Fresken von Bonampak bezeugen die Perfektion, den auch diese Kunst bei ihnen erreicht hatte. Diese Fresken sind so schön, daß man sie mit jenen der italienischen Renaissance verglichen hat.« Auch die Töpferkunst »ist bemerkenswert durch ihre Eleganz und Vielfalt und durch ihre vielfarbige Gestaltung« (Lehmann 1953, 69). Darüber hinaus kannten die Baumeister der Maya den Zement und die Technik des »falschen« Gewölbes aus vorkragenden Steinen, das typisch für ihre Innenkonstruktionen ist. Sie haben riesige Städte errichtet, obwohl ihnen die Regeln der Städteplanung völlig unbekannt waren. Sie haben Straßen gebaut, aber das Rad sowie Zug- und Packtiere gab es bei ihnen nicht (Ivanoff 1975).

Aber vor allem ihren Leistungen auf intellektuellem Gebiet verdanken die Maya ihr Ansehen und ihre Größe. Auf dem Gebiet der Mathematik entwickelten die Gelehrten eine echte Zahlschrift mit Positionssystem, mit der sie mit Zahlen über hundert Millionen Kunststücke machen konnten. Außerdem führten sie ein Sonderzeichen ein, um fehlende Einheiten einer Ordnung zu markieren – die Entdeckung der Null ist eine weitere bemerkenswerte Leistung der Mathematik der Maya.

Nicht weniger verblüffend ist ihre Kunstfertigkeit bei der kalendarischen Festsetzung und im Bereich der Astronomie. Ihre präzisen Beobachtungen der Himmelsphänomene stellten sie in umfangreichen Dokumentationen zusammen – und die Genauigkeit ihres Kalenders übertrifft die unseres Gregorianischen Kalenders.* »Sie gingen von berechneten Visierlinien oder genau ausgerichteten Gebäuden aus, die die gleiche Funktion hatten, um die Bewegungen der Sonne, des Mondes und des Planeten Venus bis ins kleinste festzuhalten. Einige Hinweise deuten sogar darauf hin, daß sie auch Mars, Jupiter und Merkur beobachteten. Sie erforschten die Sonnenfinsternisse, womit sie diese mit größter Genauigkeit voraussagen konnten. Sie waren sich dessen bewußt, daß scheinbar kleine Fehler in der Folge zu unvereinbaren Abweichungen führen konnten. Die außerordentliche Sorgfalt, mit der sie ihre Beobachtungen durchführten, führte im Endergebnis zu einer bemerkenswert geringen Fehlerquote.« (Gallenkamp 1961)

Die Astronomen der Maya wußten, daß das Jahr mit 365 Tagen nicht genau der Zeit entspricht, die die Erde benötigt, um die Sonne zu umrunden: ein Sonnenjahr ist 365,242198 Tage lang. Das Jahr unseres gregorianischen Kalenders, nämlich 365,2425 Tage, weicht also um 3,02/10.000 von der exakten Dauer des Sonnenjahres ab, während das Jahr des Mayakalenders (365,242 Tage) nur eine Abweichung von 1,98/10.000 aufweist!**

Ebenso berechneten sie die durchschnittliche synodische Umlaufzeit des Planeten Venus, die in Wirklichkeit 583,92 Tage beträgt, fast korrekt auf 584 Tage.

Die Fehler aus der Übereinstimmung zwischen dem Zyklus der Venus, dem Sonnenjahr von 365 Tagen und ihrem liturgischen Jahr von 260 Tagen betrug für einen Zeitraum von ungefähr 6.000 Jahren lediglich knapp einen Tag.

Andere Ergebnisse sind nicht weniger bemerkenswert: Während die tatsächliche

* Bowditch 1910; Guitel 1975, 355–466; Teeple 1931; Satterthwaite 1947; Thompson 1942.

** Die von ihnen errechnete Dauer des Sonnenjahres wurde von den Maya nicht in dieser Form wiedergegeben, da sie keine Brüche kannten.

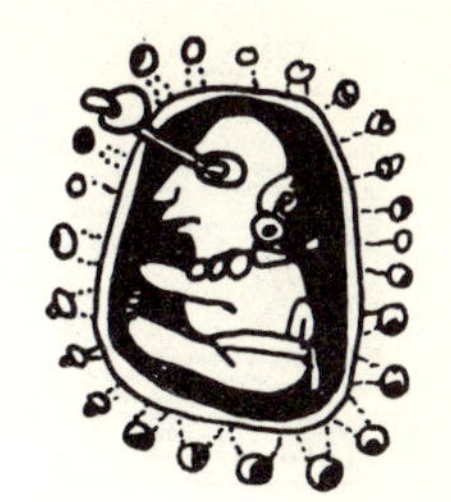

Abb. 309: Allein in der Dunkelheit der Nacht beobachtet ein Maya-Astronom die Sterne. Ausschnitt aus dem Codex Tro-Cortesianus. (Nach Gendrop 1978, 41, Abb. 2)

Dauer des durchschnittlichen Mondzyklus nach modernsten Berechnungen mit präzisesten Instrumenten 29,53059 Tage beträgt, errechneten die Astronomen der Stadt Copán 29,5302 und die aus Palenque 29,53086 Tage.*

Darüber hinaus scheint es, als hätten die Gelehrten der Maya über die Vorstellung eines unendlichen, unbegrenzten Zeitraums verfügt: »Durch die Verwendung ihrer großen Zeiteinheiten überschritten die Maya alle Grenzen der direkten, unmittelbaren menschlichen Erfahrung. Wir werden sicherlich niemals wissen, weshalb z.B. eine Stele von Quiriguá eine Inschrift über einen vergangenen Zeitraum von 5 *alautun* – mehr als 300 Millionen Jahre – enthält, mit genauer Angabe des Datums seines Beginns und seines Endes, in Übereinstimmung mit dem rituellen und dem Wahrsagekalender.« (Stresser-Péan 1957, 424)**

Wissenschaft und Religion

Obgleich die Maya einen der besten Kalender der Geschichte entwickelt haben und große Leistungen in der Astronomie vollbrachten, blieben sie doch Sklaven ihres Mystizismus und ihrer Religion. Wie alle anderen Völker des präkolumbianischen Amerika »waren sie von den Geheimnissen des Kosmos in stärkstem Maße fasziniert:

* Die Astronomen von Copán hatten gefolgert, daß 149 Mondperioden 4.400 Tagen entsprachen, die Astronomen von Palenque, daß 81 Mondperioden 2.392 Tage zählten.

** Diese astronomischen und kalendarischen Leistungen versetzen einen umso mehr in Erstaunen, als »die Maya kein Glas und damit keinerlei Optik kannten. Alle Instrumente, mit denen Zeitspannen gemessen werden, die kürzer als der Tag sind – Uhren, Sand- und Wasseruhren – waren unbekannt, obwohl es uns unmöglich erscheint, astronomische Erscheinungen ohne diese Instrumente festzustellen.« (Ivanoff 1975, 46) Daraus wurde von einigen Autoren vereinfachend geschlossen, daß die Gelehrten der Maya dafür ein Geheimnis besaßen. Aber nach Guitel (1979) maßen die Astronomen der Maya, die nur ganze Zahlen kannten und den Tag als kleinste Zeiteinheit ansahen, nur den wirklichen *Sonnentag,* d.h. den Zeitraum zwischen zwei aufeinanderfolgenden Sonnendurchgängen durch den Meridian eines Ortes. »Dabei maßen sie den auf den Boden geworfenen Schatten mit dem *Gnomon.* Das Gnomon, Vorläufer der Sonnenuhr, ist das einfachste Zeitmessungsinstrument, das man sich vorstellen kann, und eines der besten dazu: Ein Pfahl wird senkrecht in den ebenen, waagerechten Boden gerammt, und man beobachtet den Schatten des Gnomon auf dem Boden. Wenn dieser Schatten am kürzesten ist, geht die Sonne durch den Ortsmeridian – sie hat ihren höchstmöglichen Stand am Himmel erreicht, es ist genau Mittag.« (Guitel 1979) Die astronomischen Beobachtungen »wurden sicherlich wie in den *Codices* (Abb. 309, 310) beschrieben vorgenommen, mit zwei gekreuzten Hölzern, auf denen ein langes Jaderohr ruhte, um den Blick zu konzentrieren« (Ivanoff 1975, 46).

Abb. 310: Astronomische Beobachtungen in den mexikanischen Codices (Codex Nuttall und Codex Selden). Auf der linken Zeichnung beobachtet ein im Profil wiedergegebener Astronom den Himmel mit Hilfe zweier gekreuzter Hölzer; die rechte Zeichnung stellt ein Auge in einem Winkel aus zwei gekreuzten Stäben dar.
(Nach Morley 1956; vgl. Guitel 1979)

von der zyklischen und vorausbestimmbaren Wiederkehr der Himmelserscheinungen, vom unerschütterlichen Wechsel der Jahreszeiten und ihrem Einfluß auf die verschiedenen Phasen des Maisanbaus, vom Zyklus von Leben und Tod, Tag und Nacht in ihrem unerbittlichen und notwendigen Wechsel.« (Gendrop 1978)

»Für die Maya war die Zeit nie nur ein rein abstraktes Schema zur Ordnung der Ereignisse in ihrer Abfolge; sie erschien ihnen vielmehr als übernatürliches Phänomen, als Trägerin allmächtiger Gewalten der Schöpfung und Zerstörung, die direkt von Göttern beeinflußt wurden, denen man je nachdem wohltätige oder böswillige Absichten zuschrieb. Diese Gottheiten waren mit bestimmten Zahlen verbunden und hatten Gestalten, die als Hieroglyphen wiedergegeben werden konnten. Jede Einheit des Mayakalenders – Tage, Monate, Jahre oder auch längere Zeiträume – wurde als ›Last‹ angesehen, die die göttlichen Wächter der Zeit auf ihren Schultern trugen. Am Ende jedes Zyklus wurde die kommende Zeit von dem Gott aufgenommen, dem der Kalender die folgende Zahl zugeteilt hatte.* Fiel die Last eines Zyklus einem böswilligen Gott zu, war man auf die schlimmsten Folgen gefaßt, bis er wieder von einem wohlwollenden Träger abgelöst wurde. Die Jahre gaben also Grund zur Hoffnung oder zur Sorge, je nach Temperament des Gottes, der das Jahr weiter beförderte. Dieser merkwürdige Glauben erklärt zum Teil die große Macht des Klerus über ein Volk, das zutiefst davon überzeugt war, daß es ohne die Vermittlung der Gelehrten, die alleine den Jähzorn der Götter auslegen konnten, nicht überleben könne. Nur die astronomischen Priester konnten zwischen dem normalen Ablauf des Lebens und den Katastrophen, die durch eine Mißachtung der Empfindungen der Götter heraufbeschworen worden wären, vermitteln. Nachdem sie die Attribute der Götter erkannt und ihre unaufhörlichen Bahnen in Zeit und Raum nachgezogen hatten, waren nur sie in der Lage, die Zeiten der günstig gesonnenen Götter zu bestimmen, (...) oder zumindest die, in denen die Anzahl der wohlwollenden Götter die der böswilligen überwog. Es wurde mit Besessenheit nach den Glücks- und Unglücksperioden gesucht, in der Hoffnung, daß man den Ereignissen dann einen günstigen Verlauf geben könne, wenn man über die Zukunft unterrichtet sei.« (Gallenkamp 1961, 109 f.)

* »Die Lasten wurden auf dem Rücken getragen und durch Stricke gesichert, die um die Stirn geschlungen waren. Auf unseren Kalender angewandt würde dies bedeuten, daß es für den 31. Dezember 1972 sechs Träger gibt: der Gott der Zahl 31 hat den Dezember auf seinem Rücken, der der Zahl 1 trägt das Jahrtausend, der Gott der Zahl 9 die Jahrhunderte, der Gott der Zahl 7 die Jahrzehnte und der Gott der Zahl 2 die Jahre. Am Ende des Tages tritt eine kurze Pause ein, bevor die Prozession von neuem beginnt, doch in diesem Augenblick ersetzt der Gott der Zahl 1 mit der Last des Januars den Gott der Zahl 31 mit seiner Dezember-Last, und der Gott der Zahl 3 löst den Gott der Zahl 2 als Träger des Jahres ab.« (Thompson 1968, 260)

So verstehen wir, »daß sich die Astronomie der Maya wesentlich von unserer unterscheidet, da ihr eigentliches Ziel in der mythischen Interpretation der magischen Gewalten bestand, die das Universum regieren« (Girard 1972).

Schrift, Arithmetik und Astronomie

Eine ebenso erstaunliche intellektuelle Leistung der Maya und der präkolumbianischen Völker Mittelamerikas ist die Entwicklung einer Schrift, die noch heute auf von oben bis unten mit Inschriften bedeckten Mauern zu finden ist; auch auf Stelen und an anderen Skulpturen und in den oben erwähnten *Codices* wurde diese Schrift verwandt.

Sie bestand aus Schriftzeichen*, die in senkrechten Spalten angeordnet waren; es handelt sich dabei um eine symbolische Bilderschrift, die vermutlich – zumindest indirekt – eine gesprochene Sprache wiedergab.**

Leider konnten diese Hieroglyphen trotz umfangreicher Forschungen bis heute nicht entziffert werden.

Es ist den Forschern nämlich bisher nur gelungen, die Zeichen für die Zahlen und den Kalender, die Himmelsrichtungen und einige Götter und schließlich noch die »Embleme« einer Anzahl von Städten des Kerngebietes – wie Palenque, Quiriguá, Tikal oder Yaxchilán – zu entschlüsseln. Alle anderen Hieroglyphen – die Schriftzeichen der Mayaschrift im eigentlichen Sinne – werden wohl noch lange ihr Geheimnis bewahren, obwohl die Wissenschaftler viel darum gäben, eine Art von Maya-Gegenstück zum berühmten »Stein von Rosette« entdecken zu können.***

Abb. 311: Die Vorstellung von der zyklischen Wiederkehr der Ereignisse im mystischen Denken der Maya: Chac, der Regengott, pflanzt einen Baum; ihm folgt Ah Puch, der Todesgott, der ihn zerstört; schließlich kommt Yum Kax, Gott des Maises und der Landwirtschaft, der ihn wieder aufrichtet. (Ausschnitt aus dem Codex Tro-Cortesianus; Zeichnung nach Girard 1972, 241, Abb. 61)

* Die Schriftzeichen dieser Bilderschrift werden auch als *Hieroglyphen* bezeichnet, obwohl dieser Begriff im engeren Sinne auf die Zeichen der alten ägyptischen Schrift beschränkt ist; im weiteren Sinne – als eingraviertes, eingehauenes oder gemaltes und bildhaftes Schriftzeichen – kann er jedoch durchaus in unserem Zusammenhang angewendet werden.

** Nach der Meinung einiger Wissenschaftler war diese Schrift auf dem Höhepunkt der Mayazivilisation im Begriff, sich zu einer Lautschrift zu entwickeln.

*** Mit Hilfe des Steins von Rosette – einer dreisprachigen Inschrift (hieroglyphisch, demotisch und griechisch) konnten die Ägyptologen nach Vorarbeiten von Champollion die Schrift der alten Zivilisation der Pharaonen entziffern.

GOTTHEITEN DER MAYA

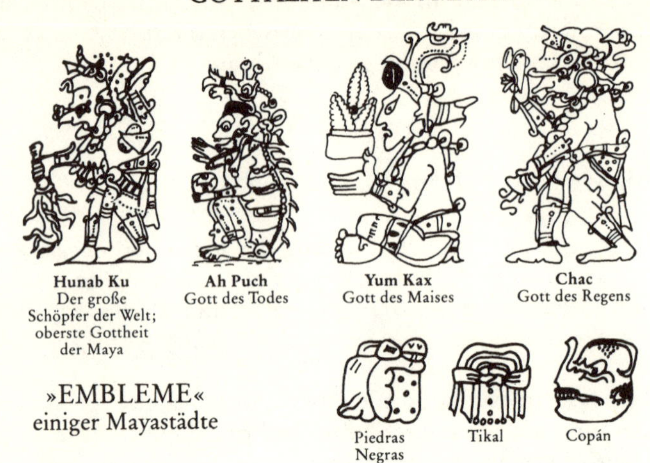

Hunab Ku Der große Schöpfer der Welt; oberste Gottheit der Maya

Ah Puch Gott des Todes

Yum Kax Gott des Maises

Chac Gott des Regens

»EMBLEME« einiger Mayastädte

Piedras Negras

Tikal

Copán

HIMMELSRICHTUNGEN

ANDERE SCHRIFTZEICHEN

likin Osten

cikin Westen

kin »Tag« Das stilisierte Bild der Sonnenscheibe erweckte die Vorstellung der Sonne und assoziativ des »Tages«

uinal **»Monat von 20 Tagen«** Dieses Zeichen ist eine abstrakte Darstellung des Mondes als Zahlzeichen für 20

*Abb. 312: Einige bereits entzifferte Hieroglyphen der Maya.**

Was wir heute aus den Texten und Inschriften der Maya »lesen« können, sind also im wesentlichen zahlenmäßige, astronomische und kalendarische Angaben...

Die Maya zählten nicht wie wir auf dezimaler Basis, sondern nach Zwanzigern und aufeinanderfolgenden Potenzen von zwanzig; sie benutzten schon lange vorher, wie alle mittelamerikanischen Völker, nicht nur ihre zehn Finger, sondern auch ihre zehn Zehen zum Zählen. Beispielsweise benannten sie die Zahlen 39, 40, 80, 120, 400, 800, 8.000, 16.000 und 24.000 etwa folgendermaßen (*Tab. XI, XII*; S. 65 f., 68):

zehn-neun nach zwanzig ($39 = 19 + 20$)
zwei Zwanziger ($40 = 2 \times 20$)
vier Zwanziger ($80 = 4 \times 20$)
sechs Zwanziger ($120 = 6 \times 20$)
ein Vierhunderter ($400 = 1 \times 20^2$)
zwei Vierhunderter ($800 = 2 \times 20^2$)
ein Achttausender ($8.000 = 1 \times 20^3$)
zwei Achttausender ($16.000 = 2 \times 20^3$)
drei Achttausender ($24.000 = 3 \times 20^3$)

* Berlin 1958; Coe 1973; Knorozov 1946; Morley 1915; Proskouriakoff 1946; 1965; Thompson 1960; 1965.

ZAPOTEKISCHES ZIFFERNSYSTEM

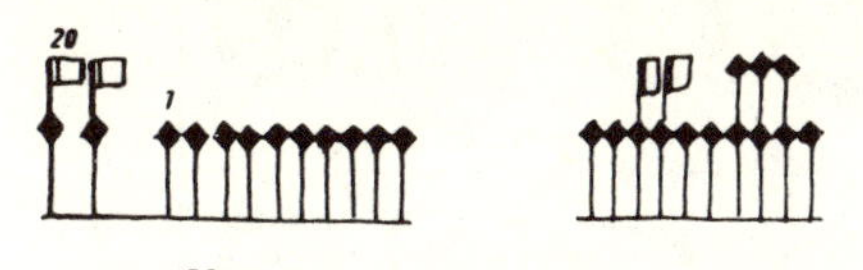

52 53

Auszüge aus einem zapotekischen Gemälde, das im Jahre 1540 auf Befehl der spanischen Kolonialbehörden in Mexiko angefertigt wurde (Marcus 1980).

AZTEKISCHES ZIFFERNSYSTEM

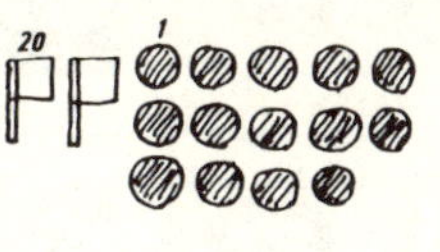

54

vgl. Abb. 179, 180

Abb. 313: Gemeinsame graphische Konventionen der Ziffernsysteme der Azteken, Mixteken und Zapoteken.

So mußten die Maya, um die Ergebnisse einer Zählung schriftlich festzuhalten, eine vigesimale Zahlschrift entwickeln; sie bestand aus einem Kreis oder einem Punkt für die Einer*, einem weiteren Zeichen für die Zwanziger, einem für die Zahl 400 (= 20^2), einem für die Zahl 8.000 (= 20^3) und so fort; jedes dieser Symbole mußte so oft wie jeweils notwendig wiederholt werden.

Die Erschließung dieses Ziffernsystems beruht darauf, daß offensichtlich in allen vier Schriften des präkolumbianischen Amerika gemeinsame graphische Konventionen geherrscht haben.** Allerdings ist diese Hypothese im Augenblick schwer zu verifizieren, da keine Spuren des Systems, das die Maya im Alltag verwendeten, existieren; fast alle Handschriften wurden durch den Fanatismus der spanischen Inquisitoren zerstört. So beziehen sich die einzigen Zahlenangaben, die wir heute von den Maya besitzen, ausschließlich auf die Astronomie oder die Kalenderrechnung.

Deshalb muß im folgenden zuerst der Kalender der Maya erläutert werden – zum einen, weil die Entzifferung der Daten und kalendarischen Angaben auf Stelen und in Inschriften das wichtigste Ergebnis der Bemühungen um die Entschlüsselung der Mayaschrift ist, zum anderen lassen sich einige verwirrende Unregelmäßigkeiten der Zahlschrift in den *Codices* nur dadurch erklären.

* Es handelt sich hier um ein allen Völkern Mittelamerikas gemeinsames Schriftzeichen, das sich zweifellos aus der Kakaobohne herleitet, die damals als »Wechselgeld« von geringem Wert benutzt wurde.

** Unter den präkolumbianischen Völkern der Neuen Welt verfügten nur die in Mittelamerika – zwischen Mexiko und Guatemala und Honduras – über eine echte Schrift. Darunter lassen sich neben lokalen Sonderformen vier Hauptschriftsysteme unterscheiden: das der *Maya*, der *Zapoteken* – die im Tal von Oaxaca zwischen dem Land der Maya und der mexikanischen Hochebene lebten –, der *Mixteken* im Südwesten Mexikos oberhalb des Gebietes der Zapoteken und schließlich der *Azteken*. Das älteste System ist das der Zapoteken, das aller Wahrscheinlichkeit nach im 6. Jahrhundert v. Chr. entstand. Alle vier hatten eine Anzahl graphischer Konventionen gemeinsam, während die zugrunde liegenden Sprachen verschiedenen Sprachgruppen angehörten: der Mayasprache, den Uto-Aztekischen Sprachen und den Ottomangischen Sprachen, zu denen das Zapotekische und das Mixtekische gehörten (vgl. Marcus 1980).

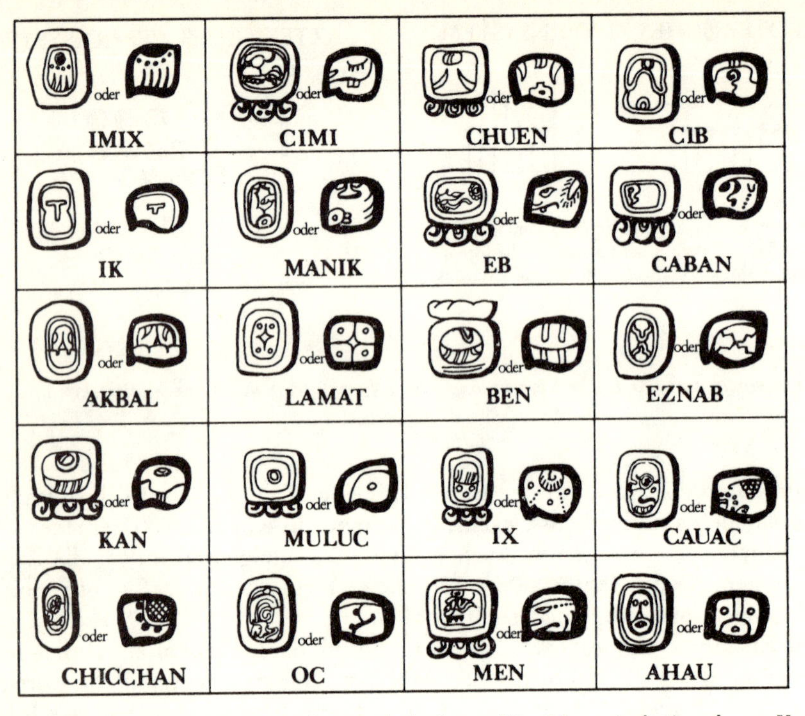

Abb. 314: Hieroglyphen der zwanzig Tage des Mayakalenders und ihre Namen in der Sprache von Yucatán. (Vgl. Gallenkamp 1961, Abb. 9; Peterson 1961, Abb. 55)

Der Kalender der Maya

Die Maya besaßen zwei verschiedene Kalender: der erste hieß *Tzolkin* und war im wesentlichen religiöser Art*; der zweite, *Haab* genannt, war im Grunde ein Sonnenkalender.**

Das liturgische Jahr der Maya setzte sich aus zwanzig Zyklen von je dreizehn Tagen zusammen und zählte damit 260 Tage. Es beruhte auf einer immer wiederkehrenden Abfolge von 20 Tagen, deren Namen in unveränderlicher Reihenfolge aufeinander folgten:

Imix	*Cimi*	*Chuen*	*Cib*
Ik	*Manik*	*Eb*	*Caban*
Akbal	*Lamat*	*Ben*	*Eznab*
Kan	*Muluc*	*Ix*	*Cauac*
Chicchan	*Oc*	*Men*	*Ahau*

* In der Literatur wird dieser Kalender als »sakraler Almanach«, »magischer Kalender« oder »ritueller Kalender« bezeichnet.

** Bowditch 1910; Guitel 1975, 355–466; Teeple 1931; Satterthwaite 1947; Thompson 1942.

	I	II	III	IV	V	VI	VII	VIII	IX	X	XI	XII	XIII
IMIX	1	8	2	9	3	10	4	11	5	12	6	13	7
IK	2	9	3	10	4	11	5	12	6	13	7	1	8
AKBAL	3	10	4	11	5	12	6	13	7	1	8	2	9
KAN	4	11	5	12	6	13	7	1	8	2	9	3	10
CHICCHAN	5	12	6	13	7	1	8	2	9	3	10	4	11
CIMI	6	13	7	1	8	2	9	3	10	4	11	5	12
MANIK	7	1	8	2	9	3	10	4	11	5	12	6	13
LAMAT	8	2	9	3	10	4	11	5	12	6	13	7	1
MULUC	9	3	10	4	11	5	12	6	13	7	1	8	2
OC	10	4	11	5	12	6	13	7	1	8	2	9	3
CHUEN	11	5	12	6	13	7	1	8	2	9	3	10	4
EB	12	6	13	7	1	8	2	9	3	10	4	11	5
BEN	13	7	1	8	2	9	3	10	4	11	5	12	6
IX	1	8	2	9	3	10	4	11	5	12	6	13	7
MEN	2	9	3	10	4	11	5	12	6	13	7	1	8
CIB	3	10	4	11	5	12	6	13	7	1	8	2	9
CABAN	4	11	5	12	6	13	7	1	8	2	9	3	10
EZNAB	5	12	6	13	7	1	8	2	9	3	10	4	11
CAUAC	6	13	7	1	8	2	9	3	10	4	11	5	12
AHAU	7	1	8	2	9	3	10	4	11	5	12	6	13

Abb. 315: Die Reihenfolge der 260 Tage des liturgischen Jahres der Maya.
(Vgl. die zweite Fußnote auf S. 452)

Mit diesen zwanzig Tagesnamen waren zwanzig verschiedene Hieroglyphen verbunden, deren Ausführung allerdings von einer Inschrift zur anderen variieren konnte; aufgrund ihres sakralen Charakters* wurden sie direkt oder indirekt mit Göttern, Tieren oder heiligen Gegenständen verbunden (*Abb. 314*).**

Im religiösen Kalender wurde jedem dieser zwanzig Tage ein Zahlzeichen zugeordnet, das innerhalb der Zyklen zwischen 1 und 13 variierte.***

Im ersten Zyklus zu Beginn des Jahres trug der erste Tag die Zahl 1, der zweite die Zahl 2, der dreizehnte die Zahl 13. Aber der vierzehnte Tag stand wieder für die Zahl 1, der fünfzehnte für die Zahl 2, der zwanzigste für die Zahl 7. Nun begann der Zyklus der zwanzig Tage wieder von vorne; sein erster Tag hatte die Zahl 8, der zweite die Zahl 9 und so fort bis zum 16. Tag, der mit der Zahl 13 verbunden wurde. Mit

* »Die zwanzig Tage, die den Maya-›Monat‹ bildeten, wurden als Götter betrachtet, an die man Gebete richtete. Die Tage waren in gewissem Sinne Verkörperungen von Göttern, wie z.B. der Sonne und des Mondes, der Maisgottheit, des Todesgottes und des Jaguar-Gottes, die den verschiedenen Kategorien entnommen und in dieser Tagesreihe vereinigt wurden.« (Thompson 1968, 413)

** So war der Tag *Imix* aus unbekannten Gründen mit dem Krokodil und der Seerose verbunden; der Tag *Kan* befand sich unter dem Schutz des Maisgottes; der Tag *Cimi* stand unter dem unheilvollen Zeichen des Todesgottes, der Tag *Oc* unter dem des Hundes; der Tag *Ahau* – sein Name bedeutete »Herr« und »Blüte« – stand unter dem Zeichen des Sonnengottes usw. (Thompson 1960).

*** Die Ziffern selbst waren mit den *Oxlahuntiku* verbunden, den dreizehn Göttern der Oberen Welt – so ist *Oxlahun* in Yucatán der Name der Zahl 13 (vgl. Tab. XI). Daraus folgt der glückliche oder unheilvolle Charakter der einzelnen Tage (Thompson 1960).

dem siebten Tag des zweiten Tageszyklus begann man wieder mit der Zahl 1 und setzte diese Zählung mit der 2 für den 8. Tag fort; sobald man ein weiteres Mal bei der Zahl 13 ankam, bekam der folgende Tag wieder die Zahl 1 – die 20 Tage wurden also in sich noch einmal auf Zyklen von 13 Tagen aufgeteilt (*Abb. 315*).

Erst nach 260 Tagen waren die Zählung der Ziffern und der Tage wieder an ihrem Ausgangspunkt angelangt – der erste Tag des Tageszyklus bekam wieder die Zahl 1.*

Jeder Tag des liturgischen Jahres wurde also durch das Schriftzeichen für seinen Namen und durch die Zahl innerhalb des Zyklus der 13 Tage gekennzeichnet; diese Angaben reichten aus, um den entsprechenden Tag im sakralen Kalender eindeutig zu bestimmen. Als Beispiel dienen uns die beiden folgenden Tage:

13 CHUEN

4 IMIX

Es handelt sich dabei um den 91. und den 121. Tag des Jahres, das mit dem Tage *»1 Imix«* begonnen hatte (*Abb. 315*).

Im mystischen Denken der Maya und der anderen mittelamerikanischen Völker, die ähnliche religiöse Kalender besaßen (Burland 1953; 1948; Guitel 1975, 138–198; Vaillant 1957), war die Zeit damit unwiderruflich und immerwährend in ein Schema von 260 Tagen eingeteilt, die abwechselnd Glück oder Unglück brachten. Jeder Tag des Jahres hatte seine eigene rituelle Bedeutung: Ehen durften nur an Tagen geschlossen werden, die unter günstigen Zeichen standen; die Zukunft jedes einzelnen war durch den heil- oder unheilbringenden Charakter des Tages seiner Geburt bestimmt; niemand durfte einen Kriegszug an einem unheilvollen Tag beginnen usw. (Thompson 1960). Die Bedeutung dieses liturgischen Kalenders in Mittelamerika zeigt sich umsomehr darin, daß die Nachkommen der Maya noch heute danach leben.**

Weshalb das religiöse Jahr der präkolumbianischen Völker Zentralamerikas 260 Tage dauert, ist nicht bekannt.

Eine hypothetische Erklärung liegt darin, daß diese Zahl das Ergebnis wichtiger astronomischer Beobachtungen sei; diese Hypothese beruht auf Untersuchungen im Land der Maya: »Der Unterschied zwischen dem religiösen Zyklus von 260 Tagen und dem Sonnenzyklus von 365 Tagen beträgt 105 Tage. Zwischen dem Wendekreis des Steinbocks und dem des Krebses liegt eine Zone, in der sich die Sonne zweimal jährlich in Intervallen von 260 und 105 Tagen im Zenith befindet. In der Nähe der alten Mayastadt Copán in Honduras liegt dieser Durchgang der Sonne durch den

* Das kleinste gemeinsame Vielfache der Zahlen 13 und 20, das gleichzeitig die Anzahl der paarweisen Kombinationen angibt, die beide Reihen bilden können und die untereinander unterscheidbar sind, ist in diesem Fall nämlich 13 × 20 = 260.

** »So trägt im Hochland Guatemalas selbst heute noch jedes Kind den Namen und das Schriftzeichen des Tages, an dem es geboren ist. *Imix* symbolisiert in Guatemala die verborgenen Kräfte des Universums, die sich im Wahnsinn manifestieren. Ein am Tage *›1 Imix‹* geborenes Kind wird also auch diesen Namen tragen und stets als unnormales Wesen mit unvorhersehbaren Reaktionen angesehen werden.« (Ivanoff 1975, 163)

Zenith im Herbst und im Frühjahr am 13. August und am 30. April. Sobald die Sonne in ihre scheinbar nördliche Bahn eintrat, begann die Regenzeit; nach 105 Tagen stand die Sonne erneut im Zenith und trat in ihre südliche Bahn ein. Damit war das Jahr in eine Zeit der Aussaat und des Wachstums der Pflanzen, die 105 Tage lang war, und in eine Zeit der Ernte und der religiösen Festlichkeiten eingeteilt, die 260 Tage zählte.« (Peterson 1961, 210)

Diese interessante astronomische Erscheinung ist jedoch zu sehr örtlich begrenzt, um in Betracht gezogen werden zu können. »In Wirklichkeit wird der Zeitraum, während dem die Sonne im Süden des Zenith steht, bei zunehmendem Breitengrad sehr schnell größer, so daß nichts darauf hindeutet, daß der Zyklus von 260 Tagen seinen Ursprung in der Gegend von Copán am Rande des Mayagebietes gehabt hat.« (Guitel 1975, 369)

Andere Autoren geben zu bedenken, daß sich die Zahl 260 allein aus der Verbindung der Zahlen 20 und 13 ergeben haben kann; das religiöse Jahr sei im wesentlichen aus Überlegungen religiöser Art entstanden und symbolisiere eine Art Bündnis zwischen dem (mit der Zahl 20 verbundenen) Menschen und den dreizehn Himmelsgöttern (Thompson 1960).*

Parallel zu diesem sakralen Kalender benutzten die Maya einen echten Sonnenkalender namens *Haab,* der auch als »weltlicher« oder »bürgerlicher« Kalender bezeichnet wird. Das entsprechende Jahr umfaßte 365 Tage und setzte sich aus achtzehn *uinal* – »Monate« mit je zwanzig Tagen – und aus einem kurzen Zeitraum von fünf Tagen am Ende des achtzehnten *uinal* zusammen.

Diese achtzehn »Monate« folgten in unveränderlicher Reihenfolge aufeinander:

Pop	*Yaxkin*	*Mac*
Uo	*Mol*	*Kankin*
Zip	*Chen*	*Muan*
Zotz	*Yax*	*Pax*
Tzec	*Zac*	*Kayab*
Xul	*Ceh*	*Cumku*

Sie waren jeweils bestimmten Göttern geweiht und wurden nach landwirtschaftlichen oder religiösen Festlichkeiten benannt, die im Zusammenhang mit diversen Naturerscheinungen standen; jeder Monat wurde durch das Schriftzeichen des Gottes oder heiligen Tieres bezeichnet, unter dessen Schutz er stand (Thompson 1960; *Abb. 316*).

Die fünf Zusatztage wurden *Uayeb* (»Der Namenlose«) genannt und durch eine

* Die Aufnahme der Zahl 20 in diesen Kalender wird dabei plausiblerweise zunächst auf das in Mittelamerika verbreitete vigesimale Ziffernsystem zurückgeführt. Als weiterer Beleg wird auf den Ursprung des Wortes *Uinal* – ein Zeitraum von 20 aufeinanderfolgenden Tagen – verwiesen, der eng verwandt mit *Uinic* – der Mensch – ist; die Maya benutzten dieses Wort in *hun uinic* als Zahlwort für die Zahl Zwanzig (Tab. XI, XII).
Die Zahl 13 wird auf deren Bedeutung in den mittelamerikanischen Religionen zurückgeführt; bei den Maya bestand das Himmelsgewölbe aus dreizehn übereinandergelagerten Himmeln und die Obere Welt wurde von dreizehn großen Göttern bewohnt; ihnen standen die *Bolontiku,* die neun Götter der Unterwelt, gegenüber, die vom Herrn des Todes angeführt wurden und die Abfolge der Nächte regelten.

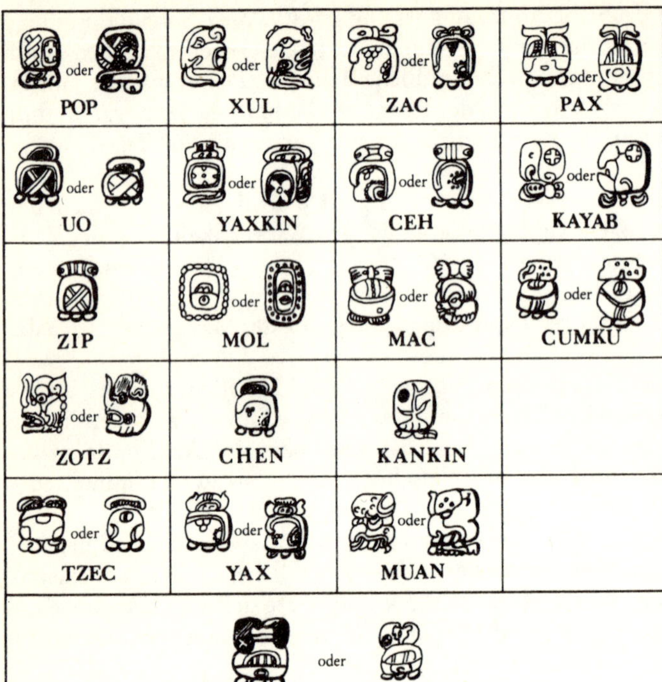

Abb. 316: Schriftzeichen und Namen der achtzehn »Monate« des Maya-Sonnenkalenders. (Vgl. Gallenkamp 1961, Abb. 10; Peterson 1961, 225, Abb. 56)

Hieroglyphe dargestellt, die mit der Vorstellung des Chaos, des Unheils und des Verderbens verbunden war (Thompson 1960). Diese Tage wurden als »Hirngespinste« und als »unnütz« bezeichnet; sie waren leer, traurig und voller Unheil für die Menschen.* Die Maya waren der Ansicht, daß in diesen Tagen des Jahres Geborene niemals zu etwas taugen würden und ihr ganzes Leben hindurch vom Unglück verfolgt, traurigen Gemütes und arm sein würden. So berichtete Diego de Landa, daß »man sich in diesen Tagen nicht wusch und kämmte, sich nicht von Ungeziefer befreite, keine mechanische oder ermüdende Arbeit begann, aus Angst davor, daß sich ein Unglück ereignen könnte« (Diego de Landa zit. n. Peterson 1961, 225).

Der erste Tag jedes »Monats« wurde in diesem Kalender durch das ihm zugeordnete Schriftzeichen und folgende Ziffer dargestellt:

* Es sei hier auf die Ähnlichkeit mit den fünf *Epagomenen* der alten Ägypter und der Griechen hingewiesen.

Mit diesem Zahlzeichen, das der Null entspricht, sollte verdeutlicht werden, daß der neue Monat im Begriff war, sich in der Zeit einzunisten. In der mystischen Vorstellungswelt der Maya gab der Trägergott des vorangehenden »Monats« an diesem Tag seine »Zeitlast« ab, und der Schutzgott des beginnenden »Monats« übernahm sie. Beispielsweise wurde der erste Tag des Monats *Zotz* (*Abb. 316*) folgendermaßen wiedergegeben:

An diesem Tag wurde die »Last« der Zeit aus der Hand der Schutzgottheit des »Monats« *Zip* in die des Gottes des »Monats« *Zotz* übergeben.

Die anderen Tage jeder »Monatsperiode« wurden dann von 1 bis 19 durchnumeriert, wobei der zweite Tag des »Monats« die Nummer 1 trug, der dritte die Nummer 2, der vierte die Nummer 3, und so weiter bis zum letzten – der Nummer 19. Die vier letzten Tage des *Uayeb* wurden mit 1 bis 4 numeriert (*Abb. 317*).

Im »weltlichen« Kalender fand sich beispielsweise folgendes Datum:

Aber es bezeichnete nicht den vierten Tag des »Monats« *Xul,* sondern den fünften!

Andererseits stand jeder Tag aus der Reihenfolge der 20 Grundtage während eines Jahres immer an derselben Stelle innerhalb der achtzehn *uinal.* Begann das Jahr z.B. mit dem Tag *Eb,* so fingen alle anderen »Monate« desselben Jahres ebenfalls mit dem Tag *Eb* an (*Abb. 317*); ebenso behielt z.B. der Tag *Eznab,* wenn er die siebte Stelle innerhalb des ersten »Monats« eingenommen hatte, diesen Rang auch während der gesamten Dauer des Jahres bei.

Allerdings änderte sich aufgrund der fünf Zusatztage die Ziffer der Tage gegenüber dem Vorjahr; hatte z.B. der Tag *Ahau* im ersten Jahr die Nummer 8, so erhielt er in den vier folgenden Jahren die Nummern 3, 18, 13 und 8 (*Abb. 318*).

Jeder der zwanzig Grundtage wurde also in den aufeinanderfolgenden Jahren mit einer um 5 kleineren Zahl verbunden; erst am Ende des fünften Jahres bekam er wieder seine Ausgangszahl.

So konnten beispielsweise nur vier Tage mit folgendem Datum gemeint sein:

POP	UO	ZIP	ZOTZ	TZEC	XUL	YAXKIN	MOL	CHEN	YAX	ZAC	CEH	MAC	KANKIN	MUAN	PAX	KAYAB	CUMKU	UAYEB
0	0	0	0	0	0	0	0	0	0	0	0	0	0	0	0	0	0	0
1	1	1	1	1	1	1	1	1	1	1	1	1	1	1	1	1	1	1
2	2	2	2	2	2	2	2	2	2	2	2	2	2	2	2	2	2	2
3	3	3	3	3	3	3	3	3	3	3	3	3	3	3	3	3	3	3
4	4	4	4	4	4	4	4	4	4	4	4	4	4	4	4	4	4	4
5	5	5	5	5	5	5	5	5	5	5	5	5	5	5	5	5	5	
6	6	6	6	6	6	6	6	6	6	6	6	6	6	6	6	6	6	
7	7	7	7	7	7	7	7	7	7	7	7	7	7	7	7	7	7	
8	8	8	8	8	8	8	8	8	8	8	8	8	8	8	8	8	8	
9	9	9	9	9	9	9	9	9	9	9	9	9	9	9	9	9	9	
10	10	10	10	10	10	10	10	10	10	10	10	10	10	10	10	10	10	
11	11	11	11	11	11	11	11	11	11	11	11	11	11	11	11	11	11	
12	12	12	12	12	12	12	12	12	12	12	12	12	12	12	12	12	12	
13	13	13	13	13	13	13	13	13	13	13	13	13	13	13	13	13	13	
14	14	14	14	14	14	14	14	14	14	14	14	14	14	14	14	14	14	
15	15	15	15	15	15	15	15	15	15	15	15	15	15	15	15	15	15	
16	16	16	16	16	16	16	16	16	16	16	16	16	16	16	16	16	16	
17	17	17	17	17	17	17	17	17	17	17	17	17	17	17	17	17	17	
18	18	18	18	18	18	18	18	18	18	18	18	18	18	18	18	18	18	
19	19	19	19	19	19	19	19	19	19	19	19	19	19	19	19	19	19	

Abb. 317: Die Reihenfolge der 365 Tage des »bürgerlichen« Jahres der Maya.

	1. Jahr		2. Jahr			3. Jahr			4. Jahr			5. Jahr	
Namen der 20 Tage	U	UAYEB	U		UAYEB	U		UAYEB	U		UAYEB	U	UAYEB
Eb	0	0	.	15		.	10		.	5		0	0
Ben	1	1	.	16		.	11		.	6		1	1
Ix	2	2	.	17		.	12		.	7		2	2
Men	3	3	.	18		.	13		.	8		3	3
Cib	4	4	.	19		.	14		.	9		4	4
Caban	5		0	.	0	.	15		.	10		5	
Eznab	6		1	.	1	.	16		.	11		6	
Cauac	7		2	.	2	.	17		.	12		7	
Ahau	8		3	.	3	.	18		.	13		8	
Imix	9		4	.	4	.	19		.	14		9	
Ik	10		5	.		0	.	0	.	15		10	
Akbal	11		6	.		1	.	1	.	16		11	
Kan	12		7	.		2	.	2	.	17		12	
Chicchan	13		8	.		3	.	3	.	18		13	
Cimi	14		9	.		4	.	4	.	19		14	
Manik	15		10	.		5	.		0	.	0	15	
Lamat	16		11	.		6	.		1	.	1	16	
Muluc	17		12	.		7	.		2	.	2	17	
Oc	18		13	.		8	.		3	.	3	18	
Chuen	19		14	.		9	.		4	.	4	19	

U: einer der 18 »Monate« zu 20 Tagen

Abb. 318: Reihenfolge und Namen der zwanzig Grundtage im »bürgerlichen« Kalender der Maya.

Position des Tages im »rituellen« Jahr — Position des Tages im »bürgerlichen« Jahr

13 AHAU ; 18 CUMKU

Abb. 319: Beispiel für ein vollständiges Datum unter gleichzeitiger Berücksichtigung des »bürgerlichen« und des »rituellen« Kalenders.

Von den zwanzig Tagen des Tageszyklus konnten nur vier an erster Stelle im »bürgerlichen« Jahr stehen. Diese »Neujahrstage«, die deshalb auch als »Jahresträger« bezeichnet wurden, waren die Tage *Eb, Caban, Ik* und *Manik* (*Abb. 317, 318*).

Die Maya benutzten also zwei Kalender gleichzeitig, den rituellen mit 260 Tagen *(Tzolkin)* und den Sonnenkalender mit 365 Tagen *(Haab)*. Bei der Wiedergabe von Daten kombinierten sie beide, indem der jeweilige Tag des liturgischen und des Sonnenjahres angegeben wurde (*Abb. 319*).

Da die Tage innerhalb ihrer eindeutig festgelegten Abfolge zyklisch umgestellt wurden, mußte eine komplette Zeitangabe bei gleichzeitiger Berücksichtigung des »bürgerlichen« und des religiösen Kalenders nach einer gewissen Zeit wieder ihre Ausgangsform annehmen; dieser Zeitraum betrug nach einer einfachen Berechnung 18.980 Tage oder 52 Sonnenjahre. Nach dieser Zeit – 52 Sonnenjahre oder 73 religiöse Jahre – entsprach ein bestimmter Tag des »bürgerlichen« Jahres wieder demselben Tag des sakralen Jahres.*

Das ist gleichzeitig die arithmetische Grundlage des *sakralen Zyklus von zweiundfünzig Jahren*, der allen präkolumbianischen Völkern Mittelamerikas gemeinsam ist.** Er wird in der Literatur als *Calendar Round* oder *Kalender-Zyklus* bezeichnet und hat eine bedeutende Rolle im religiösen Leben der Maya und der Azteken gespielt.***

Darüber hinaus haben die Astronomen der Maya noch den Kalender der Venus in ihre Berechnungen einbezogen: Das Ende einer Periode von 65 Venusjahren fiel mit dem Anfang des Sonnenjahres und des liturgischen Jahres zusammen – also mit dem Beginn eines neuen Zyklus von 52 Sonnenjahren****; dieses Ereignis wurde jeweils mit großem Aufwand gefeiert.

* Der Leser kann sich diesen Zyklus wie zwei Zahnräder A und B vorstellen, deren Zähne von 1 bis 365 und von 1 bis 260 durchnumeriert sind. Damit diese beiden Zahnräder wieder in ihre Ausgangsstellung zurückkehren, in der die beiden Zähne mit der Nummer 1 ineinander greifen, muß das Rad A (365 Zähne) 52 Umdrehungen und das Rad B (260 Zähne) 73 Umdrehungen machen.
Mathematisch gesehen ist die Zahl der Tage dieses Zyklus das kleinste gemeinsame Vielfache von 260 und 365. Beide Zahlen sind durch 5 teilbar und die Zahl 5 ist auch der größte gemeinsame Teiler; daraus ergibt sich für die Anzahl der Tage:
$260 \times 365/5$ = 18.980 Tage = 52 Sonnenjahre = 73 religiöse Jahre

** Burland 1948; 1953; Caso 1946; 1967; Marcus 1980; Soustelle 1979 a; 1979 b.

*** Die Azteken z.B. glaubten, daß das Ende jedes sakralen Zyklus von Katastrophen begleitet sei. Deshalb flehten sie am Ende dieses Zyklus die Götter mit zahlreichen Menschenopfern an, sie einen weiteren sakralen Zyklus erleben zu lassen.

**** Allerdings trat diese Übereinstimmung nur nach jeweils zwei sakralen Zyklen auf: 5 Venusjahre entsprechen 8 Sonnenjahren, 65 Venusjahre also 13 × 8 = 104 Sonnenjahren.

Abb. 320: Stele A von Quiriguá. Dieses Monument, das im Jahre 775 n. Chr. errichtet worden ist, zeigt auf der Vorder- und auf der Rückseite Götterbilder, während die anderen Seiten mit Kalender-, astronomischen und sonstigen Schriftzeichen bedeckt sind.
(Nach Thompson 1968, 506, Abb. 15)

Ord-nungen	Name und Bedeutung	Entsprechungen	Anzahl der entsprechendenTage
1.	kin TAG		1
2.	uinal »MONAT« MIT 20 TAGEN	20 kin	20
3.	tun »JAHR« MIT 18 »MONATEN«	18 uinal	360
4.	katun ZYKLUS VON 20 »JAHREN«	20 tun	7 200
5.	baktun ZYKLUS VON 400 »JAHREN«	20 katun	144 000
6.	pictun ZYKLUS VON 8.000 »JAHREN«	20 baktun	2 880 000
7.	calabtun ZYKLUS VON 160.000 »JAHREN«	20 pictun	57 600 000
8.	kinchiltun ZYKLUS VON 3.200.000 »JAHREN«	20 calabtun	1 152 000 000
9.	alautun ZYKLUS VON 64.000.000 »JAHREN«	20 kinchiltun	23 040 000 000

Abb. 321: Die aufeinanderfolgenden Einheiten des Zeitrechnungssystems der chronologischen Inschriften der Maya.

Zahlschrift und Kalenderrechnung

Die Maya benutzten für diese Art von Datumsangaben ein System der Zeitrechnung, dessen Grundeinheit der Tag war und das aus praktischen Erwägungen ein »Jahr« von 360 Tagen zugrundelegte. Dieses System findet sich in chronologischen Inschriften, v.a. auf den mit phantastischen Darstellungen geschmückten Stelen. Diese wurden in klassischer Zeit regelmäßig auf den Plätzen der Maya-Städte errichtet, um wichtige Daten festzuhalten und die Götter zu ehren (*Abb. 320*).*

In diesem System wurde die abgelaufene Zeit in *kin* (Tage), *uinal* (»Monate« mit 20 Tagen) und *tun* (»Jahre« mit 360 Tagen) eingeteilt; darüber gab es noch *katun* (Zyklen von 20 »Jahren«), *baktun* (Zyklen von 400 »Jahren«), *pictun* (Zyklen von 8.000 »Jahren«) usw. (*Abb. 321*).**

Jede dieser Zeiteinheiten war mit einem eigenen graphischen Zeichen verbunden, das wie die meisten Schriftzeichen der Maya zwei oder mehrere graphische Varianten hatte.

Diese Varianten resultierten offensichtlich aus dem Kontext, in dem die Schrift stand: In den bunten Codices wurde eine Art Schnellschrift gebraucht, im Alltag eine Form von Schreibschrift; die Schriften auf Stelen oder Gebäuden dienten der Dekoration und waren sehr sorgfältig angefertigt. Damit konnte ein Schriftzeichen folgende Formen annehmen:

GEWÖHNLICHE FORM	KOPFFORM	ANTHROPOMORPHE FORM

Abb. 322: Verschiedene Schriftzeichen für kin (»Tag«).

* Diese datierten Stelen – die älteste stammt aus Tikal und geht auf das Jahr 292 n. Chr. zurück (Abb. 306) – gehören zu den interessantesten chronologischen Inschriften, die die Maya hinterlassen haben. Aufgrund der festgehaltenen Daten kann die Lebensdauer der großen Städte erschlossen werden; so ist die älteste Stele von Tikal auf das Jahr 292 und die jüngste auf das Jahr 869 datiert, die älteste Stele von Uaxactun stammt aus dem Jahre 328, die jüngste von 889; für Copán ergibt sich 469 bis 800, für Yaxchilán 509 bis 771, für Piedras Negras 509 bis 830 und für Palenque 538 bis 785 (Ville 1968, 142).

** Das *katun* (= 20 *tun*) entsprach nicht genau zwanzig unserer Jahre, sondern hatte 104,842 Tage weniger; ebenso war das *baktun* (= 400 *tun*) nicht ein Zeitraum von vierhundert Jahren, sondern von 400 Jahren minus 2.096,84 Tagen. Die Maya zählten zwar Menschen, Tiere oder Gegenstände streng vigesimal; *in der Zeitrechnung war dies jedoch nicht der Fall*, da ihr Zeitrechnungssystem bei der dritten Einheit unregelmäßig war (Abb. 321). Aber bei strikt vigesimalem Aufbau hätte ein Jahr 20 »Monate« und damit 400 Tage umfaßt, so daß die Abweichung vom Sonnenjahr noch größer gewesen wäre als beim *tun* von 360 Tagen.

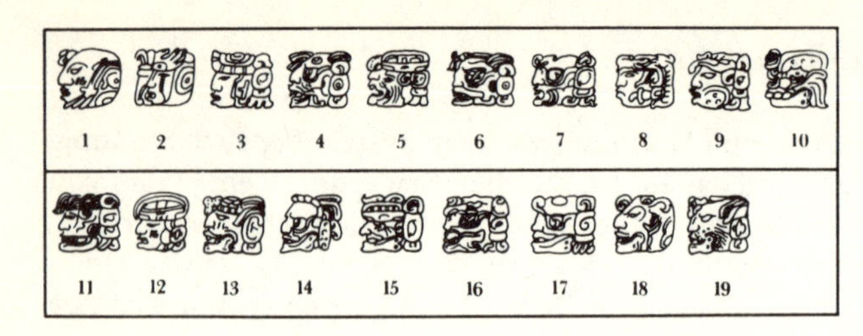

Abb. 323: Die Ziffern der neunzehn ersten ganzen Zahlen in Kopfform; sie finden sich so auf Keramiken und Skulpturen, v.a. auf den Stelen J und F von Quiriguá und auf der »Hieroglyphentreppe« von Palenque. (Vgl. Peterson 1961, 220, Abb. 52; Thompson 1968, 509, Abb. 17)

Es gab also relativ einfache Schriftzeichen, die aus mehr oder weniger eindeutigen Symbolen oder völlig abstrakten geometrischen Zeichen bestanden: Schriftzeichen in Form von Götter-, Menschen- oder Tierköpfen in Inschriften – oder beispielsweise in Quiriguá und in Palenque *anthropomorphe* Zeichen, in denen Götter, Menschen oder Tiere in voller Gestalt wiedergegeben wurden.

Um die Koeffizienten der verschiedenen Zeiteinheiten wiederzugeben, benutzten die Schreiber und die Bildhauer der Maya eine Zahlschrift, die ebenfalls zwei oder drei verschiedene Formen für dieselbe Ziffer kannte.

Eine Möglichkeit, die neunzehn ersten Zahlen zu schreiben, waren Ziffern in Kopfform, wobei jede Zahl mit dem Kopf der ihr zugeordneten Gottheit verbunden wurde – die Zahl 5 z.B. wurde durch den Kopf des Maisgottes dargestellt, die 10 durch den Kopf des Totengottes usw. (*Abb. 323*).

Die Zahlzeichen der Zahlen 1 bis 13 waren nach dem Bild der *Oxlahuntiku* gestaltet, d.h. nach den dreizehn großen Göttern der Oberen Welt, die über die dreizehn Himmel des Himmelsgewölbes und die Abfolge der Tage des religiösen Kalenders regierten.

Die Schriftzeichen der Zahlen 14 bis 19 wurden aus denen der Zahlen 4 bis 9 abgeleitet:

Dabei wurde der ursprüngliche Unterkiefer des jeweiligen Götterbildnisses herausgenommen und durch den des Todesgottes, des Symbols der Zahl 10, ersetzt; hier wurde also eine arithmetische Grundregel – die Addition – angewandt:

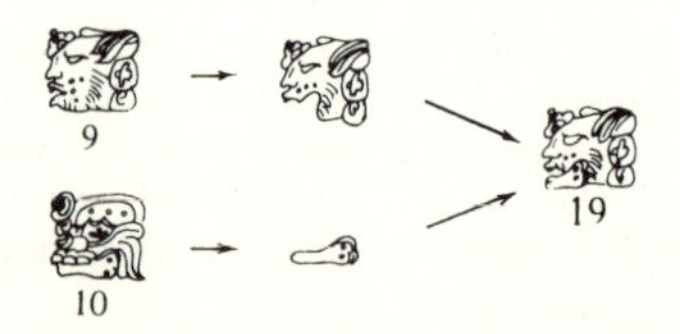

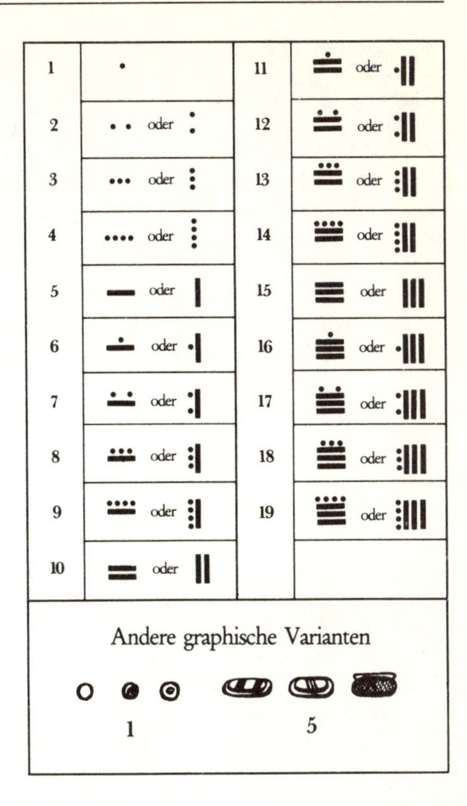

Abb. 324: Die gebräuchlichste Darstellung der neunzehn ersten ganzen Zahlen bei den Maya.

Allerdings wurde diese Zahlschrift in den Inschriften und den Manuskripten nur selten gebraucht.

Sehr viel häufiger benutzten die Maya ein einfaches graphisches System, das nur aus zwei Symbolen bestand: ein Punkt oder ein Kreis für eins und ein waagerechter oder senkrechter Strich für fünf. Sie gaben die vier ersten Zahlen durch die entsprechende Anzahl von Punkten oder Kreisen wieder, die Zahl 5 durch einen Strich, die Zahlen von 6 bis 9 durch einen, zwei, drei oder vier Punkte, die über oder neben dem Strich standen, die Zahlen zehn und fünfzehn durch zwei bzw. drei Striche usw. (*Abb. 324*).

In jedem Fall wurden Zeiträume und Daten der Kalenderrechnung in sehr einfacher Weise ausgedrückt: Ein Datum wurde nicht in Mond-, Sonnen- oder Venusjahren wiedergegeben, sondern durch die Vielfachen der Zeiteinheiten, die seit einem festgesetzten Ausgangsdatum vergangen waren – seit 13 *Baktun*, 4 *Ahau*, 8 *Cumku*. Dieses Datum setzten die Maya aus unbekannten mythischen und religiösen Gründen fest*; nach überwiegender Forschungsmeinung entspricht es im gregorianischen Kalender dem 12. August des Jahres 3113 v. Chr. *(Thompsonsche Konkordanz).*

An den Anfang ihrer chronologischen Inschriften setzten die Maya stets Datums-

* Nach Morley (1956) war es für die Maya das Datum der Erschaffung der Welt oder der Geburt ihrer Götter.

Abb. 325: Detail des Schlußsteins Nr. 48 von Yaxchilán mit einer eigenartigen Darstellung der Zeitangabe 16 kin (= 16 Tage): Ein hockender, in voller Gestalt wiedergegebener Affe (»zoomorphes« Schriftzeichen für kin), der auf seinen Händen den Kopf des Gottes 6 und auf seinen Füßen den Totenkopf für 10 trägt. (Nach Thompson 1960, Abb. 29, Nr. 10)

angaben nach dem beschriebenen System der Zeitrechnung, die von den Amerikanisten als »Anfangsreihen« bezeichnet werden.

Ein erstes Beispiel liefert uns die Leidener Platte (*Abb. 326*). Die auf der Rückseite dieses Dokuments eingravierte Inschrift beginnt mit folgendem Schriftzeichen der Anfangsreihe (Morley/Morley 1939):

YAXKIN

Dies ist der Name der Gottheit, die den Monat des »bürgerlichen« Jahres regiert, in den der Tag fällt, an dem die Inschrift angefertigt wurde.

Im unteren Teil der Inschrift wird die Stellung des fraglichen Tages innerhalb des »bürgerlichen« und des religiösen Jahres folgendermaßen bestimmt:

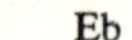

1 Eb 0 Yaxkin

Die Anzahl der Tage, die seit dem Ausgangsdatum der Zeitrechnung der Maya vergangen sind, wird in folgender Weise ausgedrückt:

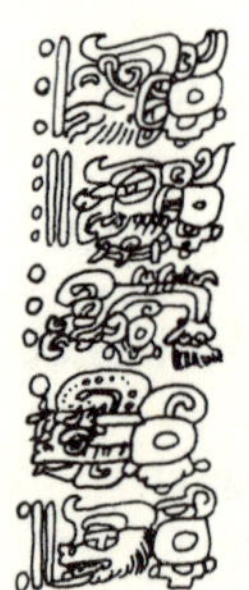

8 Baktun
14 Katun
3 Tun
1 Uinal
12 Kin

Dieses Datum, das von oben nach unten gelesen wird, beginnend mit der höchsten Zeiteinheit, kann auch in der Form 8.14.3.1.12 wiedergegeben folgendermaßen aufgeschlüsselt werden (*Abb. 321*):

8 *Baktun*	= 8 × 144.000 Tage	1.152.000 Tage
14 *Katun*	= 14 × 7.200 Tage	100.800 Tage
3 *Tun*	= 3 × 360 Tage	1.080 Tage
1 *Uinal*	= 1 × 20 Tage	20 Tage
12 *Kin*	= 12 × 1 Tag	12 Tage
		1.253.912 Tage

Umgerechnet entspricht dieses Datum dem Jahr 320 n. Chr.

Das in *Abb. 327* wiedergegebene Datum stammt von der »Hieroglyphentreppe« in Palenque; das Anfangszeichen steht für den Namen der Gottheit, unter dessen Schutz der Monat POP steht, in den der Tag der Errichtung des Gebäudes fällt:

POP

Der Tag selbst wird durch seine Position im bürgerlichen und im Ritualkalender wiedergegeben:

8 Ahau 13 Pop

RÜCKSEITE

VORDERSEITE

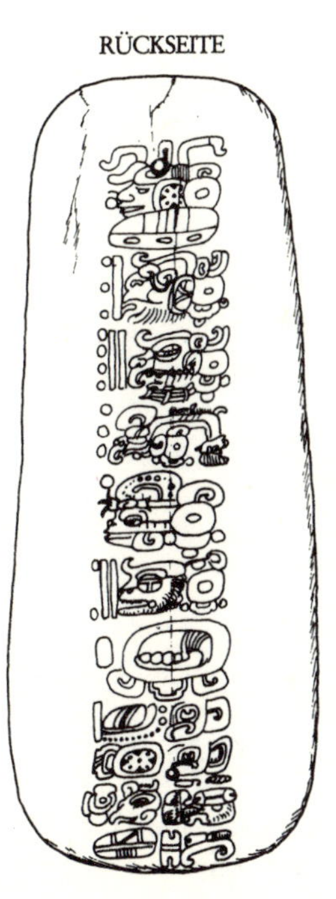

Abb. 326: Die Leidener Platte ist ein dünner Jadeanhänger von 21,5 cm Höhe; sie wurde in Guatemala in der Nähe von Puerto Barrios gefunden und soll in Tikal angefertigt worden sein. Auf der Vorderseite ist eine reichgekleidete Mayapersönlichkeit, ohne Zweifel eine Gottheit, dargestellt, die einen Gefangenen mit Füßen tritt, auf der Rückseite ein eingeritztes Datum, das dem Jahr 320 n. Chr. entspricht.
(Rijksmuseum voor Volkenkunde, Leiden)

Abb. 327: Anfangsreihe der »Hieroglyphentreppe« von Palenque mit kopfförmigen Ziffern.
(Nach Peterson 1961, 232, Abb. 58; vgl. oben Abb. 323)

Das entsprechende Datum innerhalb der Zeitrechnung ist in folgender Weise wiedergegeben (*Abb. 323*):

Dieses Datum, das von oben nach unten und auf jeder Zeile von links nach rechts gelesen wird, kann als 9.8.9.13.0 transkribiert werden und steht für folgende Zahl von Tagen:

9 *Baktun*	= 9 × 144.000 Tage	1.296.000 Tage
8 *Katun*	= 8 × 7.200 Tage	57.600 Tage
9 *Tun*	= 9 × 360 Tage	3.240 Tage
13 *Uinal*	= 13 × 20 Tage	260 Tage
0 *Kin*	= 0 × 1 Tag	0 Tage
		1.357.100 Tage

Seit Beginn der Zeitrechnung der Maya sind also 1.357.100 Tage vergangen, was dem Jahre 603 n. Chr. entspricht.

Auf gleiche Weise ist auch das Datum auf der Stele E von Quiriguá (*Abb. 328*) in der Form 9.17.0.0.0. zu transkribieren und folgendermaßen zu interpretieren:

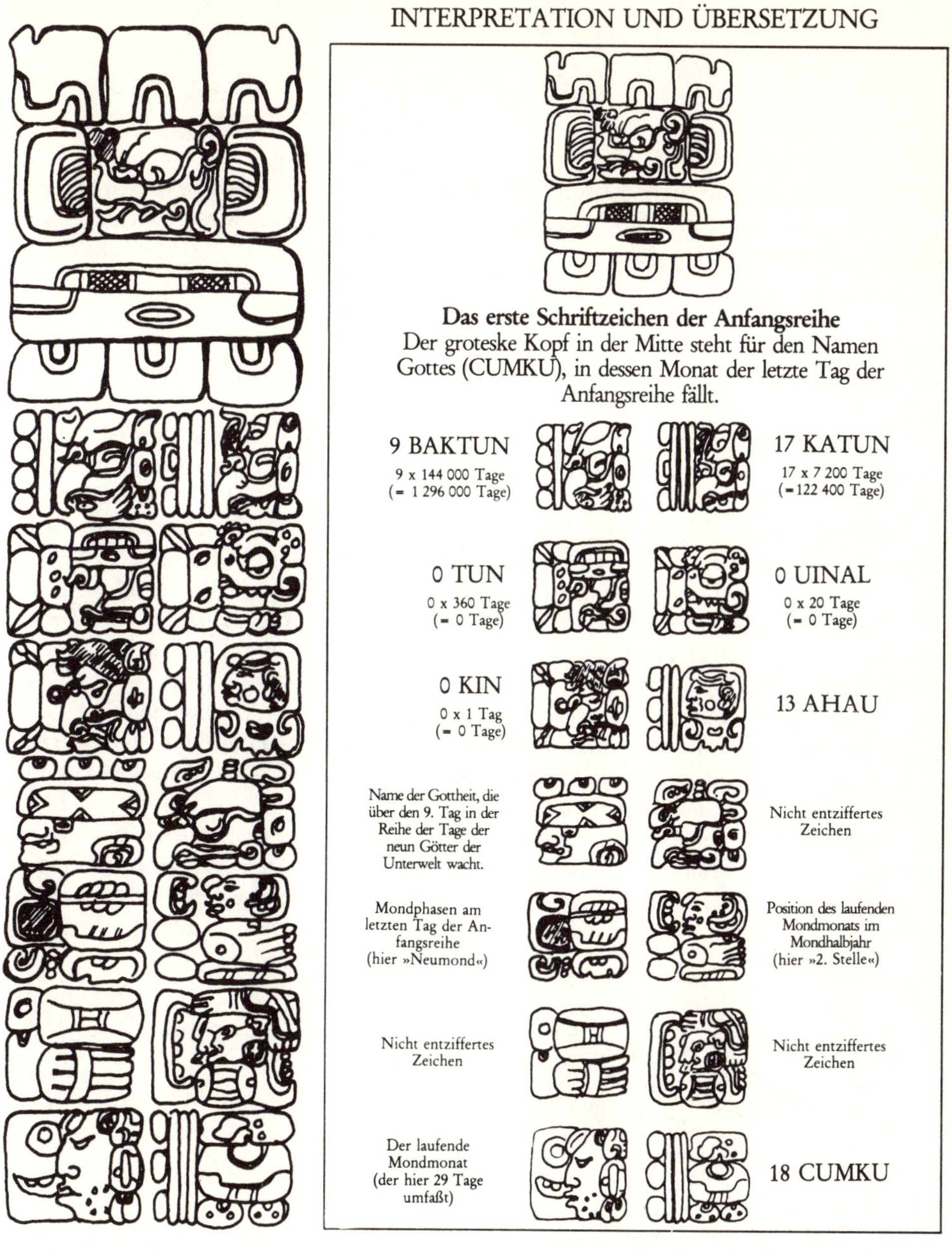

INTERPRETATION UND ÜBERSETZUNG

Das erste Schriftzeichen der Anfangsreihe
Der groteske Kopf in der Mitte steht für den Namen Gottes (CUMKU), in dessen Monat der letzte Tag der Anfangsreihe fällt.

9 BAKTUN
9 x 144 000 Tage
(= 1 296 000 Tage)

17 KATUN
17 x 7 200 Tage
(= 122 400 Tage)

0 TUN
0 x 360 Tage
(= 0 Tage)

0 UINAL
0 x 20 Tage
(= 0 Tage)

0 KIN
0 x 1 Tag
(= 0 Tage)

13 AHAU

Name der Gottheit, die über den 9. Tag in der Reihe der Tage der neun Götter der Unterwelt wacht.

Nicht entziffertes Zeichen

Mondphasen am letzten Tag der Anfangsreihe (hier »Neumond«)

Position des laufenden Mondmonats im Mondhalbjahr (hier »2. Stelle«)

Nicht entziffertes Zeichen

Nicht entziffertes Zeichen

Der laufende Mondmonat (der hier 29 Tage umfaßt)

18 CUMKU

Abb. 328: Detail der Stele E von Quiriguá, das eine Anfangsreihe und eine weitere Reihe mit zusätzlichen Angaben zum Datum der Errichtung der Stele zeigt. Das hier dargestellte Datum (9.17.0.0.0.; 13 Ahau, 18 Cumku) entspricht dem 24. Januar des Jahres 771 n. Chr.
(Nach Morley 1956, Abb. 25 gezeichnet, interpretiert und übersetzt)

9 *Baktun*	= 9 × 144.000 Tage	. . . . . .	1.296.000 Tage
17 *Katun*	= 17 × 7.200 Tage	. . . .	122.400 Tage
0 *Tun*	= 0 × 360 Tage	. . . .	0 Tage
0 *Uinal*	= 0 × 20 Tage	. . . .	0 Tage
0 *Kin*	= 0 × 1 Tag	. . . .	0 Tage
			1.418.000 Tage

Diese Stele, mit dem Datum »13 *Ahau,* 18 *Cumku*« (*Abb. 319*) wurde also 1.418.000 Tage nach dem Ausgangspunkt der Zeitrechnung der Maya errichtet, folglich am 24. Januar 771 n. Chr.

Die Entdeckung des Positionssystems und der Null

Auf ihren Stelen und Skulpturen stellten die Maya die Abwesenheit von *kin, uinal, tun, katun, baktun* usw. durch eine Hieroglyphe dar, die in verschiedenen Formen auftreten konnte (*Abb. 327–330*).

Aber es stellt sich die Frage, weshalb ein Zeichen für Null in eine Zahlschrift aufgenommen wurde, die offensichtlich gar keine Verwendung dafür hatte?

So wurde das Datum der Errichtung der Stele von Quiriguá in der Maya-Zeitrechnung auf folgende Weise wiedergegeben (*Abb. 328*): 9 *Baktun,* 17 *Katun,* 0 *Tun,* 0 *Uinal,* 0 *Kin.* Aber es hätte auch als 9 *Baktun,* 17 *Katun* zum Ausdruck gebracht werden können.

Guitel (1975) zufolge resultierte die Notwendigkeit, die Abwesenheit von Zeiteinheiten einer bestimmten Ordnung durch eine gesonderte Hieroglyphe wiederzugeben, tatsächlich aus technischen und religiösen Erfordernissen und aus den ästhetischen Bedürfnissen der Bildhauer der Maya.

Durch den rituellen und zeremoniellen Charakter der Stelen wurden die Schriftzeichen und Götterbilder besonders sorgfältig angefertigt. »Sie waren große steinerne Schachbretter, auf denen die Ordnung der Hieroglyphen nicht weniger streng war als auf einer Rechentafel.« (Guitel 1975, 408; *Abb. 320, 328*) Deshalb stellten die Bild-

Abb. 329: Detail einer im Palacio von Palenque gefundenen Plakette mit einer anthropomorphen Darstellung des Ausdrucks 0 kin (»Fehlen der Tage«).
(Nach Peterson 1961, 72, Abb. 14; vgl. oben Abb. 322, 330)

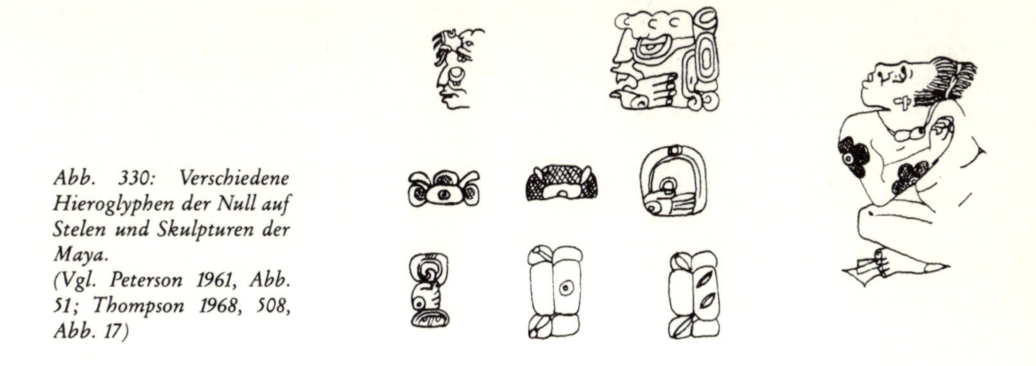

Abb. 330: Verschiedene Hieroglyphen der Null auf Stelen und Skulpturen der Maya.
(Vgl. Peterson 1961, Abb. 51; Thompson 1968, 508, Abb. 17)

hauer auf den Stelen stets sämtliche Zeiteinheiten vom *kin* bis zum *baktun* dar – manchmal sogar vom *kin* bis zum *alautun* –, und zwar in der Ordnung ihrer mathematischen Folge (*Abb. 321*). Fehlte eine Zeiteinheit, so war es aus ästhetischen Gründen, und um jeden Irrtum auszuschließen, unumgänglich, die entsprechende Leerstelle auszufüllen und ein Zeichen einzugravieren oder einzumeißeln, das zusammen mit dem Zeichen der jeweiligen Zeiteinheit deren Fehlen anzeigte.

Aber deshalb gelang es den Gelehrten der Maya auch, eine Stellenwertschrift zu entwickeln und darin eine echte Null zu verwenden...

Es ist auch hier erstaunlich, wie gleichartig sich Menschen entwickelten, die in Zeit und Raum weit voneinander entfernt lebten, und ähnliche Wege wählten, um zu analogen Ergebnissen zu gelangen.

An dieser Stelle sollte noch einmal die einfache chinesische Zahlschrift betrachtet werden; bei der Darstellung größerer Zahlen wurden die Zeichen meist folgendermaßen verteilt:

- das Zeichen für die Zehn stand zwischen der Ziffer für die Anzahl der Einer und der Ziffer für die Anzahl der Einheiten zweiter Ordnung;
- das Zeichen für die Hundert stand zwischen der Ziffer für die Anzahl der Einheiten zweiter Ordnung und der Ziffer für die Anzahl der Einheiten dritter Ordnung usw.

Dieses Prinzip, das die Chinesen hier gebrauchten, haben wir als »hybrid« bezeichnet (*Abb. 282*). Bei der Untersuchung chinesischer Werke fällt jedoch auf, daß die Ziffern für die aufeinanderfolgenden Potenzen von zehn häufig ausgelassen worden sind; z.B. wird die Zahl 67.859 in folgender Form wiedergegeben*:

Diese Entwicklung der gewöhnlichen chinesischen Zahlschrift hin zu einem Positionssystem entspricht der allgemeinen Tendenz hybrider Ziffernsysteme.

* Diese Art der Anwendung findet sich insbesondere auf einer vom chinesischen Kaiser Kángshi (1662–1722) veröffentlichten Logarithmentafel, der sie »in einer großen ›Auf kaiserlichen Befehl hergestellten Sammlung mathematischer Bücher‹ im Jahre 1713 herausgeben« ließ. Man findet sie ebenfalls in einem *Ting chü suan-fa* (»Die Rechenmethode des *Ting chü*) betitelten Werk, das 1355 veröffentlicht wurde (Menninger 1957/58, II, 278–279, 300, Anm. 161).

Aus demselben Grund haben aramäische Steinmetze zu Beginn der christlichen Ära in Zahlendarstellungen das Zeichen für Hundert ausgelassen. So wurde in einer hatraïschen Inschrift von *Sa'ddiyat* das Datum 436 der Ära der Seleukiden (= 124–125 n. Chr.) in folgender Weise abgekürzt (*Abb. 262*; Aggoula 1972, Tafel II):

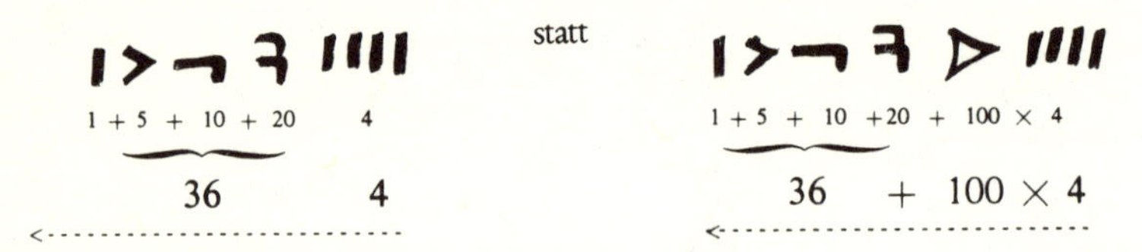

Jüdische Gelehrte des Mittelalters gaben Zahlen wie 5.845 gewöhnlich in dieser Form wieder:

Manchmal wurde diese Schreibweise jedoch in folgender Weise abgeändert (Nesselmann 1942):

החמ״ה

5 + 40 . 8 . 5

Der griechische Mathematiker Diophantos von Alexandria (um 250 v. Chr.) gab ursprünglich Zahlen wie z. B. 98.610.732 in dieser Form wieder:

$$'\theta\ \omega\ \xi\ \alpha\quad \mathbf{M}\quad \psi\ \lambda\ \beta$$

$$(9\,000 + 800 + 60 + 1) . 10\,000 + 700 + 30 + 2$$

$$9\,861 \times 10\,000 + 732$$

In späteren Werken benutzte auch er eine vereinfachte Zahlschrift:

$$'\theta\ \omega\ \xi\ \alpha\ .\quad \psi\ \lambda\ \beta$$

$$(9\,000 + 800 + 60 + 1)\quad 700 + 30 + 2$$

$$9\,861\ .\ 732$$

Als letztes Beispiel seien noch die tamilische und die Malayalam-Zahlschrift in Südindien genannt, in der wie bei den Chinesen die Ziffern Zehn, Hundert, Tausend usw. häufig weggelassen wurden (Renou/Filliozat 1953, II, 703; vgl. *Abb. 280*):

Beispiel: 5.843

	Vollständige Schreibweise	Abgekürzte Schreibweise
Tamilisches System	௫ ௲ ௮ ௱ ௪ ௰ ௩ 5 1000 8 100 4 10 3 ------------------------------->	௫ ௮ ௪ ௩ 5 8 4 3 ----------------------->
Malayalam-System	൫ ൲ ൮ ൱ ൪ ൰ ൩ 5 1000 8 100 4 10 3 ------------------------------->	൫ ൮ ൪ ൩ 5 8 4 3 ----------------------->

Dies ist ein überzeugender Beleg für die Beständigkeit des menschlichen Denkens: Hybride Ziffernsysteme wurden häufig in gleicher Weise zu vollständigen oder partiellen Positionssystemen weiterentwickelt.*

Wenn Verwechslungen ausgeschlossen waren, konnten bei Verwendung eines hybriden Ziffernsystems die Ziffern weggelassen werden, die innerhalb der Zahlendarstellung die Ordnung bezeichneten, so daß schließlich nur noch die entsprechenden Koeffizienten übrig waren.

Das System, das die Maya zur Zeitrechnung benutzten, war ein hybrides Ziffernsystem aus folgenden Gründen:

1. Innerhalb dieses Systems werden die Zeiteinheiten stets in einer unveränderlichen Reihenfolge angeordnet, beginnend mit dem höchsten Wert.
2. Die Vielfachen der Zeiteinheiten werden nach dem multiplikativen Prinzip gebildet, die Zahlen insgesamt nach dem additiven Prinzip zusammengesetzt.**

Wie alle hybriden Zahlschriften legte auch dieses System die Entdeckung der Stellenwertschrift nahe (Guitel 1975).

So haben die Priester und Astronomen der Maya in ihren Codices häufig ihre Zahlschrift bei der Zeitrechnung dadurch vereinfacht, daß sie die Hieroglyphen weggelassen haben, die nur die Zeiteinheit angaben, so daß schließlich nur noch die entsprechenden Koeffizienten übrigblieben. So wird der folgende Zeitraum:

5 *Baktun*, 17 *Katun*, 6 *Tun*, 11 *Uinal*, 19 *Kin*
(= 5 × 144.000 + 17 × 7.200 + 6 × 360 + 11 × 20 + 19 = 844.799 Tage)

im *Dresdener Codex* auf folgende Weise wiedergegeben:

5. 17. 6. 11. 19

Der Schreiber hat sich damit begnügt, an den dafür vorgesehenen Stellen nur

* Es zeigt sich hier, daß aus partiell hybriden Ziffernsystemen (Abb. 281, Gruppe 1–3) nur partiell positionelle Ziffernsysteme entwickelt wurden, während rein hybride Systeme (Abb. 281, Gruppe 4) unter gleichen Bedingungen reine Positionssysteme hervorbrachten.

** So entspricht beispielsweise das Datum 5 *Pictun*, 17 *Baktun*, 11 *Katun*, 8 *Tun*, 0 *Uinal*, 6 *Kin* folgender Anzahl von Tagen: 5 × 2.880.000 + 17 × 144.000 + 11 × 7.200 + 8 × 360 + 0 × 20 + 6. Diese Zahl läßt sich folgendermaßen zerlegen:
$5 \times (18 \times 20^4) + 17 \times (18 \times 20^3) + 11 \times (18 \times 20^2) + 8 \times (18 \times 20) + 0 \times 20 + 6$

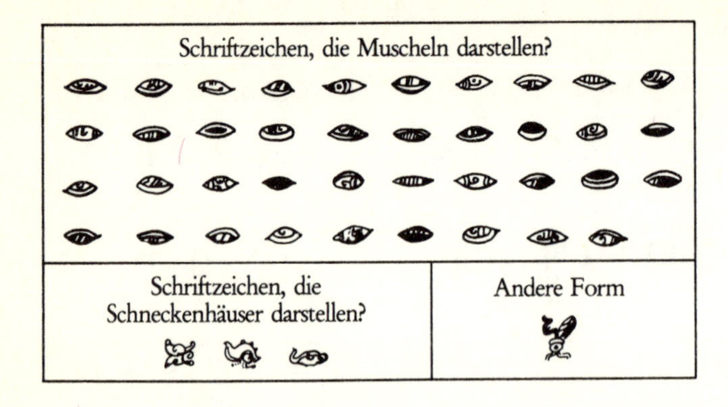

Abb. 331: Verschiedene Formen des Schriftzeichens »Null« in den Codices. (Vgl. Bowditch 1910)

noch die Koeffizienten von *kin, uinal, tun, katun, baktun* usw. aufzuzeichnen.

Das Schriftzeichen, das auf Stelen und Skulpturen die Abwesenheit einer bestimmten Zeiteinheit anzeigte, wurde in den *Codices* durch ein gleichwertiges, leichter wiederzugebendes ersetzt (*Abb. 330, 331*).

Auf diese Weise entwickelten die Gelehrten der Maya in der klassischen Epoche ihrer Geschichte (3.–9. Jh. n. Chr.) eine Positions-Zahlschrift mit einer Null.

Die Priester und die Astronomen der Maya benutzten in ihren Handschriften also eine Zahlschrift auf der Basis Zwanzig, in der der Wert der Ziffern von ihrer Position in der Zahlendarstellung bestimmt wurde. Diese Zahlschrift kannte strenggenommen nur zwei Ziffern: Die neunzehn Einheiten jeder Ordnung wurden durch einfache Kombination von Punkten und waagerechten Strichen wiedergegeben, wobei ein Punkt für eine und ein Strich für fünf Einheiten standen (*Abb. 324*):

1 2 4 6 9 13 18

Jede Zahl über zwanzig wurde in einer senkrechten Spalte aufgezeichnet, die so viele Zeilen hatte, wie es Ordnungen gab; sie wurde von oben nach unten gelesen, wobei in der untersten Zeile die Einheiten der ersten Ordnung, in der zweiten die Vielfachen von 20, in der dritten die Vielfachen von $360 = 18 \times 20$ (und nicht etwa von $400 = 20 \times 20$) standen, in der vierten die Vielfachen von $7.200 = 18 \times 20^2$ (und nicht etwa von $8.000 = 20 \times 20 \times 20$) usw.

Beispiel: 13.495

1 .... $1 \times 7\,200$

17 .... 17×360

8 .... 8×20

15 15

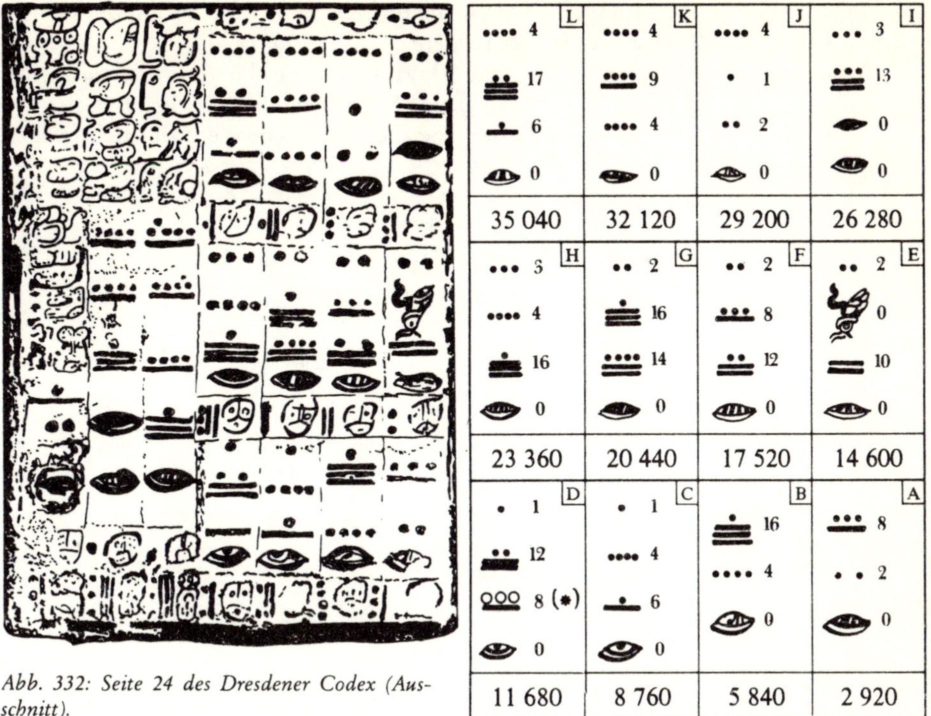

Abb. 332: Seite 24 des Dresdener Codex (Ausschnitt).
(Sächsische Landesbibliothek, Dresden)

* Auslassung von drei Punkten durch den Schreiber

Diese Zahlschrift kannte darüber hinaus noch ein richtiges Nullzeichen. Wenn die Einheiten einer bestimmten Ordnung einer Zahl fehlten, wurde in der entsprechenden Zeile ein Schriftzeichen eingesetzt, das zwar in verschiedenen Formen auftrat, jedoch allein für diesen Zweck entwickelt worden war (*Abb. 331*). So wurden beispielsweise die Zahlen 20 (= 1 × 20 + 0) und 1.087.200 (= 7 × 144.000 + 11 × 7.200 + 0 × 360 + 0 × 20 + 0) in den *Codices* in den folgenden Formen dargestellt:

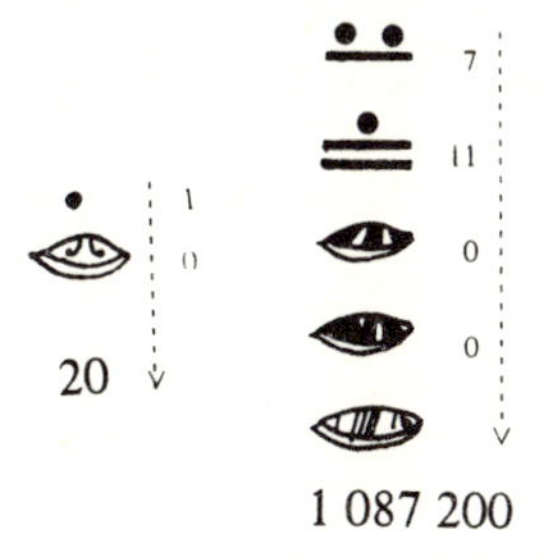

Diese Zahlschrift beruhte also auf dem Positionsprinzip und besaß eine echte Null. Sie war jedoch nicht streng vigesimal, da ihre Abschnitte nicht den Werten 1, 20, 20^2, 20^3, 20^4 usw. entsprachen. Statt den aufsteigenden Potenzen von 20 zu folgen, gab es ab der dritten Ordnung eine Unregelmäßigkeit, da ihre Stellen auf der Folge 1, 20, 18×20, 18×20^2, 18×20^3 usw. beruhten.

Aus diesem Grunde war die Null der Maya – die sowohl in mittlerer als auch in Endstellung verwandt wurde (*Abb. 333*) – keine Recheneinheit, weil die Hinzufügung einer Null am Ende einer Zahlenwiedergabe die entsprechende Zahl nicht mit 20 multiplizierte*:

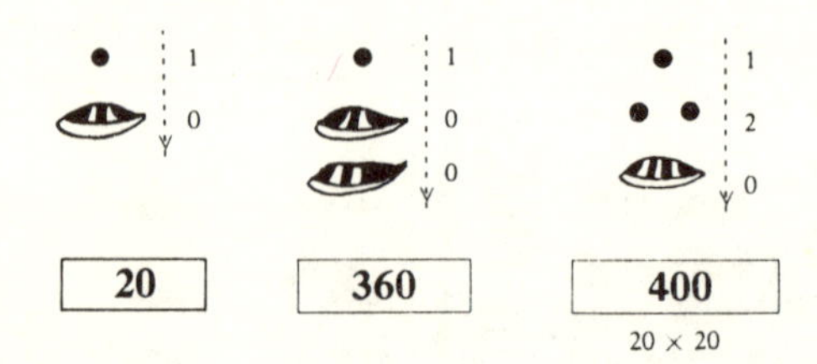

Diese Unregelmäßigkeit ist insofern nicht erstaunlich, als diese Zahlschrift ausschließlich für die Astronomie und die Zeitrechnung entwickelt wurde.

*Abb. 333: Zahlenangaben auf Seite 24 des Dresdener Codex (vgl. Abb. 332).***
Diese Zahlen entsprechen in der Zahlschrift der Priester und Astronomen der Maya folgender Anzahl von Tagen:

A= 2 920 = 1 x 2 920 [= 5 x 584 Tage]
B= 5 840 = 2 x 2 920 [= 10 x 584 Tage]
C= 8 760 = 3 x 2 920 [= 15 x 584 Tage]
D= 11 680 = 4 x 2 920 [= 20 x 584 Tage]
E= 14 600 = 5 x 2 920 [= 25 x 584 Tage]
F= 17 520 = 6 x 2 920 [= 30 x 584 Tage]
G= 20 440 = 7 x 2 920 [= 35 x 584 Tage]
H= 23 360 = 8 x 2 920 [= 40 x 584 Tage]
I = 26 280 = 9 x 2 920 [= 45 x 584 Tage]
J = 29 200 = 10 x 2 920 [= 50 x 584 Tage]
K= 32 120 = 11 x 2 920 [= 55 x 584 Tage]
L= 35 040 = 12 x 2 920 [= 60 x 584 Tage]

Tafel mit den synodischen Umlaufzeiten der Venus, die auf 584 Tage geschätzt wurden.

* In einer regelmäßigen vigesimalen Zahlschrift ist die Null eine Recheneinheit. In diesem Fall entspricht der Ausdruck 1.0 der Zahl $1 \times 20 + 0 = 20$; derselbe Ausdruck mit einer zusätzlichen Null 1.0.0. steht für die Zahl $1 \times 20^2 + 0 \times 20 + 0 = 400 = 20 \times 20$.
In der Zahlschrift der Maya entsprachen die Schreibweisen 1.0 und 1.0.0. jedoch folgenden Zahlen: $1 \times 20 + 0 = 20$ und $1 \times 360 + 0 \times 20 + 0 = 360$.
Die Zahl $20 \times 20 = 400$ wurde in der Form 1.2.0 ($= 1 \times 360 + 2 \times 20 + 0$) und nicht in der Form 1.0.0 geschrieben! Hier zeigt sich deutlich, daß die Null der Maya unserer Null nicht entspricht.

** *Dresdener Codex*, Sächsische Landesbibliothek Dresden; Kingsborough 1831/48; Förstemann 1892; 1906; Gates 1932; Guitel 1975, 426–466; Thompson 1942; 1972.

Die Gelehrten der Maya hatten bei der Entwicklung dieser Zahlschrift sicherlich mystische und wahrsagerische Ziele, aber in der Geschichte der Zivilisation ebneten Astrologie und Religion häufig der Philosophie und den Wissenschaften die Bahn.

Man muß die glänzenden Leistungen dieser Priester und Astronomen anerkennen, die dieses System völlig unabhängig entwickelten und damit astronomische Berechnungen von geradezu überwältigender Präzision anstellten, die sich auf Beobachtungen ohne optische Instrumente stützten. In jedem Fall gehört die Zivilisation der Maya durch ihre Technik, ihre architektonischen Leistungen und ihre intellektuellen Entdeckungen ebenso wie durch ihre bemerkenswerten Kunstwerke zu den bedeutendsten Kulturen Amerikas und der Geschichte überhaupt.

Kapitel 31
Der Ursprung der »arabischen« Ziffern

»Wüßten wir mehr über die Geschichte«, so bemerkte Émile Mâle einmal, »dann würden wir feststellen, daß sich alle Neuerungen ursprünglich einer großen Weisheit verdanken.« (Zit. n. Février 1948)

Unsere heutige Zahlschrift, die aus Indien stammt, ist für uns derart selbstverständlich, daß wir ihre Tiefe und ihre Bedeutung kaum ermessen können. Unsere Zivilisation verwendet sie seit einigen Jahrhunderten so mechanisch, daß wir ihre wahren Verdienste längst vergessen haben. Wer jedoch über die Geschichte der Zahlschrift nachdenkt, wird von dem dahinter stehenden Scharfsinn beeindruckt sein, denn der Begriff der Null und der positionsabhängige Zahlenwert der Ziffern machen unser gegenwärtiges System den meisten anderen, die von den Völkern im Laufe der Zeit benutzt wurden, weit überlegen.

Die Grundlage unseres Zahlensystems

Im folgenden soll die Wegstrecke, die bis zur Entwicklung dieser wesentlichen Grundregeln unserer Zahlschrift zurückgelegt werden mußte, noch einmal kurz zusammengefaßt werden, indem die bisher beschriebenen Zahlschriften nach Guitel (1975) in drei grundlegende Gruppen eingeteilt werden (*Abb. 334*).

Die Ziffernsysteme der ersten Gruppe beruhen auf dem *additiven Prinzip;* die Grundziffern sind dabei vollkommen unabhängig voneinander.

So gehören die ägyptischen Hieroglyphen-Ziffern zweifellos zu den einfachsten Systemen dieser Kategorie, da sie die alte gegenständliche Zahlendarstellung durch Aufhäufung oder Aneinanderreihung von Kieselsteinen oder anderen Gegenständen direkt auf die Schrift überträgt. Nur der Einheit und jeder Potenz der Basis Zehn wird ein gesondertes Zeichen zugeordnet; die entsprechenden Zeichen werden dann so oft wie notwendig wiederholt, so daß zur Darstellung beispielsweise der Zahl 7.897 nicht weniger als 31 Zahlzeichen benutzt werden müssen. Aufgrund der ermüdenden Wiederholung identischer Symbole ist eine derartige Zahlschrift sehr schwer zu handhaben. Deshalb haben verschiedene Völker zusätzliche Zeichen eingeführt.

Die Griechen und die Sabäer ordneten beispielsweise nicht nur den folgenden Zahlen eine eigene Ziffer zu:

1 10 100 1.000 10.000 usw.

Sie entwickelten auch Zeichen für diese Zahlen:

5 50 500 5.000 50.000 usw.

Das etruskische und römische Ziffernsystem war ebenso aufgebaut, beruhte allerdings auf der Verwendung von Kerbhölzern.

Aber auch diese weiterentwickelte Zahlschrift räumte das Problem der Platznot nicht aus. Darüber hinaus verloren diese Ziffernsysteme durch die Entwicklung immer neuer Ziffern jeden inneren Zusammenhang.

Dagegen kamen die Ziffernalphabete der Griechen, der Hebräer, der Syrer und der Araber ebenso wie das hieratische System der Ägyper und die alte Zahlschrift der Inder mit viel weniger Symbolen aus. Sie ordneten jeder Einheit innerhalb einer Ordnung eine eigene Ziffer zu: neun Zeichen für die neun Einer, neun andere für die neun Zehner, nochmals neun für die Hunderter usw.

Damit wurde bei der Zahlendarstellung zwar Platz gespart, aber die große Zahl verschiedener Ziffern stellte hohe Anforderungen an das Gedächtnis der Benutzer, zumal für sehr große Zahlen immer neue Zeichen gebildet werden mußten.

Aus diesen Gründen entwickelten bestimmte Völker, deren Ziffernsystem zunächst additiv aufgebaut war, für Einheiten höherer Ordnung die Zahlenwiedergabe nach dem *multiplikativen Prinzip*.

Andere Völker, die durch den Aufbau ihres gesprochenen Ziffernsystems beeinflußt waren, dehnten dieses Prinzip nach und nach auf die Darstellung der anderen Ordnungen aus.

Dadurch entstanden *hybride Ziffernsysteme*, in denen die Stellung der Ziffern nur noch teilweise frei ist und die auf dem Prinzip beruhen, daß die Koeffizienten in der Zahlendarstellung im allgemeinen den Potenzen der Basis entsprechen.

So ordneten die Aramäer, die Assyrer und die Babylonier jeder der folgenden Zahlen eine eigene Ziffer zu:

1 10 100 1.000 usw.

Die Hunderter, Tausender usw. wurden dann nach dem multiplikativen Prinzip gebildet, während die Einer, die Zehner und alle Zahlen unter 100 nach dem alten Prinzip der Addition wiedergegeben wurden. Die Zahl 6.345 zerlegten sie beispielsweise folgendermaßen:

$$(1 + 1 + 1 + 1 + 1 + 1) \times 1000 + (1 + 1 + 1) \times 100 + (10 + 10 + 10 + 10) + (1 + 1 + 1 + 1 + 1)$$

Die Einwohner der Insel Ceylon gaben jeder der folgenden Zahlen ein eigenes Zeichen:

1 2 3 4 5 6 7 8 9
10 20 30 40 50 60 70 80 90
100 1.000 usw.

Für die Hunderter, die Tausender usw. benutzten sie das multiplikative Prinzip, aber die Zahlen unter hundert wurden auch bei ihnen weiterhin nach dem additiven Prinzip gebildet. Sie zerlegten die Zahl 6.345 folgendermaßen:

$$6 \times 1.000 + 3 \times 100 + 40 + 5$$

Die Chinesen und die Tamilen in Indien haben vollständig hybride Systeme entwickelt; dabei wurden jeder der folgenden Zahlen eigene Zeichen zugeordnet:

1 2 3 4 5 6 7 8 9
10 100 1.000 10.000 usw.

Alle zusammengesetzten Zahlen wurden dann ausschließlich nach dem multiplikativen Prinzip dargestellt. Sie zerlegten die Zahl 6.345 so:

$$6 \times 1.000 + 3 \times 100 + 4 \times 10 + 5$$

An dieser Stelle begreifen wir, weshalb die Positionssysteme den anderen überlegen sind.

Nehmen wir zunächst als Beispiel das griechische Ziffernalphabet; damit können gebräuchliche Zahlen – unter Zehntausend – mit höchstens vier Zeichen zum Ausdruck gebracht werden. Aber ist das das wesentliche Ziel einer Zahlschrift? Es ist doch viel wichtiger, ob man mit einem Ziffernsystem auch rechnen kann. Die griechischen und byzantinischen Mathematiker konnten mithilfe ihrer Zahlbuchstaben zwar mit ganzen Zahlen rechnen, aber das war viel komplizierter als bei uns und erforderte alle möglichen Kunstgriffe.

Oder nehmen wir die gewöhnliche chinesische Zahlschrift. So einfach sie auch erscheint, können mit ihr doch nicht sämtliche ganzen Zahlen wiedergegeben werden, da die Anzahl der Grundziffern nicht begrenzt ist; je höher die darzustellende Zahl, umso mehr Symbole müssen hinzuerfunden werden!

Dagegen können im Rahmen einer entwickelten Stellenwertschrift nicht nur alle beliebigen Zahlen jeder Größenordnung mit einer beschränkten Anzahl von Ziffern dargestellt werden, sondern mit ihr kann auch sehr einfach gerechnet werden. Und eben deshalb ist unser Ziffernsystem eine der Grundlagen der geistigen Fähigkeiten der modernen Menschen.

Als Beweis dafür führen wir mit römischen Ziffern eine einfache Addition durch:

CCLXVI	266
MDCCCVII	1 807
DCL	650
MLXXX	1 080
MMMDCCCIII	3 803

Ohne Übertragung auf unsere Zahlschrift wäre das sehr schwierig, wenn nicht unmöglich – und dabei handelt es sich doch bloß um eine Addition! Wie verhielte sich das erst bei einer Multiplikation oder gar bei einer Division? Mit diesen Ziffernsystemen kann nicht gerechnet werden, da ihre Grundziffern einen festgelegten Zahlenwert haben. Diese Ziffern sind keine Recheneinheiten, sondern Abkürzungen, mit denen Ergebnisse von Rechnungen festgehalten werden können, die mit Gegenständen auf der Rechentafel, dem Abakus oder dem Kugelbrett bereits gelöst worden waren.

»Deshalb gab es bis zum Auftauchen unseres modernen *Positionssystems* so wenige Fortschritte in der Kunst des Rechnens. Dabei hat es an Versuchen nicht gefehlt, Rechenregeln aufzustellen. Die mittelalterliche Arithmetik kennt viele davon. Die

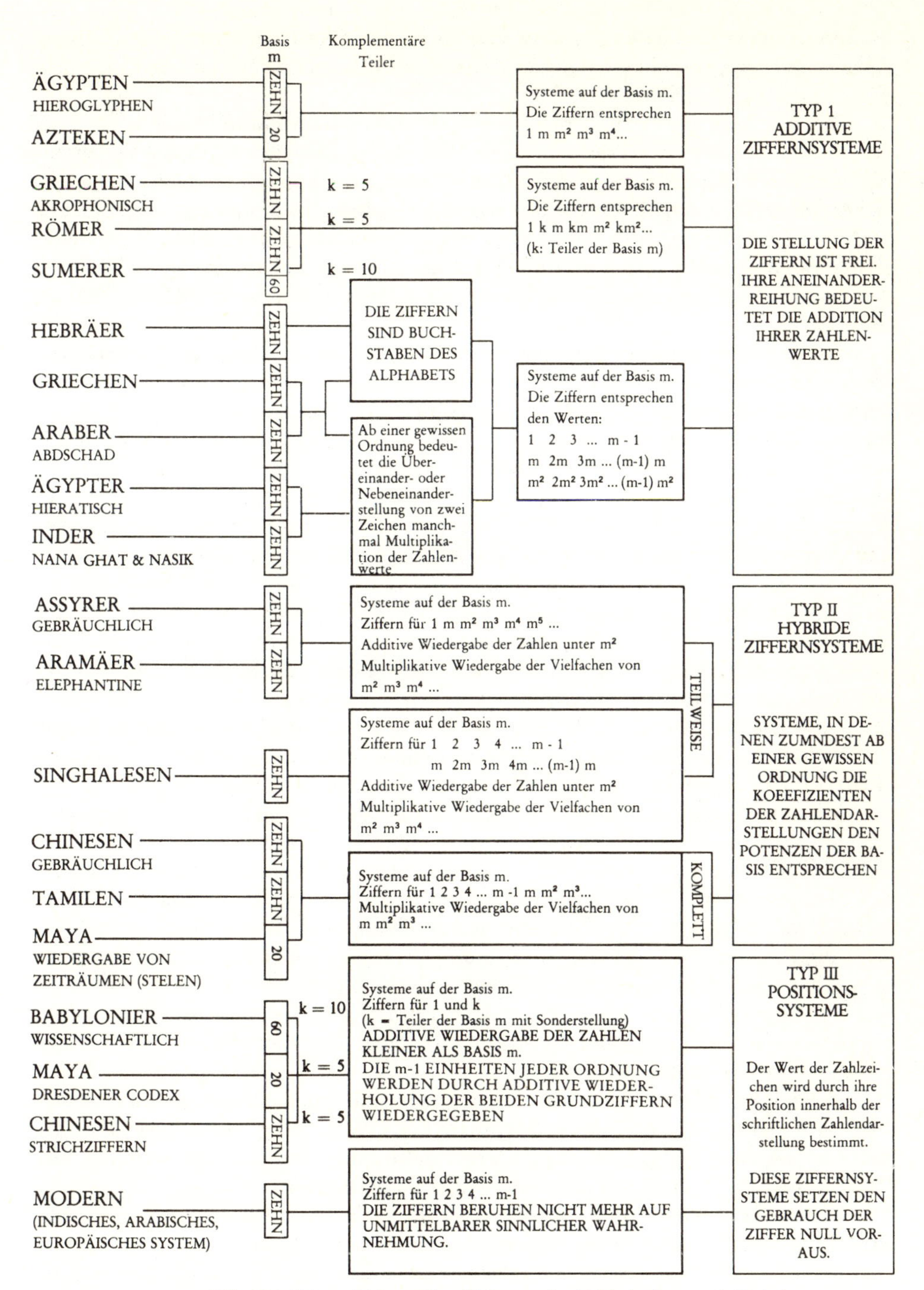

Abb. 334: Hierarchisierte Klassifizierung der Zahlschriften nach Guitel. (1975, 36, Tab. 2; überarbeitet durch d. Verf.)

große Ehrfurcht, die man damals vor den Rechenkünstlern hatte, beweist die Schwierigkeit dieser Regeln; einem in dieser Kunst Bewanderten wurden fast übernatürliche Fähigkeiten zugeschrieben (...).

Bis zu einem gewissen Punkt findet man diese Hochachtung auch heute noch. Der Durchschnittsmensch verwechselt mathematische Fähigkeiten mit der Geschwindigkeit in der Handhabung von Zahlen. ›Sie sind Mathematiker? Dann haben Sie sicher keine Schwierigkeiten bei der Berechnung Ihrer Einkommensteuer!‹ Es gibt wohl wenige Mathematiker, denen diese Frage im Verlauf ihrer Karriere nicht wenigstens einmal gestellt worden ist, und es liegt eine gewisse unbewußte Ironie darin, da den meisten von ihnen jene Schwierigkeiten durchaus nicht erspart bleiben!« (Dantzig 1931)

Die folgende Anekdote beschreibt die Situation am Ende des Mittelalters: »Im 15. Jahrhundert hatte ein deutscher Kaufmann einen Sohn, den er im Handel weiter ausbilden lassen wollte. Er ließ einen bedeutenden Professor kommen, um ihn zu fragen, welche Institution zu diesem Zwecke die geeignetste sei. Der Professor antwortete, daß der junge Mann seine Ausbildung vielleicht auf einer deutschen Universität empfangen könne, wenn er sich damit beschiede, addieren und subtrahieren zu lernen. Wolle er es aber bis zur Multiplikation und Division bringen, so sei Italien nach seiner, des Professors Meinung, das einzige Land, wo man ihm dies beibringen könne. Tatsächlich hatten die Multiplikation und die Division damals nicht viel gemein mit den Rechenarten, die heute diesen Namen tragen. So war z.B. die Multiplikation eine Abfolge von Verdoppelungen, und die Division beschränkte sich auf Teilung in zwei gleiche Teile (...). Wir beginnen langsam zu begreifen, weshalb die Menschheit so hartnäckig an Geräten wie dem ›Kugelbrett‹ oder sogar dem ›Kerbholz‹ festhielt. Rechnungen, die heute ein Kind spielend vollführt, verlangten damals die Dienstleistungen eines Spezialisten, und wenn sie heute wenige Minuten beanspruchen, bedurfte es im 12. Jahrhundert mehrerer Tage kompliziertester Arbeit.

Man hat die zunehmende Leichtigkeit, mit der der heutige Durchschnittsmensch rechnet, häufig als Beweis für den Fortschritt der menschlichen Intelligenz angesehen; in Wirklichkeit beruhten jedoch die Schwierigkeiten, auf die man früher stieß, auf der Art des verwendeten Ziffernsystems, das mit einfachen und klaren Regeln nicht zu erfassen war.« (Dantzig 1931) Nur aufgrund des Prinzips, daß den Ziffern ein variabler Wert zugeordnet wird, der von ihrer Stellung innerhalb der Zahlendarstellung abhängt, kann mit dem modernen Ziffernsystem gerechnet werden, da die Ziffern dadurch dynamischen Charakter haben: »Die Entdeckung des *Positionssystems* hat alle Hindernisse hinweggefegt und die Arithmetik selbst dem stumpfesten Geist zugänglich gemacht.« (Dantzig 1931)

Indes verstand sich diese Entdeckung ganz und gar nicht von selbst, was sich schlicht daran erweist, daß sie der Mehrzahl der Völker vorenthalten blieb. Dies gilt auch für das Abendland, das lange warten mußte, bis das Positionssystem auf dem Umweg über die Araber von den Indern dorthin gelangte.

Dieses Grundgesetz der Zahlschrift ist im Verlauf der Geschichte nur viermal entwickelt worden. Zum ersten Mal tauchte es bei den babylonischen Wissenschaftlern etwa gegen Beginn des zweiten Jahrtausends v. Chr. auf. Kurz vor Beginn unserer Zeitrechnung erschien es bei den Chinesen und danach – unabhängig von jedem äußeren Einfluß – bei den Astronomen der Maya in der klassischen Epoche (3.-9. Jh.

n. Chr.). Aber diese drei Positionssysteme waren, verglichen mit dem indischen, dem Vorläufer unseres Ziffernsystems, noch ziemlich unvollkommen (*Abb. 334*).

Das babylonische System auf Sexagesimalbasis ordnete nur der Einheit und der Zehn eine eigene Ziffer zu und bildete alle Zahlen unter sechzig durch Addition dieser beiden Zeichen – die neunundfünfzig Einheiten jeder Ordnung wurden also auf der Hilfsbasis Zehn nach dem additiven Prinzip wiedergegeben.

Das System der Mayaastronomen auf der Basis Zwanzig verfügte nur für die Einheit und die Zahl Fünf über ein eigenes Zeichen, so daß alle Zahlen unter zwanzig auf der Hilfsbasis Fünf nach dem additiven Prinzip gebildet wurden. Darüber hinaus war dieses Positionssystem aufgrund seiner Angleichung an die Zeitrechnung ab der dritten Ordnung unregelmäßig aufgebaut – es folgte nämlich nicht den Potenzen von zwanzig (1, 20, 20^2 = 400, 20^3 = 8.000 usw.), sondern bildete folgende Abschnitte:

$$1, 20, 18 \times 20 = 360, 18 \times 20^2 = 7.200 \text{ usw.}$$

Aufgrund dieser Unregelmäßigkeit konnte mit dem Ziffernsystem der Maya nicht gerechnet werden.

Das Positionssystem der chinesischen Gelehrten war wie das unsere dezimal, aber die neun Einheiten wurden durch das additive Prinzip wiedergegeben, ausgehend von einer Ziffer für die Einheit und einer für die Zahl Fünf.

Daran läßt sich die Überlegenheit der indischen Positionssysteme ermessen; ihre Grundziffern bestanden aus Zeichen, die von unmittelbarer sinnlicher Wahrnehmung abgelöst waren; der Aufbau der Zahlschrift folgte den aufeinanderfolgenden Potenzen der Basis Zehn.

Zusammen mit dem Positionsprinzip war die Entdeckung der Null zweifellos die entscheidende Etappe einer Entwicklung, ohne die der Fortschritt der modernen Mathematik, Wissenschaft und Technik undenkbar wäre. Sie hat den menschlichen Verstand endgültig vom »Rechenbrett« befreit, dessen Gefangener er Jahrtausende hindurch gewesen war, und hat jede Zweideutigkeit bei der Wiedergabe von Zahlen beseitigt; damit wurde eine Revolution in der Rechenkunst eingeleitet, die nun auch den Laien zugänglich war. »Der Einfluß dieser großen Entdeckung blieb nicht allein auf die Arithmetik beschränkt; indem sie den Weg für eine verallgemeinernde Betrachtung der Zahl ebnete, hat sie eine grundlegende Rolle in allen Zweigen der Mathematik gespielt.« (Dantzig 1931)

Die Bedeutsamkeit dieser Entdeckung zeigt sich auch darin, daß sie im Grunde in der Geschichte nur dreimal gelang: einmal bei den babylonischen Gelehrten, ein weiteres Mal bei den Priestern und Astronomen der Maya und zuletzt bei den indischen Mathematikern und Astronomen.*

Bei der Wiedergabe von Daten ihrer Zeitrechnung verwandten die Maya ein besonderes Symbol, mit dem sie die Abwesenheit von Zeiteinheiten einer bestimmten Ordnung kennzeichneten; damit verfügten sie über ein echtes »Nullzeichen«, das sie sowohl in der Mitte wie am Ende ihrer Zahlendarstellungen einsetzten. Aber auf-

* Obwohl die chinesischen Rechenkünstler und Mathematiker das Positionsprinzip kannten, fehlte ihnen doch im Gegensatz dazu sehr lange die Vorstellung der Null. Diese wurde erst im 8. Jahrhundert n. Chr. in China eingeführt, wahrscheinlich durch den Einfluß aus Indien stammender Gelehrter.

grund des unregelmäßigen Aufbaus ihres Ziffernsystems war diese Null keine Recheneinheit.

Die mesopotamischen Gelehrten hatten dagegen fünfzehn Jahrhunderte lang keine Vorstellung von der Null, was zu großen Verwirrungen führte. Diese Schwierigkeiten versuchten sie zunächst dadurch zu umgehen, daß sie eine Stelle freiließen, um die Abwesenheit der Einheiten einer bestimmten Ordnung zu bezeichnen – wie wenn wir eine Zahl wie etwa *hundertundsechs* in der Form 1. .6 wiedergeben würden. Aber dadurch war das Problem noch nicht gelöst, denn diese Leerstelle wurde häufig vergessen; außerdem konnte so die Abwesenheit von zwei aufeinanderfolgenden Ordnungen nur schwer dargestellt werden – es hätten zwei Leerstellen aufeinander folgen müssen! Erst relativ spät führten die Babylonier ein Schriftzeichen ein, um fehlende Einheiten zu bezeichnen. Allerdings scheinen die mesopotamischen Mathematiker dieses Nullzeichen nur in der Mitte der Zahlendarstellungen gebraucht zu haben. Dagegen haben es die Astronomen auch am Ende ihrer Zahlen benutzt; wahrscheinlich hatten sie schon eine Vorstellung von der Null als Recheneinheit. Aber in keinem Fall ist die babylonische Null als Zahl begriffen worden, als Synonym für »Nichts« oder für »Nullmenge«.

Die heutige Null – die im Grunde direkt von der indischen abstammt – ist den beiden vorangegangenen gegenüber also deutlich überlegen (*Abb. 335*).

Aber weder die Entdeckung des Positionsprinzips noch die der Null ist einem einzigen »genialen Erfinder« gelungen; vielmehr waren sie längst in der Praxis ausprobiert worden, in einer langen Reihe von Versuchen, die zu Unbehagen, immer neuen Überlegungen und fruchtbaren Entwicklungen führten: »Im Verlauf der Zeit gelang es einigen Gelehrten, das primitive Instrument, das sie von ihren Vorfahren übernommen hatten, zur Vollkommenheit zu bringen. Diese Leistung konnten sie erbringen, weil sie das Bedürfnis hatten, große Zahlen aufzuzeichnen, von denen sie begeistert waren. Ihre Nachfolger waren so realistisch und hartnäckig, daß sie diese revolutionäre Neuerung bei den Rechnern ihrer Zeit durchsetzen konnten. Wir sind ihre Erben.« (Guitel 1975)

Eine vielsagende Anekdote

In einem seiner Werke hat der arabische Dichter al-Sabhadi, der im Mittelalter in Bagdad lebte, geschrieben, daß es drei Dinge gäbe, deren sich die indische Nation seit langem rühme: ihrer eigenen *Rechenmethoden*, des *Schachspiels* und des Buches *Calila wa Dimna* – eines Buches aus Fabeln und Legenden, das dem des Äsop ähnelt (Montucla 1968, I, 376; Wallis 1655).

Der Dichter läßt uns wissen, daß man zu seiner Zeit und in seiner Gegend mit Hilfe der zehn folgenden Buchstaben, die er »indische Figuren« nennt, Zahlen darstellte und rechnete:

١	٢	٣	٤	٥	٦	٧	٨	٩	٠
1	2	3	4	5	6	7	8	9	0

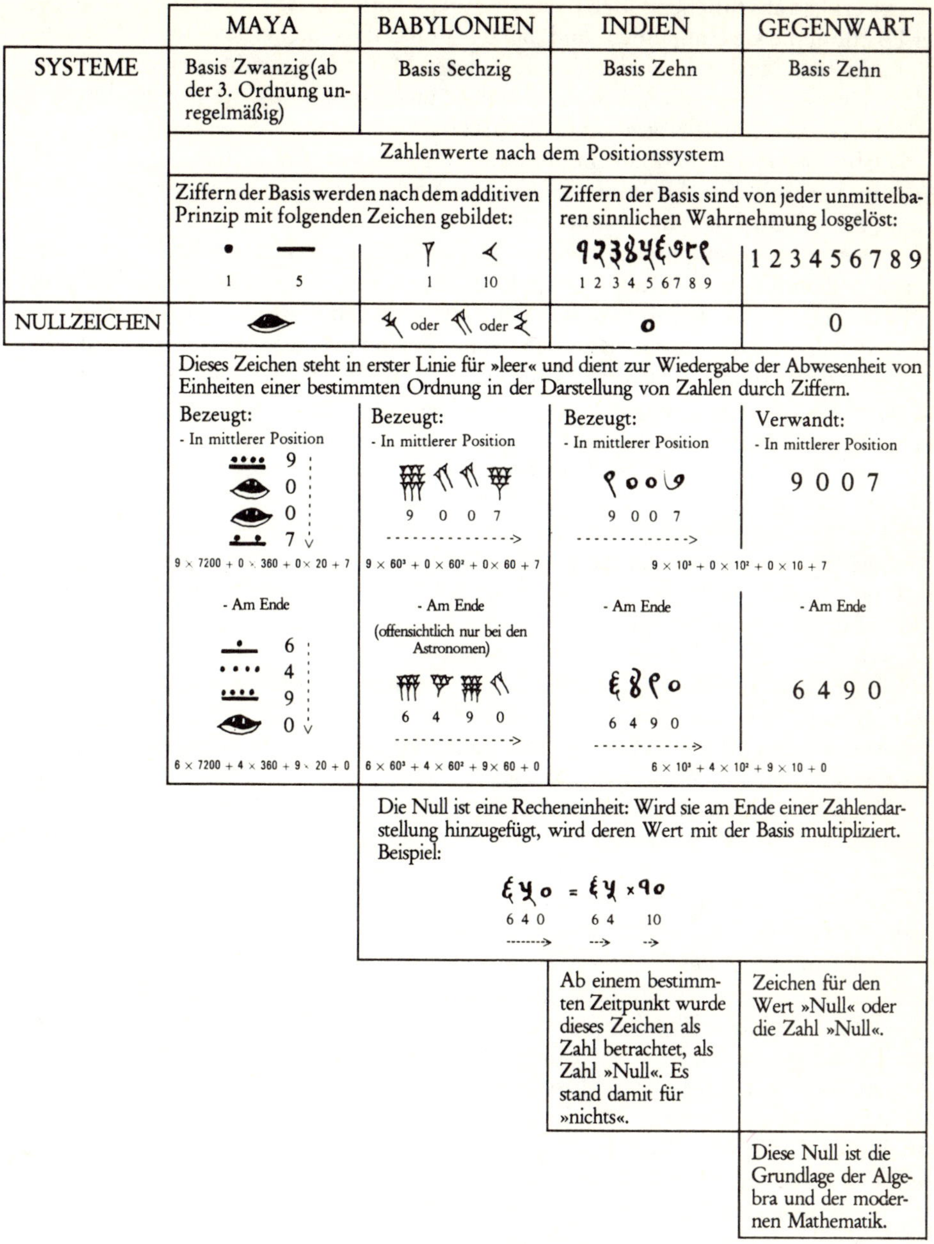

	MAYA	BABYLONIEN	INDIEN	GEGENWART
SYSTEME	Basis Zwanzig (ab der 3. Ordnung unregelmäßig)	Basis Sechzig	Basis Zehn	Basis Zehn
	Zahlenwerte nach dem Positionssystem			
	Ziffern der Basis werden nach dem additiven Prinzip mit folgenden Zeichen gebildet:		Ziffern der Basis sind von jeder unmittelbaren sinnlichen Wahrnehmung losgelöst:	
	1 5	1 10	1 2 3 4 5 6 7 8 9	1 2 3 4 5 6 7 8 9
NULLZEICHEN		oder oder	o	0

Dieses Zeichen steht in erster Linie für »leer« und dient zur Wiedergabe der Abwesenheit von Einheiten einer bestimmten Ordnung in der Darstellung von Zahlen durch Ziffern.

MAYA	BABYLONIEN	INDIEN	GEGENWART
Bezeugt:	Bezeugt:	Bezeugt:	Verwandt:
- In mittlerer Position	- In mittlerer Position	- In mittlerer Position	- In mittlerer Position
9 0 0 7	9 0 0 7	9 0 0 7	9 0 0 7
9 × 7200 + 0 × 360 + 0 × 20 + 7	9 × 60³ + 0 × 60² + 0 × 60 + 7	9 × 10³ + 0 × 10² + 0 × 10 + 7	
- Am Ende	- Am Ende (offensichtlich nur bei den Astronomen)	- Am Ende	- Am Ende
6 4 9 0	6 4 9 0	6 4 9 0	6 4 9 0
6 × 7200 + 4 × 360 + 9 × 20 + 0	6 × 60³ + 4 × 60² + 9 × 60 + 0	6 × 10³ + 4 × 10² + 9 × 10 + 0	

Die Null ist eine Recheneinheit: Wird sie am Ende einer Zahlendarstellung hinzugefügt, wird deren Wert mit der Basis multipliziert. Beispiel:

640 = 64 × 10

INDIEN	GEGENWART
Ab einem bestimmten Zeitpunkt wurde dieses Zeichen als Zahl betrachtet, als Zahl »Null«. Es stand damit für »nichts«.	Zeichen für den Wert »Null« oder die Zahl »Null«.
	Diese Null ist die Grundlage der Algebra und der modernen Mathematik.

Abb. 335: Vergleich der verschiedenen Nullen der Geschichte.

Er erklärt anschließend, daß diese »Figuren« einen variablen Wert hätten, je nach der Position, die sie einnehmen, und daß der Punkt dazu diene, abwesende Einheiten zu markieren. Nachdem er die Vorzüge dieser Methode gegenüber den arabischen Zahlbuchstaben sowie die große Leichtigkeit und Eleganz, die sie den Rechnungen verleihe, gepriesen hat, gibt er einige Beispiele.

Dabei bezieht er sich auf die indische Legende von der Erfindung des Schachspiels und erzählt eine Anekdote in Versen mit interessantem arithmetischen Hintergrund, die wir im folgenden nacherzählen wollen:

Eines Tages erfand ein indischer Gelehrter namens Sessa das Schachspiel. Später wurde es dem König von Indien vorgeführt, der die Raffinesse dieses Spiels und die große Vielfalt seiner Kombinationsmöglichkeiten ergründete. Er war davon so entzückt, daß er seinen Untertanen zu sich befahl, um ihn in eigener Person zu belohnen.

»Für deine bemerkenswerte Erfindung«, sprach der begeisterte König, »möchte ich dir als Belohnung alles geben, was du wünschest. Wisse, daß mein Großmut dir gegenüber keine Grenzen kennt«.

»Deine Güte ist groß, oh Herr. Soviel werde ich von dir gar nicht erbitten. Ich wünsche mir lediglich, daß du mir so viele Weizenkörner gibst, wie nötig sind, um die 64 Felder meines Schachbrettes zu füllen, indem du ein Korn auf das erste Feld, zwei auf das zweite, vier auf das dritte, acht auf das vierte, sechzehn auf das fünfte legst, und so stets weiter fort, mit einer Verdoppelung jedes Mal, wenn du von einem Feld auf das folgende übergehst.«

»Deine Bitte scheint mir äußerst bescheiden!«, rief der erstaunte Herrscher aus. »Du beleidigst mich durch deinen Wunsch, der meines Wohlwollens unwürdig und unbedeutend im Vergleich mit den Reichtümern ist, die ich dir anbieten könnte.«

Aber angesichts des Beharrens Sessas gab der König nach und beauftragte seinen Wesir, rasch »den Sack Weizen« beibringen zu lassen, um den der Weise gebeten hatte.

Einige Tage später erkundigte sich der Herrscher bei seinem Minister, um zu erfahren, ob dieser Tölpel Sessa seine magere Belohnung in Empfang genommen habe.

»Die an Eurem erhabenen Hofe in Dienst stehenden Rechner haben ihre Arbeiten noch nicht beendigt. Sie hoffen jedoch, vor dem Abendrot damit fertig zu werden.«

Aber am folgenden Tage war es den amtlichen Rechnern noch nicht gelungen, die Getreidemenge zu bestimmen, die Sessa auszuhändigen war.

»Weshalb eine solche Langsamkeit bei der Lösung eines derart einfachen Problems?«, fragte der entgeisterte König. »Ich befehle, daß diese Angelegenheit noch vor dem morgigen Tage abgeschlossen ist!«

Am nächsten Tage war der Befehl noch immer nicht ausgeführt. Voller Zorn entließ der König seine Rechner, die er als unfähig ansah. Aber die danach von ihm eingestellten neuen Rechner kamen auch nicht schneller voran.

Nach mehreren Tagen ununterbrochener Arbeit trat der Führer der Rechner vor den Herrscher, um ihm das Resultat vorzulegen.

»Nun«, sprach der ungeduldige König, »habt ihr dem braven Sessa gegeben, was ihm zusteht?«

»O, mein guter Herr, vergebt mir, wenn ich Euch sage, daß es unerachtet all Eurer Macht und all Eures Reichtums nicht in Eurer Gewalt steht, eine solche Menge Getreides zu liefern. Wisset denn, selbst wenn Ihr alle Getreidespeicher Eures Königreiches leert, so wäre die damit gewonnene Menge lächerlich gering im Vergleich zu jener Forderung; so viel Getreide dürfte sich nicht einmal in allen Getreidespeichern sämtlicher Königreiche der Erde finden lassen.«

»Kommt zu den Tatsachen!«

»Die Anzahl der Weizenkörner, die der Weise sich ausgebeten hat, beträgt genau achtzehn *Trillionen,* vierhundertsechsundvierzig *Billiarden,* siebenhundertvierundvierzig *Billionen,* dreiundsiebzig *Milliarden,* siebenhundertneun *Millionen,* fünfhunderteinundfünfzig *Tausend* sechshundertfünfzehn.«

Dieses Resultat würden wir in unserer Zahlschrift in folgender Form wiedergeben:

18.446.744.073.709.551.615

Der Dichter al-Sabhadi behauptet, es mit Hilfe einer gelehrten Methode indischen Ursprungs in sehr kurzer Zeit erzielt zu haben. Er gibt diese Zahl folgendermaßen wieder, wobei er die Kürze und Genauigkeit dieser Zahlschrift rühmt, die sich von unserer nur durch die Art der Ziffern unterscheidet:

١٨٤٤٦٧٤٤٠٧٣٧٠٩٥٥١٦١٥

1 8 4 4 6 7 4 4 0 7 3 7 0 9 5 5 1 6 1 5

-->

»Und solltet Ihr dennoch darauf bestehen, diese Belohnung auszuhändigen«, fügte das Oberhaupt der Rechner hinzu, »müßtet Ihr diesen ganzen Weizen in einem Behältnis von zwölf Billionen m^3 (12.000.000.000.000 m^3) unterbringen und einen Speicher von vier Meter Breite, zwölf Meter Länge und einer Höhe von 250 Milliarden Meter bauen (d.h. fast das Doppelte der Entfernung der Erde von der Sonne).«*

»Tatsächlich«, erwiderte der König bewundernd, »das Spiel, das dieser Weise erfunden hat, ist ebenso genial wie sein spitzfindiger Wunsch! Was empfiehlst Du mir zu tun, Du weiser Mann, um mich dieser unermeßlichen Schuld zu entledigen?«

»Ganz einfach, ich würde diesem Weisen den Vorschlag machen, Korn für Korn alles Getreide zu zählen, das er sich von Euch erbat, denn selbst wenn er ohne Unterlaß, Tag und Nacht daran arbeitete, und in einer Sekunde ein Körnchen zu zählen vermöchte, würde er binnen sechs Monaten gerade zehn Kubikmeter gezählt haben, und zählte höchstens 200 Kubikmeter in zehn Jahren, und eine ganz geringe Menge in all der Zeit, die ihm noch zum Leben verbleibt!«

Die Wiege der modernen Zahlschrift

Es sind nicht die Araber, denen eine der wichtigsten Erfindungen der Welt gelang, auch wenn sie in unserer Überlieferung dafür gelten. Aber die erste Zahlschrift mit der Basis Zehn, die wie unsere Zahlschrift aufgebaut ist und aus den Vorläufern

* Der mathematische Beweis und weitere Einzelheiten finden sich bei Perelman 1974, 355–359.

unserer Ziffern bestand, wurde vor ungefähr 1.500 Jahren in Nordindien entwickelt. Zahlreiche Tatsachen bestätigen dies, und sowohl arabische Autoren selbst als auch einige europäische haben darauf hingewiesen (Datta/Singh 1962, 96–104; Smith/Karpinski 1911, 1–11; Suter 1892; 1900/02).*

Die ersten Spuren

Die ältesten bekannten epigraphischen Zeugnisse bilden Texte auf Kupfer, die aus dem 6. bis 10. Jahrhundert n. Chr. stammen. Diese Urkunden sind mit altindischen Buchstaben geschrieben und in Sanskrit abgefaßt**; sie halten Schenkungen fest, die Könige oder reiche Privatpersonen religiösen Einrichtungen der Brahmanen gemacht haben. Alle Dokumente enthalten Einzelangaben zum religiösen Anlaß der Schenkung, den Namen des Stifters, die Anzahl und die Beschreibung der Gaben und das entsprechende Datum in der jeweiligen indischen Zeitrechnung *(Cedi, Saka, Vikrama* usw.). Diese Daten werden entweder in Worten geschrieben oder in Ziffern ausgedrückt, wobei die Zeichen einen variablen Wert haben, der gleichzeitig durch ihre Schriftform und ihre Position bestimmt wird (*Abb. 337*). Die kupferne Urkunde in *Abb. 336* – sie gilt als das älteste Zeugnis der indischen Stellenwertschrift – ist auf das Jahr 346 der *Cedi-Ära* (= 595 n. Chr.) datiert; die Zahl 346 ist folgendermaßen wiedergegeben:

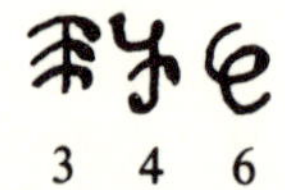

Weitere epigraphische Beispiele finden sich auf zwei Steininschriften aus der Zeit der Regierung des Bhojadeva (zweite Hälfte des 9. Jahrhunderts), die im vorigen Jahrhundert in der Nähe der Stadt Gwalior*** in dem Vishnu geweihten Vaillabhattasvamin-Tempel gefunden wurden.

Die erste dieser Inschriften, die »in Worten« auf das Jahr 932 der indischen *Vikrama-Ära* (875 n. Chr.) datiert ist, besteht aus einem Sanskrit-Text in Versen, dessen 26 Strophen in folgender Weise durchnumeriert worden sind (*Archaeological Survey of India* 1903/04, Nr. 72; Hultzsch 1892):

1 2 3 4 5 6 7 8 9 10 11 12 … 19 20 … 26

Die zweite Inschrift ist in Ziffern auf das Jahr 933 *Vikrama* (= 876) datiert; ihre fehlerhafte Sanskrit-Prosa berichtet von Schenkungen, die dem Vaillabhatta-svamin-

* Nach Beaujouan (1947) wurde dies zwar in zahlreichen Untersuchungen nachgewiesen, die entsprechende Zeugnisse erbracht haben; trotzdem würden sich die Debatten darüber noch immer um Glaubensfragen drehen.

** Sprache der indischen Gelehrten, die noch heute die Gebildeten und die verschiedenen Literaturen der indischen Sprachen verbindet.

*** Stadt im indischen Staat Madhya Pradesh, ca. 300 km südlich von Neu-Delhi.

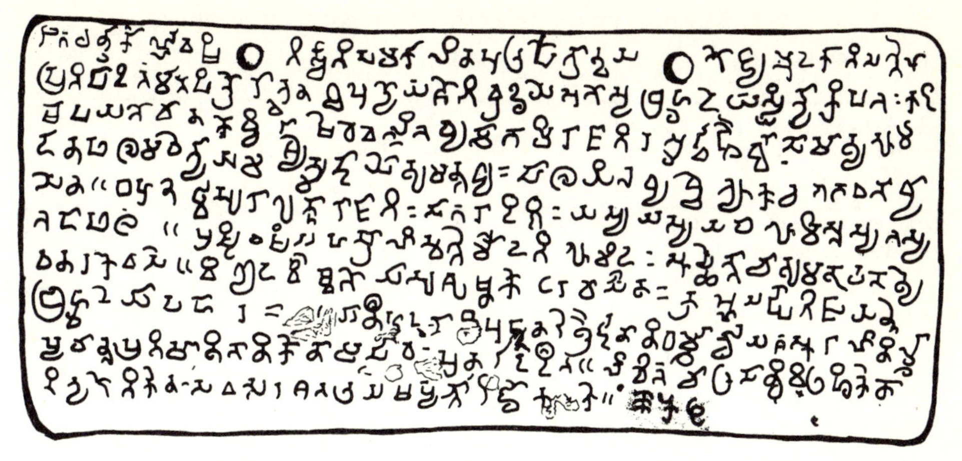

Abb. 336: Schenkungsurkunde auf Kupfer von Dadda III., datiert auf das Jahr 346 der Cedi-Ära (= 595 n. Chr.) aus Sankheda (im Gebiet von Bharukaccha (Broach) in Nordwestindien). (Vgl. Epigraphia Indica 1892 ff., II, 19)

Tempel von Einwohnern der alten Stadt Gwalior gemacht worden sind; die Zahlen 933, 270, 187 und 50 werden folgendermaßen wiedergegeben (*Epigraphia Indica* 1892 ff., I, 160, Z. 1, 4, 5, 20)*:

9 3 3   2 7 0   1 8 7   5 0

Aufgrund dieser Dokumente wäre die Zahlschrift mit neun Ziffern nach dem Positionssystem in Indien seit Ende des 6. Jahrhunderts n. Chr. bekannt gewesen, die Null mindestens seit dem 8. Jahrhundert (*Abb. 337*).

Allerdings zweifeln einige Wissenschaftshistoriker, die sich gegen die Theorie des indischen Ursprungs unserer Ziffern aussprechen, an der Authentizität der Kupfer-Urkunden, von denen sie meinen, daß sie in späteren Epochen kopiert, verändert oder gefälscht worden seien.** Damit wären die Steininschriften von Gwalior die ältesten Zeugnisse, und die Verwendung des dezimalen Positionssystems und der Null bei den Indern ginge nur auf das neunte Jahrhundert zurück.

Mit dieser Argumentation sollte die humanistische Theorie gestützt werden, derzufolge Inder, Araber und Europäer die dezimale Stellenschrift und die Null von den Mathematikern des antiken Griechenland übernommen hätten (Dasypodius 1593; Erpenius 1613; Huet 1679). Nach dieser Theorie sei das Positionssystem von

* Diese Inschrift enthält die Schenkung eines Stückes Land, das dazu bestimmt war, ein Blumengarten zu werden, und das »270 *hastas*« lang und »187 *hastas*« breit war. Die Zahl 50 bezieht sich auf die Lieferung von der Jahreszeit entsprechenden Blumengirlanden, die die Gärtner von Gwalior täglich dem Vishnutempel zur Verfügung zu stellen hatten (Hultzsch 1892).

** Bubnov 1914; Destombes 1962; Kaye 1907 a; 1908; 1914; de Vaux 1917.

QUELLEN	1	2	3	4	5	6	7	8	9	0	Bezeugte Zahlensymbole
Schenkungsurkunde aus Kupfer aus dem Jahr 346 der *Cedi-Ära* (= 595 n. Chr.) E.I.II.19											3 4 6
Urkunde aus Kupfer aus dem Jahr 794 der *Vikrama-Ära* (= 737 n. Chr.) I.A.XII.155											7 9 4
Urkunde aus Kupfer (8. Jh. n. Chr.) E.I.III.133											2 0
Urkunde aus Kupfer (8. Jh. n. Chr.) E.I.Ix.41											3 0
Urkunde aus Kupfer aus dem Jahr 675 der *Saka-Ära* (= 753 n. Chr.) I.A.XI.108											6 7 5
Urkunde aus Kupfer aus dem Jahr 715 der *Saka-Ära* (= 793 n. Chr.) E.I.IX.197											7 1 5
Urkunde aus Kupfer aus dem Jahr 855 der *Saka-Ära* (= 933 n. Chr.) I.A.XII.249											8 5 5
Urkunde aus Kupfer aus dem Jahr 872 der *Vikrama-Ära* (= 815 n. Chr.) E.I.IX.198											8 7 2
Urkunde aus Kupfer aus dem Jahr 894 der *Vikrama-Ära* (= 837 n. Chr.) E.I.XVIII.87											8 9 4
Urkunde aus Kupfer aus dem Jahr 894 der *Saka-Ära* (= 972 n. Chr.) I.A.XII.263											8 9 4
Urkunde aus Kupfer aus dem Jahr 974 der *Vikrama-Ära (= 917 n. Chr.) I.A.XVI.174*											5 0 0
											9 7 4

Abb. 337: Einige der ältesten bekannten epigraphischen Beispiele der indischen Zahlschrift. (Abkürzungen: E.I. = Epigraphia Indica 1892 ff.; I.A. = Indian Antiquary 1872 ff.)

den griechischen Neu-Pythagoräern oder Neu-Platonikern erfunden worden. Vom Hafen Alexandria aus sei es in der Kaiserzeit nach Rom gekommen und später auf Handelswegen nach Indien. Von Rom aus sei dieses System auch in die römischen Provinzen Afrikas gelangt, wo es einige Jahrhunderte später die Westaraber bei ihrer Eroberung vorgefunden hätten, während es die orientalischen Araber von den indischen Astronomen übernommen hätten. So hätten sich einerseits die graphischen Formen der europäischen und westarabischen Ziffern und auf der anderen Seite jene der indischen und ostarabischen Ziffern gebildet.

Aber es gibt einen einfachen Einwand gegen diese Theorie: »Die Griechen waren zu klug, um die Verdienste einer solchen Erfindung nicht zu erkennen; sie hätten sie sofort für sich in Anspruch genommen, wenn sie bei ihnen entstanden wäre oder selbst wenn sie nur Kenntnis davon gehabt hätten.« (Montucla 1968, I, 376)

Die Theorie vom griechischen Ursprung der Stellenschrift konnte auch noch nie durch ernsthafte Beweise untermauert werden; so hat man die unterschiedlichen Formen der Ziffern dieser Zahlschrift auf Einflüsse des hieratischen ägyptischen Ziffernsystems (vgl. Kap. 15) zurückgeführt, auf falsche Wiedergabe der neun ersten Buchstaben des griechischen Zahlenalphabets in ihrer üblichen Reihenfolge oder aber auf die Deformation der Buchstaben I, Θ, H, Z, ... Δ, Γ und B in dieser Reihenfolge. Daß die alten Griechen diese Zahlschrift offensichtlich nicht gekannt haben, wird damit erklärt, daß die Neu-Pythagoräer und die Neu-Platoniker ihre Kenntnisse mit dem Schleier des Geheimnisses umgeben hätten.

In Wirklichkeit kann aufgrund der vorliegenden Zeugnisse auch ohne die Urkunden aus Kupfer eindeutig bewiesen werden, daß die Zeichen und das Prinzip unserer modernen Zahlschrift aus Indien stammen.

Zeugnisse außerhalb Indiens

Als erstes soll ein aus China stammendes Zeugnis aufgeführt werden, das auf den Anfang des 8. Jahrhunderts n. Chr. zurückgeht: »So wird ein Symbol für die Null im *Khai-Yuan Chan Ching* erwähnt, dieser großen, zwischen 718 und 729 n. Chr. von Chhüthan Hsi-Ta zusammengetragenen Sammlung astronomischer und astrologischer Texte. Der Teil dieses Werkes, der sich auf den *Chiu Chih*-Kalender des Jahres 718 bezieht, enthält ein Kapitel über die Rechenmethoden der Inder. Nach der Aussage, daß die (indischen) Ziffern alle in einem Zug kursiv geschrieben werden, fährt der Autor fort: ›Wenn die eine oder andere der neun Ziffern die Zehn erreicht, wird sie in ein Feld vor die anderen Ziffern gestellt, und jedesmal, wenn ein leeres Feld in der Reihe auftaucht, wird ein Punkt angebracht, um es symbolisch darzustellen.‹« (Needham 1959, III, 12) Außerdem war der Autor dieser astronomischen Sammlung sicherlich kein Chinese: Chhüthan Hsi-Ta ist die chinesische Namensform des indischen Namens *Gautama Siddharta;* er war ein buddhistischer Gelehrter indischer Herkunft, der sich in China niedergelassen hatte und einem astronomischen Kollegium der Hauptstadt der T'ang angehörte (Needham 1959, III, 202 f.). Dieses Zeugnis für den Einfluß der buddhistischen Bewegung auf die Verbreitung der indischen Wissenschaft im Fernen Osten legt die Annahme nahe, daß die Stellenschrift zu Anfang des 8. Jahrhunderts bereits bei den indischen Mathematikern in Gebrauch war und sich schon bis nach China ausgebreitet hatte.

Das zweite Zeugnis stammt aus Mesopotamien und geht auf die Mitte des 7. Jahrhunderts zurück; wir verdanken es dem syrischen Bischof Severus Sebokt aus einem Kloster am Ufer des Euphrat, der Philosophie, Mathematik und Astronomie

1	I	10	oder oder	
		20	oder	
2	II	30		= 20 + 10
3	III	40	oder	= 20 + 1 × 20 Hinzufügung eines Striches zur »20«
4	IIII oder	50		= 40 + 10
		60	oder	= 20 + 2 × 20 Hinzufügung von zwei Strichen zur »20«
5	oder oder	70		= 60 + 10
6	oder oder	80	oder	= 20 + 3 × 20 Hinzufügung von drei Strichen zur »20«
7	oder oder	90		= 80 + 10
		100	oder	
8	oder oder	200		= 100 + 1 × 100 Hinzufügung eines Striches zur »100«
9	oder	300		= 100 + 2 × 100 Hinzufügung von zwei Strichen zur »100«

BEZEUGTE BEISPIELE:

10 + 2	10 + 3	20 + 10 + 5	80 + 7	100 + 80 + 2	200 + 10 + 6	300 + 80 + 10 + 6
12	13	35	87	182	216	396

Abb. 338: Einige Varianten der Ziffern des einheimischen Ziffernsystems Kambodschas (bis zum 13. Jh. n. Chr. in Inschriften der Khmer gebraucht).
(Die Beispiele stammen aus Inschriften aus Lolei (Siem Reap; 815 der Saka-Ära = 893 n. Chr.); Coedès/Parmentier 1923, Nr. 324, 337 [Kambodscha]; Coedès 1926, IV Tafel 177, 193; die Tabelle wurde von C. Jacques überprüft)

studierte. »Im Jahre 973 der Griechen (d.h. 662 n. Chr.) reklamierte Severus Sebokt, zweifellos durch den Hochmut gewisser Griechen gereizt, die Erfindung der Astronomie für die Syrer. Die Griechen seien nämlich bei den Chaldäern Babyloniens zur Schule gegangen, und diese wiederum seien, so Severus, Syrer. Er schloß daraufhin, mit gutem Recht, daß die Wissenschaft allen gehöre und allen Völkern und Personen zugänglich sei, die sich um sie bemühten; sie sei in keiner Weise Erbteil der Griechen. An dieser Stelle zitiert er die Hindu als Beispiel: ›Ich werde hier nicht von der Wissenschaft der Hindu reden, die nicht einmal Syrer sind, nicht von ihren subtilen Entdeckungen in der Astronomie, die erfindungsreicher sind als die der Griechen und der Babylonier, nicht von ihrer wortreichen Art zu zählen und nicht von ihren Rechenkünsten, die mit Worten nicht zu beschreiben sind; ich möchte nur von den Rechnungen sprechen, die mit neun Ziffern vollzogen werden. Wenn diejenigen, die glauben, deshalb an die Grenzen der Wissenschaft gestoßen zu sein, weil sie griechisch sprechen, diese Dinge gekannt hätten, wären sie vielleicht – wenn auch ein wenig spät – überzeugt worden, daß es auch andere gibt, die etwas wissen, nicht bloß Griechen, sondern auch Leute anderer Zunge.‹« (Nau 1910)

Dieses Zeugnis zeigt uns also, daß schon Mitte des 7. Jahrhunderts die Ziffern indischen Ursprungs außerhalb der Grenzen Indiens bekannt und geschätzt waren.

Zeugnisse aus Südostasien

In Südostasien findet man einige Zeugnisse zu dieser Frage, wobei es sich um *Steininschriften* handelt, deren Authentizität durch mehrere Tatsachen garantiert ist (Coedès 1931). Die alten Zivilisationen Indochinas und Indonesiens, vor allem die Khmer in Kambodscha und die Cham in Vietnam, wurden seit den ersten Jahrhunderten n. Chr. stark von Indien beeinflußt, zum einen durch die Ausbreitung des Shivaismus und des Buddhismus und zum anderen durch die Vermittlerrolle, die diese Kulturen im Gewürz-, Seiden- und Elfenbeinhandel zwischen Indien und China spielten (Coedès 1964).

Einige dieser datierten Steininschriften sind in der Sprache der Khmer und der Cham, in Altmalaiisch und Altjavanisch – also in den *Volkssprachen* – abgefaßt; diese sind insofern interessant, als sie *gleichzeitig* zwei vollkommen verschiedene Arten von Zahlschrift verwenden.

Im Alltag haben diese Zivilisationen bei der Messung von Länge, Fläche oder Rauminhalt, beim Zählen von Sklaven, Gegenständen oder Tieren bzw. der Opfer für Götter und Tempel die Namen der Zahlen in der Eingeborenensprache benutzt; die Bildhauer Südostasiens haben also im allgemeinen Zahlen einfach »in Worten« ihrer eigenen Sprache ausgedrückt.

		Christliche Zeitrechnung	SAKA-ÄRA	
ERSTE INSCHRIFT DER KHMER, DIE MIT ZIFFERN DATIERT IST.	**Inschrift aus Trapeang Prei, Provinz Sambór (Kombodscha)** Vgl. Coedès/Parmentier 1923, Nr. K 127; Coedès 1926, Nr.47)	683	605	6 0 5
ERSTE ALTMALAIISCHE INSCHRIFTEN, DIE MIT ZIFFERN DATIERT SIND.	**Inschrift von Kedukan Bukit, Palembang (Sumatra)** (Vgl. Acta Orientalia II/924, 13; Coedès 1930/31)	683	605	6 0 5
	Inschrift von Talang Tuwo, Palembang (Sumatra) (Vgl. Acta Orientalia II/924, 19; Coedès 1930/31)	684	606	6 0 6
	Inschrift von Kota Kapur, Insel Bangka (Vgl. Kern 1913/29, III, 207; Coedès 1930/31)	686	608	6 0 8
ERSTE INSCHRIFTEN DER CHAM, DIE MIT ZIFFERN DATIERT SIND.	**Inschrift von Pô Nagar, Nordwestturm Cham (Südwestküste Vietnams)** (Vgl. Journal Asiatique 1891, 24; Coedès/Parmentier 1923, Nr. C 37)	813	735	7 3 5
	Cham-Inschrift von Bakul (Vgl. Barth/Bergaine 1885, 238; Bulletin de l'École Française D-Extrême-Orient 1915, 47; Coedès/Parmentier 1923, Nr. C 23)	829	751	7 5 1

Abb. 339: Beispiele von Daten der Saka-Ära in Ziffern des Systems der neun Ziffern und der Null indischen Ursprungs, gefunden in Inschriften Südostasiens.

	7. Jh.	8. Jh.	9. Jh.	10. Jh.	11. Jh.	12.-13. Jh.
1			K 315, K 314, K 325, K 330	K 848, K 215, K 324	K 31	
2				K 291, K 125, K 292, K 292	K 158, K 216, K 247	
3				K 291, K 253, K 682, K 125	K 292, K 933	K 850
4				K 253, K 682, K 245, K 253	K 31, K 206, K 207	
5	K 127		K 713, K 328, K 325		K 158	K 254
6	K 127			K 215	K 660, K 206, K 246	K 850
7				K 215	K 216, K 410	
8			K 314, K 713, K 328, K 327	K 682, K 231, K 239	K 247	
9				K 292, K 848, K 933	K 158, K 216, K 31, K 410	K 207, K 241
0	K 127		K 315	K 214		K 254

Abb. 340: Auswahl (datierter) Varianten der Ziffern der Stellenschrift in Inschriften der Khmer (nur zur Wiedergabe von Daten der Saka-Ära).
(Die Buchstaben und Zahlen geben die Nr. der Inschrift bei Coedès/Parmentier 1923 wieder; die Tabelle wurde von C. Jacques überprüft.)

	9. Jh.	10. Jh.	11. Jh.	12. Jh.	13.-14. Jh.
1	C 23		C 30	C 17	C 4, C 4, C 4, C 3
2			C 120, C 119	C 17	C 4, C 4, C 3
3	C 37			C 17	C 3, C 5, C 4, C 4
4					C 4, C 4, C 5, C 5
5	C 37, C 23				C 3, C 4, C 5
6			C 30	C 17	C 4, C 5
7	C 37, C 23		C 119, C 126, C 122		C 5
8					C 4, C 5
9			C 119, C 120, C 126	C 122	C 3
0			C 30		C 4

Abb. 341: Auswahl (datierter) Varianten der Ziffern der Stellenschrift in Inschriften der Cham zur Wiedergabe von Daten der Saka-Ära. Im letzten Jahrhundert entstanden schwerwiegende Fehler in der Datierung der Cham Inschriften durch falsche Auslegung dieser Ziffern.
(Vgl. Finot 1915; die Beispiele stammen aus Coedès/Parmentier 1923)

Daneben haben die Khmer auch oft die Ziffern ihres *einheimischen Ziffernsystems* verwandt (Aymonier 1883; Guitel 1975, 632–652). Dieses System weist Spuren der Basis Zwanzig auf und wird einfach nach dem additiven Prinzip gebildet (*Abb. 338*).

Zur Wiedergabe des Datums wurden in diesen Inschriften jedoch weder die Zahlworte der jeweiligen Sprachen noch das einheimische Ziffernsystem Kambodschas benutzt. Dafür wurden vielmehr ausschließlich zunächst die *Namen der Zahlen in Sanskrit* verwendet. Später wurden diese durch eine dezimale Zahlschrift mit Positionssystem und einer Null ersetzt; dieser Gebrauch ist bereits ab der zweiten Hälfte des 7. Jahrhunderts in Kambodscha und Sumatra und ab dem Beginn des 9. Jahrhunderts in Inschriften der Cham bezeugt (*Abb. 339, 340, 341*).*

Diese verschiedenen Ziffern waren im Grunde nur *graphische Varianten von Ziffern indischen Ursprungs*, die den Schreibschriften der Khmer und der Cham, der Malaien und der Javaner angepaßt worden waren – nach den Gewohnheiten der Schreiber und den ästhetischen Bedürfnissen der Völker Südostasiens.

Die Daten dieser Inschriften beziehen sich über Generationen hinweg ausschließlich auf eine Zeitrechnung, deren indischer Ursprung unstrittig ist: die *Saka-Ära* der indischen Astronomen (Billard 1971).**

Diese Tatsachen belegen den großen Einfluß, den die indischen Astronomen auf die alten Zivilisationen Südostasiens ausgeübt haben. Die Gelehrten der Khmer, der Cham, der Malaien und der Javaner waren ganz auf die indische Kultur ausgerichtet und übernahmen einige Elemente der indischen Astronomie, wobei sie sich mehrere Jahrhunderte lang genau an die entsprechenden arithmetischen Regeln hielten (Faraut 1910).

Es ist interessant, daß die Null und das Positionssystem mit neun Ziffern – verbunden mit der Zeitrechnung der Saka-Ära – »in Indochina und auf dem Malaiischen Archipel vom siebten Jahrhundert unserer Zeitrechnung an zu finden sind, d.h. mindestens zwei Jahrhunderte früher als in Indien selber, wenn man sich der negativen Beurteilung der Nachweise in der indischen Epigraphik durch Kaye (1907 a; 1908; 1914) anschließt. Man könnte höchstens noch behaupten, die ›arabischen‹ Ziffern und die Null seien aus dem Fernen Osten gekommen; aber dagegen spricht ihre Verwendung in den indischen Kolonien der klassischen Zeit, so daß sie in Indien selbst in einer noch weiter zurückliegenden Epoche existiert haben müssen.« (Coedès 1931)

Die »Zahlensymbole« der indischen Astronomen

Im folgenden soll die Wiedergabe ganzer Zahlen in den Texten indischer Astronomen der klassischen Epoche behandelt werden, die ohne Zweifel in Indien selbst entwik-

* Auf Java ist diese Zahlschrift vom 8. Jahrhundert an bezeugt; die älteste Inschrift stammt aus Dinaya (datiert 682 Saka = 760 n. Chr.).

** Ein Datum der christlichen Zeitrechnung erhält man durch Addition von 78 oder 79 Jahren zur Saka-Ära; Beispiel: 605 *Saka* = 683 oder 684 n. Chr.

kelt wurden und die einen weiteren Beweis für die indische Herkunft der Null und der dezimalen Stellenwertschrift darstellen.*

In einem gesprochenen Ziffernsystem auf der Basis Zehn erhalten bei regelmäßigem Aufbau die neun ersten ganzen Zahlen, die Zehn und ihre aufeinanderfolgenden Potenzen einen eigenen Namen (vgl. Kap. 2). Die weiteren Zahlen werden dabei nach dem »hybriden« Prinzip wiedergegeben, wobei die Kennzeichnung der Basis *(zehn)* zwischen die Anzahl der Einer und der Einheiten der 2. Ordnung gestellt wird, die Kennzeichnung der zweiten Potenz der Basis *(hundert)* zwischen die Anzahl der Einheiten der 2. und der 3. Ordnung und so weiter, unter Festlegung einer bestimmten Leserichtung. Die Zahl 4.568 ($= 4 \times 10^3 + 5 \times 10^2 + 6 \times 10 + 8$) wird dann bei abnehmender Folge der Zehnerpotenzen folgendermaßen ausgesprochen:

Vier Tausend fünf Hundert sechs Zehn (und) acht;

bei Anordnung nach zunehmenden Potenzen heißt es:

Acht sechs Zehn fünf Hundert (und) vier Tausend.

Der Wortlaut einer gegebenen Zahl enthält so noch die Abfolge der Namen der entsprechenden Ordnungen, einmal in der *für uns gewohnten Reihenfolge* und das andere Mal *in der Reihenfolge der aufsteigenden Potenzen von zehn.* Innerhalb einer so ausgedrückten Zahl können die Namen der Basis und ihrer verschiedenen Potenzen (zehn, hundert, tausend, usw.) im allgemeinen ganz einfach weggelassen werden, so daß z.B. die Zahl 4.568 in abgekürzter Form wiedergegeben würde: »Acht, sechs, fünf, vier«. Umgekehrt entspricht:

Zwei, acht, neun, drei, eins

der Zahl:

$$2 + 8 \times 10 + 9 \times 10^2 + 3 \times 10^3 + 1 \times 10^4 = 13.982$$

So würde ein gesprochenes Positionssystem auf der Basis Zehn aussehen – und es scheint, als ob die indischen Gelehrten als einzige in der Geschichte ein solches System entwickelt hätten.

Zur Bezeichnung der neun ersten ganzen Zahlen beschränkten sie sich nicht auf die folgenden Zahlworte des Sanskrit:

eka	*dvi*	*tri*	*catur*	*pañca*	*ṣaṭ*	*sapta*	*aṣṭa*	*nava*
1	2	3	4	5	6	7	8	9

Daneben gab es für jede Zahl noch weitere Worte in Sanskrit, deren wörtliche Übersetzung den gleichen Zahlenwert assoziierte; diese *Zahlensymbole* stammen aus der Natur, dem Körperbau des Menschen, der Überlieferung oder der Umsetzung überlieferter oder mythologischer Vorstellungen. Zur Verdeutlichung folgt eine Auswahl dieser Symbole (Datta/Singh 1962; Renou/Filliozat 1953, II, 708 f.; Sircar 1965, 230 ff.):

* Die folgenden und zum größten Teil noch unveröffentlichten Informationen wurden freundlicherweise von Roger Billard zur Verfügung gestellt, der die Zahlenangaben in Sanskrittexten der indischen Astronomen untersucht hat (Billard 1971).

EINS

pitāmaha : »Der erste Vater« (= Brahman) *ādi* : »Der Anfang« *rūpa* : »Die Form« *tanū* : »Der Körper«	*warā* , *mahī* *go* , *pṛthivī* *dhara* , *ksiti* »Die Erde«	*abja* , *mrgan̊ka* *indu* , *candra* *soma* , *śaśān̊ka* »Der Mond«

ZWEI

Aśvin : »Die Zwillingsgötter« *Yama* : »Das Urpaar« *yamala, dasra, yugma* *yugala, nāsatya, dvaya* Wörter, die Zwillinge oder Paare bezeichnen	*netra, nayana* : »Die Augen« *bahū* : »Die Arme« *gulpha* : »Die Knöchel« *pakṣa* : »Die Flügel« Wörter, die symmetrische Organe bezeichnen

DREI

guṇa *triguṇa* »Die 3 Ur-eigenschaften«	*loka* *bhuvana* »Die 3 Welten«	*kāla* *trikāla* »Die 3 Zeitstufen«	*agni, vaiśvānara* *vahni, dahana* »Das Feuer« (die 3 vedischen Feuer)	*trinetra* *Haranetra* »Die 3 Augen Shivas«

VIER

sāgara *abdhi* *sindhu* *ambudhi* *jaladhi* »Der Ozean«	*Veda* : (Heiliges Buch in 4 Teilen) *diś* : »Himmelsrichtung« *yuga* : »Kosmischer Zyklus« (es gibt 4) *kṛta* : (Name des ersten der 4 kosmischen Zyklen) *irya* : »Die (4) Grundhaltungen des menschlichen Körpers« *Haribahū* : »Die (4) Arme Vishnus« *Brahmāsya* : »Die (4) Gesichter des Brahma«

FÜNF

bāṇa *śara* *iṣu* »Die (5) Pfeile (Kamas)«	*Pāṇdava* : »Die (5) königlichen Brüder« *indriya* : »Die (5) Sinne« *Rudrāsya* : »Die (5) Gesichter des Shiva« *bhūta* : »Elemente« *mahāyajña* : »Opfer« *prāṇa* : »Atem«

SECHS

an̊ga : »Die (6) Körperteile (Kopf + Rumpf + 2 Arme + 2 Beine)« *rasa* : »Die (6) Geschmacksarten« *ṛtu* : »Jahreszeit« *saṇmukha*, *kumāravadana* } «Die (6) Gesichter des Kumara«

SIEBEN

aśva : »Die (7) Pferde (der Surya)« *naga* : »Berg« *ṛṣi* : »Weiser« *bhaya* : »Furcht« *svara* : »Vokal«

ACHT

Vasu : (Untergeordnete Götter; es gibt 8 Vasu) *gaja* : »Elefant« *nāga* : »Schlange« (8 Arten) *man̊gala* : »Glückverheißende Sache« *mūrti* : »Die (8) Gestalten Shivas«

NEUN

an̊ka : »Die (9) Ziffern« *chidra* : »Die (9) Öffnungen (des menschlichen Körpers)« *graha* : »Planeten« *Aja* : »Der Gott Brahma«

Außerdem kannte dieses System auch symbolische Worte, mit denen die Abwesenheit von Einheiten einer bestimmten Ordnung gekennzeichnet wurde (Datta/ Singh 1962, 53–57; Renou/Filliozat 1953, II, 708 f.; Sircar 1965, 230–233):

NULL

kha, ambara, ākāśa, antarikṣa *gagana, abhra, viyat, nabhas* »Der Himmel, die Atmosphäre, der Raum«	*śūnya* »Die Leere«	*bindu* »Der Punkt«

Zur Erläuterung dieser eigenartigen Zahlenwiedergabe werden wir einen Vers in Sanskrit wörtlich übersetzen. Er ist einem *Kommentar* entnommen, den Bhaskara* im Jahre 629 v. Chr. über das *Aryabhatiya*** verfaßt hatte. Dieser Kommentar steht im Zusammenhang mit den kühnen Theorien, die die indischen Astronomen über die *yuga,* die kosmischen Zyklen, angestellt haben. Der wichtigste dieser Zyklen, die nicht auf astronomischen Beobachtungen beruhten, war das *Caturyuga* oder das »*Yuga* der 4.320.000 menschlichen Jahre«. Diese Periode beginnt und endet dann, wenn die neun Elemente – Sonne, Planeten, Mond, ihre Apsiden und Knotenpunkte – in mittlerer Konjunktion mit dem Ausgangspunkt der Längengrade stehen.*** Bhaskara gibt die Zahl der 4.320.000 Jahre des *Caturyuga* mit Zahlensymbolen in Sanskrit wieder (Shukla/Sharma 1976, 197):

viyadambarākāśaśūnyayamarāmaveda

»Himmel-Atmosphäre-Raum-Leere-Urpaar-Rama-Veda«

0 0 0 0 2 3 4

In diesem System der Zahlenwiedergabe werden zuerst die Einer und dann die aufsteigenden Potenzen von zehn dargestellt; die gebrauchten Symbole stehen für folgende Zahlen:

viyat (»der Himmel«) = 0
ambara (»die Atmosphäre«) = 0
ākāśa (»der Raum«) = 0
śūnya (»das Leere«) = 0
Yama (»das Urpaar) = 2
Rāma (drei Götter) = 3
Veda (heiliges Buch in vier Teilen) = 4

* Indischer Gelehrter Ende des 6./Anfang des 7. Jahrhunderts; nicht zu verwechseln mit Bhaskara Atscharja, der »Bhaskara II.« genannt wurde (1114–1185).

** Der älteste bekannte Text der indischen Astronomie; er wurde um 510 von dem Mathematiker und Astronomen Aryabhata verfaßt.

*** Sonne, Mond, Erde und Planeten stehen dann in einer Linie, die der Fortsetzung der Erdachse entspricht (Anm. d. Redakteurs). Ein weiterer Zyklus ist das *kalpa,* das 100 *Caturyuga,* also 4.320.000.000 Jahre umfaßt. Nach dem Astronomen Brahmagupta (Billard 1971) beginnt und endet dieser Zyklus mit einer vollständigen Konjunktion aller Elemente entlang ihren Längsachsen; dieses Ereignis wird begleitet von einer totalen Sonnenfinsternis um genau sechs Uhr bürgerlicher Zeit in Ujjain im Westen des indischen Staates Madhya Pradesh, das auf dem 1. Längengrad der indischen Astronomie liegt.

Der Text entspricht also folgender Zahl:

$$0 + 0 \times 10 + 0 \times 10^2 + 0 \times 10^3 + 2 \times 10^4 + 3 \times 10^5 + 4 \times 10^6 = 4.320.000$$

Diese Verwendung von Zahlensymbolen belegt, daß die Null und das Positionssystem auf der Basis Zehn schon vollständig ausgearbeitet sind.

Das nachstehende Beispiel ist ebenfalls dem *Kommentar des Aryabahatiya* von Bhaskara entnommen (Billard 1971, 105 ff.):

khagnyadrirāmārkarasavasurandhrendavaḥ

»Raum - Feuer - Berge - Rama - Sonne - Geschmacksarten - Vasu - Öffnungen - Mond«

0 3 7 3 12 6 8 9 1

Diese Zahlenangabe entspricht nach dem gleichen Verfahren der Zahl 1.986.123.730; dabei wird auch das Zahlensymbol *ārka* (»die Sonne«) gebraucht, das für die Zahl 12 steht.

Aber dies ist auch in anderen astronomischen Texten der Inder zu finden, in denen symbolische Zahlworte für zwei oder mehr Ziffern gebraucht werden. So wird die Zahl 10 gelegentlich mit dem Wort *aṅguli* (»die Finger«) bezeichnet oder mit *Rāvaṇaśiras* (»die zehn Häupter des Ravana«), die Zahl 11 mit einem der elf Namen oder Attribute Shivas (Rudra, Śiva, Hara, Iśvara usw.), die Zahl 12 durch *raśi* (»Zeichen des Tierkreises«), durch *cakra* (»Tierkreis«) oder durch *ārka* (»die Sonne«), unter Anspielung auf die zwölf Sonnen in der Überlieferung, die Zahl 13 wird durch einen der Namen des Kāma (der dem 13. Mondtag vorsteht), die Zahl 15 durch *paksa* (»Flügel«) in Anspielung auf die beiden »Flügel« – den weißen und den schwarzen – des Mondmonats, die Zahl 20 durch *nakha* (»die Finger- und Zehennägel«), die Zahl 27 durch *naksatra* (»Mondwohnungen«), die Zahl 32 durch *danta* (»die Zähne«) und die Zahl 49 durch *tāna* (»Ton«) unter Anspielung auf die sieben Oktaven mit sieben Noten dargestellt (*The Pañcasiddhāntikā* 1889; Neugebauer/Pingree 1970/71).

Die Verwendung dieser Worte geht offensichtlich auf den Versbau und die Metrik der astronomischen Texte zurück; die Stellenschreibweise wird trotzdem beibehalten. So stand im vorangegangenen Beispiel der Ausdruck:

»Raum - Feuer - Berge - Rāma - Sonne - Geschmäcker - Vadu - Öffnungen - Mond«

0 3 7 3 12 6 8 9 1

für die folgende Zahl:
$0 + 3 \times 10 + 7 \times 10^2 + 3 \times 10^3 + 12 \times 10^4 + 6 \times 10^6 + 8 \times 10^7 + 9 \times 10^8 + 1 \times 10^9 = 1.986.123.730$. Diese Bedeutung ergibt sich eindeutig aus dem Kontext; damit hat aber das Wort »Sonne«, das für die Zahl 12 steht, *nur aufgrund seiner Stellung in der Zahlenwiedergabe* den Wert $12 \times 10^4 = 120.000$.

Damit kann angenommen werden, daß das Positionssystem und die Null in Indien mindestens ebenso alt sind wie die Anwendung der Zahlensymbole.

Auch die Bildhauer der alten Zivilisationen Südostasiens gebrauchten diese Art der Zahlenwiedergabe, um Daten der indischen *Saka-Ära* darzustellen, und zwar schon Ende des 6. Jahrhunderts in *datierten Sanskritinschriften* aus Kambodscha, Ende des 7. Jahrhunderts in Cham und Anfang des 8. Jahrhunderts auf Java (*Abb. 342*). Das

		Christliche Zeitrechnung	SAKA-ÄRA
ERSTE SANSKRIT-INSCHRIFTEN AUS KAMBODSCHA, DIE DATIERT SIND	**Inschrift von Prasat Roban Romas Provinz Kompon Thom** (Vgl. Coedès/Parmentier 1923, Nr. K151; Bulletin de L'École Française d'Extrême-Orient 1943/46,6)	**598**	**520** **KHADVIŚARA** »Himmel zwei Pfeile« 0 2 5
	Stele von Phnom Hayang, (Musée Guimet, Stele Nr. 17.824 (Vgl. Coedès/Parmentier 1923, Nr. K13; Barth/Bergaine 1885, 36)	**604**	**526** **RASADASRAŚARAIŚ** »Geschmacksarten Zwillinge Pfeile« 6 2 5
ERSTE SANSKRIT-INSCHRIFTEN AUS CHAM, DEREN DATUM IN ZAHLENSYMBOLEN WIEDERGEGEBEN IST.	**Stele von Mi-so'n** (Vgl. Coedès/Parmentier 1923, Nr. C87A; Bulletin de l'École Française d'Extrême-Orient 1904, 926;1915, 190)	**687**	**609** **ĀNANDĀMVARAṢAṬŚATA*** »(die neun) Nanda Raum sechshundert« 9 0 6x100
	Stele von Mi-so'n (Vgl. Coedès/Parmentier 1923, Nr. C74B; Bulletin de l'École Française d'Extrême-Orient 1911,266)	**731**	**653** **RĀMĀRTTHAṢATKAIŚ** »Rama Gegenstände der Sinne sechs« 3 5 6
ERSTE SANSKRIT-INSCHRIFT AUS JAVA, DIE DATIERT IST.	**Stele von Jangal** (Vgl. Kern 1913/29, VII 118)	**732**	**654** **ŚRUTĪNDRIYARASAIR** »Veda Sinnesorgane Geschmacksarten« 4 5 6

* Darin scheint sich eine gewisse Unerfahrenheit in der Verwendung von Zahlensymbolen auszudrücken

Abb. 342: Beispiele für Daten aus der Saka-Ära aus Sanskritinschriften der von Indien beeinflußten Zivilisationen Südostasiens.
P.S.: Die datierten Dokumente der Epigraphik Südostasiens müssen in Inschriften in der Volkssprache und Inschriften in Sanskrit unterschieden werden. Ursprünglich wurden die Daten der Saka-Ära in beiden Gruppen »in Worten« durch die Namen der Ordinalzahlen des Sanskrit angegeben. Danach werden die Daten in einheimischen Inschriften (seit Beginn d. 7. Jh.) mit Ziffern der indischen Stellenschrift wiedergegeben (Abb. 339). Aber die Sanskritinschriften waren fast alle in Verse gesetzt, so daß die Jahreszahlen nicht mit Zahlzeichen im eigentlichen Sinne ausgedrückt werden konnten; deshalb werden darin die Daten durch symbolische Worte dargestellt, die nach dem Positionsprinzip angeordnet wurden; die Zahlensymbole des Sanskrit waren in Indochina und Indonesien bereits gegen Ende des 6. und zu Anfang des 7. Jahrhunderts verbreitet.

System der Zahlensymbole war also in Indochina und Indonesien bereits seit Ende des 6. Jahrhunderts verbreitet. Und da diese Zivilisationen stark durch die indischen Astronomen beeinflußt wurden, darf man annehmen, daß diese die symbolischen Zahlworte schon lange vor dieser Zeit gebrauchten.

Tatsächlich war dieses System *mindestens* seit Mitte des 6. Jahrhunderts bei der Mehrheit der indischen Mathematiker und Astronomen bekannt und bis in jüngste Zeit fast das einzige »arithmetische Instrumentarium«.* Dies wird im 18. Jahrhundert bei Putumanasomayājin bestätigt, im 15. Jh. bei Parameśvara, im 12. Jh. bei Bhaskara Atscharja, im 11. Jh. bei Bhoja und Sripati, im 9. Jh. bei Lalla, im 7. Jh. bei Haridatta, Brahmagupta und Bhaskara und um das Jahr 575 bei Varahamihira (*The Pañcasiddhāntikā* 1889; Neugebauer/Pingree 1970/71).

Aber auch für den Gebrauch von *Ziffern* im eigentlichen Sinne im Positionssystem bietet der *Kommentar des Aryabhatiya* des Bhaskara gutes Anschauungsmaterial,

* Für weitergehende Informationen wird auf die bibliographischen Hinweise bei Billard (1971, 5–13) verwiesen.

da er parallel zur Zahlenwiedergabe mit Hilfe symbolischer Worte dieselbe Zahl durch die Zahlschrift der neun Ziffern und der Null dargestellt hat (Shukla/Sharma 1976, 155):

śūnyāmbarodadhiviyadagniyamākāśaśaraśarādriśūnyendurasāmbarāṅgāṅkādrisvarendu /

aṅkair api 1779606107550230400 /

Leere	Himmel	Ozean	Himmel	Feuer	Paar	Raum	Pfeile	Pfeile	Berge	Leere	Mond	Geschmacksarten	Atmosphäre	Körperteile	Ziffern	Berge	Pferde	Mond
0	0	4	0	3	2	0	5	5	7	0	1	6	0	6	9	7	7	1

» In Zahlen: 1.779.606.107.550.230.400 «

Diesem Beispiel kann auch entnommen werden, daß Bhaskara das Sanskritwort *aṅka* nicht nur im Sinne von »Ziffer«, den dieses Wort meistens hat, sondern auch als Symbol der Zahl Neun verwendet. Er spielt auf diese Weise auf die *neun Ziffern* des indischen Positionssystems an, mit denen man zusammen mit dem Nullzeichen ohne weitere Kunstgriffe alle ganzen Zahlen darstellen und alle Rechenarten durchführen kann. Dies beweist auf überzeugende Weise, daß neben den Symbolworten des Sanskrit die Verwendung der *neun Ziffern* und des *Nullzeichens* des Positionssystems in Indien zur Zeit Bhaskaras – also zu Beginn des 7. Jahrhunderts – bereits vollständig etabliert war.

Aber schon zu Beginn des 6. Jahrhunderts kannte der Mathematiker und Astronom Aryabhata diese beiden Systeme, obwohl er in seinen Schriften eine ganz andere Art von Zahlschrift benutzte, die den verschiedenen Silben des indischen Alphabets Zahlenwerte zuordnet.* Im *Aryabhatiya* (um 510) finden wir nämlich zwei Beispiele, deren Auslegung durch ihren Kontext abgesichert ist, in denen der Ausdruck »vermehrt um eins« und »multipliziert mit zwölf« in Sanskrit folgendermaßen wiedergegeben wird:

sarūpa, »addiert zu *Form* (= 1)«
rāśiguna, »multipliziert mit *Tierkreis* (= 12)« (Billard 1971, 88).

Außerdem wird im zweiten Kapitel des Werkes – über die Arithmetik und die Rechenarten – ein Rechenverfahren beschrieben, das auf dezimaler Basis beruht und nur durchgeführt werden kann, wenn die betreffenden Zahlen nach dem Positionsprinzip mit *neun Ziffern* und einem Zusatzzeichen, das eine echte *Null* darstellt, *geschrieben* werden. Das *Aryabhatiya* enthält hier in Versform eine Regel zum Ziehen von Quadrat- und Kubikwurzeln, die der heute geläufigen entspricht – sie besteht darin, die entsprechende Zahl in verschiedene Teile mit zwei oder drei Ziffern aufzuteilen (vgl. *Ganita,* Vers 4 und 5; Shukla/Sharma 1976, 36 ff.).

Das *Lokavibhāga* (1962, 139), ein Sanskrit-Text der *Jaina* über Kosmologie, der genau auf den 25. August 458 des julianischen Kalenders datiert ist, belegt, daß die Zahlensymbole des Sanskrit den indischen Gelehrten schon vor der Zeit des Aryabhata bekannt waren. So wird der Ausdruck »weniger eins« dort durch *rūponaka* (»vermindert um Form«) wiedergegeben und die Null durch *gagana* oder *ambara*

* Dieses Ziffernsystem wird bei Jacquet (1835) und Guitel (1975, 572–602) beschrieben.

(»der Himmel«) bzw. durch *śūnya* (»die Leere«); daneben findet man noch die Zahl 13.107.200.000 in folgender Ausdrucksweise (*Lokavibhāga* 1962, 76, 79):

pañcabhyaḥ khalu śūnyebḥyaḥ paraṃ dve sapta cāmbaram / ekaṃ trīni ca rūpaṃ ca...

»Gleich fünf LEERE, dann ZWEI und SIEBEN, der HIMMEL/EINS und DREI und die FORM...«
0.0000 2 7 0 1 3 1

Der Autor dieser Abhandlung hat offensichtlich versucht, die Verwendung der Symbolwörter in Grenzen zu halten und nur die zu benutzen, die im allgemeinen den ersten neun Zahlen zugeordnet wurden, da die Symbolwörter zu dieser Zeit außerhalb der Gelehrtenwelt vielleicht nicht genügend verbreitet waren. Außerdem wollte der Verfasser die wissenschaftlichen Verdienste der religiösen Bewegung der Jaina gerade gegenüber dem »breiten Publikum« hervorheben (pers. Mitteilung v. R. Billard).

So wird darin die Zahl 14.236.713 in folgender Form wiedergegeben (*Lokavibhāga* 1962, 70):

trīṇy ekaṃ sapta ṣaṭ trīṇi dve catvāry ekakaṃ
»Drei eins sieben sechs drei zwei vier eins«

Der Autor hat darüber hinaus Zahlenausdrücke dieser Art mehrfach durch folgende Worte erläutert (*Lokavibhāga* 1962, 61, 66, 146):

kramāt	**aṅkakrameṇa**	**sthānakramād**
»In der Ordnung«	»In der Ordnung der Ziffern«	»In der Ordnung der Position«

Der Begriff der Null und das Positionsprinzip waren also in Indien schon im 5. Jahrhundert unserer Zeitrechnung bekannt und möglicherweise auch über die Gelehrtenwelt hinaus verbreitet* – die Konzeption unseres modernen Ziffernsystems geht damit mindestens auf diese Zeit zurück.

* Zahlreiche Beispiele dafür finden sich im *Suryasiddhanta* (dem »Sonnenkanon«), einer astronomischen Abhandlung, deren Text auf eine Fassung des 4. Jahrhunderts zurückgehen soll; er gilt deshalb zum Teil als älteste Quelle für die indische Stellenwertschrift.
Nach den Untersuchungen von Billard (1971) »handelt es sich jedoch um einen sehr rätselhaften Text, dessen Zustand starke Vorbehalte wachruft«. So ist »dieser Text in den Handschriften weit von der Einheitlichkeit entfernt, die ihm die moderne Edition verleiht. Der Text ist von einer Handschrift zur anderen stark verändert, so daß die Einheitlichkeit seiner Veröffentlichungen auf einer Illusion beruht, die durch die unveränderte Wiedergabe der ersten Edition von 1859 in allen Veröffentlichungen herrührt.« Der Text gibt außerdem stellenweise für die indische Astronomie sehr ungewöhnliche Fakten und Abweichungen wieder; es könnte sich dabei »um eine ziemlich improvisierte Fälschung des 19. Jahrhunderts« handeln. Andererseits »sind die Angaben über Sonnen- und Mondfinsternisse offensichtlich während der Mitte des 13. Jahrhunderts überarbeitet worden«.
Somit »scheint es sich beim *Suryasiddhanta* um einen Text zu handeln, der nicht über das 12. Jahrhundert zurückgeht und später durch einen Fälscher sehr flüchtig und ohne Geschick umgestaltet wurde« (Billard 1971, 153 f.).

Die indischen Astronomen haben zwar im allgemeinen *Ziffern* im eigentlichen Sinne vermieden und die Zahlen durch symbolische Worte ausgedrückt, doch scheint dies auf eine Schriftkonvention zurückzugehen.

So benutzten die Bewohner der Insel Java lange in ihren Inschriften die *Kawi*-Schrift*, in der sie das dezimale Positionssystem und die Null mit folgenden Zeichen indischen Ursprungs wiedergaben (Burnell 1878; Pihan 1860; Renou/Filliozat 1953):

1 2 3 4 5 6 7 8 9 0

Erst in jüngerer Zeit wurden diese Ziffern durch Buchstaben oder Buchstabengruppen des modernen javanischen Alphabets ersetzt (Pihan 1860; Renou/Filliozat 1953):

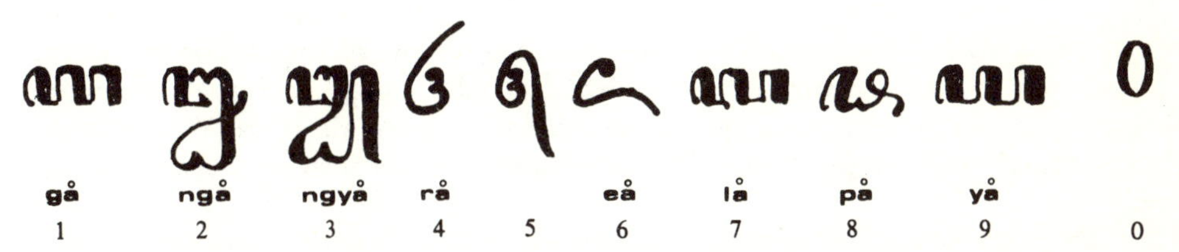

Die indische Schreibweise der Null wurde jedoch beibehalten und Zahlen wie beispielsweise 3.201.630 noch immer in der Stellenschrift dargestellt:

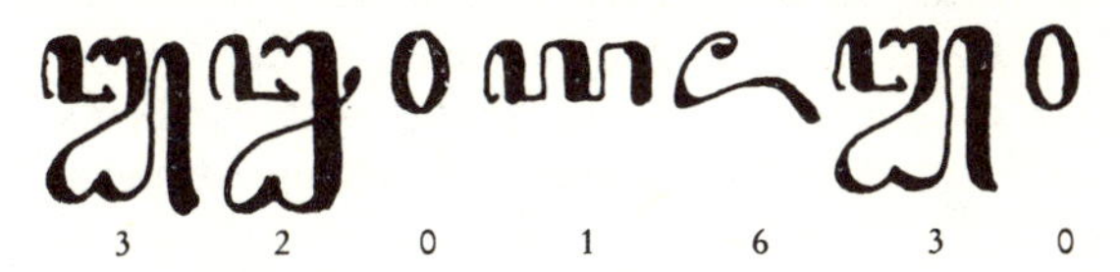

Die Konzeption einer dezimalen Zahlschrift mit derselben Struktur wie unsere ist vollkommen unabhängig von der Art der auf allgemeiner Übereinkunft beruhenden Zahlzeichen. Es ist gleichgültig, ob es sich um graphische Zeichen handelt, die auf sinnlicher Anschauung beruhen, ob es Buchstaben des Alphabets sind oder Worte, die an ihre Bedeutung erinnern – sie müssen nur für die Benutzer eindeutig und in ein Positionssystem mit einer Null integriert sein.

Die Symbolwörter der Sanskritsprache sind darüber hinaus durch ihren literarischen Gehalt und ihre entsprechende Verwendung in astronomischen Texten interessant.

»Die astronomischen Texte der Inder sind immer in Sanskrit geschrieben; sie geizen mit historischen Informationen, enthalten nichts über die Beobachtungen, über deren Art und Wert wir heute nichts mehr wissen; es gibt keine Diskussionen

* »Altjavanische« Schrift, die seit dem 8. Jahrhundert bezeugt und heute in Vergessenheit geraten ist.

und Beweisführungen, nur manchmal Kommentare in Prosa – trotzdem sind diese Texte von hoher Qualität. Die astronomischen Angaben sind nicht nur ihrer Form nach, sondern auch *in ihren Zahlenwerten über die gesamte Zeit hinweg und trotz vieler handschriftlicher Kopien* erhalten worden. Obwohl die Texte durch die Versform und den Gebrauch vieler Synonyme – einzigartig in der Geschichte der Astronomie – sprachlich unvollständig sind, sind doch die astronomischen Teile im allgemeinen äußerst präzise und die Zahlenangaben treffen erfahrungsgemäß mit großer Sicherheit zu.« (Billard 1971, 21)

Dies erklärt sich daraus, daß die Inder Zahlschriften benutzt haben, deren Symbole mit den *Ziffern* im eigentlichen Sinne nichts zu tun haben, mit denen jedoch sowohl die astronomischen Texte als auch die entsprechenden Tafeln in *Versform* gebraucht werden konnten.*

Die häufigste dieser Zahlschriften beruht auf dem Positionsprinzip, und ihre *Grundziffern* wurden aus allen Bereichen zusammengelesen – aus der Natur, der Tradition oder der Mythologie. Trotz einer fast übermäßigen Anwendung von synonymen Begriffen konnten damit Zahlenangaben leicht festgehalten werden: »Obwohl es zunächst kindisch erscheint, hat sich dieses Verfahren bei der Aufbewahrung von Zahlen als außerordentlich wirksam erwiesen – es wurde zweifellos zu diesem Zweck entwickelt. Der astronomische Text der Inder wurde stets in Versform gebracht**; dazu mußten jeweils Synonyme gefunden werden, die in das Versmaß paßten. Dadurch war die zugehörige Zahl sowohl im Text als auch im Gedächtnis fest verankert.

Wenn mit dieser Zahl gerechnet werden sollte, konnte der Rechnende die Verse einfach hersagen.« (Billard 1971)

Daraus ergibt sich, daß die indischen Astronomen diese Art von Zahlenwiedergabe deshalb gewählt haben, um ihre zahlreichen astronomischen und zahlenmäßigen Angaben über lange Zeiten hinweg zu überliefern und um für ihre Schüler und Leser jede Zweideutigkeit auszuschließen. Und aus dem gleichen Grund *haben sie auch den Gebrauch von Ziffern im eigentlichen Sinne vermieden.* Sie haben solche Ziffern zwar verwandt, um zu rechnen; aber ihre Formen und die zugeordneten Werte waren nach

* Die wissenschaftlichen Werke der Inder waren ebenso wie die theologischen Abhandlungen häufig in Verse gesetzt; das Vergnügen, das ihre Autoren an Zahlenspielen und -spekulationen hatten, schlug sich im allgemeinen in einer lyrischen Form der Aussage nieder. Dafür soll ein Beispiel aus dem *Lilawati* stehen, eine im 8. Jahrhundert verfaßte theologische Abhandlung eines indischen Autors namens Sriddhara (zit. n. Pérès 1930):

Eine Kette zersprang im Verlauf verliebten Getümmels,
Eine Reihe Perlen löste sich drauf,
Die sechste von ihnen fiel auf den Boden,
Die fünfte verblieb auf dem Lager,
Die dritte ward von der jungen Frau gerettet,
Die zehnte behielt der Geliebte zurück,
Und sechs Perlen blieben an der Schnur befestigt.
Nun sag' mir, wieviel Perlen an der Kette der Liebenden hingen.

** »Es handelt sich dabei um eine regelmäßige Abfolge langer oder kurzer Silben wie in der griechisch-lateinischen Metrik, mit dem Unterschied, daß hier der metrische Wert der Silbe vollkommen klar und systematisch ist, ebenso wie die Metren der astronomischen Texte an sich.« (Billard 1971, 21).

einiger Zeit nicht mehr genau bestimmt – ihre graphische Form veränderte sich im Lauf der Zeit und von einer Gegend Indiens zur anderen hin. Aber »die Überlieferung der Zahl in den Sanskrittexten ist umso erstaunlicher, als die indischen Handschriften selbst selten älter als zwei oder drei Jahrhunderte sind. Müßten wir uns nur auf sie stützen, so wären zahlenmäßige Angaben in Ziffern sicher nur in vollkommen unbrauchbarem Zustand erhalten.« (Billard 1971, 21).

Ursprünge des indischen Positionssystems

Wann haben die indischen Gelehrten die Null und das Positionssystem entwickelt? Auf welche Weise haben sie es entdeckt? Wurden sie dabei von anderen Kulturen beeinflußt? Über diese Fragen kann man nur Vermutungen anstellen, da es keine Quellen gibt, die eine abschließende Antwort geben können. In jedem Fall scheint jedoch sicher, daß *die neun Ziffern der indischen Stellenwertschrift von ihrer Schreibweise her eindeutig indisch sind.* Diese Tatsache wird durch eine eingehende paläographische Untersuchung der verschiedenen indischen Zahlzeichen belegt.

Alle Schriften Indiens, Mittel- und Südostasiens haben einen gemeinsamen Ursprung – sie leiten sich alle mehr oder weniger direkt von der alten indischen *Brahmi*-Schrift ab.*

Die *Brahmi*-Schrift ist die älteste bekannte Schrift der zahlreichen indischen Schriftsysteme und geht aller Wahrscheinlichkeit nach auf die alphabetischen Schriften der alten westsemitischen Welt zurück (Février 1948). Sie war in den verschiedenen Regionen des antiken Indien mindestens seit Mitte des 3. Jahrhunderts v. Chr. im Gebrauch, denn sie tritt zum ersten Mal in den Edikten des Kaisers Aschoka (um 260 v. Chr.) auf. Sie erscheint dann in leicht veränderter Weise in den buddhistischen Inschriften der Grotten von Nana Ghat (2. Jh. v. Chr.) und Nasik (1./2. Jh. n. Chr.)** und in den zeitgenössischen Inschriften der Sunga, Saka, Andhra, Mathura, Ksatrapa und Kushana. In der nächsten Stufe führt sie über unterschiedlich starke Veränderungen zu verschiedenen deutlich voneinander getrennten Schriften, aus denen sich die heute in Indien gebrauchten herauskristallisierten. Die Unterschiede zwischen ihnen beruhen entweder auf dem Charakter der Sprachen, denen sie angeglichen wurden, oder auf der Art des verwandten Schreibmaterials (*Abb. 343*).

Auch die Zahlzeichen, die man in Indien, Zentral- und Südostasien benutzte und immer noch benutzt, gehen zumindest für die ersten neun ganzen Zahlen *trotz großer Verschiedenheit im schriftlichen Ausdruck auf einen gemeinsamen Ursprung zurück;* alle leiten sich mehr oder weniger direkt von den ersten neun Zeichen des Brahmi-Ziffernsystems her (*Abb. 344 a*).

Aber obwohl die ersten neun indischen Ziffern ausschließlich indischen Ursprungs sind und heute im allgemeinen nach dem Positionssystem angeordnet werden, galt dieses Gesetz doch nicht immer.

* Bühler 1896; Ojha 1959; Sivaramamurti 1952; Upasak 1960.

** Die Grotten von Nana Ghat und von Nasik befinden sich im westlichen Dekkan, die erste ungefähr 150 km von Poona, die zweite ungefähr 200 km von Bombay entfernt.

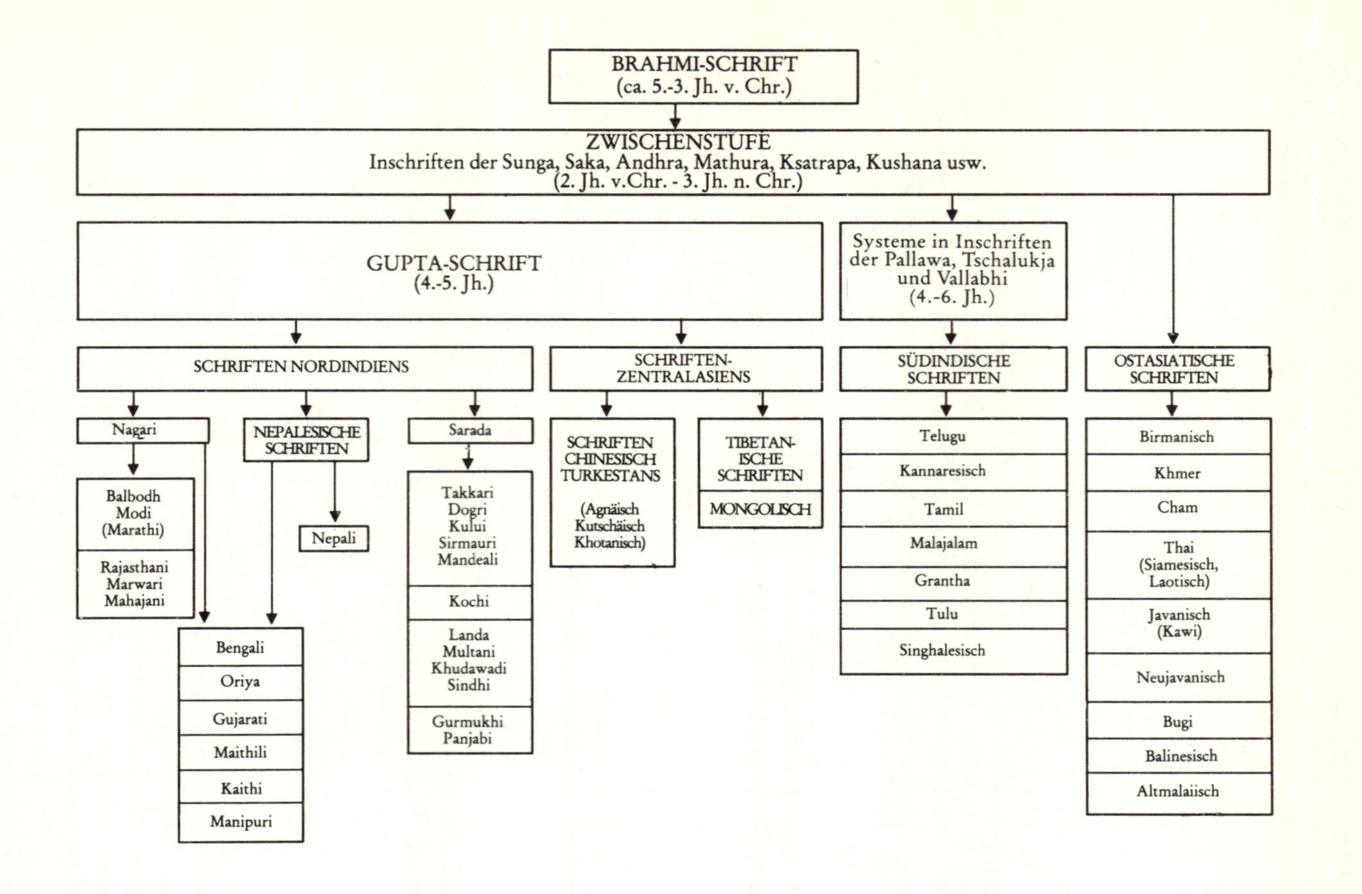

Abb. 343: Klassifizierung der verschiedenen Schriften, die aus der Brahmi-Schrift hervorgingen. (Bühler 1896; Ojha 1959; Sivaramamurti 1952; Upasak 1960)

Ein Beispiel dafür liefern Brahmi-Inschriften des Kaisers Aschoka und der Sunga, Saka, Andhra und Ksatrapa; die darin enthaltene Zahlschrift wurde vom 3. Jahrhundert v. Chr. bis zum 8. Jahrhundert n. Chr. verwendet (*Abb. 344*). Es handelt sich auf den ersten Blick um ein dezimales Ziffernsystem, das im wesentlichen auf dem additiven Prinzip beruht und scheinbar jeder der folgenden Zahlen ein eigenes graphisches Zeichen zuweist:

1	2	3	4	5	6	7	8	9	
10	20	30	40	50	60	70	80	90	
100	200	300	400	500	600	700	800	900	
1 000	2 000	3 000	4 000	5 000	6 000	7 000	8 000	9 000	usw.

Aber bei näherer Betrachtung zeigt sich, daß die verschiedenen Zeichen dieser Zahlschrift nicht alle voneinander unabhängig sind. Die einzigen Zahlen, denen wirklich eine eigene Ziffer zugeordnet wird, sind folgende:

1	2	3	4	5	6	7	8	9
10	20	30	40	50	60	70	80	90
100	und	1 000						

Die Ziffern für 200 und 300, für 2.000 und 3.000 werden vom Zeichen für 100 oder für 1.000 nur durch einfache Hinzufügung von einem oder zwei waagerechten Strichen abgeleitet, wobei diese vier graphischen Kombinationen nach folgender Regel gebildet sind (*Abb. 344 c*):

$$200 = 100 + 1 \times 100 \qquad 2\,000 = 1\,000 + 1 \times 1\,000$$
$$300 = 100 + 2 \times 100 \qquad 3\,000 = 1\,000 + 2 \times 1\,000$$

Die anderen Hunderter und Tausender werden nach dem multiplikativen Prinzip wiedergegeben, indem rechts neben dem Zeichen für 100 oder 1.000 die Ziffer der entsprechenden Einheit steht:

$$400 = 100 \times 4 \qquad 4\,000 = 1\,000 \times 4$$
$$500 = 100 \times 5 \qquad 5\,000 = 1\,000 \times 5$$
$$600 = 100 \times 6 \qquad 6\,000 = 1\,000 \times 6$$
....

Die Zehntausender sind vom Zeichen für Tausend nach dem multiplikativen Prinzip abgeleitet, indem die Ziffer 1.000 neben den entsprechenden Zehnern steht:

$$10\,000 = 1\,000 \times 10$$
$$20\,000 = 1\,000 \times 20$$
$$30\,000 = 1\,000 \times 30 \text{ usw.}$$

EINER

SYSTEME, DIE NICHT AUF DEM POSITIONSPRINZIP BERUHEN UND KEINE NULL KENNEN (Vgl. Abb. 334)

	1	2	3	4	5	6	7	8	9	NULL
A 3. Jh. v. Chr. Brahmi-Inschriften der Edikte des ASCHOKA (EI VI, 155;IA III,134)										
B 2. Jh. v. Chr. Buddhistische Inschriften der Grotten von Nana Ghat (EI VI, 155;IA III,134)										
C 1./2. Jh. n. Chr. Buddhistische Inschriften der Grotten von Nasik (Senart 1902; 1905)										
D 1.-2. Jh. n. Chr. KUSHANA-Inschriften (EI I,381; EI II, 201)										
E 1.-3. Jh. ANDHRA-, MATHURA- und KSATRAPA-Inschriften (Indraji 1890)										
F 4.-5. Jh. GUPTA-Inschriften (Fleet 1888)										
G ca. 6.-9. Jh. Nepalesische Inschriften (Bendall 1902)										
H 5.-6. Jh. PALLAWA-Inschriften (Fleet 1888)										
I 6.-7. Jh. VALLABHI-Inschriften (Fleet 1888)										
J Verschiedene Handschriften (Fleet 1888)										
K 595–917 n. Chr. Positionssystem der Schenkungsurkunde aus Kupfer (Abb. 337) und der Inschriften von Gwalior (oben S. 486) — URKUNDEN										o
K — GWALIOR										o

Abb. 344 a: Vergleich zwischen den alten indischen Ziffernsystemen der Brahmi-Schrift (A-J) mit den ersten indischen Stellenzahlschriften (K).
Bezeugte Ziffern sind ausgezogen, die anderen sind rekonstruiert; vgl. Bühler 1896; Datta/Singh 1962; Indraji 1876; Ojha 1959; Abk.: EI = Epigraphica Indica 1892 ff.; IA = Indica Antiquary 1872 ff.

ZEHNER

Abb. 344 b

	10	20	30	40	50	60	70	80	90
A									
B									
C									
D									
E									
F									
G									
H									
I									
J									
	Der Zehn und ihren Vielfachen sind eigene Zeichen zugeordnet.								
K									

HUNDERTER, TAUSENDER UND ZEHNTAUSENDER

	100	200	300	400	1 000	2 000	3 000	4 000	6 000	8 000	10 000	20 000	70 000
A													
B													
C													
D													
E													
F													
G													
H													
I													
J													
	Eigenes Zeichen	100 + 1 x 100 → Hinzufügung eines waagerechten Striches zur »100«	100 + 2 x 100 → Hinzufügung zweier waagerechter Striche zur »100«	100 × 4 →	Eigenes Zeichen	1.000 + 1 x 1.000 → Hinzufügung eines waagerechten Striches zur »1.000«	1.000 + 2 x 1.000 → Hinzufügung zweier waagerechter Striche zur »1.000«	1 000 × 4 →	1 000 × 6 →	1 000 × 8 →	1 000 × 10 →	1 000 × 20 →	1 000 × 70 →
K													

Abb. 344 c

Die Struktur des alten indischen Ziffernsystems ist also direkt dem gesprochenen System nachgebildet (Renou 1930):

1 eka	10 daśa	100 śata	1 000 sahasra
2 dvi	20 viṃśati	200 dviśata (2 × 100)	2 000 dvisahasra (2 × 1 000)
3 tri	30 triṃśati	300 triśata (3 × 100)	3 000 trisahasra (3 × 1 000)
4 catur	40 catvāriṃśati	400 caturśata (4 × 100)	4 000 catursahasra (4 × 1 000)
5 pañca	50 pañcāśat	500 pañcaśata (5 × 100)	....
6 ṣaṭ	60 ṣaṣti	600 ṣaṭśata (6 × 100)	10 000 daśasahasra (10 × 1 000)
7 sapta	70 sapti	700 saptaśata (7 × 100)	20 000 viṃśatsahasra (20 × 1 000)
8 aṣṭa	80 aśīti	800 aṣṭaśata (8 × 100)	30 000 triṃśatsahasra (30 × 1 000)
9 nava	90 navati	900 navaśata (9 × 100)	....

So wurde z.B. die Zahl 4.769 folgendermaßen wiedergegeben:

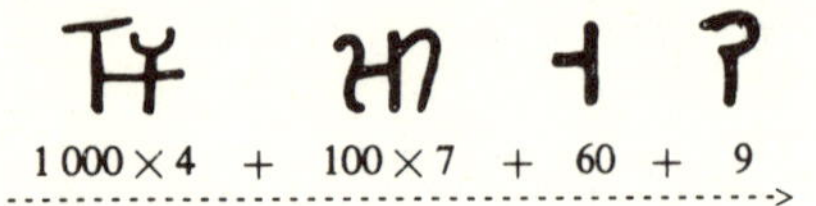

Dies entspricht vollkommen dem entsprechenden Ausdruck in Sanskrit:

nava ṣaṣti saptaśata ca catur sahasra

»Neun, sechzig, sieben-hundert und vier-Tausend«

Die Zahlschrift mit den Zeichen des alten indischen Ziffernsystems, die von links nach rechts in absteigender Folge der Zehnerpotenzen geschrieben wurde, *war eine »wörtliche« Übertragung der Namen der Ordinalzahlen in Sanskrit,* die allerdings mit den niedrigsten Einheiten beginnt und der aufsteigenden Reihe der Zehnerpotenzen folgt.

Aber in der indischen Gelehrtenwelt und sicherlich vor dem Jahr 458 unserer Zeitrechnung werden die neun ersten Ziffern des alten *Brahmi*-Ziffernsystems ebenso wie die neun ersten Namen der Ordinalzahlen in Sanskrit in ein Positionssystem auf der Basis Zehn integriert. Die Zahl 4.769 wird nun in den folgenden Formen dargestellt:

4 7 6 9

nava ṣaṭ sapta catur

»Neun sechs sieben vier«

Es ist nicht ausgeschlossen, daß diese Konzeption auf eine Anpassung des sexagesimalen Positionssystems der Mathematiker und Astronomen Babyloniens (vgl. Kap. 28) an die Basis Zehn zurückgeht: Zwischen dem 3. vorchristlichen und dem 1. nachchristlichen Jahrhundert wurden in Indien verschiedene Elemente der babylonischen Astronomie eingeführt. Der Weg führte dabei über den Nordwesten Indiens und den Hafen von Bharukaccha, der in den ersten Jahrhunderten n. Chr. kulturell und wirtschaftlich eng mit dem Westen verbunden war (Billard 1971; Neugebauer 1975).

Aber auch ein anderer Einfluß könnte diese Entwicklung ausgelöst haben: In der Hanzeit (206 v. Chr. – 220 n. Chr.) benützten die chinesischen Mathematiker häufig eine Zahlschrift namens *suan zí* (»Rechnen mit Stäbchen«). Dabei wurden waage- und senkrechte Zahlstriche miteinander kombiniert; diese Zahlschrift war dezimal und beruhte auf dem Positionssystem, so daß z.B. die Zahl 4.769 folgende Form hatte:

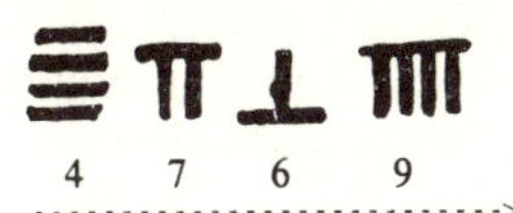

So könnten Kontakte vor dem 2. Jahrhundert n. Chr. zwischen Indien und China dazu geführt haben, daß die indischen Gelehrten von chinesischen Rechenkünstlern beeinflußt wurden und ihr Ziffernsystem dem der chinesischen Strichziffern nachgebildet haben.

Noch einleuchtender scheint jedoch folgende Hypothese zu sein, obwohl auch sie nicht bewiesen werden kann. Multiplikationen, Additionen, Divisionen oder andere arithmetische Aufgaben lösten die indischen Rechner ohne Zweifel mit Hilfe gegenständlicher Zahlendarstellungen – mit den Fingern der Hand, mit Kieselsteinen oder anderen konkreten Gegenständen, vor allem durch Benutzung einer Art von *Abakus* (vgl. Kap. 8).

Nun gibt es Zeugnisse aus späterer Zeit von arabischen, persischen und europäischen Autoren (Boncampagni 1857), die davon berichten, daß die indischen Rechner seit der klassischen Zeit ihre Rechnungen mit den ersten neun Ziffern ihres Ziffernsystems in vorher unterteilten Spalten vorgenommen haben.* Dabei trennten diese Unterteilungen die Zehnerpotenzen voneinander, so daß die Zahlenwiedergabe ebenso klar und präzise war wie unsere; von rechts nach links standen in der ersten Spalte die Einer, in der zweiten die Zehner, in der dritten die Hunderter usw. Um eine bestimmte Zahl auf dieser Art von Abakus darzustellen, wurde sie offenbar nicht durch die entsprechende Menge von Kieselsteinen, Scheibchen oder Stöckchen wiedergegeben, sondern durch das Zahlzeichen für die jeweilige Anzahl von Einheiten der jeweiligen Dezimalordnung. Ursprünglich war die Zahl 6.483 in Worten in Sanskrit oder mit der traditionellen Zahlschrift folgendermaßen wiedergegeben worden:

Tri aśīti catur śata sat sahasra
Drei, achtzig, vier-hundert (&) sechs-tausend

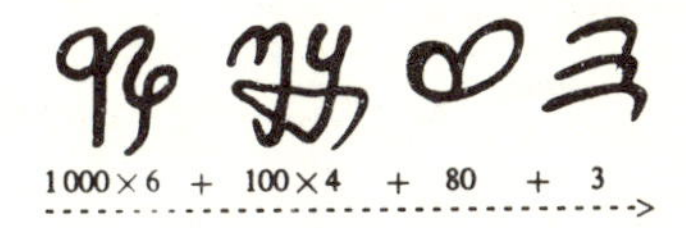

Inzwischen schrieben die indischen Rechner die Ziffer 3 in die erste Spalte von rechts, die Ziffer 8 in die zweite (für die Zehner), die Ziffer 4 in die dritte (für die Hunderter) und schließlich die Ziffer 6 in die vierte Spalte (für die Tausender), was in der alten indischen Zahlschrift folgendermaßen aussah:

* Dies geschah entweder auf losem Erdreich oder auf Sand mit einem spitzen Gegenstand, auf einer mit Wachs überzogenen Tafel mit einem Griffel oder auf einer Art Schiefertafel mit Kreide.

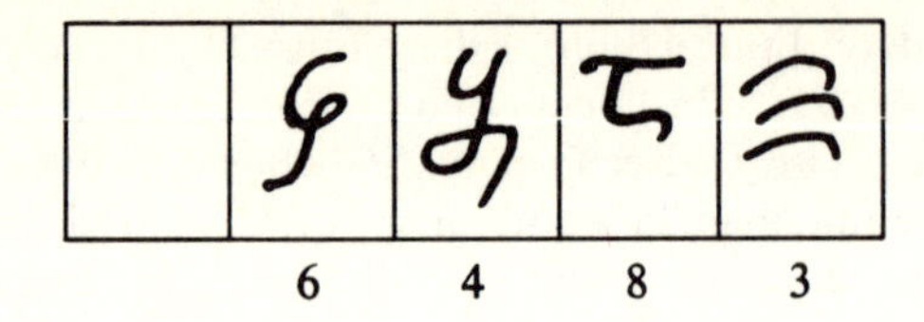

Mit diesem Abakus konnte man alle ganzen Zahlen – wie groß sie auch immer waren – mit den ersten neun Ziffern der alten indischen Zahlschrift niederschreiben, indem sie die ihnen zugeordneten Werte beibehielten, die je nach Stellung eine andere Größenordnung annahmen. Eine Null war nicht notwendig, da das Fehlen von Einheiten einer bestimmten Ordnung bereits durch eine leere Spalte bezeichnet wurde.

Danach war der Schritt für die indischen Rechner nicht mehr weit, die Ziffern in der gewohnten Reihenfolge nach Zehnerpotenzen ohne die Spalten dieses Abakus zu schreiben:

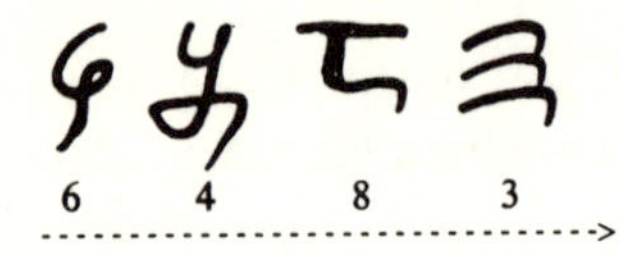

Aber nun mußte ein neues Symbol eingeführt werden, um die Abwesenheit von Einheiten einer bestimmten Ordnung zu kennzeichnen – im Grunde ein Zeichen für eine leere Spalte. Und so wurde die indische Null geboren, die graphisch durch einen kleinen Kreis oder einen Punkt dargestellt wurde und der man verschiedene Sanskritnamen gab – *śūnya* (»leer«), *kha* (»der Himmel«), *gagana* (»der Raum«), *ambara* (»die Atmosphäre«), *bindu* (»der Punkt«) usw. Die Zahl 1.024.607.130.000 wurde auf einem Abakus mit Spalten in der folgenden Form wiedergegeben:

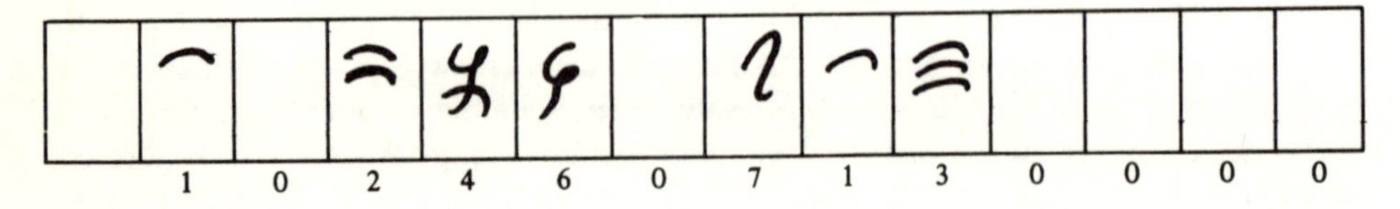

Mit Hilfe der neun Ziffern und des neuen Zeichens für Null hatte diese Zahl nun folgende Form:

1 0 2 4 6 0 7 1 3 0 0 0 0

In Texten wurde sie häufig folgendermaßen niedergeschrieben:

Kha	**ambara**	**śūnya**	**gagana**	**agni**	**rūpa**	**sapta**	**śūnya**	**rasa**	**catur**	**netra**	**kha**	**eka**
Himmel	Atmosphäre	Leere	Raum	Feuer	Form	sieben	Leere	Geschmacksarten	vier	Augen	Himmel	eins
0	0	0	0	3	1	7	0	6	4	2	0	1

Es ist also durchaus nicht ausgeschlossen, daß das Positionssystem und die Null in Indien ohne äußeren Einfluß entdeckt wurden.*

In jedem Fall gehört die indische Zahlschrift zu den wichtigsten Entdeckungen der Menschheit, die sich im Verlauf der Jahrhunderte so weit ausgebreitet hat, daß sie inzwischen zur einzigen wirklichen Weltsprache geworden ist.

Die weltweite Verbreitung der indischen Zahlschrift

Die Gelehrten und Mathematiker der Kulturen, die mit Indien in Verbindung standen, erkannten früh die zahlreichen Vorteile der Null und des dezimalen Positionssystems der Inder. Sie gaben nach und nach die Verwendung der unvollkommenen Zahlschriften auf, die sie von ihren Ahnen übernommen hatten und benutzten nur noch diese Methode. Aber dieser Übergang, der sich weltweit über mehrere Jahrhunderte hinzog, ist nicht überall auf gleiche Weise vor sich gegangen.

Einige Völker übernahmen nur den Aufbau der indischen Zahlschrift und verbesserten damit das Prinzip ihrer traditionellen Ziffernsysteme. So benutzten die chinesischen Mathematiker und Rechner mit dem *suan zí*-System ihrer »Strichziffern« seit Beginn der christlichen Zeitrechnung ein dezimales Positionssystem (Kap. 29). Aber lange Zeit kannten sie den Gebrauch der Null nicht. Ursprünglich umgingen sie die dadurch auftretenden Schwierigkeiten dadurch, daß sie eine Zahl wie z.B. 1.470.000 entweder mit den Schriftzeichen der gewöhnlichen chinesischen Zahlschrift – also »in Worten« – wiedergaben oder die Strichziffern auf Karos verteilten, nach dem Vorbild der Stäbchen auf dem Abakus, wobei das Kästchen der fehlenden Einheiten leer blieb:

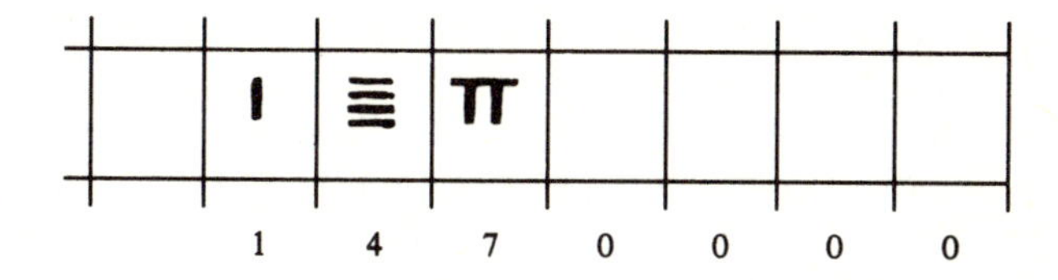

Erst im 8. Jahrhundert wurde unter dem Einfluß indischer Buddhisten eine Null in dieses Positionssystem eingeführt, die die Form eines kleinen Kreises hatte:

* Dieses Nullzeichen wurde vermutlich seit klassischer Zeit als Recheneinheit benutzt (Abb. 335). Später wurde es auch als Zeichen mit einem bestimmten Zahlenwert aufgefaßt, als »Zahl Null«. Der Mathematiker und Astronom Brahmagupta lehrte in seinem *Brahmasphutasiddhanta* (628 n. Chr.; Brahmagupta 1902; Billard 1971), wie man die sechs Grundrechenarten (Addition, Subtraktion, Multiplikation, Division, Potenzierung und Wurzelziehen) mit den *Gütern*, den *Schulden* und der *Null (dhana, ṛṇa, kham)* durchführt – also mit positiven Zahlen, negativen Zahlen und der Zahl Null. Wann aus der ursprünglichen Vorstellung der »Leere« – der *leeren Spalte* des Abakus – die Vorstellung »nichts« (von 10–10) wurde, kann nach dem gegenwärtigen Stand unseres Wissens nicht gesagt werden.

| ≡ ⊤⊤ ○ ○ ○ ○

1 4 7 0 0 0 0

Aber auch die Entwicklung der traditionellen chinesischen Zahlschrift liefert hierzu interessante Erkenntnisse; sie bestand aus einem hybriden Ziffernsystem mit 13 Ziffern (vgl. Kap. 27):

一	二	三	四	五	六	七	八	九	十	百	千	萬
1	2	3	4	5	6	7	8	9	10	100	1 000	10 000

Normalerweise wird z.B. die Zahl 7.829 damit folgendermaßen »in Worten« dargestellt:

七千八百二十九

7 × 1000 + 8 × 100 + 2 × 10 + 9

In manchen chinesischen Werken werden jedoch innerhalb der mit klassischen Ziffern dargestellten Zahlen häufig die Zeichen für die Zehnerpotenzen ausgelassen, so daß diese Zahl in abgekürzter Form wiedergegeben wird (vgl. Kap. 30):

七八二九

7 8 2 9

Aber diese Verwendung der neun ersten Ziffern des normalen chinesischen Ziffernsystems nach dem Positionsprinzip muß nicht unbedingt auf äußeren Einfluß zurückgehen; innerhalb der hybriden Systeme liegt diese Art von Vereinfachung vielmehr sehr nahe. Da dieser Zahlschrift die Null fehlte, mußten fehlende Einheiten einer Potenz der Basis von einer Ziffer für Einheiten der unmittelbar niedereren Ordnung gefolgt sein; um jede Verwechslung zwischen der abgekürzten Wiedergabe der Zahl 3.605 und der Zahl 365 zu vermeiden, mußte überdies im ersten Fall auch das Zeichen für hundert wieder aufgenommen werden:

Erst unter dem Einfluß der indischen Zahlschrift wurden die klassischen Schriftzeichen für 10, 100, 1.000 und 10.000 überflüssig – auch in diesem System wurde die Null durch einen kleinen Kreis gekennzeichnet:

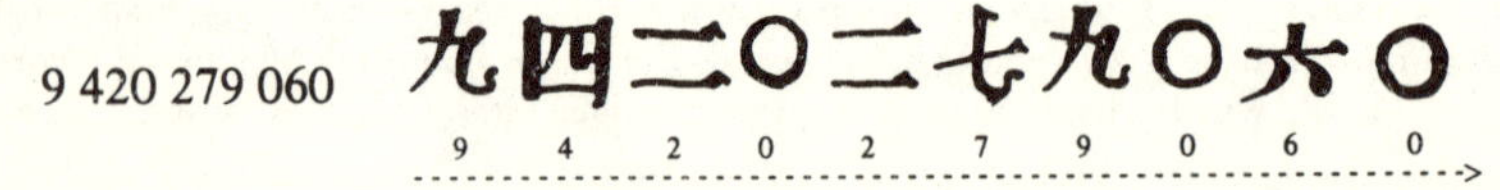

Dieses Beispiel stammt aus einer Logarithmentafel, die 1713 unter Kaiser Kănghsi veröffentlicht wurde (Menninger 1957/58, II, 279).

Auf diese Weise paßte sich die traditionelle chinesische Zahlschrift an die arithmetischen Rechenverfahren an; mit ihren neun ersten Zeichen konnte nun beliebig gerechnet werden, was zuvor nicht möglich war. Dies belegt auch das folgende Beispiel, das aus *Ting Chü Suan-fa* (*Die Rechenmethode des Ting Chü*) aus dem Jahr 1355 stammt. Darin wird mit den neun traditionellen chinesischen Zahlzeichen und der Null indischen Ursprungs die Technik der Multiplikation von 3.069 mal 45 vorgeführt (vgl. Menninger 1957/58, II, 279):

	ÜBERSETZUNG
三〇六九	3069
四五	45
一五三四五	15345
一二二七六	12276
一三八一〇五	138105

Ein weiteres Beispiel stammt von dem jüdischen Gelehrten Abraham Ibn Esra, geboren in Toledo um 1092. Ab 1139 unternahm er eine lange Reise in die Länder des Orients, die mit einem mehrjährigen Aufenthalt in Italien endete. Danach lebte er in Südfrankreich und emigrierte nach England, wo er im Jahre 1167 starb. Auf seinen Reisen ließ er sich in die indischen Rechenmethoden einweihen und legte deren Grundregeln in einem Werk in hebräischer Sprache dar, dem er den Titel *Séfer Ha Mispar* (*Das Buch der Zahl*) gab (*Séfer Ha Mispar* 1895; Steinschneider 1893, 69; Smith/Ginsburg 1918).

Allerdings übernahm er dazu nicht die indische Zahlschrift oder eine ihrer zahlreichen Varianten, sondern verwandte für die ersten neun ganzen Zahlen die neun ersten Buchstaben des hebräischen Alphabets, mit denen er von Kindesbeinen an vertraut war:

א	ב	ג	ד	ה	ו	ז	ח	ט
ALEF	BET	GIMBEL	DALET	HE	WAW	SAYIN	CHET	TET
1	2	3	4	5	6	7	8	9

Für die Null behielt er den kleinen, aus Indien stammenden Kreis bei und gab ihm einmal den hebräischen Namen *Galgal* (»das Rad«), an anderer Stelle den Namen *Sifra* – nach einem arabischen Wort für »Leere«. Damit glich er das alte hebräische Zahlenalphabet, das auf dem additiven Prinzip beruhte, dem dezimalen Positionssystem an, dessen Struktur identisch mit unserer Zahlschrift ist. Statt beispielsweise die Zahl 200.733 in der folgenden traditionellen Form wiederzugeben (vgl. *Abb. 202*):

ר̈ ת ש ל ג

3 + 30 + 300 + 400 + 200 000

		1	2	3	4	5	6	7	8	9	0
NORDINDIEN	Modernes Nagari (P 54: RF II 707)	[illegible]	[illegible]	[illegible]	[illegible]	[illegible]	[illegible]	[illegible]	[illegible]	[illegible]	o
	Marathi (D 25; P 108)	[illegible]	[illegible]	[illegible]	[illegible]	[illegible]	[illegible]	[illegible]	[illegible]	[illegible]	o
	Nepali (RF II 707)	[illegible]	[illegible]	[illegible]	[illegible]	[illegible]	[illegible]	[illegible]	[illegible]	[illegible]	o
	Bengali (H; P 90; RF II 707)	[illegible]	[illegible]	[illegible]	[illegible]	[illegible]	[illegible]	[illegible]	[illegible]	[illegible]	o
	Oriya (P 98; RF II 707; S 1831)	[illegible]	[illegible]	[illegible]	[illegible]	[illegible]	[illegible]	[illegible]	[illegible]	[illegible]	o
	Gujarati (D; F; P 101 f.)	[illegible]	[illegible]	[illegible]	[illegible]	[illegible]	[illegible]	[illegible]	[illegible]	[illegible]	o
	Sarada (K; P 86; RF II 707; SK 49)	[illegible]	[illegible]	[illegible]	[illegible]	[illegible]	[illegible]	[illegible]	[illegible]	[illegible]	•
	Sindhi (P 75; ST)	[illegible]	[illegible]	[illegible]	[illegible]	[illegible]	[illegible]	[illegible]	[illegible]	[illegible]	o
	Panjabi (P 80 f.)	[illegible]	[illegible]	[illegible]	[illegible]	[illegible]	[illegible]	[illegible]	[illegible]	[illegible]	•
ZENTRAL-ASIEN	Tibetanisch (P 149; RF II 707; SK 49)	[illegible]	[illegible]	[illegible]	[illegible]	[illegible]	[illegible]	[illegible]	[illegible]	[illegible]	o
	Mongolisch (P 156)	[illegible]	[illegible]	[illegible]	[illegible]	[illegible]	[illegible]	[illegible]	[illegible]	[illegible]	0
SÜDINDIEN	Telugu (11. Jh.) (B 68 f.; P 113-125; RF II 706)	[illegible]	[illegible]	[illegible]	[illegible]	[illegible]	[illegible]	[illegible]	[illegible]	[illegible]	o
	Kannara (16. Jh.) (B 68 f.; P 113-125; PF II 706)	[illegible]	[illegible]	[illegible]	[illegible]	[illegible]	[illegible]	[illegible]	[illegible]	[illegible]	o
	Modernes Telugu (P 127)	[illegible]	[illegible]	[illegible]	[illegible]	[illegible]	[illegible]	[illegible]	[illegible]	[illegible]	o
	Modernes Kannara (P 132)	[illegible]	[illegible]	[illegible]	[illegible]	[illegible]	[illegible]	[illegible]	[illegible]	[illegible]	o

Abb. 345: Verschiedene Schreibstile der Grundziffern des dezimalen Positionssystems, wie sie heute in Nordindien, Südindien und Zentralasien in Gebrauch sind. Diese Schriftformen gehen trotzdem auf einen gemeinsamen Ursprung zurück – auf die neun ersten Zeichen der Brahmi-Zahlschrift.

(Abb. 344 a; Abkürzungen: P = Pihan 1860; RF = Renou/Filliozat 1953; D = Drummond 1808; H = Halhed 1778; S = Sutton 1831; F = Forbes 1829; K = Kashmirian Atharva-Veda 1901; SK = Smith/Karpinski 1911; ST = Stack 1849; B = Burnell 1878)

stellte er sie nunmehr so dar (*Séfer Ha Mispar* 1895, 96):

ג ג ז O O ב

3 3 7 0 0 2

<- - - - - - - - - - - - - - - - - - -

Andere Völker übernahmen das dezimale Positionssystem der Inder nicht nur in seinem Aufbau, sondern auch in der Schreibweise der entsprechenden Ziffern.

Dies war bei den verschiedenen Völkern Indiens, Zentralasiens und Südostasiens der Fall. Dabei wurden die neun Zeichen dieses Ziffernsystems, die auf die Ziffern der alten *Brahmi-Schrift* zurückgingen, graphisch mehr oder weniger stark verändert, vor allem durch die Gewohnheiten oder die Phantasie der Schreiber, Kalligraphen und Bildhauer, aber auch durch die Art des benutzten Schreibmaterials. Es entstanden schließlich verschiedene Formen von Schreibschriftstilen, die den zahlreichen regionalen Schreibstilen Indiens und seiner Nachbarländer entsprechen (*Abb. 337, 340, 341, 344a, 345*).

Aber auch die Araber und nach ihnen die Völker des Abendlands haben von den Indern die Null, das Positionssystem und die entsprechenden Rechenverfahren wie auch die Schreibweise der indischen Ziffern übernommen und nach und nach ihren eigenen Schriften angeglichen...

*Die Einführung des indischen Systems im arabischen Orient**

In dem großen Reich, das die Araber weniger als ein Jahrhundert nach dem Tod Mohammeds errichteten, setzten sie bei den unterworfenen Völkern ihre eigene Sprache und Schrift durch. Das Arabische wurde alsbald zur Amts- und Religionssprache und bildete seitdem ein gemeinsames Band zwischen Gelehrten unterschiedlicher Herkunft. »Die Araber entdeckten ihnen überlegene Kulturen und eigneten sich die intellektuellen Vorstellungen dieser unterworfenen Völker in kurzer Zeit an. Zusammen mit den Syrern, den Persern und den Juden bauten die Araber eine neue, eigenständige Kultur auf.« (Youschkevitch 1976, 3) Auf die Periode der Eroberungen folgte eine fruchtbare Zeit kultureller Assimilation, von der die ganze Welt bis ins 13. Jahrhundert entzückt war. Der politische Einfluß der »arabischen Wüstensöhne« nahm seit der zweiten Hälfte des 7. Jahrhunderts mit der Regierungsübernahme durch die Kalifen aus der Dynastie der Omajjaden (661–750), die die Hauptstadt des moslemischen Reichs nach Damaskus verlegten, schnell ab. In der Mitte des folgenden Jahrhunderts wurden die Omajjaden durch die Abbasiden gestürzt, die den Sitz der Herrschaft nach Bagdad verlegten. Die Stadt wurde 722 von Kalif al-Mansur (754–775), dem zweiten Herrscher dieser Dynastie, zur Hauptstadt erhoben und schnell zum wichtigsten Handelszentrum und intellektuellen Sammelpunkt des Orients. Dort wurde das kulturelle Erbe der unterworfenen Völker mit Begeisterung aufgegriffen.** »Dort strömen neben den Muslimen auch Christen (vor allem Nestorianer), Juden und Heiden (Pârsen) zusammen; treffen sich Griechen, Syrer, Ägypter, Armenier, Mesopotamier, Iranier und Inder.« (Becker/Hofmann 1951, 125) Unter der Regierung der Kalifen al-Mansur, Harun ar-Raschid (786–809) und al-Mamun (813–833) begann die Entwicklung der arabischen Wissenschaft.

»Vom 8. bis zum 12. Jahrhundert erlebte die Geschichte der Wissenschaft eine ihrer glänzendsten Perioden. In der gesamten islamischen Welt wurden wissenschaftliche Werke verbreitet, reiche Bibliotheken wurden in Bagdad, in Kairo, später in Spanien gestiftet. Aber diese Zeit war im 13. Jahrhundert, nach der Teilung des Reiches, der mongolischen Invasion und den Kreuzzügen zu Ende.« (Taton 1969, 19 f.)

Durch die nestorianischen Christen und die anderen Völker, die Anteil an der griechischen Kultur hatten, wurden den Arabern die Werke der Mathematiker und Philosophen des antiken Griechenland vermittelt – Werke von Ptolemäus, Euklid, Aristoteles, Apollonios, Archimedes, Menelaos, Heron und Diophantos; diese Bücher wurden ins Arabische übersetzt und häufig durch Erläuterungen und eigene Weiterentwicklungen ergänzt.

* Mieli 1938; Suter 1892; 1900/02; Winter 1953; Youschkevitch 1964; 1976.

** »Die Ostaraber haben sich durch die Sorgfalt, mit der sie alle ihnen irgendwie zugänglichen mathematischen Schriften griechischer und indischer Herkunft gesammelt, durchgearbeitet und ausgewertet haben, die größten Verdienste um die Erhaltung wichtiger Kulturgüter erworben. Leider ist bis heute nur ein kleiner Teil dessen zugänglich, was sie uns hinterlassen haben, so daß unser Bild hinsichtlich ihrer schöpferischen mathematischen Arbeit, die vor allem der Algebra und der Trigonometrie galt, derzeit noch unvollständig ist.« (Becker/Hofmann 1951, 130)

Durch den Handel mit Indien – über den persischen Golf vom Hafen Basra aus – übernahmen die Araber auch Kenntnisse und Methoden der indischen Astronomie:

»Im Jahre 156 der *Hedjra* (773 n. Chr.) kam ein in den Lehren seines Landes sehr bewanderter Mann von Indien nach Bagdad. Diesem Mann war die Methode des *Sindhid* (arabische Transkription des Sanskritwortes *Siddhānta*) über die Berechnung der Bewegungen der Sterne und der Gleichungen mit dem Sinus von Viertel- zu Viertelgrad geläufig. Er kannte auch verschiedene Methoden, Sonnen- und Mondfinsternisse sowie den Aufgang der Tierkreiszeichen zu bestimmen. Er hatte eine Kurzfassung eines einschlägigen Werkes, das man einem Fürsten namens Figar zuschrieb, erstellt. In dieser Schrift wurden die *Kardaga* nach Minuten berechnet. Der Kalif befahl, die indische Abhandlung ins Arabische zu übersetzen, um den Mohammedanern zu einer genauen Kenntnis der Sterne zu verhelfen. Mit der Übersetzung wurde Mohammad Ibn Ibrahim al-Fassari beauftragt, der erste Mohammedaner, der die Astronomie eingehend studierte.« (Abu'l Hasan al-Kifti (1172–1288) zit. n. Youschkevitch 1976, 5 f.)

So verbanden die arabischen Gelehrten griechische und indische Wissenschaft miteinander, wobei sie manchmal auch babylonische Erkenntnisse mit aufnahmen, und vereinten in dieser Synthese die systematische Strenge der griechischen Mathematiker mit der praktischen Anwendbarkeit der indischen Wissenschaft. Darüber hinaus steuerten sie eigene Beiträge bei und trugen damit zur Entwicklung der Arithmetik, der Algebra, der Trigonometrie und der Astronomie bei. »Das arabische Volk hat in der Geschichte der Wissenschaften eine Rolle erster Ordnung gespielt, indem es die Schätze der griechischen und indischen Wissenschaften bewahrte und ihnen neues Leben gab – dadurch wurde die wissenschaftliche Erneuerung im mittelalterlichen Europa und ihre spätere Entfaltung ermöglicht.« (Taton 1969, 20)

In der Arithmetik zeigte sich der griechische sowie der jüdische und syrische Einfluß, da die Araber das griechische Ziffernalphabet übernahmen und auf die 28 Buchstaben ihres eigenen Alphabets übertrugen (vgl. Kap. 16, 17, 19).

Durch die Christen Syriens und Mesopotamiens wurde ihnen das alte Positionssystem und die Null der babylonischen Gelehrten vermittelt, das sie vor allem in ihren astronomischen Tafeln benutzten, um mit ihren Zahlbuchstaben sexagesimale Brüche festzuhalten (vgl. Kap. 28).

Noch wichtiger allerdings war der Einfluß der indischen Astronomen, von denen sie wahrscheinlich im 8. Jahrhundert die Null, das dezimale Positionssystem und die entsprechenden Rechenverfahren übernahmen. Ein Auszug aus einem arabischen Werk zeigt die Begeisterung, mit der die arabischen Mathematiker und Rechner dieses System aufgenommen haben:

»Wir haben von den Wissenschaften (der Inder) (auch eine Abhandlung über) das Rechnen mit Zahlen übernommen, die von Abu Djafar Mohammed Ibn Musa al-Charismi weiterentwickelt wurde. Es handelt sich dabei um die umfassendste und praktischste, am leichtesten zu begreifende und am mühelosesten zu erlernende Methode; sie bezeugt den durchdringenden Geist der Inder, ihr Schöpfertalent, ihr überlegenes Unterscheidungsvermögen und ihren Erfindergeist.« (Zit. n. Woepcke 1863, 479 f.)*

* Woepcke zitiert und übersetzt hier einen Auszug aus einer arabischen Handschrift der Bibliothèque Nationale in Paris (Ms. ar. 2112 (ex-Suppl. ar. 672), 220 Z. 7–10; Woepcke 1863, 479 f.).

Abb. 346: Dieses Dokument enthält in ostarabischen Ziffern das »Pascalsche Dreieck«; es beweist, daß die arabischen Mathematiker die Entwicklung des Binoms $(a + b)^m$ für ganzzahlige Exponenten schon zu Beginn des 11. Jahrhunderts kannten – wahrscheinlich noch vor den Chinesen (vgl. das chinesische Dreieck aus dem Jahr 1303, Abb. 300).
*(Auszug aus der arabischen Handschrift Al-Bahir fi'ilm al hisab (»Das leuchtende Buch über die Arithmetik«) von As-Samaw' al Ibn Jahja Al-Maghribi; Bibliothek der Hagia Sophia Istanbul, Nr. 2718; Rashed/Ahmed 1972)**

Der erwähnte Mohammed Ibn Musa al-Charismi (um 780 – um 850) war ein Gelehrter aus Persien, der am Hofe des Abbasidenkalifen al-Mamun lebte, kurz nach der Zeit, in der Karl der Große über das Abendland herrschte; er war ohne Zweifel einer der bedeutendsten Mathematiker der arabisch-islamischen Welt (Toomer 1973; Youschkevitch 1976, 15–20). Sein Werk umfaßt vor allem zwei Abhandlungen über Arithmetik und über die elementare Algebra und trug wesentlich dazu bei, die Araber und später die Völker des christlichen Abendlandes mit der indischen Zahlschrift und den indischen Rechenmethoden bekannt zu machen.** Die arithmetische Abhandlung ist nur in lateinischen Übersetzungen zugänglich; sie ist das erste bekannte arabische Werk, in dem das indische Positionssystem und die entsprechenden Rechen-

* Der Autor dieser Handschrift, As-Samaw'al Ibn Jahja Al-Maghribi war der Sohn des Rabbi Jehuda Ben Abbun aus Marokko; er trat zum Islam über, lebte in Bagdad als Arzt, Philosoph und Mathematiker und starb gegen 1180 in Maragha (Anbouba 1975). Er bestätigt in seinem Manuskript, daß er nicht Verfasser dieser Tafel ist, sondern sie von dem Mathematiker Al-Karaji übernommen habe, der Ende des 10. oder Anfang des 11. Jahrhunderts geboren wurde. Aber es ist unbekannt, ob sie nicht noch älteren Datums ist (Rashed 1973).

** Die Abhandlung des al-Charismi über Algebra (arabisch *al-jabr Wa'l mukabala)* ist uns in der arabischen Version und in einer von Gerhard von Cremona angefertigten lateinischen Übersetzung *(Liber Maumeti filii Moysi Alchoarismi de algebra et almuchabala)* bekannt. Das Wort *al-jabr,* das erste Wort des Titels dieses Werkes, wurde in der Folge allgemein dazu verwandt, den bedeutenden Zweig der Mathematik zu bezeichnen, die die *Algebra* darstellt. In diesem Werk behandelt er die zwei Rechenverfahren, die zur Lösung einer Gleichung notwendig sind: *al-jabr* besteht darin, die Glieder der Gleichung so zu verteilen, daß alle positiv sind; *al-mukabala* heißt das Kürzen von Gliedern innerhalb der Gleichung (Mieli 1938; Suter 1892; 1900/02; Winter 1953; Youschkevitch 1976, 15–25; 1964, 175–325).

	1	2	3	4	5	6	7	8	9	0
Mathematische Abhandlung, die 969 in Schiras durch den Mathematiker Abd Djalil al-Sidjsi kopiert wurde (Bibl. Nat. Paris, Ms. ar. 2.457, Fol 85v-86)	١	٢	٣	٤	٥	٦	٧	٨	٩	٠
Astronomische Abhandlung von al-Biruni (Al Kanun Al-Masudi), kopiert 1082 (Bodleian Library Oxford, Ms. Or.516, Fol. 12v; Irani 1955/56)	١	٢	٣	٤	٥	٦	٧	٨	٩	٠
Astronomische Abhandlung aus dem 11.Jahrhundert (Bibl. Nat. Paris, Ms. ar 2.511, Fol. 10v, 14, 19)	١	٢	٣	٤	٥	٦	٧	٨	٩	٠
Astronomische Tafeln aus dem 11. Jahrhundert (Bibl. Nat. Paris, Ms. ar.2.495, Fol. 10)	١	٢	٣	٤	٥	٦	٧	٨	٩	٠
Astronomische Abhandlung aus dem 12.Jahrhundert (Bibl. Nat. Paris, Ms. ar. 2.494, Fol. 10)	١	٢	٣	٤	٥	٦	٧		٩	٠
Kopie aus dem 13. Jahrhundert nach einer Handschrift des 9. Jh. (Bibl. Nat. Paris, Ms. ar 4.457, Fol. 10)	١	٢	٣	٤	٥	٦	٧	٨	٩	٠ ٠
Astronomische Abhandlung von Kuschjar Ibn Lappan, 1203 in Chorasan kopiert (universitätsbibl. Leiden, Ms. Al-Madhkal...; Irani 1955/56)	١	٢	٣	٤	٥	٦	٧	٨	٩	٠
Astronomische Tafeln aus dem 13. Jahrhundert (Bibl. Nat. Paris, Ma. ar. 2.513, Fol. 2v)	١	٢	٣	٤	٥	٦	٧	٨	٩	٠ ٠
Handschrift von 1470 (Bibl. Nat. Paris, Ms. ar. 601, Fol. 1v)	١	٢	٣	٤	٥	٦	٧	٨	٩	٠
Handschrift von 1507 (Universitätsbibl. Leiden, Cod. Or. 204 (3))	١	٢	٣	٤	٥	٦	٧	٨	٩	٠
Handschrift von 1650 aus Istanbul (Princeton University, ELS 373; Irani 1955/56)	١	٢	٣	٤	٥	٦	٧	٨	٩	٠ ٠
Buch über praktische Arithmetik aus dem 17. Jahrhundert (Bibl. Nat. Paris, Ms. ar. 2.475, Fol. 25v, 26, 53)	١	٢	٣	٤	٥	٦	٧	٨	٩	٠
Handschrift aus dem 17. Jahrhundert (Bibl. Nat. Paris, Ms. ar. 2.460, Fol. 6v)	١	٢	٣	٤	٥	٦	٧	٨	٩	٠
Handschrift aus dem 17. Jahrhundert (Bibl. Nat. Paris, Ms. ar. 2.475, Fol. 91-94)	١	٢	٣	٤	٥	٦	٧	٨	٩	٠
MODERNE DRUCKBUCHSTABEN	١	٢	٣	۴ ٤	۵ ٥	٦	٧	٨	٩	٠

Abb. 347: Die Hindi-Ziffern der Araber des Ostens.

verfahren eingehend erklärt werden (Vogel 1963; Allard 1975; Youschkevitch 1976). Seine Bedeutung zeigt sich auch darin, daß der Beiname des Autors – al-Charismi (auch al-H̲warizmīy, der aus Chwarism Stammende) – in seiner latinisierten Form *Algorismi* im Abendland zu dem Wort *Algorithmus* wurde, zunächst als Bezeichnung für das dezimale Positionssystem indischen Ursprungs und die damit verbundenen Rechenregeln, heute in der Bedeutung von einem Rechenvorgang nach einem bestimmten Schema, dessen Rechenschritte eng verkettet und in strikter Abfolge aneinander gereiht sind.

Bei den Arabern des Orients wurde die Form der indischen Zahlschrift den einzelnen arabischen Schreibstilen angeglichen. Daraus entstand schließlich eine scheinbar originale Reihe von Zahlzeichen, die im Lauf der Jahrhunderte kaum noch verändert wurden, mit Ausnahme der Ziffer 5 und der Null (*Abb. 349*). Das charakteristische Aussehen dieser Zeichen, die die Araber im allgemeinen als *hindi* bezeichnen und die heute noch in Ägypten, Syrien, der Türkei, im Irak, im Iran und in Afghanistan, in Pakistan und in Teilen des islamischen Indien im Gebrauch sind, läßt sich zumindest teilweise durch eine Drehung der indischen Zeichen erklären (*Abb. 344 a, 345, 347*):

Die ostarabische 1: ١ entspricht der indischen 1: १
Die ostarabische 2: ٢ entspricht der indischen 2: २
Die ostarabische 3: ٣ entspricht der indischen 3: ३
Die ostarabische 4: ۴ entspricht der indischen 4: ४
Die ostarabische 5: ٥ entspricht der indischen 5: ५ usw.

Dies ist darauf zurückzuführen, daß die mohammedanischen Schreiber die Buchstaben ihrer Schrift nicht von rechts nach links, sondern von oben nach unten geschrieben haben, so daß die Linien dann von links nach rechts aufeinander folgen:

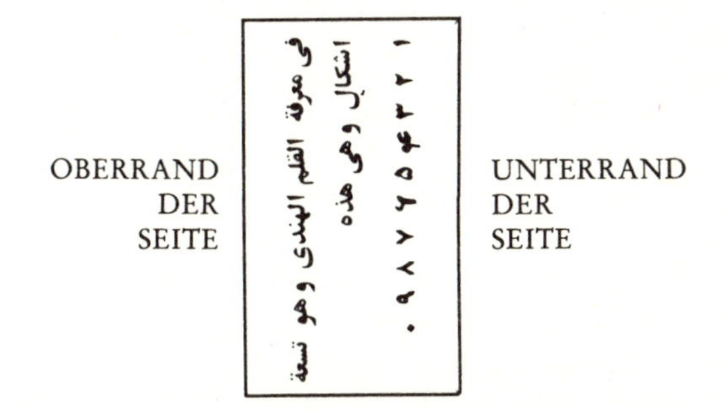

Zum Lesen drehten sie ihre Handschriften um 90 Grad nach rechts, damit die Linien waagerecht verliefen, wobei von rechts nach links gelesen wurde (Sourdel 1978):

OBERRAND DER SEITE

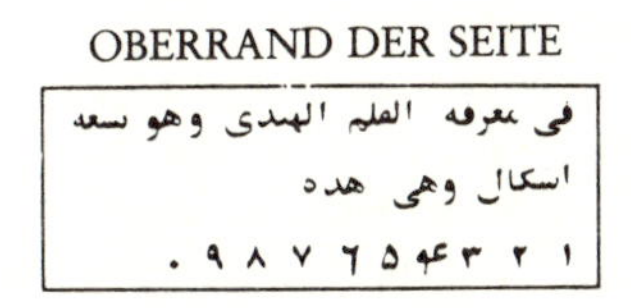

UNTERRAND DER SEITE

Diese Angewohnheit ist auch bei den syrischen Schreibern zu finden, vor allem bei den Jakobiten und den Schreibern der alten Stadt Palmyra (Février 1948).

Die letzte graphische Modifikation der Ziffern der Araber des Orients bestand in der Ersetzung des umgekehrten großen B als Ziffer für fünf durch eine Art umgekehrtes Herz oder durch einen kleinen Kreis*; das alte Nullzeichen wird nun durch einen einfachen Punkt dargestellt.

Aber dieses Zeichen, das in den arabischen Handschriften seit dem 11. Jahrhundert erscheint, ist indischen Ursprungs; die Null wurde in dieser Form seit dem 7. Jahrhundert häufig in Kambodscha (*Abb. 339, 340*), in Kaschmir und im Pandschab (*Abb. 345*, *Sarada*-Schrift) verwandt. Auch in einer Quelle vom Anfang des 8. Jahrhunderts, die von einem buddhistischen Mönch aus Indien, der sich in China niedergelassen hatte, verfaßt wurde, findet man die Null als Punkt (Needham 1959; Guitel 1975, 630 ff.). Die indischen Astronomen haben manchmal das Sanskritwort *bindu* (»Punkt«) als symbolisches Wort für Null verwandt (Datta/Singh 1962, 53–57; Renou/Filliozat 1953, II, 708 f.; Sircar 1965, 230 ff.). Und der arabische Astronom persischer Herkunft al-Biruni weist auf diesen Gebrauch hin: Bei der Erläuterung des Systems der Zahlensymbole des Sanskrit zählt er die Worte auf, die die Null symbolisieren, und fügt den Worten *śūnya* (»die Leere«) und *kha* (»der Raum«) folgende Bemerkung hinzu (Woepcke 1863, 284):

و هما النّقطة »Sie bedeuten *den Punkt*«

In klassischer Zeit scheinen die Araber diesen Begriff nur durch »einen kleinen, dem Buchstaben O ähnelnden Kreis« wiedergegeben zu haben – so erklärte der Mathematiker al-Charismi zu Beginn des 9. Jahrhunderts die Form des arabischen Buchstaben *ha* (Boncompagni 1857).

Ein Beispiel dafür ist auch ein Wortspiel aus der arabisch-persischen Dichtersprache des 12. Jahrhunderts. Es handelt sich um zwei Verse des iranischen Dichters Chakani aus einem Lobgedicht auf den Prinzen Ghijat al-Din Mohammed (1152–1160), das diesen dazu ermuntern sollte, die Provinz Chorasan von den Einfällen der Türkmenen zu befreien:

»Deinem Feinde wird man einen runden Ring *(mutawwak)* um den Nacken legen wie die Null *(sifr)* auf der Tontafel; an seiner Seite werden die Einer (= die Soldaten) stehen wie ein Stoßseufzer.

So ist es; unter den Leuten des Königreiches ist dein Feind ein Nichts. Wenn wir ihn überhaupt zählen, so ist er nichts als eine Null links der Figuren.« (Zit. n. Mazaheri 1975, 176)

Nach Mazaheri (1975, 176) kann dieser schwierige Abschnitt übersetzt werden, wenn man folgende Voraussetzungen macht:

1. Der Satz »Dein Feind wird *mutawwak* sein« ist so zu verstehen: »Dein Feind wird mit dem Nacken in die Schlinge gelegt werden, gleich einem runden Ring (wie es die Null in Form eines O ist)«; er bedeutet also: »Dein Feind wird gefangengenommen und dann gehängt werden«.
2. Das arabische Wort für Seufzer ist *Aah*, was zu dieser Zeit in folgender Form geschrieben wurde:

* Diese Entwicklung wurde möglicherweise durch den arabischen Buchstaben *ha* – einen kleinen Kreis – beeinflußt; *ha* stand im System des Abdschad ebenfalls für die Zahl 5 (vgl. Kap. 19).

هاا Es ist identisch mit folgendem Ausdruck: ٠١١

HAA NULL-EINS-EINS

<---- ---------->

Damit ist die Stelle »Dein Feind wird *mutawwak* sein wie die Null auf der Tontafel; an seiner Seite werden die Einer stehen wie ein Stoßseufzer« so zu verstehen: »Man wird dem Türkmenen den Hals in Ketten legen, und er wird von den Truppen vor den Sultan Mohammed geschleift werden.«

Der kleine Kreis wurde aber auch fast überall in Nord- und Südindien, Zentral- und Südostasien (Kambodscha, Cham, Sumatra, Java usw.) als Zeichen für die Null gebraucht – selbst bei den chinesischen Rechnern, die von den aus Indien stammenden Buddhisten beeinflußt worden waren (*Abb. 337, 339, 340, 341, 344a, 347*). Und der Punkt entstand dadurch, daß die Schreiber und Kopisten den Kreis im Lauf der Zeit so klein machten, daß nur noch ein Punkt übrig blieb (*Abb. 349*).

Zumindest ist dieses indische Nullzeichen in der einen oder anderen seiner beiden Formen grundlegend verschieden von der Schreibweise der Null des sexagesimalen Positionssystems der arabischen Astronomen – diese Zahlschrift ist in ihrem Aufbau babylonischen Ursprungs, wobei die arabischen Zahlbuchstaben nach dem Vorbild der griechischen Astronomen benutzt wurden. Die Null wird in diesem System durch eine Art »2« dargestellt, die um 90° im Uhrzeigersinn gedreht ist (Kap. 28, *Abb. 290*). In einigen astronomischen Abhandlungen können die unterschiedlichen Formen und Anwendungen deutlich festgestellt werden (Woepcke 1863). Darin sind sexagesimale Rechnungen und Tafeln mit Angaben von Graden, Minuten und Sekunden enthalten; um anzugeben, daß eine bestimmte Sexagesimalordnung fehlt, haben einige Autoren manchmal *zwei indische Nullen* geschrieben:

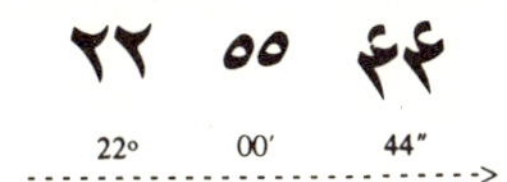

22° 00′ 44″

-------------------------->

Dagegen benutzt die alphabetische Sexagesimalschrift nur ein einziges Zeichen (*Abb. 290*):

كب ح مد

22° 0′ 44″

--------------->

Darüber hinaus haben die Araber von den indischen Gelehrten gleichzeitig mit der dezimalen Stellenschrift die wichtigsten entsprechenden Rechenverfahren übernommen – aber auch die materiellen Grundlagen des Rechnens haben eine entscheidende Rolle bei der Verbreitung der indischen Ziffern in der islamischen und der westlichen Welt gespielt.

Auch die Araber haben schriftlich gerechnet, indem sie ihre Ziffern auf eine glatte, nachgiebige Fläche geschrieben haben: in lockeres Erdreich oder Sand mit dem Finger, einem Stäbchen oder mit einer Spitze; auf einem mit Staub, feinem Sand oder Mehl bestreuten Brett mit einem Griffel, dessen Spitze zum Zeichnen und dessen flacher Kopf zum Auswischen diente; auf einer mit Wachs überzogenen Tafel mit einem gleichartigen Griffel; auf einer Tontafel mit dem gleichen Instrument wie die alten babylonischen Rechner, deren Methoden die Araber sicher nicht vollkommen vergessen hatten – oder wie früher bei uns in der Schule auf einer einfachen Schiefertafel mit Kreide. Einige iranische Dichter des 12. Jahrhunderts haben diese materiellen Unterlagen zum Rechnen auch bedichtet – so spielt Chakani in folgender Weise darauf an:

»Die sieben Erdgürtel werden vom Quartanfieber beben, und mit Staub wird sich der gewölbte Himmel bedecken, wie die Tafel des Rechners.« (Zit. n. Mazaheri 1975)

Ähnlich heißt es bei dem mystischen Dichter Nisami (gest. 1203):

»Als das System der Neun Himmel (bezeichnet wurde) mit den neun Zeichen, warf (Gott) die *hindissi*-Ziffern auf die Tafel Erde.« (Zit. n. Mazaheri 1975)

Schließlich haben auch einige arabische Rechenmeister parallele Linien auf diesen Unterlagen gezogen, um die aufeinanderfolgenden Dezimalordnungen in Spalten voneinander zu trennen – so konnten die neun Ziffern in einem Positionssystem geschrieben werden, wobei jede Kolonne leer blieb, wenn die entsprechenden Einheiten fehlten:

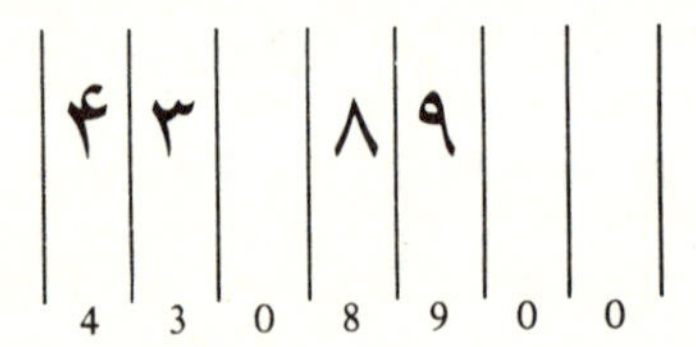

Andere Araber haben die neun »Figuren« zwar weiter auf einer der genannten Unterlagen geschrieben, dabei aber die Spalten weggelassen und nun mit dem Nullzeichen gerechnet; die Zahl 608.732.000 beispielsweise hat dann folgende Form*:

٦٠٨٧٣٢٠٠٠

6 0 8 7 3 2 0 0 0

-------------------------->

Einige Rechner zogen es auch weiterhin vor, Zwischenergebnisse wieder auszuwischen und durch neue Ziffern zu ersetzen, was offensichtlich das Gedächtnis entlastete. Andererseits konnten durch das Auslöschen Fehler in den Zwischenergebnissen nicht festgestellt werden. Ein Beispiel für diese Art zu rechnen finden wir in der *Kitab fi osul Hisab al-Hind* (*Abhandlung über das Rechnen mit Hilfe indischer Ziffern*); sie wurde zu Beginn des 11. Jahrhunderts von Abu'l Hassan Kuschjar Ibn Laban al-Gili (971–1029) zusammengestellt – die Handschrift befindet sich in der Bibliothek der Hagia Sophia in Istanbul (Sign. Nr. 4857, Fol. 269 v-270v):

»Wir wollen also dreihundertfünfundzwanzig mit zweihundertdreiundvierzig multiplizieren. Wir ordnen sie auf der Tafel in folgender Gestalt an:

٣٢٥	325
٢٤٣	243

Die erste Ziffer (von rechts) der Zahl unten steht stets unter der letzten Ziffer (von rechts) der Zahl oben.

* Obwohl die arabische Schrift von Anfang an von rechts nach links gelesen wurde, übernahm sie die indische Überlieferung, daß die Ziffern bei der Zahlenwiedergabe von links nach rechts geschrieben werden, ausgehend von der höchsten Dezimalordnung.

Dann multiplizieren wir die Drei von oben mit der Zwei von unten; das ergibt eine Sechs, die wir über die untere Zwei stellen, links von der Drei oben:

6 3 2 5
2 4 3

Hätte diese Sechs zufällig Zehner gehabt, hätten wir diese links hingesetzt.

Dann multiplizieren wir die Drei von oben auch mit der Vier von unten; das gibt eine Zwölf, deren Zwei wir über die Vier stellen und deren Eins (für die Zehner) wir zu der Sechs (Zehner) von sechzig (und zwei) hinzufügen, was dann siebzig (und zwei) ergibt:

7 2 3 2 5
2 4 3

Dann multiplizieren wir die Drei von oben mit der Drei von unten. Das ergibt eine Neun, durch welche wir die Drei von oben ersetzen:

7 2 9 2 5
2 4 3

Dann lassen wir die Zahl (243) unten um eine Stelle nach rechts rücken:

7 2 9 2 5
  2 4 3

Wir multiplizieren nun die Zwei, die über der Drei unten steht, mit der Zwei von unten. Das ergibt eine Vier, die zu der Zwei hinzugefügt wird, die über der unteren Zwei steht, was sechs ergibt:

7 6 9 2 5
  2 4 3

Jetzt multiplizieren wir die Zwei von oben auch mit der Vier von unten, das gibt eine Acht, die wir der Neun hinzufügen, die über der Vier steht:

7 7 7 2 5
  2 4 3

Dann multiplizieren wir die Zwei von oben noch mit der Drei von unten. Das ergibt eine Sechs, die wir anstelle der Zwei oben setzen, über der Drei unten:

7 7 7 6 5
  2 4 3

Danach rücken wir die Zahl unten um eine Stelle nach rechts:

7 7 7 6 5
    2 4 3

Schließlich multiplizieren wir die Fünf von oben mit der Zwei von unten. Das macht zehn, was wir den Zehnern der Stelle hinzufügen, die über der Zwei unten steht:

7 8 7 6 5
    2 4 3

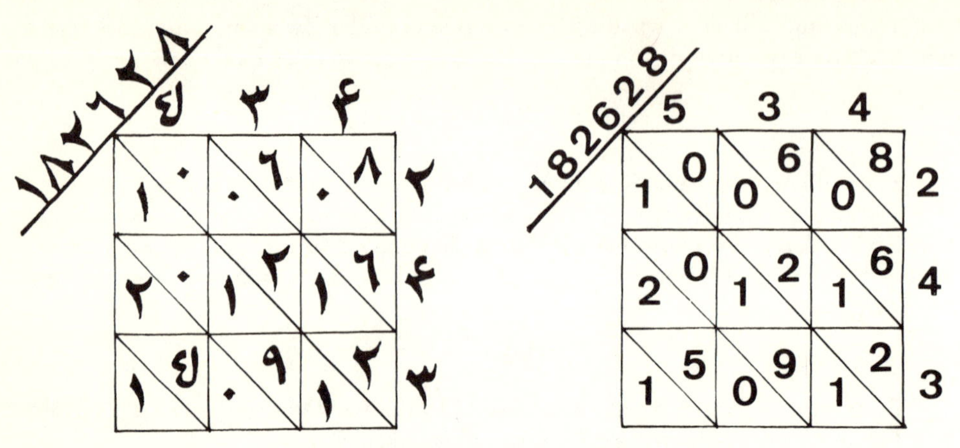

Abb. 348: Multiplikation von 534 mit 342 »in Karos« mit ostarabischen Ziffern. (Auszug aus einer arabischen Abhandlung über das Rechnen mit indischen Ziffern aus dem 16. Jahrhundert; Bibl. Nat. Paris, Ms. ar. 2473, Fol. 9)

Dann multiplizieren wir die Fünf auch mit der Vier von unten. Das ergibt zwei (Zehner), die zu den Zehnern der Vier (der Stelle darunter) gezählt werden. Zusammen ergeben sie neun:

78965
243

Schließlich multiplizieren wir die Fünf noch mit der Drei unten. Das ergibt fünfzehn, wobei wir an der Fünf nicht rühren und ihre Zehner nur dem einen [Zehner] hinzufügen:

78975
243

Die Zahl (oben) ist die, die wir errechnen wollten.« (Übers. v. Mazaheri 1975, 79 f.)

In anderen arabischen Abhandlungen über die indische Arithmetik, so bei al-Uklidisi in den Jahren 952 und 958 (Saidan 1966) oder Abu'l Wafa al-Bursdjani zwischen 961 und 976 (Allard 1976, 87–100), wird statt den Rechnungen »durch Auslöschung der Figuren im Sande« die »Rechnung ohne Löschen« beschrieben, in der gestrichen und die Zwischenergebnisse darüber geschrieben wurden.

Daneben benutzten die arabischen Rechner auch das Verfahren der Multiplikation »in Karos« oder »auf der Tafel«, das im Abendland gegen Ende des Mittelalters übernommen wurde und dort *per gelosia* hieß. Die Anordnung der Ziffern ist dabei ziemlich merkwürdig, obwohl das Resultat der Rechnung dadurch erzielt wird, daß man die Produkte der verschiedenen Ziffern des Multiplikanden und des Multiplikators paarweise zusammenzählt.

Als Beispiel sei 534 mit 342 multipliziert (*Abb. 348*, aus einer arabischen Handschrift). Multiplikand und Multiplikator sind beide dreistellig. Man legt deshalb eine rechtwinklige Tabelle an, die drei Zeilen und drei Spalten enthält. Über der Tabelle trägt man von links nach rechts die Ziffern 5, 3 und 4 des Multiplikanden ein, rechts (oder links) der Tabelle von unten nach oben die Ziffern 3, 4 und 2 des Multiplikators. Danach unterteilt man jedes Kästchen durch eine Diagonale in zwei Halbkästchen, die dessen linke obere Ecke mit der unteren rechten verbindet. Dann hält man in jedem Kästchen das Produkt der Ziffern fest, die über der Spalte und neben der Zeile stehen; die Zehner schreibt man in das untere linke Halbkästchen und die Einer in das rechte obere Halbkästchen – fehlt eine der beiden Ordnungen, schreibt man eine Null oder läßt das Halbkästchen leer. In das erste Quadrat oben rechts trägt man so das Resultat der Multiplikation von 4 mal 2 ein, indem man eine Null in das linke Halbkästchen und eine Acht in das rechte Halbkästchen schreibt usw. Danach zählt man die Ziffern diagonal zusammen, wobei man mit der Zahl oben rechts auf der Tafel beginnt; dann werden in den Diagonalen von rechts nach links die jeweiligen Summen gebildet und festgehalten. Liegt eine Summe über 10, so werden nur die Einer hingeschrieben und die Zehner zur Summe der nächsten Diagonale hinzuaddiert.

Die auf diese Weise ermittelte Zahl ist gleichzeitig das Endergebnis – in unserem Fall die Zahl 182.628.

Die westarabischen Ziffern

»Obwohl die Einheit des Kalifenreiches schon früh zerfiel, hielten doch die Pilgerfahrten nach Mekka, der blühende Handel, Reisen, Völkerwanderungen und selbst Kriege die Beziehungen zwischen den mohammedanischen Ländern weiterhin aufrecht. Nachdem die indische Arithmetik den östlichen Arabern bekannt war, mußte sie auch Eingang in die westarabischen Länder finden. Das Fehlen einschlägiger Quellen erlaubt es uns nicht, den Zeitpunkt dieses Eindringens mit Genauigkeit festzulegen, aber wir halten es für wahrscheinlich, daß die Araber Afrikas und Spaniens die indische Arithmetik im Verlauf des 9. Jahrhunderts kennenlernten. Wir wissen noch nicht, ob dies durch Abhandlungen ostarabischer Gelehrter, die in den Maghreb gelangten, geschah oder durch direkte Kommunikation mit der indischen Wissenschaft wie im Fall der Araber des Ostens.« (Woepcke 1863, 514 f.)

Zumindest wurde das dezimale Positionssystem indischen Ursprungs bei den Arabern des Maghreb und Spaniens mit eigenen Zeichen dargestellt, die sich vollkommen von denjenigen der Araber des Ostens unterschieden. Diese Schreibweise wird *Gobar*-Schrift genannt; *ghobar* ist das arabische Wort für »Staub« und verweist etymologisch auf das indische Verfahren, das die westarabischen Schreiber übernommen hatten, Rechnungen auf Sand oder auf mit Sand bestreuten Tafeln durchzuführen.

Der folgende Abschnitt aus einer Kopie, die im 18. Jahrhundert von einer Abhandlung über angewandte Arithmetik aus dem 14. Jahrhundert angefertigt wurde, verdeutlicht dies; den dort gegebenen Kommentar setzen wir in Klammern*:

* Diese Ausschnitte sind bei Woepcke in Arabisch wiedergegeben und übersetzt worden (Woepcke 1863, 63). Es sind Auszüge aus *Muchtasar fi'ilm al Hisab* (*Abriß der Arithmetik*) von Abdel Kadir Ben Ahmed As-Sachawi mit einem Kommentar des Hosajn Ben Mohammed Almahalli (Bibliothèque Nationale Paris, Ms. ar. 2463, Fol. 79v).

»Das Vorwort handelt (von der Gestalt) der indischen Zeichen (wie sie durch das Volk der Inder geschaffen wurden), und es sind (d.h. die indischen Zeichen) neun Zeichen, die man folgendermaßen zu bilden übereingekommen ist (nämlich: eins, zwei, drei, vier, fünf, sechs, sieben, acht, neun, indem man ihnen folgende Gestalt verlieh):

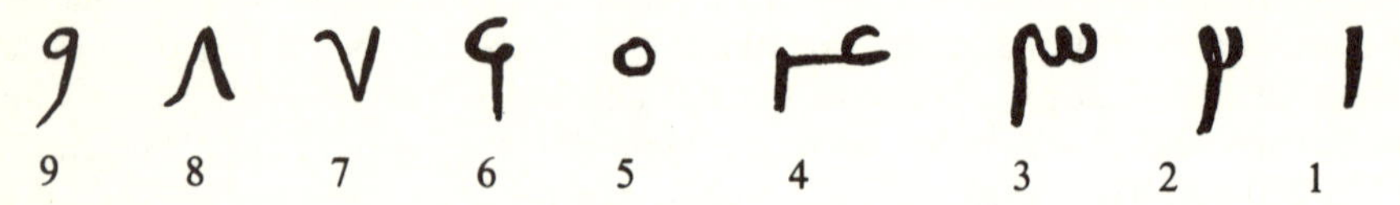

Diese werden bei uns (d.h. bei den Orientalen) vorzugsweise verwendet; oder (man kann sie auch) folgendermaßen (bilden):

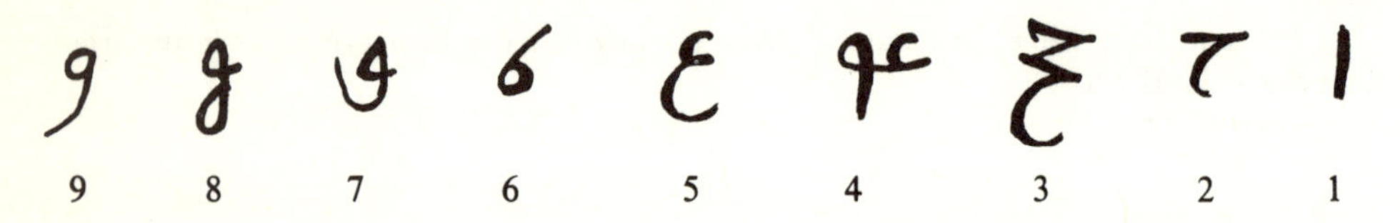

Diese Zeichen sind (bei uns) wenig gebräuchlich, während sie bei den Okzidentalen sehr verbreitet sind. (*Anmerkung:* Die Bedeutung des Satzes des Verfassers ist offensichtlich, daß alle beide indischer Herkunft waren, und das ist die Wahrheit. Der gelehrte Chandchuri hat in seinem Kommentar der Murschidah gesagt: *Und man nennt sie,* d.h. die zweite Art der Zeichen, von denen die Rede ist, *indisch, weil sie durch die Nation der Inder begründet worden sind.* Ende des Zitats. Man unterscheidet jedoch die einen von den anderen durch ihre Bezeichnungen, indem man die ersten *hindi* nennt, die zweiten aber *ghobari;* und man nennt sie ghobari, weil bei den Alten die Sitte herrschte, Mehl auf einem Holztisch auszustreuen und darin die Figuren nachzuzeichnen.)«

Dann gibt der Kommentator des gleichen Textes die Form der *Gobar*-Ziffern folgendermaßen wieder:

ARABISCHER TEXT — ÜBERSETZUNG

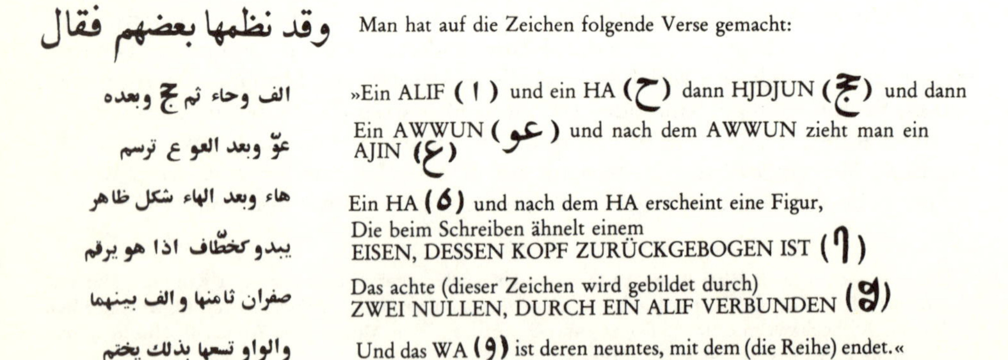

ARABISCHER TEXT	ÜBERSETZUNG
وقد نظمها بعضهم فقال	Man hat auf die Zeichen folgende Verse gemacht:
الف وحاء ثم ج وبعده	»Ein ALIF (ا) und ein HA (ح) dann HJDJUN (ج) und dann
عوّ وبعد العو ع ترسم	Ein AWWUN (عو) und nach dem AWWUN zieht man ein AJIN (ع)
هاء وبعد الهاء شكل ظاهر	Ein HA (ه) und nach dem HA erscheint eine Figur,
يبدو كخطّاف اذا هو يرقم	Die beim Schreiben ähnelt einem EISEN, DESSEN KOPF ZURÜCKGEBOGEN IST (٦)
صفران ثامنها والف بينهما	Das achte (dieser Zeichen wird gebildet durch) ZWEI NULLEN, DURCH EIN ALIF VERBUNDEN (8)
والواو تسعها بذلك يختم	Und das WA (و) ist deren neuntes, mit dem (die Reihe) endet.«

	1	2	3	4	5	6	7	8	9	0
Abhandlung über praktische Arithmetik von Ibn al-Banna Al Marrakuschi, 14. Jahrhundert/Universität Tunis, Ms. 10.301, Fol. 25 v; Souissi 1971)										
Führer des Katib (Werk über verschiedene Ziffernsysteme der Schreiber, Rechner, Beamten usw.; Handschrift von 1571-1572) (Bibl. Nat. Paris. Ms. ar. 4.441, Fol. 22)										
Scharischi: *Kaschf Al Talchis* ... (»Kommentar zur Abhandlung über das Rechnen...«); Handschrift von 1611 (Universität Tunis, Ms 2.043, Fol. 16r)										
Baschlawi: *Risala fi 'l Hisab...* »(Brief über das Rechnen...«); Handschrift aus dem 17. Jahrhundert (Universität Tunis, Ms. 2.043, Fol. 32v; Souissi 1971)										
Unbekannter Verfasser: *Fath al Wahhab 'ala Nushat al-Husab* (Abhandlung über Arithmetik: »Führer in der Kunst des Rechnens«); Kommentar zu Al-Ansari, verfaßt 1620 und vervollständigt 1630. (Bibl. Nat. Paris, Ms. ar. 2.475, Fol. 46v, 152v, 156v)										
Kopie einer Abhandlung über angewandte Arithmetik von Ibn al-Banna (*Talchis a'mal Al-Hisab*, »Zusammenfassende Darstellung des Rechnens«, 17. Jh.) (Bib. Nat. Paris, Ms. ar. 2.464, Fol. 3v)										
As-Sachawi: *Muchtasar fi'ilm al-Hisab* (»Aufriß der Arithmetik«, 18. Jahrhundert) (Bibl. Nat. Paris, Ms. ar. 2.463, Fol. 79v-80)										

Abb. 349: Die westarabischen Gobar-Ziffern.

Es handelt sich dabei also um einen Merkvers, den sich die westarabischen Rechner zweifellos deshalb ausgedacht hatten, um ihren Schülern die heimatliche Schreibweise der neun Ziffern beizubringen. Die Zeichen waren durch diese Verse über Generationen hinweg in ihrer Form festgelegt, und man hat sie so – lediglich leicht variiert – in mehreren Handschriften über die Gobar-Ziffern gefunden (z.B. Bibl. Nat. Paris, Ms. ar.2464, Fol. 3v). Aufgrund dieses Merkverses also blieben die Ziffern vor Veränderung beim Kopieren der Handschriften verschont (*Abb. 349*; Woepcke 1863).

Tatsächlich sind die Ziffern in den ältesten bekannten Handschriften mit Gobar-Ziffern aus den Jahren 874 und 888 (Kaye 1907 b; 1918; Tropfke 1921, I, 41) den Ziffern bei As-Sachawi (14. Jh.; vgl. oben) und in *Abb. 349* sehr ähnlich.

Eine aufmerksame Untersuchung der Schreibweise der westarabischen Ziffern zeigt, daß auch sie – wie die ostarabischen Ziffern – Schreibschriftvarianten der entsprechenden indischen Ziffern sind. Das wird vor allem bei den Formen der Gobar-Ziffern für 2, 3, 4, 5, 6, 7 und 9 sehr deutlich, wenn man sie mit den entsprechenden Ziffern Nordindiens und Zentralasiens vergleicht (vgl. *Abb. 344a, 345, 347, 349*).

Der Formunterschied zwischen den Gobar-Ziffern und den anderen arabischen resultiert wahrscheinlich aus den Schreibgewohnheiten der Westaraber, die zu einer graphischen Angleichung der indischen Ziffern an den *maghrebinischen* Schreibstil geführt haben, der seit dem 10. Jahrhundert im mohammedanischen Herrschaftsgebiet in Nordafrika und Spanien verbreitet war.

Diese Schreibschrift erreichte über Spanien die christlichen Völker des mittelalterlichen Europa und wurde von ihnen unter dem Namen *Arabische Ziffern* übernommen – so wurden sie zu dem, wie wir sie heute kennen.

Die indisch-arabischen Ziffern in Europa

Im *Frühmittelalter* – zwischen dem Untergang des Römischen Reichs und den Barbareneinfällen Ende des 9. Jahrhunderts – herrschte bei den christlichen Völkern des Abendlandes politische Unordnung und wirtschaftliche Rezession. Die wissenschaftlichen Kenntnisse waren nur gering, wenn überhaupt vorhanden. Selbst die »Karolingische Renaissance« unter Karl dem Großen war nur auf die Benediktinerklöster beschränkt und bestand vor allem in einer Reform des Unterrichts; sie stellt zwar den Ausgangspunkt der mittelalterlichen Philosophie dar, konnte diese Zustände jedoch nur oberflächlich verbessern. Gerade der Unterricht in Arithmetik – einem Teil des pädagogischen *Quadrivium* – blieb lange Zeit rudimentär, da er sich fast ausschließlich auf die *Institutiones Arithmeticae* stützte, die dem lateinischen Mathematiker und Philosophen Boethius (um 480–524) zugeschrieben werden. Diese Abhandlung geht auf ein berühmtes Werk des Neupythagoräers Nikomachos von Gerasa vom Ende des 2. Jahrhunderts n. Chr. zurück, das nur von mäßiger Qualität ist und sich mit den bildlich dargestellten Zahlen befaßt.

Die angewandte Arithmetik beschränkte sich zu dieser Zeit im wesentlichen auf die römische Zahlschrift, mit der man nicht schriftlich rechnen konnte und die nur dazu benutzt wurde, um das Ergebnis einer gegenständlich durchgeführten Rechnung festzuhalten. Daneben wurde mit den Fingern gerechnet, wie es von Isidor von Sevilla († 636) und Beda Venerabilis († 735) beschrieben worden war, sowie mit dem alten römischen *Abakus* (vgl. Kap. 3, 8).

Zur selben Zeit erreichte die arabisch-islamische Zivilisation einen hohen wissenschaftlichen und kulturellen Stand und verfügte über glänzende Mathematiker und Astronomen. Die arabischen Gelehrten beherrschten schon das »Rechnen im Sand« und gingen mit sehr großen Zahlen um; die indischen Ziffern und Rechenverfahren erleichterten alle Rechenarten und waren der Ausgangspunkt für weitere Entdeckungen.

»Aber im 11. und 12. Jahrhundert wacht Europa auf einmal auf. Es gibt ein starkes Bevölkerungswachstum, das weitere Folgeerscheinungen nach sich zieht – Rodungen, Entwicklung der Städte und der Mönchsorden, Kreuzzüge, Bau größerer Kirchen; die Preise steigen, der Geldumlauf nimmt zu, und in dem Maße, in dem es den Fürsten gelingt, die feudale Anarchie zu überwinden, wird auch der Handel wiedergeboren. Stärkere internationale Kontakte begünstigen dann auch die Einführung der arabischen Wissenschaft im Okzident.« (Beaujouan 1957, 517 f.)

Der Franzose Gerbert de Aurillac ist zweifellos eine der markantesten Persönlichkeiten der Wissenschaft dieser Epoche (Struik 1972). In Aquitanien um 945 geboren, war Gerbert zunächst Mönch im Kloster von Saint-Géraud in Aurillac. Dann beschäftigte er sich während eines Aufenthalts in Spanien (967–970) unter der Anleitung des Bischofs Attos von Vich mit Mathematik, Astronomie und den von den Arabern übermittelten Rechenmethoden – vielleicht in Sevilla oder Cordoba in direktem Kontakt mit den westlichen Arabern, wahrscheinlicher jedoch im Kloster von Santa Maria de Ripoll, das »ein ergreifendes Beispiel für die Einbindung arabischer Elemente in die isidorianische Tradition bildete« (Beaujouan 1957, 522). Die kleine katalanische Stadt Ripoll war zweifellos ein Bindeglied zwischen der christlichen und der mohammedanischen Welt (Beaujouan 1947 b). Danach leitete er die Domschule von Reims (972–982), von wo sein Unterricht großen Einfluß auf die Schulen seiner Zeit ausübte und die Mathematik im Abendland erneut populär machte. Nachdem er dann die italienische Abtei Bobbio geleitet hatte, wurde er zunächst Erzbischof von Reims, dann von Ravenna und schließlich 999 unter dem Namen Sylvester II. zum Papst gewählt; er starb im Jahre 1003.

Dieser zweite Abschnitt des Mittelalters war auch durch die Einführung der indisch-arabischen Ziffern in Westeuropa gekennzeichnet.* Dabei spielte Gerbert de Aurillac eine entscheidende Rolle – er war der erste, der diese Ziffern zusammen mit dem Astrolabium allgemein in Europa verbreitet hat.

Die erste bekannte europäische Handschrift, in der man die neun Ziffern indischen Ursprungs antrifft, stammt aus Nordspanien und geht auf die zweite Hälfte des 10. Jahrhunderts zurück (*Abb. 350*): Der *Codex Vigilanus* wurde im Jahre 976 im Kloster Albeida von einem Mönch namens Vigila kopiert. Die neun indisch-arabischen Ziffern werden darin in einer Schreibweise wiedergegeben, die den Gobar-Ziffern sehr ähnlich ist; die lateinischen Buchstaben erscheinen in westgotischer Schrift des nordspanischen Typs (Burnam 1912/25). Vom Anfang des 11. Jahrhunderts an tauchten diese neun Ziffern dann häufiger in anderen Handschriften aus allen Teilen Europas auf; dabei wurden sie je nach Zeit, Ort und Schreibgewohnheiten der Schreiber mehr oder weniger stilisiert (*Abb. 351*).

Zuerst wurden die »arabischen« Ziffern im Abendland jedoch nicht durch die Handschriften verbreitet, sondern durch ein Gerät zur Durchführung gegenständlicher Rechnungen (Beaujouan 1947 b). Diese Ziffern wurden im mündlichen Unterricht über das Rechnen auf einem Abakus eines vollkommen neuen Typs verbreitet;

* Die verschiedenen Formen der neun indisch-arabischen Ziffern in Westeuropa (Abb. 351) wurden lange als »*Apices* des Boethius« bezeichnet. Der Grund dafür ist, daß diese Ziffern der modernen Forschung zuerst durch ein Werk bekannt geworden sind, das den Titel *Geometrie* trug und über mehrere Jahrhunderte hinweg dem römischen Mathematiker Boethius (5. Jh.) zugeschrieben wurde. Aber der Verfasser dieses Werkes behauptet, daß die neun Ziffern und ihre Verwendung nach dem Positionsprinzip eine Erfindung der Pythagoräer – oder der Neupythagoräer – und mit dem Gebrauch der Rechentafel verbunden gewesen seien. Diese These haben zahlreiche Gelehrte aufgenommen und diverse Vermutungen angestellt, um sie mit anderen Fakten über die Verbreitung der indischen Ziffern in Einklang zu bringen. Moderne Untersuchungen haben jedoch ergeben, daß die *Geometrie* in Wirklichkeit das Werk eines anonymen Verfassers aus dem 11. Jahrhundert ist (Folkerts 1970). Die indischen Ziffern waren darüber hinaus den griechischen Mathematikern und insbesondere auch den Neupythagoräern vollkommen fremd. Außerdem ist die Schreibweise dieser ersten europäischen Ziffern derjenigen der westarabischen und zuweilen auch der ostarabischen nahe verwandt.

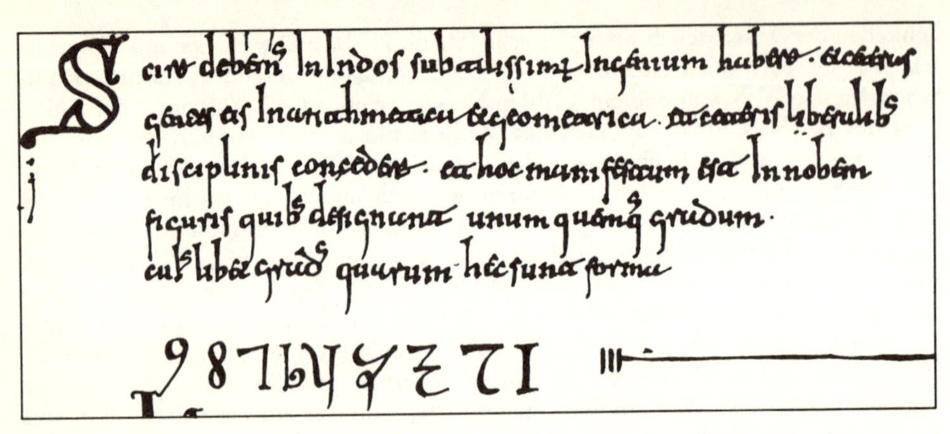

Abb. 350: Spanische Handschrift aus dem Jahr 976 mit den neun indisch-arabischen Ziffern; es handelt sich um die älteste bekannte Verwendung dieser Ziffern in Europa.
(Bibl. San Lorenzo del Escorial, Codex Vigilanus, Ms. lat. d.I.2, Fol. 9v; Burnam 1912/25, II, Tafel 23)

dieser wurde seit Beginn des 11. Jahrhunderts nach dem Entwurf Gerberts und seiner Schüler (Bernelinus, Remi d'Auxerre, Papias, Heriger, Adalbold usw.) entwickelt. Er war das Resultat einer bemerkenswerten Vervollkommnung des alten *Abacus a calculi* der Römer.

Der *Abacus a calculi* der alten Römer und der romanisierten Völker Westeuropas bestand aus einer Tafel, die von vornherein in Spalten aufgeteilt war, auf die man ihrerseits verschiedene identische Kiesel oder Scheibchen setzte – *calculi* –, wobei jeder für eine Einheit stand. Jede Spalte war einer bestimmten Dezimalordnung zugewiesen; die gewünschte Zahl wurde dadurch zum Ausdruck gebracht, daß die entsprechende Anzahl *calculi* für die Zahl der jeweiligen Einheiten innerhalb einer Ordnung ausgelegt wurde (*Abb. 79*). Rechnungen wurden dann durch ein scharfsinniges und kompliziertes Spiel mit den *calculi* durchgeführt (*Abb. 81*) – wobei man zwar einfach addieren und subtrahieren konnte, komplexere Rechnungen jedoch kaum möglich waren (vgl. Kap. 8).

Kurz vor dem Jahr 1000 wurde das Rechenverfahren jedoch stark vereinfacht. Man ersetzte nämlich die *calculi* durch Hornscheibchen mit dem Namen *apex* (Pl. *apices*), auf denen die Zahlen von 1 bis 9 markiert waren. Dies geschah entweder durch römische Ziffern von I bis IX, durch griechische Zahlbuchstaben von A bis Θ oder am häufigsten durch die neun indisch-arabischen Ziffern.* Von nun an wurden in

Abb. 351: Die Form der apices des Mittelalters.
(Vgl. Hill 1915)

→

* Die neun *apices*, denen man häufig ein zehntes Zeichen hinzufügte, trugen in den zeitgenössischen Handschriften folgende Namen, deren Herkunft im großen und ganzen noch unbekannt ist:

1	2	3	4	5	6	7	8	9	A
Igin	*Andras*	*Ormis*	*Arbas*	*Quimas*	*Caltis*	*Zenis*	*Temenias*	*Celentis*	*Sipos*

Daten	QUELLEN	1	2	3	4	5	6	7	8	9	0
976	SPANIEN. (Bibliothek von San Lorenzo del Escorial, Codex Vigilanus, Ms. lat. I,2, Fol. 9v)										
992	SPANIEN. (Bibliothek von San Lorenzo del Escorial, Codes Aemilianensis, Ms. Lat. d.I.1, Fol. 9v)										
vor 1030	LIMOGES. (Bibl. Nat. Paris, Ms. lat. 7.231, Fol. 85v)										
1077	(Biblioteca Vaticana, Ms. lat. 3.101, Fol. 53v)										
11. Jh.	Bernelinus: *Abacus.* (Bibliothèque de l'École de Médecine Montpellier, Ms. 491, Fol. 79)										
1049?	Erlangen. (Ms. lat. 288, Fol. 4)										
11. Jh.	(Bibliothéque de l'École de Médecine Montpellier, Ms. 491, Fol. 79)										
11. Jh.	Gerbertus: *Raciones numerorum Abaci;* FLEURY. (Bibl. Nat. Paris, Ms. lat. 8.663, Fol. 49v)										
11. Jh.? 12. Jh.?	Boecius *(sic!): Geometrie;* LORRAINE. (Bibl. Nat. Paris, Ms. lat. 7.377, Fol. 25v)										
11. Jh.	Boecius *(sic!): Geometrie;* (British Museum, Ms. Harl. 3.595, Fol 62)										
11. Jh.	REGENSBURG. (Bayerische Staatsbibliothek München, Clm 12.567, Fol. 8)										
11. Jh.	Boecius *(sic!) Geometrie.* (Chartres, Ms. 498, Fol. 160)										
Anf. 12. Jh.	Bernelinus: *Abacus.* (British Museum, Add. Ms. 17.808, Fol. 57)										
Ende 11. Jh.	Bernelinus: *Abacus.* (Bib. Nat. Paris, Ms. lat. 7.193, Fol. 2)										
Ende 11. Jh.	CHARTRES? Rechentafel; anonym. (Bibl. Nat. Paris, Ms. lat. 9.377, Fol. 113)										
Ende 11. Jh.	Bernelinus: *Abacus.* (Bibl. Nat. Paris, Ms. lat. 7.193, Fol. 2)										
12. Jh.	(Biblioteca Alesssandrina Rom, Ms. Nr. 171, Fol. 1)										
12. Jh.	Gerlandus: *De Abaco;* SAINT-VICTOR DE PARIS. (Bibl. Nat. Paris, Ms. lat. 15.119, Fol. 1)										
12. Jh.	Boecius *(sic!): Geometrie.* (Bib. Nat. Paris, Ms. lat. 7.185, Fol. 70)										
12. Jh.	CHARTRES? Bernelinus: *Abacus.* (Oxford, Ms. Auct. F.I.9, Fol. 67v)										
12. Jh.	Gerlandus: *De Abaco.* (British Museum, Add. Ms. 22.414, Fol. 5)										
12. Jh.	Gerlandus: *De Abaco* (Bib. Nat. Paris, Ms. lat. 95, Fol. 150)										
Anf. 13. Jh.	CHARTRES. anonym. (Bibl. Nat. Paris, Ms. lat. Fds Saint-Victor 533, Fol. 22v)										
13. Jh.	(Bibl. Nat. Paris, Ms. lat 7.185, Fol. 36)										

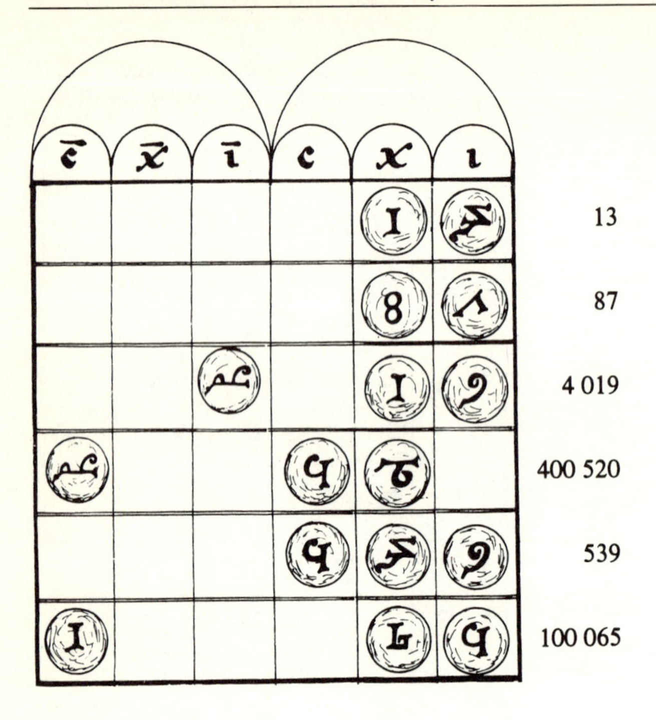

Abb. 352: Das Prinzip der Wiedergabe ganzer Zahlen durch apices auf dem verbesserten Abakus des Gerbert und seiner Schüler; dieser Abakus bestand aus 27 Spalten, die zu Dreiergruppen zusammengefaßt waren. Der Zahlenwert der apices war positionsabhängig je nach Spalte, in der sie standen; das Fehlen von Einheiten einer Ordnung wurde durch Freilassen der entsprechenden Spalte angezeigt.

jeder Spalte des verbesserten Abakus sechs identische Kieselsteine oder Rechenpfennige durch einen *apex* ersetzt, der die Aufschrift 6 trug, sieben Kiesel durch einen mit der Zahl 7 usw. (*Abb. 352*). Der Wert der neun Ziffern hing von ihrer Stellung auf der Tafel ab; man konnte damit multiplizieren und dividieren, ohne daß die Kenntnis der Null überhaupt nötig gewesen wäre. Auf diesem Umweg verbreiteten sich die indisch-arabischen Ziffern im 11. und 12. Jahrhundert im Abendland – allerdings aus den erwähnten Gründen in diesem ersten Stadium ohne die dazugehörige Null.

An dieser Stelle sollten die Unterschiede in der Schreibweise der indisch-arabischen Ziffern in den europäischen Handschriften vom 10. bis zum 12. Jahrhundert näher untersucht werden. Erst seit dem 13./14. Jahrhundert beginnen die europäischen Ziffern einander zu ähneln. Die anfängliche Vielzahl der vertretenen Schreibformen könnte zumindest teilweise durch eine Angleichung der ursprünglichen Ziffern an die verschiedenen regionalen Schreibstile des mittelalterlichen Europa erklärt werden. Aber auch ein anderer Grund könnte für diese fruchtbare Vielfalt verantwortlich sein, wie Beaujouan in einer paläographischen Untersuchung ermittelt hat. Ihm fiel auf, daß »die verschiedenen Formen der Ziffern zwischen 10. und 12. Jahrhundert, die scheinbar kaum aufeinander zurückzuführen sind, (...) nach einer Drehung um ihre eigene Achse in einem variablen Winkel fast deckungsgleich« werden (Beaujouan 1947 b, 303). Dies ist besonders deutlich bei den Ziffern für 3, 4, 5, 6, 7 und 9 (*Abb. 351*).

»Diese Periode der Instabilität fällt mit der Verwendung des Abakus zusammen, dessen Benutzung erheblich weniger durch Bücher als in der Praxis gelehrt wurde.

Die ersten Ziffern verbreiteten sich also im Abendland auf Hornstücken, wie sie damals für das Rechnen benutzt wurden. Unter diesen Umständen ist es wahrscheinlich, daß man in vielen Schulen *die apices verdreht benutzte.* Deshalb ersetzten auch manche Schreiber die korrekte Ausgangsform durch eine ihnen gerade geläufige; die Verwirrung wurde so sehr bald unauflösbar, da nun selbst die Bücher die verkehrte Position anstelle der richtigen vermittelten. Es hätte ja eigentlich genügt, die Unterseite jedes Rechensteins mit einem Punkt zu markieren, aber so sah die Lösung nicht aus – vielmehr wurden nur zwei Ziffern, die Anlaß zur Verwechslung hätten geben können, umgestaltet: die *Sechs* wurde stets eckig gestaltet, während der *Neun* ihre runde Form belassen wurde.« (Beaujouan 1947 b, 307 f.; *Abb. 351*)

Die darauf folgende Epoche – die europäische Renaissance des 12. Jahrhunderts – ist durch das Aufblühen der Universitäten und der Scholastik gekennzeichnet; in dieser entscheidenden Zeit wird einerseits das schriftliche Rechnen mit indisch-arabischen Ziffern in Europa verbreitet und andererseits werden die Formen dieser Ziffern vereinheitlicht (Beaujouan 1977).

Die Wissenschaft »erfährt seit dem 12. Jahrhundert einen gewissen Aufschwung, da zu dieser Zeit vor allem durch Vermittlung der maurischen Schulen Spaniens die arabischen Werke dem lateinischen Abendland zugänglich werden. Unter den Übersetzern dieser Werke ist zuerst der englische Mönch Adelard von Bath zu nennen, der Kleinasien, Ägypten und Spanien bereiste und aus Cordoba die erste lateinische Übersetzung (nach einem arabischen Text) der *Elemente* des Euklid mitbrachte (um 1020). Adelard übersetzte auch die astronomischen Tafeln des al-Charismi und vielleicht auch die Arithmetik des gleichen Verfassers. Kurz darauf bildete sich im christlichen Spanien in Toledo ein Studienzentrum unter der Initiative des Erzbischofs Raymond. Ein konvertierter Jude, Johann de Luna, verfaßte dort eine Abhandlung über den *Algorismus;* Gerhard von Cremona (1114–1187), der viele Übersetzungen anfertigte, entdeckte dort die arabischen Ausgaben des *Almagest* des Ptolemäus.« (Pérès 1930, 55 f.) Auf diese Weise strömt »seit dem 12. Jahrhundert den aufstrebenden französischen, deutschen, englischen, italienischen und spanischen Schulen überreiches neues Material zu, das mit leidenschaftlichem Eifer aufgenommen (...) wird. Wohl vollzieht sich alles noch in einem weltanschaulich gebundenen Lehrbetrieb, dessen eigentliches Ziel das Studium der Theologie ist, aber unter Sprengung des engen Rahmens der alten Klosterschule. Größere Schul- und Lehrgemeinden, die Universitäten, sind im Entstehen. Anfangs tragen sie noch durchaus den Charakter einer großen Domschule (...). Alsbald machen sich die Neugründungen selbständig, geben sich ihre eigene Verfassung, werden mit besonderen Vorrechten ausgestattet. Die Fächer des bisherigen Trivium und Quadrivium werden in der Artistenfakultät gelehrt, die von allen Studierenden durchlaufen werden muß, ehe sie sich einer der drei anderen Fakultäten, der theologischen, juristischen oder medizinischen, zuwenden dürfen (...). Die Mathematik, nunmehr ein selbständiges Fach, das die Gebiete des ehemaligen Quadrivium umfaßt, spielt im Lehrbetrieb gegenüber der Philosophie und Theologie nur eine untergeordnete Rolle, erfährt jedoch eine gleichmäßige Förderung.« (Becker/Hofmann 1951, 149 f.)

In diesem dritten Abschnitt des Mittelalters wurden die Anwendung der Arithmetik und die Rechenverfahren in Europa tiefgreifend verändert. Nach und nach wurde der Abakus des Gerbert und seiner Schüler durch Rechnungen *mit Hilfe der*

Null durch Aufschreiben der Ziffern auf Sand oder Staub ersetzt. Auch die Spalten verschwanden – es war der Tod des *Abakus,* aus dem eine neue angewandte Arithmetik von größerer Eleganz und Effizienz ihren Nutzen zog. Sie leitete sich direkt von den indischen und arabischen Rechenverfahren her; man gab ihr den Namen *Algorismus**, unter ausdrücklicher Bezugnahme auf den Gelehrten al-Charismi, eine der ersten arabisch-persischen Autoritäten auf diesem Gebiet. Nur noch wenige Rechner waren so in der Verwendung der alten Zahlschrift des Abakus befangen, daß sie die veralteten Rechenverfahren auch weiterhin gebrauchten und über Generationen hinweg weitergaben.

Seit dieser Zeit erhielten die europäischen Ziffern ihre kursive Form, die sich vollständig von den *Apices* unterscheidet und scheinbar eine Rückwendung zu den arabischen Schreibweisen darstellt. Diese Gestalt stabilisierte sich nach und nach und nahm schließlich endgültig das Aussehen an, das wir heute kennen (*Abb. 353*). Die Wurzeln der Gestaltung der modernen Zahlschrift liegen also weder im 15. Jahrhundert noch in der Zeit Gerberts und seiner Schüler, sondern im 12. Jahrhundert. Denn die scheinbar radikale Veränderung der Form dieser Ziffern am Ende des Mittelalters hat sich einfach mit den allgemeinen Tendenzen der humanistischen Schriftgestaltung verbunden (Beaujouan 1947 a). Die Erfindung des Buchdrucks im 15. Jahrhundert in Europa hat keinen Anstoß zu umwälzenden Veränderungen der Schreibweise der indisch-arabischen Ziffern mehr gegeben; die Gestaltung wurde lediglich nach einigen festgelegten Mustern genau bestimmt und vorgeschrieben. »Der größte Ehrgeiz der ersten Drucker war es, die Schönheiten der Handarbeit wiederzugeben, ohne etwas daran zu verändern. Ihnen lag der Gedanke vollkommen fern, auf diesem Gebiete irgendwelche Neuerungen einzuführen. Die Schönschrift war ihnen so sehr Vorbild, daß die ersten Ziffern im Druck derart genau wiedergegeben wurden, daß heute nur ein geschultes Auge feststellen kann, ob es sich nicht um eine Handschrift handelt (...). Die Eingliederung in das Schriftbild der europäischen Buchstaben war die eigentliche Notwendigkeit zur Umgestaltung der Ziffern in ihre endgültige Form; erst danach begannen die Drucker eine vorherrschende Rolle zu spielen.« (Peignot/ Adamoff 1969)

Schließlich wurde im 12. Jahrhundert auch die Null im Abendland eingeführt und verbreitet; vorher war sie durch die Benützung des Abakus des Gerbert überflüssig gewesen (*Abb. 351, 352*).

Als die Europäer dieses Konzept übernahmen, gaben sie ihm verschiedene Namen, die alle auf mehr oder weniger latinisierte Verschriftlichungen des folgenden Wortes zurückgehen:

SIFR

* Zu den grundlegenden Abhandlungen über den *Algorismus* (Allard 1981) gehören das *Carmen* des Alexandre de Villedieu, in dem das Rechnen durch Auslöschen und Ersetzen bestimmter Zahlen beschrieben wird, und der *Algorismus* von Johannes de Sacrobosco als »Kommentar dieses Handbuches, wobei die Elemente, die es ihm hinzufügt, auf den Einfluß der theoretischen Arithmetik und das Überleben von Regeln für den Abakus deuten« (Beaujouan 1947 a).

Daten	QUELLEN	1	2	3	4	5	6	7	8	9	0
12. Jh.	TOLEDO. Astronomische Tafeln. (Bayerische Staatsbibliothek München, Ms. Clm 18.927, Fol. 1r und 1v)										
12. Jh.	*Algorismus.* (München, Clm. 13.021, Fol. 27r)										
12. Jh.	*Algorismus.* (Bibl. Nat. Paris, Ms.lat. 15.461, Fol. 1)										
12. Jh.	*Algorismus.* (Bibl. Nat. Paris, Ms.lat. 16.208, Fol. 3)										
12. Jh.	*idem* (Fol. 4)										
12. Jh.	*idem* (Fol. 67)										
12. Jh.	*idem* (Fol. 68)										
12. Jh.	*Algorismus.* (Nationalbibliothek Wien, Cod. Vin. 275, Fol. 33)										
Ende des 12. Jh.	FRANKREICH. Astronomische Tafeln. (Berlin, Cod. lat. Fol. 307, Fol. 6, 9, 10, 28)										
13. Jh.	(British Museum, Ms. Arund. 292, Fol. 107v)										
nach 1264	ENGLAND. *Algorismus.* (British Museum, Add. 27.589, Fol. 28)										
1256	(Bibl. Nat. Paris, Ms.lat. 16.334)										
zwischen 1260 u. 1270	(British Museum, Royal 12 E IV)										
Ende 13. Jh.	(Bibl. Nat. Paris, Ms.lat. 7.359, Fol. 50v)										
13. Jh.	(Bibl. Nat. Paris, Ms.lat. 15.461, Fol. 50v)										
um 1300	(British Museum, Add. 35.179)										
Mitte 14. Jh.	(British Museum, Ms. Harl. 2.316, Fol. 2v-11v)										
Mitte 14. Jh.	(British Museum, Ms. Harl. 80, Fol. 46r)										
um 1429	(British Museum, Add. 7.096, Fol. 71)										
15. Jh.	ENGLAND. *Algorismus.* (British Museum, Add. 24.059, Fol. 22r)										
15. Jh.	Italienische Handschrift (British Museum, Add. 8.784, Fol. 50r-51)										
um 1524	*Quodlibetarius.* (Erlangen, Ms. Nr. 1463)										

Abb. 353: Die europäischen Ziffern vom 12. bis zum 16. Jahrhundert. (Vgl. Hill 1915)

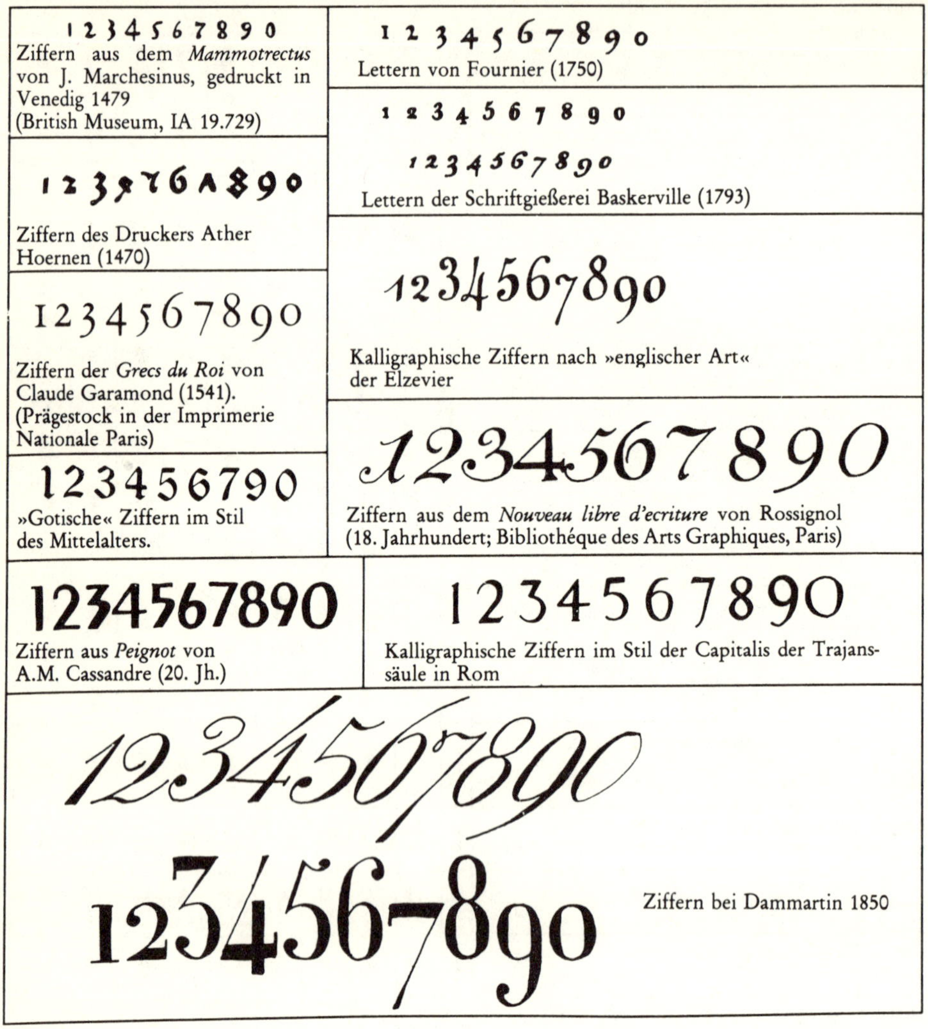

1234567890
Ziffern aus dem *Mammotrectus* von J. Marchesinus, gedruckt in Venedig 1479 (British Museum, IA 19.729)

1234567890
Lettern von Fournier (1750)

1234567890
Ziffern des Druckers Ather Hoernen (1470)

1234567890

1234567890
Lettern der Schriftgießerei Baskerville (1793)

1234567890
Ziffern der *Grecs du Roi* von Claude Garamond (1541). (Prägestock in der Imprimerie Nationale Paris)

1234567890
Kalligraphische Ziffern nach »englischer Art« der Elzevier

123456790
»Gotische« Ziffern im Stil des Mittelalters.

1234567890
Ziffern aus dem *Nouveau libre d'ecriture* von Rossignol (18. Jahrhundert; Bibliothéque des Arts Graphiques, Paris)

1234567890
Ziffern aus *Peignot* von A.M. Cassandre (20. Jh.)

1234567890
Kalligraphische Ziffern im Stil der Capitalis der Trajanssäule in Rom

1234567890
1234567890
Ziffern bei Dammartin 1850

Abb. 354: Ziffern in der Kalligraphie und im Buchdruck seit Ende des 15. Jahrhunderts. (Peignot/Adamoff 1969)

Dieses Wort steht für »Null« oder »leer« und ist die arabische Übersetzung des Sanskritwortes *śūnya,* das die gleiche Bedeutung hat.

So bezeichnete der Mathematiker Leonardo von Pisa, genannt *Fibonacci* (um 1170 – um 1250), die Null in seinem *Liber Abaci* als *cephirum,* was die Verfasser italienischer Abhandlungen über die Arithmetik bis zur Zeit der Renaissance übernahmen. Dann entwickelte sich das Wort zum italienischen *zefiro,* aus dem sich dann die Bezeichnung *zero* bildete, die wir zum ersten Mal in der Abhandlung *De Arithmetica Opusculum* von Philippi Calandri finden, die 1491 in Florenz gedruckt wurde

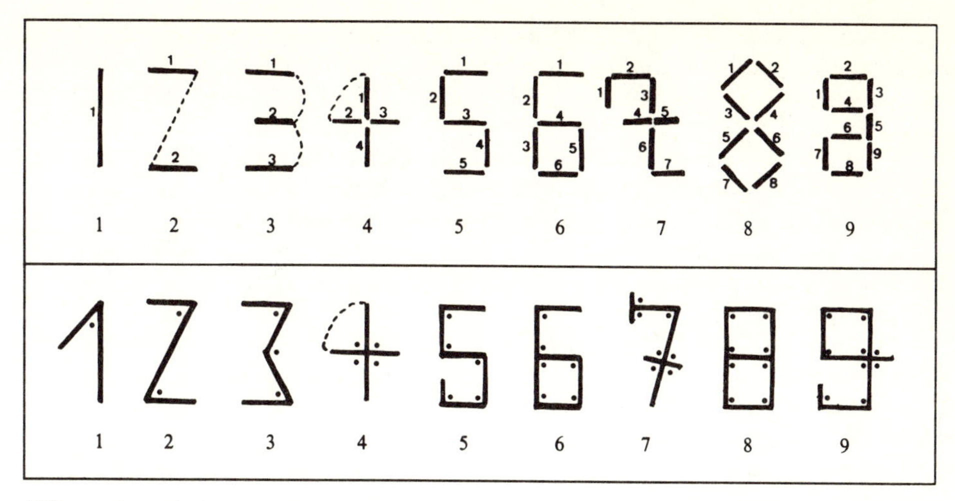

Abb. 355: Beispiele für Merkhilfen zur Gestalt der Ziffern, die Autoren der Renaissance entwickelt haben, um das Erlernen der Schreibweisen der Ziffern zu erleichtern. Kurioserweise ordnet noch heute in Marokko, Syrien und Ägypten der Volksglaube dem zweiten Verfahren den Merksatz zu, »die Schreibweise der arabischen Ziffern hat ein Mann aus Maghreb erfunden«.

(Fol. 4v, Z. 2). Die Einführung in die französische Sprache geht wahrscheinlich »auf den übermächtigen Einfluß zurück, den die Italiener im Frankreich des 16. Jahrhunderts hatten« (Woepcke 1863, 522).

Aber vom arabischen Wort *Sifr* leitet sich auch das Wort *Ziffer* her, mit dem in dieser oder ähnlicher Form in den meisten westlichen Sprachen die Zahlzeichen der dezimalen Zahlschrift bezeichnet werden.

Neben der lateinischen Transkription des arabischen Wortes *Sifr* verwandte man auch andere Varianten*:

Sifra, Cifra, Cyfra, Tzyphra, Cifre, Cyfre usw.

Ursprünglich bezog sich dieser Name jedoch nur auf die Vorstellung der Null. So wurde im 13. Jahrhundert in Frankreich in der Volkssprache ein wertloser Mensch als *Cyfre d'angorisme* oder als *Cifre en algorisme* – »Eine *Null* im Positionssystem« – bezeichnet (Taton 1969).

In einem französischen *Comput* aus der gleichen Zeit lesen wir auch folgendes: »Die erste Figur macht 1, die zweite macht 2, die dritte macht 3 und die anderen auch so bis zur letzten, die *cyfre* genannt wird... Cyfre macht nichts, aber sie macht, daß die anderen Figuren sich vervielfachen.« (Bibliothèque Nationale Paris, Ms. français 7299, Fol. 15)

* Diese Form findet man so oder in einer Variante in dieser Bedeutung bei Maximus Planudes und bei dem byzantinischen Mönch Neophytos (vgl. Woepcke 1863, 525 f.). Noch Jahrhunderte später benutzte der deutsche Mathematiker, Physiker und Astronom Carl Friedrich Gauß (1777–1855), einer der letzten Gelehrten, der in Latein schrieb, das Wort *cifra* noch im Sinne von »Null« (vgl. *Disquisitiones arithmeticae*, Leipzig 1801).

Später veränderte sich die Schreibung des französischen Wortes *cifre* zu *chifre,* um schließlich die Form *chiffre* anzunehmen. Aber zu Beginn des 15. Jahrhunderts wurde dieses Wort noch in seinem ursprünglichen Sinn gebraucht, wie folgender Abschnitt aus der *Arismetique* von Laroche (Fol. 7) bezeugt:

»Die zehnte Figur gilt oder bezeichnet aus sich selbst heraus nichts; wenn sie aber eine Ordnung besetzt, gibt sie denen Wert, die hinter ihr sind; und deshalb wird sie *Ziffer* oder *nicht vorhanden* oder Figur ohne Wert genannt.«

Erst seit 1491 erhält das Wort *chiffre* seine heutige Bedeutung – »Grundzeichen einer Zahlschrift«, wobei das italienische Wort *zero* in der ursprünglichen Bedeutung benutzt wird.

Das deutsche Wort *Ziffer* hat dieselbe Bedeutung wie das französische *chiffre* und stammt ebenfalls vom arabischen Wort *Sifr* »Null« ab, entwickelte sich aber über die Zwischenformen *cifra* oder *zifer;* das deutsche Wort *Null* geht dagegen auf das lateinische *nulla* (»keiner«) zurück.

In einigen Sprachen haben sich Spuren der ursprünglichen Bedeutung gehalten: Lange Zeit benutzten die Engländer *cipher* zur Bezeichnung der Null, während sie zur Bezeichnung der »Ziffer« die Worte *figure* oder *numeral* verwandten*; im Portugiesischen bezeichnet *cifra* ebensowohl die »Null« wie das »Zahlzeichen«, und im Schwedischen wird dieses Wort nach wie vor dazu verwandt, einen wertlosen Menschen zu bezeichnen: *han är just en siffra* (Woepcke 1863).

Nun stellt sich die Frage, weshalb die arabische Bezeichnung der Null in Europa auf die Ziffern allgemein ausgeweitet worden ist? Die Antwort liegt wohl in der Einstellung der Völker des mittelalterlichen Abendlandes zu den durch die Araber vermittelten Ziffern des dezimalen Positionssystems und den damit verbundenen Rechenverfahren. Diese wurden häufig verboten, so daß man die neun Ziffern und die Null heimlich benutzen mußte, wie einen Geheimcode. Darüber hinaus wurde die Null (*cifra* oder *chifre*) wegen der mit ihr verbundenen Vereinfachung der Zahlschrift und des Rechnens als eine Art geheimes, mysteriöses, ja magisches Zeichen betrachtet; eine Spur dieser alten Auffassung ist der Gebrauch dieses Wortes im Bedeutungszusammenhang von »Geheimschrift«.** Aber im Verlauf der folgenden Generationen wurde das schriftliche Rechnen mit der Null und den neun Ziffern in

* Bis ins 16. Jahrhundert hießen auch im Deutschen die Zahlzeichen »Figuren«, während *cifra* auf die Null beschränkt blieb (Anm. des Redakteurs).

** In diesem Zusammenhang bedeutet *chiffre* »Zeichen einer Geheimschrift«, mit denen ein Klartext für einen Nichteingeweihten unverständlich gemacht wird. Dies erklärt sich durch die einst häufige Verwendung der Zahlbuchstaben oder der Ziffern für die Erstellung von Geheimschriften (vgl. Muller 1971).
In seiner *Culture des Idées* benutzt Rémy de Gourmont (1858–1915) das Wort »chiffre« im oben genannten Sinne: »Man kann also besonders mit allgemeinen Begriffen Sätze bilden, die gleichzeitig einen offenen und einen geheimen Sinn besitzen. Worte sind Zeichen und damit auch fast immer *Chiffren.*«
Im Jahre 1515 hatte das Verb *chiffrer* die Bedeutung »eine geheime Nachricht aufschreiben«; in diesem Sinn wird es im Französischen im Zusammenhang mit Geheimschriften noch immer gebraucht, obwohl es sonst »numerieren« heißt. Ursprünglich war das Verb im Sinn von »unterdrükken, annullieren« benutzt worden, was auf die Herkunft aus dem arabischen Wort für Null hindeutet.
(Im Deutschen heißt *chiffrieren* noch heute »in Geheimschrift abfassen«; Anm. des Redakteurs)

Europa so populär, daß die Erinnerung an diese Haltung fast vollständig verwischt wurde.

Gerade durch die entscheidende Rolle, die die *Cifra* oder »Null« in dieser revolutionären Zahlschrift und den entsprechenden Rechenverfahren spielte und die im allgemeinen Bewußtsein fest verankert ist, übertrug man nach und nach den Namen dieses Begriffes auf die Gesamtheit der Elemente des Systems. Und so erhielt das Wort *Ziffer* die Bedeutung, die es noch heute hat...

Dies stellt ein beredtes Zeugnis dafür dar, wie sehr eine der großartigsten Entdeckungen der Menschheit ins allgemeine Bewußtsein übergegangen ist – eine Entdeckung, die vor mehr als fünfzehn Jahrhunderten in der Gelehrtenwelt Indiens gelang, den Arabern übermittelt und in der Folge zu »einem der wichtigsten Beiträge des Mittelalters zum intellektuellen Rüstzeug der Wissenschaft des Abendlandes wurde« (Beaujouan 1957, 524).

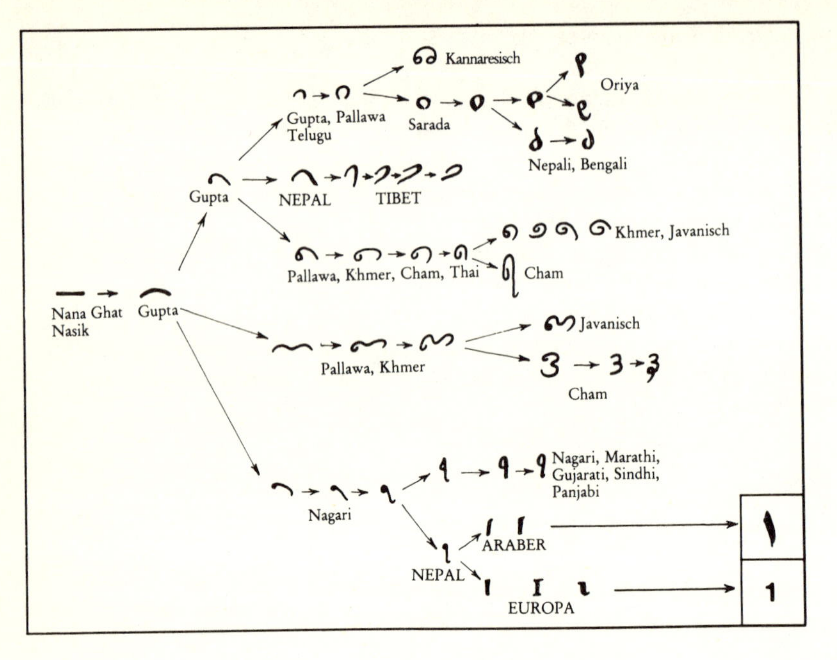

Abb. 356 A: Entstehung und Entwicklung der Ziffer 1

Abb. 356 B: Entstehung und Entwicklung der Ziffer 2

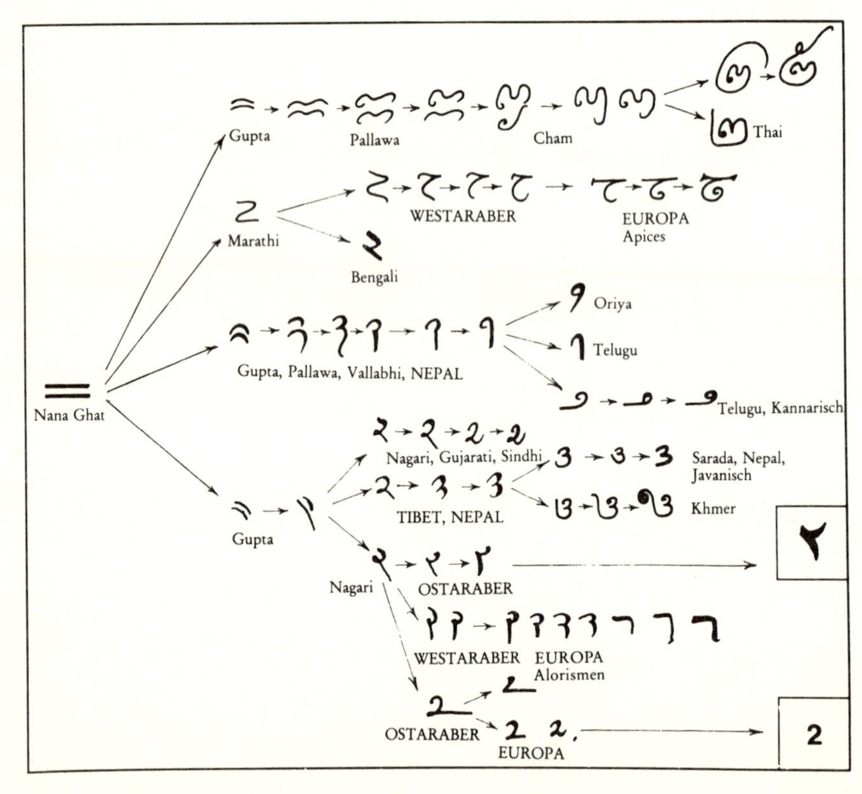

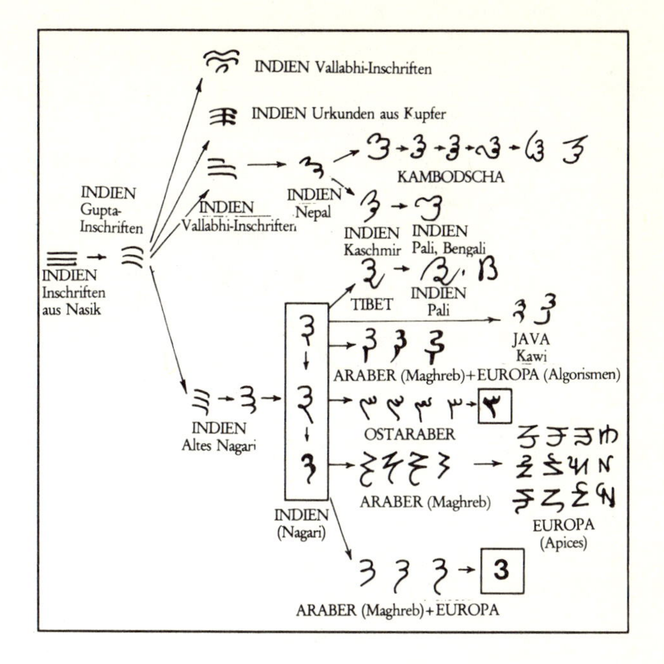

Abb. 356 C: Entstehung und Entwicklung der Ziffer 3.

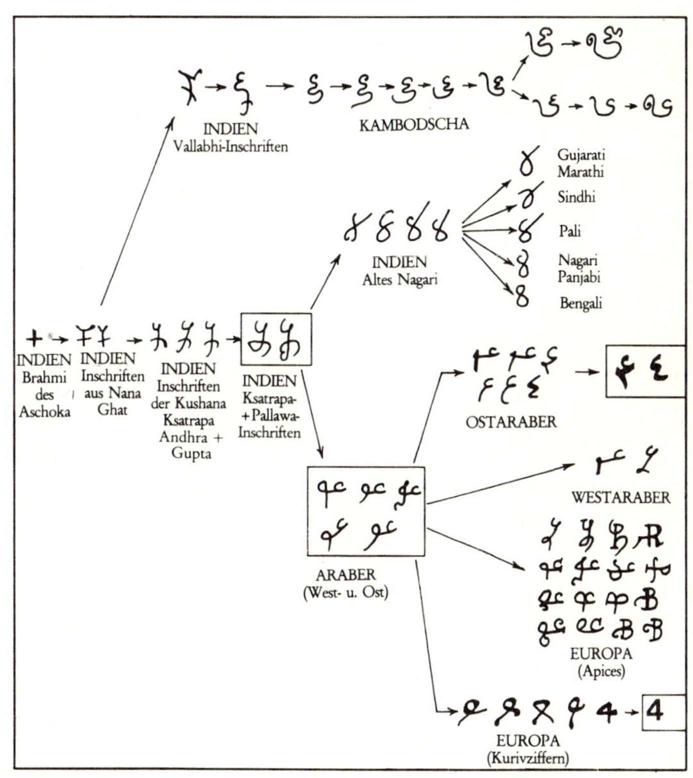

Abb. 356 D: Entstehung und Entwicklung der Ziffer 4.

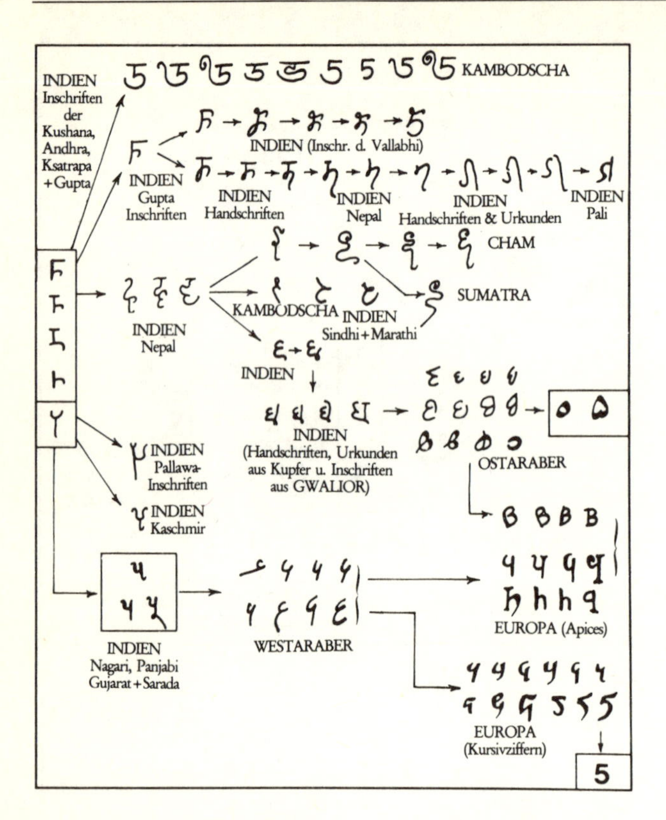

Abb. 356 E: Entstehung und Entwicklung der Ziffer 5.

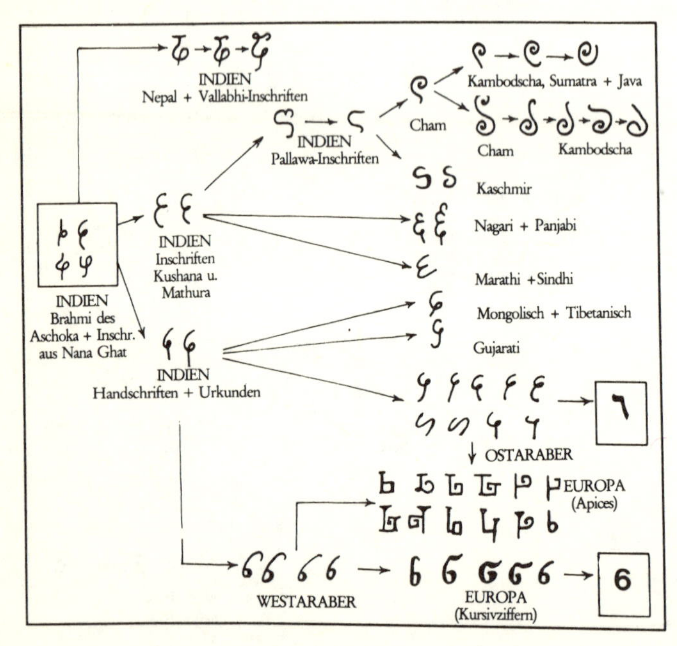

Abb. 356 F: Entstehung und Entwicklung der Ziffer 6.

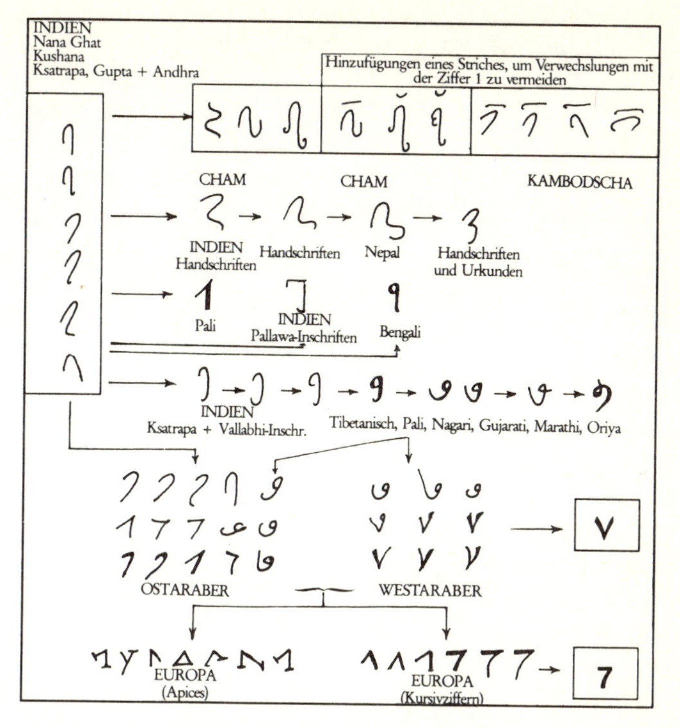

Abb. 356 G: Entstehung und Entwicklung der Ziffer 7.

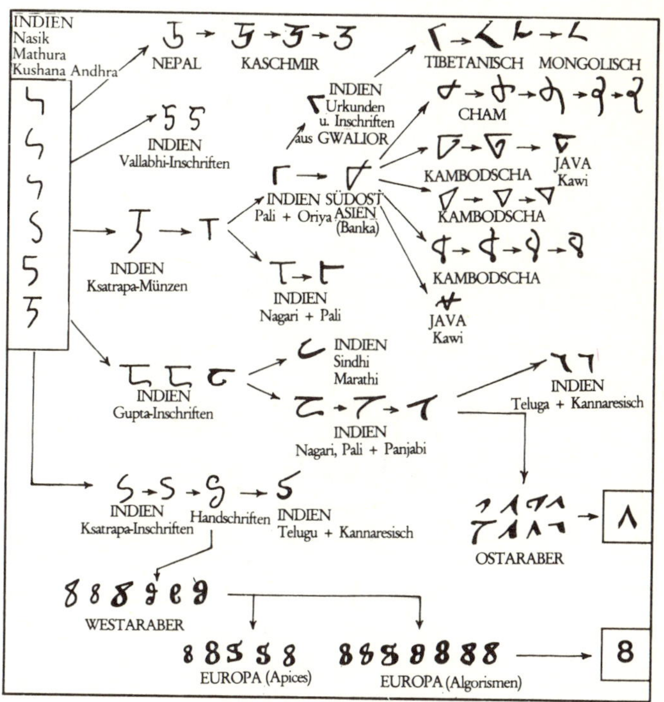

Abb. 356 H: Entstehung und Entwicklung der Ziffer 8.

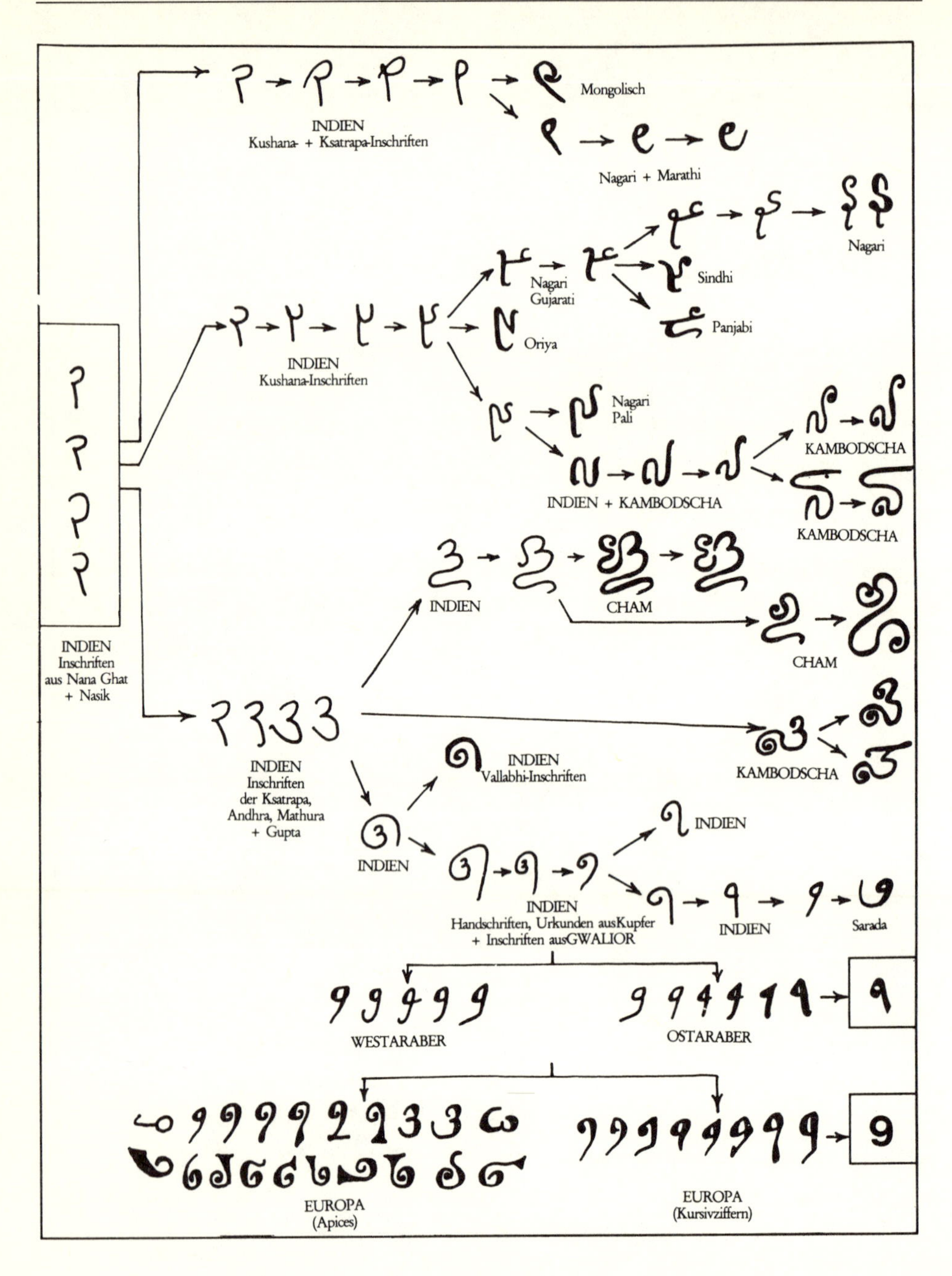

Abb. 356 I: Entstehung und Entwicklung der Ziffer 9.

Zeittafel

Der im folgenden gebrauchte Begriff »Auftreten« darf keineswegs im Sinne von »Erfindung« oder »Entdeckung« verstanden werden; er bezeichnet vielmehr die Zeit, aus der *die ersten heute bekannten Dokumente oder Zeugnisse stammen, die die Existenz und den Gebrauch der damit verbundenen Vorstellung belegen.*

Man muß dabei deutlich zwischen dem Zeitpunkt einer Erfindung, ihrer allgemeinen Verbreitung und der ersten bestätigten Bezeugung in moderner Zeit unterscheiden. Es ist möglich, daß eine Entdeckung mehrere Generationen vor ihrer Verbreitung und vor der Zeit der ältesten uns heute bekannten Zeugnisse gemacht worden ist. Das kann daran liegen, daß diese Entdeckung lange in den Händen der Fachleute blieb, die sie zu ihrem Monopol machen wollten, daß Quellen aus früheren Epochen im Lauf der Zeit untergingen oder aber noch nicht ausgegraben worden sind.

Deshalb können neue archäologische Entdeckungen den folgenden Abriß und die Schlußfolgerungen daraus – die sich auf den aktuellen Forschungsstand stützen – veränderungsbedürftig machen.

	Geschichte der Schrift	**Geschichte der Zahlschrift**
vor 30.000–20.000 Jahren	Erste Felsmalereien.	Erste eingekerbte Knochen der Vorzeit.
3300–2850 v. Chr.		Auftreten der Hieroglyphen-Ziffern der Sumerer, Elamiter und Ägypter.
3100–2900	Auftreten der ältesten bekannten Schriften – noch bildhaft – in Sumer, Elam und Ägypten.	
2700	Auftreten der »Keilschriftzeichen« (Buchstaben in »Keilform«) auf den sumerischen Tontafeln.	Auftreten der Keilschrift-Ziffern der Sumerer.

	Geschichte der Schrift	**Geschichte der Zahlschrift**
2600–2500	Auftreten der *hieratischen* Schrift der Ägypter – eine abgekürzte Schreibschrift der Hieroglyphen, die gleichzeitig mit ihnen benutzt wird.	Auftreten der hieratischen Ziffern in Ägypten.
zweite Hälfte des 3. Jahrtausends	Die Semiten Mesopotamiens übernehmen die Keilschriftzeichen zur Niederschrift ihrer eigenen Sprache.	Die Semiten Mesopotamiens übernehmen die sumerischen Keilschrift-Ziffern und passen sie der Basis Zehn an.
2400–2300	Auftreten der Schrift in Ebla (Syrien).	
2300	Auftreten der Urindischen Schrift im Industal in Mohenjo Daro (Pakistan).	
erste Hälfte des 2. Jahrtausends	Verbreitung der assyrisch-babylonischen Keilschrift im Vorderen Orient; sie wird sogar die Urkundenschrift der vorderasiatischen Kanzleien. Auftreten der Schrift in Kreta (minoische Kultur).	Die assyrisch-babylonische Dezimalschrift (Schreibschrift) ersetzt nach und nach das sumerische Sexagesimalsystem und verbreitet sich im Vorderen Orient.
18. Jh.		Auftreten des ältesten bekannten Positionssystems bei den babylonischen Gelehrten (System auf der Basis Sechzig in Keilschrift).
17. Jh.	Erster bekannter Versuch einer alphabetischen Schrift: Semiten im Dienst Ägyptens auf dem Sinai verwenden einige phonetische Zeichen, die von ägyptischen Hieroglyphen abgeleitet sind (Sinai-Inschriften aus Serabit El Khadim).	

	Geschichte der Schrift	Geschichte der Zahlschrift
zweite Hälfte des 2. Jahrtausends		Das hieratische Ziffernsystem der Ägypter steht bereits am Ende seiner Entwicklung.
14. Jh.	Auftreten der hethitischen Hieroglyphenschrift. Auftreten der ältesten bekannten vollkommen alphabetischen Schrift auf den Tafeln von Ugarit (Alphabet aus dreißig Keilschriftziffern).	
Ende des 14. Jh.	Die ältesten bekannten Belege der chinesischen Schrift treten in *Xiao dun* auf (Inschriften zur Zukunftsdeutung auf Knochen und Schildkrötenpanzern).	Auftreten der ältesten bekannten chinesischen Ziffern.
Ende des 12. Jh.	Erste bekannte Zeugnisse des phönizischen *linearen Alphabets* (Urform der modernen Alphabete).	
Anfang des 1. Jahrtausends	Verbreitung der alphabetischen Schrift im Vorderen Orient und im östlichen Mittelmeerraum (Phönizier, Aramäer, Hebräer, Griechen usw.).	Die Hebräer übernehmen die hieratischen Ziffern der Ägypter.
Ende des 9. – Anfang des 8. Jh.	Die Griechen ergänzen das Konsonanten-Alphabet der Phönizier durch Hinzufügung der Vokale.	
8. Jh.	Auftreten der »demotischen« Schrift in Ägypten, einer abgekürzten Schreibschrift, die aus der hieratischen entstand und sie ersetzte.	

	Geschichte der Schrift	Geschichte der Zahlschrift
Ende des 8. Jh.		Die ältesten bekannten Belege des aramäischen Ziffernsystems.
7. Jh.	Auftreten der etruskischen Schrift.	
Ende des 7. – Anfang des 6. Jh.	Auftreten der archaischen lateinischen Schrift?	
Ende des 6. Jh.		Die ältesten bekannten Zeugnisse des phönizischen Ziffernsystems.
zweite Hälfte des 1. Jahrtausends		Verbreitung der aramäischen Ziffern im Vorderen Orient (Mesopotamien, Syrien, Palästina, Ägypten, Nordarabien).
5. Jh.	Die *aramäische* Schrift wird zur Verkehrsschrift im Vorderen Orient und ersetzt die Keilschrift assyrisch-babylonischer Herkunft. Auftreten der *zapotekischen* Schrift im präkolumbianischen Mittelamerika.	Auftreten des *akrophonischen* Ziffernsystems der Griechen in Attika. Auftreten des akrophonischen Ziffernsystems Südarabiens in den sabäischen Inschriften
4. Jh.		Verbreitung des akrophonischen Ziffernsystems der Griechen in den Staaten der hellenistischen Welt.
Ende des 4. – Anfang des 3. Jh.		Erste bekannte Zeugnisse des griechischen Ziffernalphabets in Ägypten.
Mitte des 3. Jh.	Auftreten der *Kharoshthi*-Schrift in den Edikten des Kaisers Aschoka – von der aramäischen Schrift abgeleitete Schreibschrift, die in	Verbreitung des aramäischen Ziffernsystems in Nordwestindien, Pakistan und Afghanistan.

	Geschichte der Schrift	Geschichte der Zahlschrift
	Nordwestindien, Pakistan und Afghanistan gebraucht wurde. Auftreten der *Brahmi*-Schrift in den Edikten des Kaisers Aschoka (die erste bekannte eigene indische Schrift; sie bildet den Ursprung aller anderen Schriften Indiens).	Verbreitung des griechischen Ziffernalphabets im Vorderen Orient und im östlichen Mittelmeerraum. Auftreten der ersten bekannten Null der Geschichte bei den Gelehrten Babylons.
2. Jh.	Die ersten bekannten Zeugnisse der *hebräischen Quadratschrift* (die hebräische Schrift in ihrer modernen Form, deren Zeichen aus den aramäischen Kursivbuchstaben entwickelt worden sind). Inschriften der Grotten von Nana Ghat (direkt aus dem Brahmi abgeleitete Schrift)	Vollständiges Auftreten der *Brahmi*-Ziffern in den buddhistischen Inschriften von Nana Ghat (diese Ziffern sind Urformen der modernen indischen, arabischen und europäischen Ziffern, noch ohne Positionsprinzip).
Ende des 2. Jh.		Älteste bekannte Zeugnisse der Verwendung hebräischer Buchstaben als Ziffern.
2. Jh. v. Chr. – 2. Jh. n. Chr.	Reform der chinesischen Schrift und Auftreten der *lì-shū*-Schrift (die sich nach und nach zur gegenwärtigen entwickelt).	Auftreten des dezimalen Positionssystems der chinesischen Rechner (*suan zi* oder Strichziffern) ohne Null.
1. oder 2. Jh.	Buddhistische Inschriften der Grotten von Nasik, deren Buchstaben den Inschriften von Nana Ghat ziemlich ähnlich sind.	
erste Jahrhunderte der christlichen Zeitrechnung	Ein Schreibstil der alten aramäischen Schrift entwickelt sich zur *arabischen*	Die indischen Ziffern von 1 bis 9 folgen noch nicht dem Positionsprinzip.

	Geschichte der Schrift	**Geschichte der Zahlschrift**
Ende des 3. – Beginn des 4. Jh.	Schrift im eigentlichen Sinne (erste bekannte Zeugnisse reichen ins 5. Jahrhundert zurück). Älteste bekannte Zeugnisse der *Maya*-Schrift. Auftreten der chinesischen *Kăi-shū*-Schrift (moderne Schrift).	Erste bekannte Beispiele der Verwendung der Maya-Zahlschrift zur Wiedergabe von Daten und Zeiträumen im System der Zeitrechnung.
4.–6. Jh. –	Auftreten der indischen *Gupta*-Schrift (von der alle Schriften Nordindiens und einige Mittelasiens abstammen). Pallawa-, Tschalukja- und Vallabhi-Inschriften der Entwicklung der südindischen Schriften.	Vermutliches Auftreten der Null und des Positionssystems der Priester und Astronomen der Maya.
28. August 458		Datum des *Lokavibhaga*, ein Text der Jaina in Sanskrit mit kosmologischen Themen. Dieses Werk stellt das älteste bekannte Beispiel der Verwendung von *Zahlensymbolen* in Sanskrit dar; *es enthält ein vollständig ausgearbeitetes dezimales Positionssystem mit einer Null.*
um 510		Beispiele der Verwendung von Zahlensymbolen in Sanskrit beim indischen Astronomen Aryabhata mit deutlichen Anspielungen auf das Positionssystem und die Null.
um 575		Zahlensymbole des Sanskrit bei dem indischen Astronomen Varahami-

	Geschichte der Schrift	Geschichte der Zahlschrift
		hira. Dieses System wird fast zum ausschließlichen Instrument der indischen Astronomen und Mathematiker.
595		Datum des ältesten bekannten indischen Textes mit den neun Ziffern nach dem Positionsprinzip (eine Schenkungsurkunde auf Kupfer). Die Zeichen dieses Ziffernsystems sind aus der *Brahmi*-Zahlschrift abgeleitet und sind Urformen der neun modernen Ziffern; *es ist die erste dezimale Zahlschrift mit identischem Aufbau wie die moderne.*
598		Datum der ältesten Sanskrit-Inschrift aus Kambodscha; das Datum 520 *saka* wird mit Zahlensymbolen in Sanskrit und der Null nach dem Positionsprinzip dargestellt.
628–629		*Die dezimale Stellenwertschrift und das Nullzeichen haben sich in Indien durchgesetzt:* Der Astronom Bhaskara I gebraucht neben den Zahlensymbolen in Sanskrit auch das Nullzeichen und die neun Ziffern.
7. Jh.		Auftreten des syrischen Ziffernalphabets.
662		Schrift des syrischen Bischofs Severos Sebokt über die indische Rechenmethode mit neun Ziffern.

	Geschichte der Schrift	Geschichte der Zahlschrift
683		Älteste Khmer-Inschrift, die mit den neun indischen Ziffern und der Null nach dem Positionsprinzip datiert ist.
683/686		Älteste altmalayische Inschrift, die mit den neun indischen Ziffern und der Null datiert ist.
687		Älteste Cham-Inschrift in Sanskrit mit einem Datum in Zahlensymbolen nach dem Positionsprinzip.
718/729		Ein buddhistischer Astronom indischer Herkunft, der sich in China niedergelassen hat, bezeugt die Verwendung der Null und des Rechnens mit den neun indischen Ziffern.
732		Älteste Sanskrit-Inschrift Javas, die eine Zeitangabe in Zahlensymbolen nach dem Positionsprinzip enthält.
760		Älteste einheimische *Kawi*-Inschrift auf Java mit einem Datum in indischen Ziffern.
8. Jh.		Auftreten des arabischen Ziffernalphabets (Abdschad). Auftreten der indischen Null im dezimalen Positionssystem in China (»Strichziffern«).
Ende des 8. Jh.		Einführung des dezimalen indischen Positionssystems mit der Null auf islamischem Gebiet.

	Geschichte der Schrift	Geschichte der Zahlschrift
813		Älteste einheimische Cham-Inschrift mit einem Datum in indischen Ziffern mit einer Null.
875/876		Älteste bekannte *Steininschriften* in Indien mit Zahlenangaben mit der Null und den neun Ziffern in *Nagari.*
9. Jh.		Auftreten der *Gobar*-Ziffern bei den Arabern des Maghreb und Spaniens (Urform der mittelalterlichen und modernen Ziffern Europas).
976/992		Zwei Handschriften aus dem nicht-mohammedanischen Spanien sind die ältesten europäischen Zeugnisse der Verwendung der »arabischen« Ziffern (*Gobar*-Ziffern).
10.–12. Jh.		Die europäischen Rechner benutzen den Abakus des Gerbert und seiner Schüler mit Rechenpfennigen aus Horn, auf denen jeweils eine der neun indisch-arabischen Ziffern steht *(Apices).*
12. Jh.		Einführung des Nullzeichens im Abendland; die europäischen Rechner verzichten auf Spalten und schreiben die neun Ziffern und die Null auf Sand. Es erscheinen *Algorismen,* und die »arabischen« Ziffern werden graphisch vereinheitlicht.

	Geschichte der Schrift	Geschichte der Zahlschrift
13.–14. Jh.		Auftreten des schriftlichen Rechnens mit Ziffern auf Papier in Westeuropa.
15. Jh.	Erfindung des Buchdrucks in Europa.	Allgemeine Verwendung und zunehmende Normung der »arabischen« Ziffern in Europa.

Literatur

Acta orientalia. Ed. Soc. orient. Batava, Danica, Norvegica. 1/1923 ff.

AGGOULA, B., Remarques sur les inscriptions hatréennes. In: *Mélanges de l'Université St-Joseph.* Bd. 47. Beirut 1972

AHARONI, Y., Hebrew ostraca from Tel Arad. In: *Israël Exploration Journal* 16/1966, S. 1–10 (= 1966a)

AHARONI, Y., The use of the hieratic numerals in Hebrew ostraca and the schekel. In: *Bulletin of the American School of Oriental Research* 184/1966, S. 13–19 (= 1966b)

AHARONI, Y., *Arad Inscriptions.* Jerusalem 1975

AHMAD, Q., A note on the Art of Composing Chronograms. In: ders., *Corpus of Arabic and Persian Inscriptions of Bihar.* Patna 1973, S. 367–374 (= K.P. Jayaswal Research Institute. Historical research series, Bd. 10)

AL-BIRUNI. *Chronology of ancient nations.* Hrsg. v. E. Sachau. London 1879

ALFÖLDI-ROSENBAUM, E., The finger calculus in Antiquity and in the Middle-Age. In: *Frühmittelalterliche Studien* 5/1971, S. 1–9

AL-KARMALI, A., Al 'Uqad. In: *Machriq* 3/1900, S. 119–169

ALKIM, U.-B., *L'Anatolie.* Genf – Paris – München 1968

ALLARD, A., *Les plus anciennes versions latines du XIIe siècle, issues de l'arithmetique d'Al-Khwārizmī.* Leuven 1975

ALLARD, A., Ouverture et résistance au calcul indien. In: *Colloque d'histoire des sciences: Résistance et ouverture aux découvertes.* Leuven 1976

ALLARD, A. (Hrsg.), *Le grand calcul selon les Indiens.* (Von) Maximus Planudes. Leuven 1981

ALLETON, V., *L'écriture chinoise.* Paris [2]1976 (= Que sais-je, Bd. 1374)

AMIET, P., *La glyptique mésopotamienne archaïque.* Paris 1961

AMIET, P., *Elam.* Auvers sur Oise 1966 (= 1966a)

AMIET, P., Il y a cinq mille ans les Élamites inventaient l'écriture. In: *Archeologia* (Paris) 12/1966, S. 20–22 (= 1966b)

AMIET, P., *Glyptique susienne des origines à l'époque des Perses achéménides. Cachets, sceaux-cylindres et empreintes antiques découverts à Suse de 1913 à 1967.* Bd. 2. Paris 1972 (= Mémoires de la Délégation archéologique en Iran, Bd. 43)

AMIET, P., *Bas-Reliefs imaginaires de l'Ancien Orient d'après les cachets et les sceaux-cylindres.* Paris 1973

AMIET, P., *Les civilisations antiques du Proche-Orient.* Paris 1975 (= Que sais-je, Bd. 185)

AMIET, P., Alternance et Dualité. Essai d'interprétation de l'histoire élamite. In: *Akkadica* 15/1979, S. 2–22

ANBOUBA, A., Al Samaw'al. In: *Dictionary of Scientific Bibliography* Bd. 12/1975, S. 91–94

Annales du Service des Antiquités de l'Égypte. 1/1900 ff.

ANTON, F., *Art of the Maya.* New York 1970

Archaeological Survey of India. Report 1903/1904

AUBOYER, J., La monnaie en Inde. In: *Dictionnaire Archéologique des Techniques* 1963/64, Bd. 2, S. 712

AVIGAD, N., A Bulla of Jonathan the High Priest. In: *Israël Exploration Journal* 25/1975, S. 8–12

AYMONIER, E., Quelques notions sur les inscriptions en vieux khmèr. In: *Journal Asiatique* 1883, S. 441–505

BABELON, J. In: *Archeologia* 22/1968

BAILLET, M., J.T. MILIK, R. DE VAUX, *Les petites grottes de Qumrân.* Oxford 1961 (= Discoveries in the Judean Desert of Jordan, Bd. III)

BALMES, R., *Leçons de philosophie.* Bd. 2. Paris 1965

BARNARD, F.P., *The Casting-Counter and the Counting-board: a chapter in the history of Numismatics and early arithmetic.* Oxford 1916

BARNETT, R.D., The hieroglyphic writing of Urartu. In: *Anatolian Studies.* Hommages H.-G. Güterbock. Istanbul 1974, S. 43 ff.

Barth, A., A. Bergaine *Inscriptions sanskrites du Champa et du Cambodge.* Paris 1885 (= Notices et extraits des Manuscriptes de la Bibliothèque Nationale de Paris, Bd. 27)

BARTON, G.A., *Haverford Library Collection of Cuneiform Tablets. Documents from the Temple Archivs of Telloh.* New Haven 1918

BAUDIN, L., L'empire socialiste des Inkas. Paris 1928 (= Traveaux et mémoires de l'Institut d'ethnologie de Paris, Bd. 5)

BAUDOUIN, M., *La préhistoire par les étoiles.* Paris 1926

BAYLEY, E.C., On the genealogy of modern numerals. In: *Journal of the Royal Asiatic Society of Great Britain and Ireland* 14/1847, S. 335

BEAUJOUAN, G., Recherches sur l'histoire de l'arithmétique du Moyen Age. In: *Ecole nationale des chartes. Positions des thèses de la promotion de 1947.* (= 1947a)

BEAUJOUAN, G., Étude paléographique sur la »rotation« des chiffres et l'emploi des *apices* du Xe au XIIe siècle. In: *Revue d'histoire des Sciences* 1/1947, S. 301–313 (= 1947b)

BEAUJOUAN, G., Les soi-disant chiffres grecs ou chaldéens. In: *Revue d'histoire des Sciences* 3/1950, S. 170–174

BEAUJOUAN, G., La science dans l'Occident médiéval chrétien. In: *Histoire générale des sciences* 1957, I S. 517–534

BEAUJOUAN, G., L'enseignement du Quadrivium. In: *Settimane di studio del centro italiano di studi sull'alto medioevo.* Spoletto 1972, S. 650 ff.

BEAUJOUAN, G., La transformation du Quadrivium. In: *The Renaissance of 12th Century.* Haskins International Conference. Cambridge 1977

BECHTEL, E.A., Finger-Counting among the Romans in the Fourth Century. In: *Classical Philology* 4/1909, S. 25–31

BECKER, O.; J.E. HOFMANN, *Geschichte der Mathematik.* Bonn 1951

BEDA VENERABILIS. *De temporum ratione.* Paris 1850 (= *Patrologiae cursus completus.* Patres látini, Bd. 90)

BEHA AD-DĪN AL 'AMULĪ, *Khulāsat al-hisāb* (abrégé de mathématiques). Rom 1864

BELL, J.D., *Things chinese.* New York 1904

BENDALL, C., *Catalogue of the Sanskrit Manuscripts in the British Museum.* London 1902

BERLIN, H., El glifo »emblema« de las inscripciones mayas. In: *Journal de la Société des Américanistes* 47/1958, S. 111–119

BILLARD, R., *L'astronomie indienne.* Investigation des textes sanskrits et des données numériques. Paris 1971 (= Publications de l'École Française d'Extrême-Orient, Bd. 83)

BIOT, E., Note sur la connaissance que les Chinois ont eue de la valeur de position des chiffres. In: *Journal Asiatique* 1839, S. 497–502

BIRCH, S., *Facsimile of an Egyptian hieratic papyrus of the Reign of Ramses II, now in the British Museum.* London 1876

Birot, M., *Tablettes d'époque babylonienne ancienne.* Paris 1970

Bischoff, B., Paläographie. Mit besonderer Berücksichtigung des deutschen Kulturgebietes. In: *Deutsche Philologie im Aufriß.* Hrsg. v. W. Stammler. Berlin – Bielefeld – München [2]1957, Bd. 1, S. 379–451

Bittel, K., *Les Hittites.* Paris 1976

Blackman, A.M., *The rock tombs of Meir.* Bd. 4. London 1924 (= Archaeological Survey of Egypt, Memoir 25)

Blanchet, A., A. Dieudonné, *Manuel de numismatique française.* Bd. 3. Paris 1930

Bloch, R., Étrusques et Romains. Problèmes et histoire de l'ériture. In: *Centre International de Synthèse* 1963, S. 183–198

Bloch, R., La monnaie à Rome. In: *Dictionnaire Archéologique des Techniques* 1963/64, Bd. 2, S. 718 f.

Boncompagni, B. (Hrsg.), *Trattati d'aritmetica.* Bd. 1: *Algoritmi de numero indorum.* Bd. 2: *Ioanni Hispalensis liber algorismi de pratica aritmetticae.* Rom 1857

Borchardt, L., Das Grabdenkmal des Königs S'AHU-RE'. Bd. II. Leipzig 1913 (= Ausgrabungen der Deutschen Orient-Gesellschaft in Abusir, Bd. VII)

Borchardt, L., *Denkmäler des Alten Reiches (außer den Statuen) im Museum von Kairo.* Nr. 1295–1808. Berlin 1937 (= Catalogue général des antiquités égyptiennes du Musée du Caire, Bd. 57)

Borger, R., Die Inschriften Asarhaddons, König von Assyrien. In: *Archiv für Orientforschung,* 9/1956, 15 ff.

Bottéro, J., *La religion babylonienne.* Paris 1952

Bottéro, J., Textes économiques et administratifs. In: *Archives Royales de Mari.* Bd. VII. Paris 1957, S. 326–341

Bottéro, J., Symptômes, signes, écritures en Mésopotamie ancienne. In: *Divination et rationalité.* Paris 1974, S. 159 ff.

Bottéro, J., E. Cassin, J. Vercoutter, *The Near East: the early civilizations.* London 1967

Bouché-Leclerq, A., *Histoire de la divination dans l'Antiquité.* Paris 1879

Bourke, J.G., Medicine-Men of the Apache. In: *Annual Report of the Bureau of American Ethnology* 9/1892, S. 555 ff.

Bowditch, C.P., *The Numeration, Calendar systems and astronomical knowledge of the Maya.* Cambridge 1910

Boyer, C.B., Fondamental steps in the development of numeration. In: *Isis* 35/1944, S. 153–169

Boyer, C.B., *A history of Mathematics.* New York 1968

Brahmagupta, *Brāhmaphutasiddhānta...* Benares 1902 (= The Pandit, Bd. 23/24)

Brandenstein, W., M. Mayrhoffer, *Handbuch des Altpersischen.* Wiesbaden 1964

Breuil, H., La formation de la science préhistorique. In: C. Zervos. *L'Art de L'epoque du renne en France.* Paris 1959, S. 13–20

Brice, W.C., The Writing and system of Proto-elamite account tablets. In: *Bulletin of the John Rylands Library* 45/1962, S. 15–39

Brieux, A., Petit trésor de souvenirs de Montaigne. In: *Bibliothèque d'humanisme et Renaissance* 19/1957, S. 265 ff.

Brieux, A., F. Maddison, *Répertoire des facteurs d'astrolabes et de leurs œuvres.* Teil 1: *Islam.* Paris (erscheint in Kürze)

Brinkman, J.A., Mesopotamian chronology of the historical period. In: A.L. Oppenheim, *Ancient Mesopotamia. A portrait of a dead civilization.* Chicago – London 1964, S. 335 ff.

Brockelmann, C., *Geschichte der arabischen Literatur* Suppl. 1/1937. Suppl. 2/1938

Brockelmann, C., *Grundriß der vergleichenden Grammatik der semitischen Sprache.* Hildesheim 1961 (Erstausgabe 1908)

Bruins, E.M., M. Rutten, Textes mathématiques de Suse. Paris 1961 (= Mémoires de la

Mission archéologique en Iran, Bd. 34)
Bryce, T.R., Burial Fees in the Lycian Sepulchral Inscriptions. In: *Anatolian Studies* 26/1976, S. 175–190
Bubnov, N., *Arithmetische Selbständigkeit der europäischen Kultur.* Berlin 1914
Budge, W., *The Gods of the Egyptians.* London 1904
Budge, W., *Osiris and the Egyptian Resurrection.* New York 1962
Bühler, G., *Indische palœographie.* Straßburg 1896
Bulletin de l'École Française d'Extrême-Orient 1/1901 ff.
Buonamici, G., *Epigrafia etrusca.* Florenz 1932
Burland, C.A., *Art and Life in Ancient Mexico.* Oxford 1948
Burland, C.A., *Magic Books from Mexiko.* Harmondworth (England) 1953
Burnam, R., *Palaeographia Iberica. Fac-Similés de manuscrits espagnols et portugais du IXe au XVIe siècle.* Paris 1912/25
Burnell, A.C., *Elements of South-Indian paleography* (from the IVth to the XVIIth Century AD). London 1878
Burney, C.A., A first season of excavations at the urartian citadel of Kayalidere. In: *Anatolian Studies* 16/1966, S. 89 ff.

Cagnat, R., *Cours d'épigraphie latine.* Paris 1890
Cagnat, R., Revue des publications épigraphiques relatives à l'antiquité romaine. In: *Revue Archéologique,* 3. ser. 34/1899, S. 313–320
Cajori, F., *A history of mathematical notations.* Illinois 1928
La calligraphie dans l'art japonais contemporain. Paris 1956
Cameron, G.C., *Persepolis Treasury Tablets.* Chicago 1948 (= The University of Chicago oriental Institute Publications, Bd. 65)
Cantera, F., J.H. Millas, *Las Inscripciones hebraïcas de España.* Madrid 1956
Cantineau, J., *Le Nabatéen.* Paris 1930
Cantor, M., *Kulturleben der Völker.* Halle 1863
Cantor, M., *Vorlesungen über Geschichte der Mathematik.* Leipzig 1880
Caratini, R., *Histoire Universelle. Le Monde antique.* Paris 1968
Carra de Vaux, B., Ta'rīkh. In: *Enzyklopaedie des Islam.* Bd. IV. Leiden–Leipzig 1934, S. 727 f.
Casaril, G., *Rabbi Simeon Bar Yochaï et la Cabbale.* Paris 1961
Caso, A., *Calendario y escritura de las antiguas culturas de Monte-Albán.* Mexiko 1946
Caso, A., *Las calendarios prehispánicos.* Mexiko 1967
Cassin, E., La monnaie en Asie occidentale. In: *Dictionnaire Archéologique des Techniques* 1963/64, Bd. 2, S. 712–715
Centre International de Synthèse (Hrsg.), *L'écriture et la psychologie des peuples. 22e semaine de la synthèse.* Paris 1963
Chabouillet, J.M.A., *Catalogue général et raisonné des camées et pierres gravées de la Bibliothèque Impériale.* Paris o.J. (1858)
Chace, A.B., *The Rhind mathematical papyrus.* Oberlin (Ohio) 1927/29
Chalfant, F.H., Chinese numerals. In: *Memoirs of the carnegie Museum* 4/1906
Chalmers, J., Maipua and Namau Numerals. In: *Journal of the Anthropological Institute of Great Britain* 27/1898, S. 141 ff.
De Chavannes, E., *Les documents chinois découverts par Aurel Stein.* Oxford 1913
Chen Tsu-Lung, La monnaie en Chine. In: Dictionnaire Archéologique des Techniques 1963/64, Bd. 2, S. 711 f.
Chevalier, J., A. Gheerbrant, *Dictionnaire des Symboles.* Paris 1969
Chodzleo, A., *Grammaire persane.* Paris 1852
Chuquet, N., *Triparty en la science des Nombres* (1484). Hrsg. v. A. Marre. Rom 1880/81

CLAIRBONE, R., *The Birth of writing.* Amsterdam [3]1978

Codex Borgia. Hrsg. v. Duc de Loubat. Rom 1898

Codex Dresdensis. Sächsische Landesbibliothek. Dresden

Codex Mendoza. Hrsg. v. K. Ross. Paris 1978

Codex Telleriano Remensis. Hrsg. v. Duc de Loubat. Paris 1899

COE, M.D., *The Maya Scribe and his world.* New York 1973

COEDÈS, G., *Corpus des Inscriptions du Cambodge publiées sous les auspices de l'Académie des Inscriptions et Belles Lettres.* Paris 1926

COEDÈS, G., Les inscriptions malaises de Çrivijaya. In: *Bulletin de l'École française d'Extrême-Orient* 30/1930/31, S. 29–80

COEDÈS, G., A propos de l'origine des chiffres arabes. In: *Bulletin of the London School of Oriental and African Studies* 6/1931, S. 323–328

COEDÈS, G., *Les États hindouisés d'Indonésie et d'Indochine.* Paris [3]1964

COEDÈS, G., *Inscriptions du Cambodge.* Paris 1966. (= Collection de textes et de documents sur l'Indochine, Bd. 8)

COEDÈS, G., H. PARMENTIER, *Listes générales des Inscriptions et des monuments du Champa et du Cambodge.* Hanoi 1923

COHEN, M., *La Grande Invention de l'écriture et son évolution.* Paris 1958

COHEN, M., Traité de langue amharique. In: *Travaux et mémoires de l'Institut d'éthnologie* 24/1970, S. 26 ff.

COLIN, G.S., Une nouvelle inscription arabe de Tanger. In: *Hesperis.* Archives berbères et Bulletin de l'Institute des Hautes Études Marocaines 5/1924, S. 93–99

COLIN, G.S., Hisāb al-Djummal. In: *Encyclopédie de l'Islam* 1971, S. 484

COLIN, G.S., Abdjad. In: *Encyclopédie de l'Islam* 1975, S. 100

CONANT, L.L., *The number concept, its origin and development.* New York 1923

CONANT, L.L., Counting. In: *The World of Mathematics* 1/1956, 432–441

CONRADY, A. (Hrsg.), *Die chinesischen Handschriften- und sonstigen Kleinfunde Sven Hedins in Lou-Lan.* Stockholm 1920

CONTENAU, G., Notes d'iconographie religieuse assyrienne. In: *Revue d'Assyriologie* 31/1940, S. 154–165

CORDIER, H., In: *Bibliotheca Sinica* (Paris) 1881/95, S. 509

CORDOLIANI, A., Contribution à la littérature du comput ecclésiastique au Moyen Age. In: *Studi medievali* Ser. 3a, 1/1960, S. 107–137; 2/1961, S. 169–208

CORDOLIANI, A., Comput, chronologie, calendriers. In: *L'histoire et ses méthodes.* Hrsg. v. C. Samaran. Paris 1961, S. 46 f.

Corpus Inscriptionum Etruscarum. Sectionis I, Fasc. 4. I. Tituli 1970

Corpus Inscriptionum Latinarum. Berlin 1861 ff.

Corpus Inscriptionum Semiticarum. Pars. 4. Paris 1889–1932

COSTAZ, L., *Grammaire syriaque.* Beirut 1964

COTTREL, L., Monnaie. In: *Dictionnaire encyclopédique d'Archéologie* 1962, S. 355 f.

COUDERC, P., *Le calendrier.* Paris 1970 (= Que sais je, Bd. 203)

COURTOIS, C., L. LESCHI, C. PERRAT, C. SAUMAGNE, *Tablettes Albertini. Actes privés de l'époque vandale.* Paris 1952

CROUZET, P., P. ANDRAUD, A. FONT, *Grammaire grecque.* Paris 1926

Cuneiform Texts from Babylonian Tablets in the British Museum. London 1896 ff.

CUSHING, F.H., Manual Concepts. In: *The American Anthropologist* 5/1892, S. 289 ff.

CUSHING, F.H., Zuñi Breadstuff. In: *Indian Notes and Monographs* 7/1920, S. 77 ff.

DAMMARTIN, M., *Typologie ou description détaillée des caractères alphabétiques... à l'usage des sculpteurs, fondeurs, etc., et particulièrement destinée aux peintres en bâtiments.* Paris 1850

Dantzig, T., *Le nombre, langage de la science.* Paris 1931 (engl. Originalausgabe: *Number, the language of science.* London 1930)
Dasypodius, *Institutionum Mathematicarum...* Straßburg 1593
Datta, B., A.N. Singh, *History of hindu mathematics.* Bombay 1962 (Erstausgabe 1938)
Daumas, F., *Les dieux de l'Égypte.* Paris [2]1970 (= Que sais-je, Bd. 1194)
Dauzat, A., *Nouveau dictionnaire étymologique et historique.* Paris [4]1971
Decourdemanche, M.J.A., Note sur quatre systèmes turcs de notation numérique secrète. In: *Journal Asiatique* 9. Ser. 14/1899, S. 258–271
Dédron, P., J. Itard, *Mathématiques et mathématiciens.* Paris 1959
Deimel, A., Sumerische Grammatik der Archaitischen Texte mit Übungsstücken. In: *Orientalia* 9–13/1924
Deimel, A., *Sumerisches Lexikon.* Rom 1947 (= Scripta Pontificii Instituti Biblici)
Deluchey, C., *Petit traité du boulier chinois.* Paris 1981
Demieville, P., *Matériaux pour l'enseignement élémentaire du chinois.* Paris 1953
De Solla Price, D.J., Portable sundials in Antiquity. Including an Account of a New Example from Aphrodisias. In: *Centaurus* 14/1969, S. 242–266
Destombes, M., Un astrolabe carolingien et l'origine de nos chiffres arabes. In: *Archives Internationales d'Histoire des Sciences* 58–59/1962, S. 3–45
Devambez, P., Monnaie. In: *Dictionnaire de la civilisation grecque* 1966, S. 300–304
Dictionary of Scientific Biography. Hrsg. v. C.C. Gillispie. New York 1981
Dictionnaire des Antiquités grecques et romaines. Hrsg. v. C. Darembert/E. Saglio. Paris 1881
Dictionnaire Archéologique de la Bible. Paris 1970
Dictionnaire Archéologique des Techniques. Paris 1963/64
Dictionnaire de la Bible. Hrsg. v. F. Vigouroux. Paris 1908
Dictionnaire de la civilisation égyptienne. Paris 1970
Dictionnaire de la civilisation grecque. Paris 1966
Dictionnaire encyclopédique d'Archéologie. Hrsg. v. L. Cottrel. Paris 1962
Diringer, D., *L'alfabeto nella storia della civiltá.* Florenz 1937
Diringer, D., *The Alphabet. A key to the history of Mankind.* London [3]1968
Divin, M., *Contes et légendes de l'Égypte ancienne.* Paris 1961
Dixon, R.B., The Northern Maidu. In: *Bulletin of the American Museum of Natural History* 17/1905, S. 228–271
Dobrizhofer, M., *Auskunft über die Abiponische Sprache.* Hrsg. v. J. Platzmann. Leipzig 1902
Dols, P.J., La vie chinoise dans la province de Kan-Su. In: *Anthropos* 12–13/1917/18, S. 964 ff.
Domluvil, E., Die Kerbstöcke der Schafhirten in der mährischen Walachei. In: *Zeitschrift für österreichische Volkskunde* 10/1904, S. 206–210
Dong Zuobin, *Xiao dun yin xu wenzi : yi biàn.* Taipei 1949
Donner, H., W. Rölling, *Kanaanaïsche und Aramaïsche Inschriften.* Wiesbaden 1962
Dorn, B., Über ein drittes in Rußland befindliches Astrolabium mit morgenländischen Inschriften. In: *Bulletin scientifique* 9/1841, S. 60–73
Dornseiff, F., *Das Alphabet in Mystik und Magie.* Leipzig – Berlin [2]1925
Dossin, G., Correspondance de Iasmakh-Addu. In: *Archives Royales de Mari.* Bd. 5. Paris 1952, S. 36 f.
Doutte, E., *Magie et religion dans l'Afrique du Nord.* Paris 1909
Dragoni, A., *Sul metodo arithmetico degli antichi Romani.* Cremona 1811
Drioton, E., J. Vandier, *L'Égypte.* Paris [4]1962
Drummond, R., *Illustrations of the grammatical parts of the guzerattee, mahratta and english languages.* Bombay 1808
Duhamel, G., *Les plaisirs et les jeux.* Paris 1922
Dupiney de Vorepiere, B., Monnaies. In: *Encyclopédie.* Paris 1864

DUPONT-SOMMER, P., La science hébraïque ancienne. In: *Histoire Générale des Sciences* 1957, S. 141–151

DUVAL, R., *Traité de grammaire syriaque.* Amsterdam 1969 (Erstausgabe 1881)

EELS, W.C., Number systems of the North American Indians. In: *The American Mathematical Monthly* 20/1913, S. 293–298

EISENLOHR, A., *Ein mathematisches Handbuch der Alten Ägypter (Papyrus Rhind des British Museum) übersetzt und erklärt.* Leipzig 1877

ELIADE, M., *Traité d'histoire des religions.* Paris 1949

Encyclopaedia Judaïca. Jerusalem 1971/72

Encyclopaedia Universalis. Paris 1968/75

Encyclopédie de la Bible Hrsg. v. L. Botté. Brüssel 1967

Encyclopédie de l'Islam. Hrsg. v. H.A.R. Gibb. Leiden 1975 ff. (Erstausgabe 1960 ff.)

Epigraphia Indica (Calcutta) 1892 ff.

ERICHSEN, W., *Papyrus Harris I.* Brüssel 1933 (= Bibliotheca Aegyptiaca, Bd. 5)

ERICHSEN, W., *Demotisches Glossar.* Kopenhagen 1954

ERMAN, A., *La civilisation égyptienne.* Bearb. v. H. Ranke. Paris 1952

ERPENIUS, *Grammatica Arabica.* Leiden 1613

L'Espace et la Lettre. Paris 1977 (= Cahiers Jussien, Bd. 7.3)

ESSIG, J., *Douze, notre dix futur.* Paris 1955

ESSIG, J., *La duodécimalité: chimère ou vérité future?* Paris 1956 (= Conférence du Palais de la Découverte. 15. Décembre 1956. Publ. Sér. A, Bd. 224)

EVANS, A., *Scripta Minoa.* 2 Bde. Oxford 1909/52

EVANS, A., *The Palace of Minos.* London – New York 1921/36

FALKENSTEIN, A., *Archaische Texte aus Uruk.* Berlin 1936 (= Ausgrabungen der Deutschen Forschungsgemeinschaft in Uruk-Warka, Bd. 2)

FALKENSTEIN, A., *Das Sumerische.* Leiden 1959. (= Handbuch der Orientalistik. Abt. 1, Bd. 2)

FARAUT, F.G., *Astronomie cambodgienne.* Phnom-Penh 1910

Farhangi Djihangiri. Übers. v. S. de Sacy. In: *Journal Asiatique* 3/1823

Farhangi Djihangiri. Übers. v. S. Guyard. In: *Journal Asiatique* 6.Ser. 18/1871, S. 106–124

FAYE, P.L., Notes on the Southern Maidu. In: *University of California Publications of American Archaeology and Ethnology* 20/1923, S. 44 ff.

FEKETE, L., *Die Siyāqat-Schrift in der Türkischen Finanzverwaltung.* Bd. 1. Budapest 1955

FETTWEIS, E., Wie man einstens rechnete. In: *Mathematisch-physikalische Bibliothek* (Leipzig) 49/1923

FÉVRIER, J.G., *Histoire de l'Écriture.* Paris 1948

FINKELSTEIN, J.J., *Late old Babylonian Documents and Letters.* New Haven 1972 (= Yale Oriental Series, Bd. 13)

FINOT, L., Notes d'épigraphie: les inscriptions de Jaya Parameçvaravarman Ier, roi du Champa. In: *Bulletin de L'École française d'Extrême-Orient* 15/1915, S. 39–52

FISQUET, H., *Histoire de l'Algérie.* Paris 1842

FLEET, J.C., *Corpus Inscriptionum Indicarum.* Bd. 3. London 1888

FÖRSTEMANN, E., *Die Maya – Handschrift der Königlichen Bibliothek zu Dresden.* Leipzig 1892

FÖRSTEMANN, E., Commentary on the maya manuscript in the Royal Library of Dresden. In: *Papers of the Peabody Museum of American Archeology and Ethnology* 6/1906

FOLKERTS, M., *Boethius. Geometrie II. Ein Mathematisches Lehrbuch des Mittelalters.* Wiesbaden 1970

FORBES, W., *A Grammar of the goojratee language.* Bombay 1829 (= 1829a)

FORBES, W., *Grammaire Guzaratie.* Bombay 1829 (= 1829b)

FORMALEONI, *Storia filosofica e politica della navigazione.* Venedig 1788/89
FOSSEY, C. (Hrsg.), *Notices sur les caractères étrangers anciens et modernes.* Paris ²1948
FRANZ, J., *Elementa epigraphica Graecae.* Berlin 1840
FREDOUILLE, J.C., *Dictionnaire de la civilisation romaine.* Larousse. Paris 1968
FREY, J.B., *Corpus Inscriptionum Iudaïcarum.* Rom 1936/52
FRIEDLEIN, G., *Die Zahlzeichen und das elementare Rechnen der Griechen und Römer und des christlichen Abendlandes vom 7. bis 13. Jahrhundert.* Erlangen 1869
FRIEDRICH, J., *Kleinasiatische Sprachdenkmäler.* Berlin 1932
FRIEDRICH, J., *Hethitisches Keilschrift Lesebuch.* Teil I. Lesestücke. Heidelberg 1960
FRIEDRICH, J., *Geschichte der Schrift.* Heidelberg 1966
FROEHNER, W., Le comput digital. In: *Annuaire de la Société française de numismatique et d'archéologie* 8/1884, S. 232–238

GADD, C.J., Omens expressed in Numbers. In: *Journal of Cuneiform Studies* 21/1967, S. 52 ff.
GALLENKAMP, C., *Les Mayas. La découverte d'une civilisation perdue.* Paris 1961
GAMURRINI, G.F., *Appendice al corpus Inscriptionum Italicorum.* Florenz 1880
GANDZ, S., The Knots in Hebrew litterature. In: *Isis* 14/1930, S. 189 ff.
GANDZ, S., The origin of the Ghubār numerals. In: *Isis* 16/1931, S. 393–424
GANOR, N.R., The Lachich Letters. In: *Palestine Exploration Quarterly* 99/1967, S. 74–77
GARDINER, A., *Egyptian grammar (being an introduction to the study of hieroglyphs).* Oxford ²1950
GARDNER, M., Jeux mathématiques. In: *Pour la Science* 10/1978, S. 96–100
GARDUCCI, M., *Epigrafia greca.* Rom 1967
GARELLI, P., *Le Proche-Orient antique.* Paris 1975 (= Nouvelle Clio, Bd. 1)
GATES, W., Codex of Dresden. Baltimore 1932
GAUTIER, M.J.E., *Archives d'une famille de Dilbat.* Kairo 1908
GELB, I.J., *A study of Writing.* Chicago ²1963
GENDROP, P., *Arte prehispánico en Mesoamerica.* Mexiko 1970
GENDROP, P., Les Mayas. Paris 1978 (= Que sais-je, Bd. 1374)
DE GENOUILLAC, H., *Tablettes sumériennes archaïques.* Paris 1909
DE GENOUILLAC, H., *Tablettes de Drehem.* Paris 1911
GERATY, L.T., The Khirbet El-Kôm Bilingual Ostracon. In: *Bulletin of the American School of oriental Research* 220/1975, S. 55–61
GERNET, J., La Chine. Aspects et fonctions psychologiques de l'écriture. In: *Centre International de Synthèse* 1963
GERNET, J., *La Chine ancienne.* Paris 1970 (= Que sais-je, Band 1113)
GERSCHEL, L., Al longue crôye. Autour des comptes à crédit. In: *Enquêtes du Musée de la vie Wallone* 8/1959, S. 265–292
GERSCHEL, L., Comment comptaient les anciens Romains? In: *Hommages à Léon Herrmann.* Brüssel 1960, S. 386–397 (= Latomus, Bd. 44)
GERSCHEL, L., La conquête du Nombre. Des modalités du compte aux structures de la pensée. In: *Annales, Économies, Sociétés, Civilisations* 17/1962, S. 691–714 (=1962a)
GERSCHEL, L., L'Ogam et le Nombre. In: *Études Celtiques* 10/1962, S. 127–166 (= 1962b)
GERSCHEL, L., L'Ogam et le Nombre. In: *Études Celtiques* 10/1962, S. 516–557 (= 1962c)
GHIRSHMAN, R., *L'Iran, des origines á l'Islam.* Paris 1951
GIBSON, J.C.L., *Textbook of Syrian Semitic Inscriptions.* Bd. 1: Hebrew and moabite inscriptions. Oxford 1971
GILES, H.A., *A Chinese-English Dictionary.* London 1912
GILLAIN, O., *La science égyptienne. L'arithmétique au Moyen-Empire.* Brüssel 1927
GIRARD, R., *Le Popol-Vuh.* Histoire culturelle des Maya-Quichés. Paris 1972

GLANVILLE, S.R.K., The mathematical Leather Roll in the British Museum. In: *Journal of Egyptian Archaeology* 13/1927, S. 232–239

GMÜR, M., *Schweizerische Bauermarken und Holzurkunden.* Bern 1917 (= Abhandlungen zum Schweizer Recht)

GODART, L., J.P. OLIVIER, *Recueil des inscriptions en linéaire A.* Bd. 1 Paris 1976 (= Études crétoises, Bd. 21)

GODRON, G., Deux notes d'épigraphie thinite. In: *Revue d'Égyptologie* 8/1951, S. 91–100

GOLDSTEIN, B.R., *The astronomical tables of Levi Ben Gerson.* New Haven 1974 (= Transactions published by the Conneticut Academy of Arts and Sciences, Bd. 45)

GOLDZIHER, I., Le rosaire dans l'Islam. In: *Revue de l'histoire des religions* 21/1890, S. 295–300

GOMEZ-MORENO, M., Documentacion Goda en Pizarra. In: *Real Academia de la Historia* (Madrid) 1966

GOSCHKEWITSCH, J., Über das chinesische Rechenbrett. In: *Arbeiten der kaiserlich Russischen Gesandtschaft zu Peking* (Berlin) 1/1858, S. 293

GOUDA, J., *Reflections on the numerals »one« and »two« in ancient Indo-European Language.* Utrecht 1953

GRIAULE, M., *Dieu d'Eau. Entretiens avec Ogôtemmêli.* Paris 1966

GRIFFITH, F.L., The Rhind mathematical papyrus. In: *Proceedings of the Society of Biblical archaeology* 13/1891, S. 328 ff.; 14/1892, S. 26 ff.; 16/1894, S. 164 ff.

GROHMANN, A., *Arabic Papyri in the Egyptian Library.* Bd. 4: Economic Texts. Kairo 1962

GROTEFEND, H., *Taschenbuch der Zeitrechnung des deutschen Mittelalters und der Neuzeit.* Hannover – Leipzig 1898

GUÉRAUD, O., P. JOUGUET, (Hrsg.), *Un livre d'écolier du IIIe siècle avant J.C.* Kairo 1938 (= Publications de la Société Royale égyptienne de Papyrologie. Textes et documents, Bd. 2)

GUILLAUME, P., *La psychologie de la forme.* Paris 1939

GUITEL, G., Comparaison entre les numérations aztèque et égyptienne. In: *Annales, Économies, Sociétés et Civilisations* 13/1958, S. 687–705

GUITEL, G., Signification mathématique d'une tablette sumérienne. In: *Revue d'Assyriologie* 57/1963, S. 145–150

GUITEL, G., Classification hierarchisée des numérations écrites. In: *Annales, Économies, Sociétés et Civilisations* 21/1966, S. 959–981

GUITEL, G., *Histoire comparée des numérations écrites.* Paris 1975

GUITEL, G., Calendrier grégorien, Calendrier maya. In: *Mélanges en l'honneur de Charles Morazé.* Toulouse 1979, S. 283–295

GUNDERMANN, G., *Die Zahlzeichen.* Gießen 1899

GUNN, B., Finger-Numbering in the Pyramid Texts. In: *Zeitschrift für ägyptische Sprache und Altertumskunde* 57/1922, S. 71 f.

GUNN, B., The Rhind mathematical papyrus. In: *Journal of Egyptian archaeology* 12/1926, S. 123

HADDON, A.C., The Ethnography of the Western Tribes of the Torres Straits. In: *Journal of the Anthropological Institute of Great Britain* 19/1890, S. 305 f.

HALHED, N.B., *A grammar of bengal language.* Hooghly (Indien) 1778

HALL, H., *The Antiquities and curiosities of the Exchequer.* London 1898

HALLOCK, R.T., *Persepolis Fortification Tablets.* Chicago 1969 (= The University of Chicago oriental Institute Publications, Bd. 42)

HAMBIS, L., La monnaie en Asie centrale et en Haute Asie. In: *Dictionnaire Archéologique des Techniques* 1963/64, Bd. 2, S. 711

HAMY, E.T., Le chimpu. In: *La Nature* 21/1892

HARMAND, J., Le Laos et les populations sauvages de l'Indo-Chine. In: *Tour du Monde* 38.2/1879, S. 2–48; 39.1/1880, S. 241–314

HARMAND, J., Les Races indochinoises. In: *Mémoires de la Société d'Anthropologie de Paris.* 2. Ser. 2/1882, S. 338 f.
HATCH, H.P., *An Album of Dated Syriac manuscripts.* Boston 1946
HAWTREY, E.C., The Lengua Indians of the Paraguayan Chaco. In: *Journal of the Anthropological Institute of Great Britain* 31/1902, S. 296 ff.
HEATH, T., *A history of Greek Mathematics.* Bd. 1. Oxford 1921
HENDERSON, B.W., *Select Historical Documents of the Middle-Age.* London 1892
HIGOUNET, C., *L'Écriture.* Paris 1955 (= Que sais-je, Bd. 653)
HILL, G.F., On the early use of arabic numerals in Europe. In: *Archaeologia* (London) 61/1910, S. 137–190
HILL, G.F., *The development of Arabic numerals in Europe.* Oxford 1915
HINCKS, E., On the Assyrian Mythology. In: *Transactions of the Royal Irish Academy* 12.2/1855, S. 405–422
HINZ, W., *Persia c. 2400–1800 B.C.* Cambridge 1963 (= Cambridge Ancient History, Bd. 1/2 Part. 23)
HINZ, W., *Persia c. 1800–1550 B.C.* Cambridge 1962 (= Cambridge Ancient History, Bd. 2/1 Part 7)
Histoire générale des Sciences. Hrsg. v. R. Taton. Paris 1957
HÖFNER, M., *Altsüdarabische Grammatik.* Leipzig 1943
HOMEYER, K., *Die Haus- und Hofmarken.* Berlin [2]1890
HOPPE, E., Das Sexagesimalsystem und die Kreisteilung. In: *Archiv der Mathematik und Physik* 3. Reihe 15/1910, S. 304–313
HOPPE, E., Die Entstehung des Sexagesimalsystems und die Kreisteilung. In: *Archeion* 8/1927, S. 448–458
HORNE, R.W., The structures of Viruses. In: *Scientific American* 195/1963
HOTYAT, F., DELEPINE-MESSE, D, *Dictionnaire encyclopédique de pédagogie moderne.* Paris 1973
HOWITT, A.W., Australian message sticks and messengers. In: *Journal of the Anthropological Institute of Great Britain* 18/1889, S. 317–319
HROZNY, B., L'Inscription »hittite«-hiéroglyphique Messerschmidt, Corpus inscr. hett. VIII. In: *Archiv Orientálni* 11/1939, S. 1–6
HÜBNER, E., *Exempla scripturæ epigraphicæ Latinae a Caesaris dictatoris morte ad aetatem Justiniani.* Berlin 1885
HUET, P.D., *Demonstratio Evangelica.* Paris 1679
HUGUES, T.P., *A Dictionary of Islam.* London 1896
HULTZSCH, F., The two inscriptions of the Vaillabhattasvamin Temple of Gwalior. In: *Epigraphia Indica* 1/1892, S. 155–162
HULTZSCH, F., Abacus. In: *Paulys Real-Encyclopädie der classischen Altertumswissenschaft.* Hrsg. v. G. Wissowa. Bd. 1. Stuttgart 1894
HUNGER, H., Kryptographische Astrologische Omina. In: *Alter Orient und Altes Testament.* Bd. 1: *Lishān Mitkhurti.* Kevelaer – Neunkirchen – Vluyn 1969
HUNGER, H., *Spätbabylonische Texte aus Uruk.* Teil 1. Berlin 1976 (= Ausgrabungen der Deutschen Forschungsgemeinschaft in Uruk-Warka, Bd. 9)
HUNT, G., Murray island, Torres Straits. In: *Journal of the Anthropological Institute of Great Britain* 28/1899, S. 13 ff.
HYADES, M., Ethnographie des Fuégiens. In: *Bulletins de la Société d'Anthropologie de Paris* 3. Ser. 10/1887, S. 327–345

IBN CHALDUN, *Histoire des Berbères et des dynasties musulmanes de l'Afrique septentrionale.* Bd. 1. Übers. v. Baron de Slane. Paris [2]1968
IDOUX, C., Inscriptions lapidaires. In: *Bulletin du Club français de la Médaille* 19/1959, S. 24–35

(= 1959a)
Idoux, C., Quand l'écriture naît sur l'argile. In: *Bulletin du Club français de la Médaille* 19/1959, S. 210–219 (= 1959b)
Indian Antiquary (Bombay) 1/1872 ff.
Indraji, P.B., On ancient nāgarī numeration. From an inscription at Nānā Ghāt. In: *Journal of the Bombay Branch of the Royal Asiatic Society* 12/1876, S. 404 ff.
Indraji, P.B., The Western Kshatrapas. In: *Journal of the Royal Asiatic Society* 22/1890, S. 639–662
Inscription Reveal. Documents from the time of the Bible, the Mishna and the Talmud. Israël Museum. Jerusalem [2]1973
Irani, R.A.K., Arabic numeral forms. In: *Centaurus* 4/1955/56, S. 1–13
Ivanoff, P., *Maya.* Paris 1975

Jacquet, E., Mode d'expression symbolique des nombres employées par les Indiens, les Tibétains et les Javanais. In: *Journal Asiatique* 16/1835, S. 118–121
Jansen, J., *Commodity prices from the Ramessid period. An economy study of the village Necropohs Workmen at Thebes.* Leiden 1975
Jelinek, J., *Encyclopédie illustrée de l'homme préhistorique.* Paris 1975
Jenkinson, H., Exchequer Tallies. In: *Archaeologia* (London) 57/1911, S. 367–380
Jenkinson, H., Medieval Tallies, public and private. In: *Archaeologia* (London) 74/1925, S. 289–351
Jensen, H., *Die Schrift in Vergangenheit und Gegenwart.* Berlin 1969
Jequier, G., Matériaux pour servir à l'établissement d'un dictionnaire d'archéologie égyptienne. In: *Bulletin de l'Institut français des Antiquités orientales du Caire* 19/1922, S. 158–160
Jestin, R., *Tablettes sumériennes de Shuruppak.* Musée de Stamboul. Paris 1937
Jones, C.W. (Hrsg.), *Bedae opera de temporibus.* Cambridge 1943
Jouglet, R., Les paysans. In: *Europe* 127/1951

Kadman, L., *The coins of the Jewish war of 66–73 C.E.* Jerusalem 1960 (= Corpus Nummorum Palaestiniensium, 2. Ser. Bd. 3)
Kalmus, H., Animals as mathematicians. In: *Nature* 202/1964. S. 1156–1160
Kantor, H.J., The relative chronology of Egypt. In: *Relative chronologies in Old World Archaelogy.* Hrsg. v. R.W. Ehrich. Chicago 1954, S. 10 f.
Kaplony, P., Die Inschriften der Ägyptischen Frühzeit. In: *Ägyptologische Abhandlungen* 8/1963
The Kashmirian Atharva-Veda. Reproduced by chromophotography from the manuscript in the university Library at Tübingen. Baltimore 1901
Kaufman, J.T., New evidence for hieratic numerals. In: *Bulletin of the American School of Oriental Research* 188/1967, S. 67–69
Kaye, G.R., Notes on Indian Mathematics. In: *Journal and Proceedings of the Asiatic Society of Bengal* 8/1907, S. 475–508 (= 1907a)
Kaye, G.R., In: *Journal of the Asiatic Society of Bengal* 3/1907, S. 475 ff.; 7/1911, S. 801 ff. (= 1907b)
Kaye, G.R., The use of the Abacus in Ancient India. In: *Journal and Proceedings of the Asiatic Society of Bengal* 4/1908, S. 293–297
Kaye, G.R., Influence grecque dans le développement des mathématiques hindues. In: *Scientia* 15/1914, S. 1–14
Kaye, G.R. In: *Scientia* 24/1918, S. 53 ff.
Keimer, L., Bemerkungen zur Schiefertafel von Hierakonpolis (I. Dynastie). In: *Aegyptus* (Mailand) 7/1926

Kent, R.G., *Old persian grammar, texts, lexicon.* New Haven 1953 (= American Oriental Series)
Kerkhof, V.J., An inscribed stone weight from Schechem. In: *Bulletin of the American School of Oriental Research* 184/1966, S. 20 f.
Kern, H., *Verspreide Geschriften.* Den Haag 1913/29
Kewitsch, G., Zweifel an der astronomischen und geometrischen Grundlage des 60-Systems. In: *Zeitschrift für Assyriologie* 18/1904, S. 73–95
Kewitsch, G., Zur Entstehung des 60-Systems. In: *Archiv der Mathematik und Physik* 3. Reihe 18/1911, S. 165–168
Kewitsch, G., Zur Entstehung des 60-Systems. In: *Zeitschrift für Assyriologie* 24/1915, S. 265–283
King, L.W., *History of Babylon.* London 1936
Kingsborough, E.K., *Antiquities of Mexico.* 3 Bde. London 1831/48
Kircher, A., *Œdipi Ægyptiaci.* Rom 1653
Knorozov, Y.V., The problem of the study of the Maya hieroglyphic writing. In: *American Antiquity* 1946
Knott, C.G., The Abacus and its historic and scientific aspects. In: *Transactions of the Asiatic Society of Japan* (Yokohama) 14/1886
Koehler, O., The Ability of Birds to count. In: *The World of Mathematics* 1/1956, S. 489–496
König, A., Wesen und Verwendung der Rechenpfennige. In: *Mitteilungen für Münzensammler* 4/1927
Korostovtsev, M., L'hiéroglyphe pour 10.000. In: *Bulletin de l'Institut Français d'Archéologie Orientale* 45/1947, S. 81–88
Kraeling, E., *The Brooklyn Museum Aramaïc Papyri.* New Haven 1953
Kramer, S.N., *L'histoire commence à Sumer.* Paris 1976
Kreichgauer, D., Rezension zu E. Nordenskiöld: The secret of the Peruvian Quipus (Göteborg 1925). In: *Anthropos* 20/1925, S. 1193
Kretzschmer, F., E. Heinsius, Über einige Darstellungen altrömischer Rechenbretter. In: *Trierer Zeitschrift für Geschichte und Kunst des Trierer Landes und seiner Nachbargebiete* 20/1951, S. 96–108
Kubitschek, W., Die Salaminische Rechentafel. In: *Numismatische Zeitschrift* (Wien) 31/1900, S. 393–398
Kyosuke, K., C. Mashio, *Abrégé de grammaire Aïno.* Tokio 1936

Labat, R., L'écriture conéiforme et la civilisation mésopotamienne. In: *Centre International de Synthèse 1963, S. 73–87 (= 1963a)*
Labat, R., *Elam c. 1600–1200 B.C.* Cambridge 1963 (= Cambridge Ancient History, Bd. 2/2 Part 29) (= 1963b)
Labat, R., *Elam and Western Persia: c.1200–1000 B.C.* Cambridge 1964 (= Cambridge Ancient History, Bd. 2 Chapter 32)
Labat, R., Jeux Numériques de l'idéographie susienne. In: *Assyriological Studies* 16/1965, S. 257–260
Labat, R., *Textes littéraires de Suse.* Paris 1974 (= Mémoires de la Délégation archéologique en Iran, Bd. 57)
Labat, R., *Manuel d'épigraphie akkadienne.* Paris [5]1976
Lafaye, G., Micatio. In: *Dictionnaire des Antiquités grecques et romaines* 1881, S. 1889 f.
Lambert, M., La periode presargonique. La vie économique à Shuruppak. In: *Sumer* 9/1953, S. 198–213
Lambert, M., La naissance de la bureaucratie. In: *Revue historique* 224/1960, S. 1–26
Lambert, M., Pourquoi l'écriture est née en Mésopotamie. In: *Archeologia* (Paris) 12/1966, S. 24–31

Lambert, M., *La naissance de l'écriture en pays de Sumer.* Paris 1976
Langdon, S., Rezension zu V. Scheil: Textes de comptabilité Proto-Elamites (Mission Archéologique de Perse, Bd. 17). In: *Journal of the Royal Asiatic Society* 1925, S. 169–173
Larfeld, W., *Handbuch der griechischen Epigraphik.* 2 Bde. Leipzig 1902/07
Laroche, E., *Les hiéroglyphes hittites.* Teil 1. Paris 1960
Lebrun, A., Recherches Stratigraphiques à l'acropole de Suse, 1969–1971. In: *Délégation Archéologique Française en Iran. Cahiers de la DAFI* 1/1971, S. 163–214
Lebrun, A., F. Vallat, L'origine de l'écriture à Suse. In: *Délégation archéologique française en Iran. Cahiers de la DAFI* 8/1978, S. 11–59
Leechman, J.D., M.R. Harrington, String Records of the Northwest. In: *Indian Notes and Monographs. Miscellaneous* 16/1921
Lefebvre, G., *Grammaire de l'égyptien classique.* Kairo [2]1956
Legrain, L., *Historical Fragments.* Philadelphia 1922 (= The University Museum Publications of the Babylonian Section, Bd. 13)
Lehmann, H., *Les civilisations précolombiennes.* Paris 1953 (= Que sais-je?, Bd. 567)
Lehmann-Haupt, C.F., Aus einem Briefe des Herrn Dr. C.F. Lehmann an C. Bezold. In: *Zeitschrift für Assyriologie* 14/1899, S. 361–376
Leland Locke, L., *The ancient Quipo or the Peruvian Knot Record.* New York 1923
Lemaire, A., *inscriptions hébraïques.* Paris 1977
Lemaire, A., Les ostraca paléo-hébreux des fouilles de l'Ophel. In: Levant 10/1978, S. 156–161
Lemay, R., The hispanic origin of our present numeral forms. In: *Viator* 8/1977, S. 435–459
Lemoine, J.G., Les anciens procédés de calcul sur les doigts en Orient et en Occident. In: *Revue des Études Islamiques* 6/1932, S. 1–58
Lenzen, H.J., *Vorläufiger Bericht über die von dem Deutschen Archäologischen Institut und der Deutschen Orient-Gesellschaft aus Mitteln der Deutschen Forschungsgemeinschaft unternommenen Ausgrabungen in Uruk-Warka.* Berlin 1/1930 ff.
Lepsius, K.R., *Denkmäler aus Ägypten und Äthiopien.* Berlin 1845/59
Lepsius, R., Über die 6 palmige große Elle von 7 kleinen Palmen Länge in dem Mathematischen Handbuch von Eisenlohr. In: *Zeitschrift für Ägyptische Sprache und Altertumskunde* 22/1884, S. 6–11
Leroy, C., *Lettres sur les animaux.* Paris 1896
Leroy, C., La monnaie en Grèce. In: *Dictionnaire Archéologique des Techniques* 1963/64, Bd. 2, S. 716–718
Lesêtre, H., Kabbale. In: *Dictionnaire de la Bible* 1908, Bd. 3, S. 1881–1884
Leskien, A., *Handbuch der altbulgarischen Sprache.* Heidelberg 1922
Lévy-Bruhl, L., *Les fonctions mentales dans les sociétés inférieures.* Paris [9]1928
Lhotte, A., *Les chefs-d'œuvre de la peinture égyptienne.* Paris 1954
Lidzbarski, M., *Handbuch der Nordsemitischen Epigraphik.* Hildesheim 1962 (Erstausgabe 1898)
Liebermann, S., *Hellenism in Jewish Palestine. Studies in litterary transmission beliefs and manner of Palestine in the First Century B. C.* New York 1950
Lithberg, N., *Computus med särkild hänsyn till runstaven och den borgerliga Kalendern.* Stockholm 1953
Littmann, E., *Sabaïsche, Griechische und Altabessinische Inschriften.* Berlin 1913 (= Deutsche Aksoum Expedition, Bd. 4)
Löffler, E., Die arithmetischen Kenntnisse der Babylonier und das Sexagesimalsystem. In: *Archiv der Mathematik und Physik* 17/1910, S. 135–144
Loehr, A., Méthodes de calcul du XVIe siècle. In: *Schlern-Schriften* (Innsbruck) 9/1925, S. 8 ff.
Loftus, W.K., *Travels and Researches in Chaldaea and Susiana.* London 1857
Lokavibhāga. P. Balchandra Siddhanta-Shastri. Sholapur 1962

LOMBARD, D., *La Chine impériale.* Paris 1967
LUCAS, E., *Théorie des nombres.* Paris 1891
LUCKENBILL, D.D., The Black stone of Esarhaddon. In: *American Journal of Semitic Languages and Litterature* 41/1925, S. 165–173
LYON, D.G. (Hrsg.), *Keilschriften Sargon's.* Leipzig 1883 (= Assyriologische Bibliothek. Hrsg. v. F. Delitzsch/P. Haupt, Bd. 5)

MACGEE, W.J., Primitive Numbers. In: *Report of the Bureau of Ethnography of the Smithsonian Institute in Washington* 19/1897/98, S. 821–851
MACKAY, E.J.H., *La civilisation de l'Indus. Fouilles de Mohenjo Daro et de Harappa.* Paris 1936
MACKAY, E.J.H., *Further Excavations at Mohenjo Daro.* 2. Bde. Delhi 1937/38
MALLERY, G., Picture Writing of the American Indians. In: *Annual Report of the Bureau of American Ethnology.* Smithsonian publications of the Bureau of Ethnology 10/1893, S. 223 ff.
MALLON, A., *Grammaire copte.* Beirut 1956
MALLOWAN, M.E.L., *The development of cities from Al-Ubaid to the end of Uruk V.* Bd. 1. Cambridge 1967
MARCUS, J., L'écriture zapotèque. In: *Pour la Science* 30/1980, S. 48–63
MARSCHALL, J., *Mohenio Daro and the Indus Civilization.* 3 Bde. London 1931
MARSHACK, A., *Les racines de la civilisation. Les sources cognotives de l'art, du symbole et de la notation chez les premiers hommes.* Paris 1973
MASPÉRO, G., *Études de Mythologie et d'archéologie égyptiennes.* 8 Bde. Paris 1893/1916
MASPÉRO, G., *Histoire ancienne des peuples de l'Orient classique.* Bd. 1. Paris 1895
MASPÉRO, H., *Les documents chinois découverts par Aurel Stein.* Oxford 1951
MASPÉRO, H., *La Chine antique.* Paris 1965
MASSON, O., La civilisation égéenne. Les écritures crétoises et mycéniennes. In: *Centre International de Synthèse* 1963, S. 93–99
MATHEWS, R.H., *A Chinese-English Dictionary.* Schanghai 1931
MAZAHERI, A., *Les origines persanes de l'arithmétique. L'œuvre de Kushiyar Abu'l Hasan Al-gilī.* Nizza 1975 [= Ideric (Institut d'Études et de Recherches Interéthniques et Interculturelles). Études préliminaires, Bd. 8]
DE MECQUENEM, R., *Epigraphie proto-élamite.* Paris 1949 (= Mémoires de la Mission archéologique en Iran, Bd. 31)
MEILLET, A., *Altarmenisches Elementarbuch.* Heidelberg 1913
MEILLET, A., M. COHEN, *Les langues du Monde.* Paris 1952
MENENDEZ PIDAL, G., Los llamados numerales árabes en Occidente. In: *Boletin de la Real Academia de la Historia* (Madrid) 145/1959, S. 179–208
MENNINGER, K., *Zahlwort und Ziffer. Eine Kulturgeschichte der Zahl.* 2 Bde. Göttingen [2]1957/58
MERIGGI, P., *La scrittura proto-elamica.* 3 Bde. 1971/74
MERIGGI, P., Dicata edidit O Carruba. In: *Studia Mediterranea.* 2 Bde. Pavia 1979
METRAUX, A., *Les Incas.* Paris 1976
MEYER, C., *Die historische Entwicklung der Handelsmarken in der Schweiz.* Bern 1905
MIELI, A., *La science arabe et son rôle dans l'évolution scientifique mondiale.* Leiden 1938
MILIK, J.T., *Dédicaces faites par les dieux.* Bd. 1. Paris 1972
MILIK, J.T., Numérotation des feuilles des rouleaux dans le Scriptorium de Qumrân. In: *Semitica* 27/1977, S. 75–81
MILLER, R.A., *The japanese Language.* Chicago 1967
MÖLLER, G., *Hieratische Paläographie. Die aegyptische Buchschrift in ihrer Entwicklung von der fünften Dynastie bis zur römischen Kaiserzeit.* 3 Bde. Leipzig 1911/22
MOMMSEN, T., *Die unteritalischen Dialekte.* Leipzig 1840

De Monfreid, H., *Les secrets de la Mer Rouge.* Paris 1931

De Montaigne, M., *Essais.* Hrsg. v. F. Strowski. 5 Bde. Bordeaux 1906/33

Montucla, J.F., *Histoire des Mathématiques.* Paris 1968 (Erstausgabe 1798)

Morley, S.G., An introduction to the study of Maya hieroglyphs. In: *Bulletin of the Bureau of American Ethnology* (Washington) 57/1915

Morley, S.G., *The Ancient Maya.* Stanford [3]1956

Morley, F.R., S.G. Morley, The Age and provenance of the Leyden plate. In: *Contributions to American Anthropology and History* 5/1939 (= Carnegie Institution of Washington, Publ.Nr. 509)

Moscati, S. et al., *An introduction to the comparative Grammar of the semitic languages.* Wiesbaden 1969

Müller, G.F., *Sammlung russischer Geschichte.* St. Petersburg 1758

Mugler, C., Abaque. In: *Dictionnaire Archéologique des Techniques* 1963/64, Bd. 1, S. 19 f.

Muller, A., *Les écritures secrétes.* Paris 1971

Murra, J.V., *The economic organization of the Inca state.* Chicago 1956

Nagl, A., Die Rechentafel der Alten. In: *Sitzungsberichte der kaiserlichen Akademie der Wissenschaften.* Philosophisch-historische Klasse (Wien) 177/1914, 5. Abhandlung

Natucci, A., *Sviluppo storico dell' arithmetica generale et dell' algebra.* Neapel 1955

Nau, F., Notes d'astronomie indienne. In: *Journal Asiatique* 10. Ser. 16/1910, S. 209–228

Naveh, J., Dated coins of Alexander Janneus. In: *Israël Exploration Journal* 18/1968, S. 20–25

Naveh, J., The North-Mesopotamian Aramaïc Script-type in the Late Parthian Period. In: *Israël Oriental Studies* 2/1972, S. 293–304

Needham, J., La science chinoise antique. In: *Histoire générale des Sciences* 1957, Bd. 1, S. 188–192 (= 1957a)

Needham, J., Les sciences en Chine médiévale. In: *Histoire générale des Sciences* 1957, Bd. 1, S. 479–480 (= 1957b)

Needham, J., *Science and Civilisation in China.* Bd. 3: *Mathematics and the Sciences of the Heavens and the Earth.* Cambridge 1959

Negev, A., Arad. Lakhish. Monnaie. Samarie. In: *Dictionnaire Archéologique de la Bible* 1970, S.24–28; S. 172 f.; S. 207–209; S. 269–276

Nesselmann, G.H.F., *Die Algebra der Griechen.* Berlin 1842

Neugebauer, O., The Rhind mathematical papyrus. In: *Mathematik Tidskrift* 1925, S. 66 ff.

Neugebauer, O., *Zur Entstehung des Sexagesimalsystems.* Göttingen 1927 (= Abhandlungen der Gesellschaft der Wissenschaften zu Göttingen. Mathematisch-physikalische Klasse, Neue Folge Bd. 13.1)

Neugebauer, O., Über die Entstehung des Sexagesimalsystems. In: *Archeion* 9/1928, S. 209–216

Neugebauer, O., Zur ägyptischen Bruchrechnung. In: *Zeitschrift für Ägyptische Sprache und Altertumskunde* 64/1929, S. 44–48

Neugebauer, O., *Vorgriechische Mathematik.* Berlin 1934

Neugebauer, O., *Mathematische Keilschrift Texte.* Berlin 1935 (= Quellen und Studien zur Geschichte der Mathematik, Astronomie und Physik)

Neugebauer, O., *Astronomical Cuneiform Texts. Babylonian Ephemerides of the Seleucid Period for the motion of the sun, the moon and the planets.* 3 Bde. London 1955

Neugebauer, O., *The Exact sciences in Antiquity.* New York [2]1969

Neugebauer, O., *A history of ancient mathematical astronomy. Studies in the history of mathematical and physical sciences.* 3 Bde. Berlin – Heidelberg – New York 1975

Neugebauer, O., D. Pingree, *The Pañcasiddhāntikā of Varāhamihira.* 2 Bde. Kopenhagen 1970/71

Neugebauer, O., A. Sachs, *Mathematical Cuneiform Texts.* New Haven 1945 (= American Oriental Series, Bd. 29)

Newberry, P.E., *Beni Hasan.* London 1893

Niebuhr, C., *Beschreibung von Arabien.* Kopenhagen 1772

Ninni, A.P., *Sui segni prealfabetici usati anche ora nella numerazione scritta dai pescatori Clodieusi.* Venedig 1889

Nordenskiöld, E., *The secret of the Peruvian Quipus.* Göteborg 1925 (= Comparative ethnographical studies, Bd. 6.1) (= 1925a)

Nordenskiöld, E., *Calculation with years and months in the Peruvian Quipus.* Göteborg 1925 (= Comparative ethnographical studies, Bd. 6.2) (= 1925b)

Nordenskiöld, E., Le quipu péruvien du musée du Trocadéro. In: *Bulletin du Musée d'ethnographie du Trocadéro* (Paris) 1931

Noth, M., Exkurs über die Zahlzeichen auf den Ostraka. In: *Zeitschrift des deutschen Palästina-Vereins* 50/1927, S. 240–244

Nougayrol, J., Textes hépatoscopiques d'époque ancienne. In: *Revue d'Assyriologie* 60/1945/46, S. 65 ff.

Ojha, G.H., *The paleography of India.* Delhi [3]1959

Oppenheim, A.L., An operational Device in mesopotamian bureaucracy. In: *Journal of Near Eastern Studies* 18/1959, S. 121–128

Oppenheim, A.L., *Ancient Mesopotamia. A portrait of a Dead Civilization.* Chicago – London 1964

Ore, O., *Number theory and its history.* New York 1948

Ozgüc, T., Kültepe and its vicinty in the Iron Age. In: *Türk Tarih Kurumu Yayinlarindan* (Ankara) 5/1971

Parker, R.A., The calendars and chronology. In: *The legacy of Egypt.* Hrsg. v. J.R. Harris. Oxford [2]1971, S. 24–26

The Pañasiddhāntikā, the astronomical work of Varāha Mihira. Benares 1889

Parker, R.A., *Demotical mathematical papyri.* London 1972

Parpola, A., S. Koskenniemi, S. Parpola, P. Aalto, *Decipherment oif the proto-dravidian inscriptions of the Indus Civilization.* Kopenhagen 1969

Parrot, A., *Assur.* Paris 1961

Payen, J.F., *Recherches sur Montaigne. Documents inédits.* Paris 1856

Pedersen, H., *Vergleichende Grammatik der keltischen Sprachen.* 2 Bde. Göttingen 1909/13

Peet, E., *The Rhind mathematical Papyrus (British Museum 10 057/58).* London 1923

Peignot, J., G. Adamoff, *Le chiffre.* Paris 1969

Pellat, C., Hisāb al 'Akd. In: *Encyclopédie de l'Islam* 1971

Pellat, C., *Textes arabes relatifs à la dactylonomie.* Paris 1977

Pelseneer, J., *Esquisse du progrès de la pensée mathématique.* Paris 1965

Perdrizet, P., Isopséphie. In: *Revue des Études grecques* 17/1904, S. 350–360

Perelmann, Y., *Expériences et problèmes récréatifs.* Moskau 1974

Peres, J., *Les sciences exactes.* Paris 1930 (= Histoire du Monde. Hrsg. v. E. Cavaignac, Bd. 13.3)

Perni, P., *Grammaire de la langue chinoise.* Paris 1873

Perrat, C., Paléographie médiévale. In: *Histoire et ses méthodes.* Hrsg. v. C. Samaran. Paris 1961, S. 585–615 (= Encyclopédie de la Pleïade, Bd. 11)

Peterson, F.A., *La Mexique précolombien.* Paris 1961

Philippe, A., *Michel Rondet.* Paris 1949

Piaget, J., A. Széminska, *La genèse du nombre chez l'enfant.* Neuchâtel 1941

Pihan, A.P., *Notice sur les divers genres d'écriture des Arabes, des Persans et des Turcs.* Paris 1856

Pihan, A.P., Exposé des signes de numération usités chez les peuples orientaux anciens et modernes. Paris 1860
Pinches, T.G., J.N. Strassmaier, *Late Babylonian astronomical und related Texts.* Providence 1955
Piotrovsky, B., *Ourartou.* Genf – Paris – München 1969
Plaut, H., *Japanische Konversations-Grammatik.* Heidelberg [2]1936
Poebels, A., *Grundzüge der sumerischen Grammatik.* Rostock 1923
Poole, R.S., *A catalogue of Greek coins of the British Museum. The Ptolemies, Kings of Egypt.* Bologna 1963
Poma de Ayala, G., Hrsg. v. Institut d'Ethnologie de Paris. Paris [2]1963
Porada, E., *Iran ancient.* Paris 1963
Porter, B., R.L.B. Moss, *Topographical Bibliography of ancient Egyptian hieroglyphic texts, reliefs and paintings.* Oxford [2]1960 ff.
Posener, G., Calendrier. In: *Dictionnaire de la Civilisation égyptienne* 1970, S. 40
Pott, F.A., *Die quinäre und vigesimale Zählmethode bei Völkern aller Weltteile.* Halle 1847
Powell, M.A., Sumerian Area measures and the Alleged Decimal Substratum. The Sumerian numeral system. In: *Zeitschrift für Assyriologie* 62/1972, S. 168–176
Powers, S., Tribes of California. In: *Contributions to North American Ethnology* 3/1877, S. 352 ff.
Prescott, W.H., *Die Inkas.* Genf 1981
Preuss, K.T., Rezension zu L. Leland Locke: The Ancient Quipu or Peruvian Knot Record (1923) und E. Nordenskiöld: The Secret of the Peruvian Quipus (Göteborg 1925). In: *Zeitschrift für Ethnologie* 57/1925, S. 157 ff.
Proskouriakoff, T., *An Album of Maya Architecture.* Washington 1946 (= Carnegie Institution of Washington, Publ. Nr. 558)
Proskouriakoff, T., Sculpture and Major Arts of the Maya Lowlands. In: *Handbook of the Middle American Indians.* Bd. 2. Austin 1965
Prou, M., *Recueil de Fac-Similés d'écritures du Ve au XVIIe siècle.* Paris 1904

Quibell, J.E., *Hierakonpolis.* London 1900

Radio Peking (Hrsg.), *Apprenons le chinois.* Peking 1978
Rainey, A.F., The Samaria Ostraca in the light of fresh evidence. In: *Palestine Exploration Quarterly* 99/1967, S. 32–41
Ranke, H., Das altägyptische Schlangenspiel. In: *Sitzungsberichte der Heidelberger Akademie der Wissenschaften.* Philosophisch-Historische Klasse. 1920, 4. Abhandlung
Rashed, R., Al-Karaji. In: *Dictionary of Scientific Biography,* Bd. 7/1973, S. 240–246
Rashed, R., S. Ahmed, *Al-Bahīr en Algébre d'As-Somaw'al.* Damaskus 1972
Rawlinson, C., Notes on the Early history of Babylonia. In: *Journal of the Royal Asiatic society* 15/1855, S. 215–259
Reichlen, P., Abaque. Calcul. In: *Dictionnaire Archéologique des Techniques* 1963/64, Bd. 1, S. 18; S. 188
Reichmann, W.J., *La Fascination des Nombres.* Paris 1959
Reinach, S., *Traité d'épigraphie grecque.* Paris 1885
Reisner, G.A., *A history of the Giza Necropolis.* Bd. 1. London – Oxford 1942
Renaud, H.P.J., In: *Isis* 18/1932
Renou, L., *Grammaire sanscrite.* Bd. 2. Paris 1930
Renou, L., J. Filliozat, *L'Inde classique. Manuel des études indiennes.* Bd. 2. Paris – Hanoi 1953
Répertoire d'Epigraphie Sémitique. Hrsg. v. Académie des Inscriptions et Belles Lettres de Paris, 5/1928/29; 6/1933/35; 7/1936/50

Reports of the Cambridge Anthropological Expedition to Torres Straits. Hrsg. v. A.C. Haddon, Bd. 3: *Linguistics.* Hrsg. v. S.H. Ray. Cambridge 1907

REYCHMAN, J., A. ZAJACZKOWSKI, *Handbuch of ottoman-Turkisch Diplomaties.* Paris 1968

RICHARDSON, J.J., Digital reckoning among the Ancients. In: *American Mathematical Monthly* 23/1916

RIEGL, A., Die Holzkalender des Mittelalters und der Renaissance. In: *Mittheilungen des Instituts für österreichische Geschichtsforschung* (Innsbruck) 9/1888, S. 82–103

RITTER, H., Kleine Mitteilungen und Anzeigen. In: *Der Islam* 10/1920, S. 243

DE RIVERO, M.E., J.D. DE TSCHUDI, *Antiquités péruviennes.* Paris 1859

RIVET, P., *Les cités mayas.* Paris 1954

RODET, L., Le souan-pan des Chinois et la Banque des argentiers. In: *Bulletin de la société mathématique de France* 8/1880, S. 158–168

RODINSON, M., Les Sémites et l'Alphabet. Les écritues sudarabiques et éthiopiennes. In: *Centre International de Synthèse* 1963, S. 131–146

RÖDIGER, A., Über die im Orient gebräuchliche Fingersprache für den Ausdruck der Zahlen. In: *Zeitschrift der Deutschen Morgenländischen Gesellschaft* 1845, S. 112–129

RÖSLER, M., Das Vigesimalsystem im Romanischen. In: *Zeitschrift für Romanische Philologie.* Beiheft 26/1910

ROHRBERG, A., Das Rechnen auf dem chinesischen Rechenbrett. In: *Unterrichtsblätter für Mathematik und Naturwissenschaften* 42/1936, S. 34–37

RONG GEN, *Jinwen biàn. Peking 1959*

RUELLE, C.E., Arithmetica. In: *Dictionnaire des Antiquités grecques et romaines* 1881, S. 425–431

RUSKA, J., Zur ältesten arabischen Algebra und Rechenkunst. In: *Sitzungsberichte der Heidelberger Akademie der Wissenschaften.* Philosophisch-Historische Klasse. 1917, 2. Abhandlung

RUSKA, J., Arabische Texte über das Fingerrechnen. In: *Der Islam* 10/1920, S. 87–119

RUSSELL, B., *Introduction à la philosophie mathématique.* Paris 1928

SACHAU, E., *Aramäische Papyrus und Ostraka (aus einer Jüdischen Militär-Kolonie zu Elephantine).* Leipzig 1911

DE SACY, S., *Grammaire arabe.* Bd. 1. Paris 1810

SAIDAN, A., The earliest extant arabic arithmetic Kitāb-al-Fusūl fi'l Hisāb al-hind of? Abu'l Hasān Ahmad Ibn Ibrāhīm Al-Uqlidīsī. In: *Isis* 57/1966

SA'ID ED-DEWACHI, Mosul schools at Ottoman time (arab.). In: *Sumer* 19/1963, S. 48–63

SAINTE-FARE GARNOT, J., Les Hiéroglyphes. L'évolution des écritures égyptiennes. In: *Centre International de Synthèse* 1963, S. 51–71

SAMBURSKY, S., On the origin and Signifiance of the term *Gematria.* In: *Journal of Jewish studies* 29/1978, S. 35–38

SATTERTHWAITE, L., *Concepts and structures of maya calendrical arithmetics.* Philadelphia 1947

SAUNERON, S., *L'égyptologie.* Paris 1968 (= Que sais-je, Bd. 1312)

SAUNERON, S., Campollion. Hiéroglyphes. Horus. Isis. Osiris. In: *Dictionnaire de la civilisation égyptienne* 1970, S. 44–47; S. 130–134; S. 135 f.; S. 140; S. 204–208

SCESNEY, F.C., *The chinese Abacus.* 1944

SCHAEFFER, A. (Hrsg.), *Le Palais Royal d'Ugarit.* 3 Bde. Paris 1955/57 (= Mission de Ras Shamra)

SCHEIL, V., *Documents archaïques en écriture proto-élamite.* Paris 1905 (= Mémoires de la Délégation en Perse, Bd. 6)

SCHEIL, V., Notules. In: *Revue d'Assyriologie* 12/1915, S. 158–160

SCHEIL, V., *Textes de comptabilité proto-élamites.* 2 Bde. Paris 1923/35 (= Mémoires de la Mission archéologique de Perse, Bd. 17; Bd. 26)

SCHMANDT-BESSERAT, D., An archaïc Recording system and the origin of writing. In: *Syro-Me-*

sopotamian Studies (Los Angeles) 1/1977

SCHMANDT-BESSERAT, D., Les plus anciens précurseurs de l'Écriture. In: *Pour la Science* 10/1978, S. 12–22

SCHMANDT-BESSERAT, D., The envelopes that bear the first writing. In: *Technology and Culture* 21/1980, S. 357–385

SCHMIDL, M., Zahl und Zählen in Africa. In: *Mitteilungen der anthropologischen Gesellschaft in Wien* 45/1915, S. 165–209

SCHNIPPEL, E., Die Englischen Kalenderstäbe. In: *Beiträge zur Englischen Philologie* (Leipzig) 5/1926

DE SCHODT, A., *Le jeton considéré comme instrument de calcul.* Brüssel 1873

SCHOLEM, G., *Les Grands courants de la mystique juive.* Paris 1950

SCHOLEM, G., Guématria. In: *Encyclopædia Judaïca* 1971/72, Bd. 7, S. 369–374

SCHOTT, S., Eine ägyptische Schreibpalette als Rechenbrett. In: *Nachrichten der Akademie der Wissenschaften in Göttingen.* Philosophisch-Historische Klasse 5/1967, S. 91–113

SCHRADER, O., *Reallexikon der indogermanischen Altertumskunde.* Hrsg. v. A. Nehring. Berlin-Leipzig [2]1917/18

SCHRIMPF, R., Abaque (Extrême-Orient). Calcul. In: *Dictionnaire Archéologique des Techniques* 1963/64, Bd. 1, S. 17–19; S. 188–191

VON SCHULENBURG, W., Die Knotenzeichen der Müller. In: *Zeitschrift für Ethnologie.* Verhandlungen der Berliner Gesellschaft für Anthropologie, Ethnologie und Urgeschichte 29/1897, S. 491–494

VON SCHULER, E., Urartaïsche Inschriften aus Bastam. In: *Archaeologische Mitteilungen aus Iran.* Neue Folge 3/1970, S. 93 ff.; 5/1972, S. 117 ff.

SCHULZE, W., *Zur Geschichte lateinischer Eigennamen.* Berlin 1904

Science et Vie (Paris). Nr. 734 v. November 1978

SCOTT, R.B.Y., The scale-weights from Ophel 1963–64. In: *Palestine Exploration Quarterly* 97/1965, S. 128–139

SCRIBA, C.H., *The concept of Number: a chapter in the history of mathematics with application of interest to teachers.* Mannheim – Zürich 1968

SECRET, F., *Les Kabbalistes chrétiens de la Renaissance.* Paris 1964

Séfer Ha Mispar: Das Buch der Zahl, ein hebräisch-arithmetisches Werk des Rabbi Abraham Ibn Ezra. Frankfurt a.M. 1895

SEGAL, J.B., Some Syriac Inscriptions of the 2nd –3rd century A.D. In: *Bulletin of the School of Oriental and African Studies* 16/1954, S. 24–28

SEIDENBERG, A., The ritual of counting. In: *Archiv for History of Exact Sciences* 2/1962, S. 1–40

SEIDER, R., *Paläographie der Griechischen Papyry.* Bd. 1. Stuttgart 1967

Select Papyri. Übers. v. A.S. Hunt/C.C. Edgar. Bd. 1. London 1932

SELER, E., *Reproduccion fac similar del codice Borgia.* Mexico – Buenos Aires. 1963

SENART, E., The inscriptions in the cave at Karle. In: *Epigraphia Indica* 7/1902, S. 47–74

SENART, E., The inscriptions in the caves at Nasik. In: *Epigraphia Indica* 8/1905, S. 59–96

SETHE, K., *Von Zahlen und Zahlworten bei den alten Ägyptern.* Straßburg 1916 (= Schriften der Wissenschaftlichen Gesellschaft in Straßburg, Bd. 25)

SETHE, K., Ein altägyptischer Fingerzählreim. In: *Zeitschrift für Ägyptische Sprache und Altertumskunde* 54/1919, S. 16–39

SETHE, K., The Rhind mathematical papyrus. In: *Jahresbericht der deutschen Mathematiker-Vereinigung* 33.2/1925, S. 139 ff.

SHAFER, R., Lycian numerals. In: *Archiv Orientálni* 18/1950, S. 250–261

SHIGERU, A., *Shoho kara ikkyu made saishin soroban-iotatsuho.* Tokio 1954

SHOOK, E.M., Tikal Stela 29. In: *Expedition* (Philadelphia) 2/1960, S. 29–35

SHUKLA, K.S., K.V. SHARMA, *Aryabhatīya of Aryabhata. With the commentary of Bhāskara I and*

Someśvara. Delhi 1976 (= Indian National Science Academy, Bd. 77)
Simon, E., Über Knotenschriften und ähnliche Knotenschnüre der Riukiu-Inseln. In: *Asia Major* 1/1924, S. 657–667
Simoni-Abbat, M., *Les Aztèques.* Paris 1976
Sircar, D.C., *Indian Epigraphy.* Delhi 1965
Sivaramamurti, C., *Indian Epigraphy and South Indian Scripts.* Madras 1952 (= Bulletin of the Madras Government Museum. New Series. General Section, Bd. 3.4)
Skaist, A., A note on the Bilingual Ostracon from Khirbet el-Kôm. In: *Israël Exploration Journal* 28/1978, S. 106–108
Skarpa, F., Raboš u Dalmaciji. In: *Zbornik za Narodni Źivot i Običaje južnih Slavena* (Zagreb) 29.2/1934, S. 169–183
Smirnoff, W.D., Sur une inscription du couvent de Saint-Georges de Khoziba. In: *Comptes Rendus de la Société impériale orthodoxe de la Palestine* 12/1902, S. 26–30
Smith, A.H., *Village and life in China.* New York 1899
Smith, D.E., *History of mathematics.* Bd. 2. New York 1958
Smith, D.E., Y. Ginsburg, Rabbi Ben Ezra and the Hindu-Arabic Problem. In: *American Mathematical Monthly* 25/1918, S. 99–108
Smith, D.E., L.C. Karpinski, *Hindu-Arabic Numerals.* Boston 1911
Smith, D.E., Y. Mikami, *History of japanese mathematics.* Chicago 1914
Socin, A., K. Brockelmann, *Arabische Grammatik.* Berlin [6]1909 (= Porta linguarum Orientalum, Bd. 4)
Sogliano, A., Isopsepha Pompeiana. In: *Rendiconti della Reale Accademia dei Lincei* 10/1901, S. 7 f.
Sommerfelt, A., *La langue et la société.* Oslo 1938
Sottas, H., E. Drioton, *Introduction à l'étude des hiéroglyphes.* Paris 1922
Souissi, M., Hisāb al-Ghubār. In: *Encyclopédie de l'Islam* 1971
Sourdel, D., *Histoire des Arabes.* Paris 1976 (= Que sais-je, Bd. 1627)
Sourdel, J., Khatt. In: *Encyclopédie de l'Islam* 1978
Soustelle, J., *La pensée cosmologique des anciens Mexicains.* Paris 1940
Soustelle, J., *So lebten die Azteken am Vorabend der spanischen Eroberung.* Stuttgart 1956
Soustelle, J., *Les Aztèques.* Paris 1970 (= Que sais-je, Band 1391)
Soustelle, J., *Les Olmèques.* Paris 1979 (= 1979a)
Soustelle, J., *L'univers des Aztèques.* Paris 1979 (= 1979b)
Spinden, H.J., *Maya Art and Civilization.* Indian Hills (Colorado) 1957
Stack, G., *A Grammar of the sindhî language.* Bombay 1849
Stebler, F.G., Die Tesseln im Oberwallis oder hölzerne Namensverzeichnisse. In: *Die Schweiz* 1/1897, S. 461 ff.
Stebler, F.G., Die Hauszeichen und Tesseln der Schweiz. In: *Archives suisses des Traditions populaires* 11/1907, S. 165–205
Steinschneider, M., Die Mathematik bei den Juden. In: *Bibliotheca Mathematica* 1893, S. 69 ff.
Stephan, E., Beiträge zur Psychologie der Bewohner von Neu-Pommern. In: *Globus* 88/1905, S. 205 ff.
Stewart, C., *Original persian Letters and other documents.* London 1825
Stiennon, J., *Paléographie du Moyen Age.* Paris 1973
Stoy, H., *Zur Geschichte des Rechenunterrichts.* Jena 1876
Stresser-Péan, G., La science dans l'Amérique précolombienne. In: *Histoire Générale des Sciences* 1957, I S. 419–429
Struik, D.J., Gerbert d'Aurillac. In: *Dictionary of Scientific Biography* Bd. 5/1972, S. 364–366
Studi Etruschi. Instituto di Studi ed. Italici (Florenz) 1/1927 ff.

SUTER, H., Das Mathematiker-Verzeichnis im Fihrist des Ibn Abî Ja'Kûb an-Nadîm. In: *Zeitschrift für Mathematik und Physik.* Historisch-literarische Abteilung 37/1892, Suppl. S. 1–88
SUTER, H., *Die Mathematiker und Astronomen der Araber und ihre Werke.* Leipzig 1900/02
SUTTON, A., *An introductory Grammar of the oriya language.* Calcutta 1831
SZNYCER, M., L'origine de l'alphabet sémitique. In: *L'Espace et la lettre* 1977, S. 79–119

TATON, R., *Histoire du calcul.* Paris 1969 (= Que sais-je, Bd. 198)
TATON, R., J.P. FLAD, *Le calcul mécanique.* Paris ²1963 (= Que sais-je, Bd. 367)
TAVERNIER, J.B., *Voyages en Turquie, en Perse et aux Indes.* Paris 1712 (Erstausgabe 1679)
TCHEN YON-SUN, *Je parle chinois.* Paris 1958
TEEPLE, J.E., Maya Astronomy. In: *Contributions to American Archaelogy* 1/1931, S. 29–116 (= Carnegie Institution of Washington, Publ. Nr. 403)
TERRIEN DE LACOUPERIE, A., The old numerals, the counting Rods and the Swan-pan in China. In: *Numismatic chronicle* 3/1888
Testimonia Linguæ Etruscæ. Florenz 1954 ff.
Thesaurus Inscriptionum Aegyptiacarum. Hrsg. v. H. Brugsch. Leipzig 1883 ff.
THOMPSON, J.E., Maya Arithmetic. In: *Contributions to American Anthropology and History* 7/1942, S. 37–62 (= Carnegie Institution of Washington, Publ. Nr. 528)
THOMPSON, J.E., *Maya hieroglyphic Writing.* Norman 1960
THOMPSON, J.E., Maya hieroglyphic writing. In: *Handbook of Middle American Indians.* Bd. 3. Austin 1965
THOMPSON, J.E., *Die Maya. Aufstieg und Niedergang einer Indianerkultur.* München 1968
THOMPSON, J.E., *A commentary on the Dresden Codex.* Philadelphia 1972 (= Memoirs of the American Philosophical Society, Bd. 93)
THUREAU-DANGIN, F., *Une relation de la huitième campagne de Sargon.* Paris 1912
THUREAU-DANGIN, F., L'exaltation d'Ishtar. In: *Revue d'Assyriologie* 11/1914, S. 141–158
THUREAU-DANGIN, F., *Tablettes d'Uruk à l'usage des prêtres du temple d'Anu au temps des Séleucides.* Paris 1922
THUREAU-DANGIN, F., L'origine du système sexagésimal. Un Post-scriptum. In: *Revue d'Assyriologie* 26/1929, S. 43
THUREAU-DANGIN, F., *Esquisse d'une histoire du système sexagésimal.* Paris 1932
THUREAU-DANGIN, F., Une nouvelle tablette mathématique de Warka. In: *Revue d'Assyriologie* 31/1934, S. 61–69
THUREAU-DANGIN, F., L'équation du deuxième degré dans la mathématique babylonienne, d'après und tablette inédite du British Museum. In: *Revue d'Assyriologie* 33/1936, S. 27–48
THUREAU-DANGIN, F., *Textes mathématiques de Babylone.* Leiden 1938
TILL, W.C., *Koptische Grammatik.* Leipzig 1955
TISCHENDORF, L.F.C., *Notila editionis Codicis Bibliorum Sinaïtici.* Accedit catalogus codicum nuper ex Oriente Petropolin Perlatorum, item Origenis scholia in Proverbia Salomonis, partim nune primum partim secundum atque emendatius edita. Leipzig 1860
TISSERANT, E., *Specimina Codicum Orientalum.* Rom 1914
TOD, M.N., The Greek Numeral Notation. Further notes on the Greek acrophonic numerals. In: *Annual of the British School at Athens* 18/1911/12, S. 98–132; 28/1926/27, S. 141 ff.; 37/1936/37, S. 236 ff.
TOD, M.N., Three Greek Numeral Systems. In: *Journal of Hellenic Studies* 33/1913, S. 27–34
TOD, M.N., The alphabetic numeral system in Attica. In: *The Annual of the British School at Athens* 45/1950, S. 126–139
TONDRIAU, J., *Objets tibétains de culte et de magie.* Brüssel 1964
TOOMER, G.J., Al Khowārizmī. In: *Dictionary of Scientific Biography* Bd. 7/1973, S. 358–365
TROPFKE, J., *Geschichte der Elementarmathematik in systematischer Darstellung.* Bd. 1. Berlin –

Leipzig ²1921
Tuge Hideomi, *Historical Development of Science and technology in Japan.* Tokio 1968
Tylor, E.B., *Primitiv Culture.* 2 Bde. London 1871

Upasak, C.S., The history and palæography of Mauryan Brāhmī Script. Nalanda (Patna) 1960
Urkunden des Aegyptischen Altertums. Hrsg. v. G. Steindorff. Abt. II: *Hieroglyphische Urkunden der griechisch-römischen Zeit.* Hrsg. v. K. Sethe. Leipzig 1904/16

Vaillant, G., *Die Azteken. Ursprung, Aufstieg und Untergang eines mexikanischen Volkes.* Köln 1957
Vallat, F., Les tablettes proto-élamites de l'Acropole (Campagne 1972). In: *Délégation archéologique française en Iran. Cahiers de la DAFI* 3/1973, S. 93–104
Vandier, J., *La religion égyptienne.* Paris 1949
De Vaux, C., Sur l'origine des chiffres. In: *Scientia* 21 1917, S. 273–282
De Vaux, R., Titres et fonctionnaires égyptiens à la cour de David et de Salomon. In: *Revue Biblique* 48/1939, S. 394–405
Ventris, M., J. Chadwick, *Documents in Mycenaen Greek.* London – New York 1956
Verbrugge, R.P.D., La vie des pionniers chinois en Mongolie. In: *Anthropos.* 20/1925, S. 249 ff.
Vercoutter, J., La monnaie en Égypte. In: *Dictionnaire Archéologique des Techniques* 1963/64, Bd. 2, S. 715 f.
Vercoutter, J., *L'Égypte ancienne.* Paris ⁷1973 (= Que sais-je, Nr. 247)
Vernus, P., L'écriture de l'Égypte ancienne. In: *L'Espace et la Lettre* 1977, S. 61–77
Vieyra, A., Les Assyriens. Paris 1961
Ville, G., In: *Dictionnaire d'archéologie.* Paris 1968, S. 142
Vissère, A., Recherches sur l'origine de l'abaque chinois et sur sa dérivation des anciennes fiches à calcul. In: *Bulletin de géographie historique et descriptive* (Paris) 1892, S. 54–80
Vogel, K., *Die Grundlagen der ägyptischen Arithmetik in ihrem Zusammenhang mit der 2:n Tabelle der Papyrus Rhind.* München 1929
Vogel, K. (Hrsg.), *Mohammed Ibn Musa Alchwarizmi's Algorismus.* Aalen 1963

Van Der Waerden, B.L., *Science Awakening.* Bd. 1. Groningen 1954
Waeschke, H. (Hrsg.), *Rechnen nach der indischen Methode.* Halle 1878
Wagner, G. In: *Papyrus grecs de l'Institut français d'Archéologie orientale.* Hrsg. v. Institut Français d'Archéologie Orientale (Al-Qahira). Bd. 2. Kairo 1971
Wallis, J., *Arithmetica infinitorum.* Oxford 1655
Wallis, J., Opera Mathematica. Oxford 1965
Wang Fang-Yü, *Introduction to the chinese cursive script.* New Haven 1967
Weil, G., *Die Königslöse.* Berlin 1929
Wensinck, A.J., Subha. In: *Enzyklopaedie des Islam.* Bd. IV. Leiden – Leipzig 1934, S. 531 f.
Wessely, J.E., Die Zahl neunundneunzig. In: *Mitteilungen aus der Sammlung der Papyrus Rainer* 1/1887, S. 113–116
Wieger, L., *Caractères chinois. Étymologie. Graphies. Lexiques.* Taiwan ⁷1963
Wilhelm, R., *Le Yi King, le livre des transformations.* Paris 1973
Wilkinson, J.G., *The manner and customs of the Ancient Egyptians.* 3 Bde. London 1837
Williams, F.H., *How to operate the Abacus.* London 1941
Winter, J.G., *Papyri in the University of Michigan Collection.* Miscell. papyri. Ann Arbor 1936 (= Michigan Papyri, Bd. 3. University of Michigan Studies. Humanistic Series, Bd. 40)
Winter, H.J.J., Formative influences in Islamic sciences. In: *Archives internationales de l'Histoire des Sciences* 6/1953, S. 171–192

WOEPCKE, F., Sur le mot *kardaga* et sur une méthode indienne pour calculer le sinus. In: *Nouvelles annales de mathématiques* 13/1854, S. 392 ff.
WOEPCKE, F., Mémoire sur la propagation des chiffres indiens. In: *Journal Asiatique* 6. Ser. 1/1863, S. 27–79; S. 234–290; S. 442–529
WRIGHT, W., *Catalogue of Syriac manuscripts in the British Museum.* 3 Bde. London 1870
WUTTKE, H., *Geschichte der Schrift und des Schrifttums.* Bd. 1. Leipzig 1872

YON, M., *Ratio et les mots de la famille de Reor.* Paris 1933
YOSHINO, Y., *The japanese Abacus explained.* New York 1963
YOUSCHKEVITCH, A.P., *Geschichte der Mathematik im Mittelalter.* Leipzig 1964
YOUSCHKEVITCH, A.P., *Les mathématiques arabes.* Paris 1976
YOYOTTE, J., Commerce. In: *Dictionnaire de la civilisation égyptienne* 1970, S. 66 f.

ZASLAVSKY, C., Black African Traditional Mathematics. In: *The Mathematics Teacher* 63/1970, S. 345–352

Danksagungen

Diese ambitiöse Arbeit hätte meine eigenen Möglichkeiten weit überstiegen, wenn nicht verschiedene Gelehrte mir großzügigerweise ihre Unterstützung angeboten hätten, indem sie mich in meiner bibliographischen Auswahl leiteten, mir ihre neuesten archäologischen Entdeckungen mitteilten und mir eine umfangreiche Dokumentation zur Verfügung stellten, wie sie unter den wissenschaftlichen und populären Werken bisher noch nicht existiert.

Ich möchte an dieser Stelle meine tiefste Dankbarkeit gegenüber allen Gelehrten und Freunden zum Ausdruck bringen, deren Ratschläge, Überlegungen und Kritiken eine wertvolle Hilfe für mich waren.

Marie-Thérèse d'Alverny, Generalsekretärin der Bibliographischen Kommission der Internationalen Union für Wissenschaftsgeschichte.
Pierre Amiet, Chefkonservator der Abteilung für Orientalische Altertümer des Musée du Louvre
Ruth Antelme, Chargée de mission der Abteilung für Ägyptische Altertürmer des Musée du Louvre.
Daniel Arnaud, Studiendirektor an der V. Sektion der E.P.H.E. (Ecole pratique des hautes études Paris-Sorbonne).
Louis Bazin, Studiendirektor an der IV. Sektion der E.P.H.E.
Joëlle Beaucamp, Assistentin an der Universität Paris I.
Guy Beaujouan, Studiendirektor an der IV. Sektion der E.P.H.E.
Pierre Becquelin, Forschungsbeauftragter beim C.N.R.S. (Centre national de la recherche scientifique, Paris).
Roger Billard, Studiendirektor an der Ecole française d'Extrême-Orient, Mitglied der Internationalen Akademie für Geschichte.
Jean Bottéro, Studiendirektor an der IV. Sektion der E.P.H.E.
Jean Bousquet, Direktor der Ecole normale supérieure an der rue d'Ulm.
Alain Brieux, Sachverständiger für alte Bücher und wissenschaftliche Instrumente.
Dominique Briquel, Chefassistentin an der Ecole normale supérieure an der rue d'Ulm.
André Caquot, Mitglied des Institut de France, Professor am Collège de France.
Roger Caratini, Enzyklopädist.
Françoise de Cenival, Studiendirektorin an der IV. Sektion der E.P.H.E.
Dominique Charpin, Assistentin an der Universität Paris I.
Alfred Cordoliani, Konservator an der Bibliothek des Val de Grâce.
Bernard Delavault, Bibliothekar des Instituts für semitische Studien am Collège de France.
Jean-Marie Durand, Forschungsbeauftragter beim C.N.R.S.
Essam El-Banna, Chefinspektor der Pyramiden von Gizeh (Ägypten).
Jean Filliozat, Mitglied des Institut de France, Professor am Collège de France.
Paul Garelli, Professor an der Universität Paris I.
Raphael Giveon, Professor an der Universität Tel Aviv (Israel).

Hattiče Gonnet, Forschungsbeauftragte beim C.N.R.S.
Salah Guerdjouma, Islamologe.
Antoine Guillaumont, Professor am Collège de France.
Claude Jacques, Studiendirektor an der IV. Sektion der E.P.H.E.
Francis Johannes, Emeritus am Institut français d'études anatoliennes, Instambul.
Jean Jolivet, Studiendirektor an der V. Sektion der E.P.H.E.
Gérard Klein, Verleger.
Maurice Lambert, Charg de mission an der Abteilung für Orientalische Altertümer des Musée du Louvre.
W. G. Lambert, Professor an der Universität Birmingham (Großbritannien).
Emmanuel Laroche, Mitglied des Institut de France, Professor am Collège de France.
Alain Lebrun, Mitglied der Délégation archéologique française en Iran.
Jean Leclant, Mitglied des Institut de France, Professor am Collège de France.
Henri Lehmann, Honorarprofessor am Nationalmuseum für Naturgeschichte.
André Lemaire, Forschungsbeauftragter beim C.N.R.S.
Jean Mallon, Mitglied des Internationalen Komitees für Paläographie.
Emilia Masson, Forschungsbeauftragte beim C.N.R.S.
Olivier Masson, Professor an der Universität Paris X-Nanterre.
Joseph T. Milik, Maître de recherche beim C.N.R.S.
Christian Peyre, Chefassistent an der Ecole normale supérieure an der rue d'Ulm.
Youssef Ragheb, Forschungsattaché beim C.N.R.S.
Jacques Raison, Maître de recherche beim C.N.R.S.
Roshdi Rashed, Forschungsbeauftragter beim C.N.R.S.
Christian Robin, Forschungsbeauftragter beim C.N.R.S.
Maxime Rodinson, Studiendirektor an der IV. Sektion der E.P.H.E.
Olivier Rouault, Chefassistent am Collège de France.
François Secret, Studiendirektor an der V. Sektion der E.P.H.E.
Gabrielle Sed-Rajna, Konferenzbeauftragte an der V. Sektion deer E.P.H.E.
Marie-Rose Seguy, Chefkonservatorin des Kabinetts der orientalischen Handschriften der Bibliothèque Nationale Paris.
Mireille Simoni-Abbat, Chefasstistentin am Nationalmuseum für Naturgeschichte.
Janine Sourdel, Studiendirektorin an der IV. Sektion der E.P.H.E.
Georgette Soustelle, Maître de recherche am C.N.R.S.
Maurice Sznycer, Studiendirektor an der IV. Sektion der E.P.H.E.
Javier Teixidor, Forschungsbeauftragter beim C.N.R.S.
Rabbiner Charles Touati, Studiendirektor an der V. Sektion der E.P.H.E.
Georges Vajda, Professor an der Universität Paris IV.
François Vallat, Forschungsbeauftragter beim C.N.R.S.
Léon Vandermeersch, Professor an der Universität Paris VII.
Pascal Vernus, Studiendirektor an der IV. Sektion der E.P.H.E.
Chi Yu Wu, Forschungsbeauftrager beim C.N.R.S.
Jean Yoyotte, Studiendirektor an der V. Sektion der E.P.H.E.
Alain Zivie, Forschungsbeauftragter beim C.N.R.S.

Ebenso danke ich dem Verlag Robert Laffont Seghers für die zahlreichen Ratschläge und Ermutigungen, die mir im gesamten Verlauf meiner Arbeit gemacht wurden, ohne dabei die mir ab 1977 gewährte Unterstützung zu vergessen, die es mir als Einzelforscher ermöglichte, dieses ehrgeizige Projekt zu verwirklichen, welches keine amtliche oder universitäre Stelle zu subventionieren sich veranlaßt sah.

Register

Geographisches Register

Aufgenommen sind *alle* im Text enthaltenen Hinweise, wobei auch erwähnte Völker unter der geographischen Bezeichnung aufgeführt werden (Beispiel: *griechisch/Griechen* unter *Griechenland*). Deckt sich der Name eines Volkes nicht mit der geographischen Bezeichnung, so wird er getrennt aufgeführt (Beispiel: *Semiten*).

Abendland 15 ff, 82 f, 98, 102, 105, 136, 144, 355, 480, 515, 517 f, 524, 529, 532 ff, 538 f, 553
Abipón (*Paraguay*) 25
Abusir (*Ägypten*) 133
Adrianopolis (*Kleinasien*) 300
Adua (*Äthiopien*) 380
Ägäis (*Griechenland*) 139
Aegina (*Griechenland*) 135
Ägypten 16, 70, 79, 82, 90 f, 94, 108 f, 131 ff, 170, 172, 185, 222 f, 225–241, 246, 257 f, 264–273, 294, 297 ff, 303 f, 311, 326 f, 344, 346, 362 ff, 374 f, 380, 392, 404 f, 456, 476 f, 479, 489, 515, 519, 533, 537, 545 ff
Äthiopien 16, 119, 298, 380 f, 398, 401 f
Afghanistan 90, 519, 548 f
Afrika 14, 16, 24 f, 27, 31, 174, 327, 488, 525
Afrika
- Zentralafrika 25
- Westafrika 126
- Nordafrika 52, 88, 93, 96, 302, 309, 315, 326, 331, 344, 350, 528

Agrigent (*Italien*) 134
Ahiram (*Israel*) 279
Ainu (*Japan*) 69
Akkad (*Mesopotamien*) 207, 215, 218, 319, 323, 366–372, 401
Aksum (*Äthiopien*) 298, 380 f
Albeida (*Spanien*) 529
Alexandria (*Ägypten*) 290, 300, 488
Algier (*Algerien*) 327 f
Algerien 86, 327
Algonkin (*s.a. Indianer, Nordamerika*) 130
Alpen 15, 114, 178
Amerika 14, 24, 27, 31, 152, 174, 440, 447, 451, 475
- Mittelamerika 16, 61, 65, 130, 438, 442, 444, 449 ff, 454 f, 459, 548
- Nordamerika 113, 126, 130, 153, 442
- Südamerika 16, 121

Amurru (*Mesopotamien*) 366
Anatolien (*Türkei*) 70, 135, 303, 367
Andhra (*Indien*) 503–507, 541 ff
Angelsachsen 41, 56
Ankyra (*Kleinasien*) 300
Antiochia (*Syrien*) 300
Anyang (*China*) 390
Apachen (*s.a. Indianer, Nordamerika*) 126
Apamea (*Kleinasien*) 300
Aquileia (*Italien*) 300
Aquitanien (*Frankreich*) 629
Arabien 16 f, 52, 70, 82, 84, 96, 105 f, 117, 128, 136, 172, 258, 260 f, 268, 303, 307–315, 326, 329 f, 333, 349 ff, 381 f, 405, 424 f, 476 f, 479 f, 482, 484–489, 509, 513–529, 533 f, 536–544, 548 f, 552 f
Arad (*Israel*) 271 ff, 279
Aramäer 16, 173, 271, 277, 279 f, 295, 297 f, 303 ff, 307 ff, 327, 374–378, 380, 396 f, 401, 470, 477, 479, 547, 549

Aranda (*Australien*) 25
Argos (*Griechenland*) 171, 255 f, 286, 300
Arizona (*USA*) 126, 180
Armenien 158, 301, 314, 370, 403, 515
Asien 82, 84, 86, 88, 174, 300, 387, 503, 514, 527
– Südostasien 491, 493, 497 f, 503, 514, 543
Assuan (*Ägypten*) 304
Assyrien 16, 70, 91, 173, 218 f, 297, 303, 322 f, 366, 369 ff, 380, 306 f, 401, 412, 477, 479, 547 f
Athen 252 ff, 256, 286, 300, 362
Attika (*Griechenland*) 139, 171, 252 f, 255 f, 286, 548
Aurillac (*Frankreich*) 529
Australien 25, 33
Auvergne (*Frankreich*) 16, 96
Azteken 14, 16, 61 f, 80, 82, 130, 169, 241, 246–252, 257 f, 441 f, 451, 459, 479

Babylon (*Mesopotamien*) 14, 16, 70, 74, 91 f, 173, 218 f, 297, 319, 321–325, 366 ff, 371, 373, 380, 392, 396 f, 401, 411–424, 477, 479–483, 508, 516, 521, 526, 546 ff
Baden (*Deutschland*) 127
Bagdad (*Irak*) 415, 482, 515 ff
Bahrein 85
Bakul (*Vietnam*) 491
Balten 41
Bangka (*Malaysia*) 491, 543
Bangladesh 88
Bankok (*Thailand*) 152
Barcelona (*Spanien*) 283
Baskenland (*Spanien*) 93
Basra (*Irak*) 516
Belize 438 f
Bengalen (*Indien*) 86, 88, 504, 514, 540 f, 543
Beni-Hasan (*Ägypten*) 95
Berenike (*Ägypten*) 300
Bergamo (*Italien*) 348, 358
Bessarabien (*UdSSR*) 96
Bharukaccha (*Indien*) 487, 508
Bihar (*Indien*) 332
Birma 504
Bobbio (*Italien*) 529
Bootien (*Griechenland*) 256, 287
Bolivien 1211, 124 f
Bombay (*Indien*) 59, 364, 503
Borneo 33
Botokuden (*Brasilien*) 25
Brasilien 25
Bretagne 41, 63
Bugilai (*Neuguinea*) 38
Byzanz 300, 478

Cäsarea (*Israel*) 300
Cakchiquel (*Maya*) 444
Campeche (*Mexiko*) 65, 438 f
Ceylon 397, 401, 403, 477, 479, 504
Chaldäer (*Mesopotamien*) 490
Chalkidike (*Griechenland*) 166, 171, 255 f
Cham (*Vietnam*) 491 ff, 497 f, 504, 521, 540, 542 ff, 552 f
Chapultepec (*Mexiko*) 247
Chartres (*Frankreich*) 531
Chiapas (*Mexiko*) 65, 438 f
Chichén Itzá (*Mexiko*) 439, 441 f
China 15 f, 53, 55, 82, 86 f, 92 f, 113, 125 f, 130, 135 f, 142, 148–158, 268, 383–397, 400 ff, 405 ff, 428–437, 469 f, 478 ff, 489, 491, 509, 511 ff, 517, 520 f, 547, 549, 550, 552
Chios (*Griechenland*) 255 f
Chirbet El-Kôm (*Israel*) 304 f
Chirbet Qumran (*Israel*) 296 f, 304 f
Chiwa (*UdSSR*) 332
Chogha Mish (*Iran*) 118
Chorasan (*Iran*) 518, 520
Chorsabad (*Irak*) 319, 372
Choziba (*Israel*) 347
Coatepec (*Mexiko*) 248
Coatlan (*Mexiko*) 248
Copán (*Honduras*) 439, 447, 450, 454 f, 461
Cordoba (*Spanien*) 529, 533
Cumae (*Griechenland*) 166

Dacca (*Bangladesh*) 88
Dänemark 41
Dajak (*Borneo*) 33 f
Dalmatien (*Jugoslawien*) 15, 176 ff, 181, 259
Damaskus (*Syrien*) 327, 337, 515
Dan (*Israel*) 337
Dekkan (*Indien*) 503
Delphi (*Griechenland*) 300
Deutschland 15, 41, 56, 82, 126 f, 143, 145 f, 148, 179, 384, 406, 480, 533, 537 f
Dibon-Gad (*Israel*) 276
Dijon (*Frankreich*) 15
Dilbat (*Mesopotamien*) 368

Dinaya (*Java*) 493
Dogon (*Mali*) 130
Donau 302
Drehem (*Mesopotamien*) 215
Dschemdet Nasr (*Irak*) 118, 209, 219
Dura Europos (*Syrien*) 379
Dur-Scharrukin (*s. Chorsabad*)

Ebla (*Syrien*) 546
Ecuador 121, 124
Edessa (*Kleinasien*) 300
Elam (*Mesopotamien*) 16, 119, 185–199, 203 f, 257, 271, 321, 366 f, 412, 545
Elema (*Neuguinea*) 31
Elephantine (*Ägypten*) 173, 279, 295, 304, 374–378, 380, 396 f, 401, 479
El Salvador 65, 438 f
England 15, 41, 56, 64, 83, 87, 111 ff, 145 ff, 179 f, 333, 442, 513, 533, 535, 538
Epidauros (*Griechenland*) 171, 255 f, 258 f
Ephesus (*Kleinasien*) 360
Erlangen 531
Eskimo (*Griechenland*) 69
Etrasker 136, 141, 166 ff, 173, 175, 177, 180 ff, 253, 259 ff, 307 ff, 314, 477, 548
Euböa (*Griechenland*) 138, 256, 286
Euphrat (*Mesopotamien*) 185, 187, 489
Europa 83, 87, 103, 115, 127, 144 ff, 149, 152, 174, 241, 252, 288, 299, 384, 404, 479, 487, 489, 509, 516, 528–544, 551, 553 f

Faras 118, 207, 209, 211
Fes (*Marokko*) 333
Feuerland (*Südamerika*) 25
Fidschi-Inseln 40
Fleury (*Frankreich*) 531
Florenz (*Italien*) 537
Frankfurt a. M. 148
Frankreich 15, 41, 56, 64, 93 f, 98, 110 f, 114, 117, 130, 136, 145 ff, 158 f, 218, 223 f, 227, 328, 370, 384, 406, 427, 435, 513, 533, 535, 537 f

Gallien 41, 63, 300
Georgien (*Rußland*) 301
Geresa (*Israel*) 299
Germanen 302
Gerzin (*Syrien*) 375
Gizeh (*Ägypten*) 229
Ghasni (*Afghanistan*) 332
Gortyn (*Kreta*) 300
Goten 41, 56, 302
Griechenland 15 ff, 41, 70, 79, 94, 102, 125, 129, 134 ff, 139 f, 146, 166 f, 171, 173, 222, 241, 244, 252–256, 258–262, 265, 268, 286–295, 297–305, 307 ff, 311, 313 f, 335, 341–348, 351, 362, 374, 380 f, 391, 405, 424 ff, 456, 470, 476 ff, 487 ff, 515 f, 521, 529 f, 547 f
Grönland 69
Guatemala 65 f, 246, 438 ff, 442, 444, 451, 454, 465
Gutäer (*Mesopotamien*) 366
Gwalior (*Indien*) 486 f, 506, 542 ff

Habuba Kabira (*Syrien*) 118
Hagia Triada (*Kreta*) 243 ff
Hatra (*Irak*) 379, 470
Havasupai (*s.a. Indianer, Nordamerika*) 126
Hawaii 16, 126
Hebräer (*s. Juden/Israel*)
Hebron (*Israel*) 304
Hennegau (*Belgien*) 112
Hermione (*Griechenland*) 255 f
Hethiter (*Kleinasien*) 16, 70, 170, 172, 366, 375, 391, 547
Hierakonpolis (*Ägypten*) 226, 230, 233
Hindu (*Indien*) 88, 490
Hösm (*Israel*) 299
Holland 41
Homs (*Syrien*) 327
Honan (*China*) 390
Honduras 65, 438 f, 452, 454

Imbros (*Griechenland*) 255 f
Indianer
– Mittelamerika 440, 442 ff
– Nordamerika 40, 113, 126, 130, 259
– Südamerika 25, 38, 124 f
Indien 16, 41, 59, 82, 86 ff, 90 ff, 96, 111, 130, 136, 171 f, 300, 303, 332, 364 f, 399, 401, 430, 434, 470, 476–491, 493–528, 539–544, 546, 548–553
Indochina 15, 82, 86 f, 90 ff, 112, 115, 491, 498
Indoeuropäer 41 f, 53, 56, 61, 166, 366
Indonesien 491, 498
Indus (*Indien*) 119, 364, 546
Inka 16, 121 ff
Irak 29, 86, 90 ff, 96, 118, 185, 187, 332, 372, 412, 519

Iraklion (*Kreta*) 241, 300
Iran (*s. Persien*) 90, 92, 117 ff, 158, 185, 187, 189, 346, 366, 515, 519 f, 522
Irland 41, 63
Irokesen (*s.a. Indianer, Nordamerika*) 130
Island 41
Israel (*s.a. Juden*) *271 ff, 276 ff, 285, 295, 297 ff, 303 ff, 337*
Istanbul (*Türkei*) 518
Italien 41, 56, 93 f, 166, 175, 181, 183, 280, 286, 298 f, 309, 384, 480, 513, 529, 533, 535 ff
Itztlan (*Mexiko*) 248

Jakuten (*Sibirien*) 127
Jangal (*Java*) 498
Japan 16, 69, 136, 142, 148 f, 152–158, 402, 428, 431, 437
Java 491, 493, 497 f, 501, 504, 521, 540 ff, 552
Jericho (*Israel*) 296, 347
Jerusalem (*Israel*) 271, 273, 280, 295, 297
Jordan (*Israel*) 299
Juden (*s. Israel*) 17, 127 f, 271 ff, 276–285, 288 f, 294–299, 303 ff, 310, 312, 314, 331 f, 335–342, 344, 346, 374, 379, 381, 424 f, 427, 470, 477, 479, 513 ff, 533, 547

Kalifornien (*USA*) 126
Kalkutta (*Indien*) 88
Kambodscha 490 f, 493, 497 f, 520 f, 541 ff, 551
Kadesch Bernea (*Israel*) 271 f
Kairo (*Ägypten*) 298, 515
Karnak (*Ägypten*) 234
Kanaan (*s.a. Israel*) 276, 297 f, 303
Kanton (*China*) 86
Karthago (*Tunesien*) 300, 357
Karolinen 16, 126
Karystos (*Griechenland*) 171, 255 f, 391
Kaschmir (*Indien*) 520, 541 ff
Kaspisches Meer (*UdSSR*) 119
Kassiten (*Mesopotamien*) 366
Katalonien (*Spanien*) 81, 301
Kaukasus (*UdSSR*) 301
Kedukan Bukit (*Sumatra*) 491
Kelten 14 f, 61, 63 f, 114
Kha (*Indochina*) 112, 115
Khartum (*Sudan*) 119
Khmer (*Kambodscha*) 490 ff, 504, 540, 552
Kisch (*Irak*) 118
Kleinasien 119, 135, 172, 286, 533
Knossos (*Kreta*) 241, 243 ff
Kompon Thom (*Kambodscha*) 498
Korea 431
Korinth (*Griechenland*) 166, 256, 286 f
Korkyra (*Griechenland*) 255 f
Kos (*Griechenland*) 255 f
Kota Kapur (*Malaysia*) 491
Kreta 16, 170, 172, 220, 241–246, 257 ff, 363, 375, 391, 546
Krim (*UdSSR*) 302
Ksatrapa 503–507, 541 ff
Kushana (*Indien*) 503 f, 506 f, 541 ff
Kykladen (*Griechenland*) 286

Lachis (*Israel*) 271, 273, 279, 304
Lagasch (*Irak*) 70, 118, 207, 215, 366
Larsa (*Senkese; Irak*) 70, 218, 412
Latakia (*Syrien*) 308
Lengua-Indianer (*Paraguay*) 38
Limoges (*Frankreich*) 531
Lolei (*Kambodscha*) 490
Lorraine (*Frankreich*) 531
Los Angeles (*USA*) 113
Lukanien (*Italien*) 166
Lydien (*Kleinasien*) 132, 135, 256
Lykier (*Kleinasien*) 172 f

Madagaskar 15
Madhya Pradesh (*Indien*) 486, 496
Madrid (*Spanien*) 442
Mähren (*Tschechoslowakei*) 111, 114
Maghreb (*s.a. Arabien/Nordafrika*) 17, 308 ff, 313, 334, 351, 525 ff, 537, 540–544, 553
Maharashtra (*Indien*) 59
Maidu (*s.a. Indianer, Nordamerika*) 126
Makedonien (*Griechenland*) 256, 294
Malabar (*s.a. Indien*) 399
Malaien 491, 493, 504, 552
Mali 130
Mallia (*Kreta*) 241, 243
Mangalore (*Indien*) 399
Mari (*Mesopotamien*) 131
Marokko 93, 333, 517, 537
Marrakesch (*Marokko*) 93
Marsigliana (*Italien*) 308 f
Mathura (*Indien*) 503 f, 506 f, 542 ff
Mauren 533
Maya 14, 16, 61 f, 65–69, 130, 172 f, 438–469, 471–475, 479–483, 550
Megara (*Griechenland*) 286

Meïr (*Ägypten*) 233
Mekka (*Saudi-Arabien*) 525
Meknes (*Marokko*) 333
Melos (*Griechenland*) 256, 286
Memphis (*Ägypten*) 300
Mérida (*Mexiko*) 439, 43
Meroë (*Ägypten*) 300
Mesad Hashavyahu (*Israel*) 273
Mesopotamien 29, 61, 119, 131, 185, 187 f, 201, 203 f, 207, 218, 229, 246, 297 f, 303, 311 f, 323, 327, 366 ff, 371 f, 412, 414, 421, 482, 489, 515 f, 546, 548
Mexiko 61, 65 f, 80, 82, 130, 246–251, 438 f, 441 ff, 448, 451
Michoacan (*Mexiko*) 246
Milet (*Griechenland*) 166, 286 f
Minäer (*Arabien*) 172
Mi-so'n (*Vietnam*) 498
Mittelmeer 299, 303, 327, 366, 547, 549
Miwok (*s.a. Indianer, Nortamerika*) 126
Mixteken (*Mexiko*) 257, 451
Moabiter (*Israel*) 276
Mohenjo Daro (*Pakistan*) 546
Mongolei 53, 86, 92, 504, 514 f, 542 ff
Mosul (*Irak*) 29, 372
Murabba'at (*Israel*) 273
Murray-Inseln (*Torres-Straße*) 25, 31
Musa (*Neuguinea*) 36
Mykene (*Griechenland*) 241, 244, 256
Mylae (*Italien*) 357
Mytilene (*Griechenland*) 255 f

Nabatäer (*Syrien*) 378 f
Naher Osten 98, 118 f, 185
Nana Ghat (*Indien*) 364 f, 479, 503, 506, 540–544, 549
Nasik (*Indien*) 364 f, 479, 503, 506, 540 f, 543 f, 549
Naxos (*Griechenland*) 255 f
Neapel *Italien*) 300
Neger (*Israel*) 271
Nemea (*Griechenland*) 171, 255 f, 258 f
Nepal 504, 506 f, 514, 540 ff
Neu-Delhi (*Indien*) 486
Neue Hebriden (*Ozeanien*) 60
Neuguinea 25, 31, 36, 38
Neumexiko (*USA*) 126, 180 f
Nigeria 126
Nil (*Ägypten*) 226, 229 f, 237, 239, 304, 346
Ninive (*Assyrien/Irak*) 70, 366, 412
Nippur (*Mesopotamien*) 298, 415
Nisos (*Griechenland*) 255
Normannen 41
Nunnidia (*Tunesien*) 102
Nuzi (*Irak* 29, 118

Oaxaca (*Mexiko*) 247, 451
Österreich 15, 114, 179
Okinawa (*Japan*) 126
Orchomenos (*Griechenland*) 171, 255 f
Oria (*Italien*) 280
Orient 83 ff, 90, 98, 102, 108, 127, 204, 299, 303, 307–314, 327 f, 330, 332, 342, 380 ff, 488 f, 513, 515 f, 518 ff, 526, 540–544, 546 ff
Orinoco (*Venezuela*) 69
Osker (*Italien*) 183, 309
Osmanisches Reich (*s. Türkei*)
Ostjaken (*Sibirien*) 127
Ozeanien 14, 24, 27, 30 f, 36, 174

Quiché-Maya (*s. Maya*)
Quintana Roo (*s.a. Mexiko*) 65, 438
Quiriguá (*Guatemala*) 439, 447, 449, 460, 466

Pakistan 90, 519, 546, 548 f
Palästina 125, 297, 299, 380, 548
Palembang (*Sumatra*) 491
Palenque (*Mexiko*) 439, 447, 449, 461 f, 465 f, 468
Pallawa (*Indien*) 504, 506 f, 540 ff, 550
Palmyra (*Syrien*) 173, 327, 378 f, 519
Pamphylien (*Kleinasien*) 300
Pandschab (*Indien*) 520
Papua (*Neuguinea*) 31, 36
Paraguay 25, 38
Paris (*Frankreich*) 64, 85, 327, 531
Pazifik 130, 246, 439
Peloponnes (*Griechenland*) 135, 139
Pentapolis (*Italien*) 300
Peräa (*Israel*) 299
Pergamom (*Kleinasien*) 341
Persepolis (*Persien*) 173
Persien (*s.a. Iran*) 16 f, 61, 79, 82, 96, 98, 105 ff, 125, 136, 173, 187, 287, 303, 314, 326, 331 f, 346, 424, 426, 509, 515, 520, 534
Persischer Golf 16, 85, 185, 516
Peru 121–125
Petén (*Guatemala*) 438 f, 442
Phaistos (*Kreta*) 243

Phnom Hayang (*Kambodscha*) 498
Phönizien (*Syrien*) 17, 135, 173, 239, 271, 277 ff, 286 ff, 297, 303, 307 ff, 374, 378 f, 392, 401, 547
Phrygien (*Kleinasien*) 298 f
Piedras Negras (*Mexiko*) 439, 450, 461
Polynesien 152
Pompeji (*Italien*) 341, 358
Pô Nagar (*Vietnam*) 491
Poona (*Indien*) 364, 503
Portugal 41, 93, 285, 361, 538
Prasat Roban Romas (*Kambodscha*) 498
Pueblo (*Mexiko*) 247
Puerto Barrios (*Guatemala*) 440, 465
Pygmäen (*Zentralafrika*) 25
Pylos (*Griechenland*) 244, 256

Ras Schamra (*Syrien*) 308, 310
Ravenna (*Italien*) 529
Regensburg 531
Reims (*Frankreich*) 529
Rhodos (*Griechenland*) 300
Rif (*Marokko*) 333 f
Römer 15 f, 27, 80 ff, 91, 94, 102, 125, 129, 136 ff, 140–144, 163–169, 173, 175 ff, 180 ff, 253, 259 ff, 297, 344, 346, 348, 355–362, 404 f, 476, 478 f, 488, 528 ff
Rom (*Italien*) 94, 135, 300, 357, 488
Rotes Meer 86
Rumänien 41, 56
Rußland (*s.a. UdSSR*) 15 f, 41, 112, 130, 158, 301
Ryukyu-Inseln (*Japan*) 16, 126

Saanen (*Schweiz*) 178 f
Sabäer (*s.a. Arabien*) 172 f, 476, 548
Sachalin (*Japan*) 69
Sachsen 41
Saint-Géraud (*Frankreich*) 529
Saka (*Indien*) 503 ff
Sakkara (*Ägypten*) 109
Salamanca (*Spanien*) 345
Salamis (*Griechenland*) 137, 139 f, 253
Salerno (*Italien*) 166
Salomonen (*Pazifik*) 40
Samaria (*Israel*) 271, 273, 277, 279
Sambór (*Kambodscha*) 491
Sankheda (*Indien*) 487
Santa Maria de Ripoll (*Spanien*) 81, 301, 529
Santibñez de la Sierra (*Spanien*) 345
Saudi-Arabien 86
Schahdad (*Iran*) 118
Schiras (*Iran*) 312 f, 518
Schuruppak (*s. Faras*)
Schweden 41, 538
Schweiz 114 ff, 145, 178 f, 259, 357, 361
Semiten 17, 55, 225, 279, 286, 288, 303–310, 312, 314, 325, 327, 338, 366–370, 373 f, 378 f, 380, 383, 503, 546
Serabit El Khadim (*Ägypten*) 546
Serbien (*Jugoslawien*) 96
Sevilla (*Spanien*) 529
Sibirien (*UdSSR*) 33, 127, 129 f
Siddin (*Israel*) 337
Silm Reap (*Kambodscha*) 490
Sinai (*Ägypten*) 546
Singapur 152
Singhalesen (*s. Ceylon*)
Sizilien (*Italien*) 167, 286
Skandinavien 179 f
Skythen 125
Spanien 41, 56, 81, 83, 93, 103, 121, 246 f, 249, 252, 282, 284, 300, 328, 330, 345, 438, 442 f, 451, 515, 525, 528 ff, 533, 553
Sudan 119
Sumatra 491, 493, 521, 542
Sumerer 14, 16, 61, 70–74, 91 f, 119, 169, 184–190, 193, 198–221, 229 f, 260 ff, 319–325, 363, 366–373, 380, 411, 415, 479, 545
Sunga (*Indien*) 503 ff
Susa (*Iran*) 117 f, 186 f, 189–199, 319, 321 f, 412 f, 416 ff, 423
Syene (*Ägypten*) 300
Syrakus (*Italien*) 194, 300
Syrien 17, 86, 90, 96, 118, 298 f, 303, 308 ff, 326 f, 366, 375, 380 f, 477, 489 f, 515 f, 519, 537, 546, 548, 551

Tabasco (*Mexiko*) 65, 248, 438 f
Taiwan 152, 387
Tall-J Malyan (*Iran*) 118
Talang Tuwo (*Sumatra*) 491
Tamana (*Venezuela*) 69
Tamilen (*Indien/Ceylon*) 399 ff, 403, 470 f., 478 f, 504
Tamil Nadu (*Indien*) 399
Tanger (*Marokko*) 333 f
Tarsos (*Kleinasien*) 300
Taurischer Chersones (*Griechenland*) 171, 255
Tayasal (*Guatemala*) 442

Tell el-Yhudieyeh (*Ägypten*) 298
Tello (*s. Lagasch*)
Tenochtitlán (*Mexiko*) 246–250
Tepe Gaura (*Irak*) 118
Tepe Yahya (*Iran*) 118
Tetuán (*Marokko*) 333
Texcoco-See (*Mexiko*) 247
Thailand 504–540
Theben (*Ägypten*) 79, 95
Theben (*Griechenland*) 172, 255 f, 286
Thera (*Griechenland*) 255 f, 286 f
Thespiae (*Griechenland*) 255
Thessalonike (*Griechenland*) 300
Thraki (*Griechenland*) 256, 300
Tibet 126 f, 504, 514, 540 ff
Tigris (*Mesopotamien*) 185, 366
Tikal (*Guatemala*) 439 f, 445, 449 f, 461, 465
Tirol (*Österreich*) 178, 180
Tiryns (*Griechenland*) 244, 256
Tizapan (*Mexiko*) 247
Tlatelolco (*Mexiko*) 248
Tokio (*Japan*) 155
Toledo (*Spanien*) 283, 331 f, 513, 533, 535
Tolteken (*Mexiko*) 441
Torres-Straße (*Neuguinea/Australien*) 25, 30 f
Toskana (*Italien*) 15, 183, 259
Totes Meer (*Israel*) 279 f, 296, 298, 304 f
Trapeang Prei (*Kambodscha*) 491
Trivandrum (*Indien*) 399
Troizen (*Griechenland*) 171, 255 f
Tschalukja (*Indien*) 504, 550
Tscheschoslowakei 41
Tschere missen (*Rußland*) 112
Tschuwaschen (*Rußland*) 112
Türkei 17, 82, 90 ff, 158, 326–332, 375, 519
Türkmenen 520 f
Tula (*Mexiko*) 247
Tunesien 102
Tungusen (*Sibirien*) 127
Turkestan 504

Uaxactun (*Guatemala*) 439, 461
UdSSR (*s.a. Rußland*) 153
Ugarit (*Syrien*) 308, 310, 314, 379, 547
Ujjain (*Indien*) 496
Ulrichen (*Schweiz*) 114, 178
Umbrien (*Italien*) 309
Ungarn 15, 114
Ur (*Irak*) 118, 209, 214 f, 366
Uruk (*Irak*) 118, 184, 187, 189 f, 198, 206 f, 209, 211, 218 ff, 319, 417, 420, 423
USA 113, 154 f, 406

Vollabhi (*Indien*) 504, 506 f, 540–544, 550
Veracruz (*Mexiko*) 248
Vestonice (*Tschechoslowakei*) 14 f
Vietnam 152, 491
Visperterminen (*Schweiz*) 178

Walachei (*Rumänien*) 96, 114
Walapei (*s.a. Indianer, Nordamerika*) 126
Wales (*Großbritannien*) 41
Wallis (*Schweiz*) 116
Warka (*s. Uruk*)
Washington (*USA*) 126
Wogulen (*Sibirien*) 127

Xiao dun (*China*) 390, 393, 547

Yaeyama (*Japan*) 126
Yakima (*s.a. Indianer, Nordamerika*) 126
Yaxchilán (*Guatemala*) 439, 449, 461, 464
Yebu (*Nigeria*) 126
Yehimilk (*Israel*) 279
Yucatán (*Mexiko*) 65, 68, 438 f, 441 ff, 452 f

Zagrosgebirge (*Iran*) 366
Zapoteken (*Mexiko*) 257, 451, 548
Zumpango (*Mexiko*) 247
Zuni (*s.a. Indianer, Nordamerika*) 40, 126, 180 f, 259

Sachregister

Aufgenommen sind vor allem Stichworte zu folgenden Bereichen:
- Formen und lokale Ausprägungen von Schrift und Ziffern;
- materielle Grundlagen des Schreibens und Rechnens;
- mathematische Grundlagen von Zahlen- und Ziffernsystemen;
- Anwendungsbereiche von Zahlen und Ziffern;
- die wichtigsten Arten der Anwendung von Zahlen und Ziffern;
- wichtige Einzelbegriffe.

Teilweise werden Begriffe kurz erläutert, die Bedeutung der anderen erschließt sich in der Regel aus den angegebenen Textstellen.

Abakus (*seit der Antike in unterschiedlichen Formen benutztes Rechengerät*) 136–159, 164, 434, 478, 509 ff, 532 ff, 553
Abbasiden (*arab. Kalifendynastie*) 515, 517
Addition 22, 53, 66, 96 ff, 136, 140 f, 145, 147 f, 150 f, 153 ff, 212, 217, 290, 351, 364 f, 374, 378, 395, 398, 462, 478 ff, 499, 509, 511, 530
additives Prinzip (*s.a. Ziffernsystem, additives; Aufbau einer Zahlschrift durch Wiederholung des Zahlzeichens für die Grundeinheit*) 212, 230 f, 242, 246, 251 f, 257 f, 260–264, 269, 355, 363 ff, 374 f, 378, 381 f, 384, 397 f, 401, 404, 413, 415 f, 471, 476 f, 479, 481, 483, 505, 513
Algebra (*Teilgebiet der Mathematik, das sich mit der Lösung algebraischer Gleichungen beschäftigt*) 150 ff, 412, 431, 434, 437, 483, 515 ff
Alphabet (*s. Schrift, alphabetische*)
Altes Testament (*s. Bibel*)
Antike 16, 80 ff, 90, 92, 94, 98, 102, 136–144, 163–167, 172, 252, 256, 258, 286, 299, 303, 342, 351, 355, 366, 375, 411, 487
Apices 530 ff, 540 ff, 553
Archiv (*s. Verwaltung*)
Arithmetik (*Teilgebiet der Mathematik, das die Zahlentheorie und das Rechnen mit Zahlen umfaßt*) 34, 36, 44, 47, 103, 150, 293, 412, 434, 459, 462, 478, 480 f, 484, 493, 498 f, 509, 513, 516 ff, 524 f, 527 f, 533 f, 536
Astrolabium (*historisches astronomisches Beobachtungsgerät*) 312, 314, 529
Astrologie 312, 320, 444, 475, 489
Astronomie 23, 70, 88, 92, 110, 312, 314, 359, 373, 405, 408, 411 f, 417, 419–427, 432, 440, 443, 445–451, 454 f, 459, 471 f, 474 f, 480 ff, 489 f, 493 f, 496–502, 508, 511, 516, 518, 520 f, 528 f, 533, 535, 537, 550 f
Aurignacien (*Kulturstufe der Altsteinzeit*) 110 f

Bibel 127, 130, 277, 281, 285, 297, 302, 308, 311, 335, 337 f, 341 ff, 346 f, 441
Bijektion (*paarweise Zuordnung*) 35 f, 43, 46 f, 117, 189
Binärsystem (*s. Dualsystem*)
Brahmi-Schrift (*s.a. Schrift, indische*) 364, 503–508, 514 f, 541 f, 549, 551
Bruch (*eine rationale Zahl der Form a/b, wobei a und b ganze Zahlen sind*) 58, 70, 91, 235 f, 240, 268, 300, 422 f, 434, 436
Buchdruck 534, 536, 554
Buchführung 16, 29 f, 34, 110, 113 f, 117, 119, 122 ff, 149, 152, 156, 183, 186, 188–193, 196, 202 f, 218, 242 f, 326, 368
Buchstabenziffern (*s. Ziffern, alphabetische*)
Buddhismus 364, 489, 491, 503, 506, 511, 520 f, 549
Bustrophedon (*Schreibart, bei der die Schriftrichtung mit jeder neuen Zeile wechselt*) 242

calculus (*s. Kieselstein*)
Christentum 17, 90, 299–303, 310, 312, 343 f, 346 ff, 381, 443 f, 515 f, 528 f, 533
Chronogramm (*auf ein bestimmtes Jahr bezogener Satz; die Addition seiner Buchstaben, die zugleich Zahlzeichen sind, ergibt die Jahreszahl*) 17, 331 ff

Dezimalsystem (*Zahlensystem auf der Basis*

Zehn) 14 f, 53, 55, 58 f, 61, 71, 74, 92, 119, 145, 148, 155, 218, 230 ff, 242, 246, 249, 257 f, 262, 269, 364, 367 f, 370 f, 373, 383, 396 ff, 411 ff, 416, 424, 428, 430 f, 436, 450, 476, 479, 481, 483, 485, 487, 493 f, 497, 499, 501, 505, 508–514, 516, 518, 521 f, 525, 530, 537 f, 546, 549 ff
Digitalrechnung (*elektronisches Rechnen mit binären Ziffern*) 83
Division 58, 74, 92, 96, 145, 150 f, 154, 157, 210 f, 259, 261 f, 412, 479 f, 509, 511, 532
Dualsystem (*Zahlensystem auf der Basis Zwei*) 58, 83
Duodezimalsystem (*Zahlensystem auf der Basis Zwölf*) 55, 58 f, 74, 90

Essener (*jüd. Glaubensgemeinschaft*) 296, 304

Finger (*zum Zählen u. Rechnen*) 14, 16, 23, 30–34, 36–40, 44, 47–52, 54 f, 57–61, 64, 67, 74, 79–109, 112, 173 f, 301, 450, 509, 528
Fingerrechnung 79, 81 ff, 86 f, 96 f, 528
Fingerzahlen 85–94, 98–109, 301, 361

Geheimschrift 319 ff, 326–330, 389, 538
Geld 80, 91, 112 f, 119, 126, 129–135, 139–147, 253 ff, 259, 295, 304, 358, 361 f, 404, 451
Gemälde 79–83, 94 f, 109, 124, 133, 141, 147, 149, 153, 156, 229, 451
Gematria (*mystische Buchstabendeutung mit Hilfe des Zahlenwertes der Buchstaben*) 17, 335 f, 339, 341 f
Geometrie (*Teilgebiet der Mathematik, das sich mit Eigenschaften und Sachverhalten des Raumes beschäftigt*) 74, 103, 356, 412
Gewichtsmaße 90 f, 112, 119, 130–135, 139, 142 ff, 236, 253 f, 256, 271, 273, 297
Ghasnawiden (*islam. Herrschergeschlecht*) 105
Glyptik (*Steinschneidekunst*) 199
Gnostiker (*Vertreter o. Anhänger d. Gnosis als einer Elite vorbehaltenem Wissen um göttliche Geheimnisse*) 17, 335, 343 ff
Gobar-Ziffern (*s.a. Ziffern, arabische*) 525 ff, 529, 553
Gupta-Schrift (*s.a. Schrift, indische*) 504, 506 f, 540–544, 550

Hand (*zum Zählen u. Rechnen*) 14, 16, 30 ff, 36 ff, 44, 48–52, 55, 57–61, 64, 79 f, 84–109, 174
Handel 59 f, 80, 84 ff, 88, 90, 94, 110, 112, 114, 122, 129–135, 142, 144, 152 f, 188, 190, 194 f, 219 f, 242, 246, 248, 268, 277, 303, 326, 375, 387 ff, 407, 440, 480, 491, 515 f, 525, 528
Handschrift 62, 81, 83, 246 f, 249 ff, 264, 267 f, 281, 283 f, 290, 300, 311 ff, 326, 333, 339, 343, 359, 361, 387, 389, 404, 424, 434, 443 f, 451, 463, 472, 502, 506, 516–520, 522, 524, 527, 529 ff, 534 f, 542 ff
Han-Dynastie (*chin. Herrschergeschlecht*) 151, 385, 387, 389, 429 ff, 509
Hasmonäer (*jüd. Königsgeschlecht*) 295 ff
Hieratische Schrift (*s.a. Schrift, ägyptische*) 236, 264–273, 297, 303, 362, 364, 404, 477, 479, 489, 546 f
Hieroglyphen (*Schriftzeichen mit erkennbar bildhaftem Charakter*) 70, 222–226, 229, 375
- Ägypten 170, 185, 222 f, 225–236, 240, 257 f, 264–270, 363 f, 449, 476, 478, 546 f
- Azteken 247
- Kreta 170, 220, 241–246
- Maya 438, 440, 443, 448 ff, 452–457, 459–469, 471

Hirten 15, 28 ff, 55, 57, 114, 117 f, 124, 173 f, 176 f, 191 f, 259

Ideogramm (*Schriftzeichen, das nicht eine bestimmte Lautung, sondern einen ganzen Begriff vertritt*) 223–228, 243, 264, 319, 321, 323, 367, 390, 392, 395, 428
Inschriften (*auf Stein*) 163 ff, 168, 171, 177, 207, 222, 230, 233 f, 236, 242, 245, 252, 254 ff, 259, 264 f, 267 ff, 276, 280–284, 286, 288, 296, 298 f, 303, 319, 333 f, 345, 357, 359, 363 ff, 372, 374 f, 380, 440, 447, 449 ff, 453, 460 ff, 470, 486 f, 490 ff, 498, 503 ff, 541 ff
Islam 17, 52, 88 ff, 96, 105 f, 127, 303, 331, 335, 350, 515 ff, 519, 521, 525, 528, 552
Isopsephie (*s.a. Gematria*) 17, 335, 341 ff, 346 f

Jaina (*ind. Glaubensgemeinschaft*) 499 f, 550

Kabbalisten (*Anhänger einer stark mit Buchstaben- u. Zahlendeutung arbeitenden jüdischen Geheimlehre u. Mystik*) 17, 282, 335, 339 ff
Kalender 14, 23, 32 f, 61, 69, 74, 81, 86–91, 98,

115, 122, 128, 179 f, 236 f, 277, 282 ff, 297 ff, 325, 331 ff, 336, 345 f, 408, 424, 440, 444, 446 ff, 450–469, 471, 474, 479, 481, 486–493, 497, 499, 550
Kalligraphie (*Schönschreibekunst*) 331, 389 f, 515, 536
Kardinalzahl (*die Mächtigkeit einer Menge; bei einer endlichen Menge ist die Kardinalzahl gleich der Anzahl der Elemente*) 23, 46 f, 49, 53 f, 253
Keilschrift 29, 169, 173, 208 f, 212–220, 246, 263, 308, 319–325, 367–373, 380, 403, 413–424, 545 ff
Kerben (*als Zahlzeichen*) 14 f, 28, 33, 36, 40, 47 ff, 110–117, 173–183, 187, 193, 205 f, 210, 213, 220 f, 260 f, 545
Kerbholz (*Holz zur Zahlendarstellung durch Kerben*) 15, 110–116, 174–183, 102, 477, 480
Kieselstein (*zum Zählen und Rechnen*) 14 ff, 28, 33, 36, 47 f, 117 ff, 136, 138, 140, 148, 182, 189–193, 196, 262 f, 476, 509, 530, 532
Kind (*und Zahl*) 23 f, 35, 43, 480
Klöster 528 f, 533
Knochen (*zum Zählen und Rechnen*) 14 f, 28, 33, 47 f, 110 fm 117 f, 173 f, 260, 183, 390, 392, 394, 545
Knoten (*zum Zählen und Rechnen; s.a. Knotenschnüre/Quipu*) 33, 121–128
Knotenschnüre (*s.a. Quipu*) 16, 33, 47 f, 114, 121–128
Körperteile (*zum Zählen und Rechnen*) 14, 30–34, 36–40, 42, 47 ff, 98, 102
Kopten (*ägypt. Christen*) 82, 108, 298 f, 347
Koran 96
Kryptogramm (*Text, aus dessen Worten sich eine versteckte Bedeutung ergibt*) 319–323, 326
Kugelrechenbrett (*s.a. Abakus*) 16, 120, 136, 142, 152–159, 478, 480
Kupfer (*als Schreibunterlage*) 486 ff, 506, 541 ff, 551

Lagiden (*makedon. Herrschergeschlecht in Ägypten*) 294, 297
lateinische Sprache 15, 41, 56, 64, 83, 104, 117, 129 f, 167, 175, 280, 299, 315, 348, 404, 426, 517 f, 528, 533 f, 537 f
Literatur (*und Zahl*) 17, 81 f, 94, 102 f, 105 ff, 110, 112 f, 146 f, 331, 333, 417, 422, 482, 497, 501 f, 520, 522

Magdalńien (*Kulturstufe der Altsteinzeit*) 111
Maße (*Längen- und Hohlmaße*) 62, 70, 74 f, 79, 90 f, 119, 130, 235 f, 240, 253 f, 197, 319, 372 f, 424, 487, 491
Mathematik 13 ff, 34 f, 42 f, 47, 58, 70, 80, 82, 97 f, 147 ff, 152, 185, 253, 264, 267 f, 290–294, 312, 332, 373, 386, 394, 400, 402, 407, 411 ff, 416 f, 419–423, 428, 431, 434 ff, 440, 446, 459, 468 f, 478, 480 ff, 485, 487, 489, 496, 498 f, 508 f, 511, 515 ff, 528 f, 533, 536 f, 550 f
Midrasch (*Sammlung rabbinischer Bibelauslegungen*) 335
Mittelalter 82 f, 87, 98, 103, 115, 136, 144, 179, 281, 284, 299, 302, 331, 342 f, 355, 358, 404, 470, 478, 480, 482, 516, 524, 528 f, 532 ff, 538 f
Mohammedaner (*s. Islam*)
Münzen 94, 119, 132, 134 ff, 140 ff, 144 f, 177, 294 ff, 430 f, 543
Münztafel (*s. Rechenbrett*)
Multiplikation 22, 96 f, 138, 140 f, 145, 147, 150 f, 154, 217, 289, 322, 358 f, 362, 364, 378, 380, 395, 398, 412 f, 474, 478 ff, 483, 499, 509, 511, 513, 522 ff, 532
multiplikatives Prinzip (*Zahlschrift, bei der eine Zahl durch Wiedergabe ihrer Divisoren dargestellt wird*) 246, 253, 362 ff, 370, 375, 377 f, 380 f, 384, 395 ff, 401, 404, 430, 471, 477 ff, 505
Muscheln (*zum Zählen und Rechnen*) 14, 28, 47 f, 118, 120
Muslim (*s.a. Islam*) 52, 89, 335, 350, 515

Neolithikum (*Jungsteinzeit*) 229 f, 446
Null 14, 16, 417 f, 420–424, 430 f, 433 ff, 446, 457, 468 f, 472 ff, 476, 479, 481 ff, 487, 489, 491, 493 f, 496 f, 498 ff, 503, 510–514, 516, 519 ff, 532, 534, 536 ff, 549–553

Omajjaden (*arab. Kalifendynastie*) 515
Ordinalzahl (*Ordnungszahl*) 23, 27, 44–47, 49, 53 f, 253, 339 f, 508
Ostraka (*beschriftete Scherben*) 271 ff, 279, 304 f

Paar 25, 34 ff, 42, 47, 70
Paläolithikum (*Altsteinzeit*) 111
Papyrus 79, 173, 222, 230, 236, 264 f, 267, 273, 288, 290 f, 293, 297, 303, 311, 374–378, 401, 404, 424 ff

Pergament 83, 249, 296 f
Piktogramm (*allgemeinverständl. Bildsymbol, z.B. Totenkopf für Gift*) 188, 199–203, 205 f, 220, 222 f, 229 ff, 246, 251, 390 f
Positionssystem (*Zahlschrift, in der jeder Stelle eine Potenz der benutzten Basis entspricht*) 16, 83, 257, 411–416, 428 ff, 433, 436, 446, 468 f, 471 ff, 476, 478–489, 492 ff, 497–503, 506–514, 516 ff, 521 f, 525, 532, 537 f, 546, 549 ff
Potenz (*Quadratzahl*) 53, 60, 62, 70, 128, 136, 142 f, 148, 150, 155, 231 f, 246, 257, 260, 290 ff, 339 f, 357, 375, 382 f, 385, 396, 399–402, 406 f, 412, 417 ff, 422, 424, 431, 450, 469 f, 473, 476 f, 481, 494, 496, 508–512
primitive Völker 24 f, 27–34, 36
Prinzip der Subtraktion (*bei Zahlschriften nach dem additiven Prinzip*) 164, 181, 212, 215

Qin-Dynastie (*chin. Herrschergeschlecht*) 395
Quinärsystem (*Zahlsystem auf der Basis Fünf*) 59 ff
Quipu (*peruan. Knotenschnüre*) 114, 121–125

Rechenbrett (*s.a. Abakus*) 15 f, 120, 136–142, 144–152, 182, 253, 431, 433 f, 478, 481, 529
Rechenmaschinen (*s.a. Rechenbrett/Abakus*) 14 ff, 66, 79, 122, 144, 148, 152 ff
Rechenpfennig (*s.a. Rechenbrett/Abakus*) 15, 118 f, 136 f, 141, 145 ff, 532, 553
Rechentafel (*s. Rechenbrett*)
Rechnen 15 f, 23 f, 27, 42 f, 47, 49, 79–84, 86 f, 95 ff, 103, 120, 122, 136–159, 188, 237, 268, 290, 402, 412, 417 ff, 423, 428, 431, 433, 474, 478, 480–485, 489 f, 499, 502, 509 ff, 514, 516 ff, 521–525, 528 ff, 532 ff, 538 f, 553 f
Rekursion (*das Zurückführen einer zu definierenden Größe auf eine bereits definierte*) 34, 42 f
Religion 17, 32 f, 52, 81, 87 ff, 103, 106 f, 126 ff, 130, 190, 226, 229, 231 f, 236–241, 244, 246 ff, 264, 268, 276 f, 280–285, 296 f, 301 f, 304, 319, 323 ff, 332 f, 335–350, 364 f, 371, 390, 392, 394, 438, 440–444, 447 ff, 452–457, 459–468, 471 f, 474 f, 481, 486, 491, 495, 502 f, 528 f
Renaissance 94, 103, 144 ff, 179 f, 302, 355, 536 f
Runen (*als Zahlzeichen*) 180

Sanskrit (*ind. Gelehrtensprache*) 41, 486, 493–503, 508 ff, 520, 536, 550 ff
Schrift 119, 121, 128, 184 ff, 195, 223 f, 228, 257, 260, 286
– alphabetische 17, 166 f, 169, 225, 277, 286 ff, 303, 307 f, 391, 411, 503, 546 f
– Lautschrift 200, 202 f, 223–228, 266, 269, 308 f, 359, 383 f, 391 f, 449
– ägyptische 222 f, 225–231, 246, 264–273, 297, 299, 303, 362 ff, 404 f, 449, 545 ff
– arabische 307–315, 327, 329, 332 f, 349 ff, 381 f, 405, 522, 528
– aramäische 277, 279 f, 298, 303 ff, 307 ff, 327, 377, 547 ff
– aztekische 247–252
– chinesische 113, 125, 150 f, 383–396, 402 f, 406 ff, 429, 434, 547, 549 f
– elamische 185 ff, 189, 193, 196 ff, 203 f, 321, 545
– griechische 166 ff, 253 ff, 259, 286–295, 298–303, 305, 307 ff, 311, 314, 341–348, 351, 362, 380 f, 405, 424, 547
– hebräische 127 f, 271 ff, 276–285, 288 f, 294 ff, 299, 303 f, 307 ff, 314, 327 f, 331 ff, 335–341, 344, 348, 513 f, 547, 549
– indische 364 f, 486 f, 501, 503 f, 514, 546, 549 f
– kretische 220, 242–246, 375
– lateinische 166 f, 169, 268, 277, 287, 301 f, 307, 328, 348, 355–361, 383 f, 404, 444, 529, 537, 548
– Maya 438, 440, 443, 448–457, 459–469, 471, 550
– phönizische 277 ff, 286 ff, 297, 307 ff, 547
– semitische 225, 279, 286, 288 f, 309 f, 312, 314
– sumerische 184–189, 199–209, 212–220, 229 f, 367 ff, 545
Seleukiden (*hellenistisches Herrschergeschlecht im Nahen Osten*) 297, 319, 332, 412, 420 ff, 470
Sexagesimalsystem (*Zahlensystem auf der Basis Sechzig*) 69–75, 91 f, 210 f, 213, 218, 260 f, 263, 297, 321, 323, 367 f, 370 f, 373, 380, 411–424, 479, 481, 483, 508, 521, 546
Shang-Dynastie (*chin. Herrschergeschlecht*) 130, 390, 392, 395
Shivaismus 491

Siegel 186, 188–197, 199, 204, 206, 208, 243, 390
Song-Dynastie (*chin. Herrschergeschlecht*) 430 f
Soroban (*s. Kugelrechenbrett*)
Stäbchen (*zum Zählen und Rechnen*) 14, 28, 33, 36, 47 f, 118, 120, 136, 148–152, 431, 433 f, 509
Steine (*zum Zählen und Rechnen, s.a. Kieselsteine*)
Stellenschrift (*s. Positionssystem*)
Steuern 33 f, 62, 113, 122 f, 126, 145, 148, 246, 248 ff, 271, 480
Striche (*als Zahlzeichen*) 28, 170, 172 ff, 176, 374, 428–437, 479, 509, 511, 549, 552
Stschoty (*s. Kugelrechenbrett*)
Suan pan (*s. Kugelrechenbrett*)
Subtraktion 22, 66, 96, 138, 141, 145, 147 f, 150, 153 ff, 423, 480, 511, 530

Taille (*s. Kerbholz*)
Talmud (*das nachbiblische Hauptwerk des Judentums*) 298, 335
T'ang-Dynastie (*chin. Herrschergeschlecht*) 489
Tessaron (*Rechenmarke*) 80 f, 108
Thora (*die 5 Bücher Mose im Judentum*) 283, 285, 336 ff, 341
Ton (*zum Zählen und Rechnen*) 16, 29 f, 47 ff, 118 f, 189–193, 196, 204 f, 208 f, 246, 262 f
Tonbarren (*s. Tontafeln*)
Tonbullen 29 f, 189–196, 296 f
Tontafeln 70, 184, 186 ff, 193–199, 202, 205–211, 214–221, 230, 242 ff, 319 f, 323 f, 368, 370, 403, 412 ff, 417–423, 520 f, 545
Trigonometrie (*Theorie der Winkelfunktionen und ihrer Anwendungen*) 515 f

Veda (*die ältesten heiligen Schriften des Inder*) 495
Verwaltung 125, 79, 113, 121–125, 128, 154, 190 ff, 202, 243, 246, 265, 268, 387
Vigesimalsystem (*Zahlensystem auf der Basis Zwanzig*) 61–68, 71, 74, 249, 257 f, 374, 450 f, 455, 461, 472 ff, 479, 481, 483, 493

Wahrsagungen (*mit Hilfe von Zahlen und Ziffern*) 17, 96, 319, 351, 390, 392 ff, 417, 443, 445, 475, 547
Wurzeln 22, 148, 150, 154, 412, 415, 499, 511

Yin-Dynastie (*chin. Herrschergeschlecht*) 390, 392 ff
Yuan-Dynastie (*chin. Herrschergeschlecht*) 430

Zählen 14 ff, 21–52, 55, 57 ff, 62, 64, 66 ff, 84, 110, 117, 122, 136, 146, 150, 173, 175 f, 181, 188, 192, 257, 260, 309, 384, 392, 491
– mit Fingern 14, 16, 30–34, 36–40, 44, 47–52, 55, 57–60, 67, 74, 79 f, 82, 87–96, 98–109, 112, 173, 450
– mit Gegenständen 14, 28 f, 33 f, 36, 47 f, 117 ff, 189 f, 231, 257, 262
– mit Kerben 14 ff, 28, 33, 36, 47 f, 110–116, 173, 260
– mit Knoten 16, 33, 47 f, 122 ff, 128
– mit Körperteilen 14 ff, 30–34, 36–40, 42 f, 48 f, 98, 102, 450
Zahlen
– abstrakte 14, 32, 42, 44 f
– irrationale 434
– natürliche 34, 36, 38, 42 f, 44, 46 f, 49, 53 f, 60, 65, 70, 97, 118, 128, 150, 172, 230 f, 258 ff, 383, 400, 434, 447, 462 f, 478, 510 f, 532
– negative 437, 511
Zahlenbegriff 21, 23 f, 27, 32, 34 f, 46
– abstrakt 23, 27, 32, 35 f, 42, 44, 117
– konkret 23, 40, 44, 117
Zahlenbewußtsein 14, 40
Zahlendarstellung (*s. Zahlzeichen/Ziffern*)
Zahlengefühl 21 ff, 27
Zahlenschreibweise (*s. Zahlschrift/Ziffern*)
Zahlensystem 14 ff, 23, 42, 47, 53, 55, 58 f, 61, 70, 74 f, 119, 136, 187, 189 f, 400, 411, 477
– auf der Basis 2 (*s. Dualsystem*)
– auf der Basis 5 (*s. Quinärsystem*)
– auf der Basis 10 (*s. Dezimalsystem*)
– auf der Basis 12 (*s. Duodezimalsystem*)
– auf der Basis 20 (*s. Vigesimalsystem*)
– auf der Basis 60 (*s. Sexagesimalsystem*)
Zahlenwahrnehmung 25 f, 173
Zahlgebärde 32, 36–40, 42, 44, 47 ff, 82, 98–104
Zahlschrift (*s.a. Ziffer/Ziffernsystem*) 15 f, 26, 48, 53, 175, 178, 194 f, 230, 242, 257 ff, 269, 303, 329, 362 ff, 366, 368, 378, 381, 383, 387 f, 390, 392, 394–400, 403 ff, 411–415, 417, 422, 424, 428 f, 431, 433, 446, 451, 461, 463, 468, 473, 476–480, 485, 487 ff,

491, 499, 502, 505, 511, 539
Zahlwort 23, 25, 27, 36 ff, 40 ff, 47 ff, 53, 56, 58, 60–73, 218 f, 253, 261 ff, 271, 284, 291, 364, 367 ff, 372 f, 374 f, 377, 380, 383, 386 ff, 401 f, 406 ff, 434, 470, 486, 491, 493–502, 508–512, 520
Zahlzeichen 47 ff, 53, 110, 119, 139 f
– konkrete 47 f, 79–83, 85
– mündliche (*s. Zahlwort*)
– schriftliche (*s. Ziffern und Zahlschrift*)
Zehen (*zum Zählen und Rechnen*) 14, 23, 30 f, 34, 36, 38 f, 44, 47, 64, 67, 74, 450
Zeit (*s. Kalender*)
Zhou-Dynastie (*chin. Herrschergeschlecht*) 135, 392, 395, 429 ff
Ziffern 58, 83, 166, 178 f, 194 f, 220 f, 230, 257–262, 304, 319, 3211, 325, 537 ff
– abstrakte 48 f
– akrophonische 252–256, 259 ff, 362, 367, 479, 548
– alphabetische 17, 48 ff, 163 f, 167, 182 f, 253 ff, 259 ff, 277–286, 288–315, 3227–351, 374, 380 ff, 424, 477 ff, 484, 489, 513, 516, 521, 530, 549, 551 f
– auf Kerbhölzern 175–183
– konkrete 48 f, 189, 260 f, 433, 476, 509
– ägyptische 170, 172, 222, 226, 230–236, 240 f, 246, 257 f, 264 ff, 269–273, 297, 299, 303, 404 f, 476, 479, 489, 545 ff
– altpersische 173
– arabische 13, 15, 83, 145, 147, 183, 307–315, 326 f, 329 f, 332 ff, 349 ff, 381 f, 405, 414, 424 f, 476 f, 479, 484, 489, 493, 517–534, 537, 540–544, 549, 552 f, 554
– aramäische 173, 297, 304 f, 327, 374–378, 380, 396 f, 470, 477, 479, 548
– assyrobabylonische 173, 218 f, 322, 369, 373, 396 f, 402, 411–423, 477, 479, 483, 546
– der Azteken 169, 241, 249–252, 257 f, 451, 479
– der Cham 491 f, 540, 542 ff, 552 f
– chinesische 383–397, 400, 402 f, 405 ff, 428–437, 469, 478 f, 509, 511 ff, 547, 549
– elamische 173, 186 f, 192–198, 257, 545
– etruskische 141, 168, 173, 175, 177, 180 ff, 259 ff
– griechische 139, 167 f, 171, 173, 252–256, 259 ff, 286, 288–295, 298–303, 305, 309, 311, 341–348, 351, 362, 380 f, 405, 424 ff, 470, 476 ff, 489, 548 f
– hebräische 271 ff, 278–285, 288 f, 294 ff, 299, 303 f, 310, 327, 331 f, 335–341, 344, 348, 425, 470, 477, 479, 513 f, 547, 549
– der Hethiter 170, 172
– indische 16, 171 f, 364 f, 479, 482–491, 493–503, 505–515, 517 ff, 521–534, 540–544, 549–553
– der Khmer 490 ff, 540–544
– kretische 170, 172, 220, 241–246, 257 ff, 363, 375
– der Lykier 172 f
– malaiische 491, 501, 540 ff
– Malajalam 399 ff, 470 f
– der Maya 172 f, 449 f, 453 f, 456 f, 459–469, 471 ff, 479, 483, 550
– der Minäer und Sabäer 172 f, 260 f, 548
– moderne 479, 483, 489, 500, 528–544, 549, 551, 553 f
– phönizische 173, 548
– römische 13, 15, 80, 108, 112, 142, 163–169, 173, 175, 177, 180 ff, 259 ff, 301, 344, 348, 355–362, 404 f, 478 f, 528, 530
– singhalesische 397 f, 403, 477, 479
– sumerische 169, 184, 187, 199, 202, 205–221, 230, 260 ff, 319–325, 363, 367–373, 411, 415, 479, 545 f
– tamilische 399 f, 403, 470 f, 478 f
Ziffernsystem 326, 400 ff, 406, 476–482, 505
– additives 257–263, 269, 355 f, 380, 401, 476 f, 479
– hybrides 355–365, 368–373, 375–384, 395–403, 469 ff, 477 ff, 494, 512
– Positionssystem (*s. Positionssystem*)

Personenregister

Aufgenommen sind *alle* im Text erwähnten Personen, einschließlich der einzelnen Quellenangaben; verzeichnet werden hier auch die Namen der Gottheiten, ergänzt durch Hinweise auf ihre Herkunft.

Abd al-Wahab Adara 333
Abd el-Malik 333
Abdullah 334
Abraham 130, 337, 343
Abraham Ibn Esra 513
Abu Dawud et al-Tirmidhi 90
Abu'l Hasan al-Kifti 516
Abu'l Hassan Kuschjar Ibn Laban al-Gili 518, 522
Abul Kasim Firdusi 105
Abul Majid Sanaj 105
Abu'l Muwwajid 349
Abu'l Wafa al-Bursdjani 524
Adad (*sumer. Gottheit*) 323, 325
Adam 338
Adamoff, G. 534, 536
Adelard von Bath 533
Äsop 482
Aggoula, B. 470
Agrippina 341
Ahab 276
Aharoni, Y. 272
Ahmad, Q. 332
Ahmad al-Barbir al-Tarabulusi 106 f
Ahmad Ibn Mohammed Ibn'Abd-Djalil al Sidjizi 312, 518
Ahmed, S. 517
Ahmed ed-Dahabi 333 f
Ahmed Ibn Ali Ibn Abdullah 333 f
Ah Puch (*Maya-Gottheit*) 449 f
Al-Ansari 527
al-Biruni (*Al Kanun Al-Masudi*) 332, 518, 520
al-Charismi (*Abu Djafar Mohammed Ibn Musa*) 516 ff, 520, 533 f
Alexander der Große 294 f, 341, 367
Alexander Jannäus 295 f
Alexandre de Villedieu 534
Al-Farazdak 106
Ali Ibn Abdullah 333
Al-Karaji 517
Al-Karmali, A. 86, 96
Allah 52, 89 f, 107, 349 ff
Allard, A. 518, 524, 534
Alleton, V. 125, 128, 384, 387 ff
al-Mamun 515, 517
al-Mansur 515
Al-Maradini 128
Al-Mawsili al-Hanbali 106, 108
al-Mustadi 334
al-Sabhadi 482, 485
al-Uklidisi 524
Amerimnus 341
Amiet, P. 186, 190, 204
Ammiditana 219
Ammischaduka 368
Amon (*ägypt. Gottheit*) 228
Anbouda, A. 517
Anu (*sumer. Gottheit*) 323, 325
Anubis (*ägypt. Gottheit*) 238 f
Anwari 105 f
Apollonios von Perge 292 ff, 515
Apuleius 102
Archimedes 141, 293 f, 515
Aristarchos von Samos 292
Aristoplanes 79
Aristoteles 42, 515
Artaxerxes 102
Aryabhata 496, 499, 550
Aschoka 379, 503, 505 f, 541 f, 548 f
As-Sachawi (*Abdel Kadir Ben Ahmed*) 525, 527
As-Samaw'al Ibn Jahja Al-Maghribi 517
Assarhaddou 371
Assurbanipal 324
Atto von Vich 529
Auboyer, J. 130
Augustinus 344
Augustus 164
Avigad, N. 297
Aymonier, E. 493
Axayacatl 247

Babelon, J. 442
Baillet, M. 305
Balmes, R. 45 ff
Barth, A. 491, 498

Barton, G.A. 215
Baschlawi 527
Basilides 345
Bastulus 314
Baudin, L. 122, 124
Bayley, E.C. 92
Bazin, Louis 33
Beaujouan, G. 343, 486, 528 f, 532 ff, 539
Becker, O. 515, 533
Beda, Venerabilis 87 f, 98–104, 301, 361, 528
Beha Ad-Din Al'Amuli 96 f
Bendall, C. 506
Bergaine, A. 491, 498
Bernelinus 531
Bhaskara 496 ff, 551
Bhaskara Atscharja 496, 498
Bhoja 498
Bhojadeva 486
Billard, Roger 493 f, 496–500, 502 f, 508, 511
Biot, E. 436
Birch, S. 264, 404
Birot, M. 218, 368
Blackman, A.M. 233
Bloch, R. 129, 135, 143, 166
Bodhisattva (*asiat. Gottheit*) 127
Boethius 80, 528 f, 531
Boncampagni, B. 509, 520
Borchardt, L. 233
Bottéro, J. 132, 324 f, 371
Bouché-Lederq, A. 351
Bourke, J.G. 126
Boursault 146
Bowditch, C.P. 62, 472
Brahmagupta 497 f, 511
Brandenstein, W. 173
Brasseur de Bourbourg, Abbé 442
Brébeuf, Georges de 146
Brieux, A. 145, 314
Brockelmann, C. 308 f, 312, 315
Brooke, Sir Charles Vyner 33 f
Brunis, E.M. 412 f, 416 ff, 423
Buddha 127
Bühler, G. 504, 506
Buffon, Georges Louis Leclerc Graf von 58
Burland, C.A. 454
Burnam, R. 81, 83, 301, 361, 529 f
Burnell, A.C. 399, 501, 514

Caesar, C. Julius 142
Cagnat, P. 359 f
Calandri, Philippi 536
Cantera, F. 282 ff, 331
Cantor, M. 74
Caratini, R. 224
Carra de Vaux, B. 332
Casaril, G. 337
Cassin, E. 132
Catherwood, Frederick 442
Cato 175
Chabouillet, J.M.A. 182
Chac (*Maya-Gottheit*) 449 f
Chadwick, J. 242
Chakani 105, 107, 520, 522
Chalfant, F.H. 392, 394 f
Chalil Ibn Ahmad 105
Chalmers, J. 36, 38
Champollion, Jean François 185, 449
Charpin, D. 216
Chasechem 233
Chavannes, E. de 387
Chen Tsu-Lung 130, 135
Chevalier, J. 350
Chhüthan Hsi-Ta (*Gautama Siddharta*) 489
Chuquet, Nicolas 97
Chu Shih-Chieh 435
Cicero 94, 175
Clairbone, R. 125, 185
Claudius Nero Germanicus 357
Coedès, G. 490 ff, 498
Cohen, M. 112, 119, 277, 302, 310, 313, 315, 380 ff
Colin, G.S. 315, 331, 333 ff
Conant, L.L. 40
Conrady, A. 113
Contenan, G. 321, 341
Cortez, Hernando 248
Cottrel, L. 440, 442
Couderc, P. 282
Courtois, C. 344
Crouzet, P. 291
Cushing, F.H. 40, 126, 180 f
Cyprianus 343
Cyrus 367

Dadda III. 487
Dantzig, T. 21 f, 24, 26, 42, 47, 58 ff, 113, 480 f
Darius I. 125, 187
Dasypodius 487
Datta, B. 486, 494, 496, 506, 520
Dauzat, A. 130

David 281
Decourdemanche, M.J.A. 326–330
Dédron, P. 80, 292
Deimel, A. 216
Delepine-Messe, D. 43
Demetrius II von Syrien 296
Demieville, P. 388
Descartes, René 360
Devambez, P. 135, 139, 256
Di'bil 107
Dickens, Charles 113
Diego de Landa 443 f, 456
Diokletian 348
Diophantos von Alexandria 292, 470, 515
Diringer, D. 393
Dobrizhofer, M. 25
Dols, P.J. 86
Domluvil, E. 114
Donner, H. 374 f
Dorn, B. 314
Dornseiff, F. 339, 341 f, 348
Dossin, G. 131
Doutte, E. 350
Drioton, E. 224, 232
Drummond, R. 514
Duhamel, Georges 44
Dulius 357
Dupont-Sommer, P. 298
Durand, Jean-Marie 215

Ea (*sumer. Gottheit*) 323, 325
Elieser 337
Enlil (*sumer. Gottheit*) 323, 325
Erichsen, W. 264, 404
Erman, A. 131
Erpenius 487
Esau 342
Essig, J. 59
Euklid 515, 533
Eva 338
Evans, Sir Arthur 243, 241–245

Falkenstein, A. 184, 206, 219
Faraut, F.G. 493
Faruk 314
Fénelon, François 146
Février, J.G. 113, 125 ff, 200, 267, 277, 287, 308, 374, 476, 503, 519
Filliozat, J. 365, 398 f, 470, 494, 496, 501, 514, 520
Finkelstein, J.J. 219
Finot, L. 492
Fisquet, H. 86
Flad, J.P. 148
Fleet, J.C. 506
Folkerts, M. 529
Forbes, W. 514
Formaleoni 74
Fra Luca Pacioli 82
Fredouille, J.C. 135, 143
Freigius 357, 361
Frey, J.B. 280, 298 f
Froehner, W. 80, 109

Gadd, C.J. 319, 323
Galba 361
Galen 341
Gallenkamp, C. 444, 446, 448, 452, 456
Gamurrini, G.F. 177
Gandz, S. 128
Gardiner, A. 228, 236
Gardner, M. 49
Gauß, Carl Friedrich 537
Gautier, M.J.E. 368
Geb (*ägypt. Gottheit*) 236 ff
Gendrop, P. 445, 447 f
Genjun, Nakane 156
Genouillac, H. de 207, 216
George III. von England 113
Geraty, L.T. 305
Gerbert de Aurillac 528–534, 553
Gerhard von Gremona 517, 533
Gernet, J. 390 ff, 394
Gerschel, L. 25, 27, 12–116, 168 f, 173 ff
Gheerbrant, A. 350
Ghijat al-Din Mohammed 520
Gibil (*sumer. Gottheit*) 323, 325
Gibson, J.C.L. 276
Gideon 343
Giles, H.A. 53, 388, 408
Ginsburg, Y. 513
Girard, R. 449
Glanville, S.R.K. 268
Gmür, M. 115 f, 178 f
Godart, L. 244 f
Godron, G. 232
Goldstein, B.R. 427
Goldziher, J. 89 f, 127
Gomez-Moréno, M. 345
Gott 17, 128, 280, 285, 336 ff, 340–348

Gouda, J. 25
Gourmont, Rémy de 538
Griaule, M. 130
Grohmann, A. 311
Grotefend, Georg Friedrich 185
Guéraud, O. 289 ff
Guitel, G. 29, 49, 62, 146, 258, 291, 365, 382, 387, 396, 401, 403, 431, 433, 447 f, 454 f, 468, 471, 476, 479, 482, 493, 499, 520

Haddon, A.C. 25, 31 f, 115
Hadrian 359
Halhed, N.B. 86, 88, 514
Hambis, L. 129 f
Hammurapi 207, 298, 325, 366
Hamy, E.T. 124
Haridatta 498
Harmand, J. 112, 115 f
Haroeris (*ägypt. Gottheit*) 237 f
Harrington, M.R. 126
Harun ar-Raschid 515
Hawtrey, E.C. 38
Helena 94
Herodot 125, 286
Heron von Alexandria 515
Hesekiel 297
Hieronymus 103
Higounet, C. 185, 208, 286, 288
Hill, G.F. 530, 535
Hincks, E. 70, 412
Hippolyt 344
Hofmann, J.E. 515, 533
Homer 129
Homeyer, K. 112
Hoppe, E. 74
Horne, R.W. 49
Horus (*ägypt. Gottheit*) 226, 235 f, 238 ff
Hosajn Ben Mohammed Almahalli 525
Hofyat, F. 43
Howill, A.W. 33
Hübner, E. 163
Huet, P.D. 487
Hugues, T.P. 350
Huitzilipochtli (*aztek. Gottheit*) 246
Hultzsch, F. 486 f
Hunab Ku (*Maya-Gottheit*) 450
Hunger, H. 319 f, 323, 422
Hunt, G. 25
Hyades, M. 25
Hyde, Thomas 426

Ibn al-Banna Al Marrakuschi 527
Ibn al-Maghribi (*Abu'l Hassan'Ali*) 106, 108
Ibn Chaldun 128, 350
Ibn Sa'ad 106, 127
Idoux, C. 205
Indraji, P.B. 506
Irani, R.A.K. 424
Isaak 342
Ischkhi-Addu 131 f
Ischme-Dagan 131
Ischtar (*sumer. Gottheit*) 319, 323, 325
Isidor von Sevilla 103, 528
Isis (*ägypt. Gottheit*) 327 ff, 345
Ismail 333 f
Itard, J. 80, 292 f
Itzcoatl (*aztek. Herrscher*) 246
Ivanoff, P. 438 f, 444, 446 f, 454

Jacob, Simon 148
Jacques, C. 490, 492
Jacquet, 499
Jahja Ibn Nawfal al-Jamani 105
Jahre 128, 276, 285, 336, 338 ff
Jakob 337, 342
Jansen, J. 131
Janus (*röm. Gottheit*) 81
Jehuda Ben Abbun 517
Jelinek, J. 111
Jensen, H. 287
Jequier, G. 95
Jesaja 344
Jestin, R. 207
Jesus Christus 298, 343 f, 346 f
Johann de Luna 533
Johannes (*Apostel*) 17, 342, 347
Johannes de Sacrobosso 534
Joram 276, 285
Josua 285
Jouglet, René 112
Jouguet, P. 289 ff
Justus von Genf 80
Juvenal 102

Kadman, L. 296
Kadmos 286
Kángshi 469, 513
Kantor, H.J. 229
Kaplony, P. 229
Karl der Große 517, 528
Karl III. von Spanien 327

Karpinski, L.C. 364 f, 486, 514
Kaye, G.R. 493, 527
Keimer, L. 226
Kenriyù, Miyake 149
Kent, R.G. 173
Kepter, Johannes 148
Kerz, H. 491, 498
Kewitsch, G. 74
Kircher, Athanasius 143, 302
Kolumbus, Christoph 438
Kraeling, E. 376 f
Kyosuke, K. 69
Kyrill von Alexandrien 103

Laban 337
Labat, R. 188, 201, 207 f, 319, 323, 325, 371, 417
Laenas, C. Popilius 166
Lafaye, G. 94
Lagrange, Joseph Louis de 58
Lalla 498
Laotse 126
Laroche 538
Lebrun, Alain 117, 189–197
Leechman, J.D. 126
Lefebvre, G. 228, 235
Legrain, L. 415
Lehmann, H. 247, 439, 445 f
Lehmann-Haupt, C.F. 74
Leibniz, Gottfried Wilhelm Freiherr von 58, 83
Leland Locke, L. 124
Lemaire, A. 271 f
Lemoine, J.G. 52, 81 f, 85 f, 88, 93 f, 96, 102–107
Lenzen, H.J. 190
Leonardo von Pisa (*Fibonacci*) 536
Leonidas von Alexandria 17, 341
Lepsius, K.R. 133
Leroy, C. 129, 135, 139, 256
Lesêtre, H. 336, 348
Leupold, Jacob 82
Levi Ben Gerson 427
Levi della Vida 106
Lévy-Bruhl, L. 21, 24 ff, 32, 34, 36, 38, 40, 115
Lidzbarski, M. 276
Lithberg, N. 180
Littmann, E. 298, 381
Li Ye 436 f
Löffler, E. 74
Loftus, W.K. 70
Lombard, D. 384
Lot 337
Lucas, E. 55
Ludwig IX. von Frankreich 64
Ludwig XIV. von Frankreich 146
Lukas 298
Luther, Martin 17, 341, 348
Lyon, D.G. 319, 373

McArthur, Douglas 154
McGregor, Sir W. 36
Mackay, E.J.H. 364
Maddison, F. 314
Mahmud von Ghasna 105
Maimonides 285
Mâle, Emile 476
Malherbe, François de 94
Marcus, J. 451
Marduk (*sumer. Gottheit*) 321, 323, 325, 371
Marschall, J. 364
Mashio, C. 69
Maspéro, G. 132 ff
Maspéro, H. 387, 390
Masson, O. 244
Mathews, R.H. 53, 388, 408
Matsuzaki, Kiyoshi 154
Maudslay, Alfred 442
Mayrhofer, M. 173
Mazaheri, A. 520, 522, 524
Mecquenem, R. de 198
Mei Wen-Ting 149, 429, 431
Melchisedek 337
Mendoza, Antonio de 249
Menelaos von Alexandria 515
Menninger, K. 28, 42, 61, 64, 82, 91, 100 ff, 114, 124, 126 f, 137, 140, 142, 146 f, 177 f, 302, 403, 437, 469, 513
Mesa 276, 279
Mesrop 301
Messias 336
Metraux, A. 122
Meyer, C. 115
Micha 341
Mikami, Y. 156
Milik, J.T. 296 f, 305
Millas, J.H. 282 ff, 331 f
Minos 241
Mithras (*pers. Gottheit*) 346
Moctezuma I. 246 f

Moctezuma II. 248 f
Möller, G. 265 f, 270, 273
Mohammed Ibn Ibrahim al-Fassari 516
Mohammed 52, 89, 106 f, 127, 333, 515
Mohammed al-Mudara' 333
Mohammed al-Wakkas 333
Mohammed Ben Ahmed al-Maklati 333
Mohammed Mukim 314
Molière 64
Mommsen, T. 163
Monfried, H. de 86
Montaigne, Michel de 145 f
Montucla, J.F. 482, 489
Morley, S.G. 448, 463 f, 467
Morley, F.R. 464
Mose 338
Moses Cordovero 336
Moss, R.L.B. 133
Müller, G.F. 112
Muller, A. 538
Murra, J.V. 122

Napoleon Bonaparte 114
Narmer 226, 229 ff
Nau, F. 490
Naveh, J. 296
Nebukadnezar 367
Needham, J. 93, 125 f, 149, 151 f, 156, 386, 388, 392, 394 f, 408, 429–437, 489, 520
Nefertriabet 229
Negeve, A. 271, 297 f, 304
Neophytos 537
Nephthys (*ägypt. Gottheit*) 237 ff
Nergal (*sumer. Gottheit*) 363, 325
Nero 17, 341, 348
Nesselmann, G.H.F. 283, 404, 470
Nestor 102
Neugebauer, O. 75, 91, 268, 412, 418 f, 421 f, 426, 497 f, 508
Niebuhr, Carsten 84 f
Nikomachos von Gerasa 528
Ninurta (*sumer. Gottheit*) 323, 325
Nisami 522
Nougayrol, J. 371
Numa Pompilius 81
Nusku (*sumer. Gottheit*) 323, 325
Nut (*ägypt. Gottheit*) 236 ff

Ojha, G.H. 504, 506
Olivier, J.P. 244 f
Oppenheim, A.L. 29
Ore, O. 403
Oreb 343
Orontes 102
Osiris (*ägypt. Gottheit*) 236 ff, 346

Palamedes 286
Panamu 375
Pappus von Alexandria 292 f
Parameśvara 498
Paris 94
Parmentier, H. 490 ff, 498
Parpola, A. 364
Pascal, Blaise 148, 435
Payen, J.F. 145
Pedersen, H. 64
Peignot, J. 534, 536
Pellat, C. 86, 96, 103, 105 ff
Pelseneer, J. 36
Pepi'Onch 233
Perez de Moya, Juan 108
Perdrizet, P. 335, 341 ff, 346 f
Perelman, Y. 485
Pérès, J. 502, 533
Perikles 256
Perni, P. 93, 388, 390, 396
Peterson, F.A. 130, 249, 452, 455 f, 462, 466, 468 f
Petrus Bungus 17, 348, 358
Philipp IV. von Frankreich 404
Philippe, André 110, 112
Piaget, J. 24, 35, 43
Pihan, A.P. 308 f, 312, 315, 380 f, 388, 390, 396, 398 f, 501, 514
Pinches, T.G. 421 f
Pingree, D. 497 f
Pizzaro, Francisco 121
Planudes, Maximus 537
Plantus 175
Plinius (*der Ältere*) 81, 357, 404
Plutarch 79, 102
Poincaré, Jules Henri 34
Polybios 140, 146
Poma de Ayala, G. 124
Poole, R.S. 294
Porter, B. 133
Posener, G. 91, 271
Pott, F.A. 61 f
Prescott, W.H. 124
Prou, M. 404

Psammetich I. 95
Ptolemäus 74, 515, 533
Ptolemaios I. 341
Ptolemaios II. Philadelphos 234, 294, 305
Ptolemaios XI. 290
Patumanasomayājin 498
Pythagoras 419

Quetzalcoatl (*mex. Gottheit*) 441
Quibell, J.E. 230, 233
Quintilian 82

Rabelais, François 94
Rachi 337
Ramses III.
Ranke, H. 95
Rashed, R. 517
Rawlinson, Sir Henry Creswicke 70, 185, 412
Raymond von Toledo 533
Re (*ägypt. Gottheit*) 236 ff
Rebekka 342
Recorde, Robert 147
Reichmann, W.J. 25
Reisch, Gregorius 147
Reisner 229
Renou, L. 364, 398 f, 470, 494, 496, 501, 514, 520
Riegl, A. 180
Rim-Sin 218
Ritter, H. 106
Rivera, Diego 80
Rivero, M.E. de 124
Rölling, W. 374 f
Rösler, M. 64
Rong Gen 392, 394 f
Ross, K. 249
Ruelle, C.E. 294
Ruska, J. 108, 308 f, 312, 315, 382, 405
Rutten, M. 412 f, 416 ff, 423

Sachau, E. 304, 376 ff
Sachs, A. 91, 412, 419
Sacy, Sylvestre de 98 ff
Sahure 233
Saidan, A. 524
Sa'id ed-Dewachi 332
Sainte-Fare Garnot, J. 266 f, 362
Sambursky, S. 35
Sanherib 371
Sarapis (*ägypt. Gottheit*) 341
Sargon I. 366
Sargon II. von Assur 319, 370, 372, 403
Satan 336, 442
Saul 130
Sasuneron, S. 225
Schaeffer, A. 310
Schamasch (*sumer. Gottheit*) 323, 325
Scharischi 527
Scheil, v. 186, 198, 323
Scher 332
Schickard, Wilhelm 148
Schmandt-Besserat, D. 118 f
Schmidt, M. 25
Schrippel, E. 179 f
Scholem, G. 285, 336–341, 343
Schopenhauer, Arthur 42
Schott, S. 95, 109
Schrader, Q. 27
Schrimpf, R. 151, 407 f
von Schulenburg, W. 126 f
Schulze, W. 27
Schuschinak-Schár-Ilâni 321
Sebach 343
Secret, F. 344
Seeb 343
Sem 338
Senart, F. 506
Seneca 81
Sessa 484
Seth (*ägypt. Gottheit*) 237 ff
Sethe, K. 236
Severus Sebokt 489 f, 551
Sévigné, Marie Marquise de 14
Shakespeare, William 64
Sharma, K.V. 496, 499
Shen-nung 125
Shiva (*ind. Gottheit*) 495, 497
Shook, E.M. 440
Shukla, K.S. 496, 499
Simon Bar Kochba 295
Simon Makkabäus 296
Simoni-Abbat, M. 248
Simonides von Kos 286
Sin (*sum. Gottheit*) 323, 325
Singh, A.N. 486, 494, 496, 506, 520
Sircar, D.C. 494, 496, 520
Sivaramamurti, C. 504
Skaist, A. 305
Škarpa, F. 176, 179
Smirnoff, W.D. 347

Smith, D.E. 103, 149, 156, 361, 364 f, 486, 513 f
Socin, A. 308 f, 312, 315
Sogliano, A. 341
Solla Price, D.J. de 300
Solou 140, 146
Sommerfelt, A. 25
Sottas, H. 224
Souissi, M. 527
Sourdel, D. 519
Soustelle, J. 62, 130, 246, 248
Spinoza, Baruch 360
Sriddhara 502
Sripati 498
Stack, G. 514
Stebler, F.G. 115
Steinschneider, M. 513
Stephan, E. 40
Stephens, John Lloyd 442, 444
Strassmaier, J.N. 421 f
Stresser-Péan, G. 447
Sueton 341, 361
Suter, H. 486
Sutton, A. 514
Sylvester II. (*s. Gerbert de Aurillac*)
Széminska, A. 24, 35, 43
Sznycer, M. 303, 308

Taton, R. 148, 515 f, 537
Tavernier, Jean Baptiste 88
Tchen Yon-Sun 403
Tertullian 81
Theon von Alexandrien 74
Theophanes Kerameus 342
Thibaut de Langres 343
Thompson, J.E. 445, 448, 453 ff, 462 ff, 469
Thot (*ägypt. Gottheit*) 237 ff
Thureau-Dangin, F. 70 ff, 74 f, 91, 319, 370, 403, 412, 414, 417 f, 420, 423
Thutmosis III. 234
Thutmosis IV. 79
Tiberius 343, 361 f
Tischendorf, L.F.C. 300
Tisserant, E. 311
Tod, M.N. 255, 259
Toomer, G.J. 517
Tropfke, J. 70, 527
Ts'ai Kieou-fong 431
Tschudi, J.D. de 124
Tylor, E.B. 25, 69

Upasak 504

Vaillant, G. 454
Vallat, François 189–195
Vandermeersch, L. 391 ff, 396
Vandier, J. 232
Varahamihira 498, 550 f
Vaux, R. de 271
Ventris, M. 242, 244
Verbrugge, R.P.D. 86
Vercoutter, J. 131, 227, 230
Vigila 529
Vishnu (*ind. Gottheit*) 88, 486, 495
Vissière, A. 149 ff, 157, 429, 431
Vitruv 175
Vogel, K. 518

Wagner, G. 290
Wallis, John 70, 74, 482
Wang Fang-Yü 388 f
Weil, G. 96
Wensinck, A.J. 127
Wen-Ting 429
Wessely, J.E. 347
Wieger, L. 392, 394 f
Wilhelm, R. 125
Wilkinson, J.G. 95
Winter, J.G. 425
Woepcke, F. 309, 312 f, 516, 520 f, 525, 527, 537 f
Woods, Nathan 154
Wulfila 302

Yon, M. 175
Youschkevitch, A.P. 311, 515 ff
Yoyotte, J. 131
Yum Kax (*Maya-Gottheit*) 449 f

Zsalmunna 343